U0294542

流水地貌实验研究丛书之一

流水地貌实验研究

纪念沈玉昌先生诞辰 100 周年

金德生　乔云峰　张欧阳
王随继　杨丽虎　郭庆伍　编著

中国水利水电出版社
www.waterpub.com.cn
·北京·

内 容 提 要

《流水地貌实验研究》汇集了流水地貌基础及应用实验研究的综合成果，是流水地貌实验研究系列著作之一；旨在阐述沈玉昌先生关于流水地貌实验研究的初衷，在现代地理学发展的基础上，引入现代物理新概念，将地理学与近代物理学、地貌学与水力学、河流地貌学与河流动力学相结合，推进流水地貌研究的新发展。将赋予现代地理学与近代物理学，流域地貌与河床地貌，历史过程与现代过程，自然演变过程与人类活动影响，地貌定性描述与数理定量研究，实验理论创新与生产实践应用，河流地貌学与河流动力学等相结合的特色。全书比较系统地介绍流水地貌实验研究的梗概、实验理论方法、实验设备、测验技术、流域地貌、坡面发育、五类河型发育演变、主控因素（水沙变异、边界条件、基面升降、构造运动及人类活动，包括河流工程、生物植被）影响的实验研究成果，以及对未来发展前景进行简要的阐述。

本书可作为流水地貌学、河流动力学及泥沙沉积学专业的高等院校师生的教材和中高级科技工作者的参考用书。

图书在版编目（CIP）数据

流水地貌实验研究 / 金德生等编著. -- 北京：中国水利水电出版社，2024.1
ISBN 978-7-5226-0948-5

Ⅰ．①流… Ⅱ．①金… Ⅲ．①河流地貌学—实验—研究 Ⅳ．①P931.1-33

中国版本图书馆CIP数据核字(2022)第158247号

书 名	**流水地貌实验研究** LIUSHUI DIMAO SHIYAN YANJIU
作 者	金德生　乔云峰　张欧阳　王随继　杨丽虎　郭庆伍　编著
出版发行	中国水利水电出版社 （北京市海淀区玉渊潭南路1号D座　100038） 网址：www.waterpub.com.cn E-mail：sales@mwr.gov.cn 电话：(010) 68545888（营销中心）
经 售	北京科水图书销售有限公司 电话：(010) 68545874、63202643 全国各地新华书店和相关出版物销售网点
排 版	中国水利水电出版社微机排版中心
印 刷	北京印匠彩色印刷有限公司
规 格	184mm×260mm　16开本　47.5印张　1156千字
版 次	2024年1月第1版　2024年1月第1次印刷
定 价	**268.00元**

先生英灵照寰宇

（一）

宗师寿寝八十载，人生坎坷不平坦；
年幼割爱鱼米乡，湖州求学自居难。

（二）

旭日青年学史地，辗转吉安至遵义；
湘山湘水显才气，青出于蓝乃真理；
返乡教学留青史，频频学子记心扉。

（三）

年富力强神情高，铁路农业水库到；
地貌区划类型妙，河谷河床实验搞；
高峡平湖三斗坪，学界翘首神州笑。

（四）

牛棚期间遥感好，手译外文线圈绕；
改革开放若春潮，国际信息掀波涛；
耄耋之年展宏图，长江黄河逐浪高。

（五）

考察体恤鞍山道，斟字逐句改讲稿；
倚门目送吾赴美，寄望进修求新招。

（六）

睿智谦和尊师教，德厚仁宽后人效；
言传身带实可贵，恩师英灵寰宇照！

沈玉昌先生小传

　　恩师沈玉昌先生于 1916 年 12 月 26 日出生于浙江湖州郊区鱼米之乡。幼年时独立住校读小学、中学，青年时代攻读浙江大学史地系。1940 年攻读硕士学位，师从一代宗师叶良辅先生，以河流地貌学为主要研究方向，出色完成学业。几经周折，1950 年受聘到中国科学院地理研究所工作，直到 1987 年 1 月退休。先后任副研究员、研究员，地貌研究室副主任、主任，中国地理学会理事、地貌专业委员会副主任、中国水利学会泥沙专业委员会副主任，以及中共中国科学院地理研究所党委委员等职。在所工作 40 多年间，筚路蓝缕、呕心沥血，领导或参与多项国家、地方的科研、考察工作，为地貌研究室、流水地貌实验室建设和中国地貌学研究做出了杰出的贡献，获得全国科技大会奖（1978 年）、中国科学院科学进步二等奖（1988 年）等奖项。沈先生注重实验室的建设，重视教育与人才的培养，先后指导培养研究生 7 名，选送多名年轻地貌工作者出国深造。1996 年 11 月 24 日因病医治无效，在京仙逝。沈先生给同事和学生们留下深刻印象，音容笑貌永记缅怀。

《先生英灵照寰宇》诠释

　　这首打油诗是为纪念恩师沈玉昌先生 100 周年诞辰，据先生波折坎坷的一生，有感而作，几经修改而成。

　　打油诗共三十句，分成六段。

　　第一段：第一至第四句，怀念先生在世 80 年，一生波折坎坷，人生道路弯曲起伏。尽管他出生在富饶鱼米之乡与丝绸之府的浙江湖州城郊乡村，可是由于乡下没有学校，11 岁不得不独自离开家乡，小小年纪的他寄宿湖州城里，读小学和初中，一切自理，过独立生活。可是先生后来回忆说，这段经历对培养他的独立生活、学习、工作能力都非常重要，对养成先生一生的风格、处世态度都有极大的影响。

　　第二段：第五至第十句，回顾先生青年时代上大学、攻读研究生，以及一度曾经回家乡短暂教书的经历。青年时代的他，1936 年考取浙江大学，攻读史地系，1937 年因日寇入侵，不得不随浙大辗转而搬迁，先抵江西吉安，后迁到广西宜山，最后在贵州遵义完成学业，他是浙江大学史地系本科的首届毕业生。1940 年攻读硕士学位，师从一代宗师叶良辅先生，当时叶先生指导了 8 名研究生，沈先生有幸成为其中的一员。在叶先生的指引和教育下，沈先生选择河流地貌学为主要研究方向，集河流地貌和区域地理发育史研究为一体，于 1942 年夏完成硕士论文，并撰写《湖南红色岩系之地形》等 3 篇论文，青出于蓝而胜于蓝。1942 —1947 年先后任助理研究员（重庆）、讲师（四川三台），曾在原国立编译馆统一地名委员会任编辑（北碚）。1947 年回南京，被邀聘任为中国科学院地理研究所助理研究员。1949 年，沈先生回浙江湖州老家的母校湖州中学任教一年，给他的学生留下深刻印象。80 年代初，当他的学生到沈先生家看望，并邀请他参加同学聚会和校庆时，连他自己都感到有些意外。

　　第三段：第十一至第十六句，介绍沈先生 40 多年间，筚路蓝缕、呕心沥血，为中国地貌学研究作出的杰出贡献。1950 年 7 月至 1987 年 1 月在中国科学院地理研究所工作，直到退休。1958 年地貌研究室成立，先后任地貌研究室副主任、主任，1972 年 6 月至 1981 年 9 月任领导小组副组长、主任。曾先后任中国地理学会理事兼地貌专业委员会副主任、中国水利学会泥沙专业委员会副主任以及中共中国科学院地理研究所党委委员等。在40多年间，主要主持的工作如下。

1950年参加西南川黔铁路选线工作，为成渝铁路解决永川大滑坡和黄蟮溪简阳桥等一系列工程地貌问题。1952—1955年参加汉江流域地理综合考察，任副队长，提出丹江口水库应作为第一期工程考虑方案；同时在调查引嘉（嘉陵江）济汉（汉江）和引汉（汉江）济黄（黄河）路线后，指出有可能引汉入黄，第一步应以引汉济黄为宜，基本上与现在的南水北调中线方案一致。

1956年，沈先生负责中国地貌区划，与施雅风、周廷儒等国内著名地貌学家一起组织全国地貌专业人员大协作，深入研究中国地貌类型、地貌区划原则与方法等问题，完成中国地貌区划任务，并于1959年编辑《中国地貌区划》，积极开展地貌制图研究，编制中国地貌类型图和地貌区划图。

1958—1961年，配合三峡水利枢纽和南水北调工程，进行长江地貌的相关考察研究，论证了三斗坪坝区地壳稳定，为三峡水利枢纽工程的设计提供依据。撰写了《河谷地貌研究在水利工程中的应用》论文；对金沙江和三峡的一些地貌理论问题进行深入讨论，提交了《金沙江考察报告》，同时还编写出版专著《长江上游河谷地貌》。

1963—1965年，主持编制1∶50万黄淮海平原地貌图，编出地貌图初稿，完成第一幅黄淮海平原地貌图的样图，为黄淮海平原的综合治理提供了可靠资料；领导黄河小浪底—花园口河谷地貌调查和三门峡水库淤积末端对渭河下游影响研究工作。

1980—1985年，沈先生主持中国1∶100万地貌图编制研究课题，1983年该课题获得中科院科学基金资助，1985年出版首批15幅国际标准幅《中国1∶100万地貌图》和第一部《中国1∶100万地貌制图规范（试行）》；1986年，与龚国元合著出版《河流地貌学概论》一书。沈先生多项科研成果获得认可，其中：沈先生均为主要完成者的《中国自然区划》《国家大地图集》和《中国自然地理》，构成"中国自然环境及其地域分异的综合研究"三项成果，于1978年获全国科技大会奖；《河流地貌学概论》于1987年获中国科学院科学进步二等奖。

第四段：第十七至第二十二句，这是一段难忘的经历，1967年3月至1972年6月"文革"期间，先生挨过所谓"反动学术权威"的批斗，进入牛棚，曾经在917大楼八层改造，当时中国科学院地理研究所在那里成立了一个卫星遥感组，组员们见他身体不好、患过肺结核，不太瞩目于他，由他自己活动，干些力所能及的活，像绕变压器的线圈，用作卫星遥感接收天线的部件；因研究工作需要外文信息，先生外语好，于是请他翻译微波遥感接收的外文资料，组员们对他放心，他也乐意完成。

1972—1976年"文革"中后期，尽管沈先生有职无权，可是当时国际上地貌学发展很快，连续召开过五届国际地理学大会，地貌学研究相当活跃。怀着对地貌学发展的敬业精神，先生想方设法给全研究室人员做学术动态报告，不失时机紧跟国际学术地貌流派。

1973—1977年，沈先生领导并参与长江流域规划办公室委托项目长江中下游河床演变，对从洞庭湖口城陵矶到长江下游江阴1328km的长江河道进行了全面的调查，广泛收集各种资料，并结合流水地貌的室内模拟实验，分析、探讨长江中、下游分汊河道的形成和演变规律，编写并出版了专著《长江中下游河道特性及其演变》，该成果获得1986年中国科学院科技进步二等奖。

第五段：第二十三至第二十六句，以笔者的亲身经历感受沈先生对后辈年轻人的爱护、培养和希望。沈先生总是强调"工欲善其事，必先利其器"。

"考察体恤鞍山道"写的是，1972年2月，在沈先生带领下，在安徽马鞍山河段进行野外考察，时值三九寒天，与先生同住一个房间，睡觉时先生发现我的T恤衫破得不成样子，问我为什么不换一件，我不好意思说没有第二件备用，有点囧，先生若父爱子毫不犹豫取一件给我，直到回京洗干净后才还给他，虽是一件简单的衣服但却久久暖在心间。在野外考察时，先生总是带有巧克力在身，以备不能及时用餐发给大家充饥，点点小事，关怀却无微不至。

"斟字酌句改讲稿"写的是1979年改革开放后，中国科学院开始招收研究生，当时研究生暂住清华东路肖庄的北京林业大学内。院里希望我去讲4个学时的《河流地貌》及《黄土地貌》课程。地貌室研究任务很重，抽不出人来，河流组组长叶青超征求我意见，我欣然同意去讲授，可是口上答应心中没谱。我就硬着头皮，翻阅了沈先生给北京大学地理系讲授的《河流地貌概论》油印本，查了一些资料，结合工作体会写了6万字的草稿，初步整理好后由我爱人郑兰芬利用晚上的时间帮我复写。然后送到917大楼生活区6号楼202室，请沈先生审阅。尽管他抱恙在身，还是不厌其烦地仔细阅改，斟字逐句修改讲稿，做了许多眉批，直到满意为止。

"倚门目送吾赴美，寄望进修求新招"写的是1981年10月中科院地理所已决定选派我去美国，到科罗拉多州立大学地球资源系合作导师Schumm教授名下进修流水地貌实验。沈先生对Schumm教授十分推崇，当时Schumm教授已发表了许多论著，特别是有关流域地貌、坡地地貌、河流地貌、河型演化的实验研究论文，以及关于河型分类、成因演变、地貌临界及复杂响应的论文，在国际上独树一帜，形成了地貌临界学说，有别于戴维斯侵蚀轮回学说、彭克山前梯地学说，以及马尔科夫地貌水准面学说。钱宁先生当时推荐我去加州大学伯克利分校 L B Leopold 教授处做博士后，合作流水地貌实验研究。所长黄秉维先生和沈先生认为 Schumm 教授是地质学家，到他那里进修更为合适。

出发去美国的前夕，特地去看望先生，与他道别。离开时，先生一再嘱咐我向 Schumm 教授和国外学者好好请教，希望在国外两年时间内，学到真知灼见，学成回国，并起身送我到门口说："我只能送你到此啦！"倚着门挥手目送，那满眼寄予未来厚望的神情，我久久没能忘怀！直到今天仍历历在目！

第六段：第二十七至第三十句，是这首打油诗的尾声，是对恩师一生谦和、睿智品德的陈述。老师言传身教，实在难能可贵。先生很严肃，可品德高尚、胸怀开阔、虚怀若谷、待人和蔼，值得后人仿效学习。愿恩师的英灵存留寰宇，精神流芳百世！

金德生敬撰

2016 年 12 月 26 日

沈玉昌先生地貌学术思想
与流水地貌研究贡献[*]

沈玉昌先生是中国科学院地理研究所地貌研究室的创始人，为中国地貌学发展做出了杰出的贡献。2016 年，是沈先生 100 周年诞辰，深切缅怀沈先生主要学术思想及不朽学术贡献，期望不断创新，在未来取得更加辉煌的成就。

1 主要的学术思想

1.1 地貌学研究综合发展的思想

1. 在发展现代地理学的基础上发展现代地貌学

沈先生等认为，古老的地理学现代化是新时代的要求。首先，需要一大批能掌握现代科学技术的地理工作者，以数理化为基础，才能向定量化方向发展，建立新的理论体系。要充实和提高全国各大学地理系特别是重点大学地理系的师资和设备，培养出一大批具有现代化科学文化水平的年轻地理工作者，这是具有战略意义的根本性的措施，也是当务之急。其次，在研究方法和技术方面，必须及时采取以下几项主要的重大措施：建立全国比较完整的定位、半定位地理实验站网，逐步实现野外和室内观测、分析的半自动化和自动化，建立地理过程模拟实验室，建立遥感图像分析处理与应用系统，以及建立地理信息自动分析与制图系统和地理环境信息数据库等。有了现代化的人才和先进的技术设备，才能实现现代化的地理学研究，也才能有现代地貌学的发展。

2. 引进现代数理概念，创新现代地貌学理论

沈先生在 20 世纪 60 年代初针对我国当时地貌理论基础薄弱、研究方法简陋、基础科学修养较差，以及空白和薄弱部门多等问题，提出了 11 个问题作为我国若干年内的中心课题，即：①地貌学基本理论的研究，主要包括地貌水准面、地貌地带性和坡地发育过程等三个问题；②大河流（长江、黄河、黑龙江等）动力地貌与水系发育历史的研究；③我国喀斯特地貌性质及其发育规律的研究；④黄土侵蚀地貌的发生、发展规律和侵蚀沉积历史；⑤沙漠的成因与风沙地貌的研究；⑥我国西部山地、青藏高原与重点工程建设地区的构造地貌与新构造运动的研究；⑦海岸与海底地貌的研究；⑧我国第四纪冰川历史与现代冰川作用和冰缘地貌的研究；⑨区域地貌的研究；⑩地貌分类、地貌制图与地貌区划问题的研究；⑪应用地貌学，主要包括农业地貌、工程地貌和砂矿地貌三个方面，在最近若干年内应特别着重农业地貌的研究。

---

* 节选自《沈玉昌与中国现代地貌学》（沈玉昌地貌学文选编辑组，1997）。

3. 地貌学分支学科并举发展

20世纪80年代初，已抱病在身的沈先生，为了适应改革开放形势，为了地貌学更好地服务于国民经济主战场，及时总结我国现代地貌学研究成就并指出发展趋势。为此，他总结了30多年来关于河流地貌，包括河谷地貌、河床地貌与河道演变、河口与三角洲、流域与水系、河源考察及古河道研究、构造地貌与新构造运动、喀斯特地貌、黄土地貌、沙漠地貌、冰川与冰缘地貌、海岸与海底地貌、区域地貌与地貌制图、泥石流及应用地貌等来自10个部门的研究成就，对今后的方向和任务提出了8个问题：①培养专门人才，壮大地貌队伍，这是发展我国地貌学研究的根本任务；②积极承担国家重大地貌科研任务；③加强基础理论的研究；④扩大研究领域，填补空白分支学科；⑤新的研究方法和技术的应用；⑥加强实验室的建设，进一步开展模拟实验的研究；⑦在重点研究地区设立定位或半定位观测站；⑧分工与协作。

1.2 地貌学研究持续创新的思想

1. 始终关注国内外现代地貌学发展

沈先生作为中国科学院地理研究所地貌研究室学术带头人，始终关注国内外现代地貌学发展。他认为，现代地貌学历史很短，是19世纪中叶才发展起来的，可分为3个阶段：第一阶段为19世纪中叶到20世纪初的蓬勃发展阶段，出现了包括戴维斯、彭克等学者自成学派的一系列地貌学理论；第二阶段为20世纪初至第二次世界大战前期的停滞阶段；第三阶段为自第二次世界大战以来的新的发展阶段，这一阶段地貌学研究在内容和方法方面都有飞跃发展：发表了大量论文和专著，设立了许多新的地貌研究机构，与数理等方法、遥感技术、电子计算机使用相结合。地貌学已发展成为科学的一个大分支。

2. 内、外营力，现代、历史过程结合上应有侧重

沈先生在20世纪60年代初特别强调：在研究工作中，对外力作用、内力作用、历史过程和现代过程四者应根据具体问题有所侧重；改革和革新地貌研究方法，逐渐由定性过渡到定量，野外考察、定位观察和实验分析试验三者必须有机地结合。

3. 在重视基础理论研究的同时，要关注应用研究

无论是探讨现代地理学研究，还是关注地貌学，特别是进行流水地貌学的理论研究时，沈先生始终矢志不渝地注重地貌学为国民经济服务、为实现四个现代化服务，结合三峡大坝选址、南水北调、河道整治、铁路选线、发展农业生产等开展有关研究工作，提出合理、科学、有效的意见和建议，极大地提高了地貌学理论水平。

1.3 开拓地貌学研究新手段的思想

1. 积极倡导实验研究

沈先生对地貌实验研究，不仅积极提倡，而且付诸实践。早在20世纪60年代初，沈先生积极筹建流水地貌实验室、风洞实验室、沉积物实验室、孢子花粉实验室、^{14}C同位素测年实验室，出成果、出人才，在动力地貌和古地理环境研究以及解决生产问题等方面发挥了重要作用。

2. 筹建流水地貌实验室

为了探讨三峡深槽的成因及河流地貌现代发育过程，沈先生组织筹建了国内最早、最大的流水地貌实验室，进行了一系列有关河型造床及影响因素的实验研究，一度曾发展成

为河流海岸模拟实验室；为了探讨坡面侵蚀及其地貌发育过程，筹建了坡地地貌实验室，在土壤侵蚀、水土保持及土地利用研究方面起到了重要作用。

3. 创新发展实验研究

在沈先生地貌实验研究思想的感召下，流水地貌实验领域不断拓宽，向流域地貌系统及坡地地貌系统成因演变实验、流水地貌系统突变过程实验、河型系列成因演变实验、河型主控因素对河型发育影响实验以及流水地貌工程实验研究发展，推向创新发展阶段。

1.4 地貌学研究队伍培养建设的理念

1. 培养专门人才是重要保证

沈先生经常对年轻的地貌工作者说："工欲善其事，必先利其器"。他认为培养专门人才是发展我国地貌研究的重要保证，并通过多种途径培养地貌研究的英才。1972年，科研略有转机，沈先生便不辞辛劳，刻不容缓地组织队伍，"文革"之后，沈先生已年过花甲，重病在身还培养了3名硕士研究生，始终以培养专门人才为己任。

2. 红专并举，侧重专业基础

沈先生培养人才要求又红又专，以红促专，侧重专业基础，把主要精力用在掌握外语、数理统计等专业基础上，同时积极参加正常的组织生活。

3. 倡导严谨学风和敬业精神

沈先生严谨的学风和敬业的精神正在发扬光大，他指导和培养过的学生在中国地貌和第四纪领域中起到了骨干作用。

2 河流地貌研究的主要学术贡献

40多年中，沈先生对河流地貌研究，特别是河谷地貌、河床地貌过程以及河型分类与成因演变等作出了卓越的贡献，逐步形成了具有中国特色的河流地貌研究体系。20世纪60年代以来，沈先生与中国泥沙运动力学与河流动力学带头人钱宁先生，极力倡导两大学科互相融合，共同发展河流学科中地貌学方法与河流动力学方法相结合的新方向，使我国河流学科焕然一新，取得具有国际领先水平的成果。

2.1 河谷地貌研究

1942年，沈先生早期的河流地貌工作，主要是引进西方关于侵蚀循环的理论，完成了湖南衡山的地文研究，这一成果成为代表性研究。新中国成立后，沈先生论证了长江上游金沙江在石鼓附近的大拐弯系受两组共轭地质构造控制所为，而非河流袭夺所致。为了配合国家大规模水利工程建设的需要，系统地开展了长江及其重要支流的河谷发育史及河流与地质构造的河谷地貌研究，证明第四纪以来，三峡地区一直处于间歇上升过程之中，这为三峡工程的论证与设计，提供了十分重要的基础资料。

2.2 河床地貌过程研究

20世纪60年代中期以后，沈先生及时地将研究重点转移向河床地貌研究，主要研究内容是现代河床过程与河型；研究方法由单纯的地貌学方法转变为地理学方法与水力学方法、数理方法及系统论方法相结合，由单一的野外考察转变为野外考察、采样与定位观测、物理模型试验与数学模拟相结合，使我国河流地貌学的发展进入一个崭新的阶段。

早在以河谷地貌研究为主的时期，沈先生就十分注意河床地貌的研究，在对长江河谷发育进行研究时，就发现长江三峡河床上一系列低于吴淞零点的槽状洼地，并对其成因进行了解释。随着研究重点由河谷地貌向河床地貌的转移，研究的对象也由山区河流转向平原河流。在沈先生的指导和亲自参与下，地貌研究室对于长江下游、黄河下游、渭河下游及汉江中下游等河流的现代河床过程进行了深入研究。1986 年，沈先生与龚国元合著出版《河流地貌学概论》系统地总结了现代河床过程即水流与河床相互作用的规律，首次建立了河流地貌学的理论体系，在我国河流地貌学发展史上具有里程碑的作用。

2.3 河型分类与成因演变研究

作为河流地貌学研究核心之一的河型问题是河流地貌学研究尚未解决的重大理论问题。科学的河型分类方案成了推动河型研究的关键。沈先生等在权衡前人河型分类的基础上，提出了新的方案：河型第一级为单汊，第二级为两汊（江心洲河型）和多汊（两汊以上），而后按平原和山区河流进一步划分。对河型成因也做了许多研究，如认为黄河出宁嘴谷口之后，河谷突然拓宽，大量泥沙堆积发育三角洲，河床不断淤积摆动，是造成游荡的主要原因；认为河型转化是由气候变化、构造运动及人类活动引起，进一步深化了河型转化问题的研究。

2.4 河谷工程地貌研究

20 世纪 50 年代初，沈先生参加汉江流域综合考察，认为丹江口水库最符合多目标开发的原则，应作为第一期工程来考虑。同时认为第一步应以引汉济黄为宜，引水路线基本上是今天的南水北调中线方案。1958—1961 年，沈玉昌和周廷儒、王乃梁一起领导三峡地貌工作队围绕长江三峡水利枢纽工程进行了调查、研究，论证了三斗坪坝区的地壳运动属于大面积的拱形隆起，地壳基本稳定，可以修筑高坝。该项成果为三峡水利枢纽工程的设计提供了可靠的根据。沈先生在《河谷地貌研究在水利工程建设中的应用》一文中指出，河谷发育史皆与水利工程建设有关，应关注水利工程修建以后河流的变化，及其对水利工程的反馈影响；在研究方法上则应注意现代过程和历史过程的结合，野外调查和室内分析、试验相结合，不可偏废。

《流水地貌实验研究》汇集了流水地貌基础及应用实验研究的综合成果，是流水地貌实验研究系列著作之一。不忘沈玉昌先生关于流水地貌实验研究的初衷，在现代地理学发展的基础上，引入现代物理新概念，将地理学与近代物理学、地貌学与水力学、河流地貌学与河流动力学相结合，推进流水地貌研究的新发展。将赋予现代地理学与近代物理学，流域地貌与河床地貌，历史过程与现代过程，自然演变过程与人类活动影响，地貌定性描述与数理定量研究，实验理论创新与生产实践应用，河流地貌学与河流动力学等相结合的特色。全书比较系统地介绍"流水地貌实验研究"的梗概，主要有实验理论与方法、实验设备、测验技术、流域地貌、坡面发育、五类河型发育演变及主控因素（水沙变异、边界条件、基面升降、构造运动及人类活动，包括河流工程、生物植被）的实验成果，并对未来发展前景进行简要的阐述。

目前同类著作主要有：《实验地貌学》（马卡维耶夫等，1961；濮静娟等，译，1965），《实验流水地貌学》（Schumm et al.，1985）和《活动构造与冲积河流》（Schumm et al.，2000）。这些著作是当时世界先进水平的成果，但实验设备及方法比较简单，缺乏完整的实验理论。

作者与同事们从事流水地貌实验研究工作40余年，编写了这本水文学与地貌学相结合的《流水地貌实验研究》。

水文与地貌相结合是该书的主要特点，体现在以流域系统为基本单元，展开流域系统发育演变的实验研究。由降水侵蚀、入渗、产流产沙的小流域与坡面地貌演变的上游子系统，经河川水文与相应的河床演变的输水输沙子系统，到河口海岸水文与相应的河口海岸地貌发育演变的储水存沙子系统，历经了各个组成部分比较初步而全面的实验研究。在影响流水地貌的主控因素的实验中，突出了基面变化、构造运动和人类活动作用的实验，显示了地学实验的特色。

流水动力地貌学与河流动力学相结合是该书的第二个特点。在实验设计和实验过程中，进行实验成果的流水地貌发育演变机制分析时，注意对水力学、泥沙运动原理的应用，吸取水力泥沙运动学的最新成果，比较全面地介绍了河型分类，将习惯的四分类法推进为包括网状河型的五分类法；介绍了河型稳定性判据，判别式中引入边界条件；除介绍"河相关系"研究外，首次提出了"沙相关系"概念，虽然尚不成熟，却是难能可贵。

将"新老三论"原理引入流水地貌实验研究是该书的第三个特点。吸收比尺相似模型实验、自由模型实验、比拟模型实验的特点，取长补短，建立了过程响应模型，介绍了五个相似准则，取得了一定成果。在分析和讨论实验结果时，关注实验过程中出现的临界性、复杂性、敏感性、预兆性和继承性现象，对流水地貌学的理论、方法和应用研究都有所裨益。

最后，在进行构造运动对流水地貌发育影响实验，所使用的地壳运动升降装置是当前国内外最先进的全自动化控制设备，已获准专利申请，并将该设备和相关先进仪器测试完成的最新成果写入书中，也是反映此书成果之新的另一个侧面。

鉴于上述，该著作可供科研与工程技术人员，大专院校师生、研究生和博士后等中高级科技工作者教学与学习参考，是一本很有价值的参考用书。

中国科学院院士
中国地理学会理事长

2019 年 12 月 26 日

《流水地貌实验研究》汇总与归纳了 20 世纪 60 年代以来，50 多年流水地貌实验研究成果，并尽可能吸纳国内外相关的研究成果，是流水地貌实验研究系列著作之一。在这个过程中，因生产实践的需要曾于 1992 年出版《应用河流地貌实验与模拟研究》，并获得了中国科学院自然科学奖二等奖。中国科学院地理研究所流水地貌实验研究，始出于沈玉昌先生关于流水地貌学研究的初衷，先生尽力将传统方法与现代实验方法相结合，力图引进现代物理新概念，在现代地理学发展的基础上，推动和创新流水地貌学研究。

2016 年 12 月 26 日，正逢本书第一作者的导师沈玉昌先生 100 周年诞辰，由中国科学院陆地水循环与地表过程院重点实验室、地貌与流域环境开发研究室主持，隆重召开纪念大会，缅怀沈先生对地貌学，特别是流水地貌学的贡献和发展，继承和发扬沈先生对流水地貌实验研究的潜心与精心的创业精神。流水地貌实验的初衷和流水地貌（其前身为河流地貌）实验室的建立，都是起步于沈先生的领导和指教，筹建实验室，选派人员去水科院学习，派遣人员赴美进修和接收留学苏联的归国人员，先生身怀重病还呕心沥血指导、培养研究生；在"文革"期间，先生结合黄河和长江河段的河道整治，领导完成了不少实验。因此，将本书献给沈先生的百年诞辰，作为对老师培育和指导的感谢和纪念，深切缅怀先生初衷，创新流水地貌实验，乃当之无愧！

目前，世上同类著作主要有：《实验地貌学》（马卡维耶夫等，1961；濮静娟等，译，1965），《实验流水地貌学》（Schumm et al.，1985）和《活动构造与冲积河流》（Schumm et al.，2000）。前者由苏联莫斯科大学地理系的教授们编著，主要介绍河流地貌发育及水沙、构造上升运动的影响，实验方法借用自然模型法，仪器设备在当时很先进，但比较简单；后者由美国科罗拉多州立大学地球资源系 Schumm 教授等编著，介绍了流水地貌系统的三个主要的子系统——流域地貌子系统（包括坡面地貌）、河谷与河流地貌子系统，以及三角洲地貌子系统（主要是陆上三角洲）发育演变的实验研究，是目前国际上比较权威的实验地貌研究著作，但是缺少独到的模型实验理论，实验设备比较一般，如用两台普通更换汽车轮胎的手动千斤顶，架一根槽钢作为构造抬升设备，用金属薄规（厚 1.27mm/片）量计升降量，未能使用微型流速仪测验流速，主要侧重观察平面形态变化。

笔者与同事们从事流水地貌实验研究工作 40 余年，力图编写一本反映地貌学与水沙科学相结合的著作。流水地貌实验与模拟研究的范围相当广泛，应该包括整个流水地貌系统的各个组成部分，即：上游产水产沙区域——受水盆地或狭义的小流域，中游的输水输沙区域——河道系统，下游包括储水存沙区域——河流入海通道及河口三角洲。一个完整的流域，除了分水岭及河道的线状系统外，还有大量的坡度大于 0°的坡面，以及坡度接近 0°的平坦地面。

由于实验理论水平、技术及设备条件的限制，力图全面阐述流水地貌的实验研究几乎是不可能的。因此，本书力图将现代地理学与近代物理学、流域地貌与河床地貌、河流地貌学与河流动力等历史流水过程与现代地貌过程、地貌定性描述与数理定量研究、实验理论创新与生产实践应用、自然演变过程与人类活动影响相结合，比较系统地介绍流水地貌实验研究的梗概、实验理论方法、测验技术、流域地貌、坡面发育、五类河型发育演变、河型演变主要控制因素，包括工程、生物影响的实验研究成果，以及对未来发展前景进行简要的阐述。

本书的主要特点：①流水地貌与水文学研究相结合，体现在以流域系统为基本单元来展开流域系统发育演变的实验研究。由降水溅蚀、入渗、产流产沙的小流域与坡面地貌演变的上游子系统，经河川水文与相应的河床演变的输水输沙子系统，到河口海岸水文与相应的河口海岸地貌发育演变的储水存沙子系统，历经了各个组成部分初步而比较全面的实验研究。在影响流水地貌的主控因素的实验中，突出了基面变化、构造运动及人类活动作用的实验，显示了地学实验的特色；②流水动力地貌学与河流动力学相结合，注意水力学、泥沙运动原理的应用，吸取水力泥沙运动学的最新成果，比较全面地介绍了河型分类，突破以往的四分类法，使用包括网状河型在内的五分类法；在河型稳定性判据中引入边界条件，首次提出了"沙相关系"概念，虽尚不成熟，却值得尝试；③将"新老三论"原理引入流水地貌实验研究，吸收比尺相似模型实验、自由模型实验、比拟模型实验的特点，取长补短，建立了过程响应模型，介绍了五个相似准则，取得了一定成果。在分析和讨论实验结果中，关注实验过程中出现的临界性、复杂性、敏感性、预兆性和继承性现象，对流水地貌学的理论、方法和应用研究都有所裨益；④使用了当前国内外最先进的全自动化控制地壳运动升降装置进行流水地貌实验，并将该设备和相关先进仪器测试完成的最新成果写入了本书中。

全书由七个部分组成，简要介绍如下。

第一部分：主要包括刘昌明院士序，沈玉昌先生对地貌学发展作出的贡献，前言、目录等。

第二部分：包括第 1 章和第 2 章，介绍流水地貌实验研究的提出、沈玉昌先生关于河流地貌实验研究的初衷、筹建流水地貌实验室过程；比较详细地阐述流水地貌实验的目的与任务，以及国内外流水地貌实验研究状况等；在此基础上对流水地貌实验的理论与方法进行了概述，介绍和评述了比尺模型、自然模型、比拟模型，以及过程响应模型的特点、适用范围和优缺点。

第三部分：包括第 3 章和第 4 章，介绍流域地貌与坡地地貌发育实验。通过实验研究了流域和坡面的产流产沙过程、水系发育过程、消能方式等。

第四部分：包括第 5 章至第 11 章，介绍河型的基本认识及五种基本河型的实验。作为河型成因与演变实验的前奏，介绍河型分类及成因问题研究，顺直河型成因演变实验，弯曲河型成因演变实验，分汊河型成因演变实验，游荡-弯曲间过渡性河型成因演变实验，网状河型成因演变实验和游荡河型成因演变实验。具体内容为每一种河型的研究状况，过程响应模型设计、实验过程及分析、结果与讨论，注重平面、纵剖面及横剖面演变过程分析，以及河相关系分析、河型演变的临界分析等。

第五部分：包括第 12 章至第 17 章，介绍主控及影响河型发育因素的实验。包括水沙条件对河型成因演变影响实验，边界条件对河型成因演变影响实验，构造运动对河型成因演变影响实验，侵蚀基准面变化对流水地貌发育演变影响实验和人类活动对河型发育演变影响实验，以及流水地貌系统突变过程实验研究；介绍控制河型发育的四个自变量（平滩流量 Q_b、床沙质中径 D_{50}、边界中粉黏粒含量 M 及河谷坡降 J_v)，以及人类活动，主要是河流工程（修堤、护岸、修建水库、引水、河道开挖、采砂等）和生物工程对河型发育影响的实验成果与分析，并从实验角度探讨他们的相互影响。

第六部分：包括第 18 章和第 19 章，介绍实验仪器设备及数据图像的获取分析。介绍流水地貌实验的设备及测验仪器，包括当前最先进的仪器设备，以及流水地貌实验数据采集图像获取分析技术、动态图像摄影等。

第七部分：包括第 20 章和索引，介绍流水地貌实验研究的前景。紧密结合经济社会发展、全球气候变化、生态环境修复，并与大数据超算接轨等，探讨河流地貌实验的发展前景，倡导进一步提高实验理论水平及在实际应用的指导能力，为现代流水地貌学的发展做出贡献。

　　本书第 1~3 章由金德生编写，第 4 章由徐为群编写，第 5~9 章由金德生编写，第 10 章由王随继编写，第 11 章由张欧阳编写，第 12~16 章由金德生编写，第 17 章由张欧阳编写，第 18 章和第 19 章由乔云峰编写，第 20 章由金德生编写，全书由金德生统稿与整编。编写历经三年，得到中国科学院地理科学与资源研究所科学传播基金（项目编号：2018－01）、中国科学院陆地水循环及地表过程院重点实验室开放基金、国家自然科学基金委地球科学部主任基金（项目编号：41340021），以及中国科学院陆地表层格局与模拟院重点实验室开放基金的资助；在编写过程中，所领导和同事们给予了的大力支持，特别是朱乐奎博士提供了部分实验资料和照片，也得到了夫人郑兰芬研究员和儿子金钟研究员的全力帮助。如果没有他们的资助、支持和帮助，本书的编写是不可能完成的；此外，在本书编写过程中，大量引用相似理论、"新老三论"和前人关于流水地貌实验研究的成果，在此一并致以衷心的感谢。限于资料和认知水平的限制，书中难免存在不足之处，敬请读者指正。

金德生

2019 年 12 月 26 日

目录

纪念恩师沈玉昌先生 100 周年诞辰：先生英灵照寰宇
沈玉昌先生地貌学术思想与流水地貌研究贡献
序
前言

第 1 章

绪 论

实验和模拟是科学研究和实践中必不可少的手段和重要的组成部分，因为科学研究的常态方法是归纳和演绎，离不开实验和模拟。当人们力图认识客观事物时，不是通过大量事实进行归纳，便是由一般规律进行合乎逻辑的演绎。在这个认识过程中，人们希望了解所获得认识的正确性，与此同时，人们通过样品、样区或从中抽取某一因素，进行单因素控制条件下物理过程及机理的观测、实验与模拟研究。当人们一旦了解了客观规律以后，总是力图去能动地改造客观世界。在着手改造前，希望取得典型经验，了解可能改造客观世界的程度，以便权衡利弊。在着手改造和改造世界后，也希望进行尝试、实验和模拟，以便采取对策，兴利除弊。

1.1 地貌实验研究与实验地貌学

1.1.1 地貌实验研究的提出

流水地貌科学发展到了今天，与任何一门科学一样，不论在其形成理论的阶段中，或是实践应用的开拓过程中，人们为了认识一个大的、复杂的和演变缓慢的地貌系统，毫不例外地运用一个较小的、简单的和变化迅速的、类似或相似的天然或人工的地貌系统进行实验和模拟（Schumm et al.，1987）。在某种意义上讲，没有实验和模拟，便没有真正的现代地貌科学研究。在大量探索地貌机理和实验模拟的过程中，经过几代科学家的努力，地貌实验研究逐步发展成为一门独立的实验地貌科学。

1.1.2 实验地貌学的性质、内容和任务

地貌演变发育过程已成为广泛的研究课题。然而对研究者来说，可以利用的时间极为短暂，可观测的空间十分有限。人们不得不或者进行演绎推理，或者在有限地区进行观测统计，或者用经验关系外推和进行空代时式的研究。压缩时间和空间的地貌实验与模拟是十分有效的研究途径。

1. 实验地貌学基本概念

所谓实验地貌学是在严密监测和一定控制条件下，对被选择的地貌体或地貌特征进行自然条件下的观测或模型实验研究的地貌学分支。一方面，地貌实验是地貌学研究的有力武器，是一种有效的科学研究工具和手段。地貌实验研究有其自身的理论基础、实验类型、设计步骤、方法操作等内涵与外延，也有其自身发生、发展和衰亡的过程；另一方面，实验地貌学又是地貌学研究不可分割的组成部分，地貌实验与特定的地貌对象，即地貌体系或地貌特征密切相关，不同的地貌对象，不同的地貌实验内容，需要采取不同的实验方法和途径。显然，实验地貌学是跨界于地貌学和实验技术科学之间的边缘科学。

地貌实验模拟研究与动力地貌学研究密切相关，动力地貌是内外营力和第三营力——人类活动动力作用下形成的地貌，动力地貌学研究动力地貌形成机制、发育演变过程、地貌形态特征与其主要控制变量之间关系，实际应用的地貌分支科学（马蔼乃等，1998），是研究数理力学与地貌学之间关系的交叉学科（马蔼乃，2008）。动力地貌分支学科起源于 19 世纪 80 年代，一开始主要研究河流发育过程中的冲积、侵蚀等作用，获得较广泛发展是 20 世纪 50 年代以后的事。人们往往运用实验与模拟方法着重研究河流动力地貌特征、河流动力地貌发育机制及演变过程（倪晋仁等，1992），初露通过实验与模拟途径研究流水地貌动力地貌学的端倪。

2. 地貌实验模拟的主要内容

人们运用实验与模拟，旨在用缩短了的时间和缩小了的空间范围内研究地貌现象和地貌系统的形成和演化过程；研究地貌形态特征，成因机制与控制因素（单一的或综合的，自然的或人为的）的影响；研究地貌系统中的物质流和能量流及其在地貌系统中的作用、过程与形态的定量关系；预测地貌系统在种种控制因素作用下未来的变化，最后应用于生产实践，解决具体问题等。地貌实验与模拟的优点在于：①大大地缩短了时间尺度、缩小了空间尺度，提高了对流水地貌演变过程认识的深度和广度；②可以检验流水地貌发育演化的假设；③运用实验中获得的结果，估计原型地貌的演变方式和速率；④进行灾害性及危险性地貌过程的观测，提高研究地貌过程的安全程度；⑤依靠先进的量测技术，揭示某些在野外无法观察到的地貌发育的内在微观过程。总之，地貌实验和模拟是在控制条件下去定量描述地貌特征及过程，揭示控制因素之间的关系，预测地貌系统的未来变化。也因此地貌学的研究正向定量化、精确化、安全化及实用化方向发展，更好地服务于国民经济建设的需要，并服务于地貌学理论水平提高的需要。

3. 地貌实验模拟的任务

地貌实验和模拟的任务是十分艰巨而复杂的。首先，为了取得实验和模拟的可能结果，必须做一系列先导工作，做大量的经验与半经验定量关系的分析（其中包括实验和被模拟的地貌对象的特征、成因、控制因素、演变过程以及未来的可能变化）。其次，选择合适的实验与模拟方法，运用物理学、数学、地质学、地貌学、沉积学、流体力学和水力学、泥沙运动力学及材料力学、土力学等方面的知识进行模型设计、制作、检验与率定。再次，为了获得准确实验数据和图像，必须研制或引进微型的测验仪器、摄影及图像处理设备。为了提高实验效率，需要不断提高实验设备的自动化控制能力。在具体的实验和模拟操作过程中，应及时进行数据处理和图像分析，以便随时调整流水地貌实验和模拟的进程，使其达到预期的实验目的，应尽量避免盲目、不切合实际的实验和模拟。在这个过程中，运用微型和大型计算机建立数据库和数据自动处理是十分必要的。

1.2 我国实验地貌学研究概况

在我国，地貌学的实验研究始于 20 世纪 50－60 年代，流水地貌学的实验与模拟尤为突出。这类实验研究，首先在水利部门结合河道整治及水利工程建设而兴起。从 60－70 年代开始，地学部门中相继出现流水地貌的河型及控制因素方面的实验与模拟，结合铁路建设及水土保持等，开始进行坡地发育及控制因素的实验研究和定位观测，在流水地貌实验研究的推动下，到 2019 年底地貌学的实验研究及模拟涉及气候地貌学的各个分支，除流水地貌及侵蚀地貌外，风沙、冰川、冻土、滑坡、泥石流、喀斯特、河口海岸、湖泊沼泽等分支地貌学科的实验研究，据不完全统计，仅地学部门地貌实验室（站）已有 50 余个，研究人员及技术人员达 500 多人。在模型与实验设计、数据采集、图像分析及实验成果的获取等各个方面均取得了长足的进步，填补了实验地貌学在我国的空白，大大地促进了实验地貌学的发展。

1.2.1 流水地貌实验研究

20 世纪 50－60 年代水利部门结合荆江的裁弯工程，成功地进行了弯曲河型的造床实验（唐日长等，1964；尹学良，1965）。为了排除在多沙河流上修建水库后带来的影响，开展了游荡河型的造床实验，获得了具有一定应用价值的河相关系（李保如，1963；钱宁，1965）。70 年代以来，中国科学院地理所流水地貌实验室进行了一系列包括曲流、分汊及游荡河型在内的造床实验，以及控制因素，尤其是边界条件（金德生，1986）、构造运动（洪笑天等，1985；金德生，1985）对河型影响的实验研究。80 年代以来，进行了人控河型造床实验，对河相关系及临界概念有了更深入的理解（金德生等，1992；金德生等，1989）。提出了有关过程响应模型的若干问题（金德生，1989）。实验向流域地貌系统的广度和深度发展，从流水地貌全系统、综合观点出发，完成了流水地貌系统演变过程的实验研究，侧重研究流域物质组成、植被覆盖度及基面变化对流水地貌系统发育演变的影响，并进行流水地貌系统中突变过程的实验研究等。与此同时，流水地貌野外实验研究取得了一定进展，对其定义及地貌意义、基本方法和原理提出了看法。此外，模型实验的相似性程度及自动化测验水准等均有所提高（详见 1.3 节）。

1.2.2 风沙地貌实验研究

早在 20 世纪 50 年代末，在内蒙古及西北五省（区）建立了包括 6 个综合实验站及 10 个中心站在内的北方沙区科学实验网。1961—1966 年，在进行定位半定位专题研究的同时，于 1965—1966 年在兰州建立了我国第一个沙风洞实验室，积极开展有关风沙物理实验研究，如风沙现象相似问题（贺大良，1987）、风洞与野外输沙率对比分析（申建友等，1988）、土壤风蚀问题（董光荣等，1987；朱朝云，1987）、翻车风速（贺大良等，1982），并借助高速摄影机研究风沙运动轨迹（凌裕泉等，1980）及沙粒的跃移运动（贺

大良等，1988）。在磴口、民勤、榆林治沙实验站进行综合利用实验，结合铁路固沙任务，进行防止流沙移动措施的定位观测（朱震达等，1984）。

20 世纪末，尤其是 21 世纪以来，开展了风洞中沙粒的速度和能量分布（Zou et al.，2001）的研究，天然混砂风沙通量和输沙量的实验测定（Zhou et al.，2002），利用国内大型风沙物理风洞实验模拟沙尘暴电现象，研究风沙起电机理（张鸿发等，2004），进行典型沙丘动力学特征的风洞模拟实验研究（李芳，2006），复杂地形下的近地层风沙运动模拟（史锋，2008），以及沙丘地貌形态监测与模拟（杜会石等，2013）等。风沙地貌的研究与实验由西北干旱地区向河谷沙滩，如研究雅鲁藏布江河谷风沙地貌形成机制与发育模式（李森等，1999）及湖滨沙滩（王杰等，2017）发展的同时，向星际空间，如李继彦等对金星风沙地貌研究（李继彦等，2015）开启了先河。在实现生态、经济、社会效益相统一，有效防止沙漠化的实验方面也取得了很大成就。

1.2.3 冰川和冻土地貌实验研究

我国冰川的观测研究始于 1957 年，主要是常年观测天山乌鲁木齐河源一号冰川的积累、消融和成冰作用，研究大陆性高山冰川的成冰过程、物质平衡、冰川变化及气候要素的关系、冰川演变时空分布、冰川运动状况和流速分布等。1980 年以来，运用我国第一条人工实验冰洞，获得冰川物理过程和动力过程的数学模型，对冰川变化率及冰川底部溶动现象提出了新认识。1987 年，天山积雪雪崩，研究站开始"干寒型"积雪雪崩的防治研究，计划进行中国积雪学理论、雪崩治理模式和工程系列化标准、融雪径流形成理论和预报模式研究，为合理开发利用积雪水源、防治山区道路雪崩服务（中国科学院计划局，1988）。此外，兰州冰川冻土所在低温实验室开展了对冻土的物理机制的实验研究。

1.2.4 滑坡和泥石流地貌观测与实验研究

自 20 世纪 60 年代中期，中国铁道科学研究院西南分院、中国科学院成都山地研究所和兰州冰川冻土沙漠研究所等单位先后修建了泥石流模拟实验场，在泥石流模型实验的理论和模拟方法等方面做了许多有益的探索，并取得一定的成绩。1978 年云南东川蒋家沟泥石流实验场归属中科院成都山地灾害与环境研究所，自 20 世纪 80 年代以来开展多项研究，其特点是起步晚、进展快、效果佳。1980—1984 年，东川站建成为我国第一个半自动化泥石流野外观测站，对蒋家沟泥石流形成机理与过程、泥石流运动、动力特征、静力学特性、冲淤、预警报及防治进行了全面观测研究，取得了预报率达到 85% 的良好效果。滑坡的定位观测，主要是由 1985 年建成的金龙山滑坡观测站进行的，对斜坡地表及深部变形、地下水动态、滑动带的软弱夹层中地下水作用、滑坡影响因素、斜坡变形、地球物理及斜坡岩土体物理力学特性进行观测，与此同时，开展了二滩水电站建设过程中及建成后对斜坡稳定性影响的预报预测，以及斜坡变形破坏的防治措施研究（杜榕桓，1986）。21 世纪以来，进行了滑坡转化泥石流起动机理实验（陈晓清，2006）、泥石流冲击特性模型实验（陈洪凯等，2010），深化了滑坡与泥石流关联动力学机制、泥石流冲击力非线性特性的认识。为预测泥石流范围和评价防治设施的功能，探讨了泥石流的数值模拟和实验模拟方法（王丽等，2004）以及模拟的相似率（王协康等，2000；徐永年等，2004）。

中科院成都山地灾害与环境研究所的泥石流动力实验室和滑坡模拟实验室可对泥石流物理特性及过程和滑坡的形成机制进行模拟研究，较高水平的模型实验解决了大秦铁路跨越泥石流沟的设计问题。此外，泥石流流变性质和动力学研究也取得了进展（杜榕桓，1986）。21世纪初，泥石流动力实验室进行了改建和扩建，使泥石流与流水地貌实验可以联合进行，极大地提高了实验效率，在降低实验运行耗电量及噪声等方面取得很大进展。

我国灾害性泥石流沟有1万多条，占泥石流沟总数的1/10，直到21世纪初，治理泥石流沟约100多条，以流域为单元进行泥石流沟治理为主的观测与实验还任重而道远（吴积善等，1999）。

1. 2. 5　坡面侵蚀地貌实验研究

20世纪50年代，水电部黄河水利委员会及中国科学院西北水土保持所在黄土高原地区围绕治理黄河任务，积极开展了土壤侵蚀及水土保持的定位观测，初步确定了黄河的粗泥沙来源区，为治黄作出了贡献。60年代初，中山大学地理系曾运用小型水槽，进行侵蚀作用的人工降雨实验的尝试，取得了可喜的成果。70年代末，中国科学院地理所建成坡地地貌实验室，开展了溅蚀的实验研究，探讨坡度对坡面产流、产沙过程影响（陈浩等，1989）、植被对降雨溅蚀影响以及表土结皮在溅蚀和坡面侵蚀过程中的作用（蔡强国等，1989）等；中国科学院西北水土保持所（1987年，更名为"中国科学院水利部西北水土保持研究所"）在安塞实验站进行了天然雨滴打击及对黄土结皮作用影响侵蚀模拟实验及定位观察，并于2004年建成高20m、总面积为1296m² 的世界第二大规模、亚洲最大的人工模拟降雨大厅，具有下喷式与侧喷式的模拟降雨系统，降雨大厅内设有固定式液压升降实验土槽、移动式液压升降实验土槽、组合移动式液压升降实验土槽及小流域实体模型，还有便携式降雨机等设备；与此同时，结合探讨黄土地区侵蚀产沙机理及土壤侵蚀防治，进行沟道与小流域模拟降雨侵蚀实验，并于2004年由中国科协确定为第二批全国科普教育基地创建单位，向全社会开放，供广大观众及大中小学学生参观学习。

1. 2. 6　河口海岸动力地貌实验研究

我国河口海岸动力地貌半定位观测于1965年开始，室内模拟实验在20世纪70—80年代才进行。杭州大学地理系河口动力实验室对河口动力过程及工程效益、华东师范大学河口海岸所水工模型实验室对河口海岸过程及海涂开发进行了不少的实验研究，提高了河口海岸过程的理论认识，并为河口整治、海涂开发作出了有益的贡献。

此外，我国还开展了湖泊沼泽的成因演变定位观测及实验研究，对喀斯特洞穴的成因也开始进行实验模拟研究（朱德浩，1995）。

1. 3　实验流水地貌学的形成和发展

流水地貌学研究的实验和模拟并不是新近才有的事，它是随着力图验证某种地貌成因假设或分析影响地貌发育的因素而发展起来的。早先在法国、德国发展起来，随后是苏联、英国、美国、日本，在我国开展得较晚。最先进行地貌实验研究的学者是法国的

Daubree（1879），其著作描述了大量地质特征的地貌实验，由实验结果提出假设，再用原型进行检验。在各种地貌学实验和模拟中，流水地貌的实验和模拟最为突出，与河流工程学研究中采用的实验研究相比，流水地貌实验与模拟的起步要晚些。18 世纪末，简森 P. Ph 等（1986）完成了公认的第一个水工模型实验研究，而流水地貌的模型实验研究晚了 1 个世纪，它始于法国学者 Noë 及 Margerie（Маккавеев et al.，1961）进行的关于构造与剥蚀过程对地形影响的实验。大量的有关实验，则是 20 世纪中叶以来的事。流水地貌的实验与模拟大体经历了如下三个发展阶段。

1.3.1　野外观测向室内实验发展的阶段

20 世纪 40 年代以前，可以说是由初期的野外观测向室内实验发展的阶段。由于野外地貌研究观测难以研究地质时代中大范围地区内发生的种种过程，于是地貌学家开始对室内的模拟实验感兴趣，因为室内实验可以在任何时间和空间尺度中完成，相比之下，花费的时间、物力和财力要少得多。在这个阶段，由于对地貌过程和影响因素间的关系缺乏定量认识，模拟实验理论也不尽完善，处理资料的手段尚属于低级阶段，实验设备简陋，测量手段较为简单。因此对实验和模拟结果的精度和预测能力也极为有限。

在此阶段中，代表性的实验和模拟有：Noë 和 Margerie 关于构造和剥蚀过程对地形发育影响的实验（Маккавеев et al.，1961）；Davison（1888a，1888b）对与碎屑物运动有关假设的实验验证，实验证明了由于太阳热量促使岩石膨胀而引起碎屑物质移动，据此可估计典型碎屑坡上岩块蠕动的剥蚀率。

19 世纪末和 20 世纪初，不少地质地貌学家运用实验手段，复演了地形的天然发育过程或验证了地形的发育理论。例如：Павлов（1898）用实验验证了潜水对单斜谷谷坡塑造有很大影响的假说；Hubbard（1907）用置于玻璃板上的泥浆去模拟当玻璃板倾斜而发育的小细沟系统；Howe（1901）用水喷洒在由砂和大理石粉粒组成的穹窿地面，研究模型岩盖的侵蚀演变；Jaggar（1908）在实验室复演了弯道、河流袭夺及水系发育，并指出了实验的价值和问题，他说："实验提出了许多问题，然而几乎没有答案"。20 世纪初期，Gilbert（1917）进行了水流搬运泥沙的杰出实验，实验数据至今仍被用来检验输沙模式。在德国，Würm（1935，1936）借助葡萄园浇水用的喷嘴，去喷洒平坦的具有不同阻力的水平岩层地面（70cm^2），研究梯地（stepped land）以便验证 W Penck 关于山前梯地的成因假设。Würm（1935）还通过实验研究坡面演化和河流纵剖面发育问题。此外，贝茨和亨利（Bates et al.，1928）为了估计森林对气候、径流和侵蚀的影响，曾在美国西部格兰德河森林区进行了小流域对比性实验。

1.3.2　流水地貌实验模拟逐步进入成熟阶段

从 20 世纪 60 年代中叶到 70 年代初，流水地貌实验和模拟出现了新的变化：①流水地貌学的实验和模拟建立在物理学相似理论的基础上；②实验对象范围缩小，比尺放大，模型本身扩大，模拟的地貌对象却缩小，实验结果向定量分析发展；③建立了一系列地貌实验研究机构，进行了许多出色的实验研究（沈玉昌等，1980），而野外的实地观测研究退居次要地位；④发表了许多论文并开始出版专门论著，如苏联出版了《实验地貌学》。

显然，实验地貌学已作为地貌学的崭新分支而问世，这意味着这门学科正在逐步进入成熟阶段。

在流水地貌实验方面，美国与苏联的学者进行了不少至今仍有参考价值的实验研究，在苏联国立水文研究所（ГГИ）的实验室，由 Великанов（1950）领导，自 1947 年开始进行了大型的流水地形发育过程的研究，主要研究在不同的流量与原始地面比降条件下，水流在沙质河床中的侵蚀切割过程。美国陆军工程兵团 Friedkin（1945）在维克斯堡实验室中，运用沙质材料在比降为 0.06～0.0015、平均流速为 24～36cm/s（平滩水位）条件下，塑造成最大水深达 3.05cm 的深泓弯曲河型。研究结果表明，细沙和淤泥的混合物不适合模拟弯曲小河，关于建立混合物中淤泥的含量与崩岸速率间关系的尝试也没有取得成功。Brush 等（1960）运用模型实验研究侵蚀和堆积过程以及纵剖面转折处形成的河谷形态，实验表明在纵剖面转折处，伴随溯源侵蚀的进行，下游河道发生强烈的堆积。Leopold 等（1964）进行了分汊河型的实验，研究江心洲的发育过程。

在坡地发育的模拟实验方面，Ellison（1944）研究了雨季的雨滴和沿坡面流动的水流同时在坡面上发生的侵蚀作用，对雨点溅蚀进行了暗室摄影；Гуссак（1949）应用装有电影摄影机的显微镜直接观测了土壤与水分之间的接触现象，对片蚀进行了微观的研究。苏联科学院地理研究所 Арманд（1950）和 Спиридонов（1951）用人工降雨设备，研究降雨对斜坡发育的影响，注意了坡面上小侵蚀犁沟的发育特征，观察集水区中犁沟间的袭夺引起的侵蚀形态的"斗争"。Нефдъева 等（1956）运用实验研究了流量、原始地面比降、坡面沙子粒度对形成切沟形态和形成速率的影响，Schumm（1956）在美国新泽西州 Perth Amboy 劣地进行了坡地演化的观测，观测表明：①在不同的地质条件控制下可以形成类似的地貌形态，为不考虑比尺进行实验和模拟奠定了基础；②坡地的平行后退和倾斜后退可以同时存在，从而把 Davis 与 Penck 的坡面发育模式协调起来。

地貌过程研究的其他领域，如 Bagnold（1941）、Знаменский（1958）在风沙地貌过程的研究方面取得了卓越成就，他们在风洞中研究风沙搬运过程和风沙地貌的成因。此外，在冻土及其地形形成过程的实验研究方面，苏联科学院也做了不少工作，对喀斯特现象（Акташев，1932；Бутырин，1936；Девдариани，1959）、冰川特征（Chorley et al.，1984）、冰川地貌过程（Rozycki，1958）以及受波浪作用的岸坡形成等都进行过实验和模拟。

1.3.3　流水地貌实验与模拟发展的新阶段

20 世纪 70 年代末以来，由于"老三论"（系统论、控制论、信息论）中系统论及"新三论"（耗散结构论、突变论、协同论）的引入，加之环境与资源问题越来越突出，人类活动作为地貌成因和演变的第三营力愈加受到重视。同时，一代又一代新型计算机的问世，空间技术的不断发展，使得地貌学研究出现了新的面貌，在这个时期，流水地貌的实验与模拟具有下列特点：

（1）原型的定位观测重新获得发展。

（2）向地貌系统综合实验方向发展。

（3）实验对象向构造地貌学和星体地貌学扩展。

（4）实验理论和方法的发展，特别是电子计算机数字模拟获得了广泛应用。

1. 野外的定位观测与实验重新崛起与发展

在流域系统的定位观测方面，英国设立了野外地貌实验委员会，进行了一系列流域系统的观测，如运用套叠式流域实验，研究小流域系统中的产流产沙以及形态与过程间的关系；1983 年专门举行了这方面的学术讨论会，出版了《流域地貌实验》论文集（Burt et al.，1984）。该论文集提供了关于作用于流域盆地的径流和侵蚀过程方面极有价值的信息，直接或间接地提供时间和空间过程的作用速率，运用系统方法把流域作为地貌实验的基本功能单元，一方面，把流水地貌学的研究与诸如生态学、农学、地质学，特别是水文学等环境科学广泛结合；另一方面，确定了现代流域地貌过程的研究与现代系统运行之间相互作用的重要性，认为许多现代流水地貌的产生与长时段的地形发育没有明显的联系。因此，提出了一种观点：地表形态有效地控制流域系统过程的功能，它与地形演化速率间的关系不好。广义的现代过程将弥补传统地貌学与现代地貌学之间的缺陷。

在坡地研究中，日本学者在日本 Alsumi 半岛的 63 个孤立山坡中选用 3 个作为实验坡，在大雨期间进行观测。研究表明，从动态观点来看，由山顶到山脚，坡地可分成 5 段：A 段（山顶），呈凸形坡；B 段为过渡坡，呈微凸形坡；C 段为陡坡；D 段呈微凹形坡；E 段为凹形缓坡，各个坡段具有不同的演变特征。在一定时期内，C 段保持平行后退；在另一时期内，A 段坡的降低大于 C 段坡的平行后退。Kashiwaya（1979）对露天实验场上的沟谷系统进行了随机研究。

2. 室内的模拟实验向流水地貌系统方向发展

美国科罗拉多州立大学地球资源系 Schumm 教授（Schumm et al.，1971，1972；Schumm，1977）进行了一系列流水地貌系统方面的实验研究，几乎涉及流水地貌的各个子系统。例如，运用人工降雨设备，在两个微微倾斜的面上对水系型式、水系演化、河流变迁及其与输沙率间的关系做了实验研究。实验表明，一开始形成树枝状水系，随着人工降雨量的增大，河网密度和河流频数增加，当达到最大降雨值时，由于水系内部动力结构的变化，河网密度趋向常数，低级支流减少，而高级支流增加；在水系中心部位，通过合并，河道消失，越过这个临界点以后，输沙率便降低。

流域系统实验揭示了侵蚀基准下降时出现的临界、突然侵蚀及流域中的复杂响应（Schumm，1981）。在所进行的河型系统实验研究中，揭示了描述弯曲率与河谷比降、消能率（τv，切应力与平均流速之乘积）间关系的 Schumm-Khan 曲线（Schumm et al.，1972），以及河型转化的地貌临界值 Φ。流量与输沙量变化对三角洲发育影响的实验研究指出，不论输沙量增加或减少，都会导致三角洲面积随时间扩大。当输沙量减少时，河道与三角洲顶部遭受冲刷，形成叶状三角洲；当输沙量增加时，三角洲的长、宽比率变小，形成扇状三角洲（Schumm，1981）。为了总结实验研究成果，1987 年 Schumm 等编写出版了以流水地貌系统思想为指导的《实验流水地貌学》（Schumm et al.，1987）。

3. 实验与模拟向构造地貌学和星体地貌学扩展

在普遍重视气候地貌学各分支学科的动力机制实验研究的同时，地壳内营力作用下的构造地貌学实验，月球表面与火星表面的形态成因实验得到重视，许多地球科学家（Woldenberg，1985）利用实验技术研究地质现象，例如，火山通道力学实验（Woolsey et al.，1975）、构造运动实验（Ramberg，1981）、火山活动实验（Wohletz et al.，1984）、海岸侵蚀实验（Sunamura，1982）、月亮火山口成因实验（Gilbert，1893；Wegener，1921）等，早已引起了人们的注意。

由于人造卫星技术的发展，人类已获得越来越详细的间接和直接的星体地貌信息。于是，星体地貌现象的实验和模拟引起了地貌学家的关注，例如，Mills（1969）及Schumm（1970）先后进行了月球火山口的实验，获得了不同的成因见解。Schumm（1974）及Greeley（1974）等还就火星渠道及火星上的风成过程进行了实验研究。此外，Fink（1981）及Piekotoski（1980）对冲击火山口的成因也进行了实验研究。

4. 电子计算机模拟以强有力的姿态出现

在流域系统、河型或坡面发育方面均有计算机模拟应用的范例。Smart、Leopold、Wolman及Ahnert等在这方面均作出了贡献。Smart（1973）引用随机拓扑学理论，对水系进行了随机模拟；Leopold（1962）等进行了水系发育的"随机游动"模拟；Howard等（1970）用蒙特卡洛法对分汊的随机指标作了探索；Chang（1979）将水力学与地貌学相结合，模拟了河床形态特征；Shen等（1977）、Yang（1987）等运用最小能量消耗理论及流管方法模拟了密西西比河曲流的局部冲刷等。

Ahnert对坡面发育进行三维模拟研究，在固定基准面的模型中，用一种任意的原始坡面去模拟坡面的发育过程。实验结果表明，原始坡面的形态对后来的剖面变化很少或几乎没有影响。不同的原始坡面，在相同作用条件下，坡面变化趋向于具有相同特征的坡面形态，即凹形冲刷坡、凸形蠕动坡及黏-塑性流凸凹坡（Ahnert，1976）。

5. 实验理论与技术水平进一步提高

早先的地貌学实验目的在于力图模拟地貌现象和检验成因假说。因此，实验时侧重于因素影响的定性类比，而近代地貌学实验力图运用量纲理论和相似准则。然而，要达到几何相似、运动相似和动力相似是相当困难的，于是出现了自然模型（Великанов，1950）。因为作用力、时间比尺很难协调，难以达到真正的动力相似，正如Barr（1968）指出的"一旦真正的动力相似没有了，水力模型便沦为水力类比"，于是出现了比拟模型和过程响应模型。

Hooke（1968）提出"过程相似"或"行为相似"作为第四个相似准则，要求原型与模型具有粗略的比尺关系，复演原型的某些地貌特征，实验过程通过逻辑判断，力求与原型的相同。在吸收上述种种模型的优点并运用系统论中"异物同功"原理和地貌演化的"类比性"法则基础上，有人建立了过程响应模型实验法（一种灰箱实验法）。目前，更适合于地貌系统演变过程的实验研究已得到发展（Jin et al.，1986）。

1.4　我国流水地貌实验与模拟的研究现状

流水地貌是地理景观的框架。许多国计民生的实际问题，如国土整治、特区开发、城镇布局、流域规划、河道治理、水土保持、环境保护、生态平衡等无不与此息息相关。地理学理论的若干概念，如"常态侵蚀""地理侵蚀循环""侵蚀轮回学说"也源自流水地貌。

因此，流水地貌一直为世人所瞩目，人们运用诸多方法、途径去研究这个对象。其中，流水地貌实验模拟的两个环节，不论是定位观测、实地实验，还是室内实验模拟，已日益成为流水地貌学基础理论及应用研究的重要组成部分（Jin，1990；许炯心，1995）。

20世纪80年代中叶以来，国内外流水地貌实验模拟取得的进步主要表现为：①在内容上，向流域地貌系统的广度和深度发展；②在实验理论上，流水地貌模型相似性程度有一定程度提高；③在实验技术上，自动化测验技术水准有所推进；④在组织形式上，多种联合组织和相关学术团体先后成立。

1.4.1 向流域广度及非线性深度发展

流水地貌实验与模拟，不仅是流水地貌学研究的手段及组成部分，而且已发展成一门边缘技术科学。其实验与模拟的对象，随着流水地貌研究内容的扩展而拓宽，并随其研究深度的加深而力度增强。

1. 向流域系统广度开拓

流域已公认为是最基本的研究单元（Burt，1984）。对于流域可以有两种理解：①狭义的理解，即将产流产沙的受水盆地区域，也就是习惯上所称的小流域的那部分地貌系统，它由分水岭脊线所围绕，包括溅蚀带、细沟侵蚀带、沟道系统及坡面因素等；②广义的理解，即如Schumm（1977）所指出的那样，流域系统是一个流水系统（fluvial system）。一个理想的流水系统，应包括受水盆子系统、河道子系统、三角洲子系统及坡地子系统等，它是一个多层次、综合的功能单元。这个系统的存在靠物质能流的输入、输出来维持。目前，由国际地理联合会（International Geographical Union，IGU）野外实验委员会注册的104个实验观测站中，88个以流水地貌为研究对象，约占85%；在流水地貌为研究对象的实验观测站中，差不多有3/4侧重研究流域或坡地侵蚀发育问题（Slaymaker，1981）。

之所以如此，是因为将流域作为功能单元至少有以下3种结果：①流域中发生的自然地理过程，尤其是与流水有关的过程，将与许多别的科学，如农学、地质学和水文学等进行广泛"交叉互补"的机会；②有可能通过综合研究，运用实地和室内相结合的实验模拟，获得有效的预测模型，特别是可以获得切合实际的侵蚀产沙模型，以便采取有效的水土保持措施，大大地开阔有关科学领域中科研工作的视野；③在研究现代流域过程与现有系统组成要素，包括自然和人类活动因素之间的关系时，注重现代过程作用的研究，获得关于地貌形态对作用过程控制的有效性认识。通过流域组成因素与其他流水地貌子系统（例如河道子系统）之间关系的研究，大大地开拓具有流水地貌学坚固基础的流域科学，并更好付诸应用。在我国北方半干旱山区的科技扶贫研究中发现，如果将流域作为科技扶贫的功能单元，除了上述3种结果外，还可能极大地综合流域中发生的自然过程和社会过程，导致现代地理系统工程在科技扶贫中，乃至在小康及富裕工程中发挥不可估量的作用，并在经济、社会和生态效益三方面取得效果（金德生，1992）。小流域综合治理不仅给黄土高原、华南红土丘陵区带来了很多效益，而且也给全国其他地区（例如长江中、上游地区）带来良好的环境效益。可以设想，全国乃至全世界侵蚀严重或比较严重的地区，进行综合治理后，像黄河那样的多沙河流，有可能变成少沙河流。假定可控制全世界侵蚀量的 1/3，则每年减少流失 2000 亿 t 肥沃表土，向海洋中少排放泥沙 58 亿 t。显然，流水地貌研究向流域系统广度的开拓是解决实际问题的必经之路。

从理论研究角度来说，全球气候变化、温室效应、人类活动、内外营力作用的协同性等，对流水地貌的影响，只有在流域系统研究中，由河道子系统的线状问题，扩展到面状问题，甚至扩展到三维及四维问题，才能有比较全面的认识。就"温室效应"的二次响应而论，首先，由于它的存在，必然影响到地理区域或某些地带的温度和降水的变化，这是第一次响应；其次，温度及降水的改变，必然影响植被的发育，导致受水盆地中产流、产沙特性的改变，这是第二次响应。在流水地貌系统中，两者均能使流域特征、水系发育、河道演变及三角洲的发育演变中有所反映。Schumm 曾经描述过两种极端气候条件下流水地貌系统的演变发育特征（Schumm，1981）。我们曾经借助 Langbein-Schumm 曲线（Langbein et al.，1949；Schumm，1985）推测黄土高原因温室效应导致的产流产沙变化。假定年平均降雨量增加到 600mm，年产沙量将减少 2.8 亿～4.3 亿 t，年径流量将由 280 亿 m³ 增加到 370 亿～500 亿 m³（Schumm，1985；金德生，1992）。不过读者可以发现，由 Langbein-Schumm 曲线推测的数值，在黄土高原这样特殊的环境下竟相差数十倍，文献（Schumm，1985）中给出的数字是经扩大一定倍数而获得的。目前，还没有符合我国国情的类似曲线，许炯心（1990）力图研究河型发育与地理地带性之间的关系，取得了一定进展。如果缺乏类似的曲线，将极大地影响我国流水地貌演化的宏观定量预测，另外考虑到经济大步开放、高速开拓发展，流域中土地利用方式急剧改变，人类活动加剧，而人类活动加速——侵蚀速率，迄今尚没有准确的定量数据，则更增加了流水地貌演变发育趋势预测的难度。因此，为了解决上述问题，便出现了众多野外定位观测站。与此同时，室内实验模拟研究内容也由单纯的河道一维、二维实验，向坡面系统进而向流水地貌全系统三维、四维问题发展。

2. 向非平衡态非线性深度发展

流水地貌系统演变过程的研究，习惯于注重水系、河道、河岸崩塌、洲滩、滩槽演化等在相对平衡状态下的常态过程研究，其焦点往往是演变速率在时间分配上的均变性和空间分布上的均匀性。事实上，这是将流水地貌系统作为平衡态线性体系加以研究的。近年来，不少学者认为，由于流水地貌系统的开放性，当该系统接近平衡态时，即在非平衡态的线性区，在边界条件阻止流水地貌系统达到平衡时，系统将选择最小能耗的状态，这时有最小熵产生和最小的能耗率（Yang，1971）。然而，该系统总是力图回到与外界相适应的定态，保持时间序列上的不变性，空间分布上的均匀性以及种种扰动下的稳定性。Langbein 等（1966）进行弯曲河型随机成因假设，金德生等（1992）将此假设推广到分汊河型及游荡河型随机成因研究，并由实验获得论证，便是基于这一认识的，当一个系统远离平衡态，即位于非平衡态非线性区时，一个很小的扰动会使该系统突然飞跃到一个新的状态，导致宏观有序结构的形成。Schumm（1973，1975，1979）提出的地貌临界、突变事件及流域中的复杂响应等，均以此理论为前提。20 世纪 80 年代，这一论点风靡一时，对 Davis 的侵蚀循环理论作了某些修正。近年来，已应用于地貌灾害过程的灵敏性、奇异性及复杂性的分析（Schumm，1988）。国内不少学者也开始了这方面的探索（陆中臣等，1988；曹银真，1987；金德生，1987；Ai，1989）。在河道子系统中，不同河型的造床实验（金德生等，1992）及侵蚀基准面升降时，不同物质组成的流域地貌系统影响的实验研究中，发现侵蚀基准面一次下降时，分汊河道中出现江心洲中套江心洲的复杂响应，以及物质组成均匀性越差导致响应程度越加复杂的现象。许炯心（1986，1898）就河道对人类活动影响作出的复杂响应做过研究，由于水库下游河道受水库运行的影响，河宽及水深均有复杂响应发生。

流水地貌各个子系统不同层次的实验研究，将有助于深化非平衡态非线性流水地貌发育理论的认识，目前对于该问题的认识深度，可以借助日本学者 Takasuke（1989）对地貌研究认识的三个发展阶段来衡量。我国非平衡态非线性地貌理论的研究，还只是处在现象认识论阶段，离规律性认识，并上升到理性认识阶段还差得很远。非线性非平衡态地貌发育理论的深入研究，不仅使地貌发育理论会有一个较大的突破，而且能更有效地认识地貌灾害的时、空变化规律和预测地貌灾害事件的发生，从而减轻危害程度。

1.4.2　流水地貌模型相似程度的提高

对于流水地貌系统的深入研究，依据一定的科学理论，如相似理论、比拟法则、异构同功原理等进行实验模拟，是流水地貌研究由定性向定量研究的重要途径之一。确定流水地貌模型与原型之间的相似关系，即建立相似准数的方法：①根据相似定义，相似体系中同名物理量间成一固定比例，对于牛顿力学体系中不同的作用力之间保持的因果关系，寻求表达这种体系的主要特征，尤其是控制变量的相似准数；②运用因次分析法，研究体系中各因素物理量的因次关系，得出一系列无因次相似准数；③分析描述这种系统的物理方程式（这些相似系统必须共同遵守的量的规律），得出相似准数（左东启等，1984）。对于流水地貌系统，在河床地貌及河型模型实验的相似研究方面，均取得了可喜的进展；借助非牛顿力学体系，运用系统中形态、物质能流及其耦合关系，获得了系统中由数理统计特征及统计方程式所表达的准相似准则（金德生，1990）。

1. 河床地貌实验模拟方法

在河床地貌模型实验中，基于水流运动基本方程的定床河床地貌模拟已比较成熟，进入了应用阶段。过去，对于动床模型，采用近似于定床模型条件下满足一些相似条件来进行动床实验。近年来，从基本相似准则——水流运动及水沙运动相似，获得了定床模型相似准则。进一步由泥沙悬浮相似、颗粒运动相似及河床变形相似几个方面，探讨动床模型相似性。

倪晋仁等（1992）借助悬浮颗粒在流体中的扩散方程式：

$$\frac{\partial(uc)}{\partial x}+\frac{\partial(wc)}{\partial z}=\frac{\partial}{\partial z}\left(\varepsilon_{pc}\frac{\partial c}{\partial e}\right)-\frac{\partial(wc)}{\partial e} \qquad (1.4-1)$$

式中：ε_{pc} 为颗粒扩散系数；w 为颗粒的沉速；c 为颗粒浓度。

导得颗粒悬浮相似律：

$$W_r=U_r\left(\frac{H_r}{L_r}\right)^{b_1}R_r^{a_1}/H_r^{\frac{1}{2}} \qquad (1.4-2)$$

取 a_1、b_1 为 $1/2$，由 $R_r=H_r$ 可得

$$W_r = U_r \left(\frac{H_r}{L_r} \right)^{\frac{1}{2}} \qquad (1.4 - 3)$$

式中：W_r、U_r、H_r、L_r 分别为颗粒沉速比尺、流速比尺、垂向比尺与纵向长度比尺。

倪晋仁、张红武从单颗粒在流体中的运动方程，导出了关于颗粒运动各个细节的相似率（包括跃移、沉降、旋转、加速等方面）。从颗粒群体运动角度，由河床变形方程：

$$B \frac{\partial z}{\partial t} + \frac{1}{r'} \frac{\partial (B_{qz})}{\partial x} = 0 \qquad (1.4 - 4)$$

推导得河床变形相似条件：

$$(t_1) = \frac{(r')_r H_r L_r}{q_{sr}} \qquad (1.4 - 5)$$

显然，尽管在相似条件中，输沙量比尺 q_{sr} 仍然由经验或半经验公式推求，未能充分考虑河床边界条件相似性。在悬浮相似条件中，指数 a_1、b_1 的确定，研究也不够充分，可以认为，河床地貌模型相似性问题，特别是考虑动床阻力与定床阻力的差异性，将直接影响模型的相似律。

2. 河型模型实验方法

在实验室模拟各种不同的河型是难度极大的课题。要成功地获得与原型相似的河型，必须分析河型的控制要素及形成机制，国内外不少学者对河型的成因、分类及模拟实验做过不懈的努力。20 世纪 40 年代中期，Friedkin（1945），50 年代 Leopold 等（1957，1964）在进行实验时，虽然考虑了必要的边界条件，但是侧重水沙特性对河型的影响，所获得的弯曲河型或分汊河型均不很典型。20 世纪 60 年代初沙拉舒金娜（Шарашкина，1960）对边界条件结构进行分层，才模拟成分汊河型，当时，我国学者如唐日长等（1964）、尹学良（1965）及李保如（1963）注重考虑水力泥沙因子，必要的边界条件，分析天然河型造床过程，分别模拟成弯曲河型和游荡河型，并提出了河型相似问题。李保如、屈孟浩（李保如等，1985）在 80 年代，通过实验对影响河型的主要因素做过专门研究，所获得的关系曲线在设计弯曲河型及游荡河型的模型时，提供了一定依据。然而，由于当时河型成因、分类的研究尚不深入，河相关系也不十分清楚，因此影响了河型相似问题的进一步研究。

20 世纪 60—90 年代，无论在河型分类、成因演变（Schumm，1963；钱宁，1985；钱宁等，1987；沈玉昌，1985；尤联元等，1983），还是水力泥沙运动方面（钱宁等，1987；倪晋仁等，1991；韩其为，1991）均取得不少进展，为解决流水地貌实验中河型相似问题提供了条件。70—80 年代以来，国内外在河型的实验研究方面有较大进步（Schumm et al.，1972；Ackers，1964；Ackers et al.，1970b，1970c；金德生，1986；Jin et al.，1986）。

金德生（1995）据非牛顿力学异构同功原理及地貌类比法则，考虑河型划分的四个临界条件：①流量（Q）-比降（J_{ch}）关系，②曲折度（P）-河谷比降（J_v）关系，③临界河岸高度比，④临界泥沙组分等；提出实现"河型相似"的五个准则，即：形态统计特征相似、河漫滩组成及结构比相似、相对演变速率相似、因果关系相同、消能方式及消能率相似。因此，从宏观控制角度，推进和深化了河型相似问题的研究。

张红武等（1990）提出了反映河流及其模型综合性稳定指标（Z_w）：

$$Z_w = K_w \frac{1}{i}\left(\frac{r_s - r}{r}\frac{D_{50}}{H}\right)^a\left(\frac{H}{B}\right)^\beta \tag{1.4-6}$$

式中：i 为河床比降；B、H 分别为造床流量下的河宽及平均水深；D_{50} 为床沙中径；r_s、r 分别为泥沙及水流的容重；K_w 为反映河岸结构的相对影响系数，河岸为二元相结构时，取 $K_w > 1$；河岸河床的边界组成及其抗冲性能均比较接近时，取 $K_w = 1$。

$Z_w < 5$ 为不稳定河型，$Z_w < 3$ 游荡河型更加显著，弯曲河型的 Z_w 值可以大几十倍，为了适应比尺模型的设计，提出了以河流综合性稳定指标作为河流相似准数，亦即河型相似条件：

$$\left(\frac{\frac{r_s - r}{r}D_{50}H}{iB^{2/3}}\right)_{模型} \approx \left(\frac{\frac{r_s - r}{r}D_{50}H}{iB^{2/3}}\right)_{原型} \tag{1.4-7}$$

该相似条件适当地考虑了河岸河床边界组成与抗冲性比较一致的情况。然而，对于边界条件比较复杂，河岸与河床组成物质不一致的情况下，K_w 是值得探讨的。事实上 $K_w > 1$，亦即相当于河岸比较稳定，河床可动性相对较大。究竟 K_w 值多大，才能出现与此相适应的某种河型，也就是 K_w 与河型的相关性对应关系，在文献中未能充分讨论。不过，当水沙条件给定时，以何种形式表达河床边界条件的相似目前尚未定量解决，也是未来研究河型相似问题的重心所在。因此，如何从定性走向定量解决河道边界条件相似，是最终解决河型相似的关键问题。21 世纪以来，边界条件对河型发育影响的实验研究已引起足够重视，特别是河岸边界有植被影响的实验研究，取得了可喜的成就（朱毕生等，2005；杨树青等，2012，2018；朱乐奎，2022；朱乐奎等，2022）。

1.4.3　自动控制及测验技术水准有所提高

在 20 世纪 50—60 年代，流水地貌模型实验基本采用传统的测验技术和操作方法，由于技术水平低下和微电子技术不发达，电子仪器水平不高，几乎缺乏自动控制设备，大多采用手动操作。实验时往往使用容器法或三角堰法测流量、毕托管及计数器测流速、测针施测水位和地形高程、采用称重法手工加沙等。70—80 年代，国际上出现红外遥控、激光测验技术，可以进行自动控制的室内外测验仪器设备。例如，德国海德堡大学地理系的野外流域测验站、荷兰 Delft 水工模拟实验室、苏联列宁格勒国立水文所的水工实验室、加拿大多伦多大学地理系、日本筑波大学环境与水文实验室等，都有很好的计算机控制测验设备。在国内，20 世纪 80 年代以来，实验自动化测控技术水准也有所提高，值得提到的是有下列几种装置和设备，这些在室内外的实验和观测中起到了积极的推进作用。

（1）河道地形自动测验系统。由自动定位测量系统、测深和记录仪器和导航设备等组成，具有现场成图、用磁带或磁盘记录数据和航迹指示等多种功能。

（2）泥石流动态监测系统（中国科学院计划局，1988；吴积善等，1999）。1961 年蒋家沟泥石流观测研究站建立，进行简易的人工观测，20 世纪 80 年代，发展为半自动化观测，21 世纪初全面建成自动化观测站。建有泥石流形成机制等 8 个观测研究系统，拥有多种观测仪器设备，能快速高效地进行自动化观测研究。

（3）微型水沙测控仪器及设备（中国水利学会泥沙专业委员会，1992）。电子跟踪式自动水位计是利用水电阻极限变化，使电桥产生不平衡的原理来测量。电磁流量计是利用电磁感应原理来施测导电液体流量，由电磁变送器、电磁转换微型测速仪组成，有一种是光电转换微式旋转流速仪。

（4）尾门水位自控设备（杨铁生等，1992）。由清华大学水利系研制控制尾门水位的系统，尾门水位根据数学模型计算估计，简化过程线跟踪，精度较高，实施步骤简单。

（5）振动式加沙装置。中国科学院地理研究所流水地貌实验室仿制，由加沙漏斗、输出槽、振动器、助振弹簧及沙量控制器组成，系半自动加沙装置。装置简便、易操作、加沙率均匀性较高。

（6）水沙自动取样称置装置（张盛元等，1989）。由中国科学院地理所坡地实验室按称重原理设计，由计算机及其控制的电子天平（精度为0.1g）、采样器组成。计算机控制采样时间，采样经烘干称重，进行数据处理后可获得单位时间产沙量。

（7）全自动地壳升降运动复杂模拟系统。由12块钢板、上覆弹性胶皮及12套蜗轮蜗杆箱套组合而成，计算机协调同步自动控制速率，可模拟穹窿上升、凹陷沉降、褶皱、断层、掀斜等80多种速率不同的构造运动。该装置由中国科学院地理科学与资源研究所和自动化研究所于2014年联合研制。

1.4.4 实验观测多种联合途径的出现

流水地貌过程实验研究，国外起始于20世纪早期，我国在20世纪50—60年代才开始发展起来。由于模拟对象是解决国民经济建设中的具体问题，如河流工程中的河道演变问题、水土保持及减沙问题，还有铁路建筑中的坡面侵蚀及稳定问题等。因此，这类实验大多是在水利部门或铁道部门的有关研究机构中分别进行的，往往具有单学科、独立性特征。随着科学技术水平的不断提高以及大型综合性建设项目的上马，尤其是80年代以来，"国际减灾十年计划""国际水文十年""全球气温变化对环境影响"等促使风靡全球的跨国与跨洲的联合攻关。在国内，80年代以来，由于改革开放加大步伐与力度，更需要解决大型综合性多层次规划和建设项目，出现多学科综合、跨部门联合攻关的实验研究。例如，"七五"期间上马，由中科院、水利部主持的国家重大基金项目"黄河流域环境及水沙运行规律"；"八五"期间，国家科委的攻关项目"黄河治理及水资源合理开发利用"由水电部、地矿部及中科院联合主持；"三峡水利枢纽工程"项目更是涉及数百上千名专家、几百个专业协同攻关的范例（中国科学院三峡工程生态与环境科研项目领导小组，1987）。

中央专业部门与地方专业机构的联合，更是屡见不鲜，如：中国科学院地理研究所与安徽省长江修防局合作研究"长江下游马鞍山河段演变趋势实验研究"，与马钢公司合作研究"马钢31号泵房区淤积与整治实验""马钢自备热电站区河床冲淤及修建码头可行性研究"，与山西省水利厅水保所的合作项目"土壤侵蚀管理地理信息系统"，与广东省五华县水保站合作项目"中国南方水土保持研究"等，这些项目也是国际合作研究项目。

鉴于流水地貌问题的空间性、时序性、复杂性及综合性，为了解决一些综合性与全局性的问题，在区域性与专题性问题研究基础上，不同专业、不同部门之间有必要进一步合作，取长补短，携手并进，应当在联合攻关的前提下，有所侧重分工，联中有立，统而宽松，共性中有个性。除了成立"地貌实验与模拟专业组"外，有必要建立一个联合研究实体，加强流水动力地貌乃至整个地貌学的动力实验模拟，尤其应加强非线性动力地貌学的实验研究。

这是进一步打开地貌实验模拟事业国门的需要，也是深化地貌学动力机制研究，由定性研究走向半定量，最后实现定量研究的需要。

参 考 文 献

蔡强国，陈浩，1989. 降雨历时和前期土壤含水量对溅蚀的影响 [C] //陈永宗. 黄河粗泥沙来源及侵蚀产沙机理研究论文集. 北京：气象出版社：48 - 56.

蔡强国，陈浩，1989. 植被覆盖对降雨溅蚀的影响 [C] //陈永宗. 黄河粗泥沙来源及侵蚀产沙机理研究论文集. 北京：气象出版社，41 - 47.

蔡强国，陈浩，陆兆熊，1989. 表土结皮在溅蚀和坡面侵蚀过程中的作用 [C] //陈永宗. 黄河粗泥沙来源及侵蚀产沙机理研究论文集. 北京：气象出版社，57 - 64.

曹银真，1987. 土壤侵蚀过程的地貌临界 [J]. 中国水土保持，10 (67)：20 - 14.

陈浩，蔡强国，1989. 坡度影响坡面产流产沙过程的实验研究 [C] //陈永宗. 黄河粗泥沙来源及侵蚀产沙机理研究论文集. 北京：气象出版社，27 - 40.

陈洪凯，唐红梅，鲜学福，等，2010. 泥石流冲击特性模型试验 [J]. 重庆大学学报，33 (5)：114 - 119.

陈晓清，2006. 滑坡转化泥石流起动机理试验研究 [D]. 成都：西南交通大学.

董光荣，李长治，金炯，等，1987. 关于土壤风蚀风洞模拟实验的某些结果 [J]. 科学通报，（4）：297 - 301.

杜会石，哈斯，2013. 沙丘地貌形态监测与模拟研究进展 [J]. 北京师范大学学报（自然科学版），49 (4)：400 - 406.

杜榕桓，1986. 我国泥石流研究的进展 [J]. 山地研究，4 (4)：249 - 253.

国家防汛总指挥部办公室，中国科学院水利部成都山地灾害与环境研究所，1994. 山洪泥石流滑坡灾害及防治 [M]. 北京：科学出版社，77 - 237.

贺大良，1987. 风沙现象的相似问题 [J]. 中国沙漠，7 (1)：18 - 21.

贺大良，陈福生，曾广厚，1982. 新疆大风地区翻车风速的风洞实验 [C] //中科院兰州沙漠研究所集刊第 2 号. 北京：科学出版社，99 - 108.

贺大良，高有才，1988. 沙粒跃移运动的高速摄影研究 [J]. 中国沙漠，8 (5)：18 - 29.

洪笑天，等，1985. 地壳升降运动对河型影响的实验研究 [C] //地理集刊 (16). 北京：科学出版社，38 - 52.

金德生，1986. 边界条件对曲流发育影响的过程响应模型实验研究 [J]. 地理研究，5 (3)：12 - 21.

金德生，1987. 地貌临界在河道治理中的应用 [J]. 人民长江，（1）：53 - 56.

金德生，1989. 河流地貌系统过程响应模型实验 [J]. 地理研究，2 (9)：20 - 28.

金德生，郭庆伍，刘书楼，1992. 应用河流地貌实验与模拟研究 [M]. 北京：地震出版社，92.

金德生，1992. 关于朔天运河的环境河流地貌问题 [C] //王明远等. 朔天运河文集. 北京：气象出版社，26 - 35.

金德生，郭庆伍，1990. 模型小河河相关系初步研究 [J]. 泥沙情报，(4) 总 (39)：53 - 61.

金德生，洪笑天，1985. 分汊河型实验研究——长江中下游河道特性及其演变 [M]. 北京：科学出版社：214 - 254.

金德生，1990. 河流地貌系统的过程响应模型实验 [J]. 地理研究，9 (2)：20 - 28.

金德生，1993. 地貌过程实验模拟研究若干问题［C］//中国地理学会地貌与第四纪专业委员会. 地貌过程与环境文集. 北京：地震出版社，289－295.

李森，董光荣，申建友，等，1999. 雅鲁藏布江河谷风沙地貌形成机制与发育模式［J］. 中国科学，29（1）：89－96.

李保如，1963. 自然河工模型实验［C］//水利水电科学院科学研究论文集第二集（水文，河渠）. 北京：中国工业出版社，45－83.

李保如，屈孟浩，1985. 黄河动床模型实验［J］. 人民黄河，（6）：28－31.

李芳，2006. 几种典型沙丘动力学特征的风洞模拟实验研究［D］. 北京：中国科学院.

李继彦，董治宝，2015. 金星风沙地貌研究进展［J］. 干旱区资源与环境，29（12）：139－143.

李琼，2008. 构造抬升背景下河流地貌对长期气候变化响应的数值实验研究［D］. 兰州：兰州大学.

凌裕泉，吴正，1980. 风沙运动的动态摄影实验［J］. 地理学报，35（2）：176－181.

刘少峰，李思田，庄新国，等，1996. 鄂尔多斯西南缘前陆盆地沉降和沉积过程模拟［J］. 地质学报，70（1）：12－22.

陆中臣，等，1988. 河型及其演变的判别［J］. 地理研究，7（2）：7－16.

马蔼乃，1998. 动力地貌学［M］. 北京：北京大学出版社，396.

马蔼乃，2008. 动力地貌学概论［M］. 北京：高等教育出版社，298.

倪晋仁，王光谦，张红武，1991. 固液两相流基础理论及其最新应用［M］. 北京：科学出版社，391.

倪晋仁，张红武，1992. 河流地貌实验模拟方法［C］//王光谦，等. 中国博士后论文集，第四集. 北京：北京大学出版社，571－578.

简森 P. Ph 等，1986. 河工原理［M］. 卢汉才等，译. 北京：人民交通出版社，427.

钱宁，张仁，周志德，1987. 河床演变学［M］. 北京：科学出版社，584.

钱宁，周文浩，1965. 黄河下游河床演变［M］. 北京：科学出版社，224.

钱宁，1985. 关于河流分类及成因问题的讨论［J］. 地理学报，40（1）：1－10.

申建友，董光荣，李长治，1988. 风洞与野外输沙率的分析和讨论［J］. 中国沙漠，8（3）：23－30.

沈玉昌，龚国元，1986. 河流地貌学概论［M］. 北京：科学出版社，207.

史锋，刘奇伟，黄宁，2008. 复杂地形下的近地层风沙运动模拟［C］//中国计算力学大会暨第七届南方计算力学学术会议.

唐日长，潘庆燊，1964. 蜿蜒性河段形成条件分析和造床实验研究［J］. 人民长江，（2）：13－21.

王杰，魏中胤，祝明霞，等，2017. 鄱阳湖沙岭沙山成因及发展对策［J］. 绿色科技，（10）：188－192.

王丽，陈嘉陵，2004. 泥石流的数值模拟和试验模拟方法［J］. 水土科技情报，（1）：7－10.

王协康，方铎，2000. 泥石流模型试验相似律分析［J］. 四川大学学报（工程科学版），32（3）：9－12.

吴积善，欧国强，游勇，1998. 中国泥石流观测实验与减灾对策［C］//第三届全国减轻自然灾害研讨会论文集. 北京：中国科学院.

谢鉴衡，魏良琰，1987. 河流泥沙数学模型的回顾和展望［J］. 泥沙研究，（3）：1－13.

徐永年，梁志勇，苏晓波，等，2000. 水石流概化水槽试验相似律的探讨［J］. 自然灾害学报，9（4）：105－110.

许炯心，1986. 水库下游河道复杂响应的实验研究［J］. 泥沙研究，（4）：50－57.

许炯心，1989. 渭河下游河道调整过程中的复杂响应现象［J］. 地理研究，8（2）：82－89.

许炯心，1990. 我国游荡河型的地域分布特征［J］. 泥沙研究，（2）：47－53.

许炯心，1995，论流水地貌的野外实验研究［C］// 金德生. 地貌实验与模拟. 北京：地震出版社，334.

杨树青，白玉川，徐海珏，等，2018. 河岸植被覆盖影响下的河流演化动力特性分析［J］. 水利学报，49（8）：995－1006.

杨树青，白玉川，2012. 边界条件对自然河流形成及演变影响机理的实验研究［J］. 水资源与水工程学报，23（1）：1-5.

杨铁生，安风玲，詹秀玲，1992. 模型尾门水位控制方法研究 [J]. 泥沙研究，(1)：21-29.

尹学良，1965. 弯曲性河流形成原因及造床实验初步研究 [J]. 地理学报，31（4）：287-303.

尤联元，等，1983. 影响河型发育几个因素的初步探讨 [C]//第二届河流泥沙国际学术讨论会论文集. 北京：水利电力出版社，662-672.

张鸿发，王涛，屈建军，等，2004. 沙尘暴电效应的实验观测研究 [J]. 地球物理学报，47（1）：47-54.

张盛元，陈浩，蔡强国，1989. 室内人工模拟降雨冲刷实验水沙自动取样称重装置系统介绍 [C]//黄河粗泥沙来源及侵蚀产沙机理研究文集. 北京：气象出版社，140-144.

郑芬莉，赵军，2004. 人工模拟实验大厅及模拟降雨设备简介 [J]. 水土保持学报，11（4）：177-178.

中国科学院计划局，1988. 中国科学院野外观测实验站简介 [M]. 北京：科学出版社，110.

中国科学院三峡工程生态与环境科研项目领导小组，1987. 长江三峡工程对生态与环境影响及其对策研究论文集 [M]. 北京：科学出版社，1126.

中国水利学会泥沙专业委员会，1992. 泥沙手册 [M]. 北京：中国环境科学出版社，845.

朱毕生，熊波，陈立，2005. 河道边界条件对河型形成影响的概化试验研究 [J]. 浙江水利科技，137（1）：9-11，14.

朱朝云，1987. 土壤风蚀的野外风洞实验研究 [J]. 干旱区资源与环境，1（1）：125-131.

朱德浩，1995. 岩溶洞穴成因及实验研究 [C]//金德生. 地貌实验与模拟. 北京：地震出版社，48-56.

朱乐奎，2022. 滨河植被对弯曲型河流稳定性与演化过程的影响 [D]. 北京：中国科学院大学，157.

朱乐奎，陈东，2022. 滨河植被对蜿蜒河流弯曲度与横向稳定性的影响 [J]. 水沙科学与地貌学，10：33.

朱震达，刘恕，邸醒民，1984. 我国沙漠研究的历史回顾与若干问题 [J]. 中国沙漠，4（2）：3-7.

左东启，等，1984. 模型实验的理论和方法 [M]. 北京：水利电力出版社，338.

Ackers P，Charlton F G，1970b. The Meandering of Small Stream in Alluvium，Rept. 77 [R]. Hydraulics Research Sta. WaIlingfore，U K：78.

Ackers P，Charlton F G，1970c. The Shape and Resistance of Small Meandering Channels [J]. Inst Civil Engrs Proc Sup XV，paper 73625：349-370.

Ackers P，1964. Experiments on Small Streams in Alluvium [J]. J. Hydraulic Div. Am. Soc. Civil Eng.，90（4）：1-37.

Ahnert F，1976. A Brief Description of a Comprehensive Three Dimensional Process-response Model of Landform Development [J]. Zeitschrift Gcomorphologie，Supplement 25：29-49.

Ai Nanshan，1989. Entropy of a Drainage System [C]//in Burshe D.（ed）Abstracts，2nd ICG Frankfurt/Main Sep.，5.

Bagnold R A，1941. The Physics of Blown Sand and Desert Dunes [M]. Chapman and Hall，London. 320.

Barr D I H，1968. Discussion on Scale Model of Urban Runoff from Storm Rainfall [J]. J. Hydraulics Div.，Am. Soc. Civil Eng. 94，2：586-588.

Bates C G，Henry A J，1928. Forest and Streamflow Experiment at Wagon Wheel Gap [J]. Colorado，Monthly Wather Rev，56：1-79. Google Scholar.

Великанов М А，1950. Моделирование руслового процесса [J]. ДАН СССР，т. 74，ио3.

Brush L M，Wolman M G，1960. Knickpoint bchavier in Nonhesive Material：a laboratory study [J]. Bull. Geol. Soc. Amer.，71（1）：59-74.

Burt T P，Walling D E，1984. Catchment Experiment in Fluvial Geomorphology [M]. Geo Books，Norwich.

Burt T P，Walling D E，1984. Catchment Experiment in Fluvial Geomorphology：Review of Objectives and Methodology［M］. in Burt，T. P. and D. E. Walling（eds）. Catchment Experiment in Fluvial Geomorphology，Geo Books，Norwich，593.

Chang H H，1979. Minimum Stream Power and River Channel Patterns［J］. Journal of Hydrology，V. 41：303 – 327.

Chorley R J，Schumm S A，Sugdern D E，1984. Geomorphology［M］. Methuen &. Co. Ltd.，London，607.

Daubree A G，1879. Studes Synthetiques de Geologic Experimentale［M］. Dunod，Paris，828.

Davison C，1888a. Note on the Movement of Scree Material［J］. Quarterly J. Geol. Soc. of London，44：232 – 238.

Davison C，1888b. Second Note on the Movement of Scree Material，Quarterly［J］. J. Geol. Soc. of London，44：825 – 876.

Ellison W D，1944. Studies of Raindrop Erosion［J］. Agricult，Engieneering，No. 4 – 5.

Fink J H，Greeley R，Gault D E，1981. lmpact Cratering Experiment in Bringham Materials and the Morphology of Craters on Mars and Ganymede［C］. Lunar Planetary Science Proc.，12（part B）：1649 – 1666

Friedkin J F，1945. A Laboratory Study of the Meandering of Alluvial Rivers［R］. U. S. Water Exp. Sta. Vicksburge，Miss.，40 pp.

Gilbert G K，1893. The Moon's face，a Study of the Origin of Its Features［J］. Philos. Soc. Washington，Bull，（12）：241 – 292.

Gilbert G K，1917. Hydraulic Mining Debris in the Sierra Nevada［J］. U. S. Geol. Survey Prof. Paper 105，154pp.

Greeley R，Iverson J P，Pollack J B，et al.，1974. Wind Tunnel Studies of Martian Aeoline Processes［J］. Proc. Royal Soc.，（342）：331 – 360.

Hooke R L，1968. Model Geology：Prototype and Laboratory Stream：Discussion［J］. Geol. Soc. Amer. Bull.，（79）：391 – 394.

Howard A D，Keetch M E，Vincent C C，1970. Topological and Geometrical Properties of Braided Streams［J］. Water Resources Research，6（6）：1674 – 1688.

Howe E，1901. Experiments Illustrating，Intrusion and Erosion［R］. U. S. Geol. Survey，21st Annual Report，Part 3：291 – 303.

Hubbard G D，1907. Experimental Physiography［J］. Am. Geogr. Soc. Bull.，（39）：658 – 666.

Jaggar T A Jr，1908. Experiments Illustrating Erosion and Sedimentation［J］. Bull. Museum of Comparative Zoology Harvard College 49（Geological Series，v. 8）：285 – 305.

Jin D，Schumm S A，1986. A New Technique for Modelling River Morphology［C］//In K. S. Richards. Ed.，Proc. First Internat，Geomorphology Conf. Wiley &. Sons Chichester：681 – 690.

Jin Desheng，1990. Review and Prospect of Experimental Study on Fluvial Geomorphology in China［J］. Journal of Chinese Geography，1（2）：89 – 103.

Kashiwaya K，1979. On the Stochastic Model of Rill Development in Slope System［J］. Geographical Review of Japan，52（2）：53 – 65.

Langbein W B et al.，1949. Annual Runoff in the United States［J］. U. S. Geol. Servey Circular：52.

Langbein W B，Leopold L B，1966. River Meanders - Theory of Minimum Variance［J］. U. S. Geol. Servey Prof. Paper，422 – H：1 – 15.

Leopold L B，Langbein W B，1962. The Concept of Entropy in Landscape Evolution［J］. U. S. Geol. Survcy Prof. Paper：500 – A.

Leopold L B, Wolman M G, Miller J P, 1964. Fluvial Processes in Geomorphology [M]. Freeman and Company, 522pp.

Leopold L B, Wolman M G, 1957. River Channel Pattterns: Braided, Meandcring and Straight [J]. U. S. Geol. Servey Prof, Paper 282 - B: 39 - 85.

Mills A A, 1969. Fluidization Phenomena and Possible Implication for the Origin of Lunar Craters [J]. Nature 224, pp. 863 - 866.

Piekotowski A J, 1980. Formation of Bowl-shapod Craters [J]. Geochemica et Cosmochemica Acta (Supplement 14) 3: 2129 - 2144.

Ramberg H, 1981. Gravity, Deformation and the Earth's crust [M]. 2nd. ed. , Academic, London: 452pp.

Schumm S A, 1956a. The Evolution of Drainage System and Slopes at Perth Amboy, New Jersey [J]. Bull. Geol. Soc. Amer. , V. 67: 597 - 646.

Schumm S A, 1963. Sinuousity of Alluvial River in the Great Plains [J]. Bull. Gcol. Soc. Amer. 74: 1089 - 1100.

Schumm S A, 1970. Experimental Studies on the Formation of Lunar Surface Featurcs by Fluidization [J]. Geol. Soc. Am. Bull. , (81): 2539 - 2552.

Schumm S A, 1973. Geomorphic Threshold and Complex Response of Drainage System [M]. in Morisawa, M (ed), Fluvial Geomorphology, George Allen and Unwin, London: 299 - 310.

Schumm S A, 1974. Structural Origin on Large Martian Channel [J]. Icarus 22: 371 - 389.

Schumm S A, 1975. Episodic Erosion: a Modification of the Geomorphic Cycle, in WL Melhorm and RC Flemal (eds), Theories of Landform Development [M]. Binghamton, New York, State University of New York: 70 - 85.

Schumm S A, 1977. The Fluvial System [M]. John Wiley & Sons: 338pp.

Schumm S A, 1979. Geomorphic Threshold: the Concept and Its Applications [C] //IGBT 4ns. : 485 - 515.

Schumm S A, 1981. Evolution and Response of the Fluvial System: Sedimentologic Implications [J]. Soc. Economic Paleontologists and Mineralogists Spec. Pub. 31, p. 19 - 29.

Schumm S A, 1985. Quaternary Paleohydrology [C]. in HE Wright and D G Frey (eds), The Quaternary of the United States, Princeton, NJ, Princeton University Press: 783 - 794.

Schumm S A, 1988. Geomorphic Harzards-Problems of Prediction [J]. Z. Gcomorph. N. F. Suppl-Bd, (67): 17 - 24.

Schumm S A, Khan H R, 1971. Experimental Study of Channel Patterns [J]. Nature, 233: 407 - 409.

Schumm S A, Khan H R, 1972. Experimental Study on Channel Patterns [J]. Amer. Bull, v. 83 (6): 1705 - 1770.

Schumm S A, Mosley M P, Weaver M E, 1987. Experimental Fluvial Geomorphology [M]. New York: John Wiley & Sons, Inc. 413pp.

Shen H W, Sheong H F, 1977. Statistical Properties of Sediment Bed Profile [J]. Journal of Hydraulics Division ASCE, 103 (11): 1303 - 1322.

Smart S, 1973. The Random Model in Fluvial Geomorphology [C] //M Morisawa ed, Publication in Geomorphology. State Univ. of New York, Binghamton.

Slaymaker D, 1981. Geomorphic Field Experiments: Inventory and Prospect [J]. Transactions, JCU, 2 (2): 159 - 170.

Sunamura T, 1982. A Wave Tank Experiment on the Erosional Mechanism at a Cliff Base [J]. Earth Surface Proc. and Landforms (7): 333 - 343.

Takasake Suzuki，1989. Hierarchy of Geomorphological Understanding and the Recent Status in Japan，Transactiona［J］. JGU，Vol. 10 - A，pp. 1 - 11

Wegener A L，1921. Die Entstehung der Monderater，Druk and Verlag Von Friedrich Vieweg and John ［A］. Braunschwaig；49pp.（Translated in 1975，The Moon 14：211 - 236）.

Wohletz K H，McQueen R G，1984. Experimental Studies of Hydromagmatic Volcanism，in Explosve Volcanism：Inception，Evolution and Harzards，Studies in Geophysics［M］. National Academy Press，Washington D. C. 158 - 169.

Woldenberg M J，1985. Models in Geography［M］. Allen and Unwin，London，434pp.

Woolsey T，McCallum M E，Schumm S A，1975. Modelling of Diatreme Emplacement by Fluidization ［J］. Physies and Chemistry of the Earth，（9）：29 - 42.

Würm A，1935. Morphologische Analyse and Experiment Schichtstufenlandschaft［J］. Zeit Geomorph，（9）：1 - 24.

Würm，A，1936. Morphologische Analyse and Experiment Hangentwicklung，Emebnung，Piedmonttreppen［J］. Zeit Geomorph，（9）：58 - 87.

Yang C T，1971. Potential Energy and Stream Morphology［J］. Water Rcsources Research，7（2）：312 - 322.

Zhou Y H，Guo X，Zheng X J，2002. Experimental Measurement of Wind-sand Flux and Sand Transport for Naturally Mixed Sands［J］. Phys Rev -E，66，doi：10. 1103/ PhysRev E. 66. 021305.

Zou X Y，Wang Z L，Hao Q Z，et al.，2001. The Distribution of Velocity and Energy of Saltating Sand Grains in a Wind Tunnel［J］. Geomorphology，36：155 - 165.

Акташев А，1932. Установка для исследования процессов в карстования［J］. Новоски техники：（92）.

Арманд Д Л，1950. Изучение геоморфологических процессов экспериментальных и методым［J］. Тр Инта географии АНСССР，вып. 47.

Бутырин П Н，1936. Лабораторые исследования известияков Черкейского ущелья на растваримость и выщелацивание［J］. Тр. ЦНИГРИ вып，40 М-Л.

Гуссак В Б，1949. Опыт исследавания эрозии ичов на моделях，Проблемы Свесткого почвоведения［J］. сб.（15）. Изд-во АН СССР，М. -JI.

Гуссак В Б，1950. Некоторные вопросы методики и текники лабораторных исследаний эродируемоски почв ［J］. Почвоведение：（5）.

Девдариани А С，1959. Опыт моделировани поглощения карстом вод из речнных русел и каналов пролегающих в поверхностных отлажениях［J］. Научи. докл. высшей школы，геол.，геогрф. науки：（1）.

Знаменский А И，1958. Экспериментальных исследования процессов ветроной эрозии песков и вопросы защиты от песчаных наносов［J］. Ин-т геологии АН УССР Материалы исследаваний в помошь проктираванию каракумского канала，вып. III Ташкент.

Павлов А П，1898. О рельефе равнин и его изменениях под влиянием работы подземных и поверхностных вод.［J］. Землеведение，кн. 3 - 4.

Шарашкина Н С，1953. JIабораторные иследавоние развения русловых процессов［J］. сб. Проблемы русловых процессов. Гидрометеоиздат. Л.

Спиридонов А И，1951. Опыт изучения водной эрозии и денудации в лаборатории［J］. Почвоведение，No. 3.

Нефдьева Е А，Хмелева Н В，1956. Изучение эрозионных форм рельефа экспериментальным методом，Тр Ин-та географии АН СССР，т. 68.

Маккавеев Н И，Хмилева Н В，Зайтов И Р，JIе6едва Н В，1961. Экспериментальъная геоморфология ［M］. изд-во，МГУ：194.

流水地貌实验的理论与方法

2.1　流水地貌实验的理论基础

2.1.1　概述

在绪论中简述了实验流水地貌学的形成和发展过程。20 世纪 40 年代以前是以初期的野外观测向室内实验发展的阶段；20 世纪 60 年代中叶到 60 年代末的逐步进入成熟阶段，流水地貌实验和模拟出现了新的变化；20 世纪 70 年代末以来，流水地貌实验与模拟进入新的发展阶段：①原型的定位观测重新获得发展；②向地貌系统综合实验方向发展；③实验对象向构造地貌学和星体地貌学扩展；④实验理论和方法的发展，特别是电子计算机数字模拟获得了广泛应用，20 世纪 90 年代及 21 世纪初，计算机数学模拟实验强劲发展，物理模型实验与此相结合，出现了新的发展势头（刘少峰等，1996；李琼，2008）。与此同时，水利、泥沙界及油气田勘探开发、地震地质、构造地质界在实验研究方面取得了许多成就。

在这个过程中，实验理论、模型设计、实验方法、数据图像的采集及分析等方面都有着不断的建树和创新。从一般的模型理论入手，结合本专业的特点，概括出自成一体的模型理论及方法。水力泥沙学界主要考虑量纲分析及严格的几何、运动与动力相似，以定床比尺模型为主，进行必要的局部动床模型实验，很少进行全动床实验；而地质学界也力图运用比尺模型模拟油气储层构造、各种褶皱构造及形成机理，成绩斐然，但尚存诸多有待解决的问题，在此不复赘述，请读者参阅有关文献（金德生等，2015）。本节主要介绍流水地貌实验研究的理论与方法，尽管一般的相似原理、相似准则、相似定理，以及量纲与量纲分析法等可以参阅物理学有关内容，为了便于读者阅读，仍简要地介绍于后。

2.1.2　相似原理

从事流水地貌的实验研究，有必要了解物理现象之间的一般相似原理和量纲分析法，只有了解一般原理及方法后，才能解决好流水地貌模型实验中遇到的具体问题，并能引进新的理论，如系统论、突变论、耗散结构论等，从不同角度，提出另一类相似准则，如"第四相似准则"以满足作用行为相似的要求，"第五相似准则"满足过程－响应要求等，以区别于必须满足几何、运动及动力严格相似的一般相似准则。

2.1.2.1 相似概念

所谓相似是指组成流水地貌模型的各个要素与流水地貌原型的对应要素必须相似，包括流水地貌的几何要素和物理要素，即由一系列物理量组成的流水地貌场保证对应相似。对于同一个流水地貌物理过程，若两个流水地貌现象的各个物理量在各对应点上以及各对应瞬间大小成比例，且各矢量的对应方向一致，则称这两个流水地貌现象相似。在流水地貌中，如果要达到两个流水地貌现象相似，一般应该满足几何相似、运动相似与动力相似。

但是，流水动力地貌学、水力学及泥沙力学问题很难用数学方法去解决，通过直接实验研究的局限性又很大，难以揭示流水动力地貌、水力学及泥沙运动现象的物理本质，很难描述其中各量之间的规律性关系，实验结果往往只适用于某些特定条件，并不具有普遍意义。加上河流、水库、港湾等研究对象太大，或者如一颗沙粒、水滴等过小，不便通过原型直接实验，因此必须运用放大或缩小的模型，将模型中的流水地貌、水流及泥沙运动现象与原型中相应的现象一一对应，与此同时模型和原型之间需满足以下的三个相似性特征。

1. 几何相似

几何相似是指模型与其原型形状相同，但尺寸可以不同，而一切对应的线性尺寸成比例，这里的线性尺寸可以是直径、长度及粗糙度等。如用下标 p 和 m 分别代表原型和模型，则：

线性比例常数可表示为

$$CL = L_p / L_m \qquad (2.1-1)$$

面积比例常数可表示为

$$CA = A_p / A_m = CL^2 \qquad (2.1-2)$$

体积比例常数可表示为

$$CV = V_p / V_m = CL^3 \qquad (2.1-3)$$

2. 运动相似

运动相似是指对不同的流动现象，在流场中的所有对应点处对应的速度和加速度的方向一致，且比值相等，也就是说，两个运动相似的流动，其流线和流谱是几何相似的。

速度比例常数可表示为

$$Cv = v_p / v_m \qquad (2.1-4)$$

时间比例常数为

$$Ct = t_p / t_m = (L_p / v_p) / (L_m / v_m) = CL / Cv \qquad (2.1-5)$$

加速度比例常数为

$$Ca = a_p / a_m = Cv / Ct = CL / Ct^2 \qquad (2.1-6)$$

3. 动力相似

动力相似即对不同的流动现象，作用在流体上相应位置处的各种力，如重力、压力、黏性力和弹性力等，它们的方向对应相同，且大小的比值相等，也就是说，两个动力相似的流动，作用在流体上相应位置处各种力组成的力多边形是几何相似的。

一般地说，作用在流体微元上的力有重力 F_g、压力 F_p、黏性力 F_v、弹性力 F_e 和表面张力 F_t。如果流体是做加（减）速运动，则加上惯性力 F_i 后，上述各力就会组成一个合力为零多边形，而且有：

$$F_g + F_p + F_v + F_e + F_t + F_i = 0 \qquad (2.1-7)$$

不过，在流水动力地貌、水力学及泥沙力学许多实际问题中，上述各种力并非同等重要，有时有些力可能不存在或者小得可以忽略不计，例如弹性力 F_e 和表面张力 F_t。在满足几何相似及运动相似的两个流水地貌、水流及泥沙运动现象中，作用在任何流水地貌、水流及泥沙运动微元上的力有重力 F_g、压力 F_p、黏性力 F_v 及惯性力 F_i 等，如果这些力满足式（2.1-8），那么两个流水地貌、水流及泥沙运动现象（或流场）在力学上就是相似的，即满足动力相似。

动力比例常数可表示为

$$Cf = F_{gp}/F_{gm} = F_{pp}/F_{pm} = F_{vp}/F_{vm} = F_{ip}/F_{im} = \cdots \qquad (2.1-8)$$

以上三种相似条件中，几何相似是运动相似和动力相似的前提和依据，动力相似则是流动相似的主导因素，而运动相似只是几何相似和动力相似的表征，三者密切相关，缺一不可。

2.1.2.2　相似准则

理论上，任意一个流动现象由控制该流动的基本微分方程和相应的定解条件唯一确定。两个相似的流动现象，为了保证它们遵循相同的客观规律，其微分方程就应该相同，这是同类流动的通解；此外，要求得某一具体流动的特解，还要求其单值性条件也必须相似。这些单值性条件包括：

（1）初始条件：指非定常流动问题中开始时刻的流速、压力等物理量的分布；对于定常流动不需要这一条件。

（2）边界条件：指所研究系统的边界上（如进口、出口及壁面处等）的流速、压力等物理量的分布。

（3）几何条件：指系统表面的几何形状、位置及表面粗糙度等。

（4）物理条件：指系统内部流体的种类及物性，如密度、黏性等。

因此，如果两个流动相似，则作为单值性条件相似，作用在这两个系统上的惯性力与其他各力的比例应对应相等。在流体力学问题中，若同时存在重力、压力、黏性力、弹性力、表面张力、惯性力，而且满足动力相似，则必须使各力间的比例对应相等。

惯性力与压力（或压差）之比：　　　　F_i/F_p

惯性力与重力之比：　　　　　　　　　F_i/f_g

惯性力与黏性力之比：　　　　　　　　F_i/F_v

惯性力与弹性力之比：　　　　　　　　F_i/F_e

惯性力与表面张力之比：　　　　　　　F_i/F_t

分别引入 5 个无量纲数，它们依次是：

1）欧拉数 $Eu = 2\Delta p/(\rho V^2)$，例如以后经常用到的表示物体表面压力分布的压强系数、升力系数和阻力系数等。物理上，欧拉数表征了惯性力与压强梯度间的量级之比。

2）弗劳德数 $Fr = V/\sqrt{Lg}$，物理上，弗劳德数表征了惯性力与重力间的量级之比，是一个表征流速高低的无量纲量。

3）雷诺数 $Re = VL/v$，物理上，雷诺数表征了相似流动中惯性力与黏性力间的量级之比 Re 小，表示与惯性力的量级相比，黏性摩擦力的量级要大得多，因此可以忽略惯性力的作用；反之，Re 大则表示惯性力起主要作用，因此可以当作无黏流体处理。

4）马赫数 $Ma = V/c$，物理上，马赫数表征了惯性力与弹性力间的量级之比，是气体可压缩性的度量，通常用来表示飞行器的飞行速度或者气流的流动速度。

5）韦伯数 We，物理上，韦伯数表征了惯性力与表面张力间的量级之比。

可以看出，Eu、Fr、Re、Ma 和 We 都是无量纲数，在相似理论中称作相似准则或者相似判据，它们是判断两个现象是否相似的依据。因而，彼此相似的现象，其同名相似准则的数值一定相等。反之，如果两个流动的单值条件相似，而且由单值条件组成的同名相似准则的数值相等，则这两个现象一定相似。

2.1.2.3 相似定理

共有三条相似定理，相似第一定理阐述相似现象中各物理量之间的一定关系；相似第二定理也叫 π 定理，按照 π 定理，任何物理方程均可转换为无量纲量之间的关系方程；别称为相似逆定理的相似第三定理，它规定了两现象相似的条件。

1. 相似第一定理

两个相似的流动现象都属于同一类物理现象，它们都应为同一的数学物理方程所描述。流动现象的几何条件（流场的边界形状和尺寸）、物性条件（流体密度、黏性等）、边界条件（流场边界上物理量的分布，如速度分布、压强分布等），对非定常流动还有初始条件（选定研究的初始时刻流场中各点的物理量分布）都必定相似，这些条件又统称为单值性条件。如前所述，两个流动现象力学相似，则在空间对应点和对应的瞬时诸物理量各自互成一定的比例，而这些物理量又必须满足同一的微分方程组，因此各量的比例系数，即相似系数，不是任意的，而是彼此制约（季中，1984）。

相似第一定理可以表述为：彼此相似的物理现象必须服从同样的客观规律，若该规律能用方程表示，则物理方程式必须完全相同，而且对应的相似准数必定数值相等。需要指出的是，相似准数具有时空特征，即一个物理现象中在不同的时刻和不同的空间位置，相似准数不同、而彼此相似的物理现象在对应时间和对应点上，其相似准数的数值相等。显然，相似准数为非常数。

2. 相似第二定理

只有实验模型同它所模拟的对象相似，实验结果才能推延应用到所模拟的原型上去。判断两个现象是否相似，往往不能用物理量在对应时间和对应空间的分布是否保持同一比值来判定。例如，在实验水槽中模型船舰流场与实际航行着的原型船舰流场相似问题，往往只知道船舰前方的来流速度，并不知道船舰附近的流场分布。因此，不能根据相似定义来判断二者是否相似，而是要根据是否满足以下三个必要条件来判断。

（1）第一个必要条件：描述物理现象的微分方程组相同，两个同类物理量才相似。

（2）第二个必要条件：单值性条件相似。只有通过单值条件才能将研究对象从无数多个物理现象中提取出来，使微分方程组有唯一解的定解条件。

（3）第三个必要条件：单值性条件中的物理量所组成的相似准则相等，且物理现象相似。属于同一类物理现象且单值性条件相似时，两个现象才有时空的对应关系以及与时空联系的相同物理量，如果对应的相似准则相等，在对应的时空点上物理量保持相同的比值，也就保证了两个物理现象的相似（季中等，1985；基尔皮契夫，1959）。这就是相似第二定理，它是判断两个物理现象是否相似的充要条件。

3. 相似第三定理

有人（季中等，1985；基尔皮契夫，1959；科纳科夫，1962）将相似第三定理的表述为：服从于同一关系方程，定解条件（或称单值性条件）中诸量构成的准则（或称无量纲综合量）相等，且基本量成常数比例，则现象相似。

是否满足相似第三定理，只需判断是否满足三个条件：

（1）两现象服从于同一关系方程，它们的解的结构相同。

（2）定解条件（或称单值性条件）（基尔皮契夫，1959；科纳科夫，1962；郑洽馀等，1982）中的诸量组成的无量纲综合量（又称准则或判据）相等。

（3）两现象的基本量相似，则两现象相似。不需要按照相似第一定理的要求，去一一比较所有的无量纲综合量或准则（包括相应时刻和相应点上的所有同名无量纲综合量）是否相等。

对文献（基尔皮契夫，1959）所表述的相似第三定理作出了极其重大的修正。只要求其中的基本量成常数比例，不要求单值性条件（即定解条件）中的所有各量成常数比例；至于单值性条件中的导出量，当所有的相似准数都相等后，常数比例就自然成立，没有必要列入判断两现象是否相似的条件之中。

2.1.3 量纲与量纲分析

2.1.3.1 量纲的基本概念

量纲是物理量的基本属性。在物理学中，为了准确地对各类物理量之间具有确定的函数关系的各种物理现象进行定量描述，将物理量分为基本量和导出量。前者为具有独立量纲的物理量，而后者的量纲可以表示为基本量量纲组合的物理量；一切导出量均可从基本量中导出，由此建立了整个物理量之间称为量制的函数关系。这种函数关系通常是给定量制中各基本量量纲幂的乘积来表示某物理量量纲的表达式，称为量纲式或量纲积。它定性地表达了导出量与基本量的关系，对于基本量而言，其量纲为其自身。在物理学发展的历史上，先后曾建立过各种不同的量制：CGS 量制、静电量制、高斯量制等。1971 年后，国际上普遍采用了国际单位制（简称 SI），选定了由 7 个基本量构成的量制，导出量均可用这 7 个基本量导出。7 个基本量的量纲分别用长度 L、质量 M、时间 T、电流 I、温度 Θ、物质的量 N 和光强度 J（聂玉昕，2009）表示，则任一个导出量的量纲为

$$\dim A = L^\alpha M^\beta T^\gamma I^\delta \Theta^\epsilon N^\zeta J^\eta \tag{2.1-9}$$

式中：指数 α、β、γ、δ、ϵ、ζ、η 称为量纲指数。全部指数均为零的物理量，称为无量纲量。

如速度的量纲 $\dim V = \mathrm{d}s/\mathrm{d}t = LT^{-1}$；加速度的量纲 $\dim a = \mathrm{d}v/\mathrm{d}t = LT^{-2}$；力的量纲 $\dim F = ma = MLT^{-2}$；压强的量纲 $\dim P = F/S = MLT^{-2}L^{-2} = MT^{-2}L^{-1}$（谈庆明，

2005）。

　　事实上，所谓量纲就是量制中以各基本量纲幂的乘积表示。由于物理量间的规律性联系可以表达为描述自然规律的各种定律。选取的基本物理量不尽相同，同一个物理量在不同的单位制里的量纲可以互不相同。物理量之间的一定组合，使其量纲积内基本量的量纲指数均为零，称为无量纲积或无量纲物理量，有时也称为量纲为 1 的量。例如，雷诺数 $Re = vl\rho/\mu$，其中，v、ρ、μ 分别为流体的速率、密度和黏滞率，l 是物体或容器的特征线度，显然有

$$\dim Re = LT^{-1} \cdot L \cdot ML^{-3} \cdot M^{-1}LT = M_0 L_0 T_0 = 1 \qquad (2.1-10)$$

　　无量纲量的量纲为 1，所以它的数值与所选用的单位制无关，用纯数表示。任一合理构成的物理方程中的各项，都具有相同的量纲。显然，量纲一致的方程的形式，不会因基本量的单位不同而改变。在量纲分析中把一组无量纲量之积称为完全系（包科达，1987）。

2.1.3.2　量纲与量度

　　物理量可以按照其属性分为两类：一类物理量的大小与度量时所选用的单位有关，称为有量纲量，如常见的有长度、时间、质量、速度、加速度、力、动能、功等；另一类物理量的大小与度量时所选用的单位无关，则称为无量纲量，如角度、两个长度之比、两个时间之比、两个力之比、两个能量之比等。

　　对物理问题主要是通过比较物理量的大小，了解物理问题中的因果关系来认识的。作为原因的诸多物理量之间，总会以一种有机的联系来反映作为结果的物理量。讨论这种联系首先要搞清楚诸量的属性或量纲，特别是作为结果的物理量的量纲，必须与作为原因的诸多物理量的量纲之间，建立反映该问题物理本质的固有联系。可以认为，量纲是认识物理问题的钥匙。

　　在认识物理问题的规律中离不开对物理量的度量。度量某一个物理量，需要以一定方式将该物理量与一个取作单位的同类物理量进行比较。在物理问题的因果关系中，特别是在作为原因的自变量中选择某几个具有独立量纲的自变量当作单位，组成单位系，用来度量该问题中所有的物理量。如在运动学问题中可选用一个特征长度和一个特征时间组成单位系；在动力学的问题中，则除了选用一个特征长度、一个特征时间外，还要选用一个特征质量或特征力，三者组成单位系（聂玉昕，2009）。

2.1.3.3　量纲的属性

　　1. 量纲表达式的幂次积形式

　　客观规律要求数值的非实质性变化必须保证事物客观大小的绝对性。具体来说，任何两个一定大小的同类物理量，不论测量的单位如何，它们的相对大小永远不变，即它们的比值对任何单位都必须是个定值。度量的根本原则也就是保持同类物理量的相对大小对于单位的不变性。由此可得出一个重要的结论：在确定的单位制中，所有物理量的量纲都具有基本量量纲的幂次积形式。

　　2. 量纲表达式的完整性

　　现实客观的物理现象总会同时参有许多物理量。它们之间具有一定的依存关系，构成某一客观规律的数学表达式。首先，物理中只有同类量或它们的组合表达式能进行加

减。其次，为了按名数的大小进行比较，在建立表达式时必须采用统一的单位制。当然，单位总可以通过换算得到统一，不会构成任何限制。另外，所建立反映客观实际规律的表达式，必须在单位尺度的主观任意变换下不遭到破坏，表达式的这一性质称为完整性。

3. 量纲齐次性特征

表现数量关系的最一般形式是多项式。为了保证多项式的完整性，一个办法是要求表达式中的一切参量都是无量纲纯数，另一个办法是要求表达式中所有各项具有完全相同的量纲，即每一项的每一基本量纲都有相同的幂次，要求量纲具有齐次性特征。表达式中各项都是有关名数的幂次积，包括量数和量纲两部分。既然是量纲齐次，等式两边的量纲因子就可以相消，只剩下纯粹由量数构成的关系方程，也就实现了无量纲化。总之，量纲齐次是构成表达式完整性的充要条件。

应该指出，任何两个量纲齐次的算式，假如硬性相加成为新的多项式，它虽然仍具有完整性，但可能变为非量纲齐次。这是因为两个算式分别表示不同类量间的关系，任何算式应用于具体实例都是如此，所以无须看作是量纲齐次的破坏。

4. 量纲独立性特征

所谓量纲独立指其中任何一个量的量纲式不能由其余量的量纲式的幂次积所组成。例如 MLT 体系中长度 $[L]$、速度 $[LT^{-1}]$ 和能量 $[ML^2T^{-2}]$ 三者是独立的，而长度 $[L]$、速度 $[LT^{-1}]$ 和加速度 $[LT^{-2}]$ 三者间则非独立的。三个基本量的体系一般也只具有不多于三个的量纲独立量（江可宗，1987）。

2.1.3.4 量纲分析

1. 基本概念

量纲分析是对物理现象或问题所涉及的物理量的属性进行分析，从而建立因果关系的方法。量纲分析是自然科学中一种重要的研究方法，它根据一切量所必须具有的形式来分析判断事物间数量关系所遵循的一般规律。通过量纲分析可以检查反映物理现象规律的方程在计量方面是否正确，甚至可提供寻找物理现象某些规律的线索。

历史上最早把物理量的属性看作物理量量纲的是 J. 傅里叶，他把 dimension 一词的概念，从几何学中的长度、面积和体积的范畴，推广到物理学中的长度、时间、质量、力、能、热等物理量的范畴，这一词不再限于长、宽、高等几何空间的属性，而泛指物理现象中物理量的属性，称之为量纲；他说换了单位不仅某物理量的大小变了，与该量有关的物理量的大小也跟着变化（刘定宇等，1989）。

在同一个时期，O. 雷诺和瑞利应用量纲的概念屡屡取得成功。雷诺首先用于检验方程各项的齐次性。瑞利则用于克服求解问题中遇到的数学困难。后来，E. 白金汉提出：每一个物理定律都可以用几个零量纲幂次的量（称之为 II）来表述。P. 布里奇曼将白金汉的提法称之为 II 定理。实际上，傅里叶早已指明这种提法的实质，只可惜在他那个年代并没有引起大家的重视（聂玉昕，2009）。

量纲分析又叫因次分析，是 20 世纪初提出的在物理领域中建立数学模型的一种方法。量纲分析就是在量纲法则的原则下，分析和探求物理量之间关系。

量纲分析的基础是量纲法则，在深层次运用中，会运用到 II 定理，以至于有时把量纲分析直接看作"运用 Ⅱ 定理进行无量纲化的过程"（聂玉昕，2009）。

2. 基本原理

量纲分析的基本原理——Ⅱ 定理：一般方程式通过对原来 n 个参量的无量纲化，一定可得到 $n-k$ 个独立无量纲参数（$\Pi_1 \cdots \Pi_{n-k}$）的函数关系式。这就是所谓的 Ⅱ 定理，是量纲分析的理论核心。

任何一个物理定律总可以表示为确定的函数关系。对于某一类物理问题，如果问题中有 n 个自变量（a_1，a_2，$\cdots$，a_n），因变量 a 则是这 n 个自变量的函数，即：

$$a = f(a_1, a_2, \cdots, a_k, a_{k+1}, \cdots, a_n) \tag{2.1-11}$$

在自变量中可找出具有独立量纲的基本量，如果基本量的个数是 k，把它们排在自变量的最前面，则 a_1，a_2，$\cdots$，a_k 是基本量，它们的量纲分别是 A_1，A_2，$\cdots$，A_k；其余 $n-k$ 个自变量 a_{k+1}，a_{k+2}，$\cdots$，a_n 是导出量（聂玉昕，2009）。

Ⅱ 定理是由 E. 白金汉于 1915 年提出的一个定理，其内容表述为：设影响某现象的物理量数为 n 个，这些物理量的基本量纲为 m 个，则该物理现象可用 $N = n-m$ 个独立的无量纲数群（准数）关系式表示（聂玉昕，2009）。

量纲分析的重大作用在于通过 Ⅱ 定理减少了问题中参量的个数，这对实验安排具有难以估量的重要性。

量纲分析在物理和工程领域发挥了极其重要的作用；特别是对物理机理和数学表述不太清楚的问题，运用量纲分析可以进行模型实验，从而加深对问题的认识，这是因为量纲分析所遵循的思想、原则和方法具有普遍性和通用性（聂玉昕，2009）。

3. 运算法则

由不同物理量之间通过乘、除法导出新的物理量，可以满足数学上的指数计算法则，即：相乘则对应指数相加，相除则对应指数相减。这就是称为被广泛应用的量纲法则。

常用的两条：

（1）只有量纲相同的物理量，才能彼此相加、相减和相等。

（2）若要推导的公式符合量纲法则，指数函数、对数函数和三角函数的宗量（"宗量"在意义上等同于"自变量"，但具体的表达不同）应当是量纲 1。否则，该公式必然是错误的。

2.1.4 模型实验的相似原理及量纲分析

2.1.4.1 相似原理与模型实验

要进行模型实验，首先遇到如何设计模型、如何选择模型流动中的介质，才能保证与原型（实物）流动相似。根据相似第二定理，设计模型和选择介质必须使单值性条件相似，而且由单值性条件中的物理量组成的相似准则在数值上相等。

实验过程中需要测定哪些物理量、实验数据如何处理，才能反映客观实质？相似第一定理表明，彼此相似的现象必定具有相等的相似准数。因此，在实验中应测定各相似准数中所包含的物理量，并把实验结果整理成相似准数。

模型实验结果如何整理才能找到规律性，以便推广应用到原型流动中去？由 Ⅱ 定理可知，描述某物理现象的各种变量的关系可以表示成由数目较少的无量纲 Ⅱ 表示的关系式，各无量纲 Ⅱ 组成各种不同的相似准则，它们之间的函数关系式也称为准则方程式。彼此相似的现象，对应的准则方程式相同。因此，实验结果应当整理成相似准则之间的关系式，便可推广应用到原型中去。

2.1.4.2　相似原理的雷诺数相似法

为更好解释清楚相似原理的应用，下面介绍一种近似模型法——雷诺数相似法。

有许多实际流动，它们主要受黏性力、压力和惯性力的作用。如流体充满截面的管道流动，由于不存在自由面，因此，没有表面张力作用，即可不考虑 We 相似准则；重力不影响流场，故可不考虑 Fr 相似准则；如果流速与声速相比很低，则压缩性影响也可以忽略不计，即不必考虑 Ma 相似准则。对于绕物体的低速气流或绕深水中潜艇的流体上的弹性力及相应的水流（这时没有水面波浪形成）的情况也是这样。

从力学相似的观点来看，若两个流场在对应点作用的同种力方向相同、大小成同一比例，则满足动力相似。对于仅考虑黏性力、压力和惯性力这三种力的情况下，要使力三角形相似，只需满足两条边成比例且夹角相等，也就是说，在对应点上模型流动作用的惯性力和黏性力与实物流动作用的惯性力和黏性力成同一比例。因此，只要在对应点满足雷诺数相等即可。从更具有普遍意义的相似定理来看，两个流动相似，则相似准数对应相等，由 Ⅱ 定理得出的相似准则方程式亦相同。在 $(n-k)$ 个相似准则中，其中 $(n-k-1)$ 个是独立相似准则，或称为决定性相似准则（相当于函数的自变量，一个为非独立相似准则或非决定性相似准则）。对于仅考虑黏性力、压力和惯性力作用的流动情况，将雷诺准则和其他几何尺寸有关的准则看作独立准则，欧拉准则为非独立准则。

在几何相似前提下，保证水流运动及动力相似的决定性准则称为雷诺准则。因此，对于流水地貌的模型实验来说，如要达到相似，必须遵守雷诺准则。

2.1.5　"老三论"与"新三论"的基本原理

流水地貌系统模拟实验的过程－响应实验方法是以系统论为基础的，所以，本书对"老三论"中的系统论进行较详细地论述，并对"老三论"和"新三论"作一般的介绍。

2.1.5.1　"老三论"与"新三论"概述

1. "老三论"系统论、控制论和信息论

（1）系统论。系统论的创始人是美籍奥地利生物学家贝塔朗菲。

贝塔朗菲旗帜鲜明地提出了系统观点、动态观点和等级观点，指出复杂事物功能远大于某组成因果链中各环节的简单总和，认为一切生命都处于积极运动状态，有机体作为一个系统能够保持动态稳定是系统向环境充分开放，获得物质、信息、能量交换的结果。系统论强调整体与局部、局部与局部、系统本身与外部环境之间互为依存、相互影响和制约的关系，具有整体性、目的性、有序性、动态性等基本特征。

（2）控制论。控制论是著名美国数学家维纳（Wiener N）同合作者自觉地适应近代科学技术中不同门类相互渗透与相互融合的发展趋势而创始的。它摆脱了牛顿经典力学和拉普拉斯机械决定论的束缚，使用新的统计理论研究系统运动状态、行为方式和变化趋势的各种可能性。控制论是研究系统的状态、功能、行为方式及变动趋势，控制系统的稳定，揭示不同系统的共同的控制规律，使系统按预定目标运行的技术科学。

（3）信息论。信息论是由美国数学家香农创立的，它是用概率论和数理统计方法，从量的方面来研究系统的信息如何获取、加工、处理、传输和控制的一门科学。信息就是指消息中所包含的新内容与新知识，是用来减少和消除人们对于事物认识的不确定性。信息是一切系统保持一定结构、实现其功能的基础。狭义信息论是研究在通信系统中普遍存在着的信息传递的共同规律，以及如何提高各信息传输系统的有效性和可靠性的一门通信理论。广义信息论被理解为使运用狭义信息论的观点来研究一切问题的理论。信息论认为，系统正是通过获取、传递、加工与处理信息而实现其有目的的运动的。信息论能够揭示人类认识活动产生飞跃的实质，有助于探索与研究人们的思维规律和推动与进化人们的思维活动。

2. "新三论"耗散结构论、协同论和突变论

（1）耗散结构理论。比利时物理学家普利高津，于1969年提出了耗散结构理论，认为开放系统一般有三种可能的存在方式：①热力学平衡态；②近平衡态；③远离平衡态。系统只有在远离平衡的条件下，才有可能向着有秩序、有组织、多功能的方向进化，这就是普利高津提出的"非平衡是有序之源"的著名论断。通过长期的研究工作，普利高津发现，当一个远离平衡态的开放系统，由于许多复杂因素的影响而出现非对称的涨落现象，当达到非线性区时，在不断与外界进行物质和能量交换的条件下，系统将可能发生突变，由原来的无序混沌状态自发地转变为一种在时空或功能上的有序结构。系统在这种非平衡状态下产生的新的稳定有序结构就称为耗散结构。耗散结构论则是探索耗散结构微观机制的关于非平衡系统行为的理论。系统论所要寻求的也是这种具有有序性的稳定结构，从这个意义上说，耗散结构论与系统论有异曲同工之妙。

（2）协同论。协同论是20世纪70年代联邦德国著名理论物理学家赫尔曼·哈肯在1973年创立的。他认为自然界是由许多系统组织起来的统一体，这许多系统就称为小系统，这个统一体就是大系统。在某个大系统中的许多小系统是既相互作用、又相互制约的平衡结构，研究由旧的平衡结构转变为新的平衡结构规律的科学就是协同论。协同论是处理复杂系统的一种策略，目的是建立一种用统一的观点去处理复杂系统的概念和方法。协同论的重要贡献在于通过大量的类比和严谨的分析，论证了各种自然系统和社会系统从无序到有序的演化，是组成系统的各元素之间相互影响又协调一致的结果。它的重要价值在于既为一个学科的成果推广到另一个学科提供了理论依据，也为人们从已知领域进入未知领域提供了有效手段。

（3）突变论。突变论是比利时科学家托姆在1972年创立的。其研究重点是在拓扑学、奇点理论和稳定性数学理论基础之上，通过描述系统在临界点的状态，来研究自然多种形态、结构和社会经济活动的非连续性突然变化现象，并与耗散结构论、协同论与系统论相联系，对系统论的发展产生推动作用。突变论通过探讨客观世界中不同层次上各类系统普遍存在着的突变式质变过程，揭示出系统突变式质变的一般方式，说明了突变在系统自组织演化过程中的普遍意义；它突破了牛顿单质点的简单性思维，揭示出物质世界客观的复杂性。突变论中所蕴含着的科学哲学思想，主要包含以下几方面的内容：内部因素与外部相关因素的辩证统一；渐变与突变的辩证关系；确定性与随机性的内在联系；质量互变规律的深化发展。

3. "老三论"和"新三论"的特点

自贝塔朗菲提出一般系统论之后，出现了形而上学领域广泛探讨系统哲学的局面。现在比较流行的是由欧文·拉兹洛提出的系统哲学。系统哲学的世界观描绘了这样一个图景：从宇宙基本构件到可经验的有形自然实体，从有形自然实体到有机生物、人，再从人到大尺度的宇宙星体，一切存在都是相互联系的，但是万物的相互作用不是无序的一团乱麻，而是有组织、有条理的，它们都具有同一或者说不变的构型，这种构型即系统，在我们存在的光锥内，这些系统从最基本的能量波产生出来，在相互作用的过程中形成纽结、超纽结，在各种由相互作用构成的条件中，纽结逐步演化出一个现在所看到系统世界，系统世界具有透明、高度有序性。在每个等级上，系统都是其下层组分的整体，同时又是上层系统的参加者。在系统等级体系内，在整体上，每个等级结构都是分界面，协调其下层组分，并发挥其上层系统决定所配置的效能。由于系统为基本构型，存在不可还原性，任何一个系统如果拆成其组分后，都不可能存在整体意义上系统的特性和功能，这就是整体大于部分之和。在由系统构成的世界中，只有一个方向，那就是从最基本的能量流向日趋复杂化的系统构型发展。这就是说系统的世界具有单一的时间之矢。系统一旦成形，它具有自我稳定特性，使它在各种扰动环境中能够抵抗熵的宇宙的构件（构件的意义就是自稳定），任何一个系统解体都不会完全瓦解到宇宙史开端，同时任何一个系统解体而贡献出来的宇宙要素都能够在现在这个有序的世界中找到一个合乎现有秩序的容身之地。

（1）耗散结构理论与协同论均是系统演化理论。耗散结构理论、协同论都是研究系统演化的理论，这两种理论都是试图找到一个能对系统结构的自发形成起支配作用的原理。它们从两个不同的方面，互相补充地说明了系统的演化原理。耗散结构理论针对系统远离平衡态的演化理论，一个远离平衡态的开放系统，不断地与环境交换物质和能量，一旦系统的某个参量达到一定的阈值，通过涨落，系统就可以产生转变，由原来混沌无序的混乱状态转变为一种在时间、空间或功能上的有序状态。一个系统由混沌向有序转化形成耗散结构，至少需要 4 个条件：①必须是开放系统；②必须远离平衡态；③系统内部各个要素之间存在着非线性的相互作用；④涨落导致有序。

（2）协同论为对非远离平衡态的系统演化理论。协同论对非远离平衡态系统实现的系统演化理论认为有序结构的出现不一定要远离平衡，系统内部要素之间协同动作也能够导致系统演化（内因对于系统演化的价值和途径）；熵概念具有局限性，哈肯提出了序参量的概念。序参量是系统通过各要素的协同作用而形成，同时它又支配着各个子系统的行为。序参量是系统从无序到有序变化发展的主导因素，它决定着系统的自组织行为。当系统处于混乱的状态时，其序参量为零；当系统开始出现有序时，序参量为非零值，并且随着外界条件的改善和系统有序程度的提高而逐渐增大，当接近临界点时，序参量急剧增大，最终在临界域突变到最大值，导致系统不稳定而发生突变。序参量的突变意味着宏观新结构出现。

（3）突变论是研究系统结构与相变过程的理论。突变论吸收了系统结构稳定性理论、拓扑学和奇点理论的思想，发展出一套研究不连续现象的数学方法。突变论认为，系统的相变，即由一种稳定态演化到另一种不同质的稳定态，可以通过非连续的突变，也可以通过连续的渐变来实现。相变的方式依赖于相变条件，如果相变的中间过渡态是不稳定态，相变过程就是突变；如果中间过渡态是稳定态，相变过程就是渐变。原则上可以通过控制条件的变化控制系统的相变方式。

2.1.5.2 系统与系统论概述

宇宙、自然、人类社会，由于人类设定的参照系不同，而分属于不同的子系统。如果把世界上所有的存在划分为物质与精神世界，那么宇宙、自然、人类社会就通通属于物质与精神世界这个复杂巨系统。如果这样来看全宇宙，系统论就是具有哲学价值的世界观，所以可以说，宇宙是由具有组织性和复杂性的不同子系统构成的，这就是宇宙系统观。同时系统论又有很多类似数学模型的具体方法，来面对具体的子系统，从科学工具的角度来看系统论，系统论又是具有哲学价值的方法论。总之系统论既具备系统科学的个性化属性，又有别于具体的数学方法、物理方法或化学方法等具体科学门类的技术属性，从而具有普遍意义上的哲学属性，像宗教观、物质观、信息观一样，具有世界观和方法论意义。

系统论要求把事物当作一个整体或系统来研究，并用数学模型去描述和确定系统的结构和行为。所谓系统，即由相互作用和相互依赖的若干组成部分结合成的、具有特定功能的有机整体；而系统本身又是它所从属的一个更大系统的组成部分。

2.1.5.3 系统论的基本原则（刘松阳，1986）

如前所述，系统论是一门研究现实系统或可能系统的一般规律和性质的理论，是研究系统的一般模式、结构和规律的学问。它研究各种系统的共同特征，用数学方法定量地描述其功能，寻求并确立适用于一切系统的原理、原则和数学模型，是具有逻辑和数学性质的一门新兴的科学。作为一种崭新的综合性理论，系统论的基本原则一般包括以下几个方面。

1. 整体性原则

即系统、要素和环境之间的辩证统一。首先，系统与要素、要素与要素、系统与环境之间存在着有机的联系，它们相互作用、相互影响，构成一个整体。其次，系统的性质和规律，只有从整体上才能显示出来，整体可以出现部分未有的新功能，整体功能不是各部分功能的简单相加。再次，系统内部各要素或部分的性质和行为，对其他要素或部分的性质和行为有依赖性，并对整体的性质和行为有影响。整体性原则是系统论的基本出发点，要求人们在认识和处理系统对象时，都要从整体着手进行综合考察，以达到最佳效果。举例来说，只有整体综合考察流水地貌系统时，才能对流水地貌系统认识和处理取得最佳效果。

2. 结构功能原则

即系统的结构与功能的辩证统一。首先，功能是结构的属性，它以结构为基础，结构不同，功能也不同，结构决定功能。其次，同一结构可能有多种功能；结构不同，也可获得异构同功。它要求人们在分析研究各种系统时，必须把握好系统结构和功能的辩证统一规律。

3. 相互联系原则

系统必须借助多种形式才能实现整体性，包括各个组成要素间的物质和能量的相互交换、转换及守恒，以及信息的传递、交流等。搞清系统内外部物质、能量、信息的流动状态对于研究系统整体性至关重要。

4. 有序性原则

任何系统都是有序的、分层次的和开放的。通常由低级有序状态向高级有序状态发展，用熵来度量一个系统的有序程度。通过系统的正负熵来体现，正熵是熵增加，是熵函数的正向变化量。负熵即熵减少，是熵函数的负向变化量。负熵是物质系统有序化、组织化、复杂化状态的一种量度。负熵越大，系统状态越是有序化、有组织化，越是复杂。地貌上则用热力学熵的热量与绝对温度来比拟描述地貌系统的位能与高程（左大康，1999）。

5. 目的性原则

系统具有的反馈机制使其能保持内部的稳定以及与环境协调的特性，有助于掌握系统有目的性的发展趋向。

6. 动态性原则

现实的系统都处在变化、发展之中，任何系统在变化和发展中协调系统各方面的关系，包括整个系统、系统与其各个组成部分之间，以及系统与所处环境之间的协调等，使系统达到最优化。

2.1.5.4 系统论的核心思想

系统论的核心思想是系统的整体观念。贝塔朗菲强调，任何系统都是一个有机的整体，它不是各个部分的机械组合或简单相加，系统的整体功能是各要素在孤立状态下所没有的性质。他用亚里士多德的"整体大于部分之和"的名言来说明系统的整体性，反对那种认为要素性能好，整体性能一定好，以局部说明整体的机械论的观点。同时认为，系统中各要素不是孤立地存在着，每个要素在系统中都处于一定的位置上，起着特定的作用。要素之间相互关联，构成了一个不可分割的整体。要素是整体中的要素，如果将要素从系统整体中割离出来，它将失去要素的作用。正像手在人体中它是身体的器官，一旦将手从身体上砍下来，那时它将不再是身体的器官了一样。

2.1.5.5 系统论基本思想方法

系统论的基本思想方法，就是把所研究和处理的对象，当作一个系统，分析系统的结构和功能，研究系统、要素、环境三者的相互关系和变动的规律性，并优化系统观点看问题，世界上任何事物都可以看成是一个系统，系统是普遍存在的。大至渺茫的宇宙，小至微观的原子，一粒种子、一群蜜蜂……都是系统，整个世界就是系统的集合。

系统是多种多样的，可以根据不同的原则和情况来划分系统的类型。按人类干预的情况可划分自然系统、人工系统；按学科领域就可分成自然系统、社会系统和思维系统；按范围划分则有宏观系统、微观系统；按与环境的关系划分就有开放系统、封闭系统、孤立系统；按状态划分就有平衡系统、非平衡系统、近平衡系统、远平衡系统等。此外还有大系统、小系统的相对区别。

2.1.5.6 系统论的任务及意义

系统论的任务，一方面要认识系统的特点和发展规律，另一方面，也是更重要的，发展、管控、改造或创新系统，使它的存在与发展合乎人类生存的需要。研究系统的目的就是要调整系统结构，协调系统各要素间的关系，使系统达到优化目标，以最佳状态满足人类生存的需要。

系统论的出现具有重大意义。首先，使人类的思维方式发生了革命性的变化，将事物化整为零，抽象出最简单的因素来，然后再以部分的性质去说明复杂事物。这是笛卡儿奠定理论基础的分析方法，这种方法的着眼点在局部或要素，遵循的是单项因果决定论，虽然这是几百年来在特定范围内行之有效、人们最熟悉的思维方法。但是它不能如实地说明事物的整体性，不能反映事物之间的联系和相互作用，它只适应认识较为简单的事物，而不胜任于对复杂问题的研究。在现代科学的整体化和高度综合化发展的趋势下，在人类面临许多规模巨大、关系复杂、参数众多的复杂问题面前，就显得无能为力了。正当传统分析方法束手无策的时候，系统分析方法却能站在时代前列，高屋建瓴，综观全局，别开生面地为现代复杂问题提供了有效的思维方式。所以系统论，连同控制论、信息论等其他科学一起所提供的新思路和新方法，为人类的思维开拓新路，它们作为现代科学的新潮流，促进着各门科学的发展。

系统论反映了现代科学发展的趋势，反映了现代社会化大生产的特点，反映了现代社会生活的复杂性，它的理论和方法能够得到广泛应用。系统论不仅为现代科学的发展提供了理论和方法，而且也为解决现代社会中的政治、经济、军事、科学、文化等方面的各种复杂问题提供了方法论的基础，系统观念正渗透到每个领域。

当前系统论发展的趋势和方向是朝着统一各种各样的系统理论，建立统一的系统科学体系的目标前进着。有的学者认为，"随着系统运动而产生的各种各样的系统（理）论，而这些系统（理）论的统一业已成为重大的科学问题和哲学问题。"

2.1.5.7 系统论研究的现状

系统理论目前已经显现出几个值得注意的趋势和特点：

（1）系统论与控制论、信息论、运筹学、系统工程、电子计算机和现代通信技术等新兴学科相互渗透、紧密结合的趋势。

（2）系统论、控制论、信息论，正朝着"三归一"的方向发展，现已明确系统论是其他两论的基础。

（3）耗散结构论、协同论、突变论、模糊系统理论等新的科学理论，从各方面丰富发展了系统论的内容，有必要概括出一门系统学作为系统科学的基础科学理论。

（4）系统科学的哲学和方法论问题日益引起人们的重视。

在系统科学的这些发展形势下，国内外许多学者致力于综合各种系统理论的研究，探索建立统一的系统科学体系的途径。一般系统论创始人贝塔朗菲，就把他的系统论分为狭义系统论与广义系统论两部分，狭义系统论着重对系统本身进行分析研究；而广义系统论则是对一类相关的系统科学来进行分析研究，其中包括三个方面的内容：①系统的科学、数学系统论；②系统技术，涉及控制论、信息论、运筹学和系统工程等领域；③系统哲学，包括系统的本体论、认识论、价值论等方面的内容。有人提出试用信息、能量、物质和时间作为基本概念建立新的统一理论。瑞典斯德哥尔摩大学萨缪尔教授1976年在一般系统论年会上发表了将系统论、控制论、信息论综合成一门新学科的设想。在这种情况下，美国的《系统工程》杂志也改称为《系统科学》杂志。

我国有的学者认为系统科学应包括"系统概念、一般系统理论、系统理论分论、系统方法论（系统工程和系统分析包括在内）和系统方法的应用"等五个部分。我国著名科学家钱学森多年致力于系统工程的研究，十分重视建立统一的系统科学体系的问题，自

1979 年以来，多次发表文章表达将系统科学看成是与自然科学、社会科学等相并列的一大门类科学，系统科学像自然科学一样也区分为系统的工程技术（包括系统工程、自动化技术和通信技术）、系统的技术科学（包括运筹学、控制论、巨系统理论、信息论）、系统的基础科学（即系统学）、系统观（即系统的哲学和方法论部分）。这些研究表明，不久的将来系统论将以崭新的面貌矗立于科学之林。

　　值得关注的是，我国学者林福永提出和发展了一种新的系统论，称为一般系统结构理论。一般系统结构理论从数学上提出了一个新的一般系统概念体系，特别是揭示系统组成部分之间关联的新概念，如关系环境、系统结构、关系行为等；在此基础上，抓住了系统环境、系统结构和系统行为以及它们之间的关系及规律这些一切系统都具有的共性问题，从数学上证明了系统环境、系统结构和系统行为之间存在固有的关系及规律，在给定的系统环境中，系统行为仅由系统基层次上的系统结构决定和支配。这一结论为系统研究提供了精确的理论基础。在这一结论的基础上，一般系统结构理论从理论上揭示了一系列的一般系统原理与规律，解决了一系列的一般系统问题，如系统基层次的存在性及特性问题，是否存在从简单到复杂的自然法则的问题，以及什么是复杂性根源的问题等，从而把系统论发展到了具有精确的理论内容，并且能够有效解决实际系统问题的高度。

2.1.6　流水地貌系统的系统观

2.1.6.1　流水地貌系统的整体性

　　根据系统论观点，流水地貌体系是一个整体或系统，可以用数学模型去描述和确定流水地貌系统的结构和行为。流水地貌系统是由相互作用和相互依赖的若干组成部分结合成的、具有特定功能的有机整体；而流水地貌系统本身又是从属于更大的地貌系统的组成部分。流水地貌系统能够维持动态稳定是流水地貌系统向外部环境充分开放，获得物质、信息、能量交换的结果。流水地貌系统具有整体与局部、局部与局部、系统本身与外部环境之间互为依存、相互影响和制约的关系，具有整体性、有序性、动态性三大基本特征。

2.1.6.2　流水地貌系统的信息控制性

　　控制论认为流水地貌系统与毗邻科学系统，如水流动力学、泥沙运动学、泥沙力学、大气科学、水文学、第四纪地质学、沉积学以及实验技术科学等科学系统相互渗透和相互融合。借助控制论研究流水地貌系统的流水地貌状态、流水地貌系统的功能、流水地貌系统的演变方式及发展趋势，探讨流水地貌系统的控制规律，控制流水地貌系统的稳定，使流水地貌系统按社会经济的要求运行。而借助信息论，运用概率论和数理统计方法，定量研究流水地貌系统的信息如何获取、加工、处理、传输和控制，使流水地貌系统的研究由定性向定量发展。

2.1.6.3　流水地貌系统的突变性

　　由于受许多复杂因素的影响，一个流水地貌系统会出现非对称的涨落现象，在流水地貌系统不断与系统外进行物质和能量交换的条件下，当达到一定程度，流水地貌系统将可能发生突变，由原来的无序混沌状态自发地转变为一种在时空或功能上的有序结构。在这种非平衡状态下，流水地貌系统将产生的新的稳定有序结构，即流水地貌耗散结构。可以认为，耗散结构理论是解释流水地貌系统受干扰后，由无序状态通过突变形成新的稳定有序流水地貌结构的有力武器。

2.1.6.4 流水地貌系统的平衡协同性

从协同论观点出发，流水地貌系统是地貌系统的一部分，它包含许多小系统。例如：一个流域地貌系统至少包含 3 个小系统，即上游的产流产沙子系统、中游的输水输沙子系统以及下游水沙汇集沉积子系统，他们相互作用、相互制约，是流水地貌平衡结构，而且按一定规律由旧的结构转变为新的结构，也就是由过去的流水地貌结构向现代流水地貌结构演变，并向未来流水地貌结构演化。

2.1.6.5 流水地貌系统的复杂性与临界性

突变论给出了流水地貌系统具有多态性、复杂性、结构性、突变性及临界点特征的解释，使流水地貌研究向深层次发展。

通过描述流水地貌系统中临界点的状态，可以研究流水地貌系统的多态性、结构性及其发育演变过程中的非连续性突变现象，联合运用耗散结构论、协同论与系统论观点，可以区别流水地貌系统的内临界点及外临界点。通过探讨流水地貌系统不同层面上各个子系统的突变式质变过程，揭示流水地貌系统突变式质变的一般方式，以及突变在流水地貌系统自组织演变过程中的普遍意义；这是对牛顿单质点的简单性思维的一个突破，揭示出物质世界的客观复杂性。

突变论的相变观点认为流水地貌系统的相变，即流水地貌系统由一种稳定态演变到另一种不同性质的稳定态，既可以通过非连续的突变，也可以通过连续的渐变来实现，流水地貌系统相变的形式依赖于相变的条件。如果流水地貌系统相变的中间过渡态不稳定，那么流水地貌系统的相变过程就是突变；如果中间过渡态是稳定态，流水地貌系统的相变过程就是渐变。另外，根据相变形式对相变条件的依赖性，可以将流水地貌系统发育演变不连续性突变现象划分为由流水地貌系统内部原因激发突变的内临界点及由流水地貌系统外部原因触发突变的外临界点。一般来说，流水地貌系统系统的相变方式可以通过控制条件来实现。在这过程中，流水地貌系统保持内部因素与外部相关因素的辩证统一；渐变与突变的辩证关系；确定性与随机性的内在联系；量质互变规律的深层次发展。20 世纪 70 年代以来，Schumm 等运用系统论对流水地貌系统进行了卓有成效的研究，成绩斐然，创立了有别于 Davis 的"侵蚀循环论"、Penk 的"山前梯地说"以及马尔科夫的"地貌水面说"的"地貌临界说"。

2.2 流水地貌实验类型及评述

2.2.1 概述

地表水流作用，导致形成具有整体性和层次性特征的流水动力地貌系统，按层次可分成受水盆地、河道及三角洲三个子系统；按结构与功能，可以划分为形态、级联、过程响应及控制等系统。

　　流水动力地貌系统与地球表层环境息息相关。因为它本身是自然地理系统十分重要的组成部分，极大地影响着自然地理系统的结构与功能，并受着自然地理系统的影响；同时由于人类活动加剧，不断地调整着流水动力地貌系统演化的方式和速率，抑制或促进作用的强度。自然界和人类活动的相互作用，构绘出一幅幅生动活泼的环境效应图画。例如，由于气候变迁，当湿润转向干燥时，河网密度由小变大，侵蚀加剧，河道中发生淤积，流量变幅增大，河道中输沙量增加，输送物质变粗，促使河道由弯曲向游荡发展，河口三角洲转向不稳定，向海延伸速率增大，沉积韵律变得紊乱等。又如，当海平面下降时，导致流域系统中复杂响应的出现，一次下降出现两级乃至多级阶地。反过来，当人们力图利用和改造流水动力地貌系统时，该系统同样产生复杂的环境效应。例如，黄土高原经历战国—秦汉、隋唐、明清三次大规模的砍林垦殖，致使侵蚀速率由 7.9％增加到 25％；密西西比河下游，弯曲河道的过度裁弯取直，使弯曲河型向分汊河型发展；城市化、公路化使径流集中，时间缩短，造成都市洪害，加速河道冲刷；由于采矿破坏植被，增强了流域侵蚀及降低地面的不稳定性；由于地下水超采及石油、煤的开采，引起的地面沉陷导致地面不稳定，促使能量的重新分配。此外，跨流域调水、灌溉等，也有着明显的环境效应。所有这一切，驱使人们不仅要搞清流水动力地貌的常态变化，即不受人类活动干扰的自然变化，而且要更加注重人类活动所赋予流水动力地貌系统的变化，当然前者是后者的基础或背景，而后者又是前者的目的和归宿。

　　进行流水动力地貌系统的环境效应研究时特别强调：①流水动力地貌系统背景机制演变速率；②人类对流水动力地貌系统建设作用和破坏作用；③人类活动干扰下动力地貌系统作用速率及方式；④流水动力地貌系统自然演变速率与人为速率间的临界值；⑤流水动力地貌环境工程措施的研究等。

2.2.2　物理模拟实验类型

　　人们往往运用比尺模型、自然模型、比拟模型及过程响应模型去研究河流地貌系统中的河型成因、河道演变过程、泥沙输移特征、消能方式及消能率变化等问题（Shen，1971，1973）。对于流域地貌，有人也力图运用比尺模型加以研究（Fok，1973），而大多数学者则采用比拟模型进行室内的流域地貌或坡地地貌演化实验（Leopold et al.，1953）。人工降雨与天然降雨所概化的雨型、雨强及雨滴谱方面达到相似还是比较容易做到的，但是要达到地形的几何相似及边界条件相似等则困难得多。因此，本书依据系统"异构同功"原理及地貌类比法则，运用类似于模拟河型塑造过程的过程响应模型设计方法进行流域地貌系统的实验研究。

　　水流是地球表层最活跃的动力因素之一，不论是片流、还是线流，也不论是间歇性水流、还是经常性水流，在与地球表层相互作用的过程中，由于能量的再分配导致地表固体物质的侵蚀—搬运—堆积，从而塑造出千姿百态的流水地貌形态，构成了地球表层的塑造骨架。水流塑造地貌形态的动力作用，有着极大的建设或破坏环境的效应。人类活动的加剧又加速或减缓这种作用。因此，人们一直注重关于流水动力地貌特征、成因演变、动力机制、预测未来发展，特别是人类活动未来影响为主要内容的流水动力地貌学的研究。

　　地貌学家与运用物理模型着重解决水利问题的水利工程师不同，注重研究流水地貌的形成与演变，掌握演变规律，以便预测未来变化，预估人类活动所赋予流水地貌的影响。因此，强调边界条件、大尺度空间和较长时段的变化，同时，也注重水流动力条件、水流结构、泥沙的群体运动方式及堆积形态等，以便为河流及流域的综合整治提供规划建议。

2.2.2.1 比尺模型

比尺模型的特点是严格遵循量纲理论及相似原理。只有当模型和实体确实相似时，才有可能把模型中的实验结果推延到原型中去。在流水动力地貌学研究中的比尺相似模型主要是研究地貌体中水流及泥沙的机械运动——牛顿力学问题。为了保持几何形态相似，要求模型和原型中任何相应的长度具有同一比例；为了保持运动相似，必须使模型和原型中的任何相应点的速度、加速度相互平行具有同一比例；为了保持动力相似，要求模型和原型中作用于任何相应点的力必须相互平行具有同一比例。在相似的流水地貌系统中必须由相同的物理方程式所描述，从这一相同的物理方程式所导引出来的相似常数组成的相似指数必须等于 1。在设计流水动力地貌模型时，除了遇到水力几何、泥沙运动的相似问题外，还会遇到边界条件的相似问题。在动力相似方面，不仅有水流作用的外动力相似，而且还有构造作用的内动力相似问题，达到严格的完全相似是相当困难的。

比尺模型按边界固定与否，可有定床和动床之分；按水平比尺与垂直比尺是否一致，可由正态与变态之别。定床模型主要是用来研究河流地貌系统中水流结构、动力轴线、流速的平面分布、螺旋流特征及水面形态的起伏等。通过系列模型，或同一流水地貌系统不同时段的定床模型，结合理论推断，分析流水地貌演化及其动力因素的影响。显然这是一种离散式的间接实验方法。

例如，在长江下游官洲河段演变的模型实验中，采用水平比尺模型，获得了关于"鹅头状"河型的水流运动特性及河床演变资料，着重分析了新中汊的冲淤变化及进一步发展成主航道的可能性，检验了堵塞衰亡支汊及对河段综合治理的效果。实施工程后，符合分析结论，并取得了效益。

又如，1985—1987 年进行的马鞍山河段演变趋势系列模型实验研究表明，该河段演变极大地受制于入流动力轴线的变化，动力轴线的摆动和上提下挫取决于流量、边界条件及汊河分流比。当边界条件一定时，动力轴线的弯曲度随流量增大而减少；当流量一定时，轴线受边界条件约束；当总流量及边界条件一定时，轴线的变化随汇入角和汊河分流对比而异。实验表明，当江心洲左汊顶冲点在河口一带时，有利于何家洲串沟的发育，只有当何家洲串沟分流量占总流量的 30% 时，31 号泵房区才可以彻底解除淤积影响。实验结果已被生产单位编入整治规划报告，该河段也列入重点整治河段。

尽管比尺模型具有相似性比较严格、精度较高等优点，但由于流水动力地貌系统中自然因素如此之多，影响如此复杂，因此只能抓主要方面加以模拟。由于场地及费用的限制和河道边界条件难以完全相似，模型不得不变态。由于变态水流内部结构失真，很难达到泥沙运动的真正相似。正如，Barr（1968）认为"一旦真正的动力相似没有了，水力模型变成为水力类比。"所以当由一般原理获得信息而不是由特定的原型获得信息时，很难运用于短距离短时段流水动力地貌的研究。

越来越多的证据说明某些地貌过程是量纲相关的（Wolman et al.，1961，Schumm，

1985)，不考虑粗略的比尺会导致外延发生困难。然而，现有的地貌比尺模型是一门不很精确的科学，难以提供定量结果并应用于原型。因此运用其他物理模型研究流水动力地貌特征及过程是十分必要的。

为了节省经费、劳力和场地，美国运用微尺度模型（Davinroy，1999；Gaines et al.，2001）（比尺 1：20000）研究密西西比河的河道整治工程，取得了良好的效益，根据高分辨率航拍图，用一些新型合成材料（包括非常轻的由有机合成材料制作的模型沙、由聚苯乙烯和丙烯酸制作的模型边界材料等）进行制作模型，河流的结构和平面形态都被布置在桌子大小的模型上。

微尺度模型采用的比尺可达 1：20000，模型尺寸一般非常小，并且变率较大。这种模型微控自动化技术及高精度的测量仪器是模型实验测控的关键，模型进口的水沙过程是利用一系列的综合控制阀、离心泵和特制的计算机软、硬件控制并模拟出来的。这些设备能够自动控制模型的流量和含沙量，然后就可以开展实验来模拟现实中的河流。

2.2.2.2　自然模型

自然模型实验方法是 1950 年由 Великанов 首先提出来的，他运用"人工小河"研究河床演变取得了成功。后来，由 Росинский 等，进一步加以发展，并赋予一定的比尺。自然模型实验法早先也叫作自由模型实验法（экспериментальный метод свободной модели）。其特点是，在实验过程中，水流塑造河床和河谷，而不受实验者的干扰，实验者仅供给实验的起始条件，亦即：原始土质形态和组成、流量大小和水流情况、加沙的粒径、数量和过程。在模型中，保持与自然界相同的水流情况和类型（流态及流型），是使实验小河的形成过程和自然河流形成过程相似所必需的首要的基本条件（Маккавеев et al.，1961）。Росинский（1956）及李保如（1963）等强调了自然模型的设计必须遵循像比尺模型那样的相似条件，同时满足水流为紊流、缓流，流速应大于床沙的起动流速等附加条件。模型比尺主要通过变更模型的流量、加沙量及其过程线的形状来满足。但事实上，自然模型中是很难模拟水文泥沙过程的，因时间比尺过小和泥沙运移的滞后效应，不得不采用扩大时间比尺的办法，来满足泥沙运动比尺，水流运动时间比尺几乎是没有什么实际意义。实验时，控制条件的选择往往凭经验确定，实验结果仍然是定性的，时间过程及边界条件的模拟依然是十分棘手的问题。

1973—1979 年，在研究长江中下游分汊河型的造床过程和影响因素时，运用自然模型进行了 25 组实验。采用变坡降二元相结构漫滩河岸，水中加入细物质（$D_{50} = 0.078\text{mm}$）来塑造江心洲分汊河型。通过模型地貌形态分析，将江心洲分成外动力及内动力作用形成的两大类六亚类；还进行了边滩、水下三角洲及切滩过程的观测，并对全新世中早期长江特性、分汊型河漫滩的塑造过程做了实验分析，建立了分汊河型形态、物质与能量消耗率间的统计关系，获得了分汊河道空间结构模式，深化了对分汊河型成因演变的认识。有些认识如拼滩形成江心洲、古长江塑造过程等是野外所观测不到的（金德生等，1985）。

张扬等（2013）最近提出了一个设计思路，结合自然模型和微尺度模型的优势，运用时空自塑模型模拟冲积平原沉积过程中河型的自然发育，以及周期性调整规律，一方面模拟了冲积平原的形成过程，另一方面，为未来的来水来沙条件发生大幅度改变后，提供黄河下游不同河段可能的调整估计。

2.2.2.3 比拟模型

真正的动力相似一旦失去，水力模型便变成水力比拟，模型结论很难应用于原型。比尺模型很难胜任流水动力地貌的一般实验研究。因此，Hooke（1968）提出了第四个非常规相似准则，即"作用相似"（Similarity of Process）或"过程相似"（Similarity of Performance）（Hooke，1968a）。其基本要求是：①有粗略的比尺关系；②复演原型的某些地貌特征；③实验中出现的造床过程由逻辑推断与原型相同，模型本身可以看作为一个小的系统（Hooke，l968）。Hooke 给地貌学家提供了一个直接进行流水动力地貌的实验室研究途径，即实验流域盆地、实验河道及实验冲积扇，可以简单地看成一个小的地形。实验结果可以直接地外延到原型，并提供有关过程的种种信息，揭示原型中不太明显的趋势，为科学假设提供基础。

Mosley 等（1978）对该类模型进行了评述，他们认为主要的优点是：①在作用和变量控制下，对野外因种种原因无法研究的类似变量和作用加以验证、分析、控制及精确测量；②研究变化着的地貌系统、均衡与非均衡间的差异、系统中物质与能量的分布，以及演化阶段的实质；③通过单项研究，检验若干地貌作用过程；④研究不同的边界条件和起始条件；⑤可以揭示固有的疑惑现象和发现新的调查线索；⑥提供直接观察便于对地貌的理解和教学。其缺点是：①模型与原型的起始条件和边界条件不相似，导致原模型的作用和行为不一致；②模型与原型中的物质和作用过程不相同，促使行为和变化速率不一致；③一二个作用或影响因素的研究会带来假象；④模型尺寸太小时，量测及观测精度会降低模型实验的可信度；⑤实验耗费大量人力、物力，模型不易保存。

运用水泥制作节点，类比模拟了节点对长江中下游分汊河型成因演变的影响。当节点长度与河宽之比小于 6 : 1 时，便出现江心洲分汊河型（金德生等，1985）。

2.2.2.4 过程响应模型

过程响应模型实验与模拟，是基于地貌演化类比法则及系统论模型化原理的一种硬件模型实验。把室内的流域、河道及三角洲、坡地模型等看作为小型的流水地貌过程响应系统。运用形态、级联、过程响应和控制系统概念及系统间相互关系建立模型。由于"异构同功"原理的存在，模型中流水地貌过程响应系统的内部结构可以异于原型，但其功能必须相同。这种模型，一方面可用来研究流水地貌系统的演化过程，及系统的随机特征、物质流、能量流与熵等；另一方面也可用来研究流水地貌系统中的反馈机制、临界值、突变事件和复杂响应等。

在进行过程响应模型设计时，把流域盆地、河道、三角洲等作为一个小的系统，寻求控制变量和因素间的必然联系。例如，在模拟河道系统时，如野外那样，其自变量为河谷坡降（J_v）、造床流量（Q_b）、输沙类型（用河床质中径 D_{50} 代表）以及湿周中粉黏粒的含量（M）（图 2.2 - 1）。Richards（1982）借助一系列无量纲河型指数及水力几何参数，如弯曲率、波长波幅比、宽深比等，进行模型小河设计。当选择流量及比降时，则借助 QJ 乘积的临界关系来确定河型。

具体计算模型小河尺寸及放水时间时，则吸取其他物理模型的优点，加以综合自成体系。因此，它优于比尺模型，但在考虑时间过程时，又借助了比尺模型的换算方法；它也

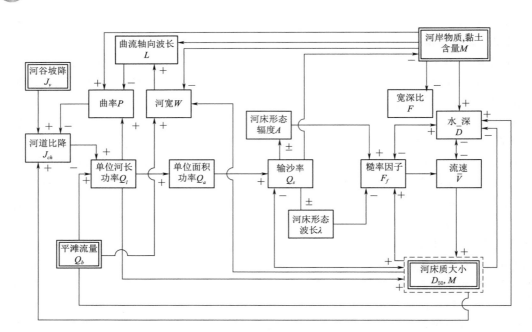

图 2.2-1　冲积河道系统

注　双线表示自变量，+表示直接关系，-表示间接关系，箭头表示影响的方向，双箭头表示可逆关系。

克服了自然模型过于自由的缺点，如给予初始条件时，必须确认因素间的统计关系。它与比拟模型相比，在一定程度上克服了类比模型中边界条件类比性问题，如运用不同物质模拟河漫滩二元结构时，必须计算其结构比及黏土粉粒百分比，以及模拟原、模型中形态与物质间的无量纲形态指标，如弯曲率与黏土粉粒百分比间的关系、宽深比与河岸高度比之间的关系等。它既不是属于比尺模型那样的白盒模型，也不属于自然模型及比拟模型那样的黑盒模型，而是综合两者的灰盒模型，因此，是一种更适合于研究流水动力地貌的实验方法。

1983—1984 年，笔者为了模拟构造抬升及河床中因抬升造成的坚硬露头对密西西比河下游曲流河段的影响，运用过程响应模型设计法，成功地模拟呈不对称发育的与天然曲流相似的曲流，获得了曲率半径、弯曲率与河岸高度比之间的关系。实验特点在于通过河道自身调整机制，由同侧输沙向异侧输沙转化，凹岸逐渐侵蚀凸岸边滩拓宽淤长，塑造成典型曲流，因此更接近天然曲流的形成过程。分析表明，模型曲流的横断面形态与原型很相似，两者的宽深比十分相近（Jin et al.，1983）。

1. 过程响应模型的理论依据

根据流水地貌系统的结构与功能，流水地貌系统主要由流水地貌形态及物质能流两类子系统组成。前者包括狭义的流域地貌、流域与沟道水系、坡面地貌、河床地貌与河口三角洲地貌等流水地貌形态子系统；物质能流子系统包括产流产沙、泥沙输移、泥沙沉积、能量时空分布、能量消耗方式与消耗率等。严格来说，一个流域除分水岭的脊线外，即便平坦地面，也是坡度为零的特殊坡面，流水地貌形态在三维空间及一维时间内变化。物质能流系统，从输入看，有太阳辐射、降水、气流、化学及固体物质在流域中的降落；其输出有蒸发、地面辐射及产流产沙等；在传输过程中，有固液体物质及化学元素的迁移，也有机械能、化学能、热能和生物能的转换和传递，这是一个极为复杂的开放系统。流水地貌学家最感兴趣的是地貌形态演化、水沙的运移与能量的消耗率及两者之间的关系，流域地貌系统的平衡态与非平衡态及两者之间的关系。

流水地貌系统中有十来个变量，包括时间、原始地形、地质、岩性与构造、植被（类型与密度）、基面以上地形高度或体积、水文（单位面积径流量和产沙量）、流域地貌特征、坡面地貌特征，及流域来水和来沙量等。如果将流域看作是历史长河中的动力系统，那么时间是一个很重要的控制因素，因为流域跨过其自身的各个历史演变阶段。然而在较短的时段内，主要的控制因素有地形、岩性、构造、气候和水文特征等。显然，一个广义的复杂流水地貌系统，也可以认为是流水地貌系统处于不同的发育阶段，以流域为例，如汉江流域，尹国康认为整个汉江流域地貌发育阶段处于老年期，而在钟祥以上的中、上游流域地貌则处于壮年期；至于丹江口以上的上游流域地貌则处于幼年期（尹国康，1991）。在一个最基本的流水地貌单元中，例如小流域或实验流域中，由于地形、岩性、构造及气候条件比较单一，或者给予特定的控制条件，水文特征成为主要的控制因素。如果从传统的力学及几何学体系出发，可以将流域水力几何关系（Drainage Hydraulic Geometry）及地貌形态与消能率特征（JV）体系，作为流水地貌模型设计的基础。

流域地貌过程响应模型是这样一种模型，它基于地貌形态，研究流域水力几何关系、物质形态与能耗率关系的模型，注重流域地貌宏观统计特征与物质能流特征相结合，而不拘泥于具体的形态相似，也不注重具体的微观细节。

2. 流水地貌模型实验的相似性

不论何种模型实验，只有与原型在一定程度上相似，方具有研究价值及应用价值。相似性体现于原型与模型形态、内容及过程行为等方面的可比性、可推性或关联性。或者是几何、运动、动力相似，或者是作用、行为、过程相似；可以是牛顿力学体系相似，也可以是非牛顿力学体系相似。

流域地貌系统是一个复杂的开放系统，由于它具有综合性与随机性，因此，采用非牛顿力学体系过程响应系统的相似性来描述原型与模型流域地貌系统的相似程度，具体叙述如下。

（1）流域地貌形态统计特征相似。例如模型流域中的水系级别系统的统计特征与原型中宏观统计特征相近，定量上相当或允许一定程度的偏离；在河道系统中，河道弯曲率、曲流波长波幅比、河宽变化率等，都要求原型与模型的数值相等或近似，以保证原型与模型的形态子系统达到相近或相似。

（2）模型流域的物质组成结构比例相似或相同。根据原型物质组成，运用配方法或比拟法，使物质组成或结构相似。例如，在进行均质流域及不同物质组成的流域地貌演化发育实验时，用黄土及一定级配的粉砂加以混合，实现物质组成和结构比例相似。当模拟植被覆盖度影响时，采用松柏、草皮或覆盖一定面积的塑料片模拟不同类型植被覆盖度对流域侵蚀产沙的作用；对于河道系统，在一定范围内，弯曲河道边界组成应黏实，游荡河型边界应松散，而分汊河型则介乎中间，分汊及弯曲河型的边界以二元相结构为佳。当然，目前对于流域和河道还尚难达到边界条件的完全相似。事实上，过程响应模型，运用不同物质起到同样结果也是允许的。例如，可用滑石粉代替黏土，以达到密实之功效。

（3）相对演变速率相近或相似。不同类型的流域具有不同的演变速率。例如，物质组成粗而较疏松的流域，其演变速率大于物质细而密实的流域；植被覆盖度大的流域，其演变速率远较植被覆盖度小的来得慢。对某一类型的流域，在其发育的不同阶段，其演变速率各不相同。例如，在发育初期，演变速率不大，达一定阶段，具有最大的速率；随后，速率变小而渐趋稳定。在流域地貌模型中，可以借助单位时间地形高程降低速率及侵蚀积分曲线类型相近来实现相对演变速率的相似性。

河流系统演化的相对时间尺度各不相同。例如，弯曲河型发育时间长，演变速率慢；游荡河型发育时间短，演变速率较快；江心洲河型则介于中间，又如弯曲河型与分汊河型往往具有不同的周期演变特征，这些在模拟实验设计中都应有所体现。

（4）消能方式及消能率相近或相似。在流域地貌演变过程中，水系的发育要求符合具体条件许可的最小消能率值。随着流域高差的降低，坡度变缓，水系形式往往由平行系列向树枝状系列演化，可以借助流域平均比降与单位断面径流平均速率的乘积来衡量一个流域的最小消能率，即 $\sum_{i=1}^{n} \overline{J_i V_i}$ 最小，为了达到这方面的相似，原型与模型流域应具有相同 JV 消能值变化趋势。

在过程响应系统中，能量流是重要的组成部分，不同的消能形式可以生成不同的形态系统，就微观而论，河流主要通过水体与河床、河岸、水质点及泥沙颗粒间的摩擦，机械能转化成热能消耗。在宏观上，由于边界条件、地质地貌、气候条件的不同，弯曲河型以增加弯曲率、延伸河长降低比降来消耗能量；游荡河型主要通过增大河宽来消能；而分汊河型则同时以增大河宽和增大汊河弯曲度来消能等。

（5）因果关系相同及异构同功。例如，模拟现代过程中的形态过程响应关系时，原型与模型有相同的因果关系，也可以运用不同的系统结构达到相同的影响效果。

3. 过程响应模型的功能类型

根据流水地貌系统的功能作用，过程响应模型可以划分为流域地貌系统过程响应模型、坡地地貌系统过程响应模型、河流地貌系统过程响应模型等。它们各自具有不同的形态子系统、物质能流子系统、过程响应子系统及控制子系统的功能作用，具体内容将在相关章节中进一步展开讨论。

结合有关流域地貌、坡地地貌、河流地貌以及人类活动影响地貌演变发育等的实验研究表明，在流域地貌发育过程的实验中，模拟了水系的发生、发展及衰亡过程，获得了类似于天然水系的河数、河长及分级统计规律（金德生等，1993）；成功地进行各种河型的造床实验，其造床过程与原型有着惊人的相似性，模型中复演了河型演化的渐变过程及突发过程，水库上下游河道调整的复杂响应、临界变化等（金德生，1990）。

2.2.3　数学模拟研究

物理模型不可避免地耗费大量人力、物力和时间，随着计算机及微处理器的不断更新换代，数学模拟逐渐地发展起来。物理模型可以看作模拟计算机，而数学模拟可以作为数字计算机（Gessler，1971）。

数学模拟实验是一种抽象概念，它借助包含有数学变量、参数及常数，也包含有被研究对象的许多概念及实体在内的表达式，通过计算机重演被模拟对象、力学作用及地貌事件。然后，将基本物理特征与若干抽象符号之间关系加以比拟。方程式即是预测演变的一种功能模型。在进行数学模拟时，首先要简化原型中存在的关系，建立模式，然后进行随时间变化的计算机模拟。运用原型资料检验模拟结果，如果吻合则获得成功；否则，修改模式，再进行模拟直到吻合为止。数学模拟可分为确定性数学模拟及随机性数学模拟两大类。

1. 确定性数学模拟研究

所谓确定性数学模拟实验，是以传统的自变量与因变量间关系（如因果关系）的确切预测为基础的数学概念，它由一系列来自经验或直观的数学表达式组成，通过合乎逻辑的数学论证获得唯一的结论，它广泛地应用于坡地动力地貌发育的研究中。随着信息科学的发展，近年来计算机数值模拟取得很大进展，李琼（2008）根据模拟对象，将模拟河流地貌演化的数值模型分为纵剖面模型、流域模型、河型模型三类。

2. 随机数学模拟研究

随机数学模拟实验是由一系列数学变量、参数、常数及一个或一个以上的随机因素组成的数学概念。随机模拟的一个实例是水系发育的随机游动过程，它是由不同方向上有不同概率的随机游动生成的。图 2.2 - 2（a）是由水流随机游动生成的水系，水流在四个方向具有相同步长的随机游动（即 $P\downarrow = P\uparrow = P\leftarrow = P\rightarrow = 0.25$）；图 2.2 - 2（b）中表示一个偏向模型（即 $P\downarrow = 0.4$，$P\uparrow = 0.1$，$P\leftarrow = P\rightarrow = 0.25$）获得的随机河网（Gaines et al.，2001）。此外，Howard 等（1971）运用蒙特卡洛法对河流袭夺作了模拟；Leopold 等（1962）运用随机游动模拟河流纵剖面序列；Nordin（1971）运用平稳随机过程模拟沙浪特性；以及 Shen 等（1977）运用高斯过程模拟河床形态特征等。

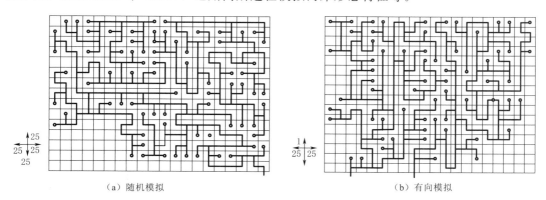

（a）随机模拟　　　　　　　　　　　　（b）有向模拟

图 2.2 - 2　随机游动生成的水系

(Chorley et al.，1971)

然而，随机学模拟难以探索系统随时间的变化，因为模型过于简化和运用人为的步长加以处理，演化的代表性差。这种模拟实验往往用来处理和论证某种均衡状态的流水地貌过程。

2.2.4　模拟实验类型评述

流水动力地貌作用具有显著环境效应，研究流水地貌动力与作用过程的流水动力地貌学已逐渐成为跨界于河流力学、泥沙力学、流水地貌及系统科学之间的新兴综合学科。流水动力地貌学的实验和模拟研究已必不可少，它既是有效的技术手段，也是流水动力地貌学的一个重要组成部分。

流水地貌的实验和模拟的理论基础之一是基于牛顿力学的相似理论及相似准则，另一个理论基础是以非牛顿力学为基础的系统论异构同功原理。按照流水动力地貌系统实验模拟的理论基础、设计方法、实现途径及研究内容，流水动力地貌实验可以划分为物理模型实验及数学模拟两大类。在选择模型时，必须考虑现实可行性和可能要解决的问题。例如，当研究流水动力地貌系统中小流域或短河段的动力机制和工程问题时，比尺模型是必不可少的；当研究较大尺度、较大范围、较长河段的演变速率问题时，自然模型或许是比较理想的；当研究流水动力地貌系统中的一般演变过程，为建立科学假设提供依据时，选用比拟模型是适当的；为了研究综合作用，包括一般性演变过程、演变速率以及人类活动的环境效应时，选用过程响应模型则有更多的优点。不过，不论哪种物理模型，均有相似问题，即都必须通过原型加以检验校核，否则模型实验结果很难外推和应用。物理模型实验的最大缺点是费时、费钱、劳动强度较大。同时，除了比尺模型中的定床模型外，各种物理模型均存在进一步强化理论基础的问题。

2.3　流水地貌模型实验设计及运行

2.3.1　概述

要进行流水地貌系统的室内模型实验，必须首先分析实验对象，即某一流水地貌子系统或地貌实体的形态特征、演变过程以及发育演变影响因素，而后依据某一实验理论，进行模型设计及制作，运用某一特定的实验方法，实施模型的运行，根据实验研究的要求，布设测验断面，采集及分析所需要的数据与图像。目前，无论在国内，还是在国外，也不论模拟的对象是何种流水地貌子系统，都离不开这个过程。当然，针对不同模拟对象的实验也必须强调某一个侧面，或某一个环节。以下就实验的基本方法及其主要特点作一介绍，具体的实验设计将在有关章节具体说明。

2.3.2　实验模拟的基本方法

根据上述模型理论、模型类型以及模拟对象，实验模拟方法基本上可以分为以下几种。

1. 流域地貌系统整体模型实验方法

流域地貌系统整体模型实验方法，主要是实现整个流域地貌系统的实验，包括三个基本组成子系统的整体实验，了解从人工降雨开始，上游小流域入渗、产流，坡面侵蚀、产沙，水系发育，挟沙水流汇合，经过输水输沙的河道子系统，直到河口三角洲地貌子系统，水沙的存储及泥沙堆积。模拟流域地貌系统中泥沙侵蚀-搬运-堆积的全过程，以及相关的侵蚀-搬运-堆积地貌形态的发育演变过程，是一个相当复杂的、庞大的实验。笔者曾经做过这种实验，最大的困难是涉及大量人力、物力、精力，如果没有足够的自动化仪器设备，很难全面获取相关的数据和图像信息。相比之下，以下各种实验要容易得多。

2. 小流域地貌子系统（产流产沙）模型实验方法

小流域地貌子系统的模型实验方法，主要是实现整个流域地貌上游子系统的实验。了解从人工降雨开始，上游小流域入渗、产流，坡面侵蚀、产沙，水系发育，挟沙水流汇合的全过程，研究流域盆地侵蚀产沙、下垫面组成、植被发育、土地利用方式对流域水系发育影响机理，为流域整治规划提供科学依据。该类实验在室内进行不多，20 世纪 70 年代美国首先进行过这类实验。我国于 20 世纪 80 年代在国家自然科学基金资助下，也做过同类实验，取得了流域不同物质组成及不同植被覆盖度对流域地貌演变及水系发育影响成果。

3. 坡面地貌子系统模型实验方法

坡面地貌子系统模型实验方法主要实现上游流域地貌子系统的模拟实验。研究坡面地貌子系统沟坡形态演变过程、沟谷侵蚀产沙、下垫面组成、植被发育、土地利用方式对坡面沟谷系统发育影响机理，为沟坡开发利用及整治规划提供科学依据。

4. 河道地貌子系统模型实验方法

河道地貌子系统模型实验方法主要实现河道地貌子系统的模拟实验。针对顺直微弯、弯曲、网状、江心洲分汊、游荡五种基本河型，研究各种河型的发育演变规律、水沙输移规律，模拟各种河型的形态特征，河型转化类型及规律，河型转化临界值及转化机制，河相关系及沙相关系分析等，为河道整治规划及开发利用服务。在依据过程响应原理进行模型设计时，特别要注意平滩流量－河道比降关系曲线，弯曲率-河谷坡降关系曲线上不同平滩流量、弯曲率及河谷坡降的匹配，并注意不同河型对河岸高度比的选择。

5. 河道地貌子系统特殊发育过程的模型实验方法

河道地貌子系统特殊发育过程的模型实验方法主要是针对河道地貌子系统，诸如因特殊原因，如遇到特大水沙变异、地震等突发事件引起的突变过程的模拟实验。这类实验，首先进行常态的某种河型造床实验，在获得某种稳定的河型后，再进行突变过程实验，必须快速获取数据及图像，注意突变中发生的复杂现象和临界值分析，并且十分有必要使用自动化仪器设备。

6. 河口三角洲地貌子系统模型实验方法

河口三角洲地貌子系统模型实验方法主要实现流域地貌下游子系统的模拟实验。模拟研究各种河型河口三角洲地貌子系统的形态与水系演变、水沙输移规律，模拟各种河口三角洲的形态特征、变化机制，为河口海岸整治规划及开发利用服务。

7. 控制因素对流水地貌子系统影响的模型实验方法

控制因素对流水地貌子系统影响的模型实验方法主要实现影响流域地貌各个子系统演

变发育的模拟实验。本书中着重研究江河水沙变异对弯曲河道及江心洲分汊河道演变影响的实验，终极侵蚀基准面下降对流域地貌发育影响，局部侵蚀基准面升降对河道子系统发育影响，地壳升降运动、穹窿上升、凹陷沉降对各种河型演变影响，以及人类活动，如，流域坡面土地利用的不同方式、水库修建以及护岸等水利工程对河道演变趋势影响等实验。实验中，一般也是先塑造背景流域、坡面或模型河道，而后施加某个控制因素，逐步进行实验。采集分析流域、坡面及河道子系统各个要素（三维形态、水沙数据及图像），分析影响因素产生的复杂性、临界性、继承性、灵敏性现象；特别关注影响因素随时间的变化过程，以及它们的变化速率对地貌子系统发育演变的影响。

2.3.3 模型实验的设计

1. 河型分析

河流地貌系统中的河型分析是模型设计的基础。河道子系统是流域系统的一部分，受流域因素的影响。考虑河道系统中诸因素中的自变量主要有 Q_b、M、D_{50}、J_v，从表征河型的弯曲率（P）入手，将分汊河型可以看作是两个以上弯曲河道的合成河型。汊道本身为单一河型（直道及弯曲河道），运用过程响应模型设计法进行设计。因河型是 Q_b、M、D_{50}、J_v，这几个自变量的导出量，亦即一定的 Q_b、M、D_{50}、J_v 将形成某种河型，决定河流的规模及河流的类型。因此，首要任务是选取河岸粉黏粒含量（M）、河岸高度比（H_s/H_m）及宽深比（F）。

运用比降-流量临界关系时，应区别出游荡、分汊、弯曲三种河型间的临界曲线。在同样流量条件下，弯曲河型应具有较低的比降，游荡河型应有较陡的比降，分汊河型则介于中间，可选用 Lane（1957）、Schumm 等（1972）或 Ackers 等（1970）曲线。Leopold 等（1957）的曲线过于简单，小流量时比降较陡，大流量时比降较低。

在考虑河谷比降-曲率间关系时，在同一河谷比降及流量条件下，弯曲河道有较大的弯曲率，游荡河道弯曲率最小，分汊河道弯曲率介于中间，其弯曲率范围为：弯曲河道大于 1.57，游荡河道弯曲率小于 1.05，分汊河道弯曲率为 1.25～1.05，衰亡分汊河道弯曲率可大于 1.83。习惯上，将弯曲率小于 1.05 的顺直微弯河道作为深泓弯曲河道。当河谷比降一定时，弯曲河道的弯曲率随造床流量增大而变小，河道取直；分汊河道则不然，汊河弯曲率随流量增加而增大。

不同河型具有不同的边界条件和地质构造条件，尽管分汊河型与弯曲河型均发育在二元相结构中而不同于游荡河型，但弯曲河型有较厚的河漫滩相物质，前者可侵蚀性砂层厚度与滩槽高差之比大于 50%，后者则小于 50%（金德生，1981）。

不同河型洲滩上的物质组成各不相同，弯曲河型的凸岸边滩的悬移组分多、跃移及滚动组分少，分汊河型江心洲的悬移组分少、而跃移和滚动组分多（中国科学院地理研究所等，1986）。

2. 河型自变量的选择

一般来说，河流的流量确定河流规模的大小，而河流的边界条件，即：河岸粉黏粒含量（M）、河岸高度比（H_s/H_m）及宽深比（F）确定河流的类型。M、H_s/H_m 及 F 主要由河流的弯曲率（P）反推而定。根据原型河道很容易确定河流主河道的弯曲率，例如，进行弯曲河道实验时，参考长江中游荆江弯曲河道、密西西比河下游弯曲河道的弯曲率；江心洲分汊河道，参照长江中、下游的河道；游荡河道，则参照黄河下游花园口—高村的典型游荡河段；弯曲过渡型河道参照黄河下游高村—陶城铺游荡向顺直微弯过渡段；网状河道参照历史上荆江决口河道段等。

以黄河弯曲过渡型河道为例，高村—陶城铺河道的弯曲率按 $P=1.33$ 进行设计。由 $P=0.94M^{0.25}$（图 2.3-1），获得河岸粉砂黏粒百分比 $M=4.00\%$；由 $P-f(H_s/H_m)$ 关系曲线（图 2.3-2 及图 2.3-3），查得河岸高度比 $H_s/H_m=50\%$，即平滩水位下，河岸可侵蚀砂层厚度（H_s）（平滩深泓水深减去二元相结构河漫滩相厚度 H_b）与平滩深泓水深（H_m）的比值：$H_s/H_m=1/(1-H_b/H_m)$。

根据 $P=3.5F^{-0.27}$（图 2.3-4），获得河宽水深比值 $F=36$，$F=W/D$，W 为平滩河宽，D 为平滩水深。

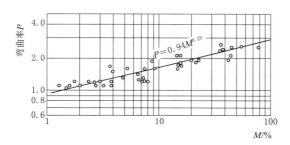

图 2.3-1 弯曲率（P）与粉砂黏粒含量（M）
关系（Schumm，1963）

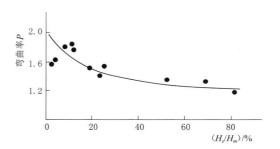

图 2.3-2 弯曲率（P）与河岸高度比（H_s/H_m）
关系（金德生，1986）

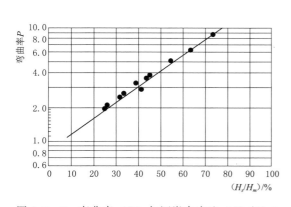

图 2.3-3 弯曲率（P）与河岸高度比（H_s/H_m）
关系（林承坤，1985）

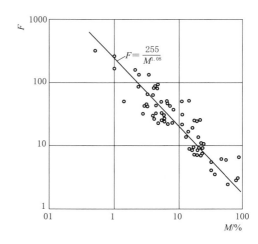

图 2.3-4 宽深比（F）与粉黏粒含量（M）
关系（Schumm，1960）

由 $P-J_v$ 曲线（图 2.3-5）当 $P=1.33$ 时，$J_v=0.00600$。

由 $J_{ch}=J_v/P$ 为 $P=1.33$、$J_v=0.00600$ 时，可得 $J_{ch}=0.00451$。

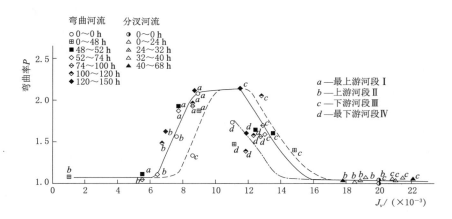

图 2.3 - 5　弯曲率（P）与河谷坡降（J_v）关系（金德生，1983）

根据 $J_{ch} = 0.00107 Q_b^{-0.25}$ 关系（图 2.3 - 6），当 $J_{ch} = 0.00451$ 时，$Q_b = 3.17 \text{L/s}$。

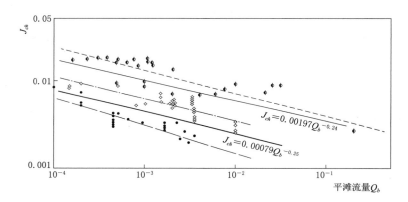

图 2.3 - 6　河道比降（J_{ch}）与造床流量（Q_b）关系

由 Q_s - Q_b 关系：

$$Q_s = 88 \left(\frac{J_{ch} Q_b}{D_{50}} \right)^{2.2} \tag{2.3-1}$$

$D_{50} = 0.053 \text{mm}$、$D_{50} = 0.056 \text{mm}$ 系河漫滩相混合砂料之中径。

$Q_s = 88 \times (0.00451 \times 0.00317 / 0.056)^{2.2} = 4.365 (\text{g/s}) \approx 261.9 (\text{g/min}) \approx 15714 (\text{g/h})$。

参照分汊河型造床流量为 3.17L/s 时的加沙率为 0.45g/s。

设所加沙料是中径分别为 0.175mm 及 0.035mm 天然细砂与粗粉砂 $1 : 2$ 混合物，其中径为 0.082mm。

由 λ 与 Q_b、M 关系曲线（图 2.3 - 7），其关系式为 $\lambda = 396 Q_b^{0.48} M^{-0.74}$，原关系式中的单位为英制，经变换为公制，则 $\lambda = 235 Q_b^{0.48} M^{-0.74}$，当 $Q_b = 3.17 \text{L/s}$、$M = 4.00\%$ 时，$\lambda = 8.97 \text{m}$。

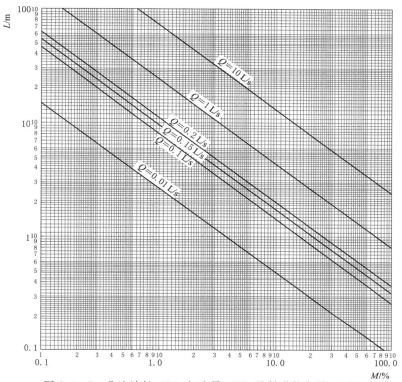

图 2.3 - 7　曲流波长（L）与流量（Q）及粉黏粒含量（M）
复回归关系曲线（Schumm，1971）

由 P - λ/A 关系曲线（图 2.3 - 8），当 $P=1.33$、$\lambda/A=2.37$、$\lambda=8.97$m 时，$A=3.78$m。

由 $\overline{H}$ - J_v 关系曲线（图 2.3 - 9）：

$$\overline{H}/D_{50}=0.0099[Q_b/D_{50}(gD_{50}J_v)1/2]^{0.516}$$

$$r=0.99$$

$$(2.3-2)$$

有 $\overline{H}=0.183$cm　$H_{max}=0.37$cm$=2\overline{H}$

由 $F=W/H_{max}$，当 $F=36.0$、$H_{max}=0.35$cm 时，$W=102.9$cm

2.3.4　模型流水地貌体的设计及制作

2.3.4.1　原始模型小河断面设计及实现

1. 原始小河断面设计

在原始模型小河输沙时，必须保证以二元相结构河漫滩为边界条件的模型小河

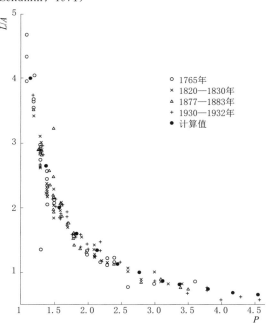

图 2.3 - 8　弯曲率（P）与波长波幅比（L/A）
关系（Jin，1983）

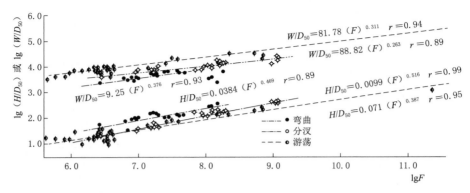

图 2.3 - 9 河宽、水深与流量、比降、床沙中径综合关系（金德生等，1990）

中推移质的运动。因此，应该计算二元相结构中河床相的组成物质的起动流速 V_0，本实验中河床相的组成物质为 $D_{50} = 0.150\text{mm}$ 的细砂。

2. 保证床沙运动的起动流速（V_{0b}）

当使用李保如在过渡区考虑近壁层流层影响后所推导的起动流速公式，判别式 $V_0 D / v \ (D/R)^{1/6}$ 的数值范围在 $50 \sim 300$ 时，用式（2.3 - 3）计算，运动黏滞系数可以不考虑。

$$V_0 = 57.3 D^{0.333} R^{1/6} \tag{2.3 - 3}$$

式中：D 为模型小河推移质，即相当于河床相物质的中径 D_{50}，其值为 0.150mm；R 为模型小河水深，其值为 0.36cm。

计算得 $\qquad V_0 = 57.3 \times 0.000150^{0.333} \times 0.0036^{1/6} \approx 1.20(\text{m/s})$

3. 要求一定的过水断面面积

模型小河最终过水断面平滩河宽 $W = 102.9\text{cm}$，平滩平均水深 $\overline{H} = 0.35\text{cm}$，过水断面面积 $A = W\overline{H} = 102.9 \times 0.35 = 36.02$（$\text{cm}^2$）

设过水断面为等边梯形，河宽比河底宽出部分的一半为 x，底宽为 20cm，平滩河宽为 $20 + 2x$，顺直模型小河的边坡系数为 $1 : 3$；平滩水深，即等边梯形之高为 h，$h = 3x$，则过水断面的面积方程：

$$(20 + 20 + 2x) \ 3x/2 = 36.02$$

$$\Rightarrow 3x^2 + 60x - 36.02 = 0$$

$$\Rightarrow x^2 + 20x - 12.01 = 0$$

得 $\qquad x = [-20 + (20^2 + 4 \times 12.01)^{1/2}]/2 = 0.583$

则 $\qquad h = 3x = 3 \times 0.583 = 1.75(\text{cm})$

模型小河的平滩河宽 23.5cm，底宽 20cm，平滩水深 1.75cm，边坡 $1 : 3$；模型水槽河谷比降，即底床及河漫滩的比降均采用 0.00600，模型小河全长 25m，落差 15.0cm；下游出口高程 20.00cm，中间高程 27.50cm，上游入口高程 35.00cm；河岸高度比 87%，河漫滩相厚 1.0cm，$M_s = 14.04\%$，$D_{50} = 0.056\text{mm}$，可侵蚀砂层厚 7.0cm，$M_b = 2.5\%$，

$D_{50} = 0.150$mm。该设计数据系游荡—弯曲性模型小河造床实验结果的数值，可作为开挖初始模型的参考。

2.3.4.2　实验水槽的基础沙层及实验沙层的铺设

习惯上，根据实验水槽的面积及铺砂层厚度，选择粗砂作基床用沙，细沙作河漫滩二元结构的底层，粗粉砂及高岭土（黏土）用作二元相结构的上层用沙，并用做加沙沙料。有时选用滑石粉作为水流流向指示剂，多用于拍摄河道水流表面指示方向。

1. 实验水槽规模的选择及基地沙料特性的确定

实验水槽长 24.95m，由于情况特殊，在实验水槽下游出口处，尚有一实验设备保存，加上经费有限，故采用了宽度为 4m 的水槽，升降装置部位无法变窄，该段位在实验水槽中段偏下，长 8m，宽 6m，计划使用左上侧 6 个实验装置，完成构造隆起与坳陷运动实验。因此，全河槽的上游段长 13.6m，宽 4m，面积 54.4m²；中段长 8m，宽 6m，面积 48m²；下段长 3.4m，宽 4m，面积 13.6m²，实验水槽总面积为 116m²。

对于底砂，采用中砂，中径约 0.15mm，在上段底部，自上游 5cm 厚向下游呈尖灭状铺设细砾石，以利透水并可充分利用砂石料。而后，在整个实验水槽均匀覆盖中砂层，厚度 25cm，以 0.006 的坡度向下游倾斜，至下游出口处，层顶高度为 10cm，要求利于透水。铺好后，灌水密实，最后校正层顶高程到设计高度。

2. 流水地貌实验体所在床砂层的确定与铺设

在铺设底床砂层时，需考虑实验水槽的大小、沙料的选择及砂层厚度与结构的确定。对于底砂，一般用粗砂，自上游向下游呈尖灭状铺设细砾石，以利透水并可充分使用砂石料。而后，在整个实验水槽中均匀覆盖中砂层，根据所需要塑造模型小河的类型，确定是使用单一类型的沙料，还是选择二元相结构，并选定二元相结构上下层的物质组成，确定二元相结构中河漫滩相物质的厚度等。这些均由模型小河设计及实验的目的要求提供。

对于该实验，先在底床砂层上均匀铺设细沙层，厚度 10cm，坡度与底床砂层相同，也为 0.006，吸水密实，细沙中径作为二元相结构河漫滩的基底。

2.3.4.3　河漫滩构建及实验用沙料的选择

1. 河漫滩结构组成的确定

高村—陶城铺段黄河弯曲度平均为 1.33，H_s/H_b 为 15%，据公式 $H_s/H_m = 1/(1 + H_s/H_b)$，相应河岸高度比 $H_b(H_s/H_m) = 87\%$，湿周中粉黏粒百分比 $M = 4.00\%$，模型河道河岸基本上由属于二元相结构的低河漫滩组成。河床相模型沙系天然细砂，中径 $D_{50} = 0.112$mm，小于 0.05mm 的粉黏粒含量 $M_b = 2.5\%$；模型河漫滩相的物质用粉砂质土与粉土混合配制而成，粉质土的中径 $D_{50黏土} = 0.040 \sim 0.060$mm，小于 0.05mm 的粉黏粒含量 $M_1 = 23\%$；粉砂的中径 $D_{50粉砂} = 0.112$mm，小于 0.05mm 的粉黏粒含量 $M_2 = 5\%$。

湿周中河漫滩相物质的粉黏粒含量 M_s 的计算公式如下：

$$M_s = (M - H_b M_b)/(1 - H_b) = (4.00 - 0.87 \times 2.5)/(1 - 0.87) = 14.04\%$$

式中：M_s 为河漫滩相层中粉黏粒百分比，%；M 为湿周中粉黏粒百分比，%；M_b 为河床相中粉黏粒百分比，%；H_b 为河岸高度比，即可侵蚀砂层厚度与滩槽高差之比。

按重量比计算模型混合砂料公式为

$$G_2 = 100(M_s - M_2)/(M_1 - M_2) = 100 \times (14-5)/(23-5) = 50(g)$$

式中：G_2 为配制 100g 混合模型砂料时，所需黏粒较多的按重量计（g）的模型砂料；M_1 为粉黏粒大于混合砂料 M 值的砂料百分比；M_2 为粉黏粒小于混合砂料 M 值的砂料百分比，一般取 $M_1 = 23\%$，$M_2 = 5\%$。经计算 100g 中，50g 为粉黏粒含量，占模型砂料的 23%。

$$G_1 = 100 - G_2 = 100 - 22.5 = 77.5(g)$$

即 76.78%（G_1）为粉黏粒含量较高的模型砂料。

计算表明，$M_s = 14.04\%$，$M_1 = 77.5\%$，$M_2 = 22.5\%$，即 100g 混合砂料中，粉砂为 77.5g，而较细的粉土为 22.5g，可大体按重量比 7∶2 的比例混合。

模型混合砂料中径：

$$D_{50混} = (77.5 \times 0.040 + 22.5 \times 0.112)/(77.5 + 22.5) = 0.056(mm)$$

$$D_{50混} = (50 \times 0.060 + 50 \times 0.112)/(50 + 50) = 0.086(mm)$$

2. 二元相结构河漫滩的构建

二元相结构河漫滩由上、下两层组成，下层由中径 $D_{50} = 0.150mm$ 的粉砂组成，上层由中径 $D_{50} = 0.069mm$ 的粉黏土组成，厚度分别为 1.50cm 及 4.50cm（其中可侵蚀砂层厚度 1.20cm），坡度均为 0.006。此层为发育模型小河的边界条件。要求沿程的河岸高程，即河漫滩面高程的误差小于 ±0.3mm。

3. 实验沙料选择

实验水槽的面积共计为 116m²。即：下段 13.6m²、中段 48m² 及上段 54.4m²。

河谷比降为 0.006，全长 25m 计，落差 15.0cm；下游河口高程 20.00cm，中间高程位 27.50cm，上游入口高程位 35.00cm。因此，需要：

（1）中砂（0.50～0.25mm，中径约 0.375mm）：116m² × 0.30m = 34.8m³。

（2）细砂（0.25～0.10mm，中径约 0.150mm）：116m² × 0.10m = 11.6m³，漫滩底层。

（3）粗粉砂（0.05～0.02mm，中径约 0.035mm）：116m² × 0.01m = 1.16m³，漫滩上层。

（4）高岭土（黏土）（≤0.002mm）：116m² × 0.01m = 1.16m³，漫滩上层。

（5）滑石粉：50kg。

粗砂用作基床用沙，包括备用需 35m³（约 60t）；细砂作河漫滩二元结构的底层，实际需要 15m³（约 28t）；粗粉砂及高岭土（黏土）除铺二元相结构的上层外，还用作加砂，共需各 2.0m³（约 3.5t）。

滑石粉用作水面流向指示剂，当拍摄河道水流表面主流方向时应用，将少许滑石粉分散在进水口，顺流漂浮流动。

2.3.4.4 初始模型小河制作方法

1. 人工开挖

铺设好底床砂层后，根据实验及模型小河设计的要求，在二元相结构的河漫滩中，沿模型进出口中心线开挖横断面为倒梯形的顺直小河，顺直小河具有一定的底坡坡降，一般为 0.005～0.007。在具体制作二元相结构中开挖顺直模型小河时，可以用薄铁皮（厚 1mm）或木板、塑料板做一长条形梯形断面盒，长 150～200cm，底宽 20cm，边坡 1∶3。将盒底按要求的坡降放在河床砂层面上，在两侧铺上二元相结构河漫滩物质，操作时自上游向下游逐步制作。开挖时，用精密水准仪或精度 0.1mm 测针及时校测河底高程及坡降。

2. 时空自塑

有的研究者如张扬等（2013）力图通过河流时空自塑模型，模拟河流的自然发育规律。一般来说，在冲积平原上发育的河流，其本身伴随着冲积平原形成而发育，两者具有发育过程的同步性特征，体现在冲积平原的形成过程中包含着冲积河流的发育与演变；冲积平原（或河漫滩）的类型与河型也具有同步性特征，如，蜿蜒型河漫滩与蜿蜒河型同步，江心洲分汊型河漫滩与江心洲分汊河型同步，游荡型河漫滩与游荡河型同步等。具体制作方法为：初始条件是冲积平原形成前大陆架上的一片海域，当模拟河流经山区峡谷后直接注入大海，泥沙落淤形成河口三角洲，在逐渐形成冲积平原的过程中，河流会自然发育形成。

模型河道进口处水流挟带的泥沙，遇到广袤的静止水域，流速锐减，泥沙逐渐沉积，堆积成河口三角洲。久而久之，随着时间的推进，泥沙源源不断堆积，三角洲淤积面也逐步抬升，并向海域发展，冲积平原便逐渐形成。在初始冲积平原形成过程中，已塑造的初始平原上，先前发育的模型河流又会再自塑出一条河道。该河道及其比降均由水流自塑调整而成。张扬等认为，在大尺度时空上可能会出现不同的河型，因此适合于探求随着形成冲积平原的过程中河流的自然发育规律。

张扬等（2013）指出，为了实现河流的自塑过程，应该提供尺寸尽量宽广的实验水槽，使其有足够大的活动空间而不受约束。设计的水槽总长 32m，淤积区长 30m，宽 7.5m。水槽的供水循环系统包括搅拌池（2 个）、孔口箱、进口前池、溢流堰、退水池及退水渠，在水槽内外沿程分别布置了流场监测系统及水位测针。

这是一个新的尝试，如果能提供合适的水沙条件，或许可以自然塑造河流的边界。要是自塑河流能够成功地塑造成二元相结构的冲积平原，进行冲积河流河型发育的实验，将会取得更好的效果。

2.3.4.5 模型河床形态及河型的预估

1. 河床形态的估算

由 $Q = WHV$、$V = n^{-1}H^1S^1$、$W = AH_{max} = aF\overline{H}$，得 $Q = aF\overline{H}\,n^{-1}H^{2/3}S^{1/2}H = aF\,n^{-1}H^{8/3}S^{1/2}$，进而 $H = (Qn/aFS^{1/2})^{3/8}$。

其中：a 为横断面形态指数，取决于断面形态；对三角形断面：$a = 2$；半图形断面：$a = 0.64$；矩形断面：$a = 1.00$；梯形断面：$1 < a < 2$；本书中 $a = 1.41$。

当 $Q_b = 0.00317\text{m}^3/\text{s}$，$n = 0.020$，$F = 36$，$J_v = 0.00600$，$d = D_{50} = 0.150\text{mm}$，$h = H_{max}$，$J_{ch} = 0.00451$ 时，经计算：

$$H = [0.00317 \times 0.02/(1.41 \times 36 \times 0.00600^{1/2})]^{3/8}$$
$$= 0.0160(\text{m})$$
$$H_{max} = 1.41 \times 0.0160 = 0.0226(\text{m})$$
$$V_{均} = 0.02^{-1} \times 0.0142^{2/3} \times 0.00600^{1/2} = 0.227(\text{m/s})$$
$$V_0 = (h/d)^{0.14} \times [29.04d + 0.000000605 \times (10+h)/d^{0.72}]^{1/2} = 0.176(\text{m/s})$$
$$H = 0.0160\text{m} = 0.0525(\text{ft})$$

$$\tau = 62.37 \gamma DS_v \, (\mathrm{bl/ft^2}) = 62.37 \times 0.0525 \times 0.00600 = 0.0196$$

$$\upsilon = V_{均} = 0.227 \, \mathrm{m/s} \times 3.28 = 0.745 (\mathrm{ft/s})$$

河流功率：

$$\tau\upsilon = 0.0196 \times 0.745 = 0.0146 [\mathrm{bl \cdot ft/(s \cdot ft^2)}]$$

根据河床形态与河流功率及床沙平均沉降粒径关系曲线（图 2.3 - 10）（Simons 和 Richardson，1966）

因 $D_{50床} = 0.150 \mathrm{mm}$ ，$0.007 \leqslant \tau\upsilon = 0.0146 \leqslant 0.06 \, \mathrm{bl \cdot ft/(s \cdot ft^2)}$，所以判断模型河床形态属于沙纹区。

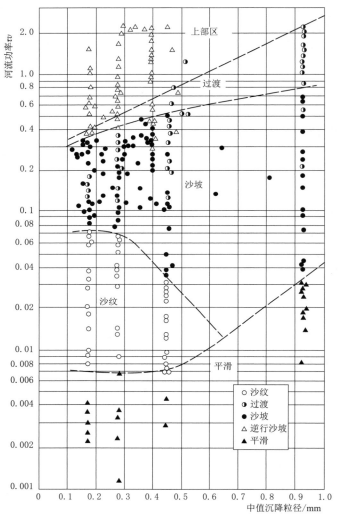

图 2.3 - 10　河床形态与河流功率及床沙平均降粒径关系曲线

（Simons et al.，1966）

2. 模型河型的预估

通过河流纵向消能率的计算，并借助金德生河流弯曲率-能量消能率关系（图 2.3 - 11），可以判别模型小河是否形成某种河型。河流纵向消能率 E 由平均流速（$V_均$）与河道总比降（J_{ch}）的成积来决定的。

$$E = V_均 J_{ch} = 0.176 \times 0.00451 = 0.079 \ [\text{cm} \cdot \text{m}/(\text{m} \cdot \text{s})]$$

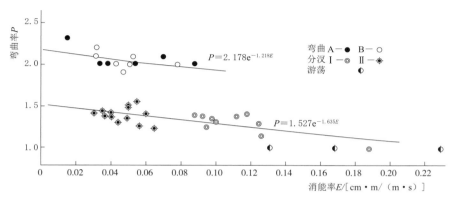

图 2.3 - 11　河流弯曲率-消能率关系（金德生，1986）

由图 2.3 - 11 可知，当消能率为 0.079cm·m/(m·s)时，河流属分汊河型，弯曲率约为 1.38。显然，模型河流与原型河流的弯曲率 1.33 相近，弯曲度有可能略大，但还是在弯曲—游荡间的过渡类型。

2.4　结论与讨论

实验流水地貌学的形成和发展过程中，无论在实验理论、模型设计、实验方法、数据图像的采集及分析等方面都有着不断的建树和创新。本节主要介绍流水地貌实验研究的理论与方法。为了读者的方便，据有关参考文献，尽可能介绍相似原理、相似准则、相似定理，以及量纲与量纲分析法等一般性流水地貌实验的理论基础知识。

1. 流水地貌系统观、相似原理与量纲分析

流水地貌模型实验的结果应用于实际，必然涉及流水地貌体原模型的相似，模型实验结果检验。为此，用较大的篇幅介绍相似原理、几何相似、运动相似及动力相似等相似概念，初始条件、边界条件、几何条件及物理条件等相似准则，三个相似定理；介绍了量纲与量纲分析，特别是相似原理与模型实验以及雷诺数相似法；概述了"老三论"（系统论、控制论和信息论）、"新三论"（耗散结构论、协同论和突变论），及其不同特点，以及流水地貌系统的整体性、信息控制性、突变性、平衡协同性、复杂性与临界性等系统观点。

2. 流水地貌实验四种物理模型

介绍了比尺模型、自然模型、比拟模型以及过程响应模型的特点。重点介绍过程响应模型的理论依据及五个相似性准则：①流水地貌形态统计特征相似；②模型流水地貌的物质组成结构比例相似或相同；③相对演变速率相近或相似；④消能方式及消能率相近或相

似；⑤因果关系相同及异构同功。

3. 流水地貌实验七种方法

根据模型理论、模型类型以及模拟对象，实验模拟方法基本上可以分为：①流域地貌系统整体模型实验方法；②小流域地貌子系统（产流产沙）模型实验方法；③坡面地貌子系统模型实验方法；④河道地貌子系统模型实验方法；⑤河道地貌子系统特殊发育过程的模型实验方法；⑥河口三角洲地貌子系统模型实验方法；⑦控制因素对流水地貌子系统影响的模型实验方法等。针对不同的模拟对象，应有所侧重。

4. 流水地貌实验设计关注背景河型及临界关系

在进行模型实验的设计前，必须注意背景河型的成因演变及影响因素分析，注意自变量的选择。特别关注平滩流量-河道比降关系曲线，弯曲率-河谷坡降关系曲线上不同平滩流量、弯曲率及河谷坡降的匹配，注意不同河型对河岸高度比的选择。模型小河的具体设计及制作步骤为：①原始模型小河断面设计及实现；②实验水槽规模的选择及基底沙层的铺设；③河漫滩构建及实验用沙料的选择；④初始模型小河制作方法；⑤模型河床形态及河型预估。这五个步骤，相辅相成，缺一不可。原始模型小河的传统制作系人工开挖，目前有学者提出了时空自塑模型方法，以及程序控制自动开挖的方法，都是值得尝试的创新之举。

5. 流水地貌实验的具体实施方法有所创新

具体实施流水地貌模型实验制作模型小河时，由传统的人工开挖，向依靠水沙条件自行塑造的时空自塑发展。基于冲积平原形成过程中，河流会自然发育形成的同时性，河流出山口进入宽广的海域，流速锐减，泥沙逐渐沉积，堆积成河口三角洲，久而久之冲积平原便逐渐形成，先前发育的模型河流又会再自塑出一条河道，该河道及其比降均由水流自塑调整而成。这种新的尝试，如果能提供合适的水沙条件，或许可以自然塑造成二元相结构的冲积平原，进行冲积河流河型发育的实验，将会取得更好的效果。

参 考 文 献

包科达（词条作者），1987. 中国大百科全书［M］. 74 卷（第一版），物理学词条：量纲和量纲分析. 北京：中国大百科全书出版社.

郭少磊，江恩惠，李军华，等，2009. 微尺度模型在密西西比河治理中的应用［J］. 人民黄河，31（3）：32-33.

基尔皮契夫，1959. 相似理论［M］. 沈白求，译. 北京：科学出版社：15-44.

季中，程尚模，张石铭，等，1985. 论相似理论的第二定理和第三定理［J］. 青岛化工学院学报，（2）：74-77.

季中，1984. 论巴肯汉的定理［C］//中国工程热物理学会传热传质学学术会议.

江可宗（词条作者），1987. 中国大百科全书［M］. 74 卷（第一版），力学词条：量纲分析. 北京：中国大百科全书出版社.

金德生，1993. 地貌过程实验模拟研究若干问题［C］//中国地理学会地貌与第四纪专业委员会编. 地貌过程与环境文集. 北京：地震出版社，289-295.

金德生，等，1993. 流域侵蚀产沙及地貌发育过程实验研究［C］//陈浩. 流域坡面与沟道的侵蚀产沙研究文集. 北京：气象出版社，138.

金德生，郭庆伍，刘书楼，1992. 应用河流地貌实验与模拟研究 [M]. 北京：地震出版社，92.

金德生，乔云峰，杨丽虎，等，2015. 新构造运动对冲积河流影响研究的回顾及展望 [J]. 地理研究，34 (3)：437 - 454.

金德生，1981. 长江中下游鹅头状河型的成因与演变规律的初步探讨——以官洲河段为例 [C] //中国地理学会一九七七年地貌学术讨论会文集. 北京：科学出版社，30 - 41.

金德生，1986. 边界条件对曲流发育影响的过程响应模型实验研究 [J]. 地理研究，5 (3)：12 - 21.

金德生，1990. 河流地貌系统的过程响应模型实验 [J]. 地理研究，9 (2)：20 - 28.

科纳科夫，1962. 相似理论及其在热工上的应用 [M]. 李德桃，等，译. 北京：科学出版社，63 - 120.

李保如，1963. 自然河工模型实验 [C] //水利水电科学院科学研究论文集第二集（水文，河渠）. 北京：中国工业出版社，45 - 83.

李琼，2008. 构造抬升背景下河流地貌对长期气候变化响应的数值实验研究 [D]. 兰州：兰州大学.

林承坤，1985. 河道类型及成因 [J]. 泥沙研究，(2)：1 - 11.

凌裕泉，吴正，1980. 风沙运动的动态摄影实验 [J]. 地理学报，35 (2)：176 - 181.

刘定宇，郑贤雪，1989. 物理学概论 [M]. 大连：大连海运学院出版社，43 - 45.

刘少峰，李思田，庄新国，等，1996. 鄂尔多斯西南缘前陆盆地沉降和沉积过程模拟 [J]. 地质学报，70 (1)：12 - 22.

刘松阳，1986. 系统论的基本原则及其哲学意义 [J]. 华中师范大学学报（哲社版），(2)：14 - 18.

罗辛斯基，库兹明，1956. 河床 [J]. 谢鉴衡，译. 泥沙研究，1 (1)：115 - 151.

聂玉昕（词条作者），2009. 量纲分析（物理学词条），中国大百科全书 [M]. 74 卷（第二版）. 北京：中国大百科全书出版社，319 - 320.

聂玉昕（词条作者），2009. 物理量量纲（物理学词条），中国大百科全书 [M]. 74 卷（第二版）. 北京：中国大百科全书出版社，464.

谈庆明，2005. 量纲分析 [M]. 北京：中国科学技术大学出版社：3 - 7，50.

尹国康，1991. 流域地貌系统 [M]. 南京：南京大学出版社：281.

张扬，江恩惠，李军华，等，2013. 河型及河流时空自塑模型研究 [J]. 人民黄河，35 (6)：36 - 38.

郑洽馀，等，1982. 流体力学 [M]. 北京：机械工业出版社：124 - 129.

中国科学院地理研究所，等，1986. 长江中下游河道特性及其成因演变 [M]. 北京：科学出版社：272.

左大康，1999. 地貌熵（词条），现代地理学辞典 [M]. 北京：商务印书馆，183.

Ackers P，Charlton F G，1970b. The Meandering of Small Stream in Alluvium [R]. Rept. 77. Hydraulics Research Sta. WaIIingfore，U K：78.

Barr D I H，1968. Discussion on Scale Model of Urban Runoff from Storm Rainfall [J]. J. Hydraulics Div.，Am. Soc. Civil Eng.，94，2：586 - 588.

Chorley R J，Kennedy B A，1971. Physical Geography：a Systems Approach [M]. Prentice-Hall，London，37.

Davinroy R，1999. River Replication [J]. J. of Civil Engineering，(7)：61 - 63.

Fok Y S，1973. River and Estuary Model Analysis [C]. in Proceedings，International Symposium on River Mechanics，(v. 3)：215 - 226.

Gaines R A，Maynord S T，2001. Forum of Microscale Loose-bed Hydraulic models [J]. J. of Hydraulic Engineering，(5)：335 - 339.

Gessler J，1971. Modeling of Fluvial Processes [C] //H. W. Shen. River Mechanics，Water Resources Publication，Fort Collins，U. S. A.

Jin Desheng，1983. Unpublished Report on Experimental Studies [R]. 15pp. in Active tectonics and alluvial rivers，eds. by Schumm SA，Doment JF，Holbrook JM，，1987. Cambridge University Press：276.

Lane E W, 1957. A Study of the Shape of Channels Formed by Natural Stream Flowing in Erodible Materi-al [J]. M. R. D. Sediment Series No. 9, U. S. Army Engineering Div., Missouri River Corps of Engineers, Omaha, Nab.: 106pp.

Leopold L B, Maddock T, 1953. The Hydraulic Geometry of Stream Channels and Some Physiographic Implications [J]. U. S. Geol. Survey Prof. Paper: 252.

Leopold L B, Wolman M G, 1957. Chinnel Patterns: Brieded, Meandering and Straight [J]. U. S. Geol. Survey Prof. Paper: 282 - B, U S Geol Surver, Washington D C: 85.

Leopold L B, Langbein W B, 1962. The Concept of Entropy in Landscape Evolution [J]. U. S. Geol. Survey Prof. Paper: 500 - A.

Маккавеев Н И, Хмелева Н В, Заитов И Р, Лебедева Н В. 1961. Экспериментальная Геоморфология [M]. Изд-во МГУ: 194.

Mosley M P, Zimpfer G L, 1978. Hardware Models in Geomorphology [J]. Progress in Physical Geography, (2): 438 - 461.

Nordin C F Jr, 1971. Statistical Properties of Dune Profiles [J]. U. S. Geol. Survey Prof. Paper: 562F: 41.

Richards K, 1982. Rivers: Form and Process in Alluvial Channels [M]. Methuen, London: 358.

Schumm S A, 1960. The Shape of Alluvial Rivers in Relation to Sediment type [J]. U. S. Geol. Survey Prof. Paper: 17 - 31.

Schumm S A, 1963. Sinuosity of Alluvial Rivers on the Great Plains [J]. Geol. Soc. Amre. Bull, 1963B, 74: 1089 - 1100.

Schumm S A, 1971. Fluvial Geomorphology: the Historical Perspactive [M]. In River michanics, v. 1, (edited by HW Shen) Fort Collins: Colorado State Univ Press. Chap. 4, 30p.

Schumm S A, Khan H R, 1972. Experimental Study on Channel Patterns [J]. Amer. Bull, 83 (6): 1705 - 1770.

Schumm S A, Mosley M P, Weaver M E, 1987. Experimental Fluvial Geomorphology [M]. New York: John Wiley & Sons, Inc. 413pp.

Shen H W, 1971. River Mechanics, V (I), Environmental Impacts on Rivers [M]. Published by Shen H W, Fort Collins, Colorado.

Shen H W, 1973. River Mechanics, V (II), Environmental Impacts on Rivers [M]. Published by Shen H W, Fort Collins, Colorado.

Shen H W, Sheong H F, 1977. Statistical Properties of Sediment Bed Profile, Journal of Hydrulics Division ASCE, 103 (11): 1303 - 1322.

Simons D B, Richardson E V, 1966. Resistance to Flow in Alluvial Channels [J]. U. S. Geol. Survey Prof. Paper, 422J: 61.

流域地貌系统发育与演变实验研究

3.1 模型实验流域地貌系统

3.1.1 概述

一个完整的流水地貌系统，由流域产出带（Drainage Basin of Watershed）、转输带（Transer，Transportation）及沉积带（Sediment Sinle，Depositional Zone）三部分组成，每一个部分都包括有地貌系统（Geomorphic System）及级联系统（Cascading System），均存在侵蚀、搬运及沉积作用。然而，各个部分具有一个主导的作用，上述三部分中分别以侵蚀、搬运，沉积为主，整个流水地貌系统，以及各个组成的子系统的正常运行，依赖于物质和能量的输入、转换及输出，因此，流水地貌系统是一个开放系统，对于地貌学家来说，最感兴趣的是，每一个子系统属于整个流水地貌系统的某一组成部分，而某一子系统又受其他子系统中因素的影响（Schumm，1977）。

对于流域，可从广义和狭义两个角度加以理解，可以将流域狭义地理解为流水地貌系统中的产出带，即产流产沙的受水盆地；也可以广义地理解为包括集水盆地、水系网络、河道系统及坡面系统在内的整个流水地貌系统，如长江流域、黄河流域等。显然，广义的流域系统是由不同级别、不同层次、套嵌式子流域组成的大型开放系统。由于不同规模的流域系统，不论其形状如何，也不论其下垫面及物质组成如何，总是由上述提到的两个组成部分，即几何形态——地貌子系统以及物质能流——级联系统，这犹如骨架和血肉组成一个有机的人体一样。因此，流域系统具有整体性和有机性，由于解决现实问题及科学研究的需要，人们往往习惯于侧重研究流水地貌系统中的某一个子系统，甚至仅仅某一部分或某一点。然而，随着研究向广度和深度扩展，越来越多的学者将流域作为一个最基本的自然地理功能单元，这样的处理或认识，至少有下列两种功效。

首先，借助系统方法，将流域中发生的流水地貌过程与环境科学的其他学科——生态学、农学、地质学及水文学等进行广泛的交叉互补。对环境问题，如溶解动力或泥沙侵蚀等提供有价值的认识，有可能通过综合研究，实地和室内相结合的实验模拟，获得有效的预测模型，特别是侵蚀产沙及水土保持模型，大大地开阔相邻学科领域的视野；其次，研究现代流域过程与现有系统组成因素，包括自然和人类活动因素之间的关系时，可以侧重现代过程的作用。因为现代流域过程响应的作用观认为，地貌形态有效地控制流域过程，与地形的演变速率没有多大联系，所以，通过流域组成因素与其他流水地貌子系统，例如河道子系统之间关系的研究，深化流域过程响应作用观的认识，从而可以缩小传统流水地貌学与现代流水地貌学之间的差距。

流域侵蚀产沙及地貌发育过程的实验研究是流水地貌系统中流域过程响应的地貌模型实验。其目的在于通过室内流域实验，探讨在一定雨强条件下模型流域中的产流产沙过程、地貌发育演变过程，尤其是水系发育及流域地面坡度的演化特征，并分析地貌发育过程与产流产沙过程的耦合关系。一方面，借助一个特定的模型流域，进行流水地貌系统的综合性研究；另一方面，将实验结果与原型的一般过程建立联系。

国外流域实验研究，起始于 20 世纪 20 年代，主要在野外进行（Bates et al.，1928），由于耗资大、费时长、测试困难而未能充分发展。在 40 年代，Horton（1945）就对流域水文地貌做了定量描述。50 年代，Schumm（1956）在新泽西州进行了劣地演变观测。60 年代以来，Leopold 等（1962）、Langbein 等（1964）进行了随机拓扑定量研究。Shreve（1966，1967，1969）、Smart（1969，1973）及 Scheidegger（1967）对水系结构进行了随机拓扑定量研究。70 年代以来，野外的实验研究，如英国嵌套式流域系统定位观测（Gregory，1974）和室内实验（Schumm et al.，1972；Маккавеев et al.，1984）得到重视发展。80 年代，国际地貌野外实验委员会组织的成立（Slaymaker，1981），驱使流域实验获得进一步发展。90 年代，特别是 21 世纪以来，由于解决实际问题的需要，如土地利用、流域规划、河道整治、水土保持以及生态环境修复等，坡地侵蚀产沙及流域地貌演化的实验与模拟在国内外兴而不衰。人们开始对水系及其发育特征进行分形研究及分数维分析。Barbera 等（1989）获得了水系的分数维值，Gupta 等（1990）研究统计自相似性及其经验相关意义，Robert 等（1989）、Mesa 等（1987）、Ross 等（1991）、Luo（1992）、Nikora（1991）分析了河流长度、面积相互关系及河流平面形态、水系的分形结构特征。此外，冯平等（1997）及金德生等（1997）分别阐述了河流形态特征的分维计算方法，并计算了河流纵剖面的分维值，以此作为消能的另一种度量指标。Tarboton 等（1992）、李后强等（1992）、傅军等（1995）、陈树群等（1995）、魏一鸣等（1998）、冯金良等（1997，1999）、汪富泉（1999）以及 Roger（1997），均在形态及与水动力联系方面做了不同程度的研究。

总的来说，对于流域水系形态及结构方面的研究，主要集中在统计分析、分形分析、分数维计算，侧重在空间分形特征分析，而时序分形特征研究较少，对流域水系的地貌演化发育的研究较少，涉及水流动力过程、沙泥运动输移及其相互关系的研究则更少。运用实验资料进行流域水系演化分析并与产沙建立联系尚不多见，流域系统侵蚀产沙，尤其是流域地貌发育过程的实验室模拟实验研究，金德生等做了实验研究的初步尝试同时进行了有关均质、非均质流域以及植被覆盖度对流域影响的实验（金德生等，1992；Jin et al.，1999），填补了国内的空白。

流域侵蚀产沙及地貌发育过程的室内外实验研究，具有互补作用，室内实验有许多优点，例如：①不受天然降雨条件在时间及强度方面的限制；②可以设计更多的边界条件；③在短时段内，获得尽可能多的实验数据；④可以方便地观测到侵蚀产沙和地貌发育的全过程，率定和检验流域地貌过程-响应模型等。当然，模拟实验毕竟不是原型流域的现场，实验过程有偏差，甚至会出现假象，如何使模型流域与原型流域中出现的作用行为相似，这是实验科学工作者，尤其是流水地貌实验工作者共同关心的问题。显然，流水地貌过程响应模型实验，尤其是流域侵蚀产沙及地貌发育过程的模型实验是一项难度大、艰巨复杂、具有创造性的实验项目。

3.1.2 模型理论基础、实验设计及条件

有研究者曾运用过程响应模型实验研究河道子系统，对于流域地貌，也有人用比尺模型加以研究（Strahler，1958），但大多数学者采用比拟模型（Schumm et al.，1987）。

1. 流域地貌过程响应模型实验的理论依据

流域系统中有十来个变量，包括时间、原始地形、地质（岩性与构造）、植被（类型与密度）、基面以上地形高度或体积、单位面积径流量和产沙量、流域地貌特征、坡面地貌特征及流域来水和来沙量等，如果将流域看作是历史长河中的动力系统，那么时间是一个自变量，且是很重要的控制因素，因为流域跨过其自身的各个历史演变阶段。然而在较短的时段内，主要的控制因素有地形、岩性、构造、气候和水文特征（Schumm et al.，1965）。显然，广义的复杂流域系统，也可以认为是流域中的子流域系统处于不同的发育阶段。如汉江流域，尹国康认为整个汉江流域地貌发育阶段处于老年期；而在钟祥以上的中、上游流域地貌则处于壮年期；至于丹江口以上的上游流域地貌则处于幼年期（尹国康，1991）。在一个最基本的流域地貌单元中，例如小流域或实验流域中，由于地形、岩性、构造及气候条件比较单一，或者给予特定的控制条件，则水文特征成为主要的控制因素。

因此，流域地貌过程响应模型是基于地貌形态，研究流域水力几何关系、形态物质与能耗率关系的模型，注重流域地貌宏观统计特征与物质能流特征相结合，而不拘泥于具体的形态相似，也不注重具体的微观细节。

2. 流域地貌模型的相似性

不论何种模型实验，只有与原型在一定程度上相似，方能具有研究价值及应用价值。模型的相似性具体体现在原模型形态、内容及过程行为等方面的可比性、可推性或关联性，或者是几何、运动、动力相似，或者是作用、行为、过程相似；可以是牛顿力学体系相似，也可以是非牛顿力学体系相似。

流域地貌系统是一个复杂的开放系统，鉴于它的综合性与随机性，采用非牛顿力学体系的过程响应系统的相似性来描述原、模型流域地貌系统的相似程度，具体如下。

（1）流域地貌形态统计特征相似。例如，模型流域中的水系级别系统的统计特征与原型中宏观统计特征相近，定量上相当或允许一定程度的偏离。

（2）模型流域的物质组成结构比例相似或相同。根据原型物质组成，运用人工配方法或比拟法，使物质组成及结构相似。例如，在进行均质流域及不同物质组成的流域地貌演化发育实验时，用黄土及一定级配的粉砂加以混合，实现物质组成和结构比例相似；当模

拟植被覆盖影响时，采用松柏、草皮或覆盖一定面积的塑料片来模拟不同类型的植被与覆盖度对流域侵蚀产沙的作用。

（3）相对演变速率相近或相似。不同类型的流域具有不同的演变速率。例如，物质组成粗而疏松的流域，其演变速率大于物质细而密实的流域；植被覆盖度大的流域，其演变速率远较植被覆盖度小的来得慢。对某一类型的流域，在其发育的不同阶段，其演变速率也各不相同。例如，在发育初期，演变速率不大，达一定阶段，具有最大的速率；随后，速率变小而渐趋稳定。在流域地貌模型中，可以借助单位时间地形高程降低速率及侵蚀积分曲线的类型相近来实现相对演变速率的相似性。

（4）消能方式及消能率相近或相似。在流域地貌演变过程中，水系的发育要求符合具体条件许可的最小消能率值。随着流域高差的降低，坡度变缓，水系形式往往由平行系列向树枝状系列演化，可以借助流域单位断面径流平均速度与平均比降的乘积来衡量一个流域的最小消能率，即 $\sum_{i=1}^{n} \overline{J_i V_i}$ 最小，为了达到这方面的相似，原、模型流域应具有相同消能变化趋势。

（5）因果关系相同及"异构同功"。例如，模拟现代过程中的形态过程响应关系，在原、模型中有相同的因果关系，也可以运用不同的植被结构达到对流域演变影响的同等效果。

3. 流域地貌模型实验设计

对于流域地貌的物理实验，有的学者（Strahler，1958）运用比尺模型加以设计，大多数研究者（Schumm et al.，1987；金德生等，1995）采用比拟模型设计，还有采用过程响应模型法（金德生，1992，1995，1999）。由于流域地貌系统是一个复杂的开放系统，且具有综合性和随机性，因此采用过程响应系统的相似性来描述原模型流域地貌系统的相似程度，具体体现在：①流域地貌形态的统计特征相似；②模型流域的物质组成结构比例相似或相同；③相对演变速率相似或相近；④消能方式及消能率相近或相似；⑤因果关系一致或"异构同功"（金德生等，1995）。

对于定雨强均质流域地貌的发育演变实验，旨在研究流域侵蚀产沙及地貌发育过程，给定雨强，通过一给定物质组成，具有初始流域形态的模型流域，观测水系发育过程、流域地形演化、产流过程、入渗过程及侵蚀产沙过程等。

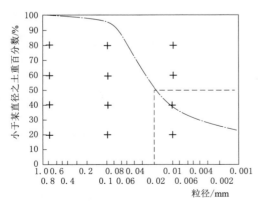

图 3.1-1　模型砂粒分级曲线

实验采用定雨强，经率定平均雨强为 35.56mm/h，相当于一般性侵蚀产流降雨强度，均匀系数为 0.87，降雨由动压式高压泵供给水源，由压力控制器稳压，降雨器喷头按六边形法则布置，降雨器距流域中心的高度为 5.50m，降雨采用下喷式，流域水槽宽 8m，中心线长 11.3m. 两侧长 9.6m，流域中填入经均匀处理、压实的黄土，中径为 0.021mm，其级配曲线见图 3.1-1，流域地形的坡度分布：①模型纵比降，中心线 0～5m 为 0.0802，5～9m 为 0.0764，9～11.30m

为 0.0348；②横比降，纵向起点距 0m 处，左侧为 0.0368，右侧为 0.0380；5m 处，左侧为 0.0130，右侧为 0.0115；9m 处，左侧为 0 0165，右侧为 0.0183。模型流域呈上陡下缓、两侧较陡向中心线为缓的形态（图 3.1－2）。为了实验的方便，在模型流域中布设一原始水系，主沟自 4m 处到沟口长 7.3m，两侧于横向起点距 2m、6m 处至纵向起点距 9m 处，而后折向 10m 处与主沟交汇，各长 5.3m。主、支沟宽分别为 4.0cm 及 2.0cm，沟道深分别为 1.5cm 及 1.0cm，横断面均呈倒三角形，流域出口布置三角堰，堰口最低点高程设置为 16.25cm，作为流域的临时侵蚀基准面高程。

4. 实验设备及初始条件

该实验在给定雨强条件下，塑制三种物质组成的初始流域地貌形态模型，观察产流产沙、水系发育、流域地貌演变过程等。实验流域水槽宽 8m，中线线长 11.3m，两侧长 10 m，流域四周系水泥墙

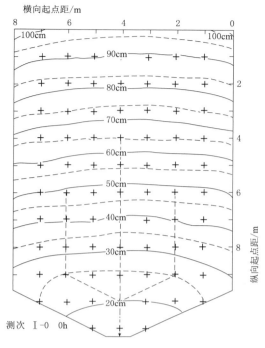

图 3.1－2 实验流域平面形态

防水，流域出口布置三角堰。堰口最低点高程为 16.25cm，与实验流域的临时侵蚀基准面高程相当。给定平均雨强约 35.56mm/h，降雨均匀系数为 0.87，运用高压泵供给水源，经动压式压力控制器稳压，降雨器由 7 个下喷式喷头组成，按六边形法则布设，中心距流域中心为 5.50m。三组（Ⅰ、Ⅳ、Ⅵ）的物质组成的中径分别为 0.021mm、0.076mm 和 0.066mm，实验初始条件见表 3.1－1 和图 3.1－1。

表 3.1－1 实验初始条件

测次	起点距/m	纵比降	横比降		物质组成			雨强/(mm/h)
			左	右	中径/mm	粉黏粒/%	分选系数	
Ⅰ	0				0.021	92	2.48	35.56
	5	0.0625	0.0368	0.0380				
	9	0.0775	0.0130	0.0115				
	11.3	0.0348	0.0165	0.0183				
Ⅳ	0				0.076	48	1.67	35.56
	5	0.0711	0.0100	0.0100				
	9	0.0525	0.0100	0.0100				
	11.3	0.0539	0.0225	0.0225				

续表

测次	起点距/m	纵比降	横比降		物质组成			雨强 /(mm/h)
			左	右	中径/mm	粉黏粒/%	分选系数	
Ⅵ	0				0.066	62	1.53	35.56
	5	0.0711	0.0100	0.0100				
	9	0.0525	0.0100	0.0100				
	11.3	0.0539	0.0225	0.0225				

5. 实验数据采集及图像摄影

实验共 3 大组、18 小组（Ⅰ-1～6、Ⅳ-1～6 及Ⅵ-1～6），实验历时共 48h，18 个测次。每测次除Ⅳ-1～6 为 4h 外，其余为 2h。每测次降雨开始后，观测开始产流时间、降雨结束时观测断流时间。实验过程中，每间隔 10min 采集水量，用容积法计算代表该时段的径流量，同时采集水沙样，用浊度仪及烘干法测得含沙量，计算该时段产沙量。每测次终了凌空拍摄流域地貌及水系平面照片，并按间距 0.5m 的网格，辅以补助点，测量流域地面高程、沟道起点及平面位置。结合凌空拍摄的照片，调绘流域地形等高线及水系平面分布图，运用 Strahler 河道级别划分方法（1957）对沟道水系级别作了处理，在水系分布图上，获取有关分析资料。

3.2　均质流域地貌实验研究

3.2.1　实验概况

侵蚀产沙作用极大地影响流域坡面的地貌演化发育。运用室内实验，也就是了解在一定的降雨强度和下垫面条件下，探讨产流、入渗及产沙特征，以及他们之间的相互关系；研究产流、入渗与产沙随时间的变化过程，分析他们的时序特征，为分析流域地貌系统演变发育机制提供依据。

实验恒定雨强为 35.56mm/h，由获得的产流量及产沙量计算平均产流率、入渗率、径流深度及径流系数、输沙模数及侵蚀深度等数据（表 3.2 - 1）。

3.2.2　产流及入渗过程特征分析

1. 径流量及径流深度过程线

在定雨强条件下，径流深度（h）随时间的变化，一方面反映降雨径流的入渗过程；另一方面，从一个侧面表征流量随时间的变化（当流域面积变化不大或给定值时）。根据每间隔 10 min 的径流量与时间序列建立关系式，获得了径流深度（h）随时间（t）变化的 h - t 关系曲线（图 3.2 - 1）及如下关系式：

$$h_{Ⅰ-1} = 0.3106t^{1.0502} \qquad r = 0.88 \qquad (3.2 - 1)$$

$$h_{Ⅰ-2} = 7.7161t^{0.3190} \qquad r = 0.76 \qquad (3.2 - 2)$$

$$h_{Ⅰ-3} = 8.2959t^{0.3111} \qquad r = 0.75 \qquad (3.2 - 3)$$

表 3.2 - 1

流域产流产沙实验成果表

测次	项目	符号	单位	10'	20'	30'	40'	50'	60'	70'	80'	90'	100'	110'	120'	产流时间
I-1	① 径流量	W	L	18.3	136.04	253.55	327.62	369.90	382.20	384.39	390.54	397.02	412.02	426.23	430.56	4'00"
	② 雨强	P_1	10^{-3}mm/s	9.878												
	③ 径流率	V	10^{-3}mm/s	0.383	2.846	5.303	6.853	7.737	7.994	8.040	8.169	8.304	8.618	8.915	9.006	
	④ 入渗率	P_m	10^{-3}mm/s	9.495	7.032	4.574	3.025	2.141	1.883	1.838	1.709	1.573	1.260	0.962	0.872	
	⑤ 径流深	h	mm/h	1.374	10.213	19.035	24.596	27.770	28.694	28.858	29.320	29.806	30.933	32.000	32.325	
	⑥ 径流系数	K		0.039	0.287	0.535	0.692	0.781	0.807	0.812	0.825	0.838	0.870	0.900	0.909	
	⑦ 输沙量	N	kg	0.882	4.134	5.170	6.680	8.626	7.461	7.200	7.623	7.591	8.043	8.320	7.892	
	⑧ 输沙模数	M	kg/(m²·h)	0.066	0.310	0.388	0.502	0.648	0.560	0.541	0.572	0.570	0.604	0.625	0.592	
	⑨ 冲刷深度	h_c	mm/h	0.0049	0.419	0.288	0.371	0.480	0.415	0.400	0.424	0.422	0.447	0.463	0.439	
I-2	① 径流量	W	L	133.44	358.50	389.70	401.5	400.20	407.40	407.40	406.20	406.20	406.20	406.20	406.20	2'00"
	② 雨强	P_1	10^{-3}mm/s	9.878												
	③ 径流率	V	10^{-3}mm/s	2.791	7.449	8.151	8.390	8.371	8.517	8.517	8.496	8.496	8.496	8.496	8.496	
	④ 入渗率	P_m	10^{-3}mm/s	7.087	2.379	1.726	1.488	1.507	1.360	1.360	1.381	1.381	1.381	1.381	1.381	
	⑤ 径流深	h	mm/h	10.018	26.915	29.257	30.113	30.045	30.571	30.571	30.496	30.496	30.496	30.496	30.496	
	⑥ 径流系数	K		0.282	0.757	0.823	0.847	0.845	0.860	0.860	0.858	0.858	0.858	0.858	0.858	
	⑦ 输沙量	N	kg	2.675	5.338	6.068	7.533	5.839	6.366	4.628	5.041	4.813	4.931	4.151	3.916	
	⑧ 输沙模数	M	kg/(m²·h)	0.201	0.401	0.456	0.566	0.438	0.470	0.347	0.378	0.361	0.370	0.312	0.294	
	⑨ 冲刷深度	h_c	mm/h	0.149	0.297	0.337	0.419	0.325	0.348	0.257	0.280	0.268	0.274	0.231	0.218	

续表

测次	项目	符号	单位	10′	20′	30′	40′	50′	60′	70′	80′	90′	100′	110′	120′	产流时间
Ⅰ-3	①径流量	W	L	140.40	378.60	410.70	416.40	419.70	420.60	420.60	421.80	421.80	421.80	421.80	421.80	2′00″
	②雨强	P_1	10^{-3} mm/s	9.878												
	③径流率	V	10^{-3} mm/s	2.937	7.919	8.591	8.710	8.779	8.798	8.798	8.823	8.823	8.823	8.823	8.823	
	④入渗率	P_m	10^{-3} mm/s	6.941	1.959	1.287	1.168	1.099	1.080	1.080	1.055	1.055	1.055	1.055	1.055	
	⑤径流深	h	mm/h	10.540	28.424	30.834	31.261	31.509	31.577	31.577	31.667	31.667	31.667	31.667	31.667	
	⑥径流系数	K		0.296	0.799	0.867	0.879	0.886	0.888	0.888	0.891	0.891	0.891	0.891	0.891	
	⑦输沙量	N	kg	1.326	4.483	4.210	4.239	4.268	3.848	3.449	3.522	3.054	3.007	3.640	3.379	
	⑧输沙模数	M	kg/(m² · h)	0.100	0.337	0.316	0.318	0.320	0.289	0.259	0.264	0.229	0.226	0.273	0.254	
	⑨冲刷深度	h_c	mm/h	0.074	0.249	0.234	0.236	0.237	0.214	0.192	0.196	0.178	0.167	0.202	0.188	
Ⅰ-4	①径流量	W	L	171.35	399.00	410.70	417.30	427.20	430.80	430.80	430.80	430.80	436.50	438.60	436.20	1′6.2″
	②雨强	P_1	10^{-3} mm/s	9.878												
	③径流率	V	10^{-3} mm/s	3.584	8.346	8.591	8.729	8.936	9.011	9.011	9.011	9.011	9.130	9.174	9.124	
	④入渗率	P_m	10^{-3} mm/s	6.294	1.532	1.287	1.149	0.942	0.867	0.867	0.867	0.867	0.748	0.704	0.754	
	⑤径流深	h	mm/h	12.864	29.955	30.834	31.329	32.072	32.343	32.343	32.343	32.343	32.770	32.928	32.748	
	⑥径流系数	K		0.362	0.842	0.867	0.881	0.902	0.910	0.910	0.910	0.910	0.922	0.926	0.921	
	⑦输沙量	N	kg	1.025	3.000	3.298	3.226	2.653	2.361	2.064	2.158	2.240	2.728	2.180	2.364	
	⑧输沙模数	M	kg/(m² · h)	0.077	0.225	0.248	0.242	0.199	0.177	0.155	0.162	0.168	0.205	0.164	0.177	
	⑨冲刷深度	h_c	mm/h	0.057	0.167	0.183	0.179	0.148	0.131	0.115	0.120	0.125	0.152	0.121	0.131	

续表

测次	项目	符号	单位	10'	20'	30'	40'	50'	60'	70'	80'	90'	100'	110'	120'	产流时间
I-5	① 径流量	W	L	172.92	401.40	427.20	428.40	429.60	430.80	432.00	433.20	473.40	473.40	473.40	473.40	0'49.3"
	② 雨强	P_1	10^{-3}mm/s	9.878												
	③ 径流率	V	10^{-3}mm/s	3.617	8.396	8.936	8.961	8.986	9.011	9.036	9.061	9.149	9.149	9.149	9.149	
	④ 入渗率	P_m	10^{-3}mm/s	6.261	1.482	0.942	0.917	0.892	0.867	0.842	0.817	0.729	0.729	0.729	0.729	
	⑤ 径流深	h	mm/h	12.982	30.135	32.072	32.162	32.252	32.343	32.433	32.523	32.838	32.838	32.838	32.838	
	⑥ 径流系数	K		0.365	0.847	0.902	0.904	0.907	0.910	0.912	0.915	0.923	0.923	0.923	0.923	
	⑦ 输沙量	N	kg	1.392	1.746	3.067	2.790	1.465	2.507	2.004	2.526	1.680	2.130	1.382	1.518	
	⑧ 输沙模数	M	kg/(m²·h)	0.105	0.131	0.230	0.209	0.110	0.188	0.150	0.190	0.126	0.160	0.104	0.114	
	⑨ 冲刷深度	h_c	mm/h	0.077	0.097	0.171	0.155	0.081	0.139	0.111	0.140	0.093	0.118	0.077	0.084	
I-6	① 径流量	W	L	160.56	401.40	427.20	437.40	439.80	441.90	443.10	442.20	442.20	442.20	441.00	439.80	0'37.3"
	② 雨强	P_1	10^{-3}m/s	9.878												
	③ 径流率	V	10^{-3}m/s	3.358	8.396	8.936	9.149	9.199	9.243	9.268	9.249	9.249	9.249	9.224	9.199	
	④ 入渗率	P_m	10^{-3}mm/s	6.519	1.482	0.942	0.729	0.6790	0.635	0.610	0.628	0.628	0.628	0.653	0.629	
	⑤ 径流深	h	mm/h	12.054	30.135	32.072	32.838	33.018	33.176	33.266	33.198	33.198	33.198	33.108	33.018	
	⑥ 径流系数	K		0.339	0.847	0.902	0.923	0.929	0.933	0.935	0.934	0.934	0.934	0.931	0.929	
	⑦ 输沙量	N	kg	0.543	1.220	1.196	1.137	1.416	1.149	1.183	1.242	1.636	1.844	1.407	1.143	
	⑧ 输沙模数	M	kg/(m²·h)	0.041	0.092	0.090	0.085	0.106	0.086	0.089	0.091	0.123	0.138	0.106	0.086	
	⑨ 冲刷深度	h_c	mm/h	0.030	0.068	0.067	0.063	0.079	0.064	0.066	0.067	0.091	0.103	0.078	0.064	

$$h_{I-4} = 10.2744 t^{0.2671} \quad r = 0.76 \tag{3.2-4}$$

$$h_{I-5} = 10.6244 t^{0.2671} \quad r = 0.75 \tag{3.2-5}$$

$$h_{I-6} = 9.6747 t^{0.2862} \quad r = 0.75 \tag{3.2-6}$$

就总体而论，分析表明，无论在整个降雨过程中，还是在次场降雨的始末，抑或在各场次降雨的相应时段中，径流量或径流深度随时间的推移而递增。然而，各场次降雨达到稳定产流（相应的径流量为 400L/10min，或径流深度 30mm/h）的时间，随逐次降雨递减，各场次降雨达到稳定产流的时间依次为 90min、50min、30min、20min、20min 及 20min。同时发现，达到各次稳定产流的时间间隔，呈非线性递减。因为尽管 6 次实验除了 I-1 与 I-2 测次间隔 2 天进行外，由 I-3～I-6 均是每天一次，且均在 8：00—10：00 之间进行，可以认为室内的蒸发条件相同，蒸发量是十分有限的。

2. 流域地表径流平均速率变化过程

地表径流的平均速率是坡面侵蚀，特别是片蚀、细沟侵蚀及沟道侵蚀的动力因素，由表 3.2-1 的数据获得了如下过程线关系式及图 3.2-2。

$$V_{I-1} = 0.0866 t^{1.0501} \quad r = 0.88 \tag{3.2-7}$$

$$V_{I-2} = 2.1499 t^{0.3190} \quad r = 0.76 \tag{3.2-8}$$

$$V_{I-4} = 2.3117 t^{0.3111} \quad r = 0.76 \tag{3.2-9}$$

$$V_{I-4} = 2.8627 t^{0.2671} \quad r = 0.75 \tag{3.2-10}$$

$$V_{I-5} = 2.9602 t^{0.2610} \quad r = 0.75 \tag{3.2-11}$$

$$V_{I-6} = 2.6956 t^{0.2862} \quad r = 0.75 \tag{3.2-12}$$

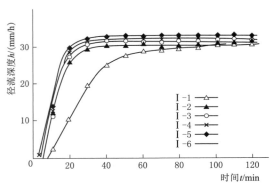

图 3.2-1   径流深度随时间变化关系曲线

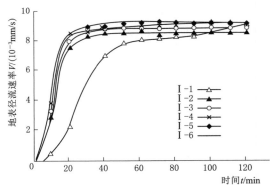

图 3.2-2   地表径流速率随时间变化关系曲线

不难看出，在各个测次之间及测次本身，表达式的系数具有递增趋势，而指数具有递减趋势，这反映在给定降雨强度条件下，由均匀物质组成的流域，其平均径流速率具有递增趋势。而指数则反映地表径流速率的加速度是逐渐变小的。在实验初期，具有最大的径流加速度。例如，I-1 测次径流速率是 I-2 测次的 3 倍，I-2 测次径流速率是 I-5 测次的 1.2 倍；然而相应的加速度分别是 2.5 倍和 1.38 倍，这种加速度的变化特征将给流域产沙及地貌演化带来极大的影响。

3. 入渗率变化过程

流域中地表径流入渗受许多因素影响，如坡度、物质组成、植被覆盖度、降雨强度及历时等。入渗率随时间的变化过程线点绘于图3.2-3。其表达式为

$$P_{m(I-1)} = 109.953t^{-0.9770} \quad r = -0.98 \qquad (3.2-13)$$

$$P_{m(I-2)} = 14.9681t^{-0.5487} \quad r = -0.86 \qquad (3.2-14)$$

$$P_{m(I-3)} = 15.494t^{-0.6164} \quad r = -0.85 \qquad (3.2-15)$$

$$P_{m(I-4)} = 19.075t^{-0.7198} \quad r = -0.91 \qquad (3.2-16)$$

$$P_{m(I-5)} = 16.038t^{-0.6956} \quad r = -0.87 \qquad (3.2-17)$$

$$P_{m(I-6)} = 19.505t^{-0.7833} \quad r = -0.87 \qquad (3.2-18)$$

分析表明，各测次之间、各时段以及各测次的相应时段内，入渗率具有时序递减特征。各次降雨过程中，入渗率随时间呈非线性递减，随时间增长，入渗率的递减率呈变缓趋势，在I-1和I-2测次有最大的递减率。此外，还可以看出，各场次降雨过程中，达到稳渗率的时间间隔越来越短，与达到稳定产流速率的时段相对应。

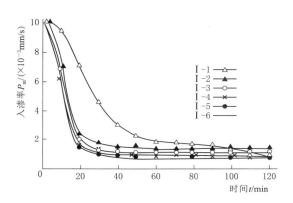

图3.2-3 入渗率随时间变化关系曲线

4. 产沙过程特征分析

采用输沙模数（M）随时间的变化，来表征流域产沙量及侵蚀冲刷深度随时间的变化过程。据表3.2-1中数据，点绘了每10min产沙量（N）对应于时间的变化过程线，并点绘了各次降雨过程中对应时段的输沙模数（M）过程线，见图3.2-4和图3.2-5中。

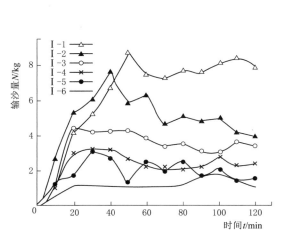

图3.2-4 产沙量随时间变化关系曲线

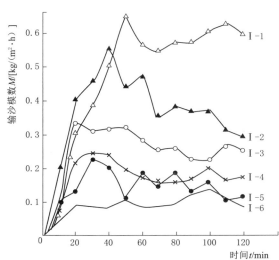

图3.2-5 输沙模数随时间变化曲线

下列是所得关系式：

测次 I-1：　$M_{I-1} = 0.0250t^{0.7240}$　$r = 0.86$ (3.2-19)

测次 I-2：　$M_{I-2} = 0.0396t^{0.7303}$　$r = 0.98$　（0～40min） (3.2-20)

　　　　　$M_{I-2} = 3.5212t^{-0.5116}$　$r = -0.92$　（40～120min） (3.2-21)

测次 I-3：　$M_{I-3} = 0.0045t^{1.4063}$　$r = 0.997$　（0～20min） (3.2-22)

　　　　　$M_{I-3} = 0.6441t^{-0.2039}$　$r = -0.85$　（20～120min） (3.2-23)

测次 I-4：　$M_{I-4} = 0.00638t^{1.1166}$　$r = 0.96$　（0～30min） (3.2-24)

　　　　　$M_{I-4} = 0.5785t^{-0.2665}$　$r = -0.79$　（30～120min） (3.2-25)

测次 I-5：　$M_{I-5} = 0.02096t^{0.6712}$　$r = 0.92$　（0～30min） (3.2-26)

　　　　　$M_{I-5} = 0.90012t^{-0.4147}$　$r = -0.64$　（30～120min） (3.2-27)

测次 I-6：　$M_{I-6} = 0.6561t^{0.0894}$　$r = 0.42$　（0～120min） (3.2-28)

由曲线及关系式分析表明，与产流过程相比，流域产沙过程的变化要复杂得多。径流过程是时间的单调函数，而产沙过程是时间的非单调函数，且各场次降雨的产沙过程又各具特点，具体来说，第 I-1 测次中，输沙模数基本上是时间的单调递增函数，其相关性相当好。在 I-2～I-6 的各次降雨过程中，即使径流深度或入渗率分别是时间的单调递增及递减的指数函数。但是，在一次降雨过程中，产沙峰值出现两次，乃至三次。因此，不得不采用分段拟合的方法，才获得上述的 $M-t$ 关系式。即使如此，I-6 测次的 $M-t$ 相关性极差，原因是出现多次沙峰（表 3.2-1 及表 3.2-2）。在降雨过程中，出现一次、两次乃至多次沙峰，它们与水系发育过程中入渗、水系袭夺、合并等有关。

表 3.2-2　　　　　　　　　历次产沙过程中沙峰值的出现时间

测次	$M_{max(1)}$	t/min	$M_{max(2)}$	t/min
I-1	0.648	50		
I-2	0.566	40		
I-3	0.317	20	0.273	110
I-4	0.248	30	0.205	100
I-5	0.230	30	0.190	80
I-6	0.106	50	0.138	100

5. 输沙模数与径流深度关系

在流域中，当其他控制因素不变的情况下，径流深度是输沙模数的决定因素。将 M 与 h 建立了下列关系式，并点绘了 M 与 h 的关系曲线于图 3.2-6。

$$M_{I-1} = 0.0543h^{0.6996}　r = 0.99 \tag{3.2-29}$$

$$M_{I-2} = 0.0527h^{0.5897}　r = 0.71 \tag{3.2-30}$$

$$M_{I-3} = 0.01216h^{0.9087}　r = 0.89 \tag{3.2-31}$$

$$M_{I-4} = 0.00740h^{0.9361}　r = 0.81 \tag{3.2-32}$$

$$M_{I-5} = 0.03952h^{0.3843}　r = 0.36 \tag{3.2-33}$$

$$M_{I-6} = 0.00462h^{0.8760}　r = 0.86 \tag{3.2-34}$$

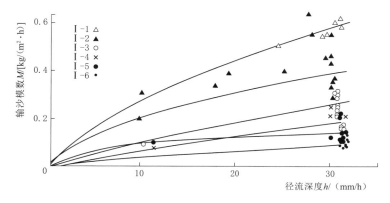

图 3.2-6　输沙量与径流深度关系曲线

除了第Ⅰ-5测次，M 值与 h 关系较差外，其他测次反映了输沙模数随径流深度增大而增加的趋势。由表3.2-1的实验数据可知，当降雨之初，由于入渗率大，径流深度小，输沙模数较小；当很快达到稳渗产流阶段时，有大量泥沙沿较陡的流域坡面冲刷下来。因此导致径流、输沙的单调增长趋势，而Ⅰ-5测次降雨之初，之所以出现径流深度小、输沙模数大的不正常现象，与Ⅰ-4测次产沙贮积有关，在Ⅰ-4测次中，由于水系合并，有较多泥沙积存在流域下段未能及时输出流域，而在Ⅰ-5测次中，一开始由径流深度较小、但挟沙能力较大的径流将上次存积的泥沙挟带出流域，出现了与径流深度不相适应的产沙峰值。

3.2.3　流域地貌发育过程实验分析

3.2.3.1　实验概况

流域地貌系统发育过程的实验，目的在于了解流域地表形态变化过程及水系发生、发育与衰亡的演变规律，研究这种过程与产流产沙的耦合关系。

在上述各场次降雨过程中，尤其在降雨的初始阶段，特别注意了水系发育过程的观测，在每场次降雨终流以后，进行地形高程的重复水准测量，由凌空拍摄的照片调绘河道级别，计算各级河道的数目（N_u）、河道长度（L_u）、河道比降（J_{ch}）、汇合角（α）及计算分歧比［$R_b = N_u / (N_u + 1)$］等，所测数据列于表3.2-3。侧重分析了河道数目、河道长度与河道级别的关系以及河道数目与流域输沙量的关系。

为了分析流域地面形态的总体变化趋势，在纵向上，于横向起点距2m、4m、6m处，套绘了纵剖面，反映流域左、中、右的纵向变化过程；在横向上，每隔1m，套绘了一系列横断面图，反映流域地面的横向变化趋势。

3.2.3.2　水系发育过程实验分析

1. 河道数目变化特征

由表3.2-3数据及水系发育图3.2-7分析可知，Ⅰ-1～Ⅰ-3测次，无论是河道级别，还是各级河道的数目及总数目，都越来越多，河流频数也越来越大，Ⅰ-3测次后不断减少（图3.2-8）。不同级别河道数目与河道级别间具有很好的负相关关系，河数的递减率大致按河道级别的1.2～1.5倍的指数规律变化。

表 3.2 - 3　流域地貌发育过程水系演变实验观测数据

测次	河道级别 U	项目	河道数目 N_u	分歧比 R_b N_{u2}/N_{u1}	N_{u3}/N_{u2}	N_{u4}/N_{u3}	N_{u5}/N_{u4}	河道长度 L_u	河道比降 J_u	河谷长度 L_v	河谷比降 J_v	弯曲率 P	流域面积 A	汇合角 $\alpha/(°)$ U_1-U_2	U_1-U_3	U_1-U_4	U_2-U_3	U_2-U_4	U_3-U_4
I-1	1	平均	62	0.226				37.65	0.0825	37.065	0.0842	1.009	40.71						
	2	平均	14		0.357			168.70	0.0813	160.00	0.0854	1.06	35.00	34.80					
	3	平均	5					30.600	0.0815	301.00	0.0813	1.02			38.36		34.33		
		小计	81					512.35	0.0815										
I-2	1	平均	101	0.287				39.42	0.0750	38.30	0.0753	1.002	38.93						
	2	平均	29		0.276			105.66	0.0782	101.66	0.0780	1.02	53.60	44.89					
	3	平均	8			0.375		490.13	0.0655	464.00	0.0687	1.05	32.00		43.00		50.00		
	4	平均	3					180.33	0.0261	176.67	0.0268	1.02							
		小计	141					743.54	0.0621										
I-3	1	平均	166	0.247				38.02	0.0713	37.36	0.0731	1.01	38.36						
	2	平均	41		0.244			93.44	0.0707	91.54	0.0715	1.01	44.60	46.52					
	3	平均	10			0.300		516.80	0.0738	483.40	0.0745	1.07	78.00		34.24		43.06		
	4	平均	3				0.667	416.67	0.0620	401.00	0.0643	1.036				25.75		41.00	
	5	平均	2					95.00	0.0401	95.00	0.0401	1.00							
		小计	222					1159.93	0.0665										

续表

测次	河道级别 U	项目	河道数目 N_u	分歧比 R_b N_{u2}/N_{u1}	N_{u3}/N_{u2}	N_{u4}/N_{u3}	N_{u5}/N_{u4}	河道长度 L_u	河道比降 J_u	河谷长度 L_v	河谷比降 J_v	弯曲率 P	流域面积 A	汇合角 $\alpha/(°)$ U_1-U_2	U_1-U_3	U_1-U_4	U_2-U_3	U_2-U_4	U_3-U_4
I-4	1	平均	102	0.255				46.04	0.0705	44.98	0.0714	1.01	34.35	42.04					
	2	平均	26		0.269			121.92	0.0782	117.00	0.0774	1.03	39.20						
	3	平均	7			0.429		420.00	0.0667	380.00	0.0735	1.106	36.50		42.45		46.25		
	4	平均	3					211.00	0.0234	197.00	0.0249	1.08				28.00			
		小计	138					798.96	0.0572										
I-5	1	平均	105	0.190				43.90	0.0714	43.03	0.0723	1.010	43.68	37.75					
	2	平均	20		0.350			142.45	0.0776	135.15	0.0799	1.030	41.67						
	3	平均	7			0.143		337.29	0.0698	314.14	0.0746	1.090	63.00				40.20		
	4	平均	1					196.00	0.0481	192.00	0.0491	1.020							
		小计	133					719.64	0.0655										
I-6	1	平均	91	0.242				64.51	0.0642	62.08	0.0652	1.020	47.18	44.67					
	2	平均	22		0.364			168.23	0.0764	160.55	0.0769	1.020	44.86						
	3	平均	8			0.375		342.75	0.0578	320.38	0.0602	1.050	56.33		43.56		33.80		
	4	平均	3					276.67	0.0567	238.00	0.0326					62.00			
		小计	124					852.16	0.0616										

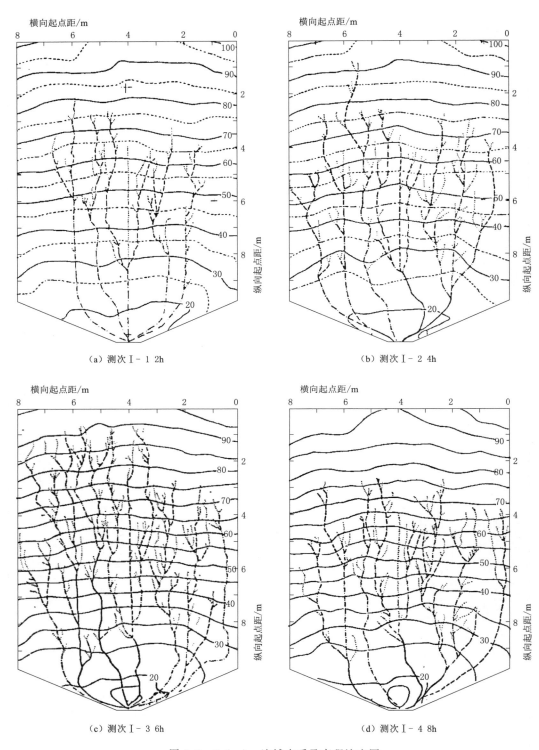

（a）测次Ⅰ-1 2h

（b）测次Ⅰ-2 4h

（c）测次Ⅰ-3 6h

（d）测次Ⅰ-4 8h

图 3.2-7（一） 流域水系及高程演变图

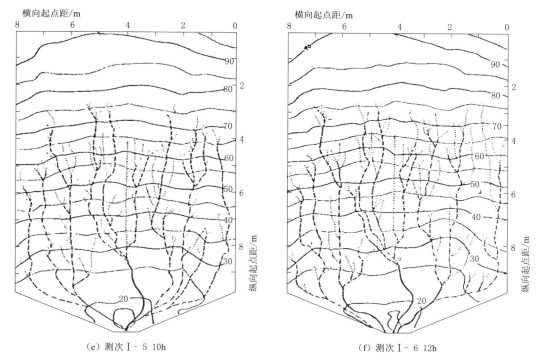

（e）测次Ⅰ-5 10h   （f）测次Ⅰ-6 12h

图 3.2-7（二）　流域水系及高程演变图

$$N_u = 200.26 e^{(-1.260u)} \quad r = -0.995 \quad (3.2-35)$$

$$N_u = 314.02 e^{(-1.183u)} \quad r = -0.998 \quad (3.2-36)$$

$$N_u = 411.49 e^{(-1.145u)} \quad r = -0.985 \quad (3.2-37)$$

$$N_u = 300.28 e^{(-1.189u)} \quad r = -0.995 \quad (3.2-38)$$

$$N_u = 469.57 e^{(-1.501u)} \quad r = -0.994 \quad (3.2-39)$$

$$N_u = 14.810 e^{(-1.125u)} \quad r = -0.996 \quad (3.2-40)$$

2. 河道长度变化特征

各测次河道总长度随时间推移而增大，Ⅰ-3 测次达最大值。各测次本身，各级河道的总长度及平均长度随级别增大而递减，各级河道总长度与级别呈下列关系 [式（3.2-41）～式（3.2-46）]，这些关系式由表 3.2-4 数据获得。

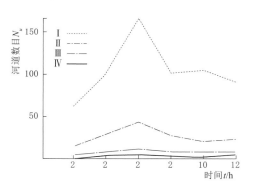

图 3.2-8　河道数目随时间变化过程

$$L_{Ⅰ-1} = 15.35 e^{(1.048u)} \quad r = 0.990 \quad (3.2-41)$$

$$L_{Ⅰ-2} = 10.20 e^{(1.260u)} \quad r = 0.992 \quad (3.2-42)$$

$$L_{Ⅰ-3} = 9.010 e^{(1.305u)} \quad r = 0.984 \quad (3.2-43)$$

$$L_{Ⅰ-4} = 14.59 e^{(1.105u)} \quad r = 0.998 \quad (3.2-44)$$

$$L_{Ⅰ-5} = 16.69 e^{(1.020u)} \quad r = 0.996 \quad (3.2-45)$$

$$L_{Ⅰ-6} = 29.16 e^{(0.835u)} \quad r = 0.996 \quad (3.2-46)$$

表 3.2-4 表明，各级河道长度随时间的变化是不均匀的，Ⅰ级河道随历时的增加而

增加，Ⅱ级河道在Ⅰ-3测次总长度有最小值，而Ⅲ级河道却在Ⅰ-3测次总长度有最大值，Ⅳ级河道总长度的变化幅度较大，随时间的变化规律难以确定。因此，当拟合各测次中每一级别河道长度与全部河道级别关系时，其相关系数明显降低，表达式的系数增大，指数值降低，由Ⅰ-2～Ⅰ-6测次相关系数由0.97下降到0.80左右，各表达式如下：

$$L_{Ⅰ-1}=15.35e^{(1.048u)} \qquad r=0.97 \qquad (3.2-47)$$

$$L_{Ⅰ-2}=15.35e^{(1.048u)} \qquad r=0.75 \qquad (3.2-48)$$

$$L_{Ⅰ-3}=18.00e^{(0.889u)} \qquad r=0.92 \qquad (3.2-49)$$

$$L_{Ⅰ-4}=35.00e^{(0.580u)} \qquad r=0.80 \qquad (3.2-50)$$

$$L_{Ⅰ-5}=37.43e^{(0.535u)} \qquad r=0.80 \qquad (3.2-51)$$

$$L_{Ⅰ-6}=50.30e^{(0.508u)} \qquad r=0.80 \qquad (3.2-52)$$

表 3.2-4　　　　　　　　　　　河道长度与级别关系

河长	某级河道长度					某级河道平均长度				
测次	Ⅰ	Ⅱ	Ⅲ	Ⅳ	Ⅴ	Ⅰ	Ⅱ	Ⅲ	Ⅳ	Ⅴ
Ⅰ-1	37.65	168.70	306.00			0.61	12.05	61.20		
Ⅰ-2	39.42	105.66	490.13	180.33		0.39	3.64	61.30	60.11	
Ⅰ-3	38 02	93 44	516.80	416.67	95.00	0.23	2.28	51.70	138.90	95.00
Ⅰ-4	46.04	121.92	420.00	211.00		0.45	4.67	60.00	70.30	
Ⅰ-5	43.90	142.45	337.29	196.00		0.42	7.12	42.80	196.00	
Ⅰ-6	64.51	168.23	342.75	276.67		0.20	7.65	42.80	92.20	

3.2.3.3　分歧比（R_b）变化特征

6个测次各级河道与高一级河道的分歧比分析表明，级别越低分歧比越小，除Ⅰ-5测次$R_{bⅤ/Ⅳ}$较小（0.14）外，分歧比：$R_{bⅡ/Ⅰ}$为0.19～0.29，$R_{bⅢ/Ⅱ}$为0.24～0.36，$R_{bⅣ/Ⅲ}$为0.30～0.43，该值与原型水系中相应级别河道的分歧比十分接近。

3.2.3.4　流域地面高程变化

由流域水系与高程演变图（图3.2-7）和流域纵、横断面演变图（图3.2-9、图3.2-10）分析表明，随着时间的推进，流域地面高程具有总体降低的趋势。然而，不同时段中表现不一样。就时间而论，在Ⅰ-1测次向Ⅰ-3测次过渡时，侵蚀率达到最大值。在前三个时段中，差不多占总侵蚀高度的3/4；后三个时段中，仅占总侵蚀高度的1/4。在空间上，流域中、下段的侵蚀率比上段来得大些。

3.2.3.5　水系发育与径流量及输沙量的关系

借助不同级别河道数与径流量及输沙量的关系图，可以看到几个基本事实：①无论是不同级别的河道数目与累积径流量，还是与输沙量之间，两者均不是单值关系。即在第Ⅰ-3测次时，当累积径流量为13.45m³及输沙率为21.9kg/h（43.8kg/2h）时，具有最大的河道数量，即水系获得最充分的发育（图3.2-11和图3.2-12）；②河道数目随累计径流量增大而增大，越过临界点后，随累计径流量增大而减少；③河道数目随输沙率变化趋势恰好与②中所述趋势相反，尽管河道数目随输沙量增大越过临界点后变小，但是时序特征正好

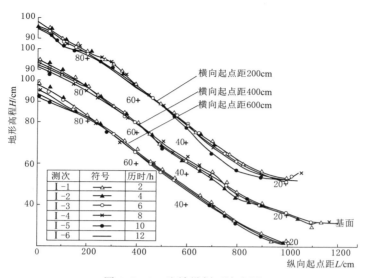

图 3.2-9　流域纵剖面演变图

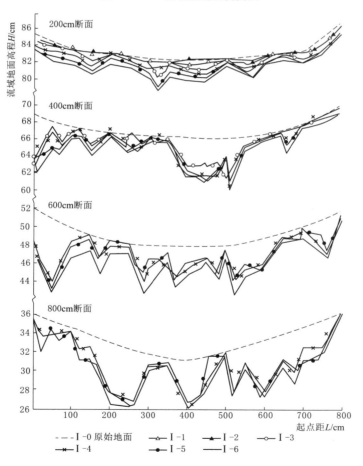

图 3.2-10　流域横断面演变图

相反；④上述关系随着河流级别增大而减弱，在Ⅳ级河道中，几乎反映不出这种趋势。

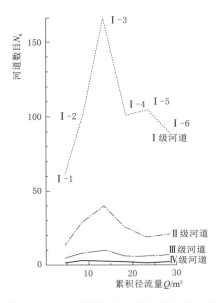

图 3.2－11　河道数目与累积径流量关系

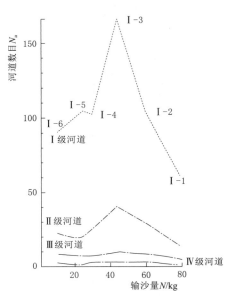

图 3.2－12　河道数目与输沙量关系

如果分析各级河道的平均长度，除Ⅰ-3测次干流河道（Ⅴ）级，受到边界条件限制，得不到充分发育而较短外，河道平均长度随级别增大而增大，它们之间有很好的相关关系，河道平均长度随级别的 1.6～2.3 次方变化，其系数也较好地反映了河流长度随时间序列变化的临界表现。

$$L_{Ⅰ-1}=0.076\,e^{(2.3u)} \qquad r=0.986 \qquad\qquad (3.2-53)$$

$$L_{Ⅰ-2}=0.096\,e^{(1.8u)} \qquad r=0.947 \qquad\qquad (3.2-54)$$

$$L_{Ⅰ-3}=1.010\,e^{(1.6u)} \qquad r=0.921 \qquad\qquad (3.2-55)$$

$$L_{Ⅰ-4}=0.116\,e^{(1.8u)} \qquad r=0.955 \qquad\qquad (3.2-56)$$

$$L_{Ⅰ-5}=0.080\,e^{(2.0u)} \qquad r=0.989 \qquad\qquad (3.2-57)$$

$$L_{Ⅰ-6}=0.057e^{(2.0u)} \qquad r=0.952 \qquad\qquad (3.2-58)$$

3.3　物质组成对流域地貌发育影响实验

3.3.1　实验概况

在 $35.56\,mm/(h\cdot cm^2)$，定雨强的人工降雨条件下，进行了组成物质中径分别为 0.021mm、0.066mm 及 0.076mm，相应分别代表细、粗、较粗物质流域发育的对比实验。实验表明，产沙过程具有波动振荡衰减特征；水系发育以增加河道（沟道）数目及弯曲拉伸长度两种方式进行最小消能，水系分形维数正是这种消能的量度，水系分形维数随时间呈不对称上凹型曲线分布。对比分析表明：产沙过程的振荡性、衰减率，随物质变粗而加强，水系河道数目随物质变细而增多，河道随物质变细拉长，分形维数与产沙间呈不对称双曲线的非线性关系。曲线的递变率绝对值随时间推移和物质变细而变小。

3.3.2 流域产沙过程实验分析

1. 细物质流域产沙过程特征

实验Ⅰ组流域由中径 0.021mm、分选系数 2.48、粉黏粒达 90％的黄土组成。实验历时共 12h，分 6 个测次（Ⅰ-1～Ⅰ-6）进行。由过程线可知（图 3.3-1），每测次均出现产沙峰值，产沙峰值出现的时间随测次的推进而提前，而峰值逐次降低。除个别测次（如Ⅰ-2）外，往往出现双峰，甚至出现多峰值，显示了产沙过程的随机性和复杂性特征。

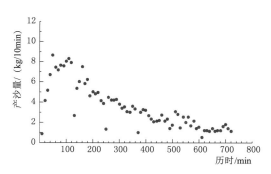

图 3.3-1 细物质流域产沙过程图

将各测次中达到稳渗产流后的产沙量与实验历时点绘，并用负指数曲线加以拟合，具体见图 3.3-2，相应表达式为

$$Q_{s-1} = 8.586\exp(-0.003T) \qquad\qquad (3.3-1)$$

式中：Q_{s-1} 为产沙量，kg/10min；T 为实验历时，min。

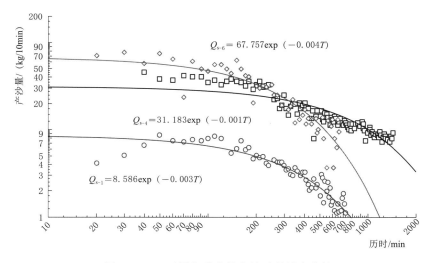

图 3.3-2 不同物质流域产沙过程拟合曲线

2. 粗物质流域产沙过程特征

实验Ⅳ组流域组成物质较粗，由中径、分选系数及粉黏粒百分比分别为 0.066mm、0.095mm、1.53、1.86 及 62％，22％的黄色壤土与灰色细砂土混合而成，混合比为 2∶1，粗物质的中径为 0.076mm，分选系数为 1.67，粉黏粒含量百分比为 48.7％；实验历时 24h，亦分 6 测次进行（Ⅳ-1～Ⅳ-6），每测次历时 4h。由产沙过程线（图 3.3-3）不难看出，大体可划分三个时段，第一个 4h 中（Ⅳ-1 测次），产沙量有最大值，多次出

现峰谷交替，第二个 4h（Ⅳ-2 测次），产沙量明显降低；到第三个 4h（Ⅳ-4 测次），产沙量逐渐趋向稳定。Ⅳ-2、Ⅳ-3 测次中亦是多次峰谷值交替，整个产沙过程均有这种趋势存在。在实验过程中，峰谷波动幅度随时间推进而减少，明显呈波动振荡衰减趋势曲线。稳渗产流后的产沙量与实验历时可用下列方程拟合，并点绘于图 3.3-3。

$$Q_{s-4} = 31.183\exp(-0.001T) \tag{3.3-2}$$

式中：Q_{s-4} 为产沙量，kg/10 min；T 为实验历时，min。

3. 较粗物质流域产沙过程特征

第Ⅵ组实验流域由中径为 0.066mm、粉黏粒百分含量为 62%、分选系数为 1.86 的黄色壤土组成。实验历时共 12h，分 6 组（Ⅵ-1～Ⅵ-6）实验。由产沙过程分析表明，在第一个 3h，即Ⅵ-1 测次及Ⅵ-2 测次前一半时段，产沙峰谷值起落很大，亦多次出现峰谷值，3h 后，产沙量明显下降；在后两个测次（Ⅵ-4～Ⅵ-6），曲线没有峰值，每一测次有明显的谷值（图 3.3-4）。

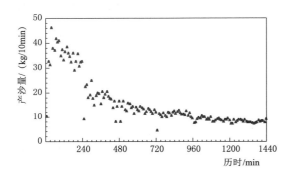

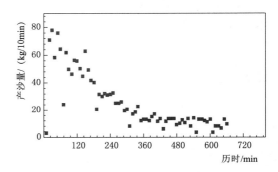

图 3.3-3　粗物质流域产沙过程图　　　　图 3.3-4　较粗物质流域产沙过程图

稳渗产流后的产沙量随时间变化可用下列表达式拟合，且显示为负指数曲线形式：

$$Q_{s-6} = 67.757\exp(0.004T) \tag{3.3-3}$$

式中：Q_{s-6} 为产沙量，kg/10min；T 为实验历时，min。

4. 产沙过程曲线对比分析

三组物质不同的流域产沙过程具有一个共同特征，产沙量均以不同的速率随着时间的推进而衰减，产沙过程峰谷起伏，峰谷值亦随时间衰减，与实验历时之间大体呈负指数曲线关系。然而，各自又具有差异性。首先，各曲线在表示产沙量的纵坐标轴上有不同的截距。以较粗物质流域有最大的截距，即有最大的起始稳渗产沙量，细物质流域有最小的截距，即最小的起始稳渗产沙量。其次，产沙量随时间的衰减率不同，以较粗物质最快，次为细物质流域，粗物质流域的衰减率较小。第三，产沙量的波动幅度，随物质组成变粗而增大，以粗物质流域最大，细物质流域最小。最后，产沙峰谷值出现的时段不尽相同，粗物质流域，峰谷值起落出现在实验流域发育之初；较粗物质流域在流域发育前期，峰值多于谷值，发育后期则多见谷值；细物质流域则峰谷值较均匀展布。

3.3.3 流域水系发育过程实验分析

3.3.3.1 水系发育的量度指标

1. 水系发育空间分布特征量计

习惯上，运用河数定律及河长定律等来描述流域水系中不同级别河道的数目及平均长度与河道级别关系，以揭示流域水系的空间分布特征。或用随机拓扑方法，揭示水系发育的拓扑几何特征，但是，只能反映流域发育的空间分布的平均状况，很难反映流域水系发育演化的时序特征，也不易描述不同级别河道之间的递变规律。水系分形维数有望弥补这一不足。

2. 水系分形维数及量计

王嘉松等（1990）根据 Horton 的河数定律表达式 $N_u = K_i^{(s-u)}$ 和河长定律表达式中系数 K_1、K_2，经推导得水系分形维数定义为

$$D = \ln K_1 / \ln K_2 \tag{3.3-4}$$

由河数定律 $\qquad\qquad \ln N_u = s \ln K_1 - u \ln K_1$

令 $\qquad\qquad\qquad a_1 = s \ln K_1 \quad 及 \quad b_1 = -\ln K_1$

则 $\qquad\qquad\qquad \ln N_u = a_1 + b_1 u \tag{3.3-5}$

由河长定律 $\qquad\quad \ln(l_u/l_1) = u \ln K_2 - \ln K_2$

令 $\qquad\qquad\qquad a_2 = -\ln K_2 及 b_2 = \ln K_2$

则 $\qquad\qquad\qquad \ln(l_u/l_1) = a_2 + b_2 u \tag{3.3-6}$

式中：s 为最高级别河道数目；u 为第 u 级河道数目；l_u 为第 u 级河道长度。

显然，根据实测原型水系或模型水系各级河道或沟道的数目及平均长度，通过回归计算，可以很方便地获得 $\ln K_1 = -b_1$ 和 $\ln K_2 = b_2$，并相应计算出分形维数值 D，对模型水系及部分沟道系统的计算结果列于表 3.3-1。

表 3.3-1　　　　　　　不同物质流域水系各级河道数目及平均长度值

测次	河　道　级　别									
	I		II		III		IV		V	
	N_1^*	l_1	N_2	l_2	N_3	l_3	N_4	l_4	N_5	l_5
I	62～166	29.4～64.5	14～41	93.4～168.2	3～10	276.3～516.8	1～3	180.2～416.7	2	95.0
IV	49～67	52.9～103.5	15～27	117.4～223.7	3～9	165.6～496.3	1～3	177.5～320.0	1	45.0～95.0
VI	53～77	86.2～106.4	16～21	180.9～261.6	4～6	336.2～709.7	1～3	40.0～600.0	1	25.0

注　N_i^* 为河道数目，l_i 为河道平均长度（cm）。

3. 水系分形维数的物理意义

一些研究者（Barbera，1989；张捷等，1994；何隆华等，1996）指出流水地貌系统中分形及水系分形维数的意义：①可以模拟流域水系的形态；②研究河长与流域面积关系；③探讨流域水力学与流域尺度相关问题等。笔者认为，如果按照王嘉松等获得的河网分形维数值 $D=-b_1/b_2$（b_1 反映某一级河道数目的增长速率，b_2 表示某一级河道长度的增长速率），伴随着河道长度的增长，河道发生弯曲，比降变缓，这是能量趋向最小消耗的一种形式；而河道数目的增多，又是能量趋向最小消耗的另一种形式。显然，分形维数 D 值，一方面表示不同级别河道数目与长度的相对增长率；另一方面又是水系消能率的一种量度。水系发育过程中，D 值的变化是水系发育时序过程的量度。

对比三组不同物质流域水系的几何特征，首先对不同级别河道的数目及平均长度进行极值分析（表 3.3-1），将每组中有代表性的水系发育状况绘于图 3.3-5。表 3.3-1 分析表明，不论何种物质组成的流域，在其发育过程中，河道级别越低的河道数目越多，且变化范围越大；河道级别越高，河道数目越少，变化范围越小。不同级别河道的平均长度，当河道级别越低，河道平均长度越短，其变动范围越小；相反，河道级别越高，河道

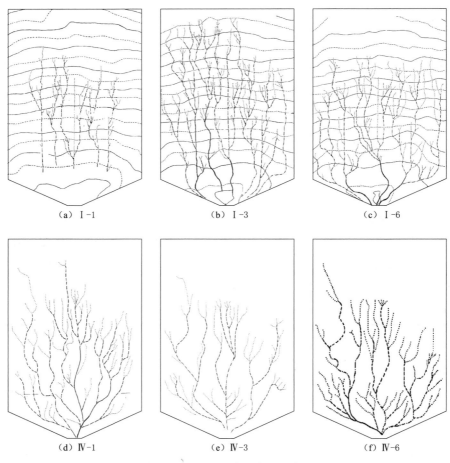

（a）Ⅰ-1　　　　　　　（b）Ⅰ-3　　　　　　　（c）Ⅰ-6

（d）Ⅳ-1　　　　　　　（e）Ⅳ-3　　　　　　　（f）Ⅳ-6

图 3.3-5（一）　典型水系发育图

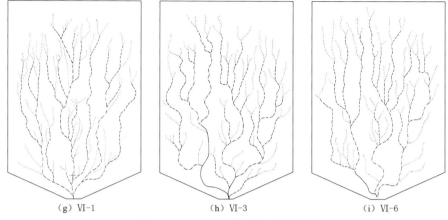

(g) VI-1   (h) VI-3   (i) VI-6

图 3.3-5（二）　典型水系发育图

平均长度越长，且长短的变化范围越大。这与天然情况十分类似，不同的是，由于模型边界的出口条件受限制，距离侵蚀基准面较近，Ⅴ级河道也就是干流河道会较短，相应Ⅳ级河道的长度也会较短。

　　流域的物质组成明显影响水系的河道数目及平均长度。总体而论，较细物质组成的流域，其各级河道数目比粗物质流域多，而河道平均长度相对较低。这种情况在Ⅱ、Ⅲ级河道发育过程中尤为突出（表 3.3-1）。

3.3.3.2　水系发育的非线性特征分析

　　1. 分形维数的时序临界性

　　由三组流域水系的分形维数 D 值分析可知，随着时间的推移，各组水系的 D 值均有最低值，随时间的变化往往呈不对称下凹形双曲线，在流域水系发育之初，具有中等大小的 D 值，发育一定时间后具有最小的 D 值，发育后期有最大的 D 值（图 3.3-6），但最大与最小值相差 2 左右。由图 3.3-7 可知，物质组成越粗，分形维数越大；反之，物质组成越细，分形维数越小。

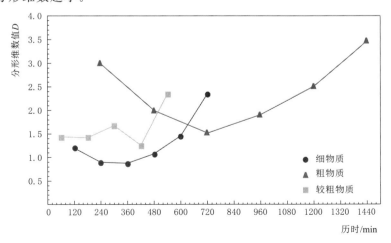

图 3.3-6　不同物质流域水系分形维数随时间变化

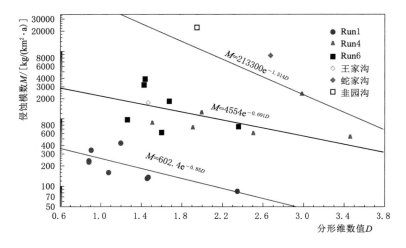

图 3.3-7　不同物质流域侵蚀模数与分形维数值 D 间关系曲线

2. 分形维数的物质分异性

流域水系的分形维数与流域的物质组成密切相关，借助图 3.3-6 进一步说明两者的关系，不难看出物质组成越粗，分形维数越大；反之，物质组成越细，分形维数越小。

3.3.4　侵蚀产沙与水系发育非线性关系分析

对均质流域中水系发育与侵蚀产沙非线性关系进行初步分析，认为物质组成或许影响水系的分形维数（金德生等，1999）。点绘不同物质流域侵蚀产沙模数与分形维数值 D 之间关系曲线（图 3.3-7）表明，两者间存在显著的非线性关系。在流域发育的不同阶段，表现出不同的关系。在流域水系发育之初，分形维数随侵蚀产沙模数减少而减少；当越过水系分形维数的最小临界值时，亦即中期阶段以后，分形维数随侵蚀产沙模数的减少而增大。图 3.3-7 表明，在水系发育初期阶段，D 值随侵蚀模数的递减率绝对值，远大于晚期阶段 D 值随侵蚀模数递增率的绝对值。这种情况随物质组成变粗而加剧；反之，随物质组成变细而变缓。

3.4　植被覆盖的流域地貌实验研究

3.4.1　实验概况

对于完整的流水地貌系统（Schumm，1977）的流域实验研究，国外起始于 20 世纪 20 年代，主要在野外进行（Burt et al.，1984），由于耗资大、费时长、测试困难而未能充分发展。随后，40 年代的 Horton（1945）定量描述了流域水文地貌。50 年代的 Schumm（1956）观测新泽西州劣地演变。60 年代的 Leopold 及 Langbein 进行随机拓扑定量研究（Leopold et al.，1962；Langbein et al.，1964）。Shreve（1966，1967，1969），

Smart（1969，1973）及 Scheidegger（1967）等对水系结构做了随机拓扑定量研究。70 年代以来，野外的嵌套式流域系统定位观测（Gregory 和 Walling，1974）、Schumm 等（1972）和马卡维耶夫等（1984）的室内实验又获得重视和发展。80 年代，随着国际地貌野外实验委员会组织的成立（Slaymaker，1981），流域实验获得了进一步发展。90 年代，特别是 21 世纪以来，由于需要解决土地利用、流域规划、河道整治、水土保持和生态环境修复等实际问题，坡地侵蚀产沙及流域地貌演化的实验与模拟在国内外经久不衰。对水系发育及其特征进行分形及分数维分析（Barbera et al.，1989；Gupta et al.，1989；Robert et al.，1990；Mesa et al.，1987；Ross et al.，1991；Luo，1992；Nikora，1991）。此外，冯平等（1997）及金德生等（1997）分别阐述了河流形态特征的分形维数计算方法、计算了河流纵剖面的分形维数值，并作为消能的另一种度量指标。不少学者在形态及与水动力联系方面作了不同程度的研究（Tarboton，1992；李后强等，1992；傅军等，1995；陈树群等，1995；魏一鸣等，1998；冯金良等，1997，1999；Feng et al.，1999；汪富泉，1999；Pillsbury et al.，1962）。

国内外学者从 20 世纪 60—70 年代起，开始关注植被覆盖度对流域坡面的水土流失的影响，如注意控制灌木覆盖度对流域降水分布的影响（Pillsbury et al.，1962）等。到80—90 年代，植被覆盖度对全流域系统影响的室内模拟实验较为少见。越来越多的国内外学者关注该领域下述问题的研究：①结合植被管理、森林采伐技术及放牧农耕制度方面的问题。如美国亚利桑那州采伐混合针叶林技术的研究表明，采伐针叶林不会影响流域，因为采伐后河流会很快恢复动态平衡（Heede et al.，1990）；放牧和干草对以前的自然保护区的径流和侵蚀的影响（Gilley et al.，1996），适度放牧改变了河道的结构和植被，影响生态系统的水平过程（Thibault et al.，1999）；森林经营对土壤性质及生产力有影响，粗放型森林经营，与良好管理不会相勃（Grigal，2000），通过常规（圆盘犁）、少耕（凿犁）和免耕三种耕作方式，估算相对侵蚀敏感性，认为免耕更能控制土壤侵蚀（Roth et al.，1986），塑料薄膜及其耐久性的选定，对于控制杂草的能力及雪松幼苗生长有影响（Haywood，1999），地形和植被覆盖密度对入渗及径流有影响（Dunne et al.，1991），如西班牙东南部斑块状的地中海植被中表层土壤岛屿的改良（Bochet et al.，1999）。②植被类型不同的影响问题。如植物密集种植显著减少土壤流失，比宽行种植显著增加穗数（Mohammed et al.，1982），作物覆盖度和残茬影响径流和土壤流失（Kilewe et al.，1988），利用紫花苜蓿灌木控制陡坡上的水蚀（Andreu et al.，1994），植被覆盖度的变化影响核桃沟间地的径流和侵蚀（Abrahams et al.，1995），英国西萨塞克斯郡罗格地区在50mm/h 及 70mm/h 模拟降雨下，有机质含量通过团聚体的稳定性来影响土壤侵蚀（Guerra，1994），而种植对径流蓄积量影响不大，但是对所产生沉积物的不同处理使作物受到显著的影响（Thornton et al.，1998），塞尔维亚的植被覆盖度对坡面径流入渗和侵蚀输沙过程有显著影响（Petkovic et al.，1999）。③结合环境因素影响的问题。地中海地区卡梅尔山森林火灾后的第一个雨季，烧毁地区的产流量和产沙量分别高出 500 倍和 10万倍，认为主要因素是雨强（Inbar，1998），低到中等强度的火灾的主要作用是产生一个镶嵌状的表面，其中包括几乎没有机会产生径流的粗糙斑块和相对光滑的斑块，火灾随后会导致更高的径流和侵蚀率（Laveea et al.，1995）等；我国学者开展了黄土高原土地资源的合理开发与保护（朱显谟，1984），包括利用遥感、地理信息系统及数学模拟等多途径研究水土流失机保持等。总体而论，主要进行流域坡面径流及产沙的实地勘察，兼有野外的模拟降雨实验。

Joch（2000）结合采矿场复垦的植被覆盖度对径流及侵蚀影响，进行模拟降雨及坡面流实验，认为有植被时，明显增强渗透，减少暴雨侵蚀，从植被覆盖度 0% 的 30～35t/ha 下降到植被覆盖度 47% 时的 0.5t/ha；不过植被覆盖度较低时，侵蚀量的减少，大于土壤侵蚀通用方程的预测值（Gupta et al.，1989）。室内实验曾见有美国学者关于稀疏植被度对产沙影响的实验研究，Rogers 和 Schumm（1991）运用肯塔基青草做成 7.5cm×2.5cm 的草捆模拟植被覆盖度，当覆盖度由 43% 减少到 15%，产沙量大幅度急剧减少，15% 以下减幅不大，对于控制侵蚀、恢复矿区土地和稳定尾矿都没有用，认为世界上干旱地区略为增加植被度盖度，以降低侵蚀是无效的（Roger，1997）。

21 世纪以来，国内学者对该领域积极开展多方面的研究，进行了不少野外坡面样区实验研究（Jin et al.，1999；金德生等，1992；姚文艺等，2001；申震洲等，2006；邹俊良等，2011；姚文艺等，2011；彭新德等，2012；杨帆等，2013；赵孟杰等，2015）。结合经济发展，对西北五省区露天煤矿开采及排土场因植被消失导致严重水土流失等环境问题极为关注（Sun et al.，2013；Wang et al.，2013b），因为加速水土流失（Zhao et al.，2013；Wang et al.，2014b），强烈影响废物倾倒的长期发展（Polyakov et al.，2004；Puigdefabregas et al.，1999），更严重威胁生态系统稳定和经济发展（Evans et al.，2004；Biemelt et al.，2005；Miao et al.，2000；Sever et al.，2009；Bao et al.，2012；Drazic et al.，2012）。研究表明，煤矿开采排土场水土流失与植被发育间的关系遵循一般的水土流失规律，控制原始地形的原则也适合于排土场地（Zhang et al.，2015）。

植被覆盖度与水土流失间的关系受到关注。一般认为两者间呈负相关关系（Krummelbein et al.，2010；Zuo et al.，2010；Zhang et al.，2011），即便是坡面有碎石覆盖的情况下，模拟实验表明也存在良好的负指数函数关系（Cerdà，2018）。不过有学者认为，它们两者之间既不是线性关系，也不是指数关系，而是非线性关系（Rogers 和 Schumm，1991）。

关于不同类型植被、植被控制土壤流失和改善环境的方式方面，不少学者进行了研究，如密苏里中北部黏质土景观中谷类作物和草地管理对土质特性影响对比研究（Jung，2008）、植被冠层覆盖对页岩泥沙和盐度负荷的影响（Erik，2015），植被覆盖对坡面降雨产沙的影响（朱冰冰等，2010），野外条件下一年生木本植被对沉积物移动的小尺度效应（Hoffman et al.，2013）、我国湘西北小流域坡面尺度地表径流与侵蚀产沙特征及其影响因素（周璟等，2010）、豆类作物对土壤健康和农业生态系统的影响（Gogoi et al.，2019），土地利用变化对土壤流失的影响（Kavian et al.，2017），气候干旱与植被恢复对黄土高原（Zhang et al.，2011），水蚀风蚀交错带退耕还林坡地植被利用（王子豪等，2018），识别黄土高原植被恢复对坡面影响（顾朝军等，2019），模拟地中海东部半干旱地区土地覆被变化对降雨-径流关系的影响（Ohana-Levi et al.，2015）。

人类及生物对植被发育不良活动的影响会导致水土流失加剧。Benito 等（2003）通过模拟降雨，研究森林砍伐对地表径流和侵蚀的影响、Sauer 等（2008）在南非山羊放牧对肉质灌丛生态系统模式和过程的影响，植被覆盖度和地貌动态受放牧的影响，就密苏里中北部黏质土壤景观中，比较谷类作物和草地管理对土质特性的影响（Jung et al.，2008）。我国南方生态恢复植被覆盖及其对土壤侵蚀的影响（张吉恩等，2015）等，均取得了不少进展。

但是，很少进行室内流域实验，对坡面地貌的演变观察往往不够注意，运用实验资料进行流域水系演化分析并与产沙建立联系也不多见（彭新德等，2012）。流域系统侵蚀产沙，尤其是流域地貌发育过程的实验室模拟实验研究，金德生等做了实验研究的初步尝试（杨帆等，2013）和进行了有关均质、非均质流域以及植被覆盖度对流域影响的实验研究（赵孟杰等，2015），填补了国内的空白。

植被覆盖度对流域地貌发育演变影响的实验，第Ⅷ、Ⅸ、Ⅹ三组实验采用定雨强，平均雨强为 35.56mm/h，流域中填入经均匀处理、压实的黄土，中径为 0.021mm，其级配曲线见图 3.1-1，流域地形的坡度分布为：①模型纵比降，中心线 0~9m 为 0.0802；5~9m 为 0.0764；9~11.30m 为 0.0348；②横比降，纵向起点距 0m 处，左侧为 0.0368，右侧为 0.0380；5m 处，左侧为 0.0130，右侧为 0.0115；9m 处，左侧为 0 0165，右侧为 0.0183。模型流域呈上陡下缓、两侧较陡向中心线变缓的形态（图 3.1-2）。在模型流域中布设一原始水系，主沟自 4m 处到沟口长 7.3m，两侧于横向起点距 2m、6m 处至纵向起点距 9m 处，而后折向 10m 处与主沟交汇，各长 5.3m，主、支沟宽分别为 4.0cm 及 2.0cm，深分别为 1.5cm 及 1.0cm，横断面均呈倒三角形，流域出口布置三角堰，堰口最低点高程设置为 16.25cm，作为流域的临时侵蚀基准面高程。

与其他各大组实验不同的是借助塑料薄膜片多寡来模拟植被覆盖度。每块塑料薄膜片呈边长为 20cm 的正方形，面积 400cm²，放在方格网络点上，阻止降雨直接溅击，以此完成三种植被覆盖度条件下流域水系演变过程的实验。其中，第Ⅷ组植被覆盖度为 60%，第Ⅸ组为 40% 及第Ⅹ组为 20%，分别使用 1204 块、860 块及 430 块塑料薄膜片，遮挡的实验流域面积分别为 48m²、34.4m² 和 17.2m²，实验流域总面积为 79.92m²（表 3.4-1）。

表 3.4-1　　　　　　　　植被覆盖度对流域影响的实验初始条件

| 组次 | 起点距/m | 纵比降 | 横比降 | | 物质组成 | | | 植被覆盖 | | 雨强/(mm/h) |
			左	右	中径/mm	粉黏粒/%	分选系数	覆盖度/%	薄膜片数	
Ⅷ	0				0.066	62	1.53	60	1200	35.56
	5	0.0711	0.0100	0.0100						
	9	0.0525	0.0100	0.0100						
	11.3	0.0539	0.0225	0.0225						
Ⅸ	0				0.066	62	1.53	40	800	35.56
	5	0.0711	0.0100	0.0100						
	9	0.0525	0.0100	0.0100						
	11.3	0.0539	0.0225	0.0225						

组次	起点距/m	纵比降	横比降		物质组成			植被覆盖		雨强/(mm/h)
			左	右	中径/mm	粉黏粒/%	分选系数	覆盖度/%	薄膜片数	
Ⅹ	0				0.066	62	1.53	20	400	35.56
	5	0.0711	0.0100	0.0100						
	9	0.0525	0.0100	0.0100						
	11.3	0.0539	0.0225	0.0225						

3.4.2　实验过程

每大组实验均进行 12h，6 个测次。首先，在模型水槽按表 3.4-1 设计的坡面上，布置塑料薄膜片 1200 块，进行植被覆盖度为 60% 的实验，采集样品及地形测量；而后调整和布置塑料薄膜片到 800 块，进行植被覆盖度为 40% 的实验，该组实验结束后，调整和布置塑料薄膜片到 400 块，最后进行植被覆盖度为 20% 的实验。全部实验结果见表 3.4-2 及图 3.4-1，分别进行了产流、产沙、入渗、含沙量和水系发育的测验及相关分析。

在实验过程中，发现个别塑料薄膜片有滑动移位，特别是顺坡下移的情况，每一测次停止降雨后进行及时调整，保证设定的植被覆盖度。

3.4.3　对产流产沙过程影响的实验

实验表明，模拟植被覆盖度的模型植被材料与置放方式对实验结果有一定影响，尤其当植被覆盖度很大，例如大于 50%，加上模型植被顺坡排列时，在初始阶段，产流、产沙率迅速增大；随着植被覆盖度的减少，侵蚀产沙过程出现衰减现象。赵孟杰等在黄土高原也见到，即使下暴雨，植被覆盖度大于 50%，产流仍然很快。由此可以说明：① 在土地利用中，如果种植密度大，对降雨截流小，反而增大产流率；② 顺坡种植作物将导致严重水土流失。植被覆盖度减少，导致侵蚀产沙过程衰减率增大，水系发育初始阶段更为明显。

3.4.3.1　产流变化过程

从表 3.4-2 数据，可以发现各个测次的起始产流时间有随着植被覆盖度的增大而延长的特点，当植被覆盖度 60% 时开始产流，时间长达 4.17min；植被覆盖度 40% 时为 2.16min，植被覆盖度 20% 时为 1.59min。这或许与植被残留和起始时流域中的土质干燥度有关，Ⅷ测次是植被覆盖度 60% 条件下，植被残留最多；加之最先铺设的干燥黄土，只有较长时间吸收降雨入渗，使土壤饱和后才开始产流，所以起始产流时间最长。不论怎样，植被覆盖度越大，降雨开始到初始产流的时间越长，这是不争的事实，姚文艺等（2011）在定量研究裸地、草地（紫花苜蓿）和灌木地（紫穗槐）三种陡坡地的产流过程及其产沙的临界响应关系时，也获得类似的结果。

植被覆盖度影响流域产流产沙实验成果表

表 3.4-2

测次	日期	项目	符号	单位	始流时/min	实验历时/min												合计
						10	20	30	40	50	60	70	80	90	100	110	120	
Ⅷ-1	1991-11-07	径流量	W	L	4.167	163.799	281.400	281.400	282.000	282.000	282.000	282.600	282.600	282.600	283.200	284.400	285.600	3273.599
		雨强	$P_t \times 0.001$	mm/s		9.878	9.878	9.878	9.878	9.878	9.878	9.878	9.878	9.878	9.878	9.878	9.878	9.878
		径流率	$V \times 0.001$	mm/s		3.416	5.868	5.868	5.881	5.881	5.881	5.893	5.893	5.893	5.906	5.931	5.956	5.689
		入渗率	$P_m \times 0.001$	mm/s		6.462	4.010	4.010	3.997	3.997	3.997	3.985	3.985	3.985	3.972	3.947	3.922	4.189
		径流深	h	mm/h		12.297	21.126	21.126	21.171	21.171	21.171	21.216	21.216	21.216	21.261	21.351	21.441	20.480
		径流系数	K	%		34.582	59.405	59.405	59.536	59.536	59.536	59.658	59.658	59.658	59.789	60.043	60.296	57.592
		输沙量	N	kg		13.765	16.752	17.973	19.379	15.967	13.391	11.646	9.163	9.587	9.494	7.923	4.058	149.098
		侵蚀模数	M	kg/(m²·h)		1.772	1.258	1.349	1.455	1.199	1.005	0.874	0.688	0.720	0.713	0.595	0.305	0.994
		侵蚀深度	h_c	mm/h		1.312	0.932	0.999	1.078	0.888	0.745	0.648	0.510	0.533	0.528	0.441	0.226	0.737
Ⅷ-2	1991-11-09	径流量	W	L	1.950	226.058	285.000	285.000	285.600	286.200	286.800	288.000	285.600	286.800	289.200	288.600	288.600	3381.458
		雨强	$P_t \times 0.001$	mm/s		9.878	9.878	9.878	9.878	9.878	9.878	9.878	9.878	9.878	9.878	9.878	9.878	9.878
		径流率	$V \times 0.001$	mm/s		4.717	5.943	5.943	5.956	5.969	5.981	6.006	5.956	5.981	6.031	6.019	6.019	5.877
		入渗率	$P_m \times 0.001$	mm/s		5.161	3.935	3.935	3.922	3.909	3.897	3.872	3.922	3.897	3.847	3.859	3.859	4.001
		径流深	h	mm/h		16.971	21.396	21.396	21.441	21.486	21.532	21.622	21.441	21.532	21.712	21.667	21.667	21.155
		径流系数	K	%		47.753	60.164	60.164	60.296	60.427	60.549	60.802	60.296	60.549	61.055	60.933	60.933	59.493
		径流系数	K	%		47.753	60.164	60.164	60.296	60.427	60.549	60.549	60.296	60.549	61.055	60.933	60.933	713.920
		输沙量	N	kg		4.183	11.903	11.903	11.021	12.875	7.452	5.859	4.295	3.711	5.741	5.032	1.772	7.146
		侵蚀模数	M	kg/(m²·h)		0.314	0.894	0.894	0.827	0.967	0.559	0.440	0.322	0.279	0.431	0.378	0.133	0.536
		侵蚀速率	h_c	mm/h		0.233	0.662	0.662	0.613	0.716	0.414	0.326	0.239	0.206	0.319	0.280	0.099	0.397

续表

测次	日期	项目	符号	单位	始流时/min	实验历时/min												合计
						10	20	30	40	50	60	70	80	90	100	110	120	
Ⅷ-3	1991-11-11	径流量	W	L	1.583	243.001	289.800	288.600	292.800	289.200	288.000	293.400	300.000	295.800	297.000	297.600	297.600	3472.801
		雨强	$P_t\times0.001$	mm/s		9.878	9.878	9.878	9.878	9.878	9.878	9.878	9.878	9.878	9.878	9.878	9.878	9.878
		径流率	$V\times0.001$	mm/s		5.068	6.044	6.019	6.106	6.031	6.006	6.119	6.256	6.169	6.194	6.206	6.206	6.035
		入渗率	$P_m\times0.001$	mm/s		4.810	3.834	3.859	3.772	3.847	3.872	3.759	3.622	3.709	3.684	3.672	3.672	3.843
		径流深	h	mm/h		18.243	21.757	21.667	21.982	21.712	21.622	22.027	22.523	22.207	22.297	22.342	22.342	21.727
		径流系数	K	%		51.306	61.186	60.933	61.814	61.055	60.802	61.946	63.333	62.452	62.705	62.826	62.826	661.099
		输沙量	N	kg		3.017	3.040	3.589	3.831	2.995	2.539	3.106	3.498	3.419	2.961	2.531	2.521	37.047
		侵蚀模数	M	kg/(m²·h)		0.269	0.228	0.269	0.288	0.225	0.191	0.233	0.263	0.257	0.222	0.190	0.189	0.235
		侵蚀深度	h_c	mm/h		0.199	0.169	0.200	0.213	0.167	0.141	0.173	0.195	0.190	0.165	0.141	0.140	0.174
Ⅷ-4	1991-11-13	径流量	W	L	1.783	147.000	295.200	293.400	295.200	325.800	380.400	339.600	415.200	413.400	415.200	450.000	450.000	4220.400
		雨强	$P_t\times0.001$	mm/s		9.878	9.878	9.878	9.878	9.878	9.878	9.878	9.878	9.878	9.878	9.878	9.878	9.878
		径流率	$V\times0.001$	mm/s		3.066	6.156	6.119	6.156	6.794	7.933	7.082	8.659	8.621	8.659	9.384	9.384	7.334
		入渗率	$P_m\times0.001$	mm/s		6.812	3.722	3.759	3.722	3.084	1.945	2.796	1.219	1.257	1.219	0.494	0.494	2.544
		径流深	h	mm/h		11.036	22.162	22.027	22.162	24.459	28.559	25.495	31.171	31.036	31.171	33.784	33.784	26.404
		径流系数	K	%		31.039	62.320	61.946	62.320	68.779	80.310	71.695	87.659	87.275	87.659	94.999	94.999	74.250
		输沙量	N	kg		2.648	4.393	6.132	5.609	6.330	2.872	3.919	2.487	3.617	5.535	10.427	11.705	65.674
		侵蚀模数	M	kg/(m²·h)		0.242	0.330	0.460	0.421	0.475	0.216	0.294	0.187	0.272	0.416	0.783	0.879	0.414
		侵蚀速率	h_c	mm/h		0.179	0.244	0.341	0.312	0.352	0.160	0.218	0.138	0.201	0.308	0.580	0.651	0.307

测次	日期	项目	符号	单位	始流时/min	实验历时/min												合计
						10	20	30	40	50	60	70	80	90	100	110	120	
Ⅷ-5	1991-11-16	径流量	W	L	1.783	236.083	290.400	290.400	24.400	429.600	424.200	412.200	393.000	393.600	415.200	450.000	450.000	4469.083
		雨强	$P_t \times 0.001$	mm/s		9.878	9.878	9.878	9.878	9.878	9.878	9.878	9.878	9.878	9.878	9.878	9.878	9.878
		径流率	$V \times 0.001$	mm/s		4.923	6.056	6.056	5.931	8.959	8.846	8.596	8.196	8.208	8.659	9.384	9.384	7.767
		入渗率	$P_m \times 0.001$	mm/s		4.955	3.822	3.822	3.947	0.919	1.032	1.282	1.682	1.670	1.219	0.494	0.494	2.112
		径流深	h	mm/h		17.724	21.802	21.802	21.351	32.252	31.847	30.946	29.505	29.550	31.171	33.784	33.784	27.960
		径流系数	K	%		49.838	61.308	61.308	60.043	90.696	89.553	87.022	82.972	83.094	87.659	94.999	94.999	78.624
		输沙量	N	kg		4.951	6.019	4.577	5.072	7.561	3.979	2.879	3.653	4.312	4.744	5.915	6.971	60.633
		侵蚀模数	M	kg/(m²·h)		0.452	0.452	0.344	0.381	0.568	0.299	0.216	0.274	0.324	0.356	0.444	0.523	0.386
		侵蚀深度	h_c	mm/h		0.335	0.335	0.255	0.282	0.420	0.221	0.160	0.203	0.240	0.264	0.329	0.388	0.286
Ⅷ-6	1991-11-17	径流量	W	L	1.683	307.024	430.200	417.000	412.200	410.400	405.000	396.000	412.800	471.000	473.400	464.400	434.400	5033.824
		雨强	$P_t \times 0.001$	mm/s		9.878	9.878	9.878	9.878	9.878	9.878	9.878	9.878	9.878	9.878	9.878	9.878	9.878
		径流率	$V \times 0.001$	mm/s		6.403	8.972	8.696	8.596	8.559	8.446	8.258	8.609	9.822	9.872	9.685	9.059	8.748
		入渗率	$P_m \times 0.001$	mm/s		3.475	0.906	1.182	1.282	1.319	1.42	1.620	1.269	0.056	0.006	0.193	0.819	1.130
		径流深	h	mm/h		23.050	32.297	31.306	30.946	30.811	30.405	29.730	30.991	35.360	35.541	34.865	32.613	31.493
		径流系数	K	%		64.821	90.828	88.034	87.022	86.647	85.503	83.600	87.153	99.433	99.939	98.046	91.709	88.561
		输沙量	N	kg		6.057	5.849	4.672	4.390	3.560	3.155	3.501	4.074	7.588	12.379	9.218	4.198	68.641
		侵蚀模数	M	kg/(m²·h)		0.547	0.439	0.351	0.330	0.267	0.237	0.263	0.306	0.570	0.929	0.692	0.315	0.437
		侵蚀速率	h_c	mm/h		0.405	0.325	0.260	0.244	0.198	0.175	0.195	0.227	0.422	0.688	0.513	0.233	0.324

续表

测次	日期	项目	符号	单位	始流时/min	10	20	30	40	50	60	70	80	90	100	110	120	合计
IX-1	1991-11-20	径流量	W	L	1.95	27.976	285.000	292.200	302.400	324.000	323.400	321.000	318.600	316.800	354.000	358.20	358.200	3781.776
		雨强	$P_t \times 0.001$	mm/s		9.878	9.878	9.878	9.878	9.878	9.878	9.878	9.878	9.878	9.878	9.878	9.878	9.878
		径流率	$V \times 0.001$	mm/s		4.754	5.943	6.094	6.306	6.757	6.744	6.694	6.644	6.607	7.382	7.470	7.470	6.572
		入渗率	$P_m \times 0.001$	mm/s		5.124	3.935	3.784	3.572	3.121	3.134	3.184	3.234	3.271	2.496	2.408	2.408	3.306
		径流深	h	mm/h		17.115	21.396	21.937	22.703	24.324	24.79	24.099	23.919	23.784	26.577	26.892	26.892	23.660
		径流系数	K	%		48.127	60.164	61.693	63.839	68.405	68.273	67.767	67.261	66.886	74.732	75.623	75.623	66.533
		输沙量	N	kg		2.481	2.609	2.757	3.027	2.725	3.127	3.977	2.855	2.238	2.696	4.495	5.335	38.322
		侵蚀模数	M	kg/(m²·h)		0.231	0.196	0.207	0.227	0.205	0.235	0.299	0.214	0.168	0.202	0.337	0.401	0.244
		侵蚀深度	h_c	mm/h		0.171	0.145	0.153	0.168	0.152	0.174	0.221	0.159	0.124	0.150	0.250	0.297	0.180
IX-2	1991-11-21	径流量	W	L	1.300	252.738	298.200	298.800	300.000	300.000	327.000	404.400	383.400	390.000	379.800	414.600	414.600	4163.538
		雨强	$P_t \times 0.001$	mm/s		9.878	9.878	9.878	9.878	9.878	9.878	9.878	9.878	9.878	9.878	9.878	9.878	9.878
		径流率	$V \times 0.001$	mm/s		6.403	8.972	8.696	8.596	8.559	8.446	8.858	8.609	9.822	9.872	9.685	9.059	8.748
		入渗率	$P_m \times 0.001$	mm/s		3.475	0.906	1.182	1.282	1.319	1.432	1.620	1.269	0.056	0.006	0.193	0.819	1.130
		径流深	h	mm/h		18.974	22.387	22.432	22.523	22.523	24.550	30.360	28.784	29.279	28.514	31.126	31.126	26.048
		径流系数	K	%		64.821	90.828	88.034	87.022	86.647	85.503	83.600	87.153	99.433	99.939	98.046	91.709	88.561
		输沙量	N	kg		1.859	3.019	3.333	2.613	1.670	1.360	1.573	2.134	2.613	2.429	3.823	3.887	30.313
		侵蚀模数	M	kg/(m²·h)		0.160	0.227	0.250	0.196	0.125	0.102	0.118	0.160	0.196	0.182	0.287	0.292	0.191
		侵蚀速率	h_c	mm/h		0.119	0.168	0.185	0.145	0.093	0.076	0.087	0.119	0.145	0.135	0.213	0.216	0.142

实验历时/min

测次	日期	项目	符号	单位	始流时/min	实验历时/min												合计
						10	20	30	40	50	60	70	80	90	100	110	120	
Ⅸ-3	1991-11-23	径流量	W	L	1.567	259.935	315.600	315.000	321.600	318.000	375.000	409.200	409.800	390.000	414.000	410.400	410.400	4348.935
		雨强	$P_t \times 0.001$	mm/s		9.878	9.878	9.878	9.878	9.878	9.878	9.878	9.878	9.878	9.878	9.878	9.878	9.878
		径流率	$V \times 0.001$	mm/s		5.421	6.582	6.659	6.707	6.632	7.820	8.534	8.546	8.133	8.634	8.559	8.559	7.566
		入渗率	$P_m \times 0.001$	mm/s		4.457	3.296	3.219	3.171	3.246	2.058	1.332	1.745	1.244	1.319	1.319	2.313	2.393
		径流深	h	mm/h		19.515	23.694	23.649	24.144	23.874	28.153	30.721	30.766	29.279	31.081	30.811	30.811	27.208
		径流系数	K	%		54.880	66.633	67.412	67.898	67.139	79.166	86.515	82.334	87.406	86.647	86.647	76.589	75.772
		输沙量	N	kg		1.751	2.214	1.879	2.491	2.186	2.760	3.198	2.184	2.116	2.722	3.086	2.858	29.445
		侵蚀模数	M	kg/(m²·h)		0.156	0.166	0.141	0.187	0.164	0.207	0.240	0.164	0.159	0.204	0.232	0.215	0.186
		侵蚀深度	h_c	mm/h		0.115	0.123	0.104	0.139	0.122	0.153	0.178	0.121	0.118	0.151	0.172	0.159	0.138
Ⅸ-4	1991-11-26	径流量	W	L	1.533	320.621	362.400	312.600	335.400	340.200	328.800	329.400	321.000	327.000	386.400	470.400	381.000	4215.221
		雨强	$P_t \times 0.001$	mm/s		9.878	9.878	9.878	9.878	9.878	9.878	9.878	9.878	9.878	9.878	9.878	9.878	9.878
		径流率	$V \times 0.001$	mm/s		6.686	7.558	6.519	6.995	7.095	6.857	6.869	6.694	6.819	8.058	9.810	7.945	7.325
		入渗率	$P_m \times 0.001$	mm/s		3.192	2.320	3.359	2.883	2.783	3.021	3.009	3.184	3.059	1.820	0.068	1.933	2.553
		径流深	h	mm/h		24.071	27.207	23.468	25.180	25.541	24.685	24.730	24.099	24.550	29.009	35.315	28.604	26.372
		径流系数	K	%		67.686	76.513	65.995	70.814	71.826	69.417	69.538	67.767	69.032	81.575	99.312	80.431	74.159
		输沙量	N	kg		1.042	1.386	1.188	1.528	1.509	1.394	1.415	1.244	1.346	2.259	2.719	1.758	18.788
		侵蚀模数	M	kg/(m²·h)		0.092	0.104	0.089	0.115	0.113	0.105	0.106	0.093	0.101	0.170	0.204	0.132	0.119
		侵蚀速率	h_c	mm/h		0.068	0.077	0.066	0.085	0.084	0.078	0.079	0.069	0.075	0.126	0.151	0.098	0.088

续表

测次	日期	项目	符号	单位	始流时/min	10	20	30	40	50	60	70	80	90	100	110	120	合计
						实验历时/min												
Ⅸ-5	1991-11-26	径流量	W	L	1.600	324.720	340.800	308.400	307.800	356.400	311.400	322.800	316.200	318.600	324.000	316.800	298.800	3846.720
		雨强	$P_t \times 0.001$	mm/s		9.878	9.878	9.878	9.878	9.878	9.878	9.878	9.878	9.878	9.878	9.878	9.878	9.878
		径流率	$V \times 0.001$	mm/s		6.772	7.107	6.431	6.419	8.559	7.432	6.494	6.732	6.594	6.644	6.757	6.607	6.879
		入渗率	$P_m \times 0.001$	mm/s		3.106	2.771	3.447	3.459	1.319	2.446	3.384	3.146	3.284	3.234	3.121	3.271	2.999
		径流深	h	mm/h		24.378	25.586	23.153	23.108	26.757	23.378	24.234	23.739	23.919	24.324	23.784	22.432	24.066
		径流系数	K	%		68.556	71.948	65.104	64.983	86.647	75.238	65.742	68.151	66.754	67.261	68.405	66.886	69.640
		输沙量	N	kg		1.790	1.663	0.961	1.048	1.247	1.157	1.354	1.192	1.582	1.766	1.452	1.360	16.572
		侵蚀模数	M	kg/(m²·h)		0.160	0.125	0.072	0.079	0.094	0.087	0.102	0.089	0.119	0.133	0.109	0.102	0.106
		侵蚀深率	h_c	mm/h		0.119	0.092	0.053	0.058	0.069	0.064	0.075	0.066	0.088	0.098	0.081	0.076	0.078
Ⅸ-6	1991-11-27	径流量	W	L	1.567	277.168	351.600	301.800	328.800	312.600	336.000	404.400	322.800	312.000	311.400	313.200	321.600	3893.368
		雨强	$P_t \times 0.001$	mm/s		9.878	9.878	9.878	9.878	9.878	9.878	9.878	9.878	9.878	9.878	9.878	9.878	9.878
		径流率	$V \times 0.001$	mm/s		5.780	7.332	6.294	6.857	6.519	7.007	8.433	6.732	6.507	6.494	6.532	6.707	6.766
		入渗率	$P_m \times 0.001$	mm/s		4.098	2.546	3.584	3.021	3.359	2.871	1.445	3.146	3.371	3.384	3.346	3.171	3.112
		径流深	h	mm/h		20.808	26.396	22.658	24.685	23.468	25.225	30.360	24.234	23.423	23.378	23.514	24.144	24.358
		径流系数	K	%		58.514	74.226	63.717	69.417	65.995	70.935	85.372	68.151	65.874	65.742	66.127	67.893	68.497
		输沙量	N	kg		1.267	3.342	3.113	2.257	1.952	2.318	3.385	2.713	1.544	1.920	1.903	1.529	27.243
		侵蚀模数	M	kg/(m²·h)		0.113	0.251	0.234	0.169	0.147	0.174	0.254	0.204	0.116	0.144	0.143	0.115	0.172
		侵蚀深率	h_c	mm/h		0.084	0.186	0.173	0.126	0.109	0.129	0.188	0.151	0.086	0.107	0.106	0.085	0.127

续表

测次	日期	项目	符号	单位	始流时/min	10	20	30	40	50	60	70	80	90	100	110	120	合计
						实 验 历 时/min												
X-1	1991-11-29	径流量	W	L	1.433	264.495	307.800	313.200	318.000	322.800	394.800	331.800	312.000	318.000	326.400	336.000	349.200	3894.495
		雨强	$P_t \times 0.001$	mm/s		9.878	9.878	9.878	9.878	9.878	9.878	9.878	9.878	9.878	9.878	9.878	9.878	9.878
		径流率	$V \times 0.001$	mm/s		5.516	6.419	6.532	6.632	6.732	8.233	6.919	6.507	6.632	6.807	7.007	7.282	6.768
		入渗率	$P_m \times 0.001$	mm/s		4.362	3.459	3.346	3.246	3.146	1.645	2.959	3.371	3.246	3.071	2.871	2.596	3.110
		径流深	h	mm/h		19.857	23.108	23.514	23.874	24.234	29.640	24.910	23.423	23.874	24.505	25.225	26.216	24.365
		径流系数	K	%		55.841	64.983	66.127	67.139	68.151	83.347	70.045	65.874	67.139	68.911	70.935	73.719	6.518
		输沙量	N	kg		1.859	2.184	2.322	2.072	1.814	4.412	4.136	2.175	2.232	4.038	5.111	4.002	36.357
		侵蚀模数	M	kg/(m²·h)		0.163	0.164	0.174	0.156	0.136	0.331	0.311	0.163	0.168	0.303	0.384	0.300	0.229
		侵蚀深速率	h_c	mm/h		0.121	0.121	0.129	0.115	0.101	0.245	0.230	0.121	0.124	0.225	0.284	0.223	0.170
X-2	1991-11-30	径流量	W	L	1.850	325.704	424.800	420.000	339.000	316.800	322.200	323.400	324.600	329.400	396.600	392.400	321.600	4236.504
		雨强	$P_t \times 0.001$	mm/s		9.878	9.878	9.878	9.878	9.878	9.878	9.878	9.878	9.878	9.878	9.878	9.878	9.878
		径流率	$V \times 0.001$	mm/s		6.972	8.859	8.759	7.495	7.070	6.607	6.719	6.744	6.769	6.869	8.271	8.183	7.443
		入渗率	$P_m \times 0.001$	mm/s		2.906	1.019	1.119	2.383	2.808	3.271	3.159	3.134	3.109	3.009	1.607	1.695	2.435
		径流深	h	mm/h		24.452	31.892	31.532	25.450	23.784	24.189	24.279	24.369	24.730	29.775	29.459	24.144	26.505
		径流系数	K	%		70.581	89.684	88.672	75.876	71.573	66.886	68.020	68.273	68.526	69.538	83.732	82.841	75.350
		输沙量	N	kg		1.267	3.342	3.113	2.257	1.952	2.318	3.385	2.713	1.544	1.920	1.903	1.529	27.243
		侵蚀模数	M	kg/(m²·h)		0.117	0.251	0.234	0.169	0.147	0.174	0.254	0.204	0.116	0.144	0.143	0.115	0.172
		侵蚀深速率	h_c	mm/h		0.086	0.186	0.173	0.126	0.109	0.129	0.188	0.151	0.086	0.107	0.106	0.085	0.128

续表

测次	日期	项目	符号	单位	始流时/min	实验历时/min												合计
						10	20	30	40	50	60	70	80	90	100	110	120	
X-3	1991-11-30	径流量	W	L	1.050	320.928	322.800	331.800	323.400	325.200	328.200	336.600	366.600	328.200	403.800	325.20	331.200	4043.928
		雨强	$P_t \times 0.001$	mm/s		9.878	9.878	9.878	9.878	9.878	9.878	9.878	9.878	9.878	9.878	9.878	9.878	9.878
		径流率	$V \times 0.001$	mm/s		6.693	6.732	6.919	6.744	6.782	6.844	7.020	7.645	6.8844	8.421	6.782	6.907	7.028
		入渗率	$P_m \times 0.001$	mm/s		3.185	3.146	2.959	3.134	3.096	3.034	2.858	2.233	3.034	1.457	3.096	2.971	2.850
		径流深	h	mm/h		24.094	24.234	24.910	24.279	24.414	24.640	25.270	27.523	24.640	30.31	24.414	24.865	25.300
		径流系数	K	%		677.757	68.151	70.045	68.273	68.658	69.285	71.067	77.394	69.285	85.250	68.658	69.923	71.145
		输沙量	N	kg		0.615	0.815	1.010	0.965	1.177	1.392	1.459	1.499	1.137	1.318	1.213	1.548	14.148
		侵蚀模数	M	kg/(m²·h)		0.052	0.061	0.076	0.072	0.088	0.105	0.110	0.113	0.085	0.099	0.091	0.116	0.089
		侵蚀深度	h_c	mm/h		0.038	0.045	0.056	0.054	0.065	0.077	0.081	0.083	0.086	0.073	0.067	0.086	0.066
X-4	1991-12-02	径流量	W	L	1.583	319.861	346.200	323.400	327.600	450.000	438.000	447.000	369.000	358.200	349.800	350.400	346.800	4426.261
		雨强	$P_t \times 0.001$	mm/s		9.878	9.878	9.878	9.878	9.878	9.878	9.878	9.878	9.878	9.878	9.878	9.878	9.878
		径流率	$V \times 0.001$	mm/s		6.670	7.220	6.744	6.832	9.384	9.134	9.322	7.659	7.470	7.295	7.307	7.232	7.689
		入渗率	$P_m \times 0.001$	mm/s		3.208	2.658	3.134	3.046	0.494	0.744	0.556	2.219	2.408	2.583	2.571	2.646	2.189
		径流深	h	mm/h		24.014	25.991	24.279	24.595	33.784	32.883	33.559	27.703	26.892	26.261	26.306	26.036	27.692
		径流系数	K	%		67.524	73.092	68.273	69.164	94.999	92.468	94.371	77.536	75.623	73.851	73.972	73.213	77.840
		输沙量	N	kg		1.118	1.101	1.328	1.487	1.589	1.570	1.629	1.570	2.117	1.327	0.613	0.853	16.302
		侵蚀模数	M	kg/(m²·h)		0.100	0.083	0.100	0.112	0.119	0.118	0.122	0.118	0.159	0.100	0.046	0.064	0.103
		侵蚀速率	h_c	mm/h		0.074	0.061	0.074	0.083	0.088	0.087	0.091	0.087	0.118	0.074	0.034	0.047	0.077

续表

测次	日期	项目	符号	单位	始流时/min	实验历时/min												合计
						10	20	30	40	50	60	70	80	90	100	110	120	
X-5	1991-12-03	径流量	W	L	1.067	340.020	356.400	355.200	353.400	355.200	352.200	352.200	302.00	321.000	297.600	298.800	298.800	39983.220
		雨强	$P_t \times 0.001$	mm/s		9.878	9.878	9.878	9.878	9.878	9.878	9.878	9.878	9.878	9.878	9.878	9.878	9.878
		径流率	$V \times 0.001$	mm/s		7.091	7.432	7.407	7.370	7.407	7.345	7.345	6.306	6.694	6.206	6.231	62.31	6.922
		入渗率	$P_m \times 0.001$	mm/s		2.787	2.446	2.471	2.508	2.471	2.533	2.533	3.572	3.184	3.672	3.647	3.647	2.956
		径流深	h	mm/h		25.527	26.757	26.667	26.532	26.667	26.441	26.441	22.703	24.099	22.342	22.432	22.432	24.920
		径流系数	K	%		71.786	75.238	74.985	74.610	74.985	74.357	74.357	63.839	67.767	62.826	63.080	63.080	70.076
		输沙量	N	kg		0.866	1.320	0.961	0.694	0.551	0.718	0.812	0.786	0.867	1.263	1.969	1.152	11.959
		侵蚀模数	M	kg/(m²·h)		0.073	0.099	0.072	0.052	0.041	0.054	0.061	0.059	0.065	0.095	0.148	0.086	0.075
		侵蚀深度	h_c	mm/h		0.054	0.073	0.053	0.039	0.031	0.040	0.045	0.044	0.048	0.070	0.109	0.064	0.056
X-6	1991-12-03	径流量	W	L	1.717	287.951	345.000	343.800	345.000	346.200	345.600	346.800	346.800	246.200	348.000	346.200	350.400	4097.951
		雨强	$P_t \times 0.001$	mm/s		9.878	9.878	9.878	9.878	9.878	9.878	9.878	9.878	9.878	9.878	9.878	9.878	9.878
		径流率	$V \times 0.001$	mm/s		6.005	7.195	7.170	7.195	7.220	7.207	7.232	7.232	7.220	7.257	7.220	7.307	7.122
		入渗率	$P_m \times 0.001$	mm/s		3.873	2.683	2.708	2.683	2.658	2.671	2.646	2.646	2.658	2.621	2.658	2.571	2.756
		径流深	h	mm/h		21.618	25.901	25.811	25.901	25.991	25.946	26.036	26.036	25.991	26.126	25.991	26.306	25.638
		径流系数	K	%		60.792	72.839	72.586	72.839	73.092	72.960	73.213	73.213	73.092	73.466	73.092	73.972	72.096
		输沙量	N	kg		1.678	1.996	1.373	1.775	1.634	0.883	1.053	1.150	2.494	2.742	1.303	1.396	19.477
		侵蚀模数	M	kg/(m²·h)		0.152	0.150	0.103	0.133	0.123	0.066	0.079	0.086	0.187	0.206	0.098	0.105	0.124
		侵蚀速率	h_c	mm/h		0.113	0.111	0.076	0.099	0.091	0.049	0.059	0.064	0.139	0.152	0.072	0.078	0.092

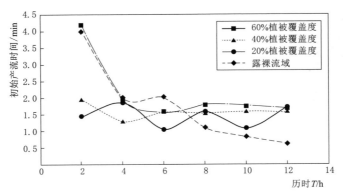

图 3.4-1　植被覆盖度与裸露流域初始产流时间比较

在各个植被覆盖度条件下，除了 20％及 40％植被覆盖度条件下 110min 时出现反常外，累计产流量均随着时间的推移，基本上不断增大，开始增加较快，而后趋向平稳。累计产流量，60％植被覆盖度为 $3.27 \sim 23.85 \mathrm{m}^3$，40％为 $3.78 \sim 24.25 \mathrm{m}^3$，20％为 $3.89 \sim 24.68 \mathrm{m}^3$。植被覆盖度大于 60％，产流量明显减少，小于 40％，相差不大。以下叙述产流的变化过程。

1. 植被覆盖度 60％情况下

随着时间的推移，产流量与实验历时间呈幂函数关系增加，增加率呈波状起伏变化，实验历时 8～10h 测次有最大的变化率，第一个 2h 及最后 2h 变化率中等，第 4～6h 变化率较小［式（3.4-1）～式（3.4-6）］。在植被覆盖度 60％条件下，各个时段产流的具体变化过程：各个测次的头 20min 后，基本达到稳渗产流；随后，第 8h、10h 时段的 40min 及第 12h 时段的 80min 出现产流的波动增加，第 10h 时段波动最为明显（图 3.4-2）。

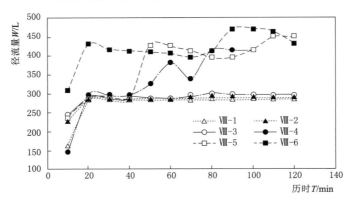

图 3.4-2　植被覆盖度（60％）对产流影响过程曲线

$$W_{\text{Ⅷ}-1} = 150.15 T^{0.1480} \qquad r = 0.710 \qquad (3.4-1)$$

$$W_{\text{Ⅷ}-2} = 215.45 T^{0.0671} \qquad r = 0.736 \qquad (3.4-2)$$

$$W_{\text{Ⅷ}-3} = 227.68 T^{0.0601} \qquad r = 0.803 \qquad (3.4-3)$$

$$W_{\text{Ⅷ}-4} = 73.39 T^{0.3854} \qquad r = 0.941 \qquad (3.4-4)$$

$$W_{\text{Ⅷ}-5} = 127.12 T^{0.2656} \qquad r = 0.909 \qquad (3.4-5)$$

$$W_{\text{Ⅷ}-6} = 264.86T^{0.1145} \qquad r = 0.759 \tag{3.4-6}$$

2. 植被覆盖度 40％情况下

植被覆盖度 40％对产流的影响与 60％时的情况类似，变化率比植被覆盖度 60％的小，实验历时 4h 时有最大的变化率，头 2h 时段变化率中等，第 10h 时段的变化率出现反常状态，随时间增加而变小［式（3.4-7）～式（3.4-12）］。各个测次的具体变化过程为：与植被覆盖度 60％条件下情况相类似，但稳渗速率变小；各个测次的头 20min 后，基本达到稳渗产流。随后，随着时间推移，出现波动增加，不如植被覆盖度 60％条件下那样稳定，甚至出现随时间推移而产流变小的现象（图 3.4-3）。

$$W_{\text{Ⅸ}-1} = 168.76T^{0.1557} \qquad r = 0.946 \tag{3.4-7}$$

$$W_{\text{Ⅸ}-2} = 152.54T^{0.2039} \qquad r = 0.921 \tag{3.4-8}$$

$$W_{\text{Ⅸ}-3} = 166.58T^{0.1932} \qquad r = 0.942 \tag{3.4-9}$$

$$W_{\text{Ⅸ}-4} = 263.99T^{0.0703} \qquad r = 0.458 \tag{3.4-10}$$

$$W_{\text{Ⅸ}-5} = 346.26T^{-0.020} \qquad r = -0.315 \tag{3.4-11}$$

$$W_{\text{Ⅸ}-6} = 283.46T^{0.033} \qquad r = 0.273 \tag{3.4-12}$$

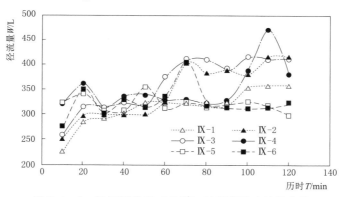

图 3.4-3　植被覆盖度（40％）对产流影响过程曲线

3. 植被覆盖度 20％情况下

植被覆盖度 20％对产流的影响与其他两植被覆盖度的影响类似，变化率远较其他的小，实验历时的头 2h 时段变化率较大，第 6～8h 时段中等，第 4h、10h 时段，随时间增加而变小［式（3.4-13）～式（3.4-18）］，这意味着，随着植被覆盖度的减少或被破坏时，产流会出现增加的现象。由各个时段产流的具体过程可以看到：与前两植被覆盖度条件下情况相类似，但达到稳渗速率变得更小；除第 2h 时段产流较为稳定外，其他时段产流量波动较大（图 3.4-3）。

$$W_{\text{Ⅹ}-1} = 234.08T^{0.0814} \qquad r = 0.666 \tag{3.4-13}$$

$$W_{\text{Ⅹ}-2} = 388.01T^{-0.025} \qquad r = -0.167 \tag{3.4-14}$$

$$W_{\text{Ⅹ}-3} = 289.42T^{0.0378} \qquad r = 0.423 \tag{3.4-15}$$

$$W_{\text{Ⅹ}-4} = 296.57T^{0.0531} \qquad r = 0.230 \tag{3.4-16}$$

$$W_{\text{Ⅹ}-5} = 435.33T^{-0.069} \qquad r = -0.657 \tag{3.4-17}$$

$$W_{\text{Ⅹ}-6} = 277.04T^{0.0524} \qquad r = 0.74 \tag{3.4-18}$$

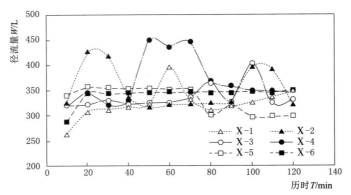

图 3.4-4　植被覆盖度（20％）对产流影响过程曲线

3.4.3.2　径流入渗的变化过程

在一定降雨强度、下垫面条件下，流域坡面产流与入渗是一对双生子。入渗量大，则产流量小；植被覆盖度越大，入渗率越大。总体来说，在头 10min 具有最大的入渗率，20min 时，入渗量由开始降雨时的最大值，变成稳渗状态。植被覆盖度 60％的第 2h 时段除外，该时段入渗量由开始时的最小值增大为稳渗植。其余各测次时段的入渗量，或保持稳定，或随时间推移而减少；入渗的递变率开始时较大，而后趋向平缓，或波动衰减〔式（3.4-19）～式（3.4-35）及图 3.4-5～图 3.4-7〕。

1. 植被覆盖度 60％情况下

当植被覆盖度为 60％时，头 10min，各测次均具有最大的入渗率，其中第 2h 时段的初始入渗率最小。20min 时达到稳定入渗，而后随时间推移，对于第 2h、4h、6h 时段入渗率十分平稳，变动极为微小；第 8h、10h 时段的 20～40min，以及第 12h 时段的 20～70min，保持稳渗，而后发生波动式减少，相应计算公式为式（3.4-19）～式（3.4-24），相应结果见图 3.4-5。

$$P_{m\text{Ⅷ}-1}=7.0364T^{-0.133} \qquad r=-0.720 \qquad (3.4-19)$$

$$P_{m\text{Ⅷ}-2}=5.4943T^{-0.081} \qquad r=-0.748 \qquad (3.4-20)$$

$$P_{m\text{Ⅷ}-3}=5.3046T^{-0.082} \qquad r=-0.826 \qquad (3.4-21)$$

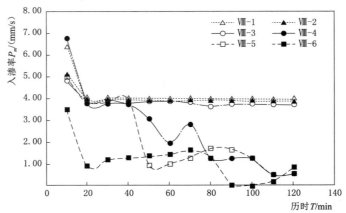

图 3.4-5　植被覆盖度（60％）对入渗率 P_m 过程影响曲线

$$P_{m\text{Ⅷ}-4} = 88.006T^{-0.962} \qquad r = -0.876 \qquad (3.4-22)$$

$$P_{m\text{Ⅷ}-5} = 52.2T^{-0.878} \qquad r = -0.832 \qquad (3.4-23)$$

$$P_{m\text{Ⅷ}-6} = 89.936T^{-1.279} \qquad r = -0.539 \qquad (3.4-24)$$

2. 植被覆盖度40％情况下

植被覆盖度40％时，头10min，与植被覆盖度60％相似，各测次均具有最大的入渗率，20min时达到稳定入渗或开始波动，随后除第2h、8h时段比较稳定入渗外，其余都呈较大幅度波动式下降，尤以第12h时段的波动最为显著（图3.4-6）。尽管幂函数拟合得不太理想，各测次各时段的入渗量均随时间增加而减少，以第4h时段减少量最大。相应计算公式为式（3.4-25）～式（3.4-30）。

$$P_{m\text{Ⅸ}-1} = 9.4378T^{-0.270} \qquad r = -0.931 \qquad (3.4-25)$$

$$P_{m\text{Ⅸ}-2} = 98.836T^{-1.279} \qquad r = -0.539 \qquad (3.4-26)$$

$$P_{m\text{Ⅸ}-3} = 15.615T^{-0.496} \qquad r = -0.828 \qquad (3.4-27)$$

$$P_{m\text{Ⅸ}-4} = 16.286T^{-0.528} \qquad r = -0.368 \qquad (3.4-28)$$

$$P_{m\text{Ⅸ}-5} = 2.6209T^{-0.027} \qquad r = -0.076 \qquad (3.4-29)$$

$$P_{m\text{Ⅸ}-6} = 3.8903T^{-0.063} \qquad r = -0.018 \qquad (3.4-30)$$

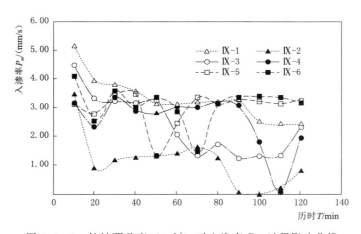

图3.4-6　植被覆盖度（40％）对入渗率 P_m 过程影响曲线

3. 植被覆盖度20％情况下

关于植被覆盖度20％的入渗变化情况，它与植被覆盖度60％及40％的基本类同。头10min，各测次均具有最大的入渗率，20min时达到稳渗或大幅度波动。不过各测次情况不同，初始入渗率以头2h时段最大，其次为第12h时段，而后为第4h、6h、8h时段，最小为第10h时段，达到稳渗时，入渗率依然是头2h时段最大，而后是第6h、8h、12h、10h时段，第4h时段最低，显然，达到稳渗的变化率，第4h时段最大，第6h时段最小。有意思的是，真正稳渗的时间各测次也有所不同，除了第12h时段一直保持稳渗外，头2h时段保持30min（第20～50min），第4h、6h、10h时段保持50min（第20～70min），第8h时段保持40min（第80～120min），其余时段除第10h时段波动递增外，其余均波动递减（图3.4-7）。因此，用幂函数拟合实验数据更加不太理想，不过除了第10h测次的入渗量随时间增加外，其余时段的入渗量均随时间增加而减少，仍然以第 4h 测次的减少量最大，但越往后减少量并不是很大。相应的计算公式为式（3.4-31）～式（3.4-36）。

$$P_{mX-1} = 5.6265T^{-0.155} \qquad r = -0.509 \qquad (3.4-31)$$

$$P_{mX-2} = 89.936T^{-1.279} \qquad r = -0.539 \qquad (3.4-32)$$

$$P_{mX-3} = 4.4175T^{-0.155} \qquad r = -0.386 \qquad (3.4-33)$$

$$P_{mX-4} = 3.7505T^{-0.179} \qquad r = -0.1923 \qquad (3.4-34)$$

$$P_{mX-5} = 1.5894T^{0.153} \qquad r = 0.645 \qquad (3.4-35)$$

$$P_{mX-6} = 4.2301T^{-0.109} \qquad r = -0.754 \qquad (3.4-36)$$

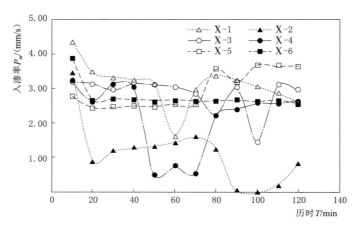

图 3.4-7　植被覆盖度（20％）对入渗率 P_m 过程影响曲线

3.4.3.3　产沙过程特征分析

流域、坡面的产沙过程与降水强度、流域物质结构、下垫面尤其是植被类型、植被覆盖度密切相关。本项实验是在定雨强、均匀土质结构前提条件下，考察某一种类型的植被覆盖度对流域产沙的影响。

1. 植被覆盖度 60％情况下

当植被覆盖度为 60％时，除了第 8h 测次的累积产沙量随时间增加，增加率相当大外，在其余时段，累积产沙量均随时间增加而减少，开始的 2h 测次，累计产沙量减少最大，其次为第 4h 测次，越往后减少得越不明显，基本上尚可用幂函数拟合，但是相关系数不高，变化趋势是明显的，或许与测验数据有限有关 [图 3.4-8，式（3.4-37）～式（3.4～42）]。

$$N_{Ⅷ-1} = 55.731T^{-0.398} \qquad r = -0.684 \qquad (3.4-37)$$

$$N_{Ⅷ-2} = 24.653T^{-0.349} \qquad r = -0.442 \qquad (3.4-38)$$

$$N_{Ⅷ-3} = 3.8601T^{-0.055} \qquad r = -0.296 \qquad (3.4-39)$$

$$N_{Ⅷ-4} = 1.6359T^{0.2743} \qquad r = 0.414 \qquad (3.4-40)$$

$$N_{Ⅷ-5} = 5.4432T^{-0.027} \qquad r = -0.075 \qquad (3.4-41)$$

$$N_{Ⅷ-6} = 3.8581T^{0.0769} \qquad r = 0.138 \qquad (3.4-42)$$

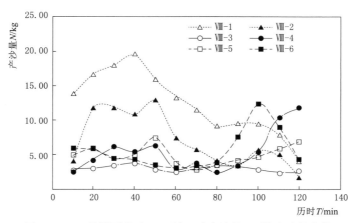

图 3.4-8　植被覆盖度（60％）对产沙量 N 影响过程曲线

2. 植被覆盖度 40％情况下

当植被覆盖度为 40％时，实验测次前一半时间的累积产沙量随时间增加，而后进入后一半时段，第 8h 测次有较大幅度减少，随后第 10～12h 测次时段，减少幅度变得较小[图 3.4-9，式（3.4-43）～式（3.4-48）]。

$$N_{\text{IX}-1} = 1.5322T^{0.1767} \qquad r = 0.516 \qquad\qquad (3.4-43)$$

$$N_{\text{IX}-2} = 1.6767T^{0.0896} \qquad r = 0.194 \qquad\qquad (3.4-44)$$

$$N_{\text{IX}-3} = 1.1768T^{0.1809} \qquad r = 0.972 \qquad\qquad (3.4-45)$$

$$N_{\text{IX}-4} = 0.5947T^{0.2349} \qquad r = 0.660 \qquad\qquad (3.4-46)$$

$$N_{\text{IX}-5} = 1.4998T^{-0.025} \qquad r = -0.095 \qquad\qquad (3.4-47)$$

$$N_{\text{IX}-6} = 2.3810T^{-0.024} \qquad r = -0.056 \qquad\qquad (3.4-48)$$

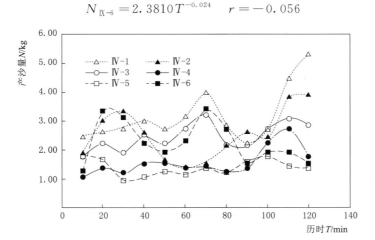

图 3.4-9　植被覆盖度（40％）对产沙量 N 影响过程曲线

3. 植被覆盖度 20％情况下

在植被覆盖度为 20％实验中，依然保持上一组实验的情况，前一半时间累积产沙量随时间推进而增加，到第 6h 测次时段达最大值，而后转入累积产沙量均随时间增加而减少的后半实验时段，第 10h 测次时段有较大幅度减少，随后第 8h 及 12h 测次时段，减少幅度较小。植被覆盖度 20％条件下，无论累计产沙量随时间增加或减少，增减幅度均小于其他植被覆盖度导致的增减幅度［图 3.4－10，式（3.4－49）～式（3.4－54）］。

$$N_{X-1} = 0.7760T^{0.3254} \qquad r = 0.637 \qquad\qquad (3.4-49)$$

$$N_{X-2} = 1.6767T^{0.0896} \qquad r = 0.194 \qquad\qquad (3.4-50)$$

$$N_{X-3} = 0.3105T^{0.3282} \qquad r = 0.902 \qquad\qquad (3.4-51)$$

$$N_{X-4} = 1.3877T^{-0.017} \qquad r = -0.039 \qquad\qquad (3.4-52)$$

$$N_{X-5} = 0.6386T^{0.0975} \qquad r = 0.214 \qquad\qquad (3.4-53)$$

$$N_{X-6} = 1.8025T^{-0.040} \qquad r = -0.089 \qquad\qquad (3.4-54)$$

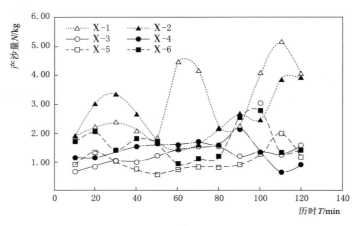

图 3.4－10　植被覆盖度（20％）对产沙量 N 影响过程曲线

3.4.3.4　侵蚀模数变化过程

侵蚀模数是流域、坡面的侵蚀产沙的一个量度，是侵蚀产沙的空间表征，它同样与流域、坡面的面积，以及所在区域的降水强度、流域物质结构、下垫面尤其是植被类型、植被覆盖度密切相关。本项实验的前提条件是定雨强、均匀土质结构，流域面积保持不变，考察某一种类型的植被覆盖度对流域侵蚀模数的影响。

1. 植被覆盖度 60％情况下

当植被覆盖度为 60％时，除了第 8h 及 12h 测次的侵蚀模数随时间增加，增加率微小外，在其余时段，侵蚀模数均随时间增加而减少，开始的 2h 测次，侵蚀模数急剧减少，其次为第 4h 测次，越往后减少得越不明显，基本上尚可用幂函数拟合，除了头 2h 测次外，相关系数不高，变化趋势明显，或许与测验数据有限有关［图 3.4－11，式（3.4－55）～式（3.4－60）］。

$$M_{VII-1} = 7.7144T^{-0.541} \qquad r = -0.843 \qquad\qquad (3.4-55)$$

$$M_{VII-2} = 2.3675T^{-0.407} \qquad r = -0.523 \qquad\qquad (3.4-56)$$

$$M_{VII-3} = 0.3475T^{-0.101} \qquad r = -0.516 \qquad\qquad (3.4-57)$$

$$M_{VII-4} = 0.1535T^{0.2233} \qquad r = 0.349 \qquad\qquad (3.4-58)$$

$$M_{VII-5} = 0.5107T^{-0.079} \qquad r = -0.214 \qquad\qquad (3.4-59)$$

$$M_{VII-6} = 0.3571T^{0.028} \qquad r = 0.049 \qquad\qquad (3.4-60)$$

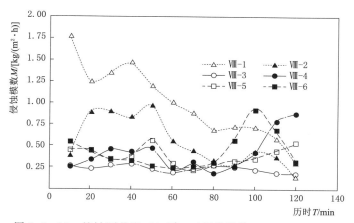

图 3.4－11　植被覆盖度（60％）对侵蚀模数 M 影响过程曲线

2. 植被覆盖度 40％情况下

当植被覆盖度为 40％时，与累计产沙量情况一样，实验前 8h 的侵蚀模数随时间增加而绝对值很快减少，但递增率大体相等；第 8h 测次，绝对值最低，递增率达最大值。而进入后 4h，即第 10～12h 测次时段，侵蚀模数复又随时间递减，递减率较小，绝对值复又提高，尤其是最后的 2h 时段，侵蚀模数的绝对值与第 6～8h 时段相当〔图 3.4－12，式（3.4－61）～式（3.4－66）〕。

$$M_{\text{IX}-1} = 0.1471 T^{0.1192} \qquad r = 0.361 \qquad (3.4-61)$$

$$M_{\text{IX}-2} = 0.1474 T^{0.0527} \qquad r = 0.117 \qquad (3.4-62)$$

$$M_{\text{IX}-3} = 0.1072 T^{0.1357} \qquad r = 0.593 \qquad (3.4-63)$$

$$M_{\text{IX}-4} = 0.0539 T^{0.1908} \qquad r = 0.573 \qquad (3.4-64)$$

$$M_{\text{IX}-5} = 0.1372 T^{-0.072} \qquad r = -0.237 \qquad (3.4-65)$$

$$M_{\text{IX}-6} = 0.2169 T^{-0.069} \qquad r = -0.174 \qquad (3.4-66)$$

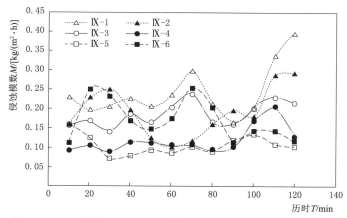

图 3.4－12　植被覆盖度（40％）对侵蚀模数 M 影响过程曲线

3. 植被覆盖度 20％情况下

在植被覆盖为 20％实验时，与上一组实验的情况基本相当，前 8h 时段侵蚀模数随时间推进而增加，只是第 2h 测次时段的绝对值及递增率均达最大值，随后侵蚀模数绝对值不断降低，而在第 6h 时段出现递增率第 2 高峰；而后转入侵蚀模数随时间增加而减少的后 2 个实验时段，即第 10h 及 12h 时段测次，随后第 8h 及 12h 测次时段，侵蚀模数随时间递减，但减少幅度不大，最后侵蚀模数复又较大幅度提高。植被覆盖度 20％条件下，无论侵蚀模数随时间增加或减少，增减幅度和增减率均小于其他植被覆盖度导致的增减幅度和增减率 [图 3.4－13，式（3.4－67）～式（3.4－72）]。

$$M_{\bar{X}-1}=0.0694T^{0.2847} \qquad r=0.576 \qquad\qquad (3.4-67)$$

$$M_{\bar{X}-2}=0.1474T^{0.0527} \qquad r=0.117 \qquad\qquad (3.4-68)$$

$$M_{\bar{X}-3}=0.0264T^{0.2988} \qquad r=0.892 \qquad\qquad (3.4-69)$$

$$M_{\bar{X}-4}=0.1267T^{-0.063} \qquad r=-0.144 \qquad\qquad (3.4-70)$$

$$M_{\bar{X}-5}=0.0594T^{0.0476} \qquad r=0.104 \qquad\qquad (3.4-71)$$

$$M_{\bar{X}-6}=0.1538T^{-0.07} \qquad r=-0.154 \qquad\qquad (3.4-72)$$

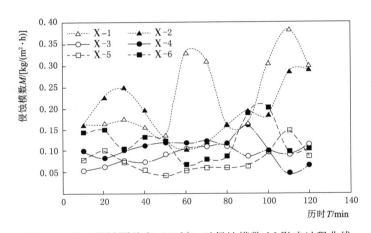

图 3.4－13　植被覆盖度（20％）对侵蚀模数 M 影响过程曲线

3.4.3.5　侵蚀速率变化过程

侵蚀速率是流域、坡面的侵蚀产沙的另一种量度，是侵蚀产沙的时间表征，它同样与流域、坡面所在区域的降水时间与强度、流域物质结构、下垫面尤其是植被类型、植被覆盖度密切相关。本项实验是在定时段、定雨强、均匀土质结构、流域面积保持不变的前提条件下，考察某一种类型的植被覆盖度对流域侵蚀速率的影响。

1. 植被覆盖度 60％情况下

当植被覆盖度为 60％时，第 8h 及 12h 测次的侵蚀速率随时间增加，第 8h 测次的递增率大于第 12h 测次；在其余时段，侵蚀速率均随时间增加而减少，开始的 2h 测次，侵蚀速率最大，而后急剧减少，其次为第 4h 测次，越往后减少得越不明显 [图 3.4－14，式（3.4－73）～式（3.4－78）]。

$$h_{c\text{Ⅷ}-1}=5.7144T^{-0.541} \qquad r=-0.843 \qquad\qquad (3.4-73)$$

$$h_{c\text{Ⅷ}-2}=1.7537T^{-0.407} \qquad r=-0.523 \qquad\qquad (3.4-74)$$

$$h_{c\text{Ⅷ}-3}=0.2574T^{-0.101} \qquad r=-0.516 \qquad\qquad (3.4-75)$$

$$h_{c\text{Ⅷ}-4} = 0.1137T^{0.2233} \qquad r = 0.349 \qquad\qquad (3.4-76)$$

$$h_{c\text{Ⅷ}-5} = 0.3783T^{-0.079} \qquad r = 0.216 \qquad\qquad (3.4-77)$$

$$h_{c\text{Ⅷ}-6} = 0.2645T^{0.028} \qquad r = 0.049 \qquad\qquad (3.4-78)$$

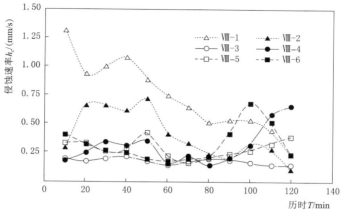

图 3.4-14　植被覆盖度（60%）对侵蚀速率 h_c 影响过程曲线

2. 植被覆盖度 40%情况下

当植被覆盖度为 40%时，侵蚀速率的变化情况与植被覆盖度 60% 的一样，在实验的前 8h，侵蚀速率的绝对值随时间增加而很快减少，但递增率大体相等，到第 8h 测次时，绝对值降到最低，递增率却达最大值。而进入后 4h，即第 10～12h 测次时段，侵蚀速率复又随时间递减，递减率较小，绝对值复又提高，尤其是最后的 2h 时段，侵蚀速率的绝对值与第 6～8h 时段相当 [图 3.4-15，式（3.4-79）～式（3.4-84）]。

$$h_{c\text{Ⅸ}-1} = 0.1090T^{0.1192} \qquad r = 0.361 \qquad\qquad (3.4-79)$$

$$h_{c\text{Ⅸ}-2} = 0.1092T^{0.0527} \qquad r = 0.117 \qquad\qquad (3.4-80)$$

$$h_{c\text{Ⅸ}-3} = 0.0794T^{0.1357} \qquad r = 0.593 \qquad\qquad (3.4-81)$$

$$h_{c\text{Ⅸ}-4} = 0.0399T^{0.1908} \qquad r = 0.573 \qquad\qquad (3.4-82)$$

$$h_{c\text{Ⅸ}-5} = 0.1017T^{-0.072} \qquad r = -0.237 \qquad\qquad (3.4-83)$$

$$h_{c\text{Ⅸ}-6} = 0.1607T^{-0.069} \qquad r = -0.174 \qquad\qquad (3.4-84)$$

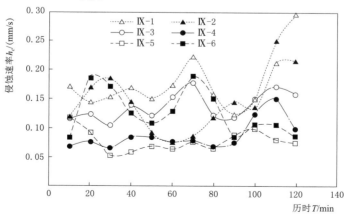

图 3.4-15　植被覆盖度（40%）对侵蚀速率 h_c 影响过程曲线

3. 植被覆盖度20％情况下

在植被覆盖度为20％实验时，与上一组实验的情况基本相似，前8h的时段中，侵蚀速率随时间推进而加大，明显的是，第2h测次时段的侵蚀速率绝对值及递增率均达最大值，随后侵蚀速率的绝对值不断降低，而在第6h时段出现递增率的另一个峰值；而后转入侵蚀速率随时间增加而减少的最后2个实验时段，即第10h及12h时段测次。在第8h及第12h测次时段，侵蚀速率随时间递减，但减少幅度较小，最后侵蚀速率复又以较大幅度提高。植被覆盖度20％条件下，无论侵蚀速率随时间增加或减少，增减幅度及增减率均小于其他植被覆盖度导致的增减幅度及增减率〔图3.4-16，式（3.4-85）～式（3.4-90）〕。

$$h_{cX-1} = 0.0514T^{0.2847} \qquad r = 0.576 \qquad (3.4-85)$$

$$h_{cX-2} = 0.1092T^{0.0527} \qquad r = 0.117 \qquad (3.4-86)$$

$$h_{cX-3} = 0.0196T^{0.2988} \qquad r = 0.893 \qquad (3.4-87)$$

$$h_{cX-4} = 0.0939T^{-0.063} \qquad r = -0.144 \qquad (3.4-88)$$

$$h_{cX-5} = 0.044T^{0.0476} \qquad r = 0.104 \qquad (3.4-89)$$

$$h_{cX-6} = 0.1139T^{-0.07} \qquad r = -0.154 \qquad (3.4-90)$$

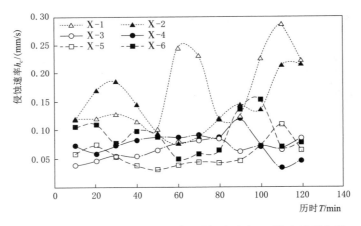

图 3.4-16　植被覆盖度（20％）对侵蚀速率 h_c 影响过程曲线

3.4.3.6　产沙量与产流量的关系

在上述实验分析中，鉴于实验条件的流域面积、实验历时均为固定的，实验流域物质组成都是均一的黄土（表3.4-1）。因此，在不同植被覆盖条件下，可以明确地对比产沙量与产流量关系的差别。式（3.4-91）～式（3.4-93）分别为两者在植被覆盖度60％、40％及20％情况下的关系式，三者都可以表达为幂函数关系。

分析表明，累计产沙量与累计产流量间具有良好的幂函数关系。总体来看，植被覆盖度60％的产流量与产沙量都较小；其他两植被覆盖度条件下产流量与产沙量较小，但是，植被覆盖度40％比植被覆盖度20％的产流、产沙量要大一些。产沙量随产流量的递增率在60％植被覆盖度时最大，其次为40％植被覆盖度，20％植被覆盖度是最小（图3.4-17）。显然，植被覆盖度遭受破坏，由60％减少到40％或20％，当累计产流量较低时，产沙量都会增加很多，累计径流量增大后，例如是初始时的 5 倍，累计产沙量都会较多。这些必然会影响到流域水系与流域地貌的发育过程。

$$N_{Ⅷ} = 0.0779W^{0.5629} \qquad r = 0.997 \qquad\qquad (3.4-91)$$

$$N_{Ⅸ} = 0.3117W^{0.1439} \qquad r = 0.987 \qquad\qquad (3.4-92)$$

$$N_{Ⅹ} = 0.3093W^{0.1129} \qquad r = 0.999 \qquad\qquad (3.4-93)$$

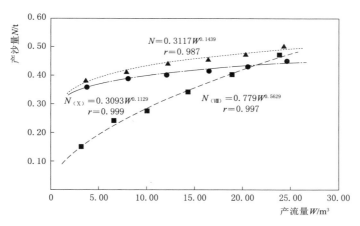

图 3.4-17　植被覆盖度影响下产沙量与产流量关系

3.4.4　对流域水系发育过程影响的实验

3.4.4.1　实验概况

在实验过程中，特别注意观察不同植被覆盖度对流域水系格局、沟道长度、沟道数目以及沟道弯曲率的变化。由于工作量很大，未能将各个测次的水系图构绘，只展示了每一个植被覆盖度条件下的水系及等高线地形图（图 3.4-18）。表 3.4-3 分别代表植被覆盖度 60%、40% 及 20% 的情况，在实验安排上，由高密度向低密度推进，这也是为了操作的方便，以及便于对水系变化的观察，力图观察到水系由低密度到高密度的发育过程。

3.4.4.2　水系发育过程实验分析

1. 水系平面分布特征

由于受外形轮廓的影响，不同植被覆盖度在流域中发育的都是树枝状水系，河道的数目及长度明显不一，河道的弯曲率也各不相同。水系发育了 4 个级别，总的来说，河道级别越高，河道越长，弯曲率也越大（图 3.4-18）。计算表明，河道密度最大的是植被覆盖度 40%，其次为植被覆盖度 60%，植被覆盖度 20% 为最低。水系密度（D_w）平均值分别为 3.09cm/m²、3.45cm/m² 和 2.88cm/m²（图 3.4-19）。

在整个实验过程中，由不同植被覆盖度条件下各测次水系密度变化，其时间进程具有四次多项式拟合趋势，而各个植被覆盖度影响的水系密度变化，都是先增大而后减少，水系密度变化的速率，似乎随植被覆盖度的增大而变小。由图 3.4-19 中最后的 6 个数据不难看出，在 20% 植被覆盖度条件下，水系密度的平均值最小，随着时间的推进，递变率却不断加大，水系密度随时间的变化可用四次多项式拟合〔式（3.4-94）〕。显然，当植

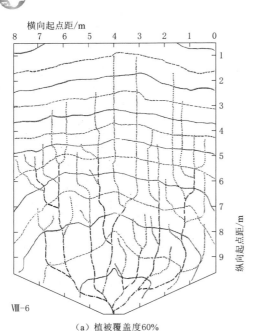

（a）植被覆盖度60%

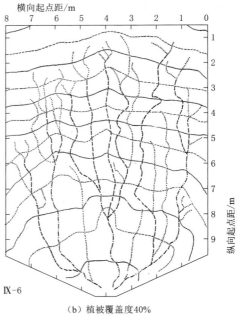

（b）植被覆盖度40%

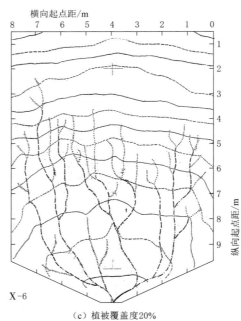

（c）植被覆盖度20%

图 3.4-18 植被覆盖度对流域水系发育影响实验水系平面分布图

被覆盖度遭受破坏时，水系密度变小，破坏速率会加大；当生态环境修复时，在植被覆盖度增大的过程中，水系密度的增大却比较缓慢。

$$D_w = 1E - 12T^4 - 5E - 09T^3 + 7E - 06T^2 - 0.0032T + 3.5022 \quad r = 0.820$$

$$(3.4 - 94)$$

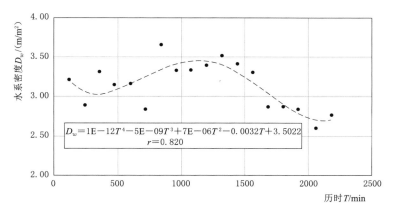

图 3.4-19　植被覆盖度对流域水系密度影响的变化过程

2. 河道数目变化特征

对比三组不同植被覆盖度下发育的流域水系特征，由不同级别河道的数目及平均长度进行极值分析表明，不论何种植被覆盖度下的流域，在其发育过程中，河道级别越低的河道数目越多，且变化范围越大；河道级别越高，河道数目越少，变化范围越小。至于不同级别河道的平均长度，当河道级别越低，河道平均长度越短，其变动范围越小（表 3.4-4）。

表 3.4-3　　　　　　　　植被覆盖度对流域水系发育影响实验成果表

测次	级别	数目	分歧比				河道坡降	河道比降	河谷长度/cm	河谷坡降	弯曲率	汇合角/(°)
			Ⅱ/Ⅰ	Ⅲ/Ⅱ	Ⅳ/Ⅲ	Ⅴ/Ⅳ						
Ⅷ-1	Ⅰ	31	0.290				0.0531	0.0535	100.71	0.0531	1.028	69.22
	Ⅱ	9		0.333			0.0491	0.0501	287.22	0.0491	1.090	68.67
	Ⅲ	3			0.333		0.0382	0.0341	325.00	0.0382	1.127	38.00
	Ⅳ	1					0.0382	0.0366	230.00	0.0382	1.040	
Ⅷ-2	Ⅰ	43	0.279				0.0609	0.0601	111.42	0.0609	1.030	62.62
	Ⅱ	12		0.333			0.0546	0.0528	195.00	0.0546	1.030	46.50
	Ⅲ	4			0.250		0.0498	0.0459	342.50	0.0498	1.090	49.00
	Ⅳ	1					0.0399	0.0399	220.00	0.0399	1.000	
Ⅷ-3	Ⅰ	36	0.306						131.39		1.050	63.30
	Ⅱ	11		0.273					217.27		1.060	44.00
	Ⅲ	3			0.333				234.33		1.020	36.00
	Ⅳ	1							400.00		1.100	
Ⅷ-4	Ⅰ	38	0.289				0.0588	0.0580	149.82	0.0588	1.030	62.64
	Ⅱ	11		0.364			0.0532	0.0504	163.27	0.0532	1.050	
	Ⅲ	4			0.250		0.0573	0.0524	320.00	0.0573	1.110	
	Ⅳ	1							274.00		1.120	

测次	级别	数目	分歧比				河道坡降	河道比降	河谷长度/cm	河谷坡降	弯曲率	汇合角/(°)
			Ⅱ/Ⅰ	Ⅲ/Ⅱ	Ⅳ/Ⅲ	Ⅴ/Ⅳ						
Ⅷ-5	Ⅰ	35	0.371						165.57		1.040	58.77
	Ⅱ	13		0.308					288.46		1.070	50.25
	Ⅲ	4			0.250				326.65		1.080	34.00
	Ⅳ	1							155.00		1.120	
Ⅷ-6	Ⅰ	32	0.313				0.0600	0.0527	193.00	0.0600	1.070	69.20
	Ⅱ	10		0.200			0.0540	0.0500	249.00	0.0540	1.066	53.20
	Ⅲ	2			0.500		0.0325	0.0345	322.50	0.0325	1.085	36.00
	Ⅳ	1							75.00		1.070	
Ⅸ-1	Ⅰ	30	0.267						155.90		1.042	49.88
	Ⅱ	8		0.375					454.38		1.050	43.00
	Ⅲ	3			0.000				236.60		1.000	
	Ⅳ											
Ⅸ-2	Ⅰ	34	0.324						156.88		1.040	47.09
	Ⅱ	11		0.364					260.27		1.030	48.00
	Ⅲ	4			0.250				336.25		1.068	38.00
	Ⅳ	1										
Ⅸ-3	Ⅰ	37	0.378				0.0660	0.0635	213.70	0.0660	1.036	66.10
	Ⅱ	14		0.429			0.0607	0.0578	409.44	0.0607	1.054	33.25
	Ⅲ	6			0.500		0.0353	0.0340	170.00	0.0353	1.032	40.00
	Ⅳ	3					0.0288	0.0288	230.00	0.0288	1.000	
Ⅸ-4	Ⅰ	36	0.306						168.14		1.033	67.46
	Ⅱ	11		0.273					332.27		1.036	48.66
	Ⅲ	3			0.333				445.00		1.077	43.00
	Ⅳ	1							80.00		1.000	
Ⅸ-5	Ⅰ	35	0.314						152.31		1.043	56.55
	Ⅱ	11		0.273					354.55		1.053	41.75
	Ⅲ	3			0.333				463.60		1.113	39.00
	Ⅳ	1							60.00		1.000	
Ⅸ-6	Ⅰ	34	0.324				0.0597	0.0576	146.18	0.0597	1.053	75.18
	Ⅱ	11		0.273			0.0685	0.0661	375.09	0.0685	1.034	37.50
	Ⅲ	3			0.000		0.0399	0.0375	506.30	0.0399	1.064	—
	Ⅳ											

续表

测次	级别	数目	分歧比 Ⅱ/Ⅰ	分歧比 Ⅲ/Ⅱ	分歧比 Ⅳ/Ⅲ	分歧比 Ⅴ/Ⅳ	河道坡降	河道比降	河谷长度/cm	河谷坡降	弯曲率	汇合角/(°)
Ⅹ-1	Ⅰ	37	0.378				94.14		92.73		1.012	53.00
	Ⅱ	14		0.214			274.86		266.42		1.024	55.00
	Ⅲ	3			0.333		436.50		400.00		1.088	20.00
	Ⅳ	1					250.00		250.00		1.000	
Ⅹ-2	Ⅰ	40	0.375				105.63		104.35		1.015	42.60
	Ⅱ	15		0.333			217.93		202.80		1.070	47.80
	Ⅲ	5			0.400		345.20		322.40		1.070	40.50
	Ⅳ	2				0.500	250.00		242.50		1.025	62.00
	Ⅴ	1					16.00		16.00		1.000	
Ⅹ-3	Ⅰ	29	0.345				129.55	0.0610	125.28		1.021	51.70
	Ⅱ	10		0.300			272.90	0.0486	252.40		1.059	
	Ⅲ	3			0.333		436.67	0.0386	385.00		1.117	
	Ⅳ	1					80.00	0.0564	80.00		1.000	
Ⅹ-4	Ⅰ	37	0.324				116.94		112.07	0.0607	1.025	58.77
	Ⅱ	12		0.250			209.08		191.83	0.0513	1.087	54.00
	Ⅲ	3			0.333		511.30		460.00	0.0433	1.107	
	Ⅳ	1					74.00		74.00	0.0564	1.000	
Ⅹ-5	Ⅰ	37	0.351				101.02		98.86		1.019	56.02
	Ⅱ	13		0.231			185.27		179.01		1.039	47.00
	Ⅲ	3			0.333		500.00		461.67		1.083	40.00
	Ⅳ	1					46.00		46.00		1.000	
Ⅹ-6	Ⅰ	32	0.344				110.75	0.0639	108.50	0.0650	1.023	55.64
	Ⅱ	11		0.273			287.36	0.0470	269.55	0.0490	1.064	
	Ⅲ	3			0.333		376.00	0.0310	348.43	0.0340	1.081	
	Ⅳ	1					111.00		105.00		1.000	

表 3.4-4　不同植被覆盖度的模型流域水系各级河道数目及平均长度值

测次（植被覆盖度）	河道级别 Ⅰ N_1	l_1	Ⅱ N_2	l_2	Ⅲ N_3	l_3	Ⅳ N_4	l_4	Ⅴ N_5	l_5
Ⅷ（60%）	31～32	103.1～204.3	9～10	316.8～168.2	3～2	367.0～516.8	1～1	240.0～416.7	0	0.0
Ⅸ（40%）	30～37	162.7～223.1	8～14	478.1～155.3	3～6	178.3～540.0	0～3	0.0～230.0	0	0.0
Ⅹ（20%）	37～40	94.1～129.6	14～21	274.9～261.6	3～6	436.5～709.7	1～3	250.0～600.0	1	16.0

注　N_i 为河道数目，l_i 为河道平均长度（cm）。

由表 3.4－3 数据及水系发育图（图 3.4－18）分析可知，不论何种植被覆盖度影响，在头 2h 测次，Ⅰ、Ⅱ、Ⅲ级河道数目较少，级别越小，河道数目越多；各级河道数目的最高值，出现在第 4h 测次，Ⅱ、Ⅲ级河道的最高值出现较迟（图 3.4－20）。由图 3.4－20 及表 3.4－3 看出，植被覆盖度越小，不同级别的河道数目越大，发育的河道级别越多，如植被覆盖度 20％情况下，发育了 5 级河道，而其他植被覆盖度条件下只发育 4 级河道。

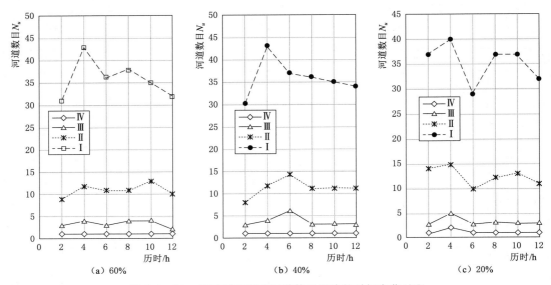

图 3.4－20　植被覆盖度对河道数目影响的时间变化过程

河道数随河道的级别的增加而减少，两者间具有很好的幂函数关系。相比之下，在 60％植被覆盖度影响的实验过程中，各测次都有最佳关系，其次为 40％植被覆盖度，20％植被覆盖度的较差［图 3.4－21，式（3.4－95）～式（3.4－112）］。

$$N_{u\text{Ⅷ}-1}=93.00\,\mathrm{e}^{-1.14U} \qquad r=-0.999 \qquad (3.4-95)$$

$$N_{u\text{Ⅷ}-2}=148.96\mathrm{e}^{-1.205U} \qquad r=-0.999 \qquad (3.4-96)$$

$$N_{u\text{Ⅷ}-3}=119.40\mathrm{e}^{-1.205U} \qquad r=-0.999 \qquad (3.4-97)$$

$$N_{u\text{Ⅷ}-4}=126.03\mathrm{e}^{-1.192U} \qquad r=-0.998 \qquad (3.4-98)$$

$$N_{u\text{Ⅷ}-5}=126.19\mathrm{e}^{-1.184U} \qquad r=-0.997 \qquad (3.4-99)$$

$$N_{u\text{Ⅷ}-6}=101.19\mathrm{e}^{-1.201U} \qquad r=-0.990 \qquad (3.4-100)$$

$$N_{u\text{Ⅸ}-1}=101.19\mathrm{e}^{-1.201U} \qquad r=-0.999 \qquad (3.4-101)$$

$$N_{u\text{Ⅸ}-2}=112.77\mathrm{e}^{-1.159U} \qquad r=-0.998 \qquad (3.4-102)$$

$$N_{u\text{Ⅸ}-3}=79.929\mathrm{e}^{-0.838U} \qquad r=-0.997 \qquad (3.4-103)$$

$$N_{u\text{Ⅸ}-4}=119.40\mathrm{e}^{-1.205U} \qquad r=-0.999 \qquad (3.4-104)$$

$$N_{u\text{Ⅸ}-5}=126.19\mathrm{e}^{-1.184U} \qquad r=-0.997 \qquad (3.4-105)$$

$$N_{u\text{Ⅸ}-6}=117.77\mathrm{e}^{-1.214U} \qquad r=-0.999 \qquad (3.4-106)$$

$$N_{u\text{Ⅹ}-1}=138.44\mathrm{e}^{-1.237U} \qquad r=-0.996 \qquad (3.4-107)$$

$$N_{u\text{Ⅹ}-2}=109.54\mathrm{e}^{-1.009U} \qquad r=-0.999 \qquad (3.4-108)$$

$$N_{u\chi-3} = 286.92e^{-1.134U} \qquad r=-0.999 \tag{3.4-109}$$

$$N_{u\chi-4} = 476.56e^{-1.256U} \qquad r=-0.998 \tag{3.4-110}$$

$$N_{u\chi-5} = 489.45e^{-1.256U} \qquad r=-0.995 \tag{3.4-111}$$

$$N_{u\chi-6} = 44.091e^{-0.558U} \qquad r=-0.736 \tag{3.4-112}$$

3. 河道长度变化特征

随着时间的推移，各测次河道平均长度先增加、而后减少。以植被覆盖度 40％的河道平均长度最长，植被覆盖度 60％的较短，植被覆盖度 20％的最短（图 3.4-21）。河道长度随时间变化的表达式关系，以 20％植被覆盖度的影响最好，其次为 40％，植被覆盖度 60％较差［式（3.4-113）～式（3.4-115）］。

$$L_{ch} = 244.67e^{3E-04T} \qquad r=0.809 \tag{3.4-113}$$

$$L_{ch} = 270.23e^{9E-05T} \qquad r=0.504 \tag{3.4-114}$$

$$L_{ch} = 238.13e^{-1E-04T} \qquad r=0.407 \tag{3.4-115}$$

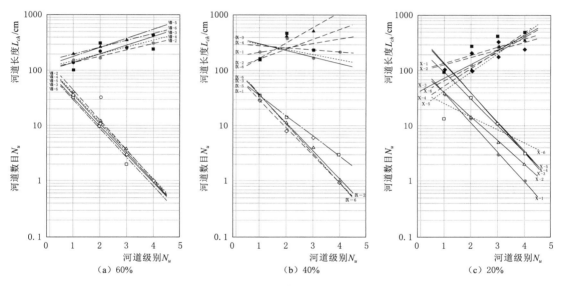

图 3.4-21　植被覆盖度影响下河道长度、河道数目与河道级别关系

表 3.4-3 分析表明，在每个植被覆盖度实验的测次内部，60％植被覆盖度的各级河道长度随河道级别基本均匀递增，增速率大体相当；40％植被覆盖度的情况则不然，第 2h、10h、12h 时段，随河道数目递增，第 4～8h 时间段，随时间递减；对于 20％植被覆盖度，似乎又恢复了类似于 60％植被覆盖度的情况。但是，各测次的递增率都大于 60％植被覆盖度的递增率，且各测次的递变率各有差异，尤其是递增率，随时间具有加速趋势，第 6h 时段以后，递增率几乎增加到 2 倍多，如第 10h 时段的递增率为第 2h 时段的 2.36 倍［图 3.4-22，式（3.4-116）～式（3.4-133）］。

$$L_{ch\text{VII}-1} = 118.39e^{0.2683U} \qquad r=0.610 \tag{3.4-116}$$

$$L_{ch\text{VII}-2} = 110.85e^{0.2576U} \qquad r=0.675 \tag{3.4-117}$$

$$L_{ch\text{VII}-3} = 100.92e^{0.3538U} \qquad r=0.979 \tag{3.4-118}$$

$$L_{ch\,\text{VIII}-4} = 116.64\mathrm{e}^{0.2804U} \qquad r = 0.852 \qquad\qquad (3.4-119)$$

$$L_{ch\,\text{VIII}-5} = 128.55\mathrm{e}^{0.3632U} \qquad r = 0.948 \qquad\qquad (3.4-120)$$

$$L_{ch\,\text{VIII}-6} = 154.78\mathrm{e}^{0.2769U} \qquad r = 0.999 \qquad\qquad (3.4-121)$$

$$L_{ch\,\text{IX}-1} = 154.78\mathrm{e}^{0.2769U} \qquad r = 0.999 \qquad\qquad (3.4-122)$$

$$L_{ch\,\text{IX}-2} = 116.55\mathrm{e}^{0.3890U} \qquad r = 0.990 \qquad\qquad (3.4-123)$$

$$L_{ch\,\text{IX}-3} = 304.24\mathrm{e}^{-0.080U} \qquad r = -0.270 \qquad\qquad (3.4-124)$$

$$L_{ch\,\text{IX}-4} = 365.43\mathrm{e}^{-0.201U} \qquad r = -0.325 \qquad\qquad (3.4-125)$$

$$L_{ch\,\text{IX}-5} = 403.57\mathrm{e}^{-0.263U} \qquad r = -0.349 \qquad\qquad (3.4-126)$$

$$L_{ch\,\text{IX}-6} = 92.678\mathrm{e}^{0.6229U} \qquad r = 0.959 \qquad\qquad (3.4-127)$$

$$L_{ch\,\text{X}-1} = 98.710\mathrm{e}^{0.3393U} \qquad r = 0.679 \qquad\qquad (3.4-128)$$

$$L_{ch\,\text{X}-2} = 96.622\mathrm{e}^{0.3045U} \qquad r = 0.786 \qquad\qquad (3.4-129)$$

$$L_{ch\,\text{X}-3} = 40.237\mathrm{e}^{0.6076U} \qquad r = 0.992 \qquad\qquad (3.4-130)$$

$$L_{ch\,\text{X}-4} = 25.385\mathrm{e}^{0.7376U} \qquad r = 0.993 \qquad\qquad (3.4-131)$$

$$L_{ch\,\text{X}-5} = 19.137\mathrm{e}^{0.7996U} \qquad r = 0.990 \qquad\qquad (3.4-132)$$

$$L_{ch\,\text{X}-6} = 36.564\mathrm{e}^{0.6112U} \qquad r = 0.951 \qquad\qquad (3.4-133)$$

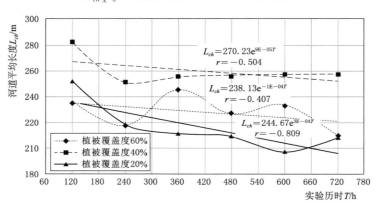

图 3.4-22　不同植被覆盖度对河道平均长度的影响

4. 河道弯曲率变化特征

植被覆盖度对流域水系各级河道的弯曲率也有明显影响。图 3.4-23 为不同植被覆盖度条件下，河道平均弯曲率随时间呈波状演进，60% 植被覆盖度的河道弯曲率较高，为 1.038~1.078，平均为 1.063；其次为植被覆盖度 20%，为 1.031~1.055，平均为 1.043；植被覆盖度 40% 更低，为 1.031~1.052，平均为 1.041，河道都属于顺直微弯型（表 3.4-3）。

对于河道的弯曲率与河道级别的关系，一般来说，在流域水系演变发育的实验过程中，河道级别越低，河道越顺直；级别越高，河道趋向微弯或弯曲，与原型中所观察到十分类似。植被覆盖度的大小会导致河道弯曲率的变化。当植被覆盖度 60% 时，除头 2h 时段外，弯曲率随河道级别升高而递增［图 3.4-24（a），式（3.4-134）~式（3.4-151）］；当植被覆盖度 40% 时，大部分时段，出现河道弯曲度随时间递减的现象，只有第 2h 和第 6h 时段

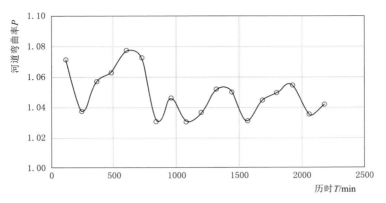

图 3.4－23　植被覆盖度对河道弯曲率影响的变化过程

测次，河道弯曲度随时间递减［图 3.4－24（b）］；植被覆盖度 20％时，情况与 60％植被覆盖度的类同，只是递增率不及植被覆盖度 60％者［图 3.4－24（c）］。

$$P_{\text{Ⅷ}-1} = 1.0470 \mathrm{e}^{0.0269U} \qquad r = 0.378 \tag{3.4－134}$$

$$P_{\text{Ⅷ}-2} = 1.0453 \mathrm{e}^{-0.003U} \qquad r = -0.115 \tag{3.4－135}$$

$$P_{\text{Ⅷ}-3} = 1.0307 \mathrm{e}^{0.0101U} \qquad r = 0.419 \tag{3.4－136}$$

$$P_{\text{Ⅷ}-4} = 0.9973 \mathrm{e}^{0.0307U} \qquad r = 0.963 \tag{3.4－137}$$

$$P_{\text{Ⅷ}-5} = 1.0165 \mathrm{e}^{0.0232U} \qquad r = 0.978 \tag{3.4－138}$$

$$P_{\text{Ⅷ}-6} = 1.0680 \mathrm{e}^{0.0018U} \qquad r = 0.293 \tag{3.4－139}$$

$$P_{\text{Ⅸ}-1} = 1.0470 \mathrm{e}^{0.0269U} \qquad r = 0.378 \tag{3.4－140}$$

$$P_{\text{Ⅸ}-2} = 1.0185 \mathrm{e}^{0.0133U} \qquad r = 0.708 \tag{3.4－141}$$

$$P_{\text{Ⅸ}-3} = 1.0636 \mathrm{e}^{-0.013U} \qquad r = -0.749 \tag{3.4－142}$$

$$P_{\text{Ⅸ}-4} = 1.0514 \mathrm{e}^{-0.006U} \qquad r = -0.249 \tag{3.4－143}$$

$$P_{\text{Ⅸ}-5} = 1.0703 \mathrm{e}^{-0.007U} \qquad r = -0.208 \tag{3.4－144}$$

$$P_{\text{Ⅸ}-6} = 1.0400 \mathrm{e}^{0.0049U} \qquad r = 0.293 \tag{3.4－145}$$

$$P_{\text{Ⅹ}-1} = 1.0201 \mathrm{e}^{0.0127U} \qquad r = 0.203 \tag{3.4－146}$$

$$P_{\text{Ⅹ}-2} = 1.0370 \mathrm{e}^{0.0029U} \qquad r = 0.136 \tag{3.4－147}$$

$$P_{\text{Ⅹ}-3} = 0.9990 \mathrm{e}^{0.0237U} \qquad r = 0.802 \tag{3.4－148}$$

$$P_{\text{Ⅹ}-4} = 1.0097 \mathrm{e}^{0.0219U} \qquad r = 0.818 \tag{3.4－149}$$

$$P_{\text{Ⅹ}-5} = 1.0231 \mathrm{e}^{0.0099U} \qquad r = 0.496 \tag{3.4－150}$$

$$P_{\text{Ⅹ}-6} = 1.0071 \mathrm{e}^{0.0169U} \qquad r = 0.867 \tag{3.4－151}$$

5. 水系及河道的消能特征

流域水系及河道的消能方式往往通过弯曲、分汊，使消能率趋向最小，用 JV 量度，但是流域中测量小河的流速，特别是Ⅰ、Ⅱ级小河的流速，在 20 世纪 90 年代还相当困难，因此运用水系的分形维数 D 值描述水系发育时序过程，既表示了不同级别河道数目与长度的相对增长率，又表征了水系的消能方式及消能率的一种量度。

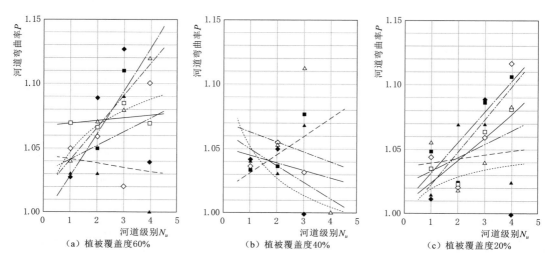

图 3.4 - 24　植被覆盖度对河道弯曲率与河道级别的影响

借助水系分形维数可以反映流域水系发育演化的时序特征，描述不同级别河道之间的递变规律。如前文所述，借助王嘉松等依据 Horton 的河数定律表达式 $N_u = K_i^{(s-u)}$ 及河长定律表达式中系数 K_1 及 K_2，推导得水系的分形维数［式（3.3 - 4）］。由不同植被覆盖度的流域水系各级河道数目及平均长度值（表 3.4 - 4），计算不同植被覆盖度下水系的分形维数值（表 3.4 - 5），并绘制随时间变化的曲线（图 3.4 - 25）及其与侵蚀模数间的关系图（图 3.4 - 26）。

表 3.4 - 5　　　　　　　　　　植被覆盖度影响流域产沙水系分形维数值表

测次	历时 /min	总量（$P_总$） /（×10⁴t/km）	总量（PM） /（×10⁴t/km）	总量（$P_总$） /（×10³t/km）	总量（PM） /（×10³t/km）	河数指数 （$-b_1$）	河长指数 （b_2）	分形维数值 （D）
Ⅷ - 1	120	5640	816.32	871.02	8163.17	1.140	0.635	1.795
Ⅷ - 2	240	5760	499.35	505.41	4993.54	1.238	0.603	2.053
Ⅷ - 3	360	5880	202.8	206.14	2028.29	1.205	0.354	3.404
Ⅷ - 4	480	6000	359.56	363.07	3595.58	1.192	0.434	2.747
Ⅷ - 5	600	6120	331.96	338.18	3319.60	1.184	0.363	3.262
Ⅷ - 6	720	6240	375.82	382.91	3758.16	1.201	0.277	4.336
Ⅸ - 1	120	6380	211.45	214.96	2114.55	1.228	0.596	2.060
Ⅸ - 2	240	6480	165.96	167.65	1659.61	1.159	0.389	2.979
Ⅸ - 3	360	6600	161.21	163.16	1612.14	0.838	0.336	2.494
Ⅸ - 4	480	6720	102.86	103.99	1028.57	1.205	0.512	2.354
Ⅸ - 5	600	6840	90.77	92.73	907.72	1.188	0.593	2.003
Ⅸ - 6	720	6960	149.16	100.6	1491.60	1.214	0.623	1.949
Ⅹ - 1	120	7080	199.05	200.95	1990.48	1.237	0.767	1.613

测次	历时/min	总量（$P_总$）/(×10⁴t/km)	总量（PM）/(×10⁴t/km)	总量（$P_总$）/(×10³t/km)	总量（PM）/(×10³t/km)	河数指数（$-b_1$）	河长指数（b_2）	分形维数值（D）
$\mathbb{X}-2$	240	7200	95.29	96.83	952.9l	0.939	0.592	1.586
$\mathbb{X}-3$	360	7320	77.47	77.95	774.72	1.131	0.607	1.863
$\mathbb{X}-4$	480	7440	89.25	90.5	892.57	1.222	0.738	1.656
$\mathbb{X}-5$	600	7560	65.48	66.11	654.81	1.230	0.800	1.538
$\mathbb{X}-6$	720	7880	106.64	108.68	1066.42	1.170	0.611	1.915

图 3.4-25 中看到，随着时间的推进，植被覆盖度越高，水系的分形维数值较越高，变化范围及变化率也越大；各个分形维数值的时间变化过程会出现一个峰值，如60%植被覆盖度条件下，峰值出现在第 6h 时段，40%及 20%植被覆盖度分别在第 4h 及第 6h 时段，越过峰值各自具有不同的发展趋向。这显示了植被覆盖度对水系发育影响的非线性特征，并体现时序临界性及分形维数的植被度影响的分异性。水系的分形维数值与侵蚀模数密切相关，图 3.4-26 表明，侵蚀模数越高，水系的分形维数值也就越

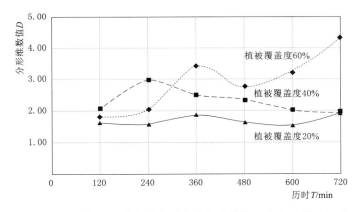

图 3.4-25 植被覆盖度对流域水系分形维数值变化过程的影响

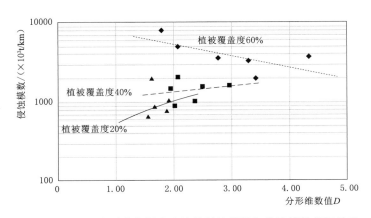

图 3.4-26 植被覆盖度影响流域的侵蚀模数与分形维数值间关系

大。不过，植被覆盖度 20％及 40％与分形维数值成正相关，而植被覆盖度 60％与分形维数值呈负相关。

值得指出的是，在不同植被覆盖度条件下，水系分形维数值随时间的变化趋势，在达到第一个峰值前，河道数目少，弯曲率小，消能率总体较小，其中 40％植被覆盖度的较高，其次为 60％植被覆盖度，20％植被覆盖度最小；而越过第一个峰值后，60％植被覆盖度的消能率不断增加，而其他两种植被覆盖度下，消能率继续下降，20％植被覆盖度在最后复又升高。与同样组成物质无植被覆盖度的流域相比，植被覆盖度越大，水系分形维数值及递变率越大，植被覆盖度 20％条件下，水系分形维数值比较接近（图 3.4 - 25）。

3.4.5　对流域地貌发育过程影响的实验

3.4.5.1　单一植被覆盖度影响过程分析

对于流域地貌形态的影响，首先考察某一植被覆盖度的影响过程，以植被覆盖度 60％（Ⅷ测次）为例。由图 3.4 - 28 中自流域上游向出口，选择 200cm、400cm、600cm、800cm 四条横剖面，代表上段、中段、下段及出口段。可以看出，总体而言，在横向上，各断面的侵蚀量由流域两侧向中间增大；纵向上，自上段向出口段增大。随着时间的推移，侵蚀量逐渐减少。

1. 流域平面形态及高程变化

由流域平面形态与高程演变图（图 3.4 - 27）和流域纵、横断面演变图（图 3.4 - 28～图 3.4 - 31）分析表明，与所有实验流域的演变情况相同，随着时间的推进，流域地面高程具有总体降低的趋势。

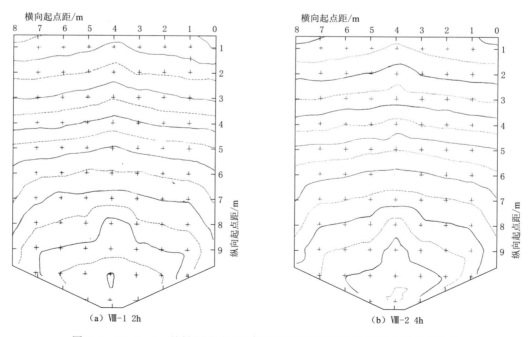

图 3.4 - 27 （一）　植被覆盖度 60％对流域影响实验的地面形态及高程变化

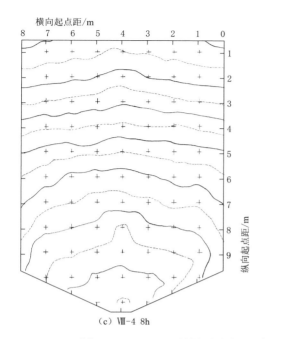

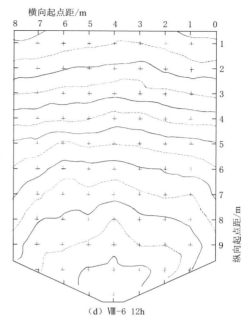

（c）Ⅷ-4 8h　　　　　　　　　　　　　（d）Ⅷ-6 12h

图 3.4－27（二）　植被覆盖度 60％对流域影响实验的地面形态及高程变化

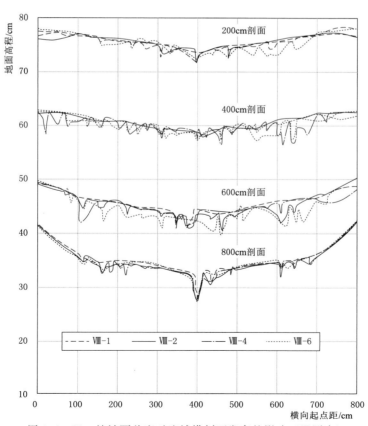

图 3.4－28　植被覆盖度对流域横剖面发育的影响（Ⅷ测次）

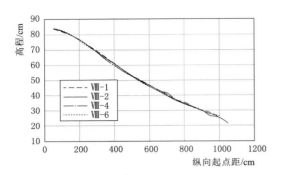

图 3.4－29 植被覆盖度（60％）对流域
纵剖面变化的影响（横向起点距 200cm）

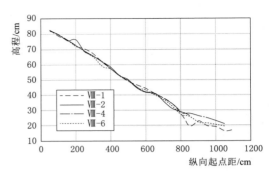

图 3.4－30 植被覆盖度（60％）对流域
纵剖面变化的影响（横向起点距 400cm）

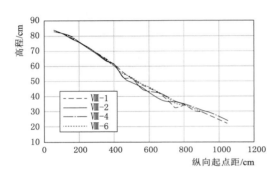

图 3.4－31 植被覆盖度（60％）对流域
纵剖面变化的影响（横向起点距 600cm）

可以看到，等高线由下段向中段、上段侵蚀后退。然而，不同时段中表现中不同部位蚀退形式有所不同。就时间而论，在流域的上、中段，几乎是平行后退，地面侵蚀降低高度较小；在下段呈发散式后退，地面降低量中等；在出口段呈半椭圆状扩散侵蚀，蚀低量最大，在纵横剖面（图 3.4－28～图3.4－31）上，主河道呈现为深切峡谷，随着时间的推进，Ⅳ级主河道和Ⅲ级支流河谷也愈益加深。

2. 流域横剖面变化

图 3.4－28 展示了植被覆盖度 60％条件下实验流域 200cm、400cm、600cm、800cm 横剖面不同时间段的演变情况。从图 3.4－28 由上段到出口段，可以看到，各横剖面的流域地面由两侧向流域中心倾斜，河道与沟谷下切的程度亦然，中心深于两侧；沿纵向而下，各剖面中间部位的地面倾斜程度差别不大，但是两侧 100cm 范围内，自上段向中、下段，流域地面的坡降越来越大，河道数目减少，而下切深度加大。

3. 流域纵剖面变化

由植被覆盖度 60％条件下，流域纵剖面看，左侧纵剖面（起点距 200cm）变化情况不大（图 3.4－29）；中线纵剖面（起点距 400cm）上，自上而下，变化幅度增大，尤其是出口段，实验开始时强烈下切侵蚀，随后淤积，淤积层累计厚达 8～9cm（图 2.4－30）；右侧纵剖面（起点距 600cm）变化与左侧及中线均不一样，其上段变化不大，出口段略有变化，中、下段到最后时段明显侵蚀下切（图 3.4－31）。

3.4.5.2 不同覆盖度影响的分析

1. 流域平面形态和高程变化

图 3.4－32 为不同植被覆盖度的第 6h（60％植被覆盖度为第 8h）及第 12h 时段实验流域的平面形态和等高线地形，展示植被不同植被覆盖度对流域平面形态及高程变化的影

响。各个植被覆盖度条件下的地形及等高线，在时间上看，12h 的侵蚀深度较之 6h 的大，总的下切幅度都随时间的推移而衰减；在空间上看，不论受哪种植被覆盖度的影响，横向上各断面的侵蚀量都由流域两侧向中间增大；纵向上，除了植被覆盖度 60％，自上段向出口段增大外，在其他两种植被覆盖度影响下，出现上游段大于中段的趋势，而下游段及出口段的侵蚀量也并不大，这是令人值得深思的现象。

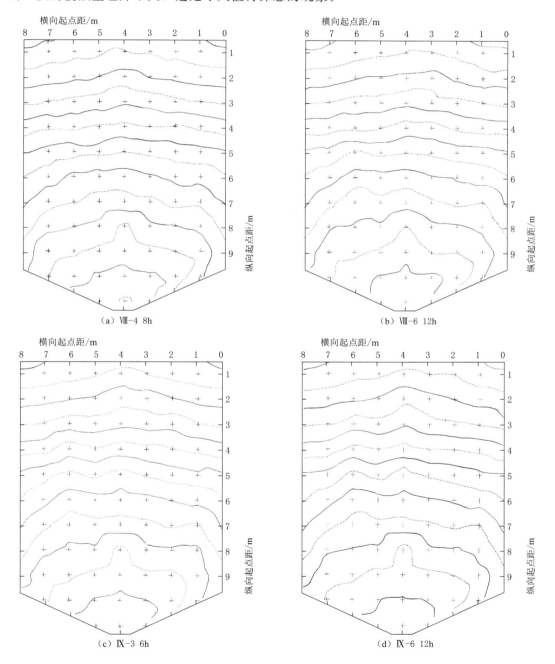

(a) Ⅷ-4 8h　　　　　　　　　　(b) Ⅷ-6 12h

(c) Ⅸ-3 6h　　　　　　　　　　(d) Ⅸ-6 12h

图 3.4－32（一）　不同植被覆盖度下流域平面形态及高程图

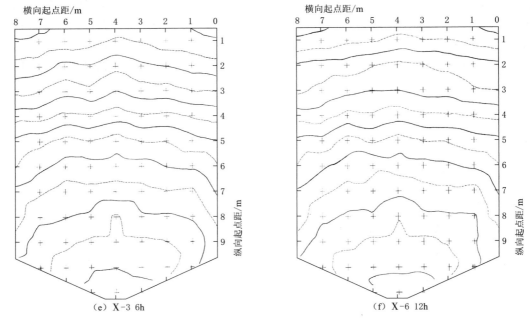

图 3.4-32（二）　不同植被覆盖度下流域平面形态及高程图

2. 流域横剖面变化

图 3.4-33 和图 3.4-34 分别展示了实验时段 6h 测次和 12h 测次 200cm、400cm、600cm 及 800cm 横剖面受不同植被覆盖度影响的变化情况。实验时段 6h 测次时，在 40% 和 20% 植被覆盖度影响下，横剖面的发育状况与 60% 植被覆盖度的状况十分相似。

在后半段运行时间，到 12h 各个植被覆盖度影响实验结束时，情况出现了明显变化，尤其是植被覆盖度 20%。在上段，植被覆盖度 20% 时有全流域最强的侵蚀下切量；流域左侧，将植被覆盖度为 60% 及 40% 所形成的河间地或沟间地侵蚀成窄条状间地；而在右侧，河间地侵蚀量大大降低，这种情况向中、下段延续发展；在下段及近出口段，植被覆盖度 60% 与 40% 下形成的沟谷被填平，在流域中央形成相对宽而浅的 Ⅲ 级 "V" 形支流河道与 Ⅳ 级主河道，左侧支流宽约 50cm、深约 2cm，主河道为宽约 195cm、深约 3.5cm 的大宽浅 "V" 形河道。

3. 流域纵剖面变化

由不同植被覆盖度条件下的流域纵剖面总体来看，植被覆盖度 60% 和 40% 对流域的地形及等高线影响较小，植被覆盖度 20% 的影响较大，上段轻微淤积，中段强烈冲刷，下段及出口段明显淤积，呈现出中凹、上下凸的复杂纵剖面形态。从每条纵剖面看，右侧纵剖面（横向起点距 200cm）变化较小（图 3.4-35）；中线纵剖面（横向起点距 400cm），自上而下，变化幅度中等（图 3.4-36）；右侧纵剖面（横向起点距 600cm）变化比较大，尤其当植被覆盖度 20% 条件下，其上段发生轻微的淤积，中、下段 400～600cm 处冲刷十分强烈，出口段明显淤积（图 3.4-37），除了植被覆盖度 20% 时形成复杂的纵剖面形态外，其余植被覆盖度，包括 20% 植被覆盖度条件下，各条纵剖面都呈上凹形态。

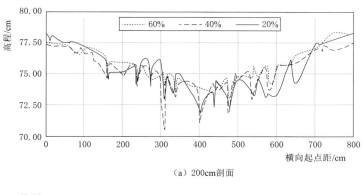

（a）200cm剖面

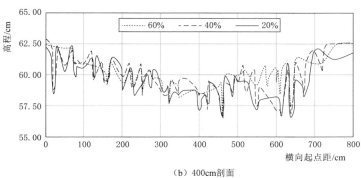

（b）400cm剖面

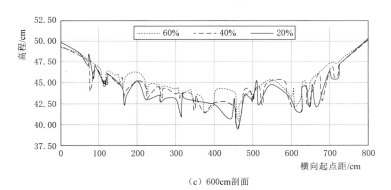

（c）600cm剖面

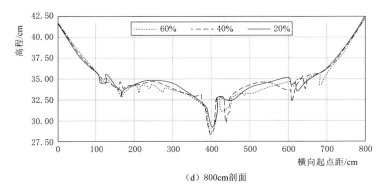

（d）800cm剖面

图 3.4-33　不同植被覆盖度对流域横剖面发育的影响（历时 6h）

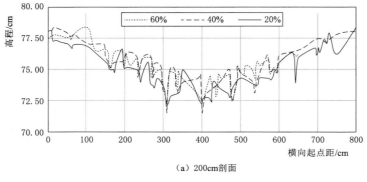

（a）200cm剖面

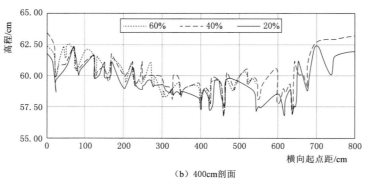

（b）400cm剖面

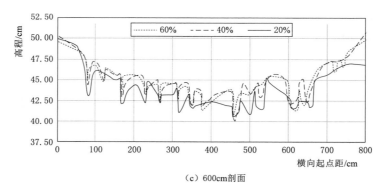

（c）600cm剖面

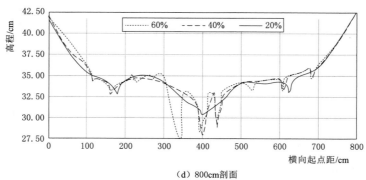

（d）800cm剖面

图 3.4-34　不同植被覆盖度对流域横剖面发育的影响（历时 12h）

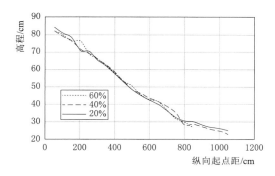

图 3.4-35 植被覆盖度对流域纵剖面
发育的影响（横向起点距 200cm）

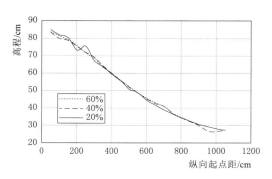

图 3.4-36 植被覆盖度对流域纵剖面
发育的影响（横向起点距 400cm）

3.4.6 实验综合分析

3.4.6.1 植被覆盖度对流域系统的综合影响

实验表明，模拟植被覆盖度的模型植被材料与置放方式对实验结果有很大影响，尤其当植被覆盖度很大，例如，当大于 50%，加上模型植被顺坡排列时，在初始阶段，产流、产沙率迅速增大；随着植被覆盖度的减少，侵蚀产沙过程出现衰减现象。

1. 产流、入渗及产沙特征

流域植被覆盖度初始产流时间均较裸露流

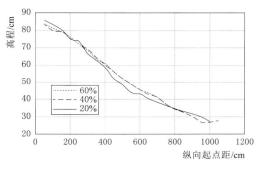

图 3.4-37 植被覆盖度对流域纵剖面
发育的影响（横向起点距 600cm）

域短，各场次降雨的初始产流时间相对稳定；累计产流量随时间呈幂函数关系增加，增加率随植被覆盖度减少呈波状起伏衰减、变小；径流入渗过程与产流过程总体呈相反趋势，入渗量大，则产流量小；植被覆盖度越大，入渗率越大。第 10min 具有最大的入渗率，第 20min 时入渗量由开始降雨时的最大值变成稳渗状态，或保持稳定，或随时间推移而减少；入渗的递变率开始时较大，而后趋向平缓，或波动衰减。

累积产沙量与侵蚀模数（侵蚀产沙的空间量度）随时间推移而增加，但增加率不断衰减、减少；侵蚀速率（侵蚀产沙的时间量度）与递减率均随时间增加而减少，不过植被覆盖度 60% 及 40% 情况下曾一度递增；累计产沙量与累计产流量间呈良好的幂函数关系。总体来看，植被覆盖度 60% 的产流量与产沙量都较小，植被覆盖度 40% 较大，植被覆盖度 20% 居中，略小于植被覆盖度 40%。

2. 水系发育特征

水系平面分布密度随植被覆盖度变密而增大，但水系平面分布密度的递增率变小；当植被覆盖度变疏时，水系平面分布密度变小，且递减率加大；植被覆盖度越小，不同级别的河道数目越大，发育的河道级别越多；河道平均长度随时间先增后减，植被覆盖度 40% 的河道平均长度最长，其次为植被覆盖度 60%，植被覆盖度 20% 的最短，河道长度的增长率大体相当。每个植被覆盖度实验的测次内部，植被覆盖度 60% 的各级河道长度随河道级别基本均匀递增，植被覆盖度 40％的第 4～8h 时段，随时间递减；河道都属顺直微弯型，弯曲率随时间推移呈波状演进，植被覆盖度 40％的河道弯曲率较高，其次为植被覆盖度 20％，植被覆盖度 60％最低，分别为 1.052、1.041 及 1.031。河道级别越低，河道越顺直，级别越高，河道趋向微弯或弯曲，与原型观察结果十分类似。与同样组成物质无植被覆盖度的流域相比，植被覆盖度越大，水系分形维数值及递变率越大，植被覆盖度 20％条件下，水系分形维数值比较接近，同样反映了流域水系的消能方式及特点。

3. 流域地貌发育特征

不论是某一类型植被覆盖度影响，还是不同类型植被覆盖度影响，随着时间的推进，流域地面高程具有总体降低的趋势，等高线由流域下段向中段、上段侵蚀后退。在流域的上段、中段，几乎是平行后退，地面侵蚀降低高度较小；在下段呈发散式后退，地面侵蚀降低量中等；在出口段呈半椭圆状扩散侵蚀，侵蚀量最大，主河道呈现为深切峡谷，随着时间的推进，Ⅳ级主河道及Ⅲ级支流河谷扩宽加深。在不同植被覆盖度影响下，各植被覆盖度运行 12h 的侵蚀深度较之运行 6h 的大，总的下切幅度都随时间的推移而衰减，各条纵剖面都呈上凹形态；在植被覆盖度 20％运行的后半段时间，上段出现全流域最强的侵蚀下切，流域中央、左侧、右侧明显出现差别侵蚀及堆积；上段轻微淤积，中段强烈冲刷，下段及出口段明显淤积，呈现出上凸-中凹-下凸的复式纵剖面形态。

3.4.6.2 植被覆盖度对流域系统影响的机理

事实上，植被覆盖度主要影响流域的产流和入渗，产流影响坡面沟道及上游河道的发育，而产流多寡又影响产沙量的多少。

1. 植被覆盖度对河道数目与产流量间关系的影响

点绘不同植被覆盖度条件下河道数目与累计产流量的关系（图 3.4－38），可以看到，不管何种植被覆盖度条件，在实验开始的 2h，由于一开始降雨时的入渗量较大，产生的径流较小，各级河道的数目都比较少，随后出现 1～2 个峰值，当累计流量越来越大时，初、低级河道数越来越少，而中、高级河道数目逐渐趋向稳定。对于植被覆盖度 60％，出现在第 4h 测次，Ⅱ、Ⅲ级河道具有两个峰值，Ⅳ级河道始终保持一条，与产流多寡无关［图 3.4－38（a）］；植被覆盖度 40％，各级河道数目均出现在第 6h 测次［图 3.4－38（b）］；植被覆盖度 20％的各级河道数都在 4h 测次出现峰值，Ⅰ、Ⅱ级河道在出现峰值后，第 6h 测次出现了最低值［图 3.4－38（c）］。

2. 植被覆盖度对河道数目与产沙量间关系的影响

不同植被覆盖度条件下河道数目与累计产沙量的关系，与累计产流量间的关系相类似。在实验开始的 2h，各级河道的数目都比较少，累计产沙量也比较少，随后出现 1～2 个峰值，当累计产沙量越来越大时，初、低级河道数越来越少，而中、高级河道数目逐渐趋向稳定。对于植被覆盖度 60％，累计产沙量约 0.24t 时，Ⅱ、Ⅲ级河道在累计产沙量 0.24t 及 0.4t 时具有两个峰值，Ⅳ级河道始终保持一条，与累计产沙关系不大［图 3.4－39（a）］；植被覆盖度 40％，各级河道数目均出现在累计产沙量 0.44t 时［图 3.4－39（b）］；植被覆盖度 20％的各级河道数都在累计产沙量 0.39t 时出现峰值，Ⅰ、Ⅱ级河道在出现第一峰值后，在 0.41t 时出现最低值［图 3.4－39（c）］。

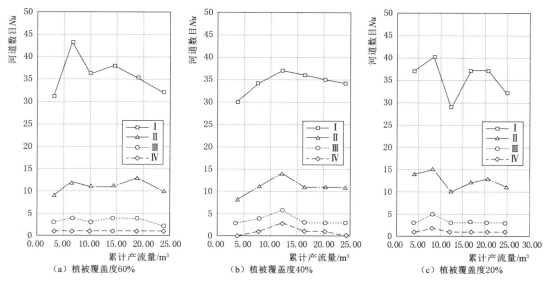

图 3.4－38　不同植被覆盖度对河道级别与产流量间关系的影响

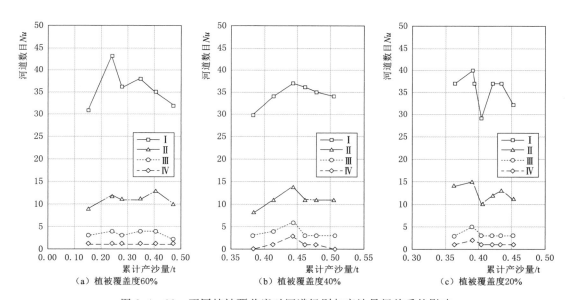

图 3.4－39　不同植被覆盖度对河道级别与产沙量间关系的影响

3. 产沙量与侵蚀速率的关系

众所周知，流域的产沙量与侵蚀速率有着密切关系，若侵蚀速率大，则产沙量大。然而，具有不同植被覆盖度的流域，出现了产沙量与侵蚀速率负相关的关系。产沙速率大，反而产沙量小（图 3.4－40），两者之间的关系可以用幂函数表达式描述见式（3.4－152）～式（3.4－154）。

由表达式分析可知，不同植被覆盖度流域侵蚀产沙量与侵蚀率的递变情况具有明显差异。植被覆盖度越大递变率越大；反之，递变率越小。在植被覆盖度 60％条件下，递变率是植被覆盖度 40％的 4 倍，是植被覆盖度 20％的 5 倍；植被覆盖度 40％的递变率是植被覆盖度 20％的 1.27 倍。必须指出，实验中仅仅在其他条件相同下，进行三种植被覆盖度影响的对比研究。流域产沙量的影响因素很多，还应该考虑地形坡降、岩性、风化程度、土壤含水量以及植被类型等。

$$N_{(60\%)} = 0.0779h_c^{0.5629} \qquad r = -0.997 \qquad (3.4-152)$$

$$N_{(40\%)} = 0.3117h_c^{0.1439} \qquad r = -0.987 \qquad (3.4-153)$$

$$N_{(20\%)} = 0.3093h_c^{0.1129} \qquad r = -0.989 \qquad (3.4-154)$$

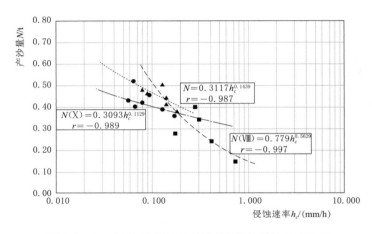

图 3.4-40   植被覆盖度影响下产沙量与侵蚀速率关系

3.4.6.3   几个问题

1. 流域左右不对称发育及其原因分析

在实验过程中，流域水系及地形演变出现左右不对称现象。水系分布及地形高程表现比较明显，特别是植被覆盖度 20％的条件下，流域右侧的河网密度、河道长度、河道数目等明显高于左侧。可能原因：①流域水系发育具有随机游动性，尽管在极为均匀的黄土坡面上接受降雨，均匀覆盖着大小一致的塑料植被，流域坡面上出现Ⅰ级源头的河道带有随机性，右侧流域随机出现较多的Ⅰ级河道；②人工降雨喷头的不均匀性影响，喷头率定的喷洒量有一定误差，右侧喷头的喷洒量略大于左侧，导致初始降雨量略大，造成流域右侧的径流量大于左侧，利于发育较多Ⅰ、Ⅱ级河道；③实验流域土层密实度非均匀性影响，右侧局部土层夯实不够，导致径流非均匀汇集；④模型实验中模拟植被覆盖度的塑料块移动非均匀性影响，产流后不久，由于塑料块顺坡滑动，导致局部汇流过于集中，且植被覆盖度越小，影响越明显。第一种原因造成的范围较大，后三种原因影响的范围较小。

2. 植被覆盖度与流域地貌形态关系

在实验过程中，各植被覆盖度影响实验的后半段时间到实验结束，流域地貌形态出现明显变化，尤其是植被覆盖度 20％影响的实验。在流域上段出现全流域最强的侵蚀下切，流域左侧，将植被覆盖度 60％和 40％下形成的河间地或沟间地侵蚀成窄条状间地；而在右侧，间地大大地侵蚀降低，这种情况向中段、下段延续发展；在下段及近出口段，植被覆盖度60%与40%下形成的沟谷被填平，在流域中央形成相对宽浅的Ⅲ级"V"形支流河道与Ⅳ级主河道。事实上，植被覆盖度20%意味着仅仅占流域面积的1/5，对防止水土流失的作用有限，流域中段的Ⅲ级支流溯源侵蚀，向上游退缩，影响到Ⅱ级河道相应上溯后退，再波及Ⅰ级河道下切后退。在这个过程中河道弯曲、展宽，于是出现所述地貌形态。

3. 植被覆盖度对流域纵剖面影响

总体来看，植被覆盖度60%及40%对流域纵剖面影响较小，植被覆盖度20%的影响较大，流域上段轻微淤积，中段强烈冲刷，下段及出口段明显淤积，呈现出上凸-中凹-下凸的复杂纵剖面形态。从每条纵剖面看，右侧的纵剖面（横向起点距200cm）变化情况较小（图3.4-35）；中线纵剖面（横向起点距400cm）上，自上而下，变化幅度中等（图3.4-36）；右侧纵剖面（横向起点距600cm）变化比较大，尤其当植被覆盖度20%条件下，其上段发生轻微的淤积，中段、下段400～600cm处冲刷十分强烈，出口段明显淤积（图3.4-37），除了植被覆盖度20%时形成复杂的纵剖面形态外，其余植被覆盖度，包括植被覆盖度20%条件下，各条纵剖面都呈上凹形态。

4. 植被覆盖度的模拟材料问题

本书采用比较简单的办法，用塑料小方块规则地排列摆放在黄土地面上模拟植被覆盖度，没有考虑植被类型，如草地、森林的种类、郁闭度，在原型中，植被一旦成长，就不会移动，植被覆盖度相对固定，而且覆盖的植被也有空隙，可以透过一部分雨水渗入地下涵养植被，而塑料片不透水，但在潮湿的地面有水流过时，有可能移动发生重叠，从而降低植被的覆盖度，所以每次实验2h后，进行必要的修补和调整，这是十分麻烦的操作。有人用种草和苔藓、有孔的塑料网块来模拟植被覆盖度，或许效果更佳。

3.4.6.4 小结

1. 植被覆盖度对流域系统产生综合影响

总体来看，当植被覆盖度大于50%，加上模型植被顺坡排列时，在初始阶段，产流、产沙率迅速增大，随着植被覆盖度的减少，侵蚀产沙过程出现衰减现象；植被覆盖度60%的产流量与产沙量都较小，植被覆盖度40%较大，植被覆盖度20%居中，略小于植被覆盖度40%。与同样组成物质无植被覆盖的流域相比，植被覆盖度越大，水系分形维数值及递变率越大，植被覆盖度20%条件下，水系分形维数值比较接近，同样反映了流域水系的消能方式及特点；在不同植被覆盖度影响下，各植被覆盖度运行12h的侵蚀深度较之6h的大，总的下切幅度都随时间的推移而衰减，各条纵剖面都呈上凹形态；在植被覆盖度20%运行的后半段时间，上段出现全流域最强的侵蚀下切，流域中央、左侧、右侧明显出现差别侵蚀及堆积；上段轻微淤积，中段强烈冲刷，下段及出口段明显淤积，呈现出上凸-中凹-下凸的复式纵剖面形态。

2. 植被覆盖度对流域系统影响的机理

（1）不同植被覆盖度影响产流量，涉及河道数目多寡，由于一开始降雨时的入渗量较大，产生的径流较小，各级河道的数目都比较少，随后出现1～2个峰值，当累计流量越来越大时，初级、低级河道数越来越少，而中级、高级河道数目逐渐趋向稳定。

（2）不同植被覆盖度下的产流量影响河道数目，进而影响产沙量。在实验开始的2h，各级河道的数目都比较少，累计产沙量也比较少，随后出现1～2个峰值，当累计产沙量越来越大时，初级、低级河道数越来越少，而中级、高级河道数目逐渐趋向稳定。

（3）具有不同植被覆盖度的流域，产沙量与侵蚀速率呈负相关关系。侵蚀速率越大，累计产沙量越小，另外植被覆盖度越大，产沙量与侵蚀速率间的递变率越大。植被覆盖度60％条件下，递变率是植被覆盖度40％的4倍，是植被覆盖度20％的5倍。必须指出，实验中仅仅考虑了其他条件相同下，进行3种植被覆盖度影响的对比研究。流域产沙量的影响因素很多，还应该考虑地形坡降、岩性、风化程度、土壤含水量以及植被类型等。

3. 植被覆盖度对流域系统影响实验的一些问题

（1）流域水系发育固有的随机游动性，人工降雨喷头喷出量、土层密实度、模拟塑料块移动等的非均匀性，是导致流域不对称发育的可能原因，固有的随即游动性带有全局性，而其他原因具有局部性。

（2）植被覆盖度影响流域地貌形态，各植被覆盖度影响实验的后半段时间到实验结束，流域地貌形态出现明显变化，尤其是植被覆盖度20％影响的实验，该植被覆盖度意味着仅仅占有流域面积的1/5，对防止水土流失的作用有限，流域中段的Ⅲ级支流溯源侵蚀，向上游退缩，影响到Ⅱ级河道相应上溯后退，再波及Ⅰ级河道下切后退。在这个过程中河道弯曲、展宽，出现相应的流域地貌形态。

（3）植被覆盖度影响流域纵剖面的发育，植被覆盖度60％及40％对流域纵剖面影响较小，植被覆盖度20％的影响较大，流域上段轻微淤积，中段强烈冲刷，下段及出口段明显淤积，呈现出上凸-中凹-下凸的复杂纵剖面形态。

（4）植被覆盖度的模拟材料对实验有一定影响，用一些替代材料，例如用种草和藓苔、带孔隙的塑料网块来模拟植被覆盖度，或许效果更佳。

综上：在土地利用中，如果种植密度大，对降雨截流小，反而增大产流率，顺坡种植作物将导致严重水土流失。植被度减少，导致侵蚀产沙过程衰减率增大，水系发育初始阶段更为明显，在一定坡降条件下，流域坡面产流与入渗是一对"双生子"。当植被覆盖度遭受破坏时，水系密度变小，破坏速率会加大；当生态环境修复时，在植被覆盖度增大的过程中，水系密度的增大却比较缓慢。

3.5　结论与讨论

本章介绍了流域地貌发育过程中，均匀物质、非均匀物质及植被覆盖度影响的实验结果。

1. 均匀物质组成的流域地貌系统发育实验

在给定雨强及给定坡度条件下，由均匀物质组成的流域地貌系统具有下列侵蚀产沙及地貌发育特征：随着时间的推移，河道数目、河道长度由少到多，而后复又减少；流域地面高程不断侵蚀降低，具有时空不均匀性，在前半个发育阶段中，占总侵蚀量的3/4；而后半个发育阶段仅占1/4。在纵向上，流域中游、下游段侵蚀率较大，逐步向上游发展；在横向上，中央部位具有最大侵蚀量并向两侧递减，纵、横比降随时间推移而降低。

分析表明，河流数目、长度及分歧比的统计规律与天然流域水系的统计规律十分类似。河道级别越低，水系的统计特征与天然流域越相似；级别越高，相似性则不很明显，这或与实验流域的出口条件受约束，高级河道未能充分发育有关。

值得指出的是，在定雨强条件下，径流量是时间的单调递增函数。然而，均质流域中的产沙过程及水系发育过程在时间和空间上都具有非均匀性，存在着河流数目及河流平均长度的临界值，并具有相应的产沙量。实验的初期阶段，产沙量较大，但这并不意味着水系发育之初河道数目较少，这与入渗量较大、地表径流较小、地形坡度较大、模型流域中沟道比降较陡而易于侵蚀下切有关。随着入渗量的减少，地表径流率不断增大，发育了更高级别的沟道系统，这时，挟沙能力较小的坡面径流导致河道旁侧兼并，而挟沙能力较大的低级河道袭夺较高级的河道，促使河道数目减少，高级河道平均长度增大，逐步形成比较稳定的水系结构。与此同时，各级河道的平均比降不断降低，而流域中径流平均速率，因入渗率由大变小，反有增大趋势。分析表明，在空间上，JV 值自流域上游向下游减少，亦即低级河道具有较大的消能率，高级河道具有较小的消能率。对于整个流域来说，随着时间的推移，JV 值趋向某一定值，即该流域允许的最小值。

2. 非均匀物质组成的流域地貌系统发育实验

不同物质组成对流域水系发育、侵蚀产沙及两者间的关系有明显影响。不论物质组成孰粗孰细，产沙过程具有波动振荡衰减特征，物质越粗，衰减率及波动振荡幅度越大；物质越细，衰减率及振荡幅度越小。物质组成也明显影响流域水系各级河道的数目和平均长度，物质组成越细，水系各级河道数目越多，河道平均长度越短；反之，物质越粗，各级河道数目越小，河道平均长度越长，但实验中由于模型流域出口边界条件限制，而使最高级河道不能遵循这一规律。

尽管流域物质组成不同，水系发育及产沙过程均具有非线性特征。水系分形维数是能耗率的一种量度，流域发育过程中，河道数目的增加及河道长度的增长、弯曲、比降变缓是水系达到最小消能的两种不同形式。流域水系的分形维数，随时间呈不对称上凹型曲线，水系发育中期有最小临界值。这一临界值随流域物质组成变细而降低，随物质变粗而增大。

流域侵蚀产沙与水系分形维数间存在显著的非线性特征。两者间亦近乎是不对称双曲线关系。随时间推移，其递变率的绝对值变小；这种趋势随物质组成变粗而加剧，随物质组成变细而减缓，是状态替代时间过程的良好体现。上述特征，主要与粗物质较疏松、抗蚀力差，细物质较黏实、抗蚀较强有关。物质越粗，易于侵蚀，难于形成众多较细的Ⅰ级沟道，高级河道或沟道较宽浅不易弯曲；而物质越细，黏实、抗蚀力相对较强，易于形成较细和众多的Ⅰ级沟道，高级河道易弯曲、拉长。

3. 植被覆盖度对流域地貌系统发育影响实验

植被覆盖度对流域产流、产沙、水系发育和地貌发育具有综合影响。当植被覆盖度大于 50%，加上模型植被顺坡排列时，其初始阶段，产流、产沙率迅速增大，随着植被覆盖度的减少，侵蚀产沙过程明显衰减；植被覆盖度 60% 的产流量与产沙量都较小，相应植被覆盖度 40% 较大，植被覆盖度 20% 居中，略小于植被覆盖度 40%；与同样组成物质、无植被覆盖度的流域相比，植被覆盖度越大，水系分形维数值及递变率越大，在植被覆盖度 20% 条件下，水系分形维数值比较接近，同样反映出流域水系的消能方式及特点；在不同植被覆盖度影响下，各植被覆盖度运行 12h 的侵蚀深度较之 6h 的大，总的下切幅度都随时间的推移而衰减，各条纵剖面都呈上凹形态；在植被覆盖度 20% 运行的后半段时间，上段出现全流域最强的侵蚀下切，流域中央、左侧、右侧明显出现差别侵蚀及堆积；上段轻微淤积，中段强烈冲刷，下段及出口段明显淤积，呈现出上凸-中凹-下凸的复式纵剖面形态。

实验揭示，在一定坡降条件下，流域，坡面产流与入渗是一对双生子。如果土地利用中，人工种植密度不适当，或者植被类型不合适，对降雨截流小，反而增大产流率，顺坡种植将导致水土流失加重。植被覆盖度的减少，导致侵蚀产沙过程衰减率增大，在水系发育初始阶段更为明显。因此，一旦植被覆盖度遭受破坏，水系密度变小，破坏速率会加大；生态环境修复时，在植被覆盖度增大的过程中，水系密度的增大却比较缓慢。

参 考 文 献

陈树群，钱沦海，冯智伟，1995. 台湾地区河川型态之碎形维度 [J]. 中国台北：中国土木水利工程学刊，7 (1)：63 - 71.

冯金良，张稳，1997. 滦河现代三角洲演变的几何学特征 [J]. 黄渤海海洋，15 (3)：22 - 25.

冯金良，张稳，1999. 海滦河流域水系分形 [J]. 泥沙研究，(1)：62 - 65.

冯平，冯焱，1997. 河流形态特征的分维计算方法 [J]. 地理学报，52 (4)：324 - 330.

傅军，丁晶，邓育仁，1995. 嘉陵江流域形态及流量过程分维研究 [J]. 成都科技大学学报，1：74 - 80.

何隆华，赵宏，1996. 水系的分形维数及其意义 [J]. 地理科学，16 (2)：124 - 128.

金德生，陈浩，郭庆伍，1997. 河流纵剖面分形——非线性形态特征 [J]. 地理学报，52 (2)：154 - 161.

金德生，郭庆伍，刘书楼，1992. 应用河流地貌实验与模拟研究 [M]. 北京：地震出版社，92.

金德生，郭庆伍，1995. 流水地貌系统模型实验的相似性问题 [C] // 金德生. 地貌实验与模拟. 北京：地震出版社，265 - 268.

李后强，艾南山，1992. 分形地貌学及地貌发育的分形模型 [J]. 自然杂志，15 (7)：516 - 518.

彭新德，夏卫生，2012. 不同植被土壤水分入渗初探 [J]. 热带作物学报，33 (10)：1910 - 1913.

申震洲，刘普灵，谢永生，等，2006. 不同下垫面径流小区土壤水蚀试验研究 [J]. 水土保持通报，26 (3)：6 - 9.

汪富泉，1999. 泥沙运动及河床演变的分形特征与自组织规律研究 [D]. 成都：四川大学，106.

王嘉松，王长宁，1990. 计算河网分维的一种方法 [D]. 南京：南京大学.

王子豪，张风宝，杨明义，等，2018. 水蚀风蚀交错带退耕还林坡地植被利用对径流产沙的影响 [J]. 应用生态学报，29 (12)：3907 - 3916.

魏一鸣，金菊良，周成虎，等，1998.1949—1994 年中国洪水灾害成灾面积的时序分形特征 [J]. 自然灾害学报，7 (1)：83 - 86.

吴蕾，穆兴民，高鹏，等，2019. 黄土高原地区植被覆盖度对产流产沙的影响 [J]. 水土保持学报，26 (6)：133 - 139.

杨帆，姚文艺，戴文鸿，等，2013. 植被影响下的坡面水力侵蚀研究进展 [J]. 人民黄河，35 (1)：72 - 74.

姚文艺，汤立群，2001. 水力侵蚀产沙及模拟 [M]. 郑州：黄河水利出版社，1 - 2.

姚文艺，肖培青，申震洲，等，2011. 坡面产流过程及产流临界对立地条件的响应关系 [J]. 水利学报，42 (19)：1438 - 1444.

尹国康，1991. 流域地貌系统 [M]. 南京：南京大学出版社，281.

张捷，包浩生，1994. 分形理论及其在地貌学中的应用 [J]. 地理研究，13 (3)：104 - 111.

赵孟杰，姚文艺，王金花，等，2015. 植被覆盖度对黄土高原地区土壤入渗及产流影响的试验研究［J］. 中国水土保持，6：41－43，47.

周璟，张旭东，何丹，等，2010 湘西北小流域坡面尺度地表径流与侵蚀产沙特征及其影响因素［J］. 水土保持学报，24（3）：18－23.

朱冰冰，李占斌，李鹏，等，2010. 草本植被覆盖对坡面降雨径流侵蚀影响的试验研究［J］. 土壤学报，47（3）：401－407.

朱显谟，1984. 黄土高原土地资源的合理开发与保护［J］. 地理科学，4（2）：97－105.

邹俊良，邵明安，龚时慧，2011. 不同植被和土壤类型下土壤水分剖面的分异［J］. 水土保持研究，(6)：12－17.

Abrahams A D，Anthony J Parsonsb，John W，1995. Effects of Vegetation Change on Interrill Runoff and Erosion，Walnut Gulch，Southern Arizona［J］. Geomorphology，13（1－4）：37－48.

Andreu V，J L Rubio，R Cerni，1994. Use of a Shrub（Medicago arborea）to Control Water Erosion on Steep Slopes［J］. Soil Use and Management，10（3）：95－99.

Anthony Mills，Martin Fey，2004. Transformation of Thicket to Savanna Reduces Soil Quality in the Eastern Cape，South Africa［J］. Plant and Soil，265：153－163.

Bao N，Ye B，Bai，Z，2012. Rehabilitation of Vegetation Mapping of ATB Opencast Coalmine Based on GIS and RS［J］. Sens. Lett.，10（1－2）：387－393.

Baoqing Zhang，Chansheng He，Morey Burnhamc，et al.，2016. Evaluating the Coupling Effects of Climate Aridity and Vegetation Restoration on Soil Erosion over the Loess Plateau in China［J］. Science of the Total Environment，539（1）：436－449.

Barbera P L，Rosso R，1989. On the Fractal Dimension of Stream Networks［J］. Water Resources Res.，25（4）：735－741.

Bates C G，Henry A J，1928. Forest and Stream Flow Experiment at Wagon Wheel Gag，Colorado［J］. Monthly Weather Rev.，（30）：593.

Benito E，J L Santiago，E de Blas，et al.，2003. Deforestation of Water-repellent Soils in Galicia（NW Spain）：Effects on Surface Runoff and Erosion under Simulated Rainfall［J］. Eatth Surface Processes and Lanforms，28（2）：145－155.

Biemelt D，Schapp A，Kleeberg A，et al.，2005. Overland Flow，Erosion，and Related Phosphorus and Iron Fluxes at Plot Scale：a Case Study from a Non-vegetated Lignite Mining Dump in Lusatia［J］. Geoderma，129（1－2）：4－18.

Bochet E，Rubio J L，Poesen J，1999. Modified Topsoil Islands Within Patchy Mediterranean Vegetation in SE Spain［J］. Catena，38（1）：23－44.

Burt T P，Walling D E，1984. Catchment Experiments in Fluvial Geomorphology［M］. Geobook，Norwich（U. K.）：597.

Cerdà A，2001. Effects of Rock Fragment Cover on Soil Infiltration，Interrill Runoff and Erosion［J］. European Journal of Soil Science，52（1），59－68.

Drazic D，Veselinovic M，Cule，N，et al.，2012. New Post-exploitation Open Pit Coal Mines Landscapes－potentials for Recreation and Energy Biomass Production：a Case Study from Serbia Morav［J］. Geogr. Rep.，20（2）：2－16.

Dunne T，Weihua Zhang，B F Aubry，1991. Effects of Microtopography and Vegetation Cover Density on Infiltration and Runoff，AGU Advancing［J］. Earth and Space Science，27（9）：2271－2285.

Erik M. Cadaret，2015. Vegetation Canopy Cover Effects on Sediment and Salinity Loading in the Upper Colorado River Basin Mancos Shale Formation，Price，Utah［A］. Thesis，Requirements for the Degree of Master of Science，Supervision by Erik M，Cadaret，Kenneth，et al.，/Thesis Advisor，University of Nevada, Reno, ProQoest Number: 10001481.

Evans K G, Martin P, Moliere D R, et al., 2004. Erosion Risk Assessment of the Jabiluka Mine Site, Northern Territory, Australia [J]. J. Hydrol. Eng., 9 (6): 512 – 522.

Feng Jinliang, Zhange Wen, 1999. The Evolution of the Modern Luan-He River Delta, North China [J]. Geomorphology, 25 (3 – 4): 269 – 278.

Gilley J E, Patton B D, Nyren P E, et al., 1996. Grazing and Haying Effects on Runoff and Erosion from a Former Conservation Reserve Program Site [J]. Appl. Eng. Agric., 12: 681 – 684.

Gogoi N, Kumar K, Ram B, et al., 2018. Grain Legumes: Impact on Soil Health and Agroecosystem, Legumes for Soil [J]. Health and Sustainable Management, 511 – 539.

Gregory K J, Walling D E, 1974. The Geomorphologist's Approach to Instrumented Watersheds in the British Isles [J]. In: Fluvial Processes in Insirumented Watersheds, ed. Gregory, K. J & Walling, D. E. (Institute of British Geographers Special Publlication, (6): 1 – 6.

Grigal D F, 2000. Effects of Extensive Forest Management on Soil Productivity [J]. Forest Ecology and Management, 138 (1 – 3): 167 – 185.

Guerra A, 1994. The Effect of Organic Matter Content on Soil Erosion in Simulated Rainfall Experiments in W. Sussex UK [J]. Soil Use and Management, 10 (2): 60 – 64.

Gupta V K, Waymirem E, 1989. Statistical Self-similarity in River Networks Parameterized by Elevation [J]. Water Resources Res, 25 (3): 463 – 476.

Haywood J D, 1999. Durability of Selected Mulches, Their Ability to Control Weeds, and Influence Growth of Loblolly Pine Seedlings [J]. New Forests, 18: 263 – 276.

Heede B H, R M King. 1990. State of the Art Timber Harvest in an Arizona Mixed Conifer Forest Has Minimal Effect on Overland FLow and Erosion [J]. Hydrological Sciences Journal, 35 (6): 623 – 635.

Hoffman O, Yizhaq, Hezi, et al., 2013. Small – scale Effects of Annual and Woody Vegetation on Sediment Displacement under Field Conditions [J]. Catena, 109: 157 – 163.

Hooke R L, 1968. Model Geology, Prototype and Laboratory Stream: Disenssion [J]. Geol. Soc. Armer. Bull, (79): 391 – 394.

Horton R E, 1945. Erosional Development of Streams and Their Drainage Basins: Hydrophysical Approach to Quantitative Morphology [J]. Geol. Soc. Amer. Bull., 56: 275 – 370.

Jien Zhang, Tianming Wang, Jianping Ge, 2015. Assessing Vegetation Cover Dynamics Induced by Policy – Driven Ecological Restoration and Implication to Soil Erosion in Southern China [J]. Published: June 26. https: // doi. org/ 10. 1371/ journal. pone. 0131352.

Jin Desheng, Chen Hao, Guo Qingwu, 1999. A Preliminary Experimental Study on Non-linear Relation of Sediment Yield to Drainage Network Development [J]. International Journal of Sediment Research, 14 (2): 9 – 18.

Joch R J, 2000. Effects of Vegetation Cover on Runoff and Erosion under Simulated Rain and Overland Flow on a Rehabilitated Site on the Meandu Mine, Tarong, Queensland [J]. Australian Journal of Soil Research, 38 (38): 299 – 312.

Jung W K, N R Kitchen, K A Sudduth, et al., 2008. Contrasting Grain Crop and Grassland Management Effects on Soil Quality Properties for a North – central Missouri Claypan Soil Landscape [J]. Soil Science and Plant Nutrition, 54: 960 – 971.

Kavian A, Sabet S H, Solaimani K, et al., 2017. Simulating the Effects of Land Use Changes on Soil Erosion using RUSLE Model [J]. Geocarto International, 32 (1): 97 – 111.

Kilewe A M, J P Mbuvi, 1988. The Effects of Crop Cover and Residue Management on Runoff and Soil Loss [J]. East African Agricultural and Forestry Journal, 53 (4): 193 – 203.

Krummelbein J, Horn R, Raab T, Bens O, et al. , 2010. Soil Physical Parameters of a Recently Established Agricultural Recultivation Site after Brown Coal Mining in Eastern Germany [J]. Soil Tillage Res. , 111 (1): 19 – 25.

Langbein W B, Leopold L B, 1964. Quasi-equilibrium State in Channel Morphology [J]. Amer. J. Sci. : 782 – 794.

Laveea H, P Kutielab, M Segeva, et al. , 1995. Effect of Surface Roughness on Runoff and Erosion in a Mediterranean Ecosystem: the Role of Fire [J]. Geomorphology, Volume 11, Issue, 3: 227 – 234.

Leopold L B, Langbein W B, 1962. The Concept of Energy in Landscape Evolution [J]. U. S. Geol. Survey Prof. Paper, No. 500 – A, 20.

Ling Zhang, Jinman Wang, Zhongke Bai, et al. , 2015. Effects of Vegetation on Runoff and soil Erosion on Reclaimed Land in an Opencast Coal – mine Dump in a Loess Area [J]. Catena, 128: 44 – 53.

Маккавеев Н И, и Р С Чалова, 1984. Эрозионные процессы [M]. Москва "Мысль".

M Inbar, M Tamir, L Wittenberg, 1998. Runoff and Erosion Processes after a Forest Fire in Mount Carmel, a Mediterranean Area [J]. Geomorphology, 24 : 17 – 33.

Mesa O J, Gupta V K, 1987. On the Main Channel Length-area for Channel Networks [J]. Water Resource Res. , 23 (11): 2119 – 2122.

Miao Z, Marrs R, 2000. Ecological Restoration and Land Reclamation in Open – cast Mines in Shanxi Province, China [J]. J. Environ. Manag. , 59 (3): 205 – 215.

Mohammed A, F A Gumbs, 1982. The Effect of Plant Spacing on Water Runoff, Soil Erosion and Yield of Maize (Zea mays L.) on a Steep Slope of an Ultisol in Trinidad [J]. J. agric. Engng Res. , 1982, 27: 481 – 488.

Mosler M P, Zimpfer G L, 1978. Hardware Models in Geomorphology [J]. Progress in Physical Geogr. , (2): 438 – 461.

Nikora V I, 1991. Fractal Structures of River Plan Forms [J]. Water Resources Res. , 27 (6): 1327 – 1333.

Ohana – Levi N, Karnieli A, Egozi R, et al. , 2015. Modeling the Effects of Land – Cover Change on Rainfall – Runoff Relationships in a Semiarid, Eastern Mediterranean Watershed [J]. Hydrological Processes in Changing Climate, Land Use, and Cover Change, Advances in Meteorology, Special Issue, 2015, 1 – 16.

Petkovic S, N Dragovic, S Markovic, 1999. Erosion and Sedimentation Problems in Serbia [J]. Hydrological Sciences Journal, 44 (1): 63 – 77.

Pillsbury A F, R E Pelishek, J F Osborn, 1962. Effects of Vegetation Manipulation on the Disposition of Precipitation on Chaparral-covered Watersheds [J]. Journal of Geophysical Research. First published: February https://doi. org/10. 1029/JZ067i002 p00695.

Polyakov V, Lal R, 2004. Modeling Soil Organicmatter Dynamics as Affected by Soil Water Erosion [J]. Environ. Int. , 30 (4): 547 – 556.

Puigdefabregas J, Sole A, Gutierrez L, et al. , 1999. Scales and Processes of Water and Sediment Redistribution in Drylands: Results from the Rambla Honda Field Site in Southeast Spain [J]. Earth Sci. Rev. , 48 (1 – 2): 39 – 70.

Robert A, Roy A G, 1990. On the Fractal Interpretation of the Mainstream Length Drainage Area Relationship [J]. Water Resources Res. , 26 (5): 839 – 842.

Roger Mousa, 1997. Is the Drainage Network a Fractal Sierpinski Space? [J]. Water Resources Research, 33 (10) : 2399 – 2408.

Rogers R D, Schumm S A, 1991. The Effect of Sparse Vegetative Cover on Erosion and Sediment Yield

［J］． Jour. Hydrology，123 （1－2）：19－24.

Ross R B，Barbera P L，1991. Fractal Relation of Mainstream Length to Catchment Area in River Networks ［J］． Water Resource Res. ，27 （3）：381－387.

Roth C H，B Meyer，H G Frede，et al. ，1986. The Effect of Different Soybean Tillage Systems on Infiltrability and Erosion Susceptibility of an Oxisol in Paraná，Brazil ［J］． Journal of Agronomy and Crop Science，157 （4）：217－226.

Sauer T，J B Ries. ，2008. Vegetation Cover and Geomorphodynamics on Abandoned Fields in the Central Ebro Basin（Spain）［J］．Geomorphology，102：267－277.

Scheidegger A E，1967. A Stochastic Model for Drainage Patterns Into an Intramontane Treinch ［J］． Bull. Intern. Asso. Sci. Hydro. ，12：636－638.

Scheidegger A E，1967. Random Graph Patterns of Drainage Basins ［J］． Inter. Assoc. Sci. Hydro. Pub. ，76：415－425.

Schumm S A，1956. The Evaluation of Drainage Systems and Slops in Badland at Perth Amboy，New Jersey ［J］． Bull. Geol. Soc. Amer . ，（67）：596－646.

Schumm S A，1977. Fluvial Syitcm ［M］． John Wiley & Sons：338.

Schumm S A，Lichty R W，1965. Time，Space and Causality in Geomorphology ［J］． American Journal of Science，（263）：110－119.

Schumm S A，Khan H R，1972. Experimental Study on Channel Patterns ［J］． Amer. Bull. ，83 （6）：1755－1770.

Schumm S A，Mosley M P，Weaver W E，1987. Experimental Fluvial Geomorphology ［M］． John Wiley and Sons：413.

Sever H，Makineci E，2009. Soil Organic Carbon and Nitrogen Accumulation on Coal Mine Spoils Reclaimed with Maritime Pine（Pinus pinaster Aiton）in Agacli ［J］． Environ Monit Assess，155：273－280.

Shreve R L，1966. Statistical Law of Stream Numbers ［J］． J. Geol. ，（74）：17－37.

Shreve R L，1967. Infinite Topologically Random Channel Networks ［J］． J. Geol. ，（75）：179－186.

Shreve R L，1969. Stream Length and Basin Areas in Topologically Random Channel Networks ［J］． J. Geol. ，（77）：397－414.

Slaymaker O，1981. Geomorphic Field Experiments：Inventory and Prospect ［J］． Transaction JGU，2 （2）：159－170.

Smart J S，1969. Topological Properties of Channel Networks ［J］． Geol. Soc. Amer. Bull. ，80：757－774.

Smart J S，1973. The Random Model in Fluvial Geomorphology ［C］． In：M Morisawa ed. Fluvial Geomorphology，Binghamton：Publications in Geomorphology，State University of N. Y. ，314.

Strahler A N，1957. Quantitative Analysis of Watershed Geomorphology ［J］． Am. Geography. Union Trans. ，38：913－920.

Strahler A N，1958. Dimensional Analysis Applied to Fluvially Eroded Landforms ［J］． Bulletin of the Geolological Society of American，（69）：279－300.

Sun W Y，Shao Q Q，Liu J Y，2013. Soil Erosion and Its Response to the Changes of Precipitation and Vegetation Cover on the Loess Plateau ［J］． J. Geogr. Sci. ，23 （6）：1091－1106.

Luo Tanzhou，1992. Fractal Structure and Properties of Stream Networks ［J］． Water Resource Res. ，28 （110）：2981－2988.

Tarboton D G，Bras R L，Rodriguez I A，1992. Physical Basis for Drainage Density ［J］． Geomorphology，5 （1－2）：59－76.

Thibault J R，Moyer D L，Dahm C N，et al. ，1999，Effects of Livestock Grazing on Morphology，Hydrology and Nutrient Retention in Four Riparian/Stream Ecosystems, New Mexico, USA [C]. USDA Forest Service Proceedings RMRS - P - 7, 123 - 128.

Thornton C, J Dev Joslin, Bert R Bock, et al., 1998. Environmental Effects of Growing Woody Crops on Agricultural LAnd: First Year Effects on Erosion, and Water Quality [J], Biomass and Bioenergy, 15 (1): 57 - 69.

Wang J M, Jiao Z Z, Bai Z K, 2014b. Changes in Carbon Sink Value Based on RS and GIS in the Heidaigou Opencast Coal Mine [J]. Environ. Earth Sci. 71 (2), 863 - 871.

Wang J M, Liu W H, Yang R X, et al., 2013b. Assessment of The Potential Ecological Risk of Heavy Metals in Reclaimed Soils at an Opencast Coal Mine [J]. Disaster Adv. 6, 366 - 377.

Zhang W, Yu D, Shi X, et al., 2011. The Suitability of Using Leaf Area Index to Quantify Soil Loss under Vegetation Cover [J]. J. Mt. Sci. 8 (4), 564 - 570.

Zhao Z, Shahrour I, Bai Z, et al., 2013. Soils Development in Opencast Coal Mine Spoils Reclaimed for 1 - 13 Years in the West-Northern Loess Plateau of China [J]. Eur. J. Soil Biol., 55, 40 - 46.

Zuo X, Zhao X, Zhao H, et al., 2010. Spatial Heterogeneity of Vegetation Characteristics in the Processes of Degraded Vegetation Restoration in Horqin Sandy Land, Northern China [J]. Ecol. Environ. Sci., 19 (7), 1513 - 1518.

第 4 章

坡地地貌系统发育与演变实验研究

4.1 概述

人类赖以生存的地球，其陆地表面，严格来说没有绝对平坦的地面，平坦地面也不过是坡度为零的特殊坡面。因此，陆地表面系统是由各种大小不一的坡面子系统组成的地貌系统。在内外营力及人类活动的影响下，发生着多种多样的坡面地貌过程，展示众多的坡地地貌特征，给流域地貌子系统、河流地貌子系统、水流沉积子系统以及人类社会带来种种影响，人们运用多途径包括物理模型实验和数学模拟实验研究坡地地貌子系统。

随着人口增长，工业高速发展，人们向土地的索取越来越多，使土壤侵蚀问题愈来愈为世界各国所关注。我国黄土高原是世界上土壤侵蚀最剧烈、危害最大的地域，其中坡面侵蚀因与人类生产生活密切相关成为土壤侵蚀中一个重要问题。因此对黄土坡面侵蚀过程及地貌发育的研究不仅具有重要的理论意义，而且具有很大的现实意义。

黄土坡面侵蚀过程机理的研究方法主要有定位与半定位观测方法、统计方法、水动力学方法及传统地学方法（Smith et al.，1958；Yen et al.，1971；陈永宗，1987）。其中，实验方法既是将实际过程进行简化归纳并在一定程度上重现的有效途径，又是进一步进行统计分析及水动力学分析的基础。在简化条件下由实验得到的认识，可结合野外实际观测结果进行分析处理并进行时空上的合理外延。

在流水作用下的坡面侵蚀实验研究几乎已涉及了入渗、产流、产沙、沟道发育、沟坡侵蚀、植被与地形影响等各个方面（Moss et al.，1978；陈浩等，1986）。然而，将侵蚀过程作为一个完整的整体来观测上述诸过程变化并直接与地貌形态和坡形变化相联系的实验研究还不多见。鉴于此，非常有必要对一个完整的侵蚀过程，分阶段地进行实验研究，并比较各阶段之间侵蚀机理的异同（徐为群等，1995）。

国外学者曾将裸露山坡上的土壤侵蚀过程分为两个阶段：颗粒分离和分离颗粒被地表径流搬运。Foster 等（1984）则从泥沙输移角度出发将其过程分为两个阶段：细沟间侵蚀和细沟侵蚀。野外调查和实验表明，坡面上有细沟发育时，坡面侵蚀产沙将数倍至数十倍地增加。Merritl（1984）在室内实验资料分析中，将坡面细沟发育分为四个阶段：片流、线性水流发育、隐细沟及有沟头侵蚀细沟。蔡强国与陈浩通过实验，将坡地上的产沙过程分为溅蚀、表土结皮形成、结皮破坏、细沟发育阶段，得出细沟开始发育阶段侵蚀量最大、溅蚀阶段次之、结皮生成阶段最小的认识（陈浩等，1986）。

尽管前人在坡面侵蚀过程方面的研究已有很多，但将侵蚀过程中产流、产沙等特征量变化规律与地貌形态变化过程进行统一考虑的研究较少，本章以黄土高原的坡面发育为基础，着重研究黄土坡面的产流产沙过程及坡面形态演变发育过程。

4.2 模型实验坡面系统

1. 模型实验坡面系统设计及制作

利用室内模拟实验的方法可对坡面产流产沙过程、坡地地貌发育演变过程以及这两过程间的关系进行机理研究。这种方法既可借助于物理模型来获取机理分析所需数据，又可以设计多种边界条件并在较短的时间内实现，便于观测过程。实验的目的在于研究坡面发育影响因素、发育过程及其侵蚀机理。

流域系统极其复杂，主要影响因素除地形、岩性、构造、气候之外，还有水文特征等。对流域坡面侵蚀的研究方法有自然模型、比拟模型及比尺模型。本书主要研究坡面侵蚀的一般机理而不针对具体的某个流域，加之要做到使流域地形的几何相似与边界条件相似极其困难。因此，在实验设计时采用自然模型来进行。

在中科院地理所流水地貌实验室完成了这项实验，共分 10 个组次。每一组的初始地形条件均为前一组的终极地形条件，每组降雨历时 90min，组间间隔 1～2d。这样便可观测具有不同初始地形的每组实验中坡面侵蚀发育过程，而且还可观测各组间的关系。

2. 模型实验设备及测验仪器

进行测试的内容包括：流域产流及终流时间；5min、10min、15min、20min、30min、40min、50min、60min、70min、80min、90min 各时段的径流量及含沙量的测定；坡顶边缘降雨量测定；幻灯、照片的拍摄；每组降雨后的坡面地形高程、泥沙级配、降雨前后土壤含水量的测量等。

实验中将原始坡面设计为一凸坡，先对模型各个高程点进行计算，在流域水槽中每隔 0.5m 设置一标准高度的桩，周围黄土按此标准填入，经反复平整、压实，最终使模型高程误差小于 0.03m。实验采用的黄土粒径级配见图 4.2-1。模型各段纵比降见表 4.2-1和图 4.2-2。

表 4.2-1　　　　　　　　　　　原始坡面纵比降

纵坐标/m	0～5	5～6	0～7	7～8	8～9	9～10	10～11	11～11.3	平均
比降/%	3.5	4.6	5.3	6.4	7.2	11.6	17.6	22.7	6.38

实验配有人工降雨装置（金德生等，1992），利用该装置与地面上的流域水槽相配合进行不同方案下的实验，观测在降雨-产流-侵蚀过程中坡面和沟道的发育及演变情况。

实验大厅地面上用水泥沙浆砖砌槽壁，槽壁源头高、出口低，左右同宽呈倾斜状，槽壁厚 40cm，便于实验员安全行走操作。在槽内铺设的坡面模型宽 8m、中心线长 11.3m、

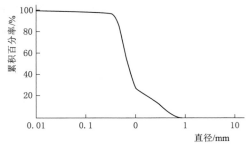

图 4.2-1　实验采用的原始模型沙料粒径级配曲线

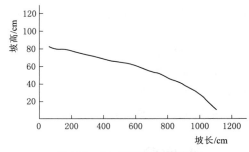

图 4.2-2　原始纵剖面形态

两侧长 9.6m。槽中填入经筛匀、处理、压实的黄土来模拟流域坡地。黄土的中值粒径约 0.076mm。在模型两侧设有固定轨道，横跨两轨道间有能沿两轨道滑动的测桥可作坡面形态测量之用。人工降雨装置由喷头、喷管及支架三大部分构成。降雨由动压式高压泵供水并由压力控制器稳压。为保持实验过程中雨强维持不变，专门进行了雨强率定，率定后雨强分布较为均匀。

　　3. 数据采集及图像获取

　　坡面高程由测桥和水准仪配合，可使测量在不破坏坡面形态的情况下进行。对于平整坡面每隔 50cm 进行一次测量，而对破碎坡面就需测出沟头、沟边缘及沟底的横纵坐标及高程。

　　在实验测量中，产流、终流时间使用秒表测量。径流量用采样法测得，即用采样桶在堰口取样，并用秒表测取样时间，然后由量筒测出样品体积，将之除以取样时间便可得单位时间内的流量。含沙量变化是通过过滤、烘干由容量杯在堰口取得的水样泥沙量除以容样杯中水样体积测得。泥沙级配变化通过每组实验中取早、中、晚 3 个时间上的样品来分析。输沙率由含沙量乘以瞬时流量得到，其他特征量如径流率、入渗率、径流深、输沙模数、冲刷深度等则由以上量计算获取。

4.3　产流产沙过程分析

4.3.1　实验概况

　　产流产沙过程是黄土坡面侵蚀过程研究的主要内容，它与坡面形态变化及沟道发育等相伴进行，从动态变化达到相对稳定。了解产流产沙变化过程对实际应用中平均状态下产流产沙特性及坡面变化趋势至关重要，以下结合实验结果对入渗、产流量、含水量、输沙率及产沙粒径组成等变化过程进行分析。有关实验统计结果见表 4.3-1～表 4.3-10。

表 4.3-1　　　　　　　　坡地产沙产流实验结果统计表（组次 Ⅰ-1）

时间/min	雨强/($\times 10^{-3}$mm/s)	瞬时流量/($\times 10^3$mm/s)	径流率/($\times 10^{-3}$mm/s)	入渗率/($\times 10^{-3}$mm/s)	径流深/(mm/h)	输沙率/(kg/h)	输沙模数/[kg/(m²·h)]	冲刷深度/(mm/h)
22.83（产流）								
25	9.38	50.00	0.63	8.75	2.26	52.74	0.66	0.49
30	9.38	129.30	1.62	7.75	5.85	150.55	1.89	1.40

时间/min	雨强/(×10⁻³mm/s)	瞬时流量/(×10³mm/s)	径流率/(×10⁻³mm/s)	入渗率/(×10⁻³mm/s)	径流深/(mm/h)	输沙率/(kg/h)	输沙模数/[kg/(m²·h)]	冲刷深度/(mm/h)
35	9.38	223.20	2.80	6.57	10.09	205.67	2.58	1.91
40	9.38	283.30	3.56	5.82	12.81	265.79	3.34	2.47
50	9.38	383.30	4.82	4.56	17.34	303.05	3.81	2.82
60	9.38	419.80	5.27	4.10	18.99	310.75	3.90	2.89
70	9.38	448.50	5.63	3.74	20.28	287.39	3.61	2.67
80	9.38	454.50	5.71	3.67	20.56	303.95	3.82	2.83
90	9.38	471.70	5.93	3.46	21.33	333.86	4.19	3.11

表 4.3－2 坡地产沙产流实验结果统计表（组次 I－2）

时间/min	雨强/(×10⁻³mm/s)	瞬时流量/(×10³mm/s)	径流率/(×10⁻³mm/s)	入渗率/(×10⁻³mm/s)	径流深/(mm/h)	输沙率/(kg/h)	输沙模数/[kg/(m²·h)]	冲刷深度/(mm/h)
5.75（产流）								
10	9.38	314.30	3.95	5.43	14.21	154.22	1.94	1.44
15	9.38	411.10	5.16	4.21	18.59	262.26	3.29	2.44
20	9.38	430.56	5.41	3.97	19.47	284.08	3.57	2.64
25	9.38	450.00	5.65	3.72	20.35	278.71	3.50	2.59
30	9.38	474.50	5.96	3.41	21.46	213.66	2.68	1.99
40	9.38	555.60	6.98	2.40	25.13	324.04	4.07	3.02
50	9.38	566.70	7.12	2.26	25.63	310.36	3.90	2.89
60	9.38	581.40	7.30	2.07	26.29	397.69	5.00	3.70
70	9.38	590.90	7.42	1.95	26.72	287.17	3.61	2.67
80	9.38	595.70	7.48	1.89	26.94	244.48	3.07	2.28
90	9.38	600.00	7.538	1.84	27.14	483.66	6.08	4.50

表 4.3－3 坡地产沙产流实验结果统计表（组次 I－3）

时间/min	雨强/(×10⁻³mm/s)	瞬时流量/(×10³mm/s)	径流率/(×10⁻³mm/s)	入渗率/(×10⁻³mm/s)	径流深/(mm/h)	输沙率/(kg/h)	输沙模数/[kg/(m²·h)]	冲刷深度/(mm/h)
4.23（产流）								
10	9.38	373.40	4.69	4.68	16.89	186.66	2.34	1.74
15	9.38	422.60	5.31	4.07	19.11	211.72	2.66	1.97
20	9.38	460.50	5.79	3.59	20.83	390.78	4.91	3.64
25	9.38	521.20	6.55	2.83	23.57	292.39	3.67	2.72
30	9.38	520.80	6.54	2.83	23.55	261.79	3.29	2.44
40	9.38	528.60	6.64	2.73	23.91	322.88	4.06	3.00

时间 /min	雨强 /(×10⁻³mm/s)	瞬时流量 /(×10³mm/s)	径流率 /(×10⁻³mm/s)	入渗率 /(×10⁻³mm/s)	径流深 /(mm/h)	输沙率 /(kg/h)	输沙模数 /[kg/(m²·h)]	冲刷深度 /(mm/h)
50	9.38	555.60	6.98	2.40	25.13	242.32	3.04	2.25
60	9.38	571.40	7.18	2.20	25.84	281.20	3.53	2.62
70	9.38	636.40	7.99	1.38	28.78	396.07	4.98	3.69
80	9.38	682.90	8.58	0.80	30.88	399.13	5.01	3.71
90	9.38	683.90	8.592	0.78	30.93	613.33	7.71	5.71

表 4.3 – 4　　　　　　　　坡地产沙产流实验结果统计表（组次 Ⅰ－4）

时间 /min	雨强 /(×10⁻³mm/s)	瞬时流量 /(×10³mm/s)	径流率 /(×10⁻³mm/s)	入渗率 /(×10⁻³mm/s)	径流深 /(mm/h)	输沙率 /(kg/h)	输沙模数 /[kg/(m²·h)]	冲刷深度 /(mm/h)
3.5（产流）								
5	9.38	257.40	3.23	6.14	11.64	149.04	1.87	1.39
10	9.38	459.70	5.78	3.60	20.79	287.64	3.61	2.68
15	9.38	521.00	6.55	2.83	23.56	521.28	6.55	4.85
20	9.38	490.50	6.16	3.21	22.18	363.06	4.56	3.38
25	9.38	511.10	6.42	2.95	23.12	269.21	3.38	2.51
30	9.38	557.10	7.00	2.38	25.20	187.38	2.35	1.74
40	9.38	559.80	7.03	2.34	25.32	254.53	3.20	2.37
50	9.38	591.70	7.43	1.94	26.76	210.28	2.64	1.96
60	9.38	594.60	7.47	1.91	26.89	211.03	2.65	1.96
70	9.38	612.50	7.69	1.68	27.70	273.53	3.44	2.55
80	9.38	601.10	7.552	1.82	27.19	268.34	3.37	2.50
90	9.38	609.20	7.653	1.73	27.55	304.06	3.82	2.83

表 4.3 – 5　　　　　　　　坡地产沙产流实验结果统计表（组次 Ⅰ－5）

时间 /min	雨强 /(×10⁻³mm/s)	瞬时流量 /(×10³mm/s)	径流率 /(×10⁻³mm/s)	入渗率 /(×10⁻³mm/s)	径流深 /(mm/h)	输沙率 /(kg/h)	输沙模数 /[kg/(m²·h)]	冲刷深度 /(mm/h)
3.55（产流）								
5	9.38	263.10	3.31	6.07	11.90	100.76	1.27	0.94
10	9.38	472.90	5.94	3.43	21.39	193.10	2.43	1.80
15	9.38	500.00	6.28	3.09	22.61	254.81	3.20	2.37
20	9.38	525.00	6.60	2.78	23.74	227.74	2.86	2.12
25	9.38	535.70	6.73	2.65	24.23	217.51	2.73	2.02
30	9.38	591.70	7.43	1.94	26.76	281.84	3.54	2.62
40	9.38	597.40	7.51	1.87	27.02	352.30	4.43	3.28
50	9.38	596.80	7.50	1.88	26.99	338.29	4.25	3.15

时间/min	雨强/(×10⁻³mm/s)	瞬时流量/(×10³mm/s)	径流率/(×10⁻³mm/s)	入渗率/(×10⁻³mm/s)	径流深/(mm/h)	输沙率/(kg/h)	输沙模数/[kg/(m²·h)]	冲刷深度/(mm/h)
60	9.38	636.80	7.99	1.38	28.78	281.66	3.54	2.62
70	9.38	636.80	8.00	1.38	28.80	285.41	3.59	2.66
80	9.38	648.40	8.146	1.23	29.32	320.15	4.02	2.98
90	9.38	606.10	7.614	1.77	27.41	288.36	3.62	2.68

表 4.3－6　　　　坡地产沙产流实验结果统计表（组次Ⅰ－6）

时间/min	雨强/(×10⁻³mm/s)	瞬时流量/(×10³mm/s)	径流率/(×10⁻³mm/s)	入渗率/(×10⁻³mm/s)	径流深/(mm/h)	输沙率/(kg/h)	输沙模数/[kg/(m²·h)]	冲刷深度/(mm/h)
3.95（产流）								
5	9.38	150.80	1.89	7.48	6.82	36.36	0.46	0.34
10	9.38	400.00	5.03	4.35	18.09	112.54	1.41	1.05
15	9.38	497.00	6.24	3.13	22.48	172.01	2.16	1.60
20	9.38	500.00	6.28	3.09	22.61	167.69	2.11	1.56
25	9.38	594.70	7.47	1.90	26.90	206.03	2.59	1.92
30	9.38	603.00	7.58	1.80	27.27	240.34	3.02	2.24
40	9.38	603.10	7.58	1.80	27.28	204.19	2.57	1.90
50	9.38	606.00	7.61	1.78	27.41	216.97	2.73	2.02
60	9.38	628.60	7.90	1.48	28.43	213.01	2.68	1.98
70	9.38	654.90	8.23	1.15	29.62	238.55	3.25	2.41
80	9.38	668.70	8.401	0.07	30.24	270.43	3.40	2.52
90	9.38	639.10	8.029	1.35	29.90	265.93	3.34	2.47

表 4.3－7　　　　坡地产沙产流实验结果统计表（组次Ⅰ－7）

时间/min	雨强/(×10⁻³mm/s)	瞬时流量/(×10³mm/s)	径流率/(×10⁻³mm/s)	入渗率/(×10⁻³mm/s)	径流深/(mm/h)	输沙率/(kg/h)	输沙模数/[kg/(m²·h)]	冲刷深度/(mm/h)
3.47（产流）								
5	9.38	300.00	3.77	5.61	13.57	103.10	1.36	0.96
10	9.38	343.00	4.31	5.07	15.51	104.44	1.31	0.97
15	9.38	507.70	6.38	3.00	22.96	180.18	2.26	1.68
20	9.38	544.30	6.84	2.54	24.62	245.27	3.08	2.28
25	9.38	577.10	7.25	2.12	26.10	253.80	3.19	2.36
30	9.38	593.30	7.45	1.92	26.83	241.52	3.03	2.25
40	9.38	621.40	7.81	1.57	28.10	234.07	2.94	2.18
50	9.38	626.50	7.87	1.50	28.33	248.44	3.12	2.31

时间/min	雨强/(×10⁻³mm/s)	瞬时流量/(×10³mm/s)	径流率/(×10⁻³mm/s)	入渗率/(×10⁻³mm/s)	径流深/(mm/h)	输沙率/(kg/h)	输沙模数/[kg/(m²·h)]	冲刷深度/(mm/h)
60	9.38	630.30	7.92	1.46	28.51	220.50	2.77	2.05
70	9.38	620.00	7.79	1.59	28.04	177.12	2.23	1.65
80	9.38	639.10	8.029	1.35	28.90	227.09	2.85	2.11
90	9.38	641.90	8.064	1.32	29.03	198.72	2.50	1.85

表 4.3-8　　　　坡地产沙产流实验结果统计表（组次 I-8）

时间/min	雨强/(×10⁻³mm/s)	瞬时流量/(×10³mm/s)	径流率/(×10⁻³mm/s)	入渗率/(×10⁻³mm/s)	径流深/(mm/h)	输沙率/(kg/h)	输沙模数/[kg/(m²·h)]	冲刷深度/(mm/h)
2.97（产流）								
5	9.38	319.40	4.01	5.36	14.45	79.67	1.00	0.74
10	9.38	530.70	6.67	2.71	24.00	138.49	1.74	1.29
15	9.38	586.70	7.37	2.00	26.53	246.49	3.10	2.29
20	9.38	604.70	7.60	1.78	27.35	192.28	2.42	1.79
25	9.38	620.70	7.80	1.58	28.07	408.92	5.14	3.81
30	9.38	623.30	7.83	1.54	28.19	225.07	2.83	2.09
40	9.38	666.70	8.38	1.00	30.15	347.54	4.37	3.23
50	9.38	696.40	8.75	0.63	31.50	247.75	3.11	2.31
60	9.38	691.70	8.69	0.69	31.28	282.38	3.55	2.63
70	9.38	643.90	8.09	1.29	29.12	215.86	2.71	2.01
80	9.38	641.10	8.054	1.32	28.99	171.40	2.15	1.59
90	9.38	648.40	8.146	1.23	29.23	155.02	1.95	1.44

表 4.3-9　　　　坡地产沙产流实验结果统计表（组次 I-9）

时间/min	雨强/(×10⁻³mm/s)	瞬时流量/(×10³mm/s)	径流率/(×10⁻³mm/s)	入渗率/(×10⁻³mm/s)	径流深/(mm/h)	输沙率/(kg/h)	输沙模数/[kg/(m²·h)]	冲刷深度/(mm/h)
2.97（产流）								
5	9.38	362.90	4.56	4.82	16.41	88.27	1.11	0.82
10	9.38	450.00	5.65	3.72	20.35	89.24	1.12	0.83
15	9.38	607.80	7.64	1.74	27.49	163.62	2.06	1.52
20	9.38	567.60	7.13	2.24	25.67	148.64	1.87	1.38
25	9.38	588.20	7.39	1.99	26.60	116.24	1.46	1.08
30	9.38	615.40	7.73	1.64	27.83	152.50	1.92	1.42
40	9.38	631.60	7.93	1.44	28.56	112.00	1.41	1.04
50	9.38	642.90	8.08	1.30	29.08	180.07	2.26	1.68

时间/min	雨强/(×10⁻³ mm/s)	瞬时流量/(×10³ mm/s)	径流率/(×10⁻³ mm/s)	入渗率/(×10⁻³ mm/s)	径流深/(mm/h)	输沙率/(kg/h)	输沙模数/[kg/(m²·h)]	冲刷深度/(mm/h)
60	9.38	580.80	7.29	2.08	26.26	165.24	2.08	1.54
70	9.38	619.00	7.78	1.60	27.99	156.96	1.97	1.46
80	9.38	610.30	7.667	1.71	27.60	179.21	2.25	1.67
90	9.38	636.10	7.991	1.39	28.77	242.06	3.04	2.25

表 4.3 - 10 坡地产沙产流实验结果统计表（组次 I - 10）

时间/min	雨强/(×10⁻³ mm/s)	瞬时流量/(×10³ mm/s)	径流率/(×10⁻³ mm/s)	入渗率/(×10⁻³ mm/s)	径流深/(mm/h)	输沙率/(kg/h)	输沙模数/[kg/(m²·h)]	冲刷深度/(mm/h)
2.73（产流）								
5	9.38	437.50	5.50	3.88	19.79	96.86	1.22	0.90
10	9.38	562.50	7.07	2.31	25.44	151.69	1.91	1.41
15	9.38	575.00	7.22	2.15	26.01	200.50	2.52	1.87
20	9.38	602.90	7.57	1.80	27.27	175.81	2.21	1.64
25	9.38	616.10	7.74	1.64	27.86	182.43	2.29	1.70
30	9.38	627.30	7.88	1.49	28.37	157.00	1.97	1.46
40	9.38	648.40	8.15	1.23	29.32	184.08	2.31	1.71
50	9.38	677.10	8.51	0.87	30.62	228.03	2.86	2.12
60	9.38	706.90	8.88	0.49	31.97	194.66	2.45	1.81
70	9.38	711.50	8.94	0.44	32.18	213.75	2.69	1.99
80	9.38	692.30	8.697	0.68	31.31	195.60	2.46	1.82
90	9.38	686.40	8.623	0.76	31.04	158.52	1.99	1.48

4.3.2 实验结果分析

1. 入渗率变化过程

由上述 10 组实验测得的降雨入渗坡面土壤的结果见图 4.3-1～图 4.3-3。

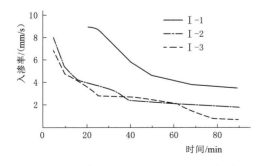

图 4.3-1 I-1、I-2、I-3组实验
过程中入渗率随时间的变化

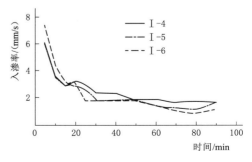

图 4.3-2 I-4、I-5、I-6组
实验过程中入渗率随时间的变化

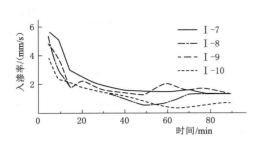

图 4.3-3 Ⅰ-7、Ⅰ-8、Ⅰ-9、Ⅰ-10 组
实验过程中入渗率随时间的变化

渗透率受土壤组成、植被、前期含水量、地形、雨强及时间等多种因素的影响。该实验雨强固定，下垫面条件较单一，这里仅分析入渗率（f）和降雨历时（t）的关系。图 4.3-1～图 4.3-3 的 10 组入渗率与时间曲线反映各组实验中及其对应时间段内的入渗率呈递减趋势。早在 20 世纪 30 年代初霍顿（Horton）就提出了均匀入渗状况下关于入渗率随时间变化规律的公式：

$$f = f_D + (f_c - f_D)e^{-kt} \qquad (4.3-1)$$

式中：f 为入渗能力；f_D 为初入渗能力；f_c 为稳定入渗率；t 为入渗时间。

将 10 组实验数据按公式（4.3-1）进行回归，相关性较好，其中前 4 组达到 0.95 以上，k 值在 0.03～0.06 之间变化，说明了霍顿公式能代表该实验入渗规律，并且在实验前阶段由于入渗变化大，所以这种规律相对更明显。

2. 产流变化过程

图 4.3-4～图 4.3-6 给出了 10 组实验中产流量随时间的变化情况（图例中的编号代表实验组次）。比较各组曲线可见，第 1 组实验中产流量明显低于其他几组，且历时达 20min 后才有表面径流出现，这是由于原始坡面土壤干燥，吸水量大。比较而言，无论是整个降雨过程还是一次降雨过程中，产流量都是随时间递增的。但是各次降雨达到稳定产流的时间则随各实验组次序号的增大而递减。无论是平衡后的产流量还是产流达到平衡的时间在后 4 组实验中差异都很小，因此反映出产流量已在后 4 组趋于平衡。在统计中，对应每组实验建立了产流量与时间关系式，概括如下：

$$Q = \begin{cases} Q & t \leqslant t_0 \\ Q_0[1 - \rho^{-\beta(t-t_0)+c}] & t > t_0 \end{cases} \qquad (4.3-2)$$

式中：Q_0 为达到平衡时的径流量；在本实验中约 $750\text{cm}^3/\text{s}$；t_0 为初始产流时间；ρ 为与产流特性相关的待定系数；在该实验中约为 0.01；c 为常数项，约为 -0.68。

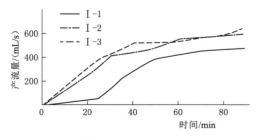

图 4.3-4 Ⅰ-1、Ⅰ-2、Ⅰ-3 组实验
过程中产流量随时间的变化

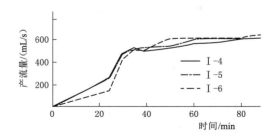

图 4.3-5 Ⅰ-4、Ⅰ-5、Ⅰ-6 组实验
过程中产流量随时间的变化

3. 产沙变化过程

产沙变化过程主要体现在含沙量变化或输沙率变化方面，由图 4.3-7～图 4.3-9 中

含沙量曲线变化过程可看出第 1 组含沙量明显高出后几组，其峰值也尤为突出，原因在于原始坡干燥，表土比较松散，相互间黏结力很小，降雨击溅以及片流作用很容易将表土颗粒挟带下来，同时由于降雨初始阶段入渗量大、径流量小，因此含沙量很大。降雨到一定阶段，由于雨滴击溅、土壤含水量变化等因素使土粒间结构发生变化，土壤黏结力加强，侵蚀含沙量减少。对比实验可见，各组实验以及对应时间段的含沙量在降低，且波动幅度在变小，到实验后期侵蚀输沙含量趋于稳定。

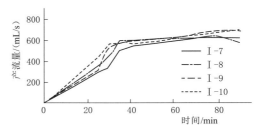

图 4.3－6　I－7、I－8、I－9、I－10 组实验过程中产流量随时间的变化

图 4.3－10～图 4.3－12 显示了各组实验中输沙率随时间变化过程，由于输沙量数据是由含沙量与径流量计算而来，因此在曲线上综合体现了两者随时间的变化特征，即各组实验以及相应时间段的输沙率呈递减趋势且逐渐达到平衡状态。但输沙过程与产流过程比较，其时间变化特征显得复杂，它不是时间的单调函数，在曲线上表现为出现几次峰值，这可能与沟道发育、改道、水系合并及岸边崩塌等因素有关。图中可看出第 I－9、I－10 两组输沙率波动幅度已明显趋于和缓，这也是侵蚀减弱并向平衡状态发展的反映。

对比上述各组含沙量及输沙率与前面的产流量变化过程可以发现，该实验条件下产流与产沙过程滞后不明显。在这种条件下，仍不可能采用产流量（Q）与输沙率的简单经验关系来描述输沙率（Q_s）变化过程，其主要原因是流域出口泥沙侵蚀量是黄土坡面降雨

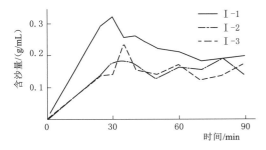

图 4.3－7　I－1、I－2、I－3 组实验过程中含沙量随时间的变化

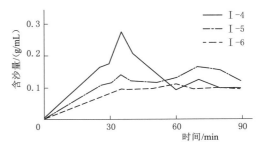

图 4.3－8　I－4、I－5、I－6 组实验过程中含沙量随时间的变化

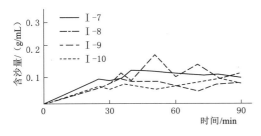

图 4.3－9　I－7、I－8、I－9、I－10 组实验过程中含沙量随时间的变化

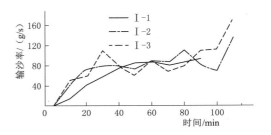

图 4.3－10　I－1、I－2、I－3 组实验过程中输沙率随时间的变化

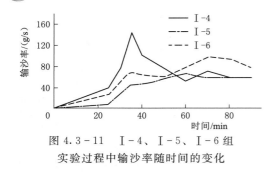

图 4.3 - 11　Ⅰ-4、Ⅰ-5、Ⅰ-6 组
实验过程中输沙率随时间的变化

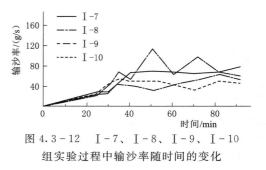

图 4.3 - 12　Ⅰ-7、Ⅰ-8、Ⅰ-9、Ⅰ-10
组实验过程中输沙率随时间的变化

击溅、面蚀和沟蚀共同作用下的结果，不能用其中的一种侵蚀机理代替其余两种而得出满意的结果。因而，为了对坡面产沙过程的机理有深入的了解，需先将坡蚀和沟蚀分开考虑，明确两者各自的机理。

　　4. 泥沙级配变化过程

　　为了了解坡面侵蚀下移的泥沙特性变化规律，在取样测验中还增加了对泥沙级配的分析。泥沙级配的结果用某一粒径的累积重量百分比表示。各组实验取样都在坡面出流口进行。每组实验取样 9～12 次进行产流产沙分析，其中每组实验选择实验过程中早、中、晚3 期对应的 3 组加做泥沙级配分析。各组实验过程中得到的泥沙级配分析结果显示出土壤中值粒径都比较集中，在 0.068～0.095mm 范围内，各组间中值粒径几乎看不出差异。差异不大的原因可能是填入实验槽中的黄土是经粉碎筛滤处理的，因此土质本身均匀性好；其次，由于每次降雨采用的雨强固定，历时不变，各组实验的水动力状况差异小，使产沙粒径变化不大。加上用于沟道及坡面泥沙级配变化分析的样品，取自每次实验终了时口门附近没有沟道及坡面自上而下的分段的样品（因条件限制，取样有很大难度），但从实验过程中观察到泥沙沿程的分选现象还是存在的。

4.4　坡地地貌形态演变过程

4.4.1　实验概况

　　流水对坡面土壤侵蚀过程的直接结果是使坡面形态发生变化，因此侵蚀类型及侵蚀过程与坡面形态过程有着密切的联系。

　　从侵蚀过程来看，有学者（戴英生，1985；王孟楼等，1990；陈涓南，1988）在研究黄土高原侵蚀时就已根据黄土层埋藏的区域古侵蚀面及黄土古沟谷发育强度将侵蚀期分成四个阶段，说明了四个时期地层都以假整合或不整合相接触，且幅度加剧，黄河水系从萌芽阶段到发育、发展阶段，侵蚀以面蚀向沟谷垂向与侧向侵蚀过渡且作用加强。作为衡量侵蚀过程特性的流域产沙量，有关研究也表明，自然界中黄土沟壑区的产沙过程与侵蚀类型及流域地貌形态有着密切的联系（陈涓南，1988；甘枝茂，1989；钱宁等，1983）。对于面蚀来说，一般认为主要与降雨特性有关；而对于沟蚀来说，一般认为可用泥沙基本理论来描述（倪晋仁等，1991；任伏虎等，1991）。坡面产沙过程通常包括：降雨过程和降雨击溅侵蚀、片蚀、沟蚀、重力侵蚀及泥沙输移。为了结合产沙过程对黄土坡面在不同类型侵蚀作用下坡面形态的变化规律作较为系统的分析，尚需在简化的条件下进行实验研究。

上一节中，主要介绍坡面产流产沙过程的情况，事实上，产流产沙过程的变化始终伴随着坡地地貌形态的变化。两者是一对"双生子"，相伴相随，形影不离。坡地产流产沙过程是坡地地貌形态变化的动力作用与物质输移（侵蚀、搬运、堆积）的表现，而坡地地貌形态变化是坡地产流产沙作用过程的结果，前者为坡地地貌形态子系统，后者是坡地物质能流子系统（级联子系统），两者结合便是坡地地貌过程响应子系统。因此，对产流产沙过程实验研究的同时，还分 10 组实验进行了坡面地貌形态变化的观测研究，10 组实验各组相对独立，但每组都是在前一组的基础上进行，既有独立性又有继承性。每组降雨历时 90min，组间间隔 1～2d。

4.4.2　坡地地貌形态变化过程

1. 地貌形态变化观测

（1）第Ⅰ-1 组。由于原始坡面由干土铺成，吸水量大，因此第 1 组实验产流时间较长。产流后约 4min 开始形成细沟，主要由面蚀产生，形态浅而短。随着降雨历时延长，超渗产流量加大，沟蚀作用加强，沟在溯源侵蚀同时不断加深加宽，坡面上呈现出几乎平行的六七条沟（图 4.4-1）。降雨完毕，首先量测放在坡顶分水岭上 8 个雨量桶的雨量，目的是观测每组实验降雨强度稳定性。然后绘制坡面平面图、测量地形高程等（图 4.4-1）。以下每组均在前一组的基础上进行，实验的程序及测试项目与第 1 组相同。

（2）第Ⅰ-2 组。在地貌形态上，沟道在原来基础上加宽加长，其中 1 号、3 号及 7 号沟（横坐标在 1m、3m、7m 附近的沟）开始出现流路弯曲现象（图 4.4-2）。

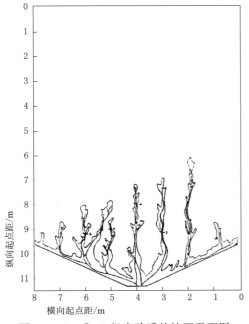

图 4.4-1　Ⅰ-1 组实验后的坡面平面图

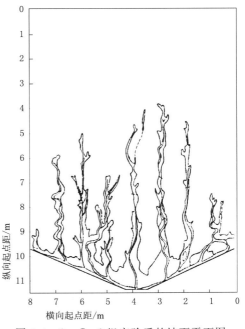

图 4.4-2　Ⅰ-2 组实验后的坡面平面图

（3）第 I - 3 组。每条沟均出现限制性弯曲现象，以 3 号、4 号沟最为明显。3 号、4号、5 号沟在 6.5～8m 处出现深切峡谷。4 号、5 号沟出现裂点，6 号沟沟头出现树枝状分岔现象（图 4.4 - 3）。

（4）第 I - 4 组。在地貌形态上，沟道全部展宽，基本无峡谷。2 号、3 号、4 号沟中上游段弯曲现象较显著，上游段各沟弯曲度变小（图 4.4 - 4）。

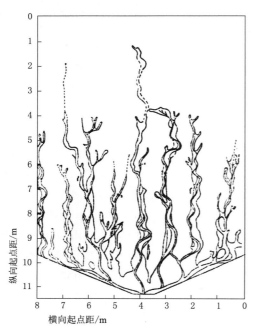

图 4.4 - 3　I - 3 组实验后的坡面平面图　　　　图 4.4 - 4　I - 4 组实验后的坡面平面图

（5）第 I - 5 组。在地貌形态上，各条沟中下游变伸展，弯曲度降低。3 号沟在 8m处发生分岔，6 号沟沟头分岔加强。由于沟道受流水冲刷，沟岸出现崩塌现象（图4.4 - 5）。

（6）第 6 组。在地貌形态上，部分沟出现阶地，以 3 号沟 5～6m 处最为明显。4 号、6 号沟 7～9m 处出现辫状沟道（图 4.4 - 6）。

（7）第 7 组。在地貌形态上，沟道中上游以流路弯曲型为主，中下游则出现分岔甚至成为游荡型（图 4.4 - 7）。

（8）第 8 组。在地面形态上，7 号沟已基本不发育，6 号沟的上游两支沟由于右支发育得好而左支较弱，导致了右支水系袭夺左支，使左支沟退化，残留废弃的曲流沟道，在袭夺汇流处由于侵蚀加剧出现了深切峡谷（图 4.4 - 8）。

（9）第 9 组。2 号、3 号沟下游（9m 以下）沟内床面再次被侵蚀，5 号沟已基本不发育（图 4.4 - 9）。

（10）第 10 组。7 号沟退化，1 号沟也出现阶地（图 4.4 - 10）。

纵观上述 10 组实验结果可以看出，除第 I - 1 组实验因入渗、产流、产沙过程及下垫面初始条件都较复杂外，第 I - 2、第 I - 3 和第 I - 4 组实验中的入渗、产流与产沙都具有较明显的波动。对应地，该阶段以面蚀与细沟侵蚀为主，细沟发育很快，沟头溯源侵蚀现象很明显，其侵蚀状况类似于自然界中塬、梁或峁中上部分侵蚀初期到中期阶段。

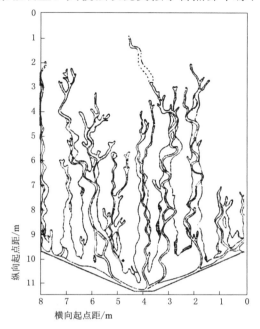

图 4.4-5　Ⅰ-5 组实验后的坡面平面图

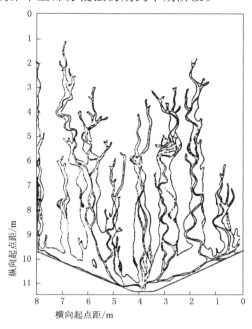

图 4.4-6　Ⅰ-6 组实验后的坡面平面图

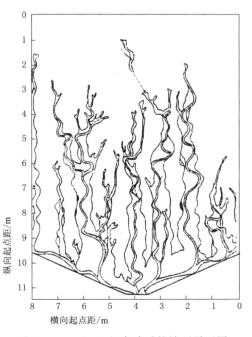

图 4.4-7　Ⅰ-7 组实验后的坡面平面图

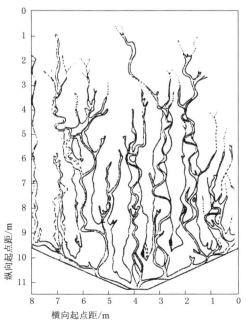

图 4.4-8　Ⅰ-8 组实验后的坡面平面图

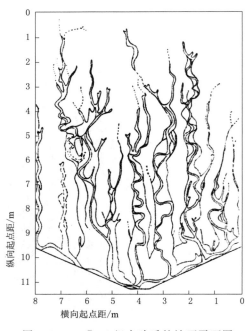

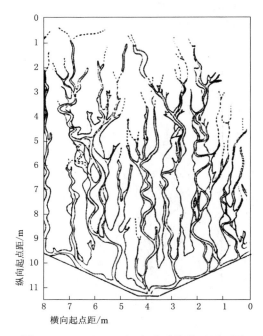

图 4.4 - 9　Ⅰ-9 组实验后的坡面平面图　　　　图 4.4 - 10　Ⅰ-10 组实验后的坡面平面图

当实验进行至第Ⅰ-5～第Ⅰ-7 组时，入渗及产流产沙量波动已逐渐变小。这时，坡面侵蚀转而以细、浅沟侵蚀为主（伴随着沟间坡面的面蚀）。由于实验设计的流域出口基准面不变，因此沟头溯源侵蚀受到限制、溯源侵蚀速率减少，侵蚀转而向深切与侧蚀发展，发育状况相当于自然界中塬、梁或峁中上部侵蚀的中、后期。

第Ⅰ-8～第Ⅰ-10 组实验反映的是实验最后阶段坡面发育状况，这时入渗、产流和产沙过程都已趋于稳定状态，坡面河网格局也已明朗，侵蚀仍以浅沟、细沟侵蚀为主，但一些沟道基本不继续发展。对应地，坡面形态出现了较难见到的侵蚀趋于平衡状态时的老年期地貌。

2. 沟道发育与坡形变化的关系

由上述实验结果可知，黄土坡面侵蚀过程中沟道发育占据着重要的位置，因而坡地纵剖面形态变化（简称坡形变化）必然与沟道发育存在着密切的关系。

黄土坡面上发生侵蚀时，坡面由雨滴击溅及片蚀到细沟出现直至发育形成浅沟、切沟和冲沟的过程已在许多文献中指出（陈渭南，1988）。本实验则着重研究伴随着沟道发育过程，坡面纵剖面形态发生怎样的变化。为了具体、直观地观测和分析二者的关系，实验中沿图 1 给出的 4 号沟位置切出一条纵剖面，以此来观测纵剖面形态变化（图 4.4 - 11～图 4.4 - 14）。

由图 4.4 - 11～图 4.4 - 14 中给出的 11 条剖面线的变化可以看出：

（1）坡面因受侵蚀呈整体下降趋势。

（2）剖面线由光滑变曲折，而后向凸凹型（总体接近直型面）发展。

（3）实验初始阶段因沟头溯源侵蚀，裂点上移。

（4）溯源侵蚀因受模型汇流出口侵蚀基准面的控制而减弱，实验后期溯源冲刷已不明显。

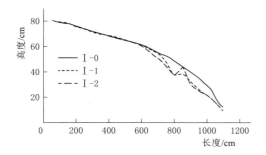

图 4.4-11　Ⅰ-0、Ⅰ-1、Ⅰ-2 组实验后坡面纵
　　　　　剖面图（沿 4 号沟方向切出）

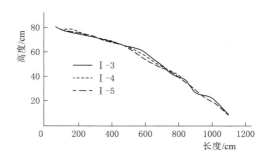

图 4.4-12　Ⅰ-3、Ⅰ-4、Ⅰ-5 组实验后坡面纵
　　　　　剖面图（沿 4 号沟方向切出）

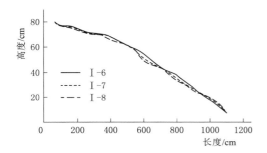

图 4.4-13　Ⅰ-6、Ⅰ-7、Ⅰ-8 组实验后坡面
　　　　　纵剖面图（沿 4 号沟方向切出）

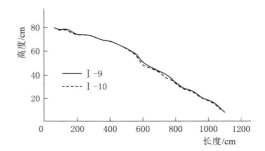

图 4.4-14　Ⅰ-9、Ⅰ-10 组实验后坡面纵
　　　　　剖面图（沿 4 号沟方向切出）

　　前 3 组纵剖面线呈折线，并且变化很明显，说明处于刚发育阶段的细沟处于不稳定状态；Ⅰ-4、Ⅰ-5、Ⅰ-6 组曲线逐渐变得平滑，特别是第Ⅰ-6 组下段几乎为直线；最后几组曲线有向凸凹形态发展的趋势，拐点在离坡顶 5m 附近。后几组曲线的变化量减少，反映了侵蚀速率在降低，沟道发育趋于平衡。为了对以上认识有进一步定量分析，利用实测数据对每组纵剖面进行分段拟合，根据前面所述的纵剖面图及测量数据可将整个剖面分为两段，下段以沟蚀为主，侵蚀较强；上段沟蚀作用较弱，侵蚀强度也较弱。

　　为了对沟头溯源侵蚀速率进行分析，采用了各组实验后裂点所在的横坐标值（图 4.4-1）与相应的降雨历时进行回归分析，得出以下关系式：

$$Y = 1.141t^{-0.13} \tag{4.4-1}$$

式中：Y 为纵坡面图中横坐标值，m；t 为降雨历时，min。

　　由式（4.4-1）可以看出溯源侵蚀量与时间成负指数关系。在自然界中此类关系则显得过于简单，由于影响侵蚀的因素很多（如雨强等），而且许多是变量，因此在实际应用中溯源冲刷可延伸的范围及随时间的变化应是雨强、坡度及下垫面等因子的函数。

　　一般来说，实验前铺设的原始坡地纵剖面形态对其后的实验结果有着较大的影响。对于本实验设计的凸型初始纵剖面（戴英生，1985），表 4.4-1 将所有实验结果都用两个分段直线函数进行拟合。这种简化虽然不便直接用于研究整体坡形的变化和凸、凹发展过程及其分界点的迁移，但是由于对应上段以面蚀为主的形态几乎不变，而对应下段以沟蚀为主的形态却表现为坡面高程下降、坡度变缓，从而间接反映了纵剖面形态与侵蚀过程（类型）的关系。如果将间断的两段作动态处理，则不难发现随着分截点坐标位置的上移，凸型初始剖面向上凸凹型剖面转化。当改变初始剖面形态时，上述坡面发育过程会有所差异，但总的趋势是一致的。

表 4.4-1　　　　　　　　各组纵剖面拟合状况表（0.00～11.30m）

组次	上　　段				分截点/m	下　　段			
	函数表达式	相关系数	Y值相关估计标准差	X系数误差		函数表达式	相关系数	Y值相关估计标准差	X系数误差
I-1	$Y=83.735-0.037X$	0.992	0.674	0.001	6.5	$Y=128.7-0.108X$	0.977	2.41	0.006
I-2	$Y=83.849-0.037X$	0.993	0.562	0.001	6.5	$Y=122.4-0.102X$	0.971	3.043	0.006
I-3	$Y=83.417-0.036X$	0.993	0.507	0.001	6	$Y=117.2-0.097X$	0.990	1.805	0.003
I-4	$Y=83.419-0.038X$	0.989	0.709	0.001	6	$Y=113.3-0.094X$	0.996	1.13	0.002
I-5	$Y=82.284-0.038X$	0.992	0.541	0.001	5.5	$Y=109.49-0.090X$	0.993	1.46	0.002
I-6	$Y=83.538-0.039X$	0.980	0.881	0.002	5.5	$Y=109.35-0.092X$	0.997	0.97	0.001
I-7	$Y=83.618-0.042X$	0.990	0.656	0.001	5.5	$Y=103.57-0.085X$	0.996	1.098	0.001
I-8	$Y=83.927-0.042X$	0.987	0.753	0.001	5.5	$Y=103.69-0.086X$	0.995	1.141	0.001
I-9	$Y=82.804-0.036X$	0.9833	0.680	0.001	5	$Y=102.22-0.085X$	0.994	1.18	0.002
I-10	$Y=82.496-0.035X$	0.991	0.613	0.001	5	$Y=100.44-0.084X$	0.991	1.52	0.002

3. 坡面侵蚀过程的 GIS 模型

为了直观地模拟坡面发育与侵蚀的动态过程，可采用 GIS 通过三维立体直观、具体地反映坡面空间特征参数及变化特征，进一步还可以分析土壤侵蚀机制，预测侵蚀发展趋势。这里采用的 Spaceman 系统总体结构（图 4.4-15）。

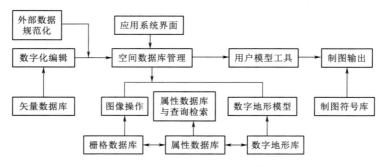

图 4.4-15　Spaceman 总体结构框图

地理信息系统（GIS）在有关时空信息方面具有明显的优势，其特点在于以数据表示空间分布，将数字与图形融为一体，既可以提取空间定量量测数据，又可将数字分析的结果表达为空间图形，支持数字思维及空间思维同时进行。它不仅可直观地反映地理区域的现状、动态和周期，而且可快速提取地理现象分布的空间特征参数，便于不同时期、不同区域的对比，还可以得到许多不能直接观测到的空间特征（任伏虎等，1991）。

在应用 GIS 进行分析时，应对实验数据进行处理，规范成可转化为矢量文件的结构，再转换成矢量文件。经三角网插值，生成数字高程模型（Digital Elevation Model，DEM），并利用数字高程模型进行三维显示，由此得到 10 组实验的侵蚀模型，见图 4.4 - 16～图 4.4 - 25。

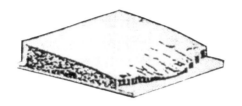
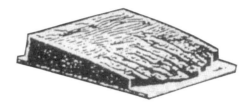

图 4.4－16　Ⅰ－1 组实验结束后地貌体显示　　图 4.4－17　Ⅰ－2 组实验结束后地貌体显示

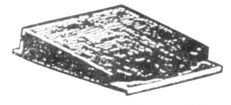

图 4.4－18　Ⅰ－3 组实验结束后地貌体显示　　图 4.4－19　Ⅰ－4 组实验结束后地貌体显示

图 4.4－20　Ⅰ－5 组实验结束后地貌体显示　　图 4.4－21　Ⅰ－6 组实验结束后地貌体显示

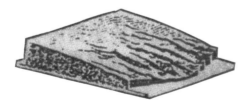

图 4.4－22　Ⅰ－7 组实验结束后地貌体显示　　图 4.4－23　Ⅰ－8 组实验结束后地貌体显示

图 4.4－24　Ⅰ－9 组实验结束后地貌体显示　　图 4.4－25　Ⅰ－10 组实验结束后地貌体显示

照片模型中直观地反映了 10 组实验中坡面的侵蚀变化过程。可以看出前 4 组模型间变化较大；第 I - 5 组至第 I - 7 组变化减少；第 I - 8 组至第 I - 10 组间变化则更小。从照片中观察到的不同侵蚀阶段与前述的坡面上 3 个侵蚀阶段对应，由计算机提供的连续显示的 10 幅图形可用作对侵蚀的动态变化分析。数字高程模型进行高程分级后生成图像文件，图形中融入了数字，即可以提取空间定量量测数据，从图片中可以得到图中任一点的高程值。通过两组实验的图像相减，可以得到这两次实验的高程差值及图像文件，通过这种高程差值的三维显示，可以直接观察到坡面各点的侵蚀状况或侵蚀量，这里 GIS 将数字分析的结果表达为空间图形，具有支持数字思维及空间思维同时进行的特点。

将每组实验模型进行坡度计算，得出了坡度图像文件。研究中曾试图利用坡度数据与侵蚀量数据进行相关分析，根据线性与非线性回归的结果来看，相关性不是太好。原因主要在于其系统计算的坡度过于微观，即根据计算相邻的 4 个点拟合出空间平面方程，然后作解析计算，求出平面法线的倾角。对于本实验而言，实验槽内需计算出 400×565 个点的坡度值，因此得出的值与实际所见到的宏观的坡度值相差很大，例如沟底的坡度可能计算出 $0°$，因其相邻 4 个点都在一水平面上。然而，若能根据前面 10 组的坡面侵蚀、沟道发育、坡面形态变化等特征，总结出它们的时空变化的函数，则可对沟道发展趋势、坡面形态进行定量的预测，并通过 GIS 系统进行显示模拟。

4.5　结论与讨论

坡地产流产沙过程是坡地地貌形态变化的动力作用与物质输移（侵蚀、搬运、堆积）的表现，而坡地地貌形态变化是坡地产流产沙作用过程的结果。两者是一对孪生子，相伴相随，形影不离。产流产沙过程与坡面形态紧密联系有助于从动态角度揭示黄土坡面侵蚀的机理。此外，过程趋于稳态时侵蚀与坡面形态所表现的特征正是黄土坡面侵蚀机理研究中最为关注的内容。

1. 产流产沙实验结果

在降雨历时过程中，黄土坡面上产流产沙量的变化表现为由 0 迅速增大，随后缓慢增加至达到平衡。当产流产沙过程趋于平衡时，流域出口的产流量、含沙量、输沙率均趋向于一个稳定值。入渗率的变化过程与产流量变化趋势相反，但随着降雨历时加大，同样趋向于一个稳定值。从整个流域来看，流域出口处泥沙级配变化不大。由产流产沙实验获得以下主要结果：

（1）黄土坡面降雨入渗变化规律基本遵循 Horton 的均匀入渗公式。

（2）黄土坡面产流过程变化规律遵循式（4.3 - 2）。产流变化趋势是达到平衡状态下的稳定产流量。

（3）黄土坡面产沙过程较为复杂，需分别搞清面蚀与沟蚀两种不同的侵蚀机理，但从总体变化趋势来看，与产流量变化过程类似。

（4）黄土坡面侵蚀过程中泥沙级配在实验过程的不同阶段无明显差异。

（5）本实验中未考虑地质构造运动的影响。

2. 坡面地貌形态实验结果

通过在初始凸形坡面上进行的系列实验，初步揭示了侵蚀过程与坡面形态的关系，主要结果如下：

（1）在不考虑地质构造运动影响的条件下，黄土坡面侵蚀过程先后主要经历三个阶段，即以面蚀与细沟侵蚀为主的阶段、以细沟和浅沟侵蚀为主的阶段，以及仍以浅沟和细沟侵蚀为主但侵蚀量相对稳定的阶段。对应地，坡面地貌形态经历类似于自然界中塬、梁或峁中上部幼年、中年及侵蚀趋于平衡时的老年期的一个完整的发育过程。

（2）面蚀和沟蚀是两种不同的侵蚀机理。在整个黄土坡面侵蚀过程中，流域内面蚀量由初始最大值渐次减少并趋于稳定，而沟蚀量则是由初始最小值渐次增大并趋于稳定。较为稳定的沟蚀量对应于发育十分缓慢的成熟沟道，当河网格局基本稳定后，面蚀和沟蚀共存且侵蚀量都较稳定。通常，沟蚀量大于面蚀量。

（3）沟道的发育与坡地纵剖面形态变化相伴发生。当侵蚀基准面维持不变时，伴随着细沟在初始凸形剖面的发育过程，凸形剖面渐次转向直线形、折线形直至对应于平衡状态下的上凸下凹形。

3. 存在的问题

实验所揭示的黄土坡面侵蚀过程机理的某些方面是在较为简单的条件下获得的。今后通过黄土坡面侵蚀过程解释自然界中各类复杂的黄土地貌形态时，有待考虑更多的诸如雨量、雨型、物质结构、均匀性、植被覆盖及人类活动等影响因素。另外从系统论出发，应更多关注实验过程中出现的复杂性、临界性、敏感性等特征的研究。

参 考 文 献

陈浩，蔡强国，1986. 坡度对溅蚀影响的初步试验研究 [J]. 人民黄河，(1)：36-38.

陈涓南，1988. 从地貌条件预测黄土侵蚀的研究 [J]. 人民黄河，(3)：59-61.

陈永宗，1987. 黄土高原土壤侵蚀规律研究工作回顾 [J]. 地理研究，6 (1)：76-85.

陈浩著，1993. 流域坡面与沟道的侵蚀产沙研究 [M]. 北京：气象出版社，299.

戴英生，1985. 黄河中游流域土壤侵蚀的基本规律 [J]. 人民黄河，(1)：49-56.

甘枝茂，1989. 黄土高原地貌与土壤侵蚀研究 [M]. 西安：陕西人民出版社，178.

金德生，刘书楼，郭庆伍，1992. 应用河流地貌实验与模拟研究 [M]. 北京：地震出版社，92.

山西省水土保持研究所，中国科学院地理研究所，加拿大多伦多大学地理系，1990. 晋西黄土高原土壤侵蚀规律实验研究文集 [C]. 北京：水利电力出版社，58-67.

倪晋仁，王光谦，张红武，1991. 固液两相流基本理论及其最新应用 [M]. 北京：科学出版社，404.

钱宁，万兆惠，1983. 泥沙运动力学 [M]. 北京：科学出版社，656.

任伏虎，邬龙，程承旗，1991. 地理信息系统设计原理 [M]. 北京：北京大学出版社.

王孟楼，张仁，1990. 陕北岔巴沟次暴雨产沙模型的研究 [J]. 水土保持学报，4 (1)：11-18.

徐为群，倪晋仁，徐海鹏，等，1995. 黄土坡面侵蚀过程实验研究：Ⅰ. 产流产沙过程 [J]. 水土保持学报，(3)：9-18，77.

徐为群，倪晋仁，徐海鹏，等，1995. 黄土坡面侵蚀过程实验研究：Ⅱ. 坡面形态过程 [J]. 水土保持学报，(4)：19-28.

Foster G R，Huggins L F，Meyer L D，1984. A Laboratory Study of Rill Hydraulic：I. Velocity Relationships；Ⅱ. Shear strs. Relationships ［J］. Trans. ASC，E. ，37 （3）：790 – 797.

Merritl E M，1984. The Identification of Four Stages During Micro-rill Development ［J］. Earth Surf. Proc. Lanf. ，9：493 – 496.

Moss A J，Walker P H，Hutka J，1979. Raindrop-stimulated Transportation in Shallow Water Flow：an Experimental Study ［J］. Sedimentary Geology，22 （3 – 4）：165 – 184.

Smith D D，Wischmeier W H，1985. Rainfall Erosion ［J］. Advances in Agronomy，（14）：109 – 148.

Yen B C，Wenzel H G，1970. Dynamic Equations for Steady Spatially Varied Flow ［J］. J. Hydr. Div. ASCE，96 （3）：801 – 814.

第 5 章

冲积河流的河型分类及转化问题

5.1 概述

1. 河型的基本概念

所谓"河型"是从高空鸟瞰到的河流平面形态，最早由 Leopold 等（1964）首先提出来的。也就是说，河型就是河流的平面形态，河型有多种类型，形成原因及机理各不相同，是国内外专家历来十分关注的问题。

2. 现有河型分类

目前，河型分类尚没有统一的说法，众说纷纭。Leopold 等（1957）将河型分成弯曲、辫状、顺直三类；Lane 和张海燕（1957）将辫状河型分成陡坡辫状与缓坡辫状河型，罗辛斯基和库兹明（1956）根据河岸与河床相对可动性分成周期展宽型、弯曲型、游荡型三类；林承坤（1963）将河型分成稳定河曲、摆动弯曲、稳定分汊、摆动分汊四类；方宗岱（1964）将河型分成江心洲、弯曲和摆动三类；Schumm（1963）则将河型划分为弯曲、过渡、顺直和具有心滩的顺直四类；尹国康（2000）将河型划分为弯曲、顺直微弯、游荡三类；钱宁（1985）将河型划分为顺直型或边滩型、弯曲型或蜿蜒型、分汊型或交替消长型、游荡型或散乱型；沈玉昌（1986）将河型分成单汊和多汊两大类，多汊又分成顺直微弯、弯曲、两汊及复汊四个亚类；梁志勇（2000）将河型分成单股弯曲、单股顺直、多股分汊、多股游荡四类。国内一般沿用文献（钱宁，1985）分类；国外顺直、弯曲及辫状（包括分汊及辫状）（Leopold et al.，1957）。

总体而论，国内外学者将冲积河流的河型基本上分成顺直、弯曲、分汊及游荡四种（Schumm et al.，2000；Lunt et al.，2004；Schumm，2005；Fotherby，2009；Ethridge，2011；Davidson et al.，2011）；此外，河流地貌学家和水利学家也陆续开展了河型转化的相关研究（倪晋仁等，2000；王随继等，2000；王随继，2008；周刚，2009；董占地等，2011），对网状河型是否成为与这四类河型并列，尚有不同看法。

3. 现有分类评述

不难看出，分类不统一主要表现在四个方面。第一，分类原则不统一，即使在某学者的河型分类中，划分河型时，有的类型是按照平面形态或静态划分的，有的则是按照动态划分的；第二，各个学者划分的原则不统一，有的按形态，有的按动态，有的按动力作用，有的按泥沙输移方式，或者按选择组合的方式等；第三，缺乏比较系统的河型成因分析，似乎有些顾此失彼；第四，对一些河型，如网状河型，由于研究不够深入，与分汊河型或游荡河型混同为同一种河型，是否单独划分为另一种河型，看法不尽一致；第五，由此而来的是河型类型的名称繁多，没有规范化、标准化的河型称谓。显然，既规范、标准，又更加科学、方便使用的分类原则是值得深究的问题。

5.2　河型主要类型及成因

5.2.1　河型分类原则

冲积河流的河型分类研究，不仅在河流地貌学、河流动力学、泥沙力学及沉积学的理论研究方面有重要意义，而且对于环境工程、河道整治工程、大型水利枢纽建设、油气勘探开发等方面具有实际意义。因此得到国内外河流地貌、水利泥沙工程以及沉积地质学家们的格外关注。

20 世纪 50 年代，苏联学者罗辛斯基与库兹明（1956）根据河岸与河床相对可动性，将冲积河床划分为周期展宽型、弯曲型和游荡型三大类。美国学者 Leopold 等（1957）在指出河型概念的同时，提出了以流量-河道比降关系为基础的河型分类原则。Lane 与张海燕（1957）在 Leopold 的基础上，根据坡度的陡、缓，对辫状河型进一步做了区分。随后，于 60、70 年代，陆续出现新的平面形态分类，Schumm（1963）提出用平原稳定冲积河流形态的弯曲率作为分类指标；Neill（1973）和 Church（1983）提出了游荡性河流的概念；Miall（1977）将河流定性地分为顺直河型、曲流河型、辫状河型以及网状河型四类。Rust（1978）则在 Miall 研究的基础之上依据河道弯曲度及辫状程度将河流进行半定量的划分。与此同时，Schumm（1971）根据泥沙输移的方式，将冲积河流分成推移质、悬移质与混合质三种类型；80 年代，进一步将河型划分为 14 种亚类（Schunn，1981）。

随着河道整治及大型水利枢纽建设的开展，我国诸多学者提出了一系列河型分类原则与河型类型。20 世纪 60 年代初期，林承坤（1963）汲取了罗辛斯基等分类法的优点，从地质地貌途径划分河型，提出了河床边界组成、形态、稳定性为划分河型的三个原则，将河型分为三个大类和四个亚类。方宗岱（1964）引入水文、泥沙的特性作为河型分类的指标，按照河道平面外形的不同将河流分为弯曲、江心洲和摆动三类。将河型分为周期展宽型、弯曲型和游荡型三种。

20 世纪 80 年代，出现了许多新的分类方案。尹寿鹏等（2000）从我国东部冲积平原的河流河床自动调整的机理出发，根据河床形态、成因和演变规律，划分了的河型转化模式。沈玉昌和龚国元（1986）则将河流分为单汊和复汊型两大类，单汊型依据弯曲率分为顺直微弯型和弯曲型，复汊型则依据分汊数进一步细分为两汊型和多汊型（两汊以上）。钱宁（1985）在吸收前人研究成果的基础上，将河流河型分为顺直型、弯曲型、分汊型和游荡型四类。裴亦楠（1985）将网状河引入了河流沉积学界的河型分类方案中。

Church（2006）按照 Schumm 的分类方法，重新检查了沉积物输移与河型间的关系。Rosgen（1994）基于河型-河流作用行为，将河流划分为离散组合及层次类型。Simon 等（2005）认为 Rosgen 的分类方法，极其适合描述河型，但不适合预测河流的行为。Woolfe 等（1996）提出不依据平面形态，而基于沉积过程的分类方案，指出河流和河道内沉积的组合主要受控于淤积方式。王随继和任名达（1999）根据河道形态和沉积物特征，提出五种河型分类法，力图将地貌学界、水利学界以及沉积学界的河型分类加以统一。Goodwin（1999）和 Bledsoe 等（2008）则系统地对河流分类进行了综述。

不难看出，不同专业的学者，提出各自的河型分类方法。概括起来，有六个分类原则：基于平面形态，同时考虑边界条件（广义与狭义）、河床与河岸的相对可动性、河道比降与水流动力特性、河流输沙性质，以及沉积物特征等进行河型分类。上述六个方面，彼此相互联系，缺一不可。但是，不管怎么说，不能离开平面形态进行河型分类，这是第一重要的。形态是对河流最直观、一目了然的感观，也是河型的初衷概念；其他五个原则是河型的内在表现及动力机制。

究竟采用什么样的原则，既规范、标准，又更加科学、方便使用，这是值得深究的问题。是否可以采用生物学的分类体系，加以简化，参照沈玉昌等（1986）的办法，一级分类称为河型大类，二级分类称为河型亚类。一级河型能否根据形成过程及所在大地貌区域划分，分为冲积型河流与非冲积型河流两大类；按照河流地貌平面形态与动态相结合的原则，将每个大类分成：顺直微弯河型（简称顺直河型），弯曲蜿蜒河型（简称弯曲河型），网状冲决河型（简称网状河型），江心洲分汊河型（简称分汊河型），以及心滩散乱游荡河型（简称游荡河型）五个亚类。也许，这种分类法基本涵盖了整个河流系统的大小类别。有一定的系统性，也不过于繁杂。

5.2.2　河型主要类型特征与成因

综合各家分类原则，结合河流平面形态及其活动形为，以及河型间的关联性，建立五种河型分类法。按正向顺序为：顺直微弯河型，弯曲蜿蜒河型，网状冲决合河型，江心洲分汊河型，以及散乱游荡河型。每个河型的命名由两部分构成，第一部分表示河流的形态——顺直、弯曲、网状、江心洲、散乱，给予河型直观的形态表示；第二部分微弯、蜿蜒、分汊、冲决、游荡，是河型的活动行为，包括河流运动的方式、程度及强度等。两者结合隐含着河型的物质运动、力能作用及影响因素等内容，体现了河流形态学、泥沙力学、河流运动学及河流动力学的内容，网状冲决河型在河型序列中置于江心洲分汊河型前还是后，有待进一步研究。下面对五类河型重点介绍。

1. 顺直微弯河型

平面形态与形态分类的顺直型相当，河道外形顺直，深泓微弯。包括了相当于 Schumm 河型分类的具有移动沙波的顺直河型，或者具有弯曲深泓与交错边滩的顺直河型（Schumm，1981，图 5.2-1 中河型 1 与河型 2）。河道平面形态及深泓顺直或微微弯曲，水流动力轴线单股，在水流动力作用下，河型整体以顺直微弯形式十分缓慢地向下游移动，多见于实验室中模式小河的初始状态。在自然界，顺直河型（河长超过河宽 10 倍以上）极为少见。

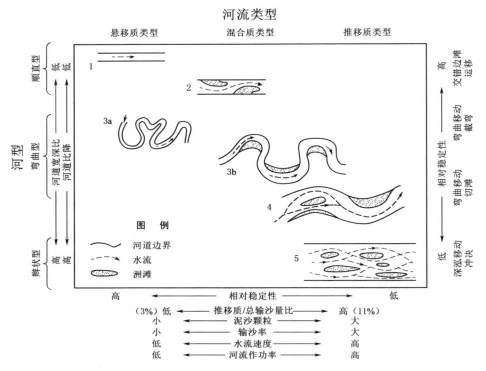

图 5.2-1　基于河型与输沙类型的河流分类（Schumm，1981）

　　顺直微弯型河道定义为单一河道是毋庸置疑的，这样将河道本身比较顺直，与江心洲分汊运行或游荡方式运移的游荡河流区分开来。Galay 认为顺直河流的弯曲度很小，几乎很难确定顺直微弯型河流的弯曲度上限。Rust 将顺直河流定义为河道弯曲度小于 1.5 的单一河道。陈宝冲（1992）认为自然界中不存在完全顺直的河流，把河道弯曲度小于 1.2 的河流定义为顺直微弯河流。可以认为，人们考虑的弯曲度参数有 1.5、1.25 或 1.2 等，看是否出现横向环流来确定顺直微弯型河流与弯曲河流的界线。可以说，若不出现明显的横向环流，仅仅在河床中出现向下游的沙波运动，或者只是出现雏形的潜交错边滩淤积，则属于顺直微弯型；若出现明显的横向环流，而且具有显著的交错潜边滩堆积，则属于弯曲蜿蜒型河流。否则，很难说明当弯曲度略大时，河型是否属于顺直微弯型河流的范畴。

　　顺直河流在河型分类中是一种具有代表性的典型河流，但是 Frenette（1973）认为顺直河流是河型转化过程中暂时的过渡河型。Schumm（1974）提出了地貌临界假说，在给定流量、输沙平衡时，无论对何种边界条件，当河谷比降小于某一临界比降时，河型将维持单一顺直，并通过实验塑造了顺直河流；周刚等（2010b）通过计算机模拟证实了 Schumm 假设的存在。Einstein（1964）认为顺直型河段的环流由弯道环流和次生环流两个环流构成，它们的相互消长就形成了交错边滩。倪晋仁认为顺直型河流是暂时的冲积河流河型，它是在一定条件下发育或在一定的冲积过程中形成的河型，受强制性河岸所限制，也难以长期稳定存在，该类河型在冲积河流系统中可能出现。

显然，河谷比降比较小，是发育顺直河型的必要条件，但并不是充分条件。顺直河型的发育还与边界条件、来水来沙等条件密切相关。顺直河型是过渡河型，是一类不稳定的河型，具有演变转化成其他河型的趋势。因此，在某种意义上给出了自然界很少出现完全顺直河型的原因，以及初始顺直的模拟实验小河，何以在一定的边界条件、水沙过程控制下，发育演变成弯曲蜿蜒河型、江心洲分汊河型、网状冲决河型及散乱游荡河型等。

2. 弯曲蜿蜒河型

该类河型的平面形态与形态分类的弯曲型相当，包括等宽的高度弯曲河道和弯曲段比过渡段宽的河道（Schumm，1977），河道平面形态及深泓明显弯曲，水流动力轴线弯曲单股，在水流螺旋流与横向环流动力作用下，河型整体以微弯蜿蜒形式缓慢地向下游移动，犹如蛇行一般。弯曲蜿蜒型河流是冲积平原河流最常见的一种河型，在我国这种河型分布十分广泛，也得到了较为普遍的研究。Lane 和张海燕于 1957 年，曾利用河道比降（J）和平均流量（$Q^{0.25}$）来统计各种河型之间的划分界限。结果表明，随着比降的减少，河流将向弯曲河型发展。唐日长等（1964）利用在边滩上植草，尹学良（1965）利用在水中加黏土的方法都成功地塑造了弯曲型河流，他们的实验建立在一系列调查统计的基础上，得出了曲流形成的重要条件为河床的边界组成应该是二元相结构。

金德生（1986）运用过程响应模型所进行的边界条件对曲流发育影响的实验表明，河漫滩物质结构及河床上的抗蚀露头对曲流发育具有控制作用。洪笑天等（1987）通过实验研究得出，曲流形成除水流走弯的内在条件是不充分的，还需具备许多形成曲流的外在条件，包括原始河谷形态、流量变幅和频率的变化、河床中泥沙运动特性、侵蚀基准面的变化等。倪晋仁（1989）通过实验表明，在一个由初始顺直河流开始的河型演变的过程中，出现边滩交错形式的弯曲河流是在任何一种边界组成及河谷比降条件下都必然要经历的阶段。Smith（1998）采用了高岭土、玉米粉、岩粉等物质混合组成了不同的实验沙体，成功地塑造了具有较大弯曲度的弯曲河流。齐璞（2002）分析了河槽形态与河流弯曲率的关系，认为弯曲率较大的河流都具有窄深河槽，河道中不同的水沙组合虽然相差很大，但只要形成窄深河槽就可能发展成弯曲河流。张俊勇等（2003）通过实验研究认为，入流角对弯曲河流的形成有着显著的影响，同时，入流角对曲流形成影响的程度取决于河床组成、河道比降等因素。姚文艺（2010）根据能量守恒原理，通过实体模型实验研究，认为河流具有弯曲的自然属性，其弯曲程度主要取决于水流能量的大小，另外与流量、比降也有很大关系，提出了"动能自补偿"的弯曲机理的观点来解释河流弯曲的成因。综上所述，弯曲河流的形成与河道比降、河床二元结构、河槽形态、河床泥沙运动特性、侵蚀基准面、水流能量等因素息息相关。

3. 网状冲决河型

与形态分类的网状河型相当，网状河型以及在河型系列中的位置仍然是一个谜。Schumm（1977）与 Smith 等（1980）认为网状河型（Anastomosing，Anastomosed，or Anabranch Channels）是一种复杂的河型。它可能是类似于床沙质及混合质分汊河道中，比较陡峭的悬移质河道，也可能与不稳定的分汊河道等效，该类分汊河道，是在河谷中由漫滩水流产生的多汊河道（Schumm，1981）。

王随继等（2004）研究表明，网状河流（本书定义为网状冲决河型，下同）是以多个彼此相互连通的河道围绕非常稳定的河间地（也可以称之为江心洲、泛滥平原或泛滥盆地）为特征的冲积河流体系，该河型的地貌特点、沉积构型、地质背景等已有诸多文献做了介绍（Smith et al.，1980；Rust，1981；Smith，1983；Nanson et al.，1986；Smith，1986；Törngvist et al.，1993；Knighton et al.，1993；张周良等，1997；Makaske，1998；王随继等，1999、2000；尹寿鹏等，2000；Makaske，2001；王随继，2002a、2002b；王随继等，2002；Gibling et al.，1990；Gibling et al.，1998；Harwood et al.，1993；King et al.，1984；Schumm et al.，1996），地貌学、水文学及沉积学研究者探讨了多河道的形成过程（Gibling et al.，1990；Gibling et al.，1998；Harwood et al.，1993；King et al.，1984；Schumm et al.，1996），描述其水文-地貌状况的变化，或剖析了沉积记录。王随继、尹寿鹏（2000）将网状冲决河型与江心洲分汊河型进行过详细的对比分析（图5.2-2）。

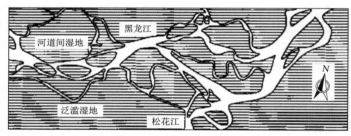

（a）网状河型

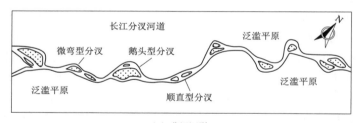

（b）分汊河型

图 5.2-2 网状河型和分汊河型的平面形态比较（王随继等，2000）

网状河型在国内还没有被多数学者接受。在国外，Rust（1978）所称的网状河流沿用了 Schumm（1968）的定义，Smith 等（1980）有更细致的阐述：网状河流（Anastomosing River）是由发育植被的河间地分开的、比降较小、中等弯曲、相互连通的河道组成的稳定的多河道体系。而 Knighton 等（1993）对网状河型的河间地做了进一步论证，认为河间地是广袤泛滥平原被切割所成，它的规模远大于河道，多河道系统的河道具有高度稳定性，因为河岸组成物质为细粒粉砂，非常稳定，难以侧蚀横向迁移；新河道由老河道偶尔冲裂而成。Nanson 等（1996）将分汊河流系统中粒度细、动能低的子系统划分出来，称为网状河流。

Rust（1978）认为，网状河流的平面形态，往往是多个河道相互连接或彼此分离所构成的不规则河道网，其间是面积相对广阔的泛滥湿地，很少出现单一的河道段。图5.2-3卫星照片显示的是同江县附近黑龙江网状河段的平面形态特征，分辨指数高达5~8，河道平均宽深比 54（王随继，1998），在一些较小的网状河道中宽深比值更低；弯曲度变化较大，一般为 1.3，个别河道达 4.5；在各个网状河道之间的湿地和泛滥平原上沼泽及森林十分发育（张周良等，1998）。实际上，该网状河段和其下游位于俄罗斯境内更为典型的网状河段，一起构成了黑龙江下游的网状河型。

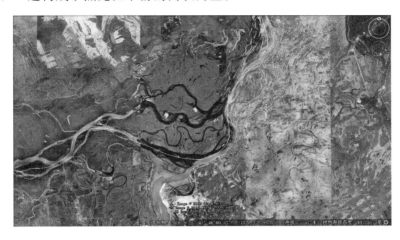

图 5.2-3　黑龙江同江附近嫩江网状河型图（据卫星影像图）

　　类似的河道平面形态出现在加拿大的 Saskachewen 河下游（Smith，1980）、澳大利亚中部干旱带的 Cooper 溪（Rust，1981）、南美哥伦比亚的 Magdalena 河（Smith，1983）等河流中。

　　就沉积物特征而言，网状河流的河道砂体在横向上彼此孤立，其间是大面积分布的河道间地的一元泥质沉积物（图 5.2-4）。网状河道的宽深比常常小于 40；河岸带具有黏结性很高的泥质粉砂质沉积物，同时植被极为发育，河岸抗冲性强，河道非常稳定；网状河流的河间地的宽度远大于河道的宽度。

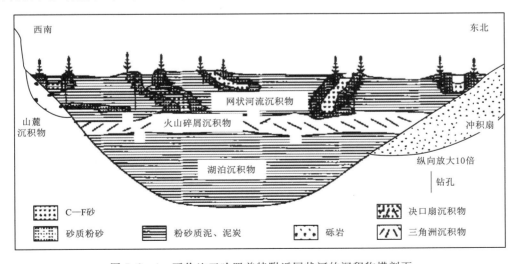

图 5.2-4　哥伦比亚哈罗盖特附近网状河的沉积物横剖面

　　许多研究人员根据野外实际观测结果得出，网状河流是水流动能最低的河流（Rust，1978；Smith，1983；Nanson，1996），比水力学中通常认为的能耗率最小的弯曲河流的动能还要小，这与该类河型具有很小的平均河道比降等特征是一致的。

　　网状河流的多河道起源于河道的冲裂作用，类似于弯曲河流的冲决作用。不过，冲裂作用形成的新河道具有 3 个发展阶段（Smith et al.，1989）：初始河道化（位置易变的多河道阶段）、小型网状河道化（位置相对固定的多河道阶段）和单河道化（多个汊河道逐渐废弃归并成一条与原有网状河流的多河道并列的新河道）。如果各种条件具备，另一条新的网状河道的形成大致也要遵循上述的发展阶段。由此可见，网状河流的新河道的形成是在其广阔的泛滥平原上切割出来的河道，这样形成的河道与原先的网状河道一起构成一个新的网状河流系统，网状河流新河道的形成是泛滥平原（湿地）上的河道化过程。另外，现代网状河流通常发育在弯曲河流的下游部位，且多位于整个河流的最下游，以三角洲及其邻近的冲积平原区最常见，在坡降很缓的山间盆地中也可以见到，属于冲泻质河流。

　　值得注意的是，进行河型分类时，除了平面形态特征外，还必须考虑的一个重要依据是河间地和河漫滩地的沉积物特征。由图 5.2－5，便可发现，在我国亚热带的长江中游，在典型的蜿蜒弯曲河型的下荆江南侧洞庭湖平原上发育很好的网状河型；在寒温带半湿润的东北地区，也广泛地发育弯曲和网状河型。纵览地处俄罗斯亚寒带的几条大河下游及入海口，也有大量网状河型发育；地处非洲南亚热带的刚果河，从 Boma 到 Banana 长约 75km 的入海河口地段；地处南美洲洪水泛滥的亚马孙冲积平原上，主支流交汇地区，以及美国怀俄明州盆地干旱区的红溪（Red Creck）（Smith，1986），都发育有网状河型。网状河型往往相伴弯曲河型冲决而生，其河道间地及河漫滩，主要是很细的粉砂、亚黏土及黏土沉积物，水生植物相当茂密，由于粉黏质物质垂向侵蚀受阻，因此侧蚀位移是其主要的移动方式（Smith，1986）。

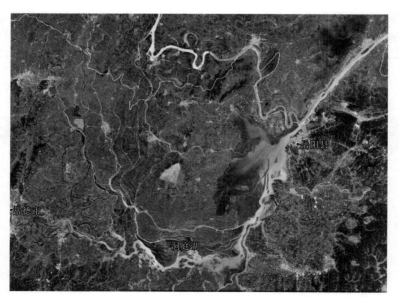

图 5.2－5　洞庭湖平原网状河型

4. 江心洲分汊河型

与形态分类的分汊河型相当，Schumm 称之为弯曲-辫状间过渡性河型（Schumm，1977）。分汊河流的概念从其出现后发生过一定的变化，早期泛指河道出现分汊，便是分汊河流，除了单河道的顺直和弯曲河流之外，其余的都是分汊河流。如沈玉昌等（1986）的河流分类中的复分汊河型（Anabranched River），Rust（1978）分类中网状河流和辫状河流两类河型的总称。在广义上，把一些常见的河型归为分汊河型，从而模糊了其间的差别。因此，在狭义上的分汊河流逐渐替代了它。如钱宁等所称的是狭义上的分汊河流，认为分汊河流相当于 Brice 所称的"Anabranched Channel Pattern"，是由江心洲隔开、位置较固定、在正常水位下某河道不一定过水但仍为明显可辨的河槽（Brice，1984）。在实际应用中，将分汊河型归纳为顺直分汊型、微弯分汊型和鹅头形分汊型 3 类（金德生，1986）。钱宁等认为分汊河流大都以出现单河型与双（或多）河型的交替分布为特征，单河道段和分汊河道段对于分汊河流来说，二者缺一不可。钱宁（1987）认为长江中下游是典型的分汊河型；长江中、下游长达 1120km 的主河道中出现 41 处分汊河段，从卫星照片勾画出来的长江平面图可见，该河流是由一系列顺直河道段和分汊河道段相间联结而成的河流（图 5.2-6）；九江至江阴的下游 644km 河段而言，河道呈宽窄相间的莲藕状，其中单一河道段总长为 295km，各分汊河段的主分汊河道的总长为 369km，分别占该段河流总长的 43％和 57％。

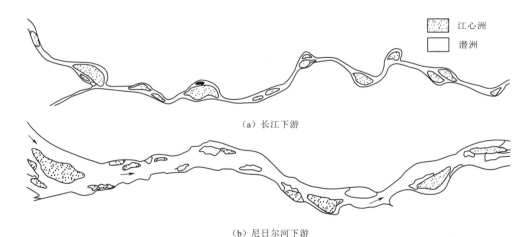

江心洲

潜洲

（a）长江下游

（b）尼日尔河下游

图 5.2-6　分汊性河流的平面图（钱宁，1987）

国内学者普遍认为分汊河型是介于游荡河型和弯曲河型之间的一种独立河型。因此，我国学者更多地将分汊河流从辫状河流中分离出来研究。Begin（1981）通过统计分析 359 条河流，发现分汊河型出现的概率，随平均相对水流切应力的增大而增大。钱宁（1987）概括了形成分汊河道的主要条件：河岸的抗冲性介于弯曲型和游荡型之间；河流受到节点的控制限制了河流横向摆动的范围；床沙质来量相对小，并有一定数量的冲泻质；同时，认为分汊段主要由河道侧向迁移而成，个别分汊段是弯曲河段裁弯取直所致。尤联元、罗海超认为，合适的地质地貌条件，一是在江中有泥沙堆积，二是堆积的泥沙必须获得相对稳定，才得以形成分汊河床（尤联元等，1983；罗海超，1980、1989）。倪晋仁认为之所以形成江心洲河型，只是当弯曲河流发展到一定程度，产生切滩或裁弯，以一种新的形式维持弯曲河流的水沙特性（倪晋仁，1989）。余文畴通过研究长江中下游的分汊河道，认为导致河段分汊的内部原因是由来水来沙条件决定的河道水力和输移特性（余文畴，1991）。上述各学者对分汊河道的研究，选取的条件不同（分别从来水来沙条件、水流切应力、地质地貌条件、弯曲河道切滩或裁弯演变方式）但都在一定的程度上，从侧面反映了分汊河道形成条件。

分汊河型汊道段的河岸黏结性较小，河道比较不稳定，但单一河段的河岸抗冲性较强，河道比较稳定。分汊河流江心洲的宽度，一般小于河道宽度或与之相近，宽深比往往大于60。由图5.2-7可知，分汊河流的江心洲及河漫滩物质由上部粉砂泥质沉积物和下部砂质沉积物的二元相结构组成，并且下层的砂质沉积物与河道砂体为连通的整体；往往具有和弯曲河流相当或较大的河道比降，具有与弯曲河流相当或较大的动能。根据能耗率最小原理，分汊河流河型具有比游荡河型更小的能耗率和相对更稳定的特性。

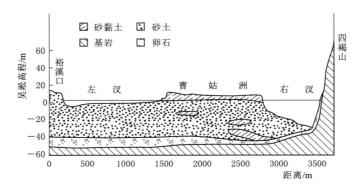

图 5.2-7　长江裕溪口—曹姑洲—四褐山河床地质剖面图
（中国科学院地理研究所，1985）

分汊河流的单河道段总是保持其单一河道的外形，其分汊河段的多河道的形成主要是由于水动力轴线的摆动所造成（张俊勇等，2005）。如上所述，分汊河流多汊段的江心洲和河岸带由上部较薄的泥质层和下部较厚的砂砾层构成，河道边界的抗冲性较小，分汊河段上游节点具有挑流作用，导致汊道中水流动力轴线发生摆动，河岸及江心洲边缘受冲刷的地段会发生大幅度的侧蚀崩塌后退，促使主流线所在汊河变得宽浅。当该汊河道的宽深比足够大时，流速大幅度降低，即其动能急剧降低，搬运的泥沙便发生沉积，在双向向心环流作用下堆积发育新的江心洲，形成新的分汊河道。这类分汊河道的形成可以划分为三个阶段：①潜心滩形成阶段，河道的展宽是由河道中发生强烈沉积而成；②雏形心滩发育阶段，由河床质砂质组成，系一元砂质结构。随着动力轴线摆动和沉积作用的持续进行，雏形心滩不断扩大，渐渐出露水面，发育成低于平滩水位的雏形心滩；③江心洲成熟阶段，雏形心滩进一步发展淤积加高，接受汛期夹带大量悬移质泥沙的漫滩洪水、生长芦苇等水生植物拦积淤泥，在江心洲上沉积了一定厚度的黏土质沉积物，形成比较稳定和成熟的江心洲。江心洲的形成也可能通过鹅头状分汊河型中切割弯曲汊道的凸岸边滩而成，同样经历三个发育阶段，雏形凸岸边滩切割成潜心滩—雏形心滩—江心洲；以及江心洲由共轭型凸岸边滩合滩而成（金德生等，1985）。显然，短程分汊河型的发育机理也就是宽浅河道的江心洲化过程，滩型江心洲化过程或许是属于网状河型发育过程，分汊型河道转化为网状河型，属于过渡性河型的发育演变类型。

从现代分汊河流的地貌分布部位上大致可以看出，分汊河型一般发育在河流的中游，并且常常位于弯曲河流的上游。在 Schumm 的不同河型形成条件的示意图上，就河道的相对稳定性来说，本书所说的分汊河流位于辫状河流（游荡性河流）和弯曲河流之间，属于床沙质型河道（Schumm，1981）。

5. 散乱游荡河型

散乱游荡河型与形态分类的游荡型相当，亦即国外所称典型的辫状河型（Schumm，1977），是自然界较为多见的一种河型，我国黄河下游花园口至高村河段属最典型的散乱游荡型（图 5.2 - 8）。钱宁等（1987）认为黄河形成散乱游荡型河流的原因是河床的堆积抬高和两岸的不受约束。

图 5.2 - 8　黄河下游花园口至高村的游荡性河段

谢鉴衡（1990）将散乱游荡型河道主流在平面上摆动剧烈的原因概括为：①河床堆积抬高，主流夺汊；②洪水拉滩，主流摆动；③沙滩移动，主流变化；④上游主流方向改变。事实上，谢鉴衡更侧重于对游荡河型现象和特征的描述，并没有指出游荡型河流的成因。Schumm（1981）认为比降偏大是形成散乱游荡河型的主要原因，并且与弯曲、顺直河流相比，散乱游荡河型的形成与更陡的比降、更多的来沙、更大的推移质输沙率和无黏性的河床组成有关（Ashmore，1998）。倪晋仁（1989）在制作的散乱游荡型小河模型中加入较密的节点，发现并不能够改变散乱游荡河型，而只能是在顺应散乱游荡型河流的总趋势下，限制河势的摆幅并使游荡强度减少。Ashmore（1998）通过实验研究和实测数据分析，认为散乱游荡河流的形态与河流变化的推移质输沙量有关，并通过实验数据建立了推移质输沙量和水力因子之间关系的泥沙输移经验公式。清华大学王桂仙（1995）通过分析前人成果及有关资料认为，在冲积河流发展的过程中，当河流输沙平衡遭到破坏，特别是小水送大沙，且两岸组成物质抗冲能力较低时，将发展成为散乱游荡型河流。Knighton（1993）认为形成散乱游荡型河流的主要因素包括 4 个方面：推移质来量大、河岸的抗冲性差、流量变幅大、坡降陡。流量的变幅、来沙的数量往往可以起相对更重要的作用。散乱游荡型河流的形成影响因素众多，从上述分析可以看出，河道中过多的来沙量是散乱游荡型河流形成的主要原因。河道来沙量过大，河槽淤积增大，滩槽高差减少，河槽萎缩变小，河道的游荡性行为将加剧。

5.2.3 河型成因理论和假说

关于河型成因形成的理论和假说有很多，主要有：地貌临界假说、能耗极值假说和稳定性理论、随机理论和河床最小活动性假说等（倪晋仁等，1991）。

1. 地貌临界假说

地貌临界假说是指自然界由于地貌系统的不断发展演变，在临界条件下发生质的变化，从而引起原有地貌系统的分解，并导致地貌系统在该临界条件下从原有状态向另一状态发生转化。地貌临界假说的提出，对于解释自然界地貌系统有渐变到突变的一系列变化提供了指导性的方法，Schumm（1971、1977）将这一方法应用于解释河型的成因及其转化时，认为给定的流量、输沙平衡时，无论对于何种边界条件，总是存在两个临界比降 J_1 和 J_2，当河谷比降小于 J_1 时河型将维持单一顺直；当河谷比降大于 J_2 时，河型将由弯曲型突变为游荡分汊性辫状河流。

地貌学家吸收和借鉴系统论的观点，提供了一条启发性的思路，利用地貌临界假说，用来解释河型的多样性的框架结构，对于河流地貌系统中河型为什么处在临界坡降点处发生河型突变，如何揭示不同河型的力学机理，Schumm 等（1972）认为低临界与次生环流有关，高临界与弗劳德数有关，这正是需要与水力泥沙研究者们联合攻关的课题。

2. 能耗极值假说

能耗极值假说认为，河流系统作为一个整体，它的变化将通过三个侧面—横向断面因素的变化、纵向变化及平面形态的变化。河流系统通过不断调整自身形态如河宽、水深、流速等，从而也自然地调整着与此对应的河流平面形态（即河型），以使河流系统单位河长的能量耗散率达到极值（Chang，1972）。

能耗极值假说是河型解释中最常见的一种假说，有最大能耗、最小能耗和最小能耗率等多种理论。目前运用较多的是张海燕提出的最小能耗率理论，最小能耗率理论弥补了 Schumm 提出的河型分析"框架"的不足，并能部分地尝试说明在一定界限内某种河型产生的原因在于水流的 γQJ 趋于最小。

3. 稳定性理论

由稳定性理论出发研究河型问题的方法，一般都是先假定河床上有一个小的周期性的可衰减、可增大也可稳定的扰动，结合反映床面沙波形态的阻力公式及泥沙纵向和横向输沙的连续方程求解得到扰动传播的有关参数，最后根据初始扰动有关参数随时间变化的稳定性分析或根据假定来给出相应的河流平面形态（Schumm，1976、1979）。

综观稳定性理论在河型分析中应用的各种处理方法，稳定理论作为一种数学上较为严谨、物理意义清楚的理论被用来解释各种河型成因的前景是非常广阔的，已从根本上触及了河型成因的内部原因，而且从整体上看来它比能耗率假说更加严谨。

除了以上三种之外，还有随机理论和河床最小活动性假说等。这些理论和假说对解释问题的根源有启示和促进作用，但天然河流影响因素过多，理论和假说往往难以在实际中应用，如何建立合适的力学模式，将各影响因素及其影响方式统一于该模式中，是理论与假说不断完善的同时迫切需要解决的一个问题。

5.3 河型转化的主要类型

5.3.1 一般概述

以上几节给出了河型的基本概念,介绍了关于河型的分类原则、河型的类型、河型成因以及河型成因假说理论。对于河型的类型与划分原则,以及发育形成原因有一个基本了解,力图对河型的划分有一个公认的看法,主要是了解河型本身的特征以及相互间的联系与区别。以下几节着重探讨河型转化的特性、类型,转化规律、转化机理、转化判别,以及河型转化模式与案例等。主要探讨河型之间转化的一般特性与规律,了解在什么条件下发生河型的某种转化,河型转化有哪些基本类型,这种转化类型,具有什么样的机理,在何种控制条件发生的。最后,了解河型系列中正向与负向转化模式,及具体的河型转化模式案例。

5.3.2 河型转化的特性

河型转化具有普遍性、多样性和多源性特征,在上述这些河型转化类型及其发生原因中,不论哪种因素起主导作用,最后或者通过河谷坡降的变化,或者因为气候变迁促使流域中的植被发生变化,改变产流量与产流过程、产沙数量与泥沙的性质,或者因为气候变化导致海平面升降,改变河流下游及河口地区的坡降,从而影响河流下游、入海入湖口河段及三角洲的发育;或者人类活动,如流域土地利用改变、水库修建、堤防建筑、护岸工程、河道采砂等改变建筑物上下游及建筑物所在段边界条件及水沙输移的不平衡,当变化超越内外临界时,会形成某种河型,或发生突变,出现河型转化。在这些原因中,穹窿上升及坳陷沉降对河型发育及转化影响相当复杂而敏感,即使对于大的河流,哪怕是 $3\sim 5mm/a$ 升降速率,同样会带来不可忽视的影响。

为了试图从不同角度解决河型发育的条件及河型转化的潜在原因,倪晋仁等(1991)专题分析了河型成因的各种理论,以及这些理论间的关系,归纳出主要有地貌临界假说、最小能耗率假说、稳定性理论、随机理论、相对负载假说、相对可动性假说等理论。通过理论分析,认识到:①任何河流的发育演变具有一定的周期性,在一定时期内,趋向某一稳定状态(或极值方向)发展,这种周期性由影响因素的周期性所决定的。河流不断地周期运动,在给定条件下不断地自身调整,以达到一定的稳定状态;②自然稳态的变化是指质变,自然界不存在顺直河流,认为由稳定性理论和能耗率极值假说给出的顺直河流的临界,只有数学意义,没有物理意义或实际意义;③目前难于获得可靠动床条件下河型与影响因素间的关系,难于确定基本守恒方程的合理性,这又碍于理论研究的进展。因此,强调进行水流紊动的精密测量十分必要。然而,在一个连续的河型系统渐变时,不存在河型突变临界的观点是值得商榷的。因为,地貌临界说认为突变有两种——由系统外部因素触发超越外临界的突变,以及由系统内部因素激发超越内临界的突变(Schumm,1974;Schumm et al.,1976;Schumm,1979)。显然,系统内部渐变过程中会出现突变,必然有可能存在内临界值或其他控制参数的临界值。

另外，有些学者，如徐国宾等（2004）开启新径，应用耗散结构理论解析河型转化，认为河型转化是在外界条件变化超过某一临界值而发生的突变。河型在转化过程中，既可以从外界获得负熵流，也可以获得正熵流。负熵流促使河流朝有序化方向发展，正熵流促使河流朝无序化方向发展。有序化过程可能产生耗散结构态，无序化过程可能产生混沌态。耗散结构与混沌态在河型转化过程中交替出现，就可能会形成不同的河型。

周刚等（2010a）运用计算机进行河型转化机理及其数值模拟研究，为了研究河型转化过程机理，建立了考虑弯道二次流影响与边岸崩塌过程的平面二维河流数学模型，包括水流模型、泥沙模型和边岸崩塌模型。在水流动量守恒方程中增加弥散应力项以考虑弯道二次流的影响，并采用室内水槽实验结果对水流模型进行了验证；利用上荆江沙市至石首天然长河段的水沙过程和河道演变资料，对泥沙模型进行了验证，结果表明该模型数值计算量合适，有较好的适应范围。模型中提出了边岸崩塌过程的模拟技术，相对于传统平面二维水沙模型而言，可以更好地模拟天然河道的横向摆动以及洲滩消长过程；此外，还运用该模型（周刚等，2010b），系统研究概化河道的河型转化过程及其控制因素，通过模拟成功地获得初始比降、流量、入口含沙量增大和河岸抗冲性减弱时，河流从弯道向分汊、游荡河型转化的过程。模拟计算表明，所取得的河型转化过程与经典的河型成因及河型转化理论给出的趋势较为一致。

肖毅等（2012）利用突变理论中的尖点突变模式研究河型分类及其转化趋势。通过选取适当的控制变量与状态参量，在尖点突变模式下进行坐标变换，推求得到了河道状态的平衡方程，并绘制出三维坐标下的平衡曲面图；依据该平衡方程选取相应的临界状态参数，对控制参平面进行二维投影，得到不同河型的判别条件。通过对100多条天然河流及实验河段资料的计算判定其河流所处状态及其河型，结果表明：基于尖点突变模式所建立的河道状态平衡曲面及河型分类，判别条件能够判定现有河流所处的状态及河型，从而为实际工程中的河流整治提供参考。

5.3.3　河型转化的类型

分析河型转化时，对转化类型的研究十分重要。主要考虑在什么条件下一种河型转化为另一种河型，特别关注不稳定河型如何向稳定河型转化。沈玉昌等（1986）根据河型转化的条件，将河型转化划分为三种类型：构造作用引起的河型转化、气候变化引起的河型转化，以及人类活动引起的河型转化。有些研究者（唐武等，2016）提出还有海（湖）平面变化以及沉积物供给也会导致的河型转化。归纳起来有构造作用、气候变迁、侵蚀基准面、人类活动及水沙条件与沉积物供给等五种河型转化类型，转化的具体方式，或许有更多，这里不复赘述。

　　1. 构造作用

构造作用是指新构造运动，或者活动构造，例如均匀上升、沉降，穹窿上升、凹陷沉降，褶皱、挠曲，断块升降，以及地块的横向水平移动等所导致的河型转化。构造作用是影响河型转化最重要的因素（Catuneanu et al.，2001；Bordy et al.，2004）。构造抬升及沉降改变河谷坡降，导致河型做出相应调整。坡降变陡河流作功率增加，有利于高耗能宽浅型河流的发育，坡降减缓河流作功率减少，则有利于低耗能窄深型河流的形成。同时，构造抬升及沉降促使二元相结构河漫滩边界条件发生变化，也会影响侵蚀区和沉积区的分布，从而影响了沉积物供给的数量与性质，最终导致河型发生转化。构造作用所导致的河型转，往往在沉积韵律上有反映。

2. 气候变迁

气候变迁是宏观的长期因素，由于全球性气候变冷或转暖，促使流域地貌系统内，上游产流产沙区植被的变更，导致产流产沙过程发生变化，从而引起中游河型转化；或者由于气候变迁，变冷导致全球海平面降低，导致河流入海口、河流下游，乃至整个流域出现复杂响应，影响植被发育及河岸物质组成，由此发生河型转化；暖湿气候，植被发育旺盛，河岸抗侵蚀能力强，发育稳定河型；或者由于降水量及海平面变化，间接影响河型转化。

3. 侵蚀基准面

全球性的终极基准面变化给河流入海口，乃至中下游河段带来的影响极大，促使沿海三角洲地区河道比降发生变化，导致调整水沙过程而发生河型转化，并控制层序地层的发育，如海平面上升导致转化发育成网状河型；至于入湖河流的三角洲地区，受到的只是局部侵蚀基准面的影，同样有可能出现河型转化，不过是局部的，规模不大，促使向网状河型转化（唐武等，2016）；当全球性侵蚀基准面下降时，考虑到流域中植被发育与土地利用的变化，一次下降会出现两次复杂响应（Schumm，1974）。

4. 人类活动

人类的大规模活动，可以包括流域系统中改变上游受水盆地的土地利用、牧草轮作、植树造林，促使受水盆地产流产沙过程变化，导致中下游发生河型转化；或者上游修建水库，局部侵蚀基准面抬升，改变水库上游河道发生的河型转化，以及因水库蓄洪拦沙，改变水沙运行过程，导致下游局部河道的河型转化；另外，由于护岸、建筑丁坝、修建大堤，使河道自由摆动受阻，由旁侧侵蚀转化为下切冲刷，引起河型转化，如黄河下游山东段；或者由于跨流域调水，使受水流域流量增加、含沙量减少，引起河型的变化等。

5. 水沙条件和沉积物供给

这一类型往往见于河流的中下游，因主支流交汇、分流分沙、来水条件、流量大小、水沙输移、流量过程、来沙条件、输沙性质、河岸与河床相对可动性的局部变化所引起的河型变化。钱宁（1985）指出河流含沙量的大小以及河岸的抗蚀性是控制河型的两个主要因素，当河流沙质粒度变细时，下游河道将会出现辫状河向曲流河的转变。细粒成分含量高、抗蚀性强的河岸更易发育曲流河，而辫状河则主要出现在含砂较粗、河岸细粒成分少、抗蚀性较弱的河段内。

Bridge（2003）在研究阿拉斯加北部的 Sagavanirktok 河流时，注意到同一峡谷流域内具有曲流及辫状河等多种河型。河型转化与河流的流量及地面坡度有着密切的关系，如美国发源于科罗拉多落基山脉中的北普拉特河、南普拉特河、阿肯色河以及内布拉斯加州中部普拉特河等河流，100 多年以来河型经历了不少变化。究其原因，大多数研究者（Williams，1978；Nadler et al.，1981；Crowley，1983；Schumm，2005；Fotherby，2009）认为，随着年平均流量、最大洪峰流量的减少以及常态性河流的河宽减少，河型随之发生变化。Fotherby（2009）为了突出强调河型的空间变化，将内布拉斯加州中部的普拉特河段分为 11 个小河段，最上游两个小河段为游荡河型或曲流河型，受主河道流量、比降以及沉积物的搬运方式所控制；而另外九个小河段是辫状河型、网状夹有辫状河型或辫状夹有网状河型，辫状河段的发育受峡谷的限定性所控制。

沉积物供给对河型转化的控制主要体现在两个方面：一方面是控制河流系统的来水来沙条件，来沙量的大小以及粒度的相对粗细对河型均会造成不同程度的影响；另一方面是决定河流的流量（董占地等，2011），流量越大，不稳定河型越易形成，流量越小，稳定河型居主导地位。Nadler 等（1981）认为，阿肯色河出现辫状河型向曲流河型过渡，是由于上游支流大量细粒沉积物供给所致。

值得注意的是，由于研究角度不同，上述研究比较注意河型转化现象，但对其沉积特征所反映的古河型变化关注不够，国内有关文献中这方面的报道则屡见不鲜。廖保方等（1998）对永定河现代沉积考察后，发现河流沉积自下而上，出现辫状河-曲流河-网状河的变化，并指出辫状河在高坡降和低坡降区的河流形态及沉积特征均有所不同。王俊玲等（2001）通过对嫩江下游现代沉积的研究，详细分析了自上而下砾石质辫状河与低能量曲流河两种河型的沉积特征，为地下复杂古河流相的识别提供了一个典型实例。唐武（2012）在对内蒙古凉城县内岱海湖盆进行现代沉积考察时，也发现在元子沟三角洲的上游，存在辫状河向曲流河转化的现象，并指出斜列边滩是识别辫状河向曲流河转变的重要标志，意味着水流由多河道的辫状河向单河道的曲流河发生汇聚转变。总之，可以认为，现代沉积特征是识别河型转化和控制因素的敲门砖，但对其转化的水动力作用机制、沉积响应和识别标志等还有待进一步探索。

5.4   河型转化机制与判别

5.4.1   河型转化规律

5.4.1.1   河型转化的一般规律

河型转化是上述诸多因素共同作用的结果。在诸多因素的作用下，导致河型转化的类型与河型转化模式多种多样，然而影响因素的主导性与差异性原则，导致河型转化在宏观上具有一定的时空分布规律。即在不同的地质条件背景下，不同的空间范围与时段内，总是会有某一个影响因素起主要作用，而其他影响因素居起次要地位，或起不到作用。

河型的宏观分布与宏观地貌环境密切相关。一般来说，一个完整的流域系统中，河流从上游山地→高平原→中下游丘陵、平原直至入海（湖），随着自然地理环境的变化往往具有由辫状河→低度弯曲河→高度弯曲河→网状河的演化规律（图 5.4-1）。

在俄罗斯的广袤地域内，亚洲部分的宏观地势东高西低，从东往西为东西伯利亚山地、中西伯利亚高原、西西伯利亚平原；在欧洲部分，东欧平原地势北部略高南部低，两平原由乌拉尔山脉相隔。亚洲部分的大河流如勒拿河、叶尼塞河及鄂毕河等，由南向北注入北冰洋。欧洲部分的大河流，如伏尔加河、第聂伯河及顿河等，由北、东向南、西流，分别注入里海、黑海及亚速海。

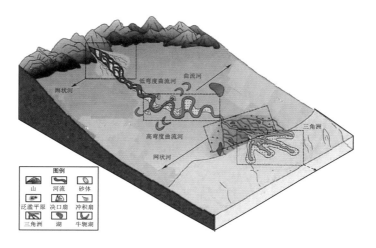

（a）地貌

河型	垂向剖面	岩性描述与典型沉积构造	微相
辫状河		泥岩、泥质粉砂岩，水平层理，植物化石常见 含泥夹层的粉砂岩	河漫滩
		小型槽状交错层理砂岩	心滩
		板状交错层理砂岩	
		槽状交错层理砂岩	
		大型槽状交错层理粗砂岩	水道
		冲刷面，滞留砾石层	
曲流河		以泥岩等细粒沉积为主， 具平原地貌，常含植物化石	江心洲
		以细粒沉积为主	决口扇
		以泥质沉积为主，夹薄层粉砂岩，具 水平层理，常见植物根和叶，生物扰动强	天然堤
		河道砂体内部见多次冲刷现象， 具大型槽状交错层理	河道
网状河		具有均匀层理和水平纹理的泥岩或粉砂岩	泛滥平原
		波状层理或水平纹理的粉砂岩和粉砂质泥岩	天然堤
		小波痕槽状交错层理和爬升层理粉砂岩	点砂坝
		大波痕槽状交错层理中细砂岩	
		叠瓦状构造的含泥砾砂岩、砾状砂岩冲刷面	底部滞留沉积
三角洲		夹灰质泥岩或煤层的砂泥岩互层	沼泽
		槽状或板状交错层理交错	分流河道
		含半碱水生物化石和介壳碎屑泥岩	支流间湾
		槽形交错层理和波状交错层理纯净砂岩	河口坝
		水平纹理和波状交错层理粉砂岩和泥岩互层	远沙坝
		暗色块状均匀层理 和水平纹理泥岩	前三角洲
		含海生生物化石块状泥岩	浅海

（b）岩相

图 5.4-1 河型转化的一般规律（唐武等，2016）

图 5.4-2　勒拿河水系示意图

勒拿河发源于东西伯利亚山地贝加尔山脉的西北麓，流经东西伯利亚山地与中西伯利亚高原交界（图 5.4-2），最后注入北冰洋拉普捷夫海。勒拿河全长 4400km，流域面积 241.8 万 km²，河口年平均流量 17000m³/s，年径流量 5400 亿 m³。河流以冰雪融水补给为主，雨水补给为辅，至今是俄罗斯开发得最少的河流，河流上只建有两座水库，基本上仍然保持天然状态。

勒拿河上游从河源到维季姆河支流入口，流经山地高原，谷深岸陡，多急流石滩，属山区型河流；勒拿河中游从维季姆河口到阿尔丹河之流入口，河床展宽分汊，发育有众多江心洲；勒拿河下游从阿尔丹河口至入海口，逐渐具有平原型河流特点，河谷较宽，河漫滩发育，其上多汊流、湖泊；河口段入海处大量泥沙堆积，形成典型的鸟足状三角洲，发育网状河型。

勒拿河发源于贝加尔山脉的西北麓 930m 处，河源至维季姆河汇口为上游段，长约 2106km，流经山地高原，谷深岸陡，多急流石滩，属山地型河流，深切峡谷弯曲河型 [图 5.4-3（a）]。从维季姆河口到阿尔丹河汇流处为中游，长约 1415km，河床展宽；维季姆河汇口与阿尔丹河汇口之间长约 780km 的中游河段，基本上是江心洲分汊河型，该段以 Pokrovsk 界分两段，上段长约 510km 是典型的江心洲分汊河型，在 Pokrovsk，勒拿河谷约有 6.4km 宽，河道宽 2.03km，河漫滩宽 3.18km，一级阶地宽约 1.19km。在上游 30km 处发育有长约 33.44km、宽约 7km 的纺锤状江心洲，从卫星影像图看有类似的微地貌特征 [图 5.4-3（b）]，靠近阿尔丹河汇口以上 40km 处起直到汇口以下 200km 处左侧的维柳伊河上可以清楚地看到现代勒拿河的江心洲分汊河段发育在布满鬃岗、天然堤、迂回扇的河漫滩上，高河漫滩上也汇口，长约 240km 的河段为散乱游荡河型，以下直到入海口，为勒拿河下游，长约 1000km，可分为两段：上段为长约 400km 的散乱游荡河型 [图 5.4-3（c）]，下段长约 600km 基本上也是深切峡谷弯曲河段 [图 5.4-3（d）]，局部河段有狭长的江心洲发育。在入海口，由于泥沙大量输入海洋，堆积了面积约 3.2 万 km² 的勒拿河三角洲，是世界上最大的鸟足状三角洲，三角洲上发育有极好的网状河型 [图 5.4-3（e）]。

河型发育是否具有自然地带性规律，是一个引人关注的问题。许炯心（1990a，1990b，1992）统计了我国 131 条主要河流的 186 个河段，包括了主要的平原冲积河流和宽谷型河流，认为自南而北江心洲分汊河型与游荡河型有明显的地域分布特征，反映了河型分布的地带性规律。河型频度分析表明：对于江心洲分汊河型，北纬 22°～31° 为高值区；往北，江心洲分汊河型急剧减少，在北纬 35°～45°，基本上不出现江心洲河型，江心

（a）上游深切峡谷弯曲河型

（b）勒拿河下游（上段）
游荡河型

（c）勒拿河中游江心洲分汊河型
（坡克洛夫斯克—亚库次克）

（d）勒拿河下游（下段）峡谷弯曲河型

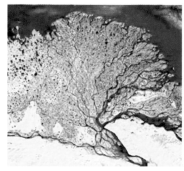
（e）勒拿河口三角洲上的网状河型

图 5.4-3 勒拿河的河型

洲频度 fb 值为零；纬度再增高时，江心洲频度又开始增加，在黑龙江流域出现另一高值；对于游荡河型，随纬度的变化同样具有明显的规律，从南到北，游荡型频度先是增大，在北纬 35°～43°间达到最大值，然后急剧减少。对比分析表明，从南向北，游荡河型频度先是增大，在北纬 35°～43°间达到最大值，然后急剧减少；江心洲分汊河型频度的地域变化则表现出相反的趋势，即在北纬 22°～31°间，江心洲河型频度的高值区，往北去江心洲河型频度急剧减少，在北纬 35°～45°降低为 0，到了东北，江心洲频度又开始增大，并达到另一个最高值。

结合我国自南而北自然带随纬度分布的递变规律，由湿润带→半湿润→半干旱带，再往北去，又进入半湿润带（局部为湿润带）。显然，在气温高多雨的湿润带，发育江心洲分汊河型为主；在气温低雨量少的半湿润-半干旱带，发育散乱游荡河型为主，几乎不发育江心洲分汊河型；在寒温带温凉半湿润的东北地区，又以发育江心洲分汊河型为主。河型发育具有一定的地带性规律，但河型的发育并不完全取决于地带性因素，还必须综合考虑当地特殊的构造背景、水动力条件和植被发育的程度。

值得注意的是，河型发育与转化并不完全取决于河流所在的地理位置。河型转化的普遍性取决于构造、气候、人类活动、水沙条件及沉积物供给等，这些因素发生重大变化时，河型就可能发生转化。

5.4.1.2 河型转化机理分析

河型转化的机理是一个综合性很强的问题。不仅对完善河流动力地貌学、河流动力学及河流工程学等学科有重要理论价值，而且对大型水利枢纽对下游河道演变的影响研究，以及河道防洪、航运工程对策研究等也有着非常显著的应用价值。

为了进行河型转化机理分析，采用 Schumm（1985）分类图解方法，根据河流水动力因素和泥沙输移动力特性，Schumm 区分河道的平面形态为 3 大类、14 亚类，并给出了 14 种河型与动力条件的关系，认为特定河型的发育取决于该段河道内部的动力条件，如水动力因子、泥沙输移特性、河岸抗冲性（粉黏粒含量百分比）；并与一定的外部动力条件，包括缓变构造运动，如穹窿、坳陷、掀斜、褶皱、断层、平移活动以及急剧构造运动，如火山爆发、地震，全球气候变迁等密切相关（Schumm，1986）。

显然，如果一种特定的河型，当其相应的内外动力条件发生变化，超越某一临界值时，将转变成另一种河型。Schumm（1986）指出，最主要的河流地貌临界值是各种河型及其转化的河谷比降临界值，即：在输沙平衡时，无论对于何种边界条件，总是存在两个极限比降 J_1 和 J_2，当河谷比降小于 J_1 时，河型将维持单一顺直型；当河谷比降大于 J_1 时，河型将转变为弯曲型；而当比降超过另一极限值 J_2 时，河型将由弯曲河型，经分汊河型转化为游荡河型。Leopold 等（1964）都认为比降的大小是造成河型是顺直、弯曲还是分汊的主要原因。钱宁（1985）在分析不同河型形成条件时，同样认为，游荡河型的河谷比降较陡，而弯曲顺直河型的河谷比较平缓。

周刚等（2010）对河型转化机理进行了计算机数值模拟，将各种计算条件与相应的模拟计算结果进行了统计归纳，见表 5.4－1。其中：参数 B_{max}/B_0、J_w/J_{w0}、J_b/J_{b0}、B/H_{8000} 分别为模拟 250d 时，最大河宽与初始河宽的比值、水面比降与初始水面比降的比值、河道比降与初始河道比降的比值，以及 8000m 处河道的宽深比，比降值为沿河道深泓线的沿程比降。

周刚等（2010）认为：①在给定不同初始河床比降时，数值模拟的计算结果与经典理论指出的趋势相符合，即初始河床比降越大，则越容易向辫状河型或江心洲河型发展；②从来沙条件和河岸稳定性的变化的影响看，如果其他条件不变，当入口含沙量增加后，水流挟沙力与含沙量不相适应，导致河床淤积抬高，进而发育分汊河型，进而转变成游荡河型；③河流功率 γQJ 变化的影响，当河流功率增大与河岸稳定性变弱有相同的后果，将使河道向江心洲分汊河型，并由可能向游荡河型发展；④河岸稳定性对河型转化的影响，同样水沙条件下，河岸的稳定性越弱，宽深比越大，越容易形成江心洲分汊河型，并可能向散乱游荡型转化。钱宁等（1965）曾指出造成游荡型河型的根本原因就是河床的淤积抬高和河岸的不受约束，并认为床沙质的相对来量和河岸的相对可冲刷性是河型形成中起决定作用的因素；⑤来水条件对河型转化的影响，其他条件相同时，当入口恒定流量的增大，相当于河流功率增大、河道水流挟沙能力增加。数值模拟计算结果表明，由于上游缺乏泥沙补给，河床出现下切，而下游河床因获得上游的泥沙补给，从而降低下切能力，甚至转冲为淤，河道比降调平。当给定较大的恒定流量时，造成河道沿程河床大幅度冲刷，在河道下游泥沙淤积，出现江心洲分汊型或游荡河型河道。倪晋仁（1989）通过室内实验分析恒定流量影响时指出，流量对河型的过程的影响与初始比降是同向的，即流量增加时，同一河流会向游荡河型转化。

数值模拟计算结果（表 5.4－1）定性地复演了 Schumm、Leopold、钱宁和周文浩等学者关于河型转化机理的经典认识，也符合过去不少学者实验研究所指出的趋势。

表 5.4 - 1 不同条件计算结果比较（周刚等，2010）

相同条件（工况 A、B、C、D、E）比较条件	比较条件	B_{max}/B_0	J_w/J_{w0}	J_b/J_{b0}	B/H_{8000}	河型	最终河底比降
$Q=300\text{m}^3/\text{s}$，$S=0.0\text{kg}/\text{m}^3$，$C_1=0.011$，$D_{bk}=0.1\text{mm}$	$J=0.0001$	1.83	0.39	0.01	22.99	顺直	调平
	$J=0.0002$	2.33	0.25	-0.16	16.94	弯曲	倒坡
	$J=0.0004$	3.67	0.18	-0.21	18.43	分汊	倒坡
$Q=300\text{m}^3/\text{s}$，$J=0.0002$，$C_1=0.011$，$D_{bk}=0.1\text{mm}$	$S=0.3\text{kg}/\text{m}^3$	2.58	0.30	0.22	22.33	弯曲	倒坡
	$S=1.0\text{kg}/\text{m}^3$	2.75	0.43	0.07	24.02	弯曲	调平
	$S=3.0\text{kg}/\text{m}^3$	3.58	0.74	0.93	40.92	散乱	无法调平
$S=0.0\text{kg}/\text{m}^3$，$J=0.0002$，$C_1=0.011$，$D_{bk}=0.1\text{mm}$	$Q=300\text{m}^3/\text{s}$	2.33	0.25	-0.16	16.94	弯曲	倒坡
	$Q=500\text{m}^3/\text{s}$	3.58	0.23	-0.57	31.73	分汊	倒坡
	$Q=700\text{m}^3/\text{s}$	4.33	0.13	-1.29	32.50	分汊	倒坡
$Q=300\text{m}^3/\text{s}$，$S=0.0\text{kg}/\text{m}^3$	$J=0.0004$，$D_{bk}=0.1\text{mm}$；$C_l=0.011$（小）	3.67	0.18	-0.21	18.43	分汊	倒坡
	$C_l=0.005$（大）	2.83	0.35	0.16	11.00	弯曲	调平
	$J=0.0002$，$C_l=0.011$；$D_{bk}=0.1\text{mm}$（小）	2.33	0.25	-0.16	16.94	弯曲	倒坡
	$D_{bk}=0.2\text{mm}$（大）	2.08	0.30	-0.10	12.30	弯曲	倒坡

注 "—"表示 250d 时沿程河床比降为负，统计值为计算 250d 时结果。

5.4.2 河型转化的判别分析

对于河型的判别，国内外学者也做了许多研究，有数十种之多，对解决河型实际问题及一些理论研究起到很大作用。但由于不同研究者在建立河型判别式时，所选取的影响因素各不相同，导致河型判别式多种多样。主要有 Leopold 等（1957）、Lane（1957）、方宗岱（1964）、钱宁（1985）、蔡强国（1982）、陆中臣等（1988）、金德生等（1992）、尹学良（1993）、姚爱峰等（1993）、谢鉴衡（1997）、张俊华等（1998）、张红武（1998）、Kleinhans 等（2001）等。

1. Leopold 等（1957）

Leopold 等（1957）发现游荡型河流与弯曲型河流的比降和流量往往处于不同的组合关系中，把河型的产生解释为在不同边界和来水来沙条件下河流系统调整其各变量以使河流趋于平衡。从这一观点出发，点绘出将近 50 条美国和印度河流的平滩流量 Q 与河道比降 J 的关系（图 5.4 - 4），从该图可得出下面的区分游荡型与弯曲型河流的方程：

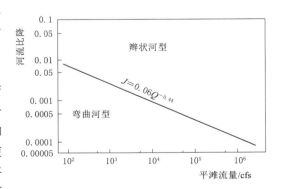

图 5.4 - 4 Leopold 等（1957）的河型、河道比降与平滩流量间关系

$$J = 0.06Q^{-0.44}$$ (5.4 - 1)

2. Lane（1957）和金德生等（1992）

Lane（1957）利用由他精准划分河型的天然河流资料，获得了天然河流河道比降与平均流量间的关系（图 5.4－5），并获得两条明显的回归关系曲线，游荡河型的点群位在曲线右上方，弯曲河型的点群位在左下方，两回归线间的点群为弯曲与游荡间过渡河型。两回归方程如下：

$$J_{曲-汊} = 0.0007Q^{-0.25} \tag{5.4-2}$$

$$J_{汊-游} = 0.0041Q^{-0.25} \tag{5.4-3}$$

式中：$J_{曲-汊}$ 为弯曲河型与江心洲分汊河型的河道临界比降；$J_{汊-游}$ 为江心洲分汊河型与游荡河型的河道临界比降；Q_m 为模型小河的平滩流量，m^3/s。事实上，Lane 对河型的划分（图 5.4－5），是 Leopold 与 Wolman 河型划分的细化，不仅将河型划分为弯曲与游荡河型，进一步将弯曲与游荡间的过渡河型划分了出来。

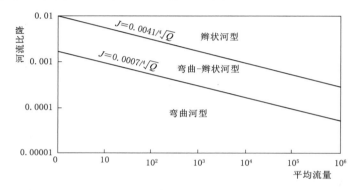

图 5.4－5 河型、河道比降与平均流量间关系（Lane，1957）

金德生等（1992）利用实验室模型小河的资料，获得了模型小河河道比降与平滩流量间的关系（图 5.4－6），并获得两条明显的回归关系曲线，游荡河型的点群位在曲线右上方，弯曲河型的点群位在左下方，两回归线间的点群为江心洲分汊河型。两回归方程如下：

$$J_{曲-汊} = 0.00079Q_b^{-0.25} \tag{5.4-4}$$

$$J_{汊-游} = 0.00197Q_b^{-0.24} \tag{5.4-5}$$

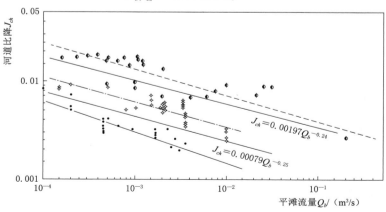

图 5.4－6 模型小河河道比降与平滩流量关系图

式中：$J_{曲-汊}$ 为弯曲河型与江心洲分汊河型的河道临界比降；$J_{汊-游}$ 为江心洲分汊河型与游荡河型的河道临界比降；Q_b 为模型小河的平滩流量，$\mathrm{m^3/s}$。

有意思的是，所得关系式与 Lane 在 25 年前由野外天然河流获得的关系式十分相似，弯曲河型与江心洲分汊河型的关系式［式（5.4-4）］的指数相同；江心洲分汊河型与游荡河型的关系式［式（5.4-5）］指数仅差 1%。只是俩关系式的截距有所不同，或许采用的流量有差异所之（金德生等，1992）。显然，在一定程度上，这是模型小河与天然河流发育演变过程响应相似性的良好体现。

3. 方宗岱（1964）

方宗岱提出以洪峰变差系数 C_V 作为河流水文条件的定量指标（方宗岱，1964），C_V 值越大，河流易形成摆动型（游荡型），C_V 较小时有利于江心洲的稳定；以 ρ_o/ρ_p 表征水流泥沙条件，$\rho_o/\rho_p > 1$ 河床处于淤积状态，$\rho_o/\rho_p < 1$ 河床处于冲刷状态，$\rho_o/\rho_p = 1$ 河床处于相对平衡状态。通过统计分析国内外 40 条河流，认为：当 $C_V < 0.3$，$\rho_o/\rho_p \leqslant 1$ 时为江心洲型；$C_V < 0.4$，$\rho_o/\rho_p \geqslant 1$ 时为弯曲型；当 $C_V > 0.4$，$\rho_o/\rho_p \geqslant 1$ 时为摆动型。

4. 钱宁（1985）

钱宁根据黄河、延水、渭河、汾河、伊洛河、沁河、长江、永定河、大运河、南洋河等 10 条河 31 个水文站的资料，在分析了游荡型河道发育的来水、来沙与边界条件后，采用反映河流摆动强度的游荡指标 Θ 来判别河型。

$$\Theta = \frac{\Delta Q}{0.5 T Q_n} \left(\frac{Q_{\max} - Q_{\min}}{Q_{\max} + Q_{\min}} \right)^{0.6} \left(\frac{hJ}{D_{35}} \right)^{0.6} \left(\frac{B}{h} \right)^{0.45} \left(\frac{W}{B} \right)^{0.3} \qquad (5.4-6)$$

式中：ΔQ 为洪峰上涨幅度；T 为洪峰历时；Q_n 为平滩流量；$\Delta Q/0.5TQ_n$ 为洪峰陡度；$(Q_{\max} - Q_{\min})/(Q_{\max} + Q_{\min})$ 为流量变幅；hJ/D_{35} 为河床物质的相对可动性，间接反映河流的来沙量和冲淤幅度；W/B 为河宽与滩地宽度比；B/h 为滩地宽度与滩槽高差比，两者联合起来表征河岸的约束性。

当 $\theta > 5$ 时属于游荡型河流；当 $\theta < 2$ 时属于非游荡型河流；当 $2 < \theta < 5$ 时属于过渡型河流。

5. 蔡强国（1982）

蔡强国（1982）通过地壳运动对河型转化影响的实验，应用数理量化综合分析实验资料，并借助多元回归方法，建立了顺直、弯曲、分汊（双汊与多汊）、游荡河型的判别空间，分别获得了地壳上升与沉降运动导致河型转化的判别函数［式（5.4-7）和式（5.4-8）］。地壳上升运动促使河型转化的判别函数 Φ 由三个主要因素——单位水流能耗率（VJ）、断面形态系数（$H_{\max}/H$）、河宽不稳定系数（$A = BJ^{0.2}/Q^{0.5}$）组成：

$$\Phi = 3.96 (VJ)^{0.48} (H_{\max}/H)^{0.41} A^{0.35} \qquad (5.4-7)$$

式中：V 为平均流速，$\mathrm{cm/s}$；J 为深泓水面比降；B 为河宽，cm；Q 为流量，$\mathrm{L/s}$，实验中取为定常流量 $2.5\mathrm{L/s}$；$H_{\max}$ 为最大水深，cm；H 为平均水深，cm。

分析表明：当 $\Phi < 1.34$ 时，断面向窄深发展，河流下切；当 $\Phi > 1.34$ 时，断面向宽浅发展，河流分汊。

地壳沉降运动促使河型转化的判别函数 Δ 由三个主要因素：河宽不稳定系数 A，深泓水面比降 J，横向断面流速分布 $V_{\max}/V$ 组成：

$$\Delta = 11.98 (V_{\max}/V)^{0.32} J^{0.37} A^{0.79} \qquad (5.4-8)$$

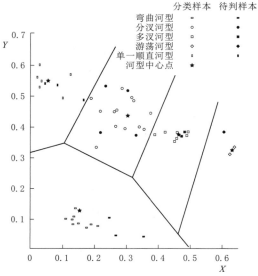

图 5.4-7　河型判别分析图（蔡强国，1982）

式中：V_{max} 为断面最大流速，cm/s；V 为平均流速，cm/s；J 为深泓水面比降；B 为河宽，cm；Q 为流量，L/s，实验中为取定常流量 2.5L/s；H_{max} 为最大水深，cm；H 为平均水深，cm。

分析表明：当 $\Delta \leqslant 1.6$ 时，为弯曲河型；当 $1.6 < \Delta \leqslant 2.5$ 时，为双汊河型；当 $2.5 < \Delta \leqslant 3.3$ 时，为多汊河型；当 $\Delta > 3.3$ 时，为游荡河型。

将分属五种河型的样本组的指标值构成反应矩阵，计算河型间样本的离差矩阵与总离差矩阵，再用迭代法求解特征根，以两个最大的特征根 $\lambda_1 = 0.94$、$\lambda_2 = 0.89$ 及其所对应的特征向量，构成两判别函数［式（5.4-9）和式（5.4-10）］，并据此建立一个二维判别空间（图 5.4-7）。

$$X = 0.323A + 0.924VJ - 0.020H_{max} + 0.010D35/HJ$$
$$- 0.030V_{max}/V + 0.188G - 0.073E \qquad (5.4-9)$$
$$Y = -0.061A + 0.119VJ + 0.034H_{max} - 0.044D35/HJ$$
$$+ 0.047V_{max}/V + 0.280G + 0.407E \qquad (5.4-10)$$

6. 陆中臣等（1988）

陆中臣等（1988）分析河型影响因素的基础上，提出了水力与形态指标的河型判别式（图 5.4-8）。贝京认为用水力参数来描述水流，比仅仅采用某种 $Q-J$ 组合更有意义。采

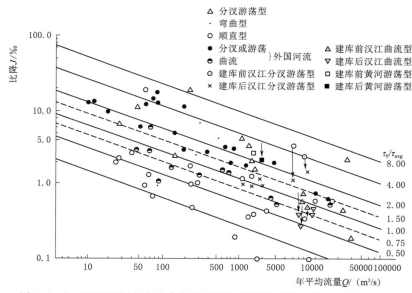

图 5.4-8　以相对切应力为参数的比降与流量关系图（陆中臣等，1988）

用水力参数，τ_0/τ_{avg} 作为划分河型的依据。不仅含有统计关系，还增加了河流的运动强度或挟力来作为区分河型的判用 43 条河流点绘结果，当 $\tau_0/\tau_{avg} \leqslant 0.75$ 时，为曲流型；当 $0.75 < \tau_0/\tau_{avg} \leqslant 1.5$ 时，为顺直微弯型；当 $\tau_0/\tau_{avg} > 1.5$ 时，为网状河流。陆中臣等又选择了受综合因素（$\sqrt{B}/H$）影响的河床形态作为河型的另一判据。根据河床形态方程，由 21 条河流资料，计算出一组与实测河床形态的值，根据点群在比较图上的分布，可得河型判别指标，见表 5.4-2。

7. 谢鉴衡（1990）

谢鉴衡（1990）首先考虑静态及动态特征，对冲积河流河型进行了确切分类，经过分析归纳，对决定河型判数的因子作了取舍，构造出由纵向稳定系数、横向稳定系数和洪峰流量变差系数三项组成的河型判数。利用黄河、长江等江河实测资料进行回归分析，得出了如下形式的河型判别式：

表 5.4-2 河型判别指标

判别指标 $\sqrt{B}/H$	河型	
3~7	弯曲型	
7~18	顺直型	
18~24	分汊型	网状型
24~50	游荡型	

$$\phi = \left(\frac{D}{hJ}\right)\left(\frac{h}{B^{0.8}D^{0.2}}\right)\left(\frac{1}{C_v}\right)^{0.756} \tag{5.4-11}$$

当 $\Phi < 0.01‰$ 时，为游荡型河流；当 $0.01‰ \leqslant \Phi < 0.5‰$ 时，为分汊型河流；当 $0.5‰ \leqslant \Phi < 50‰$ 时，为蜿蜒型河流；当 $\Phi \geqslant 50‰$ 时，为顺直型河流。

8. 尹学良等（1993）

尹学良等（1993）结合实验和实测资料分析，认为决定冲积河流河型的是来水来沙条件和外加的边界条件，后者主要指变动的侵蚀基准面。用实测资料点绘输沙率与流量、比降的关系曲线，关系式为

$$Q_s = K(QJ)^m \tag{5.4-12}$$

当 $m > 2.5$ 时，形成单股窄深蠕动河道，当 $m < 2.5$ 时，形成多汊宽浅游荡型河道。

9. 姚爱峰等（1993）

姚爱峰等（1993）认为，影响冲积河流稳定性的主要因素有：河流所在流域的来水来沙条件、河槽边界条件及河床坡降。在上述基础上选取来沙中床沙质与冲泻质来量的比值（λ_w/λ_b）、含沙量与挟沙能力的比值（S/S_*）、洪峰变差系数 C_v、河道宽深比（H/W）、河床坡降（J）等 5 个无量纲因子建立了冲积河流稳定性指标：

$$S_i = \left(\frac{\lambda_w}{\lambda_b}\right)^{3.11}\left(\frac{S}{S_*}\right)^{1.71}\left(\frac{1}{C_v}\right)^{0.95}\left(\frac{H}{W}\right)^{3.42}\left(\frac{1}{J}\right)^{0.81} \tag{5.4-13}$$

当 $10^4 S_i \leqslant 0.01$ 时，为游荡型河流；当 $0.01 < 10^4 S_i \leqslant 0.4$ 时，为过渡段河流；当 $0.4 < 10^4 S_i \leqslant 8$ 时，为分汊型河流；当 $10^4 S_i > 8$ 时，为弯曲型河流。

10. 张俊华等（1998）

张俊华等（1998）认为，可以用 U/U_C 描述河床的纵向稳定特性，U/U_C 越大，泥沙运动强度越大，河床越不稳定；以 $(WD_{50})^{0.5}/h$ 描述河床的横向稳定性特征，该值越大，表明河床横向越不稳定；以 S/S_* 描述由悬沙运动引起的河床冲淤状态，若 $S/S_* > 1$，表

明来沙量大于河道挟沙能力，河床淤积，反之亦然。将三者之积作为河床稳定性指标：

$$\psi = \frac{US\sqrt{WD_{50}}}{U_C S_* h} \tag{5.4-14}$$

当 $\Psi \leqslant 0.12$ 时，为弯曲型；当 $0.12 < \Psi \leqslant 2$ 时，为分汊型或过渡型；当 $\Psi > 2$ 时，为游荡型。

11. 张红武（1996）

张红武（1996）同样认为不论何种可动的河床组成或水沙组合，河型主要取决于河流的纵向稳定性和横向稳定性，根据天然河道及模型小河的资料提出了河床稳定性综合指标 Z_w，其表达式为

$$Z_w = \left(\frac{1}{J}\right)\left[\left(\frac{r_s - r}{r}\right)\left(\frac{D_{50}}{h}\right)\right]^{1/3}\left(\frac{h}{W}\right)^{2/3} \tag{5.4-15}$$

当 $Z_w < 5$ 时，为游荡型河流；当 $Z_w > 15$ 时，为弯曲型河流；当 $5 \leqslant Z_w \leqslant 15$ 时，为分汊型河流。

12. 周宜林等（2005）

周宜林等（2005）认为冲积河流河床稳定性取决于纵、横向稳定性的对比，而纵、横向稳定性分别与纵、横向水流输沙能力有关。通过收集天然河流和模型小河河型资料，统计分析得到河床稳定性综合指标公式：

$$\varphi = \left[\frac{(\rho_s - \rho)D_{50}}{\rho H J}\right]^{1/2}\frac{Q^3}{gW^3 H^2 J} \tag{5.4-16}$$

当 $\varphi < 1.0$ 时，为游荡型河流；$1.0 \leqslant \varphi < 4.0$ 时，为分汊型河流；$\varphi \geqslant 4.0$ 时，为弯曲型河流。

13. Kleinhans 等（2011）

Kleinhans 等（2011）认为单位河流功率 Ω_v 和河床质中值粒径 D_{50} 是影响河型的最重要因素。点绘世界各地的 192 条河流的 228 个数据组，见图 5.4-9，得到了一条明显的单流路弯曲河型与游荡分汊河型的区分线，这条区分线的表达式如下：

$$\Omega_v = 900 D_{50}^{0.42} \tag{5.4-17}$$

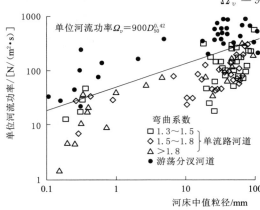

图 5.4-9　Kleinhans 等的河型划分方法（2010）

该方法的优点是，不需要用或很少用已知的河床特征信息，河型就可以得到分析或预测，且该河型图解法已经被证明可以用最少的资料正确地区分典型河型，并且错误分辨率很低。

上述河型分类研究，都是通过选取影响河型成因的因素，包括河道边界条件、来水来沙等条件，进行实测资料统计分析得出来的。因统计的方法不一样，选取的影响因素各不相同，影响因素所占比重不一样，导致了河型的判别式不一样。但是

各个河型判别式在一定的范围内都具有正确的河型判别功能，都具有一定的代表性。研究者们都力图选取影响河型成因的因素，包括河道边界条件、来水来沙等条件，进行实测或实验资料统计分析，得出河型的判别式。但是由于统计方法，选取的影响因素与所占比重各不相同，导致河型判别式表现形式不尽相同。尽管具有一定的代表性，也只能在一定的范围内显示正确的河型判别功能。另外，基本上反映了主要河型之间的突变性特征，问题是这些关系式的计算数值，关系式中的系数、指数，所表达的物理意义究竟是什么？如果这些数据包含了影响因素的作用，那么各个影响因素的权重究竟多大？对河型影响的主要控制影响因素，例如构造运动、气候变迁等的影响机理尚不十分清楚。

随着研究的深入，必须将研究由弯曲-游荡性过渡型对构造运动的响应，向河型系列中弯曲、网状、游荡河型对构造运动的响应扩展延伸，才能进一步深入探讨穹窿及坳陷非均匀升降运动对冲积河流的河型发育及河型转化的显著影响。才能搞清楚构造运动产生的河型转化临界值，河型转化的流水地貌表现，冲积河道的水沙运移特征，以及建立构造运动导之的河型转化判别式等。

河型发育及河型转化是当前河流地貌研究的热门课题。人们十分关注河型判别、河型转化类型的研究。河型转化类型主要包括构造运动、气候变迁、海平面变化、人类活动及水沙状况与沉积物供给等五种，转化的具体方式，或许有更多。事实上，这是河型转化的五种外临界触发条件；至于河型转化的内临界激发条件，尚未涉及。如构造运动影响下，弯曲河道的裁弯取直，江心洲分汊河型的江心洲合滩过程等，实际是外临界条件触发河型系统内临界突变的表现。这是构造运动，特别是穹窿及坳陷非均匀升降运动对河型转化临界值研究面临的新问题，有待通过实验研究获取新的进展。

5.5 河型转化模式及实例

5.5.1 概念与定义

河型转化模式是指在空间意义上，河型遵循常态的方式转化，还是按逆反常态的方式转化的平面模式，以及时间意义上河型转化的垂向时序模式。前者可区分为正向及负向转化两种平面转化模式；后者可区分为正序与逆序垂向转化两类时序转化模式。往往见于冲积河流的中下游，不外乎河流正常发育过程或历史演变过程中，由于河谷坡降，来水来沙条件（如流量大小、流量过程、输沙性质、输沙过程等），河岸物质组成与河床相对可动性的局部变化，当变化超越临界值或低于临界值时，河型在空间分布与时间序列上的变化形式。河型转化模式区分为平面转化模式（指顺河流向的河型变化）和垂向转化模式（指某地区某河流河型顺时间的变化）。每一类分别区分为正向转化与逆向转化两个亚类，每亚类再分成若干种形式。河型转化趋势的组合趋势见表 5.5 - 1，该表横列的河型序列自左向右按坡降及河岸组成物，分别由小到大及由细变粗排列；河型垂向的河型序列自上而下按坡降及河岸组成物，分别由大到小及由粗变细排列。不难看出，左上方 10 种转化方式，可以归纳为正向或正序转化模式；右下方 10 种转化方式，可以归纳为逆向或逆序转化模式。

表 5.5 - 1　　　　　　　　　　　　　河型转化趋势组合模式

河型	顺直（S）	网状（An）	弯曲（M）	分汊（Ib）	游荡（W）
游荡（W）	○→	○→	◆→	◇→	□
分汊（In）	◆→	◇→	◇→	□	○→
弯曲（M）	◇→	○→	□	◆→	◆→
网状（An）	○→	□	○→	◇→	◇→
顺直（S）	□	○→	◆→	◇→	□

注　1. ◆→主要转化趋势（据倪晋仁等，2000），◇→次要转化趋势，○→较少转化趋势。
　　 2. 左上三角为正向转化模式，右下三角为逆向转化模式。

　　定义河型平面正向转化模式为：河流由悬移质类型→混合质类型→推移质类型转变，河型由散乱游荡型→江心洲分汊型→网状冲决型→弯曲蜿蜒型→顺直型的转化。具有以下特征：河道的比降、宽深比、弯曲率或曲折度、曲流的波长波幅比等越来越小；河道的流量变幅、洪峰的涨幅由大变小，洪峰历时由长变短；河道的输沙颗粒、输沙量、推移质/总输沙量比值由大变小；河岸湿周中粉黏粒的百分比、河漫滩二元相结构中河漫滩相厚度比例，越来越大；河流的流速及做功率由大变小，向最小消能率逼近；河道的演变方式由深泓运移、冲决→曲流运移、切滩→弯曲运移、裁弯取直→交错边滩运移转变。

　　可以认为，河型平面正向转化是在环境因素没有重大改变，即当系统内部因素调整，导致系统本身变化超越内临界值时出现的，河型越来越趋向稳定。因此，河流的相对稳定性越来越高，越来越有益于人类社会及人类生存环境的安定和发展。

　　反之，定义河型平面逆向转化模式为河型由顺直型→弯曲蜿蜒型→网状冲决型→江心洲分汊型→散乱游荡型的转化。在河流形态、输水输沙、边界条件、稳定性及能耗率等方面，具有与正向转化模式相反的特征：河流由推移质类型→混合质类型→悬移质类型转变，河道的比降、宽深比、弯曲率或曲折度、曲流的波长波幅比等越来越大；河道的流量变幅、洪峰的涨幅由小变大，洪峰历时由短变长；河道的输沙颗粒、输沙量、推移质/总输沙量比值由小变大；河岸湿周中粉黏粒的百分比、河漫滩二元相结构中河漫滩相厚度比例，越来越小；河流的流速及做功率由小变大，越来越远离最小消能率；河道的演变方式由交错边滩运移→曲流运移、裁弯取直→弯曲运移、切滩→深泓运移、冲决转变。河流变得越来越不稳定，这将给人类社会带来越来越不安定的环境，不利于生产、生活和经济社会的发展。

　　可以认为，河型平面逆向转化，只有在环境因素发生重大改变，即当系统外部因素变化导致系统演变超越外临界值时才会出现。人们期望河型的正向转化，克服河型的逆向转化和改造逆向转化朝正向转化发展，以便造福人类。

　　定义河型垂向正序转化模式为：河流由悬移质类型→混合质类型→推移质类型转变。变化序列与特征类似于河型正向转化平面模式。而定义河型垂向逆序转化模式为河型由顺直型→弯曲蜿蜒型→网状冲决型→江心洲分汊型→散乱游荡型的转化。其变化序列及特征与河型逆向转化平面模式相似。研究河型转化的垂向时序模式，对搞清第四纪冲积河流沉积环境，古河流沉积层的形成与变化，油气开发储存、地下水开发利用具有重要意义。在某种意义上说，河型转化模式的存在，同样体现了"空代时"假设的存在。

　　河型转化研究在 21 世纪得到更多的关注。有不少学者做了不少工作，如倪晋仁等

（2000），涂齐催等（2004），史传文等（2007），王随继（2008），周刚（2010a、2010b），王随继等（2012），李志威等（2013）；后者主要是由地质、沉积学者进行的，如徐清海等（1994），石良等（2014），唐武等（2016）。

5.5.2　河型空序（平面）正向转化模式

河型平面正向转化模式有：游荡向网状河型转化、网状向分汊河型转化、分汊向弯曲河型转化以及弯曲向顺直河型转化等；河型平面逆向转化模式有：弯曲向分汊河型转化、分汊向网状河型转化、网状向游荡河型转化；另外，河型平面共生复合模式有：游荡与弯曲河型共生、网状与分汊河型共生、多个河型复合共生等。河型垂向正序转化模式有：游荡向网状河型转化、网状向分汊河型转化、分汊向弯曲河型转化，以及弯曲向顺直河型转化等；河型垂向逆序转化模式有：顺直向弯曲河型转化、弯曲向分汊河型转化、分汊向网状河型转化，以及网状向游荡河型转化等。自然界中或许有更多的转化模式，有待更多探索和发现（表5.5-2）。

1. 游荡河型向顺直河型转化

韩其为（2002）认为，小浪底水库修建后，黄河下游仍然具备发育游荡河型的条件，坡降大、堆积型、床沙细、流量变幅大。如果在一定时期内下泄清水或低含沙水流，下游河道由堆积型转向冲刷型，洪峰削减流量变幅减少，流路相对稳定，游荡河型向分汊河型发展，甚至向顺直微弯河型转化。显然，只有在人控作用下，下泄清水或低含沙水流时，游荡河型会向顺直微弯河型演变，在演变过程中，先演变成分汊河型，再进一步向顺直微弯河型转化。

2. 游荡河型向网状河型转化

游荡河型向网状河型转化的例子，可以在印度恒河上游段的普拉特、美国内布拉斯加州中部河段等见到。

印度的恒河源头至安拉阿巴德为上游，两个较大源头为阿勒格嫩达河和帕吉勒提河，两河上游在喜马拉雅山间奔腾，急流汹涌，地势由3150m急降至300m。两河在代沃布勒亚格附近汇合后，才称为恒河。当恒河流到安拉阿巴德时，海拔已降至120m。自源头至安拉阿巴德为恒河的上游河段，该段以赫尔德瓦尔为界，以上的河段穿过西瓦利克山脉，为岩石河床，河道狭窄，多急流，见有弯曲型深切峡谷；在离出山口不远的韦埃尔巴德拉到赫尔德瓦尔，亦即两山谷水库大坝之间，恒河长约20km，河谷较为宽阔，宽0.8～2.25km，发育游荡河型；在赫尔德瓦尔以下，恒河进入平原，河宽0.76～3.3km，到Dara Nagar Ganj长约90km，泥沙淤积，在山前洪积扇上发育网状河型（图5.5-1）。恒河经阿努普斯哈赫尔，下行到坎普尔，河道长15km，转化为江心洲分汊河型；自坎普尔到恒河最大支流亚穆纳河汇入口处安拉阿巴德（图5.5-2），基本上属于弯曲性分汊河型，恒河河谷具有弯曲形状，不少汊道也具有低度弯曲特征。恒河上游除河源河道外，长约750km，河道两侧多沼泽和低洼地，雨季常改道。旱季与雨季时，流量分别为200m³/s与5680m³/s，流量变幅为1.07。自安拉阿巴德到蕾韦尔加恩杰，长约470km，为恒河中游，该段恒河是典型的弯曲河型（图5.5-3），中游河道左岸，坐落有佛教圣地瓦拉纳西（图5.5-6）。经初步统计，从安拉阿巴德到密扎浦，有8个河湾，河道长120km，河谷

表5.5-2　　冲积河流河型空序（平面）转化模式及相关控制因素

模式	转化类型	河流名称及河段	比降/‰	河岸物质组成	河型主控因素	资料来源
正向转化模式	游荡河型→顺直河型	小浪底水库黄河下游	0.21~0.11	砂砾、细沙为主	削峰、下切	韩其为，2002
	游荡河型→网状河型	Platte R.				Fotherby，2009
		Kosi河出山口→汇入恒河	>2.3	中粗砂为主→	冲积扇、坡降大→扇前、坡降小	Gole et al.，1966
		Guanipa河上游支流Caris和Tonoro→交汇后	1.10		流量变幅（大）23和47→（小）3.8	Singh，2007
	游荡河型→弯曲河型	渭河下游咸阳→泾河口		中粗砂含砾	河岸不耐冲刷	尤联元等，1983
		泾河口→赤水		细砂、粉砂	河岸较耐冲刷	尤联元等，1983
		赤水→三河口		细砂、粉砂	河岸较耐冲刷	尤联元等，1983
		滦河迁安盆地	1.25~1.45	砂砾为主	沉降带、坡降大→河床坡降较小	大港油田地质研究所等，1985
		滦县以下	0.4~0.8	中细砂、含砾		
	游荡河型→分汊河型	潮白河牛栏山段→白庙河段		单一细砂物质→二元结构	山前凹陷→凹陷	尤联元等，1983
		黄河下游高村以上→高村以下	0.27	细沙占优→黏土质增多	河岸不耐冲刷→河岸较耐冲刷	尤联元等，1983
	分汊河型→顺直河型	长江下游汉口→马鞍山	0.20	土层厚度小于砂砾层	河岸不耐冲刷→	尤联元等，1983
		石桥埠段		土层厚度近大于砂砾层	河岸较耐冲刷	
	分汊河型→网状河型	赣江下游入鄱阳湖河段	0.06~0.10	冲积平原	堤防	陈珺等，2012
		湘江下游入洞庭湖河段	0.038	冲积平原	堤垣围防	李明辉等，2011
	分汊河型→弯曲河型	黄河下游高村→陶城铺	0.97	河岸黏性土质	堤防、险工、护滩	叶青超等，1990
		陶城铺→利津段	1.15	山丘、险工、护滩等		
	弯曲河型→顺直河型	黄河中游托克托弯曲段→顺直段	0.36	沙质为主	河床风沙	王随继，2008
	弯曲河型→网状河型	沅江入洞庭湖河段	0.27	上细下粗二元结构		
	网状河型→顺直河型	印度巴格马蒂河	0.185，0.18~0.15	沙质二元结构	洪峰频繁、多沙	Jain，2004

续表

河型转化模式		河流名称及河段	比降/‰	河岸物质组成	河型主控因素	资料来源
模式	转化类型					
分汊河型→游荡河型		松花江佳木斯→同江	0.05~0.10	中沙、细沙、粗沙	河岸较河床易动	尤联元等，1983 胡浩，2013
弯曲河型→分汊河型		长江中游下荆江→牌州湾	0.04	土层厚于砂砾层	河岸较耐冲刷→ 河岸不耐冲刷	尤联元等，1983
		长江下游汉口→马鞍山	0.02	土层薄于砂砾层		
弯曲河型→游荡河型		Wood河上游→下游			流经森林区→ 流经粗粒沉积区	Schumm，1971
		Loup河支流中游→下游	1.0	沙丘砂	植被渐少→植物稀少	Brice，1964
逆向转化模式	网状河型→弯曲河型	黄河上游玛曲河段	0.60~0.30	泥质、粉砂为主	河岸较耐冲刷	王随继，2000 李志威等，2013
	网状河型→分汊河型	黄河上游玛曲河段	0.86~0.93	沿岸物质变细	河岸较耐冲刷	李志威等，2013
	网状河型→游荡河型	暂无实例				
	顺直河型→网状河型	暂无实例				
	顺直河型→弯曲河型	Loup河支流上游→中游	1.0	沙丘砂	植被茂盛、沼 泽化→植被稀少	Brice，1964
	顺直河型→分汊河型	松花江依兰→东江沿村	0.15	二元、沙质黏土为主	丘陵约束	李传发等，2000
		东江沿村→佳木斯	0.15	二元、砂砾层为主		
	顺直河型→游荡河型	暂无实例				

图 5.5-1　恒河出山口的网状河型

长 66km，平均弯曲率 1.82；从密扎浦到格哈兹普尔（Ghazipur），也有 8 个河湾，河道长 151km，河谷长 66.5km，弯曲率 2.27；从格哈兹普尔（Ghazipur）到右岸支流卡克拉（Gh-aghara）河汇口，也是 8 个大小不一的河湾，河道长 203km，河谷长 142km，弯曲度虽然较小，弯曲率也达 1.43。恒河这一弯曲河段共有 24 个河湾，全长约 474km，河谷长 274.5km 左右，河道平均弯曲率达 1.73。这或许与亚穆纳的汇入及地处山前大陆盆地的重力断层有关。蕾韦尔加恩杰到法拉卡（Farakka）为下游，长 460 多 km。为游荡-分汊河型（图 5.5-4）。

图 5.5-2　安拉阿巴德，亚穆纳河与恒河交汇处

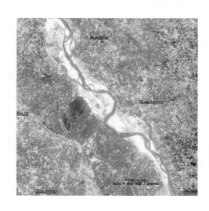

图 5.5-3　恒河中游典型的弯曲河型

图 5.5-4　恒河下游游荡-江心洲分汊河型

在三角洲地区，恒河与布拉马普得拉河汇合，共建三角洲平原。河水通过无数水道，输送 92％的喜马拉雅山融雪水，挟带大量泥沙输入孟加拉湾，构成网状河系，注入孟加拉湾，其中最大水道为梅克纳三角湾。在河口地区发育了世界上最大的浸没型三角洲，面积 10.5 万 km^2，三角洲上网状河型发育非凡。由于构造运动和地貌发育导致三角洲西部抬高，法拉卡是恒河三角洲的顶点，近 5～6 个世纪以来淡水入海明显地偏向三角洲东部，加之热带季风暴雨肆虐，孟加拉湾风暴潮强烈侵袭，未来可能频发不可预期的洪水与海啸，使生灵遭受涂炭（图 5.5-5）。

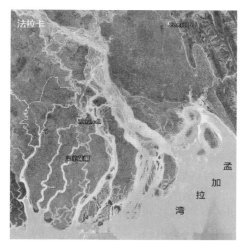

图 5.5-5　恒河下游游荡-江心洲分汊河型

恒河自源头到入海，全长约 2700km。上游由出山口的网状河型，转化成分汊河型→弯曲分汊河型；中游因亚穆纳河大量含沙量较低水流的输入及地处山前大陆盆地的重力断层下沉作用，恒河转化为典型的弯曲河型；下游地区因来自喜马拉雅山支流的大量粗泥沙的汇入，河道转化成游荡河型；恒河三角洲顶点至河口段，恒河与布拉马普纳拉河在阿里卡汇合后，称帕德玛河，在琴德普尔，与另一条支流梅格纳河交汇后，称梅格纳河，长 241km 南流入孟加拉湾。该段河流的河型，应该是稳定性较差的江心洲分汊河型，或者称为游荡-分汊河型。稳定性接近长江下游的江心洲分汊河型（余文畴，1991），但稳定性指标分析，游荡性大于黄河（周文浩等，1993）。

Fotherby（2009）将内布拉斯加州中部的普拉特河段分为 11 个河段，最上游的两个河段，发育游荡河型或曲流河型，主要受主河道的流量、比降以及沉积物的搬运方式所控制；而另外 9 个河段为游荡河型、网状-游荡河型或游荡-网状河型，游荡河型段受控于峡谷的限定，在开阔地段见有网状河型发育，Fotherby 特别强调了这种河型转化的空间变化格局。

3. 游荡河型向弯曲河型转化

最为常见的冲积平原河流平面河型转化模式，是上游发育辫状河型，下游发育弯曲河型。如我国的黄河下游、潮白河、滦河、渭河下游，以及南美洲委内瑞拉的 Guanipa 河，北美 Sagavanirktok 河，新西兰南岛 Waimakariri 河，印度恒河、恒河支流 Kosi 河等。

滦河在迁安西峡口至迁安滦河桥段，发育典型的游荡河流，向下游逐渐转化为限制性弯曲河流。印度恒河在其支流亚穆纳河汇口前为游荡河型，汇入后转化为弯曲河型，恒河支流 Kosi 河在出山口至汇入恒河前为辫状河型，汇入恒河后也呈现曲流河型（图 5.5-6）。

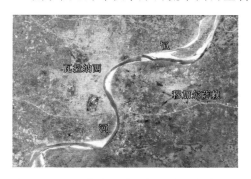

图 5.5-6　瓦拉纳西附近恒河中游弯曲河型

Singh（2007）研究印度的恒河时，发现在长距离的宽阔冲积河谷内，主要发育游荡河型；而在变窄的河谷中，河流变得弯曲，发育典型的曲流河型，伴随着规模巨大的凸岸边滩。Singh 认为，这种河型转化的平面格局主要是构造运动影响所为。当构造活动影响强时，河谷宽浅，发育游荡河型，而一旦构造活动减弱，便发育典型的弯曲河型。

观察 Google Earth 影像图时，可以见到亚穆纳河汇入恒河的汇口以上为分汊河型，在安拉阿巴德附近，亚穆纳河汇入以后，经瓦拉纳西到马内尔，有支流卡克拉（Ghaghara）河及宋（Son）河分别由左、右岸汇入；下行 52km 至帕特纳左岸汇入另一支流根德格河（Gandak）河。在亚穆纳河汇口到马内尔，恒河为典型的弯曲河型。在马内尔以下，直到恒河三角洲顶部，恒河转化为游荡河型。

在恒河的典型弯曲河段，经初步统计，从安拉阿巴德到密扎浦，有 8 个河湾，河道长 120km，河谷长 66km，平均弯曲率为 1.82；从密扎浦到格哈兹普尔（Ghazipur），也有 8 个河湾，河道长 151km，河谷长 66.5km，平均弯曲率为 2.27；从格哈兹普尔（Ghazipur）到右岸支流卡克拉（Ghaghara）河汇口，也是 8 个大小不一的河湾，恒河弯曲度较小，河道长 203km，河谷长 142km，弯曲率平均为 1.43。恒河的这一弯曲河型段共有 24 个河湾，全长约 474km，河谷长 274.5km 左右，河道平均曲折率为 1.73，这或许与亚穆纳的汇入及地处山前大陆盆地的重力断层有关。

在亚穆纳河汇入后水量大增，河面变宽，地势平坦，转化为弯曲河型。旱季河宽约 1km，雨季河宽为 5～6km。

亚穆纳河流经印度首都德，是恒河的最大支流，也是一条高度弯曲的河流，从雷普拉（Raipura）到卡姆拉纳嘎（KamlaNagar），河道长约 57km，河谷长度约 19km，弯曲率达 3.0，有 6 个连续弯道，平均曲流波长 6.2km，波幅 5.9km，波长/波幅比接近 1.05；在该段下游不远处，从通德拉到密瓦力（Mewali），也是 6 个连续弯道，河道长约 198km，河谷长约 54km，弯曲率竟达 3.6。

Shukla 等（2012）认为，在瓦拉纳西（Varanasi）一带，在地质构造上，恒河沿着重力断层流动，拉姆纳嘎（Ramnagar）一侧为上升盘。恒河右岸拉姆纳嘎的河岸剖面下部低水位以上 1～6m 厚具有平行与交错层理的河流砂质沉积物，是由来自稳定大陆（Craton）的低流态、扰动能量小河所堆积的，有地震引起的液化现象，还有干湿气候变化的低能量淤积曲流河道的沉积，废弃河道还显示有动植物生长，沙层具有向斜、背斜、断层等构造变动；上部厚 3～14m（平均 7m），灰色含云母细沙、粉砂及淤泥，可侵蚀，是来自北边喜马拉雅带来的河流泥沙沉积物，见于哈达尔（Khadar）地区的恒河河谷内，是一套低流态、低扰动能力、高能量弯曲河流的沉积物、挟有低流态浅河流的沉积物、低流态宽浅间歇性河流沉积物，伴随有成岩时在平滩面上低洼处的浮尘沉积物、平滩地区相关湖沼沉积物等；顶部为 2～4m 厚的风化层，底部见有起伏的侵蚀面。

在离瓦拉纳西城几公里远的恒河河间地上，有 DLW（Diesel Locomotive Works）及 Chauk-Thana 两个钻孔，在深 150～200m 见到夹在 Craton 沉积物之间的喜马拉雅砂质沉积物（厚 30～60m）；在深约 100m 处仅见到覆盖厚淤泥层的克拉通沙层。证明有过两次明显的构造运动事件：第一次大约发生在 0.4Ma，整个恒河系统迁移到瓦拉纳西附近；第二次在 7ka BP，拉姆纳嘎地区发生抬升，导致恒河本身下切，形成目前长约 750m、岸高 20m 的拉姆纳嘎陡竣河岸。

在拉姆纳嘎地区抬升以后，大约 4ka BP，地面遭到沟谷侵蚀，大约 3ka BP，开始有人类活动。拉姆纳嘎附近恒河的下切和陡岸的形成主要与盆地内的构造运动有关，气候变化的作用占次要地位。强力外延的构造活动导致河谷下切，重力断层造成凸起周边附近厚层的盆地堆积。

Stevens 等（1975b）对 Guanipa 河进行考察后发现，该河上游的两条支流 Caris 和 Tonoro 都是游荡河流，河道比降分别为 1.1‰ 和 1.6‰，流量变幅分别为 23 和 47。二支流汇合后河道呈现为曲流河型，其河道比降减少至 0.83‰，流量变幅也减少为 3.8（表 5.5-2）。这里辫状河道段的流量变幅是其下游曲流河的 10 倍多。尽管该河的辫状河段流量变幅远远小于与我国黄河下游的辫状河段。显然 Guanipa 河河型的控制因素中，边界抗冲性比黄河的差，而源区粗粒物质的输送比例却高于黄河。因此，该河流河型转化主要受控于沿程比降变小、流量变幅及边界条件抗冲性较差等。

近年来，不少地质地貌及工程技术学家认识到河型具有连续而非离散性特征。有学者（Bridge，2003；Bridge 等，2006）发现阿拉斯加北部 Sagavanirktok 河与新西兰南岛 Waimakariri 河（Ethridge，2011）在同一峡谷河段内存在游荡河型向曲流河型转化现象。

4. 游荡河型向分汊河型转化

以黄河下游桃花峪—陶城铺河段为例。该段黄河下游长 370.5km，其中桃花峪—高村，长 206.5km，是典型游荡型河段；高村—陶城铺，长 164km，属于游荡与弯曲性间的过渡型河段，相当于不很典型的分汊河段。黄河下游这一段的河型由游荡型转化为分汊型，转变点为高村一带。

高村上下河段沿流向发生的辫状河型→弯曲河型转化的现象是由极不稳定河型向较稳定河型转化的现象（王随继，2008）。其中辫状河段（即游荡河段）的河道众多且散乱，河道迁徙频繁。河道边界全由细砂及粉砂组成，河道沙坝为砂质一元相沉积物，河道比降相对较大。河道弯曲率 1.05～1.20，平均比降为 0.175‰；而游荡-弯曲间过渡型河段，河岸是上细下粗的二元相沉积物，砂质河岸上部是黏性较好的泥质沉积物，河道平均比降为 0.073‰，河道弯曲率 1.30～1.47。不同的河岸物质组成，导致河流分别具有较快与相对稳定的横向摆幅，黄河下游的人工大堤在一定程度上河流无节制的强烈摆动，而对游荡河段影响不大。但是辫状河流上游修建的三门峡水库和小浪底水库，使比邻的辫状河段粗化、更不稳定，冲刷下泄的泥质沉积物，部分沉积在过渡性河段，使其变得更加稳定。

黄河下游四个河段由游荡河型→分汊河型→弯曲河型→顺直微弯河型转化，应该是一个比较完整的河型正向转化平面模式；在黄河上游，可以看到另一个比较复杂的河型转化平面模式。

李志威等（2013）和王随继（2008）研究黄河源玛曲河段时，认为这是一段特殊的冲积平原河道，在 270km 的流程里，在冲积河型中，接连出现网状河型向分汊河型、分汊河型向弯曲河型、弯曲河型向辫状（游荡）河型，以及辫状（游荡）河型向弯曲河型变化。网状河型向分汊河型变化的原因是地形限制，泥沙淤积形成沙洲和植被发育；网状河型向弯曲河型变化的原因是地形限制、河床比降由大变小、河岸物质组成沿程变细；弯曲河型向辫状河型变化的原因是支流白河的入汇、河床比降变大；辫状河型向弯曲河型变化的主原因是下游峡谷段河床下切和支流黑河的入汇等。

这种转化类型与来水来沙特性、人类活动有关，也与各河段所处的地质背景条件密不可分，因为构造运动升降影响河谷坡降及河流的边界条件的变化。众所周知，黄河下游各段的比降由较陡逐步趋向平缓，沿途没有大支流入汇，流量变幅很大，床沙粒径趋向变细，大量悬移质泥沙输移入海，人类修筑大堤，限制黄河下游上宽下窄。黄河下游四种河型的平面转化格局，十分符合 Schumm 的河型变化图式（Schumm，1981）。因为比降偏陡是形成散乱游荡河型的主要原因，与分汊河型、弯曲河型、顺直河型相比，散乱游荡河型的形成与更陡的比降、更多的来沙、更大的推移质输沙率和无黏性的河床组成有关。分汊河型、弯曲河型、顺直河型，依次有更缓的比降、更少的来沙、更小的推移质输沙率和黏性较大的河床组成。钱宁（1985）指出河流含沙量的大小以及河岸的抗蚀性是控制河型的两个主要因素，当河流的床沙质粒度变细时，下游河道将会出现游荡河型向曲流河型的转变。细粒成分含量高、抗蚀性强的河岸更易发育曲流河型，而散乱游荡型则主要出现在含砂较粗、河岸细粒成分少、抗蚀性较弱的河段内。

从宏观的地质构造背景来看，黄河下游的游荡河型发育在开封盆地内，开封凹陷境内河道展宽，而在兰考突起区内河道束窄（图 5.5-7 和图 5.5-8）。游荡-弯曲间过渡性河型发育在东明凹陷与鲁西隆起的交界处，受坳陷沉降及隆起上升的影响，纵剖面具有大的波状起伏，平面上河道宽窄相间，在沉降地段，河道展宽，几乎呈江心洲分汊河型，输沙量相对增多，输沙组成相对变粗，淤积量加大；而凸起地段，河道束窄，深泓弯曲度增大，输沙量相对减少，泥沙颗粒变细，下切量增大；在沉降与凸起的交界部位，河道冲淤基本保持平衡。弯曲河型位于东明凹陷和鲁西隆起地区及济阳坳陷，在次一级凸起与凹陷的交界地带，河道有较大的转折；利津以下河口段位于济阳坳陷的东营凹陷内，两者都保持比较平缓的比降（叶青超等，1990）。

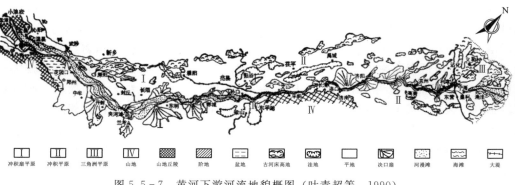

图 5.5-7　黄河下游河流地貌概图（叶青超等，1990）

5. 分汊河型向顺直河型转化

倪晋仁等（2000）以长江中下游汉口以下河段为代表，认为分汊河流的下游往往与一段顺直河段相接，其河岸组成物质中泥质层的含量远远大于砂砾质层，有些顺直河段的河岸，特别是右岸，为石质的基座阶地，是相对上升的地块，表明顺直河段河岸的抗冲性极强，主流直逼岸边，显示强制性顺直河型的特性，其河道比降可能比其上游分汊河道的 0.02‰还要小。显然，河岸物质组成是发育该该类河型的主要控制因素。

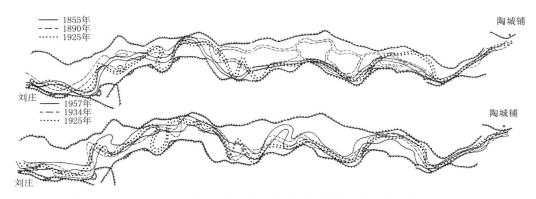

图 5.5 - 8　1855 年以来黄河下游刘庄至陶城铺河段的河势变化（钱宁，1965）

6. 分汊河型向网状河型转化

分汊河型转化为网状河型，往往出现在河流下游及入湖或入海三角洲地区。如赣江下游入鄱阳湖及湘江下游入洞庭湖河段。

赣江是长江第 7 条大支流，在赣州由章江、贡水汇合而成。全长 991km，其中干流长 751km，流域面积 8.16 万 km²，以赣州、新干为界，分为上游、中游、下游三段。赣州以上为上游，山地纵横，支流众多；赣州至新干为中游，其中赣州至万安段，因河流切割遂犹山地，多峡谷和险滩急流，万安水电站建成后，险滩都已消失；万安以下，河流进入吉泰盆地，河面渐宽，水势和缓；吉水到新干段，切穿武功山余脉，形成一较长的峡谷带；新干至吴城为下游，长 208km，江面宽阔多沙洲，属江心洲分汊河型，两岸筑有江堤；吴城以下为赣江三角洲。三角洲上河道纵横，布满网状河型河道（图 5.5 - 9）。

湘江是长江中游右岸重要支流，干流全长 856km，流域面积 9.46km²。永州以上为上游，水流湍急，有时穿切岩层形成峡谷，流域内广泛分布石灰岩，岩洞较多，河流获得较多地下水补给，雨期多暴雨，枯水期地下水补给约占 25%；在永州至衡阳为中游，沿岸丘陵起伏，盆地错落其间，亦有峡谷，在上中游地区，有不少弯曲型深切峡谷；衡阳以下为下游，河宽 500～1000m，沿河泥沙淤积，多边滩、心滩、沙洲，大多呈狭长形状，属于江心洲分汊河型，两岸河漫滩上散布着大小不等的湖泊，大都是昔日洞庭湖的遗迹；长沙以下为河口段，形成河口冲积平原，与资水、沅水、澧水的河口平原连成宽广的滨湖平原。平原上多汊道，属于网状河型，河间地散布着大小不等的湖泊，部分是废弃河道，多数为昔日洞庭湖遗迹（图 5.5 - 10）。

7. 分汊河型向弯曲河型转化

以黄河下游高村—利津河段为例，该段黄河长约 474km。该段黄河的河型由分汊型转变为弯曲型，转变点为陶城铺附近。

黄河高村—陶城铺段长 164km 是游荡与弯曲间的过渡性河型，属于不很典型的江心洲分汊河型。河道发育于开封凹陷东部缓沉降带，年均下沉量为 3.5～4.0mm。河道弯曲率约 1.33，河道比降约 0.19%，河床质中径为 0.091mm，河岸结构为上细（0.025～0.036mm 的细粉砂）下粗（0.03～0.46 中粉砂）的二元相结构，但河漫滩相在河岸结构组成中占的比例较小，约占 13%，湿周中粉黏粒百分比为 4%，河道发育在一定程度上受到近代人工河堤约束影响。

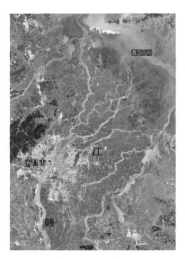

图 5.5-9　赣江上游及河口三角洲　　　　图 5.5-10　湘江下游及河口三角洲

陶城铺—利津段长 310km，是弯曲河型。河道主要发育于济阳坳陷带，年均下沉量为 3.0mm。弯曲河段河岸由受人工筑堤限制较大，摆幅较小。河道弯曲率为 1.47，河道比降为 0.121‰，河床质中径较细，为 0.086mm；该段河岸结构除陶城铺—泺口段为上细下粗的二元相结构外，河岸二元相结构不明显，特别是泺口—利津—河口段，多属较细的漫滩相物质（叶青超等，1997）。

8. 弯曲河型向顺直河型转化

黄河中游托克托附近沿流向发生了弯曲河型向顺直河型转化的现象。这是较稳定河型向极稳定河型的转化，主要受到边界沉积物、水动力等因素的控制。

弯曲河段的弯曲度为 1.8 左右，比降约 0.36‰，具有典型的边滩，个别较宽弯顶出现心滩，河道及边界主要为沙质，河岸为上细下粗的典型二元相结构，在泛滥平原上可见多段废弃河道，显示河弯的侧蚀速率及自由摆幅较大，存在自然裁弯取直现象。顺直河段发育在弯曲河段的下游，长度超过 30km，弯曲率约 1.05，比降 0.27‰，北侧泛滥平原宽广，南侧比较局限，近旁为大片连绵的风成沙丘，弯道向南摆动时将风成砂带入河道向下游输送，致使顺直河段的河床以砂质为主。但风力作用提供的沙尘较细，使河床沉积物较上游弯曲河段的细，同时，河岸的细粒泥质沉积层较厚实，河岸抗蚀能力强于上游弯曲河段河岸，有效地阻止了侧向侵蚀，加之河道比降较小，水流动力较弯曲河段的弱，导致发育顺直河流，使弯曲河型向顺直河型转化（王随继，2008）。

在黄河下游陶城铺—利津至入海口，长 360 余 km，有类似的河型转化情况，从弯曲河型转化为顺直河型，转变点在利津附近。其中陶城铺—利津河段长 310km，属于弯曲河段，利津以下约 50km 是摆动频繁的三角洲河口段，是比较顺直的河段。与中游托克托附近的河型转化相比，弯曲河段河岸由受人工筑堤限制较大，摆幅较小。河岸结构为上细（0.025～0.036mm 的细粉砂）下粗（0.03～0.46 中粉砂）的二元相结构，但河漫滩相在河岸结构组成中占的比例较小，约占 13%，湿周中粉黏粒百分比为 4%，河道发育在一定程度上受到近代人工河堤约束影响。弯曲段与顺直段的河床质中径较细，分别为

0.086mm 与 0.080mm；河道比降降低，分别约为 0.121‰ 与 0.065‰，入海河段受潮汐作用影响，河道比降十分平缓，导致溯源淤积（叶青超等，1997）。

9. 弯曲河型向网状河型转化

沅江下游与入洞庭湖段是弯曲河型向网状河型转化的实例。沅江是湖南省的第二大河流，干流全长 1033km，流域面积 8.9163km²，多年平均径流量 393.3 亿 m³，落差 1462m，河口多年平均流量 2170m³/s，属洞庭湖湘、资、沅、澧四水中的第二大水系（长江水资源保护科学研究所，2013）。

自三汊河口至常德为沅江干流，沿岸多崇山峻岭和高原，坡度大，河道平均比降为 0.254‰，多峡谷、滩险，水流湍急。自河源到黔城为上游，地处云贵高原，多高山，沿途高山深谷，平原很少，仅都匀附近及锦屏至黔城间有些小盆地，上游河道平均比降为 1.07‰。黔城至沅陵为中游，长 248km，流经丘陵地区，海拔 400m 以上地段，占全流域 70%；海拔 200m 以下的地段，占全流域 1.9%。丘陵之间分布长短不一的峡谷，如黔城至洪江间，黄狮洞至铜湾间的峡谷长达数十公里；较大的河谷平原只有溆浦平原、支流酉水的秀山平原和潕水下游芷江平原等，河道比降较平缓，为 0.278‰。沅陵以下至桃源为下游，河长 223km，基本上是弯曲河谷。沅陵附近，山势大部低落，多为丘陵和平地，无较大支流汇入，但在北溶至麻伊伏间为峡谷，五强溪坝址即选在此地段。桃源以下，则为沅江三角洲冲积平原，地势平坦，分布着由弯曲河型向网状河型转化的河道，河道平均比降为 0.185‰（长江水资源保护科学研究所，2013）。其中在桃源县城以下 12.5km 长为顺直型分汊河段，而后经常德市到汉寿县城，为典型的弯曲河道，河道有 7 个河湾，河道长 80.7km，河谷直线距离 45.9km，平均弯曲率 1.76，在常德市附近的头 3 个河湾十分弯曲，直线距离 15.5km，而河道长约 36.5km，弯曲率竟达 2.35。汉寿市以下到入湖口，充分展示了网状河型河道。

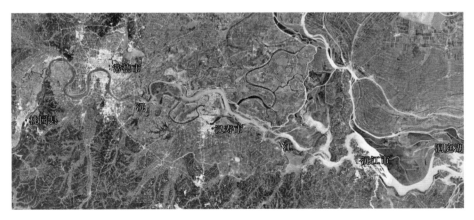

图 5.5-11　沅江下游及河口三角洲

10. 网状河型向顺直河型转化

河型正向转化的平面分布模式同样在印度东部喜马拉雅山前盆地的北比哈尔平原上巴格马蒂河分汊河段中出现。巴格马蒂河分汊河段位在北比哈尔平原上科西（Kosi）和甘达克（Gandak）两大冲积扇之间的扇间地带。Jain 等（2004）研究发现：自上游到下游，具有从游荡河型到分汊河型到弯曲河型转化的平面分布格局。巴格马蒂河的分汊河型段具有以下特点：河道具有中、高度弯曲率，宽深比小（11～16），河道比降平缓（0.00018～0.00015），洪峰流量多变，洪水频繁漫滩和含沙量高。河道历史变迁显示，河流主要趋向东移，230 年中在 30km 宽的河漫滩上发现 8 次大的和几次小的冲决，每次大冲决，河道横向移动 5～6km。Jain 等（2004）认为，河道高度冲决（Hyperavulsive）和不稳定的主要因素是盆地内泥沙输移的调整和新构造掀斜运动的触发，促使分汊河型发育，显示出老河道被"重新占有"（Reoccupation）的特点（Jain，2004）。

Bridge（2006）在研究阿拉斯加北部的 Sagavanirktok 河流时，注意到同一峡谷内出现弯曲及游荡等多种河型，将河型转化与河流的流量及地面坡度的变化建立密切的关系。

5.5.3　河型空序（平面）逆向转化模式

由于分汊河型向游荡河型转化、网状河型向游荡河型转化有待探索和发现，书中不再介绍相关内容。

1. 弯曲河型向分汊河型转化

以长江下荆江至马鞍山段的河型分布格局为例（表 5.5 - 2），该河段上游为长江中游的下荆江河段，发育了弯曲河型，素有"九曲回肠"之称，其河道比降为 0.04 ‰，河岸及其河漫滩二元相结构的组成物质中，上部细粒粉沙泥质层厚度大于下部粗粒砂砾质层；下游为长江下游发育的分汊河段，马鞍山河段为典型的顺直复式分汊河段，其河道比降为 0.02‰，河岸及其河漫滩二元相结构中，粉沙泥质层厚度小于砂砾质层。两段河道比降差别不大，所以河型发育的影响不很明显。河型的分布模式显著受地质构造运动及河岸抗冲性大小的影响。

长江中游下荆江河段发育在强烈沉降的江汉低平原区。由三峡地区到武穴，新构造运动主要表现为周边山地与江汉盆地间歇性隆升与沉降。其中自西向东，三峡地区为鄂西隆起；宜昌至荆州为掀斜坳折带；荆州以东至洪湖为强烈沉降的江汉低平原区，现代构造沉降速率为 5～10mm/a（陈国金等，2008）。地面海拔高程 31～20m，地势自西向东逐渐降低，金口至鄂州为过渡带，鄂州至武穴为鄂东隆起。

下荆江悬沙的黏粒含量较多，二元构造边界发育得较完好。据中国科学院地理研究所等（1985）研究，马鞍山河段地处长江下游下沉的破碎地带，发育东西及南北两组断裂，控制河势发育。受淮阳地盾较强烈的断裂掀升影响，左岸近期相对掀斜上升。马鞍山河段不断右移，使左岸具有广阔的河漫滩，河漫滩及河岸的二元相结构中，上层河漫滩相由亚黏土、局部黏土与亚砂土组成，厚 8～10m，河床相由细沙、中沙，局部粉沙、砾石组成，厚度约 60m，按厚度计，河漫滩相占河岸组成的 11.8%～14.3%；右岸受江南古陆隆起影响，近期为不太强烈的上升作用，东西梁山、采石矶、人头矶、帽子山等矶头，在现在或过去直接限制河势右移，河岸除矶头为基岩外，同样具有二元相结构，物质组成结构与左岸相似，河漫滩相比例略高于左岸。

Jorgensen（1990）发现，美国蒙大拿州 Jefferson 河流经隆升区时，弯曲度减少；当河流最初遇到隆升部位时，坡度减缓，挟沙能力变小，导致上游淤积物增加，河道展宽；而在隆升部位，随着坡度变陡，河流能量增加，侵蚀能力增强，河道宽度变窄、宽深比变小、沉积能力减弱，挟沙能力增大。另外通过研究 3 条河流（分别是悬移质输沙、混合质输沙及推移质输沙的河流）表明，对于较细的悬移质输沙河流，在坡度较陡的峡谷河段内，河道的弯曲度增大；在隆升区中央的沙砾推移质输沙河流，则比较平直；而在沉积区，河道的弯曲度则更高。

2. 弯曲河型向游荡河型转化

在黄河第一弯网状河流的下半段，发育了典型的弯曲河流，由弯曲河型向辫状河型转化，由稳定河型向极不稳定河型的转化。

该段河流呈现单一的弯曲河道，其弯曲度达到 1.7。这与弯曲河流具有单个河道且弯曲度大于 1.5 的定义相符。河流的边滩发育是侧向摆动过程中的产物，表明河道的稳定性较上游的网状河段已经明显变差，河道宽深比远远大于 40。

其下段出现少许心滩，河道侧蚀变强，变浅变宽，河道外形为弯曲度不大的弯曲河段，已具有辫状（游荡）河流的特性，趋向辫状（游荡）河型转化。在弯曲河段下游发育了不稳定的多河道河流，是典型的辫状（游荡）河流。河道更加宽浅，其宽深比是玛曲河段中居首，河道内沙洲密布、类型多样、稳定者不多，以砂质为主，抗蚀力极差，常为洪水淹没改造，高程和形态多变，岸滩沉积物以砂为主，而主河道中可能仍有砾质沉积，该河道仍然处于下蚀过程中，但峡谷段的河道的下蚀速率很小（王随继，2008）。

3. 网状河型向弯曲河型转化

黄河上游第一弯玛曲河段，在不太长的河段内，沿流向先是发生网状河型向弯曲河型转化的现象，河型转化呈现出由极稳定河型向稳定河型转化。这主要受到地壳的抬升、上下峡谷卡口、水动力特征、边界沉积物特征及植被的区域分布等因素的控制。

黄河的第一大拐弯玛曲河段受构造断裂控制，由峡谷进入并形成较宽阔的冲积河谷，最后由峡谷流出。弯顶两侧是著名的甘南草原和松潘沼泽湿地的边缘部分，河谷宽阔，期间流入较大支流白河和黑河。在白河汇口上游，形成比较典型的网状河流；在白河入口上、下河段、黑河入口以上附近，形成比较典型的弯曲河流与辫状（游荡）河流。位于玛曲县齐哈马乡的网状河段具有典型的稳定多河道特征，各条河道之间彼此联通，河间地发育，河间地上生长着茂密的草被，还有茂密的灌木林。多见废弃河道，有 1~2m 厚泥质充填物，草甸茂密；在网状河流体系中段，两侧为基岩山地，冲积平原夹居中间。网状河段河道弯曲不一、宽窄不等、宽深比不到 40，个别约 20，河道比较稳定，河岸及河间地的沉积物以泥质和粉砂质为主，河床主要由 4~7cm 砾石组成，流速很小。网状河系的河道一般以砂质为主，与构造沉降为背景；而该段河道河床质以砾质为主，与该地区构造抬升背景下，河道及河间地基本上是垂向加积有关，属于冲刷为主的网状河流，模拟实验也已成功地得到证实（王随继等，2000）。

在网状河流的下游，发育了典型的弯曲河流。该段河流呈现单一的弯曲河道，其弯曲率达 1.7，已具有单个河道弯曲率大于 1.5 的弯曲河流水平；侧向摆动过程中，发育凸岸边滩；宽深比远远大于 40，但河道不如上游网状河段稳定；河道由网状河型转化为弯曲河型。

4. 网状河型向分汊河型转化

许多天然河流都出现一些常见的过渡性河型（Knighton et al.，1993；Bridge，2003；Simon，et al.，2005；Bledsoe，et al.，2008）。

5. 顺直河型向弯曲河型转化

顺直河型向弯曲河型转化，可以 Loup 河支流的上游至中游河段为例（表 5.5 - 2），该河流中、上游的河岸物质都是沙丘砂，河道比降为 1‰，但上游的直流河道段，其河岸和泛滥平原上植被茂密，而且区域发生沼泽化（Brice，1964），即上游段由于植被的固岸作用使得河道难以摆动或迁移，从而形成并保持直流河型；中游的植被状况较差，无足够植被加固的河岸沙丘砂会在流水的流路趋向弯曲的内在规律作用下发生侧向迁移而引起河道摆动，从而形成曲流河型。由于曲流河道区位于中游，它的流水汇集面积远大于其上游的直流河的流量，即其流量和洪、枯水季节的流量变幅比上游直流河来的大。显然，在该一河型转化模式中，流量及其变幅可能起到一定的作用。

6. 顺直河型向网状河型转化

在自然界，顺直微弯河型直接向网状河型转化的序列跨度较大，所以难于见到实例。在实验室内，王随继等（2004）力图塑造网状河型，首先在水槽上游设计弯曲河型的辅助河段，预留决口，进一步成功地发育网状河型，并使网状河道冲决，发育新的网状河道与河间地。显然，由顺直河型直接冲决发育网状河型也很困难，除非在实验室内两种模型小河具有类似的边界条件，即便如此，也很难跨过弯曲河型的演变阶段直接发育网状河型。

7. 顺直河型向分汊河型转化

Schumm 等（2000）认为，通过河型的变化可以识别河流对构造活动响应的多样性，这取决于泥沙输移、河流类型及其规模的大小，这一特性在全世界许多大河流上比比皆是。如巴西境内的亚马孙河，当开始穿越几个构造抬升点时，由于地面坡度增陡，河流下切，峡谷变窄，河道变的顺直。而在这些抬升点的下游，坡度变缓、峡谷变宽，大规模的河道迁移或冲决，导致形成具有凸岸边滩的曲流或江心洲分汊河道。Assine 等（2009）同样注意到巴西潘塔纳尔湿地西北部 Paraguay 河河型发生的变化，是构造运动差别沉降，促使可容纳空间发生变化引起的。Nadler 等（1981）认为，阿肯色河出现分汊河型向曲流河型过渡，是由于上游支流大量细粒沉积物供给所为。

8. 顺直河型向游荡河型转变

在正序发育的河型序列中，只有在特殊条件下，下泄清水或低含沙水流，才能使坡降大、高含沙、床沙细、流量变幅大、堆积型的游荡河型向顺直微弯河型演变。在逆序发育的河型序列中，如果一条坡降平缓、低含沙、床沙粗、流量变幅小、冲刷性的顺直微弯河道，或者因为气候变得特别干旱，或者由于遭遇火山、地震，坡降突然变陡、大量泥沙下泄，才有可能变成游荡河型。这种实例也不多见，张欧阳（1998）在进行游荡河型造床实验中，设计一条顺直模型小河，力图发育塑造一条游荡模型小河，并进一步实验研究游荡模型小河的突变过程，以及相应的内外临界现象。实验表明，从顺直模型小河发育演变成游荡模型小河，演变过程中也少不了弯曲河型的发育阶段。由此可见，只有当灾变式突发事件降临时，顺直微弯河型才有可能发育成游荡河型。

5.5.4　河型时序（垂向）正向转化模式

河型时序正向转化模式可能有游荡向顺直、网状、弯曲、分汊河型转化；分汊向顺直、网状、弯曲河型转化；弯曲向顺直、网状河型转化，以及网状向顺直河型转化等。其中以游荡河型→弯曲河型转化及分汊河型→顺直河型转化较为多见。游荡河型向顺直河型转化、分汊河型向网状河型转化、网状河型向顺直河型转化有待探索和发现，书中不再介绍相关内容。

1. 游荡河型向顺直河型转化

李强等（2006）研究大港油田南部油区发现，在同一油田中，同时存在网状河与游荡（辫状）河沉积微相。这说明上部的微相及下部的微相分别由网状河流及游荡河流沉积所成。

研究表明，上部沉积在平面上各相带呈网状分布，河道砂体分布窄，呈条带状，河道间为半永久性的网状河砂坝和河间漫滩。岩性细，以中砂岩、细砂岩为主，砂体呈厚而窄的透镜体，平面上呈条带状，多条河流呈网状交织。网状河沉积由多条互相分叉又互相连接的低能砂岩复合而成，以垂向淤积为主，层序向上变细，但分带不明显，由多个粗韵律层的正韵律沉积组成。

下部为辫状河流沉积，颗粒较粗，以砂砾为主，机械分异作用弱。由于辫状河流急水浅，泥沙多呈跃移和悬移搬运，床面比较平坦。沉积层中多发育平行层理和小型槽状斜层理，韵律层由两部分组成：下部为河槽沉积的正韵律层；上部为砂坝的交互韵律沉积层，因辫状河沉积的多变性，层序中粒度变化不明显，以正韵律沉积为主，缺少细粒沉积。

沉积微相很明显，处于黄骅拗陷南区孔店构造带与乌马营构造带之间的地区，由比较不稳定向比较稳定的正序沉积环境转变，河型由游荡河型向网状河型变化。

2. 游荡河型向弯曲河型转化

王平在等（2003）对嫩江现代河流沉积层序及沉积模式研究中，现代嫩江大马岗沉积层序为 4～10ka 的近代河流沉积，显示了现代嫩江由辫状河型向曲流河型时序正向转化特征。沉积体垂向上由 3 层序构成。

下部层序：底部为分选较差的巨厚砾石层，向上突变为白灰色黏泥及粉砂质泥，反映水流由强突然变弱的沉积过程。砾石距物源地近，河道宽而浅，水动力条件强，属于辫状河流的砾质坝沉积；而其部富含植物根、发育水平层理的白灰色黏泥，是洪水漫出低河漫滩的弱水流中的悬浮沉积物，为溢岸沼泽沉积；局部沉积的粉砂、黏泥及砂泥薄互层，为辫状河溢岸沉积。显然，这是一套辫状河沉积，沉积时间约为 20ka BP。中部层序：由下至上具有明显的由粗变细的二元结构，下部砂质层由 1～4 个侧积砂层组成，侧积砂层间存在着落淤沉积形成的薄粉砂质泥夹层，15～20cm 厚，侧积砂层数多寡不一，侧积层、窜沟坝及内部槽状交错层理、同沉积变形层理的存在等，表明具有曲流河凸岸边滩，但不甚典型曲流沉积，其底部无明显冲刷面、层理规模小、沉积颗粒细（细砂），说明沉积时流体能量较低，属于低能量曲流河凸岸边滩沉积，该层序上部的泥质粉砂层则为曲流河漫滩相沉积，与其下伏层构成完整的弯曲型河流沉积旋回，沉积时间约为 17ka BP。

显然，从大马岗沉积体可知，这套沉积是由不同地质时期不同沉积环境形成的河流沉积复合体，其下部为辫状河沉积，中部为曲流河沉积，亦即是在一个辫状河型造成的泛滥平原上发育起来的一个低能量曲流河沉积，反映在 20ka BP 前发育辫状河型，17ka BP 以来，转化为弯曲河型，说明现代嫩江具有由辫状河型向曲流河型正序转化特征。

除了上述现代河流沉积揭示河型垂向正序转化模式外。廖保方（1998）考察永定河现代沉积后发现，河流沉积自下而上，出现分汊河型→曲流河型→网状河型的变化；并指出，陡坡降区的分汊河流和低坡降区的曲流河、网状河，河流形态及沉积特征均有所不同。

石良等（2014）对为数不多、发育良好的内蒙古岱海现代辫状河三角洲实地考察研究，认为三角洲前缘分流河道一入岱海便立即消失，在其前方沉积朵状河口坝，河口坝砂再次沿湖岸搬运沉积，形成席状滩；河口坝与席状滩连成大片，沿湖岸延续展布；河口坝沉积较席状沉积厚度大，常呈隆起状，垂直于湖岸延伸；分流河入湖形成两期三角洲：早期的辫状（游荡）河三角洲及晚期的曲流河三角洲。早期三角洲平原较小、坡度较大；晚期的三角洲平原较大、坡度平缓，两者均呈朵状；又三角洲的分流河道两岸，早期发育的河岸以细砂为主，而晚期的以粉砂黏土质为主；三角洲前缘的砂体比平原分流河道的细，前者与后者分别以砂质与砾质沉积为主。这套三角洲沉积表明，早期发育辫状（游荡）河型，而后期转化为弯曲河型。唐武（2016）也观察到元子沟三角洲的上游辫状河型向弯曲河型转化的现象，并指出斜列边滩是识别辫状（游荡）河向曲流河转变的重要标志，意味着水流由多河道的辫状（游荡）河向单河道的曲流河发生汇聚转变。

总之，可以认为，现代沉积特征是识别河型转化和控制因素的金钥匙，然而对其转化的水流动力作用机制、沉积响应和识别标志等还有待进一步探索。

3. 游荡河型向分汊河型转化

这种河型转化，可用塔里木盆地（塔）东北地区沉积白垩系地层的河流为例。该地区位于塔里木盆地东北部，北邻库鲁克塔格隆起，南至罗布庄隆起，西接满加尔凹陷，东邻罗布泊，面积约 4.5 万 km^2。中生代白垩纪时，通过塔东北部白垩系辫状（游荡）型河流的沉积构造、沉积层序特征及测井剖面对比分析，司学强等（2005）认为，该地区白垩系沉积时期，辫状（游荡）型河流由北部隆起和南部高地向中间低洼地区汇集，广泛发育辫状（游荡）型河道、河间砂坝及漫滩沉积微相沉积。HYC1 钻井的白垩系沉积层序自下而上为：在下伏侏罗系（J）不整合接触面与上覆古近系（E）不整合面间，−3000～−2920m，具有平行、交叉、槽状构造的中沙、粗沙岩层；−2920～−2820m 为碳质泥岩层。−2820～−2680m 为砂砾岩层；−2680～−2550m 为红色泥岩层。−2550～−2300m 为三套细砂岩与红色泥岩交互层；−2300～−2100m 为中、细沙岩挟薄层泥岩。−2100～−2000m 为砂砾岩。

事实上，上述代表性钻井剖面揭示了该地区白垩纪古河流沉积环境与河型的变化。可以认为，−3000～−2820m，这是相对早一些时期，辫状（游荡）河流的沉积层；随后沉积了另一套−2820～−2550m 沉积层，确切地说应该是分汊河流的沉积物；这两套沉积物，反映沉降有块变慢趋向稳定的趋势。最后沉积了−2550～−2000m 的逆序沉积层，说明沉降有慢变快的趋势，古河道又转向辫状（游荡）型发展。

4. 分汊河型向网状河型转化

以恒河为例，该河流是喜马拉雅前陆盆地系统内的主要河流，全长 2225km，流入孟加拉湾，河口形成恒河-普拉马布德拉河三角洲系统，为世界上最大的海底陆源沉积扇-孟加拉扇。恒河的下切有多种假设：①马西马大冰期（Last Glacial Maxima，LGM）晚期降雨量的增加（Tandon et al.，2006；Ray et al.，2010）；②马西马大冰期时海平面下降

（Singh，1996）；③盆地内部的构造运动（Singh，2001）；④气候变化与构造运动的共同作用。在卡尔皮（Kalpi）亚穆纳（Yamana）河的河岸剖面展示了构造变动的证据（Singh et al.，1997；Tewari et al.，2002）。Shukla 等（2012）考察了瓦拉纳西（Varanasi）附近拉姆纳嘎（Ramnagar）长 750m、高 20m 的恒河右岸剖面，分析了该剖面的沉积学特性，特别是岩相，对沉积过程及泥沙来源做出了解释（Shukla et al.，2012）。

40ka BP，恒河在瓦拉纳西以西很远处流过，下切不深，自由摆动，将来自喜马拉雅山的泥沙输送到瓦拉纳西及更远处；40ka BP 至 7ka BP 前恒河平原响应大的构造活动时，恒河向东迁移到瓦拉纳西，甚至更远的 Ramnager，来自喜马拉雅的泥沙堆积在克拉通形成的沉降盆地内；约在 7ka BP 前，恒河返回到它先前的位置，同时急速下切，以响应再一次大的构造活动（Shukla et al.，2012）。

Williams（1978）、Nadler 等（1981，2005）、Crowley（1983）、Fotherby（2009）等许多学者，在研究发源于美国科罗拉多落基山脉中的北普拉特河、南普拉特河、阿肯色河以及内布拉斯加州中部普拉特河等河流时，发现 100 多年以来，这些河流的河型经历了不少变化。他们认为，河型变化的原因是随着年平均流量、最大洪峰流量的减少以及河流正常发育时河宽变窄，河型便随之发生变化。

5. 分汊河型向弯曲河型转化

河流的特征在很大程度上反映河型的发育及转化的历史演变过程。长江中游下荆江河段的历史演变及北美大陆更新世以来，密西西比河中游的河型变化，很能说明问题。

下荆江在宋代以后，因"九穴十三口"大部分堵塞，1000 多年来分流的穴口只剩下 2～4 个，使荆江水位变幅增大，河漫滩黏性土层沉积加厚，该时期平均增厚了 5m，导致河床边界由原来以砂层为主，变为由黏土层与砂层组成的具有二元构造的边界，由分汊河型演变为弯曲河型（林承坤，1985）。

在更新世时，北美大陆冰盖驱使形成 Ohio 河及 Missouri 河的河流通道，给密西西比河中游河谷（伊利诺洲 Cario 至 Gulf）提供了大量冰川堆积物。大约在 11500 年前，当绵延于 NewYork-Montana 的冰崖融化时，河道排泄巨大的流量。在最近的 Wisconsin 冰期时，冰崖仅仅位在 Cario 以北 200km 处，这时河道为分汊河型，到更新世末期，河流沿河谷坡降发育，输送大量冰融水，输沙量及流量减少，由于沙、砾石的减少，河流通过降低比降、增加弯曲率来响应水沙条件的变化，从而发育弯曲河型（Schumm 等，1994）。

6. 弯曲河型向顺直河型转化

河北省滦河三角洲平原上，自更新世以来，展示了三角洲与河型的一系列变化。高善明（1981）研究认为，最早的古冲积扇（冲积扇Ⅰ）以迁西县峡口村为顶点，是晚更新世早、中期，古滦河出燕山口发育而成的，以滦县为顶点的冲积扇发育于晚更新世晚期（冲积扇Ⅱ）和全新世（冲积扇Ⅲ）。地面海拔高程分别 40m 左右，25～30m 和 20m 以下。三个冲积扇由老至新呈逐渐切割关系。冲积扇及其上发育的滦河等河道在向海延伸的同时，沿东西方向迁移，河型也发生转化。莫永楷（1987）认为滦河全新世冲积扇的发育由东向西迁移，魏成阶（1988）认为由西向东发育而成，许清海等（1994）认为，由东向西迁移是中全新世冲积扇发育的规律，由西向东是晚全新世冲积扇的发育过程。

小清河以西为滦河中全新世时期发育的冲积平原，该区地势低平，沉积物颗粒细、有机质含量高，地面上留有众多的古牛轭湖，滦河为曲流河型（图 5.5-12）。小清河以东为滦河晚全新世以来发育的冲积扇平原，地势高凸（比中全新世冲积扇面高 1～2m），沉积物颗粒相对较粗，有机质含量少，无牛轭湖发育，河型与现在相近。至于现代滦河下游的河型，有人（大港油田地质研究所等，1985）认为，滦县以下为曲流河型。许清海等（1994）认为，滦县至汀流河应为辫状（游荡）或顺直河型，因为河道内仍有心滩发育，现代河床沉积剖面、沉积结构具有清晰的槽状斜层理、交错层理、平行层理和不明显的水平层理（高善明，1981），是山前冲淤多变的辫状（游荡）河型河道的特征；而汀流河以下，边滩较发育，应为顺直或微弯曲型河段。

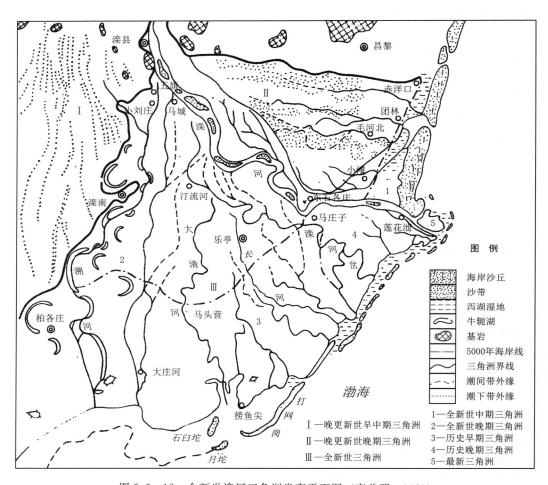

图 5.5-12　全新世滦河三角洲发育平面图（高善明，1981）

可以看出，全新世早、中期到现代，在东部，汀流河以下，辫状（游荡）河型转化为顺直微弯曲型；而在西部的第Ⅲ-2期冲积扇平原上，由滦县至汀流河段，弯曲河型转变为辫状（游荡）或顺直河型。基本上由弯曲河型向顺直微弯型转化。河型的这种转化，不仅有其深厚的地质基础与地貌条件，还具有以气候变化为主导的外营力影响。

控制滦河冲积扇三角洲发育的均为隐伏性活动断裂，其中东西向断裂形成较早；北东向的昌黎-宁河断裂是控制着滦河冲积扇三角洲的形成与发育的主要断裂；北西向的滦县-乐亭断裂往往对河流的走向具有明显的影响。胡镜荣等（1983）研究表明，大约在全新世中期开始发育的滦河老三角洲，其西界：滦县—兴隆庄—驼子—滦南县城—周各庄—嗜牛淀一线，为一高 5～2m 的陡坎；而它的东界：指挥庄—陈各庄—愧李庄则为一缓坡。说明镶嵌在老地面中的三角洲，经历了西大于东的不等量抬升。因此，滦河干流以滦县为原点，像单摆一样，由西向东摆动，从而留下了一条条从西向东由老至新的古河道。

刘福寿（1989）借助卫片分析表明，在滦河三角洲平原地区，全新世以来，发育的 5 个内迭三角洲，由老到新，总体上自西向东迁移，与燕山褶皱沉降带南部一些 NNE、NE 和 NW 向断裂活动有关。在更新世晚期，大理冰期低海面下切时，发育了以滦县为顶点的古滦河侵蚀河谷。全新世初，冰后期海面迅速上升，河口以上发生雍水，造成溯源堆积，河谷逐渐被充填，形成全新世早期三角洲①（图 5.5 - 13），相当于图 5.5 - 12 中三角洲平原（Ⅲ-1），并叠置于早期冲积扇三角洲（图 5.5 - 12）之中，分布于现今滦河与饮马河之间。通过滦县的 NNE 向（卢龙—献县）断裂和顺滦河方向的 NE 向（昌黎—宁河）断裂相继活动，致使滦河及全新世早期三角洲上的河道向东迁移，在迁移过程中，海面上升速度与沉积速率渐接近，发育了全新世中期三角洲②，相当于图 5.5 - 12 中三角洲平原（Ⅲ-2）；距今 3000 年前，历史早期三角洲③；然后继续东移，13—19 世纪，发育历史晚期三角洲④，湖林口往西的沿岸沙坝如蛤蛇、月蛇和曹

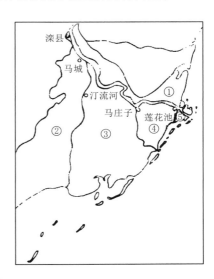

图 5.5 - 13　古滦河侵蚀河谷
（高善明，1981）

时期：①—全新世早期；②—全新世中期；
③—历史早期；④—历史晚期；⑤—最新

妃甸等都是历史晚期三角洲的产物；在 NE 向昌黎—宁河断裂活动后，在 1915 年滦河爆发特大洪水冲决滨海沙堤，向东分流入海，形成最新三角洲⑤。

胡镜荣等（1983）认为，一般地面坡度较陡、组成物较粗的地貌单元，往往发育游荡型或分汊型河道；而地面坡度较缓、组成物较细的地貌单元，则发育弯曲河道。大量航空像片和钻孔资料证实，在华北平原北部和西部，以心滩为主的河道亚相沉积组合，是游荡或分汊型古河道沉积；而在平原东部，以凸岸边滩为主的河道亚相沉积组合，是弯曲型古河道沉积。

由发育典型的弯曲河型到完成转化为顺直微弯河型，除了构造作用外，还具有其他方面的原因。首先，燕山南麓、冀东平原的孢粉分析（刘金陵，1965；李文漪等，1985）表明，中全新世是温湿气候环境，滦河年均径流量及年均洪水量都大于现代滦河，分别大 1 倍及 0.65 倍（莫永楷，1987），而流量变幅变小；河流的宽深增大，比降与挟沙能力降低；与此同时，滦河流域森林茂密，森林覆盖率比现在（23.3%）高出 1 倍以上，使流域的侵蚀强度减弱，使滦河含沙量减少；全新世中期，全球气候转暖，在短时间内的海平面

上升，将减少河床纵比降，加上海水的顶托作用，河水入海不畅，发生溯源堆积，等等，使滦河朝弯曲河型调整。美国科罗拉多河第四纪以来气候变化所引起的河流特性周期性的变化也表明，气候湿润时，多发育弯曲型河流，气候干燥时期，多为游荡型河流。因为当气候湿润时，年降水量虽多，但年内分配比较均匀，河流流量变幅较小，河流较稳定；湿润气候，有利于植物生长和植被发育，河流沿岸树木葱郁、流域植被好、土层较厚，河水带入下游的泥沙较少，有利于曲流河发育（任振纪，1979）。

全新世早期，世界许多河流都发生了侵蚀作用（Brakanrige，1980），华北平原的河流也是一个强烈侵蚀下切时期（莫永楷，1987）。滦河在冲积扇上侵蚀下切超 20m（高善明，1985）。正是由于早全新世河流的强烈下切，河床在冲积扇平原上形成下切河谷，随之而来的中全新世海侵，原来的下切河谷变成堆积河谷，使滦河在冲积扇平原上发育成曲流河。

晚全新世以来，全球的气候向着冷干的方面发展，燕山南麓孢粉分析（刘金陵，1965）中木本植物花粉的减少证明，冀东平原的气候也由温暖而湿润演变成温凉半湿润的气候。气候变凉干的最突出的标志是季风气候加强，降水减少，且年内分配更加不均，使河水流量变小，变幅增大，促使改道频繁。同时，气候变凉变干使植被减少，植被覆盖降低，又使侵蚀力增强、来沙量增多、颗粒变粗，河水挟沙量提高，河流冲淤活跃。气候变凉变干，海平面下降，河流侵蚀基准面下移，河流以切割为主，这些都不利于弯曲型河流的发育。所有上述因素使中全新世时期滦河冲积扇平原的曲流河进入晚全新世以后，迅速演变成现在的辫状、顺直微弯河型。晚全新世以来，冲积扇上无牛轭湖发育也有力地证明了这一点。

7. 弯曲河型向网状河型转化

以现代嫩江大马岗沉积层序为例，垂向上由 3 层序构成：其下、中两层已见前述，沉积时间为 1.7 万～2 万年间的近代河流沉积，反映现代嫩江由辫状河型向曲流河型正序转化特征。中上层沉积年代分别为 1.7ka BP、4ka～6ka BP，是嫩江由曲流河型向网状河型正序转化的表征。中部层序叙述见前，上部层序：在整个地区广泛分布，其沉积时间约在 4ka～6ka BP。主要为泥质及粉砂沉积。其底部为砂泥薄互层沉积，发育虫孔构造，富含钙质及植物根系，为曲流河天然堤沉积，其上有不显层理泥质粉砂层，为曲流河漫滩沉积。上部厚 0.5～1m 粉砂层和顶部粉砂质泥层，主要为曲流河泛滥和决口时，动力较弱水流的沉积（王俊玲等，2001）。

显然，从黑龙江省富裕县塔哈乡大马岗嫩江沉积体可知，17ka BP 以来，嫩江发育弯曲河型，4ka～6ka BP 以来，甚至到现在，嫩江由弯曲河型转化为网状河型。

5.5.5　河型时序（垂向）逆向转化模式

分汊向游荡河型转化、弯曲向分汊河型转化、弯曲向游荡河型转化、网状向弯曲河型转化、网状向分汊河型转化、网状河型向游荡转化、顺直向网状河型转化、顺直向弯曲河型转化、顺直向分汊河型转化、顺直向游荡河型转化等。这里仅介绍弯曲河型向分汊河型转化、弯曲河型向游荡河型转化、网状河型向弯曲河型转化，其余有待探索发现。

1. 弯曲河型向分汊河型转化

以长江下荆江至马鞍山段的河型分布格局为例（表 5.5-2）。该河段上游发育了曲流河，其河道比降为 0.04‰，河岸及其河漫滩组成物质中，上部细粒泥质层厚度大于下部粗粒砂砾质层；下游发育了分汊河，其河道比降为 0.02‰，河岸及其河漫滩组成物质中泥质层厚度小于砂砾质层。该河型分布模式受河岸抗冲性大小的影响不显著，河道比降的影响也不是很明显，因为这两段河道的比降差别不大。倪晋仁认为长江的这类江心洲型河流实际上是曲流河的变种，与曲流河没有本质的差别（倪晋仁，1998）。这种转化模式的深层次机制有待深入研究。

2. 弯曲河型向游荡河型转化

这类空间分布模式以 Loup 河中、下游以及 Wood 河等较为典型（表 5.5-2）。其中 Loup 河下游辫状河道比降同其上游的直流河和曲流河的相同，都为 1‰，其河岸物质也仍然是沙丘砂，但该辫状河道段的植被覆盖度比其上游的曲流河道段差，此处稀少的植被不再能有效地增加河岸的稳定性（Brice，1964）。相应地，流水可以自由冲刷易冲的河岸带，从而形成了辫状河型。Wood 河上游流经森林区时呈现曲流河特征，在进入下游植被不发育的粗粒沉积物区时转化为辫状（游荡）河流（Schumm，1971）。同模式 2 中讨论的相似，由于辫状（游荡）河道区位于曲流河的下游，它的流量（流量变幅）大于其上游曲流河的，因此，流量（流量变幅）在该转化模式中也可能起一定的作用。这种转化模式的发生与河流沿流向的比降趋缓、河道趋稳以及能耗率趋于最小这一普遍规律并不一致的原因是，河流沿程的边界组成及其抗冲性发生了明显变化，这实际上是对局部特殊条件的响应，也就是说它发生的响应反应一定的特殊规律。显然，在模式 2 和模式 3 中，河型的形成及转化作用的主要控制因素不再是河道比降。也就是说，Schumm 等（1971）所强调的地貌临界（河道比降）在这些现实例证中不再起主导作用，而代之以河岸的抗冲性强弱，可能还有流量及流量变幅的影响。尽管河道比降和边界条件都是河型形成和发生转化的重要条件，但在不同地区不同河流中它们所起的作用大小也还是有一定的差别。

3. 网状河型向弯曲河型转化

以长江中游荆江河段为例。从卫星照片（Google Earth）可以清楚地看到，上、下荆江，尤其是下荆江为典型的蜿蜒弯曲河型，并相伴有分流分沙的网状河系。据单剑武（1991）、陈曦（2009）等研究，在历史上荆江南岸有松滋口、虎渡口（又名太平口）、藕池口、调弦口 4 个穴口分流，荆江两岸分流穴口形成年代久远，演变复杂。隋代以前，荆江与洞庭湖尚不相通，6 世纪以后沟通江汉、江湖的穴口多达 20 余处。后由于筑堤围垸与河滩淤高，穴口淤塞，至宋代剩 13 处（九穴十三口），向南分流 5 处，向北分流 8 处。1360 年前后，荆北围堤已基本形成，穴口多被淤塞。公元 1522—1566 年北穴尽塞，荆北大堤已连成一线，仅留南岸太平口和调弦口分泄江流入湖。公元 1852 年藕池决口，1860 年成河；公元 1870 年松滋决口，1873 年成河；形成现在荆江南岸四口分流形势。其中，调弦口于 1959 年筑坝建闸，除大洪水年分洪外，一般不过流。四口分流河道为松滋河（又分东、西支）、虎渡河、藕池水系（又分安乡河、藕池河）和华容河，形成复杂网状水系。

不难看出，在隋代以前，荆江水系是由 20 多条分流与再次汇合的网状河型河流组成的复杂河系。分流河道再次汇合，最后分别注入西、南、东洞庭湖，在城陵矶汇入长江。从形态上看，这些分流再一次汇合的河道，是属于网状河型的河道，他们各自具有很长的流路，而且在很细的河漫滩相物质中流动，河道间的河间地及其开阔，目前或已开发成农田，建有村落、城镇，或者是芦苇水草丛生，发育水生植被。学者们认为，历史上荆江北汉逐渐消失以及南岸分流水系的逐渐形成，主要原因是由北向南的桐柏-大别山掀斜隆升运动所致（李长安，1998），也受长江中游泥沙淤积的影响（殷鸿福等，2004）。事实上，这个河系的形成过程，是在自北而南的掀斜隆升运动的宏观地质作用下，迫使荆江分流河道北消南长，特大洪水决口分泄大量水沙，导致南侧不断淤积抬高，加之建筑堤防，才促使弯曲河型转化成弯曲河型与网状河型并存的态势。

5.6　结论与讨论

在讨论了流域及坡面地貌子系统的实验以后，为了便于对冲积河道子系统的实验，提供一个比较完整的基本概念，对现有河流类型的划分做了评述。目前，国内外使用四分类法，即：顺直河型、弯曲河型、分汊河型及游荡河型。分类比较简明、直观，但是划分的标准不太统一，前三种按形态划分，而第四种按动态划分。

本书力图按形态与动态线结合的五分类法，对冲积河型划分为：顺直微弯河型（Straight Channel Pattern），弯曲蜿蜒河型（Meandering Channel Pattern），网状长冲决河型（Anastomosing Channel Pattern），江心洲分汊河型（Island Braided Channel Pattern）以及散乱游荡河型（Wandering Channel Pattern）。希望将网状河型单独分成一类，同时与原来的江心洲分汊河型、游荡河型，明确地从形态及动态角度区分开来。

介绍了河型转化的基本规律及河型转化的五种基本类型：构造作用、气候变迁、侵蚀基准面、人类活动以及水沙状况及沉积物供给等，讨论了河型转化机制、转化条件及河型转化判别。

最后，从时空角度介绍了河型转化模式及实例。冲积河流由于一种河型转化为另一种河型具有空间秩序及时间秩序。在空间上，如果河型从不稳定型转化为稳定型，称之为①河型空序（平面）正向转化模式；反之为②河型空序（平面）逆向转化模式。在时间上，如果某地区河型从不稳定型转化为稳定型，称为③河型时序（垂向）正向转化模式；反之为④河型时序（垂向）逆向转化模式。显然，在自然界中，未必存在所有的河型转化模式。目前，对 4 种转化模式的实例，可以分别列出：对于②，除了分汊→游荡河型、网状→游荡河型；对于③，除了游荡→顺直河型、分汊→网状河型、网状→顺直河型；以及对于④可见实例较少，有弯曲→分汊河型、弯曲→游荡河型以及网状→弯曲河型 3 种转化模式，这或许与河型转化的历史演变有关。应该说，至少有 40 种河型转化模式的实例，但是目前见到 28 种，其原因是也许不存在，或者存在的时间比较短暂，或者调查尚未被发现。

在实验室内，有可能设定条件，实验所有的河型转化模式。有待进一步完成各种河型转化模式的实验研究，并进行合理的推论和解释后，才能最后得出结论。

河型分类、河型转化的基本类型以及河型转化的模式，这是河型研究的三个基本问题，与河道实验研究及其控制因素的实验研究息息相关，尚待进一步深入探讨。

参 考 文 献

蔡强国，1982. 地壳构造运动对河型转化影响的实验研究 [J]. 地理研究，1982，1 (3)：21-32.

陈宝冲，1992. 河型分类 [J]. 泥沙研究，(1)：100-104.

陈国金，2008. 江汉—洞庭湖平原区洪灾形成与防治的环境地质研究 [M]. 北京：中国水利水电出版社，27-31.

陈珺，嵇敏，林江，等，2012. 赣江尾闾河段水沙特性及河床演变 [J]. 水利水电科技进展，32 (3)：1-5.

陈曦，2009. 宋至清荆江南岸分流四口的演变 [J]. 长江流域资源与环境，18 (3)：270-274.

大港油田地质研究所，海洋石油勘探局研究院，同济大学海洋地质研究所，1985. 滦河冲积扇——三角洲沉积体系 [M]. 北京：地质出版社，164.

董占地，吉祖稳，湖海华，等，2011. 流量对河势及河型变化影响的试验研究 [J]. 水利水运工程学报，(4)：46-51.

方宗岱，1964. 河型分析及其在河道整治上的应用 [J]. 水利学报，(1)：1-12.

高善明，1981. 全新世滦河三角洲相和沉积模式 [J]. 地理学报，36 (3)：303-314.

高善明，1985. 滦河冲积扇结构和沉积环境 [J]. 地理研究，1 (1)：54-62.

韩其为，2002. 对小浪底水库修建后黄河下游游荡性河段河型变化趋势的几点看法 [J]. 人民黄河，21 (4)：9-10.

洪笑天，马绍嘉，郭庆伍，1987. 弯曲河流形成条件的实验研究 [J]. 地理科学，7 (1)：35-43.

胡浩，2013. 松花江下游佳木斯至同江河段富锦—绥东浅滩河床演变分析 [D]. 哈尔滨：黑龙江大学：1-55.

胡镜荣，石凤英，1983. 华北平原古河道发育的环境条件及其沉积特征 [J]. 地理研究，2 (4)：48-59.

金德生，郭庆伍，刘书楼，1992. 应用河流地貌实验与模拟研究 [M]. 北京：地震出版社，92.

金德生，洪笑天，1985. 分汊河型实验研究——长江中下游河道特性及其演变 [M]. 北京：科学出版社，214-254.

金德生，1986. 边界条件对曲流发育影响的过程响应模型试验研究 [J]. 地理研究，(9)：12-21.

李文漪，等，1985. 河北东部全新世温暖期植被与环境 [J]. 植物学报，27 (6)：640-651.

李长安，1998. 桐柏—大别山掀斜隆升对长江中游环境的影响 [J]. 地球科学，23 (6)：562-566.

李传发，李岩，张维波，2000. 松花江依兰—佳木斯江段河道演变分析 [J]. 黑龙江水专学报，27 (1)：61-63.

李明辉，李友辉，甄广峰，等，2011. 赣江河道岸线资源利用现状分析与规划研究 [J]. 江西水利科技，37 (2)：99-102，105.

李强，王庆魁，沈伟成，等，2006. 同一油田网状河与辫状河沉积微相的比较研究及其影响 [J]. 石油地球物理勘探，41 (增刊)：80-85.

李志威，王兆印，余国安，等，2013. 黄河源玛曲河段河型沿程变化及其原因 [J]. 泥沙研究，3：51-58.

梁志勇，等，2000. 引水防沙与河床演变 [M]. 北京：中国建材工业出版社，233.

廖保方，张为民，李列，等.1998. 辫状河现代沉积研究与相模式——中国永定河分析 [J]. 沉积学报，16 (1)：34-39.

林承坤，1963. 河型的划分 [J]. 南京大学学报 (地理学)，2 (1)：1-11.

林承坤，1985. 河型的成因与分类 [J]. 泥沙研究，(2)：1-11.

刘福寿，1989. 滦河下游冲积扇三角洲发育与构造特征的关系 [J]. 海岸工程，8 (4)：44-50.

刘金陵，1965. 燕山南麓的孢粉组合 [J]. 中国第四纪研究，4（1）.

陆中臣，舒晓明，1988. 河型及其转化的判别 [J]. 地理研究，7（2）：7-16.

罗海超，周学文，尤联元，等，1980. 长江中下游分汊河型成因研究 [C] //河流泥沙国际学术讨论会论文集. 北京：光华出版社，447-456.

罗海超，1989. 长江中下游分汊河道的演变特点及稳定性 [J]. 水利学报，（6）：10-18.

莫永楷，1987. 滦河下游古河道的初步研究 [C] //地理集刊（第18号），第1版. 北京：科学出版社，64-73.

倪晋仁，马蔼乃，1998. 河流动力地貌学 [M]. 北京：北京大学出版社，396.

倪晋仁，王随继，王光谦，2000. 现代冲积河流的河型空间转化模式探讨 [J]. 沉积学报，18（1）：1-6，35.

倪晋仁，张仁，1991. 河型成因的各种理论及其间关系 [J]. 地理学报，46（3）：366-372.

倪晋仁，1989. 不同边界条件下河型成因的试验研究 [D]. 北京：清华大学.

倪晋仁，2000. 论顺直河流 [J]. 水利学报，（12）：14-20.

齐璞，2002. 冲积河型形成条件的探讨 [J]. 泥沙研究，（3）：39-43.

钱宁，1985. 关于河流分类及成因问题的讨论 [J]. 地理学报，40（1）：1-10.

钱宁，周文浩，1965. 黄河下游河床演变 [M]. 北京：科学出版社，224.

钱宁，张仁，周志德，1987. 河床演变学 [M]. 北京：科学出版社，584.

裘亦楠，1985. 河流沉积学中的河型分类 [J]. 石油勘探与开发，12（2）：72-74.

任振纪，1979. 冀东滦县滦南县钻孔第四纪孢粉组合及古气候. DOI：10.13937 / j. cnki. sjzj. jxyxb. 1979.02.005.

单剑武，1991. 荆江四口分流分沙的演变 [J]. 人民长江，22（3）：43-48.

沈玉昌，龚国元，1986. 河流地貌学概论 [M]. 北京：科学出版社，72-75.

石良，等，2014. 内蒙古岱海现代辫状河三角洲沉积特征及沉积模式 [J]. 天然气工业，34（9）：33-39.

史传文，吴保生，马吉明，2007. 冲积河流河型的成因及分类与判别计算方法研究 [J]. 水力发电学报，26（5）：107-111.

司学强，张金亮，2005. 塔东北地区白垩系辫状河沉积特征研究 [J]. 中国海洋大学学报，35（6）：907-912.

唐日长，潘庆燊，1964. 蜿蜒性河段形成条件分析和造床实验研究 [J]. 人民长江，（2）：13-21.

唐武，王英民，赵志刚，等，2016. 河型转化研究进展综述 [J]. 地质评论，62（1）：138-152.

涂齐催，刘怀山，张进，等，2004. 地震资料曲流河辫状河油气储层识别与预测 [J]. 西北地质，2004，37（4）：49-84.

王俊玲，任纪舜，2001. 嫩江下游现代河流沉积特征 [J]. 地质论评，47（2）：193-199.

王平在，王俊玲，2003. 嫩江现代河流沉积层序及沉积模式 [J]. 沉积学报，21（2）：228-233.

王随继，2002a. 西江和北江三角洲区的水沙特点及河道演变特征 [J]. 沉积学报，20（3）：376-381.

王随继，2002b. 赣江入湖三角洲上的网状河流体系研究 [J]. 地理科学，22（2）：202-207.

王随继，薄俊丽，2004. 网状河流多重河道形成过程的实验模拟 [J]. 地理科学进展，23（3）：34-43.

王随继，黎劲松，尹寿鹏，1999. 网状河流的基本特征及其影响因素 [J]. 地理科学，19（5）：422-427.

王随继，任明达，2000. 芒崖凹陷干旱气候背景下网状河流沉积体系及演化 [J]. 地球学报，21（1）：92-97.

王随继，谢小平，程东升，2002. 网状河流研究进展述评 [J]. 地理科学进展，21（6）：12-21.

王随继，尹寿鹏，2000. 网状河流和分汊河流的河型归属讨论 [J]. 地学前缘（中国地质大学，北京），7（增刊）：79-85.

王随继，2008. 黄河流域河型转化现象初探 [J]. 地理科学进展，27（2）：10-17.

王随继，1998. 不同河型的河流沉积特征比较研究 ［D］. 北京：北京大学，135.

魏成阶，1988. 京津唐平原地区河流动态变化的遥感研究 ［C］//中国科学院遥感应用研究所 . 黄滩海平原水域动态演变遥感分析（第 1 版）. 北京：科学出版社，26 - 35.

吴昌洪，林木松，柳晓珊，等，2014. 河型分类现状与展望 ［J］. 人民长江，45（1）：6 - 10，65.

肖毅，杨研，邵学军，2012. 基于尖点突变模式的河型分类及转化判别 ［J］. 清华大学学报（科学与技术版），52（6）：753 - 758.

谢鉴衡，1990. 河床演变及整治 ［M］. 北京：水利电力出版社，316.

谢庆宾，朱筱敏，管守锐，等，2003. 中国现代网状河流沉积特征和沉积模式 ［J］. 沉积学报，21（2）：219 - 227.

徐国宾，练继建，2004. 河流调整中的熵、熵产生和能耗率的变化 ［J］. 水科学进展，15（1）：1 - 5.

许炯心，1990. 我国游荡河型的地域分布特征 ［J］. 泥沙研究，（2）：47 - 53.

许炯心，1990a. 我国游荡河型和江心洲河型的地域分布特征 ［J］. 科学通报，（6）：439 - 442.

许炯心，1992. 我国江心州河型的地域分布特征 ［J］. 云南地理环境研究，4（2）：46 - 54.

许清海，王子惠，阳小兰，等，1994. 全新世滦河冲积扇的发育和河型变化 ［J］. 地理学与国土研究，10（3）：40 - 44.

姚爱峰，刘建军，1993. 冲积平原河流河型稳定性指标分析 ［J］. 泥沙研究，（3）：56 - 63.

姚文艺，郑艳爽，张敏，2010. 论河流的弯曲机理 ［J］. 水科学进展，21（4）：533 - 540.

叶青超，陆中臣，杨毅芬，1990. 黄河下游河流地貌 ［M］. 北京：科学出版社，268.

叶青超，尤联元，许炯心，等，1997. 黄河下游地上河发展趋势与环境后效 ［M］. 郑州：黄河水利出版社，164.

殷鸿福，陈国金，李长安，等，2004. 长江中游的泥沙淤积问题 ［J］. 中国科学 D 辑，地球科学，34（3）：195 - 209.

尹寿鹏，谢庆宾，管守锐，2000. 网状河比较沉积学 ［J］. 沉积学报，18（2）：221 - 226.

尹学良，1965. 弯曲性河流形成原因及造床实验初步研究 ［J］. 地理学报，31（4）：287 - 303.

尹学良，1993. 河型成因研究 ［J］. 水利学报，（4）：1 - 11.

尤联元，洪笑天，陈志清，1983. 影响河型发育几个主要因素的初步探讨 ［C］//第二届河流泥沙国际学术讨论会论文集（中国南京）. 北京：水利电力出版社，662 - 672.

余文畴，1991. 孟加拉国布拉马普特拉河贾木纳河段演变的几个问题 ［J］. 长江科学院院报，8（4）：35 - 42.

张红武，赵连军，曹丰生，1996. 游荡河型成因及其河型转化问题的研究 ［J］. 人民黄河，（10）：11 - 15.

张红武，1992. 复杂河型河流物理模型的相似律 ［J］. 泥沙研究，1992（4）：1 - 13.

张俊华，王严平，丁易，1998. 冲积河流河型成因的研究 ［C］//河流模拟理论与实践 . 武汉：武汉水利电力大学出版社.

张俊勇，陈立，王家生，2005. 河型研究综述 ［J］. 泥沙研究，（4）：76 - 81.

张俊勇，陈立，2003. 入流角对河道曲流形成的影响 ［J］. 水利水运工程学报，（1）：63 - 66.

张欧阳，1998. 游荡河型突变过程实验研究 ［D］. 北京：中国科学院.

张周良，刘少宾，1994. 中国的网状河体系 ［J］. 应用基础与工程科学学报，2（2）：204 - 212.

张周良，王芳华，1997. 广东三水盆地第四纪网状河沉积特征 ［J］. 沉积学报，15（4）：58 - 63.

长江水资源保护科学研究所，2013. 沅江流域综合规划环境影响报告书（简本）［R］. 国环评证甲字第 2602 号.

中国科学院地理研究所，等，1985. 长江中下游河道特性及其演变 ［M］. 北京：科学出版社，272.

中国科学院地理研究所河流组，1983. 渭河下游河流地貌 ［M］. 北京：科学出版社.

周刚，王虹，邵学军，等，2010a. 河型转化机理及其数值模拟— I . 模型建立 ［J］. 水科学进展，21

（2）：145 – 152.

周刚，王虹，邵学军，等，2010b. 河型转化机理及其数值模拟—Ⅱ. 模型应用 [J]. 水科学进展，21
（2）：153 – 160.

周刚，2009. 河型转化机理及其数值模拟研究 [M]. 北京：清华大学出版社，167.

周文浩，赵华侠，1993. 孟加拉国布拉马普特拉河河床冲淤特性 [J]. 泥沙研究，2：1 – 13.

周宜林，唐洪武，2005. 冲积河流河床稳定性综合指标 [J]. 长江科学院院报，22（1）：16 – 20.

Ashmore P E，1998. Bedload Transport in Braid Gravedbed Stream Models [J]. Earth Surf. Process Land-
forms，（13）：677 – 695.

Assine M L，Silva A，2009. Contrasting Fluvial Styles of the Paraguay River in the Northwestern Border
of the Pantanal Wetland，Brazil [J]. Geomorphology，113：189 – 190.

Begin Z B，1981. The Relationship between Flow-shear and Stream Pattern [J]. Journal of Hydrology，
（52）：307 – 319.

Bledsoe B P，Hawley R，Stein E D，2008. Stream Channel Classification and Mapping Systems：Implica-
tions for Assessing Susceptibility to Hydromodification Effects in Southern California [R]. Southern
California Coastal Water Research Project. Technical Report，562：41 – 42.

Bordy M，Hancox P J，Rubidge B S，2004. Fluvial style Variations in the Late Triassic- Early Jurassic Elliot
Formation，Main Karoo Basin，South Africa [J]. Journal of African Earth Sciences，38：383 – 400.

Brakanrige G R，1980. Widespread Episode of Stream Erosion during the Holocene and Their Climate
Cause [J]. Nature，Vol. 283，14 Feb.

Brice G C，1964. Channel Pattern and Terraces of the Loup Rivers in Nebraska [J]. U. S. Geol. Survey
Prof. Paper，422 – D：41.

Brice J C，1983. Planform Properties of Meandering River [C]. Proceedings of the October 24 – 26，1983
Rivers 83 Conference，ASCE，New Orleans，Louisiana，1 – 15.

Bridge J S，2003. Rivers and Floodplains [C]. Oxford，UK：Blackwell Publishing，491 – 492.

Bridge J S，Lunt I A，2006. Depositional Models of Braided Rivers [A]. In Sambrook Smith GH，Best
JL，Bristow CS and Pett GE eds. Braided Rivers：Process，Deposits，Ecology and Management，Inter-
national Association of Sedimentologists，Special Publication，36：11 – 50.

Catuneanu O，Elango H N，2001. Tectonic Control on Fluvial Styles：the Balfour Formation of the Karoo
Basin [J]. South Africa. Sedimentary Geology，140：291 – 313.

Chang H H，1972. Minimum Stream Power and River Channel Patterns [J]. Geol. Soc. Am. Bull，83：
1755 – 1770.

Charles E S，1998. Modeling High Sinuosity Meanders in a Small Flume [J]. Geomorphology，（25）：19 – 30.

Church M，1983. Pattern of Instability in a Wandering Gravel-bed Channel [C]. In：Collinson J D and
Lewin J eds. Modern and Ancient Fluvial Systems. International Association of Sedimentologists，Special
publication，61：160 – 180.

Church M，2006. Bed Material Transport and the Morphology of Alluvial River Channels [J]. An-
nualReview of Earth and Planetary Sciences，34：325 – 354.

Crowley K D，1983. Large-scale Bed Configurations（macroforms），Platte River Basin，Colorado and Nebraska：
Primary Structures and Formative Processes [J]. Ceologic Society of America Bulletin，94：117 – 133.

Davidson L A，2011. Embryo Mechanics：Balancing Force Production with Elastic Resistance during Mor-
phogenesis [J]. Curr. Top. Dev. Biol，95：215 – 241.

Drury G H，1969. Relation of Morphology to Runoff Frequency [M]. Chorley RJ ed. Water Soil and Man，
London：Methuen，418 – 430.

Einstein H A，Shen S W，1964. A Study Meandering in Straight Alluvial Channels [J]. Journal of Geological Research：5239 – 5247.

Ethridge F G，2011. Interpretation of Ancient Fluvial Channel Deposits：Review and Recommendations ［C］//In Davidson SK，Leleu S，North CP eds.，From River to Rock Record：the Preservation of Fluvial Sediments and Their Subsequent Interpretation. SEPM，Special Publication，97：3 – 35.

Fotherby L M，2009. Valley Confinement as a Factor of Braided River Pattern for the Platte River ［J］. Geomorphology，103：562 – 576.

Frenette M，Harvey B，1973. River Channel Processes ［C］//In Fluvial Processes and Sedimentation，9th Canadian Hydrology Symposium：294 – 341.

Galay V J，Kellerhals R，Bray D I，1973. Diversity of River Styles in Canada in Fluvial Processes and Sedimentation：oc. Hydrol. Symp. ［C］. National Research Council of Canada，217 – 250.

Gibling M R，G C Nanson，J C Maroulis，1998. Anastomosing river sedimentation in the Channel Country of central Australia. ［J］. Sedimentology，45：595 – 619.

Gibling M R，Rust B R，1990. Ribbon Sandstones in the Pennsylvanian Waddens Cove Formation，Sydney Basin，Atlantic Canada：the Influence of Siliceous Duricrusts on Channel-body Geometry ［J］. Sedimentology，37：45 – 65.

Gole C V，Chaitale S V，1966. Inland Delta Building Activity of Kosi River ［J］. J. Hyd. Div.，Proc. Amer. Soc. Civil Engrs.，92（HY）：111 – 126.

Goodwin C N，1999. Fluvial Classification：Neanderthal Necessity or Needless Normalcy ［C］. In：Olsen DS and Potyondy J P eds. Proceedings Specialty Conference Wild land Hydrology American Water Resources Association. Technical Publication，Series TPS，99（3）：229 – 235.

Harwood K，Brown A G，1993. Fluvial Processes in a Forested Anastomosing River：Flood Partitioning and Changing Flow Patterns ［J］. Earth Surface Processes and Landforms，18：741 – 748.

Jain V，Sinha R，2004. Fluvial Dynamics of an Anabranching River System in Himalayan Foreland Basin，Baghmati River，North Bihar Plains，India ［J］. Geomorphology，60：147 – 170.

Jorgensen D W，1990. Adjustments of Alluvial River Morphology and Processes to Localized Active Tectonics ［A］. Unpublished Ph. D. Dissertation，Colorado State University，240.

King W A，Martini I P，1984，Morphology and Recent Sediments of the Lower Anastomosing Reaches of the Attawapiskat River，James Bay，Ontario，Canada ［J］. Sedimentary Geology，37：295 – 320.

Kleinhans M G，Jan H Van Den Berg，2010. River Channel and Bar Patterns Explained and Predicted by an Empirical and a Physics - based Method ［J］. Earth Surface Proc. and Landforms，First published：07 October 2010.

Knighton A D，Nanson G C，1993. Anastomosis and the Continuum of Channel Pattern ［J］. Earth Surf. Procs. Landforms，18：613 – 625.

Knighton A D，Nanson G C，1993. Anastomosis and the Continuum of Channel Pattern ［J］. Earth Surf. Procs. Landforms，18：613 – 625.

Lane E W，1957. A Study of the Shape of Channels Formed by Natural Stream Flowing in Erodible Material ［J］：M. R. D. Sediment Series No. 9，U. S. Army Engineering Div.，Missouri River Corps of Engineers，Omaha，Nab.：106.

Leopold L B，Wolman M G，1957. River Channel Pattterns：Braided，Meandcring and Straight ［J］. U. S. Geol. Servey Prof，Papcr 282 – B：35 – 85.

Leopold L B，Wolman M G，Miller J P，1964. Fluvial Processes in Geomorphology ［M］. Freeman and Company，522.

Li Zhiwei，Wang Zhaoyin，Pan Baozhu，et al.，2013. Analysis of Controls Upon Channel Planform at the First Great Bend of the Upper Yellow River，Qinghai-Tibet Plateau ［J］. Journal of Geographical Sciences，23（5）：833 - 848.

Lunt L A，Bridge J S，2004. Evolution and Deposits of Agravelly Braid Bar，Sagavanirktok River，Alaska [J]. Sedimentology，51：415 - 432.

Makaske B，2001. Anastomosing Rivers：a Review of Their Classification，Origin and Sedimentary Products [J]. Earth-Science Review，53：149 - 196.

Makaske B，1998. Anastomosing River：Forms，Processes and Sediments [J]. Nederlandse Geografische Studies vol. 249. Koninklijk Nederlands Aardrijkskundig Genootschap/Faculteit Ruimtelijke Wetenschappen，Universiteit Utrecht，Utrecht.

Miall A D，1977. A Review of the Braided River Depositional Environment [J]. Earth Science Reviews，13：1 - 62.

Nadler C T，Schumm S A，1981. Metamorphosis of South Platte and Arkansas Rivers，Eastern Colorado [J]. Physical Geogr. ，v. 2：95 - 115.

Nanson G G，Rust B R，Taylor G，1986. Coexistent Mud Braids and Anastomosing Channel in an Arid-zone River：Cooper Creek，Central Australia [J]. Geology，14，175 - 178.

Nanson G G，Knighton A D，1996. Anabranching Rivers：Their Cause，Character and Classification [J]. Earth Surf. Procs. And Land forms，21：217 - 239.

Neill C R，1973. Hydraulic and Morphologic Characteristic of Athabasca River near Fort Assiniboine：Alberta Research Council，Edmonton，Highway and River Engineering Division [R]. Report REH/73/7，23 - 24.

Ray Y，Srivastava P，2010. Widespread Aggradation in the Mountainous Catchment of the Alaknanda-Ganga River System：Timescales and Implications to Hinterland-foreland Terationshipis [J]. Quantery Science Rewievs，29：2238 - 2260.

Rosgen D L，1994. A Classification of Natural Rivers [J]. Catena，22：169 - 199.

Rust B R，1978. A Classification of Alluvial Channel Systems [C] //Miall AD，ed. Fluvial Sedimentology. Can Soc Petrol Geol. Mem. ，（5）：187 - 198.

Rust B R，1981. Sedimentation in an Arid-zone Anastomosing Fluvial System：Cooper's Creek，Central Australia [J]. Journal of Sedimentary Petrology，51：745 - 755.

Schumm S A，1963. A Tentative Classification of Alluvial River Channels [J]. United States Geological Survey，Circular：477.

Schumm S A，1968. Speculation Concerning Palaeohydrologic Controls of Terrestrial Sedimentation [J]. Geol. Soc. Am. Bull，79：1573 - 1588.

Schumm S A，1971. Fluvial Geomorphology：Historical Perspective [C]. In：Shen H W，ed. River Mechanics，Chap. 4，Fort Collins，Colorado，30.

Schumm S A，1974. Geomorphic Thresholds and Complex Response of Drainage Systems [C]. in Fluvial Geomorphology（edited by M. Morisawa）Publications in Geomorphology，SUNY Binghamton，New York：299 - 310. Reprinted 1981，Allen and Unwin，London.

Schumm S A，1977. The Fluvial System [M]. New York：John Wiley & Sons，338.

Schumm S A，1979. Geomorphic Thresholds：the Concept and Its Applications [J]. Inst. British Geogr. Trans. ，v. 4，485 - 515.

Schumm S A，1981. Evolution and Response of the Fluvial System：Sedimentologic Implications [J]. Soc. Economic Paleontologists and Mineralogists Spec. Pub. ，31：19 - 29.

Schumm S A，1985. Patterns of Alluvial Rivers [J]. Annual Review of Earth and Planetary Sciences，（13）：5 - 27.

Schumm S A，1986. Alluvial River Response to Active Tectonics，Studies in Geography，Active Tectonics

［M］．National Academy Press，Washington，D. C. ：80 – 94.

Schumm S A，2005. River Variability and Complexity ［M］. Cambridge U K：Camdge University Press，210 – 220.

Schumm S A，Beathward，1976. Geomorphic Thresholds：An approach to River Management，in Rivers 76 ［C］. v. 1，3rd Symposium of the Watweways：Harbors and Coastal Engineers Division of the American Society of Civil Engineers：707 – 724.

Schumm S A，Dumont J F，Holbrook J M，2000. Active Tectonics and Alluvial Rivers ［M］. Cambridge U. K. ，Cambridge University Press：270 – 276.

Schumm S A，Erskine W D，Tilleard J W，1996，Morphology，Hydrology，and Evolution of the Anastomosing Ovens and King Rivers，Victoria，Australia ［J］. Geologocal Society of America Bulletin，108：1212 – 1224.

Schumm S A，Winlkey B R，1994. The Variability of Large Alluvial Rivers ［M］. New York：ASCE Press：467.

Shukla U K，P Srivastava，B Singh，2012. Migration of the Ganga River and Development of Cliffs in the Varanasi region，India during the Late Quaternary ：Role of Active Tectonics ［J］. Geomorphology，171 – 172：101 – 103.

Simon A，Doyle M，Kondolf M，et al. ，2005. How Well Do the Rogen Classification and Associated "Natural Channel Design" Methods Integrate and Quantify Fluvial Processes and Channel Response ［C］//Proceedings of the 2005 World Water and Environmental Resources Congress：584 – 596.

Singh I B，Rajagopalan G，Agarwal K K，et al. ，1997. Evidence of Middle to Late Holocene Neotectonic Activity in the Ganga Plain ［J］. Current Science，73：1114 – 1117.

Singh I B，1996. Geological Evolution of Ganga Plain – an Overview ［J］. Journal Palaeontological Society of India，41：99 – 137.

Singh I B，2001. Proxy Records of Neotectonics，Climate Changes and Anthropogenic Activity in Late Quaternary of Ganga Plain ［C］. National Sumposium Role of Earth Science：Integrated Developnment and Related Soietal Tssues：Geological Survey of India Special Publication，65 (1)：1.

Singh I B，2007. The Gang River ［A］. In Gupta A. eds. Large Rivers：Ceomorphology and Management ［M］. New York：John Wiley and Sons：347 – 371.

Smith D G，Smith N D，1980. Sedimentation in Anastomosed River Systems：Examples From Alluvial Valleys Near Banff，Alberta ［J］. Journal of Sedimentary Petrology，50：157 – 164.

Smith D G，1983. Anastomosed Fluvial Diposits：Modern Exampies from Western Canada ［C］. In：JD Collinson and J Lewin (eds.)，Modern and Ancient Fluvial Systems，Spec. Publs. Int. Ass. Sediments. Blackwell，London：155 – 168.

Smith D G，1986. Anastomosing River Deposits，Sedimentation Rates and Basin Subsidence，Magdalena River，northwestern Columbia，South America ［J］. Sediment Geol. ，46：177 – 196.

Smith N D，Cross T A，Dufficy J P，et al. ，1989. Anatomy of an Avulsion ［J］. Sedimentology，36：1 – 23.

Stevens M A，Simons D B，Richardson E V，1975b. Nonequilibrium River Form ［J］. J. Hyd. Div. Proc. Amer. Soc. Civil Engrs. 101 (HY5)：557 – 566.

Tandon S K，Gibling M R，Singh V，et al. ，2006. Alluvial Valleys of the Gangetic Plains，India：Causes and Timing of Incision，Incised Valleys in Time and Space ［C］. Society of Economic Paleontologists and Mineralogists：Special Publications，85：15 – 35.

Tewari R，Pant P C，Singh I B，et al. ，2002. Middle Palaeolithic Human Activity and Palaeoclimate at Kalpi in Yamuna Valley，Ganga Plain ［J］. Man and Envirnment ⅩⅩⅦ：1 – 13.

Törngvist T E, Ree M H M V, Faessen E L J H, 1993. Longitudinal Faces Architecture Changes of a Middle Holocene Anastomosing Distributary System (Rhine-Meuse Delta, Central Netherlands) [J]. Sedimentary Geology, 85: 203 – 220.

Wang S J, 2008. Analysis of River Pattern Transformations in the Yellow River Basin [J]. Progracies in Geography, 27 (2): 10 – 17.

Wang Suiji, Ren Mingda, 1999. A New Classification of Fluvial Rivers According to Channel Planform and Sediment Characteristics [J]. Acta Sedimentologica Sinica, 17 (2): 240 – 246.

Wang Suiji, Yan Ming, Yan Yunxia, et al. , 2012, Contributions of Climate Change and Human Activities to the Changes in Runoff Increment in Different Sections of the Yellow River [J]. Quaternary International, 282: 66 – 77.

Wang Suiji, Ni Jinren, Wang Guangqian, 2000. Depositional System Analysis on the Evolution Model of Acient River Type and Its Controlling Factors [J]. Petroleum Exploration and Development, 27 (5): 102 – 105.

Wang Suiji, 2008. Analysis of River Pattern Transformations in the Yellow River Basin [J]. Progracies in Geography, 27 (2): 10 – 17.

Williams I G, 1978. The Case of the Shrinking Channels-the North Platte and Platte Rivers in Nebraska [J]. Geological Survey, Circular, 781: 47 – 48.

Woolfe K J, Balzary J R, 1996. Fields in the Spectrum of Channel Style [J]. Sedimentology, 43: 797 – 805.

第 **6** 章

顺直河型的实验研究

6.1 概述

1. 基本认识

自然界没有一条河流是笔直的，除非发育在坚硬岩层的断层中的基岩河流，或者在花岗岩裂隙及黄土岩中的间歇性河道，或者人工修建渠化的顺直渠道。即便如此，久而久之，长年累月，天然河道经水流的侵蚀、搬运及堆积作用，总会变得弯曲，转化成其他各种河流类型。在实验室中，除了两维的玻璃水槽或者浆砌的顺直定床模型水槽，动床比尺模型河槽、疏松边界的实验小河，仅仅起始状态为顺直的河道，都是暂时实验的需要，采用外形顺直、横断面为倒梯形的模型小河。

有一点值得指出，目前对顺直河流尚没有一致的认识，关键在于对其弯曲率的上界多大才不算是顺直河流。Galay 等（1973）认为上限为 1.3，Rust（1978）认为是 1.5。形态上的依据是什么？还不太清楚；可以依据床面特征（Knighton，1984）、河床成因（钱宁等，1987）、槽滩分布（Keller et al.，1973）、河岸相对可动性（林承坤，1992）、河道环流性质（Einstein et al.，1964）、河道有特别长度（Frenette et al.，1973）等去判断和识别顺直河型。将顺直河型单独作为一类河型已得到公认，有人将它作为过渡类型（Frenettet et al.，1973），曾有学者（Parker，1978）研究过形成顺直河流的特性，探讨过顺直河道的河相关系及稳定性指标（赵晓马，2009）等。从不同的侧面认识、判断和研究顺直河型取得不少进展，这对界定顺直河道、认识其发育演变规律是极其有益的。

不妨采用形态成因原则，结合水沙动力学原理，所谓顺直河道或河流，可以定义为：单股无汊线性河道。特征为：外形顺直，无深泓弯曲，无螺旋流运动，或许有沙纹、舌状沙波移动。事实上，该类河道由顺直外形的河床边界以及几乎顺直流动的水流组成，坡降、水深及流速对河床的形态起着重要作用，水流的紊动程度（临界雷诺数 Re）以及流态（临界弗劳德数 Fr）在顺直河型的发育演变及转化中具有重要的意义。可以认为，河道弯曲率不超过 1.0 是河道水流能否产生螺旋流的临界值，当河道坡降比较平坦时，水流的流速较低，河床底部中心的水流切应力或拖曳力最大，向两岸锐减为 0，深泓不会弯曲，不会产生次生环流，没有能力形成交错边滩。倪晋仁等（2013），阐述了顺直河流的定义、成因理论、河演特性、水槽实验、沉积作用和古代沉积记录等，进一步探讨了该类河流的本质。在实验中，顺直河道外形顺直，但是深泓微微弯曲，河道两侧出现呈犬牙交错状分布的雏形边滩；事实上，河道已经向顺直微弯型河道发育，而非真正的顺直河道。

2. 实验设备及实验资料获取

Schumm 等使用的实验设备系统见图 6.1-1。实验设备系统组成情况：水槽长 31m，宽 7.5m，用混凝土砌成，双层墙高 1m，内墙透水，水槽中充填泥沙控制地下水位；槽内填满分选差、松散的粗沙（B 号沙，建筑用灰砂），中径 0.56mm，或充填粗沙和天然土壤的均匀混合物（A 号沙），中径为 0.25mm，因含粉沙和黏土而具有黏性。

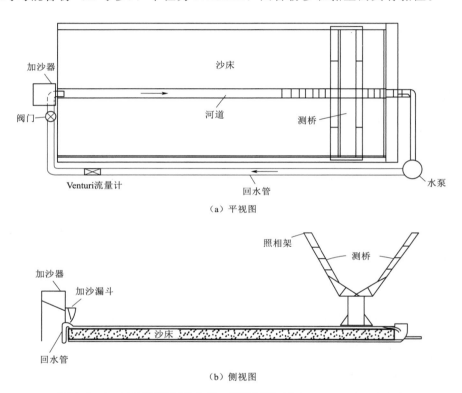

图 6.1-1　冲积河流实验水槽，实验区域（Schumm et al.，1987）

水流通过冲击式电动泵由保持室温的地下水箱中抽取供给进水槽，供水流循环使用，供水流量可达 9L/s；在水槽进口处，振动加沙器将泥沙加入水流中，按实验要求，需经常校正和调整加沙量。

水位和河床高程由安装在可移动测桥上的测针测量，测针通过水槽注水校正，读取水位和地形高程数据，随后对所有测量数据进行校正和整理。

实验的操作程序包括：准备初始床面和挖好初始河道；向尾水箱和河道侧槽注水，提高水槽的水位；初始河道流量达到设计流速时，开始加沙，流量用仪表施测；水流进入初始河道，直到水槽全程发展为均匀的河型；沿河道纵、横向测量水位和河床高度，并斜拍照片，收集平面和横剖面数据，编绘河道平面图和横剖面图。河道发育过程的中间实验阶段，也同样收集这些信息。

赵晓马（2009）分析了天然顺直河道的 4 种情况：①两岸具有坚硬的岩层，抗侧蚀强，能保持顺直的河道；②弯曲河道中两弯曲段间连接的临时顺直河段；③在河流流经十分平缓的三角洲上发育的顺直河道；④高山地区山麓洪积扇上发育的顺直河道，一般由融雪水补给，坡降陡，流过黏土、亚黏土层，河道含沙量相当高。

运用室外水槽实验，结合理论分析，研究顺直河道的河相关系及稳定性指标。实验水槽长 22m，宽 2.3m。实验河道河床底坡为 0.003、0.005、0.008 及 0.010；泥沙中径为 0.88mm、1.5mm 及 4.8mm；由供水能力达 1m³/s 的电磁流量计、电动阀与计算机相连循环供水，水流进入水槽前，经两级消能池稳定水流。实验结果表明，推移质输沙率与河宽变化成反比关系，水流强度与输沙强度间也呈反比关系；由统计和量纲分析获得了顺直河道的河相关系表达式，并基于谢鉴衡稳定性指标，得出临界 Φ 值为 0.015。若 $\Phi > 0.015$，则为顺直型河道；若 $\Phi < 0.015$，则为非顺直河道。

杨燕华（2011）运用自然模型实验方法，进行了第 2、4 两组顺直河道的实验，初始河宽（B）为 28cm 和 40cm，初始水深（h）为 7cm 和 5cm，初始比降（J）为 0.007 和 0.005，流量（Q）为 1.5L/s 和 1.0L/s，稳定历时分别为 22h 和 20h。

6.2 顺直河型造床实验

6.2.1 实验概况

在水槽实验中，除了专门研究顺直河型的成因演变及影响因素外，都从以顺直小河开始，进而塑造和研究其他河型。Schumm 等（1972），Edgar（1973），杨燕华等（2011）都涉及顺直河道的造床实验。研究该类河道的实验条件，尤其是流量、输沙率与河谷坡降的关系，以及临界条件等。Ouchi（1983，1985）对该类河道受升降运动进行了相应的实验研究；另外，孙昭华等（2013）探讨了顺直河型与分汊河型交界地段洲滩演变特征，以及对航道的影响等实际问题。

6.2.2 实验过程及分析

6.2.2.1 Edgar 的顺直河型实验

Edgar（1973）在上述水槽中进行了顺直河道形成与发育的三组实验。流量均为 2.83L/s，坡度非常平缓，最大坡降是 0.003。低于这种坡降，只能形成顺直河道，不可能发育任何其他河道，虽然水流在进入水槽时经过一个初始的弯头。直道是低能状态的结果，输沙率很低，水流不可能冲刷河床。

顺直河道的形成相对比较简单，因为河宽只是轻微扩大，浅水冲刷也不明显，所以由最初的矩形横剖面变成梯形横剖面（图 6.2-1）。水流对河道的湿周很难施加较大的作用力。尽管如此，河岸崩塌还是有少量泥沙进入深泓。

泥沙输移带沿河道中线限在一条狭窄带状区域内，在这个带内，沉积物移动犹如沙丘

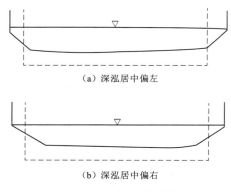

（a）深泓居中偏左

（b）深泓居中偏右

图 6.2 - 1　顺直河道的横截面

（Edgar，1973）

注　虚线表示初始河道的形状。

或舌状沙丘沙波那样十分缓慢。沉积物移动主要作用力是牵引力或边界剪应力（τ），Ghosh 等（1970）发现最大剪切应力集中在河床中心。剪切应变逐渐远离中心减少，到靠近矩形河底的边角上为 0。因此，顺直河道的中心区域是泥沙运动活跃的场所，这里没有次生流。

Schumm 等（1972）认为尽管在实验室中可以随意改变河流的坡降，但在野外坡降属于因变量，根据流量和输沙率特性建立起来的。当然，全球气候变化、局部的地壳运动以及人类活动影响都会改变冲积流的坡降，也会在新的条件下形成新的流量和输沙特性，从而建立新的坡降和河道比降，调整过程中会发生当时当地条件下的河型转化。

Schumm 等（1972）的实验结果证明，自然系统不可能总是逐渐地对变化作出响应。相反，当超过侵蚀和沉积临界值时，渐变可能会被突变所中断。泥沙运动和流体水力特性（弗劳德数和雷诺数）都存在临界值。因此，地形组成（河流和山坡）也应该具有类似的行为。

6.2.2.2　杨燕华等（2013）的顺直微弯河道造床实验

1．实验情况及过程

与诸多学者一样，杨燕华等认为，初始河谷坡降、宽深比、造床流量以及边界条件对河道发育都有影响，其力图就不同流量及坡降条件下，通过模拟实验，研究顺直河道在向弯曲河道的演变过程中自然河流的固有的形态特征和弯道的形成条件，以及河湾的演变趋势和发育过程；从已知初始河道的几何形态，通过改变坡降和流量过程，去模拟天然河流发育的全过程，建立影响因素与河道发育间的关系；通过监测河段各个剖面的流速和河床泥沙级配的变化，研究水沙运动特点；由模型河道的地形测量对比，验证天然河道与模型河道河相关系的吻合程度，以便掌握模型河湾的发展过程，科学预测天然河道的演变趋势。

杨燕华等采用自然模型实验方法进行的两组顺直河道实验，使用的初始比降分别为 0.007 和 0.005，恒定流量分别为 1.5L/s 和 1.0L/s，分别运行 22h 和 20h，河道达到基本稳定，初步完成了顺直微弯河型的塑造。

2．实验结果及分析

（1）河道较顺直，主流弯曲。由图 6.2 - 2～图 6.2 - 4 可见，河道在外形上较顺直，但主流路弯曲，从一岸折向另一岸，两岸出现了犬牙交错的边滩，基本上形成深泓-弯曲型河道。

（2）泥沙沿程具有分选特征。实验中，对 4m 横剖面的深槽和浅滩，分别采取河床质样品进行分析，绘制级配曲线（图 6.2 - 5），浅滩沉积物中径为 0.74mm，深槽泥沙中径为 0.5mm。浅滩上的泥沙颗粒较粗，而深槽段的河床组成物质较细。显然是深槽段流速

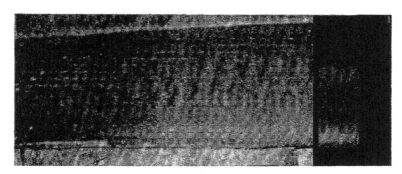

图 6.2-2　河道稳定形态

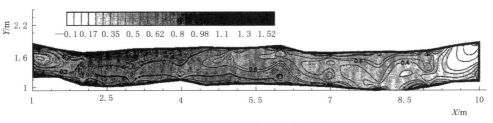

图 6.2-3　河道岸线及主流线

大于浅滩段，较粗颗粒的泥沙从深槽顺流向推移，到浅滩时流速下降，水流没有足够的拖曳力将泥沙向下推移而释放堆积下来，这与 Ghosh 等（1970）所见和分析的如出一辙。

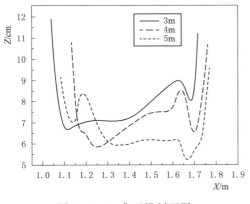

图 6.2-4　典型横剖面图

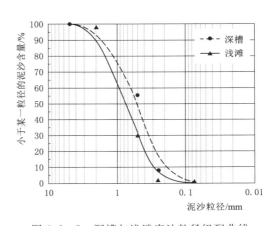

图 6.2-5　深槽与浅滩床沙粒径级配曲线

（3）遍布沙纹、出现多种沙波。该组实验时，水流的弗劳德数 $Fr=0.95$，接近 1，水流强度较大，已接近急流，导致沙纹遍布整个河道，性状差异较大，呈现一定的三维特征（图 6.2-6）。可以归纳出以下几种沙波。

1）不对称无规则分布沙波。形状不对称，分布不规则，在 1—5 断面上分布较多。

2）顺直平行规则分布沙波。形状顺直，规则地分布在河中间，与岸向垂直，平均长 7.6cm，宽 12.8cm。

3）长条状斜交沙波。形状顺直，但与河岸成一定角度，在 4—5 断面处的沙波与右岸成 120°角，在 5-7 断面处的沙波与右岸成 60°角，平均长 5.2cm，宽 18.2cm。

4）多种类多尺度沙波。流量增大时，水流重新塑造河床，使河岸拓宽，在原岸线与新河岸之间形成梯形面。梯形拓宽面上各处出现的沙波形状、尺寸不一。

5）轮廓清楚的舌状沙波。位于 6-7 断面左岸冲坑处的沙波 E 呈舌状，三维特征较为明显，尺度沿水流方向逐渐增大，波长经历 6cm—8cm—15cm 的变化，宽经历 3.5cm—9cm—15.5cm 的变化，波高平均约为 4mm，最高达到 8mm。

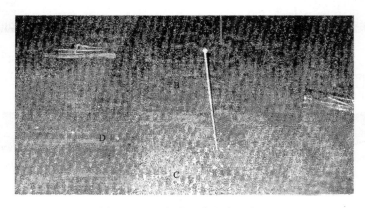

图 6.2-6　实验河道沙波示意图

6.3　对升降运动响应的实验研究

6.3.1　实验概况

模型河道在坡降为 0.015 的沙土表层开挖，顶宽和底宽分别为 30cm 和 20cm，深 4cm，为防止河道拓宽，两河岸都用砂砾碎石铺填，施放流量为 0.2L/s。在升降实验前，先进行造床实验，形成交替边滩型模型小河（图 6.3-1），作为符合该实验条件的初始模型小河（t=0h）。

6.3.2　对穹窿抬升响应的实验

1. 窿升实验概况

在 4～12h，每隔 2h，河道上升 3.8mm。河床平均减积约为抬升量的 75%。因此在抬升区内逐渐形成一个凸起（图 6.3-2），约 6h 后发育成阶地（图 6.3-1），水流集中到深泓内流动，使深泓冲刷，在总体上深泓下切与窿升能够保持同步进行（图 6.3-2）。

2. 窿升实验过程

河段 A 的上游部分及以上河段，出现轻微冲刷，这是加沙器供沙不足所致。但是，后来在河段 A 的下游端出现的冲刷，这是对抬升的响应。抬升实验中，交替边滩缓慢地向下游移动，造成河道沿线的深泓和河床平均高程发生变化（图 6.3-2）。在河段 B 中，对隆起的最初响应是边滩的侧向侵蚀，然后随着水流聚集到深泓中，深泓便加速下切。在

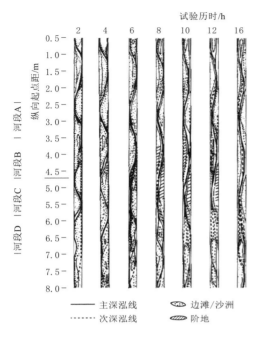

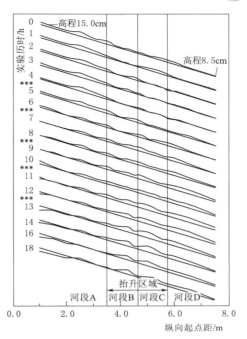

图 6.3-1　顺直河道在抬升过程中河型的变化
（沉降轴位在 4.7m 处）（Ouchi，1983）

图 6.3-2　窿升过程中顺直河道的河床
纵剖面（Ouchi，1983）

注　高程为各个剖面的河床的平均标高；
星号表示为生成隆起的垫片数量。

河段 C 中，同样深泓下切。由于在抬升中心下切，产生的泥沙使下游约 5.0 m 剖面处的冲刷趋势明显减弱。在抬升过程中，抬升区产生的泥沙以心滩的形式沉积在河段 D 中（图 6.3-1），上升结束后，开始冲刷。

3. 窿升实验分析

综上所述，在第一次抬升后，几乎整个隆起区发生冲刷。流量集中的顺直河道通过较大的冲刷作用作出响应，泥沙很容易地被搬运到隆起区以外。在窿升区发育了阶地（图6.3-2），由于泥沙补给量大，因此，在窿升区下游发生冲刷作用，河道内发育心滩和过渡性边滩。河流受到限制，便倾向于维持交错边滩的河型。

6.3.3　对凹陷沉降响应的实验

1. 沉降实验概况

Ouchi（1983）用上升过的河道作为沉降实验的初始通道，在 2~10h，沉降速率为3.8mm/2h。沉降区快速沉积，上、下游河道发生轻微冲刷，因无法补偿沉降，发育了下凹形河床纵剖面（图 6.3-3）。

2. 沉降实验过程

8h 后，河段 C 的河道被淹没，交替边滩型河道消失，发育横向边滩，泥沙向深槽推进（图 6.3-4）（Ouchi，1983），到 16h，抵达 5.5 m 剖面处。河段 D 未发生沉积，由于上游来沙供给不足，河段冲刷。

尽管沉降使输沙能力随着狭窄河道中流量的增加而增强，河道高程降低，低于游荡河道实验时的河道，但对于河道来说，还是沉降太快而不能完全补偿调整。在河段 C 的下游纵坡上，仍然存在向上凸起（图 6.3-3），不过比游荡河道实验时出现的向上凸起要小得多。在沉降区相对快速的淤积和近沉降区上游、下游的轻微冲刷，降低了河段 B、C 的下凹度。

3. 沉降实验分析

综上所述，尽管受限制的顺直型河道具有更强的输沙能力，沉降速率也比较缓慢（3.8mm/2h），但是对沉降没有完全适应。沉降区下游端没有完全加积，实验结束时一直保持下凹形态（图 6.3-3）。在河段 A 及其上游河段，因坡降变陡而出现冲刷。随着河道的淤积，交替边滩遭受破坏（8h，图 6.3-4）。河段 C 处发育横向边滩，顺流而下进入洪泛区。沉降区下游由于上游来沙减少而发生冲刷。

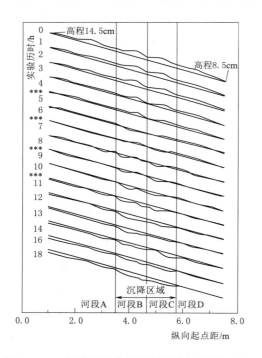

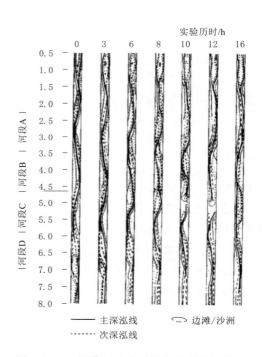

图 6.3-3 沉降过程中受限制顺直河道的河床面
（Ouchi，1983）

注 高程指每个横剖面的河床高程；
星号表示移除生成沉降的垫片数量。

图 6.3-4 沉降过程中受限制的顺直河道的
河型变化（沉降轴位在 4.7m）（Ouchi，1983）

6.4 结论与讨论

目前，对顺直河道尚未有统一的认识。采用形态成因原则，结合水沙动力学原理，可以定义顺直河道或河流为单股无汊线性河道。其具有外形顺直，无深泓弯曲，无螺旋流运动，或许有沙纹、舌状沙波移动特征。

对该类河道成因演变的实验并不多见，已有的实验研究表明，实验的模型小河明显位于 Schumm-Khan 弯曲率-坡降关系曲线上顺直河型区间，河谷坡降、流量、输沙率及输沙类型与顺直河道的发育演变密切相关。在恒定流量条件下，要求河谷坡降比较平缓、较低的输沙率；在河谷坡降恒定条件下，则要求较小的造床流量、较低的输沙率；床沙粒径较粗。水流强度较低，弗劳德数低于 1.0，河道中仅见沙纹及舌状沙波，属于推移质类型河流，具有独特的河相关系及稳定性特征，有学者认为，按谢鉴衡稳定性指标，顺直型河道的 Φ 值应大于 0.015（赵晓马，2009）。

关于顺直河道对升降运动响应的实验，同样表明在恒定流量条件下，坡降在顺直河道演变中具有重要作用。Ouchi（1983）的抬升实验表明，抬升区上游因抬升而坡降变缓，发生淤积；整个上升区冲刷，发育阶地，泥沙很容易输出抬升区；下游河道发生淤积，发育心滩和过渡性边滩，由于河流受限制，只能保持交错边滩的顺直微弯河型。在沉降实验中，沉降区快速沉积，上、下游河道发生轻微冲刷，没有足够的泥沙补偿沉降作用而发育了下凹形河床纵剖面。

一些实验中，顺直河道的造床实验，河岸基本受到限制，几乎不发生侵蚀（Ouchi，1983，1985）；多数是泥沙边界的顺直河道造床实验（Edgar，1973；赵晓马，2009；杨燕华，2011）。从河道形态的发育演变来看，实际上是深泓弯曲顺直河道，并非正真的直线型顺直河道。河道都有一定程度的展宽，最大流速集中在微微弯曲的深泓线上，出现交错边滩，已经越过沿纵向上深槽与浅滩交替规则分布的发育阶段，流速较低，仅有轻微的冲刷作用。如何界定和区分顺直河型的直线型河道及深泓-弯曲型顺直河道，也许不仅仅从宏观角度加以研究，而且需要宏微观相结合，由水流内部结构、紊动机制、水流的流态，水流泥沙动力作用，结合宏观上顺直河道河岸物质结构、组成，对河底坡降、起伏形态、组成等进一步深入研究，关注其临界变化，可以取得新的研究进展。

Schumm-Khan 的弯曲率-坡降关系曲线是在恒定流量及输沙率平衡条件下实验获得的，曲线上顺直河道的上限临界点与造床流量、输沙率、输沙类型、边界条件间具有一定的关系。当这些自变量变化时，是否也存在临界点，临界点的位置是否变化？也就是说，在自然界中，顺直河流的规模大小、造床流量的多少、输沙率的多寡、输沙类型的不同以及差异，临界点又如何？一般情况下，顺直河道坡降较低、含沙量较低、流速不大。赵晓马（2009）提到在高山地区山麓洪积扇上发育的顺直河道，一般由融雪水补给、陡坡降，流过黏土、亚黏土层，河道含沙量相当高，似乎与通常的顺直河道特征相悖，如何解释？

Edgar（1973）实验指出，中沙层中发育的顺直河道，河宽微有拓宽，水浅冲刷不大；而杨燕华的实验指出，顺直河道中浅滩上的河床质较粗，深槽上的河床质较细，认为是浅滩上流速较低，无力将较粗的河床质带向下一个深槽。这与顺直河道的深槽与浅滩段的横向水力几何关系有何不同？原因何在？也是值得深思的。

参 考 文 献

林承坤，1992. 泥沙与河流地貌学 [M]. 南京：南京大学出版社，308.

倪晋仁，王随继，2000. 论顺直河型 ［J］. 水利学报，（12）：14 - 20.

钱宁，张仁，周志德，1987. 河床演变学 ［M］. 北京：科学出版社，584.

孙昭华，冯秋芬，韩剑桥，等，2013. 顺直河型与分汊河型交界段洲滩演变及其对航道条件影响——以长江天兴洲河段为例 ［J］. 应用基础与工程科学学报，21（4）：648 - 656.

杨燕华，2011. 弯曲河流水动力不稳定性及其蜿蜒过程研究 ［D］. 天津：天津大学，98.

赵晓马，2009. 顺直冲积性河道河相关系和稳定性指标研究 ［D］. 重庆：重庆交通大学，84.

Edgar D E，1973. Geomorphic and Hydraulic Properties of Laboratory Rivers ［R］. Unpublished M. S. thesis，Colorado State Univ.，Fort Collins，CO.：156.

Einstein H A，Shen S W，1964. A Study of Meandering in Straight Alluvial Channels ［J］. Journal of Geological Research：5239 - 5247.

Frenette M，Harvey B，1973. River Channel Processes ［C］ //In Fluvial Processes and sedimentation. 9th Canading Hydrology Symposium：294 - 341.

Galay V J，Kellerhals R，Bray D I，1973. Didersity of River Types in Canada ［C］ //Fluvial Processes and sedimentation，9th Canading Hydrology Symposium：217 - 293.

Ghosh S N，Roy N，1970. Boundary Shear Distribution in Open Channel Flow ［J］. J. Hydraulics Div.，Am. Soc. Civil Engineers Proc.，96：967 - 994.

Keller E A，Melhorn W N. 1973. Bedforms and Alluvial Processes in Alluvial Stream Channels：Selected Observations ［C］ //Fluvial Geomorphology，ed. by M Morisawa，Proc. 4th Annual Geomorphology Symposia Series，522.

Knighton D，1984. Fluvial Forms and Processes ［M］. London：Edward Arnold，218.

Ouchi S，1983. Response of the Alluvial Rivers to Slow Active Tectonic Movement ［D］. Fort Collins，Col.，Ph. D. Dissertation，Colorado State Univ.，205.

Ouchi S，1985. Response of the Alluvial Rivers to Slow Active Tectonic Movement ［J］. Geol. Soc. Am. Bull.，（96）：504 - 515.

Parker G，1978. Self-formed Straight Rivers with Equilibrium Banks and Mobile Bed Part Ⅰ. The Sand - silt River ［J］. J. Fluid Mech，89：109 - 125.

Parker G. 1978，Self-formed Straight Rivers with Equilibrium Banks and Mobile Bed Part Ⅱ. The Gravel River ［J］. Journal of Fluid Mechanics，London，England，89：127 - 146.

Rust B R，1978. A Classification of Alluvial Channel Systems ［C］ //AD Miall（ed.）：Fluvial Sedimentology，Can. Soc. Petrol. Geol. Mem.：187 - 198.

Schumm S A，Khan H R，1972. Experimental Study on Channel Patterns ［J］. Amer. Bull，v. 83（6）：1705 - 1770.

Schumm S A，Mosley M P，Weaver W E，1987. Experimental Fluvial Geomorphology ［M］. John Wiley，NY，413.

Россинский КИ，Кузьмин ИА，Речноерусло СН，et al.，1950. Гидролокические основы речной гидротехники ［M］. Академия Наук СССР.

第 7 章

弯曲河型成因与演变实验研究

7.1 模型弯曲河流实验概述

弯曲型河流是天然河流中最常见的河流形态，严格来说，可以分成弯曲率 1.25 以下的微弯河流，弯曲率 1.25～3.0 的弯曲河流及弯曲率大于 3.0 的蜿蜒河流。对于蜿蜒河流，既有迂回曲折的外形，还有蜿蜒蠕动的动态。弯曲型河流在国内外分布极广，美国的 Red 河、Lumber 河、Apalachicolo 河、Mississippi 河，加拿大的 Squamish 河、Beatton 河、Lawrence 河，瑞典的 Klaralven 河，以及我国的荆江、渭河、汉江和海河等，都是著名的弯曲型河流（王平义等，2001）。弯曲河流的形成发育与演变过程相当复杂，一个多世纪以来，人们对弯曲河型进行了诸多研究。其中，弯曲河型形成与演变过程的实验研究，对于更深入了解弯曲河型的演变机理，并用来指导河道整治、建设大型水利枢纽等都具有重要意义。

国内外学者在弯曲河流的实验研究方面取得许多成就，包括深泓弯曲河型的发育过程，河湾的移动，河流边界条件，包括河谷坡降、河岸物质组成以及模型河道引流入口角变化，水文泥沙条件，包括输沙类型、输沙率、流量、流量变率等对弯曲河型发育的影响的实验，至今仍然具有很大的影响力。

对弯曲型河流的观测研究可追溯到 20 世纪初，1908 年，法国学者 Fargue（Leliavsky，1955）根据在加隆河上的长期观测结果，曾提出了至今仍有指导意义的河流五条基本定律。在同一时期，Jaggar（1908）在实验室复演了弯道的发育，认为实验提出了许多问题，几乎没有答案。不难理解，通过实验解决问题有一定难度，更何况处在实验萌芽初期阶段。

在 20 世纪 40—50 年代，Friedkin（1945）在实验室内，成功地塑造了低弯曲率的模型弯曲河流，在细沙的边界条件中，按一定坡降开挖顺直的模型小河，施放给定流量，发现只要水流能冲动河岸，能侧蚀后退，或河床底部能被冲刷，初始小河就不会稳定在顺直形态，而会向弯曲河型发展。苏联学者在 Великанов（1950，1958）领导，自 1947 年开始进行了河床过程及大规模流水地貌发育过程的研究，观察了不同的流量与原始地面比降条件下，水流在沙质河床中的切割过程；Маккавеев（1961）等对流水地貌实验研究做出诸多贡献，编写了《实验地貌学》。20 世纪 70—80 年代以来，Yang（1971）提出最小能耗理论，认为从顺直河流开始发育的河流为了用最小能量消耗输送水沙，唯一采取的路径就是弯曲型。不少学者（Schumm et al.，1972；Edgar，1973；Ackers et al.，1970a，1970b；Edgar，1984；Zimpfer，1975；Zimpfer，1982；Ouchi，1983，1985）对控制河流发育，尤其是蜿蜒河流发育的临界坡降与输沙率，以及控制河流的发育条件、蜿蜒河道的发育过程、洲滩演变、河湾移动，尤其是河型的转化条件等进行了实验研究；Smith（2010）进行了河岸物质组成、河漫滩纵坡降及流量、输沙量等水文状况对蜿蜒河型发育影响的实验，观察了蜿蜒曲流逐渐形成的过程，河型演变中沉积物固化的重要作用。

我国在 20 世纪 60 年代，唐日长等（1964）通过在边滩上陆续植草护滩，避免发生切滩，并调节尾门，使大水期比降减少，模拟下荆江的特性；尹学良（1965）在天然河沙铺成的床面上放入事先严格规定的水流过程，控制一定的输沙条件，让其自身发展塑造弯曲型河流。倪晋仁（1993）通过实验研究认为，河型发展及转化随时间变化遵循一定的规律。金德生（1983，1986，1989，1992）对控制河型发育的其他因素保持不变的情况下，运用过程响应模型，研究二元相结构河漫滩对蜿蜒河型发育的影响。洪笑天等（1987）就河谷几何形态、流量变幅和频率、泥沙运动特性及侵蚀基准变化等对曲流形成的影响进行了实验。进入 21 世纪以后，蜿蜒河流的实验研究进一步活跃起来，如王平义等（2001）采用自然模型法对冲积河湾蠕动过程进行了实验，杨燕华（2011）也进行过关于比降、宽深比、流量及边界物质组成对弯曲河流蜿蜒影响的实验，另外，杨树青等（2012）完成了边界条件对自然河流形成及演变影响的实验。

弯曲河流的模型实验和理论研究，均进行了大量工作，特别是 20 世纪 70 年代以后，天然弯曲河流的河床观测研究日益增多，为解决弯曲型河流的水沙运动和河床演变问题奠定了基础。目前，对弯曲河流水沙运动及河床演变问题国内外学者有了较统一的认识，理论分析和定量研究成果较多，工程中已得到广泛应用。

7.2　模型理论基础、实验设计与数据处理

7.2.1　弯曲河流地貌过程响应模型实验的理论依据

人们往往运用比尺模型、自然模型、比拟模型及过程响应模型去研究河流地貌系统中的河型成因、河道演变过程、泥沙输移特征、消能方式及消能率变化等问题（Hooke，1968）。弯曲河型过程响应实验的理论依据如下。

1. 弯曲河型是流域系统的重要组成部分

产流产沙的上游子系统、输水输沙的河道子系统、蓄水存沙出口子系统组成的流域地貌系统，弯曲河型子系统是流域系统的重要组成部分。流域系统主要由流域地貌及物质能流两类系统组成，弯曲河型子系统同样由弯曲的河道形态与物质流构成，以特有的形态演变和物质、能量输入输出维持其运行。

弯曲河型同样受控于流域系统中的十来个变量，包括时间、原始地形、地质、岩性与构造、植被（类型与密度）、基面以上地形高度或体积、单位面积径流量和产沙量、流域

地貌特征、坡面地貌特征及流域来水和来沙量等。在流域历史长河的动力系统中，弯曲河型受到时间的控制，有其自身的历史演变阶段，但是在较短的时段内，则主要受控于地形、岩性、构造、气候和水文特征等因素（Schumm et al.，1965）。

模型弯曲河型子系统可以看作室内的过程响应子系统，依据系统"异构同功"原理及地貌类比法则，运用过程响应模型设计方法进行弯曲河型子系统的实验研究。

2. 弯曲河型的发育受控于主控变量

对于弯曲河型来说，如同现实的河道子系统那样，在模型河道子系统中，河型要素（Φ）如河宽、水深、波长、波幅、河床纵向起伏度，以及他们的时空变化率，是河流形态子系统的构成要素，属因变量。河谷比降（J_v）、造床流量（Q_b）、输沙类型（D_{50}）、边界条件（M 或 H_s/H_{max}）及作用时间（T）的函数（Richards，1982）属于自变量。输沙率与流量具有很好的相关关系，亦属因变量。河型要素间关系可表达为

$$\Phi = f(J_v\,Q_b\,D_{50}\,M\,T) \tag{7.2-1}$$

地貌积分方程或函数式都是地貌形态与物质能量，作用过程及时间之间关系的数学表示。当然，由于时、空尺度及作用过程的不同，函数式中的自变量与因变量，可以互易其位，研究对象的复杂性给地貌研究带来许多困难，很难运用严格的相似方法进行比尺模型或自然模型实验，即便运用比拟模型也难以胜任。但是，复杂的地貌系统与函数关系为开拓新的实验方法提供了前提和基础。按照系统论"异构同功"原理和地貌类比性法则（Schumm，1956；Leopold et al.，1957；Lane，1957，Schumm et al.，1972），可以用一个结构比较简单、组成要素较少的模型流水地貌系统或小的原型系统，对现实系统的同类功能或过程进行模拟研究。一个十分复杂的原型弯曲河道子系统，可以运用一个由主要控制因素构成的模型弯曲河道系统去模拟，并分析该系统的影响因素、消能方式、消能率、作用过程及地貌临界问题等。

3. 弯曲河型的演变与能量最小消耗密切相关

在河型子系统中，五类河型中具有各自的消能方式，都力图趋向消能率达到最小值。游荡河型拓宽河道，增加散乱的汊流消能，加之携带大量较粗的泥沙，降低比降的幅度也不可能很大，不大可能达到最小消能；对于江心洲分汊河道，河道以分汊增长流路的方式消能，每一汊道又变得弯曲，增长长度，降低比降和流速，力图趋向最小消能，个别衰亡汊道在合适的二元相结构的河岸边界条件下，如长江下游官洲鹅头状分汊河型的衰亡汊道弯曲率可发展到 1.83，几乎达到最小消能，但一般的汊道不大可能达到。就弯曲河型而论，基本上发育在沉降凹陷的地质构造单元中，河岸为河漫滩相较厚的二元相结构，流量、比降、输沙量，以及螺旋流水流结构等都有利于使其趋向最小消能，主要通过增大弯曲率、拉长河道长度、降低比降和断面平均流速达到最小消能，保持河道稳定。事实上，鹅头状分汊河型的衰亡汊道几乎具有弯曲河道的特性。

4. 弯曲河型的螺旋流输沙特性

弯曲型河道螺旋流的等压面与重力和离心惯性力的合力相垂直，沿横向水流呈曲线运行，凹岸水位始终高于凸岸，决定了弯道水流结构的特点，导致含沙量较低的表层水流流向凹岸，造成凹岸冲刷；从凹岸向下转向凸岸的底层流携带大量泥沙，在凸岸淤积，致使主流不断向下游凹岸偏移（张耀先等，2002）。当过渡段时较粗的泥沙发生堆积，在下一

个河湾重复这一水流结构和输沙特性。弯曲河型内部的水流结构和输沙特性将在实验时重演。对于弯道输沙特性，19 世纪末不少学者做过实验（Thomson，1879），De Vriend （1981）用数学方法，并用水槽实验进行检验。对弯道水流泥沙运动特性及漫滩水流结构，进行了一系列的模型试验研究（蔡金德等，1985），及对弯道输沙率和剪切力分布（Hooke，1975）、床面切力对泥沙冲淤作用进行了试验（Chiu，1985）；Li Ligeng 等 （1992）对螺旋流导致河弯蠕动速率做了研究。

7.2.2　弯曲河流地貌模型的相似性

河流地貌系统的过程响应模型是基于地貌演化类比性法则及系统论模型化"异构同功"原理的一种硬件模型。模型弯曲河道可看作为流水地貌的过程响应子系统，是地貌形态与物质能流耦合的产物（Chorley et al.，1971）。

不论何种模型实验，只有与原型在一定程度上相似，方具有研究价值及应用价值。模型的相似性体现于原、模型形态、内容及过程行为等方面的可比性、可推性或关联性，或者是几何、运动、动力相似，或者是作用、行为、过程相似，可以是牛顿力学体系相似，也可以是非牛顿力学体系相似。模型弯曲河型与原型的弯曲河型及过程应当相似。过程响应模型系统与原型系统间的相似主要体现在以下几个方面。

1. 形态统计特征相似

弯曲河型的弯曲率、分汊河型的分汊率、游荡河型的游荡率，以及曲流波长波幅比、河宽变化率等，都要求原型与模型（以下称原模型）的数值相等或近似，以保证模型实验时原模型的形态子系统达到接近或相似。

2. 物质组成比例及层次结构比相似

在过程响应系统中，物质流是主要的组成部分。为了保证系统内部与外部间物质流相似，必须考虑原模型的边界物质成分比例及层次结构相似。例如在一定范围内，弯曲河型边界组成应密实，游荡河型边界应松散，而分汊河型则介于中间。分汊及弯曲河型使用二元相结构为佳。目前，既难以做到，也无必要要求边界条件的完全相似。

3. 相对时间尺度及系统演化相对速率相似

河流系统演化的相对时间尺度各不相同，例如弯曲河型发育时间长，演变速率慢；游荡河型发育时间短，演变速率较快；江心洲分汊河型则介于中间。又如弯曲河型及分汊河型往往具有不同的周期演变特征，因此，在原模型中，应有相对的时间长度比例和相应的快慢速率，但并不要求严格的时间及速率比例。

4. 因果关系相似

原模型必须体现类似的因果关系，选择相应的自变量及因变量。例如进行河型成因演变模拟实验时，必须至少考虑前述五个自变量中的一个或同时加以综合考虑，这样保证原模型系统成因演变机制的相似性。

5. 能量消耗方式及作用行为相似

在过程响应系统中，能量流也是极为重要的组成部分，不同的消能形式可以生成不同的形态系统。例如，就微观而论，河流主要通过水体与河床、河岸、水质点与泥沙颗粒间的摩擦机械能变化成热能而消耗。就宏观而论，由于边界、地质地貌、气候条件的不同，弯曲河型以增加弯曲率、延伸河长降低比降来消耗能量，游荡河型主要以增加河宽来消能；而分汊河型则同时以增加河宽和增大汊河曲折度来消能等。在模型流水地貌系统中应相应反映。

原模型在上述五个方面基本达到相似，则河型及其过程基本相似，模型实验获得的结论方可推延到原型中去。

7.2.3 模型设计及实例

7.2.3.1 模型设计

1. 河型分析

河流地貌系统中的河型分析是模型设计的基础。河道子系统是流域系统的一部分，受流域因素的影响。

运用比降-流量临界关系时，应区别出游荡、分汊、弯曲、顺直四种河型间的临界曲线。在同样流量条件下，顺直河型具备最低的比降，曲流河型其次，分汊河型偏陡，游荡河型有较陡的比降。可选用 Lane（1957）、Schumm 等（1972）或 Ackers 等（1970a、1970b）曲线。Leopold 等（1957）的曲线过于简单，且小流量时比降较陡，大流量时比降较低。

在考虑河谷比降-弯曲率间关系时，无疑在同一河谷比降及流量条件下，弯曲河道有较大的弯曲率，游荡河型弯曲率最小，分汊河型的汊河有介于中间的弯曲率，其弯曲率范围为：顺直河道为 1.0，弯曲河道大于 1.57，游荡河道弯曲率小于 1.05，分汊河道弯曲率为 1.25～1.05，分汊型河道的衰亡支汊弯曲率可大于 1.83，习惯上，将弯曲率小于 1.05 的顺直微弯河道作为深泓弯曲河道。当河谷比降一定时，弯曲河道的弯曲率随造床流量增大而变小，河道取直；分汊河道则不然，汊河弯曲率随流量增加而增大。

不同河型具备不同的边界条件和地质构造条件，尽管分汊河型与弯曲河型均发育在二元相结构中而不同于游荡河型，但弯曲河型有较厚的河漫滩相物质。前者可侵蚀性砂层厚度与滩槽高差之比大于 50%，后者则小于 50%（金德生等，1985）。

不同河型洲滩上的物质组成各不相同，弯曲河型的凸岸边滩的悬移组分多，跃移及滚动组分少；分汊河型江心洲的悬移组分少，而跃移和滚动组分多（中国科学院地理研究所等，1985）。

2. 设计步骤

设计河流地貌系统过程响应模型时，宜采取下列 12 个步骤。

（1）由河道弯曲率 P 决定湿周中粉黏粒含量百分比 M 值，河岸高度比（H_s/H_n）及宽深比值 F❶。

（2）由河道弯曲率-河谷比降关系曲线，确定河谷比降，即模型原始比降。

（3）由弯曲率（河谷比降与河道比降之商）预估最终的河道比降。

（4）由河道比降-平滩流量关系曲线，决定造床流量。

（5）由流量与输沙量关系曲线，决定与造床流量相适应的加沙量。

（6）由流量、M 值及波长关系曲线决定与设计流量相应的曲流波长。

---

❶ F 为平滩河宽与最大平滩水深的比值。

（7）由弯曲率-波长波幅比关系曲线，决定波长波幅比，并进而获得波幅。

（8）由河谷比降-水深关系，计算与床面比降相适应的平滩水深。

（9）通过 M 值获得 F 值，进而确定平滩河宽。

（10）按模型砂料混合配方法，确定河漫滩结构和物质组成。

（11）进行模型小河断面设计计算。

（12）预估可能出现的床面形态，必要时可进行适当调整。

在具体设计时，根据不同河型的要求有所省略和侧重。分汊河道可看作 2 股以上的曲流（弯曲率较小）的复合体。游荡河型的外形和边界条件比较单一，由河道比降-流量临界关系来确定水量和床面的原始比降。

设计完成后，铺设一定坡降的模型砂槽，开挖具有梯形横断面的模型顺直小河，按要求施放流量、沙量，并进行必要的调整，当放水运行足够长的时间后，获得某种类型的模型河道，并能维持"符合所需的河型"，造床实验结束。

7.2.3.2 设计实例

在设计江湖水沙变异对下荆江弯曲河型发育演变的影响时，采用了过程响应模型法。

长江中游下荆江弯曲河型的平均弯曲率为 2.84（唐日长等，1964），由实验室条件，采用 1.5L/s 为平滩流量，初始弯曲率 $P=1.50$，以此进行造床实验设计。选用中径为 0.048mm 及 0.112mm、小于 0.076mm 粒径含量分别为 52% 及 9%、分选系数分别为 1.79 及 2.03 的冲积黄土和细砂相混合，按相应的河岸高度比 50% 及湿周中粉黏粒百分含量 6.48%，配制成重量比 19∶1 的河漫滩相组成物，其中径为 0.051mm，小于 0.076mm 粒径含量为 49.85%，分选系数为 1.80，河漫滩二元结构中河床相物质及模型小河的河床组成物由中径 0.34mm 的中砂组成，与此相应，模型小河的河谷比降为 0.00602，河道比降为 0.00401，宽深比为 33.9，与河道相适应的造床流量为 1.5L/s，输沙率为 0.385g/s，模型弯曲河道的波长估计为 6.5m，波幅为 2.24m，河宽为 12cm，平均水深为 141cm，最大水深为 2.82cm。

具有顺直外形、倒梯形横断面（上宽 16.44cm，底宽 10cm，水深 3.22cm，边坡 1∶3）的模型小河铺设后，放水运行 238h，塑造成典型的弯曲小河，模型小河的要素基本达到上述要求；床面形态属沙纹区，水流充分紊动，属缓流区；进行水沙变异对荆江河道演变影响实验取得了满意的结果。

在制作模型时，配制河漫滩相的物质成分至关重要。造床流量及河谷比降确定以后，边界条件便成为确定河型的关键因素，仍以该弯曲河道模型实验为例。

湿周中河漫滩相部分的粉黏粒百分比（M_s）计算公式为

$$M_s = (M - H_s/H_m \times M_b)/(1 - H_s) \tag{7.2-2}$$

式中：M 为湿周中粉黏粒百分比，%；M_b 为河床相中粉黏粒百分比，%；H_s/H_m 为河岸高度比，即河岸中可侵蚀砂层厚度与滩槽高差之比。

按设计要求，当原型曲流河道的弯曲率为 1.5 时，相应的 $H_s/H_m=50\%$，$M=6.48\%$。混合沙的平均粒径 $d_{50}=0.051$mm，<0.076mm 含量约 50%；由 $d_{50_2}=0.048$mm、<0.076mm 含量（M_2）为 52% 的冲积黄土与 $d_{50_1}=0.112$mm、<0.076mm 含量（M_1）为 9% 的粉砂进行混合。按式（7.2-2）求得 M_s 为 10.96%。模型砂料按重

量比混合公式为

$$G_2 = \frac{100(M_s - M_1)}{M_2 - M_1} \qquad (7.2-3)$$

$$G_1 = 100 - G_2 \qquad (7.2-4)$$

式中：G_1 及 G_2 分别为配制 100g 混合砂料所需较细及较粗物质的重量，g；将 M_1、M_2 和 M_s 代入式（7.2-3）及式（7.2-4），得 $G_1 = 4.56$g，$G_2 = 95.44$g。

该例中，若要获得 100g 合乎要求的混合砂抖，较粗的粉土与冲积黄土大体以 1：19 的重量比例混合，混合砂料的中径计算公式为

$$D_{50混} = (G_1 D_{50_1} + G_2 D_{50_2})/(G_1 + G_2) \qquad (7.2-5)$$

该例中，混合砂料的中径为 0.051mm。

7.2.4 实验数据采集、分析及图像摄影

过程响应模型实验包含着形态、物质能流耦合的属性，具有多层次、综合性及系统性特征。因此，在实验过程中，应全面量计模型小河系统的要素，分析模型小河的过程响应关系。

1. 全面采集河流地貌系统要素

借助摄影或测量仪器采集形态要素值，如河宽、水深、河谷比降、曲流波长、波幅、弯曲率、河宽变化率、河床起伏度等。测量和计算物质能流要素，如流量、含沙量、输沙率、床沙组成、水力比降、河岸组成、结构，以及各要素的空间分布和时间变化等。在进行大坝上下游河床演变趋势实验研究时，数据采集及计算项目多达 32 项之多。

2. 系统要素的时空结构分析

运用时空结构分析方法获得河型要素的空间分布特征及时间演化过程。

（1）绘制各要素的空间分布和时间过程图。分析某一要素某一时段的沿程变化，粗略估计某一空间中该要素随时间的变化。采用空间坐标轴变换成时间坐标轴的方法，则可以获取某空间要素，绘制不同时段的河宽、水深、比降、糙率、河床起伏度和弯曲率沿程变化的结构图，以展示这些要素的耗散结构表现，可对空代时假定的可利用性做出检验（金德生等，1985）。

（2）在研究模型分汊小河时，曾用正态随机模式描述了包括河道形态（三维）及物质（一维）在内的某一时段的四维结构模式（中国科学院地理研究所等，1985）。

3. 河流系统的河相关系分析

河相关系是河道子系统动力准稳定状态临界范围内形态和物质能流耦合的表现（金德生等，1990）。一般仅指河道形态与流量因素之间的关系（钱宁等，1987）。

通常进行单站或沿程的水力几何关系统计分析，即分析河宽、水深、流速、比降、糙率与流量的关系（Leopold et al.，1957；Knighton，1973a），而后对比关系式中的指数和系数。也有进行量纲分析的，如 Великанов（1958）及李保如（1963）等分别对天然河流及模型游荡小河进行河宽、水深与流量、比降及床沙中径的量纲分析。同时将曲流波长、波幅、河宽、水深与流域因素如流量（Q_b）、河谷比降（J_v）、床沙中径（D_{50}），河岸高度（H_s/H_m）以及湿周中粉黏粒百分比（M）进行量纲分析，并运用统计检验，鉴

别了因素的重要性。

4. 物质输移关系分析

不同河型河道输沙率与消能率间的关系以及输沙率与流域因子（$Q_b J_v / D_{50}$）间关系的分析表明，输沙率与消能率（JV）间具有良好的正相关关系，而来沙组成（D_{50}）与输沙率间成反比关系。

5. 消能率特征及消能方式分析

（1）河流系统消能率的时空变化特征。运用类似于河型要素的时空结构分析法，获得了由无序向有序转化的能量耗散结构图式。

（2）消能率时均变化趋势。某一河型全河段平均单位面积消能率（JV）与时间的关系表明，随着时间推移，单位面积消能率趋向可允许的最小值。然而不同的河型所需时间不一，弯曲河型最长，游荡河型最短，而分汊河型介于其间。

（3）消能率一维空间随机模式。分汊河型实验获得四维结构模式的同时，进行能耗率一维空间随机模式分析，其模式也属正态分布类型（中国科学院地理研究所等，1985）。

（4）消能方式。弯曲小河主要通过增大弯曲率，降低河道比降消能，分汊河型以增大河宽及延长汊河弯曲率来消能，而游荡河型以增大河宽来消能。人控河道则具有不同的消能方式（金德生等，1992）。

6. 河流系统的响应特征及临界关系分析

（1）渐变的简单响应和突变的复杂响应。主要对构造运动及基面变化对河型转化进行分析。当地壳缓慢上升时，仅仅发育一级阶地，而急速间歇上升时可以见到多级阶地（中国科学院地理研究所等，1985）。在进行分汊河型实验时，基面一次下降，形成江心洲中套叠江心洲的现象。

（2）比降-流量临界关系曲线。获得了两条临界关系曲线，可以与 Lane（1957）由野外实例资料所得曲线媲美，回归方程式中的指数十分相近，而系数有所不同。

（3）弯曲率-消能率临界关系。不同河型之间，甚至分汊河型的不同汊河之间，具有不同的临界表现。例如，弯曲小河有最小的临界范围，其单位面积消能率为 $0.03 \sim 0.09$ cm·m/（m·s）；游荡河型有最大的临界范围，单位面积消能率为 $0.10 \sim 0.24$ cm·m/（m·s）；分汊河型单位面积消能率为 $0.047 \sim 0.1$ cm·m/（m·s），主汊的消能率又大于支汊，相应分别为 $0.114 \sim 0.082$ 和 $0.100 \sim 0.047$ cm·m/（m·s）。

（4）河相关系临界曲线。不同河型的曲流波长、波幅及流域因素的临界关系曲线分析表明，曲流的波长位在曲线之下，弯曲汊河的波长位在曲线之上，而波幅则恰巧相反（图7.2-1）；对于河宽与流域因素的临界关系曲线，游荡河型的河宽在上，弯曲河型的河宽在下，分汊河型居中。而在水库与流域因素的临界关系曲线中，曲流在上，游荡河型在下，分汊河型仍然居中（图7.2-2）。

（5）输沙率-消能率间临界关系。一般来说，顺直-弯曲-游荡模型小河之间的输沙率-消能率间关系曲线有两个转折点。在人工控制模型小河中，大坝下游的弯曲-分汊-游荡河型之间也存在两个临界点。弯曲与分汊河型间的临界点：输沙率为 0.004g/s，消能率为 0.0057cm·m/（m·s）；分汊与游荡河型间的临界点：输沙率为 0.387g/s，消能率为 0.101cm·m/（m·s）。

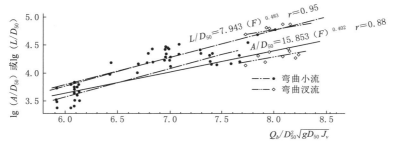

图 7.2-1　模型小河波长波幅与流域因素关系（金德生，1989）

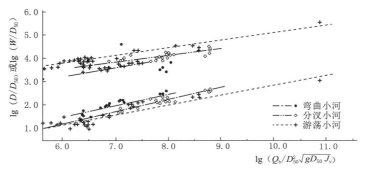

图 7.2-2　模型小河河宽水深与流域因素关系（金德生，1989）

（6）比降-床沙中径间临界关系。不同河型之间明显有着两条临界关系曲线，将点群分成三部分，左上方为游荡河型，右下方为弯曲河型，中间为分汊河型（图 7.2-3）。

（7）弯曲率-河岸高度比临界关系。河型系列的弯曲率-河岸高度比临界关系曲线的总趋势是河道弯曲率随河岸高度比增大而减少。首先是弯曲河型，河岸高度比为 5%～30%，曲线斜率最大；其次是分汊河型，河岸高度比为 30%～60%，曲线斜率较缓；第三为顺直微弯河型，河岸高度比为 60%～90%，曲线更加平缓；最后为游荡河型，河岸高度比大于 90%，曲线微微倾斜，几乎呈水平状态。当河岸高度比小于 10% 时，曲线与河岸高度比间呈正相关，显然这是深切曲流的特征（图 7.2-4）。

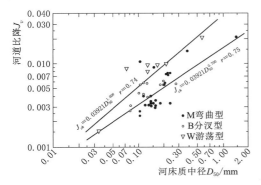

图 7.2-3　河道比降与河床质中径间的临界关系
（金德生，1989）

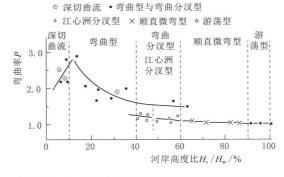

图 7.2-4　弯曲率与河岸高度比之间的临界关系
（金德生，1989）

不论何种模型，都各有所长，也各有其短，不同的模型实验各有不同的模拟对象和模拟内容。例如，进行河流工程规划及施工时，比尺模型实验是必不可少的，对于河势分析自然模型是可取的，而进行某种功能或结构特征研究时，比拟模型是恰当的。事实上，比尺模型是一种白盒模型，而后两者属黑盒模型。近十年来实验研究表明，过程响应模型实验取得了令人满意的成果。对研究河流地貌系统的演变过程、预测定性或半定量趋势、提出某种治理规划依据等方面均有其长处。在研究河流地貌子系统间的连接功能、复杂响应、突变、临界及耗散结构等有其独特功能，尽管该类模型尚处于黑盒状态。随着研究的深化，会向灰盒，乃至白盒的状态转化，若与计算机模拟紧密结合，将展示其更加广阔的应用前景。

7.3 模型弯曲河型造床过程实验案例

本节以较大篇幅，特地将一些比较典型的弯曲模型河型实验案例做一介绍，包括深泓弯曲河型的发育过程，河湾的移动，河流边界条件，包括河谷坡降、河岸物质组成以及模型河道引流入口角变化，水文泥沙条件，包括输沙类型、输沙率、流量、流量变率等对弯曲河型发育的影响的实验研究。20世纪40—50年代苏联学者如 Великанов（1950，1958）、Маккавеев（1961）等对地貌实验研究做出诸多贡献，已经在许多文献中做过介绍，不复赘述。这里主要介绍1945以来，我国和美国学者做的实验研究工作，有著名学者 Friedkin（1945）、唐日长等（1964）、尹学良（1965）、Schumm 等（1972）以及一些年轻的实验研究工作者做出的贡献，供读者比较详细地阅读和借鉴。

7.3.1 Friedkin（1945）的弯曲河型实验

Friedkin（1945）在实验室内，使用50～150ft（1ft＝0.3048m）长的水槽和各种不同的模型沙料（黄土、淤泥、细、粗砂、粗颗粒煤、以及比重1.85的工业材料陶粒），成功地塑造了低弯曲度的模型曲流，检验了曲流的发育过程，以及曲流形状与流量、输沙量、河岸组成和坡降斜率与蜿蜒的关系，认为初始顺直型小河不会稳定，而会向弯曲河型发展。在曲流的发育过程中，大多数弯曲会沿河移动。其上下游都因深泓位置变化而受到影响，也会促使毗连弯曲的移动。在 Friedkin 的实验中，获得了类似的结果，认为这些变化导致形成正常斜槽。

Friedkin（1945）很关注模型小河的引流入口弯头，并指出："在每条弯曲河流中，进入每个弯道的水流方向，很大程度上决定了河道的大小和形状"。他做了一系列实验，每次实验的初始坡降不变，均为0.0075且流量保持恒定，为2.83L/s。选择引流入口角为30°、45°、60°。实验表明，曲流波长随入口角的增大而减少；曲流波幅则相反（图7.3－1）。整个水槽中具有均一的弯曲，尽管 Friedkin 说，这不是天然河流的案例。因为局部河岸物质的改变，各个河弯的水流进入角会改变。他发现，当入口角接近90°时，"横向来回运动"（曲折趋势）会被过强的湍流所破坏，水流就不会偏离河岸最初的入口角度，而在邻近下游对面的河岸，形成一个河弯。另一方面，入口角为0°时，则发育不规则的、展宽的、不断移动的河道，沿河向下游曲流波幅不断增大。

Friedkin（1945）的实验认为，河谷坡降对蜿蜒的大小和弯曲率都有影响。平面变量也可由流量控制，曲流波长、弯曲率和波幅都随着流量的增加而增加，这一结论也得到别

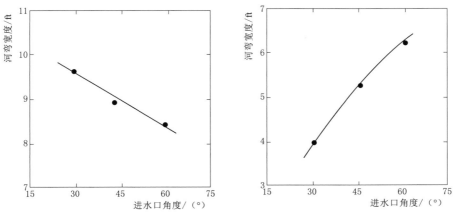

图 7.3-1 不同进水口角度对河道形态的影响（Friedkin，1945）

注 坡降为 0.0075，床沙材料是密西西比河沙，运行时间 6h。

的研究者的认同。Friedkin（1945）对河道坡降、河岸侵蚀和输沙率之间的密切关系做了研究，当河道坡降变陡，河岸侵蚀率与输沙率随之增大，导致河道展宽和曲流波幅的增加（图 7.3-2），并证实当别的影响因素不变时，不同的模型沙料、输沙类型及输沙率与弯曲

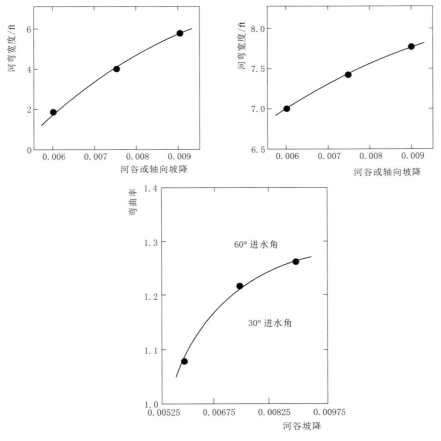

图 7.3-2 河谷坡降对弯曲尺寸及弯曲率的影响（Friedkin，1945）

形态间存在良好的关系。在由 60%粉砂和 40%沙组成的泥沙中，发育的弯曲河道较为深窄，曲流波长与波幅也比发育在泥沙由 20%粉砂和 80%沙组成的河道来得小。在模型沙料中包含有少量不均匀分布的水泥，会影响曲流的发育。在一些河弯上，河宽、波长和波幅受到限制，与均匀模型沙料中发育的河道相比，河型明显不均匀。

对于 Friedkin（1945）的实验，被许多研究者认为是河流地貌形态的经典实验，而且强烈影响后来的实验。但当时有的研究者并未看重。如苏联学者 Leliavsky（1955）在引证 Friedkin（1945）的曲流实验研究时评论说："唯一反对这些实验的理由在于，在选择问题时缺乏独创性，除了少数以外，所有问题的解决方案都可以花费低得多的成本，仔细地从研究文献中获得"。事实上，20 世纪 40—50 年代，苏联在河流地貌及河工模型实验方面取得了许多进展。但是，对于说英语，而不了解俄文文献的学者来说，做了一些重复实验研究也是无可厚非的，一种河流地貌现象通过实验得到重演，也是证实科学规律的科学方法。

7.3.2　唐日长等（1964）的弯曲河型实验

唐日长等（1964）进行了蜿蜒性河段形成条件的初步分析和造床实验研究。分析蜿蜒性河段的成因：基本河槽两岸组成物质稳定性大于河底部分；在水流作用下，河岸抗冲能力大于河床底部，两岸河谷比较开阔，没有间距较密的或两岸对称的难冲节点控制。在较长时期内，河段床沙质输沙基本平衡，年内流量过程平缓，汛期水面比降较小。有滩地植被作用以及在河床组成较细和河岸稳定性较差的蜿蜒性河段，汛期具有较小的比降，均有利于蜿蜒性河型的形成（唐日长等，1964；潘庆燊等，1986）。

实验水槽长 25m，宽 4.3m，在预先铺好的、下层为纯沙、上层加黏土的床面上放入水流，仅控制两个条件：①保持水流为缓流状态（$Fr<1$）；②保证底沙起动，沙呈沙浪推移。原始顺直小河发展成蜿蜒性小河过程：小河展宽→新月形沙浪由犬牙交错状转变为不对称分布→河宽继续增加→出现深泓线及边滩→形成犬牙交错的边滩→主流靠近对岸、形成深槽、淘刷河岸，边滩伸展→弯曲小河渐渐形成→凸岸边滩植草、发展成蜿蜒小河。实验成功地塑造了蜿蜒曲流，论证了下荆江蜿蜒河段的成因分析。

7.3.3　尹学良（1965）的弯曲河型实验

尹学良（1965）在天然河沙铺成的顺直小河中，放入严格规定的水流过程，并控制一定的输沙条件，让小河自由发育。认为弯曲河流具有单股无汊、单向螺旋流、泥沙的单向输移、单向蠕动等几个特性。若单向蠕动，要求不易切滩。

实验槽全长 17m，实验段长 12m，宽 3m，两头分别为水库和沉沙池。具有独立的水流系统，用 10L/s 的抽水机自行循环。不论放清水或浑水，都定期地从进口加入底沙，使模型内水面比降基本不变，尾门高也固定不变。除了水流过程及加沙过程事先规定严加控制外，实验过程中主要观测水位和测绘河势、照像等，局部地施测断面和流速。于 1962 年 4 月至 1963 年 9 月之间，一共进行 6 组实验，主要探讨河床可动性及洪水期悬沙对河型的影响。除第 II 组是在第 I 组所造成的床面上进行实验外，其他各组均在实验前新铺床面，中间开一条宽 20cm、深 3cm 的顺直模型河槽。

　　尹学良对模型小河发育的一般过程做了描述，当系统的、排列整齐的边滩出现后，河线左右弯曲，近似正弦曲线。不少前人的实验似乎在这个阶段结束，认为已塑造成弯曲性河道。但尹学良继续实验发现，形成的边滩复被切碎，并发生改道分汊；他按照发生原因，归纳出 5 种切滩：串沟过流扩大、主流带顶冲、溯源切滩、主流侧蚀及向倒套的切滩等；认为不同的河床可动性会相应得出不同的河型。在大水期加入悬沙的第Ⅴ组实验中，滩面得到细沙淤积，便塑造成自由蠕动的弯曲性河流（尹学良，1965）。

　　通过设置河床组成相同，加入定常流量，但流量和比降互不相同，河床可动性 Z 值也依次减少的Ⅰ、Ⅲ、Ⅳ三组实验，探讨河床可动性 Z 值对河型发育的影响。实验表明，河床可动性愈小，河道发展也愈慢，河道愈近于单股无汊，河型愈接近于弯曲性。为了解悬移泥沙对河型的影响，安排第Ⅴ、Ⅵ两组实验。两组实验的河床泥沙、比降、流量过程和底沙的加入情况完全相同；不同的是第Ⅴ组实验的大水期间同时加入中径为 0.008mm 的细泥，第Ⅵ组则否。实验中，第Ⅴ组大水期加入的悬移质含沙量并不算很大，在 $20\sim25\text{kg/m}^3$ 之间。每一浑水时段过后，滩上的淤泥仅有薄薄一层，且易被清水洗掉。模型小河中出现多次裁弯，裁弯及裁切后复又变弯的过程，裁弯对下游有剧烈的影响，有时引起连串裁弯，留下众多废弃河道，或形成暂时性汊道，或发育堵塞上口的半截河，两口逐渐不通而被淤平。在大水期不加悬沙的第Ⅵ组，不但未能形成河弯，连与河谷方向垂直的河线也很难见到，发育成极为散乱多汊的游荡河型。

　　尹学良（1965）指出，随着时间的消逝，原始河床形态不会影响实验小河中微地貌发生时间与出现部位。通过第Ⅱ、Ⅲ组实验，实验条件相同，只是第Ⅱ组以第Ⅰ组造成的散乱床面为基础，而第Ⅲ组新铺了床面。实验得知，新的水流条件和输沙条件有能力改造原始河床形态，使获得与本身相应的河型，但必须要有足移的时间。

　　对于河道上游进口条件，认为对河性不很大影响。由第Ⅲ或Ⅰ组与第Ⅴ组比较实验表明，入口先做成弯道或加挑水板，除了可以加速河道发展速度，并影响挑到对岸以前的一段河道以外，再往下的河段的河型就不是由它们所决定。

　　尹学良（1965）阐述了二元相结构河漫滩的形成过程。在大水期加入悬移质的第Ⅴ组实验中，每一浑水时段过后，滩上仅淤积薄薄一层淤泥，且易被清水冲刷掉。可是在较高的滩面上，清水冲洗不到的地方，经过一个小时后新淤的细泥可以变得较为干实。到下一次大水通过时，虽然仍不足以抗拒水流的强制切滩作用，但已能在正常漫滩情况下保持不被冲走。这样积累多次后，抗拒切滩的能力大大加强。主要呈现如下演变过程：小水期，主槽凹岸继续坍塌后退，凸岸沙质低滩继续淤长，凸岸高滩的细泥则得以逐步固结；大水期，凸岸高滩上又持续淤高，最终变成与凹岸一样的老滩。这正是弯曲河流蠕动过程中形成二元相结构河漫滩的发育过程。

7.3.4　Schumm 等学者的弯曲河型实验（1970—1975 年）

　　Schumm 等（1972）在考虑河谷坡降变化对影响河型的重要性时，提到一些学者为了减少投资成本及减轻繁重的体力劳动，采用倾斜水槽进行实验研究。而科罗拉多州立大学的实验是在两个非倾斜水槽上完成的。

7.3.4.1 实验设备

1. 水槽 1

水槽尺寸为 31m×7.5m，用混凝土砌成，双层墙高 1m，内墙透水，控制水槽中充填泥沙地下水位；槽内填满分选差、松散的粗沙（建筑用灰砂），中径 0.56mm（B 号沙），或粗沙和天然土壤的均匀混合物（A 号沙），中径为 0.25mm，因含粉砂和黏土而具有黏性。在每一次实验运行后，重新处理槽中的泥沙，确保均匀性；在实验河道发生泥沙分选地区，除去旧沙，更换新沙。沙子压实后，在水槽两侧适当高度，每隔 2～3m 置一木桩，制作设计成倾斜床面。两个长 8m 大梁埋在水槽两侧木桩附近的沙层中，大梁上准备一根长 6m 拖拽用的横梁。最后，用矩形模板在水槽中线挖一条宽 0.3m、深 0.08m 的初始顺直小河。

水流从保持室温的地下水箱中提供给进水槽，进水槽装有挡板，抑制扰动，稳定水流，而后经进水口引入初始河道，确保均匀地流过每个横断面。水流循环使用，由 I-CM 型冲击式电动泵供给，供水流量可达 9L/s。实验过程中的水温为 18～19℃。第二供水线，流量达 10L/s，用于研究河道水流的汇合过程的实验。

由水槽进口处泥沙振动加沙器加入 B 号泥沙，经常进行校准和调整；但加沙器不能加入黏性泥 A 号泥沙，因为 A 号泥沙中的细颗粒泥沙，在任何情况下都会通过水槽时冲泻掉，沉淀在尾水箱中，无法随水流循环。

河道特性由安装在可移动测桥上的测针进行测量。因为测量轨道不十分水平，通过槽中注水，获得一个校正矩阵，校准测针读取水位数据。随后对所有测量数据进行校正。许多实验都是在水槽 1 中完成的，使用不同的初始条件、流量和输沙量。运行相同的操作程序，包括：准备好初始床面和挖好初始河道；向尾水箱和侧河道注水，提高水槽里水位；初始河道缓缓地加到设定的流量后，开始加沙、用仪表施测流量；水流进入初始河道，直到水槽全程发育均匀的河型；沿河道纵、横向测量水位和河床高度，并斜拍照片，收集平面和横剖面数据，编绘河道平面图和横剖面图。河道发育过程的中间实验阶段，也同样收集这些信息。

2. 水槽 2

水槽尺寸为 2.8m×1.3m×0.12m，由金属托架组成，在框架内，构筑长 2.45m，宽 1.0m 的木质框架工作面。Mosley（1975c）用这个水槽进行支流汇入实验，河床工作面的纵坡降为 0.016，由粉砂-沙-黏土混合物 A 号泥沙组成，经过 2mm 孔径筛分产生泥沙 C 号泥沙。水流由自来水经进水槽稳定，恒定地流入 2 号水槽，最大流量为 0.3L/s。设立另一条可控供水管线，给可移动的小进水箱供水；泥沙由手工按计量加入，加入的泥沙与组成河床工作面的相同。

Schumm 等运用上述设备进行了一系列实验。在冲积河道发育与影响因素方面的实验研究成绩斐然。以下对弯曲深泓河道发育、交错边滩和凹弯的发育过程、有引导弯头的蜿蜒曲流发育过程、一般的蜿蜒曲流发育过程以及蜿蜒曲流的移动实验情况进行介绍。

7.3.4.2 弯曲深泓河道发育

Edgar（1973）使用水槽 1，改变不同的河谷坡降和流量，随着铺沙床面坡降的增陡，便发育了弯曲深泓河道（图 7.3 - 3）。进行弯曲深泓河道实验使用的河谷坡降为 0.006、0.0044 和 0.0045，相应的流量分别是 2.83L/s、5.66L/s 和 8.49L/s。

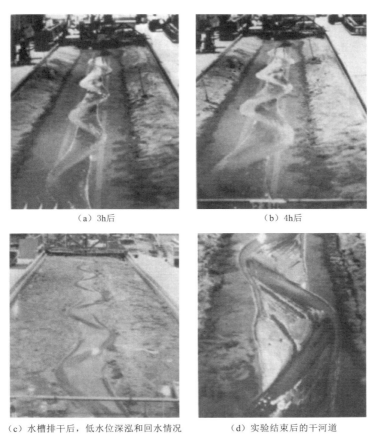

（a）3h后　　　　　　　　　　（b）4h后

（c）水槽排干后，低水位深泓和回水情况　　　（d）实验结束后的干河道

图 7.3 - 3　向上游看展示弯曲深泓河道的发育照片

纵剖面（图 7.3 - 4）和横剖面图（图 7.3 - 5）表示一系列交错深槽和浅滩。深槽在每个弯顶略微偏下之处，而浅滩位于河弯连接线的切线之上，这与天然蜿蜒河流弯道的深槽及浅滩相对应。

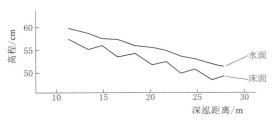

图 7.3 - 4　弯曲深泓河道的纵剖面
（Edgar，1973）

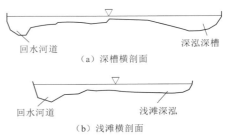

（a）深槽横剖面

（b）浅滩横剖面

图 7.3 - 5　弯曲深泓河道深槽与浅滩序列
横剖面（Edgar，1973）

7.3.4.3　交错边滩和凹弯的发育过程

Ackers 和 Charlton（1970b）进行了曲流发展过程的实验，并对曲流发育过程做了这样的叙述，当水流和泥沙由准备好的梯形河道入口进入后，河床马上发育沙纹（Ripple），几乎沿纵剖面线对称分布，经过大约 6h 较高流量和 24h 较低流量的实验运行，对称性变差，沿河道纵向靠近河岸两侧，开始形成浅滩。浅滩的间隔相当规则，交替发育在靠近深处一侧对岸。浅滩向下游相当迅速地移动，长度和高度不断增加，河道经受常态侵蚀而拓宽，但依然保持顺直。然后，几乎沿河道的每个浅滩对岸的河岸凹弯（Embaym）同时都被侵蚀掉。在这些扩展过程中，在平面上形成弯曲河型，也会向下游迁移，尽管移动速度要比浅滩的速度慢一些。当时，这些形态的曲流波幅保持不变，或稍微趋向减少。Hickin（1969）、Quraishy（1973）、Stebbings（1963）、Wolman 等（1961）等也同样研究过该种河型模式，它与 Ystwyth 河上人工截直后（图 7.3 - 6）惊人地相似（Lewin，1976）。

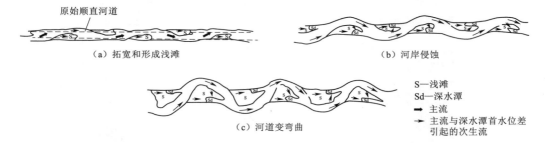

（a）拓宽和形成浅滩　　　　　　　　　（b）河岸侵蚀

（c）河道变弯曲

S—浅滩
Sd—深水潭
➔ 主流
➙ 主流与深水潭首水位差
　引起的次生流

图 7.3 - 6　Ackers 和 Charlton 水槽中河道交错边滩的发育（1970b）

7.3.4.4　有引导弯头的蜿蜒曲流发育过程

Edgar（1973）和 Zimpfer（1975）进行的弯曲河流发育过程的实验与上述 Ackers 和 Charlton（1970b）的有所不同，实验的初始河道顶端有入口弯头做引导。实验指出，如果水力条件合适，最终会形成相同的弯曲河型，但是发育过程不同；随着水流引入初始河道，河岸开始变凹，河道拓宽。最初的弯头将水流导向对岸，河岸被侵蚀，泥沙进入河道。在上游部分的深泓，开始发育一条蜿蜒曲折的流路，向下逐渐延伸，并向对岸流动，导致河道交错一侧进一步侵蚀。被侵蚀下来的泥沙沉积于交错边滩；由发育弯曲时从外侧（凹岸）侵蚀下来的泥沙，沉积在内侧（凸岸）下游的下一个边滩上（图 7.3 - 7）。这些边滩活跃地离开静水区，向深泓迁移。这些静水区，Wolman 等（1961）称为死的泥沼（Dead Slough），或 Edgar（1973）称为回水河道。随着河岸侵蚀、边滩形成以及弯曲深泓的发育，蜿蜒深泓向下游延伸（图 7.3 - 3）。由于侧蚀始于水槽头部，因此，上游的凹弯开始形成比下游的来得早。凹弯均匀速地被侵蚀掉，初始凹弯的幅度比下游的更小。然而，上游凹弯的幅度最终停止

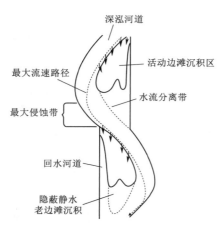

图 7.3 - 7　弯曲深泓河道的水流条件和
边滩位置（Edgar，1973）

深泓河道

活动边滩沉积区

最大流速路径

水流分离带

最大侵蚀带

回水河道

隐蔽静水
老边滩沉积

增大，而下游的凹弯允许继续发展，在某些情况下，会超过上游凹弯的幅度。

凹弯随时间的发展速度并不均一。当泥沙从上游输移到这里时，泥沙集中在边滩上，边滩较浅而细长，交错位于河道两侧。随着边滩尺寸变大，向横向迅速发展，河道拓宽，凹弯随之发展。凹弯达到一定宽度和大小后，增长率明显降低，这可能与水力学性质有关，主要取决于初始坡降和流量。然而，由于河岸容易被侵蚀，凹弯继续以较低的速度增长。

至此，通常情况下，研究者便终止实验和不再收集数据。然而，Zimpfer（1975）指出，弯曲深泓河道已越过一系列均匀弯曲的发育阶段，继续向前发展，出现陡坡道冲决（Chute Chutoff），从主泓逐步分离出越来越多的水流。水流最终由许多小河道，即游荡河道来输送。

Schumm 等（1971，1972）在大型水槽（水槽1）中进行了河型的一系列实验。水槽中填满沙子，分选不好（中径为 0.7mm）。将沙面按设计的坡降均匀处理，并在沙面中开挖 0.3m 宽、7.6cm 深的小河。水流以固定流量 0.004m³/s 引入小河，由振动加沙器加入水流中。在 15 个实验中，坡降从最低的 0.1% 变到 2%。加沙率可进行调节，河道入口部分不发生冲刷，实验一直进行到模型河道形成稳定形态为止。

实验旨在研究坡降和输沙率对河型的影响。实验表明，输沙率和坡降密切相关，坡降存在两个临界值，随着坡降和输沙率的增加，因变量的临界值也发生变化，对于水力学与泥沙输移方面有重要意义，在坡降临界点上，河型发生显著变化。在一个非常低的坡降和输沙率条件下，河道保持顺直型，但是在 0.004m³/s 的流量下，当坡降大于 0.002 时形成蜿蜒深泓河道，这时坡降为 1%～1.3%。随着坡降和输沙率的增加，深泓的弯曲率增加到最大值 1.25。当坡降大于 0.016，交错边滩被侵蚀，形成游荡河道。模型河道通过保持更陡的比降和主要河型的变化来响应输沙率的增加。但是，非常平缓和陡的坡降不可能迫使河道发育蜿蜒深泓。

从蜿蜒深泓演变为游荡河型并不像从顺直河型演变到蜿蜒深泓那么突然。在坡降范围不大（1.4%～1.6%），像泥沙输移率变化范围内那样，河道完全会转变。

学者们认为，实验所产生的蜿蜒深泓河道与早些时候实验研究的模型蜿蜒河道的发育相类似（Schumm et al.，1972；Edgar，1973、1984；Ackers et al.，1970a、1970b；Zimpfer，1975）。只有当悬移质（含量 3% 的高岭土）加入水流时，才形成弯曲率 1.3 的真正的蜿蜒曲流河道。黏土使交错边滩得以稳定，并使河道冲刷和深泓加深。反过来在流量不变时，水位被降低，使淹没的交错边滩成为凸岸边滩。显然，伴随着最近地质历史的气候和水文变化，输沙类型相应改变，蜿蜒深泓河道会转变成蜿蜒河道（Schumm et al.，1972）。

从地质角度看，这些实验能够代表一个河流系统，在恒定流量下可以日积月累地接受大量的泥沙沉积物。随着输沙量的增加，因淤积致使比降变陡。在给定的流量下，存在两个输沙率临界值。当超过这些临界值时，河型会发生变化，随着输沙率的减少，而坡降的斜率也会增加（图 7.3-8）。这些实验结果却引起了人们先前对不同河型解释的质疑。例如，水流的偏转或微扰并不总是足以引起蜿蜒弯曲，因为低输沙率和低坡降条件下不会发育蜿蜒深泓，尽管水流通过一个初始的弯头引入水槽。此外，在其他实验中，纵然水流直接引入河道，蜿蜒深泓总是在中等输沙率和中等坡降下发育。尽管河道为适应环境变化而河岸必须受到侵蚀，但河岸自身的可侵蚀性并不是造成蜿蜒或游荡的原因，河岸的侵蚀只是河道对坡降和输沙率改变做出的响应。

除了在输沙率和（或）坡降范围外，哪里深泓弯曲率迅速增加（0.2%～0.4%），哪里就发生从蜿蜒深泓转变成游荡型（1.4%～1.6%），输沙率和（或）坡降相当大的增加，可能会轻微影响河道的深泓形式、泥沙输移和沉积特性。然而，如果一条河流落在图7.3-9的一个临界值区域附近，那么，输沙率和（或）坡降的微小变化就会完全改变河道的形态和河流的泥沙沉积特征。

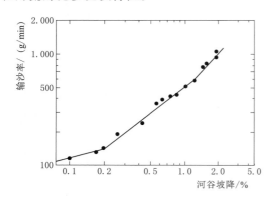

图 7.3-8　实验河道加沙率
与沙床面坡降间的关系

注　线段的坡折表示输沙率的临界值，
在临界点上，河型或发生变化。

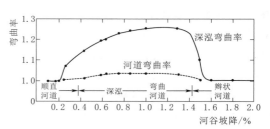

图 7.3-9　深泓弯曲率（河道最深点之间的
距离除以水槽的长度）、河道弯曲率（沿河道
中线的距离除以水槽的长度）与坡降的关系

（Schumm et al.，1971）

Zimpfer（1975）曾同时进行8组河道发育过程实验。初始河道为顺直小河，使用不同初始河谷坡降和流量状况。每组实验结果，河型演变都遵循如下过程：顺直→弯曲深泓→具有裁弯的弯曲深泓→游荡河型（表7.3-1中A）；河道发育的速率随着初始河道坡降与流量的增加而加快（表7.3-1中B）；而流量和河谷坡降保持不变时，随着输沙量的增加，河道的发展速度降低；流量不变时，不少学者注意到类似于Zimpfer观察到的曲流发育情况。

表 7.3-1　　　　　　　　　　　　河 型 发 育 速 率

测次	初始坡降	平均流量/（L/s）	加沙率/（g/s）	历时/h	
				深泓-弯曲	分汊
A：Zimper（1975）的运行测次					
1	0.006	5.1	150	2.0	6.0
2	0.008	5.4	150	3.0	6.5
3	0.006	5.1	150	2.5	8.5
4	0.012	5.4	150	0.5	3.5
5	0.018	5.1	150	<0.5	1.5
6	0.008	5.7	150	1.0	—

测次	初始坡降	平均流量/（L/s）	加沙率/（g/s）	历时/h	
				深泓-弯曲	分汊
B：Edgar（1973）的运行测次					
23A	0.006	2.8	60	14.75	分汊运行
23C	0.006	5.6	180	4.0	分汊结束
25A	0.006	8.5	260	2.5	分汊之前
26E	0.012	8.5	210	1.75	正在分汊
27B	0.018	8.5	560	1.0	
C：Tiffany（1935）的运行测次					
1	0.005	5.1	0	15.0	分汊运行
2	0.005	5.1	70	13.5	分汊结束
3	0.005	5.1	140	12.25	分汊之前
4	0.005	5.1	270	12.25	正在分汊

7.3.4.5　蜿蜒曲流的移动

随着时间推移，蜿蜒型河道会在横向及沿河谷向下游移动（Davis，1902；Konditerova et al.，1969；Kondratriev，1968）。蜿蜒曲流有三种基本运动类型（Daniel，1971）：运移（沿河谷向下游滑移），扩张（横向增长），旋转（绕弯曲轴旋转）。在某个河弯上，可以出现三种基本运动的任何组合，取决于流量和河床和河岸组成物质颗粒的大小（Daniel，1971）。

在实验室中，由于河道沿程的泥沙颗粒保持不变，流量恒定，河弯移动被简化了。图7.3-10显示了深泓弯曲河型随时间的变化，可以见到凹弯有两种移动，即沿河谷向下游的滑动或平行于河谷或水槽轴线的移动，以及曲流带幅度或宽度的增加。

一般来说，弯曲的迁移相当均匀，也不会变形，但是在天然情况下，由于泥沙的侵蚀性不同，结果会导致河型发生变形。同时，野外的浅滩或河床上，由于长时间暴露，会生长植被而多少会变得稳定些。

一般情况下，在冲积平原上有两种类型的蜿蜒曲流的移动。第一种是迂回曲折，蜿蜒河型顺流向下游移动；第二种是蜿蜒曲流在河谷里横向来回摆动。Davis（1902）和其他学者早就阐述过。

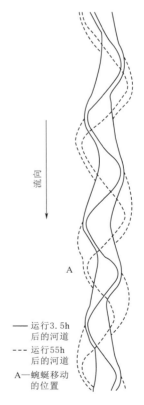

流向

A

——运行3.5h
后的河道

- - - 运行55h
后的河道

A—蜿蜒移动
的位置

图7.3-10　弯曲深泓河道随时间
的移动（Edgar，1973）

在 Edgar（1973）和 Zimpfer（1975）的实验研究中，弯曲深泓河型发育和迁移的方式较为均一，但有些凹弯的发育和移动并不均一（图 7.3 - 10，点 A）。在平面上，圆齿状凹岸（A 点）会穿过弯曲的深泓，突然向下游转移（图 7.3 - 11）。这反过来又导致下游另一个弯曲深泓弯顶的下移，形成边滩和河漫滩边缘的尖角（图 7.3 - 12）。通常当弯曲河型已经完全发展实验继续进行时，曲流便发生移动。在水槽中蜿蜒迂回时，弯曲的下游部分侵蚀，以前没有被侵蚀过的沉积物，这些沉积物比形成凸岸边滩上游部分的泥沙具有稍强的抗蚀性。因此，弯曲下游部分的迂回移动比上游的要慢，下游部分开始超越上游部分，这导致了不稳定的对称弯曲的发育（图 7.3 - 12）。

（a）蜿蜒移动前

（b）蜿蜒移动后

图 7.3 - 11　显示河型变动的照片

当曲流切入基岩或者弯曲的下游部分被碍蚀物质或基岩阻挡，弯曲的上游部分，往往发育在沉积层内，弯曲的固定部分将向下游迂回，形成压缩曲流。这也经常是对刻入曲流发生变形的解释（潘庆燊等，1985）。

在大多数情况下，蜿蜒的移动发生在一个凹弯内。但是，在凹弯内发生移动之后，无论是凹弯的上游，还是凹弯的下游，都会受到深泓部位变化的影响。因此，在这些地方，也会产生蜿蜒的移动（图 7.3 - 11）。Friedkin（1945）的实验也获得类似的结果，尽管他认为这些变化会形成正常斜槽。

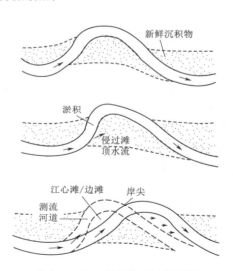

图 7.3 - 12　弯曲移动过程示图

7.3.5　Ouchi（1983）弯曲河型实验

Ouchi（1983）为了完成博士论文研究，进行了冲积河流对缓慢构造运动响应的实验，笔者有机会协助他完成了部分实验及测量工作。在进行弯曲河流对升降运动响应实验之前，首先在水槽中塑造模型弯曲河道。使用的水槽为 $8.5m \times 2.4m \times 0.6m$，水槽中铺满 9∶1 的沙子与高岭土混合沙料，经压实，做成坡降为 0.002 的沙床面，挖一顺直模型小河，小河的横断面呈梯形，宽 4cm，深 cm。小河入口有 30°的引导弯头，以便利于发育弯曲河型。施放流量 0.1L/s，入口未加沙。当流水实验 150h 后，塑造成弯曲模型小河（Ouchi，1983）。从实验河道 1.0m 断面到 7.0m 断面，河谷长 6.0m，弯曲深泓长 12.6m，发育了 9 个有效的河湾，弯曲率为 1.21～1.65，平均约 1.41；曲流波长最大为 2.10m，最小为 1.45m，平均 1.75m；曲流波幅最大为 0.85m，最小为 0.38m，平均 0.60m；波长/波幅最大为 3.82，最小为 2.35，平均 3.06（表 7.3-2）。

　　曲流河道的河湾沿程发育并不十分均匀，曲流波长与曲流波幅沿河向下游有增大趋势，波长与波幅比值总体减少，相应地弯曲率沿程增大，越向下游弯曲率越大（表 7.3-2）。

表 7.3-2　　　　　　　　　　弯曲河道平面数据（Ouchi, 1985）

河湾	测点位置	坐标/m		半波长 $L/2$/m	波长 L/m	半波幅 $A/2$/m	波幅 A/m	波长/波幅 L/A	深泓长度 ΔL_{ch}/m	河湾长度 L_{ch}/m	河谷段长 L_v/m	河湾谷长 L_v/m	弯曲率 P
		纵向	横向										
0	过渡段C	0.50	1.15	0.00							0.00		
	河湾段B	0.90	1.35	0.40		0.20			0.46		0.40		
1	过渡段C	1.15	1.15	0.25					0.35	0.81	0.25	0.65	1.24
	河湾段B	1.35	1.00	0.20		−0.15			0.26		0.20		
2	过渡段C	1.63	1.15	0.28					0.33	0.94	0.28	0.73	1.28
	河湾段B	2.05	1.38	0.42		0.23			0.50		0.42		
3	过渡段C	2.35	1.15	0.30	1.45		0.38	3.82	0.39	1.21	0.30	1.00	1.21
	河湾段B	2.65	0.90	0.30		−0.25			0.40		0.30		
4	过渡段C	2.85	1.15	0.20					0.33	1.12	0.20	0.80	1.40
	河湾段B	3.20	1.50	0.35		0.35			0.50		0.35		
5	过渡段C	3.58	1.20	0.38	1.53		0.60	2.55	0.50	1.32	0.38	0.93	1.42
	河湾段B	3.95	1.05	0.37		−0.10			0.42		0.37		
6	过渡段C	4.08	1.38	0.13					0.37	1.29	0.13	0.88	1.46
	河湾段B	4.35	1.52	0.27		0.37			0.33		0.27		
7	过渡段C	4.88	1.25	0.53	1.68		0.47	3.57	0.61	1.31	0.53	0.93	1.40
	河湾段B	5.25	0.85	0.37		−0.30			0.53		0.37		
8	过渡段C	5.63	1.15	0.38					0.51	1.66	0.38	1.28	1.29
	河湾段B	6.00	1.55	0.37		0.40			0.55		0.37		
9	过渡段C	6.45	0.88	0.45	2.10		0.70	3.00	0.79	1.86	0.45	1.20	1.55
	河湾段B	7.05	0.75	0.60		−0.40			0.66		0.60		
	过渡段C	7.15	1.15	0.10					0.44	1.89	0.10	1.15	1.65

河湾	测点位置	坐标/m		半波长 $L/2/m$	波长 L/m	半波幅 $A/2/m$	波幅 A/m	波长/波幅 L/A	深泓长度 AL_{ch}/m	河湾长度 L_{ch}/m	河谷段长 L_v/m	河湾谷长 L_v/m	弯曲率 P
		纵向	横向										
10	河湾段 B	7.15	1.60	0.00		0.45			0.37		0.00		
	过渡段 C	8.00	1.15	0.85	2.00		0.85	2.35	0.63	1.43	0.85	0.95	1.51
总计					8.76		0.60	3.06	8.42	12.60	6.00	8.90	12.68
平均					1.75		0.60	3.06	0.47	0.70	0.32	1.82	1.41
最大					2.10		0.85	3.82	0.79	1.89	0.85	1.28	1.65
最小					1.45		0.38	2.35	0.26	0.81	0.00	0.65	1.21

注 半波幅的正值指河湾位于中心线左侧, 负值为右侧。

7.3.6 金德生(1986)的弯曲河型与边界组成关系实验

金德生（1986）借助基于系统论模型化原理及地貌演化类比性法则的过程响应模型，研究河型演化、河道演变过程及控制因素的作用。运用该模型所进行的边界条件对曲流发育影响的实验表明，河漫滩物质结构及河床上的抗蚀露头对曲流发育具有控制作用。

通过模型实验，首次建立弯曲河道发育与河漫滩结构及河岸高度比间的关系。定义河岸高度比为平滩水位条件下，二元相结构河岸中可侵蚀沙层厚度与最大平滩水深，即滩槽高差的比值，是河漫滩组成结构直接影响河道发育的一个量度，并借助稳定曲流凹岸侵蚀下来的物质，经螺旋流的底流堆积于边滩进行实验，通过地貌系统中物质的自我调整，进行曲流造床实验。实验从 1982 年 8 月到 1983 年 4 月，随后于 1984 年春天，在美国科罗拉多州立大学工程研究中心的水工实验室，由 Schumm 教授作指导，运用过程响应模型，进行边界条件对曲流发育影响的实验研究。共完成两个大组七个小组实验，其中第一大组的四个小组属理论性实验；第二大组的三个小组是结合密西西比河的应用性实验。

1. 紧密黏土河岸，细砂质河床

河漫滩及河岸全由高岭土组成，河床细沙 D_{50} 为 0.14mm，坡降（J_v）为 0.001，流量（Q）为 0.01L/s。梯形横断面，边坡 1:2，河宽 5cm，底宽 3cm，深 2cm。河道属悬移质输沙类型。水中的高岭土浓度约 2800ppm。放水 542h，最终形成对称性曲流河床，弯曲率为 1.67~1.86。曲流发育十分缓慢，仅在全水槽上游 1/3 长度发育曲流，河湾对称，弯曲率向下游衰减。

2. 二元相结构河漫滩，河岸高度比向上游递增，中砂河床

这组实验是为了检验不同河岸高度比对弯曲河道发育的影响。在模型槽内铺设双层结构模型砂材料，上层为高岭土（64%）与极细砂（36%）混合物，中径（D_{50}）0.14mm；下层为中砂层中径（D_{50}）=0.29mm。河岸高度比及湿周中的 M 值，自上游向下游，分别由 0.06→0.36 及由上游 51%→28% 向下游逐渐递变。河谷比降为 0.0078，水面比降为 0.0033，施放恒定流量为 0.2L/s，预估应该发育成弯曲率为 2.1~2.5 的自由曲流河道。实验开始时，按加沙率为 0.9g/min 加入 D_{50}=0.29mm 的中砂作为床砂质，而水中的悬移质主要靠凹岸侵蚀补充。模型小河为梯形横断面，河宽从上游向下游自 9.5cm 向

5.0cm 过渡，河底保持 2cm 宽，水深由 7.5cm 向 3cm 过渡。放水总历时为 400h，最终获得了极为弯曲而不对称发育的、与天然曲流十分类似的曲流河道［图 7.3-13（a）］。弯曲率向下游递减，而且具有随弯曲率增大，不对称性越加明显的趋势。

3. 二元相结构河漫滩，河床高度比值沿程不变，中砂河床

为了检验和复演上一组实验的结论，并参考构造抬升改变河漫滩结构及河岸高度比的情况，设计了这一组实验，采用了第三组实验获得的河宽、水深、比降及糙率等数值。除沿程的河岸高度比值均匀分布外，其余数值与上一组的相差无几。河道的宽深比为 4.75，河宽 9.5cm，水深 2cm，河岸高度比采用上一组实验获得的临界河岸高度比 20%，相应的 M 值为 40%，预估应发育成弯曲率约 2.36 的自由曲流。施放恒定流量 0.2L/s，总历时 400h。最后获得了极为典型的不对称弯曲河道［图 7.5-13（b）］。除了几个弯曲率较小的河弯对称发育，河弯不对称系数接近 1.0 以外，其余河弯的不对称系数为 1.78~1.0 和 1.0~1.18。河弯不对系数（I_a）指的是一个河弯的上游一翼部分的弯曲率（P_{up}）与下游一翼部分的弯曲率（P_{dn}）之比值，如果河弯向上游不对称，则 $I_a < 1.0$；反之，如果河弯向下游不对称，则 $I_a > 1.0$。这与 Carson 等（1983）所使用的不对称系数有所不同。

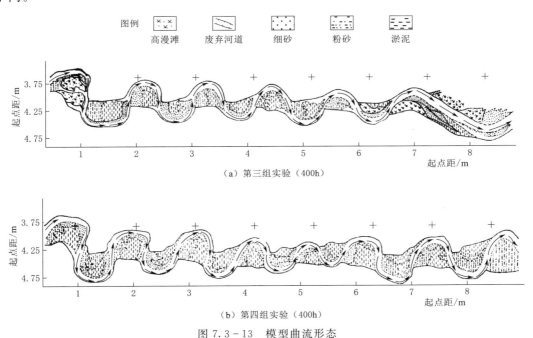

（a）第三组实验（400h）

（b）第四组实验（400h）

图 7.3-13 模型曲流形态

实验表明，河弯曲率半径（R）与河岸高度比（H_s/H_m）之间的关系，以及河道弯曲率（P）与河岸高度比之间的关系与第三组实验得到的结果相类似（图 7.3-14 与图 7.3-15）。但不同的是，两组关系曲线均出现了两条。在图 7.3-16 中，曲率半径较小的几个河弯是对称的，而其他的河弯，曲率半径则较大，且具有不对称特征。同时，如果当河岸高度比值为定值时，向下游呈不对称发育的河道弯曲率大于向上游呈不对称发育的河道的弯曲率（图 7.3-17）。

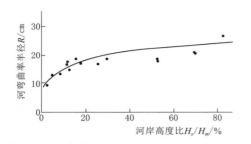

图 7.3-14　河弯曲率半径与河岸高度比间关系
（测次 3，400h）

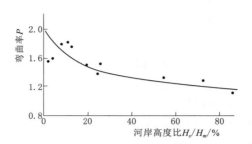

图 7.3-15　河道弯曲率与河岸高度比间关系
（测次 3，400h）

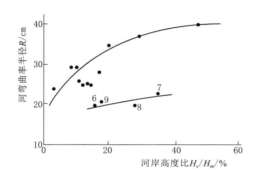

图 7.3-16　河弯曲率半径与河岸高度比间关系
（测次 4，400h）

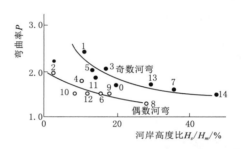

图 7.3-17　河道弯曲率与河岸高度比间关系
（测次 4，400h）

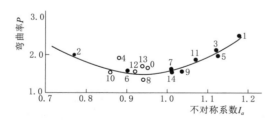

图 7.3-18　河道弯曲率与不对称系数
（$I_a = P_{up}/P_{dn}$）间关系（测次 4，400h）

值得注意的是不对称系数与弯曲率之间有很好的双曲函数相关关系，当弯曲率为 1.57 左右时，$I_a = 1.0$；当弯曲率大于 1.57 时，I_a 大于 1.0 或小于 1.0（图 7.3-18）。可以认为，当曲流发育程度较差时，即由较顺直河道向曲流演化，或裁弯取直河道变弯曲的初期阶段，曲流往往是对称发育的，而随着时间的推进，河道越来越弯曲时，曲流便呈不对称状发育。但是，当河道变得很弯曲时，不对称状发育的趋势又渐渐地变缓。分析表明，不对称系数 I_a 与河岸高度比也很有关系，河岸高度比越大，曲流便越不对称（图 7.3-19）。可以认为，当河弯中仅仅出现一个深槽时，河岸高度比值，即河漫滩结构对河弯的不对称发育有极大影响。这或许与河弯中剪切力的差值比（$\Delta\tau_0/\tau$）有关（图 7.3-20），$\Delta\tau_0$ 系河弯上游翼部分凹凸岸剪切力与下游翼部分凹凸岸剪切力之差，图中负值比是为了技术处理方便而采用的，相当于凸、凹岸剪切力差与河弯平均剪切力之比。图 7.3-20 表明，$\Delta\tau_0/\tau$ 越大，则河弯越不对称。因为凹岸具有较大的剪切力时，容易引起河岸底部的淘刷，如果淘刷得越强烈，河岸的高度比也就越大，从而反过来又会增强水流的剪切力。显然，河漫滩的物质组成与河岸结构对曲流发育具有正反馈作用。

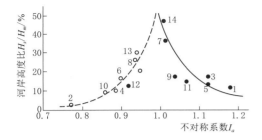

图 7.3-19　河岸高度比与不对称系数间关系
（测次 4，400h）

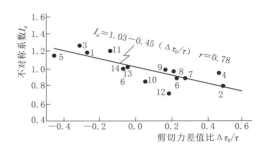

图 7.3-20　不对称系数与剪切力差值比间关系
（测次 4，550h）

综上可知，在冲积物中发育不对称曲流的必要条件是河漫滩应具有一定河岸高度比的二元相结构；而其充分条件是，河岸高度比沿程不均匀分布，以及河弯剪切力差值比沿程不均匀分配。不对称河弯的移动方向也取决于这两个因素。河弯向河岸高度比及河弯剪切力差值比较大的一翼移动。如果剪切力差值比为 0，河弯呈对称发育，主要向侧向移动。

7.3.7　洪笑天等（1987）的弯曲河型实验

洪笑天等（1987）在前人研究的基础上，试图通过实验复演弯曲河流的发育过程，并着重讨论了河谷坡降、流量变幅和频率、泥沙运动特性及侵蚀基准变化等因素对曲流形成的影响。实验在 $30m \times 4.5m$ 的水槽中进行，模型沙 $D_{50} = 0.198mm$，分选系数 1.6。水槽中将模型沙铺成不同的河谷纵横坡降：上游段（1～12 断面）河谷纵坡降和横比降分别为 0.5％ 和 10％，下游段（12～23 断面）分别为 0.25％ 和 10％。实验共四组。第一组清水造床实验，施放清水流量 3.0L/s，实验历时 130 h；第二组实验改变水沙过程，共施放了 10 个水文年，每个水文年的流量过程概化成五级流量，其中洪水期流量 6.0L/s，历时 1h，中水期和枯水流量分别为 3.0 L/s 和 1.5L/s，历时都为 2×6 h；洪水期在水槽进口加入 1kg/min 混合沙，其中 30％ 为 200 目的滑石粉，70％ 为 $D_{50} = 0.079mm$ 的天然沙，中、枯水期停止加沙；第三组实验从历时 $T = 349 \sim 589h$，为低水流的常流量清水实验，流量 1.5L/s，历时 240h；第四组实验，从 $T = 589h$ 开始，历时 200h。尾门的侵蚀基准面下降 50mm，施放清水流量 1.5L/s。

实验表明，曲流河型的形成只有"水流走弯"的内在条件是不充分的，还必须具备许多形成曲流的外部条件。通过实验，探讨了原始河谷形态、流量的变幅和频率的变化、河床中泥沙运动特性及侵蚀基准面的变化等。形成曲流河型的外部条件对弯曲河道的形成的影响过程，随各个因素量值的变化，发生不同的效应。洪笑天等认为：①原始纵比降过小，河道演变缓慢；比降过大则有利于发育三角洲分汊河型。河谷横比降过小，河宽扩展过大，利于发育分汊河道，量值过大，有利于形成曲流带受限制的单股曲流，不利于自由曲流的形成；②流量变幅过大，洪、枯水流深泓轨迹偏差太大，不利于形成稳定曲流；变幅过小，凸岸边滩增长缓慢，同样不利于发育弯道；③底沙运动为主的河道，不利于弯曲河型的发展；悬沙运动为主的河道，淤积部位主要在滩面，边滩的淤积抬高，促使水流集中，形成凸岸边滩，有利于形成弯曲河道；④侵蚀基准面下降，尤其是快速下降，河道的调整不利于曲流河型的发育，河道变得宽浅，有利于分汊河型的发育。

7.3.8 Smith（1998）的弯曲河型实验

Smith（1998）在一个 3m×1.2m 且附有铰链调坡降的微型水槽中，成功地模拟裸露凸岸边滩和曲率为 2.0 的自由蜿蜒弯曲河道，河宽 4cm，展现了天然曲流的河道迁移、凸岸边滩发育、黏土塞、横流和凸岸边滩冲刷等特征；而蜿蜒形态、很低的雷诺数及河漫滩陡坡降等与天然曲流有所不同。实验展示了凸岸边滩的形成与蜿蜒曲流发育的一般过程，多数弯曲首先从发育尖锐弯道开始，而后弯曲逐步向下游移动，维持蜿蜒形状和均一的河宽；分析了河漫滩坡降、输沙量及流量对蜿蜒发育的影响。

水流由小水泵循环供给，流量通过单位时间的水流体积量测。使用均匀粉末状的高岭土、石粉、玉米淀粉、含有煅烧白瓷土（CWC）和硅藻土作为模型沙，选用低密度和细粒度泥沙，使模型沙在水槽中，特别在初始凸岸边滩上输移；为使河道展宽，维持弯曲及横向间距，河岸必须黏实，但又能侵蚀（Schumm，1960）。Smith（1998）选用煅烧白瓷土组成河岸，其黏性比高岭土小。

Smith 等（1984）认为凸岸边滩主要由推移质输移形成的。当河道展宽和变浅形成弯道前，大部分推移质泥沙沿弯曲内侧输移，河道内存在吸纳泥沙流的空间，使水流稍向对岸流动，加强侵蚀对岸；而凹岸侵蚀的泥沙颗粒移向凸岸边滩上堆积。随着时间的推移，河岸继续侧向迁移，流经凸岸边滩边缘的水流逐渐变浅，凸岸边滩边缘上的颗粒不再明显移动，水位不断下降，与新淤积的部位分离。在这个过程中，悬移质对凸岸边滩淤高没有太大作用。认为沉积物的固化在河型的演变中起到重要作用。

模型河流往往由一个顺直的初始河段开始，沿一侧开始横向移动，变浅加宽，浅段长度为 7～25 倍河宽。当河弯逐渐形成时，发生更强、更严重的河岸侵蚀。由于河岸物质含有坚实的黏土，足以促使水流按横比降运动，导致初始弯曲的对面，发育一个新的弯曲并不断扩展，又促使沿坡降发育下一个弯曲，随着一系列弯曲的出现，弯曲的曲流波幅及波长增大，发生一连串河湾，蜿蜒曲流逐渐形成。

河岸组成物对河湾形态有一定影响。对于滑石粉＋高岭石，即使施放高达 45mL/s 的流量，弯曲发育非常缓慢，塑造一条良好弯曲河道，要求较陡的坡降，约 0.025。具有许多尖突状、锯齿状弯曲。而对于玉米淀粉＋煅烧白瓷土。流量 35mL/s。弯曲以 10cm/h 速度向下游移动，移动过程中变得更加紧迫，往往呈圆状外形，有良好的横剖面。由于快速移动，只发育两三个凸岸边滩，随后便裁弯取直，或消失，最后变成顺直河道；数小时后，当一侧再次出现浅滩时，将再次开始发育新的弯曲。

实验表明，要发育良好的蜿蜒河道需要足够陡的河漫滩纵坡降，否则，不能形成弯曲和保持移动，坡降太大会形成游荡河型；如果坡降太缓，因水流在河漫滩上分散，发育宽度不均一的河道，形成低曲率河道，而且容易发生分汊。另一个导致模型河曲不稳定的关键动力因素是输沙量。当凸岸边滩不断生长时，初始弯曲的浅段需要从水槽入口加沙持续地获得沉积物，一旦不加入泥沙，蜿蜒的发展便很快变慢。在实验中交错边滩不明显，

Smith 认为是多数河道的宽深比小所致。

水流状况及流量同样对曲流发育有影响。在硅藻土＋煅烧白瓷土中，发育的曲流几何形态与 Leopold 和 Maddock（1953）所观测到的相一致。施放流量为 9mL/s，曲流波长平均为 8 倍河宽多一点，曲流波幅与河宽之比一般约为 7。由流速和量测水深计算的雷诺数为 750～1000，冲积蜿蜒曲流不需要完全紊动，实验河道的弗劳德数处于亚临界状态。在 5：2 硅藻土＋煅烧白瓷土的混合沙料中，形成良好的河道和蜿蜒，但流量范围有限。如果流量增加到足够大，会形成游荡河型。流量低于 25mL/s 形成相当均一的河道，容易发育出现凸岸边滩。流量在大约 35mL/s 级别，蜿蜒仍然可以见到，但河宽更不均匀，更多河弯可到 4 倍。流量更高，弯曲河道发育不良，曲折率下降，发展多通道河流。由于泥沙凝聚，再也没有足够的力量流入单泓河道中去。

7.3.9　王平义等（2001）的河弯蠕动过程实验

王平义等（2001）以一定的泥沙水力条件，在长 16m、宽 1m、深 0.2m 的水槽中，进行了河岸不同时冲刷的河湾蠕动过程实验。初始河道的横断面呈梯形，平面形态为正弦派生曲线型，线性波长 2m，河道与纵向河谷方向的最大交角为 30°，河岸和河床由相当均匀的天然沙组成，平均粒径 D 和 $D_{84.1}/D_{15.9}$ 分别为 1.40mm 和 1.25mm。水力条件见表 7.3 - 3。

表 7.3 - 3　　　　　　　　　　　　　水　力　条　件

工况	$Q/(\text{L/s})$	I	H/cm	$2w/\text{cm}$	$U/(\text{cm/s})$	$U*/(\text{cm/s})$	放水时间/min
11	2.10	1/300	3.10	26.00	33.00	3.15	125
12	0.85	1/100	1.20	19.00	35.00	3.90	240
13	1.25	1/100	1.50	20.00	42.00	4.50	120

在水槽中预先塑制 5 个连续的河弯段，每个弯段的线性波长为 2m。为了排除上、下河段边界对弯曲的影响，仅对中间三个弯曲段，用测针量测水面线及用 HD－4B 流速仪观测表流的流速，用坐标仪观测平面形态的变化，根据表流流速和水深，两者的对数分布规律近似计算相应的剪切流速。

冲积河湾蠕动实验表明，在三种不同水力条件下，河岸冲刷过程随时间推移而异，因沿纵向岸壁的冲刷速率不尽相同，导致河道平面形态不一。①凹岸冲刷区集中在弯顶下游至凸岸区周围，河弯曲率半径加大，弯曲率变小，河道趋向微弯；②凹岸冲刷沿弯顶稍下游周围发生，弯曲半径减少，弯曲率加大，河弯朝急弯发展；③初始弯道发展类似于②，但在某特定的时间（$t=120\text{min}$）后弯曲开始衰减。

实验表明，①河湾弯曲率随时间增加（变小）而发展（衰减）。只有当作用于岸壁上的剪切力大于弯顶周围沿凹岸边坡上的临界剪切力，弯曲得以发展（状况 2）；反之弯曲便衰减（状况 1）。在弯曲的起始阶段，主流线相对固定，主要由垂向冲刷形成，并随河岸冲刷及垂向冲刷而发展；②曲流蠕动方式与河弯曲率及水深密切相关。当河弯曲率较小、水深较浅时，流路与河道中心线间相位差较小，螺旋流运动发展迅速，流路最大曲率靠近弯顶，河湾以横向蠕动为主；河弯曲率急剧变化的河道，伴随流路与河道中心线间相位差的扩大，河湾转向以纵向蠕动为主；河弯曲率介乎中间者，纵、横向蠕动兼而有之。

冲积河湾河床的冲刷实验是在给定泥沙条件不变，水力条件不同条件下进行的。一般存在两类河床冲刷过程：①低流量弯曲水流冲刷；②高流量平滩水流冲刷。

实验水槽长 10m，宽 0.4m。观测段全长 6.5m，分别距上、下游进出口端 1.5m 及 2.0m。床沙粒径、流量和底坡分别为 0.6mm、0.5L/s 和 1/50。上游泥沙补给分两种情况：①以 220g/s 补给床沙，满足推移质输沙率平衡条件；②无泥沙补给。两者的起始床面平整，施漫滩水流，在几分钟后，逐渐出现水流弯曲。实验中，分别以 10cm 和 4cm 的间距，精确量测纵、横向河床高程，并在下游出口处量计输沙率。

实验表明，入口有泥沙供给时，在 30min 和 360min 时施测河床等深线和测绘河床微地貌图（图中实线系裸露区，虚线为淹没边滩的滩缘）。这时，床面开始形成对称或交错边滩，平均波长 108mm，平均波高 0.8cm（图 7.3-21）。在 30min 后，水流集中、发生冲刷，局部出现裸露区，未发育稳定的弯曲水流。

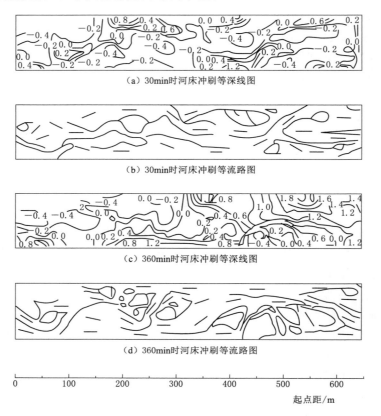

（a）30min时河床冲刷等深线图

（b）30min时河床冲刷等流路图

（c）360min时河床冲刷等深线图

（d）360min时河床冲刷等流路图

图 7.3-21　工况 1 河床冲刷等深线和流路图（王平义等，2001）（单位：cm）

在无泥沙补给时，与有泥沙补给相比，情况十分相似（图 7.3-22）。但在 30min 后，弯曲河道的横断面随河岸侧向侵蚀及河床垂向冲刷增强而拓宽（图 7.3-23），除下游外水深普遍加深。显然，在其他条件不变的情况下，只有在输沙平衡时，冲积河湾的河床相对稳定，而当输沙不平衡、来沙入不敷出时，河床不稳定，拓宽刷深，以获取泥沙到达输沙平衡。

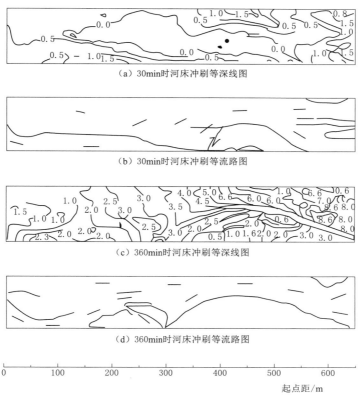

图 7.3 - 22　工况 2 河床冲刷等深线
和流路图（王平义等，2001）（单位：cm）

7.3.10　杨燕华（2011）关于弯曲河流蜿蜒过程的实验研究

　　杨燕华（2011）通过自然模型实验方法，借助模型小河探讨自然弯曲河流的形态特征、发育条件、演变过程及发展趋势，特别是不同条件下，所引发的河流摆动的水沙特点，底形坡降、宽深比、流量、边界组成等对河湾的几何、运动及动力特征的影响。分析河流尺寸与流量大小、流量过程、河床组成、河床比降以及水流挟沙量等因素的关系。

　　实验在天津大学河流海岸泥沙研究所河流动力过程模拟实验室的室外 15m×3m×0.5m 实验水槽中进行，槽内铺有建造模型小河的模型沙，D_{50} 约为 0.62mm。沿水槽两侧边壁有固定轨道，供测桥来回移动采集数据。用水准仪控制河道比降，河道进出口设控制节点；由表

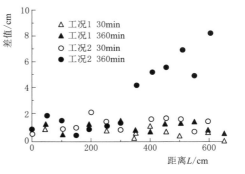

图 7.3 - 23　最高和最低床面的差别
（王平义等，2001）

面流场粒子跟踪测速系统（PTV）及光纤地形仪，分别测量流速与地形；水流循环系统系离心泵、输水管道、实验河道和蓄水池组成，水泵从右端蓄水池抽水，经输水管道注入左端蓄水池，流经模型小河，注入右端蓄水沉沙池。流量由离心泵的蝶阀调节控制，入口不进行加沙，系清水冲刷实验；模型小河出口处设有人工冲刷基准面，随着时间的推移，河床的演变最终会达到平衡状态。共进行七组次实验，选取不同的坡降与流量、初始河槽组合进行实验，研究它们之间的关系（表 7.3 - 4）。

表 7.3 - 4　　　　　　　　　实验条件及稳定情况（杨燕华，2011）

测　次	Run1	Run2	Run3	Run4	Run5	Run6	Run7
初始河宽 B/cm	40	28	20	40	20	30	40
初始水深 h/cm	5	7	5	5	5	5	5
初始比降 J/‰	7	7	7	5	18	12	8
流量 Q/(mL/s)	2000	1500	1000	1000	1000	1000	2000
稳定河型	分汊	顺直	弯曲	顺直	分汊	分汊	弯曲
稳定历时 /h	39	22	29	20	15	16	17

在模型小河的控制段（取 10m）均分为 10 段，从 0m 开始，断面间隔 1m，共设 11 个断面。断面测点纵、横坐标分别由卷尺与测桥标尺测量，误差为 1mm；高程误差 0.1mm；实验过程中用浮标法测速；停水后测量主河道、地形以及河道形态特征，采集特征断面不同部位沙样标本，分析沙粒级配。

实验中出现分汊型、顺直型、弯曲型三种河型，分别以 Run1、Run2、Run3 为代表。本节介绍弯曲模型小河的发育情况，顺直与分汊模型小河在本书相关章节介绍。

水流沿河道蜿蜒而行，河流左、右岸出现深槽、边滩交替，断面为不对称三角形，深槽明显，系弯曲河道的典型断面形式。深槽和边滩会使弯道产生较大的横比降。可见，河流上游断面形状比较规则，变化较为缓慢，发展到下游区则慢慢显示出其不规则性，发展速度较快。这是下游河段的演变不仅受本河段水沙条件控制，还要受上游河势支配，是对上游扰动较敏感的表现。

河道内沙波不明显，只在个别断面的弯道进口处，出现少量沙波，比较散乱，波峰线呈曲线，与水流方向不垂直，微微凸向下游。河床中出现明显沙带。沙带是沙垄与平整床面之间的过渡形式，常出现在水位较低情况。沙带中泥沙由凹岸运行到过渡段的中央，进入到下一个弯道。这是模型河流流态属于急流态的表征。

实验对河型与比降、宽深比、流量及边界物质组成的关系做了分析认为，具有相同的初始比降，却形成三种完全不同的河型。初始比降不同，发展出了相同的河型。"初始比降可以完全决定河流发展演化"的说法，夸大了初始比降的塑造作用。模型小河的河型与比降变化幅度相关。

河岸组成物质的抗冲刷能力很低，导致河流在演变过程中会强烈宽浅化。到一定程度趋于稳定。河道边界对水流具有阻力，会降低水流的流速，使水流不足以带走泥沙，进而形成较稳定的宽深比，该现象在分汊河型的分汊段最为明显。稳定河型和河道的稳定宽深比之间有一定的规律：顺直型＜弯曲型＜分汊型。

小流量更容易塑造成弯曲河道，而大流量更易使河道变得顺直。流量大小决定了河槽对水流的束缚与水流造床之间的对比，大流量更利于河道展宽，水流能态降低，易形成分汊河流。河流向弯曲方向发展主要是边滩运动速度比河岸淘刷速度慢，这就要求流量不能过大。

模型河道为低弯曲度的弯曲河流（1.2及1.3），归结为模型沙为无黏性沙，河岸冲刷快，河底泥沙运动慢，使河底淤高，变成宽浅河槽，不易于向弯曲发展。当河岸比较耐冲时较易形成弯曲河流。

杨燕华通过采用自然模型实验方法，利用模型小河模拟天然河流演变，研究不同条件引发河流摆动的水沙特点。共进行了七个组次的实验，实验分别从谷底坡降、宽深比、来流量、边界组成物质等方面研究它们对河湾几何特征、运动特征及动力特征的影响。主要结论有：①实验的坡降都有一定程度的降低，坡降是河流演变过程中具有重要作用的因素，但河流塑造伊始的初始坡降并不能决定河流的演变形态。在宽深比和流量的综合作用下，初始坡降对河流的塑造作用不明显。室内小河实验，河型与坡降变化幅度相关；②初始河流塑造后，在演变过程中会强烈宽浅化，到一定程度趋于稳定；③小流量更容易塑造出弯曲河道，河流向弯曲方向发展主要是边滩运动速度比河岸淘刷速度慢，这就要求流量不能过大，而大流量更易使河道变的顺直或分汊；④本次实验中塑造的弯曲河流弯曲度较低，这是因为实验中采用的模型沙为无黏性沙，当河岸比较耐冲时较易形成弯曲河流，在以后的实验中，可以尝试用细沙和淤泥的混合物作为塑造弯曲小河的材料；或采用种草等方法固定边滩，并认为初始小河的可能不符合河相关系，使模型河道明显展宽，对塑造的稳定河道具有很强的不可预期性，实验的可重复性低，应进行更合理的设计，增强实验结果的规律性。

7.3.11 杨树青等（2012）边界条件对自然河流形成及演变影响的实验

实验系自然模型实验类型。在 1.2m×3.0m×0.5m 实验水槽中进行，槽中铺设建造模型小河的实验沙为均匀的中值粒径 0.62mm 无黏性天然沙。沿水槽纵向两侧壁顶端设固定轨道，以便测桥往复移动采集数据。根据实验条件塑造不同的初始模型小河，用水准仪测控河流比降，河流出口设固定基准点。流速场由表流场粒子跟踪测速系统（PTV）测量。水流循环系统由管道、离心泵、蓄水池和供水管道组成，流量由离心泵蝶形阀调节控制。事实上，杨树青的实验为推移质泥沙运动的清水冲刷实验。实验时，选取模型小河纵向起点距 1~11m、长 10m 的河段为控制段，并设立间隔为 1m 的 10 个断面，进行相关观测。

参考 Schumm 等（1972）的弯曲度曲线，选取五组不同的坡降、流量及初始入射角进行组合实验，研究三个参数间的关系。为保持河岸稳定，能成功塑造弯曲河流形态，将初始流量调节为较小流量。若一开始施放计算的稳定态流量，河流会迅速展宽，不利河流蜿蜒的发育。同时，实验过程中始终保持水面坡降与河槽坡降相同，避免下游出现急流或流速过大而强烈下切，带走大量泥沙，影响实验效果。待河流自我调整约 1h 后，流量逐渐加大至计算值。安排 Run1、Run2、Run3 三组的入射角为 0°；Run4、Run5 分别为 45°、30°。除 Run1 外，其余四组实验都成功塑造成弯曲河型（表 7.3-5）。

表 7.3-5　　　　　　　　模型河道初始条件及稳定情况（杨树青等，2012）

测次	模型河道初始条件						模型河道稳定情况						河型
	入射角 $\alpha/(°)$	初始河宽 B_0/cm	初始水深 H_0/cm	流量 Q $/(m^3/h)$	床面比降 $J/‰$	实验历时 T/h	平均河宽 B/cm	平均水深 H/cm	增宽幅度 B/B_0 $/(m/m)$	弯道长 L/m	直线长 M/m	弯曲半径 r/m	
Run1	0	15	3	2.45	3	17.0	42	1.45	2.80	1.0	1.00	1.00	顺直
Run2	0	20	4	3.60	6	29.0	37	1.21	1.85	4.0	4.20	1.05	弯曲
Run3	0	24	4	4.8	10	22.0	42	1.20	1.75	3.8	3.88	1.02	微弯
Run4	45	15	3	2.56	6	20.8	32	1.59	2.13	3.0	3.18	1.06	弯曲
Run5	30	15	3	2.56	6	20.8	32	1.68	2.13	4.6	4.78	1.04	弯曲

　　顺直河流的发展演变分为两个阶段：①顺直→弯曲河流；②弯曲河流进一步演变（钱宁，1987；倪晋仁，1993；Shahjahan，1970）。迁移过程十分缓慢，首先自身调整宽深，使其适合流量要求，同时，平整床面出现沙纹，并慢慢向前推移，最终形成交错浅滩，使主流线沿浅滩边缘蜿蜒向前流动。主流线发生弯曲的水流反过来影响浅滩的发育，产生环流，使浅滩处凸岸淤积，上、下两浅滩的衔接处，相对的凹岸出现冲刷，并最终导致唯一的凹岸冲刷，形成弯曲河流形态。

　　实验表明，随着时间的增大，河流逐渐增宽，最后达到稳定状态。展宽速率呈现先增大后减少的趋势。讨论了不同初始河流几何边界条件（坡降和水流入射角）和水流条件（流量）对河流演变过程中河流展宽及弯曲率的影响。认为流量对河流展宽幅值影响最大，水流入射角与河流展宽幅度及河流弯曲度变化没有必然的增减关系，30°入射角时河流展宽和弯曲度变化最为强烈。入射角对河流演变只是短期作用，在演变初始阶段影响较大。受初始条件的影响，河流向下游演变具有滞后性及河湾曲率变化的传递性等特点。实验分析了河流演变过程中的泥沙分选现象。随着凹岸的冲刷及凸岸的淤积，粗颗粒泥沙逐渐淤积到凸岸，细颗粒泥沙则随水流主流线不断向前运动，凹岸泥沙逐变细，且细颗粒分布带与水流动力轴线分布基本一致。

　　杨树青等（2012）对河宽随时间变化、弯曲度变化特征及泥沙分选等做了分析研究。认为坡降、流量及入射角对河流展宽均有一定的影响。初始坡降及流量较小（Run1）时，对河道两岸侵蚀作用强烈，展宽尤为明显；坡降与流量较大（Run）时，展宽最小。由初始水流及边界条件可知，初始流量大小促使河流展宽率的不同。就展宽速率本身而论，各测次实验前 5h 展宽速率较大，随着时间推移呈下降趋势，河宽、水深最后达到稳定状态。Run4、Run5 比较可知，不同的入射角对河流展宽也有一定的影响，但入射角与河流展宽幅度没有必然的增减关系。

　　在实验的初始 1h，因流量、流速较小，跃起的泥沙很细很少，大部分未能跃起的泥沙以沙浪形式向前推移。随着流量的加大，明显出现泥沙的分选作用。当河流曲率增大，床面泥沙表现为层状结构。实验过程中没有明显的颗粒粗化现象，只是床沙颗粒的分选及转移。泥沙分选不断进行，凸岸的床沙粒径变大，凹岸处床沙粒径变小。凸岸水流阻力随糙率增大而加大，输沙能力减弱，由于粗颗粒泥沙的掩盖，细粒泥沙不再被扬起，不能参与跃移或悬移运动。凹岸糙率随之减少，阻尼变小，促使水流动力轴线偏向凹岸，凹岸的不断冲刷、凸岸不断淤积，使凹岸的泥沙粒径明显小于凸岸。实验表明，细颗粒泥沙分布带与水流动力轴线分布基本一致，位于河流的凹岸。主流线两侧高程交替变更，越近河岸，高程越低；越向河道中心，高程越高。

7.4 结论与讨论

通过上述案例介绍，不难看出：在室内实验水槽中进行弯曲河型的实验研究，不论水槽的大小如何，也不论初始顺直模型小河的入口是否需要设置一定角度的引流弯头，只要具备合适的坡降、河岸物质组成和水沙条件，流水过程运行足够长时间，就可以塑造成典型的蜿蜒性弯曲河型。在一定程度上，都受到很多变量如初始条件、流量和输沙量、输沙类型和河谷坡降的影响。不少学者对蜿蜒河型的发育过程。实验结果都如预期所料，并可以被原型的研究结果所验证，如长江下荆江的蜿蜒河型发育、密西西比河曲流的发育等。

7.4.1 弯曲河型典型造床实验要点

Friedkin（1945）的实验表明，曲流波长与波幅随河谷坡降、流量及模型小河引流入口角的增加而分别增加与减少；河宽与曲流波长随坡降、输沙颗粒级输沙率亦步亦趋；当其他变量恒定时，河岸由黏性沙料组成的弯曲河流的宽深比、曲流波长、曲流波幅，都比沙料黏性差的小。尽管实验发育的不是蜿蜒弯曲河道，但是开拓了弯曲河流发育及主要影响因素实验研究的先河，其影响深远。

唐日长等（1964）、尹学良（1965）的蜿蜒河道实验各有特点，他们分析了天然蜿蜒曲流的控制因素及发育过程，在实验室中复演了蜿蜒河流的发育过程。前者以河漫滩二元结构及水流自行发育交错边滩，在凸岸边滩上植草拦截淤积悬移质泥沙，促进蜿蜒河流的发育与演变；后者认为，河型＝f（来水过程、来沙条件、河谷比降），严格控制流量、输沙量、坡降，实验演示了蜿蜒河道的一般发育过程及曲流二元相结构河漫滩的形成过程，归纳出5种切滩类型，并指出初始小河的形态及初始引流入口弯头的有无对蜿蜒河道的发育没有多大影响，即便有影响，在时间上是暂时的，空间上是局部的。

Schumm等（1971，1972）等对蜿蜒河流地貌，乃至整个流水地貌的实验研究做出了划时代的贡献，其贡献的核心在于发现了两个河型转换的临界值；在流量不变，坡降与输沙率较低时的临界值附近，河型转变突然；同样流量条件下，坡降与输沙率较高时的临界值附近，河型转变较不突然。Edgar（1973）实验展示了当坡降与流量增加时，成功地发育了弯曲深泓河道。Ackers等（1970a，1970b）观察了由顺直小河发育沙纹→因流量变幅变大出现浅滩→浅滩加高拓宽→因河岸侵蚀形成交错边滩→发育凸岸边滩形成蜿蜒河道的过程。Schumm等（1971，1972），Edgar（1973）和Zimpfer（1975，1982）在实验时，分别运用顺直引水口及带弯头的引入口，将水流引入顺直模型小河，结果表明，在合适条件下，两者均发育良好的蜿蜒弯曲河道，只是前者的河湾全程均匀发育，后者的河湾上游比下游早而更加充分。Ouchi（1983）研究升降运动对河型影响时，也带有起始弯曲引水口，与Edgar（1973）和Zimper（1975，1982）的不同，发育的蜿蜒曲流上游的弯曲率小于下游，或许与尾水箱的水位较低，导致下游段坡降较陡有关。Zimpfer（1975，1982）

对河型转化过程及弯曲河湾移动的实验指出，河型变化过程为顺直型→深泓弯曲型→具有截弯的深泓弯曲型（事实上，相当于我国的江心洲分汊型）→游荡型。弯曲河湾有两种基本移动方式：沿河的运移滑动及横向迂回摆动，在原型中还存在绕河湾中心线的转动，或者以组合方式移动。

金德生（1986）强调，在控制河型发育的其他因素不变的情况下，二元相结构河漫滩对蜿蜒河型发育有重要的作用，并影响河湾形态的对称性及运动方向；认为在冲积物中发育不对称曲流的必要条件是河漫滩应具有一定河岸高度比的二元相结构；而其充分条件是，河岸高度比沿程不均匀分布，以及河弯剪切力差值比沿程不均匀分配，不对称河弯的移动方向也取决于这两个因素。河弯向河岸高度比及河弯剪切力差值比较大的一翼移动，如果剪切力差值比为零，河弯呈对称发育。

洪笑天等（1987）进行了河谷纵横坡降、流量变幅和频率、泥沙运动特性及侵蚀基准变化等因素对曲流形成影响的实验，认为：过小或过大的初始纵横河谷比降不利发育自由弯曲河型；过大或过小的流量变幅，不利于发育凸岸边滩和形成稳定曲流；河道以底沙运动为主，不利发育弯曲河型，而以悬沙运动为主，利于滩面及边滩的淤积抬高，促使水流集中，易于形成凸岸边滩，有助于形成弯曲河道；侵蚀基准面下降时，不利于发育曲流河型。

Smith（1998）的实验考虑了河岸物质组成、河漫滩纵坡降及流量、输沙量等水文状况对蜿蜒河型发育的影响；观察了蜿蜒曲流逐渐形成的过程，认为凸岸边滩主要由推移质输移形成，悬移质对凸岸边滩淤高没有太大作用，在河型的演变中起到重要作用的是沉积物的固化；实验中交错边滩不明显，认为是河道宽深比小所致。

实验表明，要发育良好的蜿蜒河道需要足够陡的河漫滩纵坡降、输沙量和合适的流量。河岸组成物有一定影响，组成物较黏实的河岸，要求较高的流量和河谷坡降，曲流发育非常缓慢，河湾尖突状、锯齿状。黏性差的河岸，曲流下移较快，变得紧迫，河湾呈圆状，会被冲刷，重复发育新的弯曲。

王平义等（2001）的实验表明，河湾弯曲率随时间增加（减少）而发展（衰减）。曲流蠕动方式与弯曲率及水深密切相关，弯曲率较小、水深较浅，螺旋流发展迅速，最大曲率靠近弯顶，河湾以横向蠕动为主；反之，以纵向蠕动为主；介乎中间，则纵、横向蠕动兼而有之。在泥沙条件不变，水力条件改变时，出现两类河床冲刷过程，低流量弯曲水流冲刷，以及高流量平滩水流冲刷。显然，在其他条件不变的情况下，只有在输沙平衡时，冲积河湾的河床相对稳定，而当输沙不平衡时，来沙入不敷出时，河床不稳定，拓宽刷深，以获取泥沙到达输沙平衡。

杨燕华（2011）关于弯曲河流蜿蜒实验中比降、宽深比、流量及边界物质组成与河型关系分析认为：在河流演变过程中，比降具有重要作用；但是不同的初始比降，发展了相同的河型。"初始比降可以完全决定河流发展演化"的说法，夸大了初始比降的作用，模型小河的河型与比降的变化幅度密切相关。稳定河型和河道的稳定宽深比之间有一定的规律：顺直型＜弯曲型＜分汊型。小流量更容易塑造出弯曲河道，边滩运动速度小于凹岸淘刷速度，有利于向曲流发展，但流量不能过大。实验中塑造的弯曲河流弯曲率较低，与无黏性模型沙有关，当河岸较耐冲时较易形成弯曲河流，认为初始小河的设计未能符合河相关系是该次实验的不足。

杨树青等（2012）完成的边界条件对自然河流形成及演变影响的实验表明：随着时间的增大，河流逐渐增宽，最后达到稳定状态。展宽速率呈现先增大后减少的趋势，同时认为流量对河流展宽幅度的影响最大，水流入射角与河流展宽幅度及河流弯曲度变化没有必然的关系，30°入流角对河流展宽及弯曲率影响最为强烈，但是只在初始阶段有短期较大的影响，呈现河床演变的滞后性及河湾弯曲率变化的传递性等特点，但入射角与河流展宽幅度没有必然的关系；此外，实验揭示了河流的泥沙分选现象，随着凹岸冲刷及凸岸淤积，粗颗粒泥沙逐渐淤积到凸岸，细颗粒泥沙则随主流线不断向前运动，细颗粒分布带与水流动力轴线的位置基本一致。

7.4.2　弯曲河型典型造床实验结论

7.4.2.1　蜿蜒河型发育的一般过程

实验表明，无论是弯曲河型的总体形态，包括深槽与浅滩的交错出现，还是河床微地貌形态，包括波纹、沙波、交错边滩、凸岸边滩的形成，体现了蜿蜒河型发育的一般过程（唐日长等，1963；尹学良，1965；Ackers et al.，1970b；Zimpfer，1975）。

无论模型小河是否具有入口弯头，蜿蜒性河道发育过程描述为：小河展宽→新月形沙浪由犬牙交错状转变为不对称分布→河宽继续增加→出现深泓线及边滩→形成犬牙交错的边滩→主流靠近对岸、形成深槽、淘刷河岸，边滩伸展→弯曲小河渐渐形成→凸岸边滩植草、发展成蜿蜒小河（唐日长等，1963）；不易切滩改造→单股无汊→单向螺旋流→单向泥沙输移→单向蠕动→蛇曲（尹学良，1965）；发育沙纹（Ripple）→沙浪（Dune）→形成边滩→边滩迅速下移→凹岸侵蚀河道拓宽→发育凹湾（Embayment）侵蚀→弯曲河型缓缓形成（Ackers et al.，1970a、1970b）。河型演变都遵循如下过程：顺直→弯曲深泓→具有裁弯的弯曲深泓→游荡河型（Zimpfer，1975）。

总体而论，由顺直小河发育成蜿蜒弯曲小河的实验过程大致经历三个阶段。

1. 顺直小河→顺直河型（具有深泓线与潜边滩）阶段

顺直小河展宽→发育沙纹（Ripple）、新月形沙浪（由犬牙交错状转变为不对称分布）→河宽继续增加→出现深泓线及水下边滩。

2. 弯曲河型发育阶段

形成犬牙交错的边滩→边滩迅速下移→凹岸侵蚀河道继续拓宽→主流靠近对岸、深槽出现、凹湾（Embayment）侵蚀→弯曲小河渐渐形成。

3. 蜿蜒河型演变阶段

凸岸边滩形成→凹岸继续缓缓侵蚀、凸岸边滩淤高拓宽（水中加悬移质、水位下降、生态植草等）→发展成高弯曲率蜿蜒小河。

事实上，由阶段1向阶段2转变时，相当于坡降与输沙率的第一临界点，即Schumm等（1971，1972）的顺直河型及具有弯曲深泓的顺直河型。而阶段3为第一、二临界点间的弯曲河型，由于实验条件限制，特别是河岸边界条件较天然弯曲河流的来的均一，密实度、黏性也较差，水沙条件较为单一，运行时间有限，要达到弯曲率超过3.0的蜿蜒曲流相当困难。

河床微地貌形态的发育过程：由沙纹→沙浪→潜边滩→水下边滩→交错边滩→凸岸边

滩→继续淤积拓宽→切滩改道；水流由顺直深泓线→深泓线弯曲→深泓明显弯曲→螺旋运动弯曲水流发展；河岸形态由直线河岸→河岸局部变凹→规则交错凹岸→凸岸边滩与对面凹岸交替展布→岸线继续下移及向两侧展宽→渐渐稳定；河床冲淤积河漫滩形成过程：由初始的推移质输移为主→形成深槽冲刷、浅滩淤积→边滩底部河床相沉积→凸岸边滩河漫滩相淤积→蜿蜒河漫滩形成。显然，实验蜿蜒河型的发育过程，从微地貌形态到中、大地貌形态，与水力泥沙、河床边界条件、一定坡降条件密切相互联系，环环紧扣，缺一不可。

7.4.2.2　切滩及河湾的移动

在蜿蜒弯曲河型发育过程的实验中，交错/凸岸边滩的发育过程与河湾的发育过程是一对亲密的孪生兄弟。如果边滩被切割破坏，则蜿蜒弯曲河型难于形成；假如河湾中止移动，则蜿蜒弯曲河型便失去活力和生命。

1. 切滩

在蜿蜒河型发育演变的实验中，学者们很关注切滩河湾的移动。尹学良（1965）认为，某些切滩是导致河道散乱多汊，难以形成单股无汊河道（如顺直微弯、蜿蜒河道）的重要因素；按成因划分切滩为下列5种。

（1）串沟过流扩大。系老河槽未能足够淤高而形成的干沟或浅水串沟，在主流弯曲发展较甚，或上游来水加大，或上游河势变化致使主流淤积而壅高水位时，扩大而发生切滩（图7.4-1）。

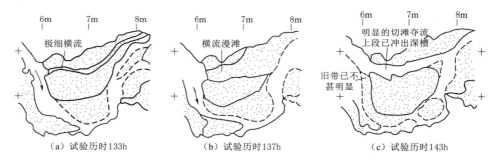

（a）试验历时133h　　（b）试验历时137h　　（c）试验历时143h

图7.4-1　串沟过流切滩（第Ⅰ组）（尹学良，1965）

（2）主流带顶冲。上游河势变化，主流带直接顶冲滩缘，逐渐自上而下地冲出河槽，随即发生切滩（图7.4-2）。切滩时，滩面泥沙被冲起送到前方和两侧淤下。如果前方淤高较快，逐渐形成沙坎，切滩得以避免发生，这是漫滩水流不大而主流流速较大时的情况。

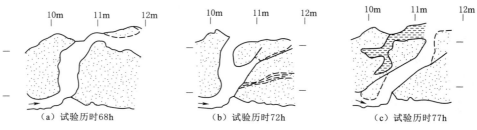

（a）试验历时68h　　（b）试验历时72h　　（c）试验历时77h

图7.4-2　主流顶冲切滩（第Ⅰ组）（尹学良，1965）

（3）溯源切滩。漫滩浅流集中后，可在当地形成冲刷坑。上游坑边冲刷尤为剧烈，便溯源上移。在较强的水流将冲出的泥沙带向较远处时，坑下首的小河汊可保持不淤。待上游坑边切穿与上游河道连通后，就发生切滩改道。在第Ⅴ组实验中，多见这类切滩，与其滩缘比降较陡有关（图 7.4-3）。

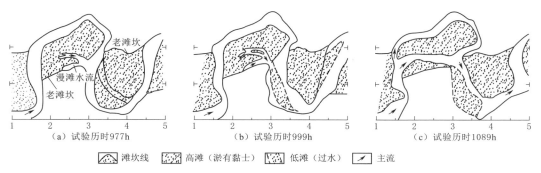

（a）试验历时977h   （b）试验历时999h   （c）试验历时1089h

⟋⟍ 滩坎线　∷∷ 高滩（淤有黏土）　·· 低滩（过水）　↗ 主流

图 7.4-3　溯源切滩过程（第Ⅴ组）（尹学良，1965）

上述三种为跃移性切滩，在发育过程及速度方面影响较为强烈，可使下游也发生突发性的切滩改道。

（4）主流侧蚀。当主流逐渐向凹岸侧蚀，对岸的凸岸边滩也得以正常发展。主流蠕动方向可能随上游河势改变而反过来，逐渐侵蚀滩缘，出现渐移性切滩。这种切滩，对下游的影响也比较缓和，基本上只会改变下游河道蠕动的强度和方向。

（5）向倒套的切滩。边滩下缘延伸过长，近岸边的老河槽又未能及时淤死而形成死水倒套时，从主流到其上段的比降较大，一旦有漫滩水流，很容易发生切滩（图 7.4-4）。这种切滩可归属于串沟切滩或主流侧蚀后滩地上端被切穿而发生的跃移性切滩。但因倒套下段往往与下游主流平顺相接，因而切滩后不致引起下游河势的突发性变化。

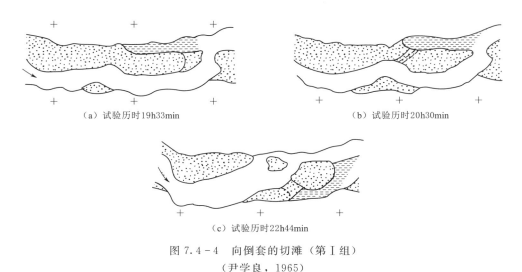

（a）试验历时19h33min   （b）试验历时20h30min

（c）试验历时22h44min

图 7.4-4　向倒套的切滩（第Ⅰ组）

（尹学良，1965）

尹学良（1965）认为，不论哪一种切滩，都会引起下游发生渐移性或突发性切滩。几个边滩被连续切掉，在对岸会长出新滩；水流较宽浅散乱时，一个边滩切割尚未完成该过程，另一个切滩连环发生，促使河槽维持散乱多汊。若要维持单股无汊河道，应尽量避免跃移性切滩。为此，必须加强滩面抗冲性和漫滩水深不要过大，或者综合地说，应减少河床可动性及流量变幅。

2. 河湾及蜿蜒的移动

Edgar（1973）、Zimpfer（1975）、金德生（1986）以及王平义等（2001）注意到弯曲与蜿蜒河型实验的河湾移动情况。

随着时间推移，蜿蜒型河道会在横向及沿河谷向下游移动。蜿蜒曲流有三种基本运动类型：运移（沿河谷向下游滑移），扩张（横向增长），旋转（绕弯曲轴旋转）。在某个河弯上，可以出现三种基本运动的任何组合，取决于流量、河床和河岸组成物质颗粒的大小。

在实验室中，由于河道沿程的泥沙颗粒保持不变，流量恒定，河弯移动比较简化。对于深泓弯曲河型，可以见到随着时间的变化，凹弯会沿河谷向下游的滑动（Sweep）或平行于河谷或水槽轴线的移动，以及曲流带幅度或宽度的增加。弯曲不会变形，迁移比较均匀。但是天然弯曲河流，因泥沙的侵蚀性不同，河湾会发生变形。野外的浅滩或河床因长久暴露，会生长植被而变得稳定。冲积平原上的蜿蜒曲流有两种移动方式。一种是蜿蜒河道迂回曲折（Meander Sweep），顺流向下游移动；另一种是蜿蜒曲流在河谷内横向来回摆动。

在 Edgar（1973）和 Zimpfer（1975）的实验表明，弯曲深泓河型发育和迁移的方式较为均一，有些凹岸发育和移动并不均匀（图 7.3 - 10，点 A）。圆齿状凹岸（A 点）越过弯曲深泓，突然向下游转移（图 7.3 - 11），反过来又导致下游另一个弯曲深泓弯顶的下移，形成边滩与河漫滩边缘的尖角（图 7.3 - 12）。

当蜿蜒弯曲河型已完全发展，继续进行实验时，曲流在水槽中蜿蜒迂回移动。凹弯的下游部分遭受侵蚀，凸岸边滩上游部分淤积物的抗蚀性稍差。因此，凹岸下游部分的迂回移动比上游的来得慢，河湾下游部分超过上游部分，形成不稳定的对称弯曲（图 7.3 - 12）。当曲流切入基岩或者弯曲的下游部分被碍蚀物或基岩阻挡，弯曲的上游部分，往往发育在沉积层内，弯曲的固定部分将向下游迂回，曲流发生变形，形成压缩曲流。

金德生（1986）实验发现，蜿蜒河道发育不对称河湾，与水流对河弯剪切力差值比（$\Delta\tau_0/\tau$）及河岸结构不均匀有关，并决定河湾是否向上游、下游或仅仅侧向移动。大多数蜿蜒在一个凹弯内发生移动，在凹弯上、下游，都会受到深泓位置的影响，也会产生蜿蜒的移动（图 7.3 - 11）。Friedkin（1945）也曾获得类似的实验结果，并认为这是形成的正常斜槽（Normal Chute Formation）。

王义平等（2001）认为，河湾弯曲率随时间增加（减少）而发展（衰减）。曲流蠕动方式与弯曲率及水深密切相关，弯曲率较小、水深较浅，螺旋流发展迅速，最大曲率靠近弯顶，河湾以横向蠕动为主；反之，以纵向蠕动为主；介乎中间，则纵、横向蠕动兼而有之。

7.4.2.3　影响弯曲河型发育的控制因素

1. 形态控制因素

总之，各种实验研究提供了有关河道形态对控制变量的响应的大量信息。在一般情况下，自变量如流量、坡降和输沙量等每一次操作推导得自变量和一些因变量如曲流波长间的二元关系。应该注意的是，在量纲分析中，变量被合并到无尺度的复合变量中，这是Ackers 与 Charlton（1970a，1970b）和 Shahjahan（1970）使用的一种强有力的工具，以更严格的方式分析数据。水力学与泥沙两因变量对河道形状的影响确实重要。但另外，地貌形态的控制也很重要。两者与实验设计有关，因此可以被认为是初始条件对实验河道的影响。

（1）初始河宽。不少实验认为，初始河道宽是控制最终河道形状的重要因素之一。因为模型河道中输移的泥沙，犹如天然河流那样，主要来自河岸侵蚀。人们选择比"期望的平衡河道小一些"的初始河道（Wolman et al.，1961），但是河岸边界条件不合适，如组成太粗、黏实度差，导致河岸侵蚀过强，河道拓宽太快，河道迅速加积，便不能发育深泓弯曲河道，更不可能形成蜿蜒弯曲河型（图 7.4-5）。

Friedkin（1945）用底宽 0.1m 和 0.23m不同横截面的初始通道进行实验，发现稳定弯曲河型完全相同，最后的弯顶宽 0.49m 和0.52m。Mosley（1970）在 1 号水槽中，施放2.8L/s、5.7L/s 和 8.5L/s 的流量进行了三次实验。使用底宽 0.3m 和 0.6m 的顺直入口河道，初始坡降为 0.005 发现河道发育过程有多大差异。只是初始河宽较大时，河岸侵蚀、河道变浅、深泓拓宽、不变弯曲，单位河流功率较低 [1.9～6.6N/（m²·s）]，而较小者较高

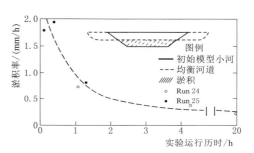

图 7.4-5　初始极窄模型河道的展宽情况和淤积率（Wolman et al.，1961）

[5.1～8.7 N/（m²·s）]。但 Ackers（1964）发现，具有较陡坡降的模型河流（即较高单位河流功率）倾向于弯曲，因为在河道上游的两边形成小的交错浅滩，导致对岸发生侵蚀，给河岸附加的侵蚀更为显著。在他的一系列实验中，由于初始河道太宽，河道保持顺直，河床发育沙纹。或许是实验沙料（粒度、粉砂和黏土的百分比）不同所致，实验沙料对河道的影响更大。

（2）弯曲引水入口。Friedkin（1945）指出"在每条弯曲河流中，河道的大小和形状，在很大程度上取决于进入每个弯道的水流方向"。他的一系列实验，初始坡降为0.0075，流量为 2.83L/s，但是弯曲的入口角为 30°、45°、60°。在整个水槽中，沿程均匀发育弯曲，曲流波长随入口角的增大而减少；曲流波幅随入口角的增大而增加（图 7.3-1）。Friedkir 发现入口角接近 90°，曲流的"横向来回运动"（曲折趋势）被过强的湍流所破坏，水流就不可能会偏离河岸最初的入口角到邻近下游对面的河岸形成一个河弯。0°入口角，则发育不规则、展宽、不断下移的河道，波流波幅沿程不断增大。

Mosley（1975c）的几组实验中，流量为 2.83L/s、5.66L/s 及 8.5L/s，初始入口角40°，初始坡降 0.005，而初始河宽 0.3m；河漫滩的组成物质具有黏性。在施放流量2.83L/s 时，各个河弯都单独发育，以适应入口角发展变化带来的影响（图 7.4-6）。每个河弯出现时，刚好上游的河弯发展成曲率半径约 0.5m 的小凹岸，使水流以较大角度流

向对岸。Mosley 点绘了每个河弯的曲流波幅与发育时间的函数关系（图 7.4 - 7），连续弯曲开始出现的时间间隔，既不是常数，也不总会增加或减少。

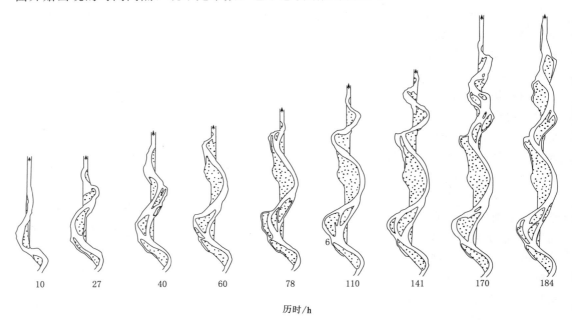

图 7.4 - 6　河道演变成型阶段图（Mosley，1975c）

注　流向自右向左，点子区为凸岸边滩。

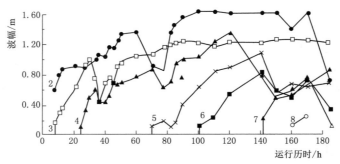

图 7.4 - 7　河弯波幅作为运行历时的函数（Mosley，1970）

注　2～8 表示河弯编号。

1）连续弯曲的最大波幅随每个弯曲增大而减少。

2）每个弯曲的波幅达到最大值后，便趋向下降。

通过凸岸边滩的冲决切割，波幅减少。施放较大流量 5.66L/s 时，河道快速最终变成有效的顺直河型。当流量增大为 8.5L/s，沿整个河道发生剧烈河岸崩塌，导致非常快速的河道演变（图 7.4 - 8）。弯曲再次连续沿河向下游发展，由于弯曲裁切和向下移动，数量和幅度逐渐减少，河道最终由一系列弯道与被河湾分隔的直段组成。在那里，水流未受干扰，河岸组成物比较抗蚀。

入口弯曲的作用，在大多数情况下会导致河道弯曲。弯曲不总是稳定的，在低能量条件下（低流量、低坡降），很快在下游消失；而在高能量条件下，弯曲波幅迅速沿向下游增大，弯曲被侧蚀破坏，发生游荡。

（3）支流汇入角。Mosley（1975c，1976）对支流（Tributary or Anabranch Channel）入口影响汇口以下河道的发育（图 7.4 - 9）做了许多实验和细致的观察；在 95 次实验中，不仅改变支流汇合角（θ），还改变支流的流量比（Q_1/Q_2）、支流宽度（W_1，W_2）和支流的输沙率（Q_{s1}/Q_{s2}）。在顺直无支流的河道中运行了 4 组，其流量为 0.25L/s。将平均水深（0.78cm、0.80cm）与支流汇口冲刷深度（D_s）进行对比；当支流入口加入泥沙

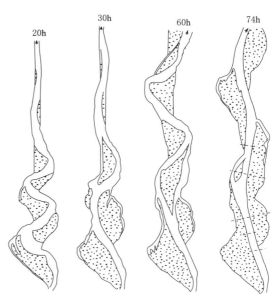

图 7.4 - 8　河道演变成型阶段图（Mosley，1975c）

时，泥沙形成沙波，向下游移动；沙波到达汇合处时，与较低河道水流平行滚动，在汇合处下游形成冲刷坑。因此，在自然情况下，发生局部沉积（图 7.4 - 9）。染色注射液表明，汇合处的水流状态非常复杂。在汇合处两股汇合水流边界的剪力产生垂直漩涡，迤逦向下游移动，形成两股清晰支流间的边界，呈现为独特的圆齿形状。支流的水流穿过汇合处中心的表面，扎入水底，然后沿着冲刷的边壁重新流到水面上。因此，在冲刷坑中形成了两个反向的螺旋单元，阻止泥沙进入冲刷坑的中心。所以，从支流进入的泥沙沿着冲刷坑边壁的基部输移，形成两条侧带离开冲刷坑。在汇口下游一些距离聚集，在两条侧带之间通常发现磁铁矿的暗色带（图 7.4 - 9）。冲刷坑显然是当水流注入主河道时，引起的剪切和紊动的结果。在这种复杂的情况下，描述湍流的精确性几乎是不可能的，但是湍流度和能量耗散率与汇合处水流动量的变化有关，也就是说，与水流通过汇合处的动力有关（Chow，1959）。动量方程表明，这些与汇流角、流量、水的密度（实验中为常量）和流动速度（所有实验中，大约 0.3m/s）有关。图 7.4 - 10 表明，相对冲刷深度 D_s/D 是支流汇合角的函数，顺直、无支流河道和流量 0.25L/s 的实验也包括在内。对于 15°汇合角，沿着汇合水流的边界剪力很小。因此，形成冲刷坑的趋势很小。这与刚性边界汇合处产生湍流的工程实践相一致。定性观测表明，汇流角为 15°～90°，剪切力和紊流迅速增加，之后渐渐变慢；冲刷坑的深度也明显随汇合角的增大而变浅。

（4）河谷坡降。在稳定或渐变时间 R 度上为自变量（Schumm et al.，1987），通过含在变量剪切力（$\tau = \gamma R_s$）和河流功率（$\omega = \gamma Q_s$）中，部分地控制水流的侵蚀能力（图 7.4 - 13）。Friedkin（1945）证实，当其他因素不变，改变水槽坡降对曲流河型发育的影响，他解释了波长和波幅随坡降增加而增加的趋势，河道坡降较陡时没有能力急转弯。

图 7.4-9　在河道汇合处的典型冲刷坑，
向上游看注意磁铁矿矿石浓度
（位于汇合处河道下游中心暗色带）

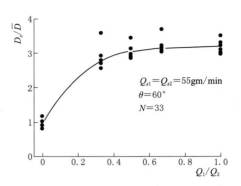

图 7.4-10　汇合处冲刷坑相对冲刷深度与
汇合角间的关系（Mosley，1975c）

对于给定的河岸组成物质，河流减少其河岸的曲率半径和波长，在这个过程中，水流的侵蚀能与河岸组成物的抗蚀性相平衡。曲流平面形态的差异与河道横剖面形状的差异有关，较陡坡降的河道更加宽浅。Schumm 和 Khan（1972）证实，水流的平均流速和输移能力（作为泥沙输移率的指数）随着河谷坡降或水槽坡降增加而增加〔图 7.4-11〕。结果，河宽增加，平均水深下降，宽深比增大〔图 7.4-12（a）、（b）、（c）〕。当流量和入口角分别为 4.25L/s 和 40°时，弯曲率也随水槽坡降的变化而变化〔图 7.4-12（d）〕。当坡降小于 0.002，河道保持顺直；当坡降大于 0.008，河岸侵蚀变更强烈和迅速，变得越来越弯曲。坡降超过 0.013，河道越来越不稳定和发生切滩，出现游荡趋势。当发生这种改变时，弗劳德数接近 1.0。坡降为 0.017 时，河道便完全游荡，又变得顺直，弯曲率为 1.0。当然，在河型转变时，可以用流速和输沙率突然增加来解释（图 7.4-11）。

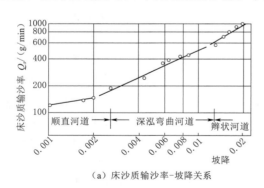

（a）床沙质输沙率-坡降关系

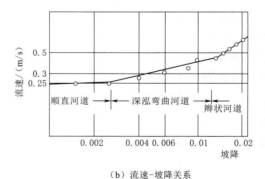

（b）流速-坡降关系

图 7.4-11　谷坡坡降对输沙率及流速的影响（Schumm et al.，1972）

Edgar（1973，1984）通过变换流量和坡降，扩展确定河流功率（ω）对河道形态影响的研究。河流功率的增加，增强河流侵蚀力，导致更快的河岸侵蚀和推移质输沙率的增加。然而，加大流量造成弯曲率下降，很可能是河岸组成物黏性度降低所为（图 7.4-12）。弯曲率和河流功率间的关系与 Schumm 等（1972）表达的相类似，在河流功率较低时，河道保持顺直，河流功率达到某个临界值，河道弯曲率不断增加，该临界值随流量变化而各不相同，超过该临界值，河流发生游荡（图 7.4-13）。正如先前讨论过，随着坡降的变陡，河道宽度增加，深度减少，宽深比增大（图 7.4 - 12）。

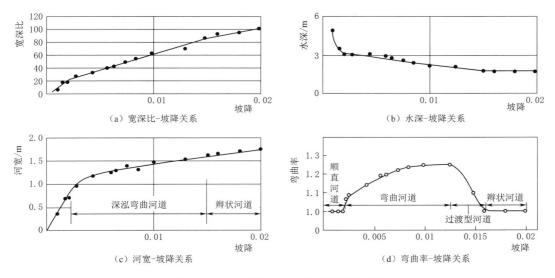

（a）宽深比-坡降关系　　　　　　（b）水深-坡降关系

（c）河宽-坡降关系　　　　　　（d）弯曲率-坡降关系

图 7.4 - 12　坡降对河道几何形状的影响

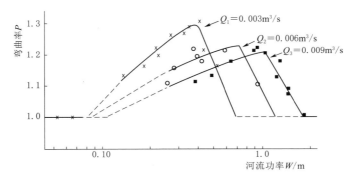

图 7.4 - 13　弯曲率与河流功率间的关系

　　当水流沿着不同的河谷坡降面向下流动时，河道会下切，河道的尺寸必须适合于输送流量和泥沙量。为了维持恒定的河道比降，河道要么必须淤积或冲刷，要么改变弯曲率，使河道能够适应河谷坡降的变化。

　　河谷坡降不仅改变弯曲率，而且也改变河道类型。这与 Schumm 等（1972）和 Edgar（1973）对顺直、蜿蜒和游荡河型临界值的观察相一致（图 7.4 - 14），也与早期区分蜿蜒与顺直河道的努力相一致，均参照流量和坡降来区分，例如，Ackers（1964），Ackers 等（1970b），根据坡降和流量，将河道划分为蜿蜒型、浅滩型（具有交错边滩）和顺直型（图 7.4 - 14）。在 Ackers 等的实验中，临界坡降一达到，河岸侵蚀和蜿蜒便开始。

　　（5）河漫滩与河岸的物质组成。金德生（1986）进行边界条件对曲流发育影响的实验表明，河漫滩物质结构及河床上的抗蚀露头对曲流发育具有一定的控制作用。首次建立弯曲河道发育与河漫滩结构及河岸高度比间的关系（金德生，1986）：①在紧密黏土河岸、细砂质河床中放水 542h，最终形成对称性曲流河床，弯曲率为 1.67～1.86。但是曲流发

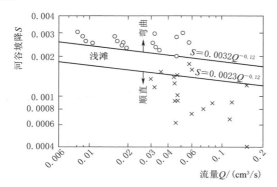

图 7.4－14　顺直、浅滩与弯曲河道的界限函数
（Ackers 和 Charlton，1970b）

育十分缓慢，仅在全水槽上游三分之一长度发育曲流，河湾对称、弯曲率向下游衰减；②二元相结构河漫滩，河岸高度比向上游递增，中沙河床。检验不同河岸高度比对弯曲河道发育的影响。放水总历时为 400h，最终获得了极为弯曲而不对称发育的，与天然曲流十分类似的曲流河道［图 7.3－13（b）］。弯曲率向下游递减，而且具有随弯曲率增大，不对称性越加明显的趋势；③二元相结构河漫滩，河床高度比值沿程不变，中沙河床。检验和复演上一组实验的结论。施放恒定流量 0.2L/s，总历时 400h。最后获得了极为典型的不对称弯曲河道。除了几个弯曲率较小的河湾对称发育，河湾不对称系数接近 1.0 以外，其余河湾的不对称系数为 1.78～1.0 及 1.0～1.18。河湾不对系数（I_a）指的是一个河湾的上游一翼部分的弯曲率（P_{up}）与下游一翼部分的弯曲率（P_{dn}）之比值，如果河湾向上游不对称，则 I_a 小于 1.0；反之，如果河湾向下游不对称，则 I_a 大于 1.0。这与 Carson 等（1983）所使用的不对称系数有不同。

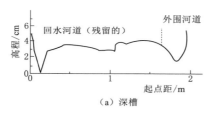

（a）深槽

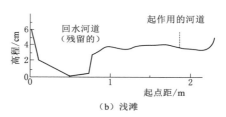

（b）浅滩

图 7.4－15　砂质水槽河道的典型横截面（Zimpfer，1975）
注　外河道或有效河道传送大部分流量和泥沙量。

实验结果与第二组实验的相类似，但两组关系曲线均出现了两条（图 7.3－16 和图 7.3－17）。曲率半径较小的几个河弯是对称的，其他河湾的弯曲半径较大，且不对称；图 7.3－16 中，上面一条曲线的点子主要是向左弯曲的奇数河弯，而下面一条曲线的点子主要是向右弯曲的偶数河弯。同时，如果当河岸高度比为定值时，向下游呈不对称发育的河弯曲率大于向上游呈不对称发育的河弯曲率。

值得注意的是不对称系数与弯曲率之间有很好的双曲函数相关关系，当弯曲率约 1.57，$I_a=$ 1.0，当弯曲率大于 1.57，$I_a>1.0$ 或 $I_a<1.0$ （图 7.3－18）。金德生（1986）认为，当曲流发育较差时，即由较顺直河道向曲流演化，或裁弯取直

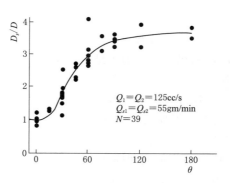

图 7.4－16　在汇流处冲刷坑相对深度
$D_s/\overline{D}$ 和支流流量比 Q_1/Q_2 之间的关系
（Mosley，1970c）
注　三个异常值为实验中，支流不均匀地流动，水流贴近河岸，单宽流量异常高，导致更多冲刷。

河道变弯曲的初期阶段，曲流往往是对称发育的，而随河道越来越弯曲时，便不对称状发育。但是，当河道变得很弯曲时，不对称状发育的趋势又渐渐地变缓。这与河岸高度比相关，河岸高度比越大，曲流便越不对称（图 7.3 - 19）。河弯中仅仅出现一个深槽时，河漫滩结构对河弯不对称发育的影响极大。或许与河弯的剪切力差值比（$\Delta\tau_0/\tau$）有关。图 7.3 - 20 表明，$\Delta\tau_0/\tau$ 越大，河弯越不对称，这时凹岸的剪切力较大，容易淘刷河岸底部，淘刷得越强烈，河岸的高度比也越大，从而反过来又会增强水流的剪切力。显然，河漫滩的物质组成与河岸结构对曲流发育具有正反馈作用。由此可见，河岸高度比或河漫滩二元相结构的特定比是不对称曲流发育的必要条件，而其与河弯剪切力差值比沿程的非均匀分布是充分条件，并决定不对称河弯的移动方向，河弯向两值较大的一翼移动。若剪切力差值比为 0，河弯侧向移动，呈对称发育。

2. 水沙状况控制因素

（1）流量。目前已反复得到证明，在其他因素相同的情况下，模型河流的大小和形状受到输送水流流量的控制。例如 Ackers（1964）阐述中沙组成的顺直河道的形态与输送流量（Q_w）（0.011～0.153m³/s）之间有拟合关系，关系如下：

$$A = 0.52 Q_w^{0.85} \tag{7.4 - 1}$$

$$V = 1.92 Q_w^{0.15} \tag{7.4 - 2}$$

$$w = 2.64 Q_w^{0.42} \tag{7.4 - 3}$$

$$d = 0.20 Q_w^{0.43} \tag{7.4 - 4}$$

式中：A 为横剖面面积，m²；V 为流速，m/s；w 为河宽，m；d 为水深，m。

这些方程与自然河流的相似。然而，并不总是容易确定或量测水槽河道的大小，特别是河道宽阔时，平均速度和水深往往由计算而得。又如，河湾迁移过程中，建造河漫滩时，就会像自然河流那样，残留的回水河道没有被淹没［图 7.3 - 3 (c)、(d)，图 7.3 - 7，图 7.4 - 15］。所以，可以认为，只是一小部分河道有作用。为了解决这个问题，Hickin（1972）对外河道（行洪、排洪河道）作了研究。将 Ackers（1964）与 Ackers 等（1970a）收集的数据加以对比表明，蜿蜒河道的平均宽度是顺直河道的 2 倍，而发育有交错边滩的河道的宽度介于中间。

流量也可控制平面形态变量。Friedkin（1945）发现，曲流波长、弯曲率和波幅都随着流量的增加而增加，也得到其他一些研究者的认同。在曲流波长（L）与流量之间的关系图上，点子一定程度的散布，可能是泥沙颗粒大小和初始入口角的差异所致。为了消除泥沙的影响，Ackers 等（1970a）和 Shahjahan（1970）采取无量纲数据点绘关系：

$$\frac{L}{D_{50}} = f\left[\frac{Q_w^2}{g D_{50}^5}\right] \tag{7.4 - 5}$$

式中：相对波长作为相对河流大小的函数。

Shahjahan（1970）发现一系列有关这种形式的不同数据集的准平行关系，并提示也应该将泥沙的"相对沉降大小"包括进这些关系式中去；他认为，虽然早期的研究者将 L 和 Q_w 之间糟糕的关系归咎为界定或测量河道的造床流量有困难，并使用河宽作为尺度、河谷坡降及输沙率的指数，可能导致图中其余点子不一致。对于一定的流量，推移质河道的曲流波长比输送较细泥沙的波长更长（Schumm，1968）。模型河流的平均波幅也与流量有关，尽管在最佳拟合的二元回归关系式中，存在大量的散布点，一般来说，这是泥沙特性影响所致。Shahjahan（1970）考虑泥沙差异的影响后，再次获得了关于相对波幅与相对流量间的改进拟合关系。

（2）流量变化率。Mosley（1970c）改变河道的流量，研究了支流汇入角的影响，图 7.4－16 显示，随着较小支流（流量为 Q_{s1}）的增加，在汇合处对河床发生较大的冲刷，与冲刷相关流量的增加变得愈益显著。当所有的水都在一个河道里时，剪切和湍流最小，汇合处的水深与顺直河道的水深相等。随着小支流流量的增加，导致流入主河道的水流旋转力越来越大。因此，产生剪切和湍流，在汇合处形成螺旋流元素，河床冲刷加强。当支流的流量为主河道流量的一半到相等时，水流净转向力、产生的湍流和冲刷深度都最大。支流河道宽度多种多样，但对冲刷深度没有明显影响。当支流的流量为主河道流量的一半到相等时，水流旋转力净值、湍流的产生和冲刷的深度都是最大的。支流宽度各不相同，但对冲刷深度没有明显影响。

河流研究中长期存在一个问题，确定形成河道的优势流量。Inglis（1949）定义优势流量为"在这种流量下，最接近平衡，且变化倾向最小。这种条件可能是所有条件在很长时间内的综合效应"；他将优势流量看得比平滩流量要高一些。另外一些研究者则将优势流量定义为完成大部分泥沙输移的流量，具有中等大小的频率和数量级（Pickup et al.，1976；Wolman et al.，1960）。但这是一种常见的观点，即优势流量最可能是刚刚填满河道的流量，即平滩流量。平滩流量倾向于每 1～2 年发生一次，最可能大约等于年洪峰流量或年平均洪峰流量，重现期分别为 1.58 和 2.33 年。然而，这种情况要比人们想象的少得多，Mosley（1981）和 Williams（1978）发现，平滩流量的重现期可能从几个月到数年。

（3）输沙类型。不同实验者之间的经验差异很有启发性。例如，Ackers 等（1970b）实验显然能够产生蜿蜒河道，会稳定好几天，并且不需要入口弯曲。然而，Zimpfer（1975）发现，在他本人，以及 Edgar（1984）、Schumm 等（1971）使用的实验条件下，规则的弯曲河道，仅仅是最终走向发育游荡河道的过程中的暂时阶段。另外，Mosley（1975c）使用和 Zimpfer（1975）同样的流量、坡降和操作条件，而水槽里的泥沙不同，结果发育的顺直、单泓河道是平衡形状。正如前面所提到的，泥沙特征对河道形状也是重要的控制，许多定性和定量的观察也阐明了这种影响。

Friedkin（1945）证实不同实验材料的影响，与其他因素的影响是一样的。在泥沙由 60％粉砂和 40％沙子组成的沙料中，发育的河道较为深窄，曲流波长与波幅，比发育在泥沙由 20％粉砂＋80％沙子组成的河道来得小。在实验沙料中包含少量不均匀分布的水泥，同样的影响曲流的发育，在一些弯道上，河宽、弯曲波长和波幅受到限制，与均质沙料中发育的河道相比，形成的河型明显不均匀。

Ackers（1964）注意到，在研究的河道的河岸中，有碍蚀的黏土层沉积，显著地影响河道的规模。河宽和横剖面面积小于河岸可侵蚀及平均流速小的河道。Mosley（1975c）由粉砂与沙子混合物做的实验数据与 Ackers（1964）有黏土防护河岸的数据一致。Schumm 等（1972）引证 Ackers（1964）通过在非黏性沙中（流量为 4.25L/s，已经形成的弯曲-深泓河道）引入一真正的蜿蜒河道，观察所产生黏土沉积物的效果；他们将高岭土加入水流中，使其浓度达到 3%（30000ppm），同时降低粗砂的加沙率。深泓沿河程遭受冲刷，比降总体上没有变化，而悬移质泥沙沉积在交错边滩上。这就产生了双重的效果，那就是降低边滩上原本较浅的水深，并使之稳定下来防止侵蚀。沿深泓的冲刷，水位降低，水下的交错边滩出露水面，变成凸岸边滩，而河道变得更窄、更深、更蜿蜒，这是输沙率特性变化所致（图 7.4-17 和图 7.4-18）。四种河道遵循了这个实验步骤，流量为 4.25L/s，但河谷坡降为 0.0026~0.0085，每一个实验中都观察到（图 7.4-19），横截面积减少 [图 7.4-19 (a)]，河宽和宽深比增加 [图 7.4-19 (b)、(c)]，水深和水力半径减少 [图 7.4-19 (d)]，弯曲率增加。尽管增加了弯曲度，平均速度也增加了 [图 7.4-19 (e)]，因为横截面面积的减少，阻力减少，导致细颗粒泥沙沉积于河岸，悬移泥沙对紊流的阻尼效应（Vanoni，1946）有效地使河道更加窄深。流速的增大导致凹岸进一步侵蚀，因此，悬移质河道的弯曲率最终超过了先前没有高岭土的疏松泥沙中发育的弯曲深泓通道。然而，最终河床和河岸都被覆盖一层黏土，河道停止发育，而加入通道的砂子直接输入到尾部沉砂池。

（a）推移质类型　　　　　　　　（b）加悬移质类型

图 7.4-17　Colorado 州立大学水工程中心水槽中塑造的河型
注　两者流量均为 8.5L/s，坡降 0.005，相同弯曲入口。

这种输沙率对河流地貌影响的定性处理，得到比较正规定量分析的支持。Shahjahan（1970）利用量纲分析，包括被提到的泥沙类型对曲流的影响；相关的无量纲项变量的分组，他能够证明，对于给定的"相对流量"（$Q_w^{2.5}/D_{50}g^{1/5}$），曲流波长和河道宽度随"泥沙相对沉降尺度"减少而增加，但深度随"相对沉降泥沙尺度"减少而减少。

Ackers 等（1970a）也采取了类似的方法，他们指出，描述稳定冲积河道的变量是强制流与力场、泥沙特性、流体特性的函数，他们检验了几个不同的无量纲的组，作为预测河道形态的适当变量。事实证明，相对曲流波长 L/D_{50} 和相对流量 Q_w/D_{50} 间的良好关系，由下列最佳拟合方程给出：

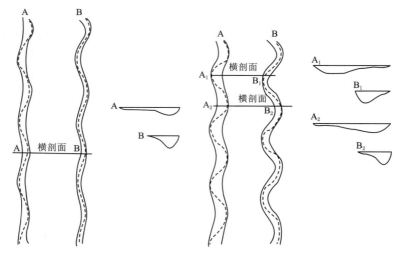

（a）河道引入悬移质之前　　　　　（b）河道引入悬移质之后

图 7.4-18　河道引入悬移质之前和之后（流量为 4.25L/s，Schumm 和 Kdan，1971）

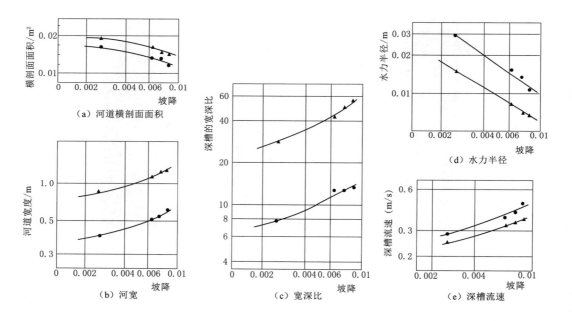

▲ 未加悬移质泥沙　　● 加入浓度3%的悬移质泥沙

图 7.4-19　额外增加悬移质后对河道断面面积、河宽、
宽深比、水力半径、流速的影响（Khan，1971）

$$\frac{L}{D_{50}} = 123\left[\frac{Q_w}{D_{50}^2\sqrt{gD_{50}(S-1)}}\right]^{-0.376} \tag{7.4-6}$$

式中：L 为曲流波长，ft；D_{50} 为泥沙中值粒径，mm；Q_w 为流量，ft³/sec。

对于给定的重力加速度和河谷坡降（S），有

$$L = D_{50}^{0.06} Q_w^{0.376} \qquad (7.4-7)$$

然而，不同中径的数据集显示的趋势略有不同，指数为 0.45～0.55。显然，D_{50} 对曲流波长的影响具有第二位的重要影响。

其他学者对控制蜿蜒形态已经做过大量研究，或者使用已发布的不同类型泥沙的数据来分析，或者使用每种泥沙进行单项研究。人们普遍认为，蜿蜒与交错边滩之间有着紧密的关系，以及交错边滩发育所需条件的信息，可能有助于搞清楚为什么蜿蜒会在某些情况下形成，而不是在其他情况下发育。一个特别有趣的研究是，Chang 等 (1971) 使用了几种泥沙完成的，检验了在由砂、塑料球及膨胀黏土粒（比重分别为 2.65、1.05 和 1.0）组成的河道中交错边滩的发育。很遗憾，泥沙的其他特性也发生了变化；中值粒径分别为 0.7mm、0.18mm 和 0.48mm。此外，砂有棱角、塑料和黏土呈圆球状。河道演变速率受到泥沙类型的强烈控制，塑料小球的河道在几小时内就达到了平衡，由砂组成的河道需要 2～3 天，而膨胀黏土粒的河道需要介于中间的时间。在多数河道中，可以形成交错边滩，流量为 2.83～14.16L/s，坡降为 0.00044～0.0064。交错边滩的波长（L）与流量或流量与坡降的乘积（$Q_w S$）之间没有明显的关系，但 L 明显受颗粒差异的影响。塑料球、膨胀黏土粒以及砂质河道的交错边滩的曲流波长平均值分别为 7.3m、10.7m 和 17.1m，标准差分别为 2.6m、4.4m 和 4.0m。在固定墙水槽中，当河道宽深比小于 12 时，交错边滩无法形成。正如 Kinosita (1961) 所发现的那样，波长无量纲参数 LS/D 和其他变量之间的最佳关系，要含有弗劳德数。

Jaeggi (1984) 使用 5 种不同泥沙的水槽河道实验数据，并引用其他学者的数据，更广泛地分析了交错边滩发育的条件，界定了河道可能发育交错边滩的坡降上限和下限，借助水平和垂直变形（分别形成交错边滩和沙波）的相关趋势来定为上限，而河床质开始起动定为下限。它们共同定义了一个区域有可能形成交错边滩，即受河床质特性、河道边坡和河道形状所控制，而后两者是河床和河岸材料的函数。

泥沙物质影响河道形态一个很好的例子，是 Jin 研究抗侵蚀露头对曲流迁移的影响（Jin et al.，1986）。正如许多研究者所阐述的那样，曲流向下游移动受到抗蚀物质阻碍，露头上游的曲流会压缩（图 7.4-20），弯曲率增大和曲流幅度增加（图 7.4-21）。在更易侵蚀的沉积物中，下游的弯曲会更显著地移离障碍物，结果弯曲率降低，曲流波长增加。Jin 还建了由分层的黏性和非黏性的沉积物组成的河漫滩，发展真正的蜿蜒河流。

（4）输沙率。在许多水槽研究中，输沙率（Q_s）或泥沙含量（C_s）作为因变量，受河道流量、坡降和水深所控制。河岸侵蚀是许多河流输沙率的主要来源，河床的淤积和冲刷也会影响输沙率，在自然环境下，从长期来看，输沙率可以是河道行为和形状的函数。然而，从长远来看，输沙率是上游流域条件强加给河道的，而河道必须进行调整，以输送这种强加的负载。水道工程师进行大量研究的目的就在于设计能够无"淤或冲"输送水流和泥沙的河道系统。

Friedkin (1945) 阐述了河道坡降、河岸侵蚀和输泥率之间的密切关系，他指出在河道陡坡降情况下，河岸的侵蚀率与输沙率随之增大，导致河道展宽和曲流波幅的增加。Raju 等 (1977) 完成了类似的实验。从初始床面坡降 0.0005～0.0025 开始，使初始顺直河道演变到稳定状态。综上，湿周 s 为自变量，水力半径随湿周 s 增加而减少，坡降随着

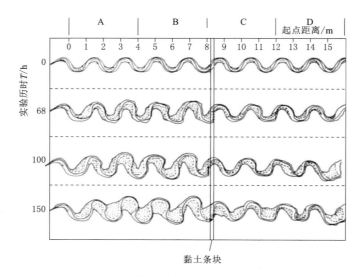

图 7.4-20　黏土露头对河型的影响（Jin et al.，1986）

注　水流自左向右。

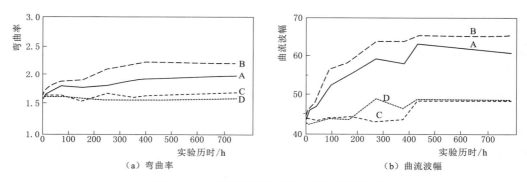

（a）弯曲率　　　　　　　　　　　　（b）曲流波幅

图 7.4-21　露头对弯曲率和曲流波幅的影响

C_s 的增加而增加。Schumm 等（1972）也发现，为维持稳定河道所需的输沙率与河谷坡降相关（图 7.4-22）；其数据表明，当河型变化时，输沙率 Q_s 的增加需要改变坡降的增加率。

Shahjahan（1970）记载道，在其他变量（包括坡降）为常数，泥沙含量范围很宽时，形态因变量的变化相当小。曲流波长和河宽随泥沙浓度的增加而变小，曲流波幅和水深则增加，说明泥沙浓度对河道形态的影响很小。Ackers 等（1970a）对曲流波长的量纲分析也得到相同的结论。Ackers（1964）指出，在理论上，C_s 可以包含在有形态变量的多元变量关系式内，但相对不重要。这里出现了一个难题，是坡降控制泥沙浓度或者反过来泥沙浓度控制坡降？读者可以参阅更多文献资料。

在 Mosley（1970）的支流汇入实验中，也使用了不同的输沙率，图 7.4-23 表明，支流流量为常数，不同输沙率对相对冲刷坑深度的影响。随着输沙率的增加，相对冲刷深度减少。但是，支流的相对输沙率（Q_{s1}/Q_{s2}）对 D_s 没有明显变化。

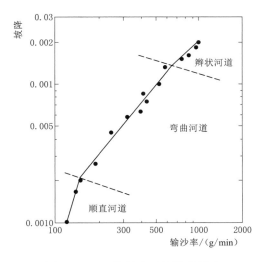

图 7.4-22 输沙率对坡降的影响
（Schumm 和 Khan，1972）

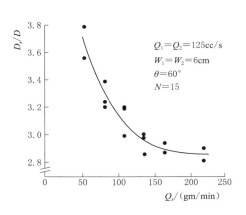

图 7.4-23 在汇流处冲刷坑相对深度 D_s/D
和通过汇流处输沙率 Q_s 间的关系
（Mosley，1970c）

3. 生态控制因素

（1）边滩植草固滩。在唐日长等（1964）的蜿蜒模型小河实验中，为了加速凸岸边滩的淤高及拓宽，采取在滩地上植草拦截洪水悬移质，以便固滩，利于蜿蜒河道的发育和稳定河势。事实上，长江下荆江凸岸边滩上自然生长许多芦苇等水生植物，在这种生态环境下，截留许多淤泥，对下荆江蜿蜒河道发育极为有利。同样，在长江中下游江心洲分汊河道中，由心滩→潜心滩→江心洲的发育过程中，潜心滩上一旦生长芦苇等水生植物，因拦淤很快露出水面，发育成稳定的江心洲。我国南方许多蜿蜒型及江心洲分汊型河道的洲滩上都有类似情况，国外也不乏此情况。

（2）河岸植被护岸。随着河岸保护的生物工程技术以及河道生态环境修复工程技术的开展（杨树青等，2018），植被保护河岸越来越得到水利工程师、生态环境学者及流水地貌学者的关注和重视，且取得诸多成果（详见第 13 章）。

7.4.2.4 河相关系

金德生（1990）曾经吸取 Ackers 等（1970a）的量纲分析方法，对模型弯曲小河的实验研究中，侧重分析小河的平面要素，横断面形态要素和纵剖面特分析他们与流域因素之间的关系。

1. 曲流波长和波幅

量纲分析表明：无量纲波长（L/D_{50}）、波幅（A/D_{50}）可以表达成无量纲量 $F = \dfrac{Q_b}{D_{50}^2 \sqrt{g D_{50} J_v}}$ 的函数，即

$$\frac{L}{D_{50}} = a_1 F^{b_1} \tag{7.4-8}$$

$$\frac{A}{D_{50}}=a_2 F^{b_2} \qquad (7.4-9)$$

$$\frac{L}{A}=\frac{a_1}{a_2}F^{b_1-b_2} \qquad (7.4-10)$$

将实验数据进行拟合，计算得：$a_1=10.7$，$b_1=0.463$，$a_2=1.98$，$b_2=0.542$。

这些成果表明：波长及波幅与流量成正比，而与河床质中径和河谷比降成反比，但波长的递增率（b_1）小于波幅递增率（b_2），波长波幅比 K 的递增率减少。显然，在小流量条件下，在小河及模型河道中，曲流波长波幅比的变化率大于大江大河波长波幅比的变化率。流量越大，波长、波幅及其比值越稳定。

2. 弯曲半径与弯曲率

描述曲流平面特征时（图 7.4-24），经常使用曲率半径（R）、中心角（ϕ）及弯曲率（P）。定义河谷比降（J_v）与河道比降（J_{ch}）之比值为曲流河道的弯曲率（P），则

$$P=J_v / J_{ch} \qquad (7.4-11)$$

如果视河线为正弦曲线，则

$$R=\frac{K^2+4}{16K}L_v, \phi=2\arcsin\frac{4K}{K^2+4}$$

$$P=\frac{K^2+4}{720K}\pi\tau\arcsin\frac{4K}{K^2+4} \qquad (7.4-12)$$

如果考虑曲流河弯为 l，过渡段长度为 l'，则 $P=L_c/L_v=\dfrac{l+l'}{L_v}$。

不难推导：

$$P=\frac{4n^2+m^2k^2}{2nk}\left(\frac{\pi}{180}\arcsin\frac{4mnk}{4n^2+m^2k^2}+\frac{1-2n}{mk}\right) \qquad (7.4-13)$$

式中：m、n 分别为河弯占曲流波长、波幅的比例。显然，$mk\leqslant 2n$。

如果考虑到河弯呈不对称状发育，在一个曲流波长中，上一河弯向下游不对称发育与下一个河弯向上游呈不对称发育共轭，则

$$P=\frac{n^2+m^2k^2}{4nk}\left(\frac{\pi}{90n}\arcsin\frac{2mnk}{n^2+m^2k^2}+\frac{1-2n}{mnk}+\frac{1+4m_1^2k^2}{90}\pi\arcsin\frac{1}{\sqrt{4m_1^2k^2+1}}\right)$$

$$(7.4-14)$$

式中：m、n、m_1 分别为河弯上游翼占曲流波长、波幅及下游翼占波长的比例。如果式（7.4-13）中 m 与 n 或式（7.4-14）中 m、m_1 与 n 取 0.5，即曲流对称发育，河弯间呈圆弧衔接，式（7.4-13）和式（7.4-14）转变成式（7.4-15）。

显然，当 $k>2$ 时，$P<1.57$；当 $k=2$ 时，$P=1.57$；当 $k<2$ 时，$P<1.57$；此时 $\phi>180°$ 时：

$$P=\frac{K^2+4}{720K}\pi\left(180-\arcsin\frac{4K}{K^2+4}\right) \qquad (7.4-15)$$

由实验数据及原型资料进行拟合，其结果十分令人满意。但因某种原因，如人工裁

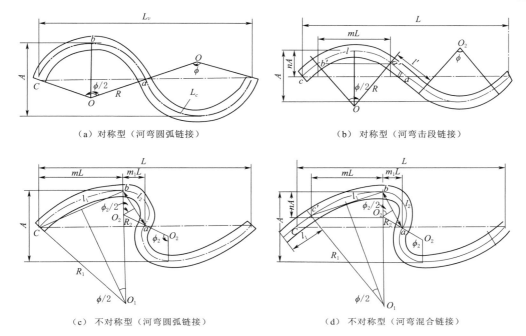

（a）对称型（河弯圆弧链接）　　　　　　　　（b）对称型（河弯击段链接）

（c）不对称型（河弯圆弧链接）　　　　　　　　（d）不对称型（河弯混合链接）

图 7.4-24　河弯平面形态要素

注　L 为曲流波长；mL 为直段连接河弯或不对称上河弯半波长；m_1L 为不对称下河弯半波长；l 为河湾长度；
l' 为河弯直段连接河道长度；l_1 为不对称上河弯河道长度；l_2 为不对称下河弯河道长度；A 为曲流波幅；
nA 为直段连接河弯或不对称上河弯半波幅；R 为曲率半径；R_1 为不对称上河弯曲率半径；R_2 为不对称
下河弯曲率半径；$a-b$ 为不对称下河弯曲流半波长；$b-c$ 为不对称上河弯曲流半波长；$a-c$ 为曲流河弯
半波长；$a-c$ 为曲流河弯半波长；$a'-b'$ 为直线连接河弯河半波长；O 为河弯弯曲中心；O_1 为不对称
上河弯弯曲中心；O_2 为不对称下河弯弯曲中心；ϕ 为河弯弯曲中心角；ϕ_1 为不对称上河弯弯曲中心角；
ϕ_2 为不对称下河弯弯曲中心角。

弯，修建水库，或者护岸限制后，会出现偏离理论曲线较远的情况。河弯的平面形态与河岸结构组成密切有关，实验表明，河湾半径随河岸高度比的增大而增大，弯曲率随河岸高度比的增大而减少。河岸高度比的临界值约 20%，当河岸高度比大于 20%，即河岸较疏松时，弯曲率及弯曲半径随河岸高度比的变化率较小。

3. 河弯不对称系数

模型实验揭示，曲流呈不对称发育，河弯上、下游两翼具有不同的弯曲率和发育速率，并具有共轭性，即上河弯的游翼与毗邻下河弯的游翼具有近似的曲率和发育速率。可定义不对称系数（I_a）为

$$I_a = P_{up}/P_{dn} \qquad\qquad (7.4-16)$$

式中：P_{up}、P_{dn} 分别为一个河弯上、下游翼的弯曲率。P_{up} 为上游翼河道长度 $\overset{\frown}{BC}$ 与直线距离 $\overline{BC}$ 的比值；P_{dn} 为下游翼河道长度 $\overset{\frown}{AB}$ 与直线距离 $\overline{AB}$ 的比值。由河道平面几何图形 [图 7.4-24（b）] 不难推导得

$$P_{up} = \frac{\sqrt{4m_1^2 k^2 + 1}}{360}\pi\varphi_1$$

$$P_{dn} = \frac{\sqrt{(2m-1)^2 k^2 + 1}}{360} \pi \varphi_2 \qquad (7.4-17)$$

这时

$$I_a = \sqrt{\frac{4m_1^2 k^2 + 1}{(2m-1)^2 k^2 + 1}} \frac{\varphi_1}{\varphi_2} \qquad (7.4-18)$$

显然

$$P = \frac{\pi}{360} \{ (4m_1^2 k^2 + 1) \varphi_1 + [(2m-1)^2 k^2 + 1] \varphi_2 \} \qquad (7.4-19)$$

式中：φ_1、φ_2 分别为河弯上、下游翼的河弯中心角，它们随河弯不对称发育的程度，即随波长波幅比（k）及上游翼所占波长的比例（m）值之间的关系而异，见表 7.4-1。

显然，$I_a > 1.0$ 和 $I_a < 1.0$，分别表示河弯向上游和向下游呈不对称挟发育；$I_a = 1.0$ 则为对称发育。

实验资料拟合表明，I_a 与 P 为双曲函数关系，当 $I_a = 1.0$ 时弯曲率有极小值 1.57。当 $I_a < 1.0$，不对称系随弯曲率增大而减少；当 $I_a < 1.0$，不对称系数随弯曲率增大而增大；即河弯向上游不对称发育的强度小于向下游不对称发育的强度。河弯之所以呈不对称发育，与河岸的物质组成及作用于河湾的相对剪切强度有关，河岸高度比越小，河岸越黏实，河弯易于不对称发育。

4. 水力几何关系

Leopold 等（1953）和 Knighton（1973a）曾先后分析过冲积河道单站或沿程的水力几河关系基于此对模型弯曲小河获得下列水力几何关系式

$$\left.\begin{array}{l} W = 2.09 Q_b^{0.18} \; ; D = 0.144 Q_b^{0.31} \; ; V = 3.12 Q_b^{0.51} \\[2mm] J_c = 0.000406 Q_b^{-0.30} \; ; n = 0.00078 Q_b^{-0.55} \; ; W/D = 14.5 Q_b^{-0.13} \end{array}\right\} \qquad (7.4-20)$$

不难看出，河宽随流量的变化率最小，水深次之，流速最大。总的来说，模型曲流的宽深比值较为稳定。

表 7.4-1　　　　　　　　　　　河弯中心角与 k、m 值关系

k	m	φ_1	φ_2
$k \geqslant 2$	$> 0.5 - \frac{1}{2k}$	$2\arcsin M^{-\frac{1}{2}}$	$180° - 2\arcsin N^{-\frac{1}{2}}$
	$0.5 - \frac{1}{2k}$		$180°$
	$< 0.5 - \frac{1}{2k}$		$2\arcsin N^{-\frac{1}{2}}$
$2 > k \geqslant 1$	$< \frac{1}{2k}$	$180° - 2\arcsin M^{-\frac{1}{2}}$	$180° - 2\arcsin N^{-\frac{1}{2}}$
	$\frac{1}{2k}$	$90°$	
	$> \frac{1}{2k}$	$2\arcsin M^{-\frac{1}{2}}$	

k	m	φ_1	φ_2
	$<\dfrac{1}{2k}$	$180°-2\arcsin M^{-\frac{1}{2}}$	$180°-2\arcsin N^{-\frac{1}{2}}$
	$\dfrac{1}{2k}$	$90°$	$180°$
$k<1$	$>\dfrac{1}{2k}$	$2\arcsin M^{-\frac{1}{2}}$	$2\arcsin N^{-\frac{1}{2}}$
	$<\dfrac{1}{2k}+0.5$		$180°-2\arcsin N^{-\frac{1}{2}}$
	$\dfrac{1}{2k}+0.5$		$270°$
	$>\dfrac{1}{2k}+0.5$		$2\arcsin N^{-\frac{1}{2}}$

注　$M=4m^2k^2+1$；$N=(2m-1)^2k^2+1$。

5. 断面河相关系

分析模型小河资料获得了下列表达式：

$$\frac{W}{D_{50}}=9.25F^{0.376} \tag{7.4-21}$$

$$\frac{D}{D_{50}}=0.0384F^{0.469} \tag{7.4-22}$$

$$\frac{W}{D}=241F^{-0.093} \tag{7.4-23}$$

消去 $F=\dfrac{Qb}{D_{50}^2\sqrt{gD_{50}J_v}}$ 以后，获得

$$\frac{W}{DD_{50}^{0.25}}=417.6 \tag{7.4-24}$$

式（7.4-21）和式（7.4-22）表明，河宽、水深随流量而变的趋势及变率与单因素分析所得结果是类似的。

7.4.3　弯曲河型典型造床实验存在的问题

实验研究复制了深泓弯曲及蜿蜒河道。两种河道的形状在一定程度上受到诸多因素，如初始条件、水流泥沙量、输沙类型、输沙率和河谷坡降等的影响。不少实验结果与野外研究相吻合。但是，蜿蜒冲积河流的实验中尚存在不少问题。例如，模型与原型蜿蜒河流的相似性、如何选择影响河流形态的变量、实验所需数据完备与否及质量好坏、传统水槽实验与现代过程实验的关系以及有效实验与实验结果的应用等问题。

1. 模型弯曲河道与天然蜿蜒河道相似性的问题

这是一个老生常谈的问题，涉及天然蜿蜒河道能否验证冲积蜿蜒河道实验结论。

实验蜿蜒河道的一般形状，与天然蜿蜒河道不很相似。天然蜿蜒河道往往比较规则、对称，这与冲积平原的物质组成比较均匀密切相关。模型蜿蜒曲流的弯曲率比较低，而天然的很高。如密西西比河蜿蜒河段的弯曲率可达 4.6（Jin，1983）；长江下荆江蜿蜒河段的最大

弯曲率为 8.5（林承坤，1981），实验蜿蜒曲流的弯曲率一般小于 3.0，整个河道只能称为发育弯曲深泓的顺直微弯河道；除了发育向上、下游不对称的河湾外（金德生，1986），没有产生过完整的逆向弯曲。由 Smith（1998）、金德生（1986）、Schumm 等（1972）、Mosley（1975c）和 Friedkin（1945）用黏性沙料做的实验，说明河岸的侵蚀性、特别是泥沙类型对控制河道形态的重要性。唐日长等（1963）的下荆江蜿蜒河道成因分析，Richards（1979），Schumm（1960）以及 Smith（1998）与 Smith（1984）的实地调研验证了实验结果。有的学者当河岸物质组成均匀、可侵蚀、松散时，模型河道基本趋向发育蜿蜒河道。但是自然蜿蜒河流的形态复杂、不规则，与在均匀沙料中发育的模型河道外观不一致，认为是泥沙特性起了主要作用。无论怎样，正如波长-河宽关系（图 7.4－25）那样，都确认模型与自然弯曲河流间存在几何相似性。这说明流动水体的流路具有弯曲趋势，是流量控制弯曲流路的几何形态。蜿蜒河流的外形，一说主要取决于物质组成，一说主要取决于流量，两者形成了鲜明的对比。

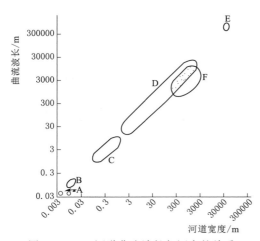

图 7.4－25　河道曲流波长与河宽的关系

（Davies 和 Sutherland，1980）

A—表面张力（Gorycki，1973）；B—石灰岩中的岩溶河道；C—冰缘融水河道；D—冲积河流；E—Golf 湾河流的蜿蜒河道；F—月亮小溪

2．影响蜿蜒河道形态变量选择的问题

上述对比发人深省，蜿蜒河流的实验研究富有强大的魅力。如果别的变量不变或完全不加考虑，实验时可以只选择影响河道形态的主要变量。可以改变河谷坡降和河漫滩的组成等因素，研究他们对弯曲河流发育的影响；而在自然界则做不到。Friedkin（1945）在实验设计中特别体现了这种潜在能力，他保持别的变量不变，只改变某个变量，研究变量和自变量之间的一系列二元关系；Shahjahan（1970）使用物理推理和量纲分析，Quraishy（1973）、Ackers 等（1970）检验了多元关系，同时分析反映河道形态变化的几个自变量，虽然非常有效，但量纲变量组合的物理意义不明确，组合也不唯一；事实上，Ackers 等（1970）认为，按照精准目标和根据过程分析，可能得到几个不同的方程式。国内不少学者钱宁等（1963）、尹学良（1965）、倪晋仁（1993）、张红武等（1996）也做过同样的努力，他们的研究成果及相关的表达式，得到河流地貌及河流工程界的认可。但是，Schumm 等（1987）认为，量纲分析尽管十分严密，但不能解决河流地貌及河流工程中的所有问题。换言之，根据调研分析，确定影响河流形态的主变量，在某种程度上，比量纲分析更加有优势，通过过程响应途径研究河流发育过程及演变趋势更具魅力。

3．实验研究的基本数据不完备与质量差的问题

该问题对于河流地貌学家比河流工程学家更为突出。Ackers 等在比较模型结果与天

然河道的数据时，因为河道的数据不完备、质量差，遇到了特定的困难。尽管实验数以百计，可是流量等基本变量是估算的（譬如，据区域的径流方程计算）或间接观测的。河床和河岸泥沙特性和输沙量的测量也是出了名的困难，即便确定河宽为不错的变量，也不好测量它的自然变化，测量不像通常的那么简单，对定义不确切的变量和测量程序，这种情况尤为突出，得不到应有的支持（Ackers et al.，1970；Richards，1982）。在 20 世纪60—70 年代，由于技术条件、测试仪器、经费投入等的限制，导致了数据的不完备及质量不佳。80—90 年代，特别是近年来，这种情况有所改善（见第 17 章），但问题仍然存在。这样就显示了实验研究的另一个强势，即在受控的条件下进行测量，比在野外更准确，也更容易和更便宜，对复演河流地貌更加充满信心（金德生等，1995）。

4. 现代实验研究方法取代传统水槽实验的问题

随着新计算机技术及光电测试仪器的发展，蜿蜒曲流的水槽研究必将更新换代，实验设备、实验内容也将日新月异。可以认为，通过仔细考虑，进行模型实验设计，利用水槽研究冲积河道形态，优势似乎很多。可是 Kennedy（1983）发表的观点认为"现代电子和光学仪器能够进行更智能化的实验，取代传统水槽淤泥加工厂，在砂层上，进行稳定、均匀流动的实验。事实上，本章所提到的所有研究，都是属于"淤泥加工厂"类型，Kennedy 所推荐的复杂的实验工作似乎仅限于对湍流的结构进行非常详细的检验，且通常是在无沉积物水流中进行的。目前水槽实验研究，已经远远超过了均匀、稳定流的简单实验研究，在非均匀、非稳定流对河流地貌的影响方面取得一定的进步。

5. 实验研究结果的应用和深入了解河流形态才能做实验的问题

从天然弯曲河流的实验需要出发，又回到天然弯曲河流的应用，这是河流地貌实验研究的目的。只有当弯曲河道的实验结果应用于野外弯曲河流的实践，从而更全面了解野外河流形态，才能充分认识弯曲河道实验研究的合理性。河流做功率或河谷坡降与弯曲率间的关系，Edgar（1973，1984）证明，这种关系能够对许多河流（图 7.4-26）都有效，并可以确定河流的变化。例如，密西西比河河谷坡降与弯曲率间的关系（图 7.4-27），有些分散，有效性似乎存疑。Martinson（1983）对这种处理方法持赞同态度。他指出，该曲线记录了 Powder 河的弯曲率和河型是如何改变的，特别是弯曲-游荡河型过渡带发生了重大的变化（图 7.4-28）。此外，这些关系还具有进一步的意义，对河流工程师们了解不同河流的敏感性及进行河流的规划与开发有帮助。

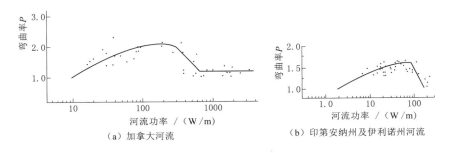

（a）加拿大河流　　　　　　（b）印第安纳州及伊利诺州河流

图 7.4-26　河弯曲率和河流功率之间的关系（Edgar，1984）

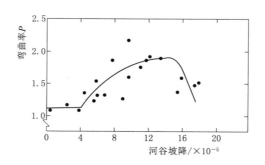

图 7.4 - 27　密西西比河河谷坡降和弯曲率间的关系（Schumm et al. ，1972）

注　数据来自 1890 年地图，做过许多人工改道。

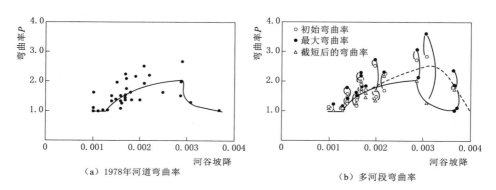

（a）1978 年河道弯曲率　　　　　　　　（b）多河段弯曲率

图 7.4 - 28　Powder 河段的河谷坡降与弯曲率之间关系（Marlinson，1983）

注　1939—1978 年 Powder 河因自然裁弯而缩短。

参 考 文 献

蔡金德，王韦，方铎，1987. 连续弯道边界切力的量测与计算 [J]. 成都科技大学学报，（3）：27 - 32.

洪笑天，马绍嘉，郭庆伍，1987. 弯曲河流形成条件的实验研究 [J]. 地理科学，7（1）：35 - 43.

金德生，1986. 边界条件对曲流发育影响的过程响应模型实验研究 [J]. 地理研究，5（3）：12 - 21.

金德生，郭庆伍，1990. 模型小河河相关系初步研究 [J]. 泥沙情报，（39）：53 - 61.

金德生，郭庆伍，刘书楼，1992. 应用河流地貌实验与模拟研究 [M]. 北京：地震出版社：92.

金德生，洪笑天，1985. 第八章分汊河型实验研究 [C] //中国科学院地理研究所等编著. 长江中下游
　河道特性及其演变. 北京：科学出版杜，214 - 254.

金德生，1989. 关于流水动力地貌及其实验模拟问题 [J]. 地理学报，44（2）：148 - 156.

李保如，1963. 自然河工模型实验 [M]. 水利水电科学院科学研究论文集第二集（水文，河渠）. 北京：
　中国工业出版社：45 - 83.

林承坤，1985. 河型的成因与分类 [J]. 泥沙研究，（2）：1 - 11.

倪晋仁，1993. 不同边界条件下河型成因的试验研究 [C] //年报编辑组编. 清华大学核能技术设计研
　究院年报 1992 年. 北京：清华大学出版社：144.

潘庆燊，唐日长，李纯熙，等，1986. 长江河流泥沙研究三十五年 [J]. 长江水利水电科学研究院，（2）：

21 - 29.

钱宁，周文浩，1965. 黄河下游河床演变 [M]. 北京：科学出版社，224.

钱宁，张仁，周志德，1987. 河床演变学 [M]. 北京：科学出版社，584.

唐日长，潘庆燊，1964. 蜿蜒性河段形成条件分析和造床实验研究 [J]. 人民长江，(2)：13 - 21.

王平义，文岑，2001. 冲积河湾蠕动过程的试验研究 [J]. 水动力学研究与进展，(A 辑)，16 (3)：312 -
318.

武汉水利电力学院，1963. 河流动力学 [M]. 北京：中国工业出版社，1963.

杨树青，白玉川，2012. 边界条件对自然河流形成及演变影响机理的实验研究 [J]. 水资源与水工程学
报，23 (1)：1 - 5.

杨燕华，2011. 弯曲河流水动力不稳定性及其蜿蜒过程研究 [D]. 天津：天津大学，98.

尹国康，1991. 流域地貌系统 [M]. 南京：南京大学出版社，281.

尹学良，1965. 弯曲性河流形成原因及造床实验初步研究 [J]. 地理学报，31 (4)：287 - 303.

张耀先，焦爱萍，2002. 弯曲型河道挟沙水流运动规律研究进展 [J]. 泥沙研究，(2)：53 - 58.

朱乐奎，2022. 滨河植被对弯曲型河流稳定性与演化过程的影响 [D]. 北京：中国科学院大学，157.

朱乐奎，陈东，2022. 滨河植被对蜿蜒河流弯曲度与横向稳定性的影响 [J]. 水沙科学与地貌学，
10：33.

中国科学院地理研究所等，1985. 长江中下游河道特性及其成因演变 [M]. 北京：科学出版社，272.

Ackers P，1964. Experiments on Small Streams in Alluvium [J]. J. Hydraulic Div. Am. Soc. Civil Eng. ，
90 (4)：1 - 37.

Ackers P，Charlton F G，1970a. Dimensional Analysis of Alluvial Channels with Special Reference to Me-
ander Length [J]. J. Hydraulic Res. ，8，287 - 316.

Ackers P，Charlton F G，1970b. The Meandering of Small Stream in Alluvium，Rept. 77 [R]. Hydrau-
lics Research Sta. WaIlingfore，U. K. ，78.

Великанов М А，1950. Моделирование руслвого процесса [J]. ДАН СССР，т. 74，ио3.

Великанов М А，1958，Руссловой працесс (Основы теории) физиат [J]. Ⅲ 3：395.

Carson M A，Lapointe M F，1983. The Inherent Asymmetry of River Meander Platform [J]. Journal of
Geology，(91)：41 - 55.

Chiu C L，1985. Flow - Shear Interaction in Rectangular Open Channels [C]. Proc. 21st Congress
IAHR. Aug.

Chorley R J，B A Kennedy，1971. Physical Geography：A systems Approach [M]. Prentice - Hall，
London，370.

Chow V T，1959. Open - Cannel Hydraulics [J]. McGraw - Hill，New York，680.

Daneil J F，1971. Channel Movement of Meandering Indiana Streams [J]. U. S. Geol. Survey Prof. Paper，732 -
A，18.

Davies TRH，Sutherland A J，1980. Resistance to Flow Past Deformable Doundries [J]. Earth Ssurface
Proc. ，175 - 179.

Davis W M，1902. River Terraces in New England，Harvard College [J]. Museum of Comparative Zoolo-
gy，Bull，(38)：281 - 346.

De Vriend H J，1981. Steady Flow in Shallow Channel Bends [J]. Communications on Hydraulics，De-
partment of Civil Engineering，Delft University of Technology.

Edgar D E，1973. Geomorphic and Hydraulic Properties of Labomtory Rivers [A]. Unpublished
M. S. thesis，Colorado State Univ. ，Fort Collins，Col. 156.

Edgar D E，1984. The Role of Geomorphic Thresholds in Determining Alluvial Channel Morphology [C].
In River Meandering，Proc. Conf. Rivers，Am. Soc. Civil Engs. ，New York，44 - 54.

Friedkin J F, 1945. A Laboratory Study of the Meandering of Alluvial Rivers [R]. U. S. Water Exp. Sta. Vicksburge, Miss. , 40.

Galloway W E, Hodbay D K, 1983. Terrigenous Clastic Depositional Systems, Applications to Petroleum, Coal and Uranium Exploration [M]. Springer – Verlag, New York, 423.

Hickin E J, 1969. A Newly Identified Process of Point Bar Formation in Natural Streams [J]. Am. J. Sci. , 267: 999 – 1010.

Hooke R L, 1968a. Model Geology: Prototype and Laboratory Stream: Discussion [J]. Geol. Soc. Amer. Bull, 391 – 394.

Hooke R L, 1975. Distribution of Sediment Transport and Shear Stress in a Meander Bend [J]. Journal of Geology, (83): 543 – 565.

Inglis C C, 1949. The Behaviour and Control of Rivers and Channels, Central Water Power Irrigation Navigation Research Station, Poona [J]. India Research Publication, 13: 283.

Jaeggi MNR, 1984. Formation and Effects of Alternate Bars [J]. J. Hyd. Eng. , 110: 142 – 155.

Jaggar T A Jr, 1908. Experiments Illustrating Erosion and Sedimentation [J]. Bull. Museum of Comparative Zoology Harvard College 49 (Geological Series, v. 8): 285 – 305.

Jin D, 1983. Unpublished Report on Experimental Study, Colorado State Univ [R].

Jin D, Schumm S A, 1986. A New Technique for Modelling River Morphology [C]. in K. S. Richards. Ed. , Proc. First Internat, Geomorphology Conf. Wiley & Sons Chichester: 681 – 690.

Kennedy J F, 1983. Reflections on Rivers, Research, and Rouse [J]. Hyd. Eng. , 109: 1254 – 1271.

Khan, 1971. Laboratory Study of River Morphology [D]. Colorado State University: 89 – 95.

Kinosita R, 1961. Inveatigation of Channel Deformation in Ishikari River [J]. Report of Bureau of Resources, Dept. of Science and Technology, Japan: 1 – 174.

Knighton A D, 1973a. Variations in At a Station Hydraulic Geometry [J]. Amer. Journal of Sciences, 275: 186 – 218.

Konditerova E A, Lvanov I V, 1969. Pattern of Variation of the Length of Freely Meandering Rivers [J]. Soviet Hydrotogy (4): 356 – 364.

Kondratriev N Y, 1968. Hydromorphological Principles of Computations of Free Meandering [J]. Soviet Hydrology, (4): 309 – 335.

Lane E W, 1957. A Study of the Shape of Channels Formed by Natural Stream Flowing in Erodible Material [J]. M. R. D. Sediment Series No. 9, U. S. Army Engineering Div. , Missouri River Corps of Engineers, Omaha, Nab. : 106.

Leliavsky S, 1955. An Introduction of Fluvial Hydraulics [M]. Constable, London, 356.

Leopold L B, Maddock T J, 1953. The Hydraulic Geometry of Stream Channels and Some Physiographic Applications [J]. U. S. Geol. Survey Prof. Paper, 252: 56.

Leopold L B, Wolman M G, 1957. Channel Patterns: Brieded, Meandering and Straight [J]. U. S. Geol. Survey, Prof. Paper. 282 – B, U. S. Geol. Surver, Washington D. C. : 85.

Lewin J, 1976. Initiation of Bedforms and Meanders in Coarse – grained Sediments [J]. Geol. Soc. Am. Bull. , 87: 281 – 285.

Li Ligeng, Schiara M, 1992. Expansion Rate of Meandering River Bends [C]. Proc. 5th Intl. Symp. on River Sedimentation, Karlsruhe, March: 49 – 54.

Martinson H A, 1983. Channel Changes of Powder River between Mooffiead and Broadus, Montana, 1939 to 1978 [J]. U. S. Geol. Survey, Water Resources Inv. Rept. , 83 (4128): 62.

Molle Y M, Zimpfer G L, 1978, Hardware Rnodels in Geomorphology Progrees [M]. in Physical Geography, (2): 438 – 461.

Mosley M P, 1975c. An Experimental Study of Channel Confluences [A]. Unpublished Ph. D. Dissertation, Colorado State Univ. , Forl Collins, Col. : 216.

Mosley M P, 1976. An Experimental Study of Channel Confluences [J]. J. Geol. , 84: 535 – 562.

Mosley M P, 1981. Semi – determinate Hydraulic Geometry of River Channels, South Island, New Zealand [J]. Earth Surface Proc. and Landforms, 6: 127 – 137.

Ouchi S, 1983. Response of Alluvial Rivers to Slow Active Tectonic Movement [A]. Ph. D. dissertauon, Colorado State Univ. , Fort Collins, Col. : 205.

Ouchi S, 1985. Response of Alluvial Rivers to Slow Active Tectonic Movement [J]. Geol. Soc. Am. Bull. 96: 504 – 515.

Pickup G, Wamer R F, 1976. Effects of Hydrologic Regime on Magnitude and Frequency of Dominant Discharge [J]. J. Hydrology, 29: 51 – 76.

Quraishy M S, 1973. The Meandering of Alluvial Rivers, Sind [J]. Univ. Res. J. (Sci. Ser.), 7: 95 – 152.

Raju R, Kittur G, Dhandaparu K R et al. , 1977. Effect of Sediment Load on Stable Sand Canal Dimensions [J]. J. Waterways, Pon, Coastal, Ocean Div. , Am. Soc. Civ. Engs. , 103: 241 – 249.

Rechards K S, 1982. River: Form and Process in Alluvial Channels [M]. London Methuen: 358.

Richards K S, 1979. Channel Adjustment to Sediment Pollution by the China Clay Industry in Cornwall, England [M]. in D. D. Rhodes and G. P. Williams, eds. , Adjustments of the Fluvial System. Kendall – Hunt, Dubuque: 309 – 331.

Schumm S A, 1956a. The Evolution of Drainage System and Slopes at Perth Amboy, New Jersey [J]. Bull. Geol. Soc. Amer. , V. 67: 597 – 646.

Schumm S A, 1960. The shape of alluvial channels in relation to sediment type [J]. U. S. Geol. Survey Prof. Paper 352 – B: 17 – 30.

Schumm S A. 1968. River Adjustment to Altered Hydrologic Regimen, Murrumbidgee River and Paleochannels, Australia [J]. U. S. Geol. Survey Prof. Paper, 598: 65.

Schumm S A, Mosley M P, Weaver W E, 1987. Experimental Fluvial Geomorphology [M]. John Wiley, NY. : 413.

Schumm S A, Khan H R, 1971. Experimental Study of Channel Patterns [J]. Nature, 233: 407 – 409.

Schumm S A, Khan H R, 1972. Experimental Study of Channel Patterns [J]. Geol. Soc. Am. Bull. , 83: 1755 – 1770.

Schumm S A, Lichty R W, 1965. Time, Space and Causality in Geomorphology [J]. American Journal of Science, 263: 110 – 119.

Shahjahan M, 1970. Factors Controlling the Geometry of Fluvial Meanders [J]. Internat. Assoc. Sci. Hydrology Bull, 15: 13 – 23.

Smith C E, 1998. Modeling High Sinuosity Meanders in a Small Flume [J]. Geomorphology, (25): 19 – 30.

Smith N D, Smith D G, 1984. Williams River: An Outstanding Example of Channel Widening and Braiding Caused by Bed – load Addition [J]. Geology, 12: 78 – 82.

Stebbings J, 1963. The Shapes of Self – formed Model Alluvial Channels [J]. Proc. Inst. Ov. Eng. , 25: 485 – 510.

Thomson J, 1879. On the Flow of Water Round River Bends [J]. Proc. Inst. Mech. Eng, Aug. , 6.

Vanoni V A, 1946. Transport of Suspended Sediment by Water [J]. Trans. Am. Soc. Civ. Eng. , Ⅲ: 67 – 113.

Williams G P, 1978. Bank Full Discharge of Rivers [J]. Water Resources Res. , 14 (6): 1141 – 1154.

Wolman M G, Brush L M Jr, 1961. Factors Controlling the Size and Shape of Stream Channels in Coarse Noncohesive Sands [J]. U. S. Geol. Survey Prof. Paper 282 – G: 183 – 210.

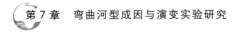
Wolman M G，Miller I P，1960. Magnitude and Frequency of Forces in Geomorphic Processes ［J］. J. Geol. ，68：54 - 74.

Yang C T，1971. On River Meanders ［J］. Journal of hydrology，13.

Zimpfer G L，1975. Development of Laboratory River Channels ［A］. Unpublished M. S. thesis，Colorado State Univ. ，Forl Collins，Col. ：111.

Zimpfer G L，1982. Hydrology and Geomorphology of an Experimental Drainage Basin ［A］. Unpublished Ph. D. dissertation，Colorado State Univ. ，Fon Collins，Col. ：185.

Маккавеев Н И，Н В Хмилева，И Р За Йтов и，et al. ，1961. Экспериментальная геоморфология ［M］. изд - во，МГУ：194.

第 8 章

分汊河型发育与演变实验研究

8.1 概述

众所周知，国内外对河型的实验研究以曲流型为主，这方面的著作相当丰富。不稳定分汊河型（游荡型）的实验研究由李保如（1963）、屈孟浩（1960）及武汉水利电力学院（1959）等进行过，并取得了一定的成果。至于相对稳定分汊河型的模拟实验，地学部门起步较晚，20世纪70年代首先由中国科学院地理研究所等（1985）进行江心洲分汊河道造床过程，水沙条件、边界条件、构造运动以及局部侵蚀基准面波动的影响等实验；在水利部门、水力泥沙高等院校，主要侧重对相对稳定分汊河道进行局部河段的河流工程模型，以及模拟水力泥沙特征、探讨水沙输移规律等实验研究（冷魁等，1994；刘中惠，1993；杨国录，1982；钱宁等，1987；谈广鸣等，1992；长江航道规划设计研究院，2003；余文畴等，2005；武汉大学，2011；朱玲玲等，2013；马有国等，2001；刘同宦等，2006；胡春燕等，2013）。对该类分汊河道河流地貌的发育与演变过程的实验，国外也仅仅是20世纪50年代末至60年代初，由Шарашкина（1961）、Leopold等（1957）及70年代Schumm等（1972）作了一些模拟实验研究。之所以研究得较少，或许与这类河型的相对稳定，在河型分类中作为弯曲-游荡间过渡河型和要解决的问题不够突出有关。但事实上，在自然界中，只有当这类河型的河道规模较小时，演变过程中的破坏作用才较不显著；当它们是像长江那样大规模的河道时，其演变过程中的破坏作用是十分可观的。这也正是进行江心洲分汊河道造床实验时，选择长江中、下游相对稳定分汊河道为背景河型的主要原因所在。

就模拟相对稳定分汊河型的方法而论，20世纪30年代以前，主要是做无比尺、大尺度对象的实验。之后，出现了两个趋向：一个趋向是以物理相似理论为准则，进行比尺模型实验，以便把室内的实验分析成果推广到自然界加以对比；另一个趋向是力图进行较小范围内的较大比尺的模型实验，以便观测微地貌现象的发育演变过程。随着随机过程研究的渗透，迫切要求把计算机的数学模拟与水槽的物理模拟相结合（Gessler，1971），以便模拟河床的宏观演变过程。按照设备和对象，进行了一些较小比尺的河工模型实验和自然模型实验。通过不同演变阶段的定床模型，分析水流动力结构在河道演变中的作用；而在条件更有利的自然模型实验中，采用了无比尺和有比尺两种方法，进而运用过程响应模型实验（Jin，1983，1987），试图模拟河型成因及转化的影响因素和河床演变过程。模拟对象既考虑了局部河段，也考虑了较长河段。影响因素则主要考虑了河流地貌形态子系统、物质能量子系统、过程响应子系统及控制子系统中的各个单因素，同时适当考虑了整个江心洲分汊河道系统中各因素的综合影响。中国科学院地理研究所等（1985），采用短时段、短河段、单因素与较长时段、较长河段及综合因素相结合的方法，以长江中下游江心洲分汊河型为例，模拟其形成和演变问题。

8.2　实验设备、设计及操作

8.2.1　实验设备及测试仪器

　　除了两个定床模型是在较大场地中进行实验以外，自然模型及过程响应模型是在 30m×4.5m 的固定水槽中进行的（图 8.2-1）。水槽两侧设有两条平行钢轨，钢轨上架有长 5.2m 的电动测桥，测桥上装置水平导轨，上面安装有测针、精度为 0.1mm，可供测量河床地形、水位用；在测桥上，同时还可施测流速、流向及采集水样、沙样。水平导轨上标有厘米刻度，它与床面上纵向的等间距（1m）标志，构成直角坐标系。

图 8.2-1　实验场地全景

　　供水系统由地下水库、水泵房、平水塔、量水堰及稳水前池组成；水流经过水槽后，通过由尾水池、地下渠道组成的回水系统返回地下水库，水流系循环使用。

　　采用两种加沙方法。较细或轻质的砂料，如滑石粉、塑料砂，采用水力或人力桶式搅拌，由控制模型入口含沙量的方法加砂；对于较粗的天然砂，则采用人工定时定量称重方法加砂。

　　控制局部升降运动的升降设备，安装在水槽中部地面以下的升降井内，升降井距前池 8～12m 间，升降设备面积为 4m×4m。井深 2.5m，内装 8 台无级变速的油压升降机，最小升降速率为 1mm/min。升降机顶托两块 2m×4m 的升降模板，两板与槽壁平行排列，可进行均匀及不均匀的升降运动。升降机构由井台上面的操纵台电动操作。

　　此外，在水槽两侧的平行道轨上还架有可平行滑动的摄影架，可摄影河床任一部分的地貌形态以及水面流态。

8.2.2　实验设计方法

　　1. 自然模型实验设计

　　在进行自然模型实验设计时，由于自然模型率尚不尽完善，基本上参照了 Шарашкина（1958）、Маккавеев 等（1961）及李保如等（1963）的方法进行设计的。设计时，考虑了要求满足模型中水流保持紊流，模型砂足够起动，并满足与河型及模型粒径大小相适应的比降等限制条件。在考虑模型比尺时，遵循下列相似条件：

(1) 阻力重力相似条件：$\lambda_v \lambda_n / \lambda_H^{2/3} \lambda_j^{1/2} = 1$

(2) 泥沙运动相似条件：$\lambda_p = f(\lambda_v \lambda_L \lambda_H \lambda_d$ 或 $\lambda_w)$

(3) 输沙平衡相似条件：$\lambda_p \lambda_t / \lambda_H \lambda_L = 1$

(4) 河相相似条件：$\lambda_L^{1/2} / \lambda_H \lambda_\xi = 1$

(5) 水流连续相似条件：$\lambda_Q / \lambda_L \lambda_H \lambda_V = 1$

2. 比尺模型设计

定床河工模型是采用定床变态模型设计方法进行设计和按常规定床模型率计算的。在设计几何比尺时，水平比尺主要考虑模型水槽中模型河道调整后，河道是否能充分展宽与缩窄相间。垂直比尺参考原型中 $\sqrt{W/H}$ 值经造床验证实验而定。为了使模型砂充分起动，比降比尺进行了二度变态。

在进行流速比尺设计时，主要考虑模型砂是否能起动为限。由原型平均流速与模型砂起动流速求得流速比尺，模型砂起动流速采用武汉水利电力学院起动流速公式换算。

输沙率比尺 λ_p，是按经验并验证实验后选定的。

因考虑造床作用为主，在设计时间比（λ_t）时，水流时间比尺迁就造床时间比尺。

由于模型实验中涉及边界条件和地壳构造运动问题，还考虑了边界条件相似、构造运动速率比尺及运动方式的相似问题。由于边界条件的相似比较复杂，以原型的边界结构为基础，进行了均质铺砂及上细、下粗的二元结构铺设。后者与Шарашкина（1958，1960）的方法有所不同，沙氏采用的是等坡降二元结构铺设法，而此次实验考虑了网状河型、分汊河型的特殊二元结构，采用变坡降二元结构铺设法，下层 $D_{50} = 0.20\text{mm}$，比降 0.007；上层 $D_{50} = 0.10\text{mm}$，比降 0.002，这是根据原型计算而得的。

至于构造运动方式，主要考虑与原型中构造运动方式定性相似。构造运动速率的比尺与实验材料的密度、黏度、作用力的持续时间及河段长度有关。为了使河床变形适应构造运动的变形，不使河床地形引起突变，此次实验中主要考虑作用力的强度不要过大，而将持续时间相应延长。因此，升降运动速率比尺（λ_{Tk}）主要参照原型的升降速率，通过河床变形时间比尺（λ_t）和垂直比尺（λ_H）求出，三者满足下列相似条件：

$$\lambda_{Tk} \lambda_t / \lambda_H = 1 \qquad (8.2-1)$$

在具体操作时，则采用小幅度、离散式逐点升降法，即长时段微量升降法进行升降，以观其累积效应。

关于比尺自然模实验的原型资料及由验证实验确定的比尺数据列于表 8.2-1。

3. 过程响应模型设计（Jin，1983，Jin et al.，1986）

可以认为，江心洲分汊河道可以作为由 2～4 股汊河组成的复合河型。一支汊河的水力几何形态本身与蜿蜒河道是一样的，只是后者有比前者更大的弯曲率。以江心洲分汊河道为例，进行江心洲分汊河道的过程响应模型设计，使用河道图测量和水文测站数据作为基础，获得河道弯曲率（P）。设计步骤如下。

(1) 根据 P-M（在湿周中淤泥-黏土百分比）关系或河岸高度比（H_s / H_m），获得模型河道的 M 值和（H_s / H_m）值。

表 8.2-1　分汊河道自然模型实验原型、模型比尺数据

时段		距今年数/BP	时段	河段长 L/m	河宽 W/m	水深 H/m	断面积 A/m²	平均流速 v/(m/s)	流量 Q/(m³/s)	比降 J_{ch}	糙率 n	床沙中径 D_{50}/mm	启动流速 V_0/(m/s)	输沙率 Q_s/(kg/m³)	宽深比 $W^{0.5}/H$	稳定性指标 K	升降速率 T_K/(mm/a)
早期	原型 (P)	12000～5000	7000a	193400	1750	21.3	37400	2.18	81400	0.179×10^{-4}	0.030	5.0	1.23	0.084	1.96	3.265	-4.07mm/a
	模型 (M)		366h	20.94	0.708	0.0192	0.0136	0.24	3.27×10^{-2}	0.579×10^{-2}	0.026	0.41	0.19	0.00593	4.38	3.688	-1.5mm/h
	比尺 (λ)		1.675×10^{5}	$\lambda_{\xi_1}=3.74$① 9236	2472	1109	2.75×10^{6}	9.07	2.49×10^{7}	$\lambda_\rho=0.12$② 0.012	1.154	12.2	6.47	14.16	0.45	0.89	$\lambda\tau_K=5.73$① 3.1×10^{-4}
中期	原型 (P)	5000～1000	4000a	193400	3070	15.9	48800	1.26	61500	0.360×10^{-4}	0.030	0.50	0.38	0.101	3.48	4.09	-4.07mm/a
	模型 (M)		50.8h	21.20	1.014	0.0195	0.0198	0.177	3.50×10^{-2}	0.360×10^{-2}	0.025	0.15	0.13	0.027	5.16	2.12	-1.5mm/h
	比尺 (λ)		6.895×10^{5}	$\lambda_\xi=3.02$① 915.7	3028	815	2.46×10^{6}	7.12	1.76×10^{7}	$\lambda_\gamma=0.09$② 0.010	1.20	3.33	2.92	3.74	0.51	1.93	$\lambda\gamma'_K=2.17$ $\times10^{-3}$③ 3.1×10^{-4}
晚期	原型 (P)	1000～	1000a	193400	2100	16.09	33800	1.19	40200	0.217×10^{-4}	0.025	0.20	0.38	0.031	2.85	2.78	-4.07mm/a

注　①$\lambda_{\xi_1}=\lambda_L/\lambda_B$；②$\lambda_\gamma$ 为理论值，$\lambda_\gamma/\lambda_J\approx10$；③$\lambda\gamma'_K$ 为理论值，$\lambda\gamma'_K/\lambda\gamma_K$ 分别为18和7。弗劳德数 $Fr_{半m}=0.55<1.0$；$Fr_{中m}=0.40<1.0$；雷诺数 $Re_{半m}>4000$；$Rc_{中m}>3000$。

（2）由 P-J_v 关系式，给出 J_v 值。

（3）因为 $P=J_{ch}/J_v$，根据得到的 J_{ch} 与 P，J_{ch} 得以确定。

（4）平滩流量（Q_b）来自 J_{ch} 和 Q_b 的关系。

（5）输沙量（Q_s）与平滩流量（Q_b）有良好的关系，而 Q_s 很容易由 Q_s-Q_b 关系确定。

（6）根据曲流波长 L-$Q_b M$ 关系，可获得 L。

（7）从 P-K=(L/A) 的关系，确定波幅 A。

（8）最大深度 D_{max} 由 J_v 和 D 的关系推导获得。

（9）M 值与 F 的关系也很好，F 为宽深比，根据 M-F 关系和 D_{max}，河宽 W 被确定。

（10）使用金的混合方法，确定湿周中和河漫滩平原上的 M 和 H_s/H_m。

（11）使用曼宁方程计算江心洲分汊河道的横截面。

（12）基于 Simons 和 Richards（1966）关于剪应力与沉积物中径的关系曲线，预测和调整河床的形态。

对于长江下游，汊河弯曲率被选定为 1.75。这是最大值 2.25 和最小值 1.25 之间的平均值。模型河漫滩的物质由中径分别为 0.048mm 和 0.136mm，＜0.076mm 粒径含量分别由 68% 及 29% 的冲积黄土及细砂混合而成。河岸高度比为 74.5%。湿周中的粉黏粒的百分比为 12%，按重量 3∶1 比例混合。平均中值粒径为 0.070mm，分选系数为 3.01，床沙中径为 0.34mm。

模型江心洲河道设计的最终弯曲率应该是 1.75，河岸高度比 74.5%，粉黏粒百分比 12%，宽深比为 17.4，河谷坡降 0.00778，河道比降 0.00445，平滩流量 2L/s，输沙量 0.942g/s。曲流波长和波幅分别为 5.0m 和 2.2m，河宽 36cm，平均深度 1cm，最大水深，即平滩水位与深泓高程之差，大约是 2cm。

原始顺直模型小河的横截面呈梯形，顶宽 24cm，底宽 20cm。河漫滩系二元相结构，顶层厚 1cm，底层厚 4cm，顶层和底层的中值粒径分别为 0.070mm 及 0.34mm。入口加入率 1.217g/s。

8.2.3 模型实验条件

1975 年进行的长江马鞍山河段比尺模型实验，实验范围起自翠螺山麓，迄于小黄洲尾，包括采石边滩全部、江心洲与小黄洲之间的过渡段。模型的平面比尺 $\lambda_L=750$，垂直比尺 $\lambda_H=125$，变率 $\eta=6$。模型砂中值粒径为 $D_{50}=0.0268mm$ 的滑石粉，属悬沙模型。通过 1964 年 7 月和 1972 年两次实测河道地形图制模，对比不同河床地形与水流结构的相互影响及冲淤部位的变化，研究采石边滩尾部的冲淤变化规律（中国科学院地理研究所地貌室长江实验小组，1978）。

1976—1977 年进行的官洲河段比尺模型实验采用了底沙运动相似律。模型的平面比尺 $\lambda_L=1500$，垂直比尺 $\lambda_H=200$，变率 $\eta=7.5$，选择 $D_{50}=0.164mm$、比重为 1.06 的塑料砂作为模型砂。进行了两个阶段的实验：第一阶段以 1975 年 11 月实测的 1∶10000 河道地形图塑造定床模型；第二阶段以 1977 年 4 月实测的 1∶10000 河道地形图塑造局部动床模型。实验的主要目的是研究鹅头状河型的水流运动时性及河床演变规律，着重分析新中汊的冲淤变化及进一步发展成主航道的可能性；检验堵塞衰亡支汊及综合治理后的效果。

自然模型实验，包括造床验证实验及构造运动验证实验在内，共进行了 25 组，实验条件详见表 8.2-2。

表 8.2-2　　长江下游相对稳定分汊河型自然模型实验条件

组别	试验时间	目的	边界条件			模型河槽尺寸	流量		加沙情况			构造运动			历时/(时:分)	备注
			结构	组成/mm	比降		方式	数值/(L/s)	方式	D_{10}	数量/(g/s)	方式	速率/(min/h)	幅度/cm		
0-0	1973年	节点影响	有节点控制一元	0.078	0.0100	梯形断面,上宽20cm,下宽10cm,边坡1:1,斜入式	定常	2.97	变化,中间曾放清水	0.078	16.8	—	—	—	36:05	未测流速、流向,仅测地形
0-1	1978年10月	造床	一元	0.078	0.00650	梯形断面,上宽40cm,下宽20cm,边坡1:1,直入式	定常2/3平摊	10.00	定常	0.078	20.0	—	—	—	14:30	
0-2	1978年10月	沉降作用	一元	0.078	0.00330	顺直展宽小河 $\sqrt{B}/H=3.35$	定常2/3平摊	10.00	定常	0.078	20.0	急剧沉降	-60	60	17:30	
0-3	1978年10月	沉降作用	一元	0.078	0.00255	已成汊河 $\sqrt{B}/H=4.04$	定常2/3平摊	10.00	定常	0.078	20.0	较缓沉降	-3.6	30	26:00	
0-4	1979年1月	间歇抬升作用	一元	0.078	0.00240	已成汊河 $\sqrt{B}/H=5.36$	定常2/3平摊	10.00	定常	0.078	20.0	5次间歇抬升	1.5	75	40:00	
I-1	1979年6月	造床实验	一元	0.41	0.00500	梯形断面,上宽20cm,下宽10cm,边坡3:1,直入式	定常	3.27	定常	0.41	开始8.3 以后4.2	—	—	-3:10		
I-2	1979年6月	沉降验证	一元	0.41	0.00600	顺直展宽小河 $\sqrt{B}/H=3.56$	定常	3.27	定常	0.41	4.2	沉降	-0.7	30	3:25	
I-3	1979年6月	沉降作用	一元	0.41	0.00597	已成分汊小河 $\sqrt{B}/H=4.38$	定常	3.27	定常	0.41	4.2	沉降	-1.0	26	27:35	
I-4	1979年6月	掀斜作用	一元	0.41	0.00659	已成分汊小河 $\sqrt{B}/H=8.87$	定常	3.27	定常	0.41	4.2	向上游掀升	0~1.5	0~18	11:40	
I-5	1979年6月	掀斜作用	一元	0.41	0.00645	已成分汊小河 $\sqrt{B}/H=10.14$	定常	3.27	定常	0.41	4.2	向下游掀升	1.5~0	+18~0	6:00	
I-6	1979年7月	抬升作用	一元	0.41	0.00574	已成分汊小河 $\sqrt{B}/H=12.10$	定常	3.27	定常	0.41	4.2	缓慢抬升	1.5	20	6:00	
I-7	1979年7月	输沙性质变化	一元	0.41	0.00541	已成分汊小河 $\sqrt{B}/H=13.33$	定常	3.27	定常	0.39	4.2	—	—	-14:00		加10%悬沙,$D_{50}=0.078$mm

续表

组别	试验时间	目的	边界条件 结构	边界条件 组成/mm	比降	模型河槽尺寸	流量 方式	流量 数值/(L/s)	加沙情况 方式	加沙情况 D_{10}	加沙情况 数量/(g/s)	构造运动 方式	构造运动 速率/(min/h)	构造运动 幅度/cm	历时/(时:分)	备注
I-8	1979年7月	差别抬升，来沙量减少	一元	0.41	0.00555	已成分汊小河 $\sqrt{B/H}=13.39$	变小后定常	1.50	定常	0.34	4.2	差别抬升	1.5	27	8:00	加入 $D_{50}=$ 0.078mm 10%悬沙
I-9	1979年7月	来沙量减少	一元	0.41	0.00738	已成分汊小河 $\sqrt{B/H}=16.66$	定常	1.50	清水	—	—	—	—	—	8:00	
II-1	1979年10月	造床验证	二元	上层 0.10 下层 0.20	0.00200	梯形断面，上宽定常20cm，下宽10cm，边坡3:1，直入式	定常	3.50	定常	0.10	29.8	—	—	—	51:30	
II-2	1979年11月	沉降验证	二元	上层 0.10 下层 0.20	0.00363	已成深泓分汊小河 $\sqrt{B/H}=5.16$	定常	3.50	定常	0.10	29.8	缓慢沉降	-1.5	-50	33:10	
II-3	1979年11月	沉降后调整	二元	上层 0.10 下层 0.20	0.00350	已成分汊小河 $\sqrt{B/H}=6.33$	定常	3.50	定常	0.10	29.80	—	—	—	15:10	
II-4	1979年11月	抬升作用	二元	上层 0.10 下层 0.20	0.00379	已成分汊小河 $\sqrt{B/H}=7.63$	定常	3.50	定常	0.10	29.8	向上游抬升而后等量抬升	0~1.5 1.5	+40~ +50	44:00	
II-5	1979年11月	抬升后调整	二元	上层 0.10 下层 0.20	0.00387	已成分汊小河 $\sqrt{B/H}=6.37$	定常	3.50	定常	0.10	24.5	—	—	—	28:30	
II-6	1979年12月	掀升运动	二元	上层 0.10 下层 0.20	0.00423	已成分汊小河 $\sqrt{B/H}=8.32$	定常	3.50	定常	0.10	24.5	向下游掀升	1.5	40.0	26:15	
II-7	1980年1月	掀升后调整	二元	上层 0.10 下层 0.20	0.00451	已成分汊小河 $\sqrt{B/H}=6.84$	定常	3.50	定常	0.10	24.5	—	—	—	27:35	
II-8	1980年1月	差别沉降	二元	上层 0.10 下层 0.20	0.00449	已成分汊小河 $\sqrt{B/H}=5.33$	定常	3.50	定常	0.10	24.5	右侧沉降	-1.5	-37.5	25:00	
II-9	1980年1月	调整	二元	上层 0.10 下层 0.20	0.00466	已成分汊小河 $\sqrt{B/H}=6.09$	定常	3.50	定常	0.10	24.5	—	—	—	22:00	
II-10	1980年1月	来水来沙变化	二元	上层 0.10 下层 0.20	0.00472	已成分汊小河 $\sqrt{B/H}=6.39$	变化后定常	2.00	变化	0.078	9.6	—	—	—	20:50	
II-11	1980年1月	来水来沙变化	二元	上层 0.10 下层 0.20	0.00529	已成分汊小河 $\sqrt{B/H}=7.74$	变化后定常	2.00	变化	0.078	6.4	—	—	—	29:50	

过程响应模型的分汊河道实验，于 1985 年结合河道整治进行了马鞍山全河段演变过程实验，为完成国家自然科学基金项目（编号：59890200），进行了江心洲分汊河型的造床过程（金德生，1985，1990），同时进行了突变过程实验（详见第 17 章）。

8.2.4　实验数据的获取及处理

在实验过程中，获得的基本资料是水面高程、流速、流向等水流结构资料；由自然模型实验获得的主要资料有：河道地形测量资料、水流泥沙测验资料、河道平面形态摄影资料及构造运动变形数据等 4 种。河床地形测量除每间隔 1m 进行横断面施测外，在特殊部位，进行了局部施测，一般在每组实验达到相对稳定时施测 1 次。施测前用测针校准到基准高程。

河道的平面形态在照相架上用广角镜头相机凌空俯摄，照片重叠率约 60%，每组实验终了进行全河段拍摄。对于局部河段进行了连续拍摄，以观测动态变化。在实验过程中，还进行了必要的河道平面图的草测，草测图绘制在预制的方格网坐标纸上。

流速由电子数字显示流速仪在横断面上按间隔 5～100cm 的测线上施测而得，垂线测点视水深，采用三点法、二点法及一点法各不相同。在自然模型中，多数采用一点法施测。流向由两种方法获得：在定床中，由安装在测桥上的流向仪施测，底流的流向用四氯化碳与苯的合剂示踪。在自然模型及过程响应模型中，当水深较大时，用流向仪施测；而当水深较浅时，则用指示物漂浮在水面示踪拍摄，底流的流向由沙波的排列方向来决定。含沙量由光电测沙仪量计，床沙系通过人工方法，以薄层从河床或滩地表面采集，采样带宽度约 5mm。最后用筛分作机械分析，确定中径并计算分选系数（S_r）。

在河道横断面施测后，对横断面线与主流向夹角大于 5° 者，作了形态数据的几何校正。

8.3　模型江心洲分汊河型造床过程实验

8.3.1　江心洲分汊河型造床过程实验概况

江心洲分汊河型造床实验用了 180h，进行了 10 个测次。总体而论，模型河道从顺直河道变化到宽窄相间的河道，模型河道拓宽变浅，深泓线由顺直变得弯曲，交错边滩被截割成江心洲，河床质中值粒径减少，单位河流功率和能量耗散率变得越来越小（图 8.3-1 和图 8.3-2）。在实验期间。模型河道中的水力学、泥沙及地貌形态要素变化如下。

1. 河宽（W）和展宽率（T_b）

从时间上看，模型河道的宽度随着时间的流逝而不断展宽，并且与历时呈正指数相关关系。在不同的时间间隔和范围内，河宽和展宽率都不是定值。例如，在头 16h 内，河道有最大的展宽率，然后是第二个时段 16～156h 及 156h 后，宽度几乎稳定。当然，河道展宽率也达到最小。很明显，模型河道河宽的增加幅度与其展宽的速率是相悖的。

在空间上，模型河道的展宽沿程随时间的推移而增加，顺直模型小河的宽度不断拓宽，逐渐发育成典型的具有藕节状外形的江心洲分汊河道。

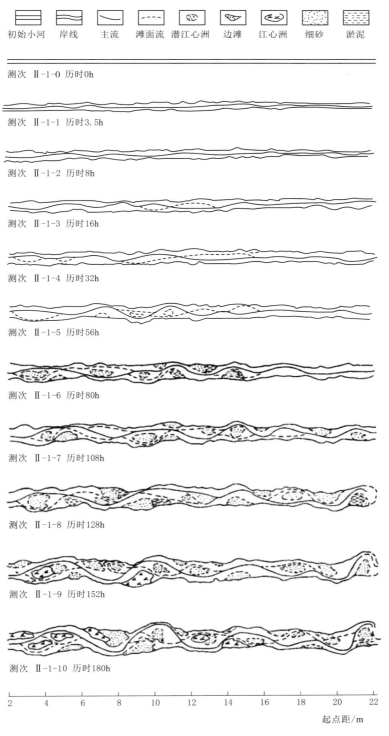

图 8.3－1 模型江心洲分汊河道造床与突变过程平面演变图

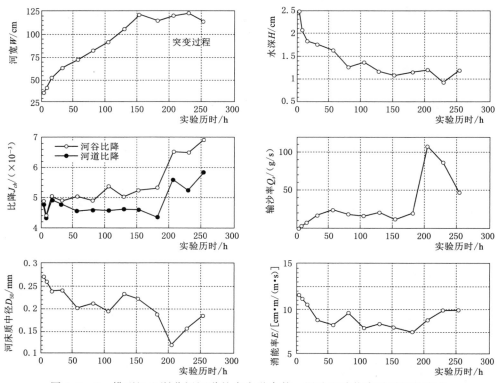

图 8.3-2　模型江心洲分汊河道的水力学参数、泥沙和消能率随时间的变化

2. 平均水深（H）和河床纵向起伏度（$J_{b\delta}$）

为了适应平均河宽的变化，平均水深与运行时间呈幂函数负相关关系。在最初的 16h，平均水深达到最大值，而后 16～156h 变缓，以及 156h 以后达最小值，模型河道平均水深沿程呈波状变化。最大水深几乎与平均水深具有相同的趋势。

此次实验用指标河床纵向起伏度（$J_{b\delta}$）、沿程最大水深或深泓高程的标准差值，描述平均水深及最大平滩水深的沿程变化趋势。可以发现，河床起伏度是河床纵向的起伏程度的一种量度，$J_{b\delta}$ 沿模型河道向下游减少，随着时间的推移不断减少。在 56h（测次Ⅱ-1-5）和 156h（测次Ⅱ-1-8）出现峰值，重现周期为 72～74h。

3. 河道比降（J_{ch}）

在造床过程中，在 0～16h，河道比降变小，后复又变陡，在随后的 16～180h 之间，沿程比降仍然依照小的变化率下降；在 104h 之前，河道比降似乎由高变低，104h 以后，比降稳定下来。

河道比降沿程的陡缓变化此起彼伏，在 0～104h，起伏程度由大变小，104h 后，已渐趋平缓。分析表明，当河道比降由陡趋向调平时，其沿程分布的不均匀程度不断变小；仅仅当比降调陡时，其不均匀程度变大。换言之，当河道由顺直趋向弯曲，尚未切割成型边滩时，河道比降沿程趋向均匀分布，而当切割边滩形成江心洲分汊河型时，河道比降沿程趋向不均匀分布的程度增大。

实验表明，如果比降趋向平缓，那么纵向起伏度就会变得小一点；如果倾向陡峭和波动，那么河床的起伏会变大。换句话说，当顺直的模型河道发展为蜿蜒河道，不会截切交错边滩，在这个过程中，沿河道的比降将均匀分布。

4. 河床质中值粒径（D_{50}）和分选系数（S_r）

在头几个小时内，河床质中径由粗变细，自58h以后，床沙中径虽有波动，但总的变化不大。值得注意的是，床沙中径的变化沿程具有波状递推特性，从实验之初至132h，床沙沿程分布的不均匀程度不断变大，而后逐渐向均匀化演进，由于来沙性质的过程由粗变细，复又变粗。显然，来沙越粗，床沙沿程分布越加均匀；相反，若来沙越细，则床沙的沿程分布越不均匀。

5. 输沙率（Q_s）

在造床实验过程中，可以分为两个时间段，在第一时间段，0～16h之间，输沙率增加；而第二时间段，16～180h，趋向于减少，然后趋于稳定。

6. 河流做功和能量的消耗率

很明显，能量耗散率也分为两个时段。在第一时段，0～156h，模型河道的单位河长的能量消耗率下降；而在第二时段内，56～180h，尽管有些变化，但它仍然保持在较低的消耗率水平上。

分析表明，在时空上，沿程单位面积的消能率是不均匀的，其分布沿程大小相间。在实验早期，这种不均匀性较为明显，并倾向于均匀分布，速率梯度变得越来越小，随着比降的调平，总趋势变得均匀化。消能率的变化率似乎存在三个周期：①第一次出现在0～56h，消能率按比较均匀的速率降低；②第二次出现在56～132h，消能率的变化率有所起伏；③最后，在132～180h，再次按照比较均匀的速率变小。这种能量消耗率变化的速率梯度，随时间均匀与起伏交替出现，或许是模型河道系统内部进行自动调整的必然结果。

8.3.2 模型分汊河道控制因素分析

在一个河流系统中，河道的形态、过程和泥沙输移受控于流域因子，如河谷坡降、流量、输沙率、输沙类型边界条件等。在模型河流系统中，情况几乎都一样。分析表明，长江中下游相对稳定分汊河型的成因、演化中起最主要作用的自然因素有：构造运动、边界条件及来水来沙条件。对此做了实验，力图验证各因素在分汊河型形成、演变中所起的作用。

1. 河谷坡降（J_v）

在原型中，河谷坡降是一个自变量，在较短的时间内是个稳定值，除非地质和气候变化原因，如地质构造运动，或由于气候变化引起的侵蚀基准面上升和下降。如果流域的流量不变，河流的做功率和能量消耗率取决于河谷的坡降。在这个实验中，模型江心洲分汊河道的河谷坡降明显影响河宽（W），展宽率（T_b），河道比降（J_{ch}），含沙量（Q_s）和床沙质中径（D_{50}）。除了水深（H）和河床质中值与河谷坡降的关系为负相关外，河谷坡降与这些因素中的大多数呈正相关，各相关关系如下：

$$W = 0.0083 J_v^{0.563} \tag{8.3-1}$$

$$H = 283.94 J_v^{0.3244} \tag{8.3-2}$$

$$T_b = 0.0032 J_v^{5.093} \tag{8.3-3}$$

$$J_{b\delta} = 0.0615 J_v^{1.569} \tag{8.3-4}$$

$$J_{ch} = 4.436 J_v^{0.0021} \tag{8.3-5}$$

$$G_b = 0.107 J_v^{0.468} \tag{8.3-6}$$

$$D_{50} = 3.326 J_v^{-0.1675} \tag{8.3-7}$$

$$D_{0.076} = 0.33 J_v^{3.598} \tag{8.3-8}$$

式中：W、T_b、H、$J_{b\delta}$ 分别为河宽、展宽率、水深及河床纵向起伏度，m；J_v、J_{ch} 分别为河谷比降及河道比降，cm/m；G_b 为输沙率，g/s；（D_{50} 为床沙中径，mm；$D_{0.076}$ 为床沙中径小于 0.076mm 百分含量，%。

这些意味着，如果来水流量一定，需要更陡的河谷坡降来适应河宽、展宽率、河床纵向起伏度、河道比降和输沙率，而浅滩的水深与较粗的床沙颗粒大小和床沙中含有较高粉砂黏粒浓度相吻合。

2. 平滩流量（Q_b）

因为模型施放 2L/s 的定常平滩流量，很难获得其他因素与模型平滩流量的关系。有必要收集先前更多来自其他类似实验的数据，以及国内外研究者（尹学良，1965；金德生等，1978、1990）的数据。除单因素外，还进行了输沙率和因素（J_v，Q_b，D_{50}）的复相关分析。

研究表明，流量与河宽、展宽率、水深、河床纵向起伏度呈正相关，而与河道比降、床沙中径呈负相关。流量越大则河宽、水深越大，河道宽窄相间及河床起伏也就越明显，河道比降也就越缓、床沙中径则越细、床沙中黏粒成分也就越多。毋庸置疑，平滩流量越大，输沙率理所当然越多，下列关系式表明了这一点。

$$W = 4.362 Q_b^{0.213} \tag{8.3-9}$$

$$T_b = 4.580 Q_b^{0.386} \tag{8.3-10}$$

$$H = 0.483 Q_b^{0.6033} \tag{8.3-11}$$

$$J_{b\delta} = 2.190 Q_b^{0.922} \tag{8.3-12}$$

$$J_{ch} = 0.000742 Q_b^{-0.316} \tag{8.3-13}$$

$$D_{50} = 0.0088 Q_b^{-0.478} \tag{8.3-14}$$

$$G_b = 26.260 (J_v Q_b / D_{50})^{1.526} \tag{8.3-15}$$

3. 输沙率（Q_s）

分析表明，河宽、展宽率、河床纵向起伏度、输沙率及床沙中粉砂黏粒含量百分比与来沙量呈负指数相关；而水深、河道比降及床沙中径与来沙量呈正指数相关，表达式如下。

$$W = 0.55 Q_s^{-0.647} \tag{8.3-16}$$

$$T_b = 0.084 Q_s^{0.568} \tag{8.3-17}$$

$$H = 0.0135 Q_s^{-0.458} \tag{8.3-18}$$

$$J_{b\delta} = 0.00713 Q_s^{0.216} \tag{8.3-19}$$

$$J_{ch} = 0.471 Q_s^{-0.316} \tag{8.3-20}$$

$$G_b = 0.191 Q_s^{0.288} \tag{8.3-21}$$

$$D_{50} = 0.250 Q_s^{-0.0494} \tag{8.3-22}$$

$$d_{0.076} = 9.72 Q_s^{-0.408} \tag{8.3-23}$$

4. 来沙特性（D_{50}）

在造床实验过程中，在模型河道的入口处，加入不同成分的悬沙（$D_{50} = 0.078 \sim$ 0.048mm），并建立了河型因素的组合关系式。显然，来沙量显著影响河道形态和床沙组成。来沙量粒径越大，河宽、展宽率、河床纵向起伏度及床沙中径小于 0.076mm 的粉黏粒百分比，则越小。水深、河道比降、床沙颗粒大小、输沙率和床沙中粉黏粒含量则越大。它们之间有以下关系式。

$$W = 1.2406 D_{50}^{-2.716} \tag{8.3-24}$$
$$H = 18.27 D_{50}^{1.659} \tag{8.3-25}$$
$$J_{b\delta} = 0.305 D_{50}^{-0.305} \tag{8.3-26}$$
$$J_{ch} = 5.698 D_{50}^{0.439} \tag{8.3-27}$$
$$G_b = 0.304 D_{50}^{0.192} \tag{8.3-28}$$
$$d_{0.076} = 0.2103 D_{50}^{0.021} \tag{8.3-29}$$

这意味着，平滩流量越大，河道宽浅，河床纵向起伏度越高，床沙颗粒越粗，床沙中小于 0.076mm 的粉黏粒百分比则越高，河道必将变得越平坦。显然，在模型的入口处加入较多的细粒悬移质泥沙，更容易沉积在江心滩上，利于使潜洲转变成江心洲，并使江心洲得到稳定，容易发育江心洲分汊河道。

5. 河岸高度比（H_s / H_m）

作为河道边界条件的一个度量，河岸高度比是河漫滩二元结构中河岸可侵蚀沙层厚度，H_s 与滩槽高差，即最大平滩水深（H_m）的比值。实验表明，当流量一定时，河岸高度比，决定着河道的几何尺寸，并与河道的输沙性质以及床沙中粉黏粒的百分含量有关，与河道比降及输沙率则关系不大，有如下的表达式。

$$W = 93024 (H_s / H_m)^{-1.749} \tag{8.3-30}$$
$$T_b = 18407.07 (H_s / H_m)^{-1.796} \tag{8.3-31}$$
$$H = 0.014 (H_s / H_m)^{1.148} \tag{8.3-32}$$
$$J_{b\delta} = 3.263 (H_s / H_m)^{-0.353} \tag{8.3-33}$$
$$J_v = 3.758 (H_s / H_m)^{0.051} \tag{8.3-34}$$
$$G_b = 0.0535 (H_s / H_m)^{0.349} \tag{8.3-35}$$
$$d_{0.076} = 783.805 (H_s / H_m)^{-1.041} \tag{8.3-36}$$

实验结果表明，当流量一定时，河岸的可侵蚀沙层越厚，河岸高度比越大，河床发育越窄，河床的纵向起伏度越大，床沙中值粒径越粗，床沙中径小于 0.076mm 的粉黏粒百分比含量越高，则越有利于发育和形成江心洲分汊河型。很明显，江心洲分汊河型的分汊率（T_b）和河岸高度比（H_s / H_m）之间存在明显的关系（图8.3-3）。

8.3.3 模型分汊河道水力几何关系综合分析

基于上述情况，运用流水地貌中的河相关系，即水力几何关系，研究分汊河型造床实验中河床

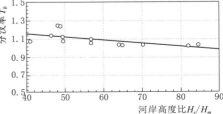

图 8.3-3 分汊系数 T_b 与河岸高度比 H_s / H_m 的关系

形态与流域控制因素之间的综合关系，侧重分析平面及横向河相关系。

1. 平面水力几何关系

通过量纲分析，并运用实验资料进行拟合，可以得到弯曲汊流曲流波长（L）、波幅（A）与流域因素（F）的关系式见图8.3-4，关系式如下。

$$L/D_{50} = 0.949F^{0.763} \tag{8.3-37}$$

$$A/D_{50} = 0.00069F^{4.312} \tag{8.3-38}$$

$$K = 1372.464F^{-3.549} \tag{8.3-39}$$

通过弯曲汊道与单一弯曲河道的波长、波幅表达式对比分析发现，无论是表达式的系数还是指数，两者均存在类似的趋势。弯曲汊流波长表达式的系数为波幅的3.4倍，而指数则相反，但两者相差不大。至于波长、波幅与河床质中径综合关系式，以及波长波幅比表达关系式则与单一弯曲河型者也相当类似。所不同者，弯曲汊流的波长、波幅表达式的系数比单一弯曲河道者大一个数量级，而指数均较单一弯曲河道者来得小，在波长波幅比值的表达式中，弯曲汊流的系数小于单一弯道，而指数却相反。不难理解，弯曲汊道的波长、波幅及其比值，主要取决于流量和河谷比降的大小，而对河床质中径大小的依赖性较差。单一弯曲河道的波长与河床质中径呈明显的反比关系，弯曲汊流波长的指数接近于10，河床质中径的指数，虽然为负值，但十分小，几乎接近于0。

由此可知，即使弯曲汊流与单一弯道具有类似的弯曲特性，但其对流量的依赖性远大于对边界条件的依赖性。同时，还说明弯曲汊流波长随流量的变化率远大于单一弯道，波幅随流量的变小率却小于单一弯道。

2. 单因子水力几何关系分析

模型分汊流的水力几何关系见图8.3-5，得到的表达式如下。

$$W = 2.917Q_b^{0.168} \tag{8.3-40}$$

$$H = 0.734Q_b^{0.673} \tag{8.3-41}$$

$$V = 0.470Q_b^{0.159} \tag{8.3-42}$$

$$J_{ch} = 0.00107Q_b^{-0.25} \tag{8.3-43}$$

$$n = 0.0088Q_b^{0.088} \tag{8.3-44}$$

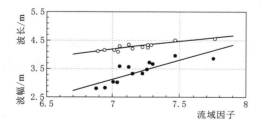
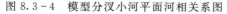
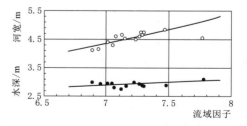

图8.3-4　模型分汊小河平面河相关系图　　　图8.3-5　模型分汊小河水力几何关系图

由式（8.3-40）～式（8.3-44）及图8.3-5可知，模型分汊河流的河宽、水深及断面平均流速，也随流量增大而增大，其系数和指数分别为2.92、0.73、0.47，0.168、0.67、0.159。与曲流河型相比，河宽、水深随流量的变化率都大于弯曲河型；而流速变化率恰巧相反，小于弯曲河型。模型分汊河型的河宽及水深表达式的系数分别为曲流河型

的 3.3 倍及 7.6 倍，平均流速多数为弯曲河型的
0.04 倍。因此，在同样大小流量条件下，模型
分汊河道比弯曲河道来得宽、浅，平均流速相
对较小。

河道比降与流量关系的分析表明，比降随
流量增大而调平。与模型弯曲河河道相比，模
型分汊小河河道比降随流量的变化率小于模型
弯曲小河。

分析还表明，在模型分汊河型中，糙率随
流量增大而略有增大之势，这或许与流量增大、
河道变浅、流速明显减少有关。

3. 横向河相关系

模型分汊河型的河宽和水深除了明显受流
量影响外，还与河谷比降及河床质大小有关，
见图 8.3-6，由量纲分析及实验资料得到下列
表达式。

$$W/D_{50} = 0.0092F^{3.033} \qquad (8.3-45)$$

$$H/D_{50} = 13.199F^{-1.009} \qquad (8.3-46)$$

$$W/H = 6.97F^{1.018} \qquad (8.3-47)$$

由上述表达式分析可知，模型分汊小河的
河宽与水深均随流量增大而增大，随河床质中
径变粗或比降变陡而减少。然而，从宽深比值
表达式分析明，当流量增大时，由于水深的增

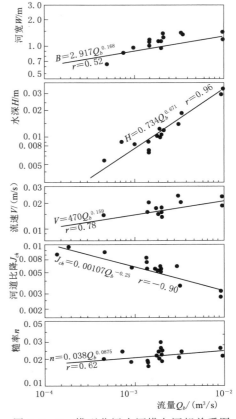

图 8.3-6　模型分汊小河横向河相关系图

加率超过河宽的增加率，将促使河道宽深比减少，河道具有向窄深发展的趋势。流量的增
大，会使床沙质中径变细，但量值有限，比不上由流量增加直接引起的影响。例如，当河
谷比降一定时，流量由 0.1L/s 增加一个数量级到 1L/s 时，流量增加使 W/H 值减少约
44%。与此同时，河床质中径可由 0.15mm 细化成 0.10mm，从而使 W/H 值缩小 14%
左右，河道易于向窄深发展。

8.4　江心洲分汊河型实验案例

8.4.1　概述

长江中下游城陵矶以下，主要是相对稳定的分汊河型。沿程的地质构造骨架及升降运
动的有规律分布，导致了节点及松散河岸沿程有规则地交替；河床比降总的来说比较缓，
流量变幅不大，来水来沙条件比较稳定，以及主、支汊水流动力轴线的周期性交替，加上
特定的历史演变过程，所有这些，促使长江中、下游向相对稳定分汊河型发展。本着野外
分析与实验室实验相结合，历史过程与现代过程相结合，地质地貌因素与水文泥沙动力条

件相结合，以及定性与定量相结合的原则，以国内外已有实验成果为基础，于 1973—1978 年间进行了长江中下游分汊河型的自然模型及河工模型实验，以便进一步加深对长江中、下游相对稳定分汊河型成因及演变规律的认识。实验中，在完成分汊河型造床实验的基础上，强调分汊河型发育影响因素。

8.4.2 长江中下游江心洲河型实验研究

8.4.2.1 分汊河型发育影响因素的实验研究

1. 构造运动影响的实验

新构造运动的方式、速率、幅度以及过程，对于长江中下游分汊河型的形成与演变，有着显著的影响，这种影响是随着时间的推进而展示出来的。

在此次实验中侧重对新构造运动方式、速率的模拟。实验是在 1978—1980 年初进行的。实验中考虑了缓慢垂直升降运动、急速升降运动、向上游掀斜运动、向下游掀斜运动、左右不对称差别升降运动、先掀斜而后均匀抬升的运动等形式。之所以这样选择，是因为正如前已提及的，它们与长江中、下游分汊河型的空间分布类型、成因、演变特征有密切的关系。实验表明，对于局部河段来说，构造运动是影响河型发育的一个不可忽视的因素。上述实验共进行了 10 组。除了有一组是内、外动力组合实验外，其余均在常流量、常来沙量条件下进行的（详见 14.4 节）。

2. 来水来沙条件影响的实验

进入河道中的水量、沙量及泥沙的性质，完全取决于流域中的自然地理条件。河道为了适应它们能顺利通行，必须调整其比降和几何形态（表 8.4 - 1）。

表 8.4 - 1   流量、输沙率及泥沙性质对分汊河型的影响

组别	日期	Q	P	$\Delta \sqrt{W}/H$	ΔT_b	ΔJ_b	D_{50}	S_r	E	K
0 - 1	1978 年 10 月	10.0	20	3.72	0.61	2.70×10^{-3}	0.078	1.22	6.90×10^{-2}	1.240
Ⅰ - 1	1979 年 6 月	3.27	8.3	2.60	0.97	6.75	0.315	1.65	18.79	2.901
Ⅰ - 8	1979 年 7 月	1.50	4.2	3.27	1.76	0.87	0.210	1.46	11.94	4.065
Ⅰ - 9	1979 年 7 月	1.50	0.0	−0.80	−0.54	−1.45	0.330	1.44	9.60	2.100
Ⅱ - 1	1979 年 10 月	3.50	29.8	4.26	1.14	5.60	0.110	1.65	4.40	1.473
Ⅱ - 10	1980 年 1 月	2.00	9.6	1.35	1.37	0.45	0.100	1.41	5.17	1.465
Ⅱ - 11	1980 年 1 月	2.00	6.4	−2.02	−0.60	−0.47	0.095	1.44	3.66	1.866

注   符号意义见符号说明，符号前有"Δ"者系该因素的增值。

实验表明，在同样的边界条件中，当流量减少、输沙率不变时，河流的宽深比、展宽系数、河床比降增大；当流量不变、输沙率减少时，则情况相反。如果流量及输沙率同时减少时，宽深比、展宽系数、河床比降的增加率均减少。

但是，当边界物质组成不同时，在较粗物质的边界中发育的分汊河道，其展宽系数及展宽率均较大；而在较细物质边界中发育的分汊河道，其展宽系数及展宽率均较小。

3. 边界条件影响的实验

（1）双边节点控制作用的实验。在一定条件下，不论是构造运动，还是河道的沉积作

用，或两者作用下所造成的河流边界条件，它对河型有着一定的控制作用。边界的类型及其空间分布、物质组成和结构，往往制约着河型的发育。为了查明节点、河岸物质结构对长江中、下游分汊河型的控制作用，进行了下列几组实验。

用 $D_{50}=0.078$mm 的天然砂铺成模型，床面比降 0.01，在床面中心线位置，开挖一斜入式（45°）顺直梯形断面小河槽（表 8.2－1）。用水泥作成不同间距和不同长度的四对节点，第一、第二对节点及第二、第三对之间的距离为 2m，第三、第四对节点间的距离为 4m，除第三对节点的长度为 40cm 外，其余三对节点的长度为 20cm。

当放水加沙历时 22h30min，各对节点之间河道拓宽，水流分散，流速降低，床面出现小沙波。当第一、第二对节点之间的河床宽度拓宽到节点处河宽的两倍以上时，便出现心滩。继续放水 4h10min，河段进一步展宽，并普遍出现大型沙波，同时在第二、第三对节点之间的展宽河段内出现了江心洲。出现江心滩的河段，水流分成主、支汊交替的两股。随后，施放 7h 清水，第一、第二对节点间的大沙波和心滩，因冲刷而渐渐消失，第二、第三对节点之间的江心洲也缩小。再度施放浑水，2h25min 后，在展宽段复又出现大沙波、心滩和江心洲（图 8.4－1）。从图 8.4－1 可以看出，节点长度（即束窄段长度）和间距（即展宽河段长度）对形成分汊河道有明显的控制作用。当节点本身的长度较大时，节点的挑流作用不显著，在其下游的主流线并不分汊。相反，当节点本身的长度较小时，主流线与受节点控制的河岸成一夹角，挑流作用强，于是，在展宽段出现了江心洲。分析表明，节点着流，挑流作用强，分汊段与束窄段的河宽比大于 2，长度比大于 6，有利于江心洲的发育。

（2）单边节点控制作用的实验。这项实验是在定床及自然模型中进行的。1977 年，在官洲河段定床模型中，通过控制吉阳矶挑流的强弱，观察分汊段分流比及水流动力结构的变化（图 8.4－2）。实验表明，当吉阳矶挑流作用增强时，主流顶冲点上提，水流动力轴线左移，断面流速分布呈单峰偏左突出。这时，靠左侧的主汊中分流比增大，右汊的分流比则相应减少，并促使清节洲头和新长洲淤积拓宽。此外，还观察到分布在南夹江右岸的黄石矶的单向挑流作用。进入南夹江的水流，经过黄石矶后分成两股，当枯水和平滩水位时，黄石矶挑流作用加强，顶冲点向上游提，水流动力轴线靠左。洪水时，水流走中，黄石矶挑流作用减弱，水流经右岸余棚边滩的滩面直奔而下（中国科学院地理研究所地貌室长江实验小组，1978）。

以上是定床实验中间接地观察到的影响。为了观测到单边矶头对造床的直接影响，在 1979 的自然模型实验中做了进一步的观测。

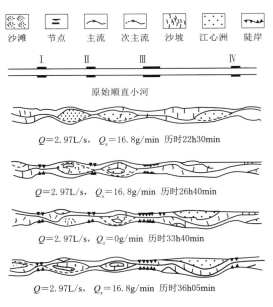

沙滩　节点　主流　次主流　沙坡　江心洲　陡岸

原始顺直小河

$Q=2.97$L/s，$Q_s=16.8$g/min　历时 22h30min

$Q=2.97$L/s，$Q_s=16.8$g/min　历时 26h40min

$Q=2.97$L/s，$Q_s=0$g/min　历时 33h40min

$Q=2.97$L/s，$Q_s=16.8$g/min　历时 36h05min

图 8.4－1　节点对分汊河型的控制作用

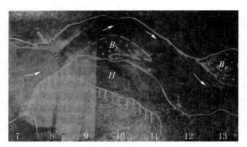

（a）67h20min

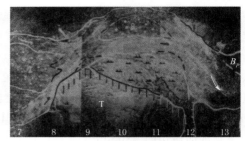

（b）67h40min

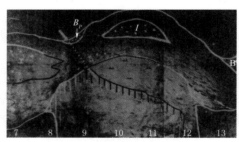

（c）68h00min

图 8.4-2　单边矶头挑流形成的弯曲型分汊河道

在 I-7 组实验中，当右岸因构造抬升形成 8 号和 9 号阶地后，随着上游动力轴线的右移，阶地坡脚着溜，形成了使水流动力轴线与河岸夹角成 20°以上的单边节点，在挑流作用下，节点以下的动力轴线被迫左移，河道向左弯曲，曲折度由 1.05 增大到 1.22，河宽由 82.7cm 增宽到 158.8cm，而在同样条件下，当不具有挑流作用时，曲折度由 1.20 变成 1.14，河宽由 246.5cm 增加到 261.5cm。显然，两者的增加率是不同的，在单边矶头挑流作用下，在同一时段内，曲折度及展宽率要比没有单边矶头挑流作用时分别减少16% 及 92%。随着河宽及动力轴线曲折度的增大，矶头下游的展宽段内出现了心滩，最后发育成江心洲分汊河段。当上游河势发生变化，使动力轴线偏离节点时，便发生切滩现象（图 8.4-2）。

（3）不同结构河漫滩中节点的塑造实验。诚然，固定的节点在纵、横向上控制了分汊河型的空间位置，并为分汊河型的发育创造了有利条件。那么，在没有节点的冲积河流中是否也能塑造藕节状的相对稳定的分汊河型呢？回答是肯定的，1979 年的自然模型实验证实了这一点。

1）均匀结构天然砂层。I-2 组实验是在 $D_{50}=0.41mm$ 的均匀结构天然砂层中进行的，在常流量及常来沙量条件下，历时 6h35min，开始出现展宽河段（2 号~4 号断面），但不大容易塑造出束狭河段，因河岸及河床的相对可动性均较大。

2）变坡降二元结构砂层。II-1 组实验是在变坡降的二元相结构边界条件中进行的。上层坡降 0.002，$D_{50}=0.10mm$，$S_r=1.81$；底层坡降 0.007，$D_{50}=0.20mm$，$S_r=2.09$。由于两层各自的坡降不一，因此自上游向下游，D_{50}、S_r、上、下层厚度比值，均是变值，D_{50} 由 0.19mm 向 0.095mm 递变，上、下层平均 $D_{50}=0.15mm$；分选系数 S_r

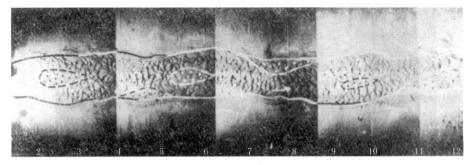

（a）分汊型

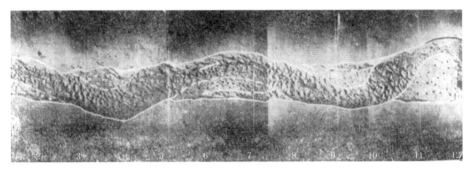

（b）弯曲型

图 8.4-3　二元结构边界中形成的不同河型

由 2.07 向 1.84 递变，上、下层平均分选系数 $S_r=1.95$；上、下层厚度之比由 1/9 向 9/1 递变，比值 5/5 恰好位于 12 号断面处。

Ⅱ-1 组实验表明，当下层厚度与水深比值大于 0.5 时，则有利于分汊河型的形成，展宽系数为 2.31～2.50；而当下层厚度与水深的比值小于 0.5 时，则利于形成深泓弯曲河型，深泓曲折度约 1.09，河道两侧的边滩有规则地交替排列。分汊段长度恰好与曲流波长的一半相等（图 8.4-3），分汊段与弯曲段的比降分别为 0.00431 和 0.00302。

上述实验表明，在不受人为条件约束的二元相结构的天然砂层中，也能够形成分汊河型。展宽段之间发育的边滩，起到了类似节点的作用。在一元结构的均匀砂层中，虽然不太容易塑造分汊河型，但毕竟也呈现出宽窄相间的形势，在扩展得较宽的河段内，也出现了心滩堆积，这主要是由单位面积上能量消耗率决定的。由展宽率 T_b-能量消耗率 E 关系曲线（图 8.4-4），以及汊河弯曲率 P-能量消耗率 E 关系曲线（图 8.4-5）分析表明，不同边界中两条 T_b-E 曲线以不同的斜率通向相近的极限值 6～7 时，能量消耗率趋向最小值。在不同的边界中，两条 T_b-E 曲线也有相同的截距，即当汊河曲折度达 1.82～1.83 时，E 值为 0。上述展宽系数及汊河曲折度在不同条件下，殊途同归，且数值与鹅头状分汊河型中的展宽系数和汊河的衰亡曲折度相近，反映了鹅头状分汊河型是最小消能的汊河形式。尽管疏松边界中结构有所不同，但在一定条件下，分汊河型有可能以鹅头状汊河达到最小消能状态，而节点的挑流作用只是一个促进因素。

影响分汊河型成因及发展的因素很多，此次实验仅择其主要者进行模拟，实验结果基本符合野外资料的分析结果。

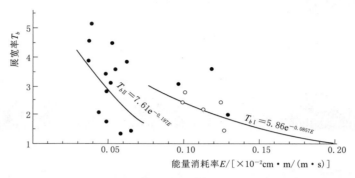

图 8.4-4　展宽率 T_b-能量消耗率 E 关系曲线

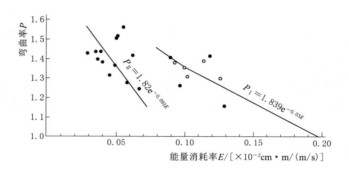

图 8.4-5　弯曲率 P-能量消耗率 E 关系曲线
Ⅰ—第一组实验；Ⅱ—第二组实验

8.4.2.2　分汊河道水流动力特性实验

一个典型的相对稳定分汊河段往往由进口段、出口段和两者之间的分汊段三部分组成，它具有特殊的水流运动规律，在微观意义上极大地影响相对稳定分汊河型的洲、滩及汊道的形成和演变，这方面的实验主要是在两个定床模型和 0-1 组自然模型中进行的（中国科学院地理研究所地貌室长江实验小组，1978）。此次实验主要分析水面的空间形态、水流动力轴线分布、断面流速分布及环境结构、螺旋流结构特征等几个方面的变化，及其与江心洲分汊河道发育演变的关系。

1. 水面的空间形态变化

河道中水面形态是纵向流速分布和横向流速分布及河床地形变化的表征，在模型实验中也是检验模型和原型水流运动及河床变形相似与否的一个重要标志。官洲河段定床模型中，曾用精密水准仪，并使用活动的测针作标尺，观测河床水面任何一点的稳定水位值，然后点绘在预制的河道地形图上，勾绘出水面等高线，借此分析分汊河段水面形态的纵、横向变化。

从官洲河段测绘的水面等高线图（中国科学院地理研究所地貌室长江实验小组，1978）可以看出，当水流进入中间分汊段后，主流明显偏左行走，于 9 号断面开始分汊，由于南夹江的床面高于主江床面，且主江比南夹江河道顺直，分流量大，因此在清节洲头及南夹江口门附近出现局部壅水，产生一个向南夹江倾斜的水丘（指水面等高线呈丘状的突起部分），促使分流区产生逆时针向环流，面流大部分进入清节洲左汊，小部分进入南夹江，而底流主要流向南夹江。清节洲左汊口门由于底流补偿不足，形成长条状水洼（指水面等高线槽谷部分）。水流进入 18 号断面附近又开始分汊，左支即东江上首，右支为新中汊，该分流区与清节洲洲头分流区情况相同，但新中汊口门处未见有水丘和水洼现象，原因是在新长洲头前，整个河床为比较平顺的缓坡，汊口比较开阔，洲头不形成壅水之故。然而水流流经官洲头"鱼嘴分流"后，洲头又明显壅水造成水丘，同时在洲头左侧形成水洼。这种洲头分流后形成的壅水现象，与马鞍山河段中小黄洲头分流造成的壅水实测资料颇相符合，1976 年小黄洲头水面立体摄影资料分析表明，小黄洲头水边线比右岸高出 1m 之多（中国科学院地理研究所地貌室长江实验小组，1978）。

在汇流区可见水丘的形成，在实验中，观测到南夹江与新中汊汇合形成左缓右陡的不对称水丘，水丘呈条状下延，丘上具有一系列小漩涡，并形成一对面流向河心、底流向河岸的螺旋流。出口段（下干流段）水面形态与分汊和汇流区相比，显得比较规则，从横向看，河道中心水位高于两侧水位，水面等高线向下游方向突出，而纵向水面坡降比较平缓。

2. 水流动力轴线分布

分汊河段水流动力轴线的一个很重要的特性是水流动力轴线分汊，并形成分流区。大致有两类分汊形式：一种类型为主流动力轴线贴近洲头，分汊明显，分汊角较大，有"鱼嘴分流"之称，如马鞍山河段中小黄洲头的分流；另一种类型是主流远离洲头，动力轴线分汊点不明显，分汊角较小，形成大面积的分流区，如官洲河段中新长洲头的分流。在模型实验中，把河段中沿程各断面测得的最大平均流速点连接起来，可勾画出水流动力轴线及其分汊形势。从官洲河段平滩流量下动力轴线分布图（中国科学院地理研究所地貌室长江实验小组，1978）可看出进口段和出口段的动力轴线只有一股，没有发生分汊，水流进入中间分汊段后，在清节洲头、新长洲头及官洲头，水流都各自分汊成二股。分汊类型各不相同，清节洲头及新长洲头的分汊属第二种类型，而官洲头的分汊则属第一种类型。水流动力轴线的分汊形势还随流量的增减而发生变化，使分汊点左右移动及纵向上发生上提下挫。水流进入各个汊道后，动力轴线的分布随各个汊道的河道形态不同而变化，汊道曲折度越大，动力轴线越弯曲，对于"鹅头型"汊道，甚至可形成反"S"形的水流动力轴线。

分汊河道水流动力轴线的另一个重要特性是各个汊道的动力轴线在洲尾相汇合，并形成延伸入出口段的汇流带。比较简单的汇流形势为两汊汇流，即两条动力轴线相汇合（中国科学院地理研究所地貌室长江实验小组，1978）。多汊时，则出现几股动力轴线同时汇合的现象，使汇流区的水流结构变得十分复杂。汇流区内动力轴线的分布极大地受制于各汊的分流比、水深及汇合角的大小。在官洲河段定床实验中，汇流区内，先是南夹江和新中汊汇合，而后与东江汇合。分析表明，当新中汊分流比增大后，动力轴线所指示的主流束动能增大，将东江动力轴线推向左移，从而逼使出口段（下干流）动力轴线左移。

在 0-3 组升降运动对河型影响的自然模型实验中（中国科学院地理研究所地貌室，

1979)，同样观测到上述的分布规律。当地壳沉降、河床堆积、模型小河形成江心洲时（模型放水 58h），江心洲头及洲尾，出现了十分类同于马鞍山河段和官洲河段定床实验中见到的分汊和汇合形势。

　　3. 断面流速分布及环流结构

　　在分汊河道的进、出口段，河道断面形态一般呈一个不等边的三角形，断面中测得的最大等流速线位于三角形断面的短边一侧，存在一个最大的流速中心，即使在比较顺直的单一河道中，断面流速分布也很少是均匀的。

　　从官洲河段模型实验中，测得了平滩流量条件下的平面流速分布图（中国科学院地理研究所地貌室长江实验小组，1978）和断面流速分布图［图 8.4 - 6（c）］，可以看出，位在进口段的 13 号和 18 号断面，最大流速中心位于左岸一侧，出口段的最大流速分布中心位于右岸一侧，没有出现两个以上的最大流速中心。断面环流结构均较简单，往往由一个规模较大、强度较弱的单向环流结构控制整个断面，断面等流速线与断面形态比较吻合。中间分汊段的断面流速分布则不然，由于分流区中分流带的存在，以及汇流区中汇流带的存在，水流的分汊和多股汊流的汇合，使分流区和汇流区断面流速分布复杂化。如官洲河段的东江和新中汊是两个向同一方向弯曲、但曲折度不同的弯曲汊道，在分水口前缘所测得的 22 号和 28 号断面的流速分布中，很明显存在两个大的流速中心，形成方向相同、强度不一的两个环流结构，由于东江环流较强，其底流的堆积作用大于新中汊环流底流的堆积作用。因此，促使新长洲不断展宽、加积和抬高，断面等流速线分布与断面形态不太一致。在汇流区，断面的流速分布也比较复杂，尤其是多汊相汇时更显突出，这可以从官洲河段东江、新中汊、南夹江三汊汇合后的 47 号断面中看到这一点。47 号断面流速分布图［图 8.4 - 6（d）］中显示了几个流速分布中心，同时存在几个强度较大、方向不一的环流结构，断面等流速线分布与断面形态极不一致，显得十分混乱。至于两汊相汇，情况简单得多，如马鞍山河段江心洲尾左、右汊水流相汇合后，在采石边滩下 4 号，10 号，12 号三个断面上形成一对比较规则的面流向河心、底流向两侧的环流，致使在采石边滩外围维持深槽特征，其中左支环流利于过渡段心滩的淤积，右支环流则是采石边滩淤长的缘由。在中支分汊河段中，各汊道的断面流速分布规律类同于出口段和进口段的断面分布规律，而断面的流速分布和横向环流强度视各汊曲折度的大小及分流比的多寡而定。若曲折度相同，则分流比大的汊道环流强度大；若分流比相同，则曲折度大的汊道环流强度较大。至于断面等流速线分布情况，与断面的形态变化状况比较一致。

　　4. 螺旋流结构特征

　　水流动力轴线与流速纵、横向平面分布的有机结合，构成了三度空间的螺旋流，而水面形态则是螺旋流及其组合的外在表现。螺旋流的强度和分布特征是影响河床演变的一个很直接的因素，他们往往呈单股存在，或者双股、多股复合共生，决定分汊河道中洲、滩的演变及汊道的消长。

　　如上所述，分汊河段的进、出口段一般为比较顺直的单一河道，螺旋流分布比较简单，从图 8.4 - 6 不难看出，进、出口段的面、底流虽有偏角，但差值不大，被一个规模较大、强度并不很强的螺旋流所控制。水流进入中间分汊段后，情况则大不相同，水流被江心洲分割，造成动力轴线的弯曲，使面流和底流的偏角加大，从而产生强度较大的螺旋

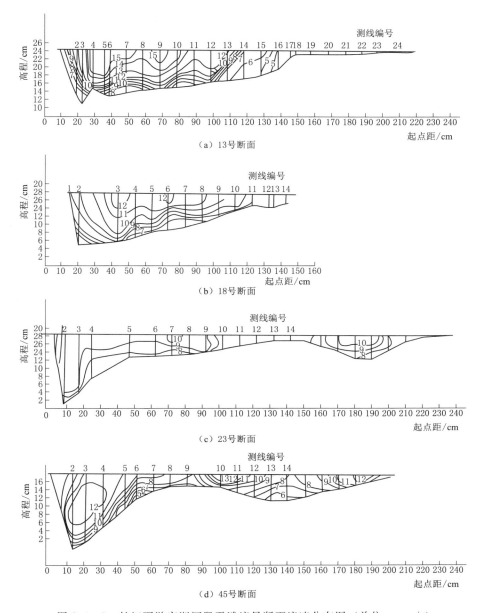

图 8.4－6　长江下游官洲河段平滩流量断面流速分布图（单位：mm/s）

流。尤其在"鱼嘴分流"的弯顶分汊区，如官洲头和小黄洲头的左、右两侧，表流指向洲头，底流分别指向两侧边滩的螺旋流都很强大，模型中测得的表流和底流间的夹角可达 $40°\sim60°$。

汊道中的螺旋流特征类同于汊道中的环流分布特征，随着各汊分流比及曲折度的增大而加强。当汊道演变成反"S"形汊道时，在汊道的上、下游部位相应形成两个方向相反的螺旋流。

在汇流区，当两条反向弯曲的动力轴线相汇合时，往往有两个向心螺旋流同时存在，如马鞍山河段中采石边滩尾部与潜洲之间存在着一对向心螺旋流，一股螺旋流是江心洲左汊的次主流在洲尾与江心洲右汊相汇合后，动力轴线发生弯曲所形成的，其表流指向深槽中心，底流指向潜洲，延伸范围直达人头矶附近（中国科学研地理研究所地貌室，1975）；另一股螺旋流则是江心洲右汊动力轴线弯曲所致，其表流指向深槽中心，底流指向采石边滩尾缘。

当多股汊道动力轴线交汇时，如官洲河段余棚边滩尾部四股汊流汇合处，也存在上述类似情况，只是多股弯曲的水流动力轴线汇合成多股螺旋流同时共存时情况显得更加复杂罢了。

8.4.2.3　分汊河道河床地貌形态实验

通过对相对稳定分汊河型的影响因素及水流动力结构的实验分析以后，应进一步了解它们是怎样为分汊河型的发育创造了物质基础和提供内、外动力条件的。那么，在模型实验中，河床地貌有什么样的特征呢？河床地貌的空间结构又遵循什么样的分布规律呢？分汊型河漫滩有哪些特性？长江中下游分汊河型的现代过程与历史过程有什么样的联系？

在实验中，观测到许多尺度大小不一的河床地貌现象。其中尺度较小的主要有江心滩、江心洲、边滩，水下三角洲，水下散流滩、深槽、浅滩等，在它们的表面，还叠加着不同形式、大小不一的沙波及沙纹。尺度较大的则有分汊河道平面形态及纵、横剖面，以及分汊型河漫滩等。在这里侧重对江心滩、江心洲加以分析，并分析物质组成及成因。

1. 江心滩及江心洲

两者是相对稳定的分汊河道，是与游荡型河道相区别的一个主要的、特征性的河床地貌形态。

（1）外动力作用下形成的江心洲。这类江心洲主要是不受边界条件约束及构造运动影响，它是在一定的来水来沙条件下形成的，又可细分成下列数亚类。

1）河道向左右等量拓宽时形成的江心洲。实验过程中，当冲积河道向左、右两岸同时拓宽，达一定宽深比时，便堆积心滩，而后形成各自向两岸弯曲的共轭汊道，由于底流向心的环流作用，心滩不断淤积抬高，抵达平滩高程时，便形成江心洲。如 Ⅰ-2 组、Ⅱ-1 组及 Ⅱ-11 组 14 号断面右汊内再分汊时出现的江心洲。它们形如纺锤，左右对称，长宽比 2.7∶1，与天然微弯型汊河的数值相当接近。这类江心洲主要由双曲波水流作用造成的。当模型水槽中的顺直小河不断展宽时，共轭型双股弯曲的水流就逐渐出现（图 8.4-7），当曲流的波长与波幅的比值约为 5∶1 时，开始出现雏形心滩，当比值达 3.5∶1 时，便发育成潜洲；当比值达 2∶1 时，便形成江心洲。

当两股水流呈不对称状时，其中一股逐渐加强，且越来越弯曲；另一股相对削弱，江心洲便呈向一侧突出的纱帽状或月牙状，如 Ⅰ-1 组中形成的江心洲即属此类，其长宽比略小于纺锤状者，它的长宽比约为 1.5∶1。

由 E（VJ）值沿程的分布可知，这类江心洲发育在沿程 VJ 值较大的河段，比不发育江心洲的束窄河段的 VJ 值约大 88%～97%。

2）切割边滩形成的江心洲。这类江心洲的形态呈纱帽状。这是在深泓曲折度达 1.50 左右时，切割凸岸边滩形成的。在 Ⅱ-11 组实验中，专门观测了 17 号～19 号河段中切割

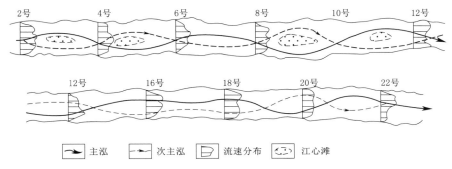

图 8.4-7　顺直模型小河中的共轭型分汊深泓

边滩形成江心洲的过程（图 8.4-8）。当主流（左）比降达 0.0039，曲折度为 1.50 时，刮滩流（右）比降为 0.0089，便出现倒套Ⅰ，长约 33cm，宽 23cm。由于比降较大，倒套以 5.5cm/h 的速率溯源蚀滩，随后以 4.6cm/h 的速率形成长 27cm、宽 9cm 的倒套Ⅱ，在倒套Ⅱ内，水面具有 -0.0029 的倒比降，最后以 1cm/h 的速率切通滩面。切通后，以 3.9cm/h 的速率拓宽，形成 $\sqrt{W}/H \approx 7.16$，分流比达 10% 的串沟，事实上，这已是新生汊道的雏形。与此同时，凸岸边滩被切成纱帽状的江心洲。其长宽比也为 1.5：1 左右，物质组成与原边滩的组成物质类同。

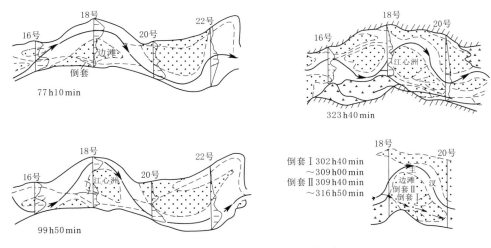

图 8.4-8　切滩形成的江心洲及其发育过程

3）合滩形成的江心洲。实验中，还注意到一类特异的江心洲是在共轭型支汊横向演变过程中形成的。

在河道内，先成的两条源远流长的汊道，它们并肩奔驰而下，随着来水量及来沙量的减少，汊道进行调整，在调整过程中，每支汊道的凸岸形成边滩，而凹岸不断侧蚀，由于两支汊汊道共轭，因此弯顶间的狭窄地带便被切穿，较弱的一支汊道被较强的一支所袭夺，而凸岸间的边滩合并成江心洲，故不妨称作合滩形成的江心洲。这种江心洲十分稳定，其形态随共轭型支汊的波长和波幅而定，在实验中，两者之比为 1.4：1～1.3：1。

（2）内动力作用形成的江心洲。在位于局部沉降区内，或位于局部抬升区上、下游的河段上，以及左、右岸有差别升降的沉降一侧的河段内，有可能发育主要受内力作用控制的江心洲。它们的形态特征、物质组成和空间分布，与大尺度外动力因素变化时直接形成的江心洲有一定的差别。

1）沉降作用产生的江心洲。在 Ⅱ-3 组实验中，当沉降区缓慢沉降时，水面逐渐拓宽，水深加大，在升降交界处下游沉降的一侧逐渐形成水下三角洲，随着水下三角洲的扩大和淤积抬高，便形成不少心滩；随后合并成江心洲。它是在 VJ 值较沉降段上、下游河段来得小的条件下形成的。其底部有较粗的河床质，上面覆有较厚的细粒物质。这类江心洲呈群体出现，形态较不规则，在形成过程中，河道曾经历过游荡阶段，汊流在心滩间游移窜流（图 8.4-9）。

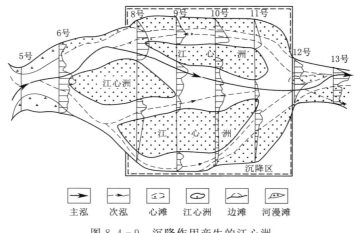

图 8.4-9　沉降作用产生的江心洲

2）壅水作用形成的江心洲。在构造抬升区上游河段中，由于壅水作用，河床水流的 VJ 值变小，泥沙落淤堆积成心滩，渐渐形成梨状的江心洲。长宽比约 1:1，其组成物质较细。

3）水流扩散作用形成的江心洲。在构造抬升区下游河段内，特别是上游掀升段以下的河段内，由于高差增大，J 值增大，因此 VJ 值也明显增大。为了使增大的能量释放掉，水流便通过扩大断面以降低流速的途径来使 VJ 值趋向最小，因此，抬升区下游段发生堆积，发育江心洲。在 0-4 组、Ⅰ-5 组、Ⅱ-6 组实验中见到了这类江心洲的发育，组成物质较粗，稳定性相对较差。这是由抬升段下游河道相对不稳定所引起的。分析表明，抬升段下游河道的不稳定性比抬升前增大了 80%，抬升稳定性指标 K 值为 15.6，抬升后 K 值为 3.2，约减少了 4/5。这类江心洲呈长条状，长宽比 3.5:1（Ⅱ-1 组 9 号断面左汊江心洲）及 4.2:1（Ⅰ-5 组实验中 12 号断面的江心洲）。

（3）左、右岸边界条件不同所形成的江心洲。在 Ⅰ-7 组实验中，当右岸抬升后，形成滨临模型河道右边的阶地，由于枯水与平滩水位时，矶头挑流作用不同，促使矶头下游的河段内发育的凸岸边滩被切割成外形不对称的江心洲，其不对称程度随挑流强弱而定。图 8.4-10 为枯水位及平滩水位时挑流矶头下的不同情况。

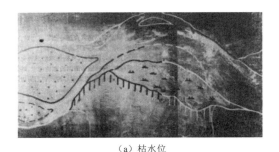 

<table>
<tr><td style="text-align:center">（a）枯水位</td><td style="text-align:center">（b）平滩水位</td></tr>
</table>

图 8.4-10　不同水位下矶头的挑战情况

上述各类江心洲，不论是内动力间接作用，还是外动力直接作用所形成，也不论其规模大小和形态如何，他们都有着类似的微观机制，即都是螺旋流复合作用的结果。这种复合作用又可分为两类：一类是，当河段呈对称展宽到具备发育江心洲的河宽时，河段中的共轭型双曲波的两股共轭型螺旋流，其底流指向河心，将河床质推向河心，形成雏形心滩，逐渐淤积抬高而发育成江心洲；另一类是，当河道单向展宽时，共轭型双曲波转化成同向双曲波，其外侧的弯曲波的曲率大于内侧，并与同向旋转的两股螺旋流中外侧一股的底流的堆积作用，大于内股一侧的底流的侵蚀作用，从而使雏形心滩或切割的边滩不断加积抬高而最后发育成江心洲。

2. 边滩

在实验中，边滩层出不穷，屡见不鲜。正常发育的边滩，见于共轭型弯曲水流收缩段的左、右岸，它们对称分布。在弯曲型汊道的凸岸，也能见到这类边滩，但沿岸交替分布。前者的长宽比约 5∶1（所测五个边滩的尺寸为：2.88m×0.56m，2.44m×0.48m，2.40m×0.60m，2.72m×0.44m 以及 3.00m×0.56m）。而比较成熟的边滩，其长宽比为 3∶1 左右，如Ⅱ-1 组 20 号断面左侧的边滩长度为 1.84m，宽度为 0.60m，长宽比为 3.07∶1，其物质组成与床沙一致。沿岸交替分布的边滩，其长宽比较小，约 1∶1～2∶1，其物质组成也有所不同，其头、尾部 D_{50} 小于床沙的中径，中部则相反。这两种边滩所处河段中有不同的 VJ 值，前者 VJ 值小于展宽段的 VJ 值，大于或相当于展宽段的 VJ 值。正因为这样，两者在形态及物质组成上有所不同。

在江心洲形成后，其凸岸也形成小型的边滩，挑流矶头下游及对岸均有边滩出现。最后，值得注意的是，在上升运动中，河床调整所形成的边滩，它具有较特殊的特征，长宽的比值较大，纵比降也较陡，物质的纵向分布差异性较大，床沙的分选程度也较差。这是与抬升作用导致纵向流速增大，河道下切强烈，并增大了上、下游之间的高程差异相一致的。分析表明，它所处河段 VJ 值比一般的来得大。

3. 水下三角洲及散流滩

在实验过程中，见到了几种水下三角洲及散流滩堆积。

（1）急剧沉降区形成的水下三角洲。在 0-2 组实验 8 号～12 号断面的沉降区河段内，沉降速率达 1mm/min，由于沉降速率大，因此，在沉降段与上游段的交界处，河道发生溯源侵蚀，冲刷下来的物质，堆积在河道进入沉降区的入口处，形成由较粗物质组成的水下三角洲。随着淤积抬高，三角洲渐渐转化成水流分散的江心滩，最后合并成江心洲。在沉降区与下游段的交界处，由于河道束窄，水流辐聚。水流呈弧形分散和辐聚，从而形成犹如桔片状的三角洲。其大小范围视沉降区的范围而定［图 8.4-11（a）］。

（2）汊河汇合区的散流滩。当来水量及来沙量逐渐减少时，汊河便发生冲刷，随着河床的相对粗化，较粗的床沙推向汊河出口汇合区堆积，由于汊河水深小于汇合区水深，便使汇合区形成散流滩，它呈三角形，水流分散，范围较小，稳定性较差［图 8.4-11（b）］。新汊道出口也往往存在这类散流滩。

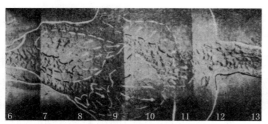
（a）急剧沉降区的水下三角洲

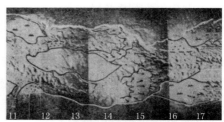
（b）汊河汇合区的水下散流滩

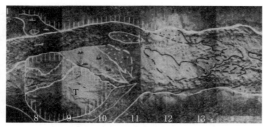
（c）掀升区下游的水下散流滩

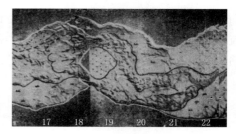
（d）河口地区的扇状三角洲

图 8.4-11　水下三角洲及散流滩

（3）掀升区下游形成的散流滩。这类散流滩是掀升区下游，释放由内动力作用施加给水流的能量，水流扩散而形成的［图 8.4-11（c）］。

（4）河口三角洲。在实验过程中，由于受实验条件的限制，河口受约束而很少发育三角洲，但当流量减少时，老河口以上的展宽河段内，形成扇状三角洲。这是由河道入海（模型中的尾水池）前呈喇叭状河口的老河道水流单向流动入海造成的。在实验中，由于没有波浪潮汐作用，因此仅仅形成这种扇状三角洲。不过，当基面略有变动，即使只有 1mm 的波动，他们立刻转化成河口岛屿［图 8.4-11（d）］，发育形似鸟足状的三角洲。

上述水下三角洲及散流滩在形成之初，水流的 VJ 值一般较大，随后便减少。因此，它们或者转化成江心滩或江心洲；或者短暂地形成后，很快为汊道延伸所吞噬。

8.4.3　古河道演变过程及河漫滩发育的实验研究

微地貌的形成与演变是河床演变过程的基础。历史演变过程是现代演变过程的前提，而现代过程是历史过程的继续和发展（中国地理学会地貌专业委员会，1981）。以下试图对长江中、下游相对稳定分汊河型的历史演变过程及河漫滩发育进行实验分析。由于河道演变过程的复杂性和对于过去的状况难以作出精确的估计，因此，在实验中做了简化处理，主要是：①历史上河道的水沙特性根据采取将今比古方法推求估算而得（中国科学院地理研究所地貌室长江实验小组，1978）；②没有考虑洪水、枯水过程，仅仅考虑不同历史时期内平滩流量条件下的河床演变特征；③在范围上，只是模拟了整个历史中某一河段在某一时段的演变情况；④实验中考虑了局部构造运动的影响，但没有涉及基准面变化的影响，这是基于全新世以来，长江的总侵蚀基准面没有多大变化这一事实。鉴于目前对河道的历史演变过程很少进行实验分析，所以侧重进行全新世早期及全新世中期古长江的实验分析。首先，根据综合分析获得的古水文泥沙及古水力几何形态资料进行造床实验，随后加以诸如构造运动及来水来沙条件的变化，进行河床演变过程及趋势的实验分析，可供分析的实验资料有 I-1、I-7、I-9、II-10 及 II-11 等几组，结果见表 8.4-2。

表 8.4-2　　　　　　　　　　　历史演变过程中河型要素的变化

组别	日期	$\sqrt{W}/H$	T_b	$J_b \times 10^{-3}$	$J_H \times 10^{-3}$	D_{50}	S_r	$E \times 10^{-2}$	K
I-2	1979 年 6 月 3 日	1.73	1.46	6.96	6.25	0.295	1.710	13.51	2.574
		5.02		9.95	1.17	0.026	0.333	3.76	
I-7	1979 年 7 月 1 日	13.39	1.87	6.75	5.55	0.212	1.49	8.89	3.473
		32.20		7.17	2.53	0.010	0.224	4.70	
I-9	1979 年 7 月 17 日	15.86	3.09	5.99	6.51	0.330	1.44	9.60	7.100
		5.22		8.68	1.69	0.050	0.042	3.66	
II-1	1979 年 10 月 31 日	1.50	2.14	5.87	3.90	0.110	1.65	4.25	1.473
		5.38		1.36	1.60	0.017	0.091	2.72	
II-10	1980 年 1 月 24 日	7.74	4.51	5.29	5.29	0.100	1.41	5.17	1.465
		7.18		12.85	1.82	0.012	0.110	2.17	
II-11	1980 年 1 月 29 日	9.76	3.91	4.82	4.67	0.095	1.41	3.66	1.866
		5.86		8.19	2.84	0.004	0.040	2.07	

注　每组实验数据有两行：上为实验初始值，下为实验终了值。

1. 全新世早期古长江造床特征实验分析

在全新世早期古长江造床实验过程中，随着模型小河宽度的不断扩大，便开始出现深泓分汊，可是很少出现心滩。床面比降较陡，而且床面的纵向起伏度较大。床沙的分选程度较差，河道恰有较大的稳定性。

随着来沙成分的变细，在 I-7 组实验中，加入 20% $D_{50}=0.078$mm 的粉砂，这时，河道的宽深比增大，沿程的展宽系数增大。分析表明，沿程的平滩河宽标准差数值增大。这些均反映出，由于心滩上细物质淤积而形成潜洲。随着流量的减少（I-9组），潜洲出露水面形成江心洲。在江心洲形成过程中，河道两侧的低河漫滩及边滩的较高部位，也随着平滩水位的降低而成为高河漫滩。同时，在江心洲及高河漫滩上均可见到江心洲合并及靠岸时留下的废弃汊道的痕迹，废汊中暂时还会有涓涓细流存在（图 8.4-12）。

上述实验结果与全新世早期古长江向中期古长江转化时的情况基本相符（表 8.2-2）。

2. 全新世中期古长江造床特征实验分析

在全新世中期古长江实验过程中，给人留下一个深刻的印象，即：造床速率比较缓慢，沿程河道宽深比的变化在造床初期就比较大。当边界中砂层被蚀厚度与平滩水深之比大于 0.5 的河段，便发育分汊河型；反之，则发育深泓弯曲河型。在该组（Ⅱ-1a、b、c）实验中，沿程平均河床比降比早期古长江的来得小，水深增大，床沙的 D_{50} 变小，分选系数提高，分选程度变差。河床的稳定性有所降低。经比尺换算后，早期及中期古长江的稳定性指标 K_I 及 K_{II}，分别为 0.87 及 0.53，显然，早期大于后期。

随着赋予减少流量而来沙量不变的条件，（Ⅱ-10 组），河道宽深比增大，水面比降及河床比降变陡，前者是因为平均水深向变小方向调整比河宽向变小方向调整来得快造成的，而后者是由于上游河段相对淤积所致。然而，即使 J 值增大，平均流速均值却相反有所减少，因此 E 值变化不大，河道的稳定性进一步降低。

3. 河漫滩塑造的实验分析

在某种意义上讲，河漫滩是河床历史演变过程的产物。只要一瞥卫星照片及航空照片的镶嵌图，就可见汊流型河漫滩及曲流型河漫滩两者迥然不同。前者具有较多的废汊、江心洲靠岸、共轭型或交叉型边滩的痕迹。事实上，这些都是河道历史演变过程的部分记录。从相对稳定分汊河型实验过程中所摄的照片上，也不难看出汊流型河漫滩的影像图 8.4-12 和图 8.4-13。

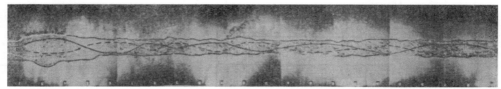

（a）$T=3\mathrm{h}10\mathrm{min}$

（b）$T=79\mathrm{h}50\mathrm{min}$

（c）$T=87\mathrm{h}50\mathrm{min}$

图 8.4-12　全新世早期古长江演变过程实验影像图

在这里侧重分析来水来沙条件改变时形成的河漫滩。以Ⅱ-10 组实验为例，分析其形态特征、空间分布、物质组成及形成过程等。实验时，流量及输沙率分别减少了约 40% 及 80%，泥沙中径 D_{50} 也略有减少。由于来水量的减少率小于来沙量的减少率，于是，主汊下切，而支汊则变浅。这种情况在上游段（2 号～8 号断面）尤为突出。由

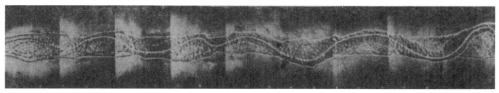

（a）$T=51h10min$

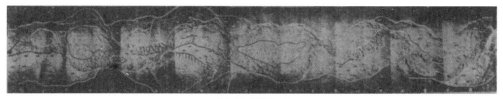

（b）$T=293h50min$

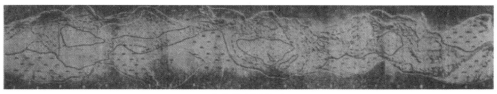

（c）$T=320h40min$

图 8.4-13　全新世中期古长江演变过程实验影像图

主汊中冲下来的较细泥沙被堆积在下游的支汊内，从而使支汊加积拓宽，发育新的江心洲（图 8.4-14）。

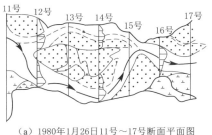

（a）1980年1月26日11号～17号断面平面图

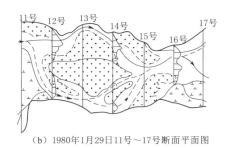

（b）1980年1月29日11号～17号断面平面图

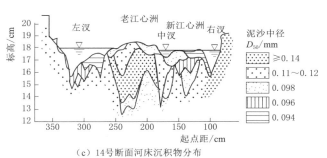

（c）14号断面河床沉积物分布

图 8.4-14　河道的再分汊现象

从图 8.4-14 不难看出，老江心洲左汊的水深较大，而右汊相当宽浅。由沉积物分析可知，老江心洲的床沙中径为 0.098mm，分选系数为 1.45，比左、右汊床沙的中径要粗，分选程度要差。显然，这是老河道的河床相堆积物；而右汊内的新江心洲，其组成物的中径为 0.094mm，分选系数为 1.41，它与右汊中的河床相物质相当。很明显，这是右汊河床相物质的堆积（表 8.4-3）。从 11 号～16 号断面的平面图中，不难看出，右汊已经开始趋向衰亡，如果有更丰富的细物质供给，则汊道必然加快淤死，而形成汊流型河漫滩。

这类河漫滩沿河谷两岸呈纵向分布，范围极为广阔，其宽度可达平滩河宽的 2～4 倍。这与目前长江的河漫滩宽度与河道宽度之比 4∶1 及 6∶1，情况是颇为近似的。滩面比降也相当接近。

表 8.4-3　　　　　　　　　　　　　　　　14 号断面的河床质组成

施放日期	地貌部位	D_{16}	D_{50}	D_{84}	S_r	ρ	$\rho_比 / \%$
	左汊	0.070	0.094	0.140	1.43	44	82.3
	老江心洲头	0.076	0.100	0.190	1.61		
1980 年 1 月 29 日	老江心洲尾	0.076	8.098	0.160	1.40		
	中汊	0.072	0.096	0.140	1.40		
	新江心洲	0.068	0.094	0.135	1.41		
	右汊	0.070	0.094	0.140	1.43		17.7

注　D_{16} 和 D_{84} 分别为泥沙重量占全部沙重 16% 和 84% 处的床沙粒径。

8.4.4　河道形态、物质与空间结构分析

以上只是扼要地分析了河床的微地貌形态及河床演变过程，下面从宏观角度对河道的形态、物质及空间结构的特征加以剖析。为此，先把各组实验中获得的有关数据无量纲化，随后，计算这些无量纲数据的平均值或标准差，同时，将这些无量纲数据与能量损耗率建立必要的统计关系，最后试图用一随机模式来概括河道形态与物质的空间结构特征。

1. 河道平面形态特征

河道的平面形态，主要是通过河道平滩河宽及其沿程变化、汊河的曲折度及其沿程变化来分析的。

在各组实验中，平均最大河宽值为 217～197cm，平均最小河宽为 42～63cm。而其沿程的变化范围分别为 11～104cm，9.5～102cm。不难看出，两组数字中，平均值的变化范围，一组大，另一组小；而变化范围颇为接近。很显然，考虑到河床物质组成的差异性，平均值变化范围较大的一组河道是在 $D_{50}=0.41$mm 的均质沙层中塑造的；而另一组河道是在 $D_{50}=0.15$mm 的二元结构沙层中塑造的。

如果将 W 值与 E 值建立关系（图 8.4-15），可以得到两条令人颇感兴趣的曲线，其表达式为

$$W_{\mathrm{I}} = 757.48 e^{0.152E} \quad r = -0.87 \tag{8.4-1}$$

$$W_{\mathrm{II}} = 375.96 e^{-0.243E} \quad r = -0.82 \tag{8.4-2}$$

它们遵循着负指数关系，即 W 值随 E 值的增大而减少，随 E 值的减少而增大，但是递减率是不一样的，W_{II} 的递减率差不多比 W_I 的递减率快 60%；两表达式还反映了它们有不同的极限河宽，即 E 值达最小时，所达到的最大河宽 W_{max}：$W_{max I}$ 为 760cm 左右，$W_{max II}$ 为 380cm 左右，前者几乎是后者的 1 倍。递减率较小，极限值

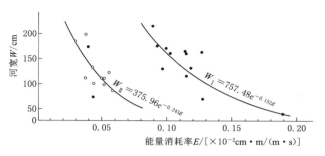

图 8.4-15　河宽 B-能量损耗率 E 的关系

较大的一组与边界物质较粗有关；反之，递减率较大，极限值较小的另一组与物质较细有关。

从展宽系数 T_b 来看，各组展宽系数与 E 值也呈负指数关系，但递减率 T_{bII} 比 T_{bI} 来得大，递减率 T_{bII} 为 T_{bI} 的两倍多，即 T_{bII} 的递减率比 T_{bI} 的快得多。而两者的极限值 T_{bmaxII} 及 T_{bmaxI} 则相当接近，均为 6～8，亦即不论以何种速率递变，分汊河道有着逼近某一极限展宽系数的趋势。

上述分析说明了一个问题，即为什么当古长江发育在较粗边界中时，它可能有较大的河宽，而且达到稳定状态时花的时间较长？原因就在于为了达到能量的单位时间损耗率最小，需要花费较长的时间。或许差不多是现代分汊河道造床时间的 2～3 倍。在边界较细的情况下，造床作用达到极限展宽系数的时间要短一些，亦即造床过程反而较快。从 B_{II} 的递减率较大这一点来看，发育在网状型河床边界条件中的全新世中期古长江为什么比较容易趋向于稳定的展宽系数，原因也在于此。

2. 河床纵剖面形态特征

从统计特征看，在实验河槽中获得的平均比降是相当复杂的。

实验指出，河床平均比降 J_{bI} 为 0.00575～0.00744；J_{bII} 为 0.00328～0.00579。它们的标准差，即河床纵向起伏度（$J_{b\delta}$），则具有不同的趋势，$J_{b\delta I}$ 为 0.00536 为 0.01548，$J_{b\delta II}$ 为 000717～0.01572。显然，两者的最大值相差无几，而最小值与平均比降的最小值有相反趋势。分析表明，$J_{b\delta}$ 与 E 之间也是负指数相关关系（图 7-29），表达式为

$$J_{b\delta I} = 15.58e^{-0.085E} \tag{8.4-3}$$

$$J_{b\delta II} = 18.13e^{-0.284E} \tag{8.4-4}$$

两者的极限值相差不大，但 $J_{b\delta II}$ 的递减率比 $J_{b\delta I}$ 的快得多。这说明在二元结构中发育的河段河床的纵剖面有较大的起伏。从热力学观点出发，当一个系统趋向稳定平衡状态时，其熵达最大值，自由能达最小值（严济慈，1966）。因此，当河床趋向稳定状态时，由于 E 值趋向所允许的最小值，河床纵剖面系统的无序性显然会增大，亦即纵比降的变差增大，纵剖面起伏度增大。由此推论，长江中下游之所以在侵蚀基准面以下出现极深槽及浅滩，除地质原因外，E 值趋向极小值也是一个很重要的原因。同时，还可以说明，为什么当汊道衰亡时必然有起伏度增大的纵剖面出现。实验表明，新汊道纵剖面起伏度小、波折少，而衰亡汊道纵剖面起伏度大，波折增多。这便是 E 值趋向最小值的必然

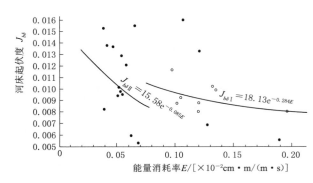

图 8.4 - 16　河床起伏度 $J_{b\delta}$ -能量消耗率 E 的关系

结果。

3. 横剖面形态特征

在实验中，横剖面基本上有两类：浅 "V" 形及 "W" 形。前者见于束狭段，后者见于展宽段，它们在纵向上往往交替出现。

这里不打算去分析横剖面本身的形态变化及其稳定性，而主要分析断面平均水深及河道 $\sqrt{W}/H$ 的沿程变化，及其与能量消耗率之间的关系。

实验表明，在具有二元结构边界中发育的汊河的水深的变化较大，第一组的水深 H_{I} 为 $0.21 \sim 0.67\text{cm}$，第二组的水深 H_{II} 为 $0.32 \sim 1.05\text{cm}$，后者变化范围较小。然而，各组水深的平均值 H_{I} 及 H_{II} 的情况则相反，最大水深的平均值也有类似现象；最大水深的沿程变化值（$H_{\text{max}\delta}$）：$H_{\text{II max}} > H_{\text{I max}}$，其中 $H_{\text{I max}}$ 为 $0.43 \sim 1.33\text{cm}$，$H_{\text{II max}}$ 为 $0.31 \sim 1.58\text{cm}$。平均水深 H 与 E 值成正相关关系（图 8.4 - 17），其表达式为

$$H_{\text{I}} = 0.134E^{0.925} \qquad r = 0.53 \qquad (8.4 - 5)$$

$$H_{\text{II}} = 0.90 + 0.19E \qquad r = 0.49 \qquad (8.4 - 6)$$

显然，平均水深随 E 值增大而增大。从沿程的 $\sqrt{W}/H$ 值来看，它们随 E 值的减少而增大，其值与 E 成负指数相关关系（图 8.4 - 17），其表述式如下：

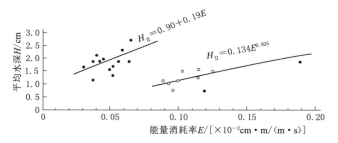

图 8.4 - 17　平均水深 H -能量消耗率 E 的关系曲线

$$(\sqrt{W}/H)_{\text{I}} = 47.20e^{-0.14E} \qquad r = -0.75 \qquad (8.4 - 7)$$

$$(\sqrt{W}/H)_{\text{II}} = 17.73e^{-0.222E} \qquad r = -0.75 \qquad (8.4 - 8)$$

4. 床沙特征

各组实验都表明，分汊河道中的床沙组成、床沙中径及分选系数的平均值和标准差，均与河床边界条件及当时当地的比降和平均流速有关，它们要求一定的能量消耗以实现输送和调整。

在正常的河流形态调整过程中，床沙中径 D_{50} 与断面形态及纵剖面的起伏程度密切有关。随着时间的推移，床沙有逐渐变细、分选程度逐步提高的趋势。然而，一旦内、外动

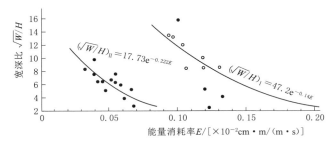

图 8.4 - 18　宽深比 $\sqrt{W}/H$ 与能量消耗率 E 的关系曲线

力条件改变，这种协调便遭到破坏。实验表明，局部地段的地壳抬升，会使该段河道的床沙粗化，分选系数增大；而局部地段地壳沉降，会使床沙细化，分选系数变小。流量、输沙率的改变，也会出现类似情况。

　　分析指出，床沙中径 D_{50} 与 E 值呈正相关，各组实验可用一个幂函数回归方程式来表达：

$$D_{50}=0.031E^{0.84} \quad r=0.95 \quad (8.4-9)$$

　　分选系数 S_r 则主要与水面比降 J_{ch} 有关，随 J_{ch} 的增大而减少，它们之间呈负指数相关关系（图 8.4 - 19），其表达式为

$$\delta_I=1.739e^{-0.0243J_{ch}} \quad r=-0.25$$
$$(8.4-10)$$

$$\delta_{II}=3.05e^{-0.157J_{ch}} \quad r=-0.76$$
$$(8.4-11)$$

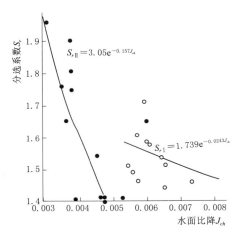

图 8.4 - 19　分选系数 S_r 与水面比降 J_{ch} 关系

5. 河道空间结构模式

　　据以上河道形态和物质特征的分析，可以看到一个明显的事实，这就是形态及物质的空间分配与造成这种分配的内、外动力条件有着密切的关系。不论是形态，还是物质，它们都可以用一个指数关系式来表达，即使有个别的表达式属于幂函数或线性表达式，也不过是为了提高拟合表达式的精度罢了。因此，形态、物质与动力作用之间有着天然的协调一致性，这种特性已由上述的统计分析初步地揭示了出来。于是，有理由设想：形态变化和物质运动是通过内、外动力的不同组合所造成的大小不等的能量消耗率这一纽带来彼此联系并相互作用的，因而能够借助一个统一的随机模式来描述它们，从而获得了包括河道形态（三维）及物质（一维）在内的河道四维结构模式及能量消耗率 E 在空间上分配的一维结构模式，即

$$F(\xi, T_b, J_{b\delta}, S_r)_1 = \frac{(2\pi)^{-2}}{\delta_1 \cdots \delta_4 \sqrt{D_I}} \exp\left[-\frac{1}{2D_I}\sum_{i,k=1}^{4}D_{ik1}\frac{(x_i-m_i)(x_k-m_k)}{\delta_i \delta_k}\right]$$

$$(8.4-12)$$

$$F(\xi,T_b,J_{b\delta},S_r)_{\text{II}} = \frac{(2\pi)^{-2}}{\delta_1\cdots\delta_4\sqrt{D_{\text{II}}}}\exp\left[-\frac{1}{2D_{\text{II}}}\sum_{i,k=1}^{4}D_{ik\text{II}}\frac{(x_i-m_i)(x_k-m_k)}{\delta_i\delta_k}\right]$$

$$(8.4-13)$$

$$F(E)_{\text{I}} = \frac{1}{\sqrt{2\pi}\times2.51}\exp\left[-\frac{(E_1-11.52)^2}{6.3D}\right] \qquad (8.4-14)$$

$$F(E)_{\text{II}} = \frac{1}{\sqrt{2\pi}\times1.04}\exp\left[-\frac{(E_{\text{II}}-4.79)^2}{1.08}\right] \qquad (8.4-15)$$

$$D_{\text{I}} = |R_{ij}|_{\text{I}} =$$

	x_1	x_2	x_3	x_4
x_1	17.06	2.03	-4.83	-0.22
x_2	—	0.45	-0.22	-0.03
x_3	—	—	7.88	0.03
x_4	—	—	—	0.01

$$(8.4-16)$$

或　$|r_{ij}|_{\text{I}} =$

	x_1	x_2	x_3	x_4	x_5
x_1	1	0.47	-0.42	-0.68	-0.65
x_2	—	1	-0.12	-0.63	-0.52
x_3	—	—	1	-0.14	-0.20
x_4	—	—	—	1	0.51
x_5	—	—	—	—	1

$$(8.4-17)$$

$$D_{\text{II}} = |R_{ij}|_{\text{II}} =$$

	x_1	x_2	x_3	x_4
x_1	2.96	1.25	1.31	-0.17
x_2	—	1.47	2.55	-0.07
x_3	—	—	9.68	-0.11
x_4	—	—	—	-0.03

$$(8.4-18)$$

或　$|r_{ij}|_{\text{II}} =$

	x_1	x_2	x_3	x_4	x_5
x_1	1	0.60	0.24	-0.58	-0.76
x_2	—	1	0.68	-0.32	-0.42
x_3	—	—	1	-0.22	-0.19
x_4	—	—	—	1	0.16
x_5	—	—	—	—	1

$$(8.4-19)$$

式中：D_I 及 D_{II} 为相关矩阵；D_{ikI} 及 D_{ikII} 为 D_I 及 D_{II} 的代数余子式；x_1、x_2、x_3、x_4、x_5 分别代表宽深比（$\sqrt{W}/H$）、展宽系数 T_b、河床起伏度 $J_{b\delta}$、床沙分选系数 S_r 及单位时间消能率 E（VJ）。D_I、D_{II} 及 m、δ 的数值详见表 8.4-4。

表 8.4-4 $\qquad\qquad\qquad D_I$ 及 D_{II} 代数余子式中的 m 及 δ 值

组别	参数	x_1	x_2	x_3	x_4	x_5
I	m	10.07	2.30	9.53	1.55	11.52
	δ	4.13	0.67	2.81	0.08	2.51
II	m	6.38	3.24	10.87	1.58	4.79
	δ	1.72	1.21	3.11	0.17	1.04

式（8.4-10）～式（8.4-19）的物理意义在于，形态与物质间匹配得很好或很不好的可能性都是比较小的，而在大多数情况下，因为种种随机因素的干扰，他们往往处在中等程度的匹配状态。能量损耗率达到最大值或最小值的机会也是不多的。随机因素的干扰，总是使他们相对地稳定于中间状态。因此，在内、外动力作用下，河道形态的变化和物质的移动与动力之间总是力图维持中等程度的协调一致性。

另一方面，既然形态、物质与能量之间有着客观的协调关系，那么可以借助这个模式，来推测一旦内外动力发生变化时，河道形态及物质的可能变化，以及这种变化的概率。当然，这里分析的结果主要是针对相对稳定分汊的长江中下游而言的。

8.5 结论与讨论

8.5.1 模型江心洲分汊河型造床实验概况及演变特点

根据 4 个准则，按照 12 个步骤，以长江下游为例，设计了江心分汊河道的模型实验，造床实验 180h。结果表明，随着时间的推进，无论是模型河道的形态子系统、物质与能量子系统，水力几何关系都发生了一系列变化，展示了河道发育三种相对稳定的江心洲为最小消能特征的河道发育演变过程。造床过程中，河宽不断增大变浅，比降调平，河道由顺直趋向宽窄段相间的藕节状，逐渐由深泓线弯曲形式，切割未成型边滩而形成江心洲，河床质中值粒径变细，河流的单位河长能量消耗率逐渐变小。发育该类河道有其固有的来水来沙条件、边界物质组成与结构、地质构造与构造运动影响以及侵蚀基准面的控制作用。

1. 模型江心洲分汊河道形态系统变化

分汊河型造床过程中，河床地貌因子的变化过程为：

（1）河宽（W）与历时（T）大体呈正指数曲线关系。河宽的大小与河宽变化率（T_b）的增值呈反比关系，河宽沿程变化率随实验历时的增加而增大。

（2）平均深度（H）与平均河宽变化相适应，与历时大体呈负指数关系。

（3）河道比降（J_{ch}）变小，渐趋调平，随时间推进，河床起伏度（$J_{b\delta}$）不断变小。这与河型变化有关，当河道由顺直趋向微弯，还没有出现切割未成型边滩时，河道比降沿程分布比较均匀，而当切割边滩形成江心洲分汊河型时，便增大河道比降沿程分布的不均匀程度。

2. 模型江心洲分汊河道物质及能量变化过程

水力泥沙及能量的变化过程：

（1）河床质中值粒径（D_{50}）沿程具有波状递推特性，床沙分选系数（S_r）沿程由不均匀逐渐趋向均匀，均匀程度随来沙变粗而优化，随来沙变细而变差。

（2）输沙率（Q_s）由小变大，中间有所减少，而后趋向稳定。

（3）单位河长的能耗率逐渐变小，递减率较大，而后维持较低水平，沿程具有均匀与不均匀交替的单位河宽消能率分布，是河道子系统内部自我调整的结果。

3. 模型江心洲分汊河道水力几何关系的变化

模型分汊河道的水力几何关系与模型弯曲小河十分相似，但是模型分汊河道波长、波幅变化率、弯曲率变化率、糙率与流量关系明显不同于模型弯曲小河，在同样流量条件下，模型分汊河道比较宽浅，平均流速较小，比降较陡，这与实际情况正好相符合。

（1）平面水力几何关系。尽管弯曲汊流河道与弯曲蜿蜒河道两者具有类似的外形，由于前者的发育受流量、河谷坡降的影响胜过床沙中径，而后者则相反。弯曲汊河的波长、波幅关系式中的系数都很大，而指数均较小。

（2）纵向水力几何关系。江心洲分汊河道的河宽、水深、流速均随平滩流量的增加而增大；比降及糙率都随平滩流量的增加而变小。

（3）横向水力几何关系。模型江心洲河道的河宽和水深主要受流量影响，随着流量增加而增加；其次受河谷坡降和床沙颗粒中径的影响，随床沙质变粗和河谷坡降变陡而减少。

（4）断面水力几何关系。与模型弯曲小河相比，模型分汊小河河宽表达式的系数大近10 倍，而水深仅为其 1/4。

4. 江心洲分汊河型最小消能形式是横向展宽变浅和发育稳定的江心洲

实验中模型河道由顺直型向宽窄交替型发展。在 10 个测次 180h 的实验中，总体而论，模型河道从顺直型向宽窄交替型变化。河道拓宽和变浅，深泓由顺直微弯转变成蜿蜒的形式，交错边滩被切割形成江心洲。造床实验的河道演变可分为 3 个阶段：第一阶段，河道在很大程度发生了变化；第二阶段，变化进行得很缓慢；第三阶段，趋于稳定，模型江心洲分汊河道已经形成。然而，控制河型的因素有其自身的变化速率和不同的时间跨度。有些时候，像消能率这样的因素，似乎具有 72～74h 的重现周期。

8.5.2　模型江心洲分汊河道发育的控制因素及控制特性

1. 分汊河道发育的控制因素

（1）河谷坡降（J_v）是一个独立变量。当来沙量一定时，较大的河谷比降与较大的河宽、河宽变化率、较大的河床起伏度、较陡的河道比降、较多的输沙率相适应，但与较小的平均水深和较细的河床质中径和床沙中黏粒含量较大相协调。

（2）平滩流量（Q_b）越大，则河宽、水深越大，河道宽窄相间及河床起伏也就越明显，河道比降也就越缓、床沙中径则越细、床沙中小于 0.076mm 的黏粒成分也就越多，与此相应，输沙量理所当然就越大。

（3）输沙量（Q_s）与河宽、河宽变化率、河床起伏度、输沙率及床沙中小于 0.076mm 粉黏粒百分含量呈负相关，与水深、河道比降及床沙中径呈正相关。

（4）来沙特性（D_{50}）与河宽及其变化率、河床起伏度、床沙中小于 0.076mm 的粉黏粒百分含量呈负相关。与水深、河道比降、输沙率及河床质中径呈正相关。显然，加入的悬沙越细，有利于心滩转化成江心洲，并使之固定，有利于江心洲河型的发育。

（5）河岸高度比（H_s/H_m）决定河道的横断面尺寸及河道类型，取决于河道的输沙性质及床沙中粉黏粒的含量，与河道比降及输沙率关系不大。河岸高度比小，可侵蚀砂层越薄，河漫滩相物质越厚，则有利于河道向宽浅发展，形成与发育弯曲分汊河型，且汊河弯曲率增大。

2. 流量影响的全局性与边界条件影响的局部性

从空间上看，流量影响分汊河道全程，边界条件约束往往影响局部。影响分汊河道形成和演变的自然因素中，主要有构造运动的影响、边界条件及来水来沙条件的影响等。上游来水来沙条件的变化，尤其是流量的变化会导致河床的全程变化；而局部构造运动的方式、速率、幅度等对河段本身及其上、下游的河段也有明显影响，它们主要是通过能量消能率来影响河型变化。在边界为变坡降的二元结构砂层中，更容易塑造、发育分汊河型。砂层侵蚀厚度与平滩水深比值大于 0.5，有利于形成分汊河型，小于 0.5 则有利于形成深泓弯曲河型。

3. 分汊河型要素与 E 值间协调的适度性

实验资料的随机分析表明，各河型要素与 E 值有协调一致性，可以用一个空间结构模式来描述它们。模式揭示出：河型中绝对协调或绝对不协调的可能性均不大，能量消能率也不可能很大或很小，它们经常总是处在中间状态。因此，可以认为，在内、外动力的变化比较稳定时，河型要素也相对处于稳定状态。由此可以推论，如果长江中、下游的动力条件变幅相对稳定时，例如，流量变化率及其变幅缩小时，中、下游不会发生急剧的变化。

4. 全新世不同时期的长江差异演变

由全新世早中期古长江水沙及边界条件分析表明，全新世早期古长江造床速率较高，但演变速率较慢，达到最小消能率的时间较长，稳定性相对较好；全新世中期古长江造床速率较低，演变速率较快，达到最小消能率的时间较短，稳定性相对较差。

8.5.3 模型分汊河道及江心洲稳定发育条件

1. 江心洲分汊河型模拟准则

模拟江心洲分汊河道遵循四条准则：河道比降与流量间的特别关系，河谷坡降与弯曲率关系，上层为粉砂-黏土、底层为细沙组成的二元相结构，洲滩物质组成不同于蜿蜒和游荡河型。如果给定平滩流量，确定河道比降梯度，是否大于蜿蜒河型，还是小于游荡河型。对照弯曲河型及游荡河型的造床实验设计，当弯曲率给定后，则河谷坡降，即位于水槽两端点之间的模型砂面的坡降也就给定了。江心洲分汊河道与弯曲蜿蜒河道两者相比，江心洲分汊河道的河漫滩底部，河床相可侵蚀沙层较厚，而上层河漫滩相物质较薄。

2. 稳定江心洲发育的必要条件和充分条件

江心洲也可以形成在不受任何约束的冲积物中，这主要是由水流双曲波作用形成的，江心洲基本上受底流向心的共轭型螺旋流及同向螺旋流两类螺旋流控制。两股或多股螺旋流的不同组合，导致了各种形态及不同发育阶段的江心洲及边滩的形成和演变。实验还表明，节点控制分汊河道的类型，但它不是江心洲形成的决定因素。历史演变过程的实验表明，全新世早期古长江的稳定性较高，演变速度较慢，达到平衡和最小能量损耗率的时间较长；而全新世中期古长江的稳定性较差，演变速度较快，达到平衡和最小能量损耗率的时间较短。当汊道弯曲率达 1.50 左右时，就可导致切滩的发生和主、支汊间的周期性交替；当弯曲率达 1.80 左右时，汊道就衰亡；该数值可以作为原模型中分析对比的参考。

3. 弯曲汊河与曲流河道发育条件的差异性

如果平滩流量给定，河岸的可侵蚀砂层越薄，河岸高度比越大，河道发育得越窄，河床的纵向起起伏度就越大；床沙颗粒的中径越粗，湿周中小于 0.076mm 的粉砂-黏土百分比越高，则越有利于模型江心分汊河道的形成和发育。弯曲汊河的曲流波长、波幅及其比值主要取决于流量和河谷坡降，与床沙颗粒的中径无关。而在单一蜿蜒河道中，波长与床沙颗粒中径成反比关系。

8.5.4　分汊河型造床实验的问题

通过模型实验，复演了江心洲河型的发育过程，其形状在一定程度上受到诸多因素，如流量、来沙特性、输沙率、边界条件及河谷坡降等的影响。多数实验结果与野外原型比较吻合，但是，正如弯曲蜿蜒冲积河流的实验那样，还存在不少问题。例如，模型与原型江心洲分汊河道的相似性，控制发育模型分汊河流的主要变量，实验数据的完备获取及质量的提高，传统水槽的物理实验与现代过程的数学模拟相结合，以及有效实验与实验结果的实际应用等问题。

1. 模型分汊河道与天然分汊河道的相似性问题

原模型分汊河道的定性相似，汊道条数及江心洲的形状、个数，能否相似还存在不确定性。另外，原模型分汊河道的演变时间依然是定性比拟，难以做到定量相似，二元相河漫滩物质组成的不同厚度层次比例，对河岸的侵蚀强度、对控制分汊河道形态的重要性等，都有待进一步研究探讨。

2. 影响分汊河道形态主变量的选择

分汊河道造床实验中，采取固定平滩流量、河谷坡降，改变河漫滩二元结构的沿程比例，研究边界条件对分汊河道发育的影响。使二元相结构中，从上游到下游，河漫滩相厚度从 0.0% 变为 100%。在理论上，可以认为这是一种相当不错的选择，因为流量及坡降相对固定，模型河道经历了不同的边界条件影响。可是，仔细考虑一下，在那样短距离内的几个参数究竟哪个是主变量就不太清楚了！这样分析会发人深省，如何界定江心洲河型的宏、微观主控变量？以及控制变量的权重又是多少？实验中对实测数据进行了二元回归分析以及水力几何关系的量纲分析处理，是十分必要的。然而，通过过程响应途径系统研究江心洲分汊河流的发育过程及演变趋势，似乎更具魅力。

3. 实验数据完备、精准及测验设备问题

在分析分汊河道的造床实验时，该问题对于河流地貌学家比河流工程学家更为突出。河道数据不完备、不精准、不连续，无法直接获得古长江的流量数据，河床和河岸泥沙特性和输沙量也是间接推测获得的。这与 20 世纪 60—70 年代的技术条件、测试仪器、经费投入等的限制有关。80—90 年代改革开放以后，特别是 21 世纪以来，这种情况有所改变，但问题仍然存在。这样就显示了实验研究的另一个强势，即在受控制条件下进行测量，比在野外更加精准、更加容易和方便，自动化程度的提高，更能自信和轻松地复演分汊河道的特性及发育演变过程。

另外传统水槽的物理实验与现代过程的数学模拟相结合，有效实验与实验结果的实际应用问题也有待进一步研究。

参 考 文 献

胡春燕，候卫国，2013. 长江中下游河势控制研究 [J]. 人民长江，44（23）：11 - 15.

金德生，1990. 流水地貌系统中的过程响应模拟实验 [J]. 地理研究，9（2）：20 - 28.

金德生，1985. 第八章分汊河型的实验研究 [M]. 中国科学院地理研究所，等. 长江中下游河道特性及其演变. 北京：科学出版社，214 - 254.

冷魁，罗海超，1994. 长江中下游鹅头型分汊河道的演变特征及形成条件 [J]. 水利学报，（10）：82 - 89.

李保如，1963. 自然河工模型试验 [C]. 水利水电科学研究院科学研究论文集第二集（水文、河渠）. 北京：中国工业出版社，182.

李明，朱玲玲，李义天，等，2013. 长江中下游鹅头型分汊河道演变机理及发展趋势研究 [J]. 水力发电学报，32（1）：174 - 180，186.

李青云，蔡大富，张明进，2008. 长江中游罗湖洲水道航道整治工程设计经验总结 [J]. 水道港口，4：272 - 277.

刘同宦，王协康，郭炜，等，2006. 支流水沙作用下干流床面冲淤特征试验研究 [J]，长江科学院院报，23（2）：9 - 12.

刘中惠，1993. 长江中下游鹅头型汊道演变及治理 [J]. 人民长江，24（12）：31 - 37.

马有国，高幼华，2001. 长江中下游鹅头型汊道演变规律的分析 [J]. 泥沙研究，（2）：11 - 15.

钱宁，张仁，周志德，1987. 河床演变学 [M]. 北京：科学出版社，584.

屈孟浩，等，1960. 三门峡水库建成后黄河下游河床演变过程的自然模型试验总结 [R].

谈广鸣，卢金友，1992. 河道主流摆动与切滩演变初步研究 [J]. 武汉水利电力学院学报，25（2）：107 - 112.

武汉大学，2011. 长江中游罗湖洲河段航道整治工程技术后评估研究报告 [R]. 武汉：武汉大学.

武汉水利电力学院河流动力学及河道整治教研组，1959. 定流量造床试验 [R]. 武汉：武汉大学.

严济慈，1966. 热力学第一和第二定律 [M]. 北京：人民教育出版：163 - 165.

杨国录，1982. 鹅头型汊道首部水流、泥沙运动的探讨 [J]. 武汉水利电力学院学报，（2）：49 - 60.

余文畴，卢金友，2005. 长江河道演变与治理 [M]. 北京：中国水利水电出版社，505.

中国地理学会地貌专业委员会，1981.1977 年全国地貌学术会议论文集 [C]. 北京：科学出版社，30 - 41.

中国科学院地理研究所，长江水利水电科学研究院，长江航道规划设计研究所，1985. 长江中下游河道特性及其成因演变 [M]. 北京：科学出版社，272.

中国科学院地理研究所地貌室官洲河段模型实验组，1977. 长江下游官洲河段河道整治定床模型实验报告 [R].

中国科学院地理研究所地貌室长江下游官洲河段模型实验组，1977. 长江下游官洲河段河道整治动床模型实验报告 [R].

中国科学院地理研究所地貌室长江下游马鞍山河段模型实验组，1975. 长江下游马鞍山河段马钢 31 号泵房淤积和整治模型实验报告 [R].

中国科学院地理研究所地貌室长江模型实验小组，1978. 长江中、下游分汊河道演变的实验研究 [J]. 地理学报，32（2）：129 - 141.

Gessler J，1971. Modeling of Fluvial Processes [C]. in《Rivet Mechanics》Vol. 2. Edited by HW Shen.

Jin Desheng，1983. Unpablished Report on Experimental Studies [R]. Colorado State University：15.

Jin D，Schumm S A，1986. A New Technique for Modelling River Morphology [C]. in K. S. Richards，ed.，Proc. First Internat，Geomorphology Conf.，Wiley & Sons Chichester：681 - 690.

Kennedy J F，1983. Reflections on Rivers，Research，and Rouse [J]，Hyd. Eng.，109：1254 - 1271.

Leopold L B，Wolmarn M G，1957. River Channel Patterns，Braided，Meandering and Straight [J]. U. S. Geol. Survey Prof. paper，282 - B：80.

Liu Tonghuan，Wang Xiekang，Guo Wei，et al.，2006. Experimental Study on Bed Morphology at Channel Confluence with Tributary Action [J]. Journal of Yangtze River Scientific Research Institute，23（2）：9 - 12.

Schumm S A，Kahn H R，1971. Experimental Study of Channel Patterns [J]. Nature，233：407 - 409.

Schumm S A，Khan H R，1972. Experimental Study of Channel Patterns [J]. Geol. Soc. Am. Bull，83：1755 - 1770.

Schumm S A，Mosley M P，Weaver W E，1987. Experimental Fluvial Geomorphology [M]. John Wiley，NY：413.

Simons D B，Richards E V，1966. Resistance to Flow in Alluvial Channels [J]. U. S. Geol. Survey Prof. Paper，422J：61.

Маккавеев Н И，Н В Хмилева，И Р ЗаИТов et al.，1961. Экспериментальная геоморфология [M]. изд - во，МГУ：194.（濮静娟，等，译，1966. 实验地貌学 [M]. 北京：科学出版社，36 - 37，127.）

Шарашкина Н С，1958. О Периодическом расширении русел [J]. Русловые процессы，Сборник статей，с：140 - 153.

Шарашкина Н С，1960. Ислдование развиния речных русел на малых экспериментальных [C]. Труды Ⅲ Т. V. Всесоюзного Гидрологического Сьезда.

第 9 章

游荡-弯曲间过渡性河型实验研究

9.1 概述

室内模型河流造床实验，旨在为特定目的塑造特定的河型，以便在此基础上施加某种或某些作用，例如，穹窿上升与凹陷沉降运动、修建大坝等，考察游荡-弯曲间过渡性河型及河床作出的响应，以便采取必要的措施，使河道趋向稳定平衡发展，造福人类与改善环境。

河流实验已有 230 多年的历史，18 世纪末，Smention（1795）完成了公认的第一个水工模型实验研究。为了进行河道演变及河流工程的室内（外）实体河流地貌实验模拟，人们提出了诸多方法，有严格遵循相似定律的比尺模型（Scale Model）；20 世纪 60 年代末，Barr（1968）对比尺模型提出质疑，由 Hooke（1968a）提出运用特殊介质模拟特定地貌特征的比拟模型（Analogy Model）；以及基于地貌演化类比性法则和系统论异构同功原理的过程响应模型（Processes-response Model）（金德生，1990）等。过程响应模型将模型地貌作为过程响应子系统，模型与原形要求异构同功，比较强调地貌临界关系及系统的复杂响应。自 20 世纪 40 年代中期发明计算机以来，运用数学方法，借助计算机技术，模拟地貌体特征与发育过程的地貌数学模拟（Mathematical Simulation in Geomorphology）逐步发展并不断完善。

国内外河流地貌、河口海岸地貌、水利泥沙工程以及油气地质领域的学者们，进行了各种河型，包括顺直、网状、弯曲、分汊、游荡等河型的造床实验研究，取得了许多成果。其中以弯曲河型的造床实验居多（Tiffanrg et al.，1939；Friedkin，1945；Попов，1956；Leopold et al.，1957；Маккавеев，1961；唐日长等，1964；尹学良，1965；李保如，1963；Hooke，1968；Molle et al.，1978；Ackers et al.，1970；Yang，1971；Schumm et al.，1972；洪笑天等，1987；金德生，1989），游荡河型次之（Yang，1971；Church et al.，1980；Craig，1982；许炯心，1986、1989；Beckinsale et al.，1991；金德生等，1992；Lane et al.，1997；张欧阳等，2000），作为与分汊河型相近的游荡-弯曲间过渡性河型（金德生，1981；中国科学院地理研究所等，1986；洪笑天等，1978），因其较为敏感，造床实验难度大，模型小河一般处于准平衡状态，达到十分稳定平衡状态极为不易。

　　实验以黄河下游某一典型河段为参考对象，黄河下游自河南桃花峪经山东利津至河口，绝大部分靠堤防约束，历史上河道多变，河床不断淤积抬高，是世界上著名的"地上悬河"，现行河道呈上宽下窄格局，断面极为宽浅、纵比降调平、河道严重淤积（尹学良等，1998）。从地质地貌及水沙角度出发，黄河下游分成四段（叶青超等，1990；钱宁、周文浩，1965；张义丰，1983）。实验选择长约 165km 的高村至陶城铺河段为背景，该河段属游荡-弯曲性过渡河段，受坳陷构造沉降及凸起构造上升影响，平面上宽窄相间，纵剖面具有大的波状起伏。在沉降地段，河道展宽，几乎呈江心洲分汊河型，输沙量相对增多，输沙组成相对变粗，淤积量加大；而凸起地段，河道束窄，深泓弯曲度增大，输沙量相对减少，泥沙颗粒变细，下切量增大；在沉降与凸起的交界部位，河道冲淤相对保持平衡（表 9.1-1 和表 9.1-2）。

　　本项实验旨在塑造与背景河段达到过程响应河型相似的模型弯曲-游汤间过渡型河型，分析其敏感性、相对稳定性以及临界状态等特性，并为进一步研究冲积河道受构造运动影响奠定基础。

表 9.1-1　　1968—1978 年黄河下游悬沙、床沙中径统计（叶青超等，1990）　　单位：mm

站　　名		花园口	夹河滩	高村	孙口	艾山	海口	利津
悬沙	平均值	0.0353	0.0323	0.0314	0.0344	0.0348	0.0317	0.0307
	标准差	0.0048	0.0030	0.0049	0.0348	0.0067	0.0045	0.0060
床沙	平均值	0.1120	0.0802	0.0949	0.0869	0.0858	0.0886	0.0825
	标准差	0.0252	0.0132	0.0261	0.0073	0.0049	0.0041	0.0107

表 9.1-2　　　　黄河下游平面形态要素（叶青超等，1990）

河段名	弯曲率	河谷地貌条件（河谷河床宽度比）	比降/‰	平滩河宽/km		滩地面积/万亩		堤距/km	河床形态 $\sqrt{W}/H$
				最大	最小	左岸	右岸 97.7		
铁谢—高村	1.15	2.90	1.85	8700	1700	184.0	1.0	14.4～5.3	57.2
高村—陶城铺	1.33	7.63	0.97	1700	700	63.1	8.3	8.3～1.0	17.9
陶城铺—利津	1.19	2.27	1.15	1000	300	44.7	32.6	5.1～0.6	7.4

9.2　实验设计、测试设备及操作

9.2.1　模型实验设计及河型相似

1. 河型的相似性问题

　　该项实验采用过程响应模型设计，力求达到：形态统计特征、边界物质成分比例及层次结构、河道演变相对速率、因果关系以及能量消耗方式及作用行为，体现弯曲-游荡间过渡性河型同时以增大河宽和增加汊曲折度来消能等方面相似金德生等（1992），侧重河型发育过程及宏观上的相似，不要求严格的几何、运动及动力的比尺相似。

2. 模型小河设计及预估

　　游荡-弯曲间过渡河型可以认为是两个以上弯曲河道的合成河型，而汊道本身为单一河型（顺直微弯及弯曲河道）。根据河段具有特定的河道比降（Q_b）、河岸粉砂黏粒百分比（M）、床沙质中径（D_{50}）及河谷坡降（S_v）数值，从表征河型的弯曲率（P）入手，按以下步骤设计。

（1）推算 M、H_s/H_m（河岸高度比）及 F（宽深比）值。黄河高村—陶城铺河段弯曲率 $P=1.33$，获得河岸粉砂黏粒百分比 $M=4.00\%$（1963B），由 $P-f(H_s/H_m)$ 关系曲线，查取河岸高度比 $H_s/H_m=50\%$，据 $P=3.5F^{-0.27}$ 获得宽深比 $F=36$（Schumm，1960）。

（2）配制河漫滩结构及物质组成。该原型河段弯曲率为 1.33，河漫滩相厚度（H_s）与河床相厚度（H_b）之比为 15%，相应的河岸高度比（H_s/H_m）= 87%，湿周中粉黏粒百分比 $M=4.00\%$。计算得 $M_s=14.04\%$、$M_1=77.5\%$、$M_2=22.5\%$，即 100g 混合砂料中，细沙 77.50g，而较细的粉土为 22.50g，可大体按重量比 7：2 的比例混合，模型混合砂料的中径 $D_{50混}=0.056$mm。

（3）计算河谷比降（S_v）、河道比降（S_{ch}）及平滩流量（Q_b）。由 $P-S_v$ 曲线（Jin Desheng，1983），当 $P=1.33$ 时，$S_v=0.006$，$S_{ch}=0.00451$，$Q_b=3.17$L/s（金德生，1986）。

（4）计算输沙量（Q_s）及加沙中径（D_{50}）。

$$Q_s=88\left(\frac{S_{ch}Q_b}{D_{50}}\right)2.2 \tag{9.2-1}$$

$Q_s=4.365$g/s≈261.9g/min≈15714g/h，亦即加沙率为 4.4g/s。所加沙料是中径分别为 0.175mm 及 0.035mm，天然细砂与粗粉砂比为 1：2 的混合物，其中径为 0.082mm。

（5）计算平均水深 $\overline{H}$ 及最大水深 H_{max} 的确定。由 $\overline{H}-S_v$ 关系式（Jin，1983），$\overline{H}=0.183$cm，$H_{max}=2\overline{H}=0.37$cm；由宽深比 $F=W/H_{max}$，计算得河宽 $W=102.9$cm。

（6）初始小河横断面设计。目的是提供床沙质起动的流速 V_{0b}。运用过渡区近壁层流层，但是不考虑运动黏滞系数影响的起动流速公式（李保如，1963），其判别式为

$$V_{0b}=57.3d^{1/3}H^{1/6} \tag{9.2-2}$$

式中：d 为床沙质中径（相当于本书中的 D_{50}）；H 为平均水深。

模型小河的床沙质中径 $D_{50}=0.150$mm，与此相当的平均水深 H 为 0.37cm，计算得 $V_{0b}\approx120$cm/s。所需过水断面面积约 36cm^2。模型小河采用倒等边梯形过水断面，设定底宽为 20cm，边坡系数为 1：3，得平滩河宽为 23.5cm、平滩水深为 1.75cm。

（7）曲流波长及波幅的估计。据 Schumm（1971）的 λ 与 Q_b、M 关系：$\lambda=235Q_b0.48M$，得波长 $\lambda=8.97$m。再由 $P-\lambda/A$ 关系，计算得波幅 $A=3.78$m。

（8）河床形态的估计。根据河床形态与河流功率及床沙平均沉降粒径关系曲线（Simons 和 Richardson，1966）估计模型小河的河床形态。

$D_{50}=0.016$m$=0.0525$ft，$D_{50max}=1.41\times0.016=0.023$mm，$V_均=0.23$ m/s，$V_0=0.176$ m/s，$\tau=0.0196$，$v=V_均=0.745$ft/s。河流功率 $\tau v=0.0146$bl·ft/sec·ft^2。

由 $D_{50床}=0.150mm$ 及 $0.007 \leqslant \tau \upsilon = 0.0146 \leqslant 0.06bl \cdot ft/sec \cdot ft^2$，则模型小河的形态属于沙纹区。

（9）模型小河的河型预估。借助金德生等（1992）河流弯曲率-能量消耗率间关系，得

$$E = V_{均} J_{ch} = 0.176 \times 0.00451 = 0.079 [cm \cdot m/(m \cdot s)]$$

河型属分汊河型，相当于弯曲-游荡间过渡性河型，弯曲率约为 1.38。与原型河流的弯曲率 1.33 相近，弯曲度有可能略大，但还属于弯曲-游荡间的过渡类型。

9.2.2　模型实验的初始条件

1. 实验水槽底床砂铺设

水槽长度 25m，基本宽度为 4m，上、下段分别长 13.6m 及 3.4m，中段长 8m、宽 6m，中段的地下室有全自动升降装置。因此，实验水槽的总面积为 116m²。

在上段底部，自上游厚 5cm 向下游呈尖灭状铺设细砾石，利于透水。而后，整个实验水槽均匀覆盖中径为 0.375m 的中砂质底砂层，入口处层顶高度为 25cm，以 0.006 的坡降向下游倾斜，至下游出口处，层顶高度为 10cm。铺好后，灌水密实，最后校正层顶高程。

2. 构建二元相结构河漫滩

在底床砂层上，均匀铺设细沙层，厚度 10cm，坡度与底床砂层相同，也为 0.006，经吸水密实，细沙中径 $D_{50}=0.150mm$，作为二元相结构河漫滩的基底。

二元相结构河漫滩有上、下两层组成，分别由中径 $D_{50}=0.069mm$ 粉黏土及 0.150mm 的粉砂组成，厚度分别为 1.50cm 及 4.50cm（其中可侵蚀砂层厚度 1.20cm），坡度均为 0.006。沿程的河岸高程（河漫滩面高程）误差小于 ±0.3mm。

3. 开挖初始模型小河

在二元相结构的河漫滩中，沿模型进出口中心线开挖倒梯形横断面的顺直小河，梯形上宽 25cm，底宽 20cm，深度为 6cm，河底坡降为 0.006。开挖时用水准仪或测针及时校测河底高程及坡降。

9.2.3　实验仪器设备及数据图像采集

实验在中国科学院陆地水循环与地表过程院重点实验室的水土过程实验大厅中进行，水槽长 25m，宽 6m（图 9.2-1）。

1. 实验设备及仪器

实验轨道由间隔为 25cm 的特殊调试组件及无缝不锈钢管组成。轨道安装时，调试组建的垂直精度为 ±0.01mm，横向精度为 ±1mm；采用载人及安装测试仪器分离式的同步双轨测桥，扭动差值小于 5mm，仪器测桥由高强度槽钢构建，平面加工及垂直精度均为 +0.01mm。

模型河流的供水加沙系统由振动式手控加沙器及变频流量计组成。前者的加沙率范围为 1~200g/s，精度为 0.1g/s；后者的流量范围为 1~5L/s，精度为 0.1L/s。利用水位测

量器（精度 0.1mm）、河底高程仪（精度 0.1mm）、流速流向仪（精度 0.1cm/s）、水沙样采集与分析系统、河床组成物质采集器等，进行有关水沙及河床地貌数据的采集。

2. 实验数据及图像采集

实验数据及图像采集包括：河床地形高程测量；水位、流速、含沙量；河床质采样；地形及水面高程摄影；加沙量及出沙量称重；勾绘河床地形平面图；河道发育动态摄影及绘图等。

图 9.2-1　模型实验水槽

在实验水槽中共布设固定测验断面 23 个，每一个测次施测 23～40 个断面，测验左右岸水位，间隔 3～5cm 测流速，进行断面测验计算及流速校核；收集相关断面的含沙量、床沙质沙样、烘干、称重、筛分，绘制粒配曲线，提取 D_{50}、D_{16} 及 D_{84} 数据，计算河床质不均匀系数。每个测次拍摄河道水流情况及和河道地貌照片，分析流态及河流地貌变化趋势。

9.3　造床实验过程及分析

9.3.1　造床实验过程

实验 Ⅰ 组，游荡-弯曲型模型小河造床实验，进行 5 个测次，即 Ⅰ-1-1（历时 2h30min）、Ⅰ-1-2（历时 20h30min）、Ⅰ-1-3（历时 26h30min）、Ⅰ-1-4（历时 64h30min）、Ⅰ-1-5（历时 112h30min）。

实验运行时，由于模型小河的边界条件相对疏松，发育在不很典型的二元相结构河漫滩中，放水 64h30min 后，已基本造成弯曲-游荡过渡性河型，放水运行 112h30min，部分河段已有弯曲发展趋势。为了便于分析，根据模型小河发育演变过程中平面形态、宽深比、输沙量、断面含沙量、断面床沙质及河段纵向消能率等的变化情况，将整个模型小河划分为 5 个河段：上游河段 A、近上游河段 B、中游河段 C、近下游河段 D 及下游河段 E，每个河段长 5m。

总体而论，河段 A，比较顺直；河段 B，顺直微弯，发育交错的凸岸边滩；河段 C，凸岸边滩具有切滩发育江心洲的态势；河段 D，比较弯曲，发育较完整的凸岸边滩；河段 E，首先微弯，进而弯曲，并经历弯曲河道主流左右摆动，演变成半游荡形态。在发育过程中，有边滩、江心洲及河漫滩等河流地貌的发育过程。

模型小河具有弯曲河型自上游向下游缓慢移动的特点，在蠕动程中，当具备条件时，弯曲河道向半游荡河型发展，便成游荡-弯曲间过渡性河型，甚至返回弯曲河型。

9.3.1.1　河道形态演变过程

1. 平面形态

（1）小河岸线变化。由图 9.3-1 和图 9.3-2，自上游沿程向下，下游 D、E 段，及上游 B 段的岸线，在运行 10h30min，因左、右岸交错侧蚀，河岸呈明显顺直微弯现象，具有一定的曲折率。此后，放水运行到 26h30min，岸线向两侧全面扩展；64h30min 后，B 段、C 段岸线呈交错弯曲，而 D 段、E 段岸线变得平直；运行 112h30min，A 段最后出现明显弯曲，B 段、C 段的河湾进一步向下游蠕动，D 段、E 段的岸线复又变得比较平直，但岸线间距大大增加。总体来看，在岸线向两侧扩展的过程中，同时自上游向下游蠕动，河岸的形态由平直-微弯-弯曲-再平直发展。在岸线变化的过程中，主泓弯曲率、波长、波幅、波长波幅比、河宽、水深、宽深比、纵剖面、流速、水沙及消能率等发生一系列相应的变化，模型小河不断调整自己的状况，个别河段乃至全河段的河型发生不同程度的变化。

（a）Ⅰ-1-0 0h0min初始河道

（b）Ⅰ-1-1 2h30min河道水流

（c）Ⅰ-1-2 10h30min河道水流

（d）Ⅰ-1-3 26h30min河道水流

（e）Ⅰ-1-4 64h30min河流地貌

（f）Ⅰ-1-5 112h30min河流地貌

图 9.3-1 模型小河造床过程实验照片

（2）主、次泓弯曲率变化。模型小河河岸拓宽的过程，也是主河道弯曲深泓游动的过程。图 9.3-2 及表 9.3-1 表明，随着时间的推进，不论分河段，还是全河段，主河道深泓变得越来越弯曲。河段的弯曲程度是河流消能方式及消能趋势的一种表征。主泓越趋弯曲意味着，以增加河长的方式进行消能，向达到最小消能率演进。在 A 段由于入口影响，在头 10h，个别河弯的弯曲率已达到 1.25，但极不稳定，深泓很快下移而拉平，弯曲度变小，似乎又开始进入另一个发育周期。河段随时间推进，深泓弯曲率时高时低，有时如放

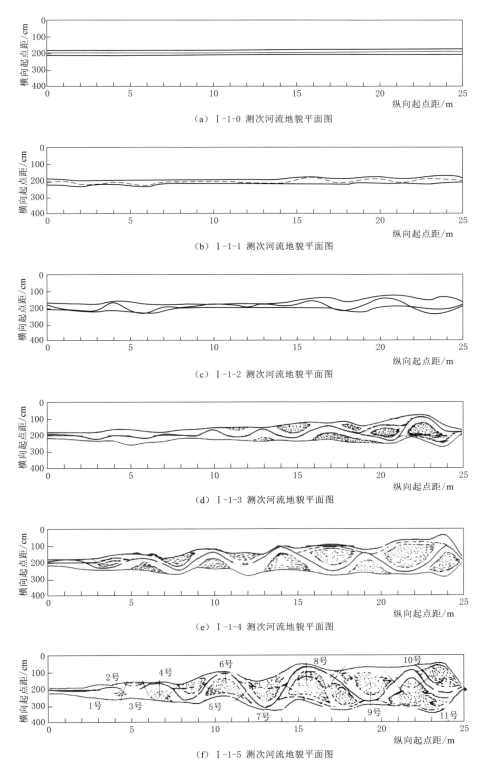

（a）Ⅰ-1-0 测次河流地貌平面图

（b）Ⅰ-1-1 测次河流地貌平面图

（c）Ⅰ-1-2 测次河流地貌平面图

（d）Ⅰ-1-3 测次河流地貌平面图

（e）Ⅰ-1-4 测次河流地貌平面图

（f）Ⅰ-1-5 测次河流地貌平面图

图 9.3-2 造床实验河流地貌平面略图

水 64h30min，弯曲率可达到 1.44，这与近河口受水池的水位不稳定有关；其他三个河段的深泓，都随放水时间的流逝而不断弯曲。从整个模型小河来看，弯曲率在空间上看，沿程向下游不断增大；从时间上看，随时间流逝而不断增大。至于次泓，主要出现在凸岸边滩切滩形成江心洲、或本身发育心滩的河段，前者在切滩初期出现串沟，进而发育成与主泓匹敌的次主泓。在放水 26h 后，在下游河段都有出现，64h 后，到 112h，更多地向中游河段，甚至向上游河段发展，流速、水沙及消能率等发生一系列相应的变化，模型小河不断调整自己状况，个别河段，乃至全河段的河型发生不同程度的变化。

表 9.3-1　　　　　　　　　　　河段弯曲率 P 变化表

河段	Ⅰ-1-1 测次	Ⅰ-1-2 测次	Ⅰ-1-3 测次	Ⅰ-1-4 测次	Ⅰ-1-5 测次
A	1.02	1.08	1.05	1.05	1.01
B	1.02	1.06	1.02	1.08	1.18
C	1.01	1.04	1.06	1.30	1.29
D	1.01	1.03	1.00	1.21	1.25
E	1.04	1.03	1.27	1.44	1.18
全河段	1.02	1.05	1.08	1.22	1.18

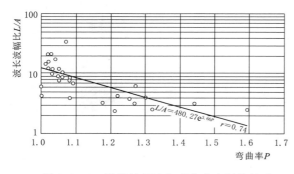

图 9.3-3　波长波幅比与弯曲率之间的关系

（3）主泓波长、波幅及波长波幅比变化。由表 9.3-2，不难看出，各个河段的曲流波长，随时间推进而缩短，全河段平均 3.63m，拉长到 4.36m；波幅由 0.33m，变宽到 1.37m；波长波幅比由 22.91 逐渐缩小，到最后为 3.34。其变化趋势与河段弯曲率的变化趋势亦步亦趋。波长波幅比（L/A）与河段弯曲率（P）间具有幂函数关系，见图 9.3-3。

表 9.3-2　　　　　　　　　　主泓波长、波幅及波长波幅比变化

河段	波长 L/m					波幅 A/m					波长波幅比 L/A				
	Ⅰ-1-1	Ⅰ-1-2	Ⅰ-1-3	Ⅰ-1-4	Ⅰ-1-5	Ⅰ-1-1	Ⅰ-1-2	Ⅰ-1-3	Ⅰ-1-4	Ⅰ-1-5	Ⅰ-1-1	Ⅰ-1-2	Ⅰ-1-3	Ⅰ-1-4	Ⅰ-1-5
A	3.36	4.04	2.90	4.50	2.54	0.15	0.46	0.24	0.58	0.59	22.40	8.78	12.08	7.76	4.31
B	3.30	2.94	3.10	3.93	3.81	0.17	0.14	0.25	0.99	1.48	19.41	8.65	12.40	3.97	2.57
C	—	3.98	3.00	4.20	4.86	—	0.23	0.29	1.04	1.84	—	17.30	10.34	4.04	2.64
D	4.05	1.99	2.35	3.77	6.41	0.27	0.20	0.46	1.55	1.66	15.00	9.95	6.11	2.43	3.86
E	3.83	3.45	4.75	4.68	4.20	0.11	0.29	0.75	1.43	1.30	34.82	11.90	6.33	3.27	3.31
全河段	3.64	3.51	3.52	4.22	4.36	0.19	0.33	0.57	1.12	1.37	22.91	9.11	8.46	4.29	3.34

2. 横剖面形态

（1）横剖面形态特征。在造床实验过程中，基本上出现四种横剖面形态（图 9.3-4）：

窄"U"形、宽"V"形、"W"形、"WW"形。相应地深泓线，由单一深泓（居中）、单一深泓（偏一侧）、双汊深泓及多汊深泓通过。河宽不断加大，而平均水深逐次变浅（表9.3-3），宽深比有规律地变化（表9.3-4），河宽与水深大体呈幂函数关系（图9.3-5）；河型由顺直微弯型→弯曲型→分汊型→半游荡型递进。同样，后文将叙述水流的平均流速、含沙量与床沙质特性都有相应的变化。

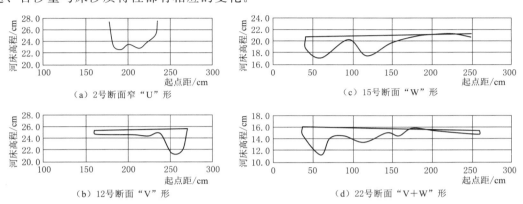

（a）2号断面窄"U"形　　　　　　　　（c）15号断面"W"形

（b）12号断面"V"形　　　　　　　　（d）22号断面"V+W"形

图9.3-4　Ⅰ-1-5测次河段中典型的横断面基本形态

（2）横剖面沿程变化及演变过程。河流地貌图及河宽、水深一览表（表9.3-3）显示，河流沿程的横剖面形态，Ⅰ-1-1及Ⅰ-1-2两个测次，基本上为窄"U"形及宽"V"形，尤其是中游段；其余三个测次主要为宽"V"形及"W"形，在下游段为"WW"形。沿程的河宽变化，在Ⅰ-1-1及Ⅰ-1-2两个测次，中游段小，上游次之，下游较大；上游向中游的缩窄率为0.62%～1.82%，中游向下游的展宽

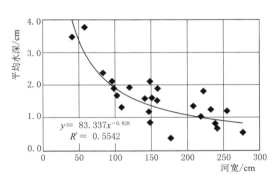

图9.3-5　造床实验河宽与平均水深关系曲线

率0.06%～4.55%。其余三个测次，横剖面的河宽自上游向下游不断加宽，而平均水深不断减少。河段的沿程展宽率4.05%、4.78%、9.62%。由各测次宽深比的沿程变化率也反映了这一点，Ⅰ-1-1及Ⅰ-1-2测次的变化值为6.4%～6.0%，其余三个测次依次为：27.6%、75.4%及85.8%。

可以用宽深比来描述横剖面的演变过程，分析表9.3-4可知，不论是部分河段，还是全河段，河段的平均宽深比变化。自上游沿程而下，各个河段宽深比的时间变化率为：2.04cm/h、4.30cm/h、9.86cm/h、8.56cm/h、14.83cm/h，全河段为8.75cm/h。

表9.3-3　　　　　　　　　　　　河段河宽、水深一览表　　　　　　　　　　　单位：cm

河段	河宽 B					水深 h				
	Ⅰ-1-1	Ⅰ-1-2	Ⅰ-1-3	Ⅰ-1-4	Ⅰ-1-5	Ⅰ-1-1	Ⅰ-1-2	Ⅰ-1-3	Ⅰ-1-4	Ⅰ-1-5
A	27.60	43.60	60.50	39.00	74.80	4.27	2.49	2.68	3.09	2.72

河段	河宽 B					水深 h				
	I-1-1	I-1-2	I-1-3	I-1-4	I-1-5	I-1-1	I-1-2	I-1-3	I-1-4	I-1-5
B	23.80	31.10	60.70	56.00	127.30	3.24	3.40	2.90	2.21	1.79
C	21.42	24.12	86.80	68.50	180.69	2.50	3.48	2.20	2.36	1.34
D	23.66	53.38	111.80	87.00	194.69	2.34	2.61	1.82	2.25	1.18
E	32.05	70.81	137.50	90.50	267.25	2.31	2.12	1.45	2.15	0.79
平均	25.44	43.51	89.54	68.20	164.85	2.96	2.85	2.24	2.41	1.59

表 9.3-4　　　　　　　　　各河段宽深比变化一览表

河段	I-1-1 测次	I-1-2 测次	I-1-3 测次	I-1-4 测次	I-1-5 测次
A	1.39	2.66	2.75	3.68	3.69
B	1.47	2.21	2.89	4.41	6.31
C	1.91	1.33	3.90	8.20	13.00
D	2.35	2.66	5.46	11.52	11.99
E	2.67	3.86	8.26	18.75	20.84
全河段	1.98	2.54	4.73	9.80	11.82

各河段对应的河型：A、B 河段为顺直微弯型，C、D 河段为弯曲-游荡性过渡型，E 河段为半游荡型河段。

3. **深泓纵剖面变化**

(1) 纵剖面形态特征。主河道深泓纵剖面总体具有波状起伏的特征，河段中游的起伏度较大，可以达到 4cm，其次为下游，约 1cm，上游较小。主河道深泓纵剖面的起伏程度，与河型密切相关，其时空变化反映河道演变的消能形式及特征。

(2) 纵剖面演变过程。在实验之初，运行 2h30min，纵剖面最深点位在 6 号断面，10h30min 移到 9 号断面，26h30min 23 号断面，64h30min 返回到 9 号断面，到最终 112h30min，移到 10 号断面 (表 9.3-5 和图 9.3-6)。在实验运行的中间阶段，出现了最大深泓点，全河段深泓的平均水深也达到最大值 (图 9.3-7)。

9.3.1.2　河道水沙变化过程

在造床实验过程中，通过各个测验断面流速测验，进行水样含沙量取样，深槽、边滩及心滩表面的沙样采集，入口加沙量及出口沉积沙的量计，并记录河道水沙变化过程。

表 9.3-5　　　　　　　　　最大水深及所在断面位置　　　　　　　　单位：cm

河段	I-1-1 测次	I-1-2 测次	I-1-3 测次	I-1-4 测次	I-1-5 测次
A	6.18 (5 号)	3.73 (3 号)	5.35 (2 号)	5.34 (4 号)	4.84 (2 号)
B	6.19 (6 号)	4.16 (9 号)	5.08 (10 号)	6.31 (9 号)	5.45 (10 号)
C	3.91 (14 号)	3.83 (13 号)	4.51 (15 号)	4.30 (11 号)	4.23 (14 号)

河段		I－1－1测次	I－1－2测次	I－1－3测次	I－1－4测次	I－1－5测次
D		3.45（20号）	2.97（17号）	4.17（18号）	4.13（19号）	3.67（16号）
E		4.03（21号）	2.38（23号）	5.45（23号）	3.59（24号）	4.18（22号）
全河	最深	6.19（6号）	4.16（9号）	5.45（23号）	6.31（9号）	5.45（10号）
	平均	3.64	2.85	4.23	3.45	3.61

注　括号中数字为断面数。

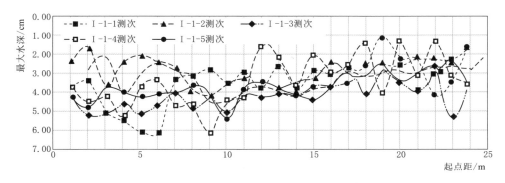

图 9.3－6　深泓最大水深位置及沿程变化图

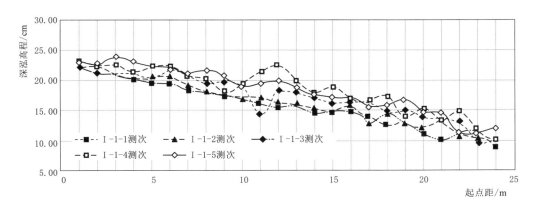

图 9.3－7　造床实验深泓纵剖面变化

1. 断面平均流速沿程分布及变化过程

实验数据表明（表9.3－6），随着实验时间的推进，实验小河的全程平均流速，开始时较高，而后下降，26h30min以后，变化起伏不大，为16～19.5cm/s。但是就每一个测次断面平均流速而言，2h30min，其沿程变化起伏最大。偏上游段B及中游段C，有最高值；偏下游段D及下游段E，次之；而入口段，即上游段A平均流速有最小值。10h30min，起伏降低，偏上游段B及中游段C，仍有较高的平均流速，其余各段平均流速相差不大。运行26h30min以后，沿程平均流速比较均匀（图9.3－8）。

表 9.3-6　　　　　　　　　　各测次河段平均流速变化　　　　　　　　　　单位：cm/s

河段	I-1-1 测次	I-1-2 测次	I-1-3 测次	I-1-4 测次	I-1-5 测次
A	28.19	31.90	21.18	20.69	17.13
B	49.28	34.00	19.06	15.73	14.94
C	61.48	38.61	16.82	20.39	18.70
D	58.06	23.67	15.87	23.60	14.60
E	44.75	21.86	16.18	15.37	14.07
平均	48.50	30.35	17.89	19.16	15.96

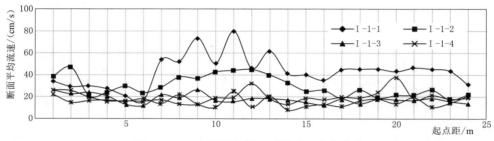

图 9.3-8　全河段各断面平均流速变化曲线

2. 主河道水面纵比降沿程分布及变化过程

主河道水面纵比降的平均值，随时的变化不大，最初为 0.00553，到终了时为 0.00501。但是，各测次各河段比降的变化有所不同，表 9.3-7 显示，在实验之初，上游河段 A 及偏上游河段 B 具有较大的水面比降；其次为偏下游河段 D 及下游河段 E；中游河段 C 的水面比降最小。而后沿程各河段的水面比降波动起伏，由上游河段 A 的最小值，向下游波状增加，下游河段 E 具有最大值。运行 26h30min 和 64h30min 时，水面比降沿程逐渐增大，一直保持到终了（表 9.3-7 和图 9.3-9）。

表 9.3-7　　　　　　　　造床各测次河段平均比降一览表

河段	I-1-1 测次	I-1-2 测次	I-1-3 测次	I-1-4 测次	I-1-5 测次
A	0.00606	0.00335	0.00285	0.00255	0.00287
B	0.00680	0.00516	0.00372	0.00371	0.00370
C	0.00387	0.00415	0.00568	0.00606	0.00546
D	0.00573	0.00568	0.00626	0.00616	0.00682
E	0.00535	0.00816	0.00768	0.00763	0.00649
平均	0.00553	0.00515	0.00502	0.00522	0.00501

3. 输沙特性及变化

（1）床沙特性及变化情况。着重介绍床沙特性及其变化情况。图 9.3-10 是各个测次床沙质大小的沿程分布情况，在总体上，实验运行 10h30min 时，除了偏下游段 D 及下游段 E 变化较大外，全河段床沙比较均匀，分选不明显；26h30min 时，床沙质沿程变细（表 9.3-8），从上游段 A 的 0.142mm，到下游段 E 的 0.118mm，平均为 0.132mm；运

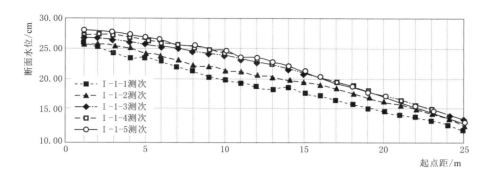

图 9.3 - 9   造床实验全河段各测次水面比降曲线

行 64h30min 时，中游段 C 变粗及下游段 E 变细，情况与上一个测次类同；实验终了全河段床沙质明显细化，特别是中游河段 C 的床沙质变得很细，11 号断面的床沙质中值粒径只有 0.047mm，小于 0.076mm 的粉黏粒百分比达到 35%，该断面滩地表面的组成物中值粒径几乎相当图 9.3 - 11 和图 9.3 - 12。

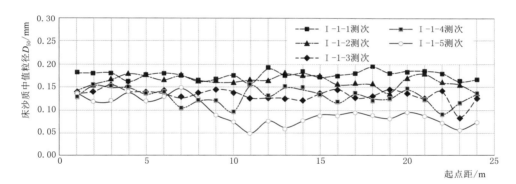

图 9.3 - 10   造床实验各断面床沙质中值粒径（D_{50}）沿程分布

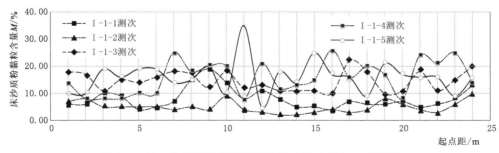

图 9.3 - 11   造床实验各断面床沙质小于 0.076mm 百分比

尽管全河段的床沙平均值与上一测次相差无几，但其沿程分布不均匀，大者为 0.165mm，小者为 0.116mm；实验终了时，床沙粒径自上游向下游变细，中游段出现最小值，全河段平均也到达最小值。实验随时间推进，各个河段及全河段床沙的中值粒径，

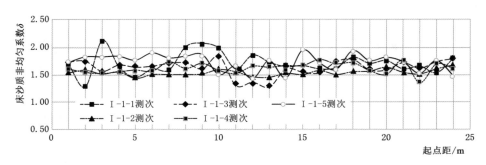

图 9.3 - 12　造床实验各断面床沙质非均匀系数

除中游段 C 及偏下游段 D 变化起伏较为明显外，总体不断细化。

再考察一下湿周中小于 0.076mm 粉黏粒百分比的变化。全河段的最大值，基本上出现在上游及偏上游河段，随时间的推移，最后出现在中、下游河段；最小值由实验之初位在偏下游河段，移向中游河段，最后位在偏上游及上游河段。就全河段平均而言，该数值除运行 10h30min 时略低外，总体不断增加（表 9.3 - 9）。

实验过程中，各河段床沙质非均匀系数 δ 在 1.41～1.84 之间，开始时比较不均匀，而后分布变得均匀及不均匀交替出现；总的趋势是越来越不均匀，在初始运行 2h30min，而后 26h30min 和 112h30min 床沙质沿程分布比较不均匀；运行 10h30min 和 64h30min 时分布比较均匀（表 9.3 - 9）。

表 9.3 - 8　　　　　造床实验各河段断面床沙质特性表

河段	各河段床沙质平均中值粒径 D_{50}/mm					各河段床沙质小于 0.076mm 百分比/%					各河段床沙质不均匀系数 δ				
	I-1-1	I-1-2	I-1-3	I-1-4	I-1-5	I-1-1	I-1-2	I-1-3	I-1-4	I-1-5	I-1-1	I-1-2	I-1-3	I-1-4	I-1-5
A	0.175	0.163	0.142	0.144	0.130	7.00	6.00	15.00	9.60	9.00	1.72	1.52	1.67	1.56	1.80
B	0.171	0.165	0.136	0.116	0.123	12.00	5.40	16.20	18.60	8.40	1.84	1.52	1.70	1.63	1.83
C	0.174	0.172	0.126	0.143	0.066	7.40	2.80	11.60	13.80	23.40	1.69	1.50	1.41	1.62	1.56
D	0.183	0.154	0.136	0.165	0.089	6.00	5.00	14.20	17.40	20.80	1.70	1.56	1.64	1.65	1.78
E	0.173	0.158	0.118	0.116	0.077	8.00	5.50	16.00	21.00	29.20	1.64	1.58	1.71	1.60	1.66
平均	0.175	0.163	0.132	0.137	0.096	8.08	4.92	14.54	16.08	18.54	1.72	1.53	1.62	1.61	1.72

（2）悬沙输移的时空变化过程。造床实验中，悬沙输移的时空变化过程，主要通过各测次断面含沙量的变化来反映（图 9.3 - 13）。运行过程中，除了 I-1-4 测次外，各河段的含沙量不断减少。如上游河段 A，含沙量为 0.46g/L，到 I-1-5 测次，减为 0.22g/L；较上游河段 B（0.43g/L）、中游河段 C（0.69g/L）、偏下游河段 D（0.55g/L）下游河段 E（090g/L）分别减少 0.15g/L、0.179g/L、0.79g/L 及 0.08g/L（表 9.3 - 9 及图 9.3 - 13）。整个过程中，2h30min～10h30min，比较均匀；26h30min～64h30min 较为不均匀；实验终了，含沙量沿程递减，由上游河段 A 0.22g/L 减少为下游河段 E 0.07g/L（表 9.3 - 9）。

河段	测 次				
	I-1-1	I-1-2	I-1-3	I-1-4	I-1-5
A	0.46	0.32	0.34	0.84	0.22
B	0.43	0.34	0.28	1.18	0.15
C	0.69	0.10	0.14	1.02	0.17
D	0.55	0.34	0.21	0.40	0.08
E	0.90	0.30	0.18	0.69	0.07
平均	0.53	0.28	0.23	0.83	0.14

表 9.3-9　　　　各河段平均含沙量　　　　单位：g/L

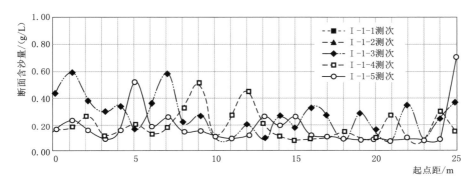

图 9.3-13　造床实验各断面含沙量沿程分布曲线

4. 输沙量变化

本组造床实验，总体加沙量小于输沙量，在实验过程中，加沙量由少逐渐增加，输出沙量也由少不断增加，目的是保证发育弯曲-游荡性过渡性河型。如果加入过多的悬沙质沙料，也许会发育弯河型；加入过多床沙质的沙料，会使模型小河向游荡河型演化。河道略带冲刷性质，床沙质与悬移质平均输沙率的变化反映了这一点（表 9.3-10）。

表 9.3-10　　　　造床实验各测次加沙量与输沙量测验记录表

实验组别	测次	历时	加沙率 /(g/min)	加沙总量 /kg	输沙总量 /kg	平均含沙量 /(g/L)	平均输沙率/(g/s)	
							床沙质	悬移质
造床	I-1-1	2h30min	45	27.0	50.1	0.53	2.567	1.670
	I-1-2	8h00min	30	14.4	160.8	0.22	3.873	0.693
	I-1-3	16h00min	50	48.0	146.9	0.23	1.717	0.725
	I-1-4	38h00min	100	228.0	274.4	0.17	0.339	0.536
	I-1-5	48h00min	75	216.0	417.8	0.14	1.678	0.441
小计		112h30min		533.4	1049.1			

9.3.1.3　河流地貌演变过程

本次造床实验主要观察了凸岸边滩、交错边滩、心滩与江心洲，以及河漫滩的发育过程，对河型发育与演变过程做了观察。

1. 凸岸边滩的发育过程

边滩的发育过程为，在实验运行的早期阶段10h30min，在上游河段A及下游河段E，出现微弯深泓，在其凹岸侧，河岸经受侧向侵蚀，底流将侧蚀下来较粗的物质转变成为推移质，越过深泓，堆积在深泓的凸岸侧底部，逐渐形成雏形边滩。随着侧向侵蚀的进一步发展，深泓弯曲度增大，雏形边滩在拓宽的同时，不断淤积加高，贴近平滩水位时，由水流中的悬移质淤积于滩面，出露水面成潜边滩，边滩的长宽比较小，大约为3∶1～4∶1。随着河道弯曲率的增大，边滩的长宽比缩小为2∶1～1.5∶1，水位波动促使凸岸边滩加速发育，水位略低时，利于侧蚀和冲刷深槽，固定滩位；当水位略有升高时，滩面有更多的河漫滩相物质淤积，有利于凸岸边滩的淤积加高。

2. 交错边滩的发育过程

实验小河某一河段出现凸岸边滩的同时，该河段上下游的毗邻河段同样会出现微弯深泓，随时间推移，交错出现凹岸侧蚀及凸岸淤积，形成交错布列的水下潜边滩，进而形成交错雏形边滩，其水下潜边滩及雏形边滩可以处在不同的发育阶段，最后全河段发育比较规则排列交错边滩，并在拓宽的同时，缓缓向下游蠕动。本次造床实验中，凸岸边滩的侧向移动速率及纵向蠕动速率分别为0.6～2.4cm/h和0.6～4.3cm/h，具体见表9.3－11～表9.3－13。

表9.3－11　　　　　　　　**2号边滩的几何尺度及变化率**

测次	历时	纵坐标/m			长宽及变化率				边滩长宽比
		头	中	尾	长/m	纵向变率/(m/h)	宽/m	横向变率/(m/h)	
Ⅰ－1－3	26h30min	10.9	11.5	12.1	1.20		0.15		8.00
Ⅰ－1－4	64h30min	10.9	11.8	12.9	2.00	0.021	0.45	0.008	4.45
Ⅰ－1－5	112h30min	11.9	13.1	14.2	2.30	0.006	1.20	0.016	1.92

表9.3－12　　　　　　　　**3号边滩的几何尺度及变化率**

测次	历时	纵坐标/m			长宽及变化率				边滩长宽比
		头	中	尾	长/m	纵向变率/(m/h)	宽/m	横向变率/(m/h)	
Ⅰ－1－3	26h30min	12.5	13.0	13.7	1.2		0.20		6.00
Ⅰ－1－4	64h30min	13.0	14.0	15.8	2.8	0.042	1.10	0.024	2.55
Ⅰ－1－5	112h30min	14.5	15.6	18.6	4.1	0.027	2.00	0.019	2.05

表9.3－13　　　　　　　　**4号边滩的几何尺度及变化率**

测次	历时	纵坐标/m			长宽及变化率				边滩长宽比
		头	中	尾	长/m	纵向变率/(m/h)	宽/m	横向变率/(m/h)	
Ⅰ－1－3	26h30min	14.0	15.0	15.9	1.90		0.50		3.80
Ⅰ－1－4	64h30min	15.9	17.2	18.4	2.30	0.011	1.20	0.018	1.92
Ⅰ－1－5	112h30min	17.8	19.5	20.7	2.90	0.013	1.50	0.006	1.93

3. 心滩与江心洲的发育过程

实验所见，心滩与江心洲有两种发育过程。

(1) 由雏形心滩演变成江心洲。实验运行 26h30min 时，在 1.7～2.0m 的近下游河段，河长约 3.0m，河宽 1.03m，单股水流分汊成共轭型双分汊水流，由左股汊流侧蚀左岸，使河道主要向左岸拓展，河岸侵蚀下来的较粗物质作为床沙，经两分汊水流的共轭向心底流推向河心堆积，形成由河床相物质组成的雏形心滩。随着时间的推移，左岸不断侵蚀后退，雏形心滩不断拓宽，并不断淤积抬升，此时尚在水面以下，雏形心滩转变成雏形江心洲，而后淤积更多河漫滩相物质而出露水面，洲头侵蚀，洲尾微微延伸，但是极不稳定，最终很难发育成稳定的江心洲。

(2) 凸岸边滩切滩演变成江心洲。在凸岸边滩最终形成时，河湾继续弯曲。当河段弯曲率超过 1.5，到 1.8 时，凸岸边滩长宽比约大于 2.05，如在 I-1-5 测次的 3 号边滩 (表 9.3-12)，在凸岸边滩的近岸部位，当水位略高于滩面，便出现串沟，串沟下口不断溯源侵蚀，串沟上端侵蚀下切刷深，渐渐串通刷深扩大，形成汊流小河道。这时，边滩部分已完成演变为江心洲的发育过程，这种江心洲的位置比较稳定。如运行 64h30min 时，在 C 河段 15.9～18.4m 处的 4 号边滩，长 2.30，宽 1.20m，其纵、横向变率分别为 1.1cm/h 及 1.8cm/h，长宽比为 1.92，发生切滩形成江心洲 (表 9.3-14)。

表 9.3-14　　　　　造床实验河型判别及消能率数据

测　次	河　段	Z_n	K	E
I-1-1	A	16.25	1.13	0.26
	B	7.88	0.84	0.14
	C	16.06	2.10	0.27
	D	8.77	1.35	0.21
	E	8.08	1.54	0.28
	平均	11.55	1.39	0.23
I-1-2	A	19.04	3.74	0.06
	B	11.41	1.00	0.16
	C	13.81	1.20	0.17
	D	4.98	1.01	0.15
	E	2.91	0.94	0.11
	平均	10.74	1.60	0.13
I-1-3	A	12.25	2.10	0.09
	B	7.19	1.37	0.04
	C	3.22	1.01	0.05
	D	2.24	1.15	0.08
	E	1.29	1.05	0.12
	平均	5.58	1.36	0.07

测　　次	河　段	Z_n	K	E
I-1-4	A	19.31	3.93	0.04
	B	3.99	1.42	0.04
	C	2.17	1.65	0.12
	D	1.42	3.07	0.14
	E	0.87	1.48	0.17
	平均	5.96	2.38	0.10
I-1-5	A	12.07	1.86	0.01
	B	3.56	1.76	0.03
	C	1.25	0.91	0.04
	D	1.03	0.98	0.09
	E	0.67	1.23	0.08
	平均	3.37	1.33	0.07

4. 河漫滩的发育过程

本次造床实验过程中，河漫滩发育过程并不普遍，仅在中游河段 C 及偏下游河段 D 见到。在实验终了，边滩与江心洲靠岸相连，形成不典型的弯曲-游荡性过渡型河漫滩，滩面上残留串沟及汊流河道的遗迹。

9.3.1.4　河型的演变过程

在实验过程中，从顺直的原始模型开始，伴随着洲滩的发育演变，河型的发育演变基本上呈现三个阶段，依次首先发育顺直河型，进而发育弯曲河型，最后形成弯曲-游荡性过渡河型。

1. 顺直河型发育阶段

从实验之初，经运行 2h30min，到 10h30min，模型小河轮廓保持顺直，而深泓尚未发生弯曲，特别是中游河段、近上游河段及近下游河段，深泓线基本顺直，而上游河段及下游河段的深泓明显发生弯曲，其弯曲度最大不超过 1.08（表 9.3-1）。运行 26h30min 后，在下游河段出现较宽的河道，属于微弯河型，深泓弯曲率大于 1.27。

2. 弯曲河型形成阶段

在模型小河继续运行的过程中，64h30min 时，中下游河段主河道深泓弯曲率达到 1.30～1.44，这时模型小河已发育成低弯曲率的弯曲河型，近上游河段及上游河段仍处在顺直微弯河型状态。

3. 弯曲-游荡性过渡河型的发育及演变

运行 112h30min 时，由于模型小河中出现切滩改道，凸岸边滩被切割，转变为江心洲，主河道拉直，其深泓弯曲率反而比弯曲型河道的深泓弯曲率小，弯曲率最大为 1.29。此时，全河段呈现弯曲与分汊河段共同存在的格局，可以见到凸岸边滩、江心洲发育的弯曲-游荡性过渡河型。

9.3.1.5 模型小河的消能率变化

实验显示，在实验之初，全河段的单位河长消能率比较均匀，平均为 0.23；在 10h30min 时，各河段的消能率略有起伏，总体变小，平均为 0.13；26h30min 时减少为 0.07；在 64h30min 以后，增大到 0.10，最后减少到 0.06，总体而论，随着时间的推移，单位河长的消能率逐步趋向最小。就各个河段而言，消能率同样具有随时间推进逐步减少的趋势。在同一时段内，除第一时段比较均匀外，第二至第四时段的沿程各河段的消能率有所起伏，大致为 0.04～0.17；第五时段达到最小，然而沿程各段略有增大趋势，由上游段的 0.01，增大到下游河段的 0.09，平均为 0.07。

河段纵向消能率的变化与主河道的弯曲率密切相关。随着河道的消能率变小，弯曲率越来越大，两者间存在以下幂函数关系（图 9.3-14）：

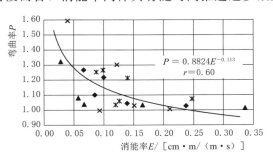

图 9.3-14 各河段主河道弯曲率与消能率关系曲线

$$P = 0.8824E^{-0.113} \qquad r = 0.60 \tag{9.3-1}$$

9.3.2 造床实验分析

9.3.2.1 模型小河的敏感性分析

1. 敏感性因子的选择

在造床实验过程中，影响河型形成与演变的主变量因子，不外乎河谷坡降、边界条件、来水来沙（平滩流量、输沙量、输沙性质）、构造变动、基面变化及人类活动等。本项造床实验为定常平滩流量、加沙量基本不变、河谷坡降固定、边界条件的河漫滩二元相结构、组成，作为初始条件铺设时，也是固定的。然而，造床时间（T_Z）、河道比降（J_{ch}）、河段及断面的宽深比（B/H）、湿周（s）、流速（V）、含沙量（Q_s）、床沙质特性（D_{50}）以及湿周中粉黏粒百分比（M）是明显的影响因子，当然他们影响的权重各不相同；另外，作为二元相结构，随着模型河道宽深比的增大，河床淤积抬高，可侵蚀性砂层的厚度越来越小，河岸高度比相应变小，乃至完全不起作用，而由湿周中的小于 0.076mm 的粉黏粒百分含量占据主导地位，也成为次一级的影响因子。实验中没有考虑构造变动、基面变化及人类活动。在河流地貌形态分析中，河道主泓弯曲率（P）及波长波幅比（λ）是因变量，实验表明，两者有良好的相关关系，两者敏感性亦步亦趋。因此，选择河道主泓弯曲率作为河道演变的敏感性指标（Ψ）。

2. 敏感性指标与分析

敏感性指标（Ψ）可以表达为上述 8 个影响因子（造床时间 T_Z、河道比降 J_{ch}、宽深比 B/H、湿周 s、流速 v、含沙量 Q_s、床沙质特性 D_{50}、湿周中粉黏粒百分比 M）（φ_k）的加权（m_k）之和，即

$$\Psi = \sum_{k=1}^{n} \left(\frac{n}{k} \right) m\varphi \tag{9.3-2}$$

式中：Ψ 为敏感性指标；φ_k 为影响因子，m_k 为影响因子权重；k 为影响因子数。

　　分析表明，8 个影响因子中，宽深比与湿周具有相同的变化趋势，特别在河道变得十分宽浅时，宽深比完全可以替代湿周；断面平均含沙量与平均流速有相关关系，选择一个即可。式（9.3-2）可写成含有 6 个影响因子的展开式：

$$\Psi = m_1\varphi(T_Z) + m_2\varphi(B/H) + m_3\varphi(J_{ch}) + m_4\varphi(V) + m_5\varphi(D_{50}) + m_6\varphi(0.076\%)$$

$$(9.3-3)$$

　　在量化影响因子时，首先计算该因子的百分比，进一步确定在整个敏感性指标中的权重，各因子的权重总量为 1.0。通过 P 与 6 个影响因子的单回归分析获取多项式拟合的回归关系式，回归系数分别为 0.98、0.97、0.95、0.93、0.89 及 0.88，按回归系数大小，首推为床沙质特性（D_{50}），而后为河道比降（J_{ch}）、流速（V）、宽深比（B/H）、湿周中小于 0.076mm 粉黏粒含量（0.076%），以及造床时间（T_Z）。经计算：上述 6 个影响因子的权重分别为 0.175、0.173、0.170、0.166、0.159 及 0.157。各河段敏感性指标的平均值为：0.17、0.16、0.18、0.22 及 0.28；各河段随时间演变的敏感性指标为：A 河段为 0.15～0.25，B 河段为 0.19～0.26，C 河段为 0.17～0.30，D 河段为 0.18～0.31，E 河段为 0.18～0.35，以及全河段为 0.17～0.28（表 9.3-15）。

表 9.3-15　　　　　　　　　造床实验各河段不同测次敏感性指标

河段	测次				
	I-1-1	I-1-2	I-1-3	I-1-4	I-1-5
A	0.15	0.16	0.15	0.18	0.25
B	0.19	0.16	0.16	0.20	0.26
C	0.17	0.13	0.17	0.23	0.30
D	0.18	0.16	0.19	0.25	0.31
E	0.18	0.20	0.22	0.28	0.35
平均	0.17	0.16	0.18	0.22	0.28

　　不难看出，敏感性指标大体可以按 0.20、0.30 分为三种状态：小于 0.20，敏感性不显著；0.20～0.30 敏感性一般；大于 0.30，敏感性强。河型受影响因子作用的敏感性：模型顺直微弯河道最不敏感，弯曲河型次之，游荡-弯曲过渡性河型具有较强的敏感性反应。

9.3.2.2　模型小河的地貌临界分析

　　当对该实验数据进行河段弯曲率与影响因子的回归分析时，拟合的多项式曲线，包括与床沙质中径、河道比降、断面平均流速、河道宽深比、湿周中粉黏粒含量，以及实验历时具有明显的拐点，都位于弯曲率约 1.25 处，可以作为游荡-弯曲间过渡性河型与弯曲河型划分的指标（见 17.4.3.1 节）。

9.3.2.3　模型小河的河型判别与稳定性分析

　　判别河型以及河型稳定性分析的公式不下数十种（Leopold et al.，1957；Lane，1957；方宗岱，1964；钱宁，1985；蔡强国，1982；Schumm，1985；陆中臣等，1988；金德生，1992；尹学良，1999；姚爱峰等，1993；谢鉴衡，1997；张红武等，1996；张俊华等，1998；Kleinhans et al.，2011；周宜林等，2005；姚仕明等，2012）。

1. 河型判别

河型判别公式一般可以用来区分弯曲、分汊与游荡三种河型（周宜林等，2005）。利用金德生判别式发现，当流量及河道比降分别为 3.15L/s 及 0.00501 时，造床流量为 3.15L/s 所要求的临界水面比降为 0.00333，显然，造成的河型为分汊河型，正好是所要求的弯曲-游荡间过渡性河型。选择张红武公式进行判别时，当 $Z_n < 5$ 为游荡河型；$Z_n >$ 15 为弯曲河型；$5 \leqslant Z_n \leqslant 15$ 为分汊河型。本实验塑造的模型小河在 64h30min 以前，其判据 $Z_n > 5$，属于分汊河型，在进一步演变到 112h30min 时，判据 $Z_n = 3.37$，模型小河向半游荡河型发展。

2. 河型稳定性

在塑造模型小河的过程中，运用河型稳定性公式分析河型的稳定性。借助金德生 (1989) 河流弯曲率-消能率关系（图 2.3-11），可以判别模型小河的河型。河流纵向消能率 E 由平均流速（$V_均$）与河流纵比降（J_{ch}）的乘积决定，根据 I-1-5 测次数据，$E = V_均 J_{ch} = 15.23 \times 0.00501 = 0.076[\text{cm} \cdot \text{m}/(\text{m} \cdot \text{s})]$。

由图 2.3-11，当消能率为 0.076cm·m/(m·s) 时，河流属分汊河型，弯曲率约为 1.35。显然，模型河流与原型河流的弯曲率 1.33 相近，属于弯曲-游荡性的过渡性河型。

姚仕明等（2012）在研究三峡水库和丹江口水库修建前后坝下游河流稳定性时，考虑了纵、横向及综合稳定性，并分别运用如下公式：

$$\varphi_{h1} = d/hJ \tag{9.3-4}$$

$$\varphi_{b1} = Q^{0.5}/J^{0.2}B \tag{9.3-5}$$

$$\varphi = \varphi_{h1}(\varphi_{b1})^2 = (d/hJ)[Q^{0.5}/J^{0.2}B]^2 \tag{9.3-6}$$

式中：d 为床沙平均粒径；h 为平滩水深；J 为比降；Q 为平滩流量；B 为平滩河宽。

将实验数据代入相关公式，获得的纵、横向及综合稳定性指标分别为 1.33、0.13 及 0.05（表 9.3-16）。参照天然河流的稳定性指标，则长江中下游分汊河段的稳定性特征相当，纵向稳定性指标基本为 1.6~1.3，横向稳定性指标为 0.65~0.13，综合稳定性指标为 0.72~0.05。26h30min 以前的综合稳定性指标为 0.72~0.54，与顺直微弯河型的特征相吻合；为 0.12~0.18 时，与弯曲-游荡间过渡性河型相匹配；处于 0.05 时，则与半游荡河型相适合。从某种意义上讲，本次造床实验是在非平衡条件下塑造相对稳定的模型小河的实例。

表 9.3-16   造床实验河型稳定性分析数据

测次	河段	Z_n	φ_{h_1}	φ_{b_1}	φ
I-1-1	A	16.25	0.65	0.57	0.20
	B	7.88	1.27	0.68	0.68
	C	16.06	1.63	0.74	0.92
	D	8.77	1.66	0.76	1.24
	E	8.08	1.57	0.50	0.47
	平均	11.55	1.39	0.65	0.72

续表

测次	河段	Z_n	φ_{h_1}	φ_{b_1}	φ
I-1-2	A	19.04	4.07	0.48	1.60
	B	11.41	1.24	0.52	0.36
	C	13.81	1.26	0.79	0.78
	D	4.98	0.93	0.35	0.13
	E	2.91	1.01	0.21	0.06
	平均	10.74	1.60	0.47	0.54
I-1-3	A	12.25	2.05	0.37	0.41
	B	7.19	1.63	0.28	0.14
	C	3.22	1.03	0.20	0.04
	D	2.24	1.02	0.14	0.02
	E	1.29	1.19	0.11	0.02
	平均	5.58	1.36	0.22	0.12
I-1-4	A	19.31	4.49	0.37	0.92
	B	3.99	1.39	0.18	0.05
	C	2.17	1.75	0.14	0.04
	D	1.42	2.27	0.10	0.02
	E	0.82	2.34	0.08	0.02
	平均	5.74	2.36	0.17	0.18
I-1-5	A	12.07	1.86	0.31	0.24
	B	3.56	1.76	0.15	0.04
	C	1.25	0.91	0.09	0.01
	D	1.03	0.98	0.08	0.01
	E	0.67	1.23	0.06	0.00
	平均	3.37	1.33	0.13	0.05

9.4 结论与讨论

基于游荡-弯曲间过渡性模型河流及特性实验研究，获得如下结论：

（1）使用的过程响应模型设计方法适合于塑造成相对稳定的游荡-弯曲间过渡性模型河流，其主河道的弯曲率与背景河段十分接近，在给定的模型平滩流量运行下，获得了满意的消能率与主河道弯曲率关系，揭示了模型河道的敏感性、临界性及稳定性特征。

（2）在实验过程中，河道形态、水沙条件、河流地貌及能耗率的变化过程反映模型小河经历了 3 个发育过程：0～10h30min 为顺直微弯河型，模型小河的稳定性较好；10h30min～64h30min 为弯曲-游荡间过渡性河型，64h30min 以后直至 112h30min 似乎向半游荡河型发展。对于划分的 5 个河段，上游及近上游河段最终为顺直微弯河型，中游及其临近河段为低弯曲率的弯曲河型，近下游及下游河段为弯曲-游荡间过渡性河型，下游河段曾出现过半游荡河型。

实验中显示了心滩发育成江心洲以及凸岸边滩切滩形成江心洲两类江心洲的发育演变过程，在弯曲-游荡间过渡性模型小河中，江心洲主要通过凸岸边滩切滩形成，由心滩发育形成的江心洲，在本实验中见得较少。

（3）实验表明，尽管模型小河的流量恒定，当比降较陡时，模型小河比较稳定，其横向稳定性较大。在实验之初，床沙质中径、比降变化不大，有利于模型小河稳定发育。但是水深较大，河岸的可侵蚀砂层厚度较大，利于侧蚀，不利于横向稳定，然而横向环流微弱，不利侧蚀的发展。因此，模型小河有较大的综合稳定性。随着实验时间的推移，深泓弯曲度增大，水面比降有所调平、河道宽度扩大，宽深比增大，凸岸边滩拓宽，洲滩上细颗粒物质不断沉积，由于切滩而新汊道中的床沙质中径变粗，模型小河的纵向稳定性增大，而横向稳定性变小，综合稳定性变小。

（4）模型小河的消能率、河型判别及稳定性分析表明，游荡-弯曲间过渡性模型河流比较敏感，一般塑造成相对稳定的游荡-弯曲过渡性模型河流所需历时较短，即使实验历时较长，也不易塑造成十分稳定的游荡-弯曲间过渡性模型小河，因为该类模型小河往往处于分汊与半游荡间的临界状态。

（5）河床演变的敏感性大体可按指标 0.20、0.30 区分为三种状态，小于 0.20 时则敏感性不显著，介于 0.20～0.30 之间则敏感性一般，大于 0.30 时则敏感性强。影响因子作用对河型的敏感性，顺直微弯河道最不敏感，弯曲河型次之，游荡-弯曲间过渡性河型的敏感性反应较强。实验中弯曲河型向游荡-弯曲间过渡性河型转化的弯曲率临界值，当弯曲率小于 1.25 时为游荡-弯曲间过渡性河型，大于 1.25 时为弯曲河型。敏感性影响因子的权重、床沙质特性、河道比降、流速、宽深比，四者具有同等重要的作用；某一个因素的扰动，有可能导致模型小河系统发生大的变化，甚至引起河型转化。湿周中粉黏粒含量及实验历时的控制作用较小，实验历时的延长，有可能使河型发育得更加完善，但是实验历时抵达临界值，河型可能因某一因子的扰动而发生转化。

（6）实验中，河型转化临界弯曲率的影响因子主要有 4 个，相互间的关联机制尚不明确；在边界条件比较疏松和二元相结构不很典型的情况下，弯曲-游荡间过渡性河型的发育过程比江心洲河型来得快，或许只需要江心洲河型发育时间的 1/3，这些机理有待深入研究。

参 考 文 献

蔡强国，1982. 地壳构造运动对河型转化影响的实验研究［J］. 地理研究，1982，1（3）：21-32.

陈辉，刘东海，戚蓝，2017. 改进的堆石坝变形计算参数敏感性分析方法［J］. 河海大学学报：自然科学版, 45 (5)：408-412.

陈卫平, 涂宏志, 彭驰, 等, 2017. 环境模型中敏感性分析方法评述 [J]. 环境科学, 38 (11)：4889-4896.

方宗岱, 1964. 河型分析及其在河道整治上的应用 [J]. 水利学报, (1)：1-12.

洪笑天, 龚国元, 马绍嘉, 等, 1978. 长江中下游分汊河道演变的实验研究 [J]. 地理学报, 33 (2)：128-141.

洪笑天, 马绍嘉, 郭庆伍, 1987. 弯曲河流形成条件的实验研究 [J]. 地理科学, 7 (1)：35-43.

简森 P Ph, 等, 1986. 河工原理 [M]. 卢汉才, 译. 北京：人民交通出版社, 427.

蒋树, 文宝萍. 基于不同方法的滑坡滑带力学参数敏感性分析 [J]. 工程地质学报, 2015, 23 (6)：1153-1159.

金德生, 刘书楼, 郭庆伍, 1992. 应用河流地貌实验与模拟研究 [M]. 北京：地震出版社, 92.

金德生, 1981. 长扛中下游鹅头状河型的成因与演变规律的初步探讨——以官洲河段为例 [C] //中国地理学会. 1977 年地貌学术讨论会文集. 北京：科学出版社.

金德生, 1986. 边界条件对曲流发育影响的过程响应模型实验研究 [J]. 地理研究, 5 (3)：12-21.

金德生, 1989. 关于流水动力地貌及其实验模拟问题 [J]. 地理学报, 44 (2)：148-156.

金德生, 1990. 流水地貌系统中的过程响应模拟实验 [J]. 地理研究, 9 (2)：20-28.

李保如, 1963. 自然河工模型试验 [C] //水利水电科学研究院科学研究论文集第二集 (水文、河渠). 北京：中国工业出版社, 182.

李红祺, 2017. 陆面过程模式参数敏感性分析及参数优化-EFAST 和 CNOP 方法的应用探索 [J]. 中国科技成果, 17 (13)：37-37.

廖海龙, 林焕, 2013. 基于极限平衡方法的堆积体斜坡稳定性分析与抗滑桩加固措施敏感性讨论 [J]. 交通建设与管理, (7)：54-55.

林承坤, 1985. 河型的成因与分类 [J]. 泥沙研究, (2)：1-11.

刘丽娜, 许冲, 陈剑, 2014. GIS 支持下基于 CF 方法的 2013 年芦山地震滑坡因子敏感性分析 [J]. 工程地质学报, 22 (6)：1176-1186.

陆中臣, 舒晓明, 1988. 河型及其转化的判别 [J]. 地理研究, 7 (2)：7-16.

罗辛斯基, К И, И А 库兹明 (谢鉴衡, 译), 1956. 河床 [J]. 泥沙研究, 1 (1)：115-151.

能锋田, 姜瑶, 徐旭, 等, 2016. 基于 LH-OAT 方法的 SWAP-EPIC 模型参数敏感性分析 [J]. 中国科技论文, 11 (7)：739-745.

齐伟, 张弛, 初京刚, 等, 2014. Sobol 方法分析 TOPMODEL 水文模型参数敏感性 [J]. 水文, 34 (2)：49-54.

钱宁, 周文浩, 1965. 黄河下游河床演变 [M]. 北京：科学出版社, 224.

钱宁, 1985. 关于河流分类及成因问题的讨论 [J]. 地理学报, 40 (1)：1-9.

宋晓猛, 孔凡哲, 占车生, 等, 2012. 基于统计理论方法的水文模型参数敏感性分析 [J]. 水科学进展, 23 (5)：642-649.

孙飞飞, 许钦, 任立良, 等, 2014. 水文模型参数敏感性分析概 [J]. 中国农村水利水电, (3)：92-95.

唐日长, 潘庆燊, 1964. 蜿蜒性河段形成条件分析和造床实验研究 [J]. 人民长江, (2)：13-21.

席庆, 李兆富, 罗川, 2014. 基于扰动分析方法的 AnnAGNPS 模型水文水质参数敏感性分析 [J]. 环境科学, 35 (5)：1773-1780.

夏晨皓, 朱静, 常鸣, 等, 2017. 基于概率数学方法与 GIS 的泥石流敏感性分析及评价——以汶川县为例 [J]. 长江科学院院报, 34 (10)：34-38.

宋晓猛, 张建云, 占车生, 等, 2015. 水文模型参数敏感性分析方法评述 [J]. 水利水电科技进展, 35 (6)：105-111.

解恒燕，姚璇，张深远，等，2018. 基于扰动分析方法的 NAM 模型参数敏感性分析 ［J］. 黑龙江八一农垦大学学报，30（1）：42－46.

谢鉴衡，1997. 河床演变及整治 ［M］. 北京：中国水利水电出版社，213.

许炯心，1986. 水库下游河道复杂响应的实验研究 ［J］. 泥沙研究，（4）：50－57.

许炯心，1989. 汉江丹江口水库下游河床调整过程中的复杂响应 ［J］. 科学通报，（6）：450－452.

杨蒙，谭跃虎，李二兵，等，2014. 基于敏感性分析的围岩力学参数反演方法研究 ［J］. 地下空间与工程学报，10（5）：1030－1038.

姚爱峰，刘建军，1993. 冲积平原河流河型稳定性指标分析 ［J］. 泥沙研究，（3）：56－63.

姚仕明，黄莉，卢金友，2012. 三峡、丹江口水库运行前后坝下游不同河型的稳定性对比分析 ［J］. 泥沙研究，（3）：41－45.

叶青超，陆中臣，杨毅芬，1990. 黄河下游河流地貌 ［M］. 北京：科学出版社，268.

尹学良，1965. 弯曲性河流形成原因及造床实验初步研究 ［J］. 地理学报，31（4）：287－303.

尹学良，1999. 河型成因研究及应用 ［J］. 泥沙研究，（12）：13－19.

尹学良，陈金荣，刘峡，1998. 黄河下游河床演变三大基本问题的研究 ［J］. 水利学报，（11）：1－5.

曾琼佩，王义刚，黄惠明，等，2015. 感潮河段桥梁壅水计算方法比较及敏感性分析 ［J］. 长江科学院院报，32（7）：58－63.

张红武，赵连军，曹丰生，1996. 游荡河型成因及其河型转化问题的研究 ［J］. 人民黄河，（10）：11－15.

张君毅，闫晓，肖泽军，等，2016. 两流体方法相间界面力模型参数敏感性分析研究 ［J］. 核动力工程，37（S2）：136－141.

张俊华，王严平，丁易，1998. 冲积河流河型成因的研究 ［C］//河流模拟理论与实践. 武汉：武汉水利电力大学出版社.

张俊龙，李永平，曾雪婷，等，2017. 基于 EFAST 方法的寒旱区流域水文过程参数敏感性分析 ［J］. 南水北调与水利科技，15（3）：43－48.

张欧阳，金德生，陈浩，2000. 游荡河型造床实验过程中河型的时空演替和复杂响应现象 ［J］. 地理研究，19（2）：181－188.

张义丰，1983. 黄河下游地质构造及其对河道发育的影响 ［J］. 河南师大学报（自然科学版），（1）：93－97.

中国科学院地理研究所，长江水利水电科学研究院，长江航道规划设计研究所，1985. 长江中下游河道特性及其成因演变 ［M］. 北京：科学出版社，272.

周宜林，唐洪武，2005. 冲积河流河床稳定性综合指标 ［J］. 长江科学院院报，22（1）：16－20.

朱乐奎，2022. 滨河植被对弯曲型河流稳定性与演化过程的影响 ［D］. 北京：中国科学院大学，157.

朱乐奎，陈东，2022. 滨河植被对蜿蜒河流弯曲度与横向稳定性的影响 ［J］. 水沙科学与地貌学，10：33.

Ackers P，Charlton F G，1970b. The Meandering of Small Stream in Alluvium，Rept. 77 ［R］. Hydraulics Research Sta. WaIIingfore，U. K.：78.

Barr DIH，1968. Discussion on Scale Model of Urban Runoff from Storm Rainfall ［J］. J. Hydrailics Div.，94（2）：586－588.

Beckinsale R P，Chorley R J，1991. The History of the Study Landforms or the Development of Geomorphology，v. l3：Historical and Regional Geomorphology，1890－1950 ［M］. Routledge，London and New York，496.

Великанов М А，1958，Руссловой працесс（Основы теории）физиат，［J］. Ⅲ 3：395.

Church M，Mark D M M，1980. On Size and Scale in Geomorphology ［J］. Prog. Phys. Geog.（4）：342－390.

Craig R G，1982. The Ergodic Principle in Erosional Models ［M］. In：Thorn CE（ed.）Space and Time in Geomorphology. George Allen and Unwin，Landon：379.

Frey H C，Patil R，2002. Identification and Review of Sensitivity Analysis Methods ［J］. Risk Analysis，22（3）：553 – 377.

Friedkin J F，1945. A Laboratory Study of the Meandering of Alluvial Rivers ［R］. U. S. Water Exp. Sta. Vicksburge，Miss.，40.

Hooke R L，1968a. Model Geology：Prototype and Laboratory Stream：Discussion ［J］. Geol. Soc. Amer. Bull.（79）：391 – 394.

Jin Desheng，1983. Unpablished Report on Experimentai Studies ［R］. Colorado State University,15 pp. in Active Tectonics and Alluvial rivers, eds. by Schumm A S, Doment J F, Holbrook J M, 1987. Cambridge University Press，276.

Kleinhans M G，Van Den Berg J H，2011. River Channel and Bar Patterns Explained and Predicted by an Empirical and a Physics-based Method ［J］. Earth Surface Processes and Landforms，36：721 – 738.

Lane E W，1957. A Study of the Shape of Channels Formed by Natural Stream Flowing in Erodible Material ［J］. M. R. D. Sediment Series No. 9，U. S. Army Engineering Div.，Missouri River Corps of Engineers，Omaha，Nab.：106.

Lane S N，Richards R S，1997. Linking River Channel Form and Process：Time，Space and Causality Revisited ［J］. Earth Sur. Pro. and Land，22：249 – 260.

Leopold L B，Wolmarn M G，1957. Chinnel Patternsr：Brieded，Meandering and Straight ［J］. U. S. Geol. Survey，Prof. Paper. 282 – B，U. S. Geol. Surver，Washington D. C.：85.

Molle Y M，Zimpfer G L，1978，Hardware Rnodels in Geomorphology ［J］. Progrees in Physicial Geography，（2）：438 – 461.

Schumm S A，1960. The Shape of Alluvial Rivers in Relation to Sediment Type ［J］. U. S. Geol. Survey Prof. Paper：17 – 31.

Schumm S A，1963b. Sinuosity of Alluvial Rivers on the Great Plains ［J］. Geol. Soc. Amre. Bull. v. 74：1089 – 1100.

Schumm S A，1971. Fluvial Geomorphology：The historical Perspactive ［C］. In River Michamics，ed by Shen，H. W. Fort Collins：Colorado State Univ Press. 4：1 – 30.

Schumm S A，1974. Geomorphic Thresholds and Complex Response of Drainage Systems ［J］. in Fluvial Geomorphology（edited by M. Morisawa）Publications in Geomorphology. SUNY Binghamton，New York：299 – 310. Reprinted 1981，Allen and Unwin，London.

Schumm S A，1985. Patterns of Alluvial Rivers ［J］. Annual Review of Earth and Planetary Sciences. （13）：5 – 27.

Schumm S A，Beathard R M，1976. Geomorphic Thresholds：An Approach to River Management：in Rivers 76 ［J］. American Soc. Civil Engineers，New York，v. 1：707 – 724.

Schumm S A，Khan H R，1972. Experimental Study of Channel Patterns ［J］. Geol. Soc. Am. Bull. 83：1755 – 1770.

Shen H W，1971，1973. River Mechanics，v. 1，Ⅱ，Environmental Impacts on Rivers ［C］，ed. & published by Shen，H. W. Fort Collins，Colorado.

Simons D B，Richards EV，1966. Resistance to Flow in Alluvial Channels ［J］. U. S. Geol. Survey Prof. Paper，422J：61.

Tiffanrg T M，Nelson G M，1939. Siudies of Meandering of Model Streams ［J］，Trans. AGU,：644 – 649.

Tong C，2010. Self-validated Variance-based Methods for Sensitivity Analysis of Model Outputs ［J］. Reliability Engineering & System Safety, 95 (3): 327 - 267.

Yang C T, 1971. On River Meanders [J]. Journal of Hydrology, 13 (3): 231 - 253.

Yang C T, 1971. Potential Energy and Stream Morphology [J]. Water Resources Research, 7 (2): 311 - 322.

Маккавеев Н И, Н В Хмилева, И Р. ЗайТови Н В Jieбедва, 1961. Экспериmenталъная геоморфология [M]. изд - во, МГУ: 194.

Попов И В, 1956. О Формах перемещения речных излучин, ТРУруды ГГИ впп. 56 (110).

网状河型形成演变实验研究

10.1 概述

　　网状河流是一类逐渐受到沉积学、地貌学、河流动力学等相关学科研究者重视的新型冲积河流，它是以多个彼此相互连通的河道围绕非常稳定的河间地（也可以称之为江心洲、河漫滩、泛滥平原或泛滥盆地）为特征的冲积河流体系。有关该类河型的地貌特点、沉积构型、地质背景等，在一系列研究工作中已经有比较充分的报道（Smith，1980、1983、1986；Rust，1981；Nanson et al.，1986；Törngvist et al.，1993；Knighton et al.，1993；张周良等，1997；Makaske，1998；王随继等，1999；尹寿鹏等，2000；王随继等，2000；Makaske，2001；王随继，2002a、2002b、2002c、2002），而对于其多河道的形成过程也在沉积学领域、水文学领域和地貌学领域都有所揭示（Gibling et al.，1990；Gibling et al.，1998；Harwood et al.，1993；King et al.，1984；Schumm et al.，1996，Schumm et al.，1972；王随继等，1999；Wang et al.，2004、2005），这些研究或者是描述天然网状河流的水沙状况或地貌演变，或者是剖析网状河流的沉积记录。有关网状河流形成演变的进一步研究还涉及与分汊河流形成机理的对比分析（王随继，2001），以及网状河流构型及能耗率大小的计算分析工作（王随继，2003）。总之，上述工作对网状河流的形成、演变、水文泥沙和水动力方面进行了比较充分的研究，对于深入认识网状河流的特性具有重要的科学意义。

　　水槽模拟实验作为河流地貌学及河流工程学中对河流特性进行物理模拟的重要手段，已经开展逾半个多世纪了，其间涌现出了一些经典的研究成果（Schumm et al.，1972），以及有一定影响力的结果（金德生，1986），这些成果对于河型的认知和河流的治理起到相当大的推动作用。无论如何，这些实验主要是针对弯曲河流和辫状河流（游荡性河流）而进行的，个别实验涉及分汊河流的模拟并且取得了可喜的成果（金德生等，1991）。这些河流地貌的水槽模拟实验研究，基本上都是以水流导入人为设计的初始顺直河道开始，进而在已经设定的或可变的水沙条件下观察河道的演变情况，直至出现所期望的弯曲河道，或辫状河道乃至分汊河道。关于网状河流的水槽模拟研究，迄今尚未见到报道。究其原因，首先是对该类河型的研究还不是非常深入，其次是受到这类河型的复杂性及实验条件的限制。凡此种种，使得模拟网状河流的期望都难以付之于实践。

河道决口是各类河型演变中常见的现象，有关弯曲河型河流等决口的特点，已经有许多研究者做过比较深入的野外研究或室内模拟（Huang et al.，1997；Jones et al.，1999；Kraus，1996；Bryant et al.，1995；McCarthy et al.，1992）。新老河道的决口常常导致网状河流的形成发育，Makaske 等（2002）对于现代网状河流的决口曾做过比较深入的研究。但是，不论怎样，网状河流的水槽模拟实验在国内外几乎未见，迄今唯一有关网状河流水槽模拟实验的研究是由王随继和薄俊丽（2004）所为。本章介绍了他们有关河道决口后网状河流的多河道地貌演变过程和河道断面演变特征的水槽实验模拟成果（王随继等，2004），而后进行了不少新的实验内容，并做了细化分析。王随继和薄俊丽认为，水槽实验研究是对于稳定多河道河型形成演变的一次有益的探索，填补了网状河流物理模拟实验的空白，对深入认识这类河型有着重要意义。

10.2　网状河流形成模拟实验的初始条件

10.2.1　实验水槽的选择

任何河流都有自己相适宜发展的边界条件和初始地形条件，迄今的研究表明，网状河流作为一类非常稳定的多河道河流，具有强抗冲刷能力的边界条件，多发育在比较平缓宽阔的地貌环境中，往往在泛滥平原区，当河道决口后，导致形成网状河流的现象比较多见。所以，进行网状河流模拟实验需要较宽阔和较长的水槽。2002 年，中国科学院地理科学与资源研究所流水地貌实验室拥有具有回水装置的水槽（该水槽装置后来在搬迁时毁损，另行建设的装置与之有别），有效长度和宽度分别为 21m 和 4.5m，是可以满足该实验需求的比较理想的首选装置。

10.2.2　实验设计及初始条件

1. 地形及地层物理条件

在以往的河流水槽模拟研究中，目标初始河流无不例外地被设计为一条顺直规则的模型河道。然而，企图起始于类似的初始顺直河道，通过人为控制水沙条件的方式，要塑造出一个理想的网状河流是不现实的。因为顺直河道首先要经历强烈的侧向侵蚀，使河道变得比较弯曲，从而导致不同河段发生明显的侧向迁移，在这个过程中，即使能够形成江心洲，这些江心洲也非常不稳定，他们随河道的摆动而经历进一步的冲刷，难以发育成为稳定河道之间的稳定河间地，而稳定河间地是网状河流地貌所必须具备的特征性河流地貌形态。因此，对于网状河流的水槽实验模拟设计，必须进行大胆的创新。

该实验设计便一反常态，在长 21m 的水槽中，设计了辅助区（2～5.5m）和目标区（5.5～22m）两个区段（图 10.2-1）。目标区为长方形，长和宽分别为 16.5m 和 4.5m，设计为纵向轴部略微下凹的似平原状地形（图 10.2-2）。其中，从 5.5～17m 区段的平均纵比降为 0.0058；17～22m 区段的平均纵比降为 0.0077。下部组成物质是中值粒径为

0.188mm 的天然细砂层，厚 0.5m；上部铺设中值粒径为 0.0132mm 的高岭土层，厚 1.5cm。高岭土具有较强的抗冲刷能力，而砂层则有利于河道造床过程中的冲刷和摆动。目标区上游段设计一个辅助区段，它的功能仅仅是为下游目标区提供必要的水流和床沙，作为主体实验的输入条件，其下端高于目标区地面 10cm，并在该区段预制一段弯曲河道；河道末端封闭，在期望的决口点预留一个浅的小槽，宽 20cm，深 1cm，中心点横坐标为 27.76m，纵坐标为 5.5m，旨在当水流储满人工弯曲河道后，能够在预制的地点发生自然决口 [图 10.2-1（b）]。弯曲河道的河岸及其外部区域主要由 12cm 厚的中值粒径为 0.069mm 的河漫滩相物质构成，下部组成物与目标区下部相同，为天然细砂，厚 0.5m。在辅助区，人为设置的弯曲河道的宽度和深度分别为 40cm 和 7cm，目的是当河道正常输水或可能发生裁弯过程时，能够为目标区提供决口处下游形成冲积扇所必需的推移物质。只是供应必要的推移质物质，对其本身的变化在实验中没有更多关注，该实验主要关注表层铺有高岭土的目标区段的河道演变及所进行的相关测量。

2. 实验的水沙条件及横断面测线布设

实验中施放的流量为 3L/s，由于决口初期辅助区的河道已经蓄满水。因此，在实验初始阶段，通过决口，短时段内（约 5min）注入目标区的流量估计约 6L/s 以上，此后保持 3L/s 的定常流量。供水初期 3h，加沙装置提供的悬移质加沙量为 4.5g/min。此后，随着高岭土土层不断被冲刷侵蚀，并随水流回入水库，水流中高岭土含沙量达 0.4g/L，输沙量达 1.2g/s，便停止入口处的机械加沙。

在全长为 22m 的水槽中，从上游向下游每隔 1m 布设一条横断面测线，共有 22 条。在目标区（5.5～22m）的 6 号～21 号测线，进行了相关的流速、水位和河道横断面地形高程等的测量。

（a）全貌　　　　　　　　　　　　　（b）辅助区和目标区衔接部分

图 10.2-1　水槽初始设计

3. 实验施放历时及观测内容

实验开始，随着辅助区弯曲河道发生决口后，水流携带由决口产生的泥沙，以漫流的形式注入目标区，短时期内在决口下游处形成一个雏形冲积扇，而在漫流向下游流动的过程中，一面冲刷高岭土层，一面还将其携带的一部分细粒沉积物沉积在预先铺好的高岭土层表面，使目标区大部分地表由先前的白色转变为土灰色，而在水槽两侧相对较高的局部地区，由于漫流难以到达，保留了原来的高岭土层，才呈现白色。根据河道及河间湿地的发生、发展状况，灵活选择观测时间间隔，当基本达到预计的研究目的，便终止实验。

该实验总共历时 50h，在 13.5h、25.5h 和 50h 时停止放水，分别进行河道横断面地形测量，而在历时 25.5h 和 50h 之前 2h 内，还分别进行了流速和水位的测定。其中河道断面地形高程和水位，可以用架设在实验水槽测桥上的测针进行精确观测，其精度达到 0.1mm。由于实验河道规模小，加之水深浅，用传统的流速仪器观测流速存在较大困难。因此，采用小泡沫球随水流漂浮的方法来进行观测。泡沫球测流方法设计如下：在某一断面之上贴近水面释放一个泡沫球，使之随流水到达下游第一个断面时开始计时，到达下一个断面时计时终止，由于断面间隔为 1m，这样可以计算在这两个断面间的平均流速。为了消除由于泡沫漂流路径的差异造成的流速误差，每个断面的平均流速经过 10 次有效测试，计算其平均数值。河道地形的其他有关参数借助断面观测值进行计算获得。

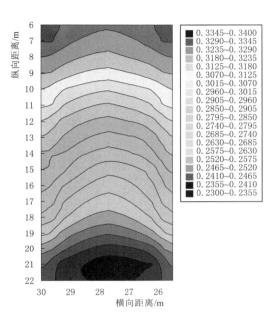

图 10.2-2　水槽实验的初始地形等高线

10.3　网状河道的形成与演变过程

1. 网状河道及其河间地的初始发育阶段

放水开始后，随着辅助区弯曲河道下端河岸的坍塌和进一步冲刷，在决口处很快形成一个清晰的雏形决口冲积扇体。此后，随着冲积物输入的减少，决口冲积扇及其下游地区主要经受冲刷作用。在决口冲积扇面上，漫流的紊动冲刷作用，导致形成两股较大的河道，并逐渐刷深，将其底部埋藏的高岭土层也逐渐下切冲开，并不断向下游逐渐发展。在目标区末端，由于预设由单一的泄水口，漫流在此汇聚，加之目标区末段的地面纵比降较中上部大，水动力便显著增强，冲刷能力响应明显增大，促使水流切穿黏土层而形成初始河道，由此引起的冲刷溯源而上，逐渐向上游发展。在目标区中部地段，漫流过程中发生局部冲刷，形成断续分布的多重河道。至 13.5h，目标区上游段的顺向侵蚀、下游段的溯源侵蚀和中部地段的随机侵蚀所形成的河道已经彼此相连，网状河道的平面构型基本确立 [图 10.3-1 (a)]。同时，被网状河道环绕的宽阔河道间地也清晰地展现出来。这时，地表高程等值线已经比初始地形发生了明显变化 [图 10.3-1 (b)]。

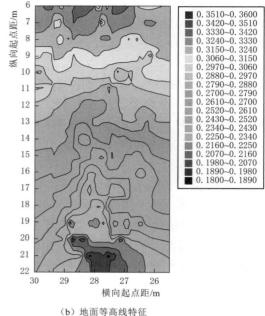

（a）河道地形　　　　　　　　　　　（b）地面等高线特征

图 10.3 - 1 放水历时 13.5h 后的河道地形和地面等高线特征

2. 网状河道的发展壮大阶段

放水 13.5h 之后，由于前期形成的网状河道彼此之间已经完全贯通。网状河道下一阶段演变的主要行为是进一步刷深，以及局部河段的侧向侵蚀，从而导致先前形成的网状河道加深拓宽，使河道的网状格局更加明显（图 10.3 - 2）。

在切穿高岭土表层的阶段，水流作用非常艰难，延时较长。因为高岭土层浸水后，黏结力非常强，很难被流水切穿，一旦被切穿进入下层，由于细砂沉积物的抗冲刷能力远比高岭土层要弱得多，河道下切变得容易。但是，这种刷深不是无止境的，当流量和地面坡降保持不变时，随着河道中相对较细的物质被流水以悬移质或推移质的方式搬运走之后，经分选变粗的河道滞留沉积物（粗化层）则难以向下游搬运，使得河床会逐渐趋向于冲淤动态平衡状态。

"河性然曲"即河道流路趋向弯曲的特性，使得任何河型的河道可以发生侧向侵蚀，即使非常稳定的网状河型也不例外。实验表明，当河床明显下切变得相对稳定时，河岸的侧向侵蚀逐渐占据主导地位，这是因为河床的刷深，使得靠近凹岸脚部的细砂层更多地暴露在水体之中，侧向抗冲刷能力相对减弱，为河道适量的侧向迁移创造了条件。在实验中，河道侧向侵蚀的方式主要表现为下部细砂层首先被淘刷，进而引起高岭土层上部边缘的局部崩塌。无论如何，表层的高岭土层还是提供了相当明显的阻抗作用，在一定程度上限制了河道的侧向冲刷和迁移。在 13.5～25.5h，网状河道得以逐步发展壮大。

3. 网状河道成熟与衰亡演变阶段

放水 25.5h 以后，网状河道在自我调整的过程中，已逐渐演变到成熟与趋向衰亡的阶段，与以前的发展阶段大不相同，这主要表现在河道废弃和河道决口两个方面。

（a）河道地形

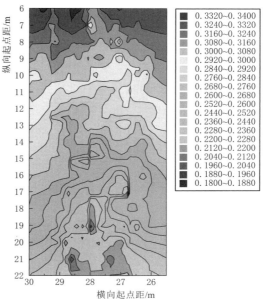

（b）地形等高线特征

图 10.3-2　放水历时 25.5h 后的河道地形和地形等高线特征

　　自然界网状河流的河道在其发展过程中常常伴随着个别河道的废弃和决口，这主要由河道的沉积作用所引起。在这个过程中，河道某段由于剧烈的沉积作用，河床明显升高，使水流难以持续进入河道，从而使该河段以下的河道不能继续输水，便成为废弃河道，以残留河道形式，构成网状河流体系的组成部分。在河道局部河段的不断淤积升高和局部河岸遭受严重冲刷的双重作用下，其必然结果便发生决口。

　　在模拟实验中，河道决口主要发生在纵坐标为 16m（也即 16 号断面）处的右边一条河道中［图 10.3-3（a）］，决口后导致进入原河道的流水大幅减少，决口点以下的老河道开始萎缩。同时，决口水流在流入左侧河道的过程中，在决口点附近形成了"脊"状江心洲。比河道更为宽阔的河间地是网状河流最常见的地貌特点，是我国东北、华中和华南一些网状河流河道间地的主要存在形式，也是该模拟实验中比较常见的现象；在国外一些网状河流的研究中，也可以见到关于"脊"状江心洲的介绍，例如，Knighton 等在叙述澳大利亚中部的网状河流中，就有关于被植被根系固结的"脊"状江心洲的存在。不难理解，上述例证中的植物根系的固结作用和在实验中高岭土的强抗冲刷作用起着类似的作用。

　　河道废弃发生在纵坐标为 12（12 号断面）～14m（14 号断面）之间的中部河道［对比图 10.3-3（a）和图 10.3-2（a）］，在放水约 13h 该河道才完全被冲裂形成，直至 25.5h，该河道持续过水，成为该河段并行的三条网状河道之一。但到 31.5h 以后，过水能力慢慢减弱，相对较小的水流和较低的流速导致该河道发生垂向淤积，到 41h 左右，该河道完全断流，成为实验中仅见的一条废弃河道。对照图 10.3-3（a）和图 10.3-2（a）不难发现，废弃河道由于沉积了一层以高岭土为主的沉积物而其颜色显然更浅，不像图 10.3-2（a）中因为河道流水冲刷导致下层深灰色细砂的出露而使河道颜色呈现深灰色。该阶段由于河道决口以及废弃河道内的沉积作用，加上网状河道其他各部位的适度调整，其河流地形等高线也相应地发生了一系列变化〔图 10.3 - 3（b）〕。

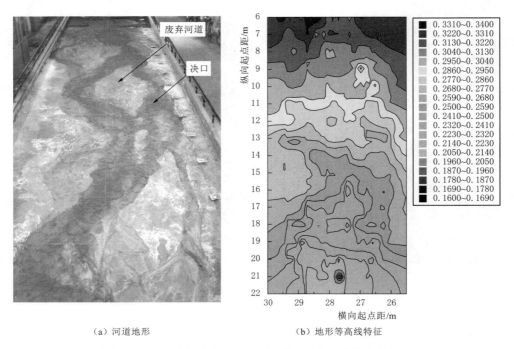

（a）河道地形　　　　　　　　　　（b）地形等高线特征

图 10.3 - 3　放水历时 50h 后的河道地形和地形等高线特征

　　放水自 25.5～50h 这一较长的时段内，虽然不同河道的不同部位都在经历着自我调整，但模型河流的总体空间构型没有发生明显变化，其主要河道、主要河道间地的分布仍然维持了前一阶段的态势。显然，模型网状河流已经完全处于成熟阶段，而河道决口和河道废弃正是其成熟阶段的典型标志。这些特点也基本与目前自然界所见的典型网状河流有着明显的共同之处。

10.4　模拟实验中网状河道断面演变特征

10.4.1　水流及河道横断面形态参数观测与计算

　　网状河道形成演变的实验过程中，在放水历时 25.5h 和约 50h 两个时间节点上，分别对模型河流主实验区的河道各个水流断面特征和河道断面形态进行了测量，河道水流断面形态观测涉及水面宽度、平均水深、流速、水面比降，并根据相关数据分别计算过水断面面积、断面流量和水流断面宽深比（W/H）；河道断面形态观测参数主要包括河道平均深度和河道平均宽度，进而计算出河道横断面面积和河道横断面宽深比（W/H）。由于模型实验河道的水流总体上非常浅，难以用仪器进行直接测量，故这里采用泡沫塑料粒漂流测速方法进行流速观测，主要观测塑料粒经过给定长度河道的历时，对选取的 10 次有效观测的历时进行平均，得到塑料粒经过该距离的平均时间，再除河长即可得到给定水流断面的流速数值。对于部分河段存在的因为相对剧烈演变而导致废弃的河道，则只观测其河道断面形态参数，如果后期重新有水流出现，则恢复观测其水流断面参数。水流断面和河道断面主要形态参数的观测值、流速及断面面积的计算结果列于表 10.4 - 1。

表 10.4 - 1　　　实验河道水流断面和河道断面形态参数观测值及计算值

断面	测时/h	河道	过水断面面积/m²	平均水深/m	水流 W/H	平均流速/(m/s)	流量/(m³/s)	水面比降	河道断面面积/m²	河道平均深度/m	河道 W/H
6 号	25.5	左 W	0.0131	0.0104	119.9	0.1771	0.00232	—	0.0131	0.0104	119.9
		右 E	0.0061	0.0083	87.9	0.1124	0.00068	—	0.0125	0.0144	60.7
	50	左 W	0.0249	0.0196	64.9	0.1058	0.00263	—	0.0249	0.0196	64.9
		右 E	0.0049	0.0078	79.3	0.0765	0.00037	—	0.0097	0.0134	53.6
7 号	25.5	左 W	0.0188	0.0163	70.4	0.1436	0.00270	0.0044	0.0188	0.0163	70.4
		右 E	0.0034	0.0090	42.0	0.0886	0.00030	0.0110	0.0076	0.0122	50.6
	50	左 W	0.0168	0.0079	267.8	0.1466	0.00246	0.0070	0.0168	0.0079	267.8
		右 E	0.0031	0.0079	48.8	0.1759	0.00054	0.0078	0.0043	0.0104	39.5
8 号	25.5	左 W	0.0012	0.0036	94.5	0.1392	0.00017	0.0105	0.0012	0.0036	94.5
		中	0.0133	0.0122	88.5	0.1874	0.00249	0.0116	0.0133	0.0122	88.5
		右 E	0.0026	0.0076	45.0	0.1322	0.00034	0.0042	0.0032	0.0081	48.0
	50	左 W	0.0158	0.0091	189.6	0.1655	0.00261	0.0090	0.0158	0.0091	189.6
		中	0.0003	0.0030	31.8	0.1427	0.00004	0.0055	0.0005	0.0040	30.0
		右 E	0.0022	0.0083	31.9	0.1587	0.00034	0.0064	0.0022	0.0083	31.9
9 号	25.5	左 W	0.0134	0.0112	106.3	0.1233	0.00165	0.0055	0.0134	0.0112	106.3
		中	0.0066	0.0053	235.0	0.1442	0.00096	0.0060	0.0066	0.0053	235.0
		右 E	0.0033	0.0079	52.7	0.1163	0.00039	0.0067	0.0052	0.0097	55.6
	50	左 W	0.0157	0.0164	58.4	—	—	0.0054	0.0157	0.0164	58.4
		中	0.0038	0.0040	235.0	—	—	0.0082	0.0038	0.0040	235.0
		右 E	0.0038	0.0078	62.9	—	—	0.0048	0.0068	0.0132	39.5
10 号	25.5	废河道	—	—	—	—	—	0.0032	0.0134	17.9
		左 W	0.0060	0.0190	16.5	0.1360	0.00081	0.0064	0.0060	0.0190	16.5
		中 W	0.0093	0.0087	122.9	0.1893	0.00177	0.0075	0.0093	0.0087	122.9
		中 E	0.0011	0.0036	86.6	0.1549	0.00017	0.0070	0.0011	0.0036	86.6
		右 E	0.0017	0.0062	43.3	0.1507	0.00025	0.0079	0.0017	0.0069	38.8
	50	废河道	—	—	—	—	—		—		—
		左 W	0.0087	0.0084	123.0	—		0.0101	0.0087	0.0084	123.0
		中 W	0.0014	0.0042	81.5	—		0.0077	0.0014	0.0042	81.5
		中 E	0.0010	0.0031	100.1	—		0.0085	0.0010	0.0031	100.1
		右 E	0.0015	0.0050	60.4	—		0.0083	0.0015	0.0050	60.4

断面	测时/h	河道	过水断面面积/m²	平均水深/m	水流 W/H	平均流速/(m/s)	流量/(m³/s)	水面比降	河道断面面积/m²	河道平均深度/m	河道 W/H
11号	25.5	左W	0.0016	0.0062	41.8	0.1155	0.00019	0.0052	0.0016	0.0062	41.8
		中	0.0156	0.0107	135.7	0.1489	0.00232	0.0079	0.0156	0.0107	135.7
		右E	0.0038	0.0065	89.4	0.1303	0.00050	0.0055	0.0038	0.0065	89.4
	50	左W	0.0057	0.0089	72.5	0.1282	0.00073	0.0064	0.0057	0.0089	72.5
		中	0.0108	0.0070	223.7	0.1089	0.00118	0.0068	0.0108	0.0070	223.7
		右E	0.0101	0.0114	77.9	0.1084	0.00109	0.0056	0.0158	0.0178	49.7
12号	25.5	左W	0.0043	0.0078	70.2	0.1320	0.00057	0.0063	0.0043	0.0078	70.2
		右E	0.0197	0.0131	114.7	0.1233	0.00243	0.0050	0.0197	0.0131	114.7
	50	左W	0.0072	0.0131	41.8	0.1511	0.00109	0.0074	0.0072	0.0131	41.8
		右E	0.0150	0.0102	144.7	0.1274	0.00191	0.0065	0.0179	0.0121	121.2
13号	25.5	左W	0.0061	0.0139	31.6	0.1589	0.00097	0.0055	0.0061	0.0139	31.6
		中	0.0019	0.0060	54.0	0.1046	0.00020	0.0072	0.0019	0.0060	54.0
		右E	0.0138	0.0174	45.5	0.1326	0.00182	0.0061	0.0138	0.0174	45.5
	50	左W	0.0122	0.0154	51.1	—	—	0.0067	0.0209	0.0265	29.8
		中	0.0020	0.0058	59.0	—	—	0.0058	0.0020	0.0058	59.0
		右E	0.0243	0.0171	83.0	—	—	0.0060	0.0276	0.0190	76.2
14号	25.5	左W	0.0040	0.0086	54.1	0.1611	0.00064	0.0098	0.0040	0.0086	54.1
		中	0.0123	0.0123	81.3	0.1299	0.00159	0.0058	0.0123	0.0123	81.3
		右E	0.0049	0.0106	43.8	0.1542	0.00076	0.0056	0.0055	0.0113	43.3
	50	左W	0.0056	0.0070	112.5	0.0757	0.00042	0.0089	0.0040	0.0068	86.2
		右E	0.0272	0.0157	110.9	0.0948	0.00258	0.0065	0.0198	0.0146	93.3
15号	25.5	左W	0.0039	0.0076	66.8	0.1780	0.00069	0.0065	0.0039	0.0076	66.8
		右E	0.0197	0.0140	100.3	0.1170	0.00231	0.0067	0.0160	0.0130	94.3
	50	左W	0.0048	0.0078	78.4	0.1277	0.00061	0.0050	0.0048	0.0078	78.4
		右E	0.0223	0.0107	193.4	0.1070	0.00239	0.0074	0.0223	0.0107	193.4
16号	25.5	左W	0.0048	0.0093	56.0	0.1399	0.00068	0.0065	0.0048	0.0093	56.0
		右E	0.0125	0.0164	46.4	0.1865	0.00232	0.0078	0.0125	0.0164	46.4
	50	左W	0.0030	0.0056	96.4	—	—	0.0082	0.0017	0.0086	23.3
		中	0.0014	0.0048	62.1	—	—	0.0093	0.0013	0.0051	50.8
		右E	0.0092	0.0224	18.3	—	—	0.0098	0.0092	0.0224	18.3

断面	测时/h	河道	过水断面面积/m²	平均水深/m	水流W/H	平均流速/(m/s)	流量/(m³/s)	水面比降	河道断面面积/m²	河道平均深度/m	河道W/H
17 号	25.5	左 W	0.0009	0.0043	47.7	—	—	0.0010	0.0009	0.0043	47.7
		中	0.0153	0.0166	55.5	—	—	0.0070	0.0153	0.0166	55.5
		右 E	0.0089	0.0111	71.8	—	—	0.0058	0.0089	0.0111	71.8
	50	左 W	0.0030	0.0121	20.7	—	—	0.0023	0.0041	0.0164	15.3
		中	0.0164	0.0124	106.1	—	—	0.0048	0.0193	0.0144	93.3
		右 E	0.0051	0.0065	121.4	—	—	0.0066	0.0145	0.0184	42.7
18 号	25.5	左 W	0.0018	0.0093	20.9	0.3099	0.00056	0.0010	0.0023	0.0109	19.3
		右 E	0.0197	0.0162	75.2	0.1239	0.00244	0.0030	0.0254	0.0206	59.7
	50	左 W	0.0030	0.0187	8.7	0.2464	0.00075	0.0019	0.0041	0.0228	7.9
		右 E	0.0163	0.0166	58.7	0.1385	0.00225	0.0065	0.0199	0.0204	47.9
19 号	25.5	左 W	0.0023	0.0121	15.9	0.1450	0.00034	0.0092	0.0052	0.0271	7.1
		中	0.0144	0.0121	98.0	0.1562	0.00224	0.0082	0.0194	0.0164	72.6
		右 E	0.0035	0.0068	75.2	0.1211	0.00042	0.0065	0.0035	0.0068	75.2
	50	左 W	0.0036	0.0108	30.9	0.2315	0.00084	0.0102	0.0066	0.0187	18.7
		右 E	0.0143	0.0116	106.1	0.1509	0.00216	0.0060	0.0102	0.0164	37.8
20 号	25.5	左 W	0.0449	0.0213	98.8	0.0668	0.00300	0.0100	0.0321	0.0145	153.5
	50	左 W	0.0460	0.0175	150.6	0.0652	0.00300	0.0040	0.0485	0.0185	141.5
21 号	25.5	左 W	0.0073	0.0091	88.7	—	—	0.0081	0.0073	0.0091	88.7
		右 E	0.0095	0.0117	69.4	—	—	0.0080	0.0095	0.0117	69.4
	50	左 W	0.0198	0.0142	97.8	0.1518	0.00300	0.0112	0.0198	0.0142	97.8

由表 10.4 - 1 中的断面呈现的河道数目可见，所有断面上均出现了至少 2 个网状河道，有的甚至多达 3 个，如 16 号、17 号和 19 号断面，在 10 号断面出现了 4 个网状河道。在水槽宽度及其两个边壁的限制下，能够实现所有断面上出现 2 个或者多个网状河道，是该实验的可贵之处，也是目前网状河流水槽实验中不多见的成果。

下面通过不同类型网状河道的几个典型河流横断面，进一步分析模型网状河道的演变特征。事实上，按平面形态可将网状河道分为双股均势型、多股均势型及主次股悬殊型三大类。分别选取模型实验河流横断面上存在的双股均势型网状河道、三股均势型网状河道及主次股悬殊型网状河道进行详细阐述。

10.4.2 模型双股均势型网状河道的横断面形态演变

选取模型实验网状河流 6 号断面作为这类双网状河道的代表。由图 10.4 - 1 可知，6 号断面中清晰出现了左右两个网状河道。

10.4.2.1 实验历时 25.5h 的水流及河道断面的形态特征

1. 水流断面形态特征

放水历时 25.5h 左右时［图 10.4 - 1（a）］，这两个网状河道的断面面积分别为

$0.0131m^2$ 和 $0.0061m^2$，其平均水深分别为 $0.0104m$ 和 $0.0083m$，平均流速分别为 $0.1771m/s$ 和 $0.1124m/s$，而其流量分别为 $0.00232m^3/s$ 和 $0.00068m^3/s$。上述各参数在左右两个河道的比值分别为 2.15（水流断面面积比）、1.25（平均水深比）、1.58（平均流速比）和 3.41（流量比），其水流断面宽深比分别为 119.9 和 87.9。

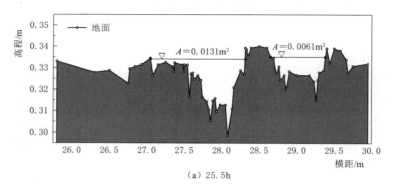

（a）25.5h

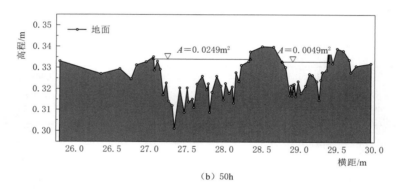

（b）50h

图 10.4 - 1　实验模型河流 6 号断面的变化特征

2. 河道断面形态特征

放水历时 25.5h 左右时 ［图 10.4 - 1（a）］，左右两个河道的断面面积分别为 $0.0131m^2$ 和 $0.0125m^2$，河道平均深度分别为 $0.0104m$ 和 $0.0144m$，而其河道宽深比则分别为 119.9 和 60.7。显然，左河道的水流断面宽深比和河道断面宽深比相同，表明其水流处于平滩流量状态，整个河道断面边界都接受水流的冲刷改造作用；而右河道的水流断面宽深比小于河道断面宽深比，表明水位低于河岸，水流的冲刷难以直接影响到河岸，仅对河岸下部及河床进行冲刷改造作用。

10.4.2.2　实验历时 50h 后水流及河道断面的形态特征

1. 水流断面形态特征及其变化方式

在放水历时 50h 后 ［图 10.4 - 1（b）］，6 号断面中这两个网状河道的水流断面面积分别为 $0.0249m^2$ 和 $0.0049m^2$，相较于 25.5h 的观测值，前者明显增大而后者明显减少。断面平均水深分别为 $0.0196m$ 和 $0.0078m$，与 25.5h 的观测值相比较，同样是前者明显增大而后者明显减少。这时两个河道水流的平均流速则分别变为 $0.1058m/s$ 和 $0.0765m/s$，与 25.5h 的观察值相比二者同时在减少；而其流量分别为 0.00263m³/s 和 0.00037m³/s 时，相较于 25.5h 的观测值，前者略有增大而后者明显减少。这时，上述各参数在左右两个河道的比值分别为 5.19（水流断面面积比）、2.51（平均水深比）、1.38（平均流速比）和 7.11（流量比），与 25.5h 的对应比值比较，除了流速比值减少外，其余比值都在增大。两个网状河道中的水流断面宽深比此时分别变为 64.9 和 79.3，水流断面向相对窄深方向发展。

2. 河道断面形态特征及其变化方式

在放水历时 50h 后［图 10.4-1（b）］，左右两个河道的断面面积分别为 0.0249m² 和 0.0097m²，河道平均深度分别为 0.0196m 和 0.0134m，而其河道宽深比则分别变为 64.9 和 53.6。左河道的水流断面宽深比和河道断面宽深比相同，同时其深度也相同，表明这时的水流仍然处于平滩流量状态，河道水流对断面上的河岸和河床都能形成冲刷改造作用；而右河道断面的平均深度大于其水流断面的平均深度，同时，该河道中的水流断面宽深比小于河道断面宽深比，表明河道中水流的水位仍然低于河岸，因此，只有河岸下部和河床可以被水流冲刷改造。

综上，在该实验中这类双网状河道的断面形态在向宽深比变小的方向发展，在历时 50h 后，河道宽深比基本接近于天然网状河道的宽深比（通常小于 40）。由于实验条件的限制，模型网状河道的宽深比很难达到天然网状河道的数值，但是，要远小于水槽实验中模型辫状河流或者弯曲河流的宽深比。

10.4.3 模型三股均势型网状河道的横断面形态演变

模型实验网状河流的 13 号断面上出现了左、中、右三个网状河道（图 10.4-2），故选取 13 号断面作为网状河道演变的代表而分析其演变特征和演变趋势。

10.4.3.1 实验历时 25.5h 的水流及河道断面的形态特征

1. 水流横断面形态特征

在放水历时 25.5h 左右［图 10.4-2（a）］，这三个网状河道的水流断面面积分别为 0.0061m²、0.0019m² 和 0.0138m²，其比值为 0.44：0.14：1；它们的平均水深分别为 0.0139m、0.006m 和 0.0174m，其比值为 0.8：0.34：1；其平均流速分别为 0.1589m/s、0.1046m/s 和 0.1326m/s，其比值为 1.2：0.79：1；其流量分别为 0.00097m³/s、0.0002m³/s 和 0.00182m³/s，其比值为 0.53：0.11：1；这三个网状河道中的水流断面宽深比分别为 31.6、54 和 45.5。

2. 河道横断面形态特征

在放水历时 25.5h 左右［图 10.4-2（a）］，这三个网状河道的断面面积分别与其过水断面面积相等，同时，其河道宽深比也分别与其过水断面宽深比相等，表明三个网状河道都处于平滩流量状态，河道水流可以对断面上的河岸和河床都能产生冲刷改造作用。显然，这些网状河道的宽深比要比双网状河道的宽深比小，其河道稳定性也高于双网状河道的稳定性，表明这些网状河道更接近于天然网状河道的形态特征。

10.4.3.2 实验历时 50h 后水流及河道横断面的形态特征

1. 水流断面形态特征及其变化方式

在放水历时 50h 后［图 10.4-2（b）］，13 号断面中这三个网状河道的水流断面面积

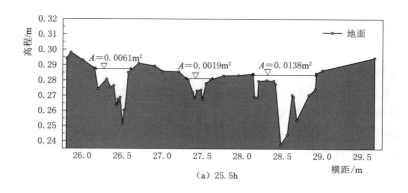

（a）25.5h

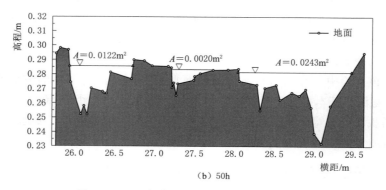

（b）50h

图 10.4 - 2　实验河道 13 号断面的变化特征

分别变为 0.0122m²、0.0020m² 和 0.0243m²，与放水历时 25.5h 左右的观测值相比，左河道和右河道的断面面积显著增大而中河道的略有增大，其各自的变化率分别为 100.0%、5.3% 和 76.1%。这些河道中水流的平均水深分别为 0.0154m、0.0058m 和 0.0.0171m，相较于 25.5h 的观测值，左河道的水深增大而中河道和右河道的水深略微减少，其各自的变化率分别为 10.8%、-3.3% 和 -1.7%。三个网状河道中的水流断面宽深比分别变为 51.1、59 和 83，与放水历时 25.5h 左右的河道宽深比相比都有明显增大。

　　2. 河道断面形态特征及其变化方式

　　在放水历时 50h 后 [图 10.4 - 2 （b）]，三个河道的断面面积分别为 0.0209m²、0.0020m² 和 0.0276m²，与放水历时 25.5h 左右的河道断面面积相比都有所增大，其变化率分别为 342.6%、5.3% 和 100.0%。河道平均深度分别变为 0.0265m、0.0058m 和 0.019m，与放水历时 25.5h 左右的河道平均深度相比，其变化率分别为 90.6%、-3.3% 和 9.2%，显然左河道显著变深，中河道稍微变浅，而右河道变深。这时的河道宽深比则分别变为 29.8、59 和 76.2，与之前观测值相比，其变化率分别为 -5.7%、9.3% 和 67.5%，显然，左河道的宽深比略有变小，表明该条河道的断面向窄深方向发展，河道稳定性逐渐增大；而中河道和右河道的宽深比则分别呈现增大和显著增大，表明这两条河道的断面在流水的冲刷作用下都向相对宽浅的方向发展，其河道断面的稳定性有所降低。

10.4.4 模型主次股悬殊型网状河道横断面的演变

实验模型网状河流的 18 号断面上出现了左小右大两股大小相差悬殊的网状河道（图 10.4-3），故选取 18 号断面作为这类河道形成演变的典型进行分析。

10.4.4.1 实验历时 25.5h 的水流及河道横断面的形态特征

1. 水流横断面形态特征

在放水历时 25.5h 左右 [图 10.4-3（a）]，这两个网状河道中水流的断面面积分别为 $0.0018m^2$ 和 $0.0197m^2$，其平均水深分别为 0.0093m 和 0.0162m，平均流速分别为 0.3099m/s 和 0.1239m/s，而其流量分别为 $0.00056m^3/s$ 和 $0.00244m^3/s$。上述水流断面的对应参数在左右两个河道的比值分别为 0.09（水流断面面积比）、0.57（平均水深比）、2.5（平均流速比）和 0.23（流量比）。显然，更小的网状河道中的水流比更大的网状河道的水流具有更大的流速，此时其水流断面宽深比分别为 20.9 和 75.2，表明宽深比更小的小型网状河道其水流流速远大于宽深比较大的大型网状河道水流的流速。

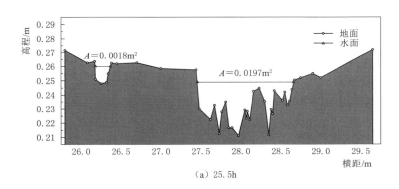

（a）25.5h

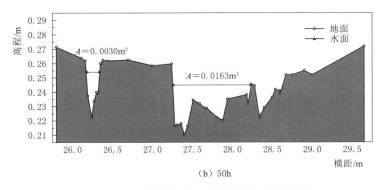

（b）50h

图 10.4-3　实验河道 18 号断面的变化特征

2. 河道横断面形态特征

在放水历时 25.5h 左右 [图 10.4-3（a）]，左右两个网状河道的断面面积分别为 $0.0023m^2$ 和 $0.0254m^2$，河道平均深度分别为 0.0109m 和 0.0206m，而其河道宽深比则分别为 19.3 和 59.7。显然，左边的小型网状河道的宽深比更小，其河道稳定性更高，而且，其河道宽深比已达到天然网状河道宽深比上限值（40）的一半左右，表明它已经是发育成熟的网状河道；右边相对大型的网状河道，其宽深比接近于天然网状河道的宽深比，无论如何，其稳定性相比左边的小型网状河道显然要差一些。

10.4.4.2　实验历时 50h 后水流及河道横断面的形态特征

1. 水流横断面形态特征及其变化方式

在放水历时 50h 后 ［图 10.4-3（b）］，18 号断面中这两个网状河道的水流断面面积分别变为 0.0030m² 和 0.0163m²，相较于 25.5h 的观测值，其变化率分别为 66.7％ 和 -17.3％；其平均水深分别变为 0.0187m 和 0.0166m，与 25.5h 的观测值相比，其变化率分别为 101.1％ 和 2.5％。这时的平均流速则分别变为 0.2464m/s 和 0.1385m/s，与 25.5h 的观察值相比前者减少、后者增加，其变化率分别为 -20.5％ 和 11.8％。这两个网状河道的流量分别为 0.00075m³/s 和 0.00225m³/s，相较于 25.5h 的观测值，前者显著增大而后者略有减少，其变化率分别为 33.9％ 和 -7.8％。显然，小型网状河道的水流断面的平均深度、断面面积和流量都明显增大，其过流效率明显增大，而大型网状河道的水流断面的平均深度略有增加、断面面积和流量都明显减少，其过流效率相对变小。

2. 河道横断面形态特征及其变化方式

对于河道断面来说，在放水历时 50h 后 ［图 10.4-3（b）］，左右两个河道的断面面积分别变为 0.0041m² 和 0.0199m²，其变化率分别为 78.3％ 和 -21.7％；而河道平均深度分别变为 0.0228m 和 0.0204m，其变化率分别为 109.2％ 和 -1.0％。显然，小型网状河道的断面平均深度和断面面积都明显增大，而大型网状河道的断面平均深度略有减少、断面面积则明显减少。与此相适应，两个河道的断面宽深比则分别变为 7.9 和 47.9，变化率分别为 -59.1％ 和 -19.8％，这表明两个河道都在向窄深方向发展，并且都发育成为成熟的网状河道，与天然网状河道几乎没有明显差异。

10.5　网状河道过水断面面积与流速的关系

对实验网状河流各河道断面的流速与过水面积观测值之间进行拟合，可以得到二者之间存在明显的负指数衰减关系 ［图 10.5-1、式（10.5-1）］。

$$y = 0.026e^{-(x-0.065)/0.069}\qquad\qquad (10.5-1)$$

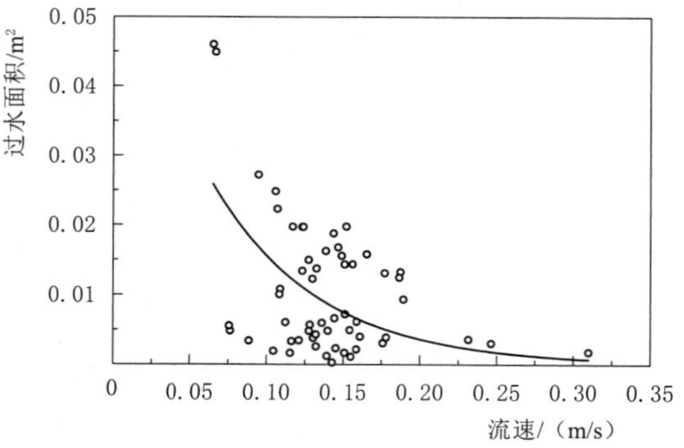

式中：x 为断面平均流速；y 为河道断面面积。

该关系式表明，随着流速的增大，在水流的调整下，模型实验河道的断面面积则逐渐变小，模型河道的河床便发生冲刷，促使河道断面变得更加窄深，从而增大了断面的过流能力，提高了河道输水输沙的效率。当然，河床的冲刷变深除了受到水动力大小（此处以流速大小来表征）的影响外，还会受到河道边界条件的影

图 10.5-1　流速与河道过水面积之间的关系

响，只有当河道边界沉积物具有高的黏性时，河床才能够持续进行侵蚀，使得河道进一步刷深。反之，如果河道边界物质的抗冲性很差，则河床的侵蚀下切便很快停止，而代之以河岸的侧向侵蚀起主导作用，导致河道逐渐变得宽浅，促使水流流速持续减少，最终使河道断面过流能力明显减少和输水输沙效率的显著下降。模型河流网状河道断面平均流速与断面面积之间的这一关系完全遵循水动力学规律，也符合冲积河流调整的必然趋势。

10.6 结论与讨论

网状河道水槽模拟实验成果，与金德生等（1991）所作的分汊河流的模拟实验较为接近，因为两者出现面积较大的江心洲。两者有所不同，后者的江心洲是河道横向摆动过程中，通过横向加积逐步发育形成的，河道随后的进一步摆动过程中，这些江心洲往往被新河道侧蚀，在新汊河扩大时发育新一代江心洲。而前者实验中的江心洲则是原始的泛滥平原，在网状河道形成过程中，自始至终保留原有河漫滩平原的结构——上覆的高岭土层及下伏的细砂层，其沉积地层没有遭受扰动。此外，在分汊河流的模拟实验中，河道的侧向迁移非常显著，常常可以从水槽的一边持续摆动到另一边，其摆动幅度往往可以达到 3～4m，而网状河流的模拟实验中，多重河道的侧向摆动幅度却要小得多，个别河道难以发生较明显的摆动。说明该实验中所塑造的多河道河流体系及其泛滥平原非常稳定，与自然界可见的网状河流非常相似。有关这类河型形成演变的实验研究结果与通过分汊河流和网状河流形成演变的理论分析结果（王随继，2001、2002c）基本保持一致。

有人根据自然界多河道河型的演化特点已经指出（Knighton et al.，1994；王随继等，2000；王随继，2001、2002、2002c），分汊河流的形成是河道内部的江心洲化过程，而网状河流的形成是河漫滩上的河道化过程，金德生等（1991）的实验和王随继等（2001，2002c）网状河道实验是这两类河型演化过程的室内基本模拟验证。通过水槽实验可以得到以下结论。

（1）决口漫流对原泛滥滩地的线状下切逐渐归并成相互连通的河道。决口引起的漫流在原泛滥盆地地区逐渐归并为几条相互连通的河道，这主要是对于原泛滥滩地进行线状下切侵蚀的结果。这一实验是基于自然界网状河流形成演变的实际考察分析的基础之上，从而使得在实验工作中得到所需要的由决口而形成的多河道形态。

（2）初步揭示网状河流稳定性极高的河间地的形成过程及演变机制。实验过程表明，网状河流具有稳定性极高的河间地，不是通过河道沙坝的垂向及侧向加积作用而形成的，而是原泛滥滩地被河道切割分化而形成的，以后又长期接受泛滥沉积。但是，由于实验条件及供水供沙的限制，模型网状河流的河间地难以持续接受洪泛沉积。因此，其河间地上层的高黏性细粒泥质沉积物的厚度比较局限、难以持续沉积升高。实验工作还是初步揭示了河间地的形成演变机制。

（3）成功地模拟网状型河流发展的成熟阶段的特征。在多河道体系发展至成熟阶段，网状河道的下切侵蚀强度减少，而局部河段的淤积导致个别河道出现决口以及部分废弃。这与自然界天然网状河流河道的形成演化非常相似，也是该模拟实验工作中较为珍贵的理想结果之一。

（4）揭示了天然网状河流的形成机理。通过水槽实验模拟的网状河流与自然界的网状河流具有诸多共性，从而揭示了天然网状河流的形成机理：通过决口漫流，逐步发展为初始的多河道体系，最终发育成为稳定的多河道河流体系。

（5）模拟一元河间地的稳定的网状型河流体系有待深入研究。仅仅一次数轮的水槽模拟实验研究工作并不能解决网状河流形成演变过程中存在的所有问题，同时，这里采用的上部黏土层和下部粉砂层的二元泛滥滩地的物质组构仅仅是为了加速实验工作的进展。因此，对于将来可能开展的有关网状河流的水槽模拟实验研究可以给出的建议是：考虑以均质的粉砂质黏土作为泛滥滩地的一元物质结构，在预设的决口漫流的冲刷下模拟网状河流的多河道体系的形成过程，或许可以模拟出一元河间地的稳定的网状河流的多河道体系。

参 考 文 献

金德生，郭庆伍，马绍嘉，等，1991. 长江下游马鞍山河段演变趋势试验研究 [C] //中国地理学会地貌与第四纪专业委员会. 地貌及第四纪研究进展. 北京：测绘出版社，106 - 113.

金德生，1986. 边界条件对曲流发育影响过程的响应模型试验 [J]. 地理研究，5（3）：12 - 21.

王随继，2001. 分汊河流和网状河流的多河道形成机理 [C] //中国博士后科学基金会. 2000 年中国博士后学术大会论文集（土木与建筑分册）. 北京：科学出版社，507 - 513.

王随继，2002. 两类多河道河流的形成模式及河道稳定性比较 [J]. 地球学报，23（1）：89 - 93.

王随继，2002a. 西江和北江三角洲区的水沙特点及河道演变特征 [J]. 沉积学报，20（3）：376 - 381.

王随继，2002b. 赣江入海三角洲上的网状河流体系研究 [J]. 地理科学，22（2）：202 - 207.

王随继，2002c. 两类多河道河流的形成模式及河道稳定性比较 [J]. 地球学报，23（1）：89 - 93.

王随继，2003. 网状河流的构型、流量-宽深比关系和能耗率 [J]. 沉积学报，21（4）：565 - 570.

王随继，薄俊丽，2004. 网状河流多重河道形成过程的实验模拟 [J]. 地理科学进展，23（3）：34 - 42.

王随继，黎劲松，尹寿鹏，1999. 网状河流的基本特征及其影响因素 [J]. 地理科学，19（5）：422 - 427.

王随继，任明达，2000. 芒崖凹陷干旱气候背景下网状河流沉积体系及演化 [J]. 地球学报，21（1）：92 - 97.

王随继，谢小平，程东升，2002. 网状河流研究进展述评 [J]. 地理科学进展，21（6）：12 - 21.

王随继，尹寿鹏，2000. 网状河流和分汊河流的河型归属讨论 [J]. 地学前缘，7（s）：79 - 86.

尹寿鹏，谢庆宾，管守锐，2000. 网状河比较沉积学 [J]. 沉积学报，18（2）：221 - 226.

张周良，王芳华，1997. 广东三水盆地第四纪网状河沉积特征 [J]. 沉积学报，15（4）：58 - 63.

Bryant M，Falk P，Paola C，1995. Experimental Study of Avulsion Frequency and Rate of Deposition [J]. Geology，23（4）：365 - 368.

Gibling M R，Nanson G C，Maroulis J C，1998. Anastomosing River Sedimentation in the Channel Country of Central Australia [J]. Sedimentology，45：595 - 619.

Gibling M R，Rust B R，1990. Ribbon Sandstones in the Pennsylvanian Waddens Cove Formation，Sydney Basin，Atlantic Canada：The Influence of Siliceous Duricrusts on Channel - body Geometry [J]. Sedimentology，37：45 - 65.

Harwood K，Brown A G，1993. Fluvial Processes in a Forested Anastomosing River：Flood Partitioning and Changing Flow Patterns [J]. Earth Surface Processes and Landforms，18：741 - 748.

Huang H Q，Nanson G C，1997. Vegetation and Channel Variation：A Case Study of Four Small Streams in Southeastern Australia [J]. Geomorphology，18：237 - 249.

Jones L S，Schumm S A，1999. Causes of Avulsion: An Overview [C] //In: Smith，N. D.，Rogers，J. (Eds.)，Fluvial Sedimentology Ⅵ. Special Publication of the International Association of Sedimentologists 28，Blackwell，Oxford，171 – 178.

King W A，Martini I P，1984. Morphology and Recent Sediments of the Lower Anastomosing Reaches of the Attawapiskat River，James Bay，Ontario，Canada [J]. Sedimentary Geology，37：295 – 320.

Knighton A D，Nanson G C，1993. Anastomosis and the Continuum of Channel Pattern [J]. Earth Surf. Procs. Landforms，18：613 – 625.

Knighton A D，Nanson G C，1994. Flow Transmission Along an Arid Zone Anastomosing River，Cooper Creek. Australia [J]. Hydrological Processes，8：137 – 154.

Kraus M J，1996. Avulsion Deposits in Lower Eocene Alluvial Rocks，Bighorn Basin，Wyoming [J]. Journal of Sedimentary Research，66（2）：354 – 363.

Makaske B，1998. Anastomosing River: Forms，Processes and Sediments [J]. Nederlandse Geografische Studies vol. 249. Koninklijk Nederlands Aardrijkskundig Genootschap/Faculteit Ruimtelijke Wetenschappen，Universiteit Utrecht.

Makaske B，2001. Anastomosing Rivers: A Review of Their Classification，Origin and Sedimentary Products [J]. Earth – Science Review，53：149 – 196.

Makaske B，Smith D G，Berendsen HJA，2002. Avulsion，Channel Evolution and Floodplain Sedimentation Rates of the Anastomosing Upper Columbia River，British Colubia，Canada [J]. Sedimentology，49：1049 – 1071.

McCarthy T S，Ellery W N，Stanistreet I G，1992. Avulsion Mechanisms on the Okavango Fan，Botswana: The Control of a Fluvial System by Vegetation [J]. Sedimentology，39：779 – 795.

Nanson G G，Rust B R，Taylor G，1986. Coexistent Mud Braids and Anastomosing Channel in an Arid – zone River: Cooper Creek，Central Australia [J]. Geology，14：175 – 178.

Rust B R，1981. Sedimentation in an Arid – zone Anastomosing Fluvial System: Cooper's Creek，Central Australia [J]. Journal of Sedimentary Petrology，51：745 – 755.

Schumm S A，Khan H R，1972. Experimental Study of Channel Patterns [J]. Geological Society of America Bulletin，83：1755 – 1770.

Schumm S A，Erskine W D，Tilleard J W，1996. Morphology，Hydrology，and Evolution of the Anastomosing Ovens and King Rivers，Victoria，Australia [J]. Geologocal Society of America Bulletin，108：1212 – 1224.

Smith D G，Smith N D，1980. Sedimentation in Anastomosed River Systems: Examples From Alluvial Valleys near Banff，Alberta [J]. Journal of Sedimentary Petrology，50：157 – 164.

Smith D G，1983. Anastomosed Fluvial Deposits: Modern Examples from Western Canada [C] //In: J. D. Collinson and J. Lewin(eds.)，Modern and Ancient Fluvial Systems. Spec. Publs. Int. Ass. Sediments Blackwell，London：155 – 168.

Smith D G，1986. Anastomosing River Deposits，Sedimentation Rates and Basin Subsidence，Magdalena River，Northwestern Columbia，South America [J]. Sediment Geol.，46：177 – 196.

Torbjörn E，et al.，1993. Longitudinal Facies Architecture Changes of a Middle Holocene Anastomosing Distributary System（Rhine – Meuse Delta，Central Netherlands）[J]. Sedimentary Geology，85：203 – 220.

Wang Suiji，Chen Zhongyuan，Smith D G，2005. Anastomosing River System Along the Middle Yangtze River Basin，Southern China [J]. Catena，60（2）：147 – 163.

第 11 章

游荡河型成因演变实验研究

11.1 模型游荡河型实验概述

11.1.1 游荡河型及其研究现状

河型问题很早就引起人们的注意。2000 多年前，贾让就用"游荡"二字来形容黄河的情况，约在 400 年以前，刘天和经过"周询广视，历考前闻"，全面地总了造成黄河迁徙不定的六点原因；潘季驯将前人治河方法总结为"筑堤束水，以水攻沙"的治河方法（钱宁等，1987）。这些论述已涉及河型及成因问题，并且已将其应用于生产实践。秦国太守李冰父子修建都江堰水利工程，使成都平原 2000 多年来"水旱从人，不知饥馑"，堪称利用河型演变规律为人类服务的典范。20 世纪 50—60 年代以来，由于我国水利工程的大规模发展，大型水利枢纽的修建促进了河型问题的研究，使其成为河流地貌学及河床演变学的前沿热门课题。人们通过种种途径，包括传统的地质地貌调查（沈玉昌、龚国元，1986）、沉积学方法（王随继，1998）、水文地貌学方法（钱意颖，1991；张素平，1991；许炯心，1992）、定位观测（许炯心，1993）、室内模拟实验、遥感遥测、数学模拟、GIS 分析来研究河型。

随着"新老三论"的出现，大量现代理论被引入河型研究中，河型研究进入一个新的阶段。人们试图从不同的角度解释河型的成因及其转化问题。Schumm（1973、1975、1979、1988）的地貌临界假说认为河型的发育与深化到了某一临界条件后，就会发生质的变化，从原有状态向另一状态发生转化。Leopold 等（1962）借用"熵"的有关规律研究河流地貌中的能量分配问题，认为冲积河流调整的结果使能量的沿程分配保持均匀一致。Langbein 等又于 1966 年提出"最小方差理论"，认为最可能发生的状态时，应该是各个水力因子变化的方差达到最小。杨志达借用"最小功原理"提出能耗极值假设，并不断对其修正和发展（Yang et al.，1971、1976；Yang et al.，1979、1989），认为在维持输沙平衡的条件下，冲积河流将调整坡降和形态，力求使单位重量的水量能耗率（VJ）趋向于当地具体条件许可的最小值。张海燕（1979）在考虑"最小功原理"时，采用的是单位河长的能耗率（γQJ）。Engeland 等（1973）和 Parker 等（1976）则从稳定性理论出发，根据初始挠动有关参数随时间的变化的稳定性分析或根据假定来绘出相应的河流平面形态。王钟（1989）引入"超熵"的概念来判别河道的稳定性。随机理论认为，颗粒在平面上以定常速度作随机运动时，会形成概率最大的轨迹形状，Langbein 等（1966）、Von Schelling（1951）借助类比将有关成果引入河型研究，表明河流运动会倾向弯曲。上述关于河型形成的基本理论，只说明河型的形成是由于水流在一定边界条件下，力图达到某种稳定状态或者极值状态的结果，并没有给出在什么边界条件下，不同的河型能够相应地产生或发展，也没有说明在什么样的条件下，河型将会发生转化。这需要借助实际观测资料，运用数理统计方法来进行研究，大多是基于观测资料，运用主变量分析的方法，研究影响河型的各种因素（沈玉昌等，1986；钱宁，1985；Lane，1957；Carlston，1965；Begin，1981；ΒΦ斯尼辛科，1980；中科院地理研究所渭河下游研究组，1983；林承坤，1985；尤联元等，1983；高军，1987；陆中臣等，1988；叶青超等，1990；许炯心，1985a、1985b、1989；许炯心等，1992；尹学良，1990；Melton，1959；Adams，1980；Burnett et al.，1983；Gregory et al.，1985）。不同因素对河型的影响随所研究对象的地理位置、边界条件及来水来沙条件不同而表现出特殊性。因而，从地理地带性规律的角度研究河型成因及其地理分布（许炯心，1990a、1990b、1991、1996）就成为必要的和有益的补充。有的学者引入分形等非线性理论，利用分形理论研究河型非线性形态及成因（Snow，1989；Mesa et al.，1987；Barbara et al.，1989；Sapozhnikov et al.，1997；金德生，1997；冯平等，1997），展现了广阔的前景。

11.1.2 游荡河型实验研究概况

很多理论研究往往基于假设的前提，需要通过野外观测或实验加以验证。实验研究与野外观测相比，有其自身的许多优点（周成虎等，1989）。由于河型的时间尺度、空间尺度乃至于动力学特性具有某种相似性（Sapozhnikov et al.，1997），实验研究更体现出其应用价值。运用时间和空尺度远小于原型的实验与模拟方法研究河型，结合航片和卫片分析，将给河型研究注入新的活力，它可以快捷而清晰地展示出在原型中无法观测或需要花费很长时间才能观测到的时空演替现象。

河型的实验研究主要集中在三个方面：一是关于模型实验理论的研究，二是河型形成机理的研究，三是结合工程建设的河型演化的应用研究。模型实验理论的研究包括模型实验方法与相似性理论（李保如，1963、1993；左东启等，1984；金德生，1989、1990；任增海，1992；张红武等，1990）及实验技术、手段等的研究（Jin et al.，1986）。河型形成机理研究是河型实验研究的主要方向。早在1945年，Friedkin 就利用室内模型小河对弯曲河流的形成和演变进行了实验研究，塑造出了相当于顺直河型中主流流路弯曲的模型小河，被认为是模型实验的经典之作，至今仍具有广泛影响。1953年，沙拉舍金娜利用种草固定边滩的方法，塑造出了具有绳套形河线的弯曲小河。20世纪60年代初，尹学良（1965）分别采用植草护滩及在大水中加入黏土的方法，把边滩固定下来，从而在实验中塑造出了真正意义上的弯曲河型，局部河段弯曲率达3.5以上。Edgar（1973，1984），Schumm 等（1971，1972），Zimpfer（1975）通过模型实验研究了河谷比降的变化、输沙类型、流量等因素对河型的影响。Schumm 等（1972）的实验结果表明，在顺直河型、弯曲河型和分汊河型的转化过程中，比降变化存在两个临界值。Mosley（1976）研究了在节点以下有支流或汊流汇入时，河床形态的调整。Gary（1998）通过加入黏土形成节点的方法在实验室中成功塑造了形态完美的河型，被认为是实验室内河型塑造成功的案例。金德生等（1986）、Jin 等（1992）、倪晋仁（1989）认为边界条件在河型塑造中起着重要作用，并利用二元相结构的边界条件在实验中塑造了弯曲河型。倪晋仁（1989）就边界条件对河型的影响做了系统研究。张红武等（1990）近年来为探索游荡的成因，制作了大量模型小河，连续进行观察实验。Ochi（1983）、金德生等（1985）、蔡强国（1982）、洪笑天等（1985）研究了构造运动对河型形成及转化的影响。许炯心（1986）则从河型演化过程入手，研究外界输入变化时河型出现的复杂响应现象。随着流域开发和河道治理工作的不断推进，很多关于河型的实验研究是与工程建设相结合，直接为工程建设服务（窦国仁等，1995；孔祥柏等，1996；金德生，1991；屈孟浩，1980）。这些为河型的实验研究提供了广阔的前景，使实验研究直接为工程建设提供理论依据，也使工程的可靠性得到检验，对提高河型实验研究的理论水平大有帮助。

纵观目前的实验研究，大多集中在对水沙过程及边界条件对河型的形成及其转化的影响方面，主要研究一些线性的、渐变的过程，而对河型演变过程的突变现象没有引起足够的重视。

本章着重介绍游荡河型的造床实验的基本情况，有关游荡河型突变过程实验情况将在第 17 章详细介绍。

11. 2　实验设计与初始条件

11. 2. 1　游荡河型过程响应模型实验的理论依据

与河道系统一样，河型也可看作是一个系统，河型系统较河道系统更强调某一类型的河道。一个河型系统主要包括十多个主要变量：河谷比降（J_v）、河道比降（J_{ch}）、平滩流量（Q_b）、弯曲率（P）、河宽（W）、水深（H）、宽深比（W/H）、输沙率（Q_s）、河岸物质组成［河岸物质黏土/粉砂百分比（M_b）］、流速（V）、河床物质（D_{50}）、河床形态幅度（A）、曲流轴向波长（L）、河床形态波长波幅比（λ）、单位河长功率（Q_L）、单位面积功率（Q_a）、糙率因子（n）等（Richards，1982）。对于游荡河型来说，在河型系统的十多个变量中，主要受控于 4 个自变量，即造床流量（一般为平滩流量）、河谷比降、输沙类型及湿周中粉黏粒含量百分比。水流和泥沙为外部输入条件，河谷比降和湿周为边界条件，这四个自变量的变化可引起其他变量的相应变化，它们与河型要素因变量之间的相互关系决定河流的类型。相对于河型系统的环境系统，主要包括人类活动，如筑堤、挖沙、修闸、引水、耕作等直接作用于河型的人类活动。河型系统通过与环境系统交换物质（径流、泥沙等）、能量（径流、泥沙流等传输的能量，主要表现为消能率）和信息（主要表现为物质、能量的来源转播特征及时空变化特征），对环境输入信息作出响应，并不断地调整自己的状态来适应环境的变化。因而，河型系统是一远离平衡态，具有耗散结构的复杂的开放系统，靠外界环境输入负熵流来使河型系统的形态得以维持。河型系统特征包括河型断面形态、河道比降、能量消耗（E）、河床组成物质等。河型环境因素包括：来水、来沙、河谷比降和边界条件。为了塑造某一特定的河型，就必须分析该种河型的控制变量及河型要素之间的因果关系，通过河道比降与平滩流量、河道弯曲率与比降的临界关系以及 M_b、河岸高度比 H_s/H_m、物质组成及结构特征、输沙类型等的临界关系（金德生等，1992）来进行模型实验的设计和验证。

对于不同河型的塑造要注意不同的特点。当运用 $J-Q_b$ 临界关系曲线（金德生等，1992）时，在同样流量条件下，曲流的比降尽量降低，游荡河型的比降尽可能提高，分汊河型则取中间值。这样，在河型塑造过程中，不至于因条件略有变动越过临界而转化成其他河型。在考虑河谷比降-弯曲率间关系时，同一河谷比降及流量条件下，弯曲河型有较大的弯曲率，游荡河型弯曲率最小，分汊河型介于中间。其弯曲率范围，弯曲河道的弯曲率应大于 1.57，游荡河道的汊流弯曲率小于 1.05，分汊河道的弯曲率为 1.05～1.25，个别弯曲汊河的弯曲率可达 1.83，其演变规律与弯曲河道有点类似，只是不易消亡罢了。习惯上将弯曲率小于 1.05 的顺直微弯河道，看作深泓弯曲河道。必须指出，当河谷坡降一定时，弯曲河道的弯曲率随造床流量的增大而变小，河道取直；分汊河道则不然，弯曲率随造床流量增大而增大。不同河型具有不同的边界条件及地质构造条件。尽管分汊河型和弯曲河型大部分均发育在二元相结构中而区别于游荡河型，但弯曲河型有较厚的河漫滩相物质，可侵蚀砂层厚度较小，分汊河型却恰好相反。前者的河岸高度比一般小于 50%，后者则大于 50%，不同河型洲滩上的物质组成也各不相同，弯曲河型的凸岸边滩的悬移组分多而跃移及滚动组分少，分汊河型的洲滩上悬移组分少而跃移和滚动组分多；游荡河型的心滩上主要是跃移和滚动组分，几乎缺少悬移组分。

11.2.2 游荡河流过程响应模型的相似性

主要有以下相似性。
（1）形态统计特征相似。
（2）物质组成比例及层次结构比相似。
（3）相对时间尺度及系统演化相对速率相似。
（4）因果关系相似。
（5）能量消耗方式及作用行为相似。

11.2.3 模型设计、实验设备及初始条件

本章实验研究旨在探讨游荡河型突变过程的普遍规律，揭示实验条件突然变化过程的敏感性、奇特性、复杂性、复杂响应特性及机制，为开拓非线性非平衡态流水地貌发育理论及流水地貌的灾害预测打下基础，不要求所塑造的河型与自然界中具体的某一河段外形完全相似，而是利用其过程和功能相似来推断它们内在的本质规律。因而实验不采用比尺模型，而采用以类比性法则及系统论异构同功原理为基础的一种硬件模型——过程响应模型（金德生，1990），该方法是基于系统论异构同功原理，并以单位河长消能率临界值为

前提，具体分为如下 12 个步骤。

（1）由河道弯曲率 P 决定湿周中粉黏粒含量百分比 M 值，河岸高度比（H_s/H_n）及宽深比值 F。

（2）由河道弯曲率-河谷比降关系曲线，确定河谷比降，即模型原始比降。

（3）由弯曲率（河谷比降与河道比降之商）预估最终的河道比降。

（4）由河道比降-平滩流量关系曲线，决定造床流量。

（5）由流量与输沙量关系曲线，决定与造床流量相适应的加沙量。

（6）由流量、M 值及波长关系曲线决定与设计流量相应的曲流波长。

（7）由弯曲率-波长波幅比关系曲线，决定波长波幅比，并进而获得波幅。

（8）由河谷比降-水深关系，计算与床面比降相适应的平滩水深。

（9）通过 M 值获得 F 值，进而确定平滩河宽。

（10）按模型砂料混合配方法，确定河漫滩结构和物质组成。

（11）进行模型小河断面设计计算。

（12）预估可能出现的床面形态，必要时可进行适当调整。

1. 模型实验设计

采用过程响应模型设计法，游荡河型平面形态和边界条件比较单一，河道较为顺直，弯曲率一般略大于 1，边界条件中黏粒含量极低，仅 1‰～2‰，可忽略不予考虑。在造床时侧重运用河道坡降-流量临界关系确定来水量和床面的原始坡降。选取河谷比降 $J_v =$ 0.01，为了更好地控制实验过程，在铺设床面时取横坡降为 0.005。根据流量-比降关系曲线（金德生等，1992），由选取的河谷比降确定与之相适应的造床流量，取 $Q_b = 1.5\text{L/s}$。再根据流量与输沙量临界关系曲线（李保如，1963），确定与造床流量相适应的加沙量。由于游荡河型的河床组成物质主要是粉砂和细砂，缺乏黏性的细泥沙颗粒，因此在加沙时采用中径 $D_{50} = 0.142\text{mm}$ 的铺设模型床面用的自然沙，使河道系统来沙与河床边界组成一致。经初步计算，水流为紊流态，能满足泥沙运动的要求。

2. 实验装置及数据采集

实验研究是在中国科学院地理所河流海岸模拟实验室内进行的，实验装置由 3 个系统组成，具体如下。

（1）循环供水加沙系统。该系统由地下水库、泵房、平水塔、量水堰、前池、实验水槽、沉沙池、回水通道组成，在前池与水槽入口处置有振荡式自动加沙装置。

（2）实验水槽系统。主要由前池、稳水设备、实验主槽以及主沉沙池组成。在水槽出口与主沉沙池之间，还增设副沉沙池，其主要功能为沉积河道输出较粗泥沙，或作库水位临时基准或海平面升降调节之用。在实验水槽中段地下室内设有升降装置，作为地貌临界触发因素的构造运动模拟实验之用。

（3）多功能自动测验系统。包括置于实验水槽两侧固定轨道上的电动测桥及电动摄影架两部分。电动测桥上装置由计算机控制的三维移动测针台装置，测针精度为 0.1mm，系半自动施测，测桥装置主要供施测水位、流速、含沙量、河床高程、河床质采样之用。电动摄影架供凌空拍摄河床地貌、水面格局及局部微地貌照片与幻灯片之用。

实验观测项目包括断面水位、测点流速、主流线含沙量、河床地形高程、床沙采样、各测次终了拍摄水面流向及河床地貌照片，进行河床地貌的素描绘制，对河样进行了机械分析及粒配曲线绘制，由曲线读取中值粗径、粉黏粒含量及计算床沙分选系数。水位和地形由精度为 0.1mm 的测针施测，各间隔 1m 布设测量断面施测水位与地形高程数据，而后由计算机计算有关河床演变参数的测验数据。加沙量由无级控制电动加沙器计量，输沙量由河道出口处的副沉沙池中收集沉积物烘干称重获取。

3. **实验初始条件**

实验前根据设计要求铺设了适合造床所需比降（0.01）的床面（图 11.2-1），开挖了底宽为 20cm、顶宽为 24~26cm、深为 5cm、边坡为 1:3，具有梯形断面（图 11.2-2）的原始顺直模型小河。

图 11.2-1　原始模型小河平面照片

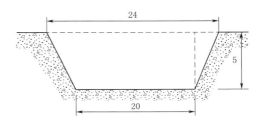

图 11.2-2　原始顺直模型小河梯形断面图（单位：cm）

11.3　游荡河型发育与演变过程实验

11.3.1　概述

实验分四组共 14 个测次，第一组为造床实验，分 7 个测次（Ⅰ-1~Ⅰ-7），其目的是塑造游荡型模型小河，为游荡河型的外临界激发突变过程实验打下背景实验基础，同时也观察和分析河床在演变过程中的自我调整，内临界激发突变及复杂响应现象。第二组 2 个测次（Ⅱ-1~Ⅱ-2）、第三组 2 个测次（Ⅱ-3~Ⅱ-4）、第四组 3 个测次（Ⅱ-5~Ⅱ-7），为外临界激发突变过程实验，分别通过外界突然加大流量、含沙量或突然减少来水来沙等突变方式，以探讨游荡河型在外来条件突变后河床的演变方式、自我调整过程及其内在机理。各组实验的流量、加沙率及时间见表 11.3-1。

表 11.3-1　　　　　　　　　游荡河型造床过程实验条件一览表

测次	河道比降/‰	流量/(L/s)	加沙率/(g/s)	加沙中径/mm	历时/h
Ⅰ-1	10.459	1.5	0.62	0.142	3.5
Ⅰ-2	10.552	1.5	0.39	0.142	9.5
Ⅰ-3	09.810	1.5	0.63	0.142	18.5
Ⅰ-4	09.712	1.5	0.60	0.142	30.5
Ⅰ-5	10.106	1.5	0.60	0.142	46.5
Ⅰ-6	10.265	1.5	0.66	0.142	62.5

测次	河道比降/‰	流量/(L/s)	加沙率/(g/s)	加沙中径/mm	历时/h
Ⅰ-7	10.193	1.5	0.56	0.142	80.0
Ⅱ-1	10.571	2.5	2.03	0.142	83.0
Ⅱ-2	10.346	3.5	5.39	0.142	86.0
Ⅱ-3	10.357	3.3	16.67	0.105	88.5
Ⅱ-4	10.620	3.3	30.00	0.110	93.5
Ⅱ-5	11.510	1.5	0.66	0.142	144.0
Ⅱ-6	11.630	0.7	0.096	0.086	153.0
Ⅱ-7	11.225	1.5	0.336	0.095	183.0

11.3.2　游荡河型造床过程实验

11.3.2.1　河床形态变化特征

从原始顺直小河到游荡河型造床过程结束放水总历时 80h，河床形态经历了较大的变化。下面从河床的平面、横向及纵向形态变化三个方面加以叙述。

1. 平面形态变化

造床过程中游荡河型的平面演变见图 11.3-1。根据河床演变过程显示的不同特征，为叙述方便，将模型小河分为上、中、下游三段。上游段：3 号～8 号断面，代表断面为 5 号断面；中游段：8 号～15 号断面，代表断面为 11 号断面；下游段：15 号～20 号断面，代表断面为 17 号断面。

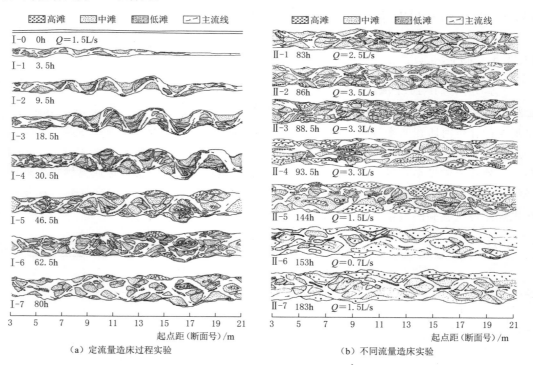

（a）定流量造床过程实验　　　　　　　　（b）不同流量造床实验

图 11.3-1　造床过程中游荡河型的平面演变图

（1）河道展宽。在放水之初，水流沿原始顺直小河流动，虽然水流急、能量大，河岸和河底同时进行冲刷。原始小河通过自我调整，力图趋向最小能耗（Yang，1971），表现出弯曲的倾向性（Langbein et al.，1966），从而使水流轴线微弯，产生弯道环流，形成对河岸的冲刷。由于河岸物质由细砂（$D_{50}=0.142$mm）组成，河岸抗冲性差而易于发生崩岸，使河岸后退，河道得以展宽。

河宽变化趋势见图 11.3-2。河流先从上游向下游逐渐展宽，展宽率从上游至下游递减。1h 后河床展宽范围到达 6 号断面，3.5h 后（Ⅰ-1），展宽范围扩至 14 号断面。9.5h 后（Ⅰ-2）河岸冲刷范围遍及全程，下游段展宽加快，展宽率由下游段至上游段递减。80h 后（Ⅰ-7），平均河宽达 170cm，展宽率 0.74cm/h。上、中、下游河段展宽率相差不大，但还是沿程逐步增大，分别为 65cm/h、0.71cm/h 和 0.91cm/h。在河型发育过程中，河道一直展宽，开始展宽较快，最快达 9.38cm/h，Ⅰ-4 以后展宽速度变慢，河道展宽率一直递减，在 0 附近达到较为稳定，因而河宽基本保持稳定。

（2）主流弯曲率变化。造床过程中，河流弯曲率先由小逐渐变大，当达到某一临界点时，却突然变小（图 11.3-3），其演变过程是非线性的。实验历时 3.5h 后，6 号断面以上河床基本保持顺直，主流线略有弯曲，河床两岸展宽的程度较为一致，河道弯曲率 1.08，6 号~14 号断面河床形态发生弯曲，河岸线与主流线的弯曲形状一致，左岸冲刷大于右岸，曲流波长近 3m，弯曲率 1.03。Ⅰ-2 时主流轴线亦与岸线一致，较弯曲，弯曲率达 1.21，6 号断面以上岸线仍较顺直，主流轴线基本与岸线平行，靠右岸，与Ⅰ-1 时相反，6 号~18 号断面的河势则与Ⅰ-1 时基本保持一致，但相位滞后约 0.5~1m，中、下游段凹岸形成深槽，凸岸形成边滩，主流集中于深槽，滩槽分异相当明显，18 号断面以下的河床还未充分发育，主流及河岸保持原始小河的顺直形态，主流弯曲率仅 1.01。到Ⅰ-3 时，顺直展宽河段下延至 7 号断面，主流弯曲率增大为 1.26。Ⅰ-4 时顺直河段范围已下延至 8 号断面，上游段主流线波长为 1.8~3m，相位较Ⅰ-3 时滞后 0.5 个波长值，弯曲率 1.09，中游河段主流轴线不如Ⅰ-2 那样明显，由于主流切滩而改变了对河岸的冲刷部位，使原来凸岸边滩受到冲刷形成深槽，凹岸深槽淤积形成浅滩，形成与Ⅰ-2 相反的冲刷过程，深槽-浅滩沿凹、凸岸有规律的分布也遭到破坏，浅滩被切割而呈散乱分图布，水流分汊深槽不大明显，主汊水流弯曲率为 1.32，下游段的主流仍然集中于深槽，与Ⅰ-3 相差不大，岸线与主流形状一致，主流波长达到 4m，相位较Ⅰ-3 滞后约 1m，弯曲率 1.35。

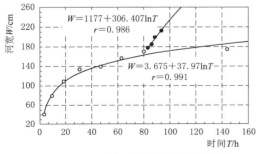

图 11.3-2　造床过程河宽变化趋势图

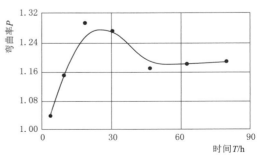

图 11.3-3　造床过程河流弯曲率变化图

Ⅰ-5 时，河床平面形态较以前各测次发生了很大的变化。整个模型小河河床都趋向顺直，主流轴线发生分汊，呈汇合-分汊-汇合的串珠状分布，主流弯曲率为 1.17，深槽-心滩-边滩交替出现，与主流的汇合与分汊相适应，使河床宽窄相间呈现出串珠状格局。主流轴线仍弯曲，弯曲率减少为 1.18。Ⅰ-6 之后，岸线形状、主流弯曲率与Ⅰ-5 时基本无变化。

2. 横向形态变化

分别以 5 号、11 号、17 号断面为代表断面，绘出上、中、下游河段横向形态变化图（图 11.3-4）。从图中不难看出，开始时横断面展宽率的变化率自上游向下游变小，当展

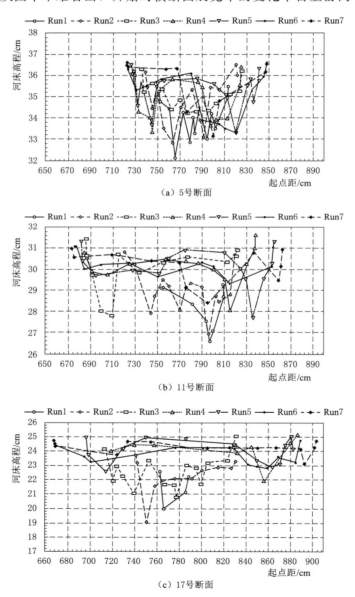

（a）5号断面

（b）11号断面

（c）17号断面

图 11.3-4 造床实验过程河床横向形态变化图

宽至全程时，展宽率又自下游至上游减少。河道展宽的同时，平均水深不断变小（图 11.3-5），使断面形态总体上由窄深向宽浅发展。在造床过程实验中，河床横剖面形态经历了规则（原始小河）→不规则→较规则→不规则的变化过程。

平滩流量（Q_b）下的河宽与水深之比（$\sqrt{W/H}$）是刻划横断面变化的重要指标。造床过程中宽深比随时间的变化趋势见图 11.3-6。

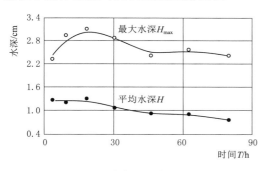 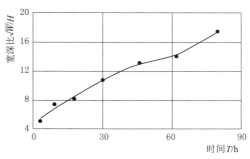

图 11.3-5　造床过程水深变化过程　　　　图 11.3-6　造床过程宽深比变化趋势图

造床过程中，宽深比一直增大，由 Ⅰ-1 时的 4.78 增至 Ⅰ-7 时的 17.36，宽深比增大率则逐渐减少，由 0.223cm/h 减少至 0.206cm/h。Ⅰ-1 时宽深比以 8 号～13 号断面为最大，最大达 10.36，上、下游两段则为 3.0 左右，平均为 4.78。Ⅰ-2 时宽深比中、下游增幅较大，14 号断面最大达 13.29，平均为 7.23。Ⅰ-3 时中、上游宽深比变化不大，有的断面还减少，如 14 号断面减少至 11.89；下游段宽深比增幅则较大，20 号断面达 13.91，宽深比大小河床各断面相间排列，平均宽深比达 7.97。Ⅰ-4 时中、下游断面宽深比增幅较大，如下游段的 17 号断面最大，达 20.37；上游段则较稳定，约为 7～9，全河段平均为 10.65。Ⅰ-5 时上游断面宽深比有所增加，各断面间宽深比相差较大，且大小相间排列，17 号断面最大，达 29.49；16 号断面最小，仅 6.07，全程平均为 12.9。Ⅰ-6 时则是 20 号断面宽深比最大，达 25.66；5 号断面最小，为 7.38，全程平均 13.78。Ⅰ-7 时宽深比增幅又较大，15 号断面达 37.6；7 号断面最小，为 9.56，全段平均为 19.66。

3. 纵向形态变化

造床过程中，河床不断淤积抬高。水位（H_w）、河底高程（H_g）、河底深泓高程（H_{hg}）变化趋势较为一致，开始抬高较快，后来渐趋平缓而接近一常数，见图 11.3-7。比降先是减少，达到某一临界值后又增大，并趋于稳定（图 11.3-8），河道比降的变化幅度大于河谷比降的变化幅度。河床纵剖面线则呈微凸状态。实验之初，河床纵剖面起伏度不大，纵剖面比较平缓，Ⅰ-2 时达最大，随后又逐渐减少，渐趋于平缓（图 11.3-9）。

Ⅰ-1 时河床各断面河底高程在原始模型小河底面基础上抬高，其中上游断面抬高最大，中游次之，下游最小。3 号断面从 34.16cm 增至 37.07cm，11 号断面从 26.80cm 增至 28.36cm，18 号断面从 19.55cm 增至 21.86cm。河道比降增大为 0.01007，河谷比降增大为 0.01037，纵剖面线总体上较平直，起伏度却较大，为 0.205。

Ⅰ-2 时河床平均淤高 0.57cm，其中上游段淤高 1.09cm，中游段淤高 0.79cm，下游段反而冲刷降低 0.36cm。河道比降因河道延长而减少为 0.00912，河谷比降则增大为

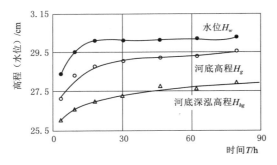

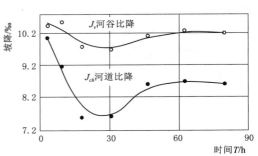

图 11.3-7　造床过程水位、河床高程变化图　　　　图 11.3-8　造床过程比降变化图

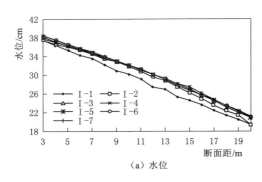

（a）水位

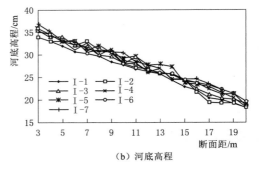

（b）河底高程

图 11.3-9　造床过程河床纵向形态变化图

0.01058，纵剖面略呈下凹，但起伏度增大，为 0.220。

I-3 时河床平均淤高 0.36cm。上游段淤高 0.14cm，中游段淤高 0.5cm，下游段淤高 1.05cm。河道比降减少为 0.0077，河谷比降减少为 0.01001。整个纵剖面线呈下凹形状，较 I-2 时平滑，起伏度变小，为 0.206。

I-4 时河床平均淤高 0.28cm。上游段被冲刷降低了 0.06cm，中游段比上游段淤高幅度大，淤高了 0.22cm，下游段淤高幅度更大，为 0.84cm。整个纵剖面线呈下凹形，局部起伏度较大而整体起伏度较小，其起伏度为 0.198。

I-5 时河床平均淤高 0.45cm。其中上游段淤高 0.37cm，中游段淤高 0.9cm，下游段却冲低了 16cm。河道比降增大为 0.00878，河谷比降增大为 0.01027。整个纵剖面呈上凸形，尤以 12 号～15 号断面上凸更为明显。

I-6 时河床总体上处于微冲刷的状态，共刷低了 0.12cm。沿程各河段情况又各不一样，上游段淤高 0.37cm，中淤段淤高 0.9cm，下游段则冲刷降低了 0.16cm，河道比降及河谷比降均略有增大。纵剖面整体略呈上凸形，纵剖面线较平滑，河床起伏度为 0.198。

I-7 时河床复呈淤积状态，平均淤高 0.29cm。其中上游段淤高 0.23cm，中游段淤高 0.49cm，下游段淤高不多，仅 0.07cm。纵剖面线继续呈上凸形。

从 I-1 测次至 I-7 测次变化来看，河床调整的总趋势是河床不断淤积抬高，平均共抬高了 1.83cm。河床纵剖面线的起伏度自上游向中、下游先由小变大再变小。总体而论，纵剖面略呈上凸形，经历了凹凸的交替变化。相比之下，水面纵比降线则平缓得多，在整个造床过程中始终略呈上凸形 [图 11.3-9（a）]。河道比降与河谷比降也增减交替变化。

11.3.2.2 河床物质及能量变化特征

1. 河床质变化

河床质是决定河型的重要物质基础之一，河床质中值粒径（D_{50}）是表征河床质特征的主要指标。在游荡河型演变的不同阶段及沿程各河段，河床物质组成不断分异，出现空间上的波状递推和时间上的粗细更迭现象。实验开始时，河床上游段河底及河岸物质受水流冲刷，细颗粒物质被水流带走而留下粗颗粒物质，D_{50}迅速粗化，由原始模型小河时的0.142mm变为0.252mm。随着实验的进行，河床质中值粒径平均值变细（图11.3-10），由Ⅰ-1时的平均0.217mm减少到Ⅰ-7时的0.196mm。这主要受河床冲淤的影响，河床冲刷，D_{50}变粗；河床淤高，D_{50}变细。D_{50}的变化趋势与河底高程的变化趋势相反，随河底高程的增加，D_{50}变细。由于河床冲淤交替出现，使D_{50}的变化呈粗细更迭之势（图11.3-10）。同一时间，随河床各段冲淤状况不同，河床质中值粒径在空间分布上亦呈粗细更迭之势。河床质中值粒径（D_{50}）在平面横向分布上的粗细交替变化也很分明，深槽D_{50}粗，分选性较好，滩地D_{50}细，分选性较差，河床质的分选性随D_{50}的增大而变好。

2. 能量变化特征

以消能率（$E=VJ$）代表河床能量变化特征。由于实验之初顺直河道窄深，河谷比降也较大，因而单位重量水流消能率很大。随河道展宽和弯曲率增大，消能率变小，到Ⅰ-3时变得最小，越过临界值后，随着河道切滩、取值，河道弯曲率变小，消能率复又微微增加，并趋于稳定（图11.3-11）。比较图11.3-3与图11.3-11可以发现，消能率变化过程与河道弯曲率的变化过程有着密切的关系，其变化趋势刚好相反，随弯曲率的增大，消能率减少。

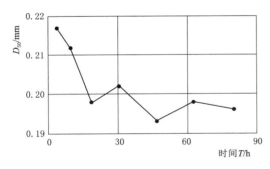

图11.3-10　造床过程D_{50}变化过程图

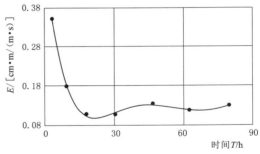

图11.3-11　消能率E变化过程图

11.3.2.3 河型演变阶段

从图11.3-1中可以看出，造床过程从原始顺直小河开始到游荡河型形成，河型的演变经历了几次大的变化过程，河型的发育呈现出明显的阶段性。依次经过顺直小河阶段、弯曲阶段和游荡河型阶段。河道主流的发育经历了原始顺直小河型→弯曲→游荡（汇合—分汊呈串珠状排列）的变化，岸线也经历平直→弯曲→顺直的变化过程。

1. 顺直小河阶段

顺直小河阶段历时较短（Ⅰ-1）。其特点是：断面窄深，河道较为顺直，主流线形状与岸线形状一致,微微弯曲(图 11.3-12)。模型小河由顺直小河开始发育,水流具有强烈的紊动特性,河岸与河底均遭受侵蚀,上游河道展宽,侵蚀下来的泥沙与人工加入水流中的来沙混合,部分淤积于河底,另一部分被水流带出模型小河。弯道环流的作用使河床凹岸冲刷,凸岸有所淤积,这一冲淤过程使主流曲率不断变大。河底微地貌形态为呈散乱的瓣状分布的沙波,浅滩还未充分发育。沙波形态凹凸不平,深浅不一,以叠瓦状波形向下游推进,从不同的空间尺度看,这种结构,除规模不同外,其内部结构和形状都是相似的,即存在层层嵌套的自相似结构,由单一的叠瓦状波形向下游散开,组成具有复杂结构的河床微地貌群。

2. 弯曲河型阶段

随着河道曲率增大,顺直小河逐渐向弯曲河型过渡。弯曲阶段(Ⅰ-2～Ⅰ-4)典型平面形态见图 11.3-13。其特点是:河道较为弯曲,弯道环流较强;断面仍较窄深,凸岸发生淤积,形成浅滩,并向边滩发展,凹岸受到冲刷,成为深槽,深槽和浅滩相间分布且分异明显,但由于滩面物质组成较粗,缺乏足够的黏性细颗粒物质护滩,因而容易发生切滩,河道不稳定,主流冲刷凹岸一侧,形状与岸线一致,主流曲率越大,二者形状越相似。从Ⅰ-2～Ⅰ-3,河道曲率增大,但Ⅰ-3中游断面已存在切滩现象,使河岸的崩岸点突然上提,到Ⅰ-4时上游断面曲率明显减少,河势与以前相反。

图 11.3-12　顺直小河平面形态实景图　　　　图 11.3-13　曲流平面形态实景图

在弯曲河道,当主流轴线与岸线一致时,水流对凹岸强烈冲刷,崩岸点不断下移,当到达上一凹岸与下一凸岸的过渡点时,发生突变,主流相位改变半个波长,导致凸岸冲刷,而凹岸堆积与上一时段相反的造床过程。当造成侵蚀河岸的主流顶冲点越过这一临界点时,便迅速完成深槽替代边滩的突变过程。这将在以后详细讨论。

3. 游荡河型阶段

切滩的同时,河床凸岸也遭到侵蚀而展宽,河岸逐渐变直,原来弯曲的主流河道也因切滩而变直。边滩被水流切割,滩槽明显分异的现象被破坏,滩地被多股水流切割,显得支离破碎且散乱,形成游荡河型(Ⅰ-5～Ⅰ-7),其典型平面形态见图 11.3-14。游荡河型断面宽浅,主流不明显,常分成几股细流,流路变化较大。到Ⅰ-6以后还形成了一种相对较为稳定的串珠状水流结构,并慢慢向下游移动。这种分汊-汇合-分汊-汇合的宽窄相间的串珠分布形态,深槽在汇合时位于河床中心,两边为边滩,分流时又位于河床两侧,中间为心滩，整个河段岸线均较顺直，边滩、心滩出露水面较多。主流中包含次一级的主流，层层嵌套。在分汊-汇合的组合中，高一级的分汊与汇合又包含若干次级的分汊与汇合。

在实验过程中，用加入的沙量减去尾门沉沙池中沉积的沙量近似地代表河床的冲刷强度（Q_s），其变化过程见图11.3-15。从图中可以看出，实验开始时河床冲刷很严重，冲刷量约30kg/h，到Ⅰ-4以后逐渐减少，并趋向于稳定，Ⅰ-7时冲刷量不到2kg/h，可以认为河床冲刷已达到准平衡状态。但从图11.3-7来看，河床处于淤积状态，这主要由于河岸侵蚀较河底严重，从河岸侵蚀下来的物质淤积于河床的缘故。

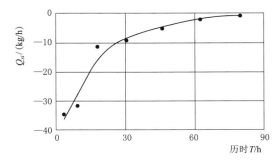

图11.3-14　游荡河型典型平面形态实景图　　图11.3-15　造床过程实验河床冲淤强度变化图

从河道稳定性角度出发，采用张红武等（1992）提出的冲积河流稳定性指标：

$$Z_w = \frac{1}{j}\left(\frac{\gamma s - \gamma}{\gamma}\frac{D_{50}}{H}\right)^{\frac{1}{3}}\left(\frac{H}{B}\right)^{\frac{2}{3}} \tag{11.3-1}$$

从计算的 Z_w 值来看，所塑造的河型从Ⅰ-5起，Z_w 值已小于5，以后达到3左右或更小，属游荡河型范围。运用 $J-Q$ 临界关系曲线（金德生等，1992）来判断，所塑造的河型也在游荡河型范围内。

需要指出的是，上述游荡河型发育的三个阶段并不具有明显的界限，而是人为划分的。在这三个阶段中，顺直阶段和弯曲阶段并不是一种稳定的、独立的河型，它们只是一种暂时的、过渡性的发育阶段。顺直阶段主要是原始顺直小河还未充分发育的缘故，弯曲阶段则主要由于水流的弯曲倾向性所造成。但由于边界组成物质较松散，抗冲性较差，容易发生切滩，河流曲率不能无限增大，弯曲阶段不能稳定维持，它必然通过切滩，发生突变而向游荡河型转化。

造床实验过程中，河型的发育经历了几个明显不同的发育阶段：顺直→弯曲→游荡。虽然是在相同的边界条件下，但每个发育阶段体现出不同的水力几何关系和不同的河床平面形态，显示河型在发育过程中的自组织和自相似性，并且存在突变和复杂响应现象。在时间序列上，同一河段在不同时刻体现出不同的发育阶段系列。在空间序列上，Ⅰ-4测次的不同河段也体现出不同的发育阶段。从顺直→弯曲是渐变过程，而从弯曲→游荡则伴随着突变过程。

11.4　结论与讨论

运用过程响应模型实验方法，在较为疏松、均一的边界条件下，选取河谷比降 $J_v =$

0.01、床面时取横坡降为 0.005、造床流量取 $Q_b=1.5L/s$、床沙中径 $D_{50}=0.142mm$ 的初始条件，保持来水来沙条件不变，成功地塑造了游荡型模型小河。河型的发育经历了顺直→弯曲→游荡等不同的发育阶段，每个发育阶段体现出不同的水力几何关系和不同的河床平面形态特征。在实验中发现了渐移性侧蚀切滩过程并不一定是一种渐变过程，而是要视边界条件而定：边界抗冲性较强时出现渐变过程，抗冲性较弱时出现突变过程，各种形式的突变型切滩过程是弯曲型河流向游荡型河流转化时不可缺少的一环。从顺直→弯曲是渐变过程，而从弯曲→游荡则伴随着突变过程。在时间序列上，同一河段在不同时刻体现出不同的发育阶段系列；在空间序列上，不同河段也体现出不同的发育阶段。

参 考 文 献

Б Φ 斯尼辛科，1980. 河床过程类型及其形成 [J]. 尤联元，摘译. 地理译丛，(1)：10－17.

蔡强国，1982. 地壳构造运动对河型转化影响的实验研究 [J]. 地理研究，1 (5)：21－32.

窦国仁，等，1995. 黄河小浪底工程泥沙问题的研究 [J]. 水利水运科学研究，(3)：197－209.

冯平，冯焱，1997. 河流形态特征的分维计算方法 [J]. 地理学报，52 (1)：321－329.

高军，1987. 河型的分类和成因以及节点对分汊河流形成的影响 [D]. 北京：清华大学.

洪笑天，郭庆伍，马绍嘉，1985. 地壳升降运动对河型影响的实验研究 [J]. 地理集刊，(16)：38－52.

金德生，1986. 边界条件对曲流发育影响的过程响应模型实验研究 [J]. 地理研究，5 (3)：12－21.

金德生，1989. 关于流水地貌及其实验模拟问题 [J]. 地理学报，44 (2)：147－156.

金德生，1990. 河流地貌系统的过程响应模型实验 [J]. 地理研究，9 (2)：20－28.

金德生，1991. 长江下游马鞍山河段演变趋势试验研究 [C] //中国地理学会地貌与第四纪地质专业委员会. 地貌及第四纪研究进展. 北京：测绘出版社.

金德生，1995. 地貌实验与模拟 [M]. 北京：地震出版社，334.

金德生，1997. 河道纵剖面分形—非线性形态特征 [J]. 地理学报，52 (2)：151－162.

金德生，郭庆伍，刘书楼，1992. 应用河流地貌实验与模拟研究 [M]. 北京：地震出版社，92.

金德生，洪笑天，1985. 分汊河型实验研究 [C] //中国科学院地理研究所，等. 长江中下游河道特性及其演变. 北京：科学出版社：214－254.

孔祥柏，等，1996. 三峡水库运用后坝区河势变化的试验研究 [J]. 泥沙研究，(4)：48－53.

李保如，1963. 自然河工模型实验 [C] //水利水电科学院科学研究论文集第二集（水文，河渠）. 北京：中国工业出版社：45－83.

李保如，1993. 我国河流动床模型的设计方法 [J]. 水利学报，(12)：18－25.

林承坤，1985. 河型成因与分析 [J]. 泥沙研究，(2)：3－13.

刘书楼，等，1981. 应用计算机监视河床演变方法的研究 [J]. 水利科技情报.

刘书楼，等，1982. 河床地貌演变研究的计算机方法 [J]. 地理研究，1 (4)：53－62.

陆中臣，等，1988. 河型及其演变的判别 [J]. 地理研究，7 (2)：7－16.

倪晋仁，1989. 不同边界条件下河型成因的试验研究 [D]. 北京：清华大学.

钱宁，1985. 关于河流分类及成因问题的讨论 [J]. 地理学报，40 (1)：1－10.

钱宁，1957. 动床变态河工模型律 [M]. 北京：科学出版社.

钱宁，张仁，周志德，1987. 河床演变学 [M]. 北京：科学出版社.

钱意颖，1991. 黄河干流水沙变化与河床演变 [J]. 人民黄河，(2)：52－67.

屈孟浩，1980. 三门峡水库修建后黄河下游河床演变过程的自然模型实验研究 [R].

任增海，1992. 高含沙水流模型率探讨 [J]. 水利学报，(12)：56－62.

沈玉昌，龚国元，1986. 河流地貌学概论 ［M］. 北京：科学出版社，207.

沈玉昌，地貌学文选编辑组，1997. 沈玉昌地貌学文选 ［M］. 北京：中国环境科学出版社.

王铮，1989. 利用耗散结构理论分析河道演变 ［J］. 地理科学，9 (2)：176 - 180.

许炯心，1985. 边界条件在河型形成中的作用 ［C］. 地理集刊第 16 集（地貌）：25 - 37.

许炯心，1985a，1985b. 泥沙因子在弯曲河型形成中的作用 ［J］. 西南师范学院学报（自然科学版），(3)：70 - 77.

许炯心，1986. 冲积物粒度参数中包含的河型信息研究 ［J］. 沉积学报，4 (2)：57 - 67.

许炯心，1986. 水库下游河道复杂响应的实验研究 ［J］. 泥沙研究，(4)：50 - 57.

许炯心，1989. 高含沙量曲流河床的形成机理 ［J］. 科学通报，(21)：1649 - 1651.

许炯心，1989a. 汉江丹江口水库下游河床调整过程中的复杂响应 ［J］. 科学通报，(6)：150 - 152.

许炯心，1989b. 渭河下游河道调整过程中的复杂响应现象 ［J］. 地理研究，8 (2)：82 - 89.

许炯心，1990. 我国游荡河型的地域分布特征 ［J］. 泥沙研究，(2)：47 - 53.

许炯心，1990a，1990b. 我国游荡河型与江心洲河型的地域分布特征 ［J］. 科学通报，35 (6)：439 - 446.

许炯心，1991. 我国流域侵蚀产沙的地带形特征 ［J］. 科学通报，39 (11)：1019 - 1022.

许炯心，1992. 高含沙曲流河床形成机理的初步研究 ［J］. 地理学报，17 (1)：40 - 47.

许炯心，1992. 华南花岗岩地区高含沙水流及其地貌学意义 ［J］. 泥沙研究，20：12 - 19.

许炯心，1996. 中国不同自然带的河流过程 ［M］. 北京：科学出版社，277.

许炯心，1997. 河型对含沙量空间分异的响应及其临界现象 ［J］. 中国科学 D 辑，27 (6)：548 - 553.

许炯心，龚国元，马志文，1992. 准平衡条件下游荡河型的形成机理 ［J］. 科学通报，(11)：1023 - 1026.

叶青超，等，1990. 黄河下游河流地貌 ［M］. 北京：科学出版社，968.

尹学良，1965. 弯曲性河流形成原因及造床实验初步研究 ［J］. 地理学报，31 (4)：287 - 303.

尹学良，1990. 河型成因研究 ［J］. 水利学报，(4)：1 - 11.

尤联元，等，1983. 影响河型发育几个因素的初步探讨 ［C］//第二届河流泥沙国际学术讨论会论文集. 北京：水利电力出版社，662 - 672.

张红武，等，1990. 不同河型冲积河流的模拟方法 ［C］//IGU 亚太地区地理大会论文. 北京：中国地理学会.

张素平，1991. 黄河下游高含沙洪水条件下河道排水能力分析方法简介 ［J］. 人民黄河，(12)：23 - 24.

中国科学院地理研究所渭河下游研究组，1983. 渭河下游河流地貌 ［M］. 北京：科学出版社，230.

周成虎，刘高焕，1989. 河床动态模拟 ［C］. 资源与环境信息系统实验室年报（1988—1989）.

左东启，等，1984. 模型试验的理论和方法 ［M］. 北京：水利电力出版社，331.

Adams J，1980. Active Tilting of the United States Mideontinent：Geodetic and Geomorphic Evidence ［J］. Geololgy，87：442 - 446.

Begin Z B，1981. The Relationship between Flow - shear and Stream Pattern ［J］. Journal of Hydrology，52：307 - 319.

Burnett A W，Schumm S A，1983. Alluvial River Response to Neotectonic Deformation in Louisiana and Mississippi ［J］. Sciencc，222：49 - 50.

Carlston C W，1965. Relation of Free Meander Geometry to Stream Discharge and its Geomorphic Implications ［J］. Am. J. Sci. ，263：864 - 885.

Chang H H，1979. Geometry of Rivers in Regime ［J］. J. h - d. Div. ，Proc. ，Amer. Soc. Civil Eingrs. ，105 (6)：691 - 706.

Engeland F，Skovcaard C，1973. On the Origion of Meandering and Braiding in Alluvial Streams ［J］. J. Fluid Mech. part 2，52：289 - 302.

Gary Parker，1976. On the Characteristic Scales of Meandering and Braiding in Rivers ［J］. J. Fliud Mech. ，Part 3，45：74 - 80.

Gary Parker, 1998. River Meanders in a Tray [J]. Nature, 395: 111 – 112.

Grogory D I, Schumm S A, Jin Densheng et al., 1985. Impacts of Neotectonic Activity on the Lower Mississippi [R]. Final Reports to U. S. Army Corps of Engineers Vicksburg District, Vicksburg Mississippi, 76 – 103.

Barbara I O, P Rosso R. 1989. Onitlic Fractal Dimension of Stream Networks [J]. Water Resour. Es. 25: 735 – 741.

Jin D, Schumm S A, 1986. A New Technique for Modelling River Morphology, in K. S. Richards. Ed., Proc. First Internat, Geomorphology Conf. [C]. Wiley & Sons Chichester: 681 – 690.

Jin Desheng, Ni Jinren, 1992. Fxperimental Study of the Morphology with Double Layer Bank [C]. 5th International Sposium on River Sedimentation, Karisruhe, 77 – 83.

Lane E W, 1957. A Study of the Shape of Channels Formed by Natural Stream Flowing in Erodible Material [J]. M. R. D. Sediment Series No. 9, U. S. Army Engineering Div., Missouri River Corps of Engineers, Omaha, Nab.: 106.

Langbein W B, Leopold L B, 1966. River Meanders – Theory of Minimum Variance [J]. U. S. Geol. Servey Prof. Paper, 422 – H: 1 – 15.

Leopold L B, Langbein W B, 1962. The Concept of Entropy in Landscape Evolution [J]. U. S. Geol. Survcy Prof. Paper: 500 – A. 2099.

Melton F A, 1959. Aerial Photographs and Structural Geology [J]. J. Geol., 67: 351 – 370.

Mesa O J, Gupta V K, 1987. On the Main Channel Length – area Relations for Channel Networks [J]. Water Resor. Res., 23: 2119 – 2122.

Ochi S, 1983. Response of Alluvial Rivers to Slow Active Tectonic Movement [A]. Ph. D. dissertation, Colorado State Univ. Fort Collins. Col., 205.

Richards K S, 1982. Rivers: Form and Process in Alluvial Channels [M]. London, Methuen.

Sapozhnikov V B, E Foufoula – Georgion, 1997. Experimental Evidence of Dynamic Scaling and Indications of Self – organized Criticality in Braided Rivers [J]. Water Resour. Res., 33 (8): 1983 – 1991.

Schumm S A, 1963. A Tectonitative Classification of Alluvial River Channels [J]. Circular 477, U. S. Geol. Survey.

Schumm S A, 1973. Geomorphic Threshold and Complex Response of Drainage System [C] //In Morisawa M (ed), Fluvial Geomorphology. George Allen and Unwin, London: 299 – 310.

Schumm S A, 1975. Episodic Erosion: a Modification of the Geomorphic Cycle [C] //In WL Melhorm and RC Flemal (eds), Theories of Landform Development. Binghamton, New York, State University of New York: 70 – 85.

Schumm S A, 1979. Geomorphic Threshold: the Concept and Its Applications [M]. IGBT 4ns, 485 – 515.

Schumm S A, 1988. Geomorphic Harzards – Problems of Prediction [J]. Z. Gcomorph. N. F. Suppl – Bd, (67): 17 – 24.

Snow R S, 1989. Fractal Sinuosity of Stream Channels [J]. Pure Appl. Geophys, 99 – 1098.

Von Schelling H, 1951. Most Frequent Particle Paths in a Plane [J]. Trans. Am. Geophys. Ulnion, (32): 222 – 226.

Yang C T, 1971. Potential Energy and Stream Morphology [J]. Water Resources Research, 7 (2): 312 – 322.

Yang C T, 1976. Minimum Unit Stream Power and Fluvial [J]. Hydraulics, ASCE V01. 102, No. HY7, Journal of the Hydraulics Division: July.

Yang C T, Song C C S, 1979. Theory of Minimum Rate of Energy Dissipation [J]. ASCE, Vol. 105. No. HY7, Journal of the Hydraulics Division, July.

Yang C T, Song C C S, 1989. Optimum Channel Geometry and Minimum Energy Dissipation Rate [J]. 4th International Symposium on River Sedimentation. Beijing, China, June.

水沙条件对河型成因演变影响实验研究

12.1 概述

1. 水沙条件基本概念

众所周知，在流水地貌系统中，河流地貌的发育演变是水沙与边界相互作用及协调的结果，两者缺一不可。在某种意义上讲，静止的、没有活动的流水与泥沙输移，便没有流水地貌的存在，不同流量大小、流量变率及流量过程，不同的输沙量、来沙过程及来沙特性将导致发育不同的流水地貌体、流水地貌系统的演变行为及演变过程。水沙条件是影响流水地貌系统发育演变的重要的自变量。

2. 水沙条件与河流地貌系统发育

在流水地貌研究中，流量确定了河流规模的大小（Schumm，1985），平滩流量被认为是起决定作用的重要因素，因此将流量、流量变幅、流量过程纳入河床稳定性指标（钱宁，1985），并采用多年平均流量与河谷比降的关系来区分河型等（Leopold et al.，1957；Lane，1957）。对输沙类型的影响，Schumm（1963）一方面根据输沙情况，将河流划分为三种河流类型，即推移质河流类型、悬移质河流类型及混合质河流类型，另一方面在构绘河型系列图式时将其列为重要的影响因素（Schumm，1971）。水沙条件是一对"双生子"，不同的河型具有不同的相关关系，也可以作为自变量影响河道比降的变化（金德生等，1992）。

3. 水沙条件对河流影响的实验概况

不少学者结合河流地貌的发育演变，进行了相关的室内模拟研究并取得了良好的结果。如 Ackers（1964）认为顺直河流的形态与实验流量之间具有最佳的拟合关系，建立了河谷坡降、流量与河宽平均水深及宽深比之间的关系（Edgar，1973），Schumm（1968）认为在流量一定的条件下，推移质河道的曲流波长比输送悬移质泥沙河道的更长。

12.2　流量对河流地貌发育影响的实验

12.2.1　平滩流量对冲积河流造床影响的实验

业已反复得到证明，在其他因素相同的情况下，模型河流的大小和形状受到输送水流流量的控制。例如 Ackers（1964）阐述由疏松中沙组成的顺直河道，它的形态及流速，与 $0.011\sim0.153\mathrm{m^3/s}$ 的实验流量（Q_w）之间有最好的拟合关系，即

$$A=0.52Q_w^{0.85} \tag{12.2-1}$$

$$V=1.92Q_w^{0.15} \tag{12.2-2}$$

$$W=2.64Q_w^{0.42} \tag{12.2-3}$$

$$D=0.20Q_w^{0.43} \tag{12.2-4}$$

式中：A 为横剖面面积，$\mathrm{m^2}$；V 为流速，$\mathrm{m/s}$；W 为河宽，m；D 为水深，m。

这些方程与天然河流的十分相似。然而，不是很容易确定，即使在实验水槽中，特别是模型河道宽阔时，很难量测到河道的尺寸大小，因此平均速度和水深往往由计算获得。又如，在河湾移动过程中塑造河漫滩时，会像天然河流那样，残存的倒套（Relic Back-water Channel）内不被淹没［图 7.3-3（c）、（d），图 7.4-14］，而只有河道的一小部分起到作用。为了解决这个问题，Hickin（1972）对外围的河道（行洪、泄洪河道）作了研究，他根据 Ackers（1964）、Ackers 等（1970a）收集的数据，进行比较后指出，蜿蜒河道的平均宽度是顺直河道的两倍，而发育有交错边滩的河道宽度介乎两类河道之间。流量也是可以控制平面形态的自变量。Friedkin（1945）发现，弯曲率、曲流波长和波幅都随着流量的增加而增加，该认识也得到其他一些研究者的认同。不过，在曲流波长（L）与流量之间的关系图上，点子有一定程度的散布，这或许是泥沙颗粒大小和初始入口角的差异所致。为了消除泥沙的影响，Ackers 等（1970a）、Shahjahan（1970）采取无量纲数据点绘关系：

$$\frac{L}{D_{50}}=f\left(\frac{Q_w^2}{gd_{50}^5}\right) \tag{12.2-5}$$

Shahjahan（1970）发现，存在一系列有关该种形式的、不一样数据集的准平行关系，并提示应该将泥沙的"相对沉降大小"也包括到这些关系式中去，他得出的结论：虽然早期的研究者将 L 和 Q_w 间相关关系差的原因，归咎为确定或量计河道的造床流量有困难，并使用河宽作为河道尺度的指标，河谷坡降与输沙率有可能是导致其余点子不协调的原因。对于给定的量，推移质河道的曲流波长比输移较细泥沙的更长（Schumm，1968）。此外，模型河流的平均波幅也与流量有关，尽管在最佳拟合的二元回归关系式中，存在大量的散布点，这是泥沙特性影响所致。Shahjahan（1970）在考虑泥沙差异的影响后，再次获得了关于相对波幅与相对流量间改进的拟合关系。

Mosley（1975c）在研究支流汇入角的影响时，改变了模型河道的流量。图 7.4-17显示，随着较小支流汇入流量（Q_{S1}）的增加，在汇合处，河床的冲刷变得更加明显。当水只在一条河里流动，支流流量为零时，剪切和湍流强度最小，汇合处的水深与顺直河道

的水深相等。随着较小支流流量的增加，导入主流河道中的水流旋转力越来越大。因此，产生剪切和湍流，在汇合处形成螺旋流窝（Helicoidal Flow Cells），河床冲刷加强。当支流的流量为主河道流量的一半到相等时，水流净转向力、产生的湍流和冲刷深度都最大。支流河道的宽度变化多样，但对冲刷深度没有明显影响。

究竟流量如何影响河流地貌的发育演变，这是河流地貌研究中长期困扰着研究者的一个问题，也即什么是形成河道的优势流量，如何确定量值及重现期。Inglis（1949）将优势流量定义为："在这种流量下，最接近平衡，且变化倾向最小。这种条件可能是所有条件在很长时间内的综合效应。"他将优势流量看得比平滩流量更为重要些。另外一些研究者则将流量定义为完成大部分泥沙输移的流量，具有中等大小的频率和数量级（Pickup et al.，1976；Wolman et al.，1960）。事实上，这是一种常见的观点，优势流量极有可能恰恰是充满河道的流量，亦即平滩流量。平滩流量差不多每1～2年发生一次，最可能大约等于年洪峰流量或年平均洪峰流量，重现期分别为1.58年和2.33年。然而，这种情况要比人们想象的少得多，Mosley（1981）和Williams（1978）认为，平滩流量的重现期可能从几个月到数年。

12.2.2 流量变化及其过程对冲积河流发育演变影响的实验

12.2.2.1 概述

为了研究流量变化及其过程对冲积河流发育演变的影响，结合三峡水库修建后，流量变异对荆江弯曲河道可能的影响展开实验。地处长江中游的荆江河段，自20世纪50年代以来，由于种种原因，尤其是荆江与洞庭湖间的相互影响，导致比降、流量及边界条件发生变化；三峡水库的运行，会改变下游河道的来水来沙条件，特别是变化的组合效果，必然会影响河型河势的发展。当时人们提出了三种看法：①下游弯曲河道会进一步弯曲；②向顺直微弯的分汊河道发展；③河型河势维持现状。

本节力图通过水力泥沙与地质地貌相结合，希望对以上几种看法取得更加圆满的回答。无可否认，QJ是河型的重要判据之一，然而，与此相应的边界条件的相对变化，才是河型变化趋势最重要的判据。

该实验研究是国家自然科学基金委员会和中国长江三峡工程开发总公司联合资助的国家自然科学基金重大项目"三峡水利枢纽建成后下游河势河型研究"（项目编号：5949360）中荆江河型河势变化实验研究课题的内容。使用四级流量：22500m³/s、26000m³/s、30000m³/s、37500m³/s，分别代表20世纪50年代、60—70年代、80—90年代及2015年（三峡水库运用后）的下荆江的流量及相应的输沙量及泥沙级配，在相同级别流量而输沙率不同条件下，分析弯曲河型与江心洲分汊河型的河流地貌演变（河型、河床、江心洲、边滩冲淤、深槽、浅滩位移），河道形态变化（平面、纵横剖面），河道边界改变（河岸结构与组成），物质输移（流量、输沙量及输沙类型）和能量消耗率等，探讨长江中游河道的河型河势发展，旨在研究：①荆江径流量变化对其水位、比降及水力几何关系的影响；②荆江径流量增大时，荆江河型河势的变化趋势；③荆江与洞庭湖流量变异及相应含沙量改变后，对下游城陵矶—汉口段分汊河型冲淤变化的影响。为调整荆江与洞庭湖关系，为三峡水利枢纽修建后合理调水调沙提供科学依据；同时，通过实验进一步探讨关于流量及输沙量变化对河道平面形态、纵横剖面形态、河相关系、河道演变及河型转化等问题。

12. 2. 2. 2　实验河段的河势分析

20 世纪 50 年代时，荆江三口分流入洞庭湖的径流量较多。可是，以后几十年，泥沙在洞庭湖中大量淤积，使湖泊容积不断缩小，入湖径流量明显减少，而由上荆江来的径流量基本保持不变。据统计，年平均淤积在洞庭湖区的泥沙近 1 亿 m^3，其中 81% 来自长江，整个西洞庭湖的湖底不断淤高，高于内河，完全靠维修加高堤坝来防洪，每年大坝维修加高 6cm，而湖底平均淤高 7cm，堤坝加高的速度不及湖底上升速率。致使同比洪峰流量下，20 世纪 70—80 年代的水位明显增高，超高于 50 年代的水位；入湖径流量的减少，使进入下荆江的径流量大大增加。50 年代时，下荆江年径流量为 3036 亿 m^3，年平均流量为 9621 m^3/s，最大洪峰流量为 28978 m^3/s；80—90 年代时，下荆江年径流量为 3799 亿 m^3，年平均流量为 12038 m^3/s，最大洪峰流量为 38633 m^3/s，比降也相应显著变化。与此同时，下荆江河段因江湖冲淤及人工裁弯的影响，边界条件起了变化，从而影响荆江河型、河势的未来发展。前面提到，在三峡水利枢纽规划设计时，人们持有三种看法。

（1）下游弯曲河道会进一步弯曲。由于 20 世纪 90 年代下荆江的比降比 20 世纪 50 年代的陡，对输水输沙尚有余量，基于能量最小消耗原理，河流将进一步通过弯曲达到最小消能。因此，下荆江河道将进一步弯曲，这是武汉大学水电学院学者的看法。

（2）向顺直微弯的分汊河道发展。由于河道下切，水流不能还滩，滩地缺乏细物质固定，下荆江的弯曲率缩小，河道将变宽浅，向顺直微弯方向发展，这是长江水利委员会长江科学研究院专家的观点。

（3）河型河势维持现状。这是中国水利水电科学院专家的见解。他们认为，前两种观点没有考虑入湖径流量的减少，而进入下荆江的径流量将会不断增大，而下荆江河道已经加以护岸，流量增大不能使河道拓宽，从而导致下荆江河道上段冲刷，河床高程降低，水位下降，藕池口的水位必然降低。三峡工程修建后，洪峰将被削平，占据进入洞庭湖泥沙 30% 左右的粗砂被拦截入三峡水库，而 70% 的细沙全部出库，进入三峡水库的下游河道，造成水流还滩的有利条件。显然，这与丹江口水库全部泥沙拦截入库，下游缺失细颗粒物质是截然不同的。丹江口水库下游河道无力还滩，而三峡水库下游河道完全有能力还滩。另外，当流量增大时，下荆江冲刷量增大，冲刷下来的泥沙淤积在洞庭湖口螺山以下，河床淤高，水位有所上升，一方面造成壅水，导致洞庭湖的加速淤积；另一方面造成下荆江上、下口间水位落差变小，下荆江河道比降调平。由于流量的增加，通过比降调平加以平衡，下荆江河型河势变化不大，有可能维持原状。

如何判断所述的变化趋势，涉及确定河型的自变量组合的变化。在流域系统的河道子系统的十多个变量中，有四个自变量，即造床流量（Q_b）、河谷比降（J_v）、输沙类型（D_{50}）以及湿周中粉黏粒百分比（M）。由四个自变量的某种组合可以判别发育某种河型，即河道比降与平滩流量乘积，河道曲率与河谷比降，物质组成及结构特征和输沙类型等临界关系，可以确定河型并将其划分成顺直、弯曲、分汊及游荡四种基本类型。

12. 2. 2. 3　模型实验设计

实验的任务之一是研究江湖水沙关系变异对下荆江弯曲河型发育演变的影响。首先，运用过程响应模型准则，进行弯曲河型造床实验设计。根据过程响应原理，对两河段分别进行设计。考虑河道系统中诸因素中的自变量主要有 Q_b、M、D_{50}、J_v，从表征河型的弯曲率 P 入手，将分汊河型可以看作是两股以上弯曲河道的合成河型。汊道本身为单一河型（直道及弯曲河道），运用过程响应模型设计法进行设计。因河型是 Q_b、M、D_{50}、J_v 这几个自变量的导出量，也即一定的 Q_b、M、D_{50}、J_v 将形成某种河型，决定河流的规模及河流的类型。在具体进行设计时，尽管这两种河型都发育在二元相结构的河漫滩边界条件中，但就河岸高度比而言，江心洲分汊河型大于弯曲河型，这是塑造两种河型成功与否的关键所在。

表 12.2-1　　　　荆江弯曲河型的分汊段深泓弯曲系数（江恩泽，2000）

三　八　滩		金　城　洲		突　起　洲		乌　龟　洲	
年份	弯曲率	年份	弯曲率	年份	弯曲率	年份	弯曲率
1963	1.152	1965	1.425	1970	1.083	1967	1.878
1985	1.268	1970	1.250	1980	1.272	1973	1.253
1993	1.089	1980	1.475	1987	1.146	1980	1.796
1995	1.107	1987	1.150	1993	1.063	1985	1.432
1997	1.393	1994	1.134	2000	1.313	1996	1.212
平均	1.202	平均	1.287	平均	1.179	平均	1.614

根据过程响应相似原则，按如下步骤进行了弯曲河型的造床实验设计。

（1）由弯曲率 P，选取 M、H_s/H_m 及 F[1]值。实验主要研究江湖水沙关系变异的影响，主要是下荆江，长江中游下荆江弯曲河型的平均弯曲率 2.84（唐日长等，1964），据实验室条件，采用平滩流量为 1.5L/s、初始弯曲率 $P=1.50$（荆江弯曲河型分汊段较大的深泓弯曲率平均值为 1.45）（江恩泽，2000）进行造床实验设计。

当 $P=1.50$，由 $P=0.94M^{0.25}$（Schumm，1963）得湿周中粉黏粒百分比 $M=6.48\%$，并据 $P-f(H_s/H_m)^{-0.27}$ 关系，与弯曲率 1.50 相应的 $H_s/H_m=50.0\%$（金德生等，1992），又据 $F=255M^{-1.08}$（Schumm，1971），得 $F=33.9$。

（2）根据 $J_{ch}=0.00079Q_b^{-0.25}$ 关系，当 $Q_b=1.5$L/s 时，$J_{ch}=0.00401$。

（3）由 $J_{ch}=J_v/P$ 查得关系，当 $J_{ch}=0.00401$、$P=1.5$ 时，$J_v=0.00602$。

（4）河漫滩结构及组成的确定。下荆江湾区河道的平均弯曲率 $P=1.50$，相应河岸高度比 $H_s/H_m=50.0\%$，湿周中粉黏粒百分比 $M=6.48\%$，模型河道应具有二元相结构河漫滩组成的河岸，河床相的模型沙取用天然细砂，其中径 $D_{50}=0.188$mm，<0.076mm 粉黏粒含量 $M_b=2.0\%$；用中径 $D_{50}=0.048$mm，<0.076mm 粉黏粒含量 $M_1=52\%$ 的冲积黄土与中径 $D_{50}=0.112$mm、<0.076mm 粉黏粒含量 $M_2=9\%$ 的粉土相混合，配制模型河漫滩相物质。

按湿周中河漫滩相层中，粉黏粒百分比 M_s 计算公式：
$$M_s=(M-H_bM_b)/(1-H_b)=(6.48-2\times50.0)/(1-0.50)=10.96\%$$

式中：M_s 为河漫滩相层中粉黏粒百分比，%；M 为湿周中粉黏粒百分比，%；M_b 为河床相中粉黏粒百分比，%；H_b 为河岸高度比，即可侵蚀砂层厚度与滩槽高差之比。

由模型砂料按重量比混合公式：

---

[1]　$F=$平滩河宽（B）与平滩深泓水深（H_{max}）之比值（Schumm，1963）。

$$G_2 = 100 \times (M_s - M_1)/(M_2 - M_1) = 100 \times (10.96 - 9)/(52 - 9) = 4.56(\text{g})$$

式中：G_2 为配制 100g 混合模型砂料时，所需黏粒较多的模型砂料；M_2 为粉黏粒较之混合砂料中粉黏粒 M 值大的砂料；M_1 为粉黏粒较之混合砂料 M 值小的砂料；取 $M_2 = 52\%$，$M_1 = 9\%$。

经计算，100g 中 4.56g 为粉黏粒含量较低的模型砂料约占 5%，$G_1 = 100 - G_2 = 95.44$g，即 95%（G_1）为粉黏粒含量较高的模型砂料。

按计算所得，$M_s = 10.96\%$，M_1 与 M_2 分别为 52% 及 9%，即 100g 混合砂料中，较粗的粉土为 5g，而较细的冲积黄土为 95g，可大体按 1：19 的重量比例混合配制。

模型混合砂料的中径：
$$D_{50\text{混}} = (5 \times 0.112 + 95 \times 0.048)/(5 + 95) = 0.051\text{mm}$$

（5）由 Q_s - Q_b 关系：
$$Q_s = 88 \left(\frac{J_{ch} Q_b}{D_{50}} \right)^{2.2} \tag{12.2 - 6}$$

$D_{50} = 0.051$mm 系河漫滩相混合砂料的中径，由上述河道比降 $J_{ch} = 0.00288$ 及平滩流量 $Q_b = 1.50$L/s 计算得输沙率 $Q_s = 0.385$g/s ≈ 23.10g/min ≈ 1.386kg/h，并参照曲流河型造床流量 1.50L/s 时的加沙率 Q_s。

将 $P = 1.50$ 代入式（12.2-7）中：
$$P = 2.178\text{e}^{-1.218\omega} \tag{12.2 - 7}$$

解得 $\omega = 0.3062$，代入式（12.2-8）：
$$Q_s = 3.54 \times 10^5 \omega^{3.75} \tag{12.2 - 8}$$

解得 $Q_s = 0.00418$g/s ≈ 0.251g/min ≈ 15.06（g/h）

事实上实验时无需加入沙料，因为输沙率很小。如需加沙，加入的沙料是中径为 0.112mm 的天然细砂及中径为 0.048mm 的冲积黄土，混合比为 1：19，混合沙料的中径为 0.051mm。

（6）由 L - Q_b、M 关系曲线及 P - λ（L/A）关系曲线，当 $M = 6.48\%$、$Q_b = 0.0015$m^3/s 时，$L = 6.5$m；当 $P = 1.50$、$\lambda = 2.9$ 时，而 $L = 6.5$m，$A = 2.24$m。

（7）据 J_v - $\overline{H}$ 关系式：
$$\frac{\overline{H}}{D_{50}} = 0.0384 \left(\frac{Q_b}{D_{50}^2 \sqrt{g D_{50} J_v}} \right)^{0.469} \qquad r = 0.89 \tag{12.2 - 9}$$

计算得 $\overline{H} = 1.412$cm，$D_{\max} = 2.824$cm $= (2\overline{H})$。

（8）由 $F = W/D_{\max}$，当 $F = 33.9$ 时，$D_{\max} = 2.824$cm，$W = 12.00$cm。

（9）原始小河断面设计。

1）$Q_b = 0.00324$m^3/s。

2）$V_0 = 0.174$m/s，$D_{50} = 0.188$mm。

3）要求过水断面面积为 16.94cm^2，设过水断面为梯形，边坡系数为 1：3，底宽为 10cm，求解梯形断面水深为 h，设 $h = x$，则有方程：
$$(10 + 10 + 2x)3x/2 = 16.94$$

整理得
$$x^2 + 10x - 5.65 = 0$$

方程的解：$x=[-10+(10^2+4\times5.65)^{0.5}]/2=1.072\text{cm}$
$$h=3x=3.22\text{cm}$$

河道上宽 16.44cm，底宽 10cm，水深 3.22cm，边坡 1：3，河谷比降 0.00432，河漫滩相厚 1.61cm，$M_s=10.96\%$，$D_{50}=0.051\text{mm}$，可侵蚀砂层厚 1.61cm，$M_b=2\%$，$D_{50}=0.051\text{mm}$，河岸高度比 50.0%。

（10）河床形态估计。

$$\left.\begin{array}{l}Q=\alpha FD\dfrac{1}{n}H^{2/3}J^{1/2}=\alpha FH^{8/3}J^{1/2}n^{-1}\\[2mm]Q=WDV,V=\dfrac{1}{n}H^{2/3}J^{1/2},W=FH_{\max}=\alpha F\overline{H}_{\max}\end{array}\right\}\qquad(12.2-10)$$

式中：α 为横断面形态指数，取决于断面形态，对三角形断面 $\alpha=2$，半圆形断面 $\alpha=0.64$，矩形断面 $\alpha=1.00$，梯形断面 $1<\alpha<2$，此次实验中为 1.41。

当 $Q_b=0.00150\text{m}^3/\text{s}$，$n=0.020$，$F=33.9$，$J_{ch}=J_v=0.00432$（始）
$D_{50}=0.051\text{mm}$，$h=H_{\max}$，$J_{ch}=0.00288$（终）

经计算：
$$H=[0.00288\times0.02/(1.41\times16.44\times0.00432^{0.5})]^{3/8}=0.022\text{m}$$
$$H_{\max}=1.41\times0.0220=0.031\text{m}$$
$$V=0.0310^{2/3}\times0.00432^{1/2}/0.020=0.324\text{m/s}$$
$$V_0=(h/d)^{0.14}\times[29.04d+0.000000605\times(10+h)/d^{0.72}]^{1/2}=0.233\text{m/s}$$
$$H=0.022\text{m}=0.0677\text{ft}$$
$$\tau=62.37\gamma HJ_{ch}(\text{lb/ft}^2)=62.37\times0.0677\times0.00288=0.01216$$
$$\nu=0.324\text{m/s}=0.324/0.3048=1.0714(\text{ft/s})$$
$$\tau\nu=0.0130\text{lb}\cdot\text{ft}/(\text{s}\cdot\text{ft}^2)$$

因为 $D_{50}=0.051\text{mm}$，$\tau\nu$ 值为 $0.007\sim0.06\text{lb}\cdot\text{ft}/(\text{s}\cdot\text{ft}^2)$，所以在未来模型实验中，床沙以沙纹形式在河床中运动。

（11）参数的最后确定。弯曲率 $P=1.50$，河谷坡降 $J_v=4.32\text{‰}$，河道比降 $J_{ch}=5.15\text{‰}$，平滩流量 $Q_b=1.50\text{L/s}$，湿周中粉黏粒百分比 $M=6.48\%$，河岸高度比 $H_s/H_m=50.0\%$，曲流波长 $L=6.5\text{m}$，波幅 $A=2.24\text{m}$，波长波幅比 $\lambda=2.9$，河宽 $W=12.0\text{cm}$，平均水深 $H=1.412\text{cm}$，平滩深泓水深 $H_{\max}=2.824\text{cm}$，宽深比 $F=33.9$，模型小河梯形断面边坡为 1：3，上宽为 16.44cm，底宽为 10cm，深为 3.22cm，床沙起动流速 $V_0=0.233\text{cm/s}$，加沙中径 $D_{50}=0.051\text{mm}$，床沙中径 $D_{50}=0.112\text{mm}$，输沙率 Q_s 为 0.385g/s，含沙量 $\rho=0.257\text{g/L}$，雷诺数 $Re=3290$（水温20℃时黏度为 $0.001\text{Pa}\cdot\text{s}$），介于 $2300\sim4000$，属于过渡流状态，弗劳德数 $Fr=0.626$，属于缓流，剪切力与流速乘积 $\tau\nu=0.0130[\text{lb}\cdot\text{ft}/(\text{s}\cdot\text{ft}^2)]$，糙率 $n=0.020$。

12.2.2.4 流量变异影响的实验

1. 对荆江弯曲河型影响的实验过程

在完成弯曲河型及分汊河型造床实验的基础上，运用四级流量及泥沙量的变化，研究荆江与洞庭湖水沙量变化对长江中下游河型，包括荆江弯曲河型与城陵矶—武汉长江江心洲分汊河型的影响。使用的四级流量为 22500m³/s、26000m³/s、30000m³/s、37500m³/s，含沙量为 1.06kg/m³、1.11kg/m³、1.16kg/m³、1.18kg/m³，分别代表 20 世纪 50 年代、60—70年代、80—90 年代及 21 世纪（三峡水库运用后）的下荆江流量及相应的含沙量及泥沙级配进行实验研究。通过同一级别流量 52500m³/s，但不同的含沙量 0.472kg/m³、0.577kg/m³、0.770kg/m³、0.856kg/m³ 与相应的输沙率，模拟下荆江河段及洞庭湖顶托城陵矶水位对下荆江河势河型变化的影响，以及在相对应的流量和含沙量条件下，对城陵矶—汊口分汊河道的发育演变的影响。模型实验相关的水沙条件见表 12.2-2。

表 12.2-2　　　　　江湖流量与含沙量变异关系模型实验的水沙条件

河型	测次	模型历时 T	流量 Q_b 原型 /(m³/s)	流量 Q_b 模型 /(L/s)	含沙量 ρ 原型 /(kg/m³)	含沙量 ρ 模型 /(g/L)	输沙率 Q_s 原型 /(kg/s)	输沙率 Q_s 模型 /(g/s)	模型入口水位/cm
弯曲河型	Ⅱ-2-1	40h00min	22500	1.2	1.060	0.480	23850	0.576	37.25
	Ⅱ-2-2	32h00min	26000	1.5	1.110	0.520	28860	0.780	37.46
	Ⅱ-2-3	32h00min	30000	2.1	1.160	0.564	34800	1.184	38.08
	Ⅱ-2-4	19h00min	37500	2.4	1.180	0.574	44250	1.378	38.15
	Ⅱ-2-5	21h00min							37.97
	Ⅱ-2-6	29h00min							37.96
分汊河型	Ⅲ-2-1	61h00min	52500	3.0	0.472	0.378	24780	1.134	34.85
	Ⅲ-2-2	21h00min	52500	3.0	0.577	0.496	30290	1.488	35.22
	Ⅲ-2-3	9h30min	52500	3.0	0.770	0.556	40425	1.668	35.01
	Ⅲ-2-4	7h45min	52500	3.0	0.856	0.247	44940	0.741	34.95

2. 对荆江弯曲河型影响的实验结果分析

实验共进行 6 组（Ⅱ-2-1～Ⅱ-2-6 测次），其中Ⅱ-2-1、Ⅱ-2-2、Ⅱ-2-3 流量分别为 1.2L/s、1.5L/s、2.1L/s，Ⅱ-2-4～Ⅱ-2-6 测次流量为 2.4L/s。分别运行 40h、32h、32h 及 68h，共 172h。对河道形态演变过程、边界条件的变化、床沙质与输沙情况、水流动力条件及河道的水力几何状况进行了相应的观测分析，侧重分析了流量与河道诸因素间的关系，并得出定性及准定量结果。

（1）流量变异对河道形态的影响。在流量变异影响的实验过程中，模型弯曲河道通过河道弯曲率、波长、波幅及波长波幅比、河宽、水深及宽深比、河道纵剖面及其起伏度的变化来表现空间形态的演变过程。

1）河道弯曲率（P）、波长（L）、波幅（A）及波长波幅比 λ（L/A）的变化过程。由图 12.2-1 不难看出，在完成造床实验以后，随着由小到大 4 个级别流量的影响，模型小河在运行 40h 低一级流量 1.2L/s（Ⅱ-2-1 测次）以后，河道弯曲率有所增加，由 1.58 增加为 1.73；流量继续增加为 1.5～2.1L/s，经过 64h 的运行（Ⅱ-2-2～Ⅱ-2-3 测次），弯曲率变化不大，为 1.71；当流量增加到 2.4L/s，运行 68h（Ⅱ-2-4～Ⅱ-2-6 测次）后，河道进一步弯曲，弯曲率增加为 1.76。然而，因下游段发生切滩改道，到最后演变阶段，弯曲率降到 1.57，尤其在下游河段（15 号～20 号断面），主河道弯曲率为 1.18，导致全河段弯曲率明显下降。河道弯曲率、波长波幅比随时间的变化关系见式

（12.2-11）和式（12.2-12）、图12.2-2。

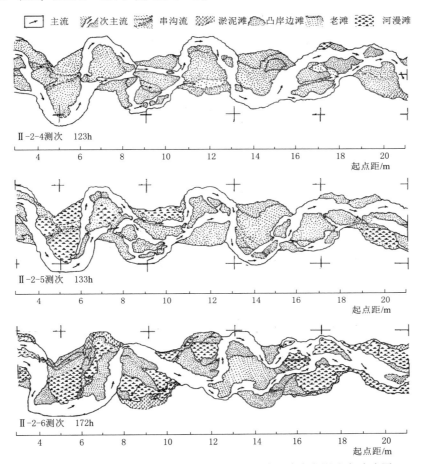

图 12.2-1　江湖流量变异对下荆江曲流河道地貌演变影响实验略图

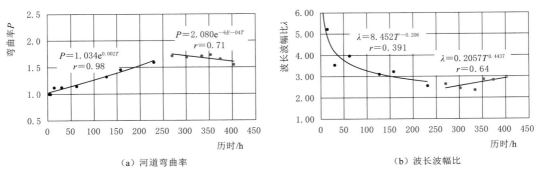

（a）河道弯曲率　　　　　　　　　　　（b）波长波幅比

图 12.2-2　曲流造床与流量变异影响实验河道弯曲率与波长波幅比变化过程图

$$P = 2.0219 \mathrm{e}^{-0.001T} \qquad r = 0.63 \qquad (12.2-11)$$

$$\lambda = 0.2057 T^{0.4437} \qquad r = 0.64 \qquad (12.2-12)$$

2）河道横剖面（$W^{0.5}/H$ 展宽系数）演变分析。由于河道弯曲的发育较为稳定，在总体过程中，河道弯曲率 P、曲流波长波幅比 λ 与流量间存在如下多项式函数关系（图 12.2 - 3 和图 12.2 - 4）：

$$P = -4 \times 10^{-10} Q_b^3 + 2 \times 10^{-6} Q_b^2 - 0.004 Q_b + 4.37 \qquad r = 0.68 \qquad (12.2 - 13)$$

$$\lambda = 10^{-6} Q_b^2 - 0.004 Q_b + 5.9067 \qquad r = 0.91 \qquad (12.2 - 14)$$

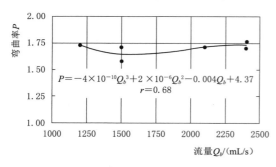
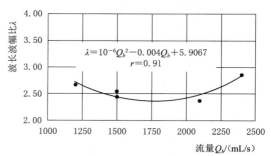

图 12.2 - 3　曲流弯曲率与流量变异间相关关系　图 12.2 - 4　曲流波长波幅比与流量变异间相关关系

　　在流量变异影响的演变过程中，河道继续不断拓宽，平均水深不断减少，宽深比随之不断增大（表 12.2 - 3）。放水小流量 40h（Ⅱ-2-1 测次）后，河宽由 95.11cm 减少为 82.22cm，水深由 1.74cm 加深为 2.14cm，宽深比由 5.98 缩小为 4.82，相应变化率分别为 0.322cm/h、0.01cm/h 及 -0.029；此后的中水流量过程中，依然保持同样的演变趋势；在大流量 59h（Ⅱ-2-4～Ⅱ-2-6 测次）作用下，河宽、水深分别加大、缩小，宽深比随之变大，三要素分别为 104.06cm、2.18cm 及 5.24，三者的变化率分别为 0.106cm、-0.012cm 及 0.021。河宽、水深与作用时间具有多项式的关系，宽深比与作用时间依然用对数函数式表达［式（12.2 - 15）～式（12.2 - 17）］。流量变异与宽深比变化间具有对数表达式关系，随着流量的增大，宽深比反而减少（图 12.2 - 5），这或许是由于河宽的调整速率赶不上水深调整速率所致。

表 12.2 - 3　　　　　　　　　江湖流量变异影响的曲流河道横剖面数据

测　次	总历时/h	历时/h	河宽/cm	水深/cm	宽深比
Ⅱ-2-0	230.00	00	95.11	1.74	5.98
Ⅱ-2-1	270.00	40	82.22	2.17	4.82
Ⅱ-2-2	302.00	32	74.28	2.58	3.93
Ⅱ-2-3	334.00	32	97.78	2.90	4.00
Ⅱ-2-4	353.00	19	97.22	2.64	4.19
Ⅱ-2-5	374.00	21	95.78	3.12	3.65
Ⅱ-2-6	403.00	19	104.06	2.18	5.24

$$W = -4 \times 10^{-6} T^3 + 0.0451 T^2 - 15.124 T + 1742.3 \quad r = 0.90 \qquad (12.2 - 15)$$

$$H = -2 \times 10^{-6} T^3 + 0.0022 T^2 - 0.7215 T + 83.154 \quad r = 0.80 \qquad (12.2 - 16)$$

$$W^{0.5} / H = -0.999 \ln Q_b + 11.663 \qquad r = -0.71 \qquad (12.2 - 17)$$

　　3）河道纵剖面及河床起伏度演变分析。显然，随着时间的推移和流量的增加，先是

比降随流量减少而降低，而后恢复到流量
1.5L/s 的水平，流量进一步增大到 2.4L/s
时，比降反而不断变陡。在由小流量向中等
流量运行时，河床起伏度与比降的变化趋势
相一致，而当遭遇大流量时，河床起伏度急
剧下降。随着时间推移，河道比降及河床起
伏度分别相对趋向一个较大及较小的数值。
它们随时间的变化可表达为多项式的关系
〔式（12.2－18）和式（12.2－19）〕；随流量
变异的影响也可表达为多项式关系〔式（12.2－20）和式（12.2－21）〕：

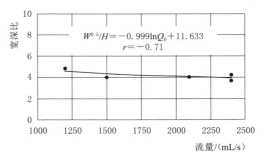

图 12.2－5 曲流宽深比与流量变异间相关关系

$$J_{ch}=2\times10^{-6}T^3-0.0015T^2+0.4746T-46.584 \qquad r=0.98 \qquad (12.2-18)$$

$$J_{b\delta}=3\times10^{-8}T^3-4\times10^{-5}T^2+0.0128T-1.3266 \qquad r=0.99 \qquad (12.2-19)$$

$$J_{ch}=10^{-9}Q_b^3+7\times10^{-6}Q_b^2-0.0136Q_b+14.418 \qquad r=0.66 \qquad (12.2-20)$$

$$J_{b\delta}=-2\times10^{-11}Q_b^3+10^{-7}Q_b^2-0.0001Q_b+0.1613 \qquad r=0.91 \qquad (12.2-21)$$

（2）水位与流量、输沙率关系。在流量变异的实验中，水位流量关系的变化直接与水库
下泄控制流量密切有关。图 12.2－6 中，从实验水位（表 12.2－2），入口 3 号断面的水位）
与相应平滩流量的关系曲线可以看出，水位随流量的增减而升降。亦即当水库下泄中小流量
时，坝下游弯曲河道的水位就下降为中低水位；反之，当泄洪时，水位就升高，这也是不言
而喻的，两者之间具有很好的幂函数相关关系〔式（12.2－22）〕。图 12.2－7 是输沙率变异
对河道水位的影响，水位随输沙率降低而降低，但点系比较散乱，粗略地反映了流量不变
时，水位升降与输沙率多寡呈反比关系。一旦输沙率随流量同步变化时，弯曲河道的水位便
随输沙率亦步亦趋升降，两者间同样有良好的幂函数相关关系〔式（12.2－23）〕。

$$H_{w曲}=32.61Q_b^{0.03} \qquad r=0.93 \qquad (12.2-22)$$

$$H_{w曲}=37.784Q_s^{0.02} \qquad r=0.97 \qquad (12.2-23)$$

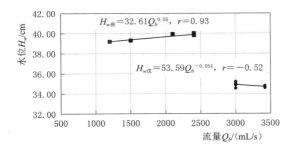

图 12.2－6 流量变异对河道水位的影响

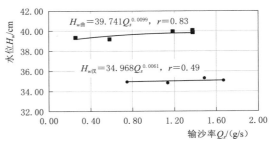

图 12.2－7 输沙率变异对河道水位的影响

在弯曲河道实验中，水位随着流量增加而升高，水深亦随之加深，河底高程却降低，
河床质变粗，河道显然处于冲刷状态〔表 12.2－4，式（12.2－24）～式（12.2－26）〕。

$$H_m=0.1132H_{wup}^2-8.3774H_{wup}+156.69 \qquad r=0.79 \qquad (12.2-24)$$

$$H_{ghm} = -34.778H_{wup}^3 + 3639.6H_{wup}^2 - 126959H_{wup} + 10^6 \qquad r = 0.69$$

$$(12.2-25)$$

$$D_{50m} = -0.0007H_{wup}^3 + 0.0806H_{wup}^2 - 3.3036H_{wup} + 45.029 \qquad r = 0.97$$

$$(12.2-26)$$

（3）河岸边界条件变化。在造床实验中分析指出，当模型小河调整自身的河宽与水深时，河岸边界条件在不同时段按不同的幅度和速率变化着，相对固定的边界显示变化的信息，并反作用于河型的调整。当流量变异时，与运行时间（T）之间依然保持对数或幂函数关系，随着流量的增大，两者相应增加，其表达式分别为

$$H_s/H_m = 34.725\ln T - 172.98 \qquad r = 0.87 \qquad (12.2-27)$$

$$M = 1.5753T^{0.5403} \qquad r = 0.81 \qquad (12.2-28)$$

表 12.2-4　　　　　　　　　　流量及输沙率变异实验水沙条件及实验结果

实验情况	流量 Q_b/(L/s)	输沙率 Q_s/(kg/h)	上控水位 H_{sup}/cm	水深 H/cm	河底高程 H_{hg}/cm	床沙质中径 D_{50}/mm
流量变异	1.2	0.576	39.22	2.17	27.80	0.108
	1.5	0.253	39.35	2.58	27.35	0.104
	2.1	1.184	39.95	2.90	25.38	0.102
	2.4	1.378	40.01	2.64	28.10	0.091
	2.4	1.378	39.82	3.12	27.60	0.091
	2.4	1.378	39.79	2.18	27.86	0.090
输沙率变异	3.0	4.18	34.51	1.53	28.10	0.133
	3.0	3.54	34.85	1.29	27.11	0.134
	3.0	2.98	35.22	1.50	28.30	0.130
	3.0	3.59	35.01	1.38	28.32	0.134
	3.0	2.99	34.95	1.43	28.34	0.119

（4）河床质与输沙特征。

1）河床质中径（D_{50}）。在流量变异对曲流发育影响的实验过程中，随着实验历时的运行，河床质中径及其分选系数发生如图 12.2-8 的变化。在流量由 1.2L/s 不断增加到 2.4L/s 的初中期，河床质中径不断细化；到最后，急速变粗。变细的速率很小，而后粗化速率相当地迅速。其变化过程及随流量变异的关系可分别用多项式 ［式（12.2-29）和式（12.2-30）］ 表达，床沙质中径总体随流量的增大而减少，与流量变异影响的关系较差。

$$D_{50} = 10^{-7}T^3 - 0.0001T^2 + 0.0323T - 3.274 \qquad r = -0.97 \qquad (12.2-29)$$

$$D_{50} = -0.01\ln Q_b + 0.1713 \qquad r = -0.54 \qquad (12.2-30)$$

2）河床质分选系数（S_r）。在河床质过程中，分选性进一步调整得比较均匀，床沙质非均匀系数由 1.93 降为 1.71，与施放大流量时不断飙升到 2.23（图 12.2-9），它与运行时间、流量的关系可分别用多项式 ［式（12.2-31）和式（12.2-32）］拟合，总体随流量的增大而减少，与流量变异影响的关系不算太好。

$$S_r = 4 \times 10^{-5}T^2 - 0.0264T + 6.2396 \qquad r = -0.89 \qquad (12.2-31)$$

$$S_r = -0.0001Q_b + 2.107 \qquad r = -0.48 \qquad (12.2-32)$$

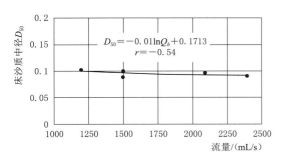

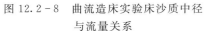

图 12.2-8　曲流造床实验床沙质中径
与流量关系

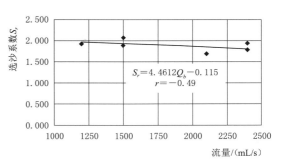

图 12.2-9　曲流造床实验床沙质分选系数
与流量关系

3）输沙率及含沙量的变化过程。流量变异影响的实验中，输沙率与含沙量呈现不同的变化趋势，无论随时间的推移，还是随流量的增大，两者均不断递增。不过输沙率随时间的变化率，要大于含沙量随时间的变化率［式（12.2-33）和式（12.2-34）］。由图 12.2-10 与图 12.2-11 可知输沙率与含沙量均随流量的变大而增大，两者与流量的关系可表达为式（12.2-35）和式（12.2-36）。但是，相比之下，含沙量的变化与流量变异有更密切的关系。

$$Q_s = 2.8155 \ln T - 15.357 \qquad r = 0.84 \qquad (12.2-33)$$

$$\rho = 0.2501 \ln T - 0.9074 \qquad r = 0.93 \qquad (12.2-34)$$

$$Q_s = 5 \times 10^{-8} Q_b^{2.1874} \qquad r = 0.78 \qquad (12.2-35)$$

$$\rho = 0.1306 \ln Q_b - 0.4392 \qquad r = 0.99 \qquad (12.2-36)$$

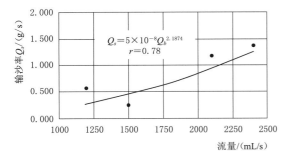

图 12.2-10　曲流输沙率与流量变异
影响相关关系图

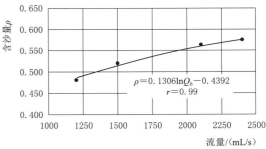

图 12.2-11　曲流含沙量与流量变异
影响相关关系图

（5）河流动力学分析。在流量变异影响实验的动力学分析中，主要考虑模型小河的来沙系数变化、剪切力变化、能量消耗率，并特别分析对河相关系的影响等。

1）来沙系数分析。吴保生等（2008）最近研究表明，来沙系数（$\xi = Q_{sh}/Q_b$）这个经验参数包含着单位流量的含沙量大小、实测含沙量与临界含沙量的比值、水沙匹配或冲淤、单位水流功率含沙量的大小以及非平衡输沙公式中的关键参数等几层物理意义。不论怎样，它是判断冲积河流的冲刷、淤积、冲淤平衡极有价值的经验参数。本实验采用单位

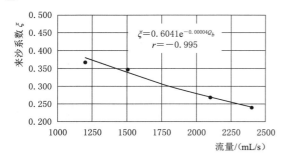

图 12.2－12　曲流来沙系数与流量变异
影响相关关系

流量的含沙量大小这一物理意义层次，对模型曲流的冲淤状况进行分析。实验表明，在流量变异情况下，来沙系数的变化过程可表达为式（12.2－37），结合输沙情况分析，来沙系数随时间的推移越来越小，而随流量的增大而越来越小（图 12.2－12），且来沙系数与时间及流量具有很好的相关关系［式（12.2－37）和式（12.2－38）］。

$$\xi=-0.38\ln T+2.4967 \qquad r=0.94 \qquad (12.2-37)$$

$$\xi=0.6041e^{-0.00004Q_b} \qquad r=-0.995 \qquad (12.2-38)$$

2）河相关系分析。在曲流造床实验中，河宽（W/D_{50}）、水深（H/D_{50}）两无量纲量及流域因子无量纲量（$F=Q_bD_{50}J_{ch}M$）的对数值随时间变化过程分析表明：随着实验运行时间的推进，河宽及水深的无量纲值随流域因子无量纲量对数值分别不断递增［式（12.2－39）和式（12.2－40）］。同样，无量纲量综合河相因子的对数值也具有递增趋势［式（12.2－41）］。

流量变异对这些因子影响实验的分析表明，两无量纲量及流域综合因子对数值随着流量的增加而递增，依然遵循造床实验的演变趋势［式（12.2－42）～式（12.2－44）］。

$$\lg(W/D_{50})=19.529\ln T-10.95 \qquad r=0.95 \qquad (12.2-39)$$

$$\lg(H/D_{50})=2.8726T^{-0.006} \qquad r=0.92 \qquad (12.2-40)$$

$$\lg[F=MQ_b/D_{50}^2(gD_{50}J_v)^{0.5}]=0.5981\ln T+3.6205 \qquad r=0.98 \qquad (12.2-41)$$

$$\lg(W/D_{50})=1.8239Q_b^{0.1344} \qquad r=0.91 \qquad (12.2-42)$$

$$\lg(H/D_{50})=-3\times10^{-5}Q_b^2+0.0197Q_b-1.0005 \qquad r=0.90 \qquad (12.2-43)$$

$$\lg[F=MQ_b/D_{50}^2(gD_{50}J_v)^{0.5}]=1.8804Q_b^{0.2167} \qquad r=0.99 \qquad (12.2-44)$$

在流量变异对弯曲河道影响的实验中，进行更全面的河相关系分析，即水力几何关系分析，也即分析河宽、水深、流速、比降及糙率与平滩流量间关系。

a. 河宽。河宽随时间的变化已由前述，随流量增大，河道总体增宽，但小流量时未必有最小的平均河宽，而是出现在中等大小的流量时，这或许是河宽适应流量的一种迟后现象。

b. 水深。水深对流量变异的影响似乎比较容易适应，当运行小流量时，水深变浅，随着平滩流量及中等流量的运行，水深缓缓地加深；由水深的时间变率可知，在模型小河中施放大流量时，水深具有一个由浅入深的变浅过程（表 12.2－3）。

c. 流速。流速也比较容易适应流量变异的影响。从图 12.2－13 不难看出，当由小流量时，经平滩流量及中等流量，到模型小河中施放大流量，一路走来，平均流速不断增大。

d. 比降。比降对流量变异影响的适应比较敏感。当小流量施放时，比降立刻调低；平滩流量时，马上调高；经过较长时间中水流量的运行，比降复又调低；当遭遇大流量时，先是比降变陡，发生切滩，到最后再调低。

e. 糙率。糙率是水深、流速、比降的综合表现，它对流量变异影响的适应性与这三个因子密切相关。

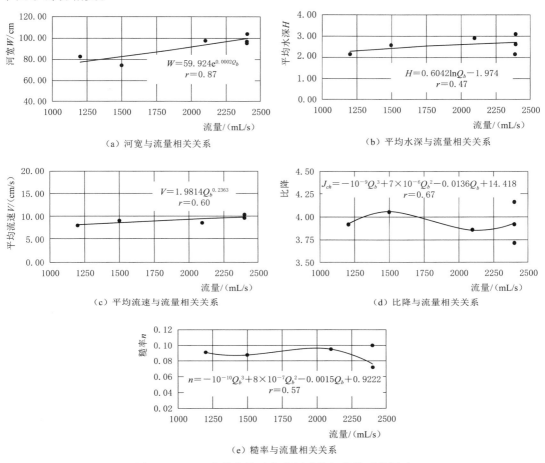

（a）河宽与流量相关关系

（b）平均水深与流量相关关系

（c）平均流速与流量相关关系

（d）比降与流量相关关系

（e）糙率与流量相关关系

图 12.2－13　流量变异对弯曲河道的相关关系的影响

由图 12.2－13 可知，似乎糙率受比降的影响较大，与比降受流量变异影响的变化趋势相反。因此，当施放小流量时，糙率立刻调高；平滩流量时，马上调低；经过较长时间中水流量的运行，糙率复又调高；当遭遇大流量时，糙率先是变大；最后，当发生切滩时，糙率复又变小。

$$W = 59.924e^{0.0002Q_b} \qquad\qquad r=0.87 \qquad (12.2-45)$$

$$H = 0.6042\ln Q_b - 1.974 \qquad\qquad r=0.47 \qquad (12.2-46)$$

$$V = 1.9814Q_b^{0.2363} \qquad\qquad r=0.60 \qquad (12.2-47)$$

$$J_{ch} = -10^{-9}Q_b^3 + 7\times10^{-6}Q_b^2 - 0.0136Q_b + 14.418 \qquad r=0.67 \qquad (12.2-48)$$

$$n = -10^{-10}Q_b^3 + 8\times10^{-7}Q_b^2 - 0.0015Q_b + 0.9222 \qquad r=0.57 \qquad (12.2-49)$$

3）剪切力分析。分析表明，剪切力对流量变异影响的调整，总体随流量增加及时间推移而增大。其变化过程是：当由小流量变为平滩流量时，剪切力马上降低；经过较长时间中水流量的运行，剪切力复又调高；当遭遇大流量时，剪切力急剧增大［图 12.2－14，式（12.2－50）和式（12.2－51）］。

$$\tau_c = 0.0685T^{0.8383} \qquad\qquad r = 0.82 \qquad (12.2-50)$$

$$\tau_c = 5\times10^{-11}Q_b^3 + 3\times10^{-7}Q_b^2 - 0.0004Q_b + 0.2737 \quad r = 0.49 \quad (12.2-51)$$

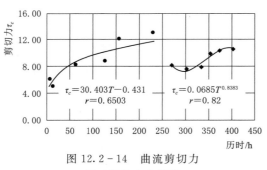

图 12.2-14　曲流剪切力
随时间的变化情况

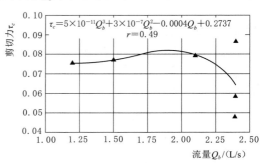

图 12.2-15　曲流剪切力与流量
变异影响间相关关系

4）消能率变化分析。模型河道的纵向消能率对流量变异影响的调整，总体随流量增加及时间推移而增大。变化过程是：当由小流量变为平滩流量时，消能率马上升高；经过较长时间中水流量的运行，消能率不断调低；当遭遇大流量时，消能率急剧增大；随着时间的推移，消能率不断增大，但数值变化幅度不大，与时间及流量分别具有幂函数及多项式函数相关关系〔图 12.2-16，式（12.2-52）和式（12.2-53）〕。

$$E = 0.0383\ln T - 0.1771 \qquad\qquad r = 0.69 \qquad (12.2-52)$$

$$E = 10^{-10}Q_b^3 - 6\times10^{-7}Q_b^2 + 0.0011Q_b - 0.5762 \quad r = 0.82 \quad (12.2-53)$$

5）河型判别及稳定性分析。运用模型河道的一些主要参数，包括上述提及的河道比降、河宽、水深、床沙中值粒径、河岸高度比，进行随时间及流量变异演变的综合分析。分析表明，当模型河道由小流量变为平滩流量时，经过较长时间中水流量的运行，并遭遇大流量时，稳定性指标 Z_n 逐步升高；到大流量运行后期，由于切滩影响，稳定性指标有所下降，它与时间及流量分别具有幂函数及多项式函数相关关系〔式（12.2-54）和式（12.2-55），图 12.2-17〕。

$$Z_n = 62.787T^{0.361} \qquad r = -0.73 \qquad (12.2-54)$$

$$Z_n = 39.002Q_b^{-0.212} \qquad r = -0.71 \qquad (12.2-55)$$

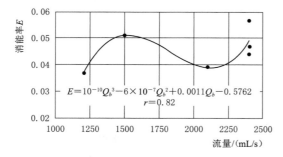

图 12.2-16　曲流消能率与流量变异
影响间相关关系

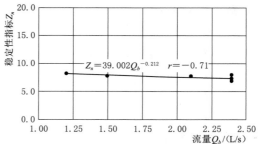

图 12.2-17　曲流稳定性指标与流量变异
影响间相关关系

12.3 泥沙对河流地貌发育影响的实验

12.3.1 泥沙类型对冲积河流造床影响的实验

不同实验者有着不同的实验研究经验，实验者间经验的差异具有启发性。例如，Ackers 等（1970b）认为，蜿蜒河道的形成是很显然的，而且会稳定好几天，实验之初，在模型小河入口处并不需要弯道入口。然而，Zimpfer（1975）觉得，在 Edgar（1984）、Schumm 等（1971）使用的实验条件下，实验最终走向发育游荡河道，规则的弯曲河道只是该过程中的暂时阶段。然而，Mosley（1975c）使用 Zimpfer 同样的流量、坡降和操作设备条件，而水槽中铺设不同的泥沙，结果发育了具有平衡状态的顺直单泓河道。正如前面所述，泥沙特征也是控制河道状态的重要因素，许多定性和定量观察阐明了泥沙特征的这一影响。

Friedkin（1945）对不同实验材料的影响给出了证实，他认为泥沙特性具有与其他因素一样的影响。在由 60％粉砂和 40％沙子组成的泥沙中，发育较为深窄的河道；与发育在 20％粉砂与 80％沙子组成的泥沙中的河道相比，其曲流波长较短，波幅较小。在实验沙料中包含少量不均匀分布的水泥，同样影响曲流的发育，在一些弯道上，河宽、曲流波长和波幅受到限制，与均质沙料中发育的河道相比，形成的河型明显不均匀。

Ackers（1964）在河道实验研究中注意到，河岸中如果有侵蚀的黏土沉积层，会显著地影响河道的大小。与河岸容易侵蚀及平均流速低的河道相比，其河宽和横剖面面积都较小。Mosley（1975c）用粉砂与沙子混合沙料获得的实验数据与 Ackers 用黏土护岸河道中实验有所得的数据如出一辙。Schumm 等（1972）引证实 Ackers（1964）对黏土沉积影响的观察，方法是先在无黏性砂中，以 4.25L/s 的流量塑造一条深泓弯曲河道，而后将它发育成真正的弯曲河道；他们将高岭土加入水流中，使其浓度达到 30000ppm，同时降低粗砂的加沙率；结果沿河程深泓遭受冲刷，比降总体没有变化，而在交错边滩上沉积悬移质泥沙；于是发生了双重效果，一是原本边滩上较浅的水深降得更小，并使之防止侵蚀而稳定下来；二是沿深泓的冲刷，使水位降低，导致交错边滩由水下出露水面，变成凸岸边滩，河道变得更窄、更深、更加蜿蜒弯曲，这完全是输沙特性变化所致的。随后，按这个实验步骤进行的 4 个河道实验，流量均为 4.25L/s，但河谷坡降为 0.0026～0.0085，从每个实验中都可以看到，横剖面面积减少，河宽和宽深比增加，水深和水力半径减少，弯曲率增加。尽管弯曲率增大，平均速度也增大了，这是因为横断面面积的减少，水流阻力降低，导致细颗粒泥沙沉积于河岸，悬移泥沙对紊流的阻尼效应（Vanoni，1946）。

上述这些输沙率对河流形态影响的定性处理，得到了更为正式的定量分析的支持。Shahjahan（1970）利用量纲分析研究包括泥沙类型对曲流几何形态的影响，以及用无量纲量对相关变量的分类，研究结果能够证明，当相对流量（Relative Discharge）$Q_w^{2.5}/D_{50}g^{1/5}$ 不变时，曲流波长和河宽随泥沙的相对沉降粒径（Relative Settling Size of Sediment）$D_{50}/(v^{2/3}g^{1/3})$ 的减少而增加，但水深随之减少。

Ackers 等（1970a）采用类似方法，注意到描述稳定性冲积河道的变量是控制水流力场、泥沙特性、水流特性的函数，并检验了几个不同的适合预测河道形态的变量无量纲组。研究证明，相对曲流波长 L/D_{50} 和相对流量 Q_w/D_{50} 间有最好的拟合关系：

$$\frac{L}{D_{50}} = 123 \left[\frac{Q_w}{D_{50}^2 \sqrt{gD_{50}(J_v-1)}} \right]^{-0.376} \tag{12.3-1}$$

式中：L 为曲流波长，ft；D_{50} 为泥沙中值粒径，mm；Q_w 为流量，ft^3/s。这意味着对于给定的重力加速度和河谷坡降（J_v），有

$$L = D_{50}^{0.06} Q_w^{0.376} \tag{12.3-2}$$

然而，由泥沙中径不同的实验所获得的数据显示出这种趋势有点不同，获得的指数介于 0.45～0.55 之间。显然，泥沙中值粒径（D_{50}）对曲流波长具有尽管是第二位，但是有重要的影响。

其他学者对控制蜿蜒形态已做过大量研究，或者使用已公布的不同类型泥沙的数据进行分析，或者使用每种泥沙进行单项研究。人们普遍认为，蜿蜒与交错边滩之间有着紧密的关系，交错边滩发育所需的条件信息，有助于搞清蜿蜒形态可能会在某些情况下形成，而不是在别的情况下发育。Chang 等（1971）使用几种泥沙完成的实验研究，检验了砂、塑料球及膨胀黏土粒组成对河道交错边滩的发育，这些材料的比重分别为 2.65、1.05 和 1.0，但中值粒径也不一样，分别为 0.7mm、0.18mm 和 0.48mm。此外，形态也各不相同，砂带有棱角，塑料和黏土呈圆球状，致使河道的演变速率强烈地受到泥沙类型的控制，塑料小球的河道在几小时内就达到了平衡，砂组成的河道需要 2～3d 才能达到平衡，而膨胀黏土粒组成的河道达到平衡所需要的时间则介乎中间。施放的流量为 2.83～14.16L/s，坡降介于 0.00044～0.0064 之间，实验中大多数河道都发育交错边滩。交错边滩的波长（L）与流量或流量-坡降的乘积（$Q_w J_v$）之间没有明显的关系，但波长明显受颗粒差异的影响。这三种物质组成的河道的交错边滩曲流波长平均值分别为 7.3m、10.7m 和 17.1m，标准差分别为 2.6m、4.4m 和 4.0m。在槽壁为固定墙的水槽中，当河道宽深比小于 12 时，交错边滩不会发育。正如 Kinosita（1961）发现的那样，无量纲波长参数 LJ_v/D 和其他变量之间的最佳关系必须包含弗劳德数。

Jaeggi（1984）使用五种不同的泥沙，在水槽中进行河道实验所获得数据和引援其他研究者的数据，更广泛地分析交错边滩发育的条件；他界定了河道可能发育交错边滩的坡降上限和下限，借助水平和垂直变形（分别形成交错边滩和沙波）的相关趋势确定上限，而床沙质开始起动，被定为下限。它们共同定义了一个区域有可能形成交错边滩，即受河床质特性、河道边坡和河道形状所控制，而后两者是河床和河岸材料的函数。

泥沙组成物质影响河道形态发育的一个很好例子，是研究抗侵蚀露头对曲流迁移的影响（Jin et al.，1986）。正如许多研究者所阐述的那样，曲流向下游移动受到抗蚀物质阻碍，露头上游的曲流会压缩（图 7.4-20），弯曲率增大和曲流幅度增加（图 7.4-21）。在更加容易侵蚀的沉积物中，下游的弯曲会更显著地移离障碍物，结果弯曲率降低，曲流

波长增加。Jin还建立了由分层的黏性和非黏性的沉积物组成的河漫滩，发展成为真正的弯曲河流。

12.3.2　输沙率对冲积河流发育演变影响的实验

12.3.2.1　概述

在许多水槽研究中，将输沙率（Q_s）或泥沙含量（C_s）作为受河道流量、坡降和水深所控制的因变量。河岸侵蚀是许多河流输沙率的主要来源，河床的淤积和冲刷也会影响输沙率。在自然环境下，从长期来看，输沙率可以是河道行为和形状的函数。然而，从长远来看，输沙率是上游流域条件强加给河道的，而河道必须进行调整，以输送这种强加的负载。水利工程师进行大量研究的目的就在于设计能够不淤不冲地输送水流和泥沙的河道系统。

Friedkin（1945）阐述了河道坡降、河岸侵蚀与输泥率之间的密切关系，他指出在河道陡坡降情况下，河岸的侵蚀率与输沙率随之增大，导致河道展宽和曲流波幅的增加。Raju等（1977）完成了类似的实验，从初始床面坡降0.0005～0.0025开始，使初始顺直河道演变到稳定状态，得出的结论为将湿周s作为自变量时，水力半径随湿周s的增加而减少，而坡降则增加。Schumm等（1972）也发现，为维持河道的稳定，所需要的加沙率与河谷坡降大小相适应［图7.4-11（a）］；他们用相同的数据证明，当河型发生变化时，输沙率Q_s的增加量有所改变，并同时对坡降需要调整增加率（图7.4-22）。

Mosley（1970）使用不同输沙率做的支流汇入实验表明，当支流流量为常数，不同输沙率对相对冲刷坑深度有影响，表现为随着输沙率的增加，相对冲刷深度减少。但是，支流的相对输沙率（Q_{s1}/Q_{s2}）变化对水深（H）没有明显影响（图7.4-23）。

12.3.2.2　输沙量变异影响的实验过程及结果

国内外学者认为，输沙率的增加导致河宽及过水断面面积扩大、水深减少，输沙率及河谷坡降增大到某一程度，有利于河型的转化；支流流量为常数时，输沙率的增加，会使汇流处变浅。此次实验结合三峡水利枢纽建成后，长江—洞庭湖水沙关系变异对长江中游河道影响，进行了输沙变异对江心洲分汊河道影响的实验研究。

1. 输沙变异影响的实验概况

在完成江心洲分汊河型造床实验的基础上，通过原型同一级别流量52500m³/s，用四个不同时段的含沙量0.472kg/m³、0.577kg/m³、0.770kg/m³及0.856kg/m³与相应的输沙率为24.780t/s、30.293t/s、19.404t/s及44.940t/s，模拟输沙量和含沙量变异条件（以下简称输沙变异）对城陵矶—汉口分汊河道的发育演变的影响。输沙变异影响的模型实验共进行4组（Ⅲ-2-1～Ⅲ-2-4测次），共运行了98h45min，对江心洲分汊河道形态演变过程、边界条件的变化、床沙质与输沙情况、水流动力条件及河道的水力几何状况进行了相应的观测分析，侧重分析输沙量与河道诸因素间的关系，特别关注洲滩地貌的演变。

图12.3-1和表12.3-1说明，在江湖输沙量变异对城陵矶—汉口间江心洲分汊河道影响的实验过程中，基本上保持江心洲分汊河道格局，交替出现弯曲河道及不同类型的分

汊河道。

（1）第一时段输沙量条件，即Ⅲ-2-1测次，历时 21h。模型小河沿程发育典型的顺直分汊河道（2 号～6 号断面）、顺直-弯曲过渡型分汊河道（6 号～11 号断面）、弯曲型分汊河道（11 号～22 号断面）等。

（2）第二时段输沙量条件，即Ⅲ-2-2测次，同样历时 21h。以 11 号断面为界，该断面以上的分汊河道中，出现多个江心洲，及江心洲合并靠岸现象（8 号～11 号断面），使江心洲河型更趋典型化；11 号断面以下，由于江心洲靠岸，弯曲型分汊河道进一步强化，江心洲趋势变小，尤其是模型河道尾闾段（19 号～22 号断面）。

（3）第三时段输沙量条件，即Ⅲ-2-3测次，历时 9h30min。上游分汊河段由于右侧边滩尾部切割，形成切滩型江心洲，导致江心洲增多、下移，甚至移到 12 号断面，使该河段由弯曲河段变成弯曲分汊型河道；下游河道除尾闾段发育江心洲外，弯曲分汊河道转化为弯曲河道，曲流波长及波幅分别为 6.24m 及 2.0m，波长波幅比 3.12，主河道弯曲率达 1.46 左右。

（4）第四时段输沙量条件，即Ⅲ-2-4测次，历时 7h20min，其变化趋势与第三时段的十分类似，上游河段的江心洲继续下移，下游弯曲河段中出现凸岸边滩尾闾段右侧低河漫滩切割现象，发育切滩型江心洲，弯曲河道转化为弯曲分汊型河道（表 12.3-1）。

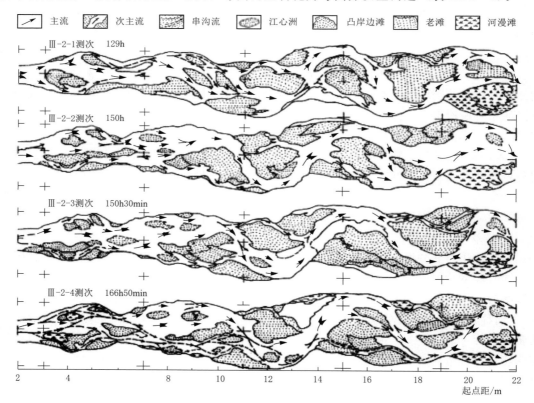

图 12.3-1　江湖输沙量变异对城陵矶—武汉间江心洲分汊河道地貌演变影响实验略图

表 12.3-1　输沙量变异对长江中游城矶一汉口分汊河道影响实验的水流与河床地貌概况

断面号	Ⅲ-2-1测次/129h			Ⅲ-2-2测次/150h			Ⅲ-2-3测次/159.5h			Ⅲ-2-4测次/166.5h		
	水流	河床地貌	河型	水流	河床地貌	河型	水流	河床地貌	河型	水流	河床地貌	河型
3号	两股	双汊、左主汊、右支汊，江心洲①-1上延		两股	双汊、左主汊、右边滩①洲头右支边滩		两股	双汊、左主汊、右边滩、①洲同右支汊		两股	双汊、左边滩、右边滩，首被冲下移	
4号	两股	双汊、左再分汊、洲①-1拓宽、洲①-2变窄		三股	三汊两洲、中主汊、左支汊		三股	三汊两洲、①-2、①-1及右边滩		三股	三汊两洲、①-3洲头上延、汊道下切、支汊复活	
5号	两股	双汊、左再分汊、洲①-1拓宽、洲①-2变窄	顺直多汊	三股	三汊两洲、①-2及中主汊、①-1下延、右边滩	顺直多汊	三股	三汊两洲、①-2、①-1及右边滩、中主汊	顺直多汊	三股	三汊两洲、右边滩、汊道下切	顺直多汊
6号	两股	双汊、右主汊、右边、②-1洲上延、滩变窄		三股	双汊、部分②-1洲、两边滩、①-1洲下延		两股	左边滩、右支汊、②-1洲扩大		多股	②-1洲下延、汊道下切	
7号	两股	双汊、右主汊、右边滩		多股	过渡段宽浅、②-1洲部分下移		多股	过渡段极宽浅		三股	与Ⅲ-2-3同	
8号	多股	过渡型右边滩拓宽	过渡段	多股	过渡段宽浅、心滩		三股	三汊、中主汊、右汊具心滩、②-2洲		三股	③-1洲变窄、右汊扩大	
9号	三股	三汊、右主汊、②-2洲下延变小	顺直多汊	两股	双汊、左主汊弯曲、切滩型江心洲、右串沟		三股	三汊右主汊③-1洲		三股	③-1洲切割分散、右汊宽浅	
10号	两股	双汊、右主汊、右边滩扩大		两股	双汊、左主汊弯曲、右串沟切滩型江心洲、③-2洲扩大		两股	双汊、左主汊、③-1洲、右支汊、右边滩	节点	两股	③-1洲切割分散、右汊宽浅	
11号	两股	双沟、右主汊、深槽左串沟、滩左串沟、④洲边滩扩大	过渡段	两股	双汊、左主汊弯曲、右串沟切滩型江心洲	节点弯曲	单股	过渡段、左、右边滩		单股	与Ⅲ-2-3类同	节点

续表

断面号	Ⅲ-2-1测次/129h			Ⅲ-2-2测次/150h			Ⅲ-2-3测次/159.5h			Ⅲ-2-4测次/166.5h		
	水流	河床地貌	河型	水流	河床地貌	河型	水流	河床地貌	河型	水流	河床地貌	河型
12号	两股	双汊，右主汊，深槽左串沟扩大，④洲右边滩扩大	弯曲	单股	弯道（右），④洲靠岸，左边滩	弯曲	三股	三汊，一串沟，右主汊，④洲，④-1潜洲	弯曲分汊型	两股	双汊，串沟萎缩，④-1洲冲刷为心滩	弯曲分汊型
13号	两股	双汊，右主汊，④洲左串沟，左边滩扩大	双汊	单股	弯道（右），④洲靠岸，左边滩		两股	右主槽，左串沟，④洲		两股	与Ⅲ-2-3类同	
14号	单股	过渡段，右边滩	过渡段	单股	浅滩段，左、右边滩	节点	单股	窄深段，左边滩尾，右边滩首	节点	单股	右边滩蚀退，河道拓宽	
15号	两股	双汊，左主汊弯曲，⑤洲右串沟右移	一侧弯曲分汊	两股	双汊，左主汊，弯曲右支汊		单股	左弯道，⑤洲靠岸与左边滩首	弯曲型	两股及串沟流	右边滩蚀冲刷成支汊，支汊成左汊及串沟活，⑤洲右边汊为左	
16号	单股	过渡	过渡段	两股	双汊，左主汊，弯曲右支汊		单股	右弯道，⑤洲靠岸与左边滩首		两股及串沟流	右边滩蚀退冲刷支汊，⑤洲复活	
17号	两股	双汊，右主汊弯曲，⑤洲左串沟扩大	弯曲双汊	两股	双汊⑥洲左部切割与主汊，双汊，⑥洲左部切割成主汊	节点	单股及串沟	右弯道，⑥洲靠岸与串沟，左边滩合并	节点	单股	过渡段窄深	节点
18号	两股	双汊，右主汊弯曲，⑤洲左串沟扩大		两股	左边滩合并，串沟左弯，⑥洲滩合并，串沟		单股及串沟	右弯道，⑥洲靠岸与串沟，左边滩合并		两股及串沟	与15号~16号类同，仅主汊为右，⑥洲复活	弯曲分汊型
19号	两股	左边滩拓宽	节点	汊流汇合	相对窄深，左边滩扩大，右漫滩	一侧弯曲分汊型		右弯道，⑥洲靠岸与串沟，左边滩合并	一侧弯曲分汊型	两股及串沟流	与15号~16号类同，仅主汊为右，⑥洲复活	
20号	两股	双汊，右主汊弯曲，⑦洲扩大下移	一侧弯曲	分流	深槽，左边滩，右漫滩			右弯道，⑥洲靠岸与串沟，左边滩合并		两股及串沟流	与15号~16号类同，仅主汊为右，⑥洲复活	
21号	两股	双汊，左主汊弯曲，⑦洲扩大下移		两股	双汊，右主汊，⑦洲		两股及串沟	右汊弯曲，⑦洲，右漫滩，左边滩切割串沟		三股	两洲⑦-1及⑦-2，右漫滩，三汊，右汊，洲，漫滩	
22号	单股		节点	单股	双汊，右主汊，⑦洲缩小	节点			节点			节点

由上述实验情况不难看出，输沙变异影响的实验过程中，江心洲分汊河道的空间演变：①平面上主要表现为主河道与汊河的曲折度、波长、波幅及波长波幅比的变化；②横向上河道宽度、水深及宽深比的变化；③纵向上河道纵剖面及其起伏度的变化。与此同时，水沙动力条件、边界条件、河相关系以及模型河道的稳定性相应发生变化与调整。在时间上，体现于诸河型要素三维空间的变化速率，对于这些要素的时空变化，主要侧重于统计分析它们与输沙率的关系，及定性分析随时间的变化速率。

2. 输沙变异影响的实验结果

（1）河道形态演变过程及河床冲淤分析。

1）分汊河道平面形态及河床冲淤的影响。输沙变异对分汊河道形态及河床平面冲淤的影响，主要分析分汊河道弯曲率（P）、波长（L）、波幅（A）及波长波幅比λ（L/A）的演变。

由图 12.3-1 看出，当造床实验完成时，模型小河已成为十分典型的江心洲分汊河道，并普遍发生切滩，发育诸多江心洲。在输沙率减少的变异影响下，随着时间的推移，汊河的弯曲度有所增加，但是变化的速率极小，变化幅度不大，基本保持在 1.30 左右，弯曲率与输沙率间保持幂函数关系［图 12.3-2（a）及式（12.3-3）］；相应地曲流波长波幅比随输沙率的减少而增大，两者间同样遵循良好的幂函数关系［图 12.3-2（b）及式（12.3-4）］。进一步分析波长、波幅与输沙率的关系时，他们的变化与造床实验过程不一样。在造床实验时，波长、波幅与输沙率间具有多项式关系，在实验之初高输沙率条件大波长短，随输沙率减少而波长增加，当输沙率约 20kg/h 时，具有最长的波长约 7.30m，而后随输沙率的减少而缩短，造床实验完成时，波长缩短为 5.3m［图 12.3-2（c）及

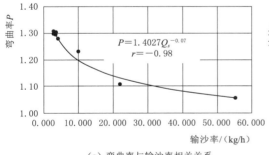

（a）弯曲率与输沙率相关关系

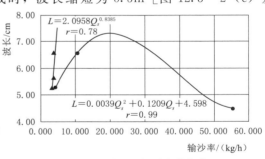

（b）波长与输沙率相关关系

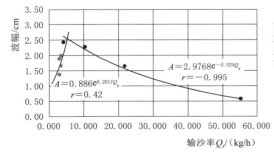

（c）波幅与输沙率相关关系

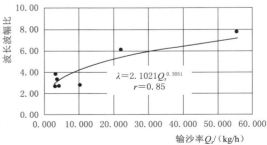

（d）波长波幅比与输沙率相关关系

图 12.3-2 分汊河道要素与输沙率相关关系

式（12.3-5）]；波幅的情况有所不同，随着输沙率的减少，波幅不断增加，由高输沙率时的 0.5m，到造床实验完成时低输沙率影响下的 2.5m [图 12.3-2 (d) 及式（12.3-6）]。而输沙变异影响下，波长与波幅均随输沙率的降低而变小，他们与输沙率间的关系，可分别用幂函数及指数函数关系式表达 [式（12.3-7）和式（12.3-8），图 12.3-2 (c)、(d)]，尽管波幅与输沙率间的相关系数较低，这或许与实验样本数偏少有关。

$$P = 1.4027 Q_s^{-0.07} \qquad\qquad r = -0.98 \qquad\qquad (12.3-3)$$

$$\lambda = 2.1021 Q_s^{0.3051} \qquad\qquad r = 0.85 \qquad\qquad (12.3-4)$$

$$L = 0.0039 Q_s^2 + 0.1209 Q_s + 4.598 \qquad\qquad r = 0.99 \qquad\qquad (12.3-5)$$

$$A = 2.9768 e^{-0.029 Q_s} \qquad\qquad r = -0.995 \qquad\qquad (12.3-6)$$

$$L = 2.0958 Q_s^{0.8385} \qquad\qquad r = 0.78 \qquad\qquad (12.3-7)$$

$$A = 0.886 e^{0.2017 Q_s} \qquad\qquad r = 0.42 \qquad\qquad (12.3-8)$$

2）分汊河道横剖面形态及河床横向冲淤的影响。通过河道横剖面演变，分析输沙变异对分汊河道形态及河床横向冲淤的影响。正如前述，造床过程中，随着时间的推移，河宽不断拓宽，水深不断减少。因此，宽深比不断增大。在输沙率变异影响下，河宽随输沙率的变化，保持了河宽随输沙率增加而扩大的趋势，由 211cm 展宽到 254cm，只是变率大于造床过程。造床时，河道加宽率为 1.5cm/h，输沙率影响下，加宽率仅一半有余，约 0.88cm/h [式（12.3-9）和式（12.3-10），图 12.3-3 (a)]。同样，水深也保持了类似的趋势，随输沙率的增减而增减，造床时随输沙率的减少而变浅，由 2.36cm 变浅为

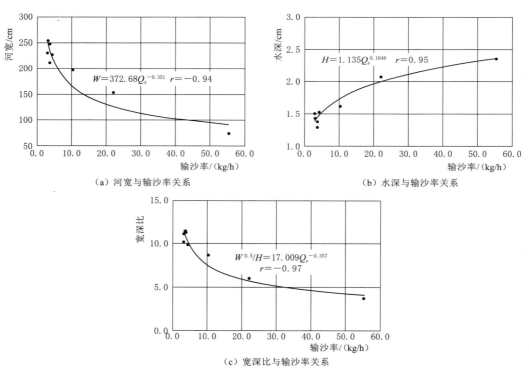

（a）河宽与输沙率关系　　　　　　　　　　（b）水深与输沙率关系

（c）宽深比与输沙率关系

图 12.3-3　分汊河道河宽、水深、宽深比与输沙率相关关系

1.53cm，变浅率为 0.0082cm/h；输沙率变异时，由 1.29cm 加深为 1.49cm，加深率为 0.0037cm/h，不及造床时的一半 ［图 12.3-3 （b），式 （12.3-11） 和式 （12.3-12）］。因此，在输沙率影响下，宽深比变化不大，保持在 10.02～11.42 ［图 12.3-3 （c），式 （12.3-13）］。

$$W = 5.8308T^{0.7376} \qquad r = 0.99 \qquad (12.3-9)$$

$$H = 0.9666e^{-0.0034T} \qquad r = 0.62 \qquad (12.3-10)$$

$$W = 372.68Q_s^{-0.351} \qquad r = -0.94 \qquad (12.3-11)$$

$$H = 1.135Q_s^{0.1848} \qquad r = 0.95 \qquad (12.3-12)$$

$$W^{0.5}/H = 17.009Q_s^{-0.357} \qquad r = -0.97 \qquad (12.3-13)$$

3） 分汊河道纵剖面形态及河床纵向冲淤的影响。输沙变异对分汊河道形态及河床横向冲淤的影响，是借助河道纵剖面及河床起伏度演变分析来实现的。分析表明，造床过程中，随着时间的推移，河道纵比降 J_{ch} 及河床起伏度 $J_{b\delta}$ 不断变更其形态和数值，随着输沙率的减少，河道的纵比降及河床起伏度相应降低。在输沙率变异影响下，随着输沙率的增加，河道的纵比降及河床起伏度相应增加 （图 12.3-4），他们与输沙率的关系可以分别用幂函数及指数函数关系表达 ［式 （12.3-14） 和式 （12.3-15）］。

$$J_{ch} = 3.9146Q_s^{0.1308} \qquad r = 0.98 \qquad (12.3-14)$$

$$J_{b\delta} = 0.0956e^{0.1277Q_s} \qquad r = 0.59 \qquad (12.3-15)$$

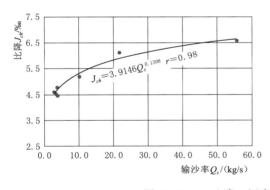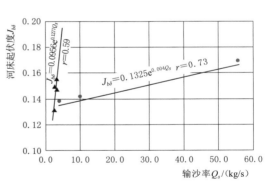

图 12.3-4 比降、河床起伏度与输沙率相关关系

（2） 水位与流量、输沙率关系。在输沙变异的实验中，主要是考察城陵矶以下到汉口分汊河段的演变。水位与输沙率关系的变化，一方面与水库下泄的水沙量多寡有关，另一方面也与荆江四口，实际三口，分流、分沙量，以及洞庭湖调剂后再汇入的泥沙输移量有关。水位与输沙率的关系受水沙组合的影响，即大水大沙、小水小沙组合的影响。从实验中的水位与相应输沙率的关系曲线可以看出，水位随输沙率的增大而升高，经综合调整后，水库下泄中小流量、中等以下含沙量时，坝下游荆江河道水位就下降为中低；当大水、大沙泄洪时，水位就必然升高，两者之间具有一定的相关关系 ［式 （12.3-16）］，但是，相关系数不高，比不上荆江的水位与输沙率间关系 ［式 （12.3-7）］。

$$H_{w汉} = 34.811Q_s^{0.014} \qquad r = 0.68 \qquad (12.3-16)$$

$$H_{w汉} = 53.59Q_b^{0.054} \qquad r = 0.52 \qquad (12.3-17)$$

分汊河道与弯曲河道相比，情况有所不同，实验时流量不变下，变更输沙率。水位随着输沙率的减少而升高，水深随水位升高而降低，河底高程相应升高，河床质变细，分汊河道显然处于淤积状态［表 12.3-1，式（12.3-18）～式（12.3-20）］。

$$H_i = 1.6391H_{wup}^2 - 115.14H_{wup} + 2023.3 \qquad r = 0.63 \qquad (12.3-18)$$

$$H_{ghi} = -34.778H_{wup}^3 + 3639.6H_{wup}^2 - 126959H_{wup} + 10^6 \qquad r = 0.69 \qquad (12.3-19)$$

$$D_{50i} = 2E + 13H_{wup} - 9.193 \qquad r = 0.54 \qquad (12.3-20)$$

（3）河岸边界条件变化。在设计发育模型小河的二元相结构河漫滩床面时，河岸的结构及物质组成应该是一个定值，通过河岸高度比（H_s/H_m，%）及湿周粉黏粒百分比（M，%）表征。然而，模型分汊河流造床实验显示，当模型小河发育演变调整河宽与水深时，边界条件的这两个参数由自变量相对地转变成因变量。

1）河岸结构河岸高度比（H_s/H_m，%）的变化。在分析造床过程实验成果时，水流的冲淤可以相对地改变河岸高度比，河岸高度比与水流作用时间的关系由幂函数式表达。在输沙变异影响下，保持了与造床实验中出现的基本特征，河岸高度比与输沙率之间的关系可以表达为式（12.3-21），只是变化范围较小，而变化率较大（图 12.3-5）。

2）河岸物质组成湿周粉黏粒百分比（M）的变化。湿周粉黏粒百分比也随运行时间的推进而变化，它们与输沙率（Q_s）之间的关系可由多项式［式（12.3-22）］拟合（图 12.3-6）。

$$H_s/H_m = 26.373Q_s^{0.1956} \qquad r = 0.93 \qquad (12.3-21)$$

$$M = -0.0122Q_s^2 + 0.5983Q_s + 15.596 \qquad r = 0.85 \qquad (12.3-22)$$

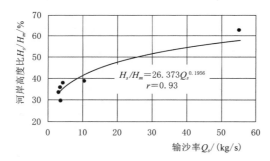

图 12.3-5　分汊河道河岸高度比与
输沙率相关关系

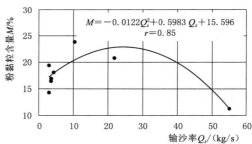

图 12.3-6　分汊河道湿周粉黏粒含量与
输沙率相关关系

（4）泥沙特性及输沙变化过程。

1）河床质中径（D_{50}）。分汊河道造床实验过程中，河床质中径随着实验历时运行的变化不大，在输沙变异影响的时间变化过程中，遵循类同于造床过程中呈现的规律，随时间推进而降低。在输沙变异影响的实验中，河床质中径随输沙率增加而增加［图 12.3-7和式（12.3-23）］。不过，床沙质中径为 0.13～0.14mm，等于或小于造床实验时的数值［图 12.3-8 及式（12.3-24）］。造床实验时，床沙质中径开始时为 0.176mm，中间为0.144～0.183mm，最后为 0.176mm。

$$D_{50造} = 0.0833Q_s^{0.3736} \qquad r = 0.81 \qquad (12.3-23)$$
$$D_{50} = 0.1157Q_s^{0.095} \qquad r = 0.89 \qquad (12.3-24)$$

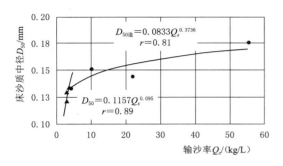

图 12.3-7　分汊河道床沙质中径与
输沙率相关关系

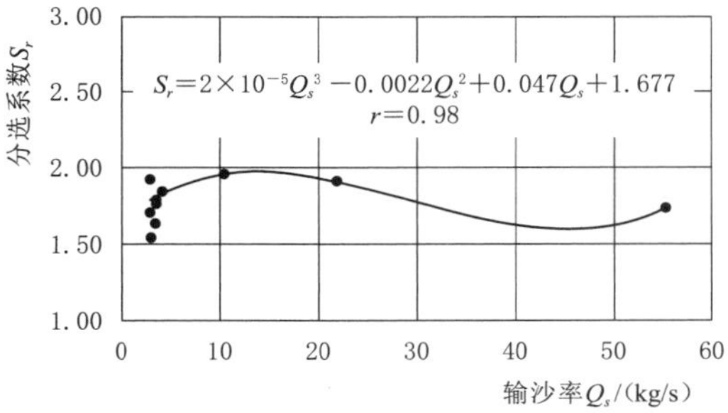

图 12.3-8　分汊河道床沙质分选系数与
输沙率相关关系

2）河床质分选系数（S_r）。在两个实验的时间过程中，床沙质分选系数具有与床沙质中径类似的变化趋势，开始时分选性较好，中间阶段变差，最后又有所好转［图 12.3-9 和图 12.3-10 及式（12.3-25）和式（12.3-26）］。分析表明，在整个实验过程中，床沙质的分选系数与输沙率关系较好（图 12.3-8），两者间具有式（12.3-27）的关系。造床实验时，两者间的相关关系较好［式（12.3-28）］；而在输沙变异影响过程实验中，两者关系更好［式（12.3-29）及图 12.3-11］。

$$D_{50} = 0.2051T^{-0.092} \qquad\qquad r = 0.93 \qquad (12.3-25)$$
$$S_r = -6 \times 10^{-5}T^2 + 0.0083T + 1.7059 \qquad\qquad r = 0.98 \qquad (12.3-26)$$
$$S_r = -0.0005T^2 + 0.1553T - 9.4175 \qquad\qquad r = 0.98 \qquad (12.3-27)$$
$$S_r = 2 \times 10^{-5}Q_s^3 - 0.0022Q_s^2 + 0.047Q_s + 1.677 \qquad\qquad r = 0.98 \qquad (12.3-28)$$
$$S_r = -0.002Q_s^2 + 0.0073Q_s + 1.8545 \qquad\qquad r = 0.94 \qquad (12.3-29)$$

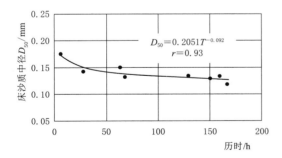

图 12.3-9　分汊河道床沙质中径的
时间变化过程

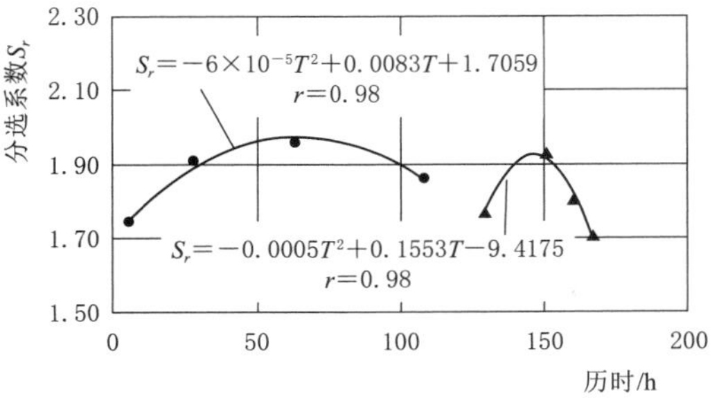

图 12.3-10　分汊河道床沙质分选系数的
时间变化过程

3）含沙量及来沙系数变化过程。在造床实验过程中，含沙量随时间总体呈幂函数关系、较为平缓的上调趋势；含沙量随输沙率的减少而增加，两者间存在幂函数关系［式（12.3-30）及图 12.3-11］，不过单位输沙率的平均变小率不大，仅为 0.0027g/L。输沙

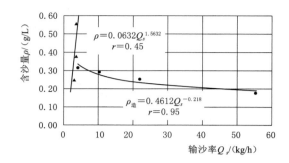

图 12.3-11　分汊河道来含沙量与
输沙率相关关系

变异影响后，两者间依然保持类似关系，含沙量随输沙率增加而增加，单位输沙率的增加率为 11.0g/L，增加率成千上万倍的变化，见图 12.3-11 和式（12.3-31），由于样本数较小，相关系数偏低。

$$\rho_{造} = 0.4612Q_s^{-0.218} \qquad r = 0.95$$
$$(12.3-30)$$

$$\rho = 0.0632Q_s^{1.5632} \qquad r = 0.45$$
$$(12.3-31)$$

至于来沙系数，由于输沙率变异影响的实验，各测次施放同一级流量，来沙系数与输沙率之间，理所当然具有良好的关系，两次实验的关系式分别表达为式（12.3-32）和式（12.3-33）。

$$\xi_{造} = 0.0952Q_s^{0.9535} \qquad r = 0.99 \qquad (12.3-32)$$
$$\xi = 0.0926Q_s^{0.9438} \qquad r = 0.99 \qquad (12.3-33)$$

（5）输沙变异对河床及洲滩冲淤影响。输沙率变异对江心洲分汊河道河床、深槽、浅滩、江心洲及边滩等河流地貌会带来一系列影响，尤其是修建水库以后，因库区拦截大量推移质泥沙，给大坝下游的江心洲分汊河道的河流地貌形态、位置及变化速率带来影响。

1）河床冲淤的变化。输沙率变异对于河床冲淤的影响，仅仅指河道被水流占有部分，亦即深槽与浅滩的总体影响，主要分析对河床冲淤面积（A_{ch}）及冲淤厚度（Tk_{ch}）的影响。由图 12.3-12 和图 12.3-13 可知，河床冲淤面积随输沙率的减少而增大，冲淤的厚度随输沙率增加而增加，这种情况在造床过程中更加明显。在输沙率变异条件下，其变化趋势类同，只是变化率大于造床实验，冲淤面积及厚度的变化幅度较小，冲淤面积和冲淤厚度分别为 25~30m² 及 -0.2~0.5cm（表 12.3-2），与输沙率间的关系如下：

$$A_{ch} = 0.0004Q_s^2 - 0.3338Q_s + 27.685 \qquad r = 0.95 \qquad (12.3-34)$$
$$Tk_{ch} = 0.9239\ln Q_s - 1.1711 \qquad r = 0.84 \qquad (12.3-35)$$

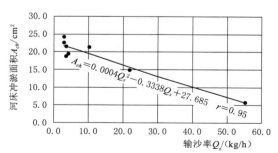

图 12.3-12　分汊河道河床冲淤面积
与输沙率关系

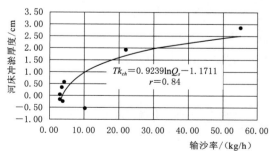

图 12.3-13　分汊河道河床冲淤厚度
与输沙率关系

表 12.3 - 2   输沙变异对分汊河道河床冲淤的影响

测次	历时 T/h	累计历时 $\sum T/h$	冲淤总量		河 床						输沙率 $/(kg/h)$
			重量 G/kg	累计 $\sum/kg$	体积 V/m^3	面积 A_{ch}/m^2	平均水深 H_{ch}/cm	水深差值 $\Delta H_{ch}/cm$	冲淤厚度 Tk_{ch}/cm	冲淤体积 V_{ch}/cm^3	
Ⅲ-1-1	6.00	6.00	318.42	318.42	−0.193	10.65	2.71	−3.07	2.93	2330.50	55.27
Ⅲ-1-2	21.00	28.00	395.12	713.53	−0.239	19.85	2.09	−0.62	1.95	2919.83	21.96
Ⅲ-1-4	35.50	63.50	238.34	951.87	−0.144	26.28	2.13	0.04	−0.51	−1161.07	10.31
Ⅲ-1-6	44.50	108.00	33.44	985.31	−0.020	24.40	1.80	−0.33	0.60	1507.46	4.18
Ⅲ-2-1	21.00	129.00	−11.39	973.92	0.007	26.54	1.58	−0.22	0.39	980.39	3.54
Ⅲ-2-2	21.00	150.00	−49.95	923.97	0.030	27.51	1.77	0.19	0.06	162.15	2.98
Ⅲ-2-3	9.50	159.50	−22.98	900.99	0.014	23.73	1.71	−0.06	−0.22	−563.08	3.59
Ⅲ-2-4	7.33	166.83	2.33	903.32	−0.001	29.18	1.92	0.21	−0.15	−409.32	2.99

2）深槽与浅滩位置变化及其变化速率。事实上，首先考察在造床实验过程中与输沙变异影响下，深槽及浅滩纵横向位置随时间的变化；进一步分析输沙率对河床中深槽与浅滩的空间变化的影响，研究深槽与浅滩的纵向（L_{d-pl}）和横向（H_{d-sh}）位移，以及他们与输沙率（Q_s）的关系。由图 12.3 - 14～图 12.3 - 17 可知，不论是造床实验，还是输沙变异影响实验，深槽的纵向位置变化都小于浅滩的纵向位置变化，浅滩的纵向移动深槽的纵向移动来的大一些。尤其是在输沙变异影响下，浅滩的纵向移动更加显著。对于横向移动，似乎深槽的横向位移大于浅滩。深槽的横向移动幅度约 350cm，浅滩的横向移动幅度约 150cm。可见在横向上浅滩比深槽来得稳定一些，特别是在造床实验过程中更加突出。在输沙变异影响实验中，浅滩的横向移动幅度比其在造床实验过程中的幅度来得大，造床时约 80cm，而输沙变异影响时约为 150cm。深槽与浅滩位置及变化范围无论是定性还是定量的描述，对于理论探讨和实际应用都具有重要价值。

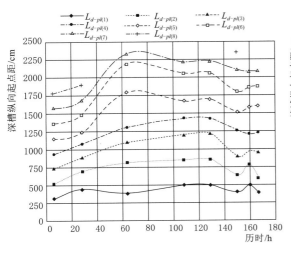

图 12.3 - 14　分汊河道深槽纵向位置变化图

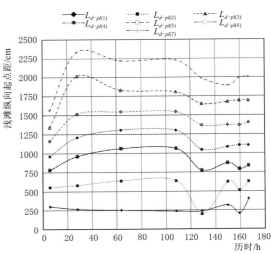

图 12.3 - 15　分汊河道浅滩纵向位置变化图

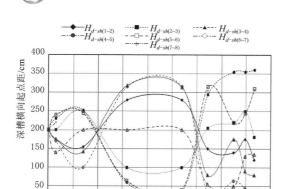

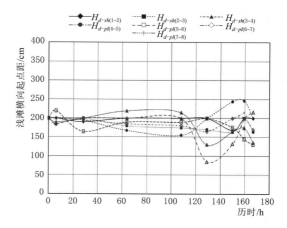

图 12.3-16　分汊河道深槽横向位置变化图　　　图 12.3-17　分汊河道浅滩横向位置变化图

另一个值得注意的问题是深槽与浅滩位移、位移速率，以及他们与输沙变异影响的关系。表 12.3-3 比较详细地列出了包括造床实验及输沙率变异影响实验相关的深槽与浅滩位移、速率等资料。图 12.3-18 和图 12.3-21 展示了深槽和浅滩纵、横向位移随输沙率的减少而增大，冲淤的厚度随输沙率增加而增加。这种情况在造床过程中更加明显。在输沙率变异条件下，其变化趋势类同，只是变化率大于造床实验，冲淤面积及厚度的变化幅度较小，冲淤面积和冲淤厚度分别为 $25 \sim 30 \mathrm{m}^2$ 及 $-0.2 \sim 0.5 \mathrm{cm}$（表 12.3-3）。它们与输沙率间的关系可表达为式（12.3-36）～式（12.3-49）。

显然，除了 3 号与 6 号深槽，2 号～5 号浅滩的纵向位移与输沙率关系较差外，大部分深槽及小部分浅滩的纵向位移明显受输沙率的影响。上中游深槽位移受输沙率变异的影响较下游深槽大；而浅滩位移受输沙率变异的影响，下游的大于中上游。这是一个值得深思的问题。

$$L_{d-pl(1)} = 0.019Q_s^3 - 1.406Q_s^2 + 25.835Q_s - 98.31 \qquad r=0.47 \qquad (12.3-36)$$

$$L_{d-pl(2)} = -0.0223Q_s^3 + 1.757Q_s^2 - 29.267Q_s + 107.85 \qquad r=0.50 \qquad (12.3-37)$$

$$L_{d-pl(3)} = -0.021Q_s^3 + 1.428Q_s^2 - 13.491Q_s - 13.024 \qquad r=0.68 \qquad (12.3-38)$$

$$L_{d-pl(4)} = -0.020Q_s^3 + 1.321Q_s^2 - 10.471Q_s - 9.766 \qquad r=0.83 \qquad (12.3-39)$$

$$L_{d-pl(5)} = -0.794Q_s^2 + 51.984Q_s - 374.24 \qquad r=0.70 \qquad (12.3-40)$$

$$L_{d-pl\,1(6)} = -0.876Q_s^2 + 55.618\,Q_s - 357 \qquad r=0.70 \qquad (12.3-41)$$

$$L_{d-pl(7)} = -0.739Q_s^2 + 48.056Q_s - 334.66 \qquad r=0.71 \qquad (12.3-42)$$

$$L_{d-sh(1\sim2)} = -0.0094Q_s^3 + 0.964Q_s^2 - 26.213Q_s + 168.5 \qquad r=0.47 \qquad (12.3-43)$$

$$L_{d-sh(2\sim3)} = 0.198Q_s^2 - 10.585Q_s + 94.917 \qquad r=0.47 \qquad (12.3-44)$$

$$L_{d-sh(3\sim4)} = -0.234Q_s^2 + 18.20Q_s - 148.96 \qquad r=0.61 \qquad (12.3-45)$$

$$L_{d-sh(4\sim5)} = -0.032Q_s^3 + 2.264Q_s^2 - 29.563Q_s + 73.016 \qquad r=0.76 \qquad (12.3-46)$$

$$L_{d-sh(5\sim6)} = -0.716Q_s^2 + 46.57Q_s - 335.59 \qquad r=0.65 \qquad (12.3-47)$$

$$L_{d-sh(6\sim7)} = -0.876Q_s^2 + 55.618Q_s - 357 \qquad r=0.70 \qquad (12.3-48)$$

$$L_{d-sh(7\sim8)} = -0.739Q_s^2 + 48.056Q_s - 334.66 \qquad r=0.71 \qquad (12.3-49)$$

表 12.3-3　输沙变异对分汊河道深槽与浅滩位置的影响

河床地貌	测次	历时/h	纵向 纵坐标/cm	纵向 位移/cm	纵向 速率/(cm/h)	横向 横坐标/cm	横向 位移/cm	横向 速率/(cm/h)
起点(0)	III-1-0	0.00	210			200		
	III-1-1	6.00	300	90	15.00	200	0	0.00
	III-1-2	28.00	265	-35	-1.59	190	-10	-0.45
	III-1-4	63.50	250	-15	-0.42	200	10	0.28
	III-1-6	108.00	235	-15	-0.34	200	0	0.00
	III-2-1	129.00	235	0	0.00	200	0	0.00
	III-2-2	150.00	315	80	3.81	168	-32	-1.52
	III-2-3	159.00	205	-110	-11.58	200	32	3.37
	III-2-4	166.83	400	195	26.60	200	0	0.00
浅滩 1~2	III-1-0	0.00	420			200		
	III-1-1	6.00	555	135	22.50	185	-15	-2.50
	III-1-2	28.00	580	25	1.14	200	15	0.68
	III-1-4	63.50	640	60	1.69	180	-20	-0.56
	III-1-6	108.00	640	0	0.00	175	-5	-0.11
	III-2-1	129.00	196	-444	-21.14	170	-5	-0.24
	III-2-2	150.00	625	429	20.43	165	-5	-0.24
	III-2-3	159.00	513	-112	-11.79	200	35	3.68
	III-2-4	166.83	630	117	15.96	165	-35	-4.77
深槽 1	III-1-0	0.00	315			200		
	III-1-1	6.00	450	135	22.50	175	-25	-4.17
	III-1-2	28.00	390	-60	-2.73	155	-20	-0.91
	III-1-4	63.50	500	110	3.10	280	125	3.52
	III-1-6	108.00	500	0	0.00	280	0	0.00
	III-2-1	129.00	397	-103	-4.90	150	-130	-6.19
	III-2-2	150.00	495	98	4.67	140	-10	-0.48
	III-2-3	159.00	387	-108	-11.37	175	35	3.68
	III-2-4	166.83	525	138	18.83	120	-55	-7.50
深槽 2	III-1-0	0.00	525			200		
	III-1-1	6.00	697	172	28.67	200	0	0.00
	III-1-2	28.00	818	121	5.50	250	50	2.27
	III-1-4	63.50	853	35	0.99	100	-150	-4.23
	III-1-6	108.00	860	7	0.16	100	0	0.00
	III-2-1	129.00	640	-220	-10.48	205	105	5.00
	III-2-2	150.00	793	153	7.29	219	14	0.67
	III-2-3	159.00	600	-193	-20.32	250	31	3.26
	III-2-4	166.83	748	148	20.19	182	-68	-9.28

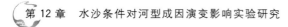

续表

河床地貌	测次	历时/h	纵坐标/cm	纵向位移/cm	纵向速率/(cm/h)	横坐标/cm	横向位移/cm	横向速率/(cm/h)
浅滩2~3	Ⅲ-1-0	0.00	630			200		
	Ⅲ-1-1	6.00	784	154	25.67	190	-10	-1.67
	Ⅲ-1-2	28.00	964	180	8.18	200	10	0.45
	Ⅲ-1-4	63.50	1066	102	2.87	220	20	0.56
	Ⅲ-1-6	108.00	1066	0	0.00	215	-5	-0.11
	Ⅲ-2-1	129.00	775	-291	-13.86	130	-85	-4.05
	Ⅲ-2-2	150.00	874	99	4.71	165	35	1.67
	Ⅲ-2-3	159.00	795	-79	-8.32	175	10	1.05
	Ⅲ-2-4	166.83	838	43	5.87	135	-40	-5.46
浅滩3~4	Ⅲ-1-0	0.00	840			200		
	Ⅲ-1-1	6.00	965	125	20.83	200	0	0.00
	Ⅲ-1-2	28.00	1210	245	11.14	195	-5	-0.23
	Ⅲ-1-4	63.50	1308	98	2.76	168	-27	-0.76
	Ⅲ-1-6	108.00	1300	-8	-0.18	155	-13	-0.29
	Ⅲ-2-1	129.00	1050	-250	-11.90	200	45	2.14
	Ⅲ-2-2	150.00	1085	35	1.67	245	45	2.14
	Ⅲ-2-3	159.00	1108	23	2.42	247	2	0.21
	Ⅲ-2-4	166.83	1108	0	0.00	200	-47	-6.41

河床地貌	测次	历时/h	纵坐标/cm	纵向位移/cm	纵向速率/(cm/h)	横坐标/cm	横向位移/cm	横向速率/(cm/h)
深槽3	Ⅲ-1-0	0.00	735			200		
	Ⅲ-1-1	6.00	895	160	26.67	175	-25	-4.17
	Ⅲ-1-2	28.00	1100	205	9.32	142	-33	-1.50
	Ⅲ-1-4	63.50	1200	100	2.82	318	176	4.96
	Ⅲ-1-6	108.00	1218	18	0.40	313	-5	-0.11
	Ⅲ-2-1	129.00	905	-313	-14.90	80	-233	-11.10
	Ⅲ-2-2	150.00	975	70	3.33	175	95	4.52
	Ⅲ-2-3	159.00	960	-15	-1.58	90	-85	-8.95
	Ⅲ-2-4	166.83	935	-25	-3.41	80	-10	-1.36
深槽4	Ⅲ-1-0	0.00	945			200		
	Ⅲ-1-1	6.00	1080	135	22.50	230	30	5.00
	Ⅲ-1-2	28.00	1310	230	10.45	252	22	1.00
	Ⅲ-1-4	63.50	1433	123	3.46	60	-192	-5.41
	Ⅲ-1-6	108.00	1430	-3	-0.07	36	-24	-0.54
	Ⅲ-2-1	129.00	1262	-168	-8.00	295	259	12.33
	Ⅲ-2-2	150.00	1216	-46	-2.19	355	60	2.86
	Ⅲ-2-3	159.00	1240	24	2.53	355	0	0.00
	Ⅲ-2-4	166.83	1265	25	3.41	360	5	0.68

续表

河床地貌	测次	历时/h	纵向 纵坐标/cm	纵向 位移/cm	纵向 速率/(cm/h)	横向 横坐标/cm	横向 位移/cm	横向 速率/(cm/h)
	Ⅲ-1-0	0.00	1050			200		
	Ⅲ-1-1	6.00	1166	116	19.33	200	0	0.00
	Ⅲ-1-2	28.00	1518	352	16.00	195	-5	-0.23
浅滩 4～5	Ⅲ-1-4	63.50	1545	27	0.76	185	-10	-0.28
	Ⅲ-1-6	108.00	1546	1	0.02	180	-5	-0.11
	Ⅲ-2-1	129.00	1370	-176	-8.38	165	-15	-0.71
	Ⅲ-2-2	150.00	1372	2	0.10	200	35	1.67
	Ⅲ-2-3	159.00	1370	-2	-0.21	200	0	0.00
	Ⅲ-2-4	166.83	1404	34	4.64	170	-30	-4.09
	Ⅲ-1-0	0.00	1260			200		
	Ⅲ-1-1	6.00	1344	84	14.00	220	20	3.33
	Ⅲ-1-2	28.00	2015	671	30.50	165	-55	-2.50
浅滩 5～6	Ⅲ-1-4	63.50	1830	-185	-5.21	190	25	0.70
	Ⅲ-1-6	108.00	1805	-25	-0.56	190	0	0.00
	Ⅲ-2-1	129.00	1648	-157	-7.48	200	10	0.48
	Ⅲ-2-2	150.00	1676	28	1.33	176	-24	-1.14
	Ⅲ-2-3	159.00	1695	19	2.00	145	-31	-3.26
	Ⅲ-2-4	166.83	1695	0	0.00	130	-15	-2.05

河床地貌	测次	历时/h	纵向 纵坐标/cm	纵向 位移/cm	纵向 速率/(cm/h)	横向 横坐标/cm	横向 位移/cm	横向 速率/(cm/h)
	Ⅲ-1-0	0.00	1155			200		
	Ⅲ-1-1	6.00	1243	88	14.67	170	-30	-5.00
	Ⅲ-1-2	28.00	1800	557	25.32	100	-70	-3.18
深槽 5	Ⅲ-1-4	63.50	1675	-125	-3.52	315	215	6.06
	Ⅲ-1-6	108.00	1698	23	0.52	315	0	0.00
	Ⅲ-2-1	129.00	1515	-183	-8.71	35	-280	-13.33
	Ⅲ-2-2	150.00	1586	71	3.38	65	30	1.43
	Ⅲ-2-3	159.00	1600	14	1.47	45	-20	-2.11
	Ⅲ-2-4	166.83	1550	-50	-6.82	25	-20	-2.73
	Ⅲ-1-0	0.00	1365			200		
	Ⅲ-1-1	6.00	1480	115	19.17	240	40	6.67
	Ⅲ-1-2	28.00	2190	710	32.27	245	5	0.23
深槽 6	Ⅲ-1-4	63.50	2057	-133	-3.75	65	-180	-5.07
	Ⅲ-1-6	108.00	2060	3	0.07	40	-25	-0.56
	Ⅲ-2-1	129.00	1800	-260	-12.38	315	275	13.10
	Ⅲ-2-2	150.00	1865	65	3.10	220	-95	-4.52
	Ⅲ-2-3	159.00	1878	13	1.37	245	25	2.63
	Ⅲ-2-4	166.83	1876	-2	-0.27	310	65	8.87

续表

河床地貌	测次	历时/h	纵向			横向			河床地貌	测次	历时/h	纵向			横向		
			纵坐标/cm	位移/cm	速率/(cm/h)	横坐标/cm	位移/cm	速率/(cm/h)				纵坐标/cm	位移/cm	速率/(cm/h)	横坐标/cm	位移/cm	速率/(cm/h)
浅滩6~7	Ⅲ-1-0	0.00	1470			200			深槽7	Ⅲ-1-0	0.00	1575			200		
	Ⅲ-1-1	6.00	1564	94	30.83	185	-15	-2.50		Ⅲ-1-1	6.00	1680	105	17.50	140	-60	-10.00
	Ⅲ-1-2	28.00	2335	771	9.09	200	15	0.68		Ⅲ-1-2	28.00	2335	655	29.77	200	60	2.73
	Ⅲ-1-4	63.50	2220	-115	5.63	200	0	0.00		Ⅲ-1-4	63.50	2220	-115	-3.24	200	0	0.00
	Ⅲ-1-6	108.00	2230	10	4.49	200	0	0.00		Ⅲ-1-6	108.00	2230	10	0.22	200	0	0.00
	Ⅲ-2-1	129.00	1988	-98	6.29	85	47	2.24		Ⅲ-2-1	129.00	2105	-125	-5.95	55	-145	-6.90
	Ⅲ-2-2	150.00	1890	104	21.05	132	68	7.16		Ⅲ-2-2	150.00	2080	-25	-1.19	50	-5	-0.24
	Ⅲ-2-3	159.50	1994	10	29.60	200	17	2.32		Ⅲ-2-3	159.50	2087	7	0.74	130	80	8.42
	Ⅲ-2-4	166.83	2004			217				Ⅲ-2-4	166.83	2118	31	4.23	135	5	0.68
浅滩7~8	Ⅲ-1-0	0.00	1680			200			深槽8	Ⅲ-1-0	0.00	1785			200		
	Ⅲ-1-1	6.00	1780	100	16.67	180	-20	-3.33		Ⅲ-1-1	6.00	1900	115	19.17	220	20	3.33
	Ⅲ-1-2	28.00								Ⅲ-1-2	28.00						
	Ⅲ-1-4	63.50								Ⅲ-1-4	63.50						
	Ⅲ-1-6	108.00								Ⅲ-1-6	108.00						
	Ⅲ-2-1	129.00	2220			200	200	9.52		Ⅲ-2-1	129.00	2352	2352	112.00	305	305	14.52
	Ⅲ-2-2	150.00	2216	-4	-0.19	215	15	1.58		Ⅲ-2-2	150.00						
	Ⅲ-2-3	159.50	2110	-106	-11.16					Ⅲ-2-3	159.50						
	Ⅲ-2-4	166.83								Ⅲ-2-4	166.83						

注　Ⅲ-1-0测次初始模型小河计算水流波长及交叉位置时，按模型设计的4.20m计；表中正值为冲刷，负值为淤积。

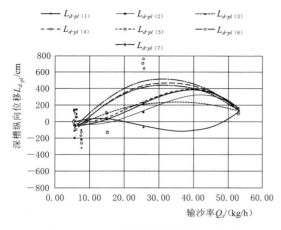

图 12.3-18 分汊河道深槽纵向位移
与输沙率关系

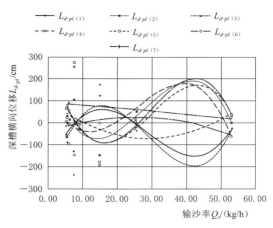

图 12.3-19 分汊河道深槽横向位移
与输沙率关系

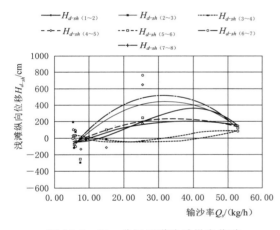

图 12.3-20 分汊河道浅滩纵向位移
与输沙率关系

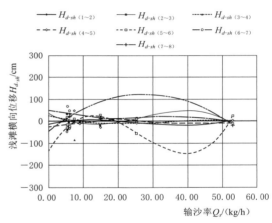

图 12.3-21 分汊河道浅滩横向位移
与输沙率关系

至于深槽及浅滩横向位移受输沙变异影响的总体情况比较复杂。从他们与输沙率间的关系 [式 (12.3-50)~式 (12.3-63)] 可以看到，深槽及浅滩的横向位移受输沙变异影响较小，深槽位移受较大影响的有 4 号、5 号深槽，而浅滩位移受较大影响的有中游 4 号和 5 号深槽间的浅滩，以及受入口及出口影响的两个浅滩段。

$$H_{d-pl(1)} = 0.022Q_s^3 - 1.908Q_s^2 + 43.376Q_s - 233.01 \qquad r = 0.52 \qquad (12.3-50)$$

$$H_{d-pl(2)} = -0.027Q_s^3 + 2.212Q_s^2 - 46.833Q_s + 225.19 \qquad r = 0.47 \qquad (12.3-51)$$

$$H_{d-pl(3)} = 0.029Q_s^3 - 2.496Q_s^2 + 56.693Q_s - 307.84 \qquad r = 0.40 \qquad (12.3-52)$$

$$H_{d-pl(4)} = -0.031Q_s^3 + 2.742Q_s^2 - 63.924Q_s + 357.82 \qquad r = 0.48 \qquad (12.3-53)$$

$$H_{d-pl(5)} = -0.027Q_s^3 + 2.410Q_s^2 - 57.035Q_s + 316.1 \qquad r = 0.45 \qquad (12.3-54)$$

$$H_{d-pl(6)} = -0.022Q_s^3 + 1.707Q_s^2 - 31.436Q_s + 130.85 \qquad r = 0.55 \qquad (12.3-55)$$

$$H_{d-pl(7)} = -1.428Q_s^3 + 95.781 \qquad r = 1.00 \qquad (12.3-56)$$

$$H_{d-sh(1\sim2)} = 0.002Q_s^3 - 0.171Q_s^2 + 3.114Q_s - 12.641 \qquad r = 0.20 \qquad (12.3-57)$$

$$H_{d-sh(2\sim3)} = -0.006Q_s^3 + 0.478Q_s^2 - 9.172Q_s + 37.402 \qquad r = 0.43 \qquad (12.3-58)$$

$$H_{d-sh(3\sim4)} = -0.001Q_s^3 + 0.014Q_s^2 + 1.801Q_s - 2671 \qquad r = 0.14 \qquad (12.3-59)$$

$$H_{d-sh(4\sim5)} = -0.001Q_s^3 + 0.131Q_s^2 - 3.890Q_s + 24.351 \qquad r = 0.21 \qquad (12.3-60)$$

$$H_{d-sh(5\sim6)} = 0.018Q_s^3 - 1.425Q_s^2 + 27.971Q_s - 139.0 \qquad r = 0.95 \qquad (12.3-61)$$

$$H_{d-sh(6\sim7)} = 0.030Q_s^2 - 2.753Q_s + 48.578 \qquad r = 0.67 \qquad (12.3-62)$$

$$H_{d-sh(7\sim8)} = -0.224Q_s^2 + 12.435Q_s - 48.083 \qquad r = 1.00 \qquad (12.3-63)$$

3）江心洲的冲淤变化。在进行输沙变异对江心洲冲淤影响时，表 12.3-4 及图 12.3-22 与图 12.3-23 展示了输沙率对江心洲的冲淤面积（A_i）和沉积层厚度（Tk_i）有很大影响。在造床实验过程中，江心洲的冲淤面积与输沙率呈负幂函数相关，输沙率越大，江心洲面积越小；当输沙率变异影响时，由于输沙率减少幅度较小，江心洲的面积不断增大，两者间关系可表达为式（12.3-64）。而江心洲的冲淤厚度与输沙率呈正相关，当输沙变异影响实验时，出现明显的淤积状态（表 12.3-4 中正值表示冲刷，负值表示淤积），两者可由多项式［式（12.3-65）］逼近，具有相当高的相关程度。

$$A_i = -3.35\ln Q_s + 13.059 \qquad r = 0.93 \qquad (12.3-64)$$

$$Tk_i = 1.0534\ln Q_s - 1.3006 \qquad r = 0.89 \qquad (12.3-65)$$

表 12.3-4　　　　　　　　　输沙变异对分汊河道江心洲冲淤的影响

测次	历时 T/h	累计历时 $\sum T$/h	面积 A_b/m²	江心洲				输沙率 /（kg/h）
				平均水深 H_i/cm	水深差值 ΔH_i/cm	冲淤厚度 Tk_b/cm	冲淤体积 V_i/cm³	
Ⅲ-1-1	6.00	6.00	0.00	2.71	-3.07	2.93	0.00	55.27
Ⅲ-1-2	21.00	28.00	2.63	1.37	-1.34	2.67	233.92	21.96
Ⅲ-1-4	35.50	63.50	4.05	0.89	-0.48	0.02	4.97	10.31
Ⅲ-1-6	44.50	108.00	8.05	0.86	-0.03	0.30	175.06	4.18
Ⅲ-2-1	21.00	129.00	10.68	1.11	0.25	-0.08	-79.35	3.54
Ⅲ-2-2	21.00	150.00	6.84	0.90	-0.21	0.46	399.71	2.98
Ⅲ-2-3	9.50	159.50	10.28	1.05	0.15	-0.43	-365.59	3.59
Ⅲ-2-4	7.33	166.83	9.71	1.01	-0.04	0.10	94.97	2.99

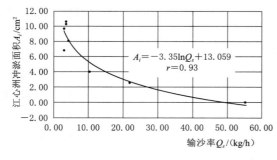

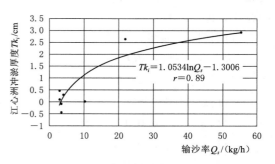

图 12.3-22　江心洲冲淤面积与输沙率相关关系　图 12.3-23　江心洲冲淤厚度与输沙率相关关系

4）边滩冲淤的变化。在进行输沙变异对边滩冲淤影响分析时，表 12.3 - 5 及图 12.3 - 24 和图 12.3 - 25 展示了输沙率对边滩的面积（A_b）和沉积层厚度（Tk_b）同样具有很大的影响。在造床实验过程中，边滩冲淤面积与输沙率呈正的幂函数相关，输沙率越大，边滩面积越大；当输沙率变异影响时，由于输沙率减少幅度较小，边滩的面积不断缩小，两者间有很高的相关性，关系可表达为式（12.3 - 66）。而边滩的冲淤厚度与输沙率呈负相关，当输沙变异影响实验时，出现明显的冲刷状态（表 12.3 - 5），两者间可由幂函数关系式［式（12.3 - 67）］逼近，同样具有相当高的相关系数。

$$A_b = 0.0012Q_s^2 + 0.0106Q_s + 0.0843 \qquad r = 0.996 \qquad (12.3-66)$$

$$Tk_b = 20.154Q_s^{-0.483} \qquad r = 0.879 \qquad (12.3-67)$$

表 12.3 - 5 输沙变异对分汊河道边滩冲淤的影响

测次	历时 T/h	累计历时 $\sum T$/h	面积 A_b/m²	边滩				输沙率 /(kg/h)
				平均水深 H_i/cm	水深差值 ΔH_i/cm	冲淤厚度 Tk_b/cm	冲淤体积 V_i/cm³	
Ⅲ - 1 - 1	6.00	6.00	2.09	1.29	-4.49	4.35	302.86	55.27
Ⅲ - 1 - 2	21.00	28.00	6.48	1.82	0.53	0.79	324.49	21.96
Ⅲ - 1 - 4	35.50	63.50	8.53	0.87	-0.95	0.49	362.75	10.31
Ⅲ - 1 - 6	44.50	108.00	7.86	0.78	-0.09	0.36	290.78	4.18
Ⅲ - 2 - 1	21.00	129.00	8.85	0.91	0.13	0.04	29.22	3.54
Ⅲ - 2 - 2	21.00	150.00	14.30	1.24	0.33	-0.08	-91.73	2.98
Ⅲ - 2 - 3	9.50	159.50	13.85	0.81	-0.43	0.15	211.13	3.59
Ⅲ - 2 - 4	7.33	166.83	9.24	0.72	-0.09	0.15	166.27	2.99

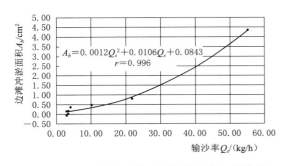

图 12.3 - 24 边滩冲淤面积与输沙率相关关系

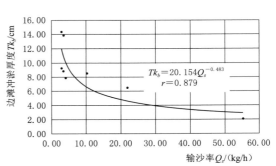

图 12.3 - 25 边滩冲淤厚度与输沙率相关关系

（6）河流输沙变异动力学分析。在输沙变异对分汊河道影响的泥沙动力学中，侧重分析宏观的输沙动力学分析，主要包括模型小河的河流沙相关系、来沙系数变化、剪切力变化、能量消耗率，以及它们与输沙变异影响的关系等。

1）河流沙相关系分析。河流沙相关系是河流水力几何与输沙变异间的关系，是河相及输沙间的综合关系。河相关系主要分析河宽、水深、比降、流速及糙率与流量的关系；而沙相关系则研究河宽、水深、比降、流速及糙率与输沙变异（包括输沙率、输沙特性、输沙类型、泥沙粒径、泥沙运动等）的关系。此次实验研究主要分析他们与输沙率的关系以及其相关变化过程。对于河宽、水深、比降与输沙变异影响的关系前文已有介绍［图 12.3 - 3 和图 12.3 - 4，式（12.3 - 10）、式（12.3 - 12）和式（12.3 - 13）］，这里只介绍流速、糙率及其与输沙变异影响的关系。

　　a. 输沙变异对平均流速的影响。在分析输沙变异的影响时，强调输沙率变化如何影响河道的平均流速，从而又反作用于泥沙的输移。图 12.3 - 26 及式（12.3 - 68）表明，在分汊河道造床实验过程中，平均流速随输沙率的降低而减少，在输沙变异的影响下，该种变化趋势继续，只是流速变化幅度及速率均大大减少，远不及造床实验时那么大，因此，对输沙率的作用也大大降低。

　　b. 输沙变异对糙率的影响。由图 12.3 - 27 及式（12.3 - 69）明显看出，在分汊河道造床实验过程中，糙率随输沙率的降低而显著增加，在输沙变异的影响下，该种变化趋势依然存在，糙率变化幅度及速率都保持造床实验时那样较大的数值。显然，对于输沙率的依然起到较大的抑制作用。

$$V = 6.0438 Q_s^{0.2962} \qquad r = 0.95 \qquad (12.3 - 68)$$

$$n = -0.025 \ln Q_s + 0.06 \qquad r = 0.77 \qquad (12.3 - 69)$$

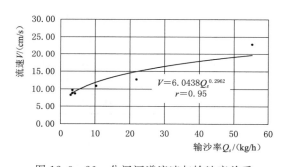

图 12.3 - 26　分汊河道流速与输沙率关系

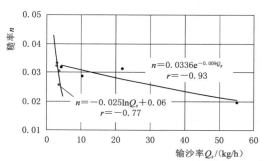

图 12.3 - 27　分汊河道糙率与输沙率关系

　　c. 沙相关系综合分析。在河流水力几何关系的研究中，特别强调流量与河宽、水深及平均流速的关系。三者与流量的统计相关表达式为：$B = aQ^d$、$H = bQ^e$、$V = cQ^f$，其中 $a + b + c = 1$，指数 d、e、f 三者之积也等于 1，因为 $Q = BHV$。由于 5 个统计表达式中含有 5 个未知数，实际上，河宽、水深、流速相互间相对比较确定，如果能确定比降与流量的关系，那么糙率与流量的关系也可由统计确定。诸多学者统计研究表明，比降与流量间关系为 $J_{ch} = gQ^h$，糙率与流量间关系也可以表达为 $n = iQ^j$，且该表达式中的系数及指数计算公式分别为

$$i = b^{2/3} g^{1/2} e^{-1} \qquad (12.3 - 70)$$

$$j = 2e/3 + (h - f)/2 \qquad (12.3 - 71)$$

　　在河流沙相几何关系中，由于输沙量对河宽、水深、流速、比降及糙率的影响比较复杂，研究深度远比不上对水力几何关系的研究。不妨利用造床流量（Q_b）与输沙率（Q_s）

间的统计关系，来推断河相因素与输沙率间的沙相关系，由实验资料获得关系如下：

$$Q_b = \alpha Q_s{}^\beta \qquad (12.3-72)$$

由水力几何关系：

$$W = aQ_b{}^d = a(\alpha Q_s{}^\beta)^d = a\alpha^d Q_s{}^{\beta d} \qquad (12.3-73)$$

$$H = bQ_b{}^e = b(\alpha Q_s{}^\beta)^e = b\alpha^e Q_s{}^{\beta e} \qquad (12.3-74)$$

$$W = cQ_b{}^f = c(\alpha Q_s{}^\beta)^f = c\alpha^d Q_s{}^{\beta f} \qquad (12.3-75)$$

将式（12.3-73）～式（12.3-75）等号左右边各项相乘，并经过整理得：

$$\left.\begin{array}{l} WHV = a\alpha^d Q_s{}^{\beta d} b\alpha^e Q_s{}^{\beta e} c\alpha^d Q_s{}^{\beta f} \\ Q_b = abc\alpha^{d+e+f} Q_s{}^{\beta(d+e+f)} \end{array}\right\} \qquad (12.3-76)$$

将式（12.3-76）代入水力几何关系式，并考虑 $abc=1$、$d+e+f=1$，则得如下沙相关系式：

$$W = a^2 bc\alpha^{d(d+e+f)} Q_s{}^{\beta d(d+e+f)} \qquad (12.3-77)$$

$$H = ab^2 c\alpha^{e(d+e+f)} Q_s{}^{\beta e(d+e+f)} \qquad (12.3-78)$$

$$V = abc^2 \alpha^{f(d+e+f)} Q_s{}^{\beta f(d+e+f)} \qquad (12.3-79)$$

$$J_{ch} = gabc\alpha^{g(d+e+f)} Q_s{}^{\beta i(d+e+f)} \qquad (12.3-80)$$

$$n = gabc\alpha^{h(d+e+f)} Q_s{}^{\beta j(d+e+f)} \qquad (12.3-81)$$

上述表达式不是严格的证明，但是至少可以看出他们与输沙的关系是十分密切的，尤其是对比降、流速及糙率的影响。此外，这些表达式定性反映：比降陡、流速大有利于泥沙的高输移率，高输沙率要求较小的糙率、较窄的河宽及较深的水深条件；相反，比降平缓、流速小有利于泥沙的输移率，较大的糙率、较宽的河宽及较浅的水深条件导致泥沙的低输沙率（图12.3-28），它们间的相互关系有待进一步深入研究。

2）输沙变异与来沙系数的关系。来沙系数（$\xi = Q_{sh}/Q_b$）是判断冲积河流的冲刷、淤积、冲淤平衡极为有价值的经验参数。此次实验用来分析输沙变异对模型分汊河道冲淤状况影响。实验表明，造床过程初期，输沙率随来沙系数减少而急剧下降，而后趋向平缓调整；在输沙变异条件影响下，输沙率随来沙系数增加而增加，其变化过程见图12.3-29，该过程可表达为幂函数［式（12.3-82）］。

$$\xi = 0.0984 Q_s{}^{0.9438} \qquad r = 0.99 \qquad (12.3-82)$$

3）输沙变异与剪切力的关系。模型河道剪切力变化状况表明，输沙变异与其有着密切的关系。在高、中输沙率的分汊河道初、中期造床实验阶段，输沙率随河道水流剪切力的升高而急剧降低，而后趋向平缓调整，且调整幅度较大；而在输沙变异影响时，输沙率随河道水流剪切力的升高而增大，但变化幅度变小。造床时，水流剪切力变化幅度为$(1\sim6)P_a$，输沙率变化幅度为$5\sim55\mathrm{kg/h}$；输沙变异时，水流剪切力变化幅度为$(3.8\sim5)P_a$，输沙率变化幅度为$3\sim3.5\mathrm{kg/h}$；两者可用三次多项式［式（12.3-83）］表达（图12.3-30），且具有相当高的相关系数。

$$\tau_c = 0.0003 Q_s{}^3 - 0.0273 Q_s{}^2 + 0.5722 Q_s + 2.7802 \qquad r = 0.92 \quad (12.3-83)$$

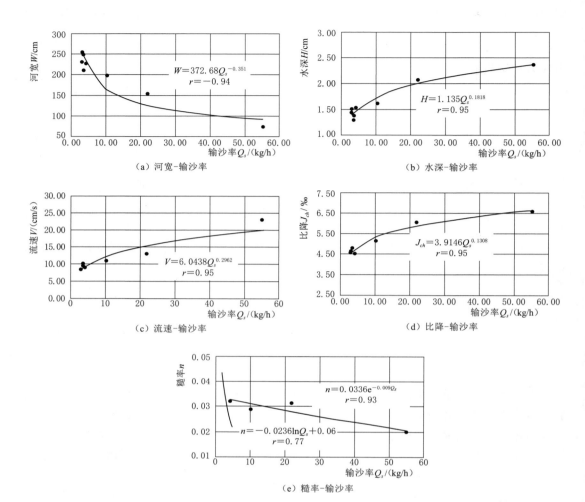

图 12.3-28　分汊河道输沙变异影响沙相关系图

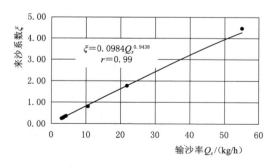

图 12.3-29　分汊河道来沙系数与输沙
变异影响相关关系

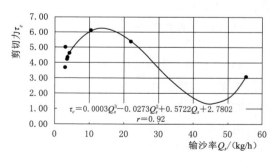

图 12.3-30　分汊河道剪切力与
输沙率相关关系

4）输沙变异与能量消耗率的关系。模型河道输沙变异与能量消耗率间同样有着密切的关系，因为河道水流的一大部分能量消耗于输送泥沙。在初、中期造床实验阶段，分汊河道具有高、中输沙率，输沙率随河道消能率的降低而降低，但调整幅度不大；而在输沙变异影响时，输沙率随河道能量消耗能率的升高而增大，但变化幅度较大。造床时，能量消能率变化幅度为 $2\sim2.5$cm·m/(m·s)，输沙率变化幅度为 $5\sim55$kg/h；输沙变异时，能量消能率变化幅度为 $1\sim1.8$cm·m/(m·s)，输沙率变化幅度为 $3\sim3.5$kg/h。两者之间具有较好的幂函数相关关系 [式(12.3-84)，图 12.3-31]。

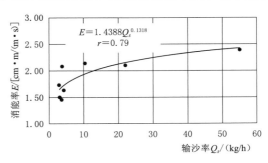

图 12.3-31　分汊河道实验消能率与输沙率相关关系

$$E=1.4388Q_s^{0.1318} \qquad r=0.79$$

$$(12.3-84)$$

（7）河型判别及稳定性分析。通过对模型河道的一些主要参数，包括河道比降、河宽、水深、床沙中值粒径、河岸高度比等，随时间演变的综合分析，对受输沙变异影响后的模型分汊河型进行判别和稳定程度分析。对于室内模型实验，河道的综合稳定性指标，往往与纵向稳定性因素（床沙质粗细、河道比降陡缓及水流的深浅）有关，对于河道已被护岸限制横向发展的长江中游来说，情况也十分相似。不妨借助谢鉴衡（1997）稳定性判据分析实验过程中曲流与分汊河道纵向稳定性的变化情况（表 12.3-6）。

表 12.3-6　　　　　　　　河相因子数值及纵向稳定性指数 **K** 值表

影响因素	测次	历时 /h	床沙中径 /mm	平均水深 /cm	河道比降 /‰	河相指数 K
弯曲造床	Ⅱ-1-1	2.0	0.241	2.61	5.16	1.791
	Ⅱ-1-2	6.0	0.194	2.43	4.49	1.777
	Ⅱ-1-3	14.0	0.203	2.70	5.83	1.289
	Ⅱ-1-4	30.0	0.157	2.09	5.95	1.263
	Ⅱ-1-5	62.0	0.118	2.03	4.43	1.311
	Ⅱ-1-6	126.0	0.084	1.42	5.49	1.078
	Ⅱ-1-7	158.0	0.083	2.24	5.46	0.678
	Ⅱ-1-8	230.0	0.073	1.75	5.77	0.723
流量影响	Ⅱ-2-1	270.0	0.108	1.81	6.28	0.950
	Ⅱ-2-2	302.0	0.104	2.52	6.38	0.647
	Ⅱ-2-3	334.0	0.102	2.64	6.14	0.630
	Ⅱ-2-4	353.0	0.090	2.52	6.24	0.572
	Ⅱ-2-5	374.0	0.091	3.10	6.63	0.443
	Ⅱ-2-6	403.0	0.090	2.09	6.40	0.673

续表

影响因素	测次	历时 /h	床沙中径 /mm	平均水深 /cm	河道比降 /‰	河相指数 K
分汊造床	Ⅲ-1-1	6.0	0.176	2.22	7.00	1.135
	Ⅲ-1-2	28.0	0.143	2.07	6.16	1.123
	Ⅲ-1-4	63.5	0.151	1.63	6.65	1.393
	Ⅲ-1-6	108.0	0.133	1.53	5.47	1.583
输沙影响	Ⅲ-2-1	129.0	0.134	1.29	5.10	2.032
	Ⅲ-2-2	150.0	0.130	1.50	5.82	1.480
	Ⅲ-2-3	159.5	0.134	1.38	6.96	1.396
	Ⅲ-2-4	166.8	0.119	1.43	5.05	1.644

表 12.3-6 表明，曲流造床过程中 K（纵向稳定性指数）值由大变小，由开始的 1.791 变为造床末了的 0.723，与河道造床时不断细化有关，而河道比降的影响有限，甚至对河道稳定性有负向作用，水深变浅只会导致纵向稳定性降低。受流量变异影响后，K 值同样由大变小，由开始的 0.950 变为 0.673，床沙质也有所变细，水深增大对纵向稳定性起主要作用。再看分汊河道造床实验情况，K 值由小变大，由开始的 1.135 增大到 1.583，分析表明，K 值的增大，主要由比降调平引起，超过了床沙的细化及水深减少的作用；输沙量变异的影响，也使 K 值增大，由 2.031 变小为 1.644，同样是比降调平所致。如果三峡水利枢纽正常蓄水运行，下泄水流进入荆江的流量及含沙量分别为 37500m³/s 及 1.18kg/m³，进入城陵矶—汉口河段的流量及含沙量分别为 52500m³/s 及 0.856kg/m³，那么，荆江曲流及长江中游分汊河道将分别通过床沙的细化及比降的调平趋向相对稳定，以维持其原来的河型发展趋势。

张红武的稳定性指标（Z_w）包含有比降、河宽、水深及河床质中径四个参变量，一般情况下，$Z_w < 5$ 时，判定为游荡河型；Z_w 介于 5～15 时，判定为分汊河型；及 $Z_w >$ 15 时，判定为弯曲河型。然而对于二元相河岸边界条件，发育的典型弯曲模型小河，所得数据都小于 5，导致河型判别的不知所措。因此，对指标 Z_w 进行了改进，加入湿周粉黏粒百分比值（M），获得改进的稳定性指标 Z_n。Z_n 与输沙率间呈现良好的幂函数相关关系 [式（12.3-85），图 12.3-32]。引入重要的无量纲参数 M，并不失去判别式中量纲的平衡，Z_n 与 Z_w 也有很好的幂函数关系 [式（12.3-86）]，改进的稳定性指标 Z_n 可以全面地判断三种不同的河型。由图 12.3-33 的幂函数曲线可以看到弯曲、分汊及游荡河型的 Z_n 值分别为 >5、5～15 和 <1.5。分汊模型小河受输沙率变异影响有限，输沙率值小于 5kg/h，Z_n 稳定性指标约为 2，仍属于江心洲分汊河型。

$$Z_n = 0.3771Q_s^{0.453} \qquad r = 0.94 \qquad (12.3-85)$$

$$Z_n = 0.0888Z_w^{1.2515} \qquad r = 0.95 \qquad (12.3-86)$$

12.3.3　含沙量对冲积河流发育演变影响的实验

Shahjahan（1970）曾记录了在含沙量很大的范围内，当其他变量（包括坡降）保持

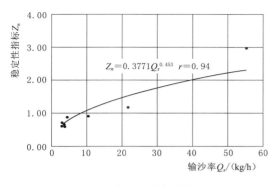

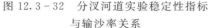

图 12.3-32　分汊河道实验稳定性指标
与输沙率关系

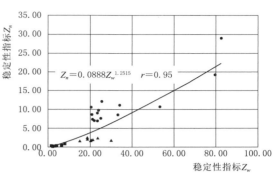

图 12.3-33　稳定性指标 Z_n
与 Z_w 相关关系曲线

不变时，地貌形态因变量变化相当微小。曲流波长和河宽随含沙量的增加而变小，而曲流波幅和水深则增加，说明含沙量对河道形态的影响很小。Ackers 和 Charlton（1970c）对曲流波长的量纲分析也得到相同的结论。Ackers（1964）指出，在理论上，含沙量 Q_s 可以包含在有地貌形态变量的多元变量关系式内，但相对来说并不重要。在此产生了一个难题，是坡降控制含沙量，还是反过来含沙量控制坡降，是属于因变量还是自变量，如何确定？读者可以参阅对不同时间尺度下因果关系的讨论（Schumm，1963）。

张欧阳（1996）在游荡河型突变实验时，对中低含沙量、较高含沙量及水沙减少的河流进行了造床实验研究，将水沙变化的河床演变趋势及与常态造床过程演变趋势做了冲淤率及其变化、河型要素的变化、河相关系特征及对河型演化影响等方面实验的对比分析，初步得出以下认识。

1. 冲淤率及其变化

在来水来沙条件突然变化的条件下，河床的冲淤状况发生了根本性的变化，造床时以冲为主，而突变时则以淤为主，这可从冲淤率的变化上得到反映（表 12.3-2）。

2. 河型要素的变化

实验表明，河型要素突然变化时与造床时遵循不同的规律（图 11.3-2、图 11.3-5～图 11.3-7、图 11.3-10 和图 11.3-11、图 17.5-12）。比如河道的宽度在常态造床时及突变过程中分别由式（17.5-4）及式（17.5-5）拟合，后者增大的幅度显然大于前者；而水深分别用式（17.5-6）及式（17.5-7）拟合，前者渐趋于稳定，后者则随含沙量增大而速率急剧下降；宽深比分别用式（17.5-8）及式（17.5-9）拟合，前者先增大、后趋于稳定，后者随含沙量增大而呈指数规律增大，含沙量越大，增加得越快。水位、河底高程、冲淤率、河床质中径、分选系数、能量消能率等都有不同于常态造成过程的演变特征。另一些河型要素如河道比降、曲率等无论是在造床过程实验阶段，还是在突变过程实验阶段，均无明显的线性演化规律，河道比降是先减少后增大，突变过程中的比降要大于造床趋于稳定时的比降（图 17.5-18），而曲率则是先增加后减少，突变过程时的曲率小于造床趋于稳定时的曲率（图 17.5-19）。

3. 河相关系特征及造床过程的对比分析

常态造床过程和水沙突变过程中的平面河相关系不尽一致，比如河宽、宽深比在造床过程中有如下关系：

$$W/D_{50造} = 10^{-22.1} F^{3.725} \tag{12.3-87}$$

$$W/H_{造} = 10^{-18.357} F^{2.792} \tag{12.3-88}$$

而在突变过程中则为

$$W/D_{50突} = 10^{-22.1} F^{3.725} \tag{12.3-89}$$

$$W/H_{突} = 10^{-18.357} F^{2.792} \tag{12.3-90}$$

上述河相关系遵循不同的规则，表明河床在外临界激发突变的调整过程中，存在非线性的突发性调整过程，以适应新的环境条件。

12.4　水沙变异影响实验的比较

运用基于过程响应原理，设计了分汊河型造床及其沙量变异影响的实验，并成功地进行了水槽的比较实验，探讨了实验过程的共同性、差异性、继承性、复杂性以及临界性表现；同时，为检验三峡水利枢纽修建后，长江荆江—洞庭湖输沙变异对长江中游城陵矶—武汉江心洲分汊河型演变趋势，提供了良好的实验基础；主要比较流量变异对弯曲河道发育演变的影响以及输沙率变异对分汊河道发育演变的影响，尤其是考察变异量对两种河道河型要素的变化幅度及变化速率。

12.4.1　两组实验的基本要点

12.4.1.1　两组实验的共同点

（1）流量变异及沙量变异影响下，两者按各自的变幅与变率继承先前的河型发育演变。当形态空间的平面、横向及纵向量变幅增长时，变率都较大；而当变幅下降时，变率都较小。

（2）两实验的水位随流量增减而升降，并受水沙组合影响；同流量条件下，水位随输沙率增减而升降。

（3）两者的深槽与浅滩以大幅度、高速率纵向移动，以小幅度、低速率总体左移，河床、江心洲及边滩三者冲淤的幅度及变率都属中等。

（4）河岸结构及物质组成均由自变量转变成因变量，两者的河岸高度比以不同幅度及变率增大，河岸中的粉黏粒含量百分比则都以小幅度及低速率降低。

（5）两个实验的输沙率由大变小，含沙量则由低变高，床沙质中径及分选性的变化趋势正好相反，输沙变异影响的变化速率都大于流量变异的影响，可达 2～6 倍。

（6）两实验中来沙系数、平均流速、剪切力波状递变，均由大减少；流量变异影响的来沙系数及糙率的变化幅度大于输沙的影响；平均流速及剪切力的变化幅度则相反；消能率有所增大，当受输沙变异影响时，先升后降；流量变异影响下，他们的变化速率都大于受输沙变异影响。

（7）两实验中对数河宽、水深、宽深比均具有递增趋势。

（8）特别提出了沙相关系问题，主要探讨输沙变异对河宽、水深、流速、比降、糙率的影响，以及它们之间的相关关系。

12.4.1.2 两组实验的不同点

（1）在流量变异及沙量变异影响下，两者继承先前河型发育演变过程中，随着时间的推移，弯曲河道的上游河段继续弯曲，下游河段出现切滩；江心洲分汊河型保持两汊到多汊并存。前者的河道弯曲率、波长波幅比、河宽、水深、宽深比、比降及河床起伏度都继续增加，后者的却由大变小。

（2）流量变异时，河道冲刷，水位随流量增加而升高，水深加深，河床高程降低，河床质粗化；定流量输沙变异时，河道淤积，水位随输沙率减少而升高，水深降低，河床高程升高，河床质细化；水位-流量间的相关性，弯曲河道强于分汊河道。

（3）在输沙变异影响下，江心洲分汊河床有最大冲刷面积、幅度及速率，江心洲次之，边滩则最小。

（4）河岸结构及物质组成变化过程中，前者的变幅大于后者，增长速率小于后者。

（5）流量变异影响下，输沙率及床沙的变化幅度大于输沙变异的影响；床沙分选性及含沙量的变化幅度则相反。

（6）两实验中，流量变异影响的来沙系数及糙率的变化幅度大于输沙影响；平均流速及剪切力的变化幅度则相反。

（7）两实验中，受流量变异影响的对数河宽递增率大于水深，对数河相因子密切与流域因子呈正相关，相关曲线斜率较倾斜；而受输沙变异影响的对数水深呈递减趋势，对数河相因子与对数流域因子间的相关关系比较一般，相关曲线斜率较平缓。

（8）沙相关系中，河宽由窄变宽、水深由浅变深、宽深比由大变小，糙率由小变大、比降由陡变缓，关系曲线具有不同的斜率，意味着具有不同的调整趋势。

12.4.1.3 演变随时间先快后慢，空间上递推演进

上述因子的时间演变过程具有先快后缓特性，空间沿程演变具有波状递推演进特征。在时空上出现地貌内临界现象，体现了流水地貌过程响应系统具有继承性、复杂性和临界性特点。具体表现在以下几个方面。

1. 形态变化的总体特征

流量变异及沙量变异按各自的变幅与变率继承先前的河型发育演变。前者影响下的河道继承性地向弯曲演变，特别是上游河段，下游河段出现切滩；后者影响下的河道同样继承性地保持两汊向多汊发展。随着时间的推移，两者除河道的弯曲率、河宽继续增加、河道比降变陡及河床由起伏变得平滑外，前者的河道弯曲率、波长波幅比、水深、宽深比都继续增加，后者这些相应的参数却由大变小。

2. 河流地貌的演变特征

从深槽及浅滩的演变来看，两实验中的深槽与浅滩以大幅度、高速率纵向移动，以小幅度、低速率总体左移；在输沙变异影响下，江心洲分汊河床及江心洲以大幅度、较高速率扩大，冲淤面积，而边滩面积扩大以中幅度、中速率进行；河床、江心洲及边滩三者冲淤厚度都以中等的冲淤幅度及速率进行。

3. 水位-流量关系的变化

两实验中,弯曲河道的水位随三峡水库下泄流量的增大而升高,随下泄流量的减少而降低;在输沙变异的实验中,主要考察分汊河段的受输沙率变异的影响。特别是水沙亦步亦趋组合的影响,即大水大沙、小水小沙组合,未进行大水小沙或小水大沙组合的实验。显然,水位随输沙率的增大而升高。水库下泄中等以下含沙量的中小流量时,坝下游弯曲河道水位下降为中低等;反之大水大沙泄洪时,水位必然升高。弯曲河道的水位-流量关系强于分汊河道的水位-输沙率关系。

在流量变异对弯曲河道影响的实验中,水位随着流量增加而升高,水深亦随之加深,河底高程却降低,河床质变粗,河道处于冲刷状态;在输沙率变异对分汊河道的实验中,情况有所不同,在同样流量条件下,水位随着输沙率的减少而升高,水深随水位升高而降低,河底高程相应升高,河床质变细,河道呈淤积状态。

4. 河岸结构及物质组成变化

无论是流量变异影响,还是输沙变异影响,河岸结构及物质组成均由自变量转变成因变量,H_s/H_m 及 M 值不同程度地增加。两者的河岸高度比以不同幅度及速率增大,河岸中的粉黏粒含量百分比则都以小幅度及低速率降低。相比之下,河岸结构的变幅大于物质组成,而增长速率则相反。换句话说,在受流量变异影响时,两参数都比遭遇输沙变异影响时作出的反应幅度为大,而响应的速率却较小。

5. 床沙特性及泥沙输移的变化

两个实验的输沙率变化都具有由大变小的特点,含沙量则有由低变高的趋势。两个实验的床沙质中径分别具有变粗与变细的特征,床沙质分选分别具有不均匀与变得均匀的相反趋势。

6. 动力条件的变化

流量变异与输沙变异影响实验中,来沙系数、平均流速、剪切力波状递变,均由大减少;但前者的糙率减少,后者则增大。流量变异影响下的来沙系数及糙率的变化幅度大于输沙变异影响;平均流速及剪切力的变化幅度则相反;流量变异影响的能量消能率有所增大,当受输沙变异影响时,先升后降;来沙系数、平均流速、剪切力、糙率四个因素的变化速率,后者都大于前者。弯曲与分汊两河型以不同幅度及速率向稳定或准稳定分汊河型发展。

7. 对数河相关系的变化

在两个实验中,受流量变异影响的对数河宽、水深、宽深比均具有递增趋势,河宽递增率大于水深,他们与对数流域因子密切正相关,曲线的斜率较倾斜。受输沙变异影响的对数河宽、宽深比也均具递增趋势,水深呈递减趋势,递增、减率都不大,与对数流域因子具有一般相关关系,曲线的斜率较平缓。不言而喻,弯曲河道受流量变异影响时,各个河相因子对流域因子做出响应的幅度及速率,在总体上强于分汊河道对输沙变异影响所做出的响应。

8. 沙相关系的变化

在输沙率变异影响的实验分析中,特别提出了沙相关系问题。主要强调河宽、水深、流速、比降、糙率与输沙率之间的关系,探讨输沙变异对这些河型因子的影响。

可以看到，河宽由窄变宽、水深由浅变深、宽深比由大变小、糙率由小变大、比降由陡变缓。关系曲线具有不同的斜率，意味着具有不同的调整趋势，这是很值得探讨的问题。

12.4.1.4 水沙关系的耦合性

这次实验主要模拟流量变异对弯曲河型演变的影响，以及输沙变异对分汊河型演变的影响。受实验场地和时间的限制，仅仅进行了水沙亦步亦趋组合影响的实验。在有限条件的实验中，水位与流量变异的相关性，强于水位与输沙变异的相关性，亦即水位与流量的耦合性好，而水位与输沙率的耦合较差。前者或许与来水量沿程相对稳定有关；而后者由于水流中泥沙的推移、跃移，悬沙与河床不断交换，使沿程的输沙率不易稳定相联系。

12.4.1.5 河型继承性

弯曲河道无论经受沙量变异影响，还是受到输沙率影响，各个河型要素，一直保持弯曲河型及江心洲分汊河型各自的继承性发育与演变，即使弯曲河道局部河段的裁弯取直，裁直河道依然进一步发育成河湾，维持弯曲河型的发育演变；而对于江心洲分汊河型，即便主汊道弯曲度较大，暂时形成弯曲分汊，但是终究会演变成固有的江心洲分汊河型。进一步探讨河型发育演变的继承性特征，对于水利枢纽建设及河工建筑是很有参考价值的。

12.4.1.6 复杂性现象

弯曲造床实验过程中，存在凸岸边滩与深槽在纵向及横向移动时的空间交替-纵横向复杂移动现象。

12.4.1.7 临界性表现

在两个实验中都可以看到河型要素随时间演变的过程中出现临界转折点，如弯曲造床时的河宽、水深、宽深比及床沙的分选性，以及弯曲造床实验过程中，深槽及浅滩纵向移动临界点。

12.4.2 讨论

有几个问题值得进一步探讨：作为河道系统，水沙变异影响是外来的激发因素，当系统被激发作出必要的响应时，其响应的幅度、速率、权重，河相及沙相关系，变量地位，以及河道稳定性判别等都是很有价值的问题，影响到河道整治的方向、具体工程实施的空间布局和时段分配，对三峡水利枢纽那样大型工程的运行具有特殊意义。

1. 河道对水沙变异影响的响应幅度及速率问题

正如前述，当河道受到流量变异及沙量变异影响时，不同河型的因变量都会按各自的变幅与变率做出响应。但是，变化幅度与速率间有不同的组合，不外乎亦步亦趋的同步或背道而驰的异步，当然也可能保持几乎不变。一般情况是同步增大或减少，如，河道系统的形态子系统空间中，平面、横向及纵向的三个分量，随着流量或输沙率的增加，各因变量增幅增大，变化速率也都比较大；随着流量或输沙率的减少，各因变量减幅下降，减缓速率都比较小。对于异步组合的情况较少见，可能是变化幅度大，变化速率小，如河岸结构与组成在受流量变异影响时，两参数都比遭遇输沙变异影响时作出的反应幅度大，而响应的速率却较小，或许只有在原来为自变量转变成因变量的情况下出现，或者变化幅度及速率都是 0 的特殊情况。

2. 水位与流量、输沙量的关系

在流量变异的实验中，水位-流量关系的变化直接与水库下泄控制流量密切有关。从实验中的水位与相应平滩流量的关系曲线可以看出，水位随流量的增大而升高，也就是说，水库下泄中小流量，坝下游荆江河道就下降为中低水位，反之泄洪时，水位就升高，这也是不言而喻的。两者之间具有很好的幂函数相关关系；在输沙变异的实验中，主要是考察城陵矶以下到汉口分汊河段的演变。因此，水位与输沙率关系的变化，一方面与水库下泄的水沙量多寡有关，另一方面也与荆江四口实际上是三口分流分沙量，以及洞庭湖调剂后再汇入的泥沙输移量有关。实验基本上是水沙亦步亦趋组合的影响，即大水大沙、小水小沙组合，为进行大水小沙或小水大沙组合的实验。实验中的水位与相应输沙率的关系曲线。显然，水位随输沙率的增大而升高。综合调整后，水库下泄中小流量、含沙量中等以下时，坝下游荆江河道水位就下降为中低等；当大水大沙泄洪时，水位必然升高，两者之间具有一定的相关关系，但是，相关系数不高，比不上荆江的水位与输沙率间关系。

如果有条件能对两种河型同时进行实验，亦即运用三峡水库下泄的某种水沙组合：大水中沙、大水小沙、中水大沙、中水小沙、小水大沙，并以相应的泥沙粒径等作为来水来沙条件，流经弯曲的上荆江河道；设定分流口门，分流分沙汇入洞庭湖，流经蜿蜒曲折的下荆江；到城陵矶接纳洞庭湖的水沙量，再流经江心洲分汊河道到汉口，进行全河程的模拟实验。而后进行比较分析，或许会获得对水沙耦合与非耦合效应更全面、更准确的认识。

3. 河岸结构及物质组成变量性质转化问题

无论是流量变异影响，还是输沙变异影响，河岸结构及物质组成变量均由自变量转变成因变量，该两要素是河道演变过程中的产物，如果没有强力的扰动，如地壳运动、山崩、大型滑坡等，它们是不会变动的；对于冲积河流来说，河岸结构及物质组成变量是相对不变的边界条件，是决定河型发育类型的一个重要的自变量。当河道受到流量及输沙变异影响时，随着河道水流冲淤能力、剪切力及与能量消耗率的变化，深泓水深（最大平滩水深 H_{max}）的深浅发生变化，两者以不同幅度及速率发生变化，从而转化成因变量，并具有反馈机制，反作用于河道水流。当水深增大时，具有正反馈作用，增强河道沿着原有河型的演变趋势，乃至达到 Schumm 弯曲率-坡降曲线的第二临界点；当水深变浅时，具有负反馈作用，减弱河道沿原有河型的演变趋势，可能回到 Schumm 弯曲率-坡降曲线的第一临界点的位置。对河道系统来说，水沙变异作为外在的激发因素，要导致该两个要素的转化要有足够的力度和时间。此项实验中，河岸高度比以不同幅度及速率增大，河岸中的粉黏粒含量百分比则都以小幅度及低速率降低；相比之下，前者的变幅大于后者，而增长速率小于后者。

4. 沙相关系问题

两个实验中，对流量变异影响的分析，注重一般公认的河相关系；而在输沙率变异影响的分析中，特别提出了沙相关系问题。目的是探讨输沙变异对河宽、水深、流速、比降、糙率这些河型因子的影响，以及他们与输沙率之间的关系。可以看到，河宽由窄变宽、水深由浅变深、宽深比由大变小，糙率由小变大、比降由陡变缓。是否存在类似于水力几何关系那样的沙相关系，关系曲线具有不同的斜率和截距，意味着输沙变异导致不同的调整趋势，这是很值得探讨的问题。对于沙相指数，Schumm（1963）早就使用 F 来表达，它是河宽与深泓水深（不是水力学的平均水深）之比。F 值与弯曲率 P 密切相关，$P=3.5F^{-0.27}$，与此同时，弯曲率与湿周中粉黏粒含量百分比也有很好的关系，$P=0.94M^{0.25}$。由此，$F=3.723M^{-0.93}$。显然，湿周中粉黏粒含量百分比（M）越高，或者二元相结构中河漫滩相粉黏土层越厚，可侵蚀的河床相沙砾层越薄，沙相指数 F 越小，河道越弯曲，越利于弯曲河型的发育；反之，则越利于江心洲分汊河型，乃至游荡河型的发育。

通过输沙量与流量的关系，可以获得河道水力几何参数与输沙率的统计关系，其中包括沙相指数 F。不过要达到河相关系那样比较严格的认知，还有待深入研究。

5. 流量变异影响与输沙变异影响的权重问题

以上对两种影响分别做了比较全面的分析，他们对河道系统的边界条件、水沙输移，以及他们的相互作用都有不同程度的影响，影响的幅度与速率各不相同。总体而论，两者变异对河道演变的影响，哪个变异的影响大？这涉及三峡水利枢纽建成后调水调沙的方式问题。对于荆江河道主要考虑流量变异影响，而对于城陵矶—汉口的江心洲分汊河段，主要考察输沙变异的影响。根据各要素受影响后响应的幅度及速率（表 12.4 - 1），应该说，受流量变异（前者）的影响，各要素变化的幅度及速率，都大于输沙变异（后者）的影响。尽管对于每种河型未进行两种影响因素影响的比较，河相关系曲线的斜率也能反映这一端倪。前者的斜率较陡，后者的较平缓。相比之下，流量变异的影响较为迅速猛烈，而输沙变异的作用比较缓慢滞后。

6. 河道受水沙变异影响后的稳定性判据问题

张红武的稳定性指标（Z_w）包含有比降、河宽、水深及河床质中径四个参变量，一般情况下，$Z_w>15$、$15\sim5$ 及 <5 分别判定为弯曲、分汊及游荡河型。前述指出过，Z_w 中没有考虑边界条件，为了使稳定性指标更全面地反映所包括的参变量，对张红武的稳定性指标（Z_w）进行改进，将湿周中粉黏粒含量百分比（M）加入，获得了改进的稳定性指标（Z_n）。Z_n 与输沙率间有良好的幂函数相关关系。M 是一个重要的无量纲参数，与沙相指数 F 密切有关。它的引入并没有失去张红武判别式中量纲的平衡，Z_n 与 Z_w 间也有很好的函数关系，所获得的改进型 Z_n 值可以用来更全面地判断三种不同的河型。弯曲、分汊及游荡河型，对应的 Z_n 分别 >5、$5\sim15$ 及 <1.5。弯曲河型受流量变异影响后，稳定性指标 $Z_n>5$，分汊模型小河在受到输沙率有限变异的影响下，输沙率值小于 $5kg/h$，稳定性指标 $Z_n\approx2$，它们仍分别属于弯曲河型与江心洲分汊河型。可以初步判断，三峡水利枢纽修建后，水沙关系变异对下游的河型，不会有根本性的影响，自 2003 年三峡水利枢纽蓄水拦沙运行十数年以来的情况证实了这个认识。

表12.4-1　江湖水沙变异影响实验结果比较

演变状况 / 实验类别	总体特征 流量变异	总体特征 输沙变异	幅度 流量变异	幅度 输沙变异	速率 流量变异	速率 输沙变异
形态特征　曲折度	切滩→新曲流	继承分汊、双汊→多汊				
形态特征　波长波幅比	上游弯曲，下游切滩	增幅，增加率较小	-0.13	0.02	-7.647^{-3}/h	5.294^{-4}/h
形态特征　波长波幅比	大→小→大	减幅，减小率较小	0.43	-0.89	2.486^{-3}/h	-0.0245/h
形态特征　河宽	继续加宽	拓宽幅度	21.84cm	42.93cm	0.126cm/h	1.136cm/h
形态特征　水深	无明显变化	由浅变深，变率变陡	-0.0036cm	0.14cm	很微小	3.704^{-3}cm/h
宽深比　30.5h	变化不大	增幅，增加率较小	0.20	0.16	0.0012/h	5.246^{-3}/h
宽深比　7.3h	变化不大	减幅，减小率较小	0.20	-0.30	0.0012/h	-0.0411^{-3}/h
河道比降　30.5h	变化不大	小幅，小速率变陡	1.1149	0.11‰	0.00113/h	3.607^{-3}‰/h
河道比降　7.3h	变化不大	小幅，快速率变缓	1.1149	-0.11‰	0.00113/h	-0.0151‰/h
河床起伏度	幅度变小，速率略大	较大变率下降	0.018cm/m	-0.024cm	1.04^{-4}/h	-6.349^{-4}cm/h
水沙关系　水位-流量	同步、幅度、速率较大	相反，幅度、速率较小	0.81cm	-0.21cm	4.682^{-3}cm/h	-2.116^{-3}cm/h
水沙关系　水位-输沙率	同步、幅度、速率较大	同步、幅度、速率较小	0.81cm	0.21cm	4.682^{-3}cm/h	2.116^{-3}cm/h
边界条件（总体变化）　河岸高度比	幅度、速率较大	增幅较小，增率不大	15.23%	4.48	0.088/h	0.1185%/h
边界条件　粉黏粒含量	幅度、速率较小	小幅减小，变黏率相当	6.39%	-2.55	0.037/h	-0.0675%/h
边界条件　床沙质中径	变粗趋势	低速率→细化	0.028mm	-0.013mm	1.64^{-4}/h	-3.439^{-4}mm/h
边界条件　床沙质分选性	分选变差趋势减缓	分选略变好	0.304	1.176^{-3}	1.76^{-3}/h	-1.852^{-3}/h
泥沙输移　输沙率	逐步增大	小幅，低速率降低	0.802	-0.55kg/h	4.64^{-3}/h	-0.0146kg/h
泥沙输移　含沙量	逐渐增大	小幅，快速率增大	0.094	-0.131g/L	5.43^{-4}/h	-3.466^{-3}g/(L/h)

注：总体特征下半部分为"自变量成为因变量"。

续表

演变状况／实验类别		总体特征 流量变异	总体特征 输沙变异	幅度 流量变异	幅度 输沙变异	速率 流量变异	速率 输沙变异
河床冲淤	面积		小幅度、低速率增加		2.64m²		0.0698m²/h
河床冲淤	厚度		小幅度、低速率冲刷		−0.0228cm		−0.0106cm/h
深槽移动	纵移	较大幅度、低速率纵移	较大幅度、较高速率纵移	22.90cm	85.66cm	0.78cm/h	6.29cm/h
深槽移动	横移	较小幅度、低速率横移	大幅度、高速率右移	−2.88cm	23.96cm	−0.11cm/h	1.03cm/h
浅滩移动	纵移	较大幅度、低速率纵移	小幅度、中速率逆移	30.28cm	−13.69cm	1.14cm/h	−12.43cm/h
浅滩移动	横移	小幅度、低速率左移	大幅度、低速率左移	−1.95cm	−12.43cm	−0.06cm/h	−1.41cm/h
江心洲冲淤	面积		小幅度、低速率缩小		−0.97m²		−0.0256m²/h
江心洲冲淤	厚度		微幅度、微速率淤积		0.020cm		5.286^{-4}cm/h
边滩冲淤	面积		小幅度、低速率淤积		0.39m²		0.0103m²/h
边滩冲淤	厚度		小幅度、低速率淤积		0.110cm		0.0029cm/h
剪切力		随流量增加而逐渐减小	随输沙量增大而低速递减	−0.130	−0.052	-7.51^{-4}/h	-1.3757^{-3}/h
剪切力		随流量增加，幅度、速率减小	随输沙增多而中速增大	0.0182	−0.66	0.0136/h	−0.0175/h
消能率	30.5h	随流量增大而增大	消能率高速增大	0.020	0.628	1.156^{-4}/h	0.0206/h
消能率	7.3h		消能率低速率降低		−0.572		−0.0784/h
稳定性	21.0h	小幅、中速率趋向准稳、趋稳率0.50/h	稳定分汊	1.02	0.12	5.90^{-3}/h	5.714^{-3}/h
稳定性	26.8h		准稳定分汊、准稳定率0.0045/h		−0.09		-3.358^{-3}/h
河宽	30.5h	继续拓宽	拓宽幅度、变率减小	21.84cm	42.93cm	0.126cm/h	1.136cm/h
水深	7.3h	无明显变化	由浅变深	−0.0036cm	0.14	很微小	3.704^{-3}/h
河道比降	30.5h	变化不大	小幅度、小速率变陡	0.20	0.11%	0.0012/h	3.607^{-3}/h
河道比降	7.3h				−0.11%		−0.0151/h
平均流速		变化不大	小幅度、快速率变缓	1.1149	−1.42cm/s	0.00113/h	−0.0376/h
糙率		随流量增加而减小	幅度、速率大大缩小	−0.036	0.006	-2.081^{-4}/h	1.5073^{-3}/h

河相关系总体特征：河宽、水深、宽深比均速增，河宽速增率大于水深；对数河宽、水深比均速增、宽深比速增减小。

（左侧分类：河流地貌、动力条件、消能与稳定性、河相关系、沙相关系）

12.5　结论与讨论

1. 结论

（1）平滩流量与过水断面面积、流速、河宽、水深有着很好的相关关系，在较细的粉砂沉积物中发育的弯曲河道，比发育在中粗砂沉积物中的曲流波长短、波幅大、水深大、弯曲率大，波长波幅比小。如果关系式中引入泥沙相对沉降量，他们与流量间的相关关系更好，点子更集中在相关曲线附近。流量变异影响河床调整时，流量变率突然急剧增减要比流量变率缓慢变化显著得多，这是河道平衡调整具有延续性的表现。

（2）泥沙特征、输沙率与河流地貌形态间同样具有密切的相关联系。输沙率的增加导致河宽及过水断面面积扩大、水深减少，当输沙率及河谷坡降增大到某一程度时，有利于河型的转化，在支流汇入主流时，支流流量不变、输沙率的增加，会使主、支流的汇合处淤积变浅。

（3）含沙量变大使河床冲淤速率加快，河床摆动性增大；含沙量越高，表明河流的能量越大，对河床的破坏作用也就越大，冲淤变化也愈加明显，河床平面演变也越迅速。较高含沙量洪水对河床的作用过程远大于低含沙量洪水对河床的作用过程，河型要素的变化更剧烈。低含沙量洪水使河床冲刷，河道向深窄方向发展；较高含沙量洪水使河床冲淤变化迅速、河宽加大、淤积增加，使河床向宽浅方向发展。

（4）流量与含沙量因素的变化会引起河道系统的外临界激发突变过程，遵循与常态造床过程不同的演变规律。各要素的变化都较常态造床过程剧烈，在常态造床过程中各要素大多呈对数曲线变化，渐趋于一个稳定数值；而在突变过程中，则大多呈斜率较大的线性或指数式规律变化。在流量与含沙量增大引起的河床突变过程中，水面展宽，水深变浅，水位与河底高程抬高，河道宽深比变大，纵剖面由微凸型变为较平直的微凹型，河道比降调大，河床微地貌变化速率加快。一旦外界条件回复到常态造床条件，河流通过自身的调整，又可能回到常态造床状态。

（5）流量、输沙率及含沙量变异、变化的幅度及变率，对不同类型的河道演变、冲淤变化，带来不同的影响，尤其要关注他们的组合效应。自然界中"小水大灾"可能是流量变异突发性，河床来不及调整，或是，也许两者间而有之所引发。高含沙洪水过程对河床的揭底冲刷现象和对河床的地貌形态的改造，使河床动荡不定，冲淤变化异常迅速，水位与河床高程迅速抬高，给河道治理、工程建设和防洪带来不利影响。流量的增大使河型向深窄方向发展，而含沙量的增加使河型向宽浅方向发展，游荡性更强。因此，研究河床的冲淤河道扩展和水位变化对河道规划和治理具有重要的意义。

2. 讨论

到目前为止，国内外诸多学者对江心洲分汊河型的实验主要进行河型发育演变的理论探讨，大量河流工程实践问题主要由河工比尺模型实验所承担。随着流水地貌实验研究的深入，还有诸多问题有待研究。

（1）在江心洲分汊河型实验中，关注了各个河型要素在不同发育阶段的调整幅度及速率，但是调整的方式，以及各要素之间的权重多少并未深入涉及。

（2）在分析江心洲分汊造床实验与受输沙量变异影响的河型稳定性时，他们与弯曲造床及受流量变异影响有所交叉，区分有一定难度，尤其是在不同输沙量影响下，江心洲分汊河道趋向最小消能率的时段多长，以及相关的临界值如何界定？

（3）该项目仅进行了水沙亦步亦趋组合效应的分离式影响比较实验研究，对于复杂组合如大、中、小来水来沙交互组合效应的实验研究有待进一步探讨。

（4）过程响应模型对于弯曲及分汊两种河型，乃至游荡河型的模型实验都具有良好的适应性，该类模型与其他模型，如比尺模型等，在时间尺度上如何取得协调以便能在更短时间尺度内，适合于河流工程实践的应用。

（5）在实验中，如何将物理模型与计算机模型融为一体，实现计算机模拟与物理模型自动制作、实验操作、信息（数据及图像）全自动获取、分析一体化，以便缩短实验时间、减轻实验强度，加快实验周期、提高实验效率，诸如此类问题，还有待进一步改进和深入探讨。

参 考 文 献

江恩惠，2000. 黄河下游游荡性河道整治模型试验研究［J］. 人民黄河，22（9）：22 - 23，25.

金德生，郭庆伍，刘书楼，1992. 应用河流地貌实验与模拟研究［M］. 北京：地震出版社，96.

钱宁，1985. 关于河流分类及成因问题的讨论［J］. 地理学报，40（1）：1 - 10.

唐日长，等，1964. 蜿蜒性河段形成条件分析和造床实验研究［J］. 人民长江，（2）：13 - 21.

吴保生，申冠卿，2008. 来沙系数物理意义的探讨［J］. 人民黄河，30（4）：15 - 16.

谢鉴衡，1990. 河床演变及整治［M］. 北京：水利电力出版社，316.

张红武，赵连军，曹丰生，1996. 游荡河型成因及其河型转化问题的研究［J］. 人民黄河，（10）：11 - 15.

Ackers P，1964. Experiments on Small Streams in Alluvium［J］. J. Hydraulics Div. Am. Soc. Civil Eng.，90（4）：1 - 37.

Ackers P，Charlton F G，1970a. Dimensional Analysis of Alluvial Channels with Special Reference to Meander Length［J］. J. Hydraulics Res.，8：287 - 316.

Ackers P，Charlton F G，1970b. The Meandering of Small Streams in Alluvium［R］. Rept. 77，Hydraulics Research Station，Wallingfore，U. K.，78.

Chang H Y，Simons D B，Woolhiser DA，1971. Flume Experiment on Alternate Bar Formation［C］. Am. Soc. Civil Engineering Proc. Waterways，Harbors，and Coastal Engineering Div. 97 WWI：155 - 165.

Edgar D E，1973. Geomorphic and Hydraulic Properties of Laboratory Rivers［A］. Unpublished M. S. thesis，Colorado State Univ.，Fort Collins Col.，156.

Edgar D E，1984. The Role of Geomorphic Thresholds in Determining Alluvial Channel Morphology：In River Meandering，Proc. Conf. Rivers［C］. Am. Soc. Civil Engs. New York，44 - 54.

Friedkin J F，1945. A Laboratory Study of the Meandering of Alluvial Rivers［R］. U. S. Water，Exp. Sta.，Vicksbug，Miss.，40.

Hickin E J，1972. Pseudomeanders and Point Dunes—A Flume Study［J］. Am. J. Sci.，272：762 - 799.

Inglis C C，1949. The Behaviour and Control of Rivers and Channels［C］. Central Waterpower Irrigation and Navigation Research Station，Poona，India Research Publication，13：283.

Jaeggi MNR，1984. Formation and Effect of Alternate Bars［J］. J. Hyd. Eng.，110：142 - 135.

Jin Desheng，S A Schumm，1986. New Technique for Modelling River Morphology［C］. In KS Rechards ed，Proceedings of the First International Conference on Geomorphology，Wiley Chichester：681 - 690.

Khan H R，1971. Laboratory Study of Alluvial River Morphology [A]. Ph. D. Dissertation，Colorado State Univ. ，Fort Collins，Col. ，189.

Kninosita R，1961. Investigations of Channel Deformation in Ishikari River [R]. Report of Bureau of resources，Dept. of Science and Technology，Japan：1 – 174.

Lane E W，1957. A Study of the Shape of Channels Formed by Natural Stream Flowing in Erodible Material [J]. M. R. D. Sediment Series No. 9，U. S. Army Engineering Div. ，Missouri River Corps of Engineers，Omaha，Nab. ：106.

Leopold L B，Wolman M G，1957. River Channel Patterns：Braided，Meandering and Straight [J]. U. S. Geol. Servey Prof，Paper 282 – B：35 – 85.

Mosley M P，1975c. An Experimental Study of Channel Confluences [A]. Unpublished Ph. D. dissertation，Colorado State Univ. Fort Collins，Col. ，216.

Mosley M P，1981. Semi-determinate Hydraulic Geometry of River Channels. South Island，New Zealand [J]. Earth Surface Proc. and Landforms，6：127 – 137.

Pickup G，Warner R F，1976. Effect of Hydraulic Regime on Magnitude and Frequency of Dominate Discharge [J]. J. Hydrology，29：51 – 76.

Raju R，Kittur D，Dhandapani K R，et al. ，1977. Effect of Sediment Load on Stable Sand Canal Dimensions [J]. J. Waterways，Port，Coastal，Ocean Div. Soc. Civ. Engs，103：241 – 249.

Schumm S A，1963. A Tentative Classification of Alluvial River Channels [J]. United States Geological Survey，Circular：477.

Schumm S A，1963b. Sinuosity of Alluvial Rivers on the Great Plains [J]. Geol. Soc. Am. Bull. ，（74）：1089 – 1100.

Schumm S A，1968. River Adjustment to Altered Hydrologic Regime，Murrumbidgee River and Paleochannels，Astralia [J]. U. S. Geol. Survey Prof. Paper 598：65.

Schumm S A，1971. Fluvial Geomorphology：Historical Perspective [C]. In：Shen H W，ed. River Mechanics，Collins，Colorado.

Schumm S A，1985. Patterns of Alluvial Rivers [J]. Annual Review of Earth and Planetary Sciences，（13）：5 – 27.

Schumm S A，Khan H R，1972. Experimental Study of Channel Patterns [J]. Nature，233：407 – 409.

Schumm S A，Mosley M P，Weaver W E，1987. Experimental Fluvial Geomorphology [M]. John Wiley & Sons，New York，413.

Shahjahan M，1970. Factors Controlling the Geometry of Fluvial Meanders [J]. Internat. Assoc. Sci. Hydrology Bull. ，15：13 – 23.

Vanoni V A，1946. Transport of Suspended Sediment by Water [J]. Trans. Am. Soc. Civ. Eng. ，111：67 – 102.

Williams G P，1978. Bank-full Discharge of Rivers [J]. Water Resources Res. ，14（6）：1141 – 1154.

Wolman M G，Mille L P，1960. Magnitude and Frequency of Forces in Geomorphic Processes [J]. J. Geol. ，68：54 – 74.

Zimpfer G L，1975. Development of Laboratory River Channels [A]. Unpublished M. S. Thesis，Colorado State Univ. ，Fort Collins，Col. ，111.

第13章

边界条件对河型成因演变影响实验研究

13.1　概述

众所周知，河道是水沙条件与河床边界条件交互作用的产物。在上一章中，主要介绍了水沙条件特征及其与河道演变、河型发育与河型演变的关系。本章将从边界条件的基本概念、边界条件的类型、边界条件与河流地貌系统的关系，河岸边界条件及河床边界条件对河型发育影响实验等方面做些介绍。

13.1.1　边界条件的概念

河道的水沙流被固体边界及气体边界所包围。冲积河流的边界条件，总体上有宏观与微观的不同。在河流地貌界，往往注重河流发育的地质地貌宏观边界条件；而河流工程界，主要关心河流的微观边界条件。所谓的河流或河道的边界，是指河流或河道内所承载的含有溶解质与固体泥沙的流动水体与固体的接触边界。

在宏观边界条件中，不同的河型发育在不同的大地构造，宏观的大地貌单元上。如长江中游的下荆江弯曲河段发育在下扬子准地槽的两湖凹陷中，中下游的江心洲分汊河段呈藕节状，发育在台凹与台凸相间的构造单元中；黄河下游铁谢至花园口的典型游荡河段发育在郑州凹陷中。

微观边界主要指含沙水流与固体河床的接触界面。该界面是相对固定的三维立体，又因种种原因随时间而变化，因此具有四维特征，相对不变中隐含着可变的属性。必须强调指出，河谷底板与河道水体的倾斜程度，是微观边界最重要的因素。为了区分河谷底板和河道水体的倾斜度，Schumm（1977）分别用坡降（Valley Slope）及比降（Channel Gradient）来描述，两者的比值就是弯曲率（Sinuosity），是衡量河道弯曲程度、判别河流类型的重要指标。

13.1.2　边界条件的类型

为了研究的方便，给相对微观的边界属性及类型，进一步做些说明。固体边界具有空间形态，也就是河道或河床底部及河岸的形态。在平面上可以呈单一的直条状、单一的飘带状、分汊状、藕节状、网络状等；在横向上，相应地有：正"V"形状、不对称"V"形状、"U"形状、"W"形状以及多个"W"形状等；在纵向上一般呈波状、上凸状、下凹状等。在具体研究中，主要关心边界的空间规模、组成物质、层次结构以及覆盖植被的边界等类型。

1. 边界空间规模类型

在考虑边界的空间规模时，主要着眼于河床底面的形态与物质组成，包括河谷底坡、河道输沙率、输沙类型、床面形态、床面物质组成等。Schumm（1977，1981）根据输沙特征，以推移质比例小于 3%、3%～10%、大于 10%，将冲积河流划分为悬移质型、混合质型及推移质型三大类（图 13.1-1），基于平衡稳定与否，将每个大类划分为稳定、淤积及冲刷三个亚类（表 13.1-1）；Schumm（1981）进一步划分成五大类，14 个亚类（图 13.1-1 和图 5.2-1）。Simons 等（1966）根据河床形态与河流功率及床沙平均沉降粒径关系，判断河床有五种形态，由 0.1～1.0mm 中值沉降粒径泥沙组成的床面，随着河流功率（$\tau_0 v$）从 0.001 增大到 2.0 [lb·ft/(s·ft^2)] 时，床面形态可以出现由平滑（Plane）→沙纹（Ripple）→沙波（Dune）→沙波与逆行沙波间过渡型（Transition）→逆行沙波（Antidune）（图 2.3-14）。

2. 边界组成物质类型

对于边界的组成物质类型，主要考虑河道湿周的物质组成，特别是河道自身形成的冲积物中的粉黏粒含量百分比（M），对于河道的弯曲率、宽深比以及波长波幅有很大影响（Schumm，1963b）。粉黏粒含量百分比越高，河道弯曲率越大，波长波幅比越小，越有利于发育弯曲河型；反之粉黏粒含量百分比越小，越有利于形成江心洲分汊河型，乃至发育游荡河型。

表 13.1-1　　　　　　　　　冲积河流分类（Schumm，1977）

输沙模式 河道类型	河道泥沙/%	总数沙中推移质百分比/%	河道稳定性		
			稳定河道	淤积河道	冲刷河道
悬移质类型	>20	<3	稳定的悬移质河道 宽深比 弯曲率 比降较平缓	淤积型悬移质河道 主要淤积在河岸上 河道变窄，初始主流 淤积少	冲刷型悬移质河道 主要是主流冲刷 初始河道展宽小
混合质类型	5～20	3～11	稳定的混合质河道 宽深比 弯曲率 河道比降中等	淤积型混合质河道 初始主要随河床沉 积淤积在河岸上	冲刷型混合质河道 初始河床随河道拓 宽而冲刷
推移质类型	<5	>11	稳定的推移质河道 宽深比 弯曲率 比降较陡	淤积型推移质河道 河床沉积 发育江心洲	冲刷型推移质河道 河床略微冲刷， 主要是加宽

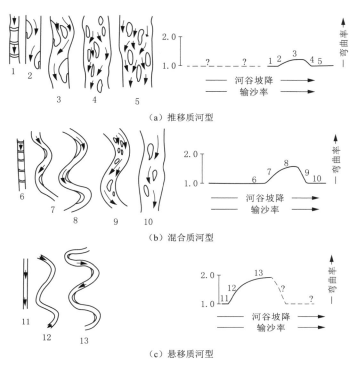

（a）推移质河型

（b）混合质河型

（c）悬移质河型

图 13.1-1 三种冲积河流类型的河型范围

（Schumm，1977、1981）

3. 边界结构特征类型

边界的层次结构类型，主要研究河道河岸的层次结构，按照沉积相及其组成，冲积河流的河岸可以分为：河漫滩相单元结构河岸、河床相单元结构河岸，河漫滩相与河床相二元相结构河岸，以及冲积相多层混合结构河岸等。河床相一般由沙砾组成，具有交错层及斜层理，卵石的磨圆度好，顺流向迭瓦状排列（图 13.1-2），当水流推移作用时，往往以推移、跃移和滚动方式，在深泓线（顺直河道及深泓-弯曲河道）上运动，或者由单向螺旋流随底流堆积在凸岸形成交错边滩（深泓-弯曲河道）、心滩（江心洲分汊河道）、沙洲（游荡河道）的基部；河漫滩相往往由粉砂亚黏土组成，比较均匀，形成悬移质，经水

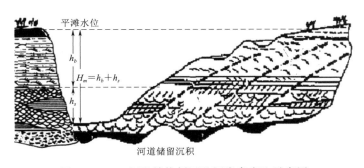

图 13.1-2 河岸结构剖面及河岸高度比示意图

流侵蚀、搬运后，沉积在交错边滩（Alternate Bar），或潜洲（Submerged Center Bar）上，保护他们发育成凸岸边滩（Point Bar）或江心洲（Island）；多层混合结构河岸的物质经水流分选后可能沉积在河流的微地貌部位。

边界的层次结构可用河岸高度比（Bank Height Ratio）（H_s/H_m）表征，H_s 为河岸可侵蚀沙层的厚度，H_m 为平滩深泓水深（Jin，1983；Jin et al.，1986）。河岸高度比也可表示为平滩河漫滩相厚度（h_b）与 H_m 的比值。事实上，$H_m = h_b + h_s$。

4. 覆盖植被的边界

上述河岸类型，基本没有考虑河岸上发育的植被覆盖状况，或至多考虑生长草被或稀疏、根系浅、不发达的灌木，他们对河岸几乎没有抗击侧向侵蚀能力。因此，有必要划分出一类河岸，即覆盖植被的河岸边界类型。河岸上生长乔灌木丛林、根系较深的河岸边界类型，不论其河岸本身的物质组成及层次结构如何，植物根系对常规流量，特别是洪峰流量，具有良好的抗侵蚀能力，在河流生态环境修复工程中也越来越得到青睐。

13.1.3 边界条件对河流影响的实验概况

边界条件与河流的发育密切相关，引起了众多研究者的关注。从 20 世纪 40 年代以来，无论是河流工程专家，还是流水地貌及沉积学家都做出了不少贡献。边界条件对河流地貌影响的实验研究也有许多进展，只要进行各种自由边界的河流成因演变及河流工程实验研究，几乎所有河流地貌实验的研究者都会碰到边界问题，如 Friedkin（1945）在沙质边界中塑造了深泓-弯曲河道，罗辛斯基等（1956）、Попов（1956）、Маккавеев 等（1961）、Schumm 等（1972）、唐日长（1963）、尹学良（1965）、Ouchi（1983，1985）、金德生（1986）、倪晋仁（1989）、朱毕生等（2005）、杨树青等（2011）结合不同河型，研究了河岸高度比与河流发育的关系，穹窿上升及凹陷沉降导致江心洲河型变化的敏感性、临界性、复杂性等。有的学者开发了边界条件对河流发育影响的数学模型，认为二维水流模型效果较差，当使用含有泥沙混合物方程和河岸冲积机制的三维模型后，模拟结果与观测值吻合得不错（Erik，1998），显示了泥沙及河岸边界条件对河道发育的重要作用。

13.2 河岸边界条件对河型影响的实验

运用过程响应模型有利于研究河型成因、河道演变过程及主控因素的控制作用。金德生（1986）运用该模型进行的边界条件对曲流发育影响的实验表明，河漫滩物质结构及河床上的抗蚀露头对曲流发育具有控制作用。通过模型实验，首次建立弯曲河道发育与河漫滩结构及河岸高度比间的关系。所谓河岸高度比，是平滩水位条件下，河岸中可侵蚀沙层厚度与最大平滩水深（即平滩水位与深泓高差）之比，是河漫滩组成结构直接影响河道发育的一个量度。借助曲流凹岸侵蚀下来的物质，较粗部分经螺旋流的底流，推移到凸岸边滩基部堆积，较细部分成为悬移质，经螺旋流的表流覆盖在凸岸边滩的表面，形成凸岸边滩下粗上细的斜层理，随着曲流向下游蠕动，可以出现多个叠加的斜层理。河岸物质比较丰富时，水流中不必额外加沙，河道地貌系统靠物质的自我补偿调节作用，塑造成典型的弯曲河流地貌。这就是系统内部自调整机制的河流地貌过程响应实验。

1982 年 8 月至 1984 年春天，在美国科罗拉多州立大学工程研究中心的水工实验室，在 Schumm 教授指导下，运用基于地貌演化类比性法则及系统论模型化原理的过程响应模型，进行边界条件对曲流发育影响的实验研究。共完成两大组共 7 个小组实验，其中第一大组的 4 个小组属理论性实验，第二大组的 3 个小组是结合密西西比河的应用性实验。

13.2.1　松散物质河漫滩边界条件的河型发育实验

　　该组实验采用中径为 0.29mm 的中砂作边界，模型小河一开始是顺直的，坡降为 0.0033，流量为 0.15L/s。模型小河具有梯形横断面，边坡系数为 1∶2，平滩河宽 5cm，底宽 3cm，深 2cm，属底沙型输沙类型。放水历时共 210.5h，当 18.5h 以后，河床内出现分汊现象，在此以前，似乎仅仅只发生深泓的弯曲。放水 66.5h 以后，整个模型小河普遍分汊，河道展得很宽，最宽处 33.8cm，水深 0.67cm，宽深比 49。显然，这时以双分汊为主。186.5h 以后，河道进一步展宽，最宽处达 73.4cm，水深 1.25cm，宽深比为 59。河道中多汊并列，江心滩密布，深泓位移频繁。实验结束时，最大河宽达 74.3cm，最小河宽为 17.9cm，两断面上相应的水深分别为 1.34cm 及 1.22cm，宽深比分别为 56 及 15。江心滩略有减少。在整个实验中，河道始终保持顺直，但略有宽窄相间之势。由于河岸及河床均为中砂，黏土粉砂含量百分比（M）约为 0.02，按照 Schumm（1977，1981）的河道分类，应属于推移质河流类型，可动性很大，理所当然地只能发育游荡型多汊河型。

13.2.2　密实物质河漫滩边界条件的河型发育实验

　　本组实验的河漫滩及河岸全由高岭土组成，河床由 $D_{50}=0.14$mm 的细砂构成。模型小河的比降 $J_v=0.001$，流量 $Q=0.01$L/s。模型小河具有梯形横断面，边坡系数为 1∶2，平滩河宽 5cm，底宽 3cm，深 2cm。模型水流以悬移质沙为主，河道属悬沙型输沙类型。水中的高岭土浓度约 2800ppm。放水 542h，最终形成对称性曲流河床，弯曲率为 1.67～1.86。虽能发育曲流，波长波幅或弯曲率的变化率均十分缓慢，仅在全实验水槽长的三分之一的上游段发育了曲流，弯曲率自上游向下游递减。事实上，这是一种悬移质输沙类型、对称发育、曲率向下游衰减的弯曲河道。

　　上述两组实验都是一元相物质结构河漫滩，由实验结果可见，在疏松砂层组成的河漫滩边界中，发育弯曲河道是不可能的，而在十分致密的黏土河岸和河床组成物相对可动的边界中，也不能形成自由曲流。显然，两组实验的结果反过来说明，只有在二元相结构的河漫滩边界中，曲流才能充分得到发育。一般来说，自由曲流具备二元结构的河漫滩构成河岸边界及相对易冲的河床物质，是属于特殊的混合型输沙河道类型。从野外资料可知，长江流域规划办公室曾运用可冲刷砂层厚度与滩槽高差之比来表示河漫滩结构或河岸结构，通过滩地植草固滩成功地完成发育曲流的实验（唐日长等，1963）；中国水利水电科学研究院进行弯曲河流发育实验时，在水中加入黏土，也成功地形成了弯曲河道（尹学良，1965）；在分析野外弯曲河流成因时，林承坤（1981，1985）运用河岸中的黏土层厚度与滩槽高差之比与弯曲率建立联系，用来分析下荆江河弯发育与边界条件的关系，

Schumm（1977）则用 M 值与弯曲率的关系来研究河道的发育特征及分类。据此，进行了与二元相结构有关的第四组实验。

13.2.3 二元相结构河漫滩边界条件的河型发育实验

1. 河岸高度比向上游递增的河型造床实验

这组实验是为了检验不同河岸高度比对弯曲河道发育的影响。在模型槽内铺设双层结构模型砂材料，上层为高岭土与极细砂混合物，含64%高岭土及36%极细砂（$D_{50}=0.14$），下层为中砂层（$D_{50}=0.29mm$）。河岸高度比自上游0.06，向下游逐渐递变为0.36。湿周中的 M 值，由上游的51%向下游的28%递变。按此物质组成及河漫滩结构，预计将发育曲率为2.1～2.5的自由曲流河道，相应的河谷比降为0.0078，水面比降为0.0033，施放恒定流量为0.2L/s。在实验开始时，按加沙率为0.9g/min加入 $D_{50}=0.29mm$ 的中砂作为床砂质，而水中的悬移质主要靠凹岸侵蚀补充。在循环使用的水流中，没有必要另外加入高岭土作悬沙。模型小河具有梯形横断面，河宽从上游向下游自9.5cm向5.0cm过渡，河底保持2cm宽，水深由7.5cm向3cm过渡。放水总历时为400h，最终获得了极为弯曲而不对称发育的、与天然曲流十分类似的模型曲流河道［图13.2-1（b）］。其弯曲率向下游递减，而且具有随曲率增大、不对称性越加明显的趋势。

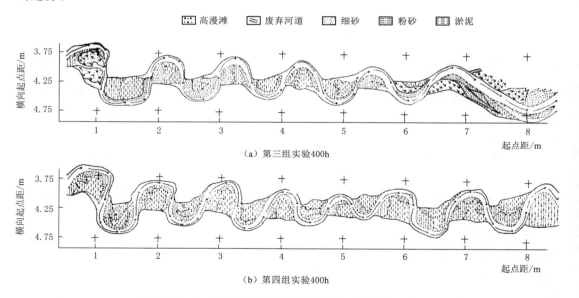

（a）第三组实验400h

（b）第四组实验400h

图13.2-1 模型弯曲小河平面形态图（金德生，1986）

河弯形态与河岸高度比密切有关。弯曲率半径随河岸高度比的增大而增大（图13.2-2），而河弯曲率则随河岸高度比的增大而变小（图13.2-3）。在图13.2-2和图13.2-3中，两曲线上均有拐点，似乎当河岸高度比值在20%左右时，曲线的斜率有着不同的变化趋势。这反映出当河岸高度比值小于20%时，亦即在河岸中有较多的粉砂黏土，而可冲刷砂层的厚度较薄时，弯曲率半径与弯曲率的变化受河岸高度比值的影响比较显著。河岸越是黏实，越有利于河曲的形成，当然，需要的发育时间也就越长。河岸高度比大于 20% 时，则不利于形成很弯曲的河道，即使暂时形成了曲流，也很快转化成弯曲型分汊河型。位于拐点上的临界曲率大约为 1.57，该值也是对称曲流与不对称曲流的分界点。小于 1.57，曲流对称发育；大于 1.57，曲流不对称发育。

二元相结构河漫滩，河岸高度比自下游向上游递增。为了检验和复演上一组实验的结论，并参考构造抬升改变河漫滩结构及河岸高度比的情况，设计了这一组实验，采用了上一组实验获得的河宽、水深、比降及糙率等数值。除沿程的河岸高度比值均匀分布外，其余数值与上一组的相差无几。河道的宽深比为 4.75，河宽 9.5cm，水深 2cm，河岸高度比采用上组实验获得的临界河岸高度比 20%，相应的 M 值为 40%，预计弯曲率约 2.36。施放恒定流量 0.2L/s，总历时 400h，最后获得了极为典型的不对称弯曲河道［图 13.2 - 1（b）］。除了几个弯曲率较小的河弯对称发育，河弯不对称系数接近 1.0 以外，其余河弯的不对称系数为 1.78～1.0 及 1.0～1.18。河弯不对系数（I_a）指的是一个河弯的上游一翼部分的弯曲率（P_{up}）与下游一翼部分的弯曲率（P_{dn}）之比，这与 Carson 等（1983）使用的不对称系数有所不同。

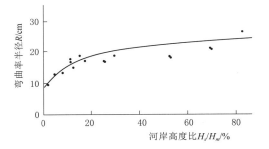

图 13.2 - 2　河弯曲率半径与河岸高度
比之间的关系（第三组实验 400h）

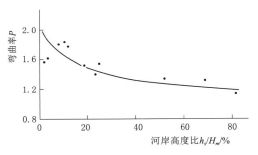

图 13.2 - 3　弯曲率与河岸高度比之间的
关系（第三组实验 400h）

2. 河岸高度比沿程保持不变的河型造床实验

实验表明，对于河弯曲率半径（R）与河岸高度比值，如果河弯向上游不对称，则 $I_a < 1.0$；反之，如果河弯向下游不对称，则 $I_a > 1.0$。弯曲率（P）与河岸高度比之间的关系与第三组实验得到的结果相类似（图 13.2 - 4 和图 13.2 - 5）。但不同的是，两组关系曲线均出现了两条。在图 13.2 - 4 中，曲率半径较小的几个河弯是对称的，而其他的河弯曲率半径则较大，且具有不对称特征。在图 13.2 - 5 中，上面一条曲线的点子主要是向左弯曲的奇数河弯，而下面一条曲线的点子主要是向右弯曲的偶数河弯。同时，如果当河岸高度比值为定值时，向下游呈不对称发育的河弯曲率大于向上游呈不对称发育的河弯曲率。值得注意的是不对称系数与弯曲率之间有很好的双曲函数相关关系，弯曲率为 1.57 左右时 $I_a = 1.0$，当弯曲率大于 1.57 时 $I_a > 1.0$ 或 < 1.0（图 13.2 - 6）。可以认为，当曲流发育程度较差时，即由较顺直河道向曲流演化，或裁弯取直河道变弯曲的初期阶段，曲流往往是对称发育的，而随着时间的推进，河道越来越弯曲时，曲流便呈不对称状发育。但是，当河道变得很弯曲时，不对称状发育的趋势又渐渐地变缓。分析表明，不对称系数 I_a 与河岸高度比也有关系，河岸高度比越大，曲流便越不对称（图 13.2 - 7）。

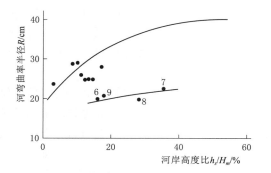

图 13.2-4　河弯曲率半径与河岸高度比
之间的关系（第四组实验 400h）

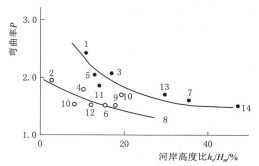

图 13.2-5　弯曲率与河岸高度比
之间的关系（第四组实验 400h）

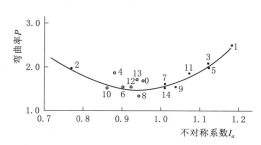

图 13.2-6　弯曲率 P 与不对称系数 I_a
之间的关系（第四组实验 400h）

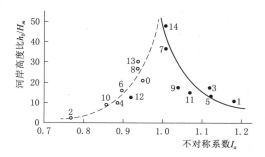

图 13.2-7　不对称系数与河岸高度比间的关系
（第四组实验 400h）

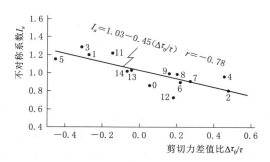

图 13.2-8　剪切力差值比与不对称系
数间的关系（第五组实验 500h）

可以认为，当河弯中仅仅出现一个深槽时，河岸高度比值，即河漫滩结构对河弯的不对称发育有极大的影响。这或许与河弯中剪切力的差值比（$\Delta\tau_0/\tau$）有关（图 13.2-8），$\Delta\tau_0$ 系河弯上游翼部凹凸岸剪切力差与下游翼部凹凸因为凹岸具有较大的剪切力时，容易引起岸剪切力差，两者剪切力差值之差（图内负数差值比是为了技术处理方便而采用的，相当于凸、凹岸剪切力差与河弯平均剪切力之比），图 13.2-8 表明，$\Delta\tau_0/\tau$ 越大，则河弯越不对称。河岸底部的淘刷，如果淘刷得越强烈，河岸的高度比也就越大，从而反过来又会增强水流的剪切力。显然，河漫滩的物质组成与河岸结构对曲流发育具有正反馈作用。

由上述可见，在冲积物中发育不对称曲流的必要条件是河漫滩应具有一定河岸高度比的二元相结构；而其充分条件是河岸高度比沿程不均匀分布，以及河弯剪切力差值比沿程不均匀分配。不对称河弯的移动方向也取决于这两个因素，河弯向河岸高度比及河弯剪切力差值比较大的一翼移动。如果剪切力差值比为零，河弯呈对称发育，主要向侧向移动。

13.3 河岸覆盖植被的河型发育实验

13.3.1 概况

河岸植被覆盖作为河道的一类边界条件对河道的水流运动、深泓稳定，以及河湾迁移等均有重要的影响，洪水期河道的河岸有无植被覆盖的影响更为显著。一般情况下，为了稳定河道，采用抛石、沉排，或修建丁坝，乃至用水泥护坡渠化等工程措施，导致河道生态失去平衡；河岸无植被覆盖的冲积河道任其自然演变，也不容易达到平衡发育。20 世纪 90 年代以前，人们很少注意在河道两岸的滩地上科学布设制备屏障，既有利行洪、防止洪水泛滥，又能保护河道生态环境的平衡与健康发展。21 世纪以来，随着生态环境修复的需要，力图山、水、林、田、湖、草综合发展，一些学者如杨树青等（2018）关注河岸植被覆盖影响下的河流演化动力特性研究，陈东据国家自然科学基金（编号：51779242）要求，进行了有、无植被覆盖河岸的模型河道对比模拟实验（朱乐奎，2022；陈东等，2019），他们都获得了卓有成效的成果，为我国开创了该方面实验研究的先河。

13.3.2 实验结果与分析

13.3.2.1 陈东、朱乐奎的实验（2019）

1. 概况

Shumm 等（1981）最早提出的河型判别指标，强调河道水动力（例如比降）和河道输沙（例如粒径）的作用，而忽略了河岸结构的影响。近期许多河流地貌学者发现，不同河型的发育与当地河岸结构息息相关（王随继等，1999）。例如，辫状河（Braided Rivers）多发育在大比降、粗颗粒且粒径较为单一的河谷中（图 13.3 - 1）；而许多典型弯曲河流（Meandering Rivers，如我国下荆江河段）的河岸则往往拥有明显的二元结构，即上部为较细的黏土，而下部为较粗的砂砾石（唐日长，1963；林承坤，1981、1985）。

辫状河在自然界各种气候区和地形条件下广泛存在。相比其他河流弯曲、顺直、分汊、网状等河流形态，辫状河流的河床演变特性可概化为"宽、浅、乱"，包括河道宽浅、频繁变化的心滩和沙洲、不断迁移的主流和汊道，河势变化剧烈，以及较为强烈的泥沙输移和岸壁侵蚀。

图 13.3 - 1 长江源区发育的辫状河型

王随继（2008）基于黄河野外调查，探讨了辫状河型与其他河型相互转化的内在驱动机制；Lane 等（2003）利用 DEM 结合遥感的方法分析了野外砾石河床辫状河的冲淤规律；Brasington 等（2012）运用陆地激光扫描等手段研究了野外辫状河尺度、粒度和沉积相在空间上的分布。Murray 等（1994）利用元胞机模型模拟了辫状河的时空变化特征，结果显示影响辫状河形成的主要因素是推移质的沉积和运输；Stecca 等（2017）在原有二维 GIAMT2D 模型中增加了植被模块，计算结果表明植被生长会促使辫状河向具有单一河道的河型发展。

2. 实验过程

为了研究辫状河型发育和演变的过程，采用过程响应的研究方法进行了辫状河实验研究。根据国家自然科学基金要求，进行了有、无植被覆盖河岸的模型河道对比模拟实验。当进行无植被覆盖河岸的实验时，采用实验槽内铺放单一均匀的纯沙，$D_{50}=0.14$mm，流量为 2L/s，床面坡降为 7‰，原始顺直模型小河为梯形剖面，上宽 35cm，底宽 25cm，深 5cm；运行 45h 后，获得比降为 7‰的分汊河型（图 13.3-2）。

Leopold 等（1957）发现辫状与弯曲河型的比降和流量往往处于不同的组合关系中，把河型解释为在不同边界和来水来沙条件下河流系统自我调整趋于平衡的产物。在实验过程的前 40h 过程中，入口为清水水流，顺直小河先以河床冲刷为主，床面上形成一定规律排列的沙纹。紧接着河道逐渐展宽（展宽速率沿程不均匀、无规律），水流也开始扭曲、散乱，河型逐渐向辫状河型转化，但河道平面上较有规则的藕节形态是在 45h 加沙以后才出现的，至 110h 结束上游已经形成 3 个明显的展宽河段（图 13.3-2）。

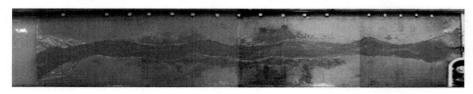

图 13.3-2　3 个明显的展宽河段（45h）

通过实验研究和黄河下游的野外观察，注意到来水来沙（尤其是来沙）过程是形成藕节状辫状河的重要控制因素。在实验刚开始的 45h 内，由于没有加沙过程，河宽发育并不明显，床面主要形成依次排列的沙波纹；当进入加沙过程以后，淤积过程促使交错边滩明显形成，且波长 λ 基本保持稳定，这与钱红露等（2016）对交错边滩的研究相似。随着流量逐渐增加，河道则通过调整形态系数来改变，即改变藕身和藕节宽窄自适应河道的能量平衡。然而，藕节河段形成的水沙条件临界点尚需进一步的研究。洪水流量破坏了原来交错边滩的条件，河段不再具备藕节的特点。这也说明，交错边滩的形成和维持对于藕节辫状河的形态塑造具有重要的意义（图 13.3-3）。

继续改变实验条件，即改变原来单一纯沙质河岸结构，在原来河滩地上进行种植草本。图 13.3-4 中，种植草本植物的初始辫状河呈多汊道形态，上游分为 3 股主要汊道，到了中游出现至少 4 个汊道，下游汊道最为密集且河宽发育最大。

在之后的冲刷过程中，流量保持在小流量情况下，由于植被的增加，原来较小汊道的流速普遍开始出现降低，而主汊道则开始出现加速，辫状河形态继续保持。

伴随着河道的冲刷和泥沙的淤积，原来较为发育的汊道发生了变化：一些流路较小的汊道由于植被根系对水流的减速作用，开始出现萎缩，而主汊道开始增宽，河道断面出现冲刷大于淤积过程。原来辫状河的浅滩部分由于流速较低，出现了断流现象，较小汊道的萎缩导致原来的沙洲靠岸或者沙洲和沙洲相连，水流出现向单一流路集中，流量增加，多

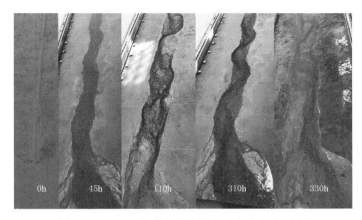

图 13.3-3　藕节状分汊河型的发育和演化过程

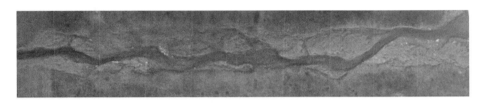

图 13.3-4　种植草本植物的分汊河道初态

汊道的现象开始消失。

在此基础上，通过播撒草种生长植被，经过一定的化学除草处理，使河道两岸保留茂盛发育的植被，采取洪平枯水流量交替运行，720h 后，获得了最高弯曲率达 2.8 的蛇曲自由曲流河型，是在实验室中获得的最高弯曲率的蛇曲河型（图 13.3-5）。

图 13.3-5　茂密植被河岸中发育的高弯曲率模型曲流河道（水流方向向左）

3. 实验结果分析

水动力及边界条件的变化会带来河型的调整。譬如，受气候变化和近期大规模水土开发的影响，黄河近期水量、沙量及水沙比都发生了明显的改变，已经导致花园口河段河型的变化，带来局部河段失稳和洪水风险（韩琳等，2010）。

（1）水动力条件变化对分汊河型的影响。图 13.3-3 中 110～310h 为概化枯水期流量、310～330h 为概化洪水期流量过程。从模型分汊小河的变化中可以看出：

1）枯水水流主要沿深泓线流动，侵蚀河岸的能力较弱，但是"小水走弯"的特性也使得模型小河的下游 13～14m 处出现了一次明显的岸壁坍塌，形成了藕节状小河的第四个展宽段。同时由于下泄清水的缘故，致使沿深泓的主河槽轮廓、形状更加清晰，枯水流路呈现出典型弯曲河道的特性。模型小河的尾闾河段（从16m开始），水流较浅，洲滩林立，流路散乱、多股并存，在实验期间主流游动不定，游荡特性非常显著，这与黄河尾闾河段的天然特性十分相似。

2）在洪水期间，当洪峰流量达到3.9L/s，模型小河多处出现冲决泛溢、切滩改道，除了少数地势较高的地区外，原来出露在河道内的心滩或者边滩大都被洪水淹没。水流携带大量的泥沙进入主河道，持续的冲刷和淤积导致原有河道的重新塑造。整体看来，洪水期的河道边岸弯曲度较之前变小，很多心滩和边滩消失或缩小，多处出现切滩现象。河宽普遍展宽了0.3~0.5m，藕节结构有被破坏的趋势，辫状河流向着更加不稳定的方向发展。

（2）水动力条件变化对单泓河型的影响。图13.3-6是三个不同流量单泓河型的发育阶段，分别是平水期流量、枯水期流量、洪水期流量过程。

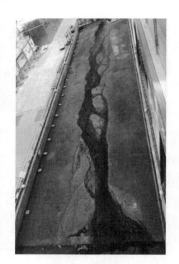

（a）平水期流量　　　　（b）枯水期流量　　　　（c）洪水期流量

图13.3-6　不同流量下的单泓河道（水流方向为从上向下）

从单泓河道的变化中可以看出：平水期和枯水期两个发育阶段，流量变化缩小了河宽，从原来1.84m的平均河宽收缩到平均0.39m。河型仍然保持为单泓或者是微弯河型。然而，在洪水流量作用下，河道出现分汊现象，因为洪水流量漫滩，溢洪水流使原来萎缩的汊道复活行水。加州大学伯克利分校（Braudrick et al.，2009）和明尼苏达大学（Gran et al.，2015）的室内实验也表明，河道岸壁生长Alfalfa（苜蓿）后，游荡实验河段转化为弯曲和网状河型 ［图13.3-7（a）］，这说明非黏性床沙河道维持大弯曲率需要依靠植物根系强化河岸，而入口洪水流量变化并非必须。

植被（草本）的生长对于分汊河型向单泓河型的演变有着重要的影响，并对单泓河道的维持具有关键作用。

13.3.2.2　杨树青等（2018）的实验

杨树青等（2018）在实验室内采用无黏性细砂，将河岸植被覆盖率设定为控制变量，

（a）游荡河型

（b）弯曲和网状河型

图 13.3-7 滩地植被带来河型的转化（Gran et al.，2015）

以 0、20％、40％、80％四种河岸植被覆盖率条件，进行河流塑造演化过程模拟实验，并分析河道演变的动力学特性。对比实验表明：

（1）河岸无植被覆盖水流纵横冲刷。河岸无植被覆盖的河道，水流顺势沿纵、横向冲刷。

（2）一岸有植被容易侧移发育边滩。单边与岸单岸植被覆盖河道，沿植被一岸易淤积发育边滩，水流易向没有植被一岸偏移，在平面上，主支流交替发展，主流不断摆动，河势长期不稳定；河岸植被越稠密，局部扰动及集中冲刷越强烈，顺势冲刷减少，河床与水流的适应调整周期越长、达到稳定越缓慢。

（3）两岸有植被限制河道横移、趋向拉直。两岸植被覆盖的河道，有效减少横向迁移。但是，增加沿河道的纵向迁移，缩小河道弯曲率（图 13.3-8）。

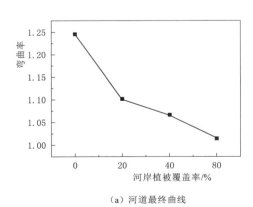

（a）河道最终曲线

（b）河道最终形态

图 13.3-8 两岸植被覆盖对河流弯曲率的影响及最终河道形态
（无植被＋80％河岸植被覆盖度）

（4）河弯迁移速率与植被覆盖率呈负相关，与水流剪切力正相关。植被覆盖率与河弯迁移速率密切相关。植被覆盖率越大，河弯迁移速率越小。当弯道迁移速率相同，植被覆盖率越大，河道演变过程中所需要的水流剪切力越大。

该项实验弥补了现场测量不足，并为数学模型提供了物理模型实验的参考，也为防洪、人工种植植被的河道整治工程提供了科学依据。不过，实验中单边河岸种植植被，导致主、支流经常交替，河道不稳定。这或许不是单边种植植被之过，模型小河是在无黏性的细砂中塑造的，冲刷下来的细砂经过分异作用，较细的物质被堆积在有植被的一岸发育成边滩，较粗的部分堆积在河道中发育心滩或江心洲，而发育成分汊河型或半游荡河型，使得河道不能稳定，如果水中加入黏性物质，也许是另外一种情景了。

13.4　河床抗冲露头对河型影响的实验

13.4.1　概况

该项实验是结合密西西比河上的实际问题进行的。密西西比州的格林维尔附近，河道十分弯曲，从 Sunnyside 到 Filter 河弯，经受现代构造 Monroe 隆起的影响。一般来说，在抬升轴线以上，河谷坡降的变小，曲流的弯曲率应变小；而在抬升轴线以下，则由于河谷坡降的增大，弯曲流变得越加弯曲，弯曲率应当增大。然而，在格林维尔附近却出现反常现象。分析表明，由于抬升轴部位，第三纪 Yazoo 黏土被抬升而出露在河床中，形成了一条横亘于河床、宽约 0.8km 的抗蚀露头，导致曲流反常发育。于是假设，当河床中由于某种原因，存在抗蚀露头时，在露头上游，限制曲流向下游正常蠕动，从而形成紧迫曲流；在抗蚀露头以下，则形成伸展曲流。

该段密西西比河的平均弯曲率为 1.5，曲流波长与波幅分别为 13.8km 和 6.9km，曲流的波长波幅比为 2.0。

13.4.2　实验设计

运用过程响应模型设计法，制成弯曲率为 1.5 的规则模型弯曲河道。河道比降为 0.00484，河谷比降为 0.00724。河漫滩系二元相结构，上层为厚度约 1.49cm 的高岭土极细砂混合物（极细砂 30%，中径为 0.14cm），下层厚度为 0.51～0.01cm 的中砂，中径 0.29mm，河床亦为中砂；河岸高度比为 34.23%。河道横断面在弯道段及过渡段具有不同形态。前者呈不对称三角形，凹岸边坡系数为 2∶1，凸岸边坡系数为 1.5，河宽 11.6cm，水深 1.8cm；后者呈梯形断面，边坡系数 2∶1，河宽 11.6cm，水深 0.93cm。曲流波长与波幅分别为 90cm 和 43cm，河弯曲率半径 22.5cm。在模型小河的中段上层覆盖物的下面，埋设一宽度为 10.2cm 的高岭土条块，横亘于两河弯之间的过渡段上，其厚度为 7.6cm，以不被侵蚀切透为下限。施放 0.2L/s 定常流量，水流亦循环使用。

13.4.3　实验过程及分析

350h 放水实验表明，河床上的抗蚀黏土岩露头对曲流发育有极大的影响。图 13.4－1～图 13.4－3 清楚地表明，随着时间的推移，黏土条块以上的河道长度拉长，曲流波长逐渐

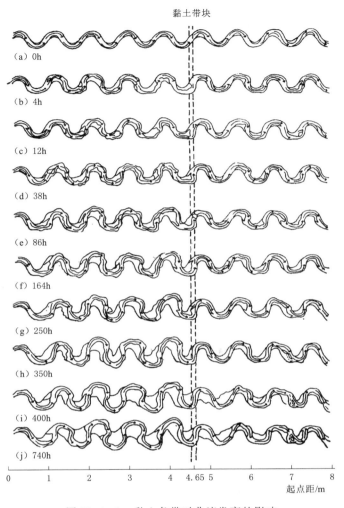

图 13.4 - 1 黏土条带对曲流发育的影响

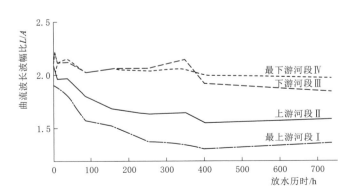

图 13.4 - 2 曲流波长波幅比随时间的变化

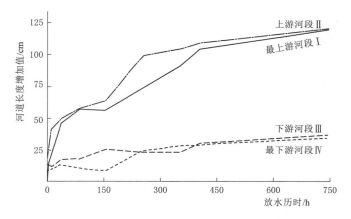

图 13.4 - 3 各河段河道长度增加值随时间的变化

缩短，曲流波幅不断增大，河段的弯曲率越来越大，曲流显然被压紧了；而在黏土条块以下，河道长度变短，曲流波长增加，曲流幅度小，因而弯曲率变小（图 13.4 - 4），显然，曲流被伸展。由图 13.4 - 4 及实验分析可知，在纵向上，越接近黏土条块，这种趋势越加明显。在黏土条块上游，越近条块，曲流压得越紧，而在黏土条块下游，越近条块带，曲流伸展越开。在垂向上，这种趋势与黏土出露的程度有关，当条块高程蚀低时，这种趋势渐渐地模糊不清。

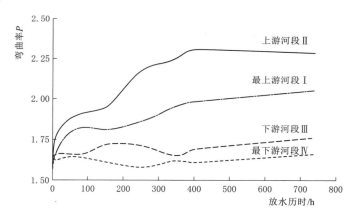

图 13.4 - 4 黏土条块（露头）上下游弯曲率随时间变化的比较

为了进一步证明横亘在河床上的露头与地壳上升有关，350h 后，将河床再一次抬升，使黏土条块再次露出床面，这种趋势又重新显示了出来。

13.5 结论与讨论

（1）过程响应模型是物理模型之一，它是模型形态系统与模型级联系统耦合的产物。该模型的有效性以两系统中控制因素之间的耦合关系为前提，模型的检验及校核也以此为基础。这种模型适用于河流发育过程及因素控制影响的研究，是行之有效的地貌模拟研究手段。

（2）河床边界条件，特别是河漫滩的物质结构和组成，对曲流发育有极大的影响。当河床上不出现抗蚀露头时，河床完全发育在疏松的河漫滩中，即河床及河岸均是砂，由于河道输沙属推移质类型，只能形成典型的游荡河型。在河漫滩全为密实的物质、河床为细砂的边界中，则发育十分缓慢的对称曲流；只有在二元相结构的边界中，才能发育不对称的典型的类似于天然的自由曲流。曲流对称发育与不对称发育的临界曲率为1.57。河弯曲率、弯曲半径及河弯不对称系数与河床高度比有关。另外，河弯不对称系数也受制于河弯剪切力差值之比。如果曲流河道的河床上有抗蚀露头存在，那么，在露头上游的曲流转化成对称发育的紧迫曲流，而露头下游则发育伸展曲流。越近露头，趋势越明显。显然，这种影响在空间上是局部的，在时间上是暂时的。

（3）河床上的基岩跌坎和露头，一方面作为边界条件，会影响其上、下游的河道发育演变的进程，在其上游，遏制河道向下游移动的速度，使其横向发展；而其下游靠近露头的河段，局部坡降增大，河道的动能主要因曲流波长的拉长，波幅无力增加，所以使曲流变得松弛。另一方面，在第15章将这种基岩跌坎和露头作为河流的局部侵蚀基准面，进一步探讨他们对河流发育的影响。

（4）当考虑河道整治及兴建大型水利工程时，被治理河段上、下游，或水工建筑物的上、下游的河道均有可能发生变化，如曲流河道会延长或加速自然裁弯的周期或速率，在这些过程中的地貌临界会发生时、空变化，应当进一步研究这类过程中的地貌临界问题。

参 考 文 献

韩琳，张艳宁，刘学工，2010. 黄河下游河道藕节形态特征遥感监测研究［J］. 人民黄河，32（10）：24-25.

金德生，1986. 边界条件对曲流发育影响的过程响应模型实验研究［J］. 地理研究，5（3）：12-21.

金德生，1990. 流水地貌系统中的过程响应模拟实验［J］. 地理研究，9（2）：20-28.

金德生，乔云峰，杨丽虎，等，2015. 新构造运动对冲积河流影响研究的回顾与展望［J］. 地理研究，34（3）：437-454.

金德生，乔云峰，张欧阳，2019. 江湖水沙变异对长江中游演变趋势影响的比较实验研究［R］.

林承坤，1981. 河道类型及成因［C］//1981年中国水利学会泥沙专业委员会，中国地理学会地貌专业委员会. 河床演变学术会议论文.

林承坤，1985. 河型的成因与分类［J］. 泥沙研究，（2）：1-11.

罗辛斯基 К И，И А 库兹明，1956. 河床［J］. 谢鉴衡，译. 泥沙研究，1（1）：115-151.

倪晋仁，1989. 不同边界条件下河型成因的试验研究［D］. 北京：清华大学.

钱红露，曹志先，刘怀汉，等，2016. 顺直渠道内交错边滩的生成、演化与泥沙分选［C］// 2016年全国环境力学学术研讨会论文.

唐日长，潘庆燊，1964. 蜿蜒性河段形成条件分析和造床实验研究［J］. 人民长江，（2）：13-21.

王随继，2003. 网状河流的构型、流量-宽深比关系和能耗率［J］. 沉积学报，21（4）：565-570.

王随继，2008. 黄河流域河型转化现象初探［J］. 地理科学进展，27（2）：10-17.

杨树青，白玉川，2011. 边界条件对自然河流形成及演变影响机理的实验研究［J］. 水资源与水工程学报，23（1）：1-5.

杨树青，白玉川，徐海珏，等，2018. 河岸植被覆盖影响下的河流演化动力特性分析［J］. 水利学报，

49（8）：995－1006.

尹学良，1965. 弯曲性河流形成原因及造床实验初步研究［J］. 地理学报，31（4）：287－303.

中国科学院地理研究所，长江水利水电科学研究院，长江航道规划设计研究所，1985. 长江中下游河道特性及其成因演变［M］. 北京：科学出版社，272.

朱毕生，熊波，陈立，2005. 河道边界条件对河型形成影响的概化试验研究［J］. 浙江水利科技，137（1）：9－11，14.

朱乐奎，2022. 滨河植被对弯曲型河流稳定性与演化过程的影响［D］. 北京：中国科学院大学.

朱乐奎，陈东，2019. 滨河植被对蜿蜒河流弯曲度与横向稳定性的影响［J］. 水沙科学与地貌学，10：33.

Великанов М А，1958. Руссловой працесс（Основы теории）физиат，Ⅲ 3：395.

Brasington J，Vericat D，Rychkov I，2012. Modeling River Bed Morphology，Roughness，and Surface Sedimentology Using High Resolution Terrestrial Laser Scanning［J］. Water Resources Research，48（11）：W11519.

Braudrick C A，W E Dietrich，G T Leverich，et al.，2009. Experimental Evidence for the Conditions Necessary to Sustain Meandering in Coarse－bedded Rivers［C］. Proceedings of the National Academy of Sciences.

Carson M A，Lapointe M F，1983. The Inherent Asymmetry of River Meander Platform［J］. Journal of Geology，（91）：41－55.

Erik Mosselman，1998. Morphological Modelling of Rivers with Erodible Banks［J］. First Published：21 December.

Friedkin J F，1945. A Laboratory Study of the Meandering of Alluvial Rivers［R］. U. S. Water，Exp. Sta.，Vicksbug，Miss.，40.

Gran K B，Tal M，Wartman E D，2015. Co－evolution of Riparian Vegetation and Channel Dynamics in an Aggrading Braided River System，Mount Pinatubo，Philippines［J］. Earth Surface Processes & Landforms，40（8）：1101－1115.

Jin Desheng，Schumm S A，1986. New Technique for Modelling River Morphology［C］. In KS Rechards ed，Proceedings of the First International Conference on Geomorphology. Wiley Chichester：681－690.

Jin Desheng，1983. Unpublished Report on Experimental Studies［R］. Colorado State University，15 pp.

Lane S N，Westaway R M，Hicks D M，2003. Estimation of Erosion and Deposition Volumes in a Large，Gravel－bed，Braided River using Synoptic Remote Sensing［J］. Earth Surface Processes & Landforms，28（3）：249－271.

Leopold L B，Wolman M G，1957. River Channel Pattterns：Braided，Meandcring and Straight［J］. U. S. Geol. Servey Prof，Paper 282－B：35－85.

Murray A B，Paola C，1994. A Cellular Model of Braided Rivers［J］. Nature，1994，371（6492）：54－57.

Ouchi S，1983. Response of the Alluvial Rivers to Slow Active Tectonic Movement［A］. Fort Collins，Ph. D. Dissertation，Colorado State Univ.，205.

Ouchi S，1985. Response of the Alluvial Rivers to Slow Active Tectonic Movement［J］. Geol. Soc. Am. Bull.，（96）：504－515.

Schumm S A，Khan H R，1972. Experimental Study of Channel Patterns［J］. Geol. Soc. Am. Bull.，83：1755－1770.

Schumm S A，1977. The Fluvial System［M］. John Wiley & Sons，Inc. New York，156.

Schumm S A，1981. Evolution and Response of the Fluvial System［C］. Sedimentologic implications，Soc. Economic Paleontologists and Mineralogists Spec. Pub.，31：19－29.

Simons D B，Richards E V，1966. Resistance to Flow in Alluvial Channels ［J］. U. S. Geol. Survey Prof. Paper，422J：61.

Stecca G，Fedrizzi D，Hicks M，et al. ，2017. Modelling of Vegetation - driven Morphodynamics in Braided Rivers ［C］// EGU General Assembly Conference. EGU General Assembly Conference Abstracts.

Маккавеев Н И，Н В Хмелева，Н В Лебедева，1961. Экспериментальная Геоморфология ［М］. Изд - во МГУ.

Попов И В，1956. О Формах перемещения речных излучин ［J］. Труды ГГИ вып. 56 (110).

.

构造运动对河型成因演变影响实验研究

14.1 概述

新构造运动及活动构造研究是一门崭新、庞大而复杂的系统科学，是介于大地构造学与地貌学之间的新兴边缘科学，国内外的学者已经从探求力源机制、地震预测、地质资源探查，以及新技术、新方法等方面，开展了广泛的研究。一般定义新构造运动为自新近纪以来，属于喜马拉雅运动中后期的地质构造运动，就其运动时间和研究内容而论，可以认为是李四光先生的挽近构造运动概念的同义词（叶定衡等，1995）。晚更新世 12 万～10 万年以来直至现在，以及未来一定时期内活动的各种构造，定义为活动构造，（邓起东，2002），将挽近时期（新近纪或第四纪以来）活动的地质构造称为活动构造，活动构造包括活动的断层、褶皱、盆地（坳陷）、隆起、火山，以及它们围限的地壳和岩石圈块体的变形和运动等。

本书将活动构造作为新构造运动的一个组成部分，着重研究新构造运动对河流地貌系统的直接影响，包括新构造运动导致流域水系格局及冲积河流河道的调整；并涉及由于构造抬升使基岩出露于河床底部，阻碍冲积河流正常发育的间接影响；对于特定地区的大河流长期侵蚀所形成的，称之为"河流背斜"的研究略有提及（程绍平等，2008）。

对新构造运动及活动构造本身的研究，旨在借鉴引用，以提高流水地貌，特别是冲积河流地貌的研究水平。

大冲积河流的形态不完全受水文和水力因子控制，特别在新构造运动活跃的地区，在很大程度上，大冲积河流及河型的发育极大地受活动构造及新构造运动的影响（Schumm，1977），往往以活动断层、活动褶皱及横向掀斜影响冲积河流的形态特征、冲淤过程、河型变化及沉积过程等（Ouchi，1983、1985）。火山喷发及地震活动对冲积河流的影响十分剧烈，它们会导致河道堵塞，形成堰塞湖，甚至横截河道，使河流发生明显的横向位移，比较引人注目；对于缓慢升降运动给予河流发育与演变的影响往往不易察觉。可是新构造运动缓慢隆起和坳陷的长期累积作用，会改变河谷比降、泥沙冲淤、河岸物质组成及河岸高度比，使河道弯曲率随之变化，乃至发生河型的调整。在这个过程中，河道弯曲率与河谷坡降、单位河长或河宽功率间存在着极其复杂的临界关系（Schumm，2002）。河谷比降的缓慢变形最终会影响河道的稳定性，威胁河岸及附近建筑物，如桥梁、隧道、管道、电缆、通信线路的安全，航运受到损害，甚至能引起法律纠纷（Schumm，1986）。

14.1.1　冲积河流受新构造运动影响的实例

国内外冲积河流发育与河型演变受新构造运动影响的实例不胜枚举。如：我国长江中下游河道演变、黄河下游河道演变、北京通州的潮白河曲流、嘉陵江河曲形态、华北水系变迁、渭河水系格局展布、西藏拉萨河的南迁、辽东湾地区水系迁移与袭夺、雅鲁藏布江水系和河流地貌及部分河段水系格局及河谷特征、藏北长江河源地貌对新构造运动都有明显响应；天山北麓的玛纳斯河、酒泉盆地的河流及山西霍山山地的河流对新构造运动方式及速率产生不同的适应与调整；我国东南沿海水系、华北地区的水系、渭河盆地水系格局及新疆伊利盆地水系等反映了新构造应力场对水系发育的控制。

国外许多河流，如美国密西西比河下游、新墨西哥州里奥格兰德河中游、加利福尼亚州圣华金河、得克萨斯州圣安东尼奥河和瓜达卢佩河、南达科他州西部的贝尔富什河、南美的亚马孙河、埃及的尼罗河、澳大利亚的墨累河、巴基斯坦的梧桐河以及印度西北部喜马拉雅山麓的恒河与亚穆纳河等均被活动构造所控制，经受新构造运动的作用。Schumm等（1997）发现密西西比河的冲积河谷、河道形态及河型演变均随时间发生变化，它们的变化幅度也随时间而异，这些正是大冲积河流受新构造运动控制的典型实例。

14.1.2　新构造运动与河流地貌研究

要深入了解新构造运动对冲积河流的影响，离不开新构造运动研究本身的研究进展。新构造运动研究作为一门新兴的学科，与河流水系格局的地质解释结下不解之缘，与河道演变发育也息息相关。

国外新构造运动研究萌生于18世纪中叶，19世纪以来，各国学者开始采用地貌学的方法研究构造运动，新构造运动有别于一般构造运动，逐渐成为新的分支学科，20世纪50—80年代中期，在探讨各种科学和解决实际问题，特别是地震预测预报时，新构造运动学得到广泛应用，新构造运动研究进入了一个新的发展阶段。程绍平指出，20世纪90年代以来，国外新构造运动研究的最新特点注重研究地表过程和地壳过程相互作用、横向水系和夷平面等，强调将地表过程包含在地球动力学模型之中；同时指出，在地貌学经典概念中，夷平面及横向水系成因的论述，仍然具有生命力。

国内开展新构造运动的研究起始于20世纪20—40年代，60年代中期至70年代，由于大地震频发，地震预报及生产建设的需要极大地促进了新构造运动的研究，取得了重大进展；王乃梁等在总结20世纪50—70年代初该方面研究成就时指出，河流地貌反映新构造运动最为明显。80年代到20世纪末，邓起东以世界活动构造研究为背景，概括和评述了80—90年代我国的活动构造研究取得的进展；刘光勋指出新构造运动学的未来研究方向，应关注一些新的与新构造运动有关的问题；黄礼良（1990）、叶定衡等（1995）、强祖基等（1992）对我国的新构造、新构造运动与地貌特征、主要活动构造类型的研究给予特别关注，用大量篇幅全面介绍了活动构造的研究方法，强调要注重活动断层、活动褶皱与预警断层及活动构造应力场的研究。

　　不难看出，新构造运动及活动构造的研究取得了长足的进展，地质科学、地球物理科学的学者们十分重视活动断层、活动褶皱及活动构造应力场的研究，借助河流地貌作为重要的研究手段，促进了河流地貌，包括水系格局的研究。但是全面介绍新构造运动，包括活动构造对冲积河流发育的影响、物理模型实验和计算机模拟研究等方面，相对比较薄弱。

　　研究新构造运动及其对冲积河流的影响，一方面，可以深化地貌系统复杂响应理论、检验沉积旋回复杂性假设、分析沉积序列与沉积盆地演化过程相互关系的认识；另一方面，与地球科学、水利工程、交通航运、通信联络和油气的勘探开发等方面的应用密切相关。因此，得到国内外学者的广泛关注，并取得许多研究进展。

14.1.3　新构造运动对冲积河流影响

　　国际上新构造运动及活动构造对冲积河流影响的研究，在 20 世纪中叶起得到较多关注，有的学者将流域水系形态进行地质解释，如 Howard（1967）；20 世纪 70 年代出版了三本涉及构造地形的书，Tricart（1974）探讨断层和挠曲的长期影响、河道的补偿（Offsetting）、断层湖的形成和断层对曲流的影响；Twidale（1971）确认断层对水系廓线有影响，他指出，当一个上升的断块穿过河流时，也许会形成湖泊或沼泽，也许会冲决，发育正常或异常的水系类型，并以澳大利亚维多利亚伊丘卡附近的墨累河为例进行研究，由于卡德尔断块上升引起构造转移，使河道围绕障碍物由一条河道分汊为两条河道；Ollier（1981）讨论了翘曲和断层对水系的影响，但没有阐述如何影响河流的形态。

　　20 世纪 80—90 年代到 21 世纪初，国际上取得了较多研究成就，发表了不少有影响力的文章和专著（Schumm，1981、1982、1986；Ouchi，1985；Schumm，et al.，2002），比较全面地阐述了有关新构造运动及活动构造对冲积河流影响的研究情况。Keller 等（1996）有关活动构造一书中，专门叙述河流和水系对地壳变形的响应；Miall（1996）对河流沉积物进行综合研究时，探讨了断层和褶皱的同期沉积的影响。

　　值得关注的是，Schumm 等（2002）在专著《活动构造与冲积河流》（*Active Tectonics and Alluvial Rivers*）中，汇集活动构造变形对冲积河流的影响，侧重地貌调整的证据，同时提供水力学、水文学及沉积学的可能信息，并讨论了在经济地质、构造地质、沉积学与地层学、洪水水文学和河流工程学方面的应用；强调了活动构造与人类活动息息相关，活动构造已成为地震研究中诸多关注的重点；指出影响冲积河流发育的活动褶皱、活动断层及横向迁移等三种地壳变形方式，受不同活动构造及新构造运动速率影响的五种基本河型及其受影响后的表现形式；提到冲积河流的河谷底板对构造活动的初级响应、河段本身的第二级响应，以及远离直接受影响河段的第三级响应的层次性等，专门介绍了室内物理模型实验研究，及识别活动构造对冲积河流影响时可能出现的假象（Schumm et al.，2002）。

　　在国内，史兴民等（2003）、张丽军等（2012）注重研究冲积河流对构造活动的响应，指出冲积河流对构造活动的响应极其敏感，史兴民等（2003）对水系格局、河谷形态、河流阶地、河道变迁、冲积扇及对活动构造响应的模式与机理做了分析。张丽军等（2012）介绍了导致河流变形的三种构造活动类型，即断层、褶皱及倾斜，阐述响应活动构造的河流构造地貌及其构造变形特征。他们比较全面地探讨了河流地貌的发育，如水系分布、发育，河流流向，河流改道、迁移、袭夺等，均受到新构造运动影响与活动构造所控制。

14.1.3.1 新构造运动对流域水系格局及河流走向的控制

新构造运动对流域水系格局及河流走向总体趋势的控制是显而易见的。这一特点，构成了由地貌学分析新构造运动表现的一个重要方面，该研究在新构造运动研究的萌芽时期，乃至更前，就已经得到学者们的关注。

早在 20 世纪 60 年代，Howard（1967）从地质学的角度，对水系形状进行了分析，获得了树枝状、平行、格状、矩形、辐射状、环状、多盆地状以及扭曲水系等 8 种类型，给出了地质构造和地貌学意义的解释（Howard，1974）；沈玉昌等（1986）、钱宁等（1987）将水系归纳成 10 个类型，认为放射状及环状水系分别与穹丘、穹窿及盆地、坳陷有关。

20 世纪 70 年代，中国科学院地理研究所等单位的地貌科研人员指出，大地构造控制着长江中下游分汊河道的河谷布局。长江出三峡后，进入具有丘陵、平原为特征的中、下游地区。显然，淮阳弧和宁镇弧影响河谷走向：武汉以上，河谷呈南西-北东向，武汉至九江转成北西-南东向，九江至南京的走向复为南西-北东向，南京至镇江呈东-西向，过镇江以东反而折为南东方向（中国科学院地理研究所等，1985）。

21 世纪初，张义丰（2003）指出，新构造运动明显控制黄河下游水系的流向、转折及平移。由于断裂控制，使黄河主干流及邻近地区的河道沿北北东、北东东方向流动；东平—微山湖区断裂和北西向断裂控制，使湖区呈现平行叶脉状水系；在另一个广大的湖泊洼地区（黄河冲积扇与汶水、泗水等河流的洪积扇交汇的地带），由于受沿湖区北西向断裂以东的翘起运动的控制，导致湖泊洼地逐渐东移、不断缩小；东明至梁山的黄河下游河段，被聊考断裂等分割成几块，在断裂相交处，黄河发生较大转折，而黄河与断裂相交时，则产生平移。

在研究辽东湾新构造运动历史过程时，赵文红等（2012）注意到，该地区以整体升降为主，具有间歇性升降特征，当上升转为下降趋于稳定时，运动幅度越来越小，促使六股河水系和烟台河水系呈现变余水系特征，凌角河水系成为菱角状水系，其中变余水系能够很好地反映河流演变过程和新构造运动的发展过程。

李亚林等（2006）认为，在藏北长江源区的高山-中山、丘陵及平原区，河流分别展示为南北向、东西向及北东东向，均呈现平行水系格局，水系在短距离内快速变化，以"直角状"与不规则"锯齿状"为特征；不同时期的不同构造控制着水系形态和河流地貌的发育演变，前者受早期逆滑和走滑断裂控制，而后者主要受晚期的正断层和地堑构造控制。祝嵩等（2011）调查雅鲁藏布江加查段时发现，至少从上新世以来，在碰撞、挤压和伸展构造演化过程中，产生一系列构造变形，使该地区水系呈现平行状水系格局，河谷地貌具有峡谷和宽谷相间特征。

值得提到的是史兴民等（2003）在研究水系格局及河谷形态对新构造运动响应时，除了对水系形式的一般地质解释外，注意了水系线密度与构造活动的关系，随着构造沉降由初期向中、后期发展，水系的线密度值先增大，而后有一定程度的缩小；而由构造上升初期向中、后期发展时，水系的线密度值先变小，甚至为零，而后增大。Zeitler 等（2001）

指出，横向水系是河流横切褶皱构造的必然标志。但是，包括以上很多学者对水系格局的研究中指出，如能进一步分析与构造应力的关系，以及考虑到水系线密度与构造活动间的复杂响应关系，会使该方面的研究更深入一步。

14.1.3.2　构造应力场对水系格局的控制

20 世纪 70 年代中期以来，新构造运动应力场的研究不断开展，大大地促进了新构造运动机理及驱动力的分析探讨。艾南山等（1982，1984）进行了我国东南沿海及越南部分地区沿海水系、华北地区水系格局，以及伊犁盆地水系与新构造应力场的研究，从统计角度将河谷假设为剪切现象，通过分析认为，水系格局总体上受区域应力场控制。由于应力场的作用，河谷或河流的分布，如东南沿海水系的河谷及河流，沿着该地区的新构造应力场作用的剪切面发育，华北平原区的海河水系格局受该地区共轭剪切面控制；华北地区、河北滦河中下游、山东鲁南山地丘陵区和新疆伊犁盆地的水系，弯曲河流处理成折线后的分布方向，甚至连全新世的沟槽网络系统，都呈现非随机性；通过水文、地质和地震资料等验算，获得了在数量上彼此相吻合的结果（艾南山等，1982、1984；王素华等，1989；田贵全等，1993；鲁守宽等，1989；王景明等，1990）。

常丕兴等（1992）在研究渭河盆地水系格局与新构造应力场的关系时，指出渭河南、北岸支流水系，在长度、流速、密度、形态、汇水面积及汇入渭河的方式各不相同，南岸支流短、急、密度大、汇水面积小、多呈羽毛状，以直角汇入渭河主流；而北岸支流长、缓、密度小、汇水面积大、大多呈树枝状，按北西-南东向斜交汇入渭河。这些特征分别与盆地北部大面积缓慢抬升及秦岭断块近期抬升有关。依据东西向主体断裂的左行特性，结合水系走向与长度的统计分析，确定该盆地新构造应力场的主压应力方向呈北东-南西方向，与断层测量获得的北东东向主压应力方向相吻合。

显然，构造应力场是无形而客观上存在的地球物理应力场，通过水系格局及冲积河道主支流交汇关系的分析，能发现某一地区的构造应力场主应力方向，在宏观上控制该地区的流域水系及冲积河道的格局，从力学机制分析一个地区的流域水系格局及冲积河道的特征，比水系形式的地质解释大大地深入了一步。

14.1.3.3　新构造运动对河道形态与河床演变的影响

事实上，新构造运动对河道形态与河床演变的影响，主要表现在活动构造，包括活动隆起、活动坳陷、活动褶皱以及活动断层给河道及河床演变带来的影响。结合实验，Ouchi（1983）将活动构造对冲积河流影响归纳成三类：断层、褶皱及掀斜（图 14.1-1），细分成 13 个亚类，基本上涵盖了垂向、横向及掀斜升降运动。但是，穹窿抬升和凹陷沉降运动尚未纳入（金德生等，2016），而这两大类运动对流水地貌系统，特别是水系形式、河道流向、边界结构油气储藏等都有特殊的影响。在具体研究新构造运动，尤其是活动构造的运动方式及速率对冲积河流的河道形态与河床演变的影响时，学者们注意到缓慢的活动褶皱、隆起、坳陷、断层、掀斜、平移运动，以及急速的火山、地震活动对冲积河流的直接影响，主要表现在对平面形态、河道宽度、弯曲率、纵横剖面、下切强度、下切幅度、河道变迁、河型、输沙类型及输沙率变化等的影响。新近纪及第四纪早、中期新构造运动的影响，主要由夷平面及河谷阶地的变形作出响应。

本节主要介绍隆起、坳陷及褶皱对河流纵剖面形态、冲积河流平面形态、冲积河谷河

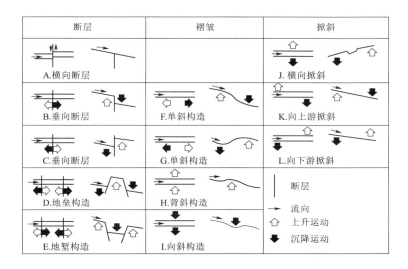

图 14.1-1　断层、褶皱和侧向掀斜引起的地面变形平面图和横截面图（Ouchi，1983）

漫滩发育以及河型发育演变等的影响。

1. 对河流纵剖面影响

研究表明，在河流横向穿切褶皱活动构造或隆起时，对河流纵剖面的形态、凹度及下切强度有明显影响，同时注意到沉降量与淤积量间的关系。

Lave 等（2001）分析了尼泊尔境内喜马拉雅山河流的下切强度与活动构造上升的关系。喜马拉雅山前缘褶皱带被河流穿切过时，河流强烈下切；河流向北流到小喜马拉雅山，下切量变得很小；河流的下切最为强烈的地方为更北部的高喜马拉雅山。

Kirby 等（2001）进行尼泊尔中部锡拉利克山活动背斜研究时，根据该背斜中全新世阶地系统的空间变化，论证了岩石隆起（Rock Uplift）对基岩河流纵剖面凹度（Concavity of Bedrock River Profiles）的影响，当河流横切活动断弯褶皱（Fault - bend Fold）构造时，断弯褶皱的变形速度垂直梯度的位置和方向决定纵剖面凹度。Whittaker 等（2007）认为当河流穿过隆起构造时，河道平面形态变窄，河流会急剧加速下切。

在研究构造运动对河流纵剖面发育的影响时，有学者注意到，如果构造沉降量被淤积量所补偿，那么河流纵剖面会保持不变。如黄河下游的年均总淤积量为 5～10mm，而构造年均沉降量为 5mm，几十年来，黄河下游纵剖面的比降和凹度基本保持不变（贾绍风，1994）。

2. 对河流平面形态影响

新构造运动对冲积河流平面形态的影响，主要表现在河道的弯曲率、河漫滩的分布、河漫滩的坡降及河道宽窄等的变化。

在美国南达科他州西部，活动构造影响河流的弯曲率，甚至河道变迁。Gomez 等（1991）研究了该地区贝尔富什河短时段的不稳定性。贝尔富什河为弯曲型冲积河流，位于南达科他州西部，首先，他们将 81km 长的河道分成 17 段，获取各河段的弯曲率，而后，分析弯曲率与河漫滩坡降，或与河床比降间的对比关系；结果表明，相对稳定的河段

（河段 1～4 和河段 11～17）及不稳定的河段（河段 5～10），弯曲率与河道比降分别成反比及正相关关系。河道的弯曲率（包括平滩水深）随河漫滩比降的关系及变化趋势，在转折河段（5、6、7）河段上下游各不相同，转折河段上游河道弯曲率随河漫滩比降的降低而降低，变化趋势并不明显；相反，从转折河段向下游，河道的弯曲率（包括平滩水深）随河漫滩比降的增陡而增大，具有增大的变化趋势。在 1939—1981 年间，因曲流摆动而改造的河漫滩，其面积随河漫滩比降的降低而增大。认为弯曲率可以作为冲积河道对新构造活动响应的晴雨表（Gomez et al.，1991）。

张义丰（1985）指出在黄河下游地区，坳陷与隆起构造相间发育，在坳陷区及隆起区，黄河分别显示拓宽及缩窄；而在坳陷与隆起交接地段，河道则发生较大的转折。

3. 对冲积河谷中河漫滩发育影响

在冲积河谷形态对新构造运动响应的分析中，人们注意到河漫滩二元结构面，即河床相与河漫滩相间的界面响应的敏感性表现，二元结构面与河道平滩水面的高差，以及向河槽倾斜，还是向河岸倾斜，反映构造运动的抬升，还是沉降的情况：地壳上升时，由于河流下切和侧蚀，二元结构面倾向河槽；一旦二元结构面存在后，当地壳上升，平滩水位与二元相结构面间的高差变小；反之，地壳沉降会使二元结构面向河岸倾斜，平滩水位与二元相结构面间的高差增大（史兴明等，2003）。该研究指出了二元相结构面对新构造运动响应的敏感性、复杂性，这有别于其他学者的认识，如能进一步计算平滩水位与二元相结构面间高差，以及二元相结构面与深泓间高差，分析这两种高差的比值（河岸高度比）及其与河型演变间的关系，将会使研究更向前发展一步。

4. 对河型发育演变影响

河型发育演变对新构造运动的响应同样十分敏感。Jain 等（2004）在研究流经印度东部喜马拉雅山前盆地的北比哈尔平原上的巴格马蒂河分汊河流系统时，进行了河型与河流动力学关系的分析。该河流系统位于科西（Kosi）和甘达克（Gandak）两大冲积扇之间的扇间地带，上游为游荡河型，下游是弯曲河型，而中游为辫状河型，巴格马蒂河辫状河段具有中～高弯曲率、宽深比小（11～16）、河道比降平缓（0.00018～0.00015）、洪峰流量多变、洪水频繁漫滩和含沙量高。由地形图和卫星影像图编绘的河道历史变迁图显示，河流主要趋向东移，230 年中在 30km 宽的河漫滩上发生 8 次大的和几次小的冲决，每次大冲决，河道横向移动 5～6km。Jain 等（2004）认为，河道高度冲决（Hyperavulsive）和不稳定的主要因素是盆地地区泥沙输移的调整和新构造掀斜运动的触发，促使发育分汊河型，显示出老河道被"重新占有"（Reoccupation）的特点。

20 世纪 70—80 年代，中国科学院地理研究所等单位的地貌工作者，注意到长江中下游地区的新构造运动，不仅以间歇性交替升降运动为主，而且具有掀斜和断裂运动特征，使荆江河段主要表现为弯曲河型，城陵矶以下呈现以藕节状分汊河型为主，河型沿程不均匀分布（罗海超等，1980；中国科学院地理研究所等，1985）。据 2005—2007 年国土资源大调查项目《长江中游主要水患区第四纪地质及新构造运动对水患形成的影响专项调查》下属课题《长江中游主要水患区新构造运动对水患形成的控制作用》专题成果指出：长江中游干流河道主要发育于构造沉降区与微弱隆升区，除了其他因素，河型还受新构造运动的控制。构造沉降区，主要发育顺直微弯型及曲流型河道；构造隆升区，发育单一顺直型河道；构造沉降为主、间有构造隆升的地区，主要发育分汊型河道。不同的新构造活动带中，水患情况不同：构造沉降地带洪灾多发；构造隆升地带，泄洪断面在不断减少，泄洪能力在不断降低。另外，张斌等（2007）认为，河道下切及地壳抬升促使我国嘉陵江发育河曲形态。

显然，河型对新构造运动的响应相当显著。顺直与弯曲河型往往发育于构造沉降区，单一顺直河型发育在构造隆升区，而分汊及游荡河型发育在沉降为主、间有构造隆升区；新构造掀斜运动的触发可使整个河型迁移及发生冲决，这些反映了响应的敏感性及复杂性；响应的敏感性和复杂性还表现在，一条处于河型临界状态的河流，由于控制变量的一点微小变动，可以急剧地改变河流的特性。例如，一些位于河型临界值附近的弯曲性河流，由于推移质的微小变化，变成分汊型河流（Ouchi，1985）；变化是复杂而多样的，取决于河道的类型及其是否处在临界状态。当河谷坡降随着构造活动增陡时，顺直河道会变得弯曲，低弯曲率河道变得更弯，而弯曲河道会分汊；反之随着河谷坡降的降低，分汊河道会弯曲，弯曲河道会顺直。因此，不同河型受新构造运动及活动构造影响的机理，特别是他们与河谷坡降的关系，进而与冲积河道的弯曲率或分汊率的复杂的临界关系，以及与输沙类型和河流功率的关系有待深入探讨。另外，新构造运动及活动构造导致河谷坡降的变化，除了通过河型调整来补偿外，是否有另外的途径，例如，通过输沙类型的调整进行补偿等，也是值得深究的。

14.1.3.4 活动断层构造对河流发育的影响

活动断层构造影响河流发育的研究，是新构造运动对冲积河流影响研究最为重要的一个方面，其表现同样是多方面的，包括对河流水系格局、地貌形态、河型、河谷比降、纵横剖面、河道比降、河流功率以及输沙级配与类型等。

韩恒悦等（2002）研究认为，渭河盆地带南缘断裂带阶状正断层的正倾滑活动，表现为强烈的垂直差异升降，并同时向北扩展，明显影响该盆地带的地貌形态与水系格局，促使渭河主流两侧的入汇支流明显呈不对称发育，南岸的支流密集而短小，而北岸的支流稀疏而较长；此外，还指出该盆地带自更新世以来，主河及其支流两侧发育多级阶地，说明该地区间歇性抬升趋向比较稳定。

Schumm 等（1997）研究阿肯色州奥西奥拉和密西西比州修士角之间的密西西比河及其冲积河谷地貌时，发现密西西比河的平面形态不正常，这种异常与现存的地质构造密切相关联。例如，沿着大溪断裂带、白河断裂带、玻利瓦尔-曼斯菲尔德构造带、布莱斯维尔隆起、克里滕登县断裂带，以及里尔富特裂谷边缘，这些现存构造的变形，致使河流和地形在近期发生异常；活动断层连同深层岩体（Pluton），同时影响流域水系格局；很多异常能够显示一个破碎的亚冲积面（a Fractured Sub-alluvial Surface）的存在；同时认为，沿着这些断裂发生的活动，尽管最大可能地出现在地震活跃地区，而在地震不活跃的地方，断裂的活动概率同样也很高。

Pickering（2010）以恒河及亚穆纳河为例，探讨了印度西北部德拉敦地区冲积河流对活动断层的响应，认为恒河和亚穆纳河对横切其流路的喜马拉雅山前逆断层的活动抬升有着明显的响应，并推测河流系统对局部断层的响应比原始地形的响应更为敏感，也就是说，河流形态显示活跃的年轻断层的响应超前于地形上的响应。

　　恒河与亚穆纳河流经一个活跃的逆断层系统，在地形上还没有清晰显示。恒河与亚穆纳河由小喜马拉雅山前约 35km 流进恒河平原。Pickering（2010）对长约 80km 的恒河与亚穆纳河下游的地貌、水力特性数据做了分析。分析表明，河道纵剖面、宽度、比降、分汊关系、河流做功率方式和颗粒级配等，对喜马拉雅山前逆断层（the Himalayan Frontal Thrust，HFT）都做出了响应。其中最明显的是，为了响应河床的抬升和断层轴部海拔高度的降低，河道比降增陡到 0.063；在亚穆纳河上游，河道比降变缓，而靠近 HFT 时，河道比降变缓为 0.0025 左右，在横跨 HFT 轴部时，河道比降增陡到约 0.0035，以此响应河床的抬升与 HFT 轴部高程的下降。在抬升轴上游，河道带宽 1500m，到 HFT 处，河道受地形抬升遭受束缚，河道带宽度缩窄，变为 500m。冲积河流的这种响应在分汊指数上也有所反映，当两条河横跨 HFT 德拉敦盆地和山前的许多河流也同样如此。通常沿恒河顺流而下时，泥沙颗粒大小显示变细的趋势，在整个 80km 长的河段上，因为河流功率足够大，能输移全部泥沙，所以没有出现明显的输沙分选性特征。同样，亚穆纳河在通过德拉敦河谷时，顺流而下也显示泥沙颗粒变细的趋势。然而，在 HFT 上游，泥沙颗粒突然增大，Pickering（2010）认为，这是由于流量小，河道比降缓，促使流过默罕德（Mohand）背斜中的河流功率变小所致。

　　Delcaillau（2001）运用地形、水系形式和结构数据，对台湾中部山麓进行形态定量分析，确定了与断层相关的背斜构造的相对年龄，提供了沿背斜前缘所形成的冲积扇的几何形态和阶地的风化堆积物数据，给出了新构造运动的相关信息。断层陡崖地貌呈若干小斜面，具有叠瓦状特征。沿陡峭地形的横截面和坡面上伴有一些碎块，显示了相应的几次连续隆起。

　　上述研究表明，活动断层对冲积河流的影响是多方面、多层次的。最令人注目的是，学者们关注了活动断层在地表形态上的表现，尽管这一点很重要，但是已远远不能满足研究的需求，应该更多地注意冲积河流对活动断层响应敏感性和前兆性的研究，因为无论是在理论的创新，还是对实际应用的指导方面都具有重要意义。

14.1.3.5　新构造运动对河流发育的间接影响

　　新构造运动影响冲积河流发育是多方面的，除了上述的直接影响外，有些属于间接影响，如由于构造抬升使基岩出露于河床底部，从而影响河道的冲淤与发育，可以认为这是一种间接影响。

　　Gregory 等（1985）和 Schumm（1996）发现，由于密西西比河受梦露（Monroe）穹窿上升的影响，导致河道向东迁移，河道的弯曲率及河宽发生变化；在 Greenville 河段的河道中，横亘着呈北东-南西向的基岩露头，它由古近纪基岩（石灰质含化石泥岩，Yazoo Clay）组成，影响曲流的发育，使其上游的弯曲率增大，曲流波长波幅比缩小，形成紧迫曲流，并使泥沙淤积在河道凸岸边滩上；而在基岩露头下游，曲流的弯曲率减少，形成曲流波长波幅比增大的松弛曲流，使河床和凸岸边滩冲刷。研究表明，这种露头有别于一般的跌坎，它具有活动性，且有向上升增长的发展趋势，河流冲淤难以达到平衡。

14.1.3.6　河流侵蚀反作用导致形成新构造

　　在新构造运动过程中，发生变形或变位的地层、地貌和构造，这类地质地貌称之为新构造，又称新地质构造，河流背斜可作为特定的新构造。河流侵蚀与褶皱构造成因之间的关系，是不少学者对喜马拉雅褶皱带河流背斜（River Anticline）研究的焦点（程绍平等，2008）。Koons（1998）、Zeitler 等（2001）、Montgomery 等（2006）对此进行了深入研究。其中 Zeitler 等（2001）提出用构造瘤（Tectonic Aneurysm）模型来解释这些河流背斜的形成。Koons（1998）及 Zeitler 等（2001）提出了另外的热-力学-侵蚀耦合模型（Thermo - mechanical Coupling Model by Erosion），Beaumont 等（2001）用喷出低密度地壳流耦合地面剥蚀对这一现象进行了解释。Montgomery 等（2006）则建立了差异性均衡隆起模型。

无论是用构造瘤模型，还是用热-力学-侵蚀耦合模型，抑或用差异性均衡隆起模型，来解释这一河流背斜的成因，应该说，河流背斜是河流侵蚀作用导致新构造形成的典型实例。

南美洲亚马孙河的"大转弯"，似乎是另一个实例。据 2014 年 7 月 17 日《中国科学报》报道。直到约 1000 万年前，降落在亚马孙盆地的大部分雨水向西汇流入沿安第斯山东麓的湖泊中，然后向北经河道流入加勒比海。最初，安第斯山脉挤压地壳形成水槽的速度快于沉积物的填充速度，因此在山脉东麓形成湖群。随着下沉速度减缓，安第斯山剥蚀的沉积物逐渐积累填满湖群，继而地形升得更高。最后，大约在 1000 万年前，山脉东麓的地形高过亚马孙盆地东部的地形，形成从安第斯山向大西洋倾斜的斜坡。在几百万年前，向西流的河水在穿越今天巴西北部时出现逆转，进而向东奔流入大西洋，于是诞生亚马孙流域。过去研究曾认为，深埋于南美大陆地下的火热黏性岩流的逐渐变化，触发水流逆转。但新的计算机模型显示，可能是由于持续侵蚀、活动和沉积，消磨了安第斯山脉的发展，河水才发生"大转弯"。

Schumm 等（2000）对大河流侵蚀作用造成的卸载效应进行了研究，他认为，逐渐的剥蚀作用使地壳的持续地均衡反应受阻，会导致周期性的抬升。Dykstra（1988）在美国科罗拉多州立大学工程研究中心，在人工降雨设备中用雪枕模拟构造隆起对树枝状水系的实验中，观察到地形对构造的响应以及卸载对变形过程的影响。在实验之初的 20h 里，盆地上、下侧河流形态非常相似，有较快的相似抬升速率。但是当缓慢运行时，穹窿下半侧河流，因为比降较陡，侵蚀加强，比上半侧河流侵蚀的泥沙明显增多。穹窿下半侧更快卸载，导致更大的隆起。最大隆起带迁移至最大的物质卸载区（图 14.1 - 2），使河道的流路发生移动。这证明了大河流侵蚀具有卸载效应的重要性。

众所周知，新构造运动影响河流地貌的发育，内力起主导作用；而河流侵蚀形成河流背斜，导致山体重力降低，反而减缓沉降，最后

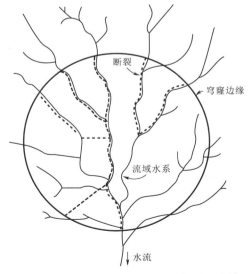

图 14.1 - 2　穹窿实验中发育的断裂和流域
水系（Dykstra，1988）

转而为上升，在此过程中，外力起主导作用。如果内力作用的结果是正常作用的话，那么外力导致的便是反作用的结果。可以认为，通过上述实例及实验研究，有助于促进外动力效应的反作用机制研究。这正如 Schumm 等（2002）在研究穹窿上升对水系发育影响的实验时指出的那样，由抬升引起的河流侵蚀对下阶段地壳变形具有反馈作用，在某种程度上控制沉降变形，能够进一步对河流产生影响。

14.1.4　新构造运动及其对冲积河流影响的模拟实验研究

室内模拟实验是研究新构造运动及其对冲积河流影响的重要手段之一，通过模拟实验，可以大大地缩短时间尺度、空间范围，定性或定量地检验野外案例的研究结论，并观测到在野外无法观测到的现象。国内外学者在野外研究的基础上，借助室内物理模型实验及数学模拟等手段，进行构造运动本身及新构造运动对冲积河流影响的研究，取得了重大进展。20 世纪 90 年代以来，叶柏龙（1993，1995）、王颖等（2004）、解国爱等（2013）、单家增（2004）及闫淑玉等（2011）进行褶皱模拟实验，唐诗佳（2001）、朱战军等（2004）进行了断层构造的实验与模拟，在构造模拟实验过程中，设计了新型的适合于各种地质构造模拟实验的地质构造模拟实验台（杨磊等，2010；战传香等，2010），数字图像处理技术（任旭虎等，2007）得到很好的应用，取得了关于主要构造形式，如各种褶皱、多种断层的成因、影响因素、形成过程，以及褶皱断层相互关系的实验研究成果，结合数学模拟及实例进行了验证，为新构造运动及活动构造影响河流地貌发育的研究提供了良好的基础。但是，新构造运动及活动构造如何影响河流地貌的实验研究，在地质、地震、油气、矿产等方面的科研院所及高等院校进行得较少。

新构造运动对冲积河流影响的实验与模拟研究，主要体现在不同类型冲积模型小河的塑造和构造运动影响两个方面，该类实验主要在地理、水利及泥沙研究部门进行。在实验槽中塑造某种冲积模型小河，然后施加某一构造运动，如上升、下降作用，观察构造作用段本身，构造作用上、下游，及更远处模型小河的形态、输水、输沙、冲淤的变化过程及影响情况等，用来检验野外原型河流受构造运动影响的定性或半定量假设及研究结论。室内模拟实验小河基本上采用自然模型方法设计（尹学良，1965；李保如，1963），少部分学者运用过程响应模型设计方法（金德生，1990）。苏联莫斯科大学及美国科罗拉多州立大学开展了一系列升降运动对曲流发育影响的实验研究（金德生，1986）。国内自 20 世纪 70 年代以来，中国科学院地理研究所及江汉石油学院（现属长江大学）分别在室内成功地模拟了新构造运动对河型发育、河道演变影响，以及有关入湖河流三角洲沉积过程和沉积结构等河流沉积方面的实验成果。除了室内物理模拟实验研究外，近年来不少学者借助高性能计算机技术，积极开展数学模型模拟实验。

如刘少锋等借助前陆盆地沉降和沉积过程的数学模拟，研究东祁连山逆冲带的内部变形特征，建立了地质学-力学耦合机制的模型；结果表明，造山带的前陆褶皱逆冲带和前陆盆地具有整体性：在前陆盆地演化的初期，当造山带的褶皱隆起开始时，盆地的坳陷沉降便出现，而盆缘的逆冲断层尚不发育，盆地的坡度较大，山前冲积扇往往较小，河流宽度较大，弯曲度较低；在演化末期，造山带停止隆升，盆地的沉降减缓，逆冲带前缘平缓，这时发育曲流河及少量湖泊三角洲体系，沉积演化相对缓慢；两体系的内部结构清楚，突发性沉积事件不大发育（刘少峰等，1996）。

李琼（2008）以祁连山东段的沙沟河小流域为例，进行构造抬升的数值模型实验。模拟构造抬升背景下，河流地貌对气候长期变化的响应，模拟表明：在气候与构造共同作用时，河流响应过程较为复杂，河流纵剖面的调整反复进行，会达到多次均衡。

以上研究是开展外营力与内营力共同作用的数学模拟，流水地貌实验与地质动力学实验相结合，以及物理模型实验与数学模型模拟相结合的良好开端。

14.2 模型设计及实验设备

14.2.1 模型小河设计

14.2.1.1 背景河型分析

河流地貌系统中的河型分析是模型设计的基础。众所周知，河道子系统是流域系统的一部分，受流域因素的影响。运用比降-流量临界关系时，应区别出游荡、分汊、弯曲三种河型间的临界曲线。在同样流量条件下，曲流河型应具备较低的比降，游荡河型应有较陡的比降，分汊河型则介于中间，可选用 Lane（1957）、Schumm 等（1972）或 Ackers 等（1970）曲线。Leopold 等（1957）的曲线过于简单，且小流量时比降较陡，大流量时比降较低。在考虑河谷比降-曲率间关系时，无疑在同一河谷比降及流量条件下，弯曲河道有较大的弯曲率，游荡河型曲流最小，分汊河型的汊河有介于中间的弯曲率，其弯曲率范围为：弯曲河道大于 1.57，游荡河道弯曲率小于 1.05，汊河弯曲率为 1.25～1.05，衰亡汊河弯曲率可大于 1.83，习惯上，将弯曲率小于 1.05 的顺直微弯河道作为深泓弯曲河道。当河各比降一定时，弯曲河道的弯曲率随床流量增大而变小，河道取直；分汊河道则不然，汊河弯曲率随流量增加而增大。

不同河型具备不同的边界条件和地质构造条件，尽管分汊河型与弯曲河型均发育在二元相结构中而不同于游荡河型，但弯曲河型有较厚的河漫滩相物质。前者可侵蚀性砂层厚度与滩槽高差之比大于 50%，后者则小于 50%（金德生，1981）。

不同河型洲滩上的物质组成各不相同，弯曲河型的凸岸边滩的悬移组分多、跃移及滚动组分少，分汊河型江心洲的悬移组分少、而跃移和滚动组分多（Christian et al.，2009）。

构造运动对河型发育与演变的影响实验，尤其关于曲流河型响应穹窿抬升的实验，是美国密西西比州维克斯堡的美国陆军工程兵团"新构造活动对密西西比河下游影响"项目（合同编号：DACW 38-81-C-0007）的内容，于 1983 年 12 月至 1984 年 4 月在科罗拉多州立大学工程研究中心完成。选择的背景河段为密西西比州 Greenville（格林维尔）（图 14.2-1）到路易斯安那州 Lake Providence（普罗维登斯湖）河段。250 年来，由于受门罗隆起（Monroe Uplift）影响，该河道强烈下切，格林维尔河床出现黏土岩露头（始新世杰克逊群的雅祖 Yazoo Clay，Jackson Group，Eocene），抑制了曲流弯道向下游迁移，并导致露头上游密西西比河曲流的弯曲率急剧增加，尽管门罗隆起（Monroe Uplift）降低了该河段的河谷坡降，但仍然发生这种现象。该河段长约 46.67km，平均河宽

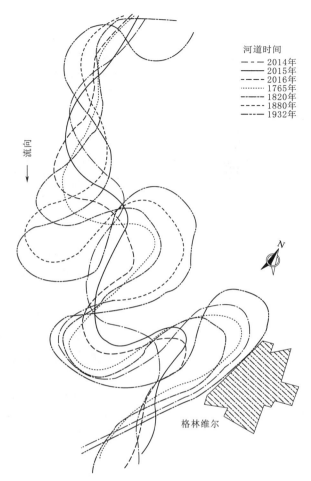

图 14.2-1 密西西比州克林维尔密西西比河
河道中心线历年位移图

203.0m，平均水深 13.21m，平均宽深比 15.4；河谷坡降 0.000144，河道比降 0.00008，弯曲率 1.8；曲流波长 8.8km、波幅 6.5km，波长波幅比 1.8；河岸高度比为 10.5%，湿周中粉黏粒含量 13.5%；平滩流量 15300m³/s，平均流速 2.00m/s，糙率 0.024；总输沙率为 289.08 亿 t/a，推移质中径为 0.35mm；该地区自 1820 年以来到 1984 年做实验时，据美国大地测量局（NGS）记录，平均上升速率为 3mm/a（Watson，1982），共上升了约 0.5m。实验目的为研究密西西比下游对隆起上升的响应，以及验证隆起后曲流河道对河床抗蚀露头的响应。

关于升降运动及掀斜上升运动对江心洲河型发育影响，选择长江下游城陵矶至汉口长约 217.9km 作为背景河段；穿窿上升及坳陷沉降运动对弯曲-游荡性过渡河型发育的影响，则选择黄河下游长约 165km 的高村至陶城铺河段为背景。两大河段都属于相对稳定的江心洲分汊河型，长江的江心洲分汊河段较黄河弯曲-游荡间过渡性河段要稳定些，两河段都受坳陷构造沉降及凸起构造上升影响，平面上宽窄相间，纵剖面具有大的波状特点；两河段的边界条件有所不同，前者河岸边界的二元相结构中粉黏含量较高，河岸高度比较小，平滩流量较大，变幅较小，河道比降较为平缓，主泓的弯曲度较大、波长波幅比较小。

顺直河型及游荡河型受构造升降运动影响的实验，收集了 Ouchi 所做的有关实验，本书力求全面反映几种基本河型受构造运动影响的实验研究成果。但到目前为止，构造运动对多汊网状河型影响的实验研究，在国内外尚未见到报道，也是今后要做的一项重要的实验研究课题。

14.2.1.2 设计步骤

除 Ouchi（1983）完成的顺直、弯曲及游荡河流对构造升降运动的实验外，均采用河流地貌系统过程响应模型方法，一般按以下 12 个步骤进行设计。

（1）由河道弯曲率 P 决定湿周中粉黏粒含量百分比 M 值，河岸高度比（H_s/H_m）及宽深比 F。

（2）由河道弯曲率-河谷比降关系曲线，确定河谷比降，即模型原始比降。

（3）由弯曲率（河谷比降与河道比降之比）预估最终的河道比降。

（4）由河谷坡降-平滩流量关系曲线，决定造床流量。

（5）由流量与输沙量关系曲线，决定与造床流量相适应的加沙量。

（6）由流量、M 值及波长关系曲线决定与设计流量相应的曲流波长。

（7）由弯曲率-波长波幅比关系曲线，决定波长波幅比，并进而获得波幅。

（8）由河谷比降-水深关系，计算与床面比降相适应的平滩水深。

（9）通过 M 值获得 F 值，进而确定平滩河宽。

（10）按模型砂料混合配方法，确定河漫滩结构和物质组成。

（11）进行模型小河断面设计计算。

（12）预估可能出现的床面形态。必要时，可进行适当调整。

在具体设计时，根据不同河型的要求有所省略和侧重。分汊河道可看作 2 股以上的曲流（曲率较小）的复合体。游荡河型的外形和边界条件比较单一，由河道坡降-流量临界关系来确定流量和床面的原始坡降。

按设计，水槽中铺设一定坡降的模型砂层，开挖具有梯形横断面的模型顺直小河，施放设定的流量、加沙量，并进行必要的调整，当放水运行足够长的时间后，获得某种类型的模型河道，并能维持"符合所需的河型"，造床实验结束。

14.2.2 模型小河制作

14.2.2.1 实验砂料选择

习惯上，根据实验水槽的面积及铺砂层厚度，选择粗砂用作基床用砂，细砂作河漫滩二元结构的底层，粗粉砂及高岭土（黏土）用作二元相结构的上层用砂，并用做加砂料。有时选用滑石粉作为水流流向指示剂，当拍摄河道水流表面主流方向时应用。

14.2.2.2 实验槽底床砂铺填

在铺设底床砂层时，需考虑实验水槽的大小、砂料的选择及砂层厚度与结构的确定。对于底砂，一般用粗砂，自上游向下游呈尖灭状铺设细砾石，以利透水并可充分使用砂石料。而后，在整个实验水槽中均匀覆盖中砂层，根据模拟原型河流所需要塑造原始模型小河的类型，确定使用砂料和物质结构，并选定二元相结构上、下层的物质组成，二元相结构中河漫滩相物质的厚度等。这些均由模型小河设计及实验的目的要求提供。

14.2.2.3 开挖初始模型小河

铺设好底床砂层后，根据实验要求及模型小河设计的要求，沿模型进出口中心线开挖倒梯形横断面的顺直小河。顺直小河具有一定的底坡坡降，一般为 0.005～0.007。在具体制作二元相结构中开挖顺直模型小河时，可以用薄铁皮（厚 1mm）或木板、塑料板做一长条形梯形断面盒，长 150～200cm，底宽 20cm，边坡 1：3。将盒底按要求的坡降放在河床砂层面上，在两侧铺上二元相结构河漫滩物质，操作时自上游向下游逐步制作。开挖时，用精密水准仪或精度 0.1mm 测针及时校测河底高程及坡降。

14.2.3　实验仪器设备及数据图像采集

14.2.3.1　实验设备

构造隆升及凹陷沉降运动由 4 个升降装置按"十"字形构成，安置在水槽中部 13 号～17 号断面下方地下室，升降装置中心为 0 位，"十"字的横线位在 15 号断面上，"十"字的竖线与初始模型小河的中心线相吻合，以便对比河道上下游及左右侧受构造活动的影响效果。

穹窿及凹陷的长轴、短轴均为 4m，上升及沉降的最大幅度分别为＋16cm 及－16cm。实验设备进行了全新改造和完善，就地加工和安装实验槽轨道和测桥。实验轨道由直径为 25mm 的不锈钢无缝钢管，通过间隔为 25cm 的特殊调试组件组成，垂直向、横向精度分别为±0.01mm 及±1mm；使用载人及安装测试仪器的同步分离式双轨测桥，扭动差值小于 5mm，载人测桥两端各安装同型号、同马力的驱动马达，由手控同步电动运行。为保证仪器测桥的垂直精度为±0.01mm，采用高强度平面加工精度 0.01mm 的槽钢，辅助于桥式结构，用特殊调平组件调平，并用高精度水准仪校正。

模型河流的供水加砂系统由加沙率 1～200g/s、精度为 0.1g/s 振动式手控加砂器，以及流量为 1～5L/s、精度为 0.1L/s 变频流量计组成。

14.2.3.2　测验仪器

测验与采样系统主要包括：水位测量器（精度 0.1mm）、河底高程仪（精度 0.1mm）、流速流向仪（精度 0.1cm/s）、水沙样采集与分析系统、河床组成物质采集器等。用于进行有关水沙及河床地貌数据的采集。

测量内容包括：河床地形高程测量；水位、流速、含沙量；河床质采样；地形及水面高程摄影；加沙量及出沙量称重；勾绘河床地形平面图；河道发育动态摄影及绘图等。

14.2.3.3　数据采集及图像获取

实验水槽中共布设固定测验断面 24 个，具体测验断面的布设视实验情况进展而定。每一个测次施测 23～24 个断面，测验左右岸水位，间隔 3～5cm 测流速，进行断面测验计算与流速校核；收集 24～40 个断面的含沙量，采取河床质沙样，烘干、称重、筛分，绘制粒配曲线，提取 d_{50}、d_{16} 及 d_{84} 数据，计算河床质非均匀系数。共计施测（24～40）×4＝92～160 个断面、96～160 个含沙量样品。每个测次拍摄河道水流情况及河道地貌照片，分析流态及河流地貌变化趋势。记录穹窿上升及凹陷沉降过程及速率，分析升降速率变化与河道水沙变化的关系。

14.2.4　实验安排

实验侧重对不同方式、不同速率进行模拟。实验中考虑了缓慢垂直升降运动、急速升降运动、向上游掀斜运动、向下游掀斜运动、左右不对称差别升降运动、先掀斜而后均匀抬升的运动等形式。之所以这样选择，是因为正如前已提及的，它们与长江中、下游分汊河型的空间分布类型、成因、演变特征有密切的关系，上述实验共进行了 10 组。除了有一组是内、外动力组合实验外，其余实验条件均为定常流量及定常加沙量。穹窿上升及凹陷沉降运动影响实验是在新建的水土模拟大厅进行的，采用在纵向上启用 4 个升降装置，实施穹窿的中速均匀上升运动与快速-缓速的变速上升运动，以及凹陷的缓速均匀沉降、变速沉降（先快速后中速沉降）和中速沉降实验。升降方式和速率均由程序自动控制，构造升降运动对顺直河型、弯曲河型及游荡河型影响的实验于 1983—1984 年在美国科罗拉多州立大学工程研究中心完成。

14.3 构造升降运动对弯曲河型发育影响实验

14.3.1 概述

本节内容是给维克斯堡区美国陆军工程兵团的《新构造活动对密西西比河下游影响的最终报告》实验部分（Watson，1982）。在该项目第一阶段提交的报告中，Schumm 等（1982）讨论了新构造对密西西比河河道和冲积河流的一般影响。Ouchi（1983，1985）研究了新构造对冲积河流和水槽中实验水道的影响，结果表明，实验河道的响应与自然河道的相似，并展示了通过水槽实验来模拟自然过程是极为有效的。Schumm（1977）曾经指出过，借助模拟实验对研究各种地貌过程，例如流域的发育和河型变化的有效性。Schumm 等（1972）特别证明了河谷坡降与弯曲率及河型两者之间的关系。

河谷坡降与弯曲率间的关系对确定河流的做功率与河型关系很重要。新构造运动改变了河谷坡降，从而改变了河流做功率，导致河型发生变化。这就是新构造作用使河谷坡降变形从而能影响冲积河流的缘由。通过水槽实验，研究河谷坡降的变形对河道平形态特征的影响，并与密西西比河的相关数据做了比较，由密西西比河的原型数据得知，构造变形对控制河道形态的发育更具有重要作用。因此，额外加做了一个水槽实验，研究抗蚀材料对河型的影响，从而确定隆起对曲流河道平面形态的影响，以及弯曲河道对横亘其河床上抗蚀露头的响应。通过实验检验上述两种情况：首先，塑造一条从顺直小河发育成模型弯曲河道，而后抬升水槽，确定弯曲模型河道的响应；其次，预制弯曲率为 1.5 的弯曲模型小河，将一块耐蚀材料（纯黏土）横亘埋入河床，确定模型小河受到的某种影响。

14.3.2 实验设备和实验设计

14.3.2.1 实验设备

实验中使用的水槽于 1981 年建造，旨在研究新构造运动对冲积河流的影响（Ouchi，1983、1985）。水槽长 9.1m，宽 2.4m，高 0.6m（图 14.3-1）。水槽中心底部，是两块 2.44m×1.22m 的活动木质胶合板，下面由槽钢支撑，由一根横梁插件将上游和下游分隔开。在木质胶合板下，安置一根横跨水槽的槽形钢梁，宽 15.24cm、高 5.08cm、厚 6.1cm，架在两个混凝土块上，钢梁距水槽上游端 4.66m。这部分槽底可由安置在钢梁下两端的两个液压千斤顶驱动升降。水槽底面上铺设一层砾石层，厚约 30cm，使水槽底层变得平整。水槽的底面和侧壁覆盖塑料薄膜，在塑料薄膜上铺设一层沙子。

千斤顶用手驱动安置在混凝土块上的钢梁上升或下降，模拟构造隆起或沉降，然后插入垫片，垫片是厚 0.127mm 的铝板，量测垂直升降量。水流引入进水槽，通过进水槽宽 5.08mm 的矩形出口，经水槽上游端流进实验河道，在水槽尾部，设有沉沙池，一根直径

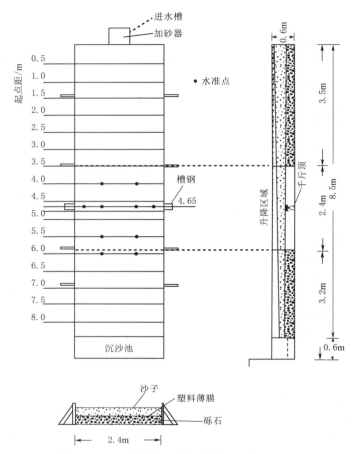

图 14.3-1　模型实验水槽略图（Ouchi，1983）

为 2.54cm 的软管可以由小水泵从沉沙池抽水进水槽供再循环使用。将 H 形金属测桥横置于水槽上，安装一个测针，沿横断面测定地面高程。实验时间以小时计，自水流出流的初始时间起算到水泵关闭断流时间，不包括断流后横截面测量所需的时间。

为了在实验水槽中发育一条真正的弯曲河道，在砾石之上的粗砂层内建造一层极细的粉砂黏土和砂土层。在粗砂层中挖掘宽 1m、深 15～20cm 的槽沟，其中几乎全部填满中砂（平均粒径 0.29mm）。在中砂层上铺设一层厚 1.5～2.0cm 的极细砂与黏土混合的表面层，用来塑造流动的河道。表面层包含大约 30%～40% 的黏土。初始河道向下切过表面层，河岸由黏性较大的细粒物组成，河床物质为较松散的中砂。原始槽沟的一部分埋在表面层以下，在槽沟两边留有 2～3cm 陡坎。这样，初始水槽表层模拟犹如一个切入较老沉积物的冲积河谷。然而，在实验过程中，河道与这个河谷边界之间几乎没有相互作用。

在水槽表面开挖初始河道时，每 0.5m 设定一个横断面，每隔一段时间施测一次，在每个实验中，总共测量 8～9 次。每个横断面上各个测点，都通过 x、y、z 三维空间进行定位记录数值，以描述河道的变化过程。

河道平面形态用草图和照片记录，在每次测量时都进行勾绘或拍摄。在水槽出口的沉沙池内，用塑料容器收集和量计输沙量。水面流速用浮标法测定，根据浮标通过已知河道断面间距离及计时而得。实验均为恒定流量 0.20L/s。

使用河道的过程响应模型设计法设计该模型实验。在水槽中模拟自然河道中发生的过程，观察和测量响应、比较或预估天然河流的行为。实验表明，水槽实验的优势在于可以控制许多条件，以便观察单参数的变化，通过水槽中发生的快速变化，缩短时间尺度。实验于 1983 年 12 月至 1984 年 4 月在科罗拉多州立大学工程研究中心进行。

14.3.2.2 实验设计

为了模拟活动性构造隆升对弯曲河流的影响，有必要塑造一条与天然河流发育过程相同的弯曲河道，包括沉积物在河弯凸岸沉积形成凸岸边滩，以及河弯曲凹岸处发生侵蚀，从而形成一条宽阔、圆弧形弯道、缓慢向下游移动的弯曲河流。

已有的水槽实验已成功塑造了具有弯曲深泓的顺直河道（Friedkin，1945；Schumm et al.，1972；Ouchi，1983）。这些河道是在水槽的沙质河床中，而弯曲深泓是由于顺直河道中出现交错边滩而形成的发育。Schumm 等（1972）发现，当黏土加入水流中作为悬移质时，出现这些交替的边滩，产生了弯曲河道。

14.3.3 隆起上升对弯曲河型发育影响实验

14.3.3.1 实验概况

水槽表面的分层设计是为了发育一条真正的曲流河道。顶层提供了有黏性的河岸物质，维持河道高度弯曲。沙质河床提供了维护凸岸边滩沉积过程所需的床沙物质。实验提供了凸岸边滩内部微型交错层理的证据，说明实验河道与天然弯曲河道具有相似的纵横向冲积层，河道确为蜿蜒河流（图 14.3 - 2）。

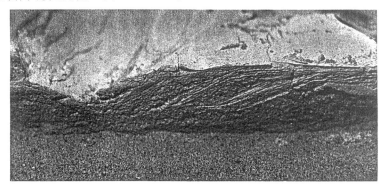

图 14.3 - 2　模型曲流的凸岸边滩内部微型交错层理（Watson，1982）

在水槽中央，开挖一条顺直的原始模型小河，施放恒定流量，使顺直原始河道逐渐发育成一条弯曲河道。水流以微小角度进入水槽，为了使模型顺直小河更容易、更快地发育成弯曲模型小河，在原始小河上游端预设了两个小的弯曲段。河道的顺直段深 3cm，宽 3.5cm，底宽 5cm。河谷坡降为 0.0078，流量为 0.20L/s，水流循环运行，保持悬移质输移。实验直到 400h 形成一条蜿蜒弯曲河道，河道平面形态草图见图 14.3 - 3。

400h 后，水槽中心被液压千斤顶提升，模拟构造隆升（图 14.3 - 4）。实验又持续了 150h 后，历时 448h、452h、474h、500h、520h 和 550h 的河型草图见图（14.3 - 5）。

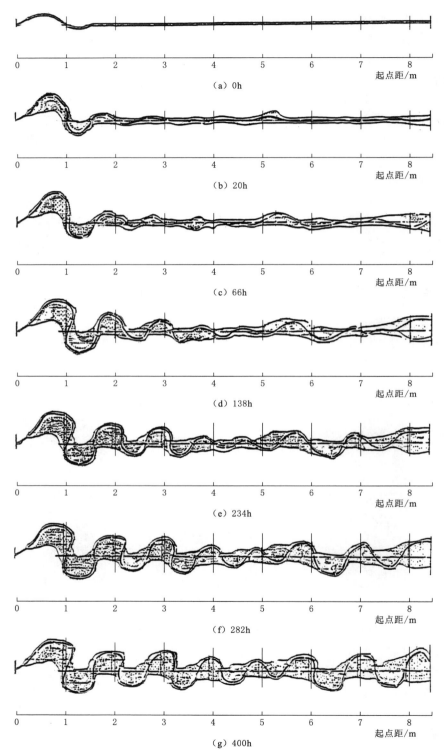

（a）0h

（b）20h

（c）66h

（d）138h

（e）234h

（f）282h

（g）400h

图 14.3-3　弯曲河道发育过程中的河型演变

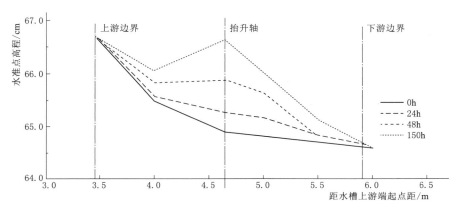

图 14.3 - 4　标示抬升配置的水准高程的变化

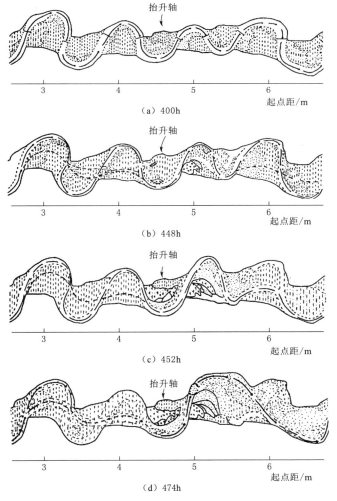

（a）400h

（b）448h

（c）452h

（d）474h

图 14.3 - 5 （一）　弯曲河道抬升过程中河型的变化

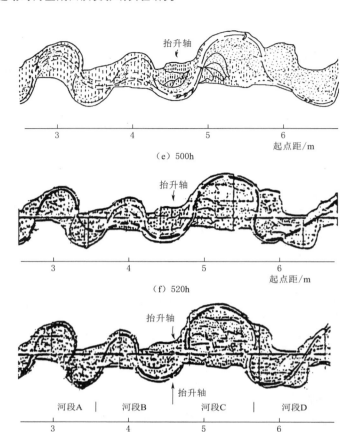

图 14.3-5（二）　弯曲河道抬升过程中河型的变化

14.3.3.2　实验过程

　　为了分析的方便，根据河段受影响的程度及河型变化，将实验河道分成四个差不多相等长度的河段。两个河段位于抬升轴上游，另两个河段位于抬升轴下游。原始顺直河道变成了蜿蜒河道，河道最终的弯曲率为 1.34～2.08。曲流波幅增加，并通过河道凹岸侵蚀和凸岸边滩沉积，曲流向下游迁移（图 14.3-3）。400h 之后，实验河道的变化速度很慢，以致认为该条曲流河道已接近平衡，表明一条真正的曲流系统已发育形成，并为观察隆起对曲流河道影响做好了准备。

　　隆起上升影响实验在 150h 内，做了 3 次抬升，抬升量大至相等，分别为 3.1mm、5.8mm 及 7.9mm，共抬升了 1.68cm，平均每次抬升 5.6mm；3 次速率分别为 0.129mm/h、0.242mm/h 及 0.077mm/h，平均为 0.112mm/h。第 1、2 次的抬升速率相近，第 1 次为中等抬升速率，第 2 次抬升略快，第 3 次抬升更加缓慢，仅约为前两次的 1/3。尽管从表面上看，速率有差异，每次抬升都是在极短的时间内完成的，并不体现抬升过程的快慢与河流响应过程快慢之间的联系，而抬升幅度的大小对河流要素响应的尺度有重要意义。抬升后河道的变化情况见表 14.3-1。

表 14.3-1 抬升后密西西比河曲流影响实验特征值

实验历时/h	弯曲半径/cm	弯曲率 P	不对称指数 I_a	河岸高度比 $\Delta h/H/\%$	实验历时/h	弯曲半径/cm	弯曲率 P	不对称指数 I_a	河岸高度比 $\Delta h/H/\%$
0	34	1.58	0.86	21.7	8	50	1.66	0.98	57.1
1	26	2.58	1.20	13.3	9				
2	24	1.86	0.81	17.3	10				
3	26	2.06	1.28	10.2	11	28	1.98	1.23	28.0
4	29	1.77	0.97	29.0	12	27	1.65	0.73	8.5
5	22	2.19	1.15	7.10	13	30	1.82	1.03	39.7
6	32	2.04	0.90	11.8	14	35	1.72	1.02	75.0
7	36	1.50	0.91	60.0					

表 14.3-2 抬升后密西西比河曲流影响实验水准点标高及坡降变化值（ΔJ_v）

水准点 编号	间距/cm	400 标高/cm	400 抬升量/cm	400 ΔJ_v	424 标高/cm	424 抬升量/cm	424 ΔJ_v	448 标高/cm	448 抬升量/cm	448 ΔJ_v	550 标高/cm	550 抬升量/cm	550 ΔJ_v	累计 抬升量/cm	累计 ΔJ_v
3.45		66.6			66.6			66.6			66.6			0.00	−001
	55		1.10	0.020		0.98	0.017		0.79	0.014		−0.05	−0.00		
4.00		65.5			65.6			65.8			66.6			2.82	0.051
	65		0.55	0.008		0.36	0.005		−0.03	−0.00		0.02	0.000		
6.65		64.9			65.2			65.8			66.6			0.90	0.013
	35		0.09	0.002		0.09	0.002		0.25	0.007		0.61	0.017		
5.00		64.8			65.2			65.6			66.0			1.04	0.029
	50		0.15	0.003		0.34	0.006		0.76	0.015		0.88	0.017		
5.50		64.7			64.8			64.8			66.1			2.13	0.042
	40		0.12	0.003		0.15	0.003		0.15	0.003		0.46	0.011		
5.90		64.6			64.7			64.7			64.7			0.88	0.022
	10		0.00	0.000		0.09	0.009		0.09	0.009		0.09	0.009		
6.00		64.6			64.6			64.6			64.6			0.27	0.027

表 14.3-3 抬升后密西西比河曲流影响实验分段特征

河 段	1	2	3	4
河流做功率	−	−	+	+
岸床相对可动性	○	−	+	+
阶地	○	一级	数级	○
弯曲率	−			
波长	○	+	+	+
波幅	○	−	++	+
波长波幅比	○	+	+	+
河型	高弯曲率曲流	低弯曲率曲流	大型曲流发育江心洲	辫状河道
河道平面形态				

注 +增加；−减少；○不变；——→流向；├──抬升轴；T阶地；▨黏土；▦粉砂或细砂；▧中砂。

14.3.3.3　实验结果及分析

在河段Ⅰ和河段Ⅳ，河道几乎没有变动。然而，在河段Ⅱ和河段Ⅲ，发生了显著的变化，这两个河段分别紧靠着隆起的上游和下游。

1. 弯曲率变化

对于河段Ⅰ和河段Ⅳ，弯曲率保持得相当稳定，意味着这些河段没有受到隆起的影响（图 14.3－6）。而正好在隆起上游的河段Ⅱ，在 450～500h 便取直了，弯曲率缩小为1.10，运行至 550h，又回到接近原来的弯曲率。在抬升轴上游，弯道发生了截弯取直。然而，到实验将近结束时，这些截直的河段进一步弯曲，复又占有老河道的流路。在抬升过程中，抬升轴下游的弯曲率增大，到实验结束，一直保持在高水平的弯曲率。在河段Ⅲ，形成了一种新的河型，从历时 474h 到实验结束，一直保持这种状况。

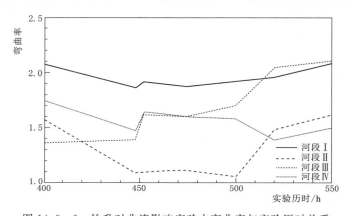

图 14.3－6　抬升对曲流影响实验中弯曲率与实验历时关系

2. 波长、波幅及其比值的变化

关于河段Ⅰ、河段Ⅱ和河段Ⅳ的曲流波幅，在抬升实验中，河段Ⅰ、河段Ⅳ的曲流波幅，犹如弯曲率那样，基本保持不变。上升轴以上的河段Ⅱ，在 520～550h，波幅经过一轮减少后，复又增加到初始数值。河段Ⅲ的曲流波幅稳定地增大，到 550h，曲流波幅达最大值（图 14.3－7 和图 14.3－8）。

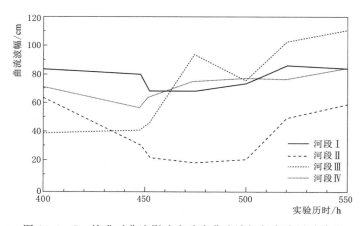

图 14.3－7　抬升对曲流影响实验中曲流波幅与实验历时关系

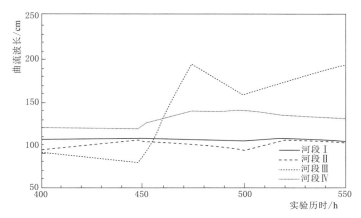

图 14.3-8　抬升对曲流影响实验中曲流波长与实验历时关系

在抬升过程中，河段Ⅰ、河段Ⅱ、河段Ⅳ的波长保持不变（图 14.3-8）。尽管河段Ⅱ的弯曲率和波幅都有周期性的变化，但波长保持不变。图 14.3-8 显示了隆起部位上的弯道位置并没有发生位移变化。这意味着，当曲流波幅不随波长的变化调整时，就需要弯曲率随波幅的变化而变化。河段Ⅲ的波长发生了极大的变化，为了适应上升的影响，该河段的河弯大小实际上增加了一倍，在该河段中冲刷出一条新的河道，但并没有重新占用原来的流路。

14.3.4　上升对弯曲河型发育影响实验

14.3.4.1　实验概况

该实验是在完成构造抬升实验结束的基础上进行的，河道宽 4cm，沙层由中砂掺和 10%～20% 的高岭土混合组成，坡降 0.008，水流由进水槽，经 30° 的弯头流入实验河道，模型流量为 0.1L/s，系循环水流，含沙量为 1000～2000ppm，未加沙（$t=0$h，图 14.3-9）。经过 150h 的放水运行，在河道的湿周上出现薄层黏土淤积。

14.3.4.2　实验过程

通过增加垫片，进行抬升影响实验，运行 8h 及 12h，每次加 2 块垫片，以后每 4h 加 1 片，共计 8 片（1.02cm）。0～40h，每间隔 4h 停水测量一次深泓的高程和平面位置，放水 60～72h，实验结束。

14.3.4.3　实验分析

从实验过程中可以见到，在上升区下游河段，因抬升使河谷坡降变陡，深泓弯曲率增大。给人最明显的第一印象是上升区下游河段的河湾下游一半部分的黏土被侵蚀掉，由这里侵蚀下来的泥沙，沉积在下一个凸岸边滩面的边缘，凸岸边滩进一步扩大，对侧河岸进一步遭受侵蚀，结果深泓弯曲率不断增加（图 14.3-9）。

在抬升区，随着深泓高程抬升，河谷坡降变陡而不断升高，以便弥补弯曲率的增加。这时，在河道深泓的投影纵剖面上出现一个上凸形态（图 14.3-10），既没有明显的淤积，也没有明显的冲刷。河道投影纵剖面根据断面深泓点高程与断面离水槽上端起点距点绘而得。模型河道并没有完全通过加大弯曲率来调整因抬升作用增陡的河谷坡降，直到实验结束也是如此。不过，深泓坡降确实随深泓投影纵坡降（河谷坡降）的增陡而增大，深泓弯曲率则以较小的增长率缓慢地增加。Ouchi（1985）认为，由于河岸相对比较稳定，阻碍或者推迟由抬升导致的坡降的调整。在抬升区上游的河段，坡降变平，流速降低，凸岸边滩被洪水淹没，发生淤泥沉积，深泓变得模糊不清。

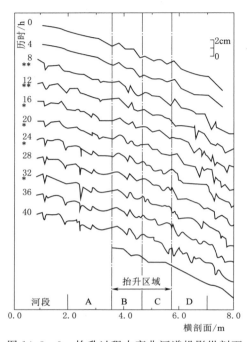

图 14.3 - 9　抬升过程中弯曲河道投影纵剖面
（Ouchi，1983）

注　星号为计量抬升量的垫片数，河道高程沿河谷直线
　　距离点绘。

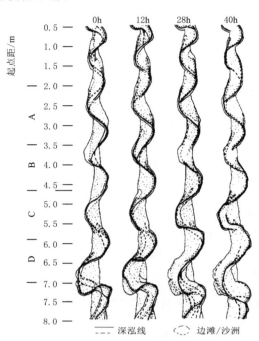

图 14.3 - 10　抬升过程中弯曲河道的河型变化
（抬升轴在 4.7m 处）（Ouchi，1983）

14.3.5　沉降对弯曲河型发育影响的实验

14.3.5.1　实验概况

Ouchi（1983，1985）完成抬升影响曲流的实验后，从 56h 至 73h，引入清水冲刷，原来抬升区下游发育的弯曲河道被冲毁。在水流中重新加入黏土后，河岸获得重建，重新发育弯曲河型，以此作为响应沉降作用实验的初始河道（图 14.3 - 11，$t=0h$），从第 8h 至第 36h，每 4h 抽取一个垫片（1.27mm）（共 8 片，1.02cm），而后开始沉降实验。

14.3.5.2　实验过程

随着沉降实验的进行，由抬升实验（图 14.3 - 9）保持上凸型深泓纵剖面，最终消失（图 14.3 - 12）。大约运行了 24h 后，在沉降区出现轻微下凹形态，并随着持续下沉，该下凹形态不断扩大加深。

14.3.5.3　实验分析

总的来说，沉降作用对不同河段有不同的影响。主要响应是河段Ⅱ的弯曲率增大，弯曲率的增加情况与抬升实验过程中河段Ⅲ的情况相似（图 14.3 - 11）。河段Ⅲ部分被淹，凸岸边滩完全被淹没。

1. 沉降区上游的响应

位于沉降区上游的河段Ⅱ，主要表现为弯曲率增大的情况，宛如抬升区下游河段Ⅲ的弯曲率增长情况。首次沉降后，因坡降变陡（图14.3-12），水流冲击沉降区下游河道河弯部分，黏土层被冲刷掉，河岸和下一个凸岸边滩遭到微微的冲刷。当继续沉降时，在贴近老边滩的狭窄新边滩上发育微小的淤积体，凹岸受到侵蚀（图14.3-12）。由于沉降的结果，弯曲率微微有所增加。在沉降区中央部位，发生回水，使弯曲率及其增量减少。

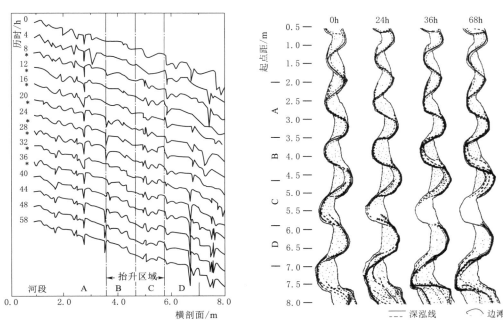

图14.3-11　沉降过程中曲流河道的河型变化　图14.3-12　沉降过程中弯曲河道的河床纵剖面
（沉降轴在4.7m处）（Ouchi，1983）
注　星号为进行沉降而移走的垫片数。

2. 沉降区下游的响应

在沉降区下游的河段Ⅲ，坡降变平缓，洪水将凸岸边滩淹没及河道被淹（图14.3-12；剖面5.5m）。到36h，位于剖面5.0m及5.75m的凸岸边滩全部沉没，全河宽上淤积黏土，深泓显得不清楚。

3. 沉降区的响应

在沉降区，由于既没有明显的淤积，也没有明显的减积，深泓高程随沉降而不断降低；原来抬升时在深泓投影纵剖面出现的凸起地貌形态也逐渐消失（图14.3-12），从运行24h起，直到实验结束，沉降区存在一个下凹的微地貌形态。显然，这是泥沙补给不足，沉积速率小于沉降速率，淤积作用不能弥补沉降作用的表征。

上述实验是在水槽中获得弯曲河道的一种重要手段。由1.5～2.0cm厚的细砂和黏土覆盖在中砂上，组成了河床和河岸的二元结构层面，使河道保持高度弯曲。研究（Schumm et al.，1972；Ouchi，1983、1985）表明，水槽的初始表面只使用了砂子，阻碍发育高稳定河岸，而这种河岸对发育弯道至关重要。上层的沙和黏土对保持较高的河岸，并维持弯曲河道，提供了必要的凝聚力。

河道对隆起的响应是剧烈的。在抬升轴上游三个弯道通过裁弯取直降低了弯曲率，这种弯曲率的减少是预料之中的，因为抬升降低了河谷坡降，减少了流速，导致河流作功率降低。在实验结束时，河道以下切响应抬升，坡降增陡的河道重新占用原来的流路。抬升轴下游的河段通过增加弯曲率来响应河谷坡降的增加。曲流的波幅和波长作为弯曲特征，两者总是随隆起的变化而增加。

14.4 升降运动对江心洲分汊河型发育过程影响实验

14.4.1 概述

构造运动的方式、速率、幅度及过程，明显影响河型发育，然而与水流作用相比，其突发性影响较少，却具有累积效果。升降运动对江心洲分汊河型发育过程的影响实验，尽管国内外在该方面的研究有限，但也取得了一定研究成果。苏联莫斯科大学地理系、美国科罗拉多州立大学地球资源系，国内中国科学院地理研究所进行了不少该方面的实验研究。

1982 年，美国科罗拉多州立大学地球资源系著名的流水地貌与实验地貌学家 Schumm 教授与他的研究生们设计了一套较为简单的构造运动抬升装置，完成大量实验，研究成果受到学术界广泛关注，专著《实验河流地貌》及《活动构造与冲积河流》享誉国际，但实验设备的结构与功能远不能与中国科学院地理研究所原有的实验装置相媲美。

20 世纪 60—70 年代，中科院地理研究所流水地貌实验室，运用当时世界上唯一的地壳升降装置，于 1978 年完成了关于地壳升降对"长江中下游分汊河道成因演变"影响的实验研究，该成果获得中国科学院科技成果二等奖；1979—1980 年完成了"地壳构造运动对河型成因影响"的实验研究，撰写了国内首篇硕士论文（蔡强国，1982）。80 年代末至 90 年代初，当时江汉石油学院（现长江大学，以下沿用当时名称）在筹建湖盆沉积模拟实验室时，参考中科院地理研究所的装置，建成了一套面积 5m×5m 由升降控制系统组成的升降装置，在研究石油生成与石油储存层的分布规律及陆相成油方面做出了贡献，获得部级科技开发一等奖。

国内的地质、地震、油气及矿产部门从 20 世纪 90 年代以来，开展新构造运动及构造本身的实验模拟研究，取得了关于主要构造形式，如各种褶皱、多种断层的成因、影响因素、形成过程，以及褶皱断层相互关系的实验研究成果，结合数学模拟及实例得到了验证，给新构造运动及活动构造影响河流地貌发育的研究提供了良好的借鉴。显然在模拟构造变形的形式与速率方面也有很大程度的失真，而中国科学院地质所、江汉石油学院地质院所的构造运动模拟设备也存在水平比尺与垂直比尺的协调及变率问题，其构造模型的实验材料与河流模型的边界材料也有协调问题，原、模型构造运动的动力比尺与原、模型河流的动力比尺，如何统一也值得研究（金德生等，2015）。实验很少涉及对冲积河流地貌演变与沉积过程直接影响的实验，唯有原江汉石油学院曾做过垂直升降运动对河型发育演变及河流沉积影响的实验。

通过物理模型实验研究构造运动，主要研究皱褶与断裂构造的发育演变，专门研究穹窿与坳陷构造发育过程的实验并不多见，仅见到有学者借助沙箱实验装置进行物理模拟实验研究准噶尔盆地重点区带构造变形机制（解国爱等，2013）；研究构造运动对冲积河流发育的影响，主要表现在新构造运动，特别是现代构造运动和活动构造对河流发育的影响。就不同形式构造运动的影响而论，主要体现在穹窿上升与坳陷沉降对河流地貌，尤其是对河型发育的直接与间接影响的实验，断层地块垂直升降运动、掀斜升降运动以及地块差别升降运动对河流发育影响的实验。

14.4.2　地块垂直升降运动影响的实验

14.4.2.1　地块均匀上升实验

当均匀上升时，上升段河道下切形成深切河道，而上游回水段发育江心洲河型，下游因纵比降增大而发育散乱游荡河型。在上升段因河流下切，形成阶地面微微倾向河道的一级阶地。间歇上升时，形成多级阶地（图14.4-1）。上升运动对河型的影响，还与抬升前的河型有关。如曲流受抬升作用影响后，上游因河谷比降变小而裁弯取直弯曲率变小，在抬升地段，形成深切河曲，在靠近上升区域的下游河段，由于河谷比降增大而使曲流的

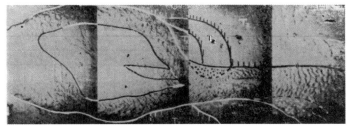

（a）间歇抬升

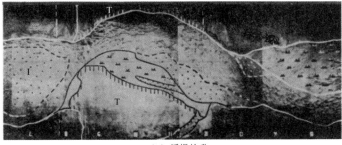

（b）缓慢抬升

（c）掀斜抬升

图14.4-1　地壳抬升形成的阶地

波长波幅比增大，形成大弯曲河段，而且弯曲率有所增大，在离抬升区更远的下游段，由于河床冲积物变粗而发育游荡河型。如果分汊河型受抬升作用影响，抬升段河道由分汊型转化为单一型，河床质粗化，上游段往往因回水，下游段因坡降变陡而强化分汊程度（中国科学院地理研究所等，1985）。分析表明，不论哪种河型，构造抬升造成的影响在时间上是暂时的，在空间上是局部的。

14.4.2.2　地块均匀沉降实验

当地块下降速率由小变大时，河道的展宽率随沉降速度增大而变小，越过临界值后河道的展宽率随沉降速率增大而增大。

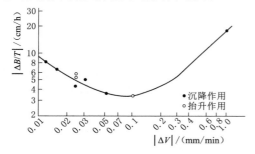

图 14.4 - 2　河道展宽率与升降速率间关系曲线

当沉降量较小时，河道的展宽率与沉降速率呈相反趋势（图 14.4 - 2）。这是因为急速沉降时，河床纵剖面形成突变（裂点），仅在裂点处出现局部的溯源侵蚀，或者是上游来沙量补偿不了由沉降造成的地壳凹陷，或者是没有足够的时间来调整河床形态。因此，局部地段的急速沉降往往导致沉溺式湖盆的形成，从而为堆积入湖三角洲奠定地质构造基础。随着时间的推进，当有足够的泥沙补给时，沉降区便出现三角洲汊河系统。

当缓慢沉降时，恰巧出现相反趋势。究其原因为较小的沉降速率，不能使沉降区和沉降区上、下游之间造成裂点。由于沉降之初的下切力较小，河道有比较充分的时间得以展宽，随着沉降幅度的增加，比降渐渐变陡，下切力不断加大，河道的展宽率则反而变小。

河道展宽率与升降速率间的关系见图 14.4 - 2，曲线上明显存在一个沉降速率为 0.08mm/min 的临界点。若大于该临界值，展宽率随沉降率增大而增大，由于上游来沙量补给不足，而形成沉溺式湖盆，当有足够的来沙量，或湖盆中沉积一定物质时，沉降区出现三角洲分汊河道；而小于该值时，则情况恰巧相反（中国科学院地理研究所等，1985）。如将泥沙起动流速与粒径关系曲线加以对比，似乎存在亦步亦趋之势（图 14.4 - 3）。事实上，这也是很自然的，因为升降速率的强弱影响着比降（J）及流速（V），而床沙质中径（D_{50}）又与 VJ（E）值有密切关系，实验表明 D_{50} 与 VJ 有很好的相关关系（图 14.4 - 4）。

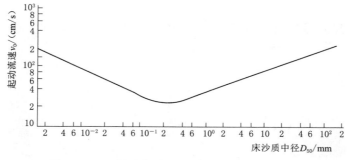

图 14.4 - 3　泥沙起动流速-床沙质中径关系曲线

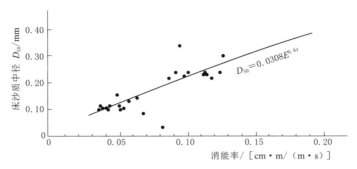

图 14.4-4　模型小河床沙质中径-消能率关系曲线

当 $D_{50}=0.10\sim0.41$mm 时，D_{50} 随 V 或 J 的增大而增大；当 $D_{50}<0.10$mm 时，D_{50} 随 V 或 J 的增大而减少。

由此可见，在沉降区，只有当沉降速率较小时，才有利于江心洲分汊河型的发育；而当沉降速率过大，物质补给不充足时，对江心洲分汊河型的发育并不有利（中国科学院地理研究所等，1985）。

14.4.3　地块差别掀斜升降影响实验

进行了两类掀斜运动实验：向上游掀斜抬升及向下游掀斜抬升。即 Ⅰ-4、Ⅱ-5 及 Ⅰ-5、Ⅱ-6 四组，每类各两组，实验结果见表 14.4-1。

表 14.4-1　　　　　　　　　　　掀斜运动时河型要素的变化趋势

运动方式	组别	日期	河段	河型要素						
				宽深比 $\sqrt{B}/H$	展宽系数 T_b	河谷坡降 J_v	床沙质中径 D_m	床沙分选性 S_i	弯曲半径 R	河床稳定性 K
向上游掀斜抬升	Ⅰ-4	1979 年 6 月 28 日	2 号～8 号	+	+	－	－	+	－	+
			8 号～12 号	－	－	+	－	－	+	○
			12 号～22 号	+	－	+	－	－	+	+
	Ⅱ-5	1979 年 11 月 17 日	2 号～8 号	+	+	－	－	－	－	+
			8 号～12 号	－	－	－	○	－	－	－
			12 号～22 号	+	－	+	－	－	+	－
向下游掀斜抬升	Ⅰ-5	1979 年 6 月 30 日	2 号～8 号	+	－	－	－	－	－	+
			8 号～12 号	－	+	－	○	+	－	－
			12 号～22 号	+	+	+	－	+	+	+
	Ⅱ-6	1979 年 12 月 25 日	2 号～8 号	－	－	+	/	/	－	/
			8 号～12 号	－	－	－	/	/	－	/
			12 号～22 号	+	－	+	/	/	+	/

注　＋增加；－减少；○不变；/缺失无法对比。

14.4.3.1　差别升降运动

长江中、下游右岸相对抬升，左岸相对沉降，导致右岸具有临江的阶地、节点，较大程度地影响着分汊河型，尤其是鹅头状分汊河型的发育。进行了两组实验：Ⅰ-8组，右岸抬升，并伴有流量减少；Ⅱ-8组，左侧沉降。

实验结果表明（表14.4-2），由于差别升降，河道曲折度明显增大，当流量减少时，曲折度增加得更多，显然，这与单边矶头挑流有关。当矶头不挑流时，河道曲折度反而减少。这一点与官洲鹅头型分汊河道上游，当主汊道走古莲花洲左汊时，吉阳矶不挑流的情况类同。

上述实验表明，不论是何种形式的运动，在较大程度上影响河床的纵比降或者横比降，从而促使消能率发生变化，导致河型的不一。这种情况与野外的实际情况在定性上颇相吻合。图14.4-5中，在沉降段，JQ 值增大，也是分汊河型发育最盛的地段；在相对抬升及稳定地段，JQ 值相应减小，分汊程度则降低。

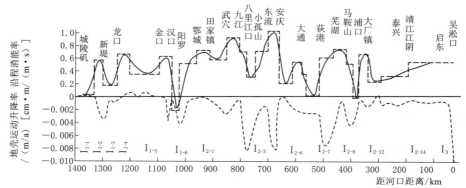

图 14.4-5　长江中下游城陵矶—河口段，TK 沿程变化曲线
(中国科学院地理研究所等，1985)

I_1—江汉凹陷；I_{1-1}—华容隆起；I_{1-2}—洪湖凹陷；I_{1-3}—王家门隆起；I_{1-4}—沔阳凹陷；I_{1-5}—汉川隆起；
I_{1-6}—张渡湖凹陷；I_2—下扬子台坳；I_{2-1}—大冶褶皱束；I_{2-3}—望江凹陷；I_{2-6}—贵池繁昌褶皱束；
I_{2-7}—无为凹陷；I_{2-8}—马鞍山隆起；I_{2-12}—常州宣城凹陷；
I_{2-14}—常熟隆起；I_3—苏北凹陷

表 14.4-2　　　　　　　　　差别升降运动时河型要素的变化趋势

运动方式	组别	日期	河段	宽深比 $\sqrt{B}/H$	展宽系数 T_b	河谷坡降 J_v	波长波幅比 λ	床沙质中径 D_m	床沙分选性 S_i	弯曲半径 R	消能率 E
右侧相对抬升	Ⅰ-8	1979年7月14日	2号~8号	－	＋	－	＋	○	＋	＋	－
			8号~12号	＋	＋	＋	－	＋	＋	－	＋
			12号~22号	＋	＋	＋	－	－	－	＋	－
左侧相对沉降	Ⅱ-8	1980年1月12日	2号~8号			＋	－	＋	＋	－	－
			8号~12号	＋	＋	－	＋	－	－	－	＋
			12号~22号	/	/	/	/	/	/	＋	/

注　＋增加；－减少；○不变；/缺失无法对比。

14.4.3.2　地块向上游掀斜抬升运动实验

在20世纪，中科院地理研究所流水地貌实验室曾进行过地块向上、下游掀斜上升对分汊河型发育影响的实验研究。实验表明，掀斜抬升区河道的展宽系数显著降低，河型转化成单一型，河段的河道稳定性略有降低。在掀斜抬升区上游，由于壅水而堆积江心洲，河道水流的能量损耗率减少，稳定性提高。在掀斜抬升区下游的河道，由于掀斜区与下游段之间的坡降越来越大，能量消耗率增大，掀斜量最大处河道强烈下切，形成双边节点，被抬升的河漫滩阶地面微微向上游掀斜抬升，在节点下游，由于能量扩散而形成分汊河道〔图 14.4－6（a）〕。

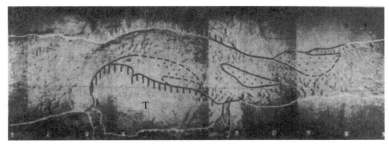

（a）向下游掀升

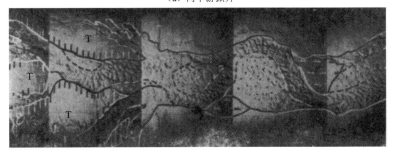

（b）向上游掀升

图 14.4－6　掀升区下游形成的江心洲及分汊河段

　　为了进一步查明掀斜运动对河型发育的影响，就反映河型特征的若干要素进行了方差分析，结果发现（表 14.4－3），掀斜运动对于河型的影响是比较复杂的。就全程而论，掀斜抬升作用对河道的展宽率、河道的宽深比及单位时间的消能率似乎影响不大，而对河道的纵比降、床沙的分选程度却有显著的影响。就局部河段而论，则存在着相反的情形，当局部河段受到掀斜作用时，消能率的增大，主要是通过局部河段的宽度变窄，以及全程比降和河床质的调整来实现的（中国科学院地理研究所等，1985）。

表 14.4－3　　　　　　　　掀斜运动对河型因子影响的方差分析表

河型要素	方差来源	平方和	自由度	均方	F	F_*	显著性
T_b	S_A	0.07	1	0.07	0.03	<1.41	*
	S_B	10.12	2	5.06	2.24	>1.50	
	$S_{A、B}$	0.64	2	0.32	0.14	<1.41	
	S_a	40.57	18	2.25			
	S	51.40	23				
$\sqrt{B}/H$	S_A	11.12	1	11.12	0.27	<1.41	*
	S_B	279.66	2	139.83	3.38	>1.50	
	$S_{A、B}$	34.91	2	17.45	0.42	<1.41	
	S_a	745.30	18	41.41			
	S	1070.86	23				

续表

河型要素	方差来源	平方和	自由度	均方	F	F_*	显著性
J_v	S_A	11.35	1	11.35	1.80	>1.41	*
	S_B	0.83	2	0.42	0.07	<1.50	
	$S_{A、B}$	16.31	2	8.16	1.29	<1.50	
	S_a	113.51	18	6.31			
	S	142.00	23				
S_a	S_A	0.0495	1	0.0495	2.36	>1.41	*
	S_B	0.0254	2	0.0127	0.06	<1.50	
	$S_{A、B}$	0.0006	2	0.0003	0.01	<1.50	
	S_a	0.3789	18	0.0211			
	S	0.4553	23				
E	S_A	0.09	1	0.09	0.006	<1.41	*
	S_B	52.01	2	26.01	1.84	>1.50	
	$S_{A、B}$	0.52	2	0.26	0.018	<1.50	
	S_a	254.21	18	14.12			
	S	386.83	23				

注　S_A 为掀升作用对全程的影响；S_B 为受掀升后河段间的差异；$S_{A、B}$ 为 S_A 与 S_B 的交互作用；S_a 为误差；S 为总和；F 为方差比；F_* 为 $\alpha=0.25$ 时的标准方差比；* 为差异显著。

14.4.3.3　地块向下游掀斜抬升运动实验

在实验中，见到与地块向下游掀斜抬升运动实验类似的现象：即在掀斜抬升区，河道宽深比减少，展宽系数变小。所不同的是，当掀升量自下游向上游递增时，河宽越来越小，河床下切也越加强烈。河宽收缩率与掀升量大体呈正相关，床沙中值粒径变化不大，但分选系数变大。在上游河段，由于壅水而比降降低，平均流速也相应降低，宽深比值增大，床沙细化且分选程度提高，能量消耗率也相应减少。在下游河段，情况则大不一样，由于抬升量自抬升量最大的地点向下游不断减少，河床比降的递减率增大，流速变大，床沙质粗化，分选程度变差，能量损耗率增大。为了减少能量损耗率，在掀斜区下游堆积江心洲，发育分汊河型（中国科学院地理研究所等，1985）。

14.4.3.4　左右岸地块横向错动差别升降实验

目前，国内外尚无进行该类实验的先例。一方面，大冲积河流被横向断层错开的原型案例，除了美国加州西部圣安地列斯大断层（San Andreas Fault），每年以 2.5cm 的速率，将一些河流水平错开竟达 120m 外，案例比较少见；另一方面，横向错动的构造运动设备及实验水槽要占据大得多的实验场地，实验设备投资比一般构造运动的实验装置大出好几倍。随着地震活动及山区开发建设的需求，开展该方面的实验研究会提到议事日程上来。

14.4.4　小结

（1）国内外很少涉及地块升降运动对冲积河流地貌演变直接影响的实验研究。实验表明，升降运动导致河道的影响，具有时间上的暂时性、空间上的局部性，以及河型要素变率与升降速率间关系的临界性特点。河道展宽率与升降速率间呈下凹形曲线，具有0.08mm/min 的临界升降速率。

（2）地块均匀上升区两岸形成阶地，河道变成窄深单一河型，床沙分选变差，上、下游发育不同类型的江心洲；沉降区形成沉溺湖盆，发育三角洲分汊河系。

（3）左右差别升降形成单边节点，河道单侧弯曲，曲率增大；向上、下游掀斜抬升区，形成双边节点，河道窄深，床沙分选变差。向上游掀斜抬升区的上、下游发育不同类型江心洲；向下游掀斜抬升区的上游，流速减缓，床沙细化，而下游流速递增，床沙粗化，发育江心洲。

14.5 穹窿抬升对游荡-弯曲过渡性河型发育影响实验

14.5.1 概况

进行构造运动对河流地貌发育演变影响的实验研究，最早见于 20 世纪 50 年代，莫斯科大学地理系的地貌实验室，苏联学者马卡维耶夫等（1961）使用提拉式的升降装置，模拟了升降运动对河道演变及发育的影响。到了 80 年代初，美国科罗拉多州立大学 Schumm 开展了一系列升降运动对曲流发育影响和第三纪泥岩露头对密西西比河曲流及冲淤影响的实验，两个实验的结果与密西西比河曲流发育正相吻合。

国内开展该方面的实验研究始于 1978 年，金德生等运用升降装置模拟了构造运动对江心洲分汊河道及江心洲的形成发育过程，实验结果表明局部地壳构造运动的方式、速率、幅度等对河段本身及其上下游河段都有明显的影响；通过对实验数据进行的随机分析，认为河型各个要素与能量消耗率存在协调一致性，当内外动力要素的变化率比较稳定，长江中下游不会发生急剧变化（中国科学院地理研究所等，1985）。此后，蔡强国（1982）运用该装置进行了地壳构造运动对河型转化影响的实验研究，分别对中游段实施地壳抬升及地壳沉降对河型转化的实验；洪笑天等（1985）进行了地壳升降运动对河型影响的实验研究，探讨了地壳升降运动对河宽、河道纵剖面及河型的影响。

专门进行冲积河流对隆起抬升运动响应的实验研究，国内外为数不多。开展该方面的实验研究有助于深化地貌系统复杂响应理论与沉积旋回复杂性假设的认识，可以揭示外营力激发新构造形成的研究；在地质灾害、地震、交通、水利工程和油气勘探开发等生产部门具有广阔的应用前景。目前，随着构造运动对河流发育影响实验研究的不断深入，要求构造升降实验装置具有系统性、综合性、精细度及自动化特征。

14.5.2 实验过程

14.5.2.1 穹窿匀速抬升对河道发育影响实验

匀速抬升实验是在游荡-弯曲间过渡性河型造床实验基础上进行的，目的是检验局部河段在受穹窿中速均匀上升运动时做出的响应。抬升历时 6h，上升幅度为 4cm，上升速率为 0.111mm/min，抬升由程序自测控。

穹窿的均匀抬升运动，即Ⅱ-1-1测次后，河道演变的水力几何形态及泥沙变化与Ⅰ-1-5测次结果对比分析表明，对弯曲-游荡过渡性河型造成的影响，表现在河流地貌、河道平面形态、横断面面积、河宽、断面平均流速、床沙质粒径、河段消能率，以及稳定性的变化等方面。由于左岸河漫滩宽度有限，模型小河已达水槽的水泥边墙，不能自由摆动，局部加剧了河道的冲刷和河床质粗化现象。

1. 河流地貌变化

开始抬升1h左右，抬升区的河道顺河势向左岸摆动，右岸发生冲刷，快到抬升终了时，河道明显出现三个不同变化趋势的河段。

（1）抬升区：尤其是靠近抬升轴部上下（14号～16号断面，河段D）影响最为明显，河道左摆，主流下切，右岸的河漫滩转化形成一级阶地，在新河道中形成新河漫滩及凸岸边滩；抬升区上游的边缘部位（河段B的13号断面），凸岸边滩被切割而成江心洲，使不断弯曲的弯曲河段变成江心洲分汊河段，滩面加积细颗粒的河漫滩相淤积物。

（2）抬升区的近上游（13号～7号断面，河段C、B），河道成为顺直微弯河段，凸岸边滩滩面同样加积细颗粒物质。

（3）在抬升区近下游河段D的边缘部位（17号断面），河道比降变陡，发育尺度较大的江心洲，水流取直，流速加大，河床质粗化；在17号断面以下更远的下游河段E，河道不稳定，形成半游荡河型（图14.5-1和图14.5-2，表14.5-1）。

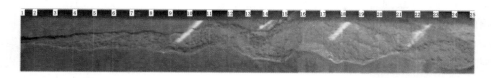

图14.5-1　游荡-弯曲间过渡性河型对穹窿均匀抬升运动响应的河流地貌照片

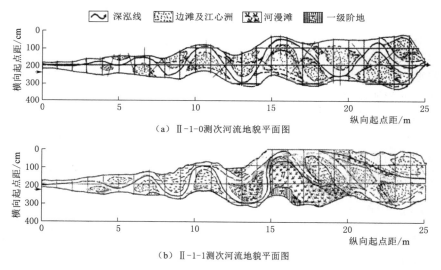

（a）Ⅱ-1-0测次河流地貌平面图

（b）Ⅱ-1-1测次河流地貌平面图

图14.5-2　游荡-弯曲间过渡性河型对穹窿均匀抬升运动响应的河流地貌演变图

表 14.5－1　　　　　穹窿均匀抬升运动对洲滩尺寸及移动速率的影响

洲滩编号	测次	历时	纵坐标/m			长、宽及移动速率/(m/h)				洲滩长宽比
			头	中	尾	长	纵向	宽	横向	
0 号边滩	Ⅰ-1-3	26h30min	—		—	—	—	—	—	—
	Ⅰ-1-4	64h30min	6.7	12.8	8.86	2.16	0.057	0.6	0.016	3.60
	Ⅱ-1-0	112h30min	7.7	8.56	9.55	1.75	0.018	0.65	0.011	2.69
	Ⅱ-1-1	6h00min	7.4	13.8	10	2.6	0.142	1.2	0.100	2.17
1 号边滩	Ⅰ-1-3	26h30min	—		—	—	—	—	—	—
	Ⅰ-1-4	64h30min	6.85	7.9	8.85	2	0.053	0.6	0.016	3.33
	Ⅱ-1-0	112h30min	9.48	10.7	12	2.52	0.010	0.85	0.005	2.96
	Ⅱ-1-1	6h00min	9.85	10.6	12.8	2.95	0.072	1.60	0.125	1.84
2 号边滩、江心洲	Ⅰ-1-3	26h30min	10.85	11.6	12.2	1.15		0.15		1.15
	Ⅰ-1-4	64h30min	10.9	11.8	12.9	2.00	0.022	0.45	0.008	4.45
	Ⅱ-1-0	112h30min	11.9	13.1	14.2	2.30	0.006	1.2	0.016	1.92
	Ⅱ-1-1	6h00min	12.1	14	14.4	2.30	0.000	1.1	0.017	2.09
3 号边滩、河漫滩阶地	Ⅰ-1-3	26h30min	12.5	13	13.7	1.20		0.2		6
	Ⅰ-1-4	64h30min	13	14	15.8	2.80	0.042	1.1	0.024	2.55
	Ⅱ-1-0	112h30min	14.5	15.6	18.6	4.10	0.027	2	0.019	2.05
	Ⅱ-1-1	6h00min	14.7	17	21.4	6.70	0.433	3	0.167	2.23
4 号江心洲、心滩	Ⅰ-1-3	26h30min	14	15	15.9	1.90		0.5		3.8
	Ⅰ-1-4	64h30min	15.9	17.2	18.4	2.30	0.011	1.2	0.018	1.92
	Ⅱ-1-0	112h30min	17.8	19.5	20.7	2.90	0.013	1.5	0.006	1.93
	Ⅱ-1-1	6h00min	19.2	21.5	24.5	3.80	0.150	2.5	0.167	1.52

　　由表 14.5－1 中穹窿均匀中速抬升情况下，5 个洲滩演变发育的对比表明，在抬升前，洲滩的长及宽分别为 1.75～4.10m 及 0.60～1.20m，中、上游洲滩的长宽比小于下游洲滩的长宽比且分别为 3.6～4.45m 及 3.8～6.0m；边滩的纵横向移动速率分别为 0.006～0.057m/h 及 0.005～0.024m/h，江心洲的分别为 0.011～0.042m/h。均匀中速抬升后，抬升轴部以上的中游段 C、近上游段 B 及上游段 A，洲滩的长和宽分别为 2.30～2.95m 及 1.10～1.60m，洲滩的长宽比分别为 2.09、1.84 及 2.17，边滩的纵、横向移动速率分别为 0.00m/h、0.072m/h、0.142m/h 及 －0.017m/h、0.125m/h、0.100m/h。抬升轴部以下的近下游段 D，老边滩抬高成为阶地，河道中出现新的边滩和江心洲；在下游段 E，主要是散乱的心滩，江心洲及心滩的长及宽分别为 3.80～6.7m 及 2.5～3.0m，洲滩的长宽比为分别为 2.23、1.52，横向移动速率分别为 0.433m/h、0.150m/h 及 0.167m/h。

　　显然，在抬升前，抬升轴上游边滩长度不大于 4.1m，宽度小于 1.2m，长宽比不大于4.45，洲滩的纵、横移动速率分别为0.057m/h及0.024m/h。抬升后，总的来说，在抬升轴部上游，边滩长度变短，不大于2.95m，而宽度增大，可达1.60m；长宽比变小，为2.09以下，洲滩的纵、横移动速率变小，最小移动速率分别为0.00m/h及0.017m/h。在抬升轴部下游，边滩长度拉长，最长可达6.0m，而宽度增加，最宽为可达3.00m；长宽比变小，为2.23以下，洲滩的纵、横移动速率增大，最大移动速率分别可达0.433m/h及0.176m/h。

2. 河道平面形态

表14.5-2中Ⅱ-1-0及Ⅱ-1-1测次各河段弯曲率的对比表明，上游段A略有增加，近上游段B弯曲率明显增加，靠近抬升轴部的中游河段C，主河道的弯曲率增加更大，越近抬升轴，主河道弯曲率越大；波长与波幅有所增加，但是波长波幅比显著缩小。在抬升轴部的下游河段D及E，主河道拉直，弯曲率明显减少，波长增加很多，波幅及波长波幅比略有减少（表14.5-2和表14.5-3）。弯曲率与波长波幅比间具有下述关系，具体见图14.5-3。

$$\lambda_{up} = 7.5394 P^{-2.597} \qquad r = -0.69 \qquad (14.5-1)$$

$$\lambda_{造床} = 42.4 P^2 - 112.49 P + 77.668 \qquad r = 0.70 \qquad (14.5-2)$$

表14.5-2 河段弯曲率 P 变化表

河段	Ⅱ-1-0	Ⅱ-1-1	Ⅱ-1-2-0	Ⅱ-1-2	Ⅱ-1-3
A	1.01	1.07	1.03	1.03	1.09
B	1.18	1.29	1.22	1.21	1.52
C	1.33	1.48	1.14	1.43	1.54
D	1.16	1.15	1.13	1.10	1.32
E	1.08	1.04	1.38	1.10	1.11
全河段	1.15	1.21	1.18	1.18	1.32

表14.5-3 主泓波长、波幅及波长波幅比变化

河段	主泓波长/m					主泓波幅/m					主泓波长波幅比				
	Ⅱ-1-0	Ⅱ-1-1	Ⅱ-1-2-0	Ⅱ-1-2	Ⅱ-1-3	Ⅱ-1-0	Ⅱ-1-1	Ⅱ-1-2-0	Ⅱ-1-2	Ⅱ-1-3	Ⅱ-1-0	Ⅱ-1-1	Ⅱ-1-2-0	Ⅱ-1-2	Ⅱ-1-3
A	2.54	5.00	5.65	2.60	4.00	0.59	0.34	0.59	0.25	0.33	4.31	14.71	9.58	10.40	12.12
B	3.81	4.46	5.10	4.74	5.00	1.48	1.08	1.85	1.06	2.00	2.57	4.13	2.76	4.47	2.50
C	4.86	4.80	5.79	5.10	5.65	1.84	2.10	0.98	2.22	3.19	2.64	2.29	5.91	2.30	1.78
D	6.41	6.57	5.91	6.74	3.63	1.66	2.17	1.04	1.92	1.80	3.86	3.03	5.68	3.51	2.02
E	4.20	4.17	5.10	4.82	4.72	1.27	1.31	1.84	0.54	0.67	3.31	3.18	2.77	8.93	7.04
全河段	4.36	5.00	5.51	4.80	4.60	1.37	1.40	1.26	1.20	1.60	3.34	5.47	5.34	5.92	5.09

两者间大致呈二次多项式函数关系，受抬升影响，曲流波长波幅比随主河道弯曲率的增加而减少［式（14.5-1）］，与造床实验所得关系曲线相比［式（14.5-2）］，其关系不是很好。这是抬升轴上、下游的河道做出不同响应所致。如果将抬升轴上、下游的响应分开统计，可得到另外两条曲线［式（14.5-3）和式（14.5-4）］：

$$\lambda_{up} = 12.715P^{-4.707} \quad r = -0.94$$

$$(14.5-3)$$

$$\lambda_{dn} = 3.927P^{-1.499} \quad r = -0.66$$

$$(14.5-4)$$

分析表明，抬升轴上游曲线具有与式（14.5-1）类似的趋势，但是两条曲线的斜率及截距不同，式（14.5-3）曲线的斜率比式（14.5-4）曲线大，而截距也具有同

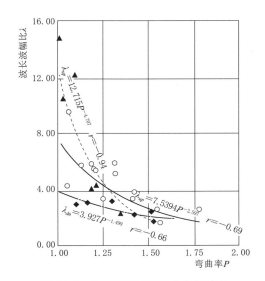

图 14.5-3　模型河道弯曲率与波长波幅比关系曲线

样特征。但是式（14.5-4）曲线较之全河段及抬升轴上游河段来得差，点群比较散乱。不论怎样，穹窿匀速抬升对抬升轴上游河段影响规律性比对其下游河段影响来得显著，说明上游河段做功率变小的过程短于下游河段做功率变大的过程，上游的河型调整快于下游河型的调整。

由Ⅱ-1-0与Ⅱ-1-1测次抬升轴上游河段的弯曲率可知，抬升后弯曲率明显增大，而下游河段的弯曲率明显减少，抬升轴上、下游分别出现曲流压缩和舒展的趋势，与密西西比河下游的情况十分类同（Watson，1982）。

3. 横断面变化

上游河段 A 的横断面面积几乎不受抬升影响，近上游河段 B 受抬升影响不大，与平面情况相同；中游河段 D 尤其是穹窿所在部位 13 号～16 号断面的过水断面面积明显缩小；近下游河段 E 有较大的变化幅度。沿程向下，在上游河段 A 及近上游河段 B，河宽均值变化不明显，中游河段 D 特别是抬升段明显变窄，近下游河段 E 有较大的变化幅度，近河口的下游河段 E 达最大；平均水深沿程递减，最大水深具有与平均水深同样的变化趋势，在抬升轴上游的河段 C 及近下游河段 D，深泓水深增大，河段 C 的 10 号～14 号断面，深泓水深具有最大变幅，也即是全程深泓高程变幅最大的所在河段（图 14.5-1 及表 14.5-4）。

表 14.5-4　　　　　　　　　各河段河宽、水深及宽深比变化

河段	河宽/cm					水深/cm					宽深比				
	Ⅱ-1-0	Ⅱ-1-1	Ⅱ-1-2-0	Ⅱ-1-2	Ⅱ-1-3	Ⅱ-1-0	Ⅱ-1-1	Ⅱ-1-2-0	Ⅱ-1-2	Ⅱ-1-3	Ⅱ-1-0	Ⅱ-1-1	Ⅱ-1-2-0	Ⅱ-1-2	Ⅱ-1-3
A	74.80	90.69	92.40	114.20	92.60	2.72	2.17	1.69	1.66	2.17	3.18	4.39	5.70	6.4	4.4
B	127.30	100.68	163.20	167.80	173.80	1.79	1.32	1.24	1.23	1.32	6.30	7.62	10.31	10.5	10.0

续表

河段	河宽/cm					水深/cm					宽深比				
	Ⅱ-1-0	Ⅱ-1-1	Ⅱ-1-2-0	Ⅱ-1-2	Ⅱ-1-3	Ⅱ-1-0	Ⅱ-1-1	Ⅱ-1-2-0	Ⅱ-1-2	Ⅱ-1-3	Ⅱ-1-0	Ⅱ-1-1	Ⅱ-1-2-0	Ⅱ-1-2	Ⅱ-1-3
C	182.20	159.02	224.40	259.40	224.24	1.34	0.99	0.91	0.80	0.99	10.06	12.79	16.51	20.2	15.2
D	197.30	182.52	237.60	197.40	236.60	1.18	0.77	0.56	0.76	0.77	11.94	17.62	27.49	18.4	20.1
E	267.25	125.69	265.00	249.00	272.75	0.79	0.55	0.60	0.69	0.55	20.83	20.54	27.00	23.0	30.3
全河段	165.71	131.97	193.67	195.42	196.97	1.59	1.18	1.02	1.04	1.18	8.07	9.72	13.70	13.4	11.9

4. 河段纵比降

由图 14.5-4，沿程各断面的水位变化，距抬升轴较远的上游河段 A 及近上游河段 B，水位变化不大，亦即河道纵比降影响不大，在中游河段 C 的 10 号～14 号断面，比降有所调平，由基准河道的 5.46‰调平到 4.15‰，调平了 1.31‰；14 号～16 号断面，河道比降增陡，由基准河道的 6.66‰增陡为 7.63‰，增陡了 0.97‰（表 14.5-5），使该河段的纵比降呈现上凸的形势，影响河道抬升轴上、下游段的河道弯曲率及消能率的发展趋势。

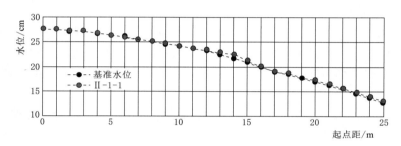

图 14.5-4　穹窿匀速抬升对纵比降影响曲线

表 14.5-5　　　　　　　　穹窿抬升运动影响各测次河段纵比降及比降差　　　　　　　‰

测次河段	纵比降		比降差	纵比降		比降差	纵比降
	Ⅱ-1-0	Ⅱ-1-1		Ⅱ-1-2-0	Ⅱ-1-2		Ⅱ-1-3
A	2.87	2.58	-0.29	3.48	2.97	-0.51	3.56
B	3.70	3.26	-0.44	6.10	4.72	-1.38	4.17
C	5.46	4.15	-1.31	5.69	3.25	-2.44	2.44
D	6.82	7.45	0.63	3.98	7.00	3.02	6.23
E	6.49	7.81	1.32	5.70	8.15	2.45	8.24
平均	5.01	4.94	-0.07	5.01	5.20	0.19	4.92

5. 断面平均流速

受穹窿抬升影响，在抬升轴部上游河段的平均流速有所减少，越靠近轴部，平均流速越小（表 14.5-6）；下游河段靠近穹窿抬升轴所在处具有最大的平均流速和最大的流速变幅，越近轴部断面平均流速越大，变幅逐渐减少。

表 14.5 - 6　　　　　　　　　穹窿抬升运动影响实验各河段平均流速

河段	平均流速/(cm/s)				
	Ⅱ-1-0	Ⅱ-1-1	Ⅱ-1-2-0	Ⅱ-1-2	Ⅱ-1-3
A	17.13	16.15	16.68	22.00	17.52
B	14.92	13.82	14.17	16.63	15.13
C	13.63	11.92	16.57	19.44	19.21
D	14.43	27.72	10.51	23.85	18.02
E	16.26	18.85	14.69	20.77	22.11
平均	15.23	20.19	14.52	20.53	18.24

6. 床沙质组成及悬沙输移变化

抬升前（Ⅱ-1-0 测次）与后（Ⅱ-1-1 测次）床沙质组成沿程变化的对比表明，抬升后床沙质中值粒径（D_{50}）沿程总体呈波状起伏变小趋势，但起伏幅度越向下游越大。在抬升段的中游河段床沙质中径开始增大，在抬升轴部下游的 16 号断面处达到较大值，随后在 19 号断面处减少为较低值，20 号和 21 号断面达到最大值，23 号和 24 号断面复又降低，达到最低值。湿周中小于 0.076mm 粒径的粉黏粒百分比沿程总体波状递增，在抬升段明显由大变小，15 号和 16 号断面具有最小值，18 号和 19 号断面突然增大，20 号～22 号断面复又减少，到 23 号和 24 号断面增至最大值；河床质在中游段有比较均匀变得不均匀（图 14.5-5）；含沙量沿程分布与湿周中粉黏粒百分比具有同样趋势。这些都是由于抬升引起河床质粗化、沿程含沙量增加的表现，床沙质中径与含沙量间具有良好的二次多项式拟合关系［式（14.5-5）］，且以粉黏粒含量约 15.0%、床沙质中径 0.165mm 为分界点；小于该值时，含沙量随床沙粒径变细而减少；大于该值时，则随床沙粒径变细而增加。

$$Q_s = 43.44D_{50}^2 - 14.08D_{50} + 1.29 \quad r = 0.72 \quad (14.5-5)$$

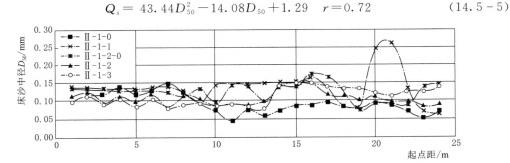

图 14.5-5　穹窿匀速抬升实验对床沙中径沿程分布影响

7. 河道纵向消能率变化

表 14.5-7 实验数据显示，在穹窿构造抬升前，模型小河纵向单位河长消能率沿河向下游具有增大趋势，模型小河由 A 段的顺直微弯型，向河段 B、河段 C 的弯曲型，河段 D 的游荡-弯曲间过渡性河型，最后至最下游段 E 的半游荡型发展。其中河段 A～C 段，消能率大致以 0.016cm·m/(m·s) 由上游河段 A 向中游段 C 增加；在 D～E 段突然增大到 0.087～0.083cm·m/(m·s)，A～C 段平均为 0.027cm·m/(m·s)，而 D～E 段平均为 0.085cm·m/(m·s)，上段的消能率仅仅是下段的 1/3，全程平均为 0.066cm·m/(m·s)。抬升后，全程平均消能率总的增加到 0.059cm·m/(m·s)。在抬升轴上游

的河段，消能率变化很小，与抬升前相当，河段 A～C 段平均为 0.028cm·m/(m·s)，向靠近抬升轴的中游河段 C，消能率依然递增，但递增率很低。抬升轴下游的河段 D～E 段，消能率大大增加，平均达 0.157cm·m/(m·s)，为抬升前的 1.85 倍。

表 14.5-7　　　　　**穹窿均匀抬升运动影响实验河型判别及消能率数据**

测次	河段	河型判别指标		消能率 VJ_{ch} /[cm·m/(m·s)]
		Z_n	K	
Ⅱ-1-0	A	12.07	1.86	0.013
	B	3.56	1.76	0.028
	C	1.25	0.91	0.039
	D	1.03	0.98	0.087
	E	0.67	1.23	0.083
	平均	3.37	1.33	0.066
Ⅱ-1-1	A	14.23	2.38	0.014
	B	3.44	1.80	0.034
	C	2.42	2.55	0.036
	D	1.34	3.37	0.157
	E	0.74	2.82	0.157
	平均	4.59	2.58	0.059

　　主河道的弯曲率与河段纵向消能率的变化密切相关。随着河道的弯曲度增大，消能率越来越小，两者间存在以下幂函数关系（图 14.5-6）：

抬升前　　　　　　　　　$P=1.477e^{-2.052E}$　　$r=-0.83$　　　　　　（14.5-6）

抬升后　　　　　　　　　$P=1.316e^{-1.093E}$　　$r=-0.49$　　　　　　（14.5-7）

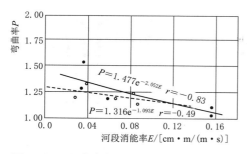

图 14.5-6　穹窿匀速抬升实验中弯曲率与河段消能率的关系

式（14.5-6）与式（14.5-7）相比较表明，随着河道弯曲率增大，消能率不断减少，两式均反映了河道通过增加弯曲率而达到最小消能率。只是抬升后的表达式中截距及斜率均比抬升前来得大，说明当消能率趋近最小时，弯曲率为 1.64，而抬升河道具有更小的弯曲率，河道为顺直河型；同时表明河道受抬升影响后，其发育趋向最小消能的过程将加快，且快于河道系统自身正常的消能率。

14.5.2.2　变速抬升对河道发育影响实验

　　变速抬升实验是在坳陷沉降实验结束后将沉降区复位进行的，由于模型小河 15 号断面以下靠槽壁运行，复位时进行人工填土，使背景小河左岸贴近冲积河漫滩运行。河道平面形态见图 14.5-7 和图 14.5-8 及表 14.5-8 中Ⅱ-1-2-0 测次所见。河流地貌的基本特征为：上游河段 A 为初期发育的江心洲河段，有一个纺锤状江心洲；在河段 B，具有两个凸岸边滩，分列在左右两侧；中游河段 C，深槽靠左，右岸为凸岸边滩，滩头的头部出露水面。在抬升轴下游，靠近抬升轴的近下游段 D 及下游段 E，左岸为河漫滩地，右侧为江心洲向分汊型河漫滩过渡；河段 E，主泓左行，右侧为大边滩，保存若干块河漫滩残余，最大者呈岛状。

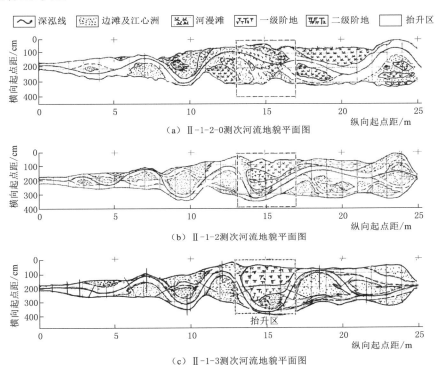

（a）Ⅱ-1-2-0测次河流地貌平面图

（b）Ⅱ-1-2测次河流地貌平面图

（c）Ⅱ-1-3测次河流地貌平面图

图 14.5-7　游荡-弯曲间过渡性河型对穹窿变速抬升运动响应的河流地貌演变图

（a）Ⅱ-1-2-0　0h河流地貌

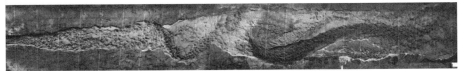

（b）Ⅱ-1-2　4h河流地貌

（c）Ⅱ-1-3　4h河流地貌

图 14.5-8　穹窿变速抬升运动对河流地貌影响实验照片

获得Ⅱ-1-2 测次的快速上升影响实验数据，目的是检验局部河段在受穹窿快速上升时做出的响应。抬升历时 4h，上升幅度为 4cm，上升速率为 0.167mm/min；继而转变为缓速上升影响实验，获得相关的Ⅱ-1-3 测次实验数据，以检验局部河段在受穹窿由快速转为慢速上升时做出的响应。抬升历时 6h，上升幅度为 2cm，上升速率为 0.056mm/min。

表 14.5-8　　　　　　穹窿变速抬升运动对洲滩尺寸及移动速率的影响

| 洲滩编号 | 测次 | 历时/h | 纵坐标/m | | | 长/m | 纵向移动速率/(m/h) | 宽/m | 横向移动速率/(m/h) | 洲滩长宽比 |
			头	中	尾					
0 号边滩	Ⅱ-1-2-0	0	3.10	3.45	4.00	0.90		0.30		3.00
	Ⅱ-1-2	4	2.55	3.00	3.50	0.95	0.013	0.35	0.013	2.71
	Ⅱ-1-3	6	消　　失							
1 号左边滩	Ⅱ-1-2-0	0	5.00	5.50	6.00	1.00		0.25		2.00
	Ⅱ-1-2	4	3.35	4.55	5.85	2.50	0.613	0.70	0.113	3.57
	Ⅱ-1-3	6	3.00	4.45	5.80	2.80	0.050	0.40	−0.050	2.40
2 号右边滩、江心洲	Ⅱ-1-2-0	0	6.00	7.00	8.45	2.45		0.65		3.77
	Ⅱ-1-2	4	5.85	7.00	7.90	2.05	0.100	0.60	−0.013	3.42
	Ⅱ-1-3	6	5.20	7.20	8.85	3.65	0.267	1.00	0.067	3.65
3 号左边滩切滩、串沟	Ⅱ-1-2-0	0	5.85	9.50	10.65	4.80		1.75		2.44
	Ⅱ-1-2	4	8.10	9.50	10.65	2.55	−0.563	1.85	0.163	1.38
	Ⅱ-1-3	6	8.10	9.80	11.45	3.35	0.133	1.70	−0.008	1.97
4 号右边滩、切滩成江心洲河漫滩	Ⅱ-1-2-0	0	10.90	14.00	16.10	5.20		3.00		1.73
	Ⅱ-1-2	4	11.40	12.65	13.10	1.70	−0.875	1.70	−0.325	1.73
	Ⅱ-1-3	6	11.15	12.35	13.55	2.40	0.117	1.80	0.017	1.73
5 号江心洲、残三角洲影像，河道移位，阶地、河漫滩	Ⅱ-1-2-0	0	12.00	14.00	16.50	4.50	—	3.00	—	1.50
	Ⅱ-1-2	4	13.75	14.40	18.45	4.70	0.033	2.65	−0.058	2.05
	Ⅱ-1-3	6	14.15	14.75	16.20	4.70	0.033	1.25	−0.233	2.05
6 号江心洲、残边滩，新滩地，切滩江心洲、串沟	Ⅱ-1-2-0	0	15.30	16.00	16.85	1.55		0.50	—	3.10
	Ⅱ-1-2	4	16.10	17.65	18.45	2.35	0.200	1.00	0.125	2.35
	Ⅱ-1-3	6	16.852	18.50	20.60	3.80	0.150	1.60	0.167	1.52
7 号江心洲	Ⅱ-1-2-0	0	17.10	18.15	19.40	2.30		0.75		3.07
	Ⅱ-1-2	4	18.15	19.40	20.90	2.75	0.113	0.85	0.025	3.24
	Ⅱ-1-3	6	20.60	21.70	23.95	2.75	0.000	0.95	0.017	2.89
8 号边滩、串沟、河漫滩、凹岸边滩	Ⅱ-1-2-0	0	17.00	20.00	23.40	6.40		1.35		4.74
	Ⅱ-1-2	4	20.70	22.50	24.20	3.50	−0.725	0.60	−0.188	5.83
	Ⅱ-1-3	6	21.40	23.50	25.00	3.60	0.017	0.95	0.050	3.79

| 洲滩编号 | 测次 | 历时/h | 纵坐标/m | | | 长/m | 纵向移动速率/(m/h) | 宽/m | 横向移动速率/(m/h) | 洲滩长宽比 |
			头	中	尾					
9号江心洲、右边滩	Ⅱ-1-2-0	0	21.40	23.50	24.75	3.35		2.30		1.46
	Ⅱ-1-2	4	20.65	22.50	23.85	3.20	−0.038	0.65	−0.413	4.92
	Ⅱ-1-3	6	21.70	23.50	24.65	2.95	−0.042	0.59	−0.010	2.89
10号江心洲	Ⅱ-1-2-0	0	—	—	—	—		—		—
	Ⅱ-1-2	4	22.65	23.656	24.70	2.05		1.80		1.14
	Ⅱ-1-3	6	消失							

1. 河流地貌变化

快速抬升6h后，模型小河抬升区的河道由左岸急速向右岸摆动，越过抬升轴后主泓向左回摆，经顺直微弯河道流出水槽。快速抬升终了时，河道明显出现三个不同变化趋势的河段。

（1）抬升区尤其是近抬升轴部上、下游（13号～17号断面，即河段C下段及河段D上段）影响最为明显。在抬升区呈现阶地和高河漫滩，河道右侧凸岸发育新的嫩滩；抬升区上游的边缘部位（河段B的13号断面上下），河道发育良好，凸岸边滩被切割成江心洲，江心洲与右岸间的串沟演变成右支汊，滩面加积细颗粒的河漫滩淤积物。

（2）抬升区上游（河段B的5号～10号断面），河道更趋弯曲，凸岸边滩滩面同样加积细颗粒物质。

（3）在抬升区的近下游河段D的边缘部位（17号断面），河道比降变陡，江心洲左侧淤积，发育较大尺度的边滩和江心洲，水流取直微弯，流速加大，河床质粗化；在20号断面以下更远的下游河段E，河道不稳定，发育散乱心滩，形成半游荡河型。

表14.5-8中对比列出了0号～10号洲滩在穹窿变速抬升前后演变发育情况。在抬升前，洲滩的长及宽分别为1.00～6.40m及0.25～3.00m，中、上游段洲滩的长宽比小于近下游段与下游段的洲滩长宽比，分别为1.50～3.77及1.46～4.74。快速抬升后，抬升轴部以上的中游河段C、近上游河段B及上游河段A，洲滩的长及宽分别为1.70～4.70m及2.35～3.50m，洲滩的长宽比为1.73～3.57，边滩的纵、横向移动速率分别为0.613～−0.875m/h及−0.325～0.167m/h。抬升轴部下游的近下游河段D，右岸发育阶地及河漫滩，江心洲消失，右岸发育边滩；在下游河段E，主要发育散乱的心滩及江心洲。该两河段洲滩的长度及宽度分别为2.30～3.50m及0.60～1.00m，洲滩的长宽比为2.05～2.35；纵、横向移动速率分别为0.200～−0.725m/h及−0.413～0.125m/h。

显然，在抬升前，抬升轴部上游的边滩的长、宽分别小于4.70m及3.50m，长宽比不大于3.57，洲滩的纵、横延伸移动速率分别不大于0.613m/h及0.167m/h，缩小率分别不小于−0.725m/h及−0.413m/h；快速抬升后，总的来说，在抬升轴部上游，除5号边滩长度不变外，边滩变短为2.55～1.70m，宽度增大为0.70～2.65m；长宽比变小，特别是靠近抬升轴上游的河段中游河段C，长宽比减少到1.73。洲滩的纵、横向移动速率变小，长度延伸变缓，有的明显缩短，最大的缩短率为－0.875m/h。在抬升轴部下游，边滩长度及宽度缩小，最大长度及最宽尺寸分别为 3.50m 及 1.80m；长宽比大大增加，最大可达 5.83，洲滩的纵、横向移动速率增大，最大的逆向移动速率可达 0.725m/h，横向缩窄速率为 0.413m/h。

进行Ⅱ-1-3测次缓速抬升以后，在抬升区原来发育的一级阶地抬升为二级阶地，原来的河漫滩抬升为一级阶地，左边滩延长扩宽转变成河漫滩，并发育新的嫩滩。在抬升区上游弯曲河道的弯曲率增大，越近抬升轴，河道越弯曲；在抬升区下游，右岸边滩缩短扩宽，并发生切滩，形成切滩型江心洲，更下游的河段 E，发育多个心滩的多汊河道 [图 14.5-7 (c) 和图 14.5-8 (c)]。

穹窿变速抬升运动对弯曲-游荡间过渡性河型造成明显的影响，包括河道平面形态、横断面面积、河宽、断面平均流速、床沙质粒径、河段消能率，以及稳定性的变化等方面。

2. 河道平面形态

由Ⅱ-1-2-0、Ⅱ-1-2及Ⅱ-1-3测次各河段弯曲率的对比表明，在快速抬升后，越靠近抬升轴部的中游河段 C，主河道的弯曲率越大，由基准河型的1.14变为1.43；波长与波幅有所增加，但是波长波幅比显著缩小，由基准河型的5.91缩小为2.30。在抬升轴部的下游河段 D，主河道拉直，弯曲率明显减少，波长及波幅有所增加，波长波幅比略有减少。

仔细对比Ⅱ-1-2及Ⅱ-1-3测次各河段的弯曲率变化可知，进行缓慢抬升实验后，在抬升轴上游河段，弯曲率逐渐增大，特别是在靠近抬升轴的河段，弯曲率增大到1.54，近下游河段 D，河道尚能保持 1.32 的弯曲率，而下游河段 E 也具有很低的弯曲率 (1.11)，属于顺直微弯河型。从曲流波长、波幅及其比值看，上游的波长、波幅均有所增大，波长波幅比显著缩小；而下游段的波长缩短、波幅增大，波长波幅比明显增大，河型向弯曲河型发展。

3. 河道横断面变化

穹窿变速抬升实验过程中，由快速抬升到缓速抬升，全河段河宽平均值略有增加，但是各河段的河宽变化很不均匀；抬升轴上游段水深变大，而下游段的水深变小；在快速抬升后，上游段宽深比增大，而下游段宽深比缩小；缓慢抬升后，则情况相反，上游段缩小，而下游段增大。

4. 河道纵比降

比较基准河型与变速抬升前后比降沿程变化及各河段的比降差，很显然，抬升轴上游的中游段 C，比降调平，抬升轴下游的河段 D 及 E，比降明显增陡。同时可以看到，快速抬升导致上游段纵比降调平的幅度比缓速抬升导致的来得大，前者最大调平 2.24‰，而后者最大调平 0.81‰；在下游段，快速抬升导致比降增陡的幅度大于缓速抬升者，快速抬升可以使河道比降增陡达 3.02‰，而缓速抬升最大调陡近 0.09‰，甚至比降反而调平，如河段 D。

5. 断面平均流速

受穹窿变速抬升影响，在抬升轴部上、下游河段的平均流速都有所增加。但是，在快速抬升时，上游河段平均流速增加率较小；而抬升轴部下游河段，平均流速成倍增大，越靠近轴部增加率越大（图 14.5-9）；当转变为缓慢抬升时，各个河段，除最下游段 E 的平均流速略有增加外，其余河段均有所降低。不难看出，变速抬升使全河段的平均流速先升后降，由 14.52cm/s 升到 20.53cm/s，而后降到 18.24cm/s。这种平均流速的变化，似乎与平均流速较低的弯曲河型经快速抬升，又转为缓慢抬升的构造运动作用正相吻合。

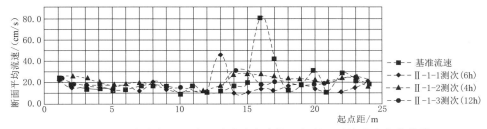

图 14.5-9　穹窿变速上升运动影响实验沿程各断面平均流速变化曲线

6. 床沙质组成及悬沙输移变化

变速抬升对床沙质组成及悬沙输移的影响也很明显。变速抬升前，基准河型 II-1-2-0 测次的床沙质中径（D_{50}）沿程总体呈波状起伏变化趋势，但变化的起伏幅度越向中游越大，床沙质中径为 0.117～0.133mm，全程平均为 0.126mm；床沙质分选系数也较为均匀，约 1.60；沿程湿周中粉黏粒百分含量比较均匀，平均约 23.03%（表 14.5-9）。

表 14.5-9　　　　　　　　　　　　穹窿抬升对河段输沙特性的影响

河段	床沙质中径 D_{50}/mm					湿周中小于 0.076mm 粉黏粒百分比/%		
	II-1-0	II-1-1	II-1-2-0	II-1-2	II-1-3	II-1-0	II-1-1	II-1-2-0
A	0.130	0.137	0.132	0.111	0.100	13.75	18.80	21.20
B	0.123	0.130	0.120	0.101	0.091	17.40	18.60	24.20
C	0.066	0.151	0.133	0.116	0.110	16.40	10.20	23.00
D	0.089	0.145	0.127	0.121	0.137	17.60	19.40	23.40
E	0.077	0.133	0.117	0.094	0.126	14.80	40.25	23.75
平均	0.096	0.139	0.126	0.109	0.112	16.08	20.67	23.08

河段	湿周中小于 0.076mm 粉黏粒百分比/%		床沙质分选系数 δ				
	II-1-2	II-1-3	II-1-0	II-1-1	II-1-2-0	II-1-2	II-1-3
A	15.60	27.40	1.80	1.68	1.62	1.49	1.56
B	19.20	27.40	1.83	1.68	1.64	1.48	1.54
C	16.20	28.40	1.56	1.50	1.63	1.54	1.60
D	11.00	12.60	1.78	1.62	1.52	1.52	1.53
E	25.50	17.50	1.66	1.83	1.57	1.46	1.54
平均	17.17	22.88	1.72	1.66	1.60	1.50	1.55

快速抬升后，全程床沙质中径普遍减少，但是抬升轴上游各河段减少的比率大于下游河段；缓速抬升后，上游各河段的床沙质继续变细，而下游 D 及 E 两河段明显粗化；分选系数总体变小，而中游河段 C 及近下游河段 D，分选性相对变差；湿周中粉黏粒百分比含量除最下游河段升高外，其余河段先明显降低，而后在缓慢抬升时，上游河段明显升高，越近抬升轴，增加得越多，在下游河段显著降低〔式（14.5-5）〕。照例快速抬升应该是下游河段很快粗化，而在该次实验中出现迟滞现象，直到缓慢上升才明显粗化。或许这与快速抬升时，有较多细颗粒物质由上游河段输送到下游河槽中输移有关。快速抬升时断面平均含沙量降低，缓慢抬升时含沙量显著增加（表14.5-10）。

表 14.5-10　　　　　　　　　　穹窿抬升对断面含沙量的影响

河　　段	平均含沙量/(g/L)				
	Ⅱ-1-0	Ⅱ-1-1	Ⅱ-1-2-0	Ⅱ-1-2	Ⅱ-1-3
A	0.22	0.18	0.29	0.55	0.75
B	0.15	0.13	0.58	0.39	0.60
C	0.17	0.24	0.62	0.18	0.39
D	0.08	0.27	0.46	0.18	0.81
E	0.07	0.25	0.52	0.28	0.92
平均	0.14	0.25	0.49	0.32	0.68

7. 河道纵向消能率变化

实验数据显示，在穹窿构造抬升前，模型小河纵向单位河长消能率除河段 D 及河段 E 外，消能率水平较低（表14.5-11）。经快速抬升后，上游河段 A 及河段 B 没有发生变化，中游河段 C 明显减少；下游河段则明显增加。当缓慢抬升时，河段 A～C 变化较小，河段 C 减少较多，由快速抬升时的 0.07，降到 0.03；下游河段有减有增。全河程平均消能率，快速抬升与缓速抬升消能率平均值都为 0.09，与上、下游河段大不相同。

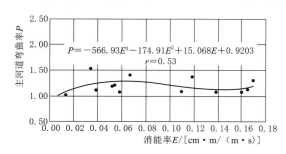

图 14.5-10　穹窿变速抬升运动影响实验主河道弯曲率与消能率间关系

对比抬升轴上、下游主河道的弯曲率与河段纵向消能率关系表明：随着河道的弯曲度增大，消能率越来越小。两者间均存在 4 次多项式函数关系〔图14.5-10，式（14.5-8）〕。

$$P = -566.93E^3 - 174.91E^2 + 15.068E + 0.9203 \quad r = 0.53 \quad\quad (14.5-8)$$

式（14.5-8）与中速抬升时获得的表达式（14.5-6）有所不同，式（14.5-6）反映了中速抬升影响下，弯曲率随消能率的减少而增大，而在变速抬升影响下，当低消能率的顺直河道向弯曲河道发展时，弯曲率先是随消耗率的增大而增大，在超越弯曲率临界点后，弯曲率才随消能率的增大又趋向最小。

表 14.5-11　　　**凹陷缓速均匀沉降运动影响实验河型判别及消能率数据**

测　次	河　段	河型判别指标		消能率
		Z_n	K	$E/[cm \cdot m/(m \cdot s)]$
II-1-2-0	A	7.96	2.15	0.01
	B	5.57	1.35	0.05
	C	3.34	3.44	0.17
	D	2.51	7.87	0.04
	E	2.02	1.59	0.12
	平均	5.20	3.35	0.08
II-1-2	A	8.77	2.79	0.01
	B	5.13	1.63	0.05
	C	2.26	7.40	0.07
	D	1.95	3.30	0.14
	E	1.79	1.69	0.16
	平均	3.13	3.43	0.09
II-1-3	A	6.33	1.49	0.06
	B	4.52	1.62	0.06
	C	2.92	5.14	0.03
	D	2.21	2.65	0.17
	E	2.00	2.35	0.11
	平均	2.63	2.66	0.09

14.5.3　实验分析

14.5.3.1　均速与变速抬升对河道影响对比分析

由上述实验过程可知，匀速抬升对河床演变的影响主要表现出抬升区上游、抬升区及抬升区下游三个不同变化趋势的河段。抬升河段河道左摆，河因抬升区顶托撤弯主流下切，河漫滩转化形成阶地，发育新河漫滩及凸岸边滩；在抬升区上游河段，河道的弯曲率增大，河道比降有所调平，边缘的凸岸边滩切割形成江心洲，发育分汊河道，江心洲及边滩上游淤积细颗粒物质，洲滩长宽比变小，纵、横向移动速率变小；更上游段发育顺直微弯河型；在抬升区下游河段，弯曲率变小，贴近抬升区的边缘运行，河道比降变陡，发育较大尺度的江心洲，水流取直，流速加大，河床质粗化，洲滩的长宽比变大，纵、横向移动速率增大；在更下游的河道不稳定，发育成半游荡河型。

变速抬升使河床演变具有以下主要表现。模型小河同样出现三个不同演变发育的河段，变化要复杂一些。

快速抬升以后，抬升河段显示阶地和高河漫滩，河道右移，发育嫩滩，河道发育良好，切滩形成江心洲，串沟演变成右支汊，淤积细颗粒淤积物；抬升区上游，河道更趋弯曲，比降调平，边滩长度变短，长宽比变小，洲滩的纵、横移动速率变小，长度延伸变缓，有的明显缩短，江心洲及边滩淤积细颗粒物质；在抬升区近下游河段边缘，河道比降变陡，江心洲左侧发育较大尺度的边滩和江心洲，水流取直，流速加大，河床质粗化，边滩长度及宽度均缩小，长宽比大大增加，洲滩的纵、横向移动速率增大；在以下更远处，河道不稳定，形成散乱心滩的半游荡河型。缓慢抬升以后，抬升区出现一级和二级阶地、新发育河漫滩及嫩滩。在抬升区上游，越靠近抬升轴，河道越弯曲；在抬升区下游，发育切滩型江心洲，更下游发育多个心滩的多汊河道。

比较中速的匀速抬升及由快速到慢速的变速抬升对模型冲积河道的影响，可以看到，两种抬升具有类似的影响，在抬升河段，由于穹窿抬升均导致河道向左或向右绕行抬升区，河道强烈下切，抬升轴上、下出现一级或二级阶地，发育新的可漫滩及嫩滩；在抬升区的上游河段发育紧迫性弯曲河道，比降调平、流速减缓、越向抬升区弯曲率越大，凸岸边滩加积河漫滩细颗粒物质，并发生串沟切滩，消能率减少；在抬升区的下游河段，河道趋直，发育顺直微弯、弯曲-游荡间过渡型，甚至发育多汊或半游荡型河型，比降急增、流速加快、洲滩的长宽比明显加大，消能率增大。所不同的是：在快速抬升时，河道演变速率较快，特别是抬升区下游河段，洲滩因旁侧侵蚀大于头部冲刷，长宽比反而不断增加；当转向缓慢抬升后，情况相反，洲滩侧部侵蚀速率大于洲滩头部，长宽比有所减少。

14.5.3.2　模型小河对抬升运动影响的敏感性分析

1. 抬升影响敏感性因子的选择

影响河型形成与演变的主变量因子，不外乎河谷坡降、边界条件、来水来沙（平滩流量、输沙量、输沙性质）、构造运动、基面变化及人类活动等。造床实验没有考虑构造变动、基面变化及人类活动。在匀速与变速抬升对冲积河流影响的实验中，由于构造抬升河段本身及其上游一定范围的河段都会受到穹窿构造抬升的影响，抬升轴上游河谷坡降不断变缓，而抬升轴下游河段河谷坡降增陡，其上、下游河段的平均流速相应变小与增大，河道弯曲率分别变大与减少，曲流波长波幅比分别增大与变小，河型、冲淤、床沙质、含沙量等发生一系列调整。在抬升河段，河道边界条件，尤其是二元相结构中可侵蚀砂层厚度明显增大，都会影响河道的形态，特别是平面形态；抬升运动的速率会更多地影响河流地貌的变形速率。因此，构造运动速率（V_{up}）、河谷比降（J_v）、断面平均流速（V）、河道比降（J_{ch}）等将是主要的影响因子，而在局部河段，河岸高度比（$\Delta h/H_{max}$）、湿周中小于 0.076mm 的粉黏粒含量百分比（M）、床沙质中径（D_{50}）等有较大的影响，但就全河段考虑，尽管抬升轴上、下游的影响十分显著，由于上、下游的正负效应互相抵消或均衡，反而出现敏感性不显著的假象。最后选择河道主泓弯曲率作为穹窿抬升影响河道演变的敏感性指标（Ψ_{up}），8 个影响因子为：构造运动速率（V_{up}）、河谷比降（J_v）、断面平均流速（V）、河道比降（J_{ch}）、断面含沙量（Q_s）、床沙质中径（D_{50}）、粉黏粒含量百分比（M）、河岸高度比（$\Delta h/H_{max}$）。

2. 抬升敏感性指标与分析

敏感性指标（Ψ_{up}）可以表达为上述 8 个影响因子（φ_k）的加权（m_k）之和：

$$\Psi_{up} = \sum_{k=1}^{n} m_k \varphi_k \qquad (14.5-9)$$

式中：Ψ_{up} 为抬升敏感性指标；φ_k 为影响因子；m_k 为影响因子权重；k 为影响因子；n 为影响因子总数。上式可写成含有 8 个影响因子的展开式：

$$\Psi_{up} = m_1 \varphi(V_{up}) + m_2 \varphi(J_v) + m_3 \varphi(J_{ch}) + m_4 \varphi(D_{50}) + m_5 \varphi\left(\Delta \frac{h_b}{H_{max}}\right) +$$
$$m_6 \varphi(M) + m_7 \varphi(Q_s) + m_8 \varphi(D_{50}) \tag{14.5-10}$$

在量化影响因子时，首先计算该因子的百分比，进一步确定在整个敏感性指标中的权重，各因子权重的总量为 1.0。当通过全河段及抬升作用全过程的 P 与 8 个因子的回归分析时，有 4 个影响因子可以获得多项式拟合的结果，但是出现敏感性不显著的假象，为了消除这一假象，将快速抬升与中缓速抬升分开处理，敏感性影响便突显了出来。然后，将两种抬升方式影响的权重进行平均，作为敏感性影响总体分析的判据（表 14.5-12）。

表 14.5-12　　　　　　　　穹窿抬升影响实验各河段敏感性指标 Ψ_{up}

河段	测 次				
	Ⅱ-1-0	Ⅱ-1-1	Ⅱ-1-2-0	Ⅱ-1-2	Ⅱ-1-3
A	0.172	0.169	0.146	0.259	0.170
B	0.170	0.170	0.176	0.256	0.169
C	0.176	0.187	0.190	0.235	0.157
D	0.175	0.249	0.171	0.263	0.193
E	0.169	0.290	0.181	0.279	0.222
平均	0.172	0.209	0.173	0.256	0.182

断面含沙量（Q_s）、构造运动速率（V_{up}）、河道比降（J_{ch}）、断面平均流速（V）、河谷比降（J_v）、床沙质中径（D_{50}）、湿周中粉黏粒含量百分比（M）及河岸高度比（$\Delta h / H_{max}$）8 个因子均被入选，回归系数最高与最低分别为 0.88 与 0.69，计算得主要影响因子的权重分别为 0.139、0.136、0.130、0.130、0.128、0.116、0.111 及 0.110。快速抬升运动（Ⅱ-1-2 测次）各河段敏感性指标的平均值为 0.256，中速抬升运动（Ⅱ-1-1 测次）则为 0.209 以及缓速抬升运动（Ⅱ-1-3 测次）为 0.182（表 14.5-12）。可以将 0.25、0.20 作为构造运动对河流影响敏感性程度划分的依据，敏感指标 $\Psi_{up} > 0.25$，敏感性强；0.25~0.20，敏感性中等；小于 0.20，敏感性弱。显然，当冲积河道遭遇快速抬升运动影响时，各河段响应的敏感性都比较强烈；遭遇中速抬升时，抬升轴下游河段的敏感性也较强，而上游河段的敏感性较弱；缓速抬升时，除了下游河段的敏感性为中等程度外，其余河段敏感性相对较弱。表 14.5-12 还表明，在不受抬升运动影响的两个基准背景河道，敏感性指标为 0.171 及 0.173，冲积河流对缓速抬升运动响应的敏感性平均为 0.182，与基准背景河道的敏感性指标相差 0.01，可以粗略地估计缓速抬升对冲积河流演变发育的影响仅占 5.5%；中速及快速抬升的影响分别占 49% 及 22%。

14.5.3.3　抬升影响后模型小河的地貌临界分析

1. 外地貌临界现象及临界值

当对穹窿抬升运动影响实验数据进行弯曲率与各影响因子的回归分析时，多项式拟合曲线出现明显的拐点，差不多位于弯曲率约 1.25 及 1.50 处。由此，可以获得关于抬升运动所导致河型转化的临界值。对比快速抬升及中、缓速抬升的弯曲率与各影响因子的回归关系曲线，除了弯曲率与河岸高度比的回归关系有不同的趋势外，其余者具有同样的变化趋势，只是中、缓速抬升曲线中的临界值相对较低，有些影响因子的拐点不如快速抬升的明显。

2. 地貌临界性质及特征

本书着重讨论穹窿构造匀速与变速运动影响实验过程中出现的外临界，主要是初级临界，以及构造抬升导致局部河谷坡降及河岸高度比变化的次级临界。事实上，次级临界已转化为模型河道系统的内临界。

出现的初级外临界有河谷比降及河岸高度比的临界值。次级临界为河道比降、湿周中粉黏粒含量、平均流速、床沙质中径及断面含沙量的临界值。出现的弯曲率外临界值分别为 1.25 与 1.50，相应的各个影响因子的临界值可以将其作为外触发因素触发河道演变临界变化的构造抬升临界速率，并作为河型转化外临界值的参考（详见第 17 章）。

14.5.3.4 抬升影响后模型小河响应的复杂性分析

流水地貌系统在响应外部作用的干扰时，流水地貌演变的方式及速率与外部作用力及作用速率之间，很少呈单一性（线性）关系，而往往呈现复杂性（非线性）关系。图 17.4-5 中展示模型小河对三种抬升方式给出的复杂响应，河道弯曲率变化率与河道比降变化率的关系，三条曲线都呈非线性，均具有临界值。

显然，抬升速率越快，弯曲率变化率的临界值越低，而河道比降变化率的临界值越大。快速抬升影响具有低谷临界值，中速抬升影响为高峰临界值，而缓速抬升影响似乎峰与谷临界值两者兼而有之，详见第 17 章。

14.5.3.5 抬升影响后模型小河的河型判别与稳定性分析

目前，判别河型以及河型稳定性分析的公式繁多（蔡强国，1982），通过实验建立的也有好几种，对于构造运动作用影响的河型判别比较少。

1. 模型小河的河型判别

利用已有的河型判别公式难以判别由于构造作用所导致的河型转化，因为系统外的外部激发因素具有与内部激发因素不同的属性，某个内部激发影响因子对其他内临界影响因子，包括临界弯曲率具有反馈作用，而外临界激发影响因素对系统的外部激发影响没有反馈作用或者作用十分微弱，现有的河型判别式主要以河道系统内部激发因素的临界值作为划分依据。

内临界是河流系统内部演变过程中出现的临界值，其前提没有系统外部因素的激发，亦即河道系统内部来水来沙、一定的边界条件及其相互作用调整过程中出现的临界点。外临界是系统外部因素激发使模型小河系统发生的临界值，穹窿构造不同速率抬升运动便是系统外的激发因素。因此，在利用内临界条件为前提的判别式进行河型判别及稳定性分析时，同样可以区分弯曲、分汊与游荡三种河型（Schumm，1977），借助金德生判别式（1992），当造床流量及河道比降分别为 3.15L/s 及 0.00501 时，造床流量 3.15L/s 所要求的临界比降为 0.00333，为弯曲河型；当同样的造床流量而比降为 0.00800 时，为游荡河型；比降为 0.00333～0.00800 时，为江心洲分汊河型，亦即弯曲-游荡间过渡性河型。选择张红武公式（1996）进行判别时，当 $Z_n<5$ 时为游荡河型；$Z_n>15$ 时为弯曲河型；$5\leqslant Z_n\leqslant15$ 时为分汊河型。

但由于判别式中未考虑构造运动及由此引起的河岸抗侵蚀性的变化，如果张红武判别式中加上河岸中河漫滩相厚度或河床相可侵蚀厚度的比值（河岸高度比）或者湿周中粉黏粒含量百分比 M，也许能更全面地判别经受构造变动影响的河型转化问题。经计算，快速抬升影响的 Z_n 值为 8.17，中速抬升影响的 Z_n 值为 8.28，缓速抬升影响的 Z_n 值为 6.08。结合图 14.5-13 及有关各河段主河道弯曲率数据，当 Z_n 值大于 10.0 时，为顺直微弯河型；当 Z_n 值介于 10.0~5.0 时，属于弯曲河型；当 Z_n 值介于 5.0~2.0 时，属于分汊河型；当 Z_n 值小于 2.0 时，为半游荡或游荡河型。

2. 河型稳定性分析

在塑造模型小河的过程中，运用金德生河流弯曲率-消能率公式分析河型的稳定性，可以判别模型小河河型（金德生，1992）。河流纵向消能率 E 由平均流速（$V_{均}$）与河流纵比降（J_{ch}）的乘积决定，快速抬升（II-1-2 测次）、中速抬升（II-1-1 测次）及缓速抬升（II-1-3 测次）消能率分别为 0.107cm·m/（m·s）、0.100cm·m/（m·s）及 0.090cm·m/（m·s），经局部构造抬升影响后，与消能率相应的临界弯曲率分别约为 1.28、1.30 及 1.32，实验中获得的模型河道弯曲率分别为 1.18、1.44 及 1.32。显然，除了快速抬升影响较大外，模型河流与原型河流的弯曲 1.33 相近，河型仍属弯曲-游荡间过渡性河型（图 14.5-11）。

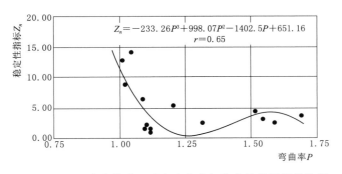

图 14.5-11　穹窿抬升运动中弯曲率与稳定性指标间的关系

另外，借助姚仕明等（2012）的公式进行了纵、横向及综合稳定性分析。在研究三峡水库和丹江口水库修建前后坝下游河流稳定性时，考虑了纵、横向及综合稳定性，并分别运用公式 $\varphi_{h1}=d/hJ$、$\varphi_{b1}=Q^{0.5}/J^{0.2}B$，以及两者连在一起构成的综合公式 $\varphi=\varphi_{h1}(\varphi_{b1})^2=(D/hJ)[Q^{0.5}/J^{0.2}B]^2$。其中，$D$ 为床沙平均粒径，h 为平滩水深，J 为比降，Q 为平滩流量，B 为平滩河宽。将实验数据代入公式中，分别获得快速抬升影响的模型河道纵、横向及综合稳定性指标，为 3.43、0.16 及 0.11；中速抬升影响的分别为 2.58、0.15 及 0.10；缓速抬升影响的分别为 2.66、0.15 及 0.06（表 14.5-13）。由于抬升作用，模型小河的抬升段的床沙质明显粗化，导致纵向稳定性增加，而横向稳定性明显降低，全河段综合稳定性则下降。无论快速抬升还是中、缓速影响，按照河道的总体稳定性，他们仍然属于弯曲-游荡间过渡性河型。必须指出的是，抬升轴上游，以弯曲河型及顺直微弯河型占优势；而抬升轴下游，主要是分汊河型及半游荡河型。

表 14.5－13　　　　　　　　　　穹窿抬升影响实验河型判别数据

测　次	河段	河型判别指标		
		φ_{h1}	φ_{b1}	φ
II－1－0	A	1.91	0.35	0.30
	B	1.72	0.16	0.04
	C	1.20	0.10	0.01
	D	0.89	0.07	0.00
	E	1.07	0.07	0.01
	平均	1.31	0.13	0.05
II－1－1	A	2.72	0.33	0.43
	B	1.74	0.16	0.04
	C	2.69	0.10	0.02
	D	1.72	0.14	0.06
	E	4.05	0.06	0.02
	平均	2.58	0.15	0.10
II－1－2－0	A	2.48	0.24	0.18
	B	1.28	0.12	0.02
	C	3.20	0.07	0.01
	D	1.45	0.07	0.01
	E	1.41	0.09	0.01
	平均	1.94	0.11	0.04
II－1－2	A	2.70	0.28	0.30
	B	1.89	0.15	0.04
	C	6.00	0.15	0.16
	D	3.81	0.10	0.02
	E	2.62	0.14	0.04
	平均	3.43	0.16	0.11
II－1－3	A	1.63	0.25	0.12
	B	1.10	0.16	0.03
	C	4.85	0.15	0.11
	D	3.01	0.10	0.03
	E	2.50	0.11	0.03
	平均	2.66	0.15	0.06

从 20 世纪 50—80 年代，苏联、中国及美国，先后开展构造运动对河流地貌发育演变影响的实验研究，取得许多成果。本项实验在已有成果的基础上，运用过程响应模型设计法，以黄河下游高村至陶城铺游荡-弯曲间过渡性冲积河段造床实验为基准，通过其对穹窿抬升运动响应特性的实验研究，获得了如下结论及启示。

（1）在成功造床实验基础上，进行中速匀速抬升（0.111mm/min）及包括快速（0.167mm/min）与缓速（0.056mm/min）的变速抬升对冲积河流影响实验，明显影响河道各个要素的变化。

三组不同速率的抬升运动明显影响河流地貌平面、纵横剖面形态，河道水沙过程，凸岸边滩、交错边滩、心滩与江心洲、河漫滩微地貌演变过程，以及模型小河的消能率变化。构造抬升运动实验揭示：匀速与变速抬升使抬升轴上游河道比降调平、河岸中河漫滩相厚度增大，主要发育弯曲河型及顺直微弯河型；抬升轴下游河道比降增陡、河岸中河床相厚度增大，发育江心洲分汊河型（弯曲-游荡间过渡性河型）与半游荡河型；在抬升段，河道绕穹窿迂回，河道窄深，流速加大，强烈下切，形成阶地、新河漫滩及嫩滩，河道窄深形态与原型河道定性相似。

（2）模型小河对穹窿抬升运动响应的敏感性分析表明，各河段对快速、中速及缓速抬升运动响应的敏感性指标平均值分别为 0.256、0.209 及 0.182。

将 0.25、0.20 作为构造运动对河流影响敏感性程度划分的依据，敏感指标 $\Psi_{up} > 0.25$，敏感性强；0.25～0.20，敏感性中等；小于 0.20，敏感性弱。缓速抬升运动响应的敏感性均值为 0.182，与不受抬升运动影响的两基准背景河道敏感性指标均值（0.172）仅相差 0.01。可以粗略地估计缓速抬升对冲积河流演变发育的影响仅占 5.5%，中速及快速抬升的影响分别占 49% 及 22%。

（3）穹窿构造匀速与变速运动影响实验过程中出现的外临界，包括初级外临界及次级外临界。

初级外临界有河谷比降及河岸高度比的临界值。次级临界为河道比降、湿周中粉黏粒含量、平均流速、床沙质中径及断面含沙量的临界值。出现的弯曲率外临界值为 1.25 与 1.50，可以将其作为外激发因素激发河道演变临界变化的构造抬升临界速率，亦即河型转化外临界值的参考。当弯曲率为 1.00～1.25 时，若比降平缓则为顺直微弯河型，若较陡则为半游荡或游荡河型；当弯曲率为 1.25～1.50 时为游荡-弯曲间过渡性河型，或江心洲分汊河型；当弯曲率大于 1.50 时为弯曲河型。

（4）河道对抬升响应的敏感性、地貌临界特性以及河道弯曲率增值与河谷坡降变率间的关系等揭示了穹窿抬升对模型小河发育影响的复杂性。

抬升速率越快，弯曲率变率的临界值越低，而河道比降变率的临界值越大。这或许与抬升速率越快，促使抬升轴下游河道比降调整幅度也越大，上游河段比降的逆向调整同样也加快，而弯曲率减少及增大的调整幅度则缩小。在逼近临界前后，曲线的变化趋势决然相反。对于快速抬升引起的影响，弯曲率的减少率随河道比降降低率的增大而缩小；越过临界点，弯曲率的增大率则随河道比降增陡率的增加而增大；对于中、缓速抬升的影响，与快速抬升影响的变化趋势相反。

（5）实验中，尽管弯曲率临界值均为 1.25 及 1.50，但相应的各个影响因子的数值都大于造床实验影响因子的数值。

可以利用内激发临界条件为前提的判别式，进行外临界激发因素导致的河型判别及稳定性分析，以区分弯曲、分汊与游荡三种河型。在判别式中加上河岸中河漫滩相厚度比值（河岸高度比），或许会更全面地判别经受构造变动影响的河型转化问题。经计算，快、中、缓速抬升影响的 Z_n 值分别为 8.17、8.28 及 6.08。当 Z_n 值大于 10.0 时，为顺直微弯河型；当 Z_n 值为 10.0～5.0 时，为弯曲河型；当 Z_n 值为 5.0～2.0 时，为分汊河型；当 Z_n 值小于 2.0 时，为半游荡或游荡河型。利用弯曲率与消能率关系分析，经局部构造抬升影响后，与消能率相应的临界弯曲率平均为 1.31 与原型河流的弯曲率 1.33 相近，河型仍属弯曲-游荡间过渡性河型。抬升作用实验获得的数据表明，模型小河的抬升段的床沙质明显粗化，导致纵向稳定性增加，而横向稳定性明显减低，全河段综合稳定性则下降。无论快速抬升还是中、缓速影响，按照河道的总体稳定性，仍然属于弯曲-游荡间过渡性河型。抬升轴上游，以弯曲河型及顺直微弯河型占优势；而抬升轴下游，主要是分汊及半游荡型。

（6）河型转化临界弯曲率的影响因子主要有 8 个，相互间的关联机制尚不十分明确；在边界条件比较疏松和二元相结构不很典型的情况下，弯曲-游荡间过渡性河型的发育过程比江心洲河型来得快等机理有待进一步研究。

弯曲-游荡间过渡性河型的发育过程比江心洲河型或许只需要江心洲河型发育时间的 1/3，这些机理有待结合构造抬升作用加以深入研究。抬升速率只是区分了快速抬升与中速、缓速抬升两种影响，其对影响因子敏感性的划分具有重要作用。但是，只有通过不同抬升速率以及抬升速率的细分过程实验，才能定出相应的引起河型转化的临界抬升速率。另外，实验初步检验了构造运动的速率与河道水流的造床速率，发现两者间大相径庭，如何协调这两种速率值得深究。

14.6　凹陷沉降对游荡-弯曲过渡性河型影响的实验

14.6.1　实验概况

国内外水利泥沙科学、地球科学、煤气与石油勘探开发等专业，在进行构造动动对河流地貌发育演变影响的实验研究取得诸多成就，不再赘述。但是专门进行冲积河流对凹陷沉降运动响应的实验研究，国内外为数不多。开展该方面的实验研究有助于深化地貌系统复杂响应理论与沉积旋回复杂性假设的认识，可以推动由外营力激发形成的新构造的研究，在地质灾害、地震、交通、水利工程和油气勘探开发等生产部门具有广阔的应用前景。目前，随着构造运动对河流发育影响实验研究的不断深入，要求构造沉降实验装置具有系统性、综合性、精细度及自动化特征（金德生等，2015、2016）。

14.6.2　实验过程

凹陷沉降对冲积河道发育演变影响实验是在均匀抬升实验结束后，将模型小河复位到零位，并进行了必要的放水实验（Ⅲ-1-0 测次），而后进行缓速均匀沉降（Ⅲ-1-1 测次）及变速沉降实验［包括快转中速沉降（Ⅲ-1-2 测次）和中速沉降实验（Ⅲ-1-3 测次）］，旨在检验局部河段受凹陷匀速和变速沉降时做出的响应。①Ⅲ-1-1 测次的缓速沉降速率为 -6.67mm/h，沉降幅度为 40mm，运行 6h；②Ⅲ-1-2 测次的先快速后中速沉降速率为 -20mm/h，转为中速沉降速率 -10.0mm/h，沉降幅度均为 -40mm，总幅度为 -80mm，历时分别为 2h 及 4h，共 6h；③Ⅲ-1-3 测次的中速沉降速率为 -10.0mm/h，沉降幅度为 -40mm，历时 4h。总沉降量为 -160mm。沉降总历时为 16h，平均沉降速率为 -10mm/h。沉降运动速率由程序自动控制。

当升降区回复到零位后，经缓慢沉降、由快转中速及中速沉降后，发生一系列变化，包括比降、弯曲率、波长、波幅、河宽、水深、流速、输沙、冲淤、河相关系、河流消能率、河床微地貌、河岸高度比，乃至河型的变化。

以原 5 号和 6 号江心洲及边滩区最为显著，转变为沉降区。江心洲消失，先后发育三期水下三角洲。第一期三角洲的顶点在 13 号断面，第二、三期的在 12 号；三角洲前缘分别位于 16.30m、17.25m 及 17.25m 处；长分别为 3.30m、6.20m 及 5.65m；宽分别为 2.00m、3.75m 及 5.40m；属于典型的湖泊扇状三角洲（图 14.6-1 和图 14.6-2 及表 14.6-1）。

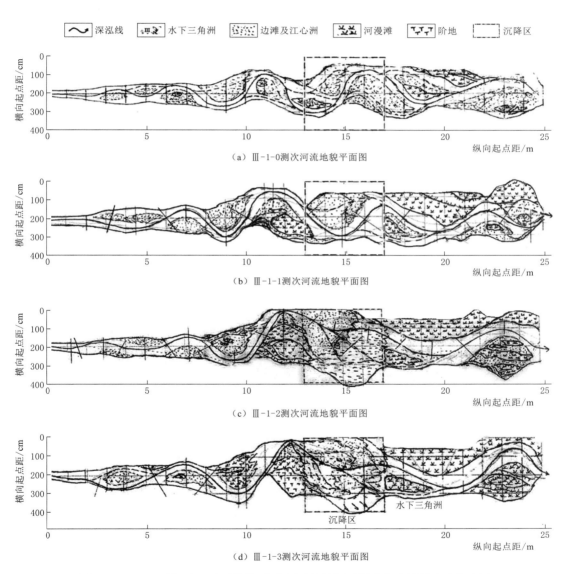

图 14.6-1　凹陷沉降运动对游荡-弯曲间过渡性河型影响实验的河流地貌略图

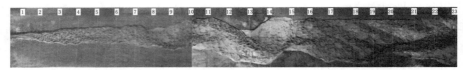

（a）Ⅲ-1-0　0h河流地貌

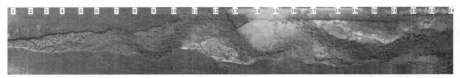

（b）Ⅲ-1-1　6h河流地貌

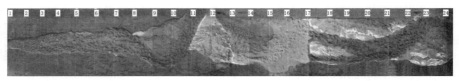

（c）Ⅲ-1-2　6h河流地貌

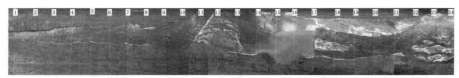

（d）Ⅲ-1-3　4h河流地貌

图 14.6-2　凹陷沉降运动对河流地貌影响实验照片

表 14.6-1　　　　　　凹陷沉降运动对洲滩尺寸及移动速率的影响

洲滩编号	测次	历时/h	纵坐标/m			长/m	纵向移动速率/(m/h)	宽/m	横向移动速率/(m/h)	洲滩长宽比	河流地貌
			头	中	尾						
0号心滩江心洲	Ⅲ-1-0	0	2.70	3.35	4.00	1.30	—	0.40	—	3.25	心滩
	Ⅲ-1-1	6	2.40	3.30	4.20	1.80	0.083	0.35	(0.083)	5.14	心滩
	Ⅲ-1-2	6	2.55	3.20	4.00	1.45	(0.058)	0.20	(0.025)	7.25	边滩
	Ⅲ-1-3	4	2.80	3.80	4.90	2.10	0.162	0.75	0.125	2.80	江心滩
1号左边滩、江心滩	Ⅲ-1-0	0	4.45	5.00	5.54	1.09	—	0.55	—	3.73	心滩
	Ⅲ-1-1	6	4.45	5.00	5.75	1.30	0.035	0.45	(0.017)	3.44	潜洲
	Ⅲ-1-2	6	3.30	4.75	6.15	2.75	0.242	0.50	0.083	5.55	边滩
	Ⅲ-1-3	4	4.70	5.50	6.15	1.45	(0.325)	0.25	(0.063)	5.80	小边滩
2号右边江心洲	Ⅲ-1-0	0	5.65	6.50	7.36	1.71	—	1.15	—	2.35	边滩
	Ⅲ-1-1	6	6.10	7.00	8.30	2.20	0.082	0.82	(0.055)	2.68	边滩
	Ⅲ-1-2	6	5.95	7.00	8.15	2.20	0.000	0.75	(0.012)	2.93	边滩
	Ⅲ-1-3	4	6.00	7.00	8.45	2.45	0.063	0.65	(0.025)	3.77	江心洲

续表

洲滩编号	测次	历时/h	纵坐标/m 头	纵坐标/m 中	纵坐标/m 尾	长/m	纵向移动速率/(m/h)	宽/m	横向移动速率/(m/h)	洲滩长宽比	河流地貌
3号左边滩漫滩残块	Ⅲ-1-0	0	7.60	9.00	10.35	2.75		0.70		1.86	边滩
	Ⅲ-1-1	6	7.80	9.00	10.40	2.60	0.025	1.95	0.21	1.33	边滩
	Ⅲ-1-2	6	7.85	9.50	10.70	2.85	0.042	1.40	(0.09)	2.04	切滩、串沟
	Ⅲ-1-3	4	8.05	9.50	10.65	2.60	(0.063)	1.75	0.09	1.49	江心洲、支汊
4号江心洲→右边滩、河漫滩	Ⅲ-1-0	0	10.55	11.20	11.75	1.20		0.70		1.71	江心洲、支汊
	Ⅲ-1-1	6	10.30	11.40	14.50	4.20	0.500	1.75	0.208	2.40	江心洲靠岸
	Ⅲ-1-2	6	11.40	12.00	13.15	1.75	(0.408)	0.60	(0.192)	2.92	边滩、河漫滩
	Ⅲ-1-3	4	11.50	12.50	12.85	1.35	(0.100)	0.75	0.038	1.80	边滩、河漫滩
5号江心洲→三角洲区	Ⅲ-1-0	0	12.35	13.35	14.25	2.10		0.50		4.20	江心洲
	Ⅲ-1-1	6	13.00	14.50	16.30	3.30	0.200	2.00	0.250	1.65	湖泊扇三角洲
	Ⅲ-1-2	6	12.00	15.20	17.25	6.20	0.483	3.75	0.292	1.65	
	Ⅲ-1-3	4	12.00	15.00	17.25	5.65	(0.138)	5.40	0.413	1.05	
6号左边滩切割江心洲→三角洲区	Ⅲ-1-0	0	12.40	14.00	15.25	2.85		1.70		1.68	边滩
	Ⅲ-1-1	6	原5号和6号江心洲及边滩区，转变为沉降区，经缓慢沉降、由快到中速沉后江心洲消失，先后发育三期水下三角洲。一期三角洲顶点为13号断面，三期在12号断面；前缘分别为16.30m、17.25m及17.25m处；长分别为3.30m、6.20m及5.65m；宽分别为2.00m、3.75m及5.40m；是典型的湖泊扇状三角洲									湖泊扇三角洲
	Ⅲ-1-2	6									
	Ⅲ-1-3	4									
7号右边滩→河漫滩残块、支汊	Ⅲ-1-0	0	14.90	16.20	18.55	3.65		1.70		2.15	边滩
	Ⅲ-1-1	6	17.00	17.60	19.20	2.20	(0.242)	1.15	0.008	2.86	江心洲、支汊
	Ⅲ-1-2	6	17.10	18.00	19.00	1.90	(0.050)	0.75	(0.167)	2.53	江心洲、支汊
	Ⅲ-1-3	4	17.10	18.15	19.40	2.30	0.100	0.75	0.000	3.07	江心洲、支汊
8号江心洲→河漫滩、古河道	Ⅲ-1-0	0	17.60	18.80	20.20	2.60		1.20		2.17	江心洲
	Ⅲ-1-1	6	16.60	20.00	22.00	5.00	0.400	1.75	0.083	2.86	河漫滩古河道
	Ⅲ-1-2	6	16.60	19.50	22.80	6.80	0.300	1.15	(0.100)	5.91	河漫滩
	Ⅲ-1-3	4	17.00	19.50	25.00	8.00	0.300	1.05	(0.025)	7.02	河漫滩
9号右边滩→河漫滩残块	Ⅲ-1-0	0	19.90	22.40	24.75	4.85		1.65		2.94	边滩、古沙洲
	Ⅲ-1-1	6	20.40	22.40	23.75	3.35	(0.025)	0.83	(0.014)	4.04	边滩、古沙洲
	Ⅲ-1-2	6	21.00	22.15	24.60	3.60	0.042	0.75	(0.013)	4.47	河漫滩
	Ⅲ-1-3	4	21.00	23.60	24.75	3.75	0.038	2.10	0.013	1.79	河漫滩
10号左河道→河漫滩	Ⅲ-1-0	0	河湾位在左侧，右侧发育9号右边滩及蚀余河漫滩对面处								河道
	Ⅲ-1-1	6	21.60	24.30	25.00	3.40		2.15		1.58	河漫滩
	Ⅲ-1-2	6	22.90	24.00	25.00	2.10	(0.208)	0.80	0.008	2.63	河漫滩
	Ⅲ-1-3	4	与8号河漫滩合并								蚀余河漫滩

14.6.2.1　凹陷缓慢均匀沉降对河道发育过程影响实验

1. 河流地貌

由图 14.6-1 和图 14.6-2 及表 14.6-1 可知，对比Ⅲ-1-0 与Ⅲ-1-1 测次实验河流地貌图，最为明显的是在 13 号～17 号断面间的凹陷沉降区，发育了第一期三角洲。三角洲顶点位于 13 号断面，前缘在 16.30m 处，三角洲长 3.30m、宽 2.00m，与外流湖扇三角洲相像。上游段的河流地貌以发育边滩为主，而下游段主要是江心洲及心滩。在沉降区上游，除 0 号及 1 号心滩上提外，洲头及洲尾下移、宽度缩窄，洲滩总体拉长、河道趋直；沉降区下游的洲滩整体下移，贴近沉降区下游的洲滩长度及宽度显著增大，远离沉降区最下游段的洲滩长度增大、宽度缩窄，洲滩的下移幅度大于沉降区上游河段。河道弯曲率与波长波幅比间关系也受到缓慢沉降影响，出现临界现象（图 14.6-3）。

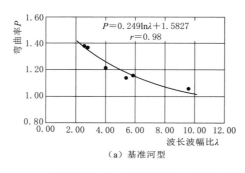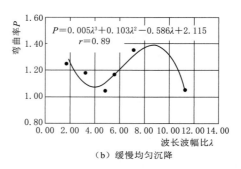

（a）基准河型　　　　　　　　　　（b）缓慢均匀沉降

图 14.6-3　凹陷缓速均匀沉降对河段弯曲率与波长波幅比间关系的影响

2. 河道的平面形态

在沉降区上、下游的河型分别属于弯曲河型及江心洲分汊河型或半游荡河型。表 14.6-1 中列出了有关交错边滩及江心洲与心滩的位置、规模及纵横向移动速率。不难看出，在沉降区上游的河段 B 以及河段 C 的上半部分，分布着 2 号、3 号、4 号边滩组成的交错边滩，与基准河段边滩相比，2 号边滩的长度由 1.71m 伸长到 2.20m，伸长约 0.5m，3 号边滩由 2.75m 缩短为 2.60m，缩短了 0.15m；4 号边滩由 1.20m 伸长到 4.20m，伸长了 2.5 倍；这三个边滩宽度分别由 1.15m 缩窄为 0.82m、由 0.70m 拓宽为 1.95m，以及由 0.70m 拓宽为 1.75m，长宽比分别由 2.35、1.86 及 1.71 变为 2.68、1.33 及 2.40。2 号边滩长宽比增大了 33.2%，3 号及 4 号边滩长宽比分别缩小 28.5% 及 10.4%，边滩的面积总体缩小。在更上游的河段 A，江心滩变得狭长，但规模不大。在近沉降区下游的河段 D 的下半段及远离沉降区的河段 E，7 号～9 号洲滩的长度分别由 3.65m、2.60m、4.85m 变为 2.20m、5.00m、3.35m；宽度分别由 1.70m、1.20m、1.65m 变为 1.15m、1.75m、0.83m，长宽比分别由 2.15、2.17、2.94 变为 2.86、2.86、4.04，除了 10 号边滩为新发育的外，7 号和 9 号洲滩的长宽比分别比先前存在的边滩增长了 33.0%、31.8% 及 37.4%。上游河段的洲滩长宽比总体缩小，而下游河段的总体正常。不过两者演变的方式不同，沉降区上游河段通过洲滩长度变短拓宽，从而长宽比变小；而沉降区下游河段洲滩的长宽比增大是以洲滩长度增长、宽度变窄的方式实现的。这反映了冲积河流受沉降影响后，凹陷沉降区上、下游河道消能方式及河型发育过程的差异。

3. 横断面面积及河宽的变化

实验表明，沉降区与其上、下游的横断面形态及面积大小迥然不同。在凹陷沉降区，自三角洲顶部到前缘，河宽不断扩大，水深越来越浅，形态基本上呈中间凸起，两侧凹下的宽浅"W"形断面，沿程而下，中间上凸部分的宽度迅速增大，变得越来越平坦，到凹陷沉降区下游边缘，断面复又缩窄；由横剖面看，沉降区有两股呈扇状分散的水流，主流偏右。在沉降区上游段，保持河道偏向一侧的浅"V"形横剖面；贴近沉降区的下游段，河道横剖面由江心洲分汊的"W"形变成为两岸为河漫滩、主流在河道中间穿流的"V"形横剖面（图 14.6-4）。

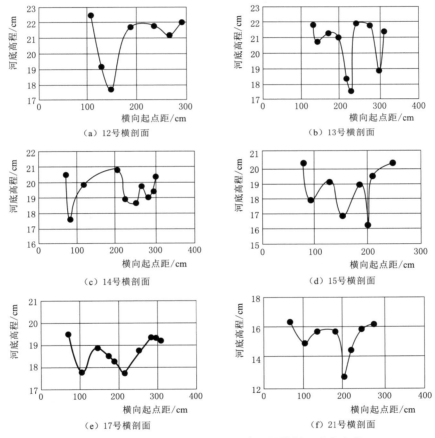

图 14.6-4　冲积河流受凹陷沉降后的横剖面形态变化

4. 河段纵比降

由顺流而下各断面水位分布可反映出河道水面纵比降的沿程变化，见图 14.6-5。由图不难看出，当冲积河流受凹陷缓速均匀沉降作用影响后，与基准河型对比，断面水位在沉降区的上游明显下降，其影响经河段 C，上溯到河段 B 的下段；在下游段略有下降，仅影响到下游河段 D；纵比降形态在中游段略具下凹趋势，上游纵比降下降的幅度远大于下游段。

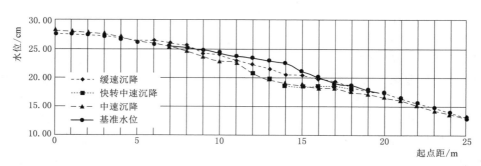

图 14.6 - 5　冲积河流受凹陷沉降后的纵比降形态变化

5. 断面平均流速

将缓速沉降（Ⅲ-1-1 测次）影响的河段平均流速以及断面平均流速与基准河型（Ⅲ-1-0 测次）的对比表明，沉降轴部上游河段的平均流速，除个别断面增大外，都以较小的幅度降低；在沉降区的沉降轴部下游河段，平均流速的降低更为显著，降低幅度远大于上游河段。具体来说，受凹陷沉降的影响，在凹陷沉降轴部（15 号断面）至靠近凹陷上游边缘，离 13 号断面 35cm 处，以及在更上游河段，除 8 号断面及入口 1 号断面处流速有较大增加外，河段 A、河段 B 及河段 C 的上游部分，各个断面平均流速均减少；在凹陷中心至凹陷上游边缘上、下 100cm 内断面平均流速变化不大；在沉降中心至沉降区下游边缘，流速具有较大幅度下降，凹陷下游边缘 17 号～19 号断面的 200cm 范围内，流速变化不大，越过该河段后，平均流速复又大幅度减少（图 14.6 - 6 和表 14.6 - 2）。显然，在沉降区内，沉降轴上、下附近河段的平均流速显著减少，是下降幅度最大之所在，断面平均流速仅为基准河型的 2/3，降低了约 30%（表 14.6 - 3）。

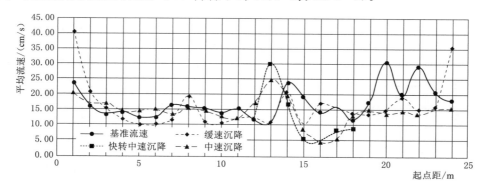

图 14.6 - 6　冲积河流受凹陷沉降后的断面平均流速变化

表 14.6 - 2　　　　　　　凹陷沉降运动对各河段平均流速影响

测　次	平 均 流 速/(cm/s)			
河段	Ⅲ-1-0	Ⅲ-1-1	Ⅲ-1-2	Ⅲ-1-3
A	15.31	19.75	19.75	16.68
B	14.36	12.53	11.65	14.17
C	14.97	13.30	15.54	13.00

测　次	平　均　流　速/(cm/s)			
河段	Ⅲ-1-0	Ⅲ-1-1	Ⅲ-1-2	Ⅲ-1-3
D	15.13	15.05	9.00	10.51
E	27.01	21.47	16.87	14.69
平均	17.47	16.21	14.47	13.77

这种流速分布特征主要与沉降作用导致河道边界条件、河岸结构组成及河流地貌形态变化有关，模型小河入口及出口的流速变化与沉降作用关系不大。

6. 床沙质组成及含沙量变化

在沉降区，缓速均匀沉降使各个断面的床沙质组成总体呈变小趋势，中值粒径（D_{50}）由凹陷上游边缘，经沉降中心向凹陷下游边缘变细，变细约 13%～50%；湿周中粉黏粒百分比由凹陷上游边缘沿程向下游边缘增加，与基准河型的变化趋势相似。沉降加强了床沙中径的这种细化趋势，在上游边缘时变细 12.5%，经沉降中心时变细 62.5%，含沙量除下游边缘缘的 17 号断面外，总体减少（表 14.6-4）。

表 14.6-3　　　　　　凹陷沉降区各断面平均流速值

测　次		平　均　流　速/(cm/s)			
河段	断面号	Ⅲ-1-0	Ⅲ-1-1	Ⅲ-1-2	Ⅲ-1-3
C	12	11.77	12.45	12.42	17.18
	13	10.84	11.02	30.43	14.96
	14	23.71	20.43	17.24	11.89
D	15	15.03	10.50	5.48	8.75
		14.30	17.20		
	16	16.00	16.03	4.73	4.70
	17	13.13	13.71	7.87	5.49
	18	11.77	12.45	8.81	13.29

表 14.6-4　　　　凹陷沉降实验对沉降区各主要断面输沙特性影响情况

河段	含沙量/(g/L)				D_{50}/mm				小于 0.076mm 粒径含量百分比/%				床沙非均匀系数 δ			
	Ⅲ-1-0	Ⅲ-1-1	Ⅲ-1-2	Ⅲ-1-3	Ⅲ-1-0	Ⅲ-1-1	Ⅲ-1-2	Ⅲ-1-3	Ⅲ-1-0	Ⅲ-1-1	Ⅲ-1-2	Ⅲ-1-3	Ⅲ-1-0	Ⅲ-1-1	Ⅲ-1-2	Ⅲ-1-3
A	0.18	0.14	4.85	0.29	0.137	0.133	—	0.132	18.8	18.8	—	21.2	1.68	1.60	—	1.62
B	0.13	0.20	3.80	0.36	0.130	0.139	—	0.120	18.6	19.6	—	24.2	1.68	1.62	—	1.64
C	0.24	0.20	5.83	0.46	0.151	0.133	—	0.133	10.2	23.2	—	23.0	1.50	1.61	—	1.63
D	0.24	0.24	4.38	0.49	0.155	0.117	—	0.125	5.8	26.0	—	23.0	1.44	1.63	—	1.52
E	0.48	0.30	4.45	0.55	0.156	0.117	—	0.117	34.6	22.3	—	23.8	1.89	1.62	—	1.57
平均	0.25	0.22	5.00	0.49	0.139	0.128	—	0.126	20.7	22.0	—	23.1	1.66	1.62	—	1.60

至于缓慢沉降对沉降区扇状堆积体表面及其附近上下河段的滩面沉积特性的影响，可由表 14.6-5 显示。从基准河型仅有的 15 号和 16 号断面资料看，沉降区滩面沉积物明显

细化，细化了 3%～46%；湿周中粉黏粒百分比大大增加，在沉降区增加 1.1～2.8 倍；滩面沉积物分选程度全程趋向均匀，沉降区上缘的均匀化程度更加显著。

表 14.6－5　　　　　　　　凹陷沉降对模型冲积小河滩面沉积特性影响

断面号	Ⅲ-1-0			Ⅲ-1-1			Ⅲ-1-3		
	D_{50}/mm	小于 0.076mm 粒径含量百分比/%	非均匀系数	D_{50}/mm	小于 0.076mm 粒径含量百分比/%	非均匀系数	D_{50}/mm	小于 0.076mm 粒径含量百分比/%	非均匀系数
8（滩）				0.120	26	1.54	0.030	32.7	1.72
9（滩）				0.094	29	1.62	0.102	23.7	1.44
11（滩）				0.100	38	1.59	0.124	23.7	1.74
12（滩）				0.080	18	1.55	0.114	20.0	1.65
13（滩）				0.140	23	1.84		47.7	1.74
14（滩）				0.090	28	1.55	0.114	32.7	1.70
15（滩）	0.140	12	1.65	0.075	26	1.50	0.080	40.0	1.56
16（滩）	0.145	10	1.58	0.082	38	1.60	0.140	20.0	1.81
18（滩）							0.089	31.0	1.58
23（滩）							0.140	18.0	1.73
24（滩）							0.130	22.0	1.64

表 14.6－6 显示缓慢均匀沉降对模型小河各个河段的床沙特性的影响。缓慢均匀沉降（Ⅲ-1-0 测次）影响与基准河型（Ⅲ-1-1 测次）相比，各河段的平均含沙量变得比较均匀，全河段的平均含沙量与基准河型的相近；床沙中值粒径细化，尤其在沉降区及其下游河段，最多细化了 25%；湿周中粉黏粒百分比在沉降区大大增加，增加约 13%～20%，床沙显得更加均匀。

表 14.6－6　　　　　　　　缓慢均匀沉降对模型小河各河段的床沙特性的影响

实验	测次	输沙特性	断面号					
			12	13	14	15	16	17
基准河型	Ⅲ-1-0	D_{50}/mm	0.150	0.150	0.155	0.155	0.165	0.140
		小于 0.076mm 粒径含量百分比/%	8.000	8.000	8.000	2.000	3.000	12.000
		含沙量/(g/L)		0.080		0.400		0.150
凹陷沉降影响	Ⅲ-1-1	D_{50}/mm	0.140	0.160	0.135	0.090	0.082	0.088
		小于 0.076mm 粒径含量百分比/%	9.000	23.000	28.000	26.000	38.000	35.000
		含沙量/(g/L)	0.180	0.070	0.250	0.140	0.190	0.310
	Ⅲ-1-3	D_{50}/mm	0.140	0.100	0.140	0.140	0.175	0.165
		小于 0.076mm 粒径含量百分比/%	9.000	30.000	26.000	28.000	7.000	5.000
		含沙量/(g/L)	1.000	0.570	0.460	0.770	0.380	0.530

7. 河道消能率

如上所述，在最上游的河段 A 为顺直河型，近上游河段 B、C 为顺直微弯河段；沉降区河道形成弯曲-分汊间过渡性河型；更下游的河段 E，发育半游荡河型 （Schumm et al.，1997）。

表 14.6 - 7 表明，在凹陷沉降前，基准河型的纵向单位河长消能率沿河向下游具有增大趋势。受凹陷沉降影响后，模型小河全程各河段仍保持了不断增加的趋势，而两者的平均消能率基本持平，分别为 0.059 及 0.058。不过，基准河型消能率的增长梯度较小，沉降作用影响的消能率增长梯度较大，如果不考虑河段 E，两者的消能率递增率，分别0.007 及 0.021，模型小河受沉降影响后是基准河型的 3.0 倍。可以粗略估计，如果其他条件不变，沉降作用对于冲积河流发育演变影响大致占了 2/3。

表 14.6 - 7　　　　　凹陷缓速均匀沉降运动影响实验河型判别及消能率数据

测　次	河　段	稳定性指标		消能率
		Z_n	K	$E/[cm \cdot m/(m \cdot s)]$
Ⅲ-1-0	A	14.23	2.38	0.014
	B	3.44	1.80	0.034
	C	2.42	2.55	0.036
	D	2.62	2.60	0.036
	E	0.82	4.05	0.152
	平均	1.59	2.58	0.059
Ⅲ-1-1	A	23.96	6.02	0.003
	B	8.64	2.57	0.041
	C	2.46	1.42	0.073
	D	1.60	1.78	0.065
	E	0.96	1.52	0.110
	平均	7.80	2.71	0.058

14.6.2.2　凹陷变速沉降对河道发育影响实验过程

1. 河流地貌

在缓速均匀沉降的基础上，经变速的快转中速沉降 （Ⅲ-1-2 测次） 及中速沉降（Ⅲ-1-3 测次） 实验后，发育的河流地貌特征为：沉降区最上游河段 A 及近上游河段 B，基本保持了原有的河型及发育的洲滩；沉降区内发育了第二期及第三期扇状三角洲。下游河势格局变化不大，主河道为江心洲分汊型及半游荡型，河漫滩一度变窄，进一步拓宽，发育更加完善 （图 14.6 - 1 和图 14.6 - 2）。

2. 河道平面形态

与缓速沉降的河道平面形态相比，变速沉降后，最上游河段 A 的洲滩长宽比有所增加，增加了 40%～60%，在近上游的河段 B，有两个凸岸边滩 （3 号和 4 号） 长度不变或有所增长、宽度变窄，长宽比略有增加，增加幅度为 9%～53%；在沉降区发育的第二期外流湖三角洲，进一步扩大延伸，顶点由 13 号断面上溯到 12 号断面，前缘位于 17.25m 处，长 6.20m，宽 3.75，其长、宽均较第一期的大，但长度增加率小于展宽率。

在沉降区下游的河段，快转中速沉降时，水流穿过沉溺湖所在的下游河段 D，经沉溺湖的下缘泄入下游河段 D，河道右侧的江心洲规模缩小；最下游段 E，左右岸河漫滩分别以小幅度变窄及拓宽。

进行中速沉降（Ⅲ－1－3测次）实验后，基本维持快转中速（Ⅲ－1－2测次）的平面河势格局。上游河段A中的0号及1号洲滩，分别增大及变小，但长宽比变化趋势相反；在近上游河段B的3号及4号边滩缩短，宽度增大，长宽比缩小，发育边滩型河漫滩；在沉降区内，发育第三期外流湖三角洲，顶点仍位在12号断面，前缘位于17.25m处，长5.65m，宽5.40m；三角洲的沉积物中径为0.075mm、粉黏粒含量26％，非均匀系数为1.50（表14.6－5）。三角洲宽度继续宽大，长度因沉降区下缘边界的限制而不能继续延伸，纵坡降增大。显然，具有形成于坳陷区连续沉降的扇状三角洲特征。靠近沉降区的近下游段D的右侧，江心洲延长，宽度缩窄，右岸河漫滩变窄，直到最下游河段E，左岸河漫滩变窄，河道弯曲度略有增加。变速沉降对河道弯曲率与波长波幅比关系影响曲线见图14.6－7，由图可知：凹陷由快速变为中速沉降时，所导致的弯曲率与波长波幅比间关系的变化相类似，总的趋势大体是弯曲率随波长波幅比增大而变小；但是，变化过程比较复杂，弯曲率先随波长波幅比增大而减少，而后增大，最后复又减少。

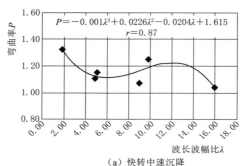
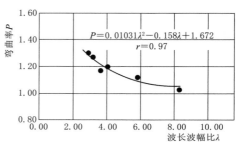

（a）快转中速沉降 　　　　　　　　　　（b）中速沉降

图14.6－7　凹陷变速沉降对河段弯曲率与波长波幅比间关系的影响

3. 横断面面积及河宽

横断面形态及平均水深分析（图14.6－3及表14.6－8）表明，全河横断面形态的响应与缓速均匀沉降时的情况基本相同。

表14.6－8　　　　　　　　　　凹陷变速沉降运动对横剖面影响

测次	河段	断面面积/cm²	河宽/cm	平均水深/cm	平均流速/(cm/s)
Ⅲ－1－0	A	204.61	76.00	2.83	16.30
	B	241.18	129.70	1.90	13.84
	C	235.57	170.30	1.45	14.23
	D	202.06	147.10	1.37	13.99
	E	166.02	239.30	0.59	22.00
	平均	199.95	157.46	1.61	16.29
Ⅲ－1－1	A	195.94	80.50	2.43	19.75
	B	304.74	135.20	2.25	11.69
	C	278.05	167.10	1.66	12.66
	D	261.20	213.40	1.22	12.49
	E	218.41	200.38	1.09	16.87
	平均	277.38	157.60	1.76	14.60

续表

测次	河段	断面面积/cm²	河宽/cm	平均水深/cm	平均流速/(cm/s)
Ⅲ-1-2	A	184.36	77.40	2.38	19.75
	B	209.62	143.10	1.46	11.65
	C	187.80	219.40	0.86	15.54
	D	336.67	205.60	1.64	9.00
	E	156.87	141.00	1.11	16.87
	平均	245.12	162.73	1.51	14.47
Ⅲ-1-3	A	199.35	89.20	2.23	16.68
	B	240.86	171.60	1.40	14.17
	C	233.11	269.72	0.86	16.57
	D	371.78	208.52	1.78	10.51
	E	193.08	173.00	1.12	14.69
	平均	282.48	188.88	1.50	14.52

在凹陷沉降区，自三角洲顶部到前缘，河宽不断扩大，其中河段 C 的河宽，由缓速均匀沉降，经快转中速沉降，到中速沉降，由 167.1cm 展宽为 219.4cm，最宽达 269.72cm；平均水深越来越浅，由 1.66cm 变浅为 0.86cm，宽深比大大增加。形态基本上呈中间凸起，两侧凹下的宽浅"W"形断面，沿程而下，中间上凸部分的宽度迅速增大，变得越来越平坦，到沉降区下缘断面复又缩窄；沉降区有三两股呈扇状分散的水流，主流居中。在沉降区的上游段，保持河道偏向一侧的浅"V"形横剖面；贴近沉降区的下游段，偏江心洲分汊河道左侧的"W"形横剖面演变成为两岸为河漫滩，河道主流在中间穿流的"V"形横剖面（图 14.6-4）。

4. 断面平均流速

表 14.6-2 和表 14.6-3 及图 14.6-6 表明，当快转中速变速沉降时，沉降轴上游河段的平均流速有所增大；在沉降区及沉降轴部下游河段的平均流速显著降低，沉降区降低幅度最大。具体来说，受凹陷沉降，特别是由快转中速沉降时的影响，靠近凹陷上游边缘 13 号断面处，断面平均流速骤然增大，由缓速沉降的 11.02cm/s 增大到快转中速沉降的 30.43cm/s，几乎增大了 3 倍，而对更远上游的影响不大；在凹陷沉降轴部（15 号断面）至沉降区下游边缘以下 100cm 处，平均流速大幅度下降，由缓速沉降的 10.51cm/s 降低到快转中速沉降的 5.48cm/s，几乎减少了一半；穿过该河段后，平均流速变化不大。显然，在沉降区内，沉降轴上、下附近的平均流速以大幅度显著减少，沉降区上游边缘是平均流速最大上升幅度所在，其他河段受变速沉降的影响相当有限。

5. 河段纵比降

由图 14.6-5 不难看出，当冲积河流由受凹陷缓速均匀沉降转为变速沉降作用影响后，在沉降凹陷区内，水位大幅度连续下降，其影响上溯到河段 B 的下段，并影响到近下游段 D 及最下游河段 E，导致沉降轴上游河段（7 号～15 号断面）纵比降变陡，而沉降轴下游河段（15 号～22 号断面）纵比降调平，纵比降形态在沉降段显著呈下凹态势。

6. 床沙质组成

在表14.6-6中缺失快转中速沉降的床沙组成变化，但通过含沙量的分析可略见一斑。分析表明：①受中速沉降影响，在沉降区内，14号和15号断面的床沙中径变粗；②在中速沉降时沉降区下游河段D及最下游河段E，床沙中径变粗，相应地湿周中小于0.076mm的粉黏粒百分比分别增多与明显减少；③在沉降区内（15号断面），湿周中粉黏粒百分比由26.0%增加到30%，增加了约15.0%；④而沉降区下游河段（17号断面）粉黏粒由38.0%下降到5.0%，降低了87.8%，意味着该河段床沙发生粗化。由断面含沙量的变化，从另一侧面反映了当从缓速沉降、中速沉降到快转中沉降时床沙粗化的事实。因为在这个变化过程中，各断面相应实验测次的含沙量不断增大，快转中速沉降具有最高的含沙量，或许反映了床沙最为严重的粗化状态。

由表14.6-6可知，变速沉降对沉降区扇状堆积体表面及其附近上下河段的滩面沉积特性的影响：①沉降区滩面沉积物略有变粗；②湿周中粉黏粒含量在15号断面大大增加，增加了54%，而在靠近沉降区下游缘的16号断面则明显降低，降低了47%。

7. 河道消能率

受凹陷缓速均匀沉降影响后，模型小河全程各河段仍保持沿河向下纵向消能率不断增加的趋势，平均消能率基本持平，这里不再赘述。

表14.6-9表明，在经历由快转中速的变速沉降后，沉降轴以上模型小河各河段的纵向消能率具有不断增加的趋势，沉降区上段所在的河段C，比缓速均匀沉降影响增大了1.27倍，具有全河段最大的消能率；在沉降轴以下的河段D及河段E，消能率不断降低，就河段E而论，消能率最大降低了约45%。当经历中速沉降影响后，河段A、B及C的消能率变化不大；在沉降轴下游消能率明显升高的河段E，消能率竟升高了近1倍。全河程的平均消能率不断增加，但增加率不大，约为12.1%～18.5%。与基准河段相比，仅考虑河段A～D时，各河段的消能率梯度分别为0.007cm·m/(m·s)、0.021cm·m/(m·s)、0.005cm·m/(m·s)和0.011cm·m/(m·s)。缓慢均匀沉降对模型河的影响是基准河的3倍。快转中速沉降的局部影响较大，对全河段的影响较小，其影响仅占基准河型的1/3，而中速沉降的影响为57%。三种沉积方式对冲积河流发育演化的影响分别为2/3、1/3和1/2，似乎沉降速率越大，对全局河道演变影响越小，而对局部河段发育的影响越大。

表14.6-9　　凹陷变速沉降运动影响实验河型判别及消能率数据

测次	河段	稳定性指标		消能率
		Z_n	Z_{nj}	$E/[cm·m/(m·s)]$
Ⅲ-1-1	A	23.96	2.192	0.003
	B	8.64	1.829	0.041
	C	2.46	0.279	0.073
	D	1.60	0.701	0.065
	E	0.96	0.325	0.110
	平均	7.80	1.065	0.058

| 测次 | 河段 | 稳定性指标 | | 消能率 |
		Z_n	Z_{nj}	$E/[cm \cdot m/(m \cdot s)]$
Ⅲ-1-2	A	27.27	4.785	0.015
	B	2.27	0.487	0.053
	C	1.14	0.219	0.166
	D	9.72	2.227	0.031
	E	1.12	0.406	0.061
	平均	8.84	1.549	0.065
Ⅲ-1-3	A	7.96	1.567	0.007
	B	1.76	0.413	0.054
	C	2.07	0.496	0.165
	D	0.97	0.637	0.039
	E	11.58	0.307	0.119
	平均	5.20	0.697	0.077

14.6.2.3 实验综合分析

不同速率沉降实验表明，在沉降区本身及其上、下游河段，模型冲积河流对缓速均匀沉降、中速沉降、快转中速沉降都做出不同程度的响应：①敏感性不断增强；②演变速率增大；③侵蚀与沉积速率增大，在沉降区形成的水下三角洲发育速度与规模增大；④汊河刷深的程度不断递增。

1. 匀速与变速沉降对河道影响对比分析

上述缓速均匀沉降与变速沉降对河床演变的影响主要概括如下。

（1）缓速均匀沉降的主要影响。在凹陷沉降区形成第一期沉溺湖，发育第一期外流湖扇状三角洲，沉降区有两股呈扇状分散的水流，平均流速显著降低；纵比降略呈下凹形式，沉降区各断面平均含沙量总体减少，床沙质变细、湿周中粉黏粒百分比增大的趋势得到强化，滩面的沉积物以及滩面的粉黏粒百分别明显细化及大大增加。

上游段保持弯曲河型，以发育边滩为主，洲滩变短拓宽、总体变小，弯曲率随波长波幅比增大而变小；河道趋直，横剖面呈偏一侧的浅"V"形；断面水位明显下降，下降幅度远大于下游段；除个别断面增大外，断面平面流速都以较小的幅度降低。

下游河段为江心洲分汊河型或半游荡河型，发育江心洲及心滩，洲滩变狭窄拉长，整体下移，下移幅度大于上游河段，弯曲率与波长波幅比间的关系较为复杂；横剖面由"W"形→"V"形；断面平流速降低更为显著，降低幅度远大于上游河段，纵比降下降幅度较小。

在模型小河全程，滩面沉积物的分选性均匀化，沉降区上游更为显著；各个河段的平均含沙量也趋向均匀化，床沙质细化，在沉降区及其下游河段尤为突出。床沙质的分选程度，由上游较好，越向下游变得越差。河道遭遇局部均匀缓慢沉降后，在河道调整尚未消除沉降影响时，各个河段弯曲率与消能率间出现复杂的关系。

（2）变速沉降的主要影响。经历变速沉降后，沉降区中发育了第二期及第三期扇状三角洲，并进一步扩大延伸，顶端由13号断面上淤到12号断面；沉降区的宽深比大大增加；水位大幅度连续下降，纵比降显著呈下凹态势。平均流速以最大幅度降低；三角洲表面的沉积物质越来越细，具有连续沉降形成的沉溺湖扇状三角洲特征；沉降区床沙质略有变粗、湿周中粉黏粒百分比增多，滩面沉粉黏粒百分比大幅度增加；沉降区的消能率明显增大。

沉降区上游河段基本保持原有的河势格局及发育的洲滩，洲滩长宽比进一步增加，宽深比变化不大；沉降轴上游河段的纵比降变陡，平均流速有所增大，沉降区上游边缘，平均流速上升幅度最大；上游河段的床沙质略微变细，粉黏粒百分比减少，消能率变化不大。

下游河道弯曲度略有增加，江心洲延长，宽度缩窄，河漫滩变窄；弯曲率随波长波幅比的变化比较复杂，横断面形态与缓速均匀沉降的基本类同；纵比降调平，沉降轴部下游河段的平均流速显著降低；下游河段床沙质变粗，湿周中粉黏粒百分比明显减少，在靠近沉降区下游边缘处，减少得最为显著，最下游河段E的消能率明显升高。

（3）两种影响的异同性及其机理。匀速及变速沉降运动导致的河流地貌及输沙条件变化，与河道消能率密切相关。综合分析表明：①经历局部沉降运动影响后，模型小河全程的平均消能率不断增大，但增加率不大，约为12.1%～18.5%；②模型小河受缓速均匀沉降影响是基准河型的3倍；③快转中速沉降的局部影响较大；④对整体影响较小，只占基准河型的1/3；⑤而中速沉降影响为57%。三种沉降作用占据冲积河流发育演变的影响分别为2/3、1/3及1/2，似乎沉降速率越大，对全局河道演变影响越小，而对局部河段发育的影响越大。凹陷沉降对冲积河道演变发育过程的影响，都存在继承性、节奏性、敏感性、临界性及复杂性特征，但表现方式、显示的时段、河段，以及影响的强度不尽相同。

2. 沉降运动的继承性与节奏性分析

在三个不同测次的沉降运动过程中，地貌形态、地貌类型及物质组成所经历的变化，具有明显的继承性和节奏性，无论是缓速均匀沉降，还是快转中速沉降和中速沉降，沉降区河道转化成沉溺湖时，在同一个区域内发育了形态类似的三期外流沉溺湖三角洲，由于沉降的速率及幅度不同，继承过程中出现了一定的差异，三角洲的规模越来越大，顶端随沉降幅度增大而上溯，由13号断面上淤到12号断面，三角洲延伸和扩大。在发育过程中，沉降一次，发育一期三角洲，三角洲的前缘一期比一期向下游延伸得更远。在图14.6-1和图14.6-2上，各期三角洲的边界显示得十分清楚，体现了沉降运动促使河道地貌的变化具有明显的节奏性。在沉降区下游边缘，有一个倒三角状的江心洲，体现了沉降作用对江心洲发育影响具有继承性。诸多节奏性及继承性的河流地貌表现在各次沉降运动中，只是尺寸有些变化，地理位置及形态一直保持着，显然这种继承性和节奏性是构造运动对河流地貌影响所特有的，也是过程响应模型的特殊表现。

3. 沉降运动对模型小河影响的敏感性分析

（1）凹陷沉降影响敏感性因子的选择。乔云峰等（2016）认为影响河型形成与演变的主变量因子，不外乎河谷坡降、边界条件、来水来沙（平滩流量、输沙量、输沙性质）、构造变动、基面变化及人类活动等。在匀速与变速沉降运动对冲积河流影响的实验中，构造沉降区的河段本身及其上游一定范围内的河段都会受到凹陷构造沉降作用的影响：①沉降轴上游河谷坡降不断增陡，而沉降轴下游河段河谷坡降变缓；②其上下游河段的平均流速相应变小与增大；③河道弯曲率及曲流波长波幅比分别增大与变小；④河型、冲淤状况、床沙质、含沙量等一系列因素发生明显调整；⑤在凹陷沉降区的河段，河道边界条件，尤其是二元相结构中河漫滩相的厚度明显增大，导致河道形态，特别是平面形态的改变，甚至形成沉溺湖；沉降运动的速率及幅度，会更多地影响河流地貌的演变速率。因此，构造运动速率（V_{dn}）、河谷比降（J_v）、断面平均流速（V）、河道比降（J_{ch}）等将是主要的影响因子，而在局部河段，河岸高度比（$\Delta h / H_{max}$）、湿周中小于粒径 0.076mm 的粉黏粒含量（M）、断面平均含沙量（Q_s）、床沙质特性（D_{50}）等有较大的影响。但从全河段考虑，尽管沉降区及其靠近沉降轴上下游的河段影响十分显著，由于上、下游的正、负效应互相抵消或均衡，反而出现总体敏感性不显著的现象。选择河道主泓弯曲率作为穹窿抬升影响河道演变的敏感性指标（Ψ_{dn}），并确定 8 个敏感因子为：构造运动速率（V_{dn}）、河岸高度比（$\Delta h / H_{max}$）、断面平均流速（V）、断面平均含沙量（Q_s）以及床沙中径（D_{50}）、河道比降（J_{ch}）、河谷比降（J_v）、湿周中小于粒径 0.076mm 的粉黏粒含量（M）（表 14.6-10）。

表 14.6-10   凹陷沉降影响实验各河段敏感性指标（Ψ_{dn}）

影响因子	因子权重	V_{dn}	$\dfrac{\Delta h}{H_{max}}$	V	D_{50}	J_{ch}	Q_s	J_v	M	Σ	平均
全部影响	因子	1.000	0.520	0.525	0.348	0.620	0.421	0.542	0.475	3.976	
	权重	0.251	0.131	0.132	0.088	0.156	0.106	0.136	0.120	1.000	0.140
Ⅲ-1-0	因子	0.000	0.881	0.930	0.996	0.903	0.553	0.682	0.952	4.943	
	权重	0.000	0.178	0.188	0.201	0.183	0.112	0.138	0.193	1.000	0.149
Ⅲ-1-1	因子	1.000	0.732	0.683	0.566	0.803	0.825	0.725	0.907	5.334	
	权重	0.187	0.137	0.128	0.106	0.151	0.155	0.136	0.170	1.000	0.146
Ⅲ-1-2	因子	1.000	0.957	0.920	0.776	0.471	0.972	0.561	0.624	5.657	
	权重	0.177	0.169	0.163	0.137	0.083	0.172	0.099	0.110	1.000	0.139
Ⅲ-1-3	因子	1.000	0.909	0.873	0.989	0.938	0.675	0.783	0.501	6.168	
	权重	0.162	0.147	0.142	0.160	0.152	0.109	0.127	0.081	1.000	0.135
平均权重		0.156	0.135	0.129	0.121	0.115	0.115	0.108	0.107	1.000	0.140

注 平均权重只包括Ⅲ-1-1、Ⅲ-1-2及Ⅲ-1-3三个测次的数据。

（2）沉降敏感性指标与分析。敏感性指标（Ψ_{dn}）可以表达为所述 8 个影响因子（φ_k）的权重（m_k）之和：

$$\Psi_{dn} = \sum_{k=1}^{n} m_k \varphi_k \tag{14.6-1}$$

$$\Psi_{dn} = m_1 \varphi(V_{dn}) + m_2 \varphi\left(\frac{\Delta h_b}{H_{max}}\right) + m_3 \varphi(D_{50}) + m_4 \varphi(V) + m_5 \varphi(J_{ch}) + m_6 \varphi(Q_s) +$$

$$m_7\varphi(J_v) + m_8\varphi(M) \tag{14.6-2}$$

式中：Ψ_{dn} 为沉降敏感性指标；φ_k 为影响因子；m_k 为影响因子权重；k 为影响因子；n 为影响因子总数。

在量化影响因子时，首先计算该因子的百分比，进一步确定在整个敏感性指标中的权重，各因子权重的总量为 1.0。当进行全河段及沉降作用全过程的 P 与 8 个因子的回归分析时，除了构造运动速率有明显影响外，其他因子的敏感性都不很明显。进一步分析不同沉降方式各个影响因子的敏感性权重，分析表明，在整个沉降过程中，构造运动速率的权重最大，在各次沉降中，缓速均匀沉降速率的权重也居首位，快转中速沉降与缓速均匀沉降的相近，而中速沉降的权重最小；在缓速均匀沉降过程中，湿周中粉黏粒含量百分比的敏感性居第二位；中速沉降中，除构造运动速率居首位外，其次为床沙质中径、河道比降及局部河谷坡降的响应；快转中速沉降时，最敏感的因子是构造运动速率，而后是断面平均含沙量、断面平均流速及河漫滩相在河岸中的比例。最后，将三种沉降方式影响的权重进行平均，作为敏感性影响总体分析的判据（表 14.6-10）。对构造运动速率（V_{dn}）、河岸高度比（$\Delta h_b/H_{\max}$）、床沙质中径（D_{50}）、断面平均流速（V）、河道比降（J_{ch}）、断面平均含沙量（Q_s）、河谷比降（J_v）及湿周中粉黏粒含量（M）8 个主要因子计算得权重，分别为 0.156、0.135、0.129、0.121、0.115、0.115、0.108 及 0.107。

4. 沉降影响后模型小河的地貌临界分析

（1）地貌外临界现象及临界值。当分析河段弯曲率与影响因子实验数据的回归分析时，不论何种沉降方式，拟合的不少多项式曲线具有明显的拐点。如缓速沉降的弯曲率与沉降速率、河道比降、湿周中粉黏粒百分比、断面平均流速以及河谷坡降间关系等，快转中速沉降的弯曲率与河道比降、湿周中粉黏粒含量百分比、断面平均流速以及床沙质中径间关系等都存在拐点，分别位于弯曲率约 1.35 及 1.15 附近；中速沉降的临界现象并不明显（详见第 17 章）。

（2）地貌临界性质及功能。弯曲率与沉降速率间的回归关系曲线上有两个拐点，是两个可能发生河型转化的临界点，在低临界点处，河段受到缓速沉降的影响，有可能由弯曲型转化为顺直微弯型；在高临界点附近，河道遇到中快速率沉降的影响时，河道可能由弯曲河型转变成江心洲分汊河型，乃至半游荡河型。

凹陷构造的缓速均匀沉降、快转中速沉降以及中速沉降与抬升运动的影响略有不同，在沉降区及其毗邻河段，凹陷沉降运动导致河道系统出现了两个临界弯曲率 1.15 和 1.35，相应的消能率为 0.173cm·m/(m·s) 和 0.075cm·m/(m·s)，可能有两种平均流速和相应的河道比降选择。与此匹配的河型：若比降大于 0.0138，则为半游荡-游荡河型；若比降为 0.0138～0.0050，则为弯曲-游荡间过渡河型；若比降小于 0.0050，则为弯曲河型。

5. 沉降影响后模型小河的河型判别与稳定性分析

目前，判别河型以及河型稳定性分析的公式不下数十种（Leopold et al.，1957；Lane，1957；方宗岱，1964；Schumm et al.，1982；蔡强国，1982；钱宁，1985；Schumm，1985；陆中臣等，1988；尹学良，1999；姚爱峰等，1993；谢鉴衡，1997；张俊华等，1998；张红武等，1996；Kleinhans et al.，2011；周宜林等，2005；姚仕明等，

2012；金德生，1992）。习惯使用 Schumm 等（1982）、钱宁（1985）、张红武（1996）、金德生（1992）及乔云峰等（2016）的判别式，来判别一般河流发育，包括模型小河的河型，并对受构造抬升运动影响的模型小河进行稳定性分析。

（1）受影响的模型小河河型判别。现有的河型判别公式判别由于构造作用所导致的河型转化有一定难度。因为穹窿上升运动作为系统外部的外激发因素，具有与系统内部的内激发因素不同的属性，内激发影响因子之间都具有反馈作用，而系统对抬升运动外临界激发影响因子缺乏反馈作用或者作用十分微弱。现有的主要依据河道系统内激发因子的临界值的河型判别式，更适用于造床过程的河型判别和稳定性分析。

（2）受影响的模型小河的稳定性分析。主要依据弯曲率与消能率的关系，分析模型小河受凹陷沉降作用影响的稳定性。主河道的弯曲率随消能率的变化具有复杂性，借助多项式进行逼近，并略去 4 次项，曲线具有两峰夹一谷的特征，其表达式为式（14.6 - 3），与基准河型的弯曲率与消能率关系式（14.6 - 4）相比，不论各次沉降影响的多项式系数都增大，曲线的形式也有所不同：①基准河型关系曲线呈一峰一谷形式；②基准河型相应的河段弯曲率随消能率增大而降低；③总体符合冲积河流最小消能率原理，而当冲积河道遭遇局部均匀缓慢沉降后，在河道调整尚未消除沉降影响时，河段弯曲率与消能率间出现复杂的情况。图 14.6 - 8 表明，当河段消能率最低时，河段平直，弯曲率增大，达第一峰值；消能率增大到中等数值时，弯曲率也达中间值；当消能率进一步增大，这时河段弯曲率达第二峰值；当消能率达最大值时，河段弯曲率反而又降低到最低值。事实上，弯曲率第一峰值段是受缓慢沉降影响较小的曲流发育情况，第二峰值段为曲流发育受缓慢沉降影响较大的情况，消能率中值是沉降区沉溺湖扇状三角洲发育地区所具有的特征；第一段为不受沉降影响的顺直河段所具有的特征，消能率最高，而弯曲率大大降低的最后一段是沉降区下游受沉降影响最强烈处，具有发育半游荡河型的特征。

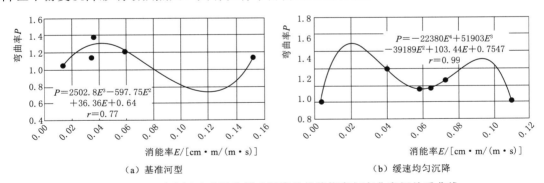

图 14.6 - 8　冲积河流受凹陷缓速沉降后的消能率与弯曲率间关系曲线

$$P_{基准} = 2502.8E^3 - 597.75E^2 + 36.36E + 0.64 \quad r = 0.77 \tag{14.6 - 3}$$

$$P_{缓速} = -22380E^4 + 51903E^3 - 39189E^2 + 103.44E + 0.7547 \quad r = 0.99 \tag{14.6 - 4}$$

变速沉降作用对主河道弯曲率与消能率间关系的影响具有复杂性，曲线表达式分别为式（14.6 - 5）及式（14.6 - 6）。与缓速均匀沉降的弯曲率与消能率间关系表达式（14.6 - 4）相比，变化趋势都较简单，而快转中速沉降的影响较为复杂，先是弯曲率随消能率增加而增加，而后减少；中速沉降的影响则是弯曲率与消能率亦步亦趋势（图 14.6 - 9）。

$$P_{快-中} = 1214.7E^3 - 294.88E^2 + 18.31E + 0.855 \quad r = 0.74 \quad (14.6-5)$$

$$P_{中速} = 9.2914E^2 + 3.4333E + 0.9546 \quad r = 0.97 \quad (14.6-6)$$

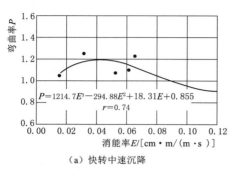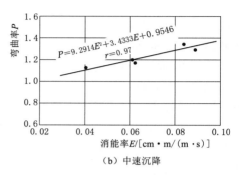

（a）快转中速沉降　　　　　　　　　　（b）中速沉降

图 14.6 - 9　冲积河流受凹陷变速沉降后的消能率与弯曲率间的关系曲线

运用姚仕明等（2012）的公式曾经分析过造床实验及构造抬升的河型判别，获得了相关性的作用远大于纵向稳定性；而对于室内模型小河，横向稳定性的作用远较纵向稳定性的影响小得多。这或许与模型河道的河岸边界条件及地貌条件有关，边界条件较为疏松，而纵向地貌条件有局部限制，同时也反映了两者对河道综合稳定性影响的机理不同。因此，为了反映这一特征，在计算综合稳定性指标时，将纵向稳定性数据乘方后再与横向稳定性指标相乘，获得新的综合稳定性指标 φ_j（表 14.6 - 11）。

表 14.6 - 11　　　　　　　　　凹陷沉降影响实验的河型判别指标

测　次	河　段	河型判别指标			
		φ_{h1}	φ_{b1}	φ_y	φ_j
Ⅲ-1-0	A	1.881	0.230	0.099	0.813
	B	2.095	0.131	0.036	0.573
	C	2.095	0.101	0.021	0.442
	D	2.396	0.096	0.022	0.548
	E	3.554	0.076	0.020	0.956
	平均	1.727	0.103	0.018	0.667
Ⅲ-1-1	A	1.934	0.225	0.098	0.843
	B	1.286	0.121	0.019	0.200
	C	1.564	0.096	0.015	0.236
	D	1.652	0.074	0.009	0.201
	E	1.389	0.076	0.008	0.147
	平均	1.436	0.103	0.015	0.325

测　次	河　段	河型判别指标			
		φ_{h1}	φ_{b1}	φ_y	φ_j
Ⅲ-1-2	A	2.276	0.241	0.132	1.250
	B	2.339	0.118	0.033	0.645
	C	1.715	0.066	0.007	0.193
	D	3.145	0.092	0.027	0.912
	E	1.403	0.106	0.016	0.209
	平均	1.704	0.100	0.017	0.642
Ⅲ-1-3	A	1.696	0.195	0.065	0.561
	B	1.398	0.091	0.012	0.177
	C	2.704	0.059	0.009	0.428
	D	1.791	0.081	0.012	0.261
	E	1.831	0.091	0.015	0.306
	平均	1.684	0.086	0.012	0.347

　　不难看出，模型小河经受凹陷沉降后，河道的综合稳定性指标都有不同程度的降低，而且中速沉降导致的稳定性比较显著，缓速均匀沉降的影响次之，影响最小的是快转中速沉降。

　　进一步分析表明，实验的基准河型各河段的综合稳定性较高。天然河道河段 A 的综合稳定性较高，为 0.065～0.132；而沉降区及毗邻的上下游河段 C、D，综合稳定性大大降低，与受水库调蓄前的天然河道的大不相同（表 14.6-12），基准河型的纵向稳定性指标较高，横向稳定性指标远远偏小。显然，对于天然河道的综合稳定性指标，在研究三峡水库和丹江口水库修建前后坝下游河流稳定性时，考虑了纵、横向及综合稳定性，并分别运用公式 $\varphi_{h1}=d/hJ$，$\varphi_{b1}=Q^{0.5}/J^{0.2}W$，以及两者连在一起构成的综合公式 $\varphi_y=\varphi_{h1}(\varphi_{b1})^2=(d/hJ)[Q^{0.5}/J^{0.2}W]^2$。其中：$d$ 为床沙平均粒径，h 为平滩水深，J 为比降，Q 为平滩流量，W 为平滩河宽。顺直、弯曲、分汊及游荡型河型的综合稳定性指标分别为：0.5～1.0、0.180、0.163 及 0.017。将实验数据代入相关公式，分别获得沉降前基准河型、缓速沉降影响、快转中速沉降影响及中速沉降影响后，模型小河的综合稳定性指标分别为 0.018、0.015、0.017 及 0.012。

　　数据表明，对于该实验的基准河型，纵向稳定性沿河程而下越来越大，由 1.881 增大到 3.554；而横向稳定性越来越差，由 0.231 变为 0.076；上下游的综合稳定性指标比中游段好，平均为 0.667。受缓速均匀沉降后，纵、横向及综合稳定性指标普遍低于基准河型，且自上游向下游递减，平均综合稳定性指标为 0.325；当快转中速沉降后，由于沉降区沉溺湖宽度扩大、水深略有增加，沉降区上、下游边缘形成深切卡口，以及上下游河段河床的粗化，出现沉降区纵、横向及综合稳定性指标明显降低，而上、下游河段及卡口处稳定性相对较高的格局。全河程综合稳定性指标达到 0.642，高于缓速沉降的影响，而低于快转中速沉降的影响。对比可知，就全河程来说，基准河型具有最高的综合性稳定性指标值 0.667，其次为快转中速沉降 0.642，再次为中速沉降 0.347，最弱为缓速均匀沉降 0.325。但是，就沉降区的局部河段 C 来说，其基准河型的综合稳定性指标值为 0.442，其次为中速沉降 0.428，第三为缓速均匀沉降 0.236，最后为快转中速沉降 0.193。Penck（1982）曾经用穹窿抬升与侵蚀下切的速率比来解释坡面形态的发育，当抬升与侵蚀速率比都较小时，坡面形态变化不大或保持原状。不妨用沉降与淤积的速率比来研究沉降区的稳定性，当速率比小于 1、等于 1、大于 1，分别表示沉降区河道的稳定性较高、中等及较差。由于缓速均匀沉降的速率较小，而河道水流有相对充足的时间进行调整，缓慢沉降提供的能量及来自上游的物质，比中速沉降的少，淤积速率也较小，从而延缓了河道达到准平衡状态的时间，显示出河道发育的稳定性低于中速沉降。当快转中速沉降时，一方面沉降速率由大变小，由其提供的能量也由大变小；另一方面，一开始来自上游的物质较多，而后减少；这样导致河道中泥沙一开始就很快被冲走，而后物质供不应求，泥沙的淤积率反而变小，必然使河流的综合稳定性变得较差。这是沉降速率变化的初期阶段，如果有足够的调整时间，也许会出现另外一些情况。例如，快转中速沉降时，上游有足够的较粗泥沙输入，沉降区河道流速逐渐减缓，沉降与淤积速率比将趋向于 1，沉降区河段的稳定性也会提高，甚至沉溺湖淤积成湖积平原。

表 14.6－12　　　三峡、丹江口、小浪底水库修建前后坝下游河道稳定性对比

河型	建库	纵向稳定性	横向稳定性	综合稳定性	河段
带游荡性分汊	前	—	两岸受控	0.163	丹江口—皇庄
	后	增大	变化不大	8.09～15.27	
顺直微弯	前	0.2～0.4	1.4～1.7	0.5～1.0	宜昌—枝城
	后	增强	变化不大	1.7	
蜿蜒	前	工程控制	工程控制	工程控制	下荆江河段
	后	增大	变化不大	0.18	
稳定分汊	前	—	—	—	城陵矶—武汉
	后	变化不明显	1.3	可能变大	
游荡-弯曲过渡性	前	0.217	0.283	0.017	高村—陶城铺
	后	0.3	0.453	0.062	

14.6.3　小结

从 20 世纪 50—80 年代，苏联、中国及美国，先后开展构造运动对河流地貌发育演变影响的实验研究，取得许多成果，但是凹陷构造沉降对冲积河流影响的实验研究开展的微乎其微。本项实验在已有成果的基础上，运用过程响应模型设计法，以黄河下游高村至陶城铺游荡-弯曲间过渡性冲积河段造床实验为基准河型，通过凹陷沉降运动对河流地貌影响特性的实验研究，获得下列结论及启示。

（1）缓速均匀沉降与变速沉降对河床演变影响明显形成三个区段：凹陷沉降区、上游

河段区及下游河段区。

在凹陷沉降区形成沉溺湖，发育不断扩大的三期外流湖扇状三角洲，第二、三期三角洲顶端比第一期上提，形成宽"W"形横剖面及下凹型纵剖面；具有2～3股呈扇状分散的水流，平均流速显著降低；含沙量总体减少，床沙质变细，湿周和三角洲滩面物质明显细化，粉黏粒含量大大增加。上游河段区河道趋直，保持顺直微弯及弯曲河型，洲滩拓宽缩短，总体变小，平面流速以较小幅度降低。在下游河段区，形成江心洲分汊河型或半游荡河型，洲滩变狭窄拉长，整体下移，纵比降调低，幅度较小，平均流速显著降低，平均含沙量及滩面沉积物均匀化，床沙质分选程度越向下游变得越差。三种沉降作用对冲积河流发育演变所产生的影响，大致分别占2/3、1/3及1/2，显示了河道遭遇局部沉降后，当河道调整尚未消除沉降影响时所出现复杂情况。沉降区发育了形态类似的三期外流沉溺湖三角洲，沉降区下缘连续发育三期倒三角状江心洲，展示了沉降运动的继承性与节奏性，体现了新构造运动对河流地貌影响的特性，也是过程响应模型的特殊表现。

（2）模型小河对三种沉降运动方式响应的敏感性指标与沉降方式及空间位置有关。各河段平均的敏感指标，沿程向下游不断增加，缓速均匀沉降具有较弱的敏感性，快转中速沉降的敏感性最强，中速沉降的敏感性介乎中间。在沉降区，各次沉降影响的敏感性都很显著。敏感指标 Ψ_{dn} 值 0.20 及 0.30，可作为划分敏感度的依据；大于 0.30 时，敏感性较强；小于 0.20 时，敏感性程度较弱；介于 0.20～0.30 时，敏感程度中等。

（3）在沉降运动对模型河道发育影响的实验过程中，存在外激发地貌临界。当拟合河段弯曲率与影响因子存在多项式回归关系时，不论何种沉降方式，在拟合曲线上具有明显的拐点，如缓速均匀沉降时，弯曲率与沉降速率间的关系曲线上存在沉降速率约 0.07mm/h 及 0.20mm/h 两个外激发地貌临界拐点，相应的河道弯曲率分别约 1.10 及 1.30。在低临界点处，缓速沉降有可能使弯曲型转化为顺直微弯型；在高临界点附近，中快速率沉降有可能使弯曲河型转变成江心洲分汊河型，甚至半游荡河型。

（4）借助现有河道系统内激发因素的临界值可进行河型判别。实验有一定的局限性，由于河流系统内部的内激发影响因子之间，包括临界弯曲率，具有反馈作用，而外临界激发影响因素缺乏反馈作用或作用十分微弱。因此，同样可以利用以内临界条件为前提的判别式对构造沉降影响的河型进行判别，并进行河型的稳定性分析，将河型划分为顺直微弯、弯曲及分汊或半游荡三种基本河型。模型小河受缓速均匀沉降及变速沉降作用后，当固定造床流量为 3.15L/s 时，在临界弯曲率为 1.15 及 1.35 附近，相应的消能率为 0.173cm·m/(m·s) 及 0.075cm·m/(m·s)，可能有低、中、高三种断面平均流速供选择，即 1.65m/s（低）、1.88m/s（中）及 2.40m/s（高），相应的河道比降分别为 0.00071、0.00092、0.00104，以及 0.00031、0.00039、0.00045。研究表明，改进的张红武判别式有可能更全面地判别经受构造变动影响的河型转化问题，经计算，结合有关河段主河道弯曲率数据，当 Z_n 值大于 10.0 时，为顺直微弯河型；当 Z_n 值为 10.0～5.0 时，为弯曲河型；当 Z_n 值为 5.0～2.0 时，为分汊河型；当 Z_n 值小于 2.0 时，为半游荡或游荡河型。

（5）在模型小河的综合稳定性指标中，横向稳定性的作用远较纵向稳定性小。主河道弯曲率与消能率关系，纵、横向稳定性及综合稳定性因子，以及沉降与淤积速率比关系分析表明：基准河型、缓速沉降影响、快转中速沉降影响及中速沉降影响下，模型小河的综合稳定性指标分别为 0.018、0.015、0.017 及 0.012。模型小河综合稳定性中横向稳定性的作用远小于纵向稳定性。这或许与模型小河边界条件较为疏松和纵向上地貌条件的局部限制有关。模型小河受沉降影响后沉降区与全河程的稳定性有明显差异。就全河程的综合性稳定性而言：基准河型最好，其次为快转中速沉降，而后为中速沉降，最弱的为缓速均匀沉降；对于沉降区局部河段，同样是基准河型最好，其次为中速沉降，再次为缓速均匀沉降，最后为快转中速沉降。这或许可以用沉降与淤积的速率比来解释。当速率比小于 1、等于 1、大于 1，可以分别说明河道受沉降作用影响后，稳定性较高、中等及较差，并与快转中速沉降、缓速均匀沉降及中速沉降作用相对应。

（6）凹陷沉降过程实验对河流地貌、沉溺湖三角洲地貌、河湖沉积规律及其复杂响应特性尚不很清楚，有待通过不同沉降速率以及沉降速率的细分过程实验进一步研究。

14.7　升降运动对游荡河型发育影响实验

14.7.1　概述

在第 11 章，对游荡河型的造床实验做了比较详细的介绍，不少学者作出了贡献。本节探讨构造升降运动对游荡河型发育演变的影响，尤其是升降区，升降区上、下游冲积河流的响应，河道形态，加积与减积，沉积物特性，以及相关的河型变化等。1983 年，来自日本的博士研究生大内俊二，在导师 Schumm 教授指导下完成了关于升降运动对冲积河流影响的实验研究，笔者当时为访问学者，Schumm 教授是合作导师，有幸参与了这项实验。根据实验情况、博士论文及有关论著，尽可能比较全面地将实验情况介绍给读者。国外学者将游荡河型与江心洲分汊河型合为辫状河型（Braided Channel Pattern），事实上，大内俊二完成的是游荡河型。

14.7.2　穹窿抬升对游荡河型发育过程影响实验

1. 抬升实验概况

Ouchi（1983）在水槽的冲积沙层中，塑造了一条宽 8.9cm、深 3.8cm 的初始河道（图 14.7-1），坡降为 0.02，冲积层由沙和高岭土按 9：1 混合而成。一般来说，游荡河型可以在沙质边界层内进行造床实验，但是河岸稳定性较差，沙中加入高岭土后，给河岸提供了一些稳定性，根据实验设计需要，在水槽前端的加沙器内加沙。实验给定流量为 0.1L/s，放水运行 20h 后，一个游荡河型模型小河已塑造完成，接着从 26h 起，开始进行抬升影响的实验。抬升前，纵剖面因水槽的上游端及下游端的冲刷而有些轻微上凸，这与隆升无关，只与水槽的上游端及下游端的冲刷有关。由于河流对隆起的响应是冲刷和深泓加深（图 14.7-2），因此在隆起区没有出现显著的局部凸起（图 14.7-3）。由于设备限制，每次抬升均是点续式进行的，在间隔的时点上，快速地通过手动千斤顶进行升降，用金属垫片计量升降量（每个垫片厚 1.27mm）。

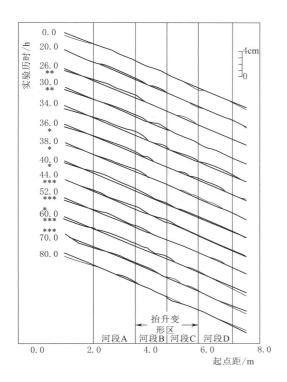

图 14.7-1　抬升实验中游荡河道的河床剖面
（Ouchi，1983）

注　星号表示第 26h 抬升的垫片数（每片 1.27mm）。

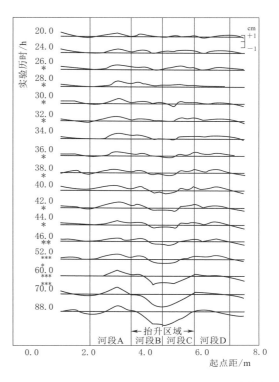

图 14.7-2　从 20～88h 抬升过程中游荡河道各断
面平均深度（Ouchi，1983）

注　水平线是实验开始时的深度，线下
距离为沉降量，星号意义同前。

2. 抬升过程实验

在第一次抬升之后，在河段 C，横剖面 5.0m 附近，大约 34h 后开始减积，此时坡降的坡度最陡。运行到 36h，下切影响到河段 B。减积产生的泥沙在下游河段 C 和河段 D 处发生轻微的沉积（34～40h），而上游的比降调平，使河段 A 及河段 B 的上游端发生沉积，剖面出现下凹，尽管这些河段在实验开始时存在轻微的下凹现象（图 14.7-1）。

隆升开始以后，深泓线频繁移动，河流形态不断变化，抬升的效果不太明显，直到运行 28h 后，抬升效应才显现出来。30h 后，抬升区形成阶地（图 14.7-3）。阶地不同于边滩，阶地因抬升而使其位置固定和高程不断升高。到 52h，因深泓移动，这些阶地逐渐遭受侵蚀和破坏。阶地消失后，轻微的淤积作用由上升区向上游及下游延伸，河道再次开始下切（60h）和再次形成阶地（70h）。再次抬升运行 20h 后，整个水槽中发育成弱游荡或半游荡河型（88h，图 14.7-3）和相对顺直的深泓（图 14.7-1）。

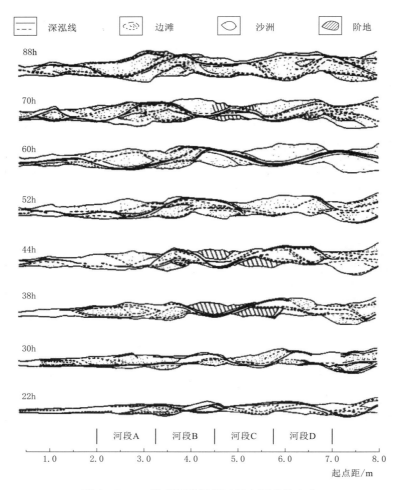

图 14.7-3　游荡河道隆起过程中河型的变化

注　隆起轴位于 4.65m 处。实线表示主深泓，虚线表示次深泓。

3. 抬升过程分析

冲刷是游荡河型对隆起的总体响应。由于冲刷的速率足以抵消隆起的影响，因此，在隆起区，河道的水深增加。在河段 C，坡降变形最陡，减积从这里开始，向上游移入河段 B。

随着冲刷作用的持续进行，在抬升区中、下游的边滩和河漫滩转变成阶地，在这两个河段中，深泓平面移动停止，下切速度加快。同时，在河段 B 已发生淤积，形成一条具有淹没边滩的多深泓河道。阶地被侵蚀，冲刷向这个河段转移。从抬升区大量侵蚀下来的泥沙，沉积到河段 D 中，淤积作用的结果使这里发育高强度游荡河型。然而，阶地被破坏消失后，泥沙供给减少，河段 D 冲刷，转化成具有交替边滩的单一深泓河道。抬升结束后，在水槽中，全部河道慢慢地重新发育成游荡河型。

4. 临界抬升量分析

抬升区的冲刷作用与抬升效应并不完全匹配。当继续抬升时，冲刷过程具有波动和停顿，这似乎与河型变化密切相关。或许存在一个隆起量的临界值（Threshold Value），超过该隆起量临界值，河道才开始响应；而低于该临界值，河道则没有反应。不过，在河长约 1.2m 的距离内，有 1.27mm 的隆起量（坡降变为 1.06×10^{-3}），显然已足够大到使抬升能对实验河道激发响应。

14.7.3 凹陷沉降对河道发育影响实验过程

1. 沉降实验概况

Ouchi（1983）没有重新从铺设沙层、挖掘初始顺直模型小河开始实验，而是使用穹窿抬升实验结束时的河道作为凹陷沉降实验的初始模型小河（$t = 0h$）（图 14.7-4）。在上述实验结束后 2h，取出 5 个垫片（6.35mm），而后每隔 5h 进行一次沉降实验，共进行了 4 次沉降（每次抽出 5 个垫片），直到 20 个垫片全部抽出（图 14.7-4）。

2. 沉积实验过程

在沉降实验过程中，每次沉降以后均出现加积现象，但是，沉降作用不足以补偿沉降的影响，在河道纵剖面上，产生了局部向下凹陷的形态（图 14.7-4）。在河段 C 的下游，沉降使河道坡降减少，形成一个局部的向上的凸起，一直保持到沉降实验结束。相反，位于凹陷区的河段 B 的上游端，照例该河段的坡降因沉降有所变陡，但是冲刷作用却使这里的凸起坡降降低。

约 3.5h 后，沉降引起的淤积作用使河道断面 4.0～5.25m 的平均水深减少（图 14.7-5）。在沉降区中央（断面 4.65m）出现淤积现象，并向上游不断移动。然而，在河段 B 的上游没有继续淤积。在河段 C，当横向边滩缓慢向下游移动时，由于坡降变平缓，在下游

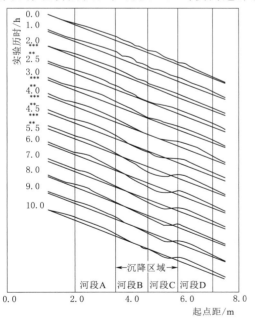

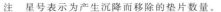

图 14.7-4　沉降过程中游荡河道的河床纵剖面
（Ouchi，1983）

注　星号表示为产生沉降而移除的垫片数量。

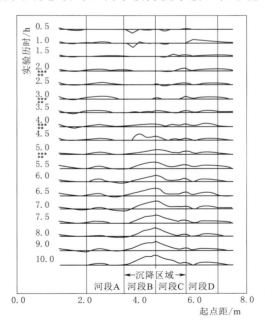

图 14.7-5　游荡河道沉降过程中河道各剖面平均水深的变化

便开始淤积，此时河道的全部河宽被淹没（图14.7-6）。在"洪水泛滥"河段中，河床微地貌全部被淹没在水下，全河段的深泓不明显（6h，断面5.0～5.5m，图14.7-6）。横向边滩没有到达河段C的下游边缘，10h时，在河段C的下游端也没有发生淤积。

3. 沉降实验分析

实验表明，冲刷作用从沉降区最上端开始，在这里凹陷沉降使河谷坡降增大，冲刷作用向上游移动到没有经历沉降的河段A。沉降所导致的冲刷作用主要以破坏边滩的方式进行，由冲下来的泥沙沉积在沉降区内。凹陷沉降一方面增加输沙量，另一方面使河段坡降增陡，结果在河段B发育了强游荡河型，在断面4.0～4.65m的沉降区内迅速发生沉积。横向边滩由沉降区向下游迁移，进入洪水淹没河段，但是，由于坡降不大、流速减缓，横向边滩没有移到沉降区的下游端。在河段C与河段D的交界处，非常规的坡降一直保持到5h后的沉降实验结束（图14.7-4）。在沉降区下游，由于上游来沙量供给不足，出现深泓冲刷与交替边滩的发育（图14.7-6，10h）。

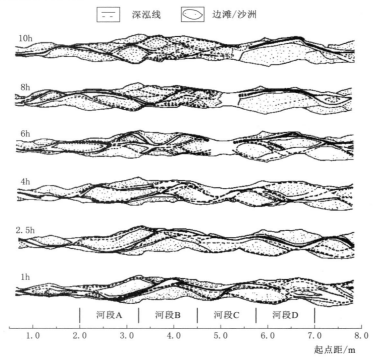

图14.7-6　游荡河道在沉降过程中河型的变化（Ouchi，1983）
注　沉降轴位于4.7m处。实线表示主深泓，虚线为次深泓。

14.8　结论与讨论

新构造运动对冲积河流的发育与演变有着显著的影响，开展该方面的研究有利于深化地貌系统复杂响应理论与沉积旋回复杂性假设的认识，可以揭示外营力激发新构造形成的研究，在地质灾害、地震、交通、水利工程和油气勘探开发等生产部门具有广阔的应用前景。

1. 构造运动是影响河流地貌发育演变的首要自变量

（1）新构造运动与活动构造本身及其对冲积河流影响的研究取得不少进展。地质、地震部门对新构造运动及活动构造本身的研究进行得比较深入，无论在研究内容还是研究方法上均取得长足的进展，地质应力分析及室内模拟实验等取得了尤为显著的进展。

（2）新构造运动及活动构造对冲积河流的影响涉及流水地貌的各个方面。基本上涉及流域水系、河流形态、作用过程、河型转化、泥沙输移以及影响的方式、途径等。研究中特别强调了冲积河流响应的敏感性、前兆性，尤其是年轻的活动断层在地形上尚未显现时，冲积河流却已经敏感和提前给出了响应，这在理论研究及实际应用中均具有重要意义。

（3）不同类型冲积河型对各类活动构造运动做出的响应具有复杂性、敏感性、前兆性、临界性及继承性特点。根据新构造运动对冲积河流的影响，可以归纳出三类基本活动方式，即：活动褶皱、活动断层和掀斜运动。五种基本的冲积河型为：①具有沙波移动的顺直河型；②具有交错边滩及弯曲深泓的顺直河型；③蜿蜒弯曲河型；④江心洲分汊，或弯曲—游荡间过渡河型；⑤游荡河型。另外尚未进行网状河型对构造运动响应的专门研究，情况相当复杂，从上述国内外大量研究实例中略见一斑。

（4）冲积河型对各类活动构造运动响应方式的多样性。由表14.8-1可知，曲流河道对抬升和沉降的响应，主要通过横向变化，由调整弯曲率来适应河道坡降的变化；而游荡河流和顺直河流主要通过垂向变化来响应（Ouchi，1983；Schumm et al.，1987、2000）。江心洲分汊河流或弯曲—游荡间过渡性河流，则似乎通过垂向和横向变化的方式来响应穹窿抬升或凹陷沉降的作用（金德生等，1986；乔云峰等，2016）。河道对抬升的响应速率最快，因为受约束的水流具有更大的能量，所以对快速抬升无法充分响应。游荡河道对极快速的沉降也无法充分调整。顺直河道对沉降的响应比对隆起作用的响应更为明显，显示了淤积作用比下切作用来得缓慢。游荡河道和顺直河道两者对沉降都做出了快速的响应，上游坡降变陡，冲刷发育辫状河

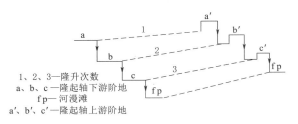

1、2、3—隆升次数
a、b、c—隆起轴下游阶地
fp—河漫滩
a'、b'、c'—隆起轴上游阶地

图14.8-1　隆起轴上、下游河道行为示意图
注　随着抬升，下游形成阶地。

型，泥沙沉积，缺乏泥沙补给，导致下游河段"沙饥饿"（Sediment-Starved）。河道的这些响应既受到抬升和沉降速率的制约，也受到泥沙输移率和输沙类型等其他因素的制约（图14.8-1）。

顺直河流与弯曲河流河道对抬升的响应，主要发生在坡降变陡的河段，深泓弯曲率增加；在坡降变缓的河段，发生洪水泛滥，沉积淤泥，使得原先清晰的深泓变得模糊不清。当弯曲河流通过弯曲率变化来调整坡降时，要比游荡河流通过冲刷或淤积来调整坡降慢得多。

表 14.8 - 1　　　　　　　　　　隆起和沉降对河道形态的影响

（Ouchi，1983；Jin，1986）

河段		升降轴			
		I	II	III	IV
游荡河道	上升	淤积 深泓弯曲 淹没边滩	冲刷 形成阶地 单一边滩	淤积 游荡河道	
	沉降	冲刷 单一深泓	淤积 游荡河道　洪水泛滥		冲刷 单一深泓
游荡-弯曲过渡性河道	上升	洪水泛滥　淤积 江心洲	深切横移 阶地　新凸岸边滩 冲刷	淤积　推移质粗化 半游荡河道	
	沉降	裂点	沉溺湖　淤积 内流河三角洲 水下散流滩	江心洲　散乱游荡河道	
江心洲分汊河道	上升	洪水泛滥　回淤 江心洲	冲刷 阶地 新边滩	河岸高度比增加 江心洲	
	沉降	弯曲深泓 弯曲率增加	内流河三角洲 水下散流滩	江心洲分汊　半游荡河道	
曲流河道	上升	淤积 洪水泛滥 多汊河道	冲刷 弯曲率增加 河岸侵蚀	冲刷	
	沉降	冲刷 弯曲率增加 河岸侵蚀	淤积 洪水冲决 多汊河道	局部冲刷	
顺直河道	上升	冲刷 交替边滩	冲刷 阶地	淤积 心滩	
	沉降	冲刷 交替边滩	淤积 过渡边滩	洪水泛滥	冲刷 交替边滩

　　江心洲分汊河流，或弯曲-游荡间过渡性河流，对穹窿上升及凹陷沉降既有垂向响应，又有横向响应。在抬升区上游，洪水泛滥、回淤加积，发育堆积型江心洲；在抬升区下游，河岸高度比增大，河床拓宽发育江心洲，河岸物质较疏松时，河床质粗化，发育半游荡河道，在抬升区，河道强烈下切，或遇江心洲所在，主泓向一侧横移，发育阶地及新的凸岸边滩；在凹陷沉降区上游，出现裂点溯源后退，更上游河段冲刷，深泓弯曲，主泓弯曲率增加；在沉降区下游出口冲刷，很多较粗的河床和河岸侵蚀物质堆积于下游河段，导致发育半游荡或游荡河道；在沉降地区，洪水泛滥，泥沙淤积，但是淤积量低于沉降量，沉降有余，淤积不足，形成了内河型沉溺湖，发育水下散流滩及沉溺湖三角洲。

　　各类型河流在响应构造升降的作用时，往往通过淤积或冲刷，补偿恢复坡降的变化。淤积作用以可获得泥沙数量所决定的速率进行，而冲刷作用却受到河流动力（即坡降增加）的制约。另外，为了适应构造影响恢复河谷坡降，需要对整个河谷底进行加积，而河道下切的调整仅在河谷的局部地段进行，用来加积调整坡降所需的泥沙量要比下切输移走的泥沙量大得多。

（5）冲积河型对各类活动构造运动响应方式的层次性。除了这些对河道和河谷坡降及形态的主要影响外，还有河流对坡降变化的二次响应（淤积或冲刷）和三次响应，当输沙率减少或增加，会影响到变形河段的下游河段；河流作功率的减少或增加，又会影响到变形河段上游的输移能力（表 13.8 - 1）。另外，在构造抬升轴上、下游形成的同级阶地具有非同期性，在澳大利亚的 Salzach 河谷的 Salzachöten 峡谷地区，全新世（Holocene）时期就存在这种现象（Coleman，1958）。

2. 三种构造运动形式与速率对河型发育演变的影响

（1）地块均匀与非均匀升降运动对江心洲成因演变影响实验。该实验是在 20 世纪 70—80 年代，结合长江中下游江心洲分汊河型的发育演变完成的。

（2）穹窿上升对弯曲河型发育演变影响的实验。该实验是在 20 世纪 80 年代初，结合美国梦诺穹窿上升对密西西比河下游弯曲河型的发育演变完成的。曲流河道对隆起的响应，主要是在坡降变陡的地方，深泓弯曲率增加；在坡降变缓的河段，发生洪水泛滥，黏土沉积，使得原先清晰的深泓变得模糊。

（3）穹窿上升对游荡-弯曲过渡性河型发育影响的实验。该实验是在 2014—2015 年，结合穹窿上升运动对黄河下游高村—陶城铺游荡-弯曲过渡性河型的发育演变进行的。实验研究表明：①在成功造床实验基础上，进行中速匀速抬升（0.111mm/min）及快速（0.167mm/min）与缓速（0.056mm/min）的变速抬升对冲积河流影响的实验，明显影响河道各个要素的变化；②模型小河对穹窿抬升运动响应的敏感性分析表明，各河段对快速、中速及缓速抬升运动响应的敏感性指标平均值分别为 0.256、0.209 及 0.182；③穹窿构造匀速与变速运动影响实验过程中出现的外临界，包括初级外临界及次级外临界，初级外临界有河谷比降及河岸高度比的临界值；④河道对抬升响应的敏感性、地貌临界特性以及河道弯曲率增值与河谷坡降变率间的关系等揭示了穹窿抬升对模型小河发育影响的复杂性；⑤实验中，尽管弯曲率临界值均为 1.25 及 1.50，但相应的各个影响因子的数值都大于造床实验影响因子的数值。

（4）凹陷沉降对游荡-弯曲过渡性河型影响的实验。该实验是在 2014—2015 年，结合穹窿上升运动对黄河下游高村—陶城铺游荡-弯曲过渡性河型的发育演变进行的。实验研究阐明：①缓速均匀沉降与变速沉降对河床演变的影响明显形成三个区段：凹陷沉降区、上游河段区及下游河段区；②模型小河对凹陷沉降运动响应的敏感性分析表明，各个河段对三种沉降运动方式响应的敏感性指标与沉降方式及空间位置有关；③在凹陷构造匀速与变速沉降运动对模型河道发育影响的实验过程中，存在外激发地貌临界；④借助现有河道系统内激发因素的临界值进行河型判别；⑤模型小河的综合稳定性指标分别为 0.018、0.015、0.017 及 0.012，横向稳定性的作用远较纵向稳定性小。

（5）升降运动对游荡河型发育演变影响的实验。Ouchi（1983）在总结实验河道的响应时指出，游荡河道，乃至受限制的顺直河道，都会以同样的方式对隆起做出响应，在上升区下切和形成阶地，这些出现在短期的横向不稳定和侵蚀之前。隆起区下游发生加积，隆起区上游也存在加积趋势。然而，当抬升结束时，河道又恢复到初始的河型。

游荡河和顺直河两者对沉降都做出了快速的响应，由于上游坡降变陡减积，发育辫状河道。由于泥沙沉积下来，没有通过沉降小湖区域，导致河段 D 出现"沙饥饿"（Sediment - starved）。蜿蜒河道以响应抬升的同样方式，对沉降做出响应，在坡降增陡的河段，增加曲折率；在坡降减少的河段，发生洪水泛滥和泥沙沉积。

3. 需要深入研究的主要问题

（1）加强新构造运动及活动构造对冲积河流影响的学科交叉渗透与综合性研究。尽管新构造运动对冲积河流影响的案例比比皆是，各自也开展了不少专题性研究，但是新构造运动及活动构造对冲积河流影响的学科交叉渗透、综合研究尚待深入。一个值得注意的问题是，如何通过学科的交叉、渗透与综合，探讨河流侵蚀与新构造运动间的反馈机理。

（2）关于新构造运动方式及活动构造方式对冲积河流影响的研究，在关注缓慢方式的同时，应加强快速方式的研究。如快速新构造运动，火山活动如何导致崭新的坡面、沟谷系统的发育演变，大地震如何影响河谷的变化、堰塞湖的形成与演变等，这些研究有待深化和细化。

（3）河型转化临界弯曲率的影响因子主要有 8 个，但是相互间的关联机制尚不十分明确，主导因素及其权重、相关机理、不同构造形式及其对冲积河流演变影响的相关表现形式及强度有待深入探究。

（4）在边界条件比较疏松和二元相结构不很典型的情况下，弯曲-游荡间过渡性河型的发育过程比江心洲河型来得快等机理有待进一步研究。弯曲-游荡间过渡性河型的发育过程比江心洲河型或许只需要江心洲河型发育时间的 1/3。这些机理有待结合构造抬升作用加以深入研究。抬升速率只是区分了快速抬升与中速-缓速抬升两种影响，他们对影响因子的敏感性划分具有重要作用。但是，只有通过不同抬升速率和抬升速率的细分过程实验，才能定出相应的引起河型转化的临界抬升速率。另外，实验初步检验了构造运动的速率与河道水流的造床速率，发现两者大相径庭，如何协调这两种速率值得深究。

（5）凹陷沉降过程实验对河流地貌、沉溺湖三角洲地貌及河湖沉积韵律及其复杂响应特性尚不很清楚，有待通过不同沉降速率和沉降速率的细分过程实验进一步研究。

（6）注意新构造运动及活动构造活跃地区的定位监测与观测。特别要关注在新构造运动活跃地区对冲积河流地貌响应的监测与观测，在条件允许的情况下，要与水利部门的河道观测实验站相结合，定期进行新构造运动升降速率与河床演变、泥沙输移的观测，或许有利于发现年轻的构造活动情况。

（7）无论是新构造运动本身，还是冲积河流对新构造运动在河流地貌及沉积特征的响应方面，已取得的研究成果表明，实验与模拟是极为重要、有效的研究手段。在采用多种途径、综合方法进行研究时，物理模型实验与数学模拟研究还有很大的发展空间。首先，要避免一种误解，认为超强大的计算能力和精密的计算机模拟可以替代物理模拟。因为超算和计算机模拟是由人操作控制的，如果对自然界的规律认识不足，用于计算机模拟而建立的模型不完善的话，计算和模拟必然出现问题。其次，定性模拟与定量模拟进一步相结合，才能深化模拟对象的宏观变化趋势及微观动态机制的研究。最后，在具体进行模拟实验设计和实验材料的选择时，应兼顾量纲相似准则和过程响应原理，过分强调相似准则，反而达不到相似。因为进行模拟实验时，空间尺度往往大大地缩小，时间尺度大大缩短。譬如，十万年或上百万年的构造运动，在短时间内，其运动速率模拟相当困难；在冲积河流模拟中，水沙过程的缩短，泥沙粒径的缩小，也难以实现与自然过程完全相似。

（8）加强科研力量的协作与融合。有关高等院校、科研部门和生产单位，都具有相当可观的中青年研究力量，建议相关学会，如地貌与第四纪专业委员会、中国第四纪地质专业委员会、水利水电学术委员会等组织，加强关于新构造运动及活动构造对冲积河流影响的综合性、交叉性学术交流；建议国家自然科学基金委设立更多专项基金，促进研究的深化和细化等。

总之，随着国计民生需求和研究手段的不断发展，新构造运动对冲积河流影响的研究必将步入一个崭新的发展阶段。

参 考 文 献

艾南山，顾恒岳，1982. 华北地区水系及新构造应力场分析 [J]. 重庆交通学院学报，3（3）：18－27.

艾南山，梁国昭，Scheidegger A E，1982. 东南沿海水系及新构造应力场 [J]. 地理学报，37（2）：111－122.

艾南山，王永兴，1984. 伊犁盆地的水系与新构造应力场的关系 [J]. 新疆地理，7（1）：28－34.

蔡强国，1982. 地壳构造运动对河型转化影响的实验研究 [J]. 地理研究，1（5）：21－32.

常丕兴，1992. 渭河盆地水系格局与新构造应力场 [J]. 地理科学，12（3）：255－260.

常丕兴，王亨方，1992. 渭河盆地地貌特征水系格局与新构造活动 [J]. 西安地质学院学报，14（2）：34－41.

陈正位，曹忠权，谢平，等，2007. 拉萨地区晚第四纪地壳的抬升与拉萨河的向南迁移 [J]. 地质力学学报，13（4）：307－314.

程绍平，杨桂枝，2008. 国外新构造研究评述 [J]. 地震地质，30（1）：31－43.

邓起东，1996. 中国活动构造研究 [J]. 地质评论，12（4）：295－299.

邓起东，2002. 中国活动构造基本特征 [J]. 中国科学：D辑，（12）：1020－1030.

邓起东，2002. 中国活动构造研究的进展与展望 [J]. 地质评论，48（2）：168－177.

方宗岱，1964. 河型分析及其在河道整治上的应用 [J]. 水利学报，（1）：1－12.

郭秀珍，韩祥银，王心兵，等，2009. 黄河（山东段）悬河稳定性评价 [J]. 山东国土资源，25（4）：25－28，32.

洪笑天，郭庆伍，马绍嘉，1985. 地壳升降运动对河型影响的实验研究 [J]. 地理集刊，（16）：38－52.

黄礼良，1990. 中国大陆鞍近地质时期地构造运动动力来源的研究 [J]. 东北地震研究，6（4）：17－29.

贾绍风，1994. 构造运动影响河流纵剖面及河道冲淤的数学模型 [J]. 地理学报，49（3）：324－331.

金德生，乔云峰，杨丽虎，等，2015. 新构造运动对冲积河流影响研究的回顾与展望 [J]. 地理研究，34（3）：437－454.

金德生，1986. 边界条件对曲流发育影响的过程响应模型实验研究 [J]. 地理研究，5（3）：12－21.

金德生，1989. 关于流水地貌及其实验模拟问题 [J]. 地理学报，44（2）：147－156.

金德生，2006. 实验流水地貌学研究的回顾与展望 [J]. 地理学报，33（2）：57－65.

金德生，郭庆伍，刘书楼，1992. 应用河流地貌实验与模拟研究 [M]. 北京：地震出版社，92.

金德生，乔云峰，2016. 流水地貌实验的发展与创新：缅怀沈玉昌先生创建流水地貌实验室的历程

[J]. 地理科学进展，35（11）：1420－1430.

金德生，1981. 长江中下游鹅头状河型的成因与演变规律的初步探讨——以官洲河段为例［C］//中国地理学会. 1977年地貌学术讨论会文集. 北京：科学出版社.

赖志云，赖伟庆，刘震，等，2006. 湖盆模拟实验沉积学［M］. 北京：石油工业出版社，175.

赖志云，周维，1994. 舌状三角洲和鸟足状三角洲形成及演变的沉积模拟实验［J］. 沉积学报，12（2）：37－43.

李保如，1963. 自然河工模型实验［C］//水利水电科学院科学研究论文集第二集（水文，河渠）. 北京：中国工业出版社，45－83.

李琼，2008. 构造抬升背景下河流地貌对长期气候变化响应的数值实验研究［D］. 兰州：兰州大学.

李亚林，王成善，王谋，等，2006. 藏北长江源地区河流地貌特征及其对新构造运动响应［J］. 中国地质，33（2）：375－382.

李有利，谭利华，段烽军，等，2000. 甘肃酒泉盆地河流地貌与新构造运动［J］. 干旱区地理，23（4）：304－309.

林木松，唐文坚，2005. 长江中下游河床稳定系数计算［J］. 水利水电快报，226（17）：25－27.

刘光勋，1995. 新构造学研究趋势的展望［J］. 地学前缘，2（2）：203－211.

刘少峰，李思田，庄新国，等，1996. 鄂尔多斯西南缘前陆盆地沉降和沉积过程模拟［J］. 地质学报，70（1）：12－22.

鲁守宽，1989. 滦河中下游水系和新构造应力场［J］. 地震研究，12（1）：37－42.

陆中臣，李忠艳，陈浩，等，2003. 黄河下游河流下凹型纵剖面成因分析［J］. 泥沙研究，（5）：15－20.

陆中臣，舒晓明，1988. 河型及其演变的判别［J］. 地理研究，7（2）：7－16.

罗海超，周学文，尤联元，等，1980. 长江中下游分汊河道成因研究［C］//第一届国际河流泥沙讨论会论文集. 北京：光华出版社，437－446.

马沛森，闫亚宇，陈俊培，等，2010. 地壳活动对黄河下游河南段河道稳定性的影响［J］. 人民黄河，32（7）：11－14.

钱宁，1985. 关于河流分类及成因问题的讨论［J］. 地理学报，40（1）：1－10.

强祖基，王洪涛，1992. 活动构造研究［M］. 北京：地震出版社，125.

乔云峰，金德生，杨丽虎，等，2015. 游荡-弯曲间过渡性河型对穹窿抬升运动响应的实验研究报告［R］. 北京：中国科学院地理研究所.

乔云峰，金德生，杨丽虎，等，2015. 游荡-弯曲间过渡性河型特性的实验研究［R］. 北京：中国科学院地理研究所.

任旭虎，綦耀光，王书平，等，2007. 数字图像处理技术在地质构造模拟实验中的应用［J］. 传感技术学报，20（4）：866－869.

单家增，2004. 对称褶皱形成的三维构造物理模拟实验［J］. 石油勘探与开发，31（5）：8－10.

史兴民，李有利，杨景春，等，2008. 新疆玛纳斯河山前地貌对构造活动的响应［J］. 地质学报，82（2）：281－288.

史兴民，杨景春，2003. 河流地貌对构造活动的响应［J］. 水土保持研究，10（3）：48－51，108.

唐诗佳，2001. 脆性断层构造的三维几何模型研究［D］. 长沙：中南大学.

陶明华，韩春元，陶亮，等，2007. 旋回性沉积序列的形成机理分析［J］. 沉积学报，25（4）：505－510.

田贵全，黄春海，1993. 鲁南山丘区水系结构与新构造应力场［J］. 山东师大学报（自然科学版），8（1）（总41）：54－58，63.

王景明，1990. 唐山地震与全新世构造应力场［J］. 地震学报，12（3）：274－281.

王乃梁，杨景春，1981. 我国新构造运动研究的回顾与展望［J］. 地理学报，36（2）：135－142.

王素华，1989. 海河水系与新构造应力场探讨［J］. 唐山工程技术学院学报，（1）：28－32.

王学潮，向宏发，2001．聊城—兰考断裂综合研究及黄河下游河道稳定性分析［M］．郑州：黄河水利出版社，163．

王颖，王英民，赵锡奎，等，2004．构造模拟实验在构造研究中的应用——以桩西潜山为例［J］．石油实验地质，26（3）：308－312．

吴忱，2001．华北山地的水系变迁与新构造运动［J］．华北地震科学，19（4）：1－6．

解国爱，贾东，张庆龙，等，2013．川东侏罗山式褶皱构造带的物理模拟研究［J］．地质学报，87（6）：773－788．

谢鉴衡，1997．河床演变及整治［M］．北京：中国水利水电出版社，213．

谢宇平，1987．新构造运动学的研究现状［J］．世界地质，6（2）：1－10．

徐岳仁，何宏林，邓起东，等，2013．山西霍山山脉河流地貌定量参数及其构造意义［J］．第四纪研究，33（4）：746－759．

许炯心，1986．水库下游河道复杂响应的实验研究［J］．泥沙研究，（4）：50－57．

许炯心，1989a．汉江丹江口水库下游河床调整过程中的复杂响应［J］．科学通报，（6）：150－152．

闫淑玉，张进江，张波，等，2011．新疆巴楚地区共轭膝折带的物理模拟研究［J］．大地构造与成矿学，35（1）：24－31．

杨磊，綦耀光，任旭虎，等，2010．一种新型地质构造模拟实验台的设计［J］．石油机械，38（9）：1－4．

姚爱峰，刘建军，1993．冲积平原河流河型稳定性指标分析［J］．泥沙研究，（3）：56－63．

姚仕明，黄莉，卢金友，2012．三峡、丹江口水库运行前后坝下游不同河型的稳定性对比分析［J］．泥沙研究，（3）：41－45．

叶柏龙，何绍勋，彭恩生，等，1993．有限不等厚介质中主层褶皱的模拟实验及理论研究［J］．地球科学，18（2）：159－168．

叶柏龙，何绍勋，彭恩生，等，1993．褶皱构造模拟实验及理论研究的历程和发展趋向初探［J］．地质科技情报，12（2）：21－25．

叶柏龙，彭恩生，何绍勋，等，1993．位于有限厚介质上主层褶皱的主波长理论及模拟实验研究［J］．地球物理学进展，8（4）：149－155．

叶柏龙，喻爱南，1995．主波长理论在地质勘探中的应用［J］．中南工业大学学报，26（2）：148－152．

叶定衡，王新政，赵玉敏，等，1995．中国新构造运动基本特征［J］．中国地质科学院地质力学研究所所刊，（16）：77－84．

尹学良，1965．弯曲性河流形成原因及造床实验初步研究［J］．地理学报，31（4）：287－303．

尹学良，1999．河型成因研究及应用［J］．泥沙研究，（12）：13－19．

余国安，王兆印，刘乐，等，2012．新构造运动影响下的雅鲁藏布江水系发育和河流地貌特征［J］．水科学进展，23（2）：163－169．

战传香，2010．地质构造物理模拟实验装置机械系统设计研究［D］．青岛：中国石油大学．

张斌，艾南山，黄正文，等，2007．中国嘉陵江河曲的形态和成因［J］．科学通报，52（22）：2671－2682．

张春生，刘忠保，1997．现代河湖沉积与模拟实验［M］．北京：地质出版社，261．

张红武，赵连军，曹丰生，1996．游荡河型成因及其河型转化问题的研究［J］．人民黄河，（10）：11－15．

张俊华，王严平，丁易，1998．冲积河流河型成因的研究［C］//河流模拟理论与实践．武汉：武汉水利电力大学出版社．

张丽军，陈晨，潘家伟，等，2012．冲积河流对活动构造的响应［J］．河南水利与南水北调，（14）：36－37．

左大康，1990．现代地理辞典［M］．北京：商务印书馆．

张欧阳, 金德生, 陈浩, 2000. 游荡河型造床实验过程中河型的时空演替和复杂响应现象 [J]. 地理研究, 19 (2): 181 - 188.

张青松, 李元芳, 邢嘉明, 等, 1976. 水系变迁与新构造运动——以北京平原地区为例 [J]. 地理集刊 (地貌), (10): 71 - 82.

张义丰, 1983. 黄河下游地质构造及其对河道发育的影响 [J]. 河南师大学报 (自然科学版), (1): 93 - 97.

赵文红, 陈冶, 2012. 辽东湾新构造运动的水系特征研究 [J]. 水利科技与经济, 18 (8): 48 - 49.

中国科学院地理研究所, 等, 1985. 长江中下游河道特性及其成因演变 [M]. 北京: 科学出版社, 272.

中国科学院地理研究所地貌研究室长江模型实验小组, 1978. 长江中下游分汊河道演变的实验研究 [J]. 地理学会, 33 (2): 128 - 141.

周宜林, 唐洪武, 2005. 冲积河流河床稳定性综合指标 [J]. 长江科学院院报, 22 (1): 16 - 20.

朱战军, 周建勋, 2004. 雁列构造是走滑断层存在的充分判据? ——来自平面砂箱模拟实验的启示 [J]. 大地构造与成矿学, 28 (2): 142 - 148.

祝嵩, 赵希涛, 吴珍汉, 等, 2011. 雅鲁藏布江加查段河流地貌对构造运动和气候的响应 [J]. 地球学报, 32 (3): 349 - 365.

Ackers P, Charlton F G, 1970. Meander Geometry Arising from Varying Flows [J]. Journal of Hydrology, 448 (11): 230 - 252.

Beaumont C, Jamieson R A, Nguyen M N, et al., 2001. Himalayan Tectonics Explained by Extrusion of a Low Viscosity Crustal Channel Coupled to Focused Surface Denudation [J]. Natrue, (414): 738 - 742.

Bernard D, 2001. Geomorphic Response to Growing Fault - related Folds: Example from the Foothills of Central Taiwan [J]. Geodinamica Acta - GEODIN ACTA., 14 (5): 265 - 287.

Christian A B, William E D, Glen T L et al., 2009. Experimental Evidence for the Conditions Necessary to Sustain Meandering in Coarse Bedded Rivers [A]. Department of Earth and Planetary Science, University of California, Berkeley, CA. Ph. D. Theses: 09 - 09417.

Coleman A, 1958. The Terraces and Antecedence of a Part of the River Salzach [J]. Inst. British Geogrs. Trans., 25: 119 - 134.

Dumont J F, Schumm S A, 1996. Neotectonics and Rivers of Amazon Headwaters [C] //In the variability of large alluvial rivers, 103 - 114.

Dykstra S, 1988. The Effect of Tectonic Deformation on Laboratory Drainage Basins [R]. Unpublished report, Colorado State Univ.

Friedkin J F, 1945. A Laboratory Study of the Meandering of Alluvial Rivers [C]. U. S. Water, Exp. Sta., Vicksbug, Miss., 40.

Gomez B, Donna C Marron, 1991. Neotectonic Effects on Sinuosity and Channel Migration, Belle Fourche River, Western South Dakota [J]. Earth Surface Processes and Landforms, 16 (3): 227 - 235.

Gomez B, Marron D C, 1991. Neotectonic Effects on Sinuosity and Channel Migration, Belle Fourche River, Western South Dakota [J]. Earth Surf. Process. Landforms, (16): 227 - 235.

Gregory D I, Schumm S A, Jin Desheng et al., 1985. Impacts of Neotectonic Activity on the Lower Mississippi River [R]. Final Report to U. S. Army Corps of Engineer, Vicksburg District, Vicksburg, Mississippi (Part 6: Experimental Study): 76 - 105.

Howard A D, 1967. Drainage Analysis in Geological Interpretation: a Summary [J]. Am. Assoc. Petrol. Geol., 51 (11): 2246 - 2259.

Jin Desheng, Schumm S A, 1986. New Technique for Modelling River Morphology [C]. In KS Rechards ed, Proceedings of the First International Conference on Geomorphology. Wiley Chichester: 681 - 690.

Jin Desheng，Chen Hao，Guo Qingwu，1997. An Experimental Study on Bed – making and Catastrophic Processes in Island Braided Channel [J]. International Journal of Sediment Research，12（3）：225 – 239.

Jin Desheng，1983. Unpablished Report on Experimental Studies [R]. C. S. Univ. 15.

Keller E A，Pinter N，1996. Active Tectonics，Upper Saddel River [M]. Prentice – Hall：338.

Kirby E，Whipple K，2001. Quantifying Differential Rock—Uplift Rates [J]. Geology，9（5）：415 – 418.

Kleinhans M G，Van Den Berg J H，2011. River Channel and Bar Patterns Explained and Predicted by an Empirical and a Physics – based Method [J]. Earth Surface Processes and Landforms，36，721 – 738.

Koons P O，1998. Big Mountains，Big Rivers and Hot rocks：Beyond isostasy [J]. EOS. Transactions of the American Geophysical Union，Fall Meeting，F 908.

Lane E W，1957. A study of the Shape of Channels Formed by Natural Stream Flowing in Erodible Material [J]. M. R. D. Sediment Series No. 9，U. S. Army Engineering Div. ，Missouri River Corps of Engineers，Omaha，Nab. ：106.

Lave J，Avouac J P，2001. Fluvial Incision and Tectonic Uplift across the Himalayas of Central Nepal [J]. Journal of Geophysical Research，106（B11）：26561 – 26591.

Leopold L B，Wolman M G，1957. River Channel Pattterns：Braided，Meandcring and Straight [J]. U. S. Geol. Servey Prof，Paper 282 – B：35 – 85.

Miall A D，1996. The Geology of Fluvial Deposits – sedimentary Facies，Basin Analysis，and Petroleum Geology [M]. Berlin：Speringer – Verlag：582.

Montgomery D R，Stolar D B，2006. Reconsidering Himalayan River Anticlines [J]. Geomorphology，82（1 – 2）：4 – 15.

Ollier C D，1981. Tectonics and Landforms [M]. Harlow，England：Loangman Group Limited：324.

Ouchi S，1983. Response of the Alluvial Rivers to Slow Active Tectonic Movement [A]. Fort Collins，CO：Ph. D. Dissertation，Colorado State Univ. ：205.

Ouchi S，1985. Response of the Alluvial Rivers to Slow Active Tectonic Movement [J]. Geol. Soc. Am. Bull. ，（96）：504 – 515.

Pickering J，2010. Alluvial River Response to Active Tectonics in the Dehradun Region，Northwest India：A case study of the Ganga and Yamuna rivers [A]. Durham：Masters Thesis，Durham University.

Rutherfurd I D，1996. Inherited Controls on the Form of a Large，Low Energy River：the Murry River，Australia [C]. In the Variability of Large Alluvial Rivers，177 – 200.

Schumm S A，1963b. Disparity between Present Rates of Denudation and Orogeny [J]. U. S. geol. Survey Prof. Paper 454 – H：1 – 13.

Schumm S A，1974. Geomorphic Thresholds and Complex Response of Drainage Systems [C]. In Fluvial Geomorphology（edited by M Morisawa）Publications in Geomorphology. SUNY Binghamton，New York，299 – 310.

Schumm S A，1977. The Fluvial System [M]. New York：John Wiley & Sons，338.

Schumm S A，1981. Evolution and Response of the Fluvial System：Sedimentologic Implications [J]. Society of Economic Paleontologists and Mineralogists Spec. Publ. ，（31）：19 – 29.

Schumm S A，1985. Patterns of Alluvial Rivers [J]. Annual Review of Earth and Planetary Sciences，（13）：5 – 27.

Schumm S A，1986. Alluvial River Response to Active Tectonics in Active Tectonics [M]. National Academy Press，Washington D C：80 – 94.

Schumm S A，1996. The River Nile in Egypt [C]. In the Variability of Large Alluvial Rivers，75 – 102.

Schumm S A，1996. The Variability of Large Alluvial Rivers：Significance for River Engineering [C]. In Nakato T and Ettema R (eds.). Issues and Directions in Hydraulics，Balkema，Rotterdam，135 – 144.

Schumm S A，Beathard R M，1976. Geomorphic Thresholds：an Approach to River Management [J]. In Rivers 76. American Soc. Civil Engineers，New York，v. 1：707 – 724.

Schumm S A，Rutherfurd I D，John Books，1996. Pre – cutoff Morphology of the Lower Mississippi River [C]. In the Variability of Large Alluvial Rivers，13 – 44.

Schumm S A，Jean F D，John M H，et al.，2002. Active Tectonics and Alluvial Rivers [M]. Cambridge：Cambridge University Press，292.

Schumm S A，Khan H R，1972. Experimental Study of Channel Patterns [J]. Geol. Soc. Am. Bull.，83：1755 – 1770.

Schumm S A，Harvey M D，1996. Tectonic Control of the Indus River in Sindh，Pakistan David Jorgensen Harbor [C]. In the Variability of Large Alluvial Rivers，139 – 160.

Schumm S A，Mosley M P，Weaver W E，1987. Experimental Fluvial Geomorphology [M]. John Wiley & Sons，New York，413.

Schumm S A，Parker R S，1973. Implications of Complex Response of Drainage Systems for Quaternary Alluvial Stratigraphy [J]. Nature，Physical Sci.，v. 243：99 – 100.

Schumm S A，Spitz W J，1997. Geological Influences on the Lower Mississippi River and Its Alluvial Valley [J]. Engineering Geology，v. 45：245 – 261.

Schumm S A，Watson C C，Burnett A W，1982. Phase I：Investigation of Neotectonic Activity within the Lower Mississippi Valley Divison [R]. U. S. Army Engeneer District，Vicksburg，Mississippi，Potamology Program，168.

Spitz W J，Schumm S A，1997. Tectonic Geomorphology of the Mississippi Valley between Osceola，Arkansas，and Friars Point，Mississippi [J]. Engineering Geology，v. 46：259 – 280.

Tricart J，1974. Structural Geomorphology [M]. N. Y.，Longmans，305.

Twidale C R，1971. Structural Landforms，Canberra，Australia [M]. National Univ. Press，247.

Vikrant Jain，R Sinha，2004. Fluvial Dynamics of an Anabranching River System in Himalayan Foreland Basin，Baghmati River，North Bihar Plain，India [J]. Geomorphology，(60)：147 – 170.

Watson C C，1982. An Assessment of the Lower Mississippi River below Natchez，Mississippi [A]. Unpublished Ph. D. Dissertation，Colorado State Unversity，Fort Collins，Colorado，162.

Whittaker A C，Cowie P A，Attal M，et al.，2007. Bedrock Channel Adjustment to Tectonic Forcing：Implications for Predicting River Incision Rates [J]. Geology，35 (2)：1030 – 106.

Zeitler P K，Melzer A S，Koons P O et al.，2001. Erosion，Himalayan Geodynamics and Geomorphology of Metamor [J]. GSA Today，11 (1)：4 – 9.

Zeitler P K，Koons P O，Bishop M P，2001. Crustal Reworking at Nanga Parbat，Pakastan：Metamorphic Consequences of Thermo – mechanical Coupling Facilitated by Erosion [J]. Tectonics，20 (5)：712 – 728.

Маккавеев Н И，Н В Хмелева，Н ВЛебедева，1961. Экспериментальная Геоморфология [M]. Издво МГУ.

**第
15
章**

侵蚀基准面变化对流水地貌
发育演变影响实验研究

15.1　概述

在本章正式展开之前，有必要介绍河流侵蚀基准面的基本概念，以及它们与河流地貌发育的关系和有关该方面的实验研究情况。

15.1.1　河流侵蚀基准面的概念

河流的侵蚀基准面指河流自由侵蚀的下限界面或下限点，可以分为终极侵蚀基准面（或总侵蚀基准面、最终侵蚀基准面）和局部侵蚀基准面（或地方侵蚀基准面、临时侵蚀基准面）。前者是河流入海口的平均海面，Schumm（1993）将终极侵蚀基准面定义为海平面，也有人认为是平均海平面以下某一深度的点，有学者将内陆盆地的底部称之为局部终极侵蚀基准面。前者相对比较稳定，往往受全球气候变化，或河口地区的构造升降而改变其高程，影响的范围较大、影响时间较长；后者是河流汇入湖泊或流入人工水库的平均水面，也可能是支流汇入主流入口处的多年平均水位或平滩水位面，相对变化较多，其高程一般随当时当地的环境情况而异，影响范围较小、作用时间较短。

15.1.2　侵蚀基准面与河流地貌系统发育的关系

一个典型的流水地貌系统由产流产沙侵蚀子系统、水沙输移子系统及水沙输出沉积子系统三部分组成。水沙输出沉积子系统位于河流入海、入湖或支主流交汇地区，亦是侵蚀基准面所在的地区。

终极侵蚀基准面与整个河流地貌系统的发育有关，在其受全球气候变冷，或河口地区构造运动抬升时，其侵蚀基准面便下降，不仅影响河流下游及河口地貌的发育演变，还会波及整个流水地貌系统。流域地貌系统会出现地貌复杂响应（Schumm，1973、1976、1981、1993），侵蚀基准面高程的降低，导致河流下游河谷坡降变陡，河道弯曲率增大，下游地区的高程相对抬升，下游河道下切，河床相沉积向前延伸，河道比降调平；在河口地区形成海岸阶地及贝壳堤等海岸地貌形态（高善明等，1980）。全球气候变暖，或河口

· 561 ·

地区构造运动沉降时，侵蚀基准面高程便相对升高，同样会波及整个流水地貌系统的发育，河口基面高程的抬升，导致河流下游河谷坡降变缓，发生河道截弯取直，弯曲率变小，加积河漫滩相物质，下游地区相对抬升，会发生海侵，形成沉溺河口海岸地貌形态，进而发生回水，降低河口以上河道比降，引起溯源淤积（李从先等，1979、1984），溯源淤积距离远大于回水的距离，最大可达 4～5 倍。

如前所述，局部侵蚀基准面影响的范围相对较小、地域有限。对于大江大河的大型水利枢纽、人工水库的临时侵蚀基准面，会影响入库河道下游及尾闾的河道演变、航道开发以及滩地利用等，为人们广泛关注。如认为长江三峡水利枢纽的变动回水区分汊河道向单一河槽转化（河型转化）是较为普遍的淤积再造床过程，回水区悬沙淤积由上向下减少，江心洲分汊河道转变为单一河道，比降调平，水深加大，这种再造床过程是水流挟沙力从次饱和→超饱和→饱和的过程，通过调整水流的挟沙力实现再造床过程；黄河三门峡水库是在多沙河流上修建的水库，建库后临时侵蚀基准面影响库区的河床演变，遵循不同的演变规律，引起渭河下游河道横向摆动，洪水与枯水的比降分别变平与变陡，弯曲率相应变大与变小，认为河道形态的调整是对基面及来水来沙变化的复杂响应过程。巴西最大的赛拉德麦萨水库、埃及的阿斯旺水库以及苏联的齐姆良水库等水库侵蚀基准面对库区及上游河道都无一例外地产生影响。

15.1.3 侵蚀基准面对流水地貌系统发育影响的实验研究现状

1. 对流域地貌发育演变影响

流域水系是其中一个重要组成部分（Schumm，1977）。流域水文地貌的定量描述，早在 20 世纪 40 年代，Horton（1945）做出过卓越的贡献，他归纳出数条 Horton 定律，60 年代以来，Leopold 等（1962，1964）对水系进行随机游动和熵的研究，Shreve（1966，1967，1969）、Smart（1969，1973）及 Scheidegger（1967）等对水系结构进行了随机拓扑定量研究。80 年代以来，鉴于水系长度、水系密度、水系结构、河流平面形态及河流纵剖面等具有明显的分形特征，人们开始对水系及其发育特征加以分形研究与分数维分析，并研究它们与紊流分形、流量过程及消能的关系等（La Barbera et al.，1989；Gupta et al.，1989；Robert et al.，1990；Mesa et al.，1987；Ross，1991；Luo，1992；Nikora，1991；冯平等，1997；金德生等，1997；Tarboton et al.，1992；李后强等，1992；傅军等，1995；陈树群等，1995；魏一鸣等，1998；冯金良等，1997、1999；Feng et al.，1999；汪富泉，1999；Roger，1997）。

迄今为止，流域水系的分形研究主要集中在水系形态及结构方面的分形分析和分形维数计算，且侧重在空间分形特征分析，而对时序分形特征研究、对流域水系的地貌演化分形研究较少，涉及水文动力过程、沙泥运动输移及其相互关系的分形研究则更少，笔者曾对流域水系发育与产沙间的非线性关系做了初步研究（Jin，1999、2001），并进一步探讨了流域物质组成对水系发育过程中分形特征及产沙的影响。Schumm（1987）曾进行过侵蚀基准面下降对水系发育的实验研究，但运用实验资料进行侵蚀基准面下降对水系发育与产沙间非线性关系的分析尚不多见（金德生，2003）。

2. 对河流系统发育演变影响

水利泥沙部门在规划大江河水利枢纽及大型水库的建设时，都会进行库区回水范围与入库河道尾闾演变的河工实验，这里毋庸赘述。在地球科学界水库蓄水后对库区上游的河道演变影响研究，特别注重河床地貌要素、水力泥沙因子、消能率以及流域因素的变化与调整。金德生等（1992，2003）曾就大坝对上、下游河道发育演变的影响，进行了过程响应模型实验研究。通过水库对上游河床演变影响的实验，认为影响是多方面的，主要表现在回水范围、淤积末端、河道宽度、水深、床沙粒径、河道比降、河岸高度比变化及河型的转化等。

就河型转化而论，一般认为主要受河谷坡降、来水来沙及边界条件所控制。实验表明，水库上游河型的转化主要取决于局部侵蚀基准面涨落引起的河谷坡降及边界条件的变化。局部侵蚀基准面涨落对水库以上河道的下游河段影响最大，以江心洲分汊河道为例，由于水库局部基面下降，会转化成弯曲河型，中、上游河道变化不大，仍保持江心洲分汊河型；当局部侵蚀基准面下降时，江心洲分汊河型在入库前已转变成沉溺式游荡型汊河，基准面进一步下降，转化为典型的游荡河型，中、上河段转化成弯曲河型（金德生等，2003）。

15.2 终极侵蚀基准面对流域系统发育过程影响实验

以过程响应模型相似准则（金德生等，1995）塑造模型流域地貌系统，获得了有关水系发育及产沙过程数据（参见 5.2 节），而后进行两次终极侵蚀基准面下降对流域地貌系统影响实验，实验初始条件见表 15.2-1。

表 15.2-1　　　　　　　　实 验 初 始 条 件

测次	起点距/m	纵比降	横比降		物质组成		侵蚀基准面	雨强
Ⅱ-0	0				0 021	92	7.25	35.56
	5	0.0711	0.0100	0.0100				
	9	0.0525	0.0100	0.0100				
	11.3	0.0539	0.0225	0.0225				
Ⅲ-0	0				0.021	92	7.13	35.56
	5	0.0711	0.0100	0.0100				
	9	0.0525	0.0100	0.0100				
	11.3	0.0539	0.0225	0.0225				

15.2.1 终极侵蚀基准面下降影响的实验过程

1. 侵蚀基准面第一次下降影响的实验过程

实验Ⅱ组流域是在实验Ⅰ组流域基础上，侵蚀基准面下降 7.25cm 后，实验流域的产沙过程进行了 12h 共 6 个测次（Ⅱ-1～Ⅱ-6），每测次历时 2h。由产沙过程线（图 15.2-1），不难看出，大体可划分两个时段，头 2h 中（Ⅱ-1～Ⅱ-2 测次），产沙量有大幅度增加，出现明显的双峰夹一谷，在Ⅱ-1 测次出现全过程的次高产沙峰值，而Ⅱ-2 测次出现全过程的最大高产沙峰值，两峰之间为Ⅱ-3～Ⅱ-6 测次产沙谷值。自Ⅱ-3 测次以后，产沙量明显降低，到Ⅱ-6 测次，产沙量逐渐趋向稳定，其产沙率几乎和Ⅰ-6 测次末了相当。显然，当基准面下降后，流域产沙出现复杂的响应过程，该过程具有先增高，而后略有降低，再增高达最大值，进而很快降低趋向稳定值。

稳渗产流后的产沙量与实验历时可用式（15.2-1）拟合，具体见图 15.2-2。

$$Q_{s-\text{Ⅱ}} = 5.676\text{e}^{-0.002T} \tag{15.2-1}$$

式中：$Q_{s-\text{Ⅱ}}$ 为产沙量，kg/10min；T 为实验历时，min。

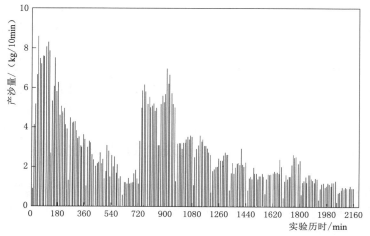

图 15.2-1　模型流域的产沙过程

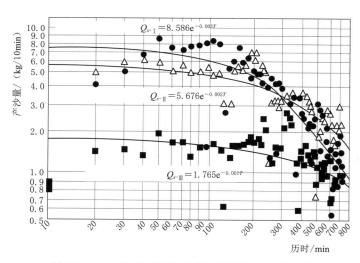

图 15.2-2　基准面下降与背景流域产沙过程比较

2. 侵蚀基准面第二次下降影响的实验过程

第Ⅲ组流域实验是在实验Ⅱ组流域基础上，侵蚀基准面再下降 7.13cm。进行了 12h 共 6 个测次（Ⅲ-1～Ⅲ-6）实验，每测次历时同样为 2h。由产沙过程线（图 15.2-1）

可以看出，也大体可划分两个时段，头 3h 中的第一个时段的第一个测次，即 Ⅲ-1 测次的 120min 内，于 50min 时出现产沙的小高峰，而后产沙量略有降低；在 Ⅲ-2～Ⅲ-3 测次，产沙量先是不断增大，到 320min 时达到全过程的最大值，而后迅速下降。在后 3 个测次（Ⅲ-4～Ⅲ-6）的第二个时段内，每一测次均有不明显的峰、谷值变化，产沙量总体平稳降低。当侵蚀基准面再次下降后，实验流域的产沙过程也具有类似特征，先是两峰夹一谷，而后迅速趋向稳定值。显然，第二次侵蚀基准面下降，同样使实验流域的产沙出现复杂响应过程。

稳渗产流后的产沙量随时间变化可以用式（15.2-2）拟合，且呈现图 15.2-3 的负指数曲线形式：

$$Q_{s-Ⅲ}=1.765\mathrm{e}^{-0.001T} \qquad\qquad (15.2-2)$$

式中：$Q_{s-Ⅲ}$ 为产沙量，kg/10min；T 为实验历时，min。

15.2.2 实验分析

15.2.2.1 侵蚀产沙过程实验分析

三组不同的流域产沙过程具有一个共同特征，产沙量以不同的速率，随着时间的推进而衰减，产沙过程峰谷起伏，峰谷值也随时间衰减。总体而论，背景流域具有产沙量的最大值（大于 8kg/10min）和 1kg/10min 左右的稳定值；当两次基准面下降时，开始都分别出现 6.5kg/10min 及 1.5kg/10min 的较大及次大的产沙值，紧接着的是两峰夹一谷，而后迅速趋向稳定值的复杂响应产沙过程，且稳定值也为 1kg/10min 左右。

两次基准面下降所造成的产沙的复杂响应过程具有差异性。首先，各曲线在表示产沙量的纵坐标轴上有不同的截距。背景流域有最大的截距，即有最大的起始稳渗产沙量；第一次基准面下降后，流域响应的产沙过程曲线具有较小的截距，即较小的起始稳渗产沙量；第二次基准面下降后，流域响应的产沙过程曲线具有更小的截距，也就是具有更小的起始稳渗产沙量。其次，两次基准面下降后，尽管流域响应的产沙过程曲线具有小的起始稳渗产沙量，但两者差值不大。再次，基准面下降后，流域产沙过程的复杂响应强度与幅度有所不同，第一次基准面下降后引起的产沙量大于第二次；其最大产沙量，第一次的大于第二次，且分别为 7.0kg/10min 和 2.7kg/min，分别约为背景流域末了的 7 倍和 3 倍。最后，第一次下降引起的产沙过程复杂响应来得快，产沙量随时间的衰减率相对较慢；而第二次下降引起的产沙过程复杂响应来得较慢，但产沙量随时间的衰减率相对较快。

15.2.2.2 流域水系发育过程实验分析

1. 水系发育的量度

（1）水系空间发育特征及分形维数量计。习惯上，人们运用河数定律及河长定律等来描述流域水系中不同级别河道的数目及平均长度与河道级别的关系，揭示流域水系的空间分布特征；或用随机拓扑方法，揭示水系发育的拓扑几何特征。不论怎样，它们只能反映流域发育的空间分布的平均状况，很难反映流域系统受外界因素，例如气候变迁、构造运动、基准面变化以及人为作用影响下水系发育演化的时序特征，也不易描述不同级别河道之间的递变规律。水系分形维数的分析有望弥补这一不足。王嘉松等（1990）根据 Horton 的河数定律 $N_u=K_i^{(s-u)}$ 以及河长定律 $l_u=l_1K_2^{(u-1)}$ 中系数 K_1 及 K_2，经推导得水系分形维数（D）定义为

$$D=\ln K_1/\ln K_2 \qquad (15.2-3)$$

由河数定律
$$\ln N_u=s\ln K_1-uK_1 \qquad (15.2-4)$$

令
$$a_1=s\ln K_1 \quad 及 \quad b_1=-\ln K_1 \qquad (15.2-5)$$

则
$$\ln N_u=a_1+b_1u \qquad (15.2-6)$$

令
$$a_2=s\ln K_2 \quad 及 \quad b_2=-\ln K_2 \qquad (15.2-7)$$

则
$$\ln(l_u/l_1)=a_2+b_2u \qquad (15.2-8)$$

显然，由实测原型水系或模型水系各级河道或沟道的数目及平均长度，通过回归计算，可以很方便地获得 $\ln K_1=-b_1$ 及 $\ln K_2=-b_2$，并相应计算出分形维数 D，本书计算了模型水系及部分沟道的分形维数，以此进行模型水系发育的分形研究。

（2）水系分形维数的物理意义。流水地貌系统中分形的物理意义及水系分形维数的意义有人作过阐述，他们认为：①可以模拟流域水系的形态；②可以研究河长与流域面积关系；③探讨流域水力学与流域尺度相关问题等。笔者认为，如果按照王嘉松等获得的河网分维值 $D=b_1/b_2$，其中 b_1 表示某一级河道数目的增长速率，而 b_2 表示某一级别河道长度的增长速率，是反映增长过程，河道发生弯曲，比降变缓，能量趋向最小消耗的一种形式；而河道数目的增多，是能量趋向最小消耗的另一种形式。显然，分形维数 D 值一方面表示不同级别河道数目与长度的相对增长率；另一方面又是水系消能率的一种量度。水系发育过程中，D 的变化是水系发育时序过程的量度（Schumm et al.，1987）。一个相对稳定的流域系统在外界因素影响下，输入的能量必然会发生变化，相应也会改变水系分形维数 D 值。

2. 实验流域水系的几何特征分析

基于三组实验流域水系不同级别河道的数目、平均长度极值（表15.2-2）及每组中代表性的水系发育状况（图15.2-3）的分析表明：无论是背景实验流域，还是流域受侵蚀基准面下降影响后，在它们的发育过程中，河道级别越低的河道数目越多，其变化范围越大；河道级别越高的河道数目越少，变化范围越小。而不同级别河道的平均长度，当河道级别越低，河道平均长度越短，其变动范围越小；相反，河道级别越高河道平均长度越长，且变化范围越大；这与自然界的流域发育相比情况十分类同，所不同的是，由于模型边界出口条件限制，Ⅴ级河道的长度反而较短。

表 15.2-2　　　　　　　　实验流域水系各级河道的数目及平均长度值

河道级别 \ 测次	I		II		III		IV		V	
	N_1	l_1	N_2	l_2	N_3	l_3	N_4	l_4	N_5	l_5
I	62～166	37.7～64.5	14～41	93.4～168.2	5～10	306.0～516.8	3	180.3～416.7	2	95.0
II	64～112	41.7～61.8	12～24	134.1～236.6	5～8	186.0～479.3	2～3	270.0～555.5	1	135.0
III	88～109	44.9～61.9	19～29	88.6～161.2	5～8	163.0～552.0	1～3	262.0～621.0		

注　N_i 表示河道数目；l_i 表示河道平均长度（cm）。

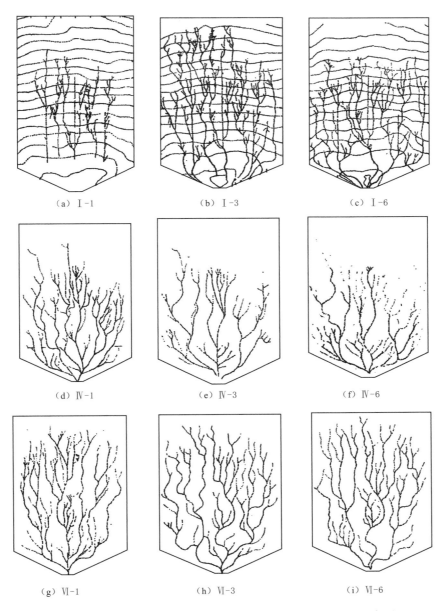

（a）Ⅰ-1　　　　　（b）Ⅰ-3　　　　　（c）Ⅰ-6

（d）Ⅳ-1　　　　　（e）Ⅳ-3　　　　　（f）Ⅳ-6

（g）Ⅵ-1　　　　　（h）Ⅵ-3　　　　　（i）Ⅵ-6

图 15.2-3　背景流域及基准面下降影响下流域的典型水系发育图

　　进一步的分析表明，在背景流域的水系演变过程中，Ⅰ、Ⅱ、Ⅲ级河道的发育，河道数目先是比较少，发展到Ⅰ-3测次，即 360min 时达到最大值，随后，河道数目复又减少，Ⅳ级以上河道数目相对稳定而数目较少。河道平均长度变化过程的情况也大体相似，开始时，各级河道具有较短的平均长度，而后逐渐达最大的平均长度，最后各级河道的平均长度又缩短。不过，各级河道达到最大平均长度所需要的发育时间是不尽相同的，除Ⅱ级河道外，河道级别越低，所需要的发育时间较长；相反，河道级别越高，所需要的发育时间较短。受基准面第一次下降影响后，流域水系的河道级别及数目显著增多，使本来已发育成由三个级别河道组成的流域系统突然成为由五个级别河道组成的流域系统，河道的数目由 124 条增加到 138 条，河网密度增大了 11.3%；河道平均长度的发育不同于背景流域，尤其以Ⅳ级河道最为突出，当基准面开始下降时，Ⅳ级河道迅速伸长，达最大值后，复又缩短，其延伸的速率和幅度较之Ⅱ级河道来得快；至于Ⅴ级河道唯一在Ⅱ-1 测次，在基准面下降后的头 120min 内出现，随后便不复存在（图 15.2-4），这或许与流域水系的主干河道在靠近模型出口处发育空间受限制有关。

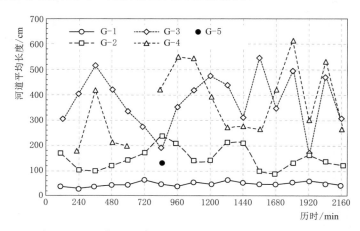

图 15.2-4　背景流域及基准面下降影响下不同级别河道
平均长度随时间变化

在基准面第二次下降时，流域水系的河道级别没有改变，但河道的数目明显增加，由 113 条增加到 142 条，河网密度增大了 25.7%。所不同的是，Ⅱ级河道很快延伸达最大值后，其平均长度时短时长，总趋势是缩短；而Ⅳ级河道达到最大长度则较迟，在达到最大长度后，与Ⅲ级河道的发育状况亦步亦趋。这与第一次基准面下降后，流域水系的发育状况颇为相似。

3. 水系发育的非线性特征分析

由三组流域水系的分形维数 D 值的分析可知，随着时间的推移，各组水系的 D 值均具有最低值，他们随着时间的推移往往呈不对称的下凹型双曲线。在背景流域水系发育之初，具有中等大小的 D 值，发育一定时间以后，出现最小的 D 值，在水系发育后期，具有最大的 D 值（图 15.2-5），其差值范围不到 1.5。由图 15.2-6 可知，总的来说，当流域受基准面下降影响后，流域水系发育过程初、中、晚期的分形维数 D 值与背景流域水系发育过程同期的分形维数相对增大。当基准面第一次下降时，水系分形维数为 1.6~2.2；基准面第二次下降后，水系分形维数为 1.5~2.5。显然，分形维数的增量随着基准面下降次数增加而有所变大。事实上，这正是流域能量消耗率随基准面下降量增大而变大，而随着时间推移能量消耗率变小的一种反映。

4. 侵蚀产沙与水系发育间非线性关系分析

金德生等曾对均质流域及不同物质组成流域中的水系发育与侵蚀产沙非线性关系进行过初步分析，认为它们均会影响水系的分形维数（Jin et al.，1999、2001），背景流域及模型流域受基准面下降影响下的流域侵蚀产沙模数与分形维数值 D 间关系曲线表明，两

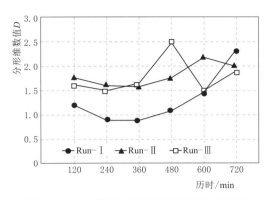

图 15.2-5 背景流域及模型流域受基准面
下降影响后的水系分形维数随时间变化

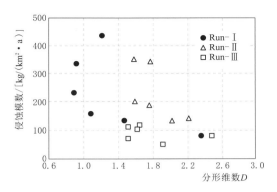

图 15.2-6 背景流域及模型流域受基准面下降
影响下的流域侵蚀模数与分形维数值间关系

者间存在显著的非线性关系，具体表现在流域发育的不同阶段存在不同的关系。在背景流域发育之初，分形维数随侵蚀产沙模数减少而减少；当越过水系分形维数的临界最小值时，亦即中期阶段以后，分形维数随侵蚀产沙模数的减少而增大。也即水系发育初期阶段，D 值随侵蚀模数递减率的绝对值，小于晚期阶段的 D 值随侵蚀模数递增率的绝对值（图 15.2-6）。当基准面下降时，流域的势能相对增大，通过水沙输移运动加以释放，导致出现与背景流域水系类似的发育过程；在基准面下降之初，分形维数随侵蚀产沙模数减少而减少；当越过中期阶段水系分形维数临界值，分形维数随侵蚀产沙模数的减少而增大。第一次基准面下降带来的影响较之第二次基准面下降带来的要显著。

15.3 局部侵蚀基准面上升对河型发育过程影响实验

15.3.1 概况

水库上游河道与库区同样是一个特殊的河道子系统。在进行大坝对上游河道演变趋势的实验时，不注重水库本身的淤积问题，而是侧重水位升降给上游河道带来的影响，并选择分汊河型作为模拟对象，是因为该类河型介于弯曲与游荡河型之间的河型。库水位的升降相当于局部侵蚀基准面变化，影响上游河道消能率的重新分配，分汊河型会比较敏感地做出响应。事实上，大坝上游河道子系统是人为控制下的过程响应系统，即为受控制的河流地貌子系统。

15.3.2 水库局部侵蚀基准面影响实验

15.3.2.1 水库上游河道造床调整过程实验设计及过程

实验是在分汊河道造床过程调整的基础上进行的，经过 79h 的调整实验，模型分汊小河已达到输沙平衡，并趋向相对稳定，从而获取模型分汊河道各河型要素的背景资料，而后施加水库修建后恒定蓄水位对上游河道的影响。

调整过程的总体特点为：除了加沙率、河岸高度比及湿周中粉黏粒含量百分比（M）有较大的时间变化率以外，其余各要素的时间变化率均不大。数值分析表明，分汊河型的参数相对趋向稳定（图 15.3 - 1）。

（1）河流地貌形态要素。平均河宽略有增大，河宽变化率、水深、河床起伏度、宽深比及分汊率、汊河曲折度均有所变小。

（2）水力、泥沙因子及消能率。河道平均流速、河道比降、输沙率变小，床沙组成变细，床沙分选系数变小，粒配均匀程度提高，消能率略有变小。

（3）流域因素。河道比降及流速变小，相对河谷比降因局部基准面变化而有所降低，河岸高度比因河床起伏度降低而变小，湿周中粉黏粒含量百分比相应提高。

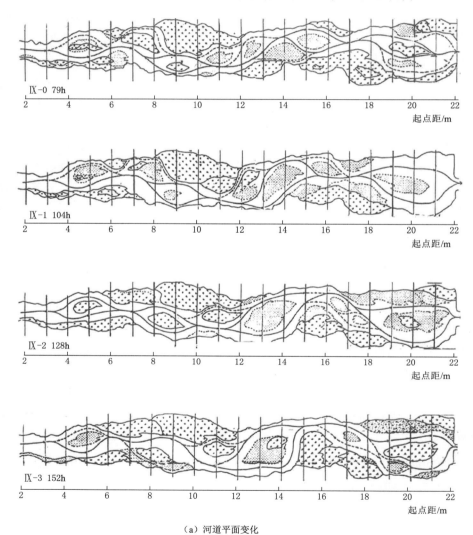

（a）河道平面变化

图 15.3 - 1（一）　大坝上游分汊河道平面形态变化及流速分布图

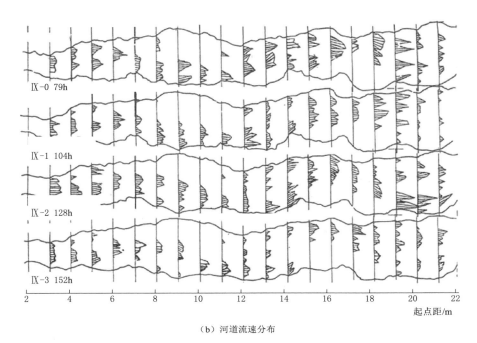

（b）河道流速分布

图 15.3－1（二）　大坝上游分汊河道平面形态变化及流速分布图

15.3.2.2　水库局部侵蚀基准面对上游河道影响的实验分析

影响是多方面的，主要表现在回水、淤积末端、河道宽度、深度、床沙组成、比降、河岸高度比及河型的变化。

1. 对淤积末端影响

由各测次断面平均水位、库水位与离河口起点距建立联系，获得图 15.3－2、图 15.3－3 及下列关系式：

$$H_{w0}=26.20e^{0.000213L} \tag{15.3－1}$$

$$H_{w1}=27.78e^{0.000150L} \tag{15.3－2}$$

$$H_{w2}=26.51e^{0.000198L} \tag{15.3－3}$$

$$H_{w3}=25.73e^{0.000253L} \tag{15.3－4}$$

式中：0、1、2、3 为测次。

由式（15.3－1）～式（15.3－4）联解，可以获得库水位变更时，回水及退水范围。当水库蓄水时，其回水可上溯 930cm，相应水位为 31.94cm。当水库泄水，库水位由 28.22cm 下降到 26.06cm 时，退水影响范围为河口以上约 490cm，相应水位为 29.08cm。如果库水位进一步下降低于死库容水位时，由于水位过低，水面线不可能与上述几种条件下的水面线相交。不难看出，回水末端或退水范围与库水位涨落密切有关，直接影响到入库河道下游淤积末端的上延和下缩。

2. 对淤积末端与溯源侵蚀间距离的影响

实验表明，水库修建前的深泓高程 H 与离入库口距离 L 间存在下述指数函数关系：

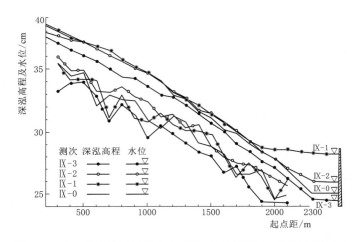

图 15.3-2　大坝上游模型分汊河道深泓纵剖面及水位线演变图

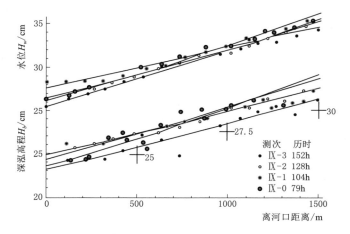

图 15.3-3　大坝上游模型分汊河道深泓高程、水位与离河口距离关系

$$H_{b0} = 23.64 e^{0.000249L} \qquad (15.3-5)$$

水库蓄水时为

$$H_{b1} = 25.54 e^{0.000219L} \qquad (15.3-6)$$

当水库泄水时及水位下降到死库容水位时，关系式分别为

$$H_{b2} = 24.88 e^{0.001839L} \qquad (15.3-7)$$

$$H_{b3} = 23.34 e^{0.000198L} \qquad (15.3-8)$$

联解式（15.3-5）和式（15.3-6），可以确定蓄水时的淤积末端大体距入库口 10.38cm，相应的河床深泓点高程为 30.61cm。当联解关系式（15.3-7）和式（15.3-8）时，可以获得溯源冲刷的距离为 775cm，相应河床深泓高程为 28.67cm。最后，当库水位进一步降到死库容水位时，将普遍发生沿程冲刷，直到河口以下 250cm，相应深泓高程为 22.29cm，方能达到相对衡。显然，水库水位涨落引起的河道冲淤是十分明显的。随库水位上涨，淤积末端上延；随水位下降而发生溯源冲刷。淤积末端或冲刷距离 ΔL（cm）与

建库前后的库区水位差 $\Delta H_w (\mathrm{cm})$ 之间具有如下关系：

$$\Delta L = 560 + 870.95 \lg(\Delta H_w + 0.50) \qquad (15.3-9)$$

经实测值与计算值对比，淤积末端距离的误差不超过 2.4%，冲刷距离误差约在 4% 以内。

3. 对河床起伏度的影响

分析表明，库水位的涨落导致河床起伏度相应增减，其关系式为

$$\Delta J_{b\delta} = -0.1580 + 0.1262 \Delta H_w \qquad (15.3-10)$$

4. 对比降的影响

显然，当高库水位时，河道下游比降因回水而比降调平；当低库水位时，比降增陡。比降变化量 (ΔJ_{ch}) 与水位变化量 (ΔH_w) 成正比：

$$\Delta J_{ch} = 0.000313 + 0.000164 \Delta H_w \qquad (15.3-11)$$

5. 对消能率的影响

基准面变化会影响到比降调整及流速的变化，必然影响到河道单位面积的消能率。库水位上升及下降时，消能率的变化过程不一样，当下降到死库水位时尤为突出。但不论怎样，库水位 (H_w) 与消能率 (E) 之间存在着如下的负指数幂函数关系：

$$E = 63.89 H_w^{-2.069} \qquad (15.3-12)$$

6. 对流域因素的反作用

不少学者研究过基准面下降引起的复杂响应，在此次实验中同样看到下游段存在这一现象，这里不再赘述，只侧重分析库水位变化与河岸高度比 (H_s/H_m)、床沙中粉黏粒百分比 $(M_{b0.076})$ 及湿周中 M 值的关系，与库水位的关系如下：

$$H_s/H_m = 1.68 \times 10^5 H_w^{-2.508} \qquad (15.3-13)$$

$$M_{b0.076} = 0.098 H_m^{1.751} \qquad (15.3-14)$$

$$M = 0.633 H_m^{1.457} \qquad (15.3-15)$$

不难看出，随水库水位上涨，河岸高度比变小，湿周中 M 值及床沙中粉黏粒百分含量增大；反之，当水位下降时，出现相反趋势。

基准面变化还导致河谷比降的局部变化。河谷比降随库水位上升而相对降低，随水位下降而相对增陡。河谷比降变化量 (ΔJ_v) 与局部侵蚀基准面高程的变化量 (ΔH_w) 间呈下述关系：

$$\Delta J_v = -0.000234 - 0.000208 \Delta H_w \qquad (15.3-16)$$

15.3.2.3　水库局部侵蚀基准面变化与水库上游的河型转化

Schumm 等（1972）、钱宁等（1987）、沈玉昌和龚国元（1986）、陆中臣等（1986）及尤联元等（1983）对河型问题都做过不同程度的研究。一般认为，河型主要受控于河谷比降、来水来沙及边界条件。水库上游河型的转化不取决于来水来沙条件，而主要取决于局部侵蚀基准面引起的河谷比降及边界条件的相应改变，从而导致河型发生转化。在这里着重分析基准面变化对各河段引起的河型转化问题。

1. 局部侵蚀基准面上升导致的河型转化

由库水位与模型小河各河段汊河的弯曲率间关系的统计分析表明，两者之间存在着负指数幂函数关系。上、中、下游各段的表达式分别为

$$P_{汊(上)} = 1.745 H_w^{-0.136} \tag{15.3-17}$$

$$P_{汊(中)} = 2.293 H_w^{-0.221} \tag{15.3-18}$$

$$P_{汊(下)} = 265.51 H_w^{-0.642} \tag{15.3-19}$$

各河段的范围：上游段为 3 号~11 号断面；中游段为 11 号~17 号断面；下游段为 17 号断至入库口段。尽管三段中存在类似关系，即随着基准面上升及下降，汊河弯曲率分别变小及增大。但是，上、下游两段的汊河弯曲率与基准面变化之间的相关系数很好，而中游段较差。这说明下游段河型的变化明显受基准面控制，中游段较差，上游段尽管有较高的相关系数，但数据表明汊河弯曲率的绝对值变化极小，基准面的影响已十分微弱。

从式（15.3-17）并结合其他实验资料分析，如果取弯曲率 1.50、1.25 和 1.05 分别作为曲流与深泓弯曲、深泓弯曲与江心洲分汊、江心洲分汊与游荡河型之间的临界值，那么，当基准面高程低于 22.91cm 时，下游段将发育曲流，中、上游段发育分汊河型；当基准面高程由 22.91cm 升高到 25.60cm 时，下游段转化成分汊河型，中、上游段仍保持分汊河型；当基准面进一步抬高到 28.46cm 时，下游段转化成游荡型或多汊型，中游段变为多汊型，上游段还是稳定分汊河型。

2. 局部侵蚀基准面下降导致的河型转化

运用式（15.3-17）~式（15.3-19）来分析基准面下降时出现的河型转变问题。在实验中，已清楚看到，当基准面为 28.22cm 很接近理论值 28.46cm 时，下游段弯曲率很低，仅 1.06，事实上河道已为回水所淹没，分汊河流入库前已成散乱汊流，属于沉溺式游荡汊河。当基准面下降到 26.06cm 时，下游段河汊弯曲率增大到 1.24，已成为典型的分汊河型。当进一步下降到 24.56cm 时，下游段弯曲率增加到 1.38，其末端与中游段交界处，河型已转化成深泓弯曲河型。中、上游段的汊河弯曲率分别为 1.17 及 1.13，分汊河型得到了进一步发育。

由此不难得出结论，在分汊河道上修建水库后，如果流域中没有太大的气候波动，上游土地利用状况也没有什么大的变动，那么，从科学角度看，高坝未必优于中、低坝。

15.3.3　基岩露头作为局部侵蚀基准面对河型发育影响的实验研究

1. 实验背景及设计

该项实验是结合密西西比河上的实际问题进行的。密西西比州的格林维尔附近，河道十分弯曲，从 Sunnyside 到 Filter 河弯，经受现代构造 Monroe 隆起的影响。一般来说，在抬升轴线以上，因为河谷坡降的变小，曲流的弯曲率应变小；而在抬升轴线以下，则由于河谷坡降的增大，曲流变得愈加弯曲，弯曲率应当增大。然而，在格林维尔附近却出现反常现象。分析表明，由于抬升轴部位，第三纪 Yazoo 黏土被抬升而出露在河床中，形成了一条横亘于河床、宽约 0.8km 的抗蚀露头，导致曲流反常发育。于是假设，当河床

中由于某种原因，存在抗蚀露头时，在露头上游限制曲流向下游正常蠕动，从而形成紧迫曲流；在抗蚀露头以下，则形成伸展曲流。

该段密西西比河的平均曲折度为 1.5，曲流波长与波幅分别为 13.8km 和 6.9km，曲流的波长波幅比为 2.0。

运用过程响应模型设计法，制成曲率为 1.5 的规则模型弯曲河道。河道比降为 0.00484，河谷比降为 0.00724。河漫滩系二元相结构，上层为厚度约 1.49cm 的高岭土极细砂混合物（极细砂 30%，中径为 0.14mm），下层为 0.51～0.00cm 厚的中砂，中径为 0.29mm，河床亦为中砂。河道横断面在弯道段及过渡段具有不同形态。在弯道段呈不对称三角形，凹岸边坡系数为 2∶1，凸岸边坡系数为 1∶5，河宽 11.6cm，水深 1.8cm；在过渡段呈梯形断面，边坡系数为 2∶1，河宽为 11.6cm，水深为 0.93cm。曲流波长与波幅分别为 90cm 和 43cm，河弯曲率半径为 22.5cm。在模型小河的中段上层覆盖物下，埋设一宽度为 10.2cm 的高岭土条块，横亘于两河弯之间的过渡段上，其厚度为 7.6cm，以不被侵蚀切透为下限。施放 0.2L/s 定常流量，不加沙，主要靠水流侵蚀河岸物质自行补充床沙质及悬移质，自动形成一定含沙量的水流循环运行。

2. 实验过程及分析

350h 放水实验表明，河床上的抗蚀黏土岩露头对曲流发育有极大影响。图 13.4-1 清楚地表明，随着时间的推移，黏土条块以上的河道长度拉长，曲流波长逐渐缩短，曲流幅度不断增大；曲流被压紧了。而在黏土条带以下，河道长度变短，曲流波长增加，曲流波幅变小，因而弯曲率变小，显然，曲流被伸展了（图 13.4-2 和图 13.4-3）。由图 13.4-2 及实验分析可知，在纵向上，越接近黏土条块，这种趋势越加明显。在黏土条块上游，越近条带，曲流压得越紧，而在黏土条块下游，越近条块，曲流伸展越开。在垂向上，这种趋势与黏土出露的程度有关，当条块高程降低时，这种趋势渐渐地模糊不清。但一旦地壳上升，黏土条带再次出露在河床中时，这种趋势又重新显示出来。

15.4　结论与讨论

（1）终极侵蚀基准面下降明显影响流域水系发育、侵蚀产沙及两者间关系。模型流域受基准面下降影响后，河道级别越低的河道数目越多，其变化范围越大；河道级别越高的河道数目越少，变化范围越小。而不同级别河道的平均长度，当河道级别越低，河道平均长度越短，其变动范围越小；相反，河道级别越高，河道平均长度越长，其变化范围越大。

（2）受侵蚀基准面影响的流域水系发育及产沙过程均具有非线性特征。水系分形维数是能耗率的一种量度，因为流域发育过程中，河道数目的增加及河道长度的增长、弯曲、比降变缓是水系达到最小消耗的两种不同形式。流域水系的分形维数 D 值，随时间呈不对称上凹型曲线。水系发育中期有最小临界值，这一临界值随侵蚀基准面下降时间的滞后而变小。流域侵蚀产沙与水系分形维数间存在显著的非线性特征。在基准面下降之初，分形维数随侵蚀产沙模数减少而减少；当越过水系分形维数的临界值，亦即中期阶段以后，分形维数随侵蚀产沙模数的减少而增大，且第一次基准面下降带来的影响比第二次基准面下降带来的影响要显著。在流域出口段，即高级河段，通过下切加深河道深度，以及通过溯源侵蚀，延长河道长度达到消耗能量，该情况与背景流域水系发育之初的情况十分相似。由于低级河道或沟道远离流域出口地段，受基准面的影响较小或几乎不受影响，以类似于背景流域水系发育过程的正常方式演化发育。

（3）河床底基岩作为局部侵蚀基准面明显影响上、下游河流形态及输沙特性。河床上存在的抗蚀露头是一种局部侵蚀基准，明显影响其上、下游河道演变及河型变化。如其上游的曲流转化成对称发育的紧迫曲流，其下游则发育伸展曲流，越近露头，趋势越加明显。显然，这种影响在时空上具有暂时性及局部性特征。如果是基岩露头，对河流发育的影响会是长期的。另外，不同的河型，例如江心洲分汊河型，其上游由于坡降变缓，分汊河型中的江心洲会淤积抬高，汊河弯曲度增大，有可能转化成弯曲河型；而其下游，因坡降增陡而使汊河拉直、床沙粗化、江心洲变成心滩，发育半游荡河型，乃至游荡河型。

（4）局部侵蚀基准面多类型、多角度影响实验。河流的侵蚀基准面具有多种类型，侵蚀基准面对河流发育的影响是至关重要的，仅选择三种类型为代表，进行了初步的实验研究。一些问题：如终极侵蚀基准面上升对河流下游，尤其是河口地区影响的实验研究，侵蚀基准面升降对河流海洋作用影响及海陆相沉积物，特别是海洋沉积物分布影响，以及冲积河流河床上不同岩性的侵蚀速率及其对上、下游河型发育研究的影响，尤其是河型的发育与转化问题，以及相关的模拟相似准则、模拟技术等，都尚待与水利、地质及油气勘探开发部门联合开发、研究和探讨。

参 考 文 献

曹文洪，陈东，1998. 阿斯旺大坝的泥沙效应及启示 [J]. 泥沙研究，(4)：79-85.

陈树群，钱沧海，冯智伟，1995. 台湾地区河川型态之碎形维度 [J]. 中国土木水利工程学刊，7 (1)：63-72.

冯金良，张稳，1997. 滦河现代三角洲演变的几何学特征 [J]. 黄渤海海洋，15 (3)：22-25.

冯金良，张稳，1999. 海滦河流域水系分形 [J]. 泥沙研究，(1)：62-65.

冯平，冯焱，1997. 河流形态特征的分维计算方法 [J]. 地理学报，52 (4)：324-330.

傅军，丁晶，邓育仁，1995. 嘉陵江流域形态及流量过程分维研究 [J]. 成都科技大学学报，(1)：1-9.

高善明，等，1980. 滦河三角洲滨岸沙体的形成和海岸线变化 [J]. 海洋学报，2 (4)：102-113.

何隆华，赵宏，1996. 水系的分形维数及其意义 [J]. 地理科学，16 (2)：124-128.

金德生，陈浩，郭庆伍，1997. 河流纵剖面分形非线性形态特征 [J]. 地理学报，52 (2)：154-161.

金德生，郭庆伍，刘书楼，1992. 应用河流地貌实验与模拟研究 [M]. 北京：地震出版社，92.

金德生，张欧阳，陈浩，等，2003. 侵蚀基准面下降对水系发育与产沙影响的实验研究 [J]. 地理研究，22 (5)：560-570.

金德生，郭庆伍，1995. 流水地貌系统模型实验的相似性问题 [C] //金德生. 地貌实验与模拟. 北京：地震出版社，265-268.

李从先，等，1979. 全新世长江三角洲地区的特征和分布 [J]. 海洋学报，1 (2)：252-268.

李从先，等，1984. 论滦河冲积扇-三角洲沉积体系 [J]. 石油学报，5 (4)：27-36.

李后强，艾南山，1992. 分形地貌学及地貌发育的分形模型 [J]. 自然杂志，15 (7)：516-518.

林木松，1994．水库变动回水区分汊型河道河型转化研究［J］．长江科学院院报，11（2）：18－26．

陆中臣，等，1986．华北平原河流纵剖面［J］．地理研究，5（1）：12－20．

潘庆燊，陈子湘，郭继民，1992．三峡水库变动回水区河道演变研究［J］．长江科学院院报，（29）：27－34．

庞炳东，1997．三门峡水库影响渭河下游河道横向演变的研究［J］．地理研究，16（3）：39－46．

钱宁，1985．关于河流分类及成因问题的讨论［J］．地理学报，40（1）：1－10．

钱宁，张仁，周志德，1987．河床演变学［M］．北京：科学出版社，584．

钱宁，周文浩，1965．黄河下游河床演变［M］．北京：科学出版社，224．

沈玉昌，龚国元，1986．河流地貌学概论［M］．北京：科学出版社，207．

舒安平，黄金堂，丁君松，1992．水库变动回水区分汊河型转化问题的试验研究［J］．泥沙研究，（4）：54－62．

汪富泉，1999．泥沙运动及河床演变的分形特征与自组织规律研究［D］．成都：四川大学，106．

王嘉松，王长宁，1990．计算河网分维的一种方法［A］．南京：南京大学数学系．

魏一鸣，金菊良，周成虎，等，1998．1949—1994年中国洪水突害成灾面积的时序分形特征［J］．自然灾害学报，7（1）：83－86．

文德洛夫 C Л，1965．大型水库的河床演变［C］//И В 勃利兹尼亚克．河床演变．水利水电科学院技术处，译．北京：科学出版社，180－195．

谢葆玲，1994．长江三峡水库对变动回水区河段的再造床问题［J］．水利学报，（4）：50－54．

尤联元，等，1983．影响河型发育几个因素的初步探讨［C］//第二届河流泥沙国际学术讨论会文集．662－672．

张捷，包浩生，1994．分形理论及其在地貌学中的应用［J］．地理研究，13（3）：104－111．

Feng Jinliang，Zhange Wen，1999. The Evolution of the Modern Luan－He River Delta，North China［J］. Geomorphology，25（3，4）：269－278．

Gupta V K，Waymire E，1989. Statistical Self－similarity in River Networks Parameterized by Elevation［J］. Water Resources Research，25（3）：463－476．

Horton R E，1945. Erosional Development of Streams and Their Drainage Basins：Hydrophysical Approach to Quantitative Morphology［J］. Geol Soc Amer. Bull.，56：275－370．

Jin Desheng，Chen Hao，Cuo Qingwu，1999. A Preliminary Experimental Study on Non－linear Relation of Sediment Yield to Drainage Network Development［J］. International Journal of Sediment Research，14（2）：9－18．

Jin Desheng，Chen Hao，Guo Qingwu，2001. Material Component to Non－linear Relation between Sediment Yield and Drainage Network Development：A Flume Experimental Study［J］. Journal of Geographical Sciences，11（3）：271－381．

La Barbera P，Rosso R，1989. On the Fractal Dimension of Stream Networks［J］. Water Resources Research，25（4）：735－741．

Langbein W B，Leopold L B，1964. Quasi－equilibrium State in Channel Morphology［J］. Amer. J. Sci.，262：782－794．

Leopold L B，Langbein W B，1962. The Concept of Energy in Landscape Evolution［J］. U. S. Geol. Survey，Prof. Paper，500～A：20．

Mesa O J，Gapta V K，1987. On the Main Channel Length－area for Channel Networks［J］. Water Resource Research，23（11）：2119－2122．

Nikora V I，1991. Fractal Structures of River Plan Forms［J］. Water Resources Research，27（6）：1327－1333．

Robert A，Roy A G，1990. On the Fractal Interpretation of the Main Stream Length Drainage Area Relationship [J]. Water Resources Research, 26 (5): 839 - 842.

Roger Mousa, 1997. Is the Drainage Network a Fractal Sierpinski Space? [J]. Water Resources Research, 33 (10): 2399 - 2408.

Ross R Bachi, B Barbera P La, 1991. Fractal Relation of Mainstream Length to Catchment Area in River Networks [J]. Water Resource Research, 27 (3): 381 - 387.

Scheidegger A E, 1967. A Stochastic Model for Drainage Patterns into an Intramontane Trench [J]. Bulletin Intern. Assoc. Science. Hydro. , 12: 636 - 638.

Scheidegger A E, 1967. Random Graph Patterns of Drainage Basins [J]. Inter. Assoc. Sci. Hydro Pub. , 76: 415 - 425.

Schumm S A, 1974. Geomorphic Thresholds and Complex Response of Drainage Systems [J]. In Fluvial Geomorphology (edited by M. Morisawa) Publications in Geomorphology. SUNY Binghamton, New York: 299 - 310.

Schumm S A, 1977. The Fluvial System [M]. New York: John Wiley & Sons: 338.

Schumm S A, 1993. River Response to Baselevel Change: Implications for Sequence Stratigraphy [J]. Jour. Geology, v. , 101: 279 - 294.

Schumm S A, Beathard R M, 1976. Geomorphic Thresholds: An Approach to River Management: In Rivers 76 [J]. American Soc. Civil Engineers, New York, v. 1: 707 - 724.

Schumm S A, Khan H R, 1972. Experimental Study of Channels Pattems [J]. Geol. Soc. Amec. Bali. , 83 (6): 1755 - 1770.

Schumm S A, Mosley M P, Weaver W E, 1987. Experimental Fluvial Geomorphology [M]. John Wiley & Sons, New York, 413pp.

Schumm S A, Parker R S, 1973. Implications of Complex Response of Drainage Systems for Quaternary Alluvial Stratigraphy [J]. Nature, Physical Sci. , v. 243: 99 - 100.

Shreve R L, 1966. Statistical Law of Stream Numbers [J]. J. Geol. , 74: 17 - 37.

Shreve R L, 1967. Infinite Topologically Random Channel Network [J]. J. Geol. , 75: 179 - 186.

Shreve R L, 1969. Stream Length and Basin Areas in Topologically Random Channel Networks [J]. J. Geol. , 77: 397 - 414.

Smart J S, 1969. Topological Properties of Channel Networks [J]. Geol, Soc. Amer. Bull. , 80: 757 - 774.

Smart J S, 1973. The Random Model in Fluvial Geomorphology [J]. In Fluvial Geomorphology, ed. by M Morisawa, Publications in Geomorphology, State University of New York, Binghamton, New York, 13901, 314.

Tanzhou Luo, 1992. Fractal Structure and Properties of Stream Networks [J]. Water Resource Research, 28 (110): 2981 - 2988.

Tarboton D G, Bras R L, Rodriguez I A, 1992. Physical Basis for Drainage Density [J]. Geomorphology, 5 (1 - 2): 59 - 76.

Wood L J, Ethridge F G, Schumm S A, 1993. The Effects of Rate of Base - level Fluctuation on Coastal - plain, Shelf and Slope Depositional Systems: an Experimental Approach [J]. In Posamentier H W, Summerhayes C P, Haq B V and Allen, GP, Sequence Stratigraphy and Facies Associations: Internat. Assoc. Sedimentologists, Spec. Pub. , 18: 43 - 53.

Маккавеев Н И, Н В Хмелева, Н ВЛебедева, 1961. Экспериментальная Геоморфология [M]. Изд - во МГУ.

第
16
章

人类活动对河型成因演变影响实验研究

16.1 概述

16.1.1 引言

在人们改造利用河流的活动中，小到保坍护岸、修浚浅滩，大到裁弯取直，筑坝建库，乃至河道渠化，河道必然会局部地、暂时地失去平衡而不稳定，在一定时段和河段范围内，河道将进行自我调整。在调整过程中，河流变量的性质有可能发生变化，河相关系及消能率特征便成为人们研究这类河道的关键问题（金德生，1989）。

本书根据国家自然科学基金资助课题"大坝上下游河道演变趋势实验研究"（项目编号：总852939，地85055）的总结内容，研究大坝修建后，模型小河的塑造过程、变量性质、河相关系、消能率及耗散结构等问题。

水库大坝对河流上下游河道演变的影响，早在20世纪20年代即引起人们的注意（Lauson，1925）。至30—40年代，Sonderegger（1935）、Hathaway（1948）已专门著文探讨大坝下游的冲刷、河床高程降低及河道演变等问题。50—70年代，涉及大坝对河流系统影响的文章，大致每隔10年增加一倍，70年代这类文章达到了高峰，所研究的课题涉及面很广，从大坝上游淤积、河床抬高，到下游河道含沙量变化、纵剖面调整、河宽变化、河床物质粗化及抗冲铺盖层的形成、沉积物组成的变化、河型转化，以及生态环境的影响等，除了野外观测研究、水槽模拟实验外，还进行了计算机数字模拟等。

20世纪80年代初，在美国科罗拉多州的Fort Collins，专门就分汊河道整治及水库下游的河道演变召开了一次工作会议，并出版有关论文集。此后，较出色的研究成果，如Williams等（1984）系统地介绍了美国21个水库大坝下游河道演变过程与研究所得的结论。

在我国，自20世纪50年代以来，三门峡水库、官厅水库、丹江口水库，以及世纪末长江三峡水利枢纽、黄河小浪底水库等修建后，上、下游河道发生的变化引起人们的注意。清华大学水利系，水电部水利水电科学院、黄河水利委员会、长江水利委员会及中国科学院地理研究所地貌室等对诸如水库淤积问题、水库下游再造床过程中的含沙量变化、冲刷范围、含沙量恢复饱和距离、河道冲刷量与水库淤积量的关系、河床粗化与抗冲铺盖层的作用、河道纵剖面调整、横断面调整与河宽变化、堤岸险性发展及河型转化、水库上游河道淤积末端的确定等问题，均做过一定的研究，取得了显著成果。近年来，关于三峡水利枢纽兴建后，上、下游河道演变及生态环境将会发生什么样的改变更受到了各方面的重视，有关部门组织了综合性的论证，经多学科数以千计的专家学者反复研究，已初步取得了基本看法，也引起国外学者的关注，有的成果在我国已公开出版，目前还将进一步研究与论证，是有待深入研究的重要课题之一。

结合水利工程的进行，已开始了大量关于大坝上、下游河道演变的水力泥沙比尺模型验，及为数不多的自然模型实验（尹学良，1963；黄河下游研究组，1960），可为解释和解决多沙河流上建库后水库淤积和河道冲刷问题提供科学依据。

16.1.2　实验概况

在过程响应河道模型造床实验基础上，获得了三种基本河型，即蜿蜒弯曲（弯曲河型），江心洲分汊（分汊河型）及散乱游荡（游荡河型），对这三种基本河型分别进行大坝修建后及水库水沙过程运行方式对水库上、下游三类河型影响的模拟实验。

以三峡水利枢纽修建后的运行方式进行弯曲及分汊河型影响实验，以三门峡水库的两种运行方式进行游荡河型影响实验；并选择长江中游长 162.3km 的上荆江及 184.2km 的下荆江代表弯曲河型 A 及 B，以及长江下游湖口以下长 193.4cm 的安徽河段代表分汊河型，黄河下游长 64km 花园口—柳园口河段代表流荡河型，分别进行大坝下游人控河床塑造过程的研究。至于大坝对上游河道影响实验，则仅仅以水库水位变幅对分汊河型影响作为代表。

实验比尺及有关条件列于表 16.1-1 中，具体的水沙过程，对于曲流 A 及曲流 B 见表 16.1-2 和表 16.1-3，分汊河型及游荡河型见表 16.1-4 和表 16.1-5。对曲流影响的实验时间定为 10 年，对分汊及游荡河型影响的实验时间定为 5 年。实验历时长短的选择，主要考虑不同河型的演变速率有所不同，弯曲河型有较缓慢的演变速率，故取较长时段；而分汊河型有相对较快的演变速率，应取相对较快的速率；游荡河型的演变速率则更快，故应取更短的时段。天然河段受大坝影响后，其调整时段实际上要长得多，但由于实验时间有限，故未进行更长时间的实验，权且对分汊及游荡河型的影响均取相同时段，这也是本项实验的不足之处。大坝对上游河道实验采用四级库水位变化，并取分汊河型做代表，主要考虑分汊河型属于弯曲与游荡河型间的过渡河型，有较大的敏感性，通过这类河型的变化，便可略见一斑，另外，也是出于节时高效的考虑。人控河道造床实验总历时 1013.3h，共进行 58 个测次。其中，大坝下游曲流演变趋势 16 个测次，分汊河型演变趋势 18 个测次，大坝上游河道演变趋势 4 个测次，游荡河型演变趋势 20 个测次。

表 16.1-1 人控河道演变趋势验证实验比尺

河型		河长 L/m	河宽 W/m	水深 H/m	流速 V/(m/s)	断面面积 S/m²	流量 Q/(m³/s)	比降 J_{ch}	糙率 n	床沙中径 D_{50}/mm
曲流 A	原型 P	162800	3137	12.70	0.72	39840	35000	0.593×10^{-4}	0.05	0.233
	模型 M	25.80	0.297	0.031	0.217	0.0092	0.002		8	0.340
	比尺 λ	6300	10562	410	3.32	4.33×10^6	1.75×10^7	0.00323	0.02	0.685
曲流 B	原型 P	184200	2610	1300	0.81	3.393	26000	0.362×10^{-4}	0.04	0.169
	模型 M	2925	0.209	0.05	0.22	0.0105	0.0023		1	0.34
	比尺 λ	6300	12388	260	3.68	3.23×10^6	1.13×10^7	0.00333	0.03	0.497
游荡型	原型 P	64000	2550	1.50	0.47	3325.0	5000			0.10
	模型 M	15	1.227	0.0119	0.137	0.025	0.002	0.0133	0.044	0.34
	比尺 λ	4267	20.8	126	3.43	1.525×10^6	2.5×10^6		4	0.294
分汊型	原型 P	193400	2100	16.09	1.19	33800	40200	0.217×10^{-4}	0.02	0.20
	模型 M	22.20	0.906	0.0128	0.1835	0.011305	0.002		5	0.205
	比尺 λ	8711.7	2317.9	1257.0	6.49	2.99×10^6	2.01×10^7	0.487×10^{-2}	0.02	0.08

河型		起动流速 V_0/(m/s)	含沙量 ρ/(g/L)	宽深比 W/H	稳定性指标 K	时段 t	Re	Fx	时段 P
曲流 A	原型 P		1.52	4.41	0.31	1a	9.05×10^6		1a
	模型 M		0.117	17.53	3.4	10.90min	6660		26.6h
	比尺 λ		13.05	0.25	0.09	48350			363
曲流 B	原型 P		1.08	3.83	0.36	1a	1.04×10^7		1a
	模型 M		0.03	9.14	2.04	32.2min	10891		16.0h
	比尺 λ		36.00	0.43	0.18	16335			548
游荡型	原型 P		50.00	33.67		1a	6.98×10^5		1a
	模型 M		2.40	122.01	2.15	2.23min	1614		2.23min
	比尺 λ		20.83	0.276		3920			
分汊型	原型 P	0.38	0.31	2.85	0.57	1a	1.90×10^7	0.09	1a
	模型 M	0.17	0.273	74.4	3.29	13.39min	2326	0.52	18h
	比尺 λ	0.24	0.115	0.038	0.17	39260			487

表 16.1-2 曲流 A 水沙过程

原/模	水沙条件	平滩	1—4 月	5—6 月	7—9 月	10 月	11—12 月	全年平均
原型 P	流量 Q/(m³/s)	85000	5795	15849	26758	9640	7831	13700
	含沙量 ρ/(kg/m³)	1.52	0.017	0.167	0.452	0.188	0.038	0.324
	$Q/Q_平$	1.0	0.166	0.452	0.765	0.275	0.224	0.391
	$P/P_平$	1.0	0.011	0.110	0.297	0.124	0.025	0.213
	时间/月		4	2	3	1	2	12

续表

原/模	水沙条件	平滩	时 段					
			1—4 月	5—6 月	7—9 月	10 月	11—12 月	全年平均
模型 M	流量 Q/(L/s)	2.0	0.33	0.91	1.53	0.55	0.45	0.78
	含沙量 ρ/(g/L)	7.0	0.078	0.769	2.082	0.366	0.175	1.492
	加沙率 Q/(g/min)	14.0	1.56	42.00	191.10	23.56	4.74	69.84
	时间/h		3.92	4.46	6.69	2.23	4.46	26.8

表 16.1-3　　　　　　　　　　曲 流 B 水 沙 过 程

原/模	水沙条件	平滩	时 段					
			1—4 月	5—6 月	7—9 月	10 月	11—12 月	全年平均
原型 P	流量 Q/(m³/s)	26000	5348	11513	18767	8012	7286	10500
	含沙量 ρ/(kg/m³)	1.08	0.027	0.197	0.787	0.299	0.061	0.480
	$Q/Q_平$	1.0	0.214	0.443	0.722	0.291	0.281	0.404
	$P/P_平$	1.0	0.025	0.182	0.792	0.277	0.056	0.518
	时间/月		4	2	3	1	2	12
模型 M	流量 Q/(L/s)	2.3	0.47	1.02	1.66	0.71	0.64	0.93
	含沙量 ρ/(g/L)	1.3	0.046	0.855	1.386	0.538	0.101	0.727
	加沙率 Q/(g/min)	4.14	0.021	0.862	2.300	0.382	0.065	0.676
	时间/h		6.6	3.3	4.95	1.65	3.3	19.8

表 16.1-4　　　　　　　　　　分 汊 河 型 水 沙 过 程

原/模	水沙状况	平滩条件	蓄 水 拦 沙					滞 洪 排 沙					
			时 段					时 段					
			1—2 月	3—6 月	7 月	8—10 月	11—12 月	1—2 月	3—5 月	6 月	7 月	8—10 月	11—12 月
原型 P	流量 Q	5000	898.3	1223.4	2162.0	8018.9	1821.7	583	1320	738	1868	2664	977
	含沙量 ρ	50	3.07	9.02	7~8	9	9.88	10.5	13.6	18.6	49.7	8	13.9
	$Q/Q_平$		0.08	0.25	0.48	0.60	0.32	0.118	0.264	0.157	0.374	0.054	0.195
	$P/P_平$		0.048	0.221	1.206	0.581	0.312	0.118	0.359	0.214	1.857	9~10	0.272
	时间/月		2	4	1	3	2	2	3	1	1	1~2	3
模型 M	流量 Q	2.0	0.16	0.50	0.88	1.20	0.65	0.28	0.58	0.31	0.75	1.07	0.39
	含沙量 ρ	4.8	1.44	2.12	3.73	2.32	2.8	2.48	3.251	3.314	11.885	18.186	7.458
	加沙率 Q_s		18.8	33.7	847.3	137.7	89.9	33.96	13.39	61.63	534.82	1167.5	87.84
	时间/h		4	8	2	6	4	2	3	1	1	1~2	2

表 16.1 - 5   游 荡 河 型 水 沙 过 程

原/模	水沙条件	平滩	时 段					
			1—4 月	5 月	6—9 月	10 月	11—12 月	全年平均
原型 P	流量 $Q/(m^3/s)$	40200	15780	35867	44400	30212	20031	29200
	含沙量 $\rho/(kg/m^3)$	0.227	0.015	0.15	0.327	0.236	0.030	0.127
	$Q/Q_平$		0.39	0.89	1.104	0.75	0.498	0.726
	$P/P_平$		0.066	0.661	1.441	1.040	0.132	0.559
	时间/月		4	1	4	1	2	12
模型 M	流量 $Q/(L/s)$	2.0	0.79	1.78	2.21	1.5	1.00	1.45
	含沙量 $\rho/(g/L)$	0.136	0.009	0.090	0.196	0.141	0.018	0.106
	加沙率 $Q/(g/min)$	16.35	0.43	9.6	26.0	12.7	1.08	9.23
	时间/h		6.0	1.0	6.0	1.5	3.0	18.0

16.2 人控河床塑造过程实验

模型人控河床塑造过程有下列特征：①下游河道演变过程中，河床质递推式粗化及复原，河床演变的滞后效应及反馈机制被强化；消能率调整与河道形态调整间由非一致性而后达到协调一致，不同的河型具有各自调整倾向性；②上游河道演变具有基面上升型及下降型两类基本特征；③总体上，大坝下游河道演变属于上游控制型，而大坝下游河道演变属于上游控制型；④不论是上游控制型还是下游控制型的人控河道演变，水、沙因素对地质地貌因素有着明显的响应，从而反作用影响人控制河道的演变发育趋势（金德生，1989）。

16.2.1 不同河型造床过程的共性

河型不同，造床过程也各不相同，但蕴涵着共同的规律。

1. 平衡稳定性与非平衡稳定性

不论塑造哪种河型，除了弯曲河流预制曲流给予相对平衡的输沙条件外，其余均预制顺直梯形横断面小河，逐渐发育成所要求的特定河型，在模型小河塑造过程中，模型小河通过自我调整，演变速率由大变小，河道的外部轮廓保持相对不变，河型相对趋向稳定。然而，这种河型的稳定性，可以是输沙平衡，也可以是输沙不平衡的。

例如，弯曲河型是相对平衡的；游荡河型则是相对不平衡的，平衡只是特例。它们可以是来沙量小于输沙量形成的冲刷游荡河型，也可以是来沙量大于输沙量的淤积型游荡河型。对于分汊河型来说，则是处于准平衡状态下的稳定河型。

2. 模型河床形态的耗散结构特性

在河型塑造过程中，可以看到，各测次中河型要素的沿程变化有明显的有序结构。例如，河宽沿程宽窄相间，水深沿程深浅交替，从而出现宽浅断面和窄深断面相间的藕节状分汊河型，或者出现具有规则波长波幅的弯曲河型。对于某一断面而论，随着时间的推进，出现类似于空间上分布的有序结构。在游荡河型中，这种现象同样存在，不过略为微弱罢了。河床形态在空间上的规则交替和时间上的周期变化是在物质流不平衡条件下出现的宏观时空有序结构，即是一种耗散结构。

在以往的造床实验中，人们强调一定的输沙平衡条件才能获得某种特定的河型。事实上自然界的河流总是不平衡的，平衡只是相对的。在实验室中，即使流量恒定，边界条件也相对匀一，只是物质流即输沙率的不平衡，最终也会形成河床形态的有序结构。这是因为在造床之初给予模型小河的初始条件不可能是平衡的。即使模型设计以相对平衡和稳定条件为前提，当放水运行时，流量和加入沙量可以恒定，但挟沙能力往往大于水流的含沙量，模型小河会具有较大的能量消耗率。随着时间的推移，在模型小河与边界之间进行物质交换时，不断耗散能量，由河岸攫取大量物质向下游输送。在这个过程中，由于某种随机因素的干扰（例如，即使铺设二元相河漫滩十分仔细，河岸或者河漫滩物质的不均匀性还是避免不了），在易于侵蚀的地段，水流捕获较多物质，从而使水流有较高的含沙量，挟沙能力大大降低，于是毗连的下一个河段，因水流无力挟带泥沙而沉积下来，河岸被淘刷也不能保持其原有形态。在下一个河段水流含沙量减少，挟沙能力复又增大，又出现类似于前一个河段的状态……随着时间的推进，某一河段也同样出现这种现象。当模型小河处于不平衡条件下时，通过非线性动力机制的自组织作用，便形成宏观上有序的具有耗散结构形态特征的河型。

3. 泥沙运动的波状递推性

在造床过程中，泥沙的运移同样反映了耗散结构的特征。造床之初除了弯曲河型在预制曲流时，深槽与浅滩物质呈相应粗细交替外，其余两种河型的河床组成物都是均匀的中砂，随着放水运行及时间推进，河床组成物由无序通过调整转向有序；在空间上粗细相间分布，在水流作用下呈波状向下游递推。在同一断面上，也可以看到周期性粗细交替。造床中还可以看到，当耗能率由大变小时，泥沙运动由无序转向有序。这种现象除了能耗率的变化外，也与模型小河系统中物质输入的扰动有关。如，来沙量的增减及颗粒大小的变化：若来沙量由粗变细，且由多变少，易于由无序转向有序；相反，当来沙量由少变多，颗粒由细变粗，消能率相应增大，则有序又可能被破坏而转向无序。显然，这是系统外干扰引起的另一种自组织现象，即有序的周期交替特征。在分汊河型的造床实验过程中这种特征表现得相当突出。

4. 均变的简单响应及突变的复杂响应

在给定流量塑造各种河型时，河床的变化过程是比较简单的，尽管有线性及非线性变化，但属单调增减；河弯或断面形态的沿程变化和随时间在宏观和长时段中都以渐变方式出现。

当外在因素，如侵蚀基准面或来水量突然变化时，便出现失稳状态。河床系统的响应并非单调变化，而是复杂响应。例如，在分汊河型造床实验过程中，为使其充分发育，将相对稳定的分汊模型小河人为失稳，降低侵蚀基准面，河口地段强烈下切，汊河弯曲率迅速增大，汊河主槽冲刷，形成一级阶地，同时凸岸边滩下切和溯源侵蚀，切割边滩形成江心洲，弯曲老汊很快为顺直新汊代替，新主汊又弯曲，出现第二级凸岸边滩，汊河中物质变细，其弯曲率略小于老汊弯曲率时就发生二次切滩，形成二级阶地，从而使基准面下降，出现了江心洲中套江心洲的复杂响应。

在流量突然由大变小时，也会出现类似现象。例如，在进行弯曲河型的造床过程中，从大的一级平滩流量下降到低一级平滩流量时，老的凸岸边滩前缘出现新的低一级边滩。在调整过程中，边滩被切而形成新的江心洲。河道进一步下切再形成新的边滩，如此等等。这是两种不同方式的复杂响应，流量改变属上游控制，除了干流流量变化直接引起外，支流流量的突然变小也同样会出现这种情况。基准面变化属下游控制，可以由海平面变化及局部基准面变化引起，在实验室内则很难分辨清楚。

16.2.2 不同河型造床过程的差异性

对于不同的河型，河型塑造过程的演变速率、物质补偿特征、耗能率及河床演化的倾向性有所不同。

1. 河床演变速率

分析表明，弯曲河型的演变速率远小于其他两种河型的演变速率，即使弯曲河型的调整与塑造已预制了曲率大于1.5的模型弯曲小河，但还是用了近100h才获得比较理想的背景曲流。游荡河型演变最快，仅几个小时河道便展宽到100cm以上。分汊河型则介乎中间。它们在头50h内分别展宽40～50cm、200cm和72cm，其演变速率：弯曲河型为0.8～1.0cm/h，游荡河型为3.6cm/h，分汊河型为1.3cm/h。显然，这与它们的边界条件密切有关。分汊及游荡河型的造床流量均为2L/s，尽管弯曲河型有较大的流量，由于它们具有不同的河岸结构和物质组成，弯曲河型最密实，分汊河型次之，游荡河型最疏松，从而使游荡河型最易拓宽，有较大的演变速率。

2. 物质补偿特征

在进行实验共性分析时，涉及物质运移的波状递推性，而差异性分析则强调物质的均衡补偿特征。在游荡河型造床实验过程中往往见到即使大量加沙，仍然导致上游河段冲刷而下游河段加积，当供沙量过多时，上游加积，下游反而冲刷，基本上多来多排、少来少排。对于弯曲和分汊河型，这种状况不太明显，主要表现为来多排少和来少排多，最后来排相当。

3. 消能率特征

在三种河型塑造过程中，不难发现，弯曲河型有最小的消能率，游荡河型的消能率最大，分汊河型的消能率介乎两者之间。当塑造成比较理想的河型时，弯曲河型的单位面积消能率为0.03cm·m/(m·s)，游荡河型为0.1～0.24cm·m/(m·s)，分汊河型为0.07～0.10cm·m/(m·s)。在造床过程中，弯曲河型的消能率变化范围为0.09～0.03cm·m/(m·s)，游荡河型的消能率大于0.13cm·m/(m·s)，分汊河型为0.11～0.047cm·m/(m·s)。在分汊河型中，主汊的消能率大于支汊，主汊的消能率范围为0.114～0.082cm·m/(m·s)，支汊为0.10～0.047cm·m/(m·s)（图2.3-11）（金德生，1989）。显然，随着曲率的增大及宽深比的变小，消能率趋向最小，不同的河型有不同的量值。

4. 河型演化的倾向性

在造床实验过程中，一条顺直模型小河可以发育成弯曲河型，也可以形成分汊或游荡河型。顺直河型有向各种河型发展的不同倾向性。当顺直模型小河向弯曲河型发展时，水流因随机干扰而导致弯曲，不断发育成弯曲河型，很难切割凸岸边滩，即便切割，新河道以较快速率发育成弯曲河型。在顺直河型向分汊河型发展时，其间经过短暂的深泓弯曲河型发育阶段，当有一定程度的弯曲时，某上河段便发生分汊，可以是潜边滩被切形成潜洲，进而形成江心洲，也可以是切割凸岸边滩而形成江心洲。一旦有一个河段出现分汊，整个模型小河将很快形成江心洲分汊河型。这在二元相结构的河漫滩物质中塑造成的江心洲河型往往具有这种倾向性。在边界条件比较松散的模型小河中发育江心洲河型及上述分汊河型生成后再分汊时，往往具有堆积心滩向潜洲发育及最后形成江心洲的演化倾向性。因为在二元相结构中形成的分汊河型中，新汊道的边界物质比较疏松，河岸高度比较大，具有与在较疏松边界条件中发育江心洲分汊河型相似的演变倾向性。这种情况与野外观测到的现象十分类似（中国科学院地理所，1977、1986；金德生，1978、1987）。

至于顺直小河向游荡河型发展时，由于水流散乱，很快地形成外形顺直的游荡模型小河，其扩宽过程以自下游向上游的溯源方式进行。因此，在较窄的河段，也可以看到短暂的水流弯曲阶段，但很难形成有序的深泓弯曲河型。只有当有少量细物质输入模型小河，才出现宏观上十分不明显的宽窄相间、展宽段具有散乱的心滩堆积的游荡河段，很难向稳定分汊河型转化。这种不同的演化倾向性与模型小河中能量消耗率及物质输移补偿方式密切有关，前已作了阐述，这里不再赘述。

16.3　河相关系分析

为了获得大坝修建后人控河道的河相关系，在已给出的量纲分析河相关系的基础上，进一步考虑流量、比降及床沙组成等以外的因素，如，边界条件，即河漫滩结构、河岸高度比（H_s/H_m）及湿周中粉黏粒含量（M）对河道的影响。由于游荡河型的边界比较单一，因此侧重分析了该两因素在人控弯曲分汊河的河相关系中的作用，并运用统计方法，分别检验了 $Q_v(Q/D_{50}^2)$、H_s/H_m 及 M 三个因素的重要性及影响的程度。

16.3.1　平面河相关系

平面河相关系侧重分析了弯曲河型及分汊河型的波长波幅比与流域水沙因子 $[Q_v(Q/D_{50}J_v)]$、河岸高度比（H_s/H_m）及湿周粉黏粒含量（M）的关系，河相关系式的系数、指数和检验值列于表 16.3-1 和表 16.3-2。获得的波长波幅比的关系式如下。

1. 弯曲河型

$$\frac{L}{A} = 4.06\left(\frac{Q}{D_{50}^2\sqrt{gD_{50}J_v}}\right)^{-0.033}\left(\frac{H_s}{H_m}\right)^{-0.159} \tag{16.3-1}$$

$$\frac{L}{A} = 3.21\left(\frac{Q}{D_{50}^2\sqrt{gD_{50}J_v}}\right)^{-0.035}M^{-0.066} \tag{16.3-2}$$

曲流 A 和曲流 B，分别有：

$$\left(\frac{L}{A}\right)_{曲A} = 4.081\left(\frac{Q}{D_{50}^2\sqrt{gD_{50}J_v}}\right)^{0.039}\left(\frac{H_s}{H_m}\right)^{-0.182} \tag{16.3-3}$$

$$\left(\frac{L}{A}\right)_{\text{曲}B}=4.081\left(\frac{Q}{D_{50}^2\sqrt{gD_{50}J_v}}\right)^{-0.334}M^{-0.031} \quad (16.3-4)$$

2. 分汊河型

分别有
$$\frac{L}{A}=0.05\left(\frac{Q}{D_{50}^2\sqrt{gD_{50}J_v}}\right)^{-0.048}\left(\frac{H_s}{H_m}\right)^{-0.851} \quad (16.3-5)$$

$$\frac{L}{A}=4.89\left(\frac{Q}{D_{50}^2\sqrt{gD_{50}J_v}}\right)^{-0.060}M^{-0.156} \quad (16.3-6)$$

3. 受大坝影响上游分汊河型

$$\left(\frac{L}{A}\right)_{\text{汊上}}=49000\left(\frac{Q}{D_{50}^2\sqrt{gD_{50}J_v}}\right)^{0.474}\left(\frac{H_s}{H_m}\right)^{-0.742} \quad (16.3-7)$$

$$\left(\frac{L}{A}\right)_{\text{汊上}}=2119\left(\frac{Q}{D_{50}^2\sqrt{gD_{50}J_v}}\right)^{0.375}M^{-2.56} \quad (16.3-8)$$

表 16.3-1　　　　人控模型弯曲小河河相关系式的系数、指数及检验值

关系	a	b_1	b_2	R	b_1'	b_2'	t_a	t_b	Q_v'	$\Delta H'$	M'
$W-Q_v'\Delta H$	10.84	0.288	0.488	0.86	0.73	0.28	-4.57	1.57	++	+	
$H-Q_v'\Delta H$	1.79	0.122	0.667	0.68	0.35	0.49	1.57	2.23	+	+	
$L-Q_v'\Delta H$	1.14×10^4	0.0033	0.214	0.28	0.01	0.23	0.05	0.78	-	+-	
$A-Q_v'\Delta H$	2850.12	0.086	0.373	0.04	0.18	0.33	0.46	1.21	-	+-	
$L_{\text{上}}'-Q_v'\Delta H'$	37.38	0.425	-0.084	0.32	0.85	-0.06	3.23	0.29	++	-	
$L_{\text{下}}'-Q_v'\Delta H'$	7.86×10^4	-0.112	0.227	0.64	-0.89	0.46	0.37	1.81	-	+	
$A_{\text{上}}'-Q_v'\Delta H'$	7.77	0.464	0.098	0.84	0.80	0.08	2.29	0.22	++	-	
$A_{\text{下}}'-Q_v'\Delta H'$	8.84×10^5	-0.223	0.253	0.57	-0.46	0.28	0.98	0.61	+-	-	
$W'-Q_v'M'$	8.77	0.208	0.562	0.91	0.53	0.52	3.37	3.55	++		++
$H'-Q_v'M'$	2.38	0.067	0.378	0.69	0.16	0.68	0.19	2.1	-		++
$L'-Q_v'M'$	6831.2	-0.882	0.798	0.66	-0.35	0.79	1.78	3.07	+		++
$A'-Q_v'M'$	19898	-0.049	0.359	0.34	-0.17	0.72	0.65	2.69	-		++

注　a 为系数；b_1、b_2 为指数；R 为复相关系数；b_1'、b_2'为标准回归系数；t_a、t_b 为自变量 T 的检验值；W'、H'、L'、A'、Q_v' 及 $\Delta H'$、M'分别为 W/D_{50}、H/D_{50}、L/D_{50}、A/D_{50}、$Q/[D_{50}^2(gD_{50}J_v)^{0.5}]$ 及 ΔH、M 的对数；下同。

表 16.3-2　　　　人控模型分汊小河河相关系式的系数、指数及检验值

状态	关系	a	b_1	b_2	R	b_1'	b_2'	t_a	t_b	Q_v'	$\Delta H'$	M'
	$W-Q_v'\Delta H'$	23.80	0.474	-0.125	0.97	0.93	-8.00	0.52	0.79	+++	-	
	$H-Q_v'\Delta H'$	0.113	0.230	0.172	0.95	1.07	0.14	7.25	1.00	+++	-	
	$L-Q_v'\Delta H'$	0.054	0.076	0.837	0.88	0.98	0.38	4.48	1.63	++	+	
人控	$A-Q_v'\Delta H'$	1.089	0.124	-0.014	0.87	0.94	-0.01	4.16	0.03	++	-	
下游	$W-Q_v'M'$	4.255	0.369	-0.180	0.99	1.19	-0.29	4.42	1.07	++		+
	$H-Q_v'M'$	0.694	0.335	0.150	0.96	0.72	0.29	3.97	1.59	++		+
	$L-Q_v'M'$	591.3	0.583	0.814	0.98	0.13	0.88	0.98	6.72	+-		+++
	$A-Q_v'M'$	121.02	0.523	0.638	0.94	0.22	0.75	0.96	3.26	++		

续表

状态	关系	a	b_1	b_2	R	b_1'	b_2'	t_a	t_b	Q_v'	$\Delta H'$	M'
造床	$W-Q_v'\Delta H'$	84.73	0.537	−1.446	0.99	0.41	−0.56	0.29	9.66	++	++	
	$H-Q_v'\Delta H'$	0.0087	0.381	0.635	0.91	0.33	0.18	4.63	1.54	++	+	
	$L-Q_v'\Delta H'$	250.37	0.382	−0.494	0.95	0.68	−0.37	5.27	2.33	++	++	
	$A-Q_v'\Delta H'$	238.35	0.727	−2.397	0.97	1.29	−1.80	4.75	6.62	++	++	
	$W-Q_v'M'$	0.011	0.716	0.391	0.90	0.66	0.28	2.99	1.26	++		+
	$H-Q_v'M'$	0.212	0.307	0.198	0.91	0.69	0.32	2.97	1.36	++		+
	$L-Q_v'M'$	6.845	0.469	0.061	0.90	0.83	0.08	3.82	0.61	++		−
	$A-Q_v'M'$	2.27×10^{-5}	1.044	0.477	0.84	0.65	0.23	2.40	0.85	++		−
人控上游	$W-Q_v'\Delta H'$	4.37×10^4	0.040	−0.521	0.95	0.10	−0.86	0.11	1.02	−	+	
	$H-Q_v'\Delta H'$	4.41×10^{-6}	1.067	1.177	0.88	2.12	1.61	1.63	1.27	+	+	
	$L-Q_v'\Delta H'$	1.26×10^5	0.82	−0.674	0.95	0.14	−0.81	0.17	0.97		+−	
	$A-Q_v'\Delta H'$	0.2571	0.556	0.063	0.64	0.69	0.06	0.34	0.03	−	−	
	$W-Q_v'M'$	17.4301	0.372	0.0003	0.89	0.89	0.000	1.52	0.000	+		−
	$H-Q_v'M'$	0.0399	0.008	2.219	0.99	0.02	0.99	0.13	10.82	−		++
	$L-Q_v'M'$	3.6872	0.505	0.045	0.90	0.89	0.02	1.57	0.03	+		−
	$A-Q_v'M'$	0.0174	0.143	2.604	0.35	0.18	0.73	0.27	1.09			+

不难看出，人控模型弯曲河型的曲流波长、波幅与水力泥沙因子 Q_v、河岸高度比及湿周中粉黏粒均呈正相关。然而，当河岸高度比值较大且起主导作用时，曲流波长、波幅与水力泥沙因子 Q_v 间呈负相关关系，与河岸高度比间呈正相关。自变量 Q_v 及 M 值的标准回归系数和 T 值检验表明，当 M 值起主导作用时，亦即湿周中床沙组成作用较大，超过了流量及比降的影响时，曲流波长波幅便与 M 值呈正相关，并促使它与水力泥沙因子间呈负相关。这是因为比降与流量及床沙中径分别呈负相关及正相关，如果比降一定，湿周中 M 值起主导作用时，M 值越大，越有利于形成典型的弯曲河型，这时水力泥沙因子 Q_v 中，河床质中径也就越细，比降被调平，从而使流量的影响大大缩小。图 16.3 − 1 及式（16.3 − 9）可以说明这一点。

$$J_{ch曲}=0.0434Q_B^{-0.138}D_{50}^{0.153} \quad r=0.83 \tag{16.3 − 9}$$

如果考察一下弯曲模型小河人控曲流的波长波幅比值关系式（16.3 − 1）~式（16.3 − 4），它们与水力泥沙因子及河岸高度比 H_s/H_m 或湿周中粉黏粒含量 M 间均呈负相关关系。对比式（16.3 − 1）和式（16.3 − 2）表明：式（16.3 − 2）中粉黏粒含量百分比的指数，比式（16.3 − 1）中河岸高度比的指数要来得大。显然，若 M 值越大，则河岸高度比越小，那么 M 值在人控模型曲流塑造中的作用也就越大。

对于大坝下游的人控分汊模型小河来说，弯曲汊河的波长波幅比与水力泥沙因子及湿周中粉黏粒含量均呈正相关；波长和波幅与河岸高度比分别呈正相关和负相关。然而，波长波幅比值无论是与河岸高度比值，还是与湿周中粉黏粒含量均呈正相关。对比分析式（16.3 − 5）和式（16.3 − 6），式（16.3 − 5）中河岸高度比的指数比式（16.3 − 3）中湿周

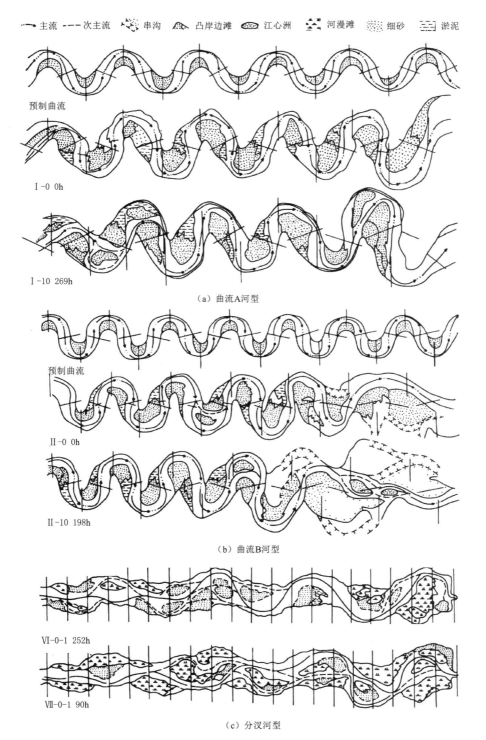

（a）曲流A河型

（b）曲流B河型

（c）分汊河型

图16.3-1　水库修建前后下游模型小河平面演变图

中粉黏粒含量的指数大好几倍。这意味着,河岸物质越疏松,越有利于波长增长率加大,促使波长波幅比值增大,河道平面轮廓便取直。与此相应,河床物质粗化,促使波长波幅比值增大,这也正是与弯曲河道不同之处。当弯曲河道受水库影响后,波长波幅比的增大主要是由于床沙粗化引起的。河岸高度比的增大仅仅有利于波长波幅的增加,由于河岸组成物较黏实,可动性小于分汊河道,波长的蠕动速率减缓,并出现压缩现象,因此,河岸高度比增大,不是使波长增大,而是缩小,于是波长波幅比反而因河岸高度比值增大而变小。

至于大坝上游受水库影响的上游分汊河型,由于局部侵蚀基面的控制,汊河水流受迫而有压缩作用,同时,床沙组成细化,导致湿周中粉黏粒含量百分比 M 大大增加,而河岸高度比较小,两者起着不同的作用。前者主要影响波幅,使波幅随 M 增大而明显增大;后者主要影响波长,使波长随 H_s/H_m 值减少而拉长,最后促使波长波幅比值较小。

16.3.2　横向河相关系

横向河相关系,同样侧重分析弯曲河型、分汊河型受大坝影响后河宽、水深与水力泥沙因子、河岸高度比、湿周中粉黏粒含量之间的关系,对游荡河型主要分析两种水库运行方式作用下河宽、水深与水力泥沙因子之间的关系。相关关系式的系数、指数及检验值见表 16.3-1 和表 16.3-2 及表 16.3-3,并由此而得宽深比值与自变量间的一系列关系式。

1. 弯曲河型

$$\frac{W}{H}=6.08\left(\frac{Q}{D_{50}^2\sqrt{gD_{50}J_v}}\right)^{0.166}\left(\frac{H_s}{H_m}\right)^{-0.252} \tag{16.3-10}$$

$$\frac{W}{H}=3.76\left(\frac{Q}{D_{50}^2\sqrt{gD_{50}J_v}}\right)^{0.152}M^{-0.021} \tag{16.3-11}$$

2. 分汊河型(大坝下游)

$$\frac{W}{H}=216.0\left(\frac{Q}{D_{50}^2\sqrt{gD_{50}J_v}}\right)^{0.235}\left(\frac{H_s}{H_m}\right)^{-0.30} \tag{16.3-12}$$

$$\frac{W}{H}=6.13\left(\frac{Q}{D_{50}^2\sqrt{gD_{50}J_v}}\right)^{0.034}M^{0.330} \tag{16.3-13}$$

3. 分汊河型(大坝上游)

$$\frac{W}{H}=10^{10}\left(\frac{Q}{D_{50}^2\sqrt{gD_{50}J_v}}\right)^{-1.027}\left(\frac{H_s}{H_m}\right)^{-1.70} \tag{16.3-14}$$

$$\frac{W}{H}=436.8\left(\frac{Q}{D_{50}^2\sqrt{gD_{50}J_v}}\right)^{0.364}M^{-2.22} \tag{16.3-15}$$

4. 游荡河型(蓄水拦沙)

$$\frac{W}{H}=30.34\left(\frac{Q}{D_{50}^2\sqrt{gD_{50}J_v}}\right)^{0.162} \tag{16.3-16}$$

5. 游荡河型(滞洪排沙)

$$\frac{W}{D}=8.45\left(\frac{Q}{D_{50}^2\sqrt{gD_{50}J_v}}\right)^{0.271} \tag{16.3-17}$$

相关分析及统计检验表明，在人控弯曲模型小河中，河宽不仅受流量影响，而且还受制于湿周中粉黏粒含量 M 的影响，受河岸高度比的影响则是次要的，水深主要受河岸高度比及湿周中粉黏粒含量 M 的影响，相对来说，水力泥沙因子的影响是次要的，由式（16.3－10）和式（16.3－11）不难看出，在流量不变情况下，河岸高度比的增大，反映河道宽深比的增大，说明大坝下游曲流有冲刷加深趋势，同时，河岸高度比的增大及床沙粗化意味着湿周中粉黏粒含量 M 降低、宽深比值变小，也反映出河道的冲刷下切趋势。

在大坝下游分汊河道中，水力泥沙因子无论对河宽还是对水深，均起着决定性作用，河宽还明显受湿周中粉黏粒含量 M 的影响，河岸高度比对水深的变化也起一定作用，但在河宽中的作用是非常有限的（表 16.3－2）。从式（16.3－12）和式（16.3－13）看，分汊模型小河的宽深比与河岸高度比呈负相关，而与湿周中粉黏粒含量、水力泥沙因子均呈正相关，一旦考虑到 M 值的作用，水力泥沙因子的影响也就大大地降低了。这或许是分汊河型受大坝影响后，河岸高度比对宽深比的影响，被水力泥沙因子引起的宽深比影响所抑制，河床粗化及河岸高度比增大引起的 M 值的减少，促使分汊河道宽深比增大，反映分汊河道连续展宽变浅的发展趋势，这是与弯曲河道受大坝影响后的不同之处所在。

当游荡河型受水库蓄水拦沙影响后，其河宽受水力泥沙因子的影响增大，而水深受水力泥沙因子的影响减少，在滞洪排沙条件下，水深受水力泥沙因子的影响更小，因此在式（16.3－16）和式（16.3－17）中，蓄水拦沙的水力泥沙因子项的指数小于滞洪排沙的影响，反映游荡河型受滞洪排沙运行影响时，河道更加宽浅，不稳定性增大；而受蓄水拦沙运行影响时，游荡程度降低，稳定性有所提高。

至于大坝对上游分汊河道的影响，当考虑水力泥沙因子与河岸高度比作用时，后者有一定影响。而当考虑水力泥沙因子与湿周中粉黏粒含量百分比 M 值的作用时，M 值是水深变化的重要标志，M 值越大，反映水库的水位越高，回水也就越远，淤积物组成也就越细（表 16.3－2）。因此，式（16.3－14）和式（16.3－15）中，出现宽深比值随河岸高度比减少而增大、随 M 值增大而减少的情况，这是与大坝对下游影响大不相同的地方。

综上所述，弯曲河型受大坝影响后，河岸高度比随着清水下切而增大，河床质粗化而使 M 值变小，曲流波长波幅比值变小，河道宽深比值变小；在分汊河型中，波长波幅比增大，河道更加宽浅；对于游荡河型，水库蓄水拦沙运行，使下游河道冲刷加深，河道稳定性提高，而水库滞洪排沙运行时，河道更加宽深而不稳定。

16.4　消能过程及消能率特征

模型小河中受水库影响后的河相关系特征与河道系统中的消能率密切相关，下面对不同类型人控模型河床的消能率过程、河床地貌形态与消能率关系、河床物质与消能率关系以及河道子系统中的耗散结构作一介绍。

16.4.1　人控模型河床的消能过程

对于人控模型河床受大坝影响后，不同的河型具有类似的消能过程，其共同特点是：下游河道消能率随时间演进而趋向最小，上游河道随水库临时基面升高而趋向最小。

16.4.1.1　全程随时消能过程

1. 弯曲河型

对于曲流 A 的全河段平均消能率，在 10 个水文年中，出现两个谷值和一个峰值。谷值位于第 2～4 个及第 10 个水文年，峰值在第 6 个水文年。显然，总趋势是消能率变小，并存在着波动现象（图 16.4-1）。

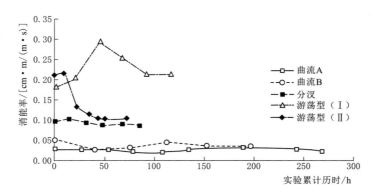

图 16.4-1　大坝修建后模型小河输沙率变化过程

2. 分汊模型小河

第 1 个水文年（13h 30min）具有较大的消能率，第 3 个水文年（46h 30min）达最小值，随后又变大，总趋势变小的过程中也存在着波动性（图 16.4-1）。

3. 游荡模型小河

图 16.4-1 中，游荡河型水库蓄水拦沙及滞洪排沙运行的情况，都存在不同程度的波动性，但两者有不同的波动方式，水库蓄水拦沙运行时，第 1 个水文年消能率并不大，到第 2 个水文年（44h）时有最大的消能率，随后逐年下降；而水库滞洪排沙运行时，第 1 个水文年（10h）有最大的消能率，第 3 个水文年（34h）时有所下降，第 4 个水文年（46h）时略有增加，而后又降低。

16.4.1.2　沿程逐段消能过程

除了各河型平均消能过程具有随时间的波动性特征外，还具有沿程各断面空间上的交替特征，统计分析表明，可以用沿程各断面消能率的标准差 $\omega\delta$ 描述这一特征，具体如下。

（1）弯曲模型小河。

$$\omega\delta_A = 0.011 \text{cm} \cdot \text{m}/(\text{m} \cdot \text{s})$$

$$\omega\delta_B = 0.006 \sim 0.035 \text{cm} \cdot \text{m}/(\text{m} \cdot \text{s})$$

（2）分汊模型小河。

$$\omega\delta_C = 0.023 \text{cm} \cdot \text{m}/(\text{m} \cdot \text{s})$$

（3）游荡模型小河。

1）蓄水拦沙 I：　$\omega\delta_D = 0.123 \sim 0.255 \text{cm} \cdot \text{m}/(\text{m} \cdot \text{s})$

2）滞洪排沙 II：　$\omega\delta_E = 0.052 \sim 0.171 \text{cm} \cdot \text{m}/(\text{m} \cdot \text{s})$

从表 16.4-1 不难看出，游荡河型具有最大的沿程消能率标准差，弯曲河型具有较小的沿程消能率标准差值，分汊河型则介于中间，从某河型本身而论消能率沿程标准差随曲率增大而减少，例如，曲流 B 的曲率大于曲流 A，具有最小的消能率标准差值；在分汊河型中，分汊消能率沿程标准差小于主汊；在游荡河型中，冲刷型消能过程有较大的沿程消能率标准差，淤积型消能过程有较小的沿程消能率标准差；从整个河型系列来看，沿程消能率标准差值变小的势趋与消能率趋向最小值的趋势是一致的。

16.4.2 河床地貌形态与消能率关系

运用相关分析方法，将模型小河大坝影响后的形态要素，如，河宽、水深、河床起伏度、曲流波长、波幅、弯曲率与消能率建立联系，获得一系列系数和指数值（表 16.4-1），以及模型小河河型要素的标准差值（表 16.4-2），由此分析不同河型受大坝影响后河床形态的不同变化，从而进一步分析河相关系的机理。

表 16.4-1 模型人控小河形态与消能率关系式的系数与指数值

关系	曲流 A		曲流 B		分汊		游荡 I		游荡 II	
	系数	指数	系数	指数	系数	指数	系数	指数	系数	指数
$W-\overline{\omega}$	20.35	-0.244	2024.4	0.093	4.020	-0.513	555.47	0.715	605.59	0.534
$D-\overline{\omega}$	0.161	-0.599	2.360	0.093	0.0423	0.563	0.371	-0.010	0.344	-0.146
$J_{b\delta}-\overline{\omega}$	0.205	-0.423	0.500	-0.261	0.0671	0.010	0.542	0.213	0.594	0.918
$L-\overline{\omega}$	237.71	-0.098	600.41	0.201	2464.42	-0.166				
$A-\overline{\omega}$	240.11	0.013	64.37	-0.344	46.14	-0.371				
$P-\overline{\omega}$	1.580	-0.063	0.719	-0.305	0.68	-0.192				

表 16.4-2 建库前后模型小河河型要素的标准差值

河型	状态	河宽 $W\delta$	水深 H	河床起伏度 $J_{b\delta}\delta$	曲流波长 $L\delta$	曲流波幅 $A\delta$	曲率 P
曲流 A	前	18.0	0.40	0.96	26.94	9.81	0.22
	后	12.3～17.8	0.50～0.80	0.85～1.43	28.0～108.2	38.9～89.6	0.26～0.52
曲流 B	前	13.0	0.50	1.58	15.66	30.27	0.19
	后	19.7～319	0.49～0.77	0.79～1.43	23.2～26.8	14.51～53.5	0.30～0.34
分汊	前	13.1～30.7	0.29～0.34	0.65～0.93	74.0～128.8	17.8～49.2	0.003～0.1
	后	16.3～293	0.26～0.41	0.47～0.75	109.0～148.8	50.2～57.5	0.11～0.24
游荡 I	前	30.4～109.7	0.30～0.52	0.42～0.81			
	后	36.0～87.1	012～0.38	0.30～0.62			
游荡 II	前	30.4～109.7	0.30～0.52	0.42～0.81			
	后	48.6～86.8	0.05～0.28	0.22～0.72			

在曲流模型小河中，曲流波长与消能率之间呈负相关，但指数值较小。波幅与消能率

之间关系为正相关，指数值很小，当消能率增大时，波长有所减少，波幅则变化不大。因此，曲率与消能率间呈负相关。这说明，曲流 A 受水库影响后，河流的能量主要消耗于波幅的增大，波长则有所变小，从而使曲率增大（图 16.4-2）；曲流 A 的河宽、水深及河床起伏与消能率均呈负相关，这意味着，当消能率增大，曲流进一步弯曲的过程中，曲流的深槽与浅滩之间的高差变小，河床向均一化方向发展。相反，曲流逐渐地向最小消能率发展时，向曲率减少、波长增大、波幅变小，以及深槽浅滩高差增大、河宽增大方向发展，水深变化则不大，显然，曲流 A 这样的弯曲河流受大坝影响后，为了保持其弯曲河型特征，必须增大消能率，否则有可能向分汊河型发展。

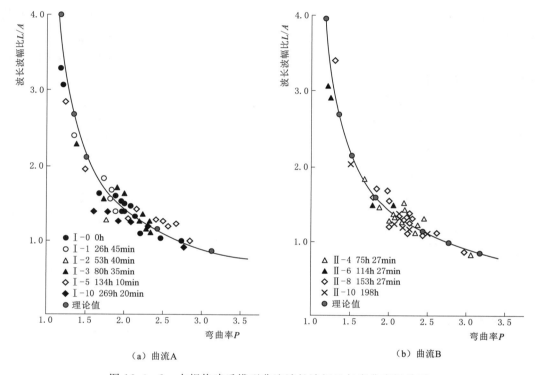

图 16.4-2　大坝修建后模型曲流波长波幅比与弯曲率间关系

至于曲流 B，波长波幅与消能率分别呈正相关和负相关，河宽、水深与消能率均呈正相关，河床起伏度及弯曲率与消能率均呈负相关。建库初期，下泄清水使河流功率及消能率增大时，其能量主要用来增加波长，与此同时也用来增大河宽及水深，河流的深槽与浅滩间高差有均匀化趋势。尽管曲流波长增大，但由于建库前，曲流有较大的弯曲率，同时河湾向下游蠕动加剧，弯曲率则有所增大。当曲流逐步调整趋向最小消能时，由于波幅增大，河道变窄，平均水深变小，河床起伏度增大。调整建库前有较大的弯曲率，由于曲流向对称性发展，使曲流的弯曲率略有缩小，因此，这类曲流受大坝影响后，将易于保持原来曲流的特性，但必须加强河湾下游凹岸的保坍工程以便使能量消耗于河流的下切。

对于分汊河河型来说，汊河曲流波长、波幅与消能率呈负相关。河宽、水深与消能率分别呈负相关和正相关。曲流及河床起伏度与消能率间分别呈负相关和正相关，显然，建库初期，下游分汊河道有较大消能率时，波长、波幅有可能变小，但波长收缩率小于波幅，汊河弯曲率有所增大，这反映江心洲主要向横向发展，而在纵向上由于水库只下泄清水冲刷萎缩，在这个过程中分汊河道变窄加深，深槽与浅滩间的高差相应增大，新生汊道的纵剖面明显呈马鞍状，河流增大的能量主要冲刷河道的凹岸和江心洲头，同时拓宽洲身。反之，当调整后趋向最小消能率过程中由于切滩而发育新汊道、老汊道衰亡等原因，汊河波长的增长率超过波幅，汊河波长波幅比增大，弯曲率变小，河道拓宽变浅，河床起伏度变小，河流纵剖面向均一化发展，因此。在河道受水库泄水影响之初，应注意江心洲洲头的防护，而后期应加强河岸的保护，并防止向半游荡河型，乃至游荡河型发展。

最后，不论水库蓄水拦沙，还是滞洪排沙，游荡河型的河宽、水深与消能率均分别呈负相关和正相关，河床起伏度与消能率呈负相关；在水库蓄水拦沙条件下，河宽有较大的变化率；当水库滞洪排沙运行时，有较大的水深及河床起伏度变化率。由于这两种运行方式起不同的消能过程（图16.3-1），在水库蓄水拦沙初期，消能率增加并不明显，河宽变化不大，水深因清水下泄冲刷而进一步加深，河床起伏度的变化不大；随后当消能率增大时，能量主要消耗于加大河宽，减少河床起伏度；当趋向最小消能时，又出现类似于建库初期的形势；当水库滞洪排沙运行时，则缺乏蓄水拦沙运行初期的状态，消能率很快增加，河道急剧拓宽变浅，河床起伏度增大。在游荡河型上修建水库时，下游河道必须加强护岸，水库滞洪排沙运行初期及水库蓄水拦沙运行几年以后更应注重河岸的保坍工程。

16.4.3 河道输沙与消能率的关系

大坝修建后，由于消能率的增加，河道输沙能力增大，分析表明，各种河型中输沙率与消能率均呈正相关（图16.4-3），其分析表达式为

弯曲河型： $G_{S曲}=3.54\times10^5\omega^{3.75}$

$$(16.4-1)$$

分汊河型： $G_{S汊}=34.41\omega^{1.96}$

$$(16.4-2)$$

游荡河型 I ： $G_{S游(I)}=33.22\omega^{1.83}$

$$(16.4-3)$$

游荡河型 II ： $G_{S游(II)}=45.03\omega^{1.91}$

$$(16.4-4)$$

对比各表达式系数和指数，在不同类型的河流上修建水库之初，当河流增大消能率时，如果增加幅度相同，那么弯曲河型河流有较大的输沙率，分汊河型次之，游荡河型

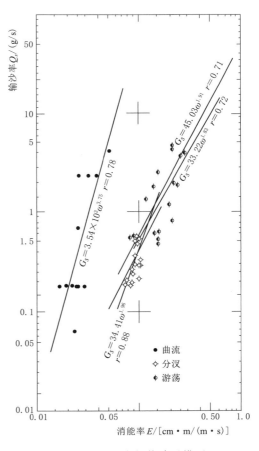

图 16.4-3 大坝修建后模型
小河输沙率与消能率关系

最小；对弯曲河型本身来说弯曲率较小的曲流 A 又比弯曲率较大的曲流 B 有较大的输沙率；在游荡河型中，水库滞洪排沙运行的输沙率大于蓄水拦沙运行者。而当趋向最小消能时，曲流和分汊河型都具有较小的输沙率，游荡河流的输沙率却大于其他两类河型，尤其以水库蓄水拦沙运行时，下游河道输沙率又大于滞洪排沙运行者。因此，对比游荡河型（如黄河下游）、分汊河型（如长江下游）、弯曲（如长江中游的荆江）三类河型，分别具有相对最大、相对中等与相对最小的河道比降和流速及做功率和能量消耗率。

16.4.4　河道系统的耗散结构

在河型塑造过程中，可以看到河型要素沿程变化有着明显的有序结构，例如，河宽沿程宽窄相间，水深沿程深浅交替，从而出现宽浅断面和窄深断面相间的藕节状分汊河型，或者出现具有规则波长波幅的弯曲河型。对于某一断面来说，随着时间的推进，出现类似于空间分布的有序结构。在游荡河型中，这种现象同样存在，只不过略为微弱罢了，河床形态在空间上规则交替和时间上的周期变化是在物质流不平衡条件下，消能率趋向最小过程中形成的宏观时空有序结构，是一种消散结构。

在人控模型小河中，随着时间的演进，消能率由大变小，因此，建库之初，原有的耗散结构被改造，在新的条件下建立新的耗散结构，通过对比建库前后河型各要素沿程标准差值，发现修建水库后，弯曲及分汊河型河宽的沿程标准差值，都有不同程度的增大，而游荡河型则有不同程度的降低；弯曲河型水深的沿程标准差有较大的增长幅度，游荡河型有较大幅度降低。分汊河型变化不大，其极小值几乎没有什么变化，河床起伏度与平均水深的变化趋势相似，仅仅是曲流 A 有较大的增长幅度。至于曲流波长、波幅和曲折度，建库后，无论是曲流河型还是分汊河型的弯曲汊河，波长、波幅及曲率标准差均有不同程度的增大，分汊河型的波长具有最大标准差，但增长幅度小，曲流 A 有最大的波幅标准差和增长幅度，弯曲率变化也有类似情况，总的来说，波长的增长幅度小于波幅，弯曲河型的波幅标准差增量大于波长，弯曲率标准差的增量均不大，且波幅的标准差的增量小于波长，因此有最小的弯曲率标准差增量（表 16.4－2）。

对比分析表 16.4－1 和表 16.4－2，当模型小河受大坝影响后，河宽标准差随消能率的标准差值增大而增大，水深的标准差及河床起伏度则相反，随消能率的标准差增大而变小，波长的标准差亦随消能率的标准差变化而增大，弯曲率标准差也有类似情况。

由此可见，当模型小河受大坝影响后，能量的耗散结构确定河型要素的耗散结构组成，但与修建大坝前相比，其波动幅度有不同程度的增减，形成不同于建坝前的河型耗散结构。

16.5　结论与讨论

人类利用改造大自然的活动，在河流上修建大坝时，必然使河流局部地、暂时地失稳，当运用过程响应模型造床实验获得三种基本河型后，进行水库运行对上、下游河道演变趋势影响的实验研究，实验表明，下游河道人控造床过程具有河床质递推式粗化及复原、河床演变滞后效应及反馈机制被强化、消能率调整与河道形态调整由非协调一致性转变成协调一致、各河型具有各自的调整倾向性等特点，大坝上游河道演变具有基面上升型及下降型两类基本特点。总体上看，呈现大坝下游河道演变趋势属上游控制型，而大坝上游河道演变趋势属下游控制型的不同特征。

人控模型小河河相关系分析表明，当弯曲河型受水库影响时，床沙粗化会导致波长波幅比值增大，宽深比值随流量增大及随 M 值的变小而增加；分汊河型的河岸高度比值增大会导致汊河的波长波幅比值增大；而宽深比值主要随流量及 M 值的减少而增大，随流量及 M 值的变小而缩小。水库下游的冲刷型游荡河型，由于水库清水下泄而宽深比值变小，稳定性提高；淤积游荡河型因滞洪排沙的运行而宽深比增大，稳定性降低；大坝上游河道受水库临时侵蚀基面波动的影响后，与下游河道演变趋势骤然不同。当水库蓄水临时侵蚀基面上升时，水库上游河道边界的河岸高度比值减少，河道宽深比增大，随粉黏粒含量百分比 M 值的增大而变小，显然，主要受水库水位升降所控制。

大坝修建后，上述河相关系的变化与消能率密切相关。在建库初期，人控河道消能率变大，随着时间的流逝而趋向最小消能，其消能过程是一种耗散结构，由此导致河型的耗散结构形式。因此，对于不同的河型，应根据不同的河型耗散结构形式确定各自的整治规划重点。

对于能量主要消耗于增加波长和水深的曲流河道，必须加强河弯凹岸下游翼的保坍工程；对于能量主要消耗于增大波幅的曲流，必须增大消能率以防止向分汊河型转化。分汊河型在建库初期，应加强洲头防护，在中、后期则应加强护岸，以防止向半游荡及游荡河型发展。游荡河型上修建水库后，必须加强下游河道的护岸，但水库蓄水拦沙运行时，下游河道的护岸应放在建库几年以后进行；而水库滞洪排沙时，下游河道必须及时加强护岸。由于河型系统中耗散结构的存在，水库下游的游荡河型可以运用耗散结构进行自组织整治，但必须掌握时、空分布的具体规律，然后通过相间河段上河床演化的均变期进行调水调沙，可以达到延长河道寿命及整治的目的。

人控河床演变过程是十分复杂的研究课题，除了河相关系及消能率特征外，还有许多问题，如，怎么更有效地确定耗散结构中均一化的时间和空间以达到预期目的，以及复杂响应、突变等，都是有待深入研究的问题。

参 考 文 献

黄河下游研究组，1960. 三门峡水库建成后黄河下游河床演变过程的自然模型试验总结 ［R］.

金德生，郭庆伍，马绍嘉，等，1987. 长江下游马鞍山河段演变趋势模型试验研究 ［C］//中国地理学会 . 1987 年地貌和第四纪学术讨论会论文集 . 北京：科学出版社，106 - 113.

金德生，刘书楼，郭庆伍，等，1989. 大坝上下游河道演变趋势实验研究 ［R］. 中国科学院地理研究所地貌室流水地貌实验室，流水地貌实验与模拟 第 3 辑：1 - 56.

金德生，1978. 长江下游鹅头状河型的成因及演变规律的初步探讨——以官洲河段为例 ［C］//中国地理学会 .1977 年地貌学术会议论文集 . 北京：科学出版社，30 - 41.

金德生，1989. 流水动力地貌及其实验模拟问题 ［J］. 地理学报，44（2）：147 - 156.

尹学良，1963. 清水冲刷河床粗化研究 ［J］. 水利学报，（1）：15 - 25.

中国科学院地理研究所，等，1985. 长江中下游河道特性及其成因演变 ［M］. 北京：科学出版社，272.

中国科学院地理研究地貌室，1977. 长江马鞍山河段的近期河床演变 ［C］//中国地理学会 .1977 年地貌学术会议论文集. 北京：科学出版社，42 - 53.

中国科学院三峡工程生态与环境科研项目领导小组，1987. 长江三峡工程对生态与环境影响及其对策研究论文集 [C]. 北京：科学出版社，1126.

Hathaway G A，1948. Observation on Channel Changes Degradation and Scour Below Dams [J]. International Association for Hydraulic Structure Research Meeting，2nd. Stockolm，Sweden，June 7 - 9，Appendix 16：287 - 307.

Lauson L M，1925. Effect of Rie Grande Storage on River Erosion and Deposition [J]. Engineering News-Record，95（10）：372 - 374.

Sonderegger A L，1935. Modifying the Physiographical Balance by Conservation Measures [J]. Thans. Amer. Soc. Civil Eng.，284 - 304.

Williams G P，Wolman M G，1984. Downstream Effects of Dams on Alluvial Rivers [M]. U. S. Government Printing Office，Washington.

流水地貌系统突变过程实验研究

17.1 概述

17.1.1 实验目的与意义

流水地貌系统演变过程的研究，习惯于注重常态事件，即水系、河道、河岸崩坍、洲滩、滩槽演变过程的相对平衡状态，演变速率在时间上的均等周期性和空间分布的均匀性。对突变过程注意较少，即便是突变过程，也主要强调与水文、气象因素直接相关的暴雨径流侵蚀、水土流失及洪涝灾害事件，或者由地震、火山爆发引起的河道迁移、断流等，对其突发规律与过程的突发性、灵敏度、复杂性很少研究，运用实验与模拟手段加以研究的则更不多见。至于流水地貌系统中潜发性突变过程及人为性突发过程，几乎没有引起重视。20 世纪 90 年代及 21 世纪前半叶，由于全球性升温、天文因素导致的地球自转速率变更，以及人类活动影响频度和幅度的加剧，流水地貌系统的负反馈机制有可能发生较大变化。因此，内外营力因素及人类活动的影响，如果三者叠加，必然引起错综复杂的二次甚至多次流水地貌复杂响应，流水地貌系统中的主要因素如水系、河型、岸线、决口及崩岸险要地段将显示急剧的突发演变，给环境带来极大的负面效应。由此将会对流域系统利用、治理，河道整治规划，大型水利枢纽运行方式、航道调度，乃至流域中经济发展规划作出相应调整，以便适应流水地貌系统作出二次人地生态复杂响应（the Second Complex Response of Man-land Ecology）。

显然，流水地貌系统突变过程的实验研究在理论和应用方面都具有重要意义。在理论上，可以通过实验，深入研究流水地貌系统突发过程中，突变的敏感性、奇突性、复杂性、二次复杂响应及机理，开拓非平衡态非线性流水地貌发育理论，为探讨地貌灾害过程的中期预测打下理论基础；在实践中，可以对流域规划、河道整治、水库调度及地貌灾害减灾工程等提出总体建设性意见。

本章的实验内容涉及各个流水地貌子系统中的总体演变过程的重要方面，也是前面流水地貌子系统实验研究的综合集成和深化提炼。由于涉及激发因素对流水地貌系统激发的临界值及复杂响应现象，地貌临界的类型、相关的复杂响应及机理等问题，因此考虑将本章排列在流水地貌各个子系统的发育演变实验、内外营力及人类活动影响实验研究之后。

17.1.2　国内外研究概况及发展趋势

国内外开展流水地貌系统演变及预测研究始于 20 世纪 70 年代（Scheidegger，1975），当前仍处于方兴未艾之时，流水地貌系统突变过程（灾变、灾害过程）的研究则是自 20 世纪 80 年代中期以来才得更大重视（Schumm et al.，1983；Shen et al.，1981；Chorley et al.，1985）。

由于流水地貌系统的开放性，当该系统接近平衡态，即位于非平衡态的线性区，边界条件阻止流水地貌系统达到平衡时，系统将选择最小能耗态，这时有最小熵产生和最小的能耗率，这便是 20 世纪 70 年代初提出的最小能耗理论（Yang，1971）。然而，该系统总力图回到与外界相适应的稳定态，保持时间不变性、空间均匀性和各种扰动的稳定性，Leopold 等（1962）进行弯曲河流的河型随机成因研究时，便采用了这一理论。当一个系统远离平衡态时，即位于非平衡态的非线性区时，一个很小的扰动会使该系统发展到一个新的状态，导致生成宏观结构和宏观有序性，Schumm 提出的地貌临界、突发事件及流域中的复杂响应等便是以此为理论前提的（Schumm，1973、1975、1979）。20 世纪 70—80 年代以来，这一概念风靡一时，对 Davis 的侵蚀循环理论进行了某些修正，后来应用于地貌灾害过程灵敏性、奇特性及复杂性分析（Schumm，1988）。国内的学者也开始引入这一概念（陆中臣等，1988；曹银真，1987；金德生，1987），从而大大地深化了对流水地貌系统演变过程的认识，但毕竟只是开端，离形成完整的理论体系相差甚远，如何付诸实际应用有许多问题值得探讨。

18 世纪中期国外流行的灾变论本身隐含着突变思想的萌芽，18 世纪末到 20 世纪中期，由于达尔文进化论和机械唯物论的影响，流水地貌演变一直为均变过程所统治，直到 20 世纪 70 年代以 Schumm（1973、1975、1979）为代表的临界论和 Dury（1980）为代表的新灾变论的出现，给流水地貌害突变过程的研究开辟了新的道路。随后，由于国内流水地貌系统中洪灾频率及幅度增大，20 世纪 90 年代初，长江太湖流域和淮河流域发生了很大的洪害，2008 年汶川大地震的发生，流水地貌均变过程研究面临着新的挑战，突变过程研究进入新的研究轨道（金德生等，1990、1992；景可等，1983），跨出流水地貌均变过程的框架，向突变过程研究挺进，这是一条必由之路。运用物理模型实验（Schumm，1973；Schumm et al.，1971、1972、1987；Jin et al.，1986），借助计算机模拟（刘书楼等，1982、1984）研究流水地貌系统的突变过程，尚未开展系统研究，两者如何有机结合更是一个新的课题。

17.2　实验设计、设备及数据采集

17.2.1　实验设计及步骤

1. 造床实验设计

为了进行河流地貌系统的突变过程实验，首先实施各种河型的造床实验，进行模型设

计时，采用了过程响应模型设计法。该方法是基于系统论"异构同功"原理，并以单位河长消能率临界值为前提。具体步骤如下。

（1）由河道弯曲率 P 确定湿周中粉黏粒含量百分比 M 值、河岸高度比 H_s/H_m 及宽深比值 F。

（2）由河道弯曲率-河谷比降关系曲线确定河谷坡降（即模型原始床面比降）。

（3）由弯曲率（河谷坡降与河道坡降的商值）预估最终的河道比降。

（4）由河道比降-平滩流量关系曲线确定造床流量。

（5）由流量与输沙量关系曲线确定与造床流量相适应的输沙量。

（6）由流量、M 值及波长关系曲线确定与设计流量相应的曲流波长。

（7）由弯曲率-波长波幅比关系曲线确定波长波幅比，并进而获得波幅。

（8）由河谷比降-水深关系计算与床面比降相适应的平滩水深。

（9）通过 M 值获得 F 值，确定平滩河宽。

（10）按模型沙料混合配比法确定河漫滩结构和物质组成。

（11）进行模型小不可断面设计计算。

（12）预估可能出现的床面形态。必要时，可进行适当调整。

在具体设计中，根据不同河型的要求，步骤有所省略或侧重。弯曲河型及分汊河型采用同样的步骤设计，并将分汊河道看作 2 股以上的曲流（曲率较小）的复合体。由于游荡河型的外形和边界条件比较单一，因此，侧重运用河道比降-流量临界关系确定来水量和床面的原始比降。为方便起见，不同河型各自分别设计和进行河型塑造实验。由于弯曲河型造床实验已积累较成熟的经验（Schumm et al.，1983；Shen et al.，1981；Chorley et al.，1985），故采用预制曲流加以调整的办法进行造床实验以达到省工、省时、提高实验效率，突出实验重点的目的。

2. 突变过程实验设计

在河流地貌系统背景河型造床实验基础上，施以某个或某一组临界激发因素或系统状态自我调整超越临界而激发突变过程，使河流地貌出现丰富多彩的突变现象，包括河床的分形特性、自相似与自组织现象、地貌复杂响应现象、正负微地貌的突发交替及崩岸点的突发上提等。

河流地貌系统突变过程，一方面与背景河床过程，背景河床形态、物质、能流及过程响应作用密切相关；另一方面与内外临界激发、触发及激发-触发组合形式有关。因此，在进行突变过程实验设计时，侧重点放在外临界触发的突变过程上面，尤其是流域来水、来沙量的突然增加或突然减少，地壳构造运动的快速上升或侵蚀基准面的突然上升、下降，以及有关实验中出现的突变过程等方面。因此，流水地貌系统突变过程实验主要是在弯曲、分汊与弯曲-游荡间过渡性河型及游荡河型造床背景上进行的。对于三种河型，分别专门设计了相应的实验。弯曲河型：①流量突然减少的突变过程实验；②流量变大的突变过程实验；③大流量洪水突变过程实验；④大洪水过后流量减少的突变过程实验。分汊与过渡性河型：①侵蚀基准面变化的复杂响应分析；②造床过程实验中的地貌临界；③穹窿抬升对过渡性河型影响的地貌临界；④凹陷沉降对过渡性河型影响的地貌临界；⑤过渡性河型对抬升运动的复杂响应。游荡河型，设计了 5 种外临界激发突变过程实验：①低含沙量小洪水突变过程实验；②低含沙量大洪水突发过程实验；③中含沙量大洪水突变过程实验；④较高含沙量大洪水突变过程实验；⑤流域来水来沙突然减少的突变过程实验。

　　三种河型的突变过程实验设计各有所侧重，弯曲河型侧重来水量突然减少引起的突变过程实验；分汊与过渡性河型侧重基面突然下降的突变过程实验，分析基面突发升降、隆起抬升、凹陷沉降引起的河流地貌系统的复杂响应，以及过渡性河型造床实验的地貌临界分析；至于游荡河型，则侧重高、中、低含沙量和水沙组合引起的突变过程实验。事实上，涉及内临界影响因素激发的突变过程实验、外临界激发因素激发的突变过程实验，主要为水库临时侵蚀基面激发的突变过程实验设计。

17.2.2　实验设备及数据图像采集系统

　　除了过渡性河型实验研究在中国科学院陆地水循环及地表过程重点实验室水土过程实验大厅完成外，其余实验研究是在中国科学院地理所河流海岸模拟实验室内进行的，实验装置、数据采集及观测项目见本书第 11.2.3 节。

　　本项目实验主要进行游荡河型造床实验及突变过程实验，连同分汊河型弯曲河型造床实验和突变过程实验，共进行了Ⅲ大组 42 小组实验，总历时为 902.5h。每组实验结束后，均进行了资料处理，内容包括来水来沙条件、水力几何条件、河型要素及地质地貌条件等 32 个项目。根据河床地貌照片河床地貌素描，绘制了河床平面演变图、平面流速分布图，由计算机绘制了横断面、纵剖面及相关曲线图，对有关数据进行了统计分析和计算机处理，为实验分析提供了大量原始数据、再生数据、图件及照片（表 17.2-1）。

表 17.2-1　　　　　　　　　流水地貌系统突变过程实验数据及图像情况一览表

测次	次数/次	测验断面/个	采集沙样/个	配曲线/条	照片/张		幻灯片	平面图/幅		横剖面图/幅	纵剖面图/幅	河演资料/页	数据分析/万个	历时/h
					地貌	水流		地貌	流速					
Ⅰ-1	7	140	160	160	154	154	16	7		21	7	140	2.5	80
Ⅰ-2	5	100	180	180	110	110	20	5		21	5	100	2.0	64
小计	12	240	340	340	254	254	36	12		42	12	240	2.5	144
Ⅱ-1	10	180	114	114	100	100	20	10	10	26	1	4	7.06	180
Ⅱ-2	8	54	27	27	30	30	8	3	3	10	1	15	2.12	72
小计	18	234	141	141	130	130	26	13	13	36	2	66	9.18	252
Ⅲ-1	10	100	310	210	210	210	20	10	10	3	1	50	2.34	260
Ⅲ-2	7	133	260	260	150	150	14	7	7	3	1	35	1.63	246.5
小计	17	323	570	570	360	360	34	171	17	5	2	85	3.97	506.6
合计	42	797	1051	1051	744	744	96	42	30	84	16	391	17.65	902.5

17.2.3　实验过程的假设检验分析

　　为了保证此次实验的河型塑造结果是否属与以往实验为同一总体，一方面检验所使用的过程响应模型设计的复演程度的好坏；另一方面也为充分利用过去所做造床实验取得的数据，以便激活资料，达到节时高效的目的。运用 T 检验法进行了 7 个测次游荡河型造床实验资料与过去 36 次游荡河型造床实验资料，进行样本总体检验，通过河床演变观测资料、河相关系参数和物质能流数据进行的检验表明，除了个别指标如 H/D_{50} 与流域因素关系式有较大差异外，其他均属于同一总体。

另外，为了检验突变过程实验与背景造床过程实验的差异性，以显示其突发性、敏感性和奇特性，对游荡河型的突变过程与背景造床过程实验也进行了 T 检验，检验表明两过程间有着十分显著的差异。

17.3 弯曲河型突变过程的实验研究

在弯曲河型突变过程各组实验中，分别施放流量 1.0L/s、2.2L/s、4.06L/s、3.16L/s 和 1.71L/s，使流量交替升降，达到探讨弯曲河型外临界触发突变过程中的河流自我调整机制的目的。

17.3.1 流量减少的突变过程实验（Ⅲ-2-1～Ⅲ-2-3）

本组实验施放流量 1.0L/s，分为 3 个测次。当水量突然减少时，河床调整过程如下。

1. 平面形态特征变化

实验过程表明，当来水量突然减少时，河宽的调整幅度不大，历时 42h（Ⅲ-2-1），河宽仅缩窄 4.26cm，缩窄率为 0.1cm/h；河道却明显变弯，弯曲率为 1.454；曲流波长较造床结束时急剧减少，从 412.4cm 减少到 315.2cm，减少了 97.2cm；波幅略有增加，为 114.1cm；波长波幅比减少为 4.4。

保持流量不变，再历时 43.5h（Ⅲ-2-2），河道继续缩窄，河宽减少 3cm，减少率变小为 0.07cm/h。河道弯曲得更加明显，弯曲率达到 1.63；波长复又大幅度增加，长达 483.3cm；波幅也迅速增大为 185cm，波长波幅比继续减少，变为 3.3。

当施放 1L/s 流量累计历时达 121.5h（Ⅲ-2-3）时，河道继续缩窄，且缩窄的速度明显加快。河宽变为 51.83cm，缩小率为 0.5cm/h。河道弯曲率则明显减少为 1.30；波长、波幅也明显减少，分别为 380.6cm 和 113.2cm；波长波幅比则明显增大，变为 5.6。

2. 横断面变化

当流量突然减少时，宽深比反而迅速增大，从Ⅲ-1-10 时的 6.80 变为Ⅲ-2-1 时的 8.80。而后，宽深比又逐渐减少，开始变化速率较慢，到 85.5h 后又变快。Ⅲ-2-3 时宽深比已减少为 6.39，比造床结束时还要小。从Ⅲ-2-1 到Ⅲ-2-3 河床加宽，水深变大，从 1.11cm 变为 1.38cm。宽深比变小，河床又变深窄，即当流量突然变小时，河床横剖面形态经历了两次调整过程，宽深比先是随流量突然减少后突然加大，河床变得宽浅。而后，河床进行自我调节，宽深比慢慢变小，河床变得窄深。

3. 河床纵向变化

当流量突然减少时，水流对河床底的冲刷能力变小，河底深泓点高程略微增加，从造床实验结束时的 32.32cm 变为Ⅲ-2-1 时的 32.70cm，到Ⅲ-2-3 时变为 33.59cm。当流量突然变小时，河道比降迅速变小，从造床实验结束时的 4.88‰ 变为 4.46‰，而后，河道比降又变陡，到Ⅲ-2-3 时突然增大为 5.615‰。

4. 物质组成特征及变化

流量突然变小时，水流对河床侵蚀能力降低，河流含沙量迅速减少，从造床结束时的 1.44g/L 变为 0.54g/L，继续施放 1.0L/s 流量，含沙量复又有所增加，121.5h 时增加为 0.99g/L。

河漫滩相厚度也是随流量突然减少而迅速变薄，造床实验结束时为 2.64cm，Ⅲ-2-1 时变为 2.10cm，再减少到 1.91cm 后复又增加，121.5h 时变为 2.25cm。河床相厚度的变化趋势相反，在 Ⅲ-1-1 时为 0.42cm，到 Ⅲ-2-2 时增加为 0.91cm，以后又大幅度减少到 0.32cm。河漫滩相与河床相厚度彼此消长，河底高程的冲淤变化使河床质 D_{50}、河岸高度比与湿周中 M 值也发生相应的变化。流量突然变小时，河床质 D_{50} 突然增大，从 0.087mm 增加到 0.106mm。此后，D_{50} 又逐渐变小，到 121.5h，仅比造床实验时大 0.0014mm。河岸高度比先随流量的突然减少而突然增大，增大到 32.52% 时急剧减少，仅为 10.20%。湿周中粉黏粒含量 M 值则在 1.0L/s 流量条件下一直增大，表明河床抗冲性增强，有利于弯曲河型进一步发育。

5. 能量特征及变化

流量变小时，水流的剪切力也随之变小，在造床实验结束时剪切力为 0.00799μN，而在 1.0L/s 流量条件下则逐渐减少为 0.00514μN 和 0.00496μN，减少速率随时间推进而变慢。历时 85.5h 后，剪切力复又增加为 0.00608μN。单位河宽消能率在流量变小时也突然变小，但在 42h 后又逐渐变大，121.5h 变得比造床实验结束时还大，为 0.767m·cm/(cm·s)，比造床实验结束时增加了 13.84%。单位河长消能率则随流量减少而迅速减少，从造床实验结束时的 9.302m·cm/(cm·s) 减少到 4.385m·cm/(cm·s)，减少了 52.86%，42h 后，又略有增加，增加了 0.05m·cm/(cm·s)。85.5h 后又开始减少，到 121.5h 时减少到 4.029m·cm/(cm·s)，比造床实验结束时减少了 56.69%，比 Ⅲ-2-2 时减少了 9.16%。

6. 河型演变趋势分析

上述分析表明，无论是平面形态、横断面形态、纵剖面形态，还是物质和能量的变化，在流量减为 1.0L/s 时和继续施放 1.0L/s 流量的过程中，变化都发生了一次转折，要么先突然减少，再逐渐变大，或者要么先突然增大，再缓慢变小。流量突然变小时河床的自我调整作用快，而流量条件不变时，河床又回到趋向平衡的自我调节过程中，调整幅度也变小。

17.3.2　流量变大的突变过程实验（Ⅲ-3-1）

1. 河道形态变化

在 1.0L/s 的流量过程趋于平衡后，再把流量加大到 2.24L/s，增大了 124% 时，河宽迅速增大，从 5.18cm 增大到 71.29cm，平均每小时增加 19cm。河道取直，弯曲率变小为 1.17，波长保持不变，波幅大幅度减少了 54.1cm，波长波幅比变为 9.7，增大了 73.21%。流量增大后，随着河床展宽，水深也变深为 1.44cm。但是宽深比变化不大，为 6.48，比流量 1.0L/s 时略有增加。因此，河流的横断面形态基本保持不变。

流量的增大，水流冲刷能力变大，河底深泓高程较流量为 1.0L/s 时降低了 0.78cm，降低的幅度较大。河道比降为 4.82‰，比 Ⅲ-2-3 时明显减少。

2. 物质组成及变化

当流量增大时，水流含沙量随之迅速增大，增大了 0.48g/L，即增大了 48.42%。在这一测次中，河漫滩相厚度及河床相厚度均增大，分别为 2.31cm 及 0.46cm，均有所增大；河床质明显增粗，变为 0.100cm，湿周中粉黏粒含量百分比 M 值显著减少，为 38.01%；河岸高度比则略有增加，为 12.22%。

3. 能量特征及变化

流量变大时，水流剪切力、单位河宽与单位河长的消能率都明显增加，河床具有更大的能量，对河岸和河床底的破坏力较大，特别是单位河长消能率的增幅更大，较Ⅲ-2-3 时增大了 1.5 倍，为 10.07，比造床实验刚结束时还大。

17.3.3　大流量洪水突变过程实验（Ⅲ-4-1～Ⅲ-5-1）

流量变为 4.06L/s 时，比造床流量增大了 65.04%，比Ⅲ-3-1 时增大了 81.25%，相当于背景河流的大流量洪水过程。历时 33h 后流量减为 3.16L/s，在大洪水基础上减少了 22.18%，历时 31h。

1. 形态特征及变化

当流量突然增大时，河床迅速展宽，展宽率达 1.65cm/h，河宽达到 125.83cm。弯曲率较Ⅲ-3-1 时有所增大，变为 1.33。波长、波幅均大幅度增加，Ⅲ-3-1 时分别增大了 82.4cm 和 67.1cm，达到 463.3cm 和 150.4cm。宽深比则迅速减少为 5.6，减少了 4.1。当流量减少为 3.16L/s 时，河床明显缩窄，河宽变为 108.35cm，平均缩窄了 0.56cm/h，其速率较流量突然增大时慢得多。河道明显弯曲，弯曲率增大为 1.65。波长及波幅也大幅度增加，分别达到 528.1cm 和 239.0cm。波长波幅比为 6.8，也略有增加，但变化幅度较小。

虽然水深也有所增加，但其变化率不及河床的展宽率大，流量突然增大时，河床的宽深比为 5.32，明显减少；但当流量再度减少时，宽深比又有少量增加，这表明流量增大时，宽深比变小，河型向窄深方向发展，而流量变小时，河型向宽浅方向发展。不过这种情况只能在一定范围内出现。在Ⅲ-4-1 和Ⅲ-5-1 的实验过程中，无论流量增减，河底深泓高程均不断抬高，河道比降则是一直减少，只是在流量减少的情况下，比降减少得更快一些。

2. 物质组成特征及变化

在Ⅲ-4-1 和Ⅲ-5-1 的实验过程中，无论流量增减，水流的含沙量均增加，分别为 1.84g/L 和 2.24g/L。河漫滩相也是一直增厚，不过增厚的速率两者差不多。河床相厚度则先随流量的增加而加厚，达到 0.71cm 厚，当流量减少时，河床相厚度也随之减少。河床质中径 D_{50} 与河漫滩相的厚度变化规律一样，无论流量增减，D_{50} 始终变粗，但流量变小时要变粗得快一些。河岸高度比与湿周中粉黏粒含量 M 值均是先随流量增大而增大，而后随流量减少而减少。

3. 能量特征及变化

河流的剪切力与单位河长消能率均是随流量增大而增大，随流量减少而减少。当流量变为 4.06L/s 时，剪切力增大为 0.00898μN；流量减少为 3.16L/s 时，剪切力减少为 0.00663μN。单位河长消能率则随流量加大而大幅度增加，达 15.28m·cm/(cm·s)，比Ⅲ-3-1 时增大了 51.68%，而流量减少时，单位河长消能率也减少，减少了 32.13%；

单位河宽消能率则无论流量增减，始终处于减少的过程，不过，流量减少时，单宽消能率减少幅度要大得多，是前者的 7.16 倍。

17.3.4　大洪水过后流量减少的突变过程实验（Ⅲ-6-1）

大洪水过后，流量减少为 1.7L/s，即相对于Ⅲ-5-1，流量减少了 45.89％，历时 30h，河床形态又发生了很大的变化。

　　1. 河床形态特征变化

流量大幅度减少后，河床迅速缩窄，河宽减少为 81.86cm，平均每小时减少 0.88cm。河道更加弯曲，弯曲率达 1.77，比施放 1.0L/s 流量时的弯曲率还大；曲流波长较Ⅲ-5-1 略有减少，为 524cm，波幅则有所增大，为 246.1cm；波长波幅比为 4.5，明显变小。流量突然减少后，河道变窄，水深变大，河道宽深比明显变小，河型显得深窄。深泓点高程则随流量变小而降低，河道比降较Ⅲ-5-1 时略有增加，为 3.40‰。

　　2. 物质组成特征及变化

流量减少后，水流含沙量也随之减少，水流动能增加，对河底冲刷能力增强，使河漫滩相厚度大幅度减少，从Ⅲ-5-1 时的 3.92cm 减少为 2.95cm。河床相物质则略有加厚，从Ⅲ-5-1 时的 0.60cm 变为 0.75cm。河床质中径 D_{50} 随之变细，从Ⅲ-5-1 时的 0.130mm 变为 0.107mm。河岸高度比和湿周中粉黏粒含量 M 值均大幅度增加，特别是河岸高度比从Ⅲ-5-1 时的 13.84 变为 67.84。

　　3. 能量特征及变化

当流量减少后，水流剪切力反而有小幅度的增加，从 $0.00663\mu N$ 增加到 $0.00674\mu N$。单位河宽消能率则随流量的减少而有少量减少，从 $0.534 m \cdot cm/(cm \cdot s)$ 变为 $0.412 m \cdot cm/(cm \cdot s)$；而单位河长消能率则有较大幅度减少，从Ⅲ-5-1 时的 $10.369 m \cdot cm/(cm \cdot s)$ 变为 $5.812 m \cdot cm/(cm \cdot s)$。

17.3.5　突变过程实验的河型演变特征分析

　　1. 河床形态的演变

实验表明，在弯曲河型突变过程实验中，河宽随流量的增加而加宽，但并不呈线性规律展宽。河床的展宽速率与水流的状态有关，当河床长期处于某种平衡状态时，流量的突然变化，河宽变化率就较大；当河床正处于向某种趋势演变时，由流量变化所引起的河宽变化率就较小。其他河型要素也有类似的变化特点，河道弯曲率则明显地随流量减少而增大，在突变过程中无论流量增大还是减少，波长和波幅总是不断增大，波长波幅比则随时间大小交替变化，与流量的变化无明显关系。宽深比的变化也一样，并不是固定地随流量增减而增减，但总趋势大致随流量变小而增大，只是这一特点并不很明显。深泓高程随流量变化的关系不太明显，河道比降则随流量减少而有一定程度的降低。

　　2. 物质组成及变化

一般地讲，河道水流的含沙量随流量的增大而增大，河漫滩相厚度的变化特点也随流量增大而加厚，河床相厚度则相反，D_{50} 的变化与流量变化的关系不太大，河岸高度比基本上是随流量减少而增大，湿周中粉黏粒含量 M 值变化的总趋势是随流量减少而增大。

3. 能量特征及变化

水流剪切力随流量的增减而增减，单位河宽消能率和单位河长消能率的变化趋势也一样，只是在不同的状态及条件下变化速率不同。

4. 河相关系特征及其变化

无论是平面河相关系、横向河相关系还是纵向河相关系，突变过程和造床过程都存在较大的差异。突变过程中的河相关系如下。

(1) 平面河相关系：

$$L/D_{50} = 66.374F^{0.127} \tag{17.3-1}$$

$$A/D_{50} = 4.188 \times 10^4 F^{-0.027} \tag{17.3-2}$$

$$K = 0.166F^{0.199} \tag{17.3-3}$$

(2) 横向河相关系：

$$W/D_{50} = 3539.97F^{0.064} \tag{17.3-4}$$

$$H/D_{50} = 2.83F^{0.272} \tag{17.3-5}$$

$$W/H = 1016.25F^{-0.208} \tag{17.3-6}$$

(3) 纵向河相关系：

$$J_v = 0.841D_{50}^{-0.057} \tag{17.3-7}$$

17.3.6 实验小结

在弯曲河型造床过程实验中，一些河型要素的变化要比在突变过程时小得多，无论在平面形态、横断面、纵剖面形态的变化上，还是在物质、能量的变化方面均存在着显著的差别，二者的河相关系也有一定的差异。

许多河型要素的变化快慢在很大程度上取决于河道系统所处的状态，当河道系统处于平衡状态时，外界产生的小的突变就会使河型要素发生剧烈变化，而系统处于某一调整过程时，在外界条件的突变激发作用有利于促使这个调整过程的发展时，河型要素的变化就迅速，河型变化速率就极快。而当外界条件的突变激发作用阻止河道系统的这一调整过程时，河型要素的变化就慢，且变化趋势也不太好预测。因此，正如实验中所观测到的那样，许多河型要素并不随流量的增减而明显地增减，而有些河型要素，如，曲率则是随流量的减少而增大，有一定规律可循。

总之，当外界条件（如流量）突变时，河型要素变化迅速，而当外界条件为渐变时，河型要素的变化速率就小得多。

17.4 分汊与过渡性河型突变过程实验分析

17.4.1 实验概况

江心洲分汊河型与弯曲-游荡间过渡性河型是两种基本相同的河型，前者的稳定性高于后者。两者的突变过程及突变现象也较为接近，但是未进行较多的突变过程实验。分汊河型突变过程实验是在分汊河型成功造床基础上，通过在流量条件不变的条件下，基准面突然下降 2cm 来实现的，共进行 3 个测次（Ⅱ-2-1～Ⅱ-2-3），历时 72h。结合造床实验与穹窿抬升、凹陷沉降对弯曲-游荡间过渡性河型影响实验出现的地貌临界现象，揭示突变过程及其复杂性。

17.4.2　分汊河型突变过程实验

1. 河道特征变化

实验表明，当施加外临界激发因素侵蚀基准面突然下降时，对全河段河宽的影响不大，主要影响河口地段，导致河道下切，水深明显增大，河岸高度比加大，宽深比值缩小；主汊的曲流波长略有增大，波幅则增加甚微，波长波幅比保持不变，分汊率及河弯半径减少。河谷比降及河道比降陡增，分别由突变前的 0.00531 及 0.00436，增大到突变之初的 0.00651 及 0.0058。而分汊率由 1.14 缩小到 1.12，河床质中径略有变细，这是由上游输入较多细物质引起的。

2. 复杂响应分析

耐人寻味的是，在基准面突然下降后，河流地貌系统的各个河段出现的响应是不一样的。在近河口段（16 号～21 号断面），明显出现江心洲中套江心洲的复杂响应现象（图 17.4-1）。尽管只是一次基准面下降，由于下降的突发性，河流尤其是下游及河口段河道强烈冲刷下切，输沙率陡增，而且河床质中径明显粗化。这时老江心洲出露水面，形成低河漫滩阶地，在这个过程中，江心洲本身的组成也较疏松，河流下切时为了消能，必然采取再分汊的形式拓宽河道，同时发生弯曲，在老江心洲外侧形成边滩，两汊的共轭边滩包围江心洲，随着未成型边滩的被切，河流比降又增大，使河口段进一步下切，从而形成江心洲中套江心洲的复杂现象。

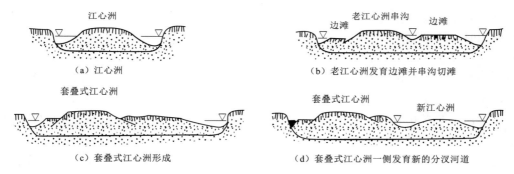

图 17.4-1　江心洲套叠复杂响应图

这种复杂响应与基准面下降引发的情况不一样，前者主要是由于基准面突然下降，导致比降增大，而后河道弯曲，再切滩调陡比降来实现的。显然，这里比降起着主导作用。

17.4.3　弯曲-游荡间过渡性河型突变现象分析

17.4.3.1　造床过程实验中的地貌临界

1. 地貌临界现象及临界值

对弯曲-游荡间过渡性河型实验数据进行河段弯曲率与影响因子的回归分析时，拟合的多项式曲线具有明显的拐点，都位于弯曲率约 1.25 处（图 17.4 - 2）。

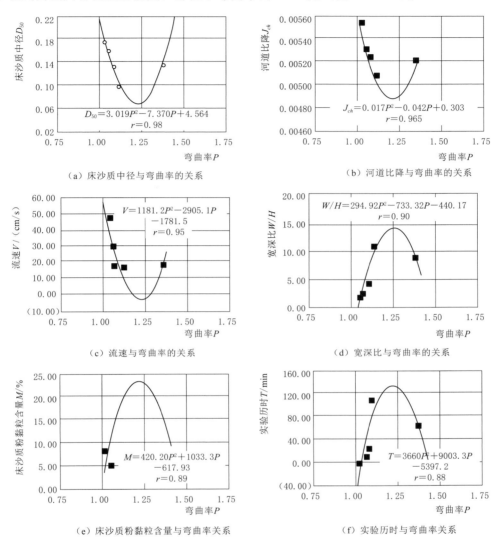

（a）床沙质中径与弯曲率的关系

（b）河道比降与弯曲率的关系

（c）流速与弯曲率的关系

（d）宽深比与弯曲率的关系

（e）床沙质粉黏粒含量与弯曲率关系

（f）实验历时与弯曲率关系

图 17.4 - 2　造床过程中河段弯曲率与影响因子间回归关系图

图 17.4 - 2（a）为床沙质中径与弯曲率的回归关系，当弯曲率为 1.25 左右时，床沙质中径约为 0.065mm 便是其临界值，大于该值为弯曲河型，顺直微弯及游荡 - 弯曲间过渡性河型的弯曲率小于该临界值。在图 17.4 - 2(b)～(f) 中，显示的是河段弯曲率与河道比降、断面平均流速、河道宽深比、湿周中小于 0.076mm 的粉黏粒含量，以及实验历时的回归关系同样具有这一临界特性，临界值分别为：比降，0.00485；流速，小于 5cm/s；宽深比，约 14.5；湿周中粉黏粒含量，约 24%；实验历时，约 140h00min。分析表明，从顺直微弯河型向弯曲河型演变发育时，同样出现临界状态，但是由于实验时间的限制，该临界值并不明显。

2．地貌临界性质及功能

一般来说，地貌临界可以分为内临界与外临界两种，流水地貌内临界是系统内部调整出现的临界（金德生等，1992），而外临界是系统外部条件变动激发系统出现的临界 (Schumm，1974；Schumm et al.，1976)。本书作者所进行的造床实验，仅仅是在来水来沙及边界条件不变情况下进行的，出现的是内临界，是模型小河系统在自身演变调整过程所固有的，没有系统外的任何干扰，如构造变动、基面升降及人类活动的影响。

弯曲河型向游荡-弯曲间过渡性河型转化的临界值，可以作该两类河型按弯曲率划分的指标。当弯曲率小于 1.25 时为游荡-弯曲间过渡性河型，大于 1.25 时为弯曲河型。有几个影响因子有同等重要的影响作用，也就是说，按照河流系统中控制子系统的特点，其中一个因素的变化，有可能导致河流系统发生大的变化，甚至引起河型的转化。其他因子的控制作用较小，拟合曲线表现出实验历时延长一些，或许会使河型发育得更加完善一些，当抵达临界历时，河型可能因某一因子的扰动而发生转化。

17.4.3.2　穹隆抬升对过渡性河型影响的地貌临界

1．外地貌临界现象及临界值

当对穹隆抬升运动影响实验数据进行弯曲率与各影响因子的回归分析时，多项式拟合曲线出现明显的拐点，差不多位于弯曲率约 1.25 及 1.50 处（图 17.4-3）。由此，可以获得关于抬升运动所导致河型转化的临界值。

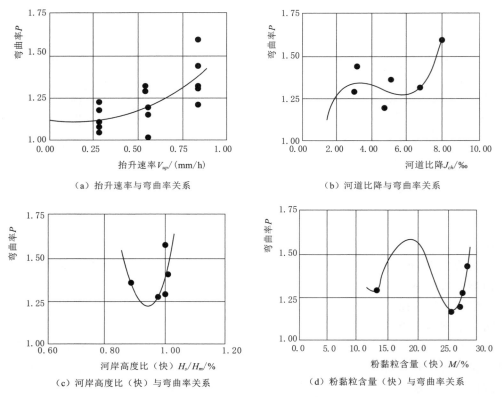

（a）抬升速率与弯曲率关系　　　　（b）河道比降与弯曲率关系

（c）河岸高度比（快）与弯曲率关系　　（d）粉黏粒含量（快）与弯曲率关系

图 17.4-3（一）　穹隆抬升运动时河段弯曲率与影响因子间回归关系

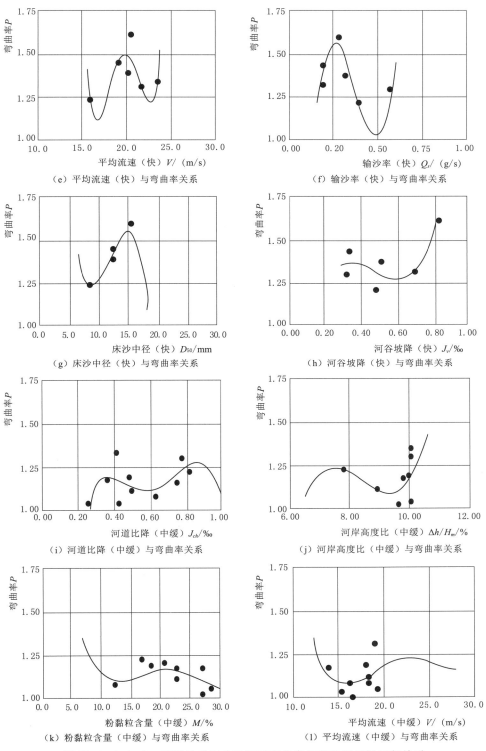

（e）平均流速（快）与弯曲率关系

（f）输沙率（快）与弯曲率关系

（g）床沙中径（快）与弯曲率关系

（h）河谷坡降（快）与弯曲率关系

（i）河道比降（中缓）与弯曲率关系

（j）河岸高度比（中缓）与弯曲率关系

（k）粉黏粒含量（中缓）与弯曲率关系

（l）平均流速（中缓）与弯曲率关系

图 17.4-3（二）　穹窿抬升运动时河段弯曲率与影响因子间回归关系

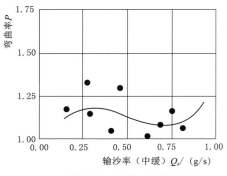

（m）输沙率（中缓）与弯曲率关系

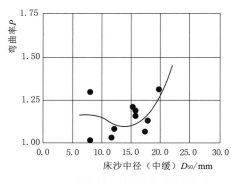

（n）床沙中径（中缓）与弯曲率关系

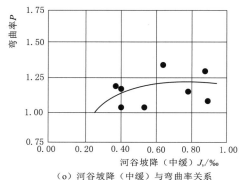

（o）河谷坡降（中缓）与弯曲率关系

图 17.4 - 3（三）　穹窿抬升运动时河段弯曲率与影响因子间回归关系

在图 17.4 - 3（a）中，当抬升速率为 0.11mm/min 时，河道有最小弯曲率约 1.05，小于该抬升速率，河道弯曲率变大，但不超过 1.25，当大于该抬升速率，河道弯曲率迅速增大，甚至可达到 1.50 左右。图 17.4 - 3（d）为弯曲率与湿周中粉黏粒含量百分比 M 值的回归关系，当 M 为 20％及 25％，弯曲率出现一个谷值（1.20）及一个峰值（1.70），小于峰值及大于谷值时弯曲率随 M 增大而增大；介于峰-谷值之间时，弯曲率随 M 增大而减少。图 17.4 - 3（j）为弯曲率与河谷坡降的回归关系，与抬升速率具有类似情况，当弯曲率为 1.25 时，具有最小的河谷坡降 0.006，大于该坡降时，弯曲率迅速增大，当河段的河谷坡降因抬升变陡到 0.008 时，弯曲率增大到 1.60；当抬升速率缓慢时，河谷坡降变小，弯曲率略有增加，但不大于 1.35，相应的河谷坡降仅约为 0.003。

对比快速抬升及中、缓速抬升的弯曲率与各影响因子的回归关系曲线，除了弯曲率与河岸高度比的回归关系有不同的趋势外，其余者具有同样的变化趋势，只是中、缓速抬升曲线中的临界值相对较低，有些影响因子的拐点不如快速抬升的明显。对不同变化趋势的河岸高度比，两者具有同样的临界弯曲率 1.25，但是快速抬升时相应的河岸高度比，大于中缓速抬升，分别为 93％及 78％（表 17.4 - 1）。

2. 地貌临界性质及特征

Schumm（1974，1976）指出地貌临界有内临界与外临界两种。流水地貌内临界是系统内部调整出现的临界，例如，只是来水来沙及边界条件不变情况下进行的造床实验

表 17.4-1　　　　穹窿抬升运动时影响因子临界值及相应河段弯曲率数据

抬升方式	项目	抬升速率	河道比降	河岸高度比	粉黏粒含量	平均流速	床沙中径	断面含沙量	河谷比降
快速	影响因子	0.167mm/min	0.0062	93%	25%	25cm/s	0.50mm	0.125g/L	0.006
	相应弯曲率		1.25	1.25	1.25	1.50	1.60	1.50	1.25
中、缓速	影响因子	0.056~0.111mm/min	0.0068	78%	25%	25m/s	0.35mm	0.115g/L	0.001
	相应弯曲率		1.00	1.25	1.10	1.25	1.05	1.15	1.00

过程中出现的临界；而外临界是系统外部条件变动激发系统出现的临界，是系统外加以干扰，如构造变动、气候变迁、基准面升降及人类活动等实验过程中出现的临界。穹窿构造匀速与变速运动影响实验过程中出现的外临界，主要是初级临界；构造抬升导致局部河谷坡降及河岸高度比变化是次级临界。事实上，次级临界已转化为模型河道系统的内临界。

出现的初级外临界有河谷比降及河岸高度比的临界值。次级临界为河道比降、湿周中粉黏粒含量、平均流速、床沙中径及断面含沙量的临界值。显然，由于河谷坡降及河岸高度比的变化，从而促使河道比降的调整。在抬升轴上游，河道比降调平，而抬升轴下游河道比降变陡，相应地平均流速分别减少及增加，断面含沙量的分别减少及增加，床沙质的分别细化与粗化，湿周中粉黏粒含量分别增加与减少，以及河段弯曲率的分别变大与缩小。出现的弯曲率外临界值为 1.25 与 1.50，可以将其作为外激发因素触发河道演变临界变化的构造抬升临界速率的参考。当弯曲率为 1.00~1.25 时，若比降平缓则为顺直微弯河型，若比降较陡则为半游荡或游荡河型；当弯曲率为 1.25~1.50 时，为游荡-弯曲间过渡性河型，或江心洲分汊河型；当弯曲率大于 1.50 时，为弯曲河型。

17.4.3.3　凹陷沉降对过渡性河型影响的地貌临界现象

1. 地貌临界现象及临界值

当分析河段弯曲率与影响因子实验数据的回归分析时，不论以何种沉降方式，拟合的不少多项式曲线具有明显的拐点，如缓速沉降的弯曲率与沉降速率、河道比降、湿周中粉黏粒含量、断面平均流速以及河谷坡降间关系等，快转中速沉降的弯曲率与河道比降、湿周中粉黏粒含量、断面平均流速以及床沙质中径间关系等，分别都存在拐点位于弯曲率约 1.35 和 1.15 附近（图 17.4-4）；中速沉降的临界现象并不明显。

2. 地貌临界性质和作用

图 17.4-4（a）为弯曲率与沉降速率间的回归关系，曲线上有两个拐点，沉降速率约 0.07mm/h 和 0.2mm/h，相应的河道弯曲率分别约 1.15 和 1.35，是两个可能发生河型转化的临界点；在低临界点处，河段受到缓速沉降的影响，河道可能由弯曲河型转化为顺直微弯河型；在高临界点附近，河道遇到中快速率沉降的影响，河道可能由弯曲河型转变成江心洲分汊河型，乃至半游荡河型。

凹陷构造的缓速均匀沉降、快转中速沉降以及中速沉降，也属于河道系统外部的外激发因素，但是与抬升运动的影响略有不同，在沉降区及其毗邻河段，一旦受沉降影响，河道系统调整到准平衡状态，也可以借助一般河型判别式来判别河型和分析河型的稳定性。

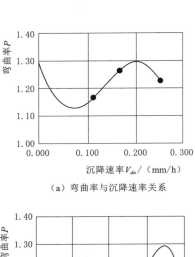

（a）弯曲率与沉降速率关系

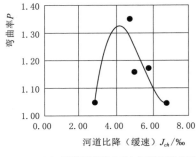

（b）缓速沉降弯曲率与河道比降关系

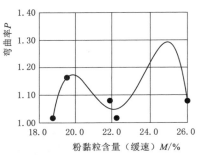

（c）缓速沉降弯曲率与湿周粉黏粒含量关系

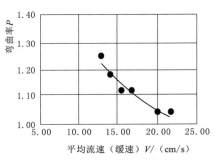

（d）缓速沉降弯曲率与平均流速关系

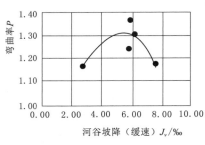

（e）缓速沉降弯曲率与河谷坡降关系

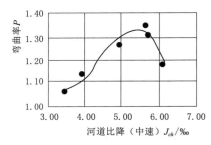

（f）中速沉降弯曲率与河道比降关系

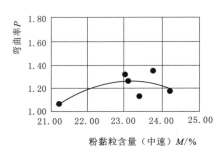

（g）中速沉降弯曲率与湿周粉黏粒含量关系

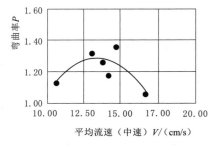

（h）中速沉降弯曲率与平均流速关系

图 17.4-4（一）　凹陷沉降过程中河段弯曲率与影响因子间回归关系

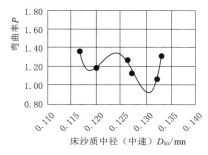

（i）中速沉降弯曲率与床沙质中径关系

图 17.4-4（二） 凹陷沉降过程中河段弯曲率与影响因子间回归关系

本次实验中，凹陷沉降运动导致河道系统出现了两个临界弯曲率 1.15 和 1.35。Christian 等（2009）的判别式发现，在固定造床流量为 3.15L/s，弯曲河型、江心洲分汊河型、游荡河型之间要求的临界比降为 0.00333 和 0.00800，模型小河受缓速均匀沉降及变速沉降作用后，当固定造床流量为 3.15L/s 的情况下，在临界弯曲率 1.15 和 1.35 附近，据 $P=1.527e^{-1.635E}$（金德生等，1992）估计，相应的消能率为 0.173cm·m/(m·s) 及 0.075cm·m/(m·s)，可能有两种平均流速选择，即约 12.5cm/s 及 15.0cm/s，相应的河道比降分别为 0.0138 和 0.0050，与此匹配的河型：若比降大于 0.0138，则为半游荡-游荡河型；若比降为 0.0138～0.0050，则为弯曲-游荡间过渡性河型；若比降小于 0.0050，则为弯曲河型。

为了更好地借助张红武公式（张红武等，1992）进行沉降运动受沉降运动影响的判别，在张红武判别式中加上湿周中粉黏粒含量项，获得改进型的张红武判别指标（Z_{nj}），显示河岸边界对河型稳定性起的重要作用，可以更全面地判别经受构造变动影响的河型转化问题。经计算，快转中速沉降影响时 $Z_{nj}=1.55$；中速沉降影响时 $Z_{nj}=0.70$；缓速沉降影响时 $Z_{nj}=1.07$。结合各河段主河道弯曲率与 Z_{nj} 值的关系分析，当 $Z_{nj}>6.0$，则为顺直微弯河型；当 $Z_{nj}=6.0～4.0$，则为弯曲河型；当 $Z_{nj}=4.0～1.0$，则为分汊河型（包括沉溺湖汊流）；当 $Z_{nj}<1.0$，则为半游荡或游荡河型。

17.4.3.4 模型过渡性河性对穹窿抬升响应的复杂响应

流水地貌系统在响应外部作用的干扰时，流水地貌演变的方式及速率与外部作用力及作用速率之间，很少呈单一性（线性）关系，而往往呈现复杂性（非线性）关系。Schumm（1973）在分析流域系统响应时指出，侵蚀基面一次下降，会形成两级河流阶地的复杂现象；许炯心（1986，1989）研究丹江口水库建立对水库下游河流地貌也存在复杂响应；金德生等（1997）讨论大坝下游江心洲分汊河道时出现套叠式江心洲发育的复杂响应；张欧阳等（2000）在游荡河型造床实验中探讨了时空演替和复杂响应现象等。这些是造床实验是对基准面变化、人类活动的复杂响应，但认识不多。穹窿抬升对模型小河发育影响的复杂性，主要表现为河道对抬升响应的敏感性、地貌临界特性，以及河道弯曲率增值与河谷坡降变率间关系的复杂性等（图 17.4-5）。

图 17.4-5 中展示模型小河对三种抬升方式给出的复杂响应，河道弯曲率变化量与河道比降变化量关系，三条曲线都呈非线性，均具有临界值。其表达式为

$$\Delta P_{快}=0.034\Delta J_{ch快}^{2}-0.093\Delta J_{ch快}+0.144 \qquad r=0.90 \qquad (17.4-1)$$

$$\Delta P_{中}=0.057\Delta J_{ch中}^{3}-0.069\Delta J_{ch中}^{2}+0.108\Delta J_{ch中}-0.009 \quad r=0.90 \quad (17.4-2)$$

$$\Delta P_{缓}=0.020\Delta J_{ch缓}^{2}-0.131\Delta J_{ch缓}+0.112 \qquad r=0.63 \qquad (17.4-3)$$

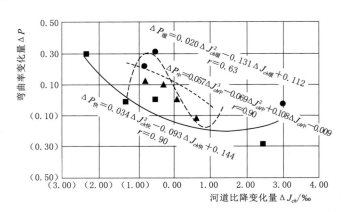

图 17.4-5　穹窿抬升速率影响弯曲率变化量与河道比降变化量关系

　　显然，抬升速率越快，弯曲率变化量的临界值越低，而河道比降变化量的临界值越大。快、中、缓速引起的弯曲率变化量分别为 -0.33、0.05 和 0.30；所引起的河道比降变化量临界值分别为：快速抬升引起的变化量为 1.5%，中低速抬升引起变化不大，缓速抬升引起变化约 -0.05%。这或许与抬升速率越快，促使抬升轴下游河道比降调整幅度也越大，上游河段比降的逆向调整同样也加快，而弯曲率减少及增大的调整幅度则缩小。另外，在临界点前后，曲线的变化趋势相反。对于快速抬升引起的影响，弯曲率的减少随河道比降的降低率的增大而缩小；越过临界点，弯曲率的增大率则随河道比降增陡率的增加而增大；对于中、缓速抬升的影响，与快速抬升影响的变化趋势相反。也就是说，快速抬升影响具有低谷临界值，中速抬升影响为高峰临界值，而缓速抬升影响似乎峰与谷临界值两者兼而有之。

17.4.4　实验小结

　　江心洲分汊与弯曲-游荡间过渡性两种河型基本相同，后者的稳定性低于前者。通过实验河道的自变量及自变量演变时超越的地貌内临界、地貌外临界、初级复杂响应、次级甚至第三级响应，体现流水地貌的突变过程及其复杂性。在突变过程中，初级外临界复杂响应会转变为次一级的内临界响应。

　　临时侵蚀基准面降低的突变过程实验表明，影响不会波及江心洲分汊河型的全河段，主要影响河口地段：河道下切，水深明显增大，河宽变化不大，宽深比值缩小；波长波幅比保持不变，分汊率及河弯半径减少，河岸高度比加大，河谷比降及河道比降陡增，分汊率缩小，上游输入较多细物质，河床质中径略有变细。河谷比降的变陡使河流做功率与消能率增加，导致河道输沙率几乎增加了 5 倍。河岸高度比增加导致河岸相对可动性大于河床，有利于分汊河型的发育，明显出现江心洲中套江心洲的复杂响应现象。

穹窿抬升运动影响实验数据的弯曲率与各影响因子的回归曲线上具有明显的拐点，弯曲率约为 1.25 和 1.50。除了河岸高度比外，中、缓速抬升曲线中的临界值相对较低，其他因子的变化趋势相仿。穹窿匀速与变速运动影响实验中出现的初级外临界主要是局部河谷坡降及河岸高度比，次级外临界有河道比降、湿周中粉黏粒含量、平均流速、床沙质中径及断面含沙量的临界值。事实上，次级外临界已转化为模型河道系统的内临界。弯曲率外临界值为 1.25 与 1.50，相应的各个影响因子的临界值可作为划分河型的依据。当弯曲率为 1.00～1.25 时，若比降平缓则为顺直微弯河型，若比降较陡则为半游荡或游荡河型；当弯曲率为 1.25～1.50 时，则为游荡–弯曲间过渡性河型，或江心洲分汊河型；大于 1.50 为弯曲河型。

不同沉降方式的弯曲率与沉降速率间拟合曲线上都具有明显的拐点，如缓速均匀沉降时，存在沉降速率约 0.07mm/h 和 0.20mm/h 的两个地貌外临界拐点，相应的弯曲率分别约为 1.10 和 1.30。低临界点处是缓速沉降使弯曲河型转化为顺直微弯河型；高临界点附近是中、快速率沉降使弯曲河型转变成江心洲分汊河型，甚至半游荡河型。

流水地貌系统在响应外部作用干扰时，其演变方式及速率与外部作用力及作用速率之间很少呈单一（线性）关系，往往是复杂（非线性）关系。抬升实验揭示了模型小河对三种抬升方式做出复杂响应，如：河道弯曲率增值与河道比降增值间的三条关系曲线都呈非线性，均具有临界值。抬升速率越快，弯曲率变率的临界值越低，而河道比降增量的临界值越大。快速抬升影响具有低谷临界值，中速抬升影响为高峰临界值，而缓速抬升影响似乎峰与谷临界值两者兼而有之。

17.5 游荡河型突变过程实验

17.5.1 实验概况

在游荡河道造床实验过程（本书第 11.3 节）中，河型的发育经历了三个阶段。顺直河型向弯曲河型的变化是渐变过程，二者无明显界限，而从弯曲河型向游荡河型的变化过程则存在着明显的界限，伴随着突变过程。河型发育的阶段性在空间序列上也同样有所体现。造床过程中，外部输入保持相对稳定（流量和输沙量不变），河型系统的演变在越过其内部存在着某些临界值并发生突变，这表明河型系统在演化发育过程中存在着内临界激发突变过程。

在游荡河型塑造完成以后，模拟由流域外界条件突然变化，导致来水来沙突然改变，使河道子系统的输入条件急剧变化，引起河道子系统的自我调整。这是外界条件突然改变时，所引起河道子系统的外临界激发突变实验。

突变过程实验分别采用低含沙量洪水和较高含沙量洪水及水沙突然减少的突变过程。水沙突然减少的过程也相当于河床的恢复性调整实验。实验条件见表 11.3 - 1 测次 Ⅱ - 1～Ⅱ - 7。其中低含沙量洪水分为中洪水和较大洪水两组流量过程〔仍按 $Q_s=88(J_{ch}Q_b/D_{50})^{2.2}$ 加沙〕以反映不同流量条件下河道作出的不同响应。中等洪水（Ⅱ - 1）流量为 2.5L/s，比平滩流量多出 67%；大洪水（Ⅱ - 2）流量为 3.5L/s，比平滩流量多 133%，比中洪水多

40％。较高含沙量包括中含沙量洪水（Ⅱ-3）和较高含沙量洪水（Ⅱ-4）两个洪水过程。中含沙量洪水单位流量加沙率为 5.05g/s，为平滩流量时的 11.93 倍，高含沙量洪水单位流量加沙率为 9.09g/s，为平滩流量时的 20.66 倍，是中含沙水流时的 1.73 倍。来水来沙突然变小实验（Ⅱ-5～Ⅱ-7）仍按造床时的条件加流量和加沙。

17.5.2　游荡河型演变的内临界激发突变过程实验

实验发现，渐移性侧蚀切滩过程因边界抗冲性的强弱不同而具有渐变性与突变性。边界抗冲性较强时出现渐变过程，抗冲性较弱时出现突变过程，各种形式的突变型切滩过程是弯曲型河流向游荡型河流转化时不可或缺的一环；实验过程中，游荡河型发育过程出现了时空演替现象，从实验角度证实了空代时假说的存在。据此将复杂响应过程分为时间复杂响应过程和空间复杂响应过程，通过实验提出并用实验数据验证了时空复杂响应的概念，两者的联合应用，给流水地貌学的研究带来了新的思路。

17.5.2.1　河型要素演变过程的临界现象

造床实验过程中，河型系统形态要素如曲率（图 11.3-3）、最大水深（图 11.3-5）、比降（图 11.3-8）等的变化都是先沿某一方向变化，达到某一临界极值后又向相反的方向变化，出现复杂响应现象。消能率（图 11.3-11）、糙率（图 17.5-1）、流速（图 17.5-2）等的变化也呈现出临界复杂响应现象。曲率、糙率、最大水深等均先增大，达到最大临界值后又开始减少。比降、消能率、流速等的变化则相反，先减少，后增大。上述各要素都是在 28h 左右达到其临界值。这些河型要素的变化达到某一临界点后即发生突变，使原有状态发生根本性的转变。这一转变主要是通过河床边滩切滩、河岸崩岸点突发上提来实现的。

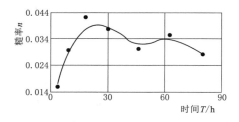

图 17.5-1　造床过程糙率变化过程图

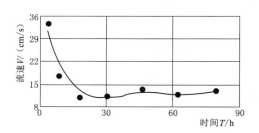

图 17.5-2　造床过程流速变化过程图

17.5.2.2　河道主槽的突变过程

尹学良（1965）认为，导致河道水流切滩的基本形式有四种：串沟过流切滩、主流顶冲切滩、溯源切滩和向倒套切滩，其演变过程见图 7.4-1～图 7.4-4。除此之外，主流的侧向移动也会侵蚀滩缘，造成渐移性的切滩，这种切滩一般比较和缓，不会引起下游河道的突发性改道。上述四种切滩过程都伴随着主槽的突然摆动，但主流的侧向移动既有渐变过程，又有突变过程，当渐变达到一定的临界值后，就会伴随着突变过程（图 17.5-3）。

图 17.5-3 表示了主流下移的切滩过程，Ⅱ-2 为弯道水流切滩前的河势图，Ⅰ-3 为水流下移切滩过程，Ⅰ-4 为下移切滩过后的河势图。顺着垂直河道的断面线看，Ⅰ-2 和

I-4 在 9 号～12 号断面之间的河势完全相反。I-2 时 9 号断面的边滩靠左岸，而在 I-4 时靠右岸。10 号～11 号断面的边滩在 I-2 时靠右岸，在 I-4 时靠左岸。9 号～10 号断面之间主流在 I-2 时由右上流向左下，在 I-4 由左上流向右下。11 号～12 号断面之间主流流向与此相反。而在 7 号～8 号断面之间河势则没有什么大的变化，只是左边滩向下游移动了一小段距离。如果从图 17.5－4 左上向右下看，则从 I-2～I-4，边滩和主流刚好下移了半个波长的距离，使得主槽边滩异位，河势看起来截然相反。从 I-2～I-4，7 号断面左下侧边滩仅移动了一小段距离，且从图中看不出河势有大的变化。同样，8 号断面左侧的顶冲点也只是向下游方向移动，并未引起河势发生大的变化，8 号断面右侧边滩上游端仅移动一小段距离，下游端增大，但这并没有引起河势的根本改变，属于渐变过程。

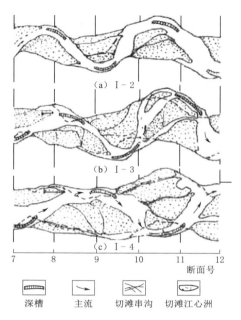

图 17.5－3　主流侧移侵蚀切滩过程
（尹学良，1965）

而 9 号断面以下则由于顶冲点下移，造成水流蚀岸和切滩，河道发生了根本性的改变，应属于突变过程。这种突变过程发生时，并不是因为外界对河型的输入条件发生改变（实验中保持定常来水来沙条件）而引起的，而是河型系统自身演变超越临界值的结果，为内临界激发突变。在临界点附近，7 号～8 号断面附近的渐变过程（小的扰动）导致了 9 号断面以下河势的突变。

按照弯道水力学原理（张红武等，1993），一般情况下，在河湾上半段，主流线靠近凸岸，然后流向凹岸顶点，在河湾下半段，主流靠近凹岸。因此，在河湾凹岸顶冲点以下，常常是崩岸的部位，其结果使得河湾曲率半径变小，中心角增大，河段加长，并使整个河湾呈现向下游蜿蜒蠕动的趋势。最常见的河湾蠕动形式是：第一个弯道不断向右蠕动，下游第二个弯道不断向左蠕动，下游第三个弯道又不断向右蠕动，……这样，整个河段就缓慢向下游蠕动。

上述河湾向下游蠕动的描述实际上也包含了主流侧蚀切滩过程，即，主流逐渐向一岸侵入，对岸的边滩也得以正常发展，主流蠕动侵蚀滩缘而出现渐移性切滩（尹学良，1965）。这种切滩，不仅在过程及速度方面不同于另外四种切滩过程（串沟过流切滩、主流顶冲切滩、溯源切滩、向倒套切滩），对下游的影响也比较缓和，而且基本上只会使下游河道蠕动强度和方向发生改变。在图 17.5－3 切滩过程中，9 号断面以上属于这种渐移性切滩的情形，但在 9 号断面以下，I-2 和 I-4 的河势却完全相反，显然属于突变过程。有趣的是，这种渐变过程和突变过程竟能有机地融合在一起，这与系统在临界点附近的变化特性有关。

尹学良（1965）的实验和图 17.5－3 切滩过程同属渐移性侧蚀切滩过程，却产生了两种不同的结果，前者是渐变过程，后者是突变过程。这可能与河床的边界组成有关。因为河床物质组成不一样，主流线顶冲的位置不相同，凹岸崩退的部位不相同（张红武等，1993），河岸崩退强度也不一样。河床及边界组成物质的影响主要表现在河岸和边滩的抗冲性上，抗冲性越强，凹岸崩退的部位越向顶冲点下游方向，这使河流加强对凹岸的冲刷，减轻对凹岸下游边滩的冲刷，同时加强了凸岸边滩的淤积强度，河道因而得以保持较大的曲率，并向弯曲发展；抗冲性越差，凹岸崩退点越靠上游方向，这使水流对凹岸和凹岸下游边滩的作用力接近，水流同时侵蚀河岸和边滩，使河道的曲折率难以增大，并可能因边滩抗冲性较差而切滩。因而，不同的河岸和边滩组成物质，使河床具有不同的抗冲性，使得河床的冲淤变形具有不同的模式。

在实验中，河床及边界组成物质黏性成分少，河床抗冲性弱，水流的剪切力大于河床侵蚀的临界剪切力，河岸、河底与边滩的抗剪力均小于河床侵蚀的临界剪切力，使得河岸、河底及边滩都容易受到侵蚀。但由于河岸抗冲性小于河底及边滩抗冲性，河岸侵蚀的物质部分淤积于河床，河床仍处于淤积状态（图 11.3-9）。在图 17.5-3 中，当 8 号断面处主流顶冲左侧河岸时，河岸逐渐受到侵蚀，同时下游方向的边滩也逐渐被侵蚀，水流改变使 9 号～10 号断面间的凹岸受到强烈侵蚀（图 17.5-3 中长虚线为上一测次的河岸），凸岸的边滩迅速伸展。由于河岸的强烈侵蚀改变了河岸形态，水流流路也随之改变，10 号和 11 号断面的右岸边滩受主流顶冲，水流剪切力大于边滩抗剪力，使边滩被切割，从而发生突发性切滩改道，使河势突变。

河湾蠕动过程表明，当河型由较顺直向较弯曲演变时，是一渐变过程，河湾向下游缓慢蠕动时，曲率也逐渐增大。即由顺直河流向弯曲河流发展不必存在突变过程。图 17.5-3 切滩过程表明，弯曲河型向分汊或游荡河型转化时，必然存在突变过程，河流的曲率不是逐渐减少，而是突然变少，中间过程的一些曲率值不能取得。由弯曲河流向游荡型河流发展必然经过突变型切滩过程，这种切滩过程是由弯曲河型向游荡河型转化的必不可少的条件，没有这种切滩过程，就没有弯曲河型向游荡河型的转化。

图 17.5-3 切滩过程表明，渐移性切滩也可能导致下游河势突变，以前认为这仅仅是渐变过程，因而没能引起足够的重视。实际上，这种切滩过程对防洪工程的建设是非常有害的，从 I-2～I-4，在 7 号断面看不出河势有什么变化，但在 10 号～11 号断面就可以清楚地看出：在 I-2 时，主流顶冲左岸，右岸为边滩，这时可能在左岸设置防洪堤，但在 I-4 时，主流突然变为顶冲右岸，左岸逐渐与边滩相连，变为凸岸，这不仅使原先左岸的防洪堤没发挥应有的作用，而且右岸又可能因主流顶冲而发生险情，这在河道整治工程中是必须引起注意的。

17.5.2.3　演变过程中的时空演替

1. 关于地貌学空代时假说

空代时假说是现代地貌学中最基本的概念之一（Chorley et al.，1985）。空代时假说认为："在特定的环境条件下，对空间过程的研究和对时间过程的研究是等价的。"时间和空间的代换提供了一种可行的工具。这种理论基于这样的假设：当一个地貌群体的个体成员随着时间有规律地变化时，特定地貌类型出现的空间频率与其变化率成反比（即表证快速变化阶段的地貌类型较为少见）。显然，并不是所有的形态特征都具有空代时特性，但是，把区域的河谷边坡剖面和水系格局等同于假设的时间序列，却得到了一些极有趣味的结果。空代时方法，最初用于热力学，是基于各态历经的假说，在缺少绝对年龄测定方法的情况下，有时可以认为地貌空间群体可以代表地貌个体的时间序列。这个假说对地貌学思想的发展有所帮助。

实际上，侵蚀循环学说这一概念在很大程度上是基于空代时假说的。Davis（1899）将地貌的发育分成青年期、壮年期、老年期，各个时期地貌的发育表现出不同的特征。这一发育模式可从空间分布上清楚地看出来，从山顶、坡麓到冲积平原，地貌的发育明显表现出发育的阶段性特征。1917 年，Lobeck 把从美国华盛顿山到大西洋海岸作了一剖面，在这一剖面中，地貌的发育体现出明显的阶段性，从北西到南东也分别从青年期变到老年期（Beekinsalc et al.，1991）。新大洋的形成过程也可用：东非裂谷、大西洋、地中海分别代表大洋发育的青年期、壮年期和老年期。过去，运用空间变量代替时间变量成为一种非常流行的地貌学方法，以解决地表过程的长期演化问题。Savigear（1952）利用这一思想来分析澳大利亚南威尔士海崖近地面的侵蚀程度，发现由于沙嘴向东延伸，保护海崖免受海浪侵蚀，结果海崖的轮廓可按它们免受海浪侵蚀的程度置于相应的时间序列，即海岸发育的时间序列可用沙嘴延伸的距离来代替。1952 年，Ruhe 对美国爱荷华州西北部冰碛地貌发育类型的研究表明：在空间上，河网密度可以随锐减的阶段，划分四种不同的类型，这种在空间分布的不同类型可以推演到时间序列上，代表地貌发育的不同阶段（Chorley et al.，1985）。

对同一次洪峰流量过程来说，一条河流上游水文测站的洪峰变化过程与下一测站的洪峰变化过程是相似的。只是上一测站变化过程提前。同洪峰变化过程相适应，河床的调整也经历相应的过程。同一测站洪峰的时间变化过程与不同测站洪峰的空间变化过程具有相似性，在某种程度上它们可以相互代替，即可以通过上一测站的变化过程来预测下一测站的变化过程。这种时空互换现象范围小，时间跨度短，因而可以同时观测到。而前述地质历史时间尺度的时空变化过程是很难在同一时间或小范围内观测到的。

由于地貌演化具有不同的时间和空间尺度，因而空间变量与时间变量的代换必须涉及时间和空间的尺度问题。对应于不同的时间和空间尺度，地貌体的控制因素又存在明显差异（Schumm et al.，1965；Lane et al.，1997），在应用空代时假说分析问题时，必须明确所研究区域的时间、空间尺度及其主要控制变量，而这往往是很困难的，找不准控制变量时使用空代时假说很危险。因而空代时假说虽然得到广泛应用，却也受到普遍批评（Church et al.，1980）。Craig（1982）利用阿巴拉契亚山脉的资料，运用数理方法建立数学模型，在严格的数学推理中把空间变量代换成时间变量，合理性值得进一步分析研究。

利用空代时假说进行的研究都带有推测性，需要得到理论证明和实践的检验。因而，空代时假说应用的合理性面临着不少困难。首先难以得到严格的理论证明；其次野外观测通常只能得到空间分布的资料，而时间序列资料的观测则很困难。因而检验空代时假说合理性比较可行的方法是实验，实验在人工控制条件下，其时间过程和空间过程均能很好地观察到。

2. 模型游荡河型的时空演替现象

由图 11.3 - 1 中可以清楚地看出来，在河型发育的初期阶段，从时间序列上看，

Ⅰ-2～Ⅰ-6 依次分别经过弯曲、切滩、游荡三个阶段；从空间序列上Ⅰ-4 从下游段向上游段也依次反映弯曲-切滩-游荡三个发育阶段，即表明下游段发育较上游段滞后，河型由上游段开始发育，先完成发育过程。Ⅰ-3 为弯曲河流，Ⅰ-4 上游段已发育为游荡型，中游段发生切滩，下游段仍弯曲，Ⅰ-5 上、中游段已发育成游荡河型，下游段仍较弯曲，而Ⅰ-6 则全河段已发育成较典型的游荡河型。河型在空间上的分布和时间序列上的发育阶段一致，这就是河型发育过程中表现出来的时空演替现象。从平面上看，这种河型在时间上和空间上的演替序列可以相互代替，实验中的这种河型发育过程从一个侧面证实了空代时假说确实能够成立。此次在实验室内同时观测到了河型发育的时间演变序列和空间演变序列，这通常在野外是难以观测得到的。但水库修建后下游河道的调整过程时间相对较短，也可能出现时空演替现象。张俊勇等（2006）发现，丹江口水库修建后，下游河流再造床过程在冲刷延展、河床粗化、含沙量及其特征以及河型变化等方面具有较典型的时空演替现象。虽然时空过程可以相互代替，但人们通常易于观测到的是空间分布特征，而时间演变过程则很难得到长序列的资料。近年来采用遥感卫星动态监测可以得到时间演化序列，但时间尺度较小，大时间尺度的观测资料仍难以得到。实验过程中出现的这种现象是不是一种具有普遍意义的规律，还有待大量野外及实验资料来验证。

实验室中观察到的河型空间演变过程与野外观察到的流域发育过程的空间分布似乎相反。在实验室中上游段较老、下游段较新。由于初始比降、流量、来沙量都保持不变，并且基准面也无升降变化，其主要变量是时间。在外部水沙作用下，河型由上游段开始发育，主要体现出河型演化的时间过程。而在野外，同一流域的不同部位则主要是受地球内营力抬升和外营力侵蚀这一矛盾过程的相互作用，其主要变量是时间和营力，河流的发育主要体现为河口向河源的溯源侵蚀过程，上游段代表的时代较新，下游段则较老。这也表明在利用空代时理论时必须明确所研究对象的主要控制变量，否则会得出错误的结论。时间过程和空间过程的相互代换问题将在下一节进一步讨论。

17.5.2.4　河型演变过程中的时空复杂响应

1. 时空复杂响应概念

河型系统的输入条件发生变化时，系统某些组成要素为适应外界输入的变化而作出自我调整，在自我调整过程中，又连锁式地引起其他要素的变化，这些变化常常交互作用，引起各种正负反馈过程，使河型的调整过程出现复杂的面貌，Schumm（1973）称之为复杂响应。运用这一概念，Schumm 成功地解释了基面的下降在河谷地貌塑造过程中产生的复杂变化。许炯心（1989a、1989b）运用这一概念成功地解释了水库修建后上、下游河道的调整过程，得出了具有重要实践意义的结论。

复杂响应的实质是：当输入条件发生改变时，其中某一或某些对象及其属性首先发生改变，并连锁式地引起其他对象及其属性的变化，它们的相互关系也会改变。这些变化常常交互作用，发生各种正、负反馈过程，使系统的调整进程呈现出复杂的面貌（许炯心，1989b）。在这一解释中，输入条件的改变可分为相对于时间过程的改变和相对于空间过程的改变。系统的调整过程也同样可以分为相对于时间过程的调整和相对于空间过程的调整两个方面。可以把相对于时间过程的复杂响应称为时间复杂响应，把相对于空间过程的复杂响应叫空间复杂响应。时间复杂响应过程和空间复杂响应过程通常是相互作用、相互影响，联系在一起的。同一空间位置存在时间复杂响应过程，同一时间在不同空间位置上也存在空间复杂响应过程。空代时假说指出，时间过程和空间过程在某种条件下可以相互替代。因而，在某种时间和空间条件下，时间复杂响应和空间复杂响应相互联系、相互影响，并且可以相互替代，称为时空复杂响应过程。对于时间复杂响应过程，Schumm（1973）、许炯心（1989a，1989b，1992）已经用来成功地解释了许多地貌现象，而对于空间复杂响应过程，却少有提及（钱宁等，1979）。实验过程中，同时出现了时间复杂响应过程和空间复杂响应过程，时空复杂响应过程得到了很好的结合。下面进一步分析河型的时空复杂响应过程。

2. 河型演变过程中的时间复杂响应

以模型河道的中游段 8 号～15 号断面的平均值为例，讨论当外界输入发生变化时，河型随时间变化进行的调整过程。这种调整包括物质（D_{50}）、形态（W、H、W/H、J、P）和能量（E）的调整。因河型的调整涉及河床的抵抗力与水流作用力的对比关系，这里选择许炯心（1997）所用的河型边界条件指标。

（1）河岸抗冲性：
$$K_a = M/0.76\gamma HJ \qquad (17.5-1)$$

（2）河底抗冲性：
$$K_d = D_{50}/\gamma HJ \qquad (17.5-2)$$

（3）发生冲刷的临界剪切力：
$$\tau_c = 0.254M^{0.99} \qquad (17.5-3)$$

式中：M 为河岸粉黏粒含量；H 为水深；J 为比降；D_{50} 为床沙中径；γ 为水的密度。

将表征河型随时间变化的形态、物质、能量指标和边界条件指标分别点绘于图 17.5-4 和图 17.5-5 中，可以清楚地看到河型系统对外界输入变化的响应过程。顺直模型小河开始施放定常流量时，在一定的比降条件下，水流势能转化的动能，对河床产生冲刷。

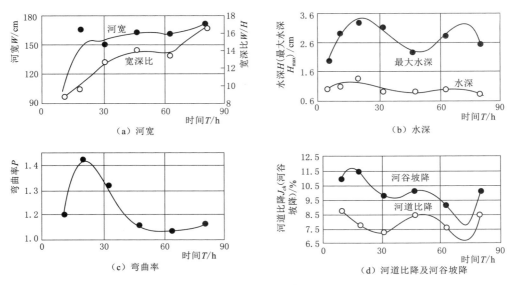

图 17.5-4（一）　河型要素变化过程图

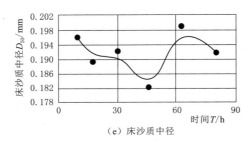 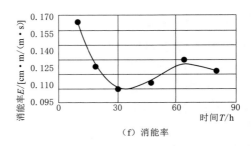

图 17.5-4（二） 河型要素变化过程图

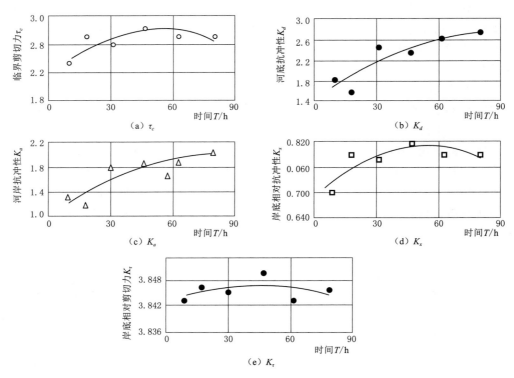

图 17.5-5 河床边界条件变化图

首先由于河岸、河底抗冲性小于发生冲刷的临界剪切力（τ_c），使河岸和河底都受到冲刷和侵蚀，但由于河岸抗冲性小于河底抗冲性［图 17.5-5(a)］，河岸迅速展宽，而最大水深也加深，较开始时宽深比有所增大，但不及河宽增大明显［图 17.5-5(a)］。随着河宽的继续增大，水流动能对河岸的侵蚀能力减弱，故而河宽仅缓缓增宽，随着河宽再增加，水流切滩，水深减少，故而宽深比迅速增加，宽深比的变化受河宽变化的影响而落后于河宽的变化，但二者的变化趋势较为一致。河岸抗冲性小于河底抗冲性使河岸展宽快而河底冲刷慢，且河底又有加入的泥沙和河岸侵蚀泥沙的补充而变化较慢，加上水流有变弯的趋势，出现弯道环流。弯道环流的作用使凹岸侵蚀加强，凸岸淤积成边滩，由于边滩的抗冲性明显大于河岸抗冲性，使得河岸进一步冲刷，滩地进一步淤积，曲率进一步增大。

凹岸冲刷和曲率增大是正反馈过程，彼此相互促进，当这种正反馈作用发展到一定程度时（跨越某一临界值），原有系统变得不稳定，极易发生突变而崩溃。此后，河型的调整又有可能表现出负反馈状态，使河型重新趋于稳定。反馈的强度越大，突变的可能性及强度也越大。河岸侵蚀的同时也在向下游出现侵蚀，使得主流下移。当这种下移达到一定临界值时，水流切滩，原系统崩溃，发生突变，河道变直，曲率变小。切滩过程的发生使滩面细物质被水流冲走，固滩物质更少，抗蚀能力减弱而更容易冲刷，其抗蚀能力与河岸抗蚀能力越来越接近，因而曲率不再增大，趋于一个定值。曲率的变化导致比降也随之发生变化［图 17.5-4(d)］，比降变化使水流能耗率也发生相应的变化［图 17.5-4(f)］。消能率的变化直接影响水流对河床的冲刷能力，反映河床的冲淤变化，河底的冲淤变化改变河床物质的组成，使河床物质的变化也呈现出复杂响应现象［图 17.5-4(e)］。河型变化在经过一系列复杂响应过程之后，各个要素又趋向于稳定，这表明它们经过调整，已基本适应了外界条件改变的要求。分析表明，在河道系统突变过程中往往伴生复杂响应。

3. 河型演变过程中的空间复杂响应

和时间复杂响应的分析过程一样，选择同样的指标，运用 Ⅰ-4 测次上、中、下游不同河段在同一时间的空间变化规律来分析河型的空间复杂响应过程。其中，W、W/H、S、J、E、D_{50} 等项通过将整河段分为 6 小段取其均值，以便与时间过程的变化对比，而 K_a、K_d、τ_c、K_x、K_τ 等项只分上、中、下三段并取其平均值。所得结果见图 17.5-4 和图 17.5-5。

当外界输入在同一时间作用于不同河段时，河床各段的响应也不一致，呈现出复杂的情况。河宽及宽深比均先随距尾门距离的增加而增宽，但冲刷的临界剪切力 K_a、K_d 均随距尾门距离增大而增大，且 $K_a < K_d$，这使河宽随距离的增长受到限制，当达到最大值后，此时 K_a、K_d、τ_c 仍在增大。使河宽随距河口距离增大而减少，此后 K_a、K_d、τ_c 减少，按理河宽及宽深比应继续增大，可能由于实验前的原始河床铺设比较密实，此时河岸展宽较困难。随着河宽向上游段的加宽，弯曲率也跟着增大，但河宽增加的趋势不及弯曲率增加明显，并且弯曲率先达到极大值。而后，随着距离的增加，河宽、弯曲率复又减少，弯曲率趋近于一个比较稳定的常数（1.1 左右）。弯曲率调整的同时，比降也跟着调整，弯曲率增大，比降减少，弯曲率减少，比降随之增大，但比降随距离的调整过程更加复杂［图 17.5-4(d)］。比降的调整必然使消能率随空间距离的变化而调整，消能率的调整过程与河道比降几乎完全一样，先减少，再增大，经历了几次反复。河床质 D_{50} 的变化也同样反映河床在不同空间位置的冲淤变化规律［图 17.5-4(e)］，D_{50} 先随距河口距离增加而减少，但趋势不太明显，而后则随距离增加而一直增加，也存在复杂响应现象。这与水流粗颗粒物质的搬运能力小于搬运细颗粒相一致，由于水流搬运粗颗粒的能力较小，因此河床质从河源向河口总体减少，这也表明河床处于冲刷状态。

4. 时空复杂响应及空代时假说的验证

时间变化过程从 Ⅰ-1～Ⅰ-7，以放水历时为参数，空间变化过程以距河口的远近为参数，将这两种变化过程做比较，可以看出：时间复杂响应过程和空间复杂响应过程各指标在时间过程上的变化和在空间过程上的变化除 W、W/H（由于床面密实程度不一）

外，其余各项的变化趋势基本一致，特别是水深、弯曲率、比降、消能率的调整过程更为相似。弯曲率从时间过程上是先增大，越过一临界值后变小，从空间过程上也随距河口距离先增大，而后再减少，两者变化趋势一致。比降在时间过程和空间过程的变化趋势也基本一致，开始时河谷比降与河道比降减少，达到某一定值后差值又增大，并且二者的 J_v 与 J_{ch} 的差值的变化情况也一致。其他要素如 E、D_{50} 在时间和空间上的变化特征都具有一致性。这表明时间复杂响应过程和空间复杂响应过程具有密切的关联性，即河型的演变过程具有时空复杂响应现象。此时可近似地用时间过程和空间过程相互代换。上述各指标变化趋势在时间过程和空间过程的相似性再次证实了空代时假说的存在性。

17.5.3　游荡河型演变的外临界触发突变过程实验

17.5.3.1　低含沙量洪水突变过程实验

1. 平面形态特征及变化

由图 11.3-1（Ⅱ-1）可见，当洪水流量增为 2.5L/s，历时 3h 后，岸线形状较造床实验结束时（Ⅰ-7）变化不大，上游段更趋顺直，河床滩地的串珠状结构更明显，深槽居中，深槽-边滩-心滩交替分布，分合有序，且变动迅速，出露水面的滩地面积明显减少。主流弯曲率变得更小，由Ⅰ-7 时的 1.19 减少为 1.11。河床水面平均展宽 8cm，增宽率为 2.67cm/h，较造床实验后期明显增大，造床实验结束时仅为 0.7m/h，其中，上游段展宽 11.2cm，中游段展宽 11.3cm，下游段则变化很小，仅展宽 0.96cm。

2. 横剖面特征及变化

洪水使河床横剖面不同部位的冲淤状况发生了较大的变化，比如 5 号断面较Ⅰ-7 时断面起伏增大，右岸大幅度淤高，左岸则冲低，断面平均高程较Ⅰ-7 时抬高。11 号断面在起点距为 750cm 处较Ⅰ-7 时冲低，其余各处均抬高；17 号断面则冲低，断面形态起伏度增大。就宽深比来看，比Ⅰ-7 时显著减少，从Ⅰ-7 时的 17.36 减少到 12.7，下游段比上游段变化大得多；上游段减少 1.78，中游段减少 3.5，下游段减少 16.82。

3. 纵剖面特征及河床冲淤变化

河道纵剖面和水面纵剖面线均较平直，无明显凹凸性，水位比Ⅰ-7 时抬高了 0.44cm，抬高率为 0.147cm/h；其中，上游段抬高 0.65cm，中游段抬高 0.27cm，下游段抬高 0.45cm。平均水深较Ⅰ-7 增大 0.32cm，增深率为 0.107cm/h。河底高程则反而冲低，冲低了 0.11cm，冲低率为 0.037cm/h。各段具体冲淤情况是：上游段淤高 0.22cm，中游段淤高 0.03cm，下游段降低了 0.71cm。上淤下冲使得河道比降和河谷坡降显著增大。河道比降从 0.0087 增大到 0.1007，河谷坡降从 0.01035 增大到 0.01118，比降和坡降的增幅自上游段向下游段递减。

4. 物质和能量变化

Ⅱ-1 的河床质 D_{50} 与Ⅰ-7 时的粗细基本一样。消能率从Ⅰ-7 的 0.11cm·m/(m·s) 变为 0.14cm·m/(m·s)，增大率也是自上游段向下游段递减，上游段增加了 0.08cm·m/(m·s)，中游段增加了 0.03cm·m/(m·s)，而下游段则反而减少了 0.03cm·m/(m·s)。

17.5.3.2　低含沙量大洪水突变过程实验

1. 平面形态特征及变化

Ⅱ-2 流量变为 3.5L/s［图 11.3-1（b）］，相当于大洪水过程。在此过程中，岸线形状与Ⅰ-7 时无多大变化。床面滩-槽相间的串珠状结构不断向下游方向推移，使原来的深槽部分淤积成为心滩，原来的心滩一部分被冲刷成深槽，一部分被切割成边滩，比如，16 号断面在Ⅱ-1［图 11.3-1（b）］时为心滩，而在Ⅱ-2 时变为深槽，18 号断面则相反。出露水面的滩地面积较Ⅱ-1 时更少，滩地形状较Ⅱ-1 时显得更狭长。主流比Ⅰ-7时略为集中，主流的弯曲率基本无变化，为 1.12。河宽平均增加 7cm，较Ⅱ-1 小；上游段增宽量最大，为 10.1cm，比Ⅱ-1 时的增量稍小；下游段次之，为 5.6cm，大于Ⅱ-1时的水平；中游段展宽率最小，为 4.9cm，不及Ⅱ-1 时的一半。

2. 横断面特征及变化

横断面形态变得更为宽浅，断面形态仍处于不断变动之中，河道宽深比为 12.03，较Ⅱ-1［图 11.3-1（b）］时减少了 0.44，较Ⅰ-7［图 11.3-1（b）］减少了 5.33；无论上游、中游还是下游，宽深比均较Ⅱ-1 时减少，分别减少了 0.46、1.3 和 0.3，中游减少程度最大，下游最小。

3. 纵剖面特征及河床冲淤变化

河道纵剖面线呈波状起伏，上段凹，中段凸，下段又凹，水面纵剖面线仍较平直，上凸度较Ⅰ-7［图 11.3-1（b）］明显减少，比Ⅱ-1 时大；水位较Ⅱ-1 时抬高了 0.14cm，抬高率为 0.047cm/h，数值为 0.147cm/h。水深比Ⅱ-1 时增加了 0.06cm，增加率为 0.02cm/h，而Ⅱ-1 时为 0.147cm，水位抬高量上游最大，达 0.19cm，中、下游则差不多，分别为 0.1cm 和 0.11cm。河底高程比Ⅱ-1［图 11.3-1（b）］时淤高了 0.17cm，而Ⅱ-1 与Ⅰ-7 相比，反而冲低，中游段淤高幅度最大，达 0.33cm，下游段次之，为 0.08cm，上游段仅淤高 0.05cm，变化不大。冲淤过程基本与Ⅱ-1 时相反，促使河道比降和河谷坡降均降低，分别降低了 8.85‰和 9.91‰。

4. 物质及能量变化

河床质 D_{50} 较Ⅱ-1［图 11.3-1（b）］时略微变粗，为 0.197mm。消能率较Ⅱ-1 略有增加，从 0.14cm·m/(m·s) 增加为 0.16cm·m/(m·s)，其中上游段减少 0.02cm·m/(m·s)，中、下游段则均增大了 0.03cm·m/(m·s)，变化情况与Ⅱ-1 时恰巧相反。

5. 两种低含沙洪水突变过程的比较

上述两种低含沙洪水过程，流量较造床实验时突然增大且作用时间短。分析表明，水深、宽深比与水位均呈线性增加，与造床实验时的变化过程明显不同的是，上述各项在流量增大时都是突然增大，而在造床实验过程特别是造床实验后期，上述各项的变化是渐变的，它们的发展发生分汊，遵循不同的发育规律（图 17.5-6 和图 17.5-7）。

对于流量分别为 1.5L/s、2.5L/s 和 3.5L/s 的Ⅰ-7、Ⅱ-1 和Ⅱ-2，水深、宽深比、水位的变化存在显著差异，从Ⅰ-7～Ⅱ-1，水深的变化率突然增加很高，达到 0.107cm/h，而从Ⅰ-7～Ⅱ-2，水深增加率仅 0.02cm/h，两者相差 5.35 倍。从Ⅰ-7～Ⅱ-1，宽深比的减少率为 1.630，而从Ⅱ-1～Ⅱ-2 只有 0.147，二者相差 11.09 倍之多，水位变率的变化也遵循同样的变化规律，从Ⅰ-7～Ⅱ-1，水位抬高率为 0.147cm/h，而从Ⅱ-1～

Ⅱ-2 仅为 0.047，两者相差 3.13 倍。

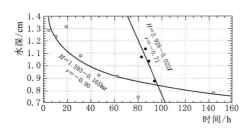

图 17.5-6 水深随时间变化图

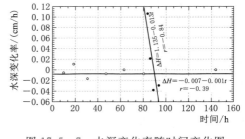

图 17.5-7 水深变化率随时间变化图

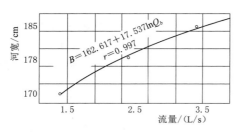

图 17.5-8 河宽与流量关系

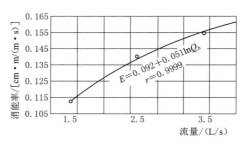

图 17.5-9 消能率与流量关系图

从Ⅰ-7～Ⅱ-1，流量由 1.5L/s 增加到 2.5L/s，水深、宽深比、水位都突然发生了很大的变化，而从Ⅱ-1～Ⅱ-2，同样是增加 1.0L/s 流量，由 2.5L/s 突然增加到 3.5L/s，变化则相对要小得多，二者存在着显著差异。这是由于在造床过程中，所施放的流量一直是 1.5L/s，河床通过自我调整，已经适应这种外界条件的输入，流量一旦突然变化，河流立即进入另一种调节状态来适应这种新的输入，因而出现了调整过程中的突变现象，河床形态要素发生剧烈变化；而流量从 2.5L/s 变为 3.5L/s，由于河流已适应了 2.5L/s 的流量过程，这也与流量的增加率有关，当流量由 1.5L/s 增加 1.0L/s 时，流量的增加率为 67%，而流量由 2.5L/s 增加 1.0L/s 时，流量增加率为 40%，由流量增加导致的能量增值也要小得多，而且还在进一步的调整以便更能适应新的环境条件，调整时间比较短，当流量变为 3.5L/s 时，上述河型要素的变化就慢得多。

河型要素的变化过程说明外界条件变化触发的突发过程对河型自我调整的影响一般远大于外界条件渐变时产生的影响（即使渐变时外界条件的改变量较大也是这样），这不难理解。在日常生活中也经常会出现这种情况，比如一个从未吃过辣椒的人偶尔吃了点辣椒，会觉得辣得受不了，而当他吃习惯后，即使增加大量的辣椒，也会觉得能够忍受，这是一个自适应过程。在防汛抗灾和河道治理工作中，这种外临界激发的突变现象必须引起足够的重视。久旱之后，河床的调整已适应于干旱的环境条件，而一旦下雨，即使降雨量不太大，也会使河床发生强烈调整，从而引发自然灾害。对于长期处于断流的黄河下游河段，一旦发生大水必然会酿成小洪水大灾害的结果。

河型演变的其他要素，如河宽、消能率、D_{50} 均随流量的增大而增大（图 17.5-8～

图 17.5－10），而河道比降、河谷比降、弯曲率则有着不同的调整过程，河道与河谷比降均是突然增加，又突然降低，而弯曲率是先强烈减少，而后略有增大。

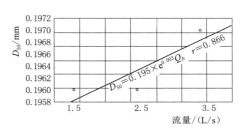

图 17.5－10　河床中径 D_{50} 与流量关系

17.5.3.3　中等含沙量洪水的突变过程实验

1. 平面形态特征及变化

流量减少为 3.3L/s，单位流量加沙率增加为 5.25g/(s·L)（Ⅱ－3）时，岸线形状保持与Ⅱ－2 时一致，河床地貌深槽－心滩－边滩相间的串珠状格局最为明显，浅滩淤高，深槽刷深。串珠状形态的关节点沿河床向下游推进，各河段推进速率不等。15 号断面附近在Ⅱ－2 时为汇合深槽，而在Ⅱ－3 时为分散心滩。滩地不及Ⅱ－2 时完整，被切割得更加细小，出露水面的滩地面积较Ⅱ－2 时明显增多。下游河段 16 号断面以下主流变弯，流量集中于主流，与弯曲河流的流态相似，全河段平均曲率为 1.15，比Ⅱ－2 时要大。河床水面增宽率高达 6cm/h，其中下游段展宽最大，上游次之，中间展宽最小，分别展宽了 28.2cm、12.5cm 和 7.2cm，明显大于Ⅱ－2 时的展宽率。

2. 横断面特征及变化

河宽增加而水深反而减少，使Ⅱ－3 时的宽深比较Ⅱ－2 时增大，河床较Ⅱ－2 时更加宽浅，断面局部起伏增大。宽深比从Ⅱ－2 时的 12.03 增大到 13.72，增加率为 0.68/h。上游段增加最多，下游段次之，中游段增加最少，分别增加了 3.09、2.56 和 1.21。

3. 纵剖面特征及变化

河道纵剖面和水面纵剖面线均较平直，平均水位较Ⅱ－2 时抬高了 0.12cm，抬高率为 0.048cm/h，与Ⅱ－2 时相差不大，上游个别断面的水位已超过河岸高程，上、中、下游分别增高了 0.16cm、0.09cm 和 0.14cm。水深比Ⅱ－2 时减少了 0.1cm，比Ⅱ－1 时还浅，从上游到下游分别减少了 0.15cm、0.05cm 和 0.09cm，深泓高程比Ⅱ－2 降低了 0.13cm，其中，上游段无甚变化，中游段降低了 0.18cm，下游段降低了 0.21cm，这表明河底深泓冲得很深。这使得河道比降和河谷比降均增大，分别增加 8.95‰和 10.29‰。

4. 物质、能量特征及变化

河床质 D_{50} 较Ⅱ－2 时明显减少，也小于造床时的任何一次过程，为 0.187mm。这与所加入的泥沙较细，而河床又处于淤积状态有关。消能率较Ⅱ－2 略减少，为 0.15cm·m/(m·s)，大于Ⅱ－1 时的消能率，下游段比降增加最大，消能率的减少也最大，这一结果是通过河道弯曲、主流弯曲率增大来调整的。

17.5.3.4　较高含沙量洪水的突变过程

1. 平面形态特征及变化

与Ⅱ－3 时保持流量不变，单位流量加沙率变为 9.09g/L，与Ⅱ－3 相比，岸线更平直，上、下游宽差别更小，河床形态的深槽－心滩－边滩串珠格局全被破坏，整个河床深槽居中，边滩、心滩被切割得很零散，呈窄的长条形自上游段向下游段伸展，边滩、心滩大量出露，特别是 6 号断面以上，出现条状的边滩，大大高出水面与河岸；中间深槽窄深，在实验放水过程中，河道主流经历了几次大的摆动，对原有的河床形态进行了彻底的改造。主流顺直居中，弯曲率仅1.02，小于以前的任何一次流量过程的弯曲率；河床水面展宽13cm，展宽率为2.6cm/h。实际上，在这次流量过程中，河岸展宽最大，只是由于河岸展宽的同时，边滩、心滩相继出露水面，使水面宽度减少，比如，3号断面水宽135cm，而河岸则展宽到了201cm。单就水面宽度来说，上游段展宽23.7cm，中游段展宽仅40.2cm，而下游段水面反面缩窄，缩窄了6cm。

2. 横断面形态特征及变化

横断面形态较以前发生明显变化、断面起伏较大，高低不平，总体上较以前变得更加宽浅，尤其是中游段更宽浅，而Ⅱ-1、Ⅱ-2和Ⅱ-3都显著增加，和Ⅰ-7时差不多，为16.78，较Ⅱ-3时增加了3.06，增加率为0.612，但比Ⅱ-3时的增加率小，其中上游段增加5.16，中游段增加6.07，下游段反而减少0.18。

3. 纵剖面形态特征及变化

水面纵剖面线和河道纵剖面线略下凹，河道纵剖面起伏度较Ⅱ-3时增大，水位较Ⅱ-3增高了0.87cm，自9号断面以上，均高出原先的河岸高程。水位增高率为0.174cm/h，其中上游段增高最多，为1.09cm；中游段次之，为6cm；下游段则增高很小，仅0.32cm；总体上较Ⅰ-0时大幅度抬高，抬高率是Ⅱ-3时的3.6倍。水深在Ⅱ-3的基础上又减少了0.16cm，比Ⅰ-1减少的幅度稍小一点。深泓高程比Ⅱ-3大大抬高，共抬高了1.65cm，抬高率为0.328cm/h，与Ⅱ-3时的变化趋势相反。河道淤高自下游向上游递增，上游段淤高最多，达2.29cm；中游段淤高1.53cm，下游段淤高0.89cm。河道比降和河谷坡降都显著增都陡，增幅分别达10.2‰和10.4‰，其中中游段增幅最大，分别达11.58‰和11.81‰。

由于淤高幅度很大，所加入的泥沙又细，河床质$D_{50}=0.150$mm，显著细化，仅比河岸物质D_{50}稍大；消能率也较以前大幅度增加，达到0.32cm·m/(m·s)，尤以下游段增幅最大，达0.63cm·m/(m·s)，较Ⅱ-3时相应断面的消能率增加了0.5cm·m/(m·s)。

4. 两种较高含沙洪水突变过程的比较

从Ⅱ-2～Ⅱ-4分别代表了低含沙量洪水、中等含沙量洪水和较高含沙量洪水。洪水过程含沙量的不同，导致河床的自我调整过程也不一样，水位、宽深比随含沙量的增加而增加，水深减少，而相应的变化率则差别较大，水位变率从Ⅱ-2～Ⅱ-3基本一致，而从Ⅱ-3～Ⅱ-4则突然增大，为前者的约3.6倍。宽深比变率从Ⅱ-2～Ⅱ-3也是突然增加，而从Ⅱ-3～Ⅱ-4则略有减少。水深的变化率从Ⅱ-2～Ⅱ-3减少了0.06cm/h，从Ⅱ-3～Ⅱ-4却反而增加了0.008cm/h，河底高程从Ⅱ-2～Ⅱ-3变化不大，反而还有所降低，但从Ⅱ-3～Ⅱ-4则急剧增大，其变化率是前者的6.3倍。

不同含沙量的洪水变化过程实验的最大差别是消能率的变化，从Ⅱ-2～Ⅱ-3仅变化0.01cm·m/(m·s)，而从Ⅱ-3～Ⅱ-4则增加了0.17cm·m/(m·s)，其变化率是前者的8.5倍，正是由于消能率的强烈变化，使Ⅱ-4的较高含沙水流具有更大的破坏力，主流摆动迅速，对河床进行强烈的冲刷，彻底改造原先河床地貌形态。在强烈冲刷床底的同时又迅速淤积，使河底高程和水位迅速抬高，造成江河泛滥，而强烈的冲刷又给河工建设带来极大的危害。河床淤积的结果使河床不断抬高，而下游基面不变，使得河道比降变陡，河床更加游荡不定。

分析表明，中等含沙洪水使河道以展宽为主，而较高含沙量洪水使河道以淤高为主，同时冲刷也极为严重。

17.5.3.5 游荡河型水沙减少的突变过程实验

1. 河道演变特征

游荡河型水、沙变大的突变过程实验结束后，又施放了 1.5L/s 流量，回到造床时的外界输入状态。当水量和含沙量突然减少时，河床开始出现与突变过程实验相反的调整过程，力图恢复到平滩流量为 1.5L/s 时的造床过程状态。

水量减少后，水面不能布满原来的河道，岸线仅局部有微小改造，因而与Ⅱ-4时一致，而原先的边滩变为新的河岸，河床又出现与造床实验时的同样调整过程，使新河岸不断后退以增加河宽。实验结束后，河宽为 174cm，水深为 0.78cm，宽深比为 16.90，河底高程为 28.35cm，弯曲率为 1.12，河床质中径 $D_{50}=0.181$mm，消能率为 0.13cm·m/(m·s)，均与造床结束（Ⅰ-7）时一致。这一过程以冲刷为主，突变时淤高的河床被冲低，尤以下游冲刷最严重，形成窄深略弯曲型河流。河道比降和河谷比降均增大，分别为 10.45‰ 和 17.0‰。假以时日，只要外界来水来沙条件不变，河床基本能恢复到造床时的形态。

2. 突变过程的河床演变趋势及与造床过程的对比分析

（1）冲淤率及其变化。在来水来沙条件突然变化的条件下，河床的冲淤状况发生了根本性的变化，造床实验时以冲为主，而突变实验过程则以淤为主，这可从冲淤率的变化上得到反映。水流在河岸侵蚀掉的泥沙分为两部分，一部分细小物质随水流排入沉沙池中，另一部分较粗物质则淤积于河床底部，水流对河床的冲刷也有同样的作用。随水流人为加入到河床中的泥沙也一样，粗颗粒部分大多淤积于河床，细颗粒部分大多排入沉沙池中。因此，可用冲淤量-加沙量-沉沙量来近似地反映河床的冲淤量，冲淤率则可表示河床的冲淤强度。从图 17.5-11 中可以看出，在造床实验过程中，冲淤率为负，且一直减少，从Ⅰ-1 时的 34.9kg/h 减少到Ⅰ-7 时的 1.5kg/h，表明以河岸冲刷和河床展宽为主，且河床又处于淤高的过程。因此，河床的演变过程主要是展宽。当突变过程实验开始后，冲淤率变为正，且随流量的增大和含沙量的增大而增加，从Ⅱ-1～Ⅱ-4 分别为 3.8kg/h、14.6kg/h、52.8kg/h 和 78.8kg/h。这表明，随加沙率的增加，河床的冲淤速率迅速增加，河床抬高速率加快，由于冲淤的交替变化，河床纵剖面起伏度从Ⅱ-2～Ⅱ-4 逐渐增大，而Ⅰ-7～Ⅱ-1 由于水流的突发过程使河床起伏度更大。

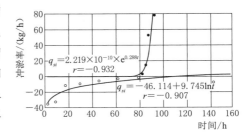

图 17.5-11　冲淤率随时间变化图

（2）河型要素的变化及与造床过程的对比分析。实验表明，河型要素的变化在突变实验与造床实验中遵循不同的规律。比如水面宽 W 在造床实验时用式（17.5-4）拟合，而在突变过程实验中则用式（17.5-5）拟合，增大的幅度显然大于前者。

$$W=-3.675+37.97\ln t \qquad (17.5-4)$$

$$W=-1.177\times10^3+306.407\ln t \qquad (17.5-5)$$

水深 H 在造床实验过程及突变实验过程中的变化，分别用式（17.5-6）及式（17.5-7）

拟合，表明前者渐趋于稳定，后者则随含沙量增大而速率急剧下降。

$$H = 1.593 - 0.165\ln t \tag{17.5-6}$$

$$H = 2.928 - 0.022t \tag{17.5-7}$$

宽深比 W/H 在造床实验过程中的变化用式（17.5-8）拟合。即先增大、后趋于稳定；而在突变过程中则随含沙量增大而呈指数规律增大，含沙量越大，增加得越快，可用式（17.5-9）拟合。

$$W/H = -0.881 + 3.629\ln t \tag{17.5-8}$$

$$W/H = 0.892 e^{0.031t} \tag{17.5-9}$$

水位 H_w 在造床过程中用式（17.5-10）拟合其变化，而在造床过程中用式（17.5-11）拟合。

$$H_w = -27.983 + 0.59\ln t \tag{17.5-10}$$

$$H_w = 22.929 e^{0.0035t} \tag{17.5-11}$$

河底高程 H_g 在中、低含沙量洪水时与造床过程的变化一致，用式（17.5-12）拟合，当含沙量突然增大时，则用式（17.5-13）拟合其变化规律。

$$H_g = -25.256 + 0.603\ln t \tag{17.5-12}$$

$$H_g = 17.367 e^{0.0055t} \tag{17.5-13}$$

冲淤率 q_{si} 在造床时用式（17.5-14）拟合，而在突变过程中则用式（17.5-15）拟合其变化。

$$q_{si} = -46.114 + 9.745\ln t \tag{17.5-14}$$

$$q_{si} = 2.19 \times 10^{-10} e^{0.288t} \tag{17.5-15}$$

D_{50} 在含沙量变化不大时不管是造床过程还是突变过程，均可用式（17.5-16）拟合其变化，而当含沙量变高时，则用式（17.5-17）拟合其变化。

$$D_{50} = 0.228 - 0.00081\ln t \tag{17.5-16}$$

$$D_{50} = 0.587 - 0.005t \tag{17.5-17}$$

消能率 E 则更是呈相反的变化趋势，在造床时用式（17.5-18）拟合，而在突变过程中则用式（17.5-19）拟合其变化。

$$E = 0.31 - 0.0495\ln t \tag{17.5-18}$$

$$E = -1.281 + 0.017\ln t \tag{17.5-19}$$

无论是造床过程，还是突变过程，有一些河型要素之间具有某种确定的关系。比如：河床值中径 D_{50} 随河底高程的增高而变细的关系可用式（17.5-20）拟合（图 17.5-12）。

$$D_{50} = -0.697 - 0.0181 H_g \tag{17.5-20}$$

分选系数 S_r 与 D_{50} 之间的关系可用式（17.5-21）拟合（图 17.5-13）。

$$S_r = 2.783 - 5.108 D_{50} \tag{17.5-21}$$

水面宽 W 及宽深比 W/H 与床沙质中径 D_{50} 的关系可分别用式（17.5-22）和式（17.5-23）拟合（图 17.5-14 和图 17.5-15）。

$$W = 597.116 - 2.317 \times 10^{-3} D_{50} \tag{17.5-22}$$

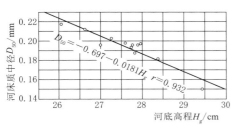

图 17.5-12 河床质中径与河底高程关系图

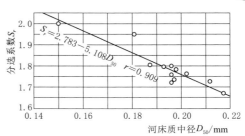

图 17.5-13 分选系数与河床质中径关系图

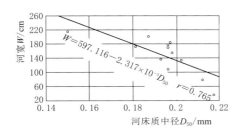

图 17.5-14 河宽与河床质中径关系图

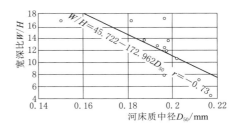

图 17.5-15 宽深比与河床质中径关系图

$$W/H = 45.722 - 172.962D_{50} \qquad (17.5-23)$$

河道比降 J_{ch} 与弯曲率 P 的关系可用式（17.5-24）拟合。

$$J_{ch} = 0.926P - 1.488D_{50} \qquad (17.5-24)$$

消能率 E 与弯曲率 P 的关系可用式（17.5-25）拟合（图 17.5-16）。

$$E = 29.7e^{-0.624P} \qquad (17.5-25)$$

另一些河型要素，如河道比降、弯曲率等，无论是在造床过程实验阶段，还是在突变过程实验阶段，均无明显的线性演化规律。河道比降先减少，后增大，突变过程中的比降要大于造床趋于稳定时的比降（图 17.5-17）；而弯曲率则先

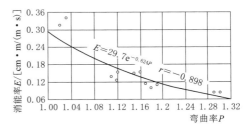

图 17.5-16 消能率与弯曲率关系图

增加，后减少，在突变过程中，弯曲率小于造床趋于稳定时的曲率（图 17.5-18）。

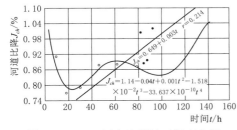

图 17.5-17 河床比降随时间变化图

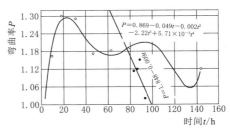

图 17.5-18 弯曲率随时间变化图

（3）河相关系特征及造床过程的对比分析。造床过程和突变过程中的平面河相关系的变化不尽一致。比如，河宽、宽深比在造床过程中有如下关系：

$$\lg(W/D_{50}) = -25.272F^{4.819} \quad (17.5-26)$$
$$\lg(W/H) = -18.638F^{2.842} \quad (17.5-27)$$

而在突变过程中则为

$$\lg(W/D_{50}) = 1.597F^{0.334} \quad (17.5-28)$$
$$\lg(W/H) = 2.020F^{-0.115} \quad (17.5-29)$$

上述河相关系遵循不同的规则，表明河床在外临界激发突变的调整过程中，存在非线性的突发性调整过程，以适应新的环境条件。

（4）流量与加沙量对河型演化影响的对比分析。河宽、水深、宽深比、水位、泥沙中径 D_{50}、消能率 E 与流量 Q 的关系可分别用式（17.5-30）～式（17.5-35）拟合（图17.5-19～图17.5-22）。

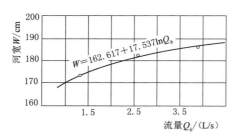

图 17.5-19　河宽与流量关系图

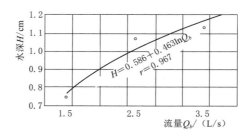

图 17.5-20　水深与流量关系图

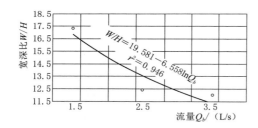

图 17.5-21　宽深比与流量关系图

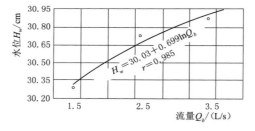

图 17.5-22　水位与流量关系图

$$W = 162.617 + 17.537\ln Q_b \quad (17.5-30)$$
$$H = 0.586 + 0.463\ln Q_b \quad (17.5-31)$$
$$W/H = 19.581 - 6.558\ln Q_b \quad (17.5-32)$$
$$H_w = 30.03 + 0.699\ln Q_b \quad (17.5-33)$$
$$D_{50} = 0.195e^{0.0032Q_b} \quad (17.5-34)$$
$$E = 0.092 + 0.051\ln Q_b \quad (17.5-35)$$

河宽、水深、宽深比、水位、河底高程、泥沙中径 D_{50}、消能率 E 与加沙量 Q_s 的关系可用式（17.5-36）～式（17.5-42）拟合（图17.5-23～图17.5-29）。

$$W = 13.444 + 36.284\ln Q_s \quad (17.5-36)$$
$$H = 1.391 - 0.097\ln Q_s \quad (17.5-37)$$
$$W/H = 2.535 + 2.606\ln Q_s \quad (17.5-38)$$

$$H_w = 27.936 + 0.654\ln Q_s \qquad (17.5-39)$$
$$H_g = 25.1483 + 0.665\ln Q_s \qquad (17.5-40)$$
$$D_{50} = 0.041 - 0.013\ln Q_s \qquad (17.5-41)$$
$$E = 0.1061 + 0.0004\ln Q_s \qquad (17.5-42)$$

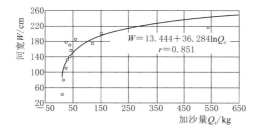

图 17.5-23　河宽与加沙量关系图

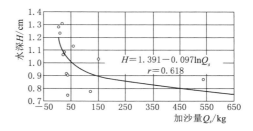

图 17.5-24　水深与加沙量关系图

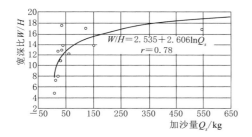

图 17.5-25　宽深比与加沙量关系图

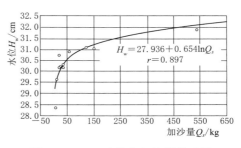

图 17.5-26　水位与加沙量关系图

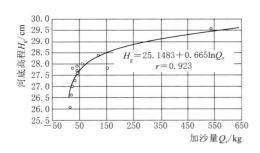

图 17.5-27　河底高程与加沙量关系图

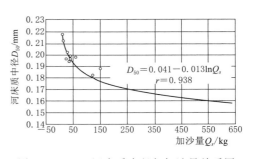

图 17.5-28　河床质中径与加沙量关系图

　　式（17.5-30）～式（17.5-35）与式（17.5-36）～式（17.5-42）的对比分析表明，实验过程中加沙量变化对河床要素特别是水位与河底高程的影响要大于流量变化对它们的影响，特别是高含沙洪水实验过程中，河床的揭底冲刷现象和河床的地貌形态的改变，使河床游荡不定，冲淤变化异常迅速，水位与河床高程迅速抬高，给河道治理、工程建设和防

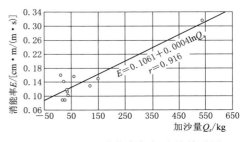

图 17.5-29　消能率与加沙量关系图

洪带来不利影响。

流量的增大使河型向深窄方向发展，而含沙量的增加使河型向宽浅方向发展，游荡性更强。这表明"小水大灾"这一现象可能由两种原因引起：一是流量变化的突然性，河床来不及调整而致灾；二是河流含沙量高，水位和河底高程抬高使洪水泛滥成灾。

17.5.4 河型突变过程的控制因素分析

1. 单因素分析

在实验中主要考虑了流量和含沙量变化对河型突变的影响。将Ⅰ-7～Ⅱ-7共8个测次的流量过程的流量、加沙率与河型各项指标绘成相关关系图（图17.5-30）。河型各项指标与流量、加沙量对数公式如下：

$$y = a_0 Q_b^{b_1} \tag{17.5-43}$$

$$y = a_1 Q_s^{c_1} \tag{17.5-44}$$

河型要素与流量、加沙率相关关系式的系数、指数及回归系数见表17.5-1。

表 17.5-1　　　　　　　　流量、加沙率与河型各项指标关系表

参数	a_0	b_1	R	a_1	c_1	r
W	152.730	0.224	0.853	178.905	0.085	0.861
H	0.672	0.358	0.885	0.871	0.084	0.593
W/H	18.237	−0.221	0.764	15.681	−0.064	0.501
H_w	30.775	−0.009	0.345	30.970	0.006	0.636
H_g	30.106	−0.001	0.034	30.094	0.004	0.340
H_{hg}	28.509	−0.010	0.258	28.322	0.002	0.110
E	0.120	0.353	0.884	0.154	0.135	0.958
J_v	11.309	−0.068	0.739	10.785	−0.022	0.584
P_w	1.112	0.002	0.027	1.113	−0.008	0.250

从图17.5-31和表17.5-1均可看出，流量除与河宽、水深、消能率有较好的线性关系外，与其他各项均无多大线性关系，而呈临界复杂响应现象。加沙率除与河宽、消能率关系较好外，与其他各项也不呈线性关系。而消能率与流量、输沙率均呈较好的线性关系，特别与输沙率的相关性更好。值得一提的是，通常的水位-流量关系曲线在实验中不存在，水位更多地取决于前期的河床条件，也与输沙率的变化相关，然而，前期的河床条件还是会受到当时流量和输沙率的影响。显然，河型各要素的变化是流量、输沙率共同作用的结果。

2. 多因素综合分析

利用多元回归方法建立流量、加入输沙率与河型各指标的关系：

$$y = a_2 Q_b^{b_2} Q_s^{c_2} \tag{17.5-45}$$

河型各项指标与Q_b、Q_s的综合关系见表17.5-2。

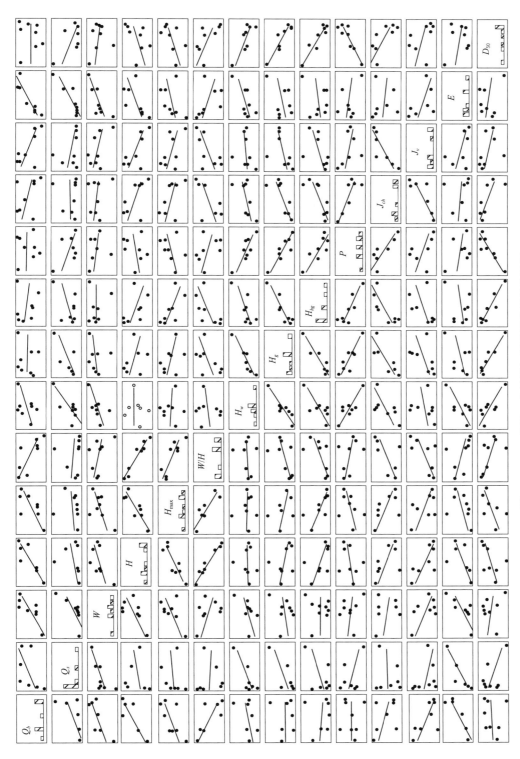

图 17.5－30　流量、含沙量与河型要素相关关系图

表 17.5 - 2　　　　　　　　　　河型各项指标与 Q_b、Q_s 的综合关系

参　数	a_2	b_2	c_2	r
W	163.804	0.123	0.043	0.881
H	0.561	0.614	-0.104 *	0.960
W/H	21.196	0.122 *	0.043 *	0.854
H_w	31.450	-0.023	0.014	0.745
H_g	30.934	-0.04	0.017	0.745
H_{hg}	29.471	-0.058	0.021	0.709
E	0.142	0.109	0.096	0.952
J_v	11.519	-0.095	0.012 *	0.754
P_w	1.052	0.082	-0.035	0.525

从表 17.5 - 2 中可以看出，取对数后，河宽、水深、宽深比、消能率等均与流量、加入含沙量有较好的线性关系。而带"*"的各项都出现了与单因素分析时相反的结果，这除了自变量（Q_b、Q_s）间相关程度较高，导致回归方程退化外，也可能是因为流量、含沙量与河型的这些指标不是简单的线性关系，而是存在复杂的响应关系（图 17.5 - 31）。流量和含沙量在不同的范围对河型有不同的影响，而两者相结合则更复杂，并且也涉及与其他要素相互结合、相互影响的问题。

实际上，河谷坡降在河型的演变过程中起着重要的作用，实验是在原始顺直的小河特定坡降的基础上进行的。若考虑坡降因素，则有：

$$y = a_3 Q_b^{b_3} Q_s^{c_3} J_v^{d_3} \tag{17.5 - 46}$$

河型各要素与 Q_b、Q_s、$J_v^{d_3}$ 综合关系见表 17.5 - 3。

表 17.5 - 3　　　　　　　　河型各要素与 Q_b、Q_s、$J_v^{d_3}$ 综合关系表

参数	a_3	b_3	c_3	d_3	r
W	55.636	0.163	0.038	0.042	0.886
H	0.491	0.619	-0.104 *	0.055	0.960
W/H	18.557	-0.434 * *	0.099 *	0.054	0.854
H_w	17.949	-0.001	0.011	0.230	0.928
H_g	17.550	-0.018	0.014	0.232	0.899
H_{hg}	18.241	-0.040	0.019	0.196	0.774
E	0.043	0.154	0.091	0.486	0.955
P_w	6.230	0.014	-0.026	-0.728	0.764

从表 17.5 - 3 中可看出，加上 J_v 后，各项指标与控制变量的相关性就好多了，足以说明河谷坡降在河床演变中的重要作用。比较表 17.5 - 1～表 17.5 - 3 可以发现，在表 17.5 - 1 中，水深与来沙量成正相关，而在表 17.5 - 2、表 17.5 - 3 中分别加入流量、比降后则变成了负相关。宽深比则正好与水深的情况相反，并且宽深比加上比降后与流量的关系与没有加上比降时均成相反的关系。以上分析表明，流量、来沙量、河道比降、河谷坡降与河型水力几何要素不是简单的线性关系，而是相互作用、相互影响，存在着反馈和

复杂响应现象（图 17.5-30）。

3. 水位异常现象与高含沙水流

反常的是，在表 17.5-1～表 17.5-3 中，水位均与流量呈负相关，与通常的水位-流量关系完全不同。这种异常的水位-流量关系主要由于前期的河床条件和含沙量的变异所引起，正是由于来沙量的变异导致含沙水流性质改变，从而使河床冲淤变化严重，并且引起河床形态的改变。将黄河花园口站近年来典型洪水位变化情况（表 17.5-4）和实验中 5 号断面从 I-7～II-7 的水位情况（表 17.5-5）进行对比，并建立水位与流量和含沙量的关系，则有：

黄河花园口： $\qquad H_w = 105.547 Q_b^{-0.011} Q_s^{-0.003} \qquad r = 0.507 \qquad$ (17.5-47)

5 号断面： $\qquad H_w = 39.313 Q_b^{-0.056} Q_s^{0.023} \qquad r = 0.721 \qquad$ (17.5-48)

表 17.5-4 　　　　　**黄河花园口站近年典型洪水位变化情况（齐璞，1998）**

时　　间	1973.8.30	1976.8.27	1977.7.9	1977.8	1982.8.2	1992.8.16	1996.8.5
流量（m³/s）	5020	9210	8100	10800	15300	62.60	7860
水位/m	94.18	93.22	92.90	93.19	93.99	94.33	94.73
含沙量/(kg/m³)	450	53	546	809	47.3	534	126

表 17.5-5 　　　　　　　　　　　**5 号断面水位变化情况**

测　　次	I-7	II-1	II-2	II-3	II-4	II-5	II-6	II-7
流量/(L/s)	1.5	2.5	3.5	3.3	3.3	1.5	0.7	1.5
含沙量/(g/L)	0.369	0.812	1.544	5.052	9.091	0.445	0.137	0.440
水位/cm	36.55	37.05	37.28	37.77	38.81	38.28	38.295	38.38

式（17.5-47）和式（17.5-48）虽然数据量很小，显著性水平低，但也能从侧面局部地说明一些问题：两者的水位均出现与流量呈负相关的情况，花园口水位与含沙量也呈负相关，而 5 号断面与含沙量成正相关。齐璞（1998）认为，花园口站造成洪水位高低的主要原因是前期的河床条件与前期连续几年枯水，河槽连年淤积，或初汛小水大沙都会造成前期河床集中淤积，使水位大幅度抬高，在本年汛期出现历史最高洪水位。从表 17.5-4 可以看出，当出现高含沙量洪水时，水位也偏高。从表 17.5-5 中可以看出，从 I-7～II-1 和从 II-3～II-4 水位抬高幅度很大，前者是由于前期的河床条件所引起，而后者虽然从表中看不到高含沙水流的数值，但由于有时加沙不太稳定，可能出现高含沙水流，在实验中出现的现象与高含沙水流产生的现象很相似。因而，小流量条件下水位偏高可能由于河床淤积引起，也可能由高含沙水流所引起。

研究表明，当进入高含沙水流范围，河流的挟沙能力便会出现与低含沙水流不同的特性（许炯心，1992）（图 17.5-31），高含沙水流的挟沙能力可以大幅度提高其高含沙的浓度，水流作用于河床的剪切力 $\gamma_m HJ$，由于高含沙水流容重比低含沙水流大得多而使高含沙水流对床面具有很大的剪切作用，因而发生揭底冲刷现象。揭底冲刷所掀起的泥沙能被高含沙水流所带走（钱宁等，1979），高含沙水流存在一个极限含沙量（钱宁，1980），到达极限含沙量后，整个水流就不再流动，泥沙就会堵塞河床呈现浆河现象，也不可能再对河床施加剪切力，因而高含沙水流具有大冲大淤的特点，其冲淤趋势主要看与之相适应的水力条件。河床的揭底冲刷和后期淤积都在Ⅱ-4中出现了，但由于实验测量条件的限制，没有取得实测资料，这有待于今后进一步工作，高含沙水流的冲刷和淤积强度都很大，且表现出周期性变动的不稳定流特性（图17.5-32）（钱宁等，1979）。从水流特性看，从低含沙水流到高含沙水流的转换，具有突变的性质。它造成的河床调整过程也具有突变现象，正是这种突变现象造成了水位-流量关系的异常。这给河道工程建设和防洪都带来很大的影响，近年来常出现的"小水大灾"等异常现象也与此有关。

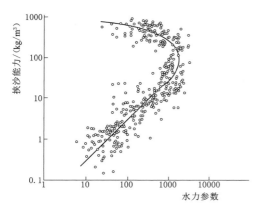

图 17.5-31　挟沙能力与水力参数关系图

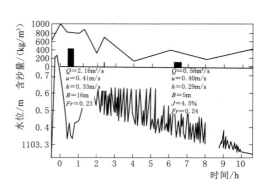

图 17.5-32　高含沙水流不稳定流现象（7 月 16 日）

4. 实验小结

通过对低含沙洪水和较高含沙洪水突变过程的分析，可初步得出以下认识。

（1）河型的外临界激发突变过程中，河型各要素的变化都较造床过程时剧烈。造床时各要素多呈对数曲线变化，渐趋于一个稳定值，而在突变过程中，则多呈斜率较大的直线或指数式规律变化。前述几组突变过程的总趋势是：水面展宽，水深变浅，水位与河底高程抬高，河道横剖面变宽浅，纵剖面由造床时的微凸变为微凹，但仍较平直，河道比降变大，河床微地貌形态变化更为迅速。当外界条件回到与造床实验一样时，河流通过自身的调整，又可能回到造床时的状态。

（2）流量突发性变化对河床的影响大于流量缓慢性变化。流量的突然性变化对河床调整的影响要大于流量缓慢变大时的情形。这是由于河床来不及从一种平衡态向另一种平衡态调整，而原来的平衡又遭受破坏造成的。这种平衡的调整具有延续性，已经进行的调整使系统能承受更大的外界条件变化带来的影响。

（3）含沙量突发性增大，河流能量突发增大，迅速改变河床形态，冲淤失调。含沙量变大使河床冲淤变化迅速，河床摆动性大，含沙量越高，河流的能量越大，对河床的破坏作用也越大，冲淤变化也越明显，河床平面形态变化也越迅速。

（4）较高含沙量洪水对河床的作用过程远大于低含沙量洪水对河床的作用过程。较高含沙量洪水对河床的作用过程远大于低含沙量洪水对河床的作用过程，河型要素的变化更剧烈。低含沙量洪水使河床冲刷，河道向深窄方向发展；较高含沙量洪水使河床冲淤变化迅速、冲刷更深、淤积更高，使河床向宽浅方向发展。

（5）"小水大灾"可能由流量突变变化或水流含沙量过高引起，往往二者兼而有之。自然界中"小水大灾"现象可能由流量突变引起，也可能由水流含沙量过高引起。但更多的情况是二者的结合。主流及河宽的变化、河床的冲淤对河道治理与河道工程建设密切相关，而河底高程与水位的变化则主要与防洪问题相联系。因此，研究河床的冲淤、河道扩展和水位变化对河道规划和治理具有重要的意义。

17.6 流水地貌系统突变过程实验综合分析

本书并不打算综合分析流水地貌系统中，各种河型调整过程出现的内临界激发过程，或遭受种种外临界触发引起的突变过程的差别，也不去分析具体某一种突变过程的特点，而是从总体上进行突变过程特征的认识和类型的划分，阐述突变流水地貌的特征及其一般性发育规律，从理论角度提高对流水地貌系统突变过程的认识。

17.6.1 流水地貌突变过程类型划分及特征

按照突变过程的激发或触发方式，流水地貌系统的突变过程大体可划分为四种类型。

1. 内临界激发型

这是由流水地貌系统或某子系统内部组成结构调整超越临界值而出现的突变过程。一般来说系统外部没有任何影响，没有增加物质流和能量流，而纯属系统内部物质和能量的再分配，从而导致流水地貌发生突然变化。这类突变实例很多，例如，在自由曲流演变过程中，并没有外来流量或地壳运动影响，当弯曲率越来越大接近临界值时，上、下曲流颈侵蚀切通而自然裁直，这是典型的内临界激发突变过程。又如，当水库调平洪峰、蓄水拦沙后，挟沙能力较大的水流下泄，造成河道下切，使原来具有二元相结构的弯曲河型的河岸高度比增大，即河岸可侵蚀砂层的厚度增大，从河道凹岸侵蚀较多粗物质，使河床质变粗，河道相对取直，弯曲率变小。而对于游荡河型，则出现先下切复又宽展，出现游荡型→分汊型→游荡型演变的复杂响应现象。在分汊河道的顺直汊道或顺直河型中的交错边滩及深槽，往往在深槽取代边滩时，发生突发上提，如马鞍山河段江心洲左汊、官洲河段下干流杨套一带，并导致崩岸点突发上提；另外，江心洲分汊河型中汊道的边滩被串沟刮滩流冲决切割，再分汊形成新一代江心洲。此外，曲流河段下游，由于泥沙堆积，致使曲流河型转化成分汊河型，进一步发育成半游荡乃至游荡河型等。

2. 外临界触发型

这是流水地貌系统外部因素触发导致系统突然调整的过程，当一个系统演变时，自身并未达到临界状态或临界点，然而由于外在因素的强烈触发，而迅速进入临界状态，很快超越临界点而突变。其与内临界激发突变过程的共同点在于均要超越临界而发生突变，其不同点在于，内临界激发由内部引起，且抵达临界的过程较长，而外临界触发由外在因素引起，抵达临界点的时间较短，出现突变远较内临界激发的突变来得迅速；另外，内临界激发的突变过程往往带来周期性，但敏感性较差；相反，外临界触发的突变过程的敏感性较强，而周期性较差。

这种突发过程的例子：上游控制式的流域来水来沙突然增大，导致分汊河型向游荡河型转化；地壳运动快速上升，导致上游弯曲河型转化成分汊河型，上升段下切为深切曲流，下游弯曲河道的曲流波长、波幅增大，使下游堆积转化成分汊→游荡河型等。下游控制基准面突然下降，分汊河道的河口段出现江心洲中套江心洲的套叠式江心洲及弯曲河型出现双层叠瓦式凸岸边滩等复杂响应。

显然，外临界触发式的突变过程，又可以划分为四个亚型：①上游来水来沙条件控制式；②下游基面突然升降控制式；③地壳构造运动快速升降式；④人类活动，如修建水库突然变化引发式等。

3. 混合型临界触发突变过程

这主要是由系统演变到内临界值再加上外临界激发引起的突变过程，例如，曲流已达一定的临界弯曲率，施以人工或大洪水激发，导致快速截直；在分汊河型造床实验过程中，左右汊交替发育；在游荡河型造床实验中，淤积导致汊流交替冲决等。

4. 复合型临界触发突变过程

由上述三种类型在时间和空间上连续复合组成的突变过程链。

(1) 内临界激发突变过程链。其往往带有周期性，敏感性较低。

(2) 外临界触发的突变过程链。在空间上往往有连续性。如，上边滩被切，波及下边滩也被切割等。

(3) 内外临界激发的复合式突变过程链。由外临界触发引起的内临界突发过程链，如双边节点与双曲波水流耦合控制的河道周期演变……

17.6.2　突变流水地貌特征及发育规律研究

17.6.2.1　突变的静态地貌分析基础

非线性地貌形态的分形特性，是突变的静态地貌学分析基础。分形是自然界物体的普遍现象，在地貌学上，尤其是流水地貌学中的应用刚刚起步。在概述国内外研究进展基础上，以黄河下游及长江中下游为例，运用粗视化方法，对不同河段、不同河型的河床深泓纵剖面进行了分形维数值量计和检验。初步分析表明，冲积河流的河道纵剖面具有分形特征，可用来刻画河流纵剖面发育的复杂程度，结合河床起伏度的统计对比分析，可将其作为河流纵向消能的另一种量度。河流纵剖面的分形维数值具有时空变化，其微小变化可以体现河型在时空上的分异和偏离。分形维数值与某些环境因素及水力条件有关，如分形维数值 D 与河床纵坡降 J_v 呈负相关。因此，可作为河型演变分析依据的佐证，以预测河流纵剖面的发育趋势。

17.6.2.2　突变前流水地貌演变的异常状态

正如前述，实例研究表明，不同的突变过程在出现突变时，往往出现相对平稳或平静阶段，而对不同的类型过程，其表现是不同的；这种平稳、平静变化阶段在内临界激发突变前尤为显著，流水地貌系统往往处于缓变状态，演变速率中等偏小，而在突变点，即临界点，流水地貌系统活跃突跳，处于短暂的骤变状态，过了突变点又处于长时间的缓变状态。犹如火山活动长久平静不断积累能量，突然爆发那样，对于外临界触发过程，则主要取决于外部触发因素的状态、规模及量值的大小。而系统本身则处于某种演变状态，且往往往处于非临界状态，也可能处于动态平衡条件的相对稳定状态阶段。

17.6.2.3 流水地貌突变现象的时空演替规律

综合分析与归纳有限多个流水地貌突变过程类型及流水地貌突变现象，可以初步获得河型系列的突发演替转化、物质流突发演替冲击递推、河相关系突发失调、消能率突发增减演替，以及突发超越临界与复杂响应过程的若干规律。

1. 河型系列突发演替转化规律

当流水地貌因某种原因出现突变过程时，河型系列往往呈现出冲刷型、淤积型及复杂响应型的突发演替转化。

（1）冲刷型。流量或来沙量突然减少时，河流挟沙能力骤然增大，游荡河型迅速向半游荡型→分汊型→弯曲型→顺直河型转化，与此同时会出现突发裁弯取直、冲决切滩、深槽突发替代浅滩或边滩、崩岸点突发上提等。

（2）淤积型。当流量或来沙量突然增大，或局部河段因某种原因，突然冲刷而导致其下游河段来沙量突然增大时，由顺直河型→弯曲型→分汊型→半游荡型转变，乃至形成游荡河型，河宽向左右岸迅速拓宽，河床淤积抬高，水深减少，甚至形成悬河。

（3）复杂响应型。无论是上游控制式或下游控制式，也无论是构造运动升降还是基准面变化，如果是突发式进行，将突然改变河谷坡降（全程或局部），必然出现复杂响应型的河型系列突发演替转化。不同河型有不同的表现形式，对于弯曲河型，先是下切变成顺直微弯，而后再演变成更弯曲河型，即弯曲→顺直微弯→再弯曲模式；对于分汊河型，则有分汊→弯曲→再分汊模式；至于游荡河型，则有游荡→分汊→再游荡模式。

2. 物质流突发演替冲击递推规律

实验研究表明，在均变情况下，不论哪种河型，河床质沿程粗细相间分布，随时间推进，则呈波状递推演进。然而，当流水地貌系统遭遇突变过程时，河流或者全程突发粗化或突发细化，在空间上，沿程粗、细的演进是呈冲击式出现的，其变化速率远较均变时的速率快得多。

3. 河相关系突发失调特征

不难理解，河相关系是河流经过长期调整，使河流的几何形态与流域来水来沙条件相适应，河流的水力几何关系具有稳定、平衡的结构；一旦出现突变过程，控制河流地貌发育演变的四个自变量中，必然发生突然变化，由于突发性，河流失调不再平衡，河相关系便突然失调，只有通过较长时间自我调整再适应，在新的条件下，建立与流域因素相适应的新河相关系。

4. 消能率突发增减演替规律

在流水地貌系统长期调整过程中，无论是流域子系统，还是河道子系统，随着时间推进，整个流水地貌系统及其子系统的消能率将趋向与当时当地相适应的最小值，而且渐趋平衡。当突发增大流量、输沙率或基面下降、地壳上升，使河谷坡降突然变陡时，不言而喻，将必然增大流水地貌系统的能量，加大单位时间的能量消耗率，从而出现趋向最小消能率→消能率显著增大→再趋向最小消能率的复杂响应式演替过程。

5. 突发超越临界与复杂响应过程

当流水地貌系统突变过程出现时，许多突变现象都是突发超越临界时出现的，上述许多例子已足以说明。而且超越临界之际，系统出现与临界以前骤然不同的现象，随着时间推进，或远离突变点时，又恢复至临界以前类似的现象，无论整个河型系列，还是河流中的微地貌均是如此，如游荡→分汊→游荡，江心洲中套江心洲，叠瓦式双层边滩，深槽突发替代边滩→边滩渐变替代深槽→深槽再突发替代边滩等。

17.7　结论与讨论

常态的流水地貌系统缓变过程已为人们公认，而流水地貌系统突变过程至今在国内外未见实验研究，本书在成功完成河型造床实验的基础上，获取流水地貌系统中弯曲、分汊、游荡三种河型突变过程的实验观测结果，将弯曲-游荡间过渡性河型纳入分汊河型，分析了与突变过程相关的地貌内、外临界现象与时空复杂响应等。初步结论如下。

1. 河型塑造经历：顺直→微弯→弯曲→分汊→游荡型的发育过程

在河型塑造实验中，游荡河型经历了由顺直→微弯→弯曲→分汊→游荡的发育过程。河道越来越宽浅，河床淤积抬高，河床起伏度不断变小，河床冲刷时，河床质中径变粗；河床淤高时河床质中径变细。在发育过程中，河床质有细化趋势，消能率随主汊流曲率增大而减少，随时间不断变小。在分汊河型塑造过程中，总的来说，随时间推进，模型小河的河宽不断拓宽，平均水深变浅，逐渐由深泓线弯曲形式切割未成型边滩而形成江心洲，河床质中径变细，河流单位河长消能率逐渐变小，形成宽窄段相间的藕节状分汊河型，经历了顺直小河→弯曲→分汊的发育过程。对于弯曲河型的塑造来说，则经历了顺直小河→微弯→弯曲型的发育过程，开始时河道拓宽变浅，逐渐变得弯曲而窄深，形成典型的弯曲河型，但由于河岸结构中河漫滩相物质不很黏实，所以河道的弯曲率不大，未能超过 1.7。

2. 外临界激发突变过程实验，出现江心洲中套江心洲的复杂响应

河床外临界激发突变过程实验表明：当侵蚀基准面突然下降 2cm 时，分汊模型小河的河口地段强烈下切，汊河弯曲度迅速增大，汊河主槽冲刷，形成一级阶地，与此同时，凸岸边滩的串沟刮滩流下切和发生溯源侵蚀，切割边滩形成江心洲，弯曲老汊很快为顺直新汊代替，新生汊河进一步弯曲，出现第二级凸岸边滩，汊河河床组成物质变细，其弯曲率略小于老汊河的弯曲率时，就发生二次切滩，形成二级阶地，从而出现基面一次突变下降，江心洲中套江心洲的套叠式江心洲的复杂响应。

模型弯曲小河流量的突然减少属于上游控制式的外临界激发突变过程，弯曲河型的老凸岸边滩前缘出现新的低一级凸岸边滩，边滩被切而形成新的江心洲，河道进一步下切弯曲再形成新的低一级的凸岸边滩，一次流量突然变小形成双层叠瓦式高低凸岸边滩的复杂响应现象。

3. 游荡模型河型要素的变化比造床过程时来得强烈

至于游荡模型小河，则经历了三种由水沙变化的外临界触发突变过程实验，结果表明：①在外临界触发突变过程中，河型要素与造床过程遵循不同的演变规律，各要素的变化比造床过程时强烈得多。造床时河型要素多呈指数曲线规律变化，渐趋于一个稳定值。而在突变过程中，则多呈斜率较大的直线或指数曲线规律变化；②流量变化的突变性对河

床调整的影响明显大于流量较缓慢变化大一些时的情形；③较高含沙量洪水对河床的作用过程远大于低含沙量洪水对河床的作用过程，河型要素变化更剧烈。低含沙量洪水使河床冲刷，河床向窄深方向发展；较高含沙量洪水使河床冲淤变化迅速，冲刷时冲得很深，淤积时淤得很高，河床总体上向宽浅方向发展。实验表明，在造床过程中，河床纵剖面起伏度逐渐减少，而在突变过程中则逐渐增大；消能率也是在造床实验过程中逐渐减少，而在突变实验过程中逐渐增大。

4. 流水地貌突变过程可划分为四种突变过程链

流水地貌突变过程可划分为内临界激发、外临界触发、混合型临界触发及复合型临界触发突变过程链等四种基本类型。基于突变流水地貌总体特征及发育规律，认为：①突变的静态地貌分析基础为分形研究；②突变前流水地貌演变具有异常状态；③河型系列突发演替转化，且具有冲刷型、淤积型及复杂响应型三种类型；物质流突发演替具有冲击式递推规律，河相关系突发失调，消能率突发增减演替规律，以及突发超越临界值和复杂响应过程。

5. 流水地貌系统突发性机理及突变规律等有待深入探讨

实验有两个主要基本功能：一是证实已有的理论和假说，二是根据实验结果提出新的概念和认识，进行探索性理论探讨。流水地貌河型突变过程实验证实了空代时假说的存在性和 Schumm 地貌临界假说的合理性，并根据实验中的新现象提出时空复杂响应的概念，内临界激发突变和外临界触发突变的对比分析证明和发展了 Schumm 的地貌临界理论，尽管河型系统内部自身出现的演变过程往往开始时并不完善。本书仅提出时空复杂响应现象在实验室中存在，河型演变的阶段性演替现象在丹江口水库下游找到了实例，但限于实验条件，许多与水力学有关的资料没法取得或数据量较少，因而主要从宏观角度探讨河型的突变过程，对于流水地貌系统不同类型模型小河突变过程的分形特征分析，突发性的微观物理机理及突变规律等本质问题，实验仅略见端倪，还有待进一步总结和深入研究，这正是非线性流水地貌形态学、演变学及动力学研究的内容，希望在未来的实验研究以及流水地貌学的研究中有所突破。

参 考 文 献

曹银真，1987. 土壤侵蚀过程中的地貌临界 [J]. 中国水土保持，10（67）：20-24.

陆中臣，等，1988. 河型及其演变的判别 [J]. 地理研究，7（2）：7-16.

金德生，1987. 地貌临界在河道治理中的应用 [J]. 人民长江，（1）：53-56.

金德生，1990. 河流地貌系统的过程响应模型实验 [J]. 地理研究，9（2）：20-28.

金德生，1997. 河道纵剖面分形—非线性形态特征 [J]. 地理学报，52（2）：151-162.

金德生，曹洪齐，1990. 流水地貌中突发过程研究 [C]. 地学灾害与减灾国际学术讨论会论文摘要.

金德生，刘书楼，郭庆伍，1992. 应用河流地貌的实验与模拟研究 [M]. 北京：地震出版社：92.

景可，陈永宗，1983. 黄土高原侵蚀环境与侵蚀速率的初步研究 [J]. 地理研究，2（2）：1-11.

刘书楼，等，1982. 河床地貌演变研究的计算机方法 [J]. 地理研究，1（4）：53-62.

刘书楼，等，1984. 应用计算机监视河床演变方法的研究 [J]. 水利科技情报.

齐璞，1998. 从黄河水沙变化、下游河道治理选择小浪底水库调水调沙方式（初稿）[R]. 黄委会水科院小浪底水库调水调沙研究组.

钱宁，1980. 西北地区高含沙水流运动机理的初步探讨 ［C］//黄河流沙研究报告选编（第 4 集），244 – 267.

钱宁，万兆惠，钱意颖，1979. 黄河的高含沙水流问题 ［J］. 清华大学学报，19（2）：1 – 17.

许炯心，1986. 水库下游河道复杂响应的实验研究 ［J］. 泥沙研究，（4）：50 – 57.

许炯心，1989. 高含沙量曲流河床的形成机理 ［J］. 科学通报，（21）：1649 – 1651.

许炯心，1989a. 汉江丹江口水库下游河床调整过程中的复杂响应 ［J］. 科学通报，（6）：150 – 152.

许炯心，1989b. 渭河下游河道调整过程中的复杂响应现象 ［J］. 地理研究，8（2）：82 – 89.

许炯心，1997. 河型对含沙量空间分异的响应及其临界现象 ［J］. 中国科学 D 辑，27（6）：548 – 553.

许炯心，1992. 高含沙曲流河床形成机理的初步研究 ［J］. 地理学报，17（1）：40 – 47.

尹学良，1965. 弯曲性河流形成原因及造床实验初步研究 ［J］. 地理学报，31（4）：287 – 303.

张红武，赵新建，1992. 冲积河流的综合稳定型指标 ［J］. 黄河研究.

张红武，吕昕，1993. 弯道水力学 ［M］. 北京：水利电力出版社，216.

张俊勇，陈立，吴门伍，等，2006. 水库下游河流再造床过程的时空演替现象——以丹江口建库后汉江中下游为例 ［J］. 水科学进展，17（3）：348 – 353.

张欧阳，金德生，陈浩，2000. 游荡河型造床实验过程中河型的时空演替和复杂响应现象 ［J］. 地理研究，19（2）：180 – 188.

Ai Nanshan，1989. Entroy of a Drainage System ［C］. In Busche D（ed）Abstracts 2nd Frankfurt IV lain，sep，5pp.

Beckinsale R P，Chorley R J，1991. The History of the Study Land Forms or the Development of Geomorphology vol. 3：Historycal and Regional Geomorphology，1890 – 1950 ［M］. Routledge，London and New York，496.

Church M，Mark D M，1980. On Size and Scale in Geomorphology ［J］. Prog. Phys. Geog.，43：42 – 90.

Craig R G，1982. the Ergodic Principle in Erosional Models ［M］. In Thorn CE（ed），Space and Time in Geomorphology，George Allen and Unwin，London，379.

Chorley R J，Schumm S A，Sugden D E，1985. Geomorphology ［M］. Mechuen，Landon & New York，626.

Davis W M，1899. The Geographic Cycle ［J］. Geogr. J，14：481 – 504.

Dury G H，1980. Neocatastrophism，a Further Look ［J］. Prog. in Phys. Geog.，（4）：391 – 413.

Jin Desheng，Schumm S A，1986. New Technique for Modelling River Morphology ［C］. In KS Rechards ed，Proceedings of the First International Conference on Geomorphology，Wiley Chichester：681 – 690.

Lane S N，Richards R S，1997. Linking River Channel Form and Process：Time，Space and Casuality Revisited ［J］. Earth Sur. Pro. and Land，22：249 – 260.

Leopold L B，Langbein W B，1962. The Concept of Energy in Landscape Evolution ［J］. U. S. Geol. Survey，Prof. Paper，500～A：20.

Savigear R A，1952. Some Observations on Slope Development in South Wales ［J］. Transactions of the Institute of British Geomorphology，18：31 – 51.

Scheidegger A E，1975. Physical Spects of Natural Catastrophes ［M］. Amsterdam，Elsevier.

Schumm S A，1973. Gcomorphic Threshold and Complex Response of Drainage System ［C］. In Morisawa M（ed）Fluvial Geomorhology. George Allen & Unxvin：London，299 – 310.

Schumm S A，1975. Episodic Erosion：a Modification of the Geomorphic Cycle ［C］. In W L Melhorn & R. C Flemal（eds），Theories of Landform Development，Billnghamton，New York，State University of New York，70 – 85.

Schumm S A，1979. Geomorphic Threshold：the Concept & Its Applications ［J］. Inst. British

Geogr. Trans. , (4)：485 – 515.

Schumm S A，1988. Geomorphic Hazards-problems of Redaction [J]. Zeitschrft Geomorph. Supplement-band，(67)：17 – 24.

Schumm S A，Chorley R J，1983. Geomorphic Controls on the Management of Nuclear Wast [C]. U. S. Nuclear Regulatory Commission Report，NUREG ICR：3276.

Schumm S A，H R Khan，1972. Experimental Study of Channels Pattems [J]. Geol. Soc. Amec. Bull. ，83 (6)：1755 – 1770.

Schumm S A，Khan H R，1971. Experimental Study of Channel Patterns [J]. Nature，233：407 – 409.

Schumm S A，Mosley M P，Weaver W E，1987. Experimental Fluvial Geomorphology [M]. John Wiley & Sons，New York，413.

Shen H W，Schumm S A，1981. Methods for Assessment of Stream-related Hazards to Highways and Bridges [C]. Federal Highway Administration Report FHWARD – 891160s：586.

Yang C T，1971. Potencial Energy and Stream Morphology [J]. Water Resources Research，7 (2)：312 – 322.

第18章

流水地貌模型实验场地及仪器设备

18.1 概述

　　流水地貌实验的全部内容及全过程，要回答三个问题，即：为什么要做实验，实验目的是什么；怎么样做实验，实验的依据、原理、类型及设计是什么，使用什么仪器设备采集数据及获取图像；做了实验后怎么样，即实验的结果如何，以及如何应用于实际。实验的理论基础、原理、类型及实验设计，以及实验结果和问题，已在前面有关章节做了介绍，这里不再赘述。本章主要介绍实验中有关的仪器设备，数据的具体采集、分析，图像的获取和处理将在第 19 章中说明。

　　以流域系统为背景所进行的河流地貌系统模拟实验，涉及流域地貌子系统、坡面地貌子系统、河道地貌子系统，以及与河口海岸地貌子系统等的模拟实验。技术上包括 6 个设备装置子系统，即：①初始模型制作人工智能技术系统；②模型降雨、供水加沙系统；③侵蚀基准面控制系统；④地壳运动升降装置；⑤多功能自动控制测桥；⑥模型数据测验与水沙样采集系统（表 18.1-1）。

表 18.1-1　　　　　　　　　　　流水地貌模拟实验制模与测控系统

系　　统	仪器设备	功　　　能
模型制作系统	粉碎机	粉碎模型沙料
	制模器	制作初始各种模型小河
	传感器	测验仪器与控制器连接
	测控器	控制模型制作、操作与测验数据
自动控制系统	人工降雨系统	模拟降雨的雨滴、雨强、雨区分布及暴雨过程等
	径流与侵蚀水槽	模拟流域水系、地貌发育过程，坡面产流、产沙、侵蚀及坡面地貌发育过程
	多功能自控测桥	承载手动或自动制作模型、测验数据
	激光扫描地形测量系统	全景或定点激光扫描模型地形形成与发育过程
	可调坡玻璃水槽	水沙输移过程、机理及校验测量仪

系　统	仪器设备	功　能
自动控制系统	河流模拟供水加沙设备	自动、半自动或手动加沙
	地壳升降模拟装置	模拟构造运动方式、速率对流水地貌的影响
	侵蚀基准面变动装置	模拟终极侵蚀基准面与局部侵蚀基准面影响
数据图像采集系统	水位测量记录	自动或手动测验模型水位及河床高程
	流速测验记录	自动或手动测验流速、流向等
	河底高程测量记录	自动采集模型河床高程数据
	水样采集记录	自动或手动采集含沙量，分析水沙样品
	床沙质采集记录	手动采集床面沙样，分析粒度级配及均匀性
	河道演变图像采集	拍摄河床地貌全景、局部照片、影像过程等

当前，对于流域、坡面及河道地貌实验，是在最为简单的倾斜地面，或具有一定凹凸度的倾斜坡面，以及具有梯形横断面和一定坡降的水槽的顺直小河中进行的。世界各国凡是涉及这一类实验的仪器设备，也基本上包括这 6 个子系统，只是技术水平及使用手段的先进程度有所不同，在资金节省、使用方便、保证精度、提高效率等方面的要求没有什么差异。

流水地貌实验中，采用手动到自动制模系统，是为了提高制作初始模型的速度、精度及减轻劳动强度，以便提高模型的更新率；采用模型降雨、供水加沙系统是保障实验的正常进行所必需的；采用侵蚀基准面控制系统，是为了分别模拟气候变化导致海平面或湖水面、人工库水面等侵蚀基准面变化；采用地壳运动升降装置，是为了模拟宏观边界条件对河流发育的影响；采用多功能自动控制测桥和数据测验与水沙样采集系统，是为快速、高精度获取实验数据，并及时处理的技术系统。这些仪器设备系统是相辅相成、缺一不可的整体，从最初的全手工、手动操作，经部分手工、半自动操作，到力求全自动操作，一方面，体现了自动化、智能化及可视化程度的不断提高，大大地提高了实验的速度和效率；另一方面，也反映了国内外科学技术水平的不断发展，反映了物理模型实验与数学模拟结合程度的飞速发展，尤其是我国实验水平和实验技术水平的快速增长。

18.2　流水地貌实验场地

流水地貌实验水槽及场地的选择，尤其是野外小流域与坡面实验场地的选择对实验的成功与否至关重要。合适的实验水槽或场地的大小以及方便条件是主要的考虑因素。

18.2.1　流域及坡面地貌实验场地

18.2.1.1　流域及坡面地貌室内实验水槽

1. 功能与作用

从完整的流域地貌系统出发，模拟全流域地貌系统，包括上游集水地貌子系统（产流产沙、水系发育）、坡面地貌子系统（侵蚀产沙、沟道发育）、河道地貌子系统（水沙输移、河道演变、河型转化）以及蓄水沉沙地貌子系统（侵蚀基面升降、三角洲发育演变）的影响因素，特别是人工降雨、流域坡降、下垫面、土地利用等，对整个流域地貌系统以及坡面地貌子系统的发育与演变过程的影响。

2. 典型实验水槽

1987 年，国家计委、中国科学院地理研究所为了实施国家自然科学基金项目《流水地貌系统演变发育过程实验研究》（编号：488008），在马鞍山河道演变过程与预测水工模型场建设了第二实验大厅，总面积 360m²、高 10m，并建设流域地貌实验基建设施，包括：地下水库 1 座，库容为 96m³，供蓄积清水及回收实验水流，水泵 15kW×2 台；供水水槽 2 个，尺寸为 0.5m×2.5m，提供稳定流量；稳水池 1 个，尺寸为 1m×4.5m，稳定入槽的水流；流域实验槽 1 个，尺寸为 8m×11m，用于流域、坡面发育与演变实验；大型水槽 1 座，长 15m，宽 8m，高 0.8m，用于河型、冲积扇发育与演变实验；沉沙池 1 座，尺寸为 8m×4m，用于沉淀泥沙或基准面变化对河道发育影响实验；凌空摄影箱及廊道，手动控制测桥 2 座，实验时测验水位、地形高程、流速，采集含沙量、河床质沙样，以及摄影流域、坡面、河道及三角洲的平面影像、水面流向、流态等。20 世纪 70 年代，美国科罗拉多州立大学工程研究中心建有流水地貌实验水槽，完成了一系列著名的河流地貌实验研究，特别是流水地貌的临界及复杂响应等脍炙人口的成果（Schumm，1977）。

21 世纪以来，国内北京师范大学在北京近郊建立露天坡面地貌实验水槽，开展了坡面地貌发育研究。

18.2.1.2 野外流域与坡面地貌实验场

1. 隋家窝铺小流域综合观测实验场

1992—1994 年，中科院"八五"科技扶贫项目《承德赤峰贫困山区开发治理与实验研究》子专题《隋家窝铺小流域侵蚀产沙综合观测研究》，在内蒙古赤峰羊肠子河隋家窝铺小流域（3 个支沟小流域）进行小流域产流产沙综合观测实验（图 18.2 - 1～图 18.2 - 4）。①东沟小流域，面积 0.5km²，模拟天然状态下产流产沙；②水泉子沟小流域，面积 0.5km²，模拟森林植被条件下产流产沙；③火石山沟小流域，面积 0.5km²，模拟人工垦殖条件下产流产沙情况。

2. 隋家窝铺坡面实验小区

1992—1994 年，中科院"八五"科技扶贫扶项目，在内蒙古赤峰羊肠子河隋家窝铺小流域建立坡面观测小区，共 10 个，其中 6 个坡面观测小区尺寸为 5m×20m（宽×长，下同），观测农作物及植被对产流产沙的影响；3 个坡面观测小区尺寸分别为 3m×60m、3m×40m、3m×20m（图 18.2 - 5），观测坡长对产流产沙的影响；1 个坡面对比观测小区，尺寸为 5×20m，作为无农作物和植被情况下天然产流产沙小区，并对比观测坡面产流产沙影响图（图 18.2 - 6）（金德生等，1996）。

18.2.2 河流地貌的室内实验水槽

1. 实验水槽的功能与作用

目前，世界上的河流地貌室内实验场地，均采用有一定长度与宽度比例的矩形水槽，

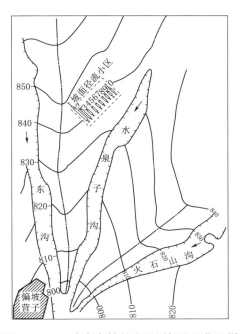

图 18.2－1　隋家窝铺径流观测场地理位置图

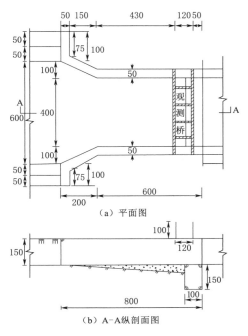

（a）平面图

（b）A—A纵剖面图

图 18.2－2　隋家窝铺径流观测站工程布置图
（单位：cm）

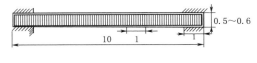

（a）平面图

（b）侧面图

图 18.2－3　隋家窝铺径流观测简易测桥示意图
（单位：m）

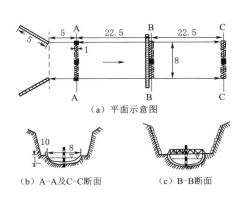

（a）平面示意图

（b）A—A及C—C断面　　（c）B—B断面

图 18.2－4　径流观测简易测流段示意图
（单位：m）

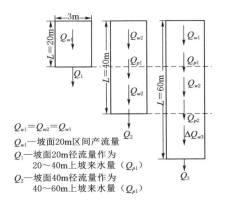

$Q_{w1} = Q_{w2} = Q_{w1}$

Q_{w1}—坡面20m区间产流量

Q_1—坡面20m径流量作为
　　20～40m上坡来水量（Q_{p1}）

Q_2—坡面40m径流量作为
　　40～60m上坡来水量（Q_{p1}）

图 18.2－5　不同坡长观测小区示意图

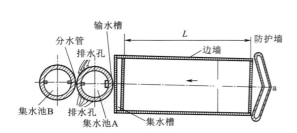
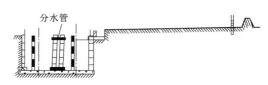

（a）径流小区平面示意图　　　　　　　　　　（b）径流小区纵剖面示意图

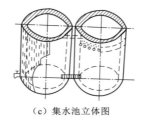

（c）集水池立体图

图 18.2－6　径流小区及分级集水池示意图（单位：cm）

水槽四周及地面必须防止渗水。实验水槽的功能主要是模拟各种天然河道的形成与发育变化过程，河型转化及其影响因素的作用，河道与湖泊的相互影响，河道支流与主流的交汇过程，地壳构造运动、全球气候变化导致的海平面变化、局部侵蚀基准面、人类活动等对河道发育的影响等。

2．实验水槽的类型

实验水槽按其功能及作用，基本分两大类：一类是顺直水槽，仅供无支流入汇的河流地貌实验之用（图 18.2－7）；另一类是主流带有支流入汇的水槽，可以进行河道支流与主流的交汇过程实验、河流与湖泊水沙变异对河道演变影响实验等。

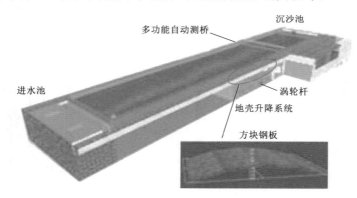

图 18.2－7　顺直型无支流实验水槽

在确定水槽的规模时，首先考虑可能要进行的实验内容。对于第一类水槽，要注意可能的最大床面坡降（河谷坡降）及相应的流量匹配，特别是当使用最大的流量计相应的坡降时，最大可能容纳至少 4～6 个河弯，即在水槽的有效实验段，至少有 2～3 个曲流波长，而河湾顶点离水槽壁 0.5m 远。

在实验过程，往往会由于没有足够的槽宽，尚未运行多长时间，河道未发育成所设计的河型而导致实验夭折，不得不停止而重新开始，浪费时间、物力及精力。在早先时期，尤其是 20 世纪 50—60 年代，由于野外河流地貌的研究尚不够深入，很难借鉴天然河流的水力几何关系，在确定实验水槽时，不得不统计各国的水槽尺寸，中科院地理研究所曾经调查了 110 多个实验水槽，最后定下了 4.5m×25m 的水槽，结果进行实验时，流量略大于 5L/s，河道弯顶或凹岸很容易碰到水泥槽壁。半个多世纪以来，河流地貌的野外观测及室内模拟研究都有了长足进步，已有相当足够的基础知识，可以有效地进行实验水槽尺寸的选定。

考虑到侵蚀基准面变化对河道发育的影响，应该保证水槽尾部至少有长度与实验水槽同宽，而宽度大于实验水槽宽度 1/3 的海域或湖盆区域，水深大于实验水槽的 1 倍。

对于第二类水槽，关键是场地空间是否足够，以及实验具体如何进行。在空间有限的情况下，通过有限的支槽长度即可，在此不再赘述。

3. 典型的实验水槽

中国科学院地理研究所于 1962 年，开始建河流地貌实验基础设施——河流地貌实验大厅，面积 450m²，包括：地下水库 1 座，尺寸为 3m×8m×4m，供蓄积清水及回收实验水流；15kW 水泵 3 台，由地下水库抽取水流至水塔；平水塔 1 座，尺寸为 2m×4m×2m，用作稳定供水；三角量水堰两座，尺寸为 0.5m×2.5m，堰口 90°，提供稳定流量；稳水池 1 个，尺寸为 1m×4.5m，用作稳定入槽水流；大型实验水槽及支流水槽 1 座，尺寸为 25m×4.5m，供河道干支流发育与演变实验；沉沙池 1 座，尺寸为 5m×4.5m，进行基准面变化对河道发育影响实验，实验水沙流沉淀及回水入地下水库，供河道实验循环使用。

大型实验水槽长 25m、宽 4.5m、高 0.8m，两侧边墙上铺设轨道，纵向水平精度±0.1mm，横向±0.5mm；轨道上架设实验测桥及摄影架各一台，受控半自动驱动；新建轻型半自动测桥，用于实测水沙河床地形资料、采集水沙样品。

在大型水槽中央地下室（4m×4m×3m）内安装地壳升降装置 1 座，升降装置由两块 2m×4m 钢板组成，每块钢板由 4 个油压千斤顶支撑。地面安装操作台，用作半自动操作控制升降运动，模拟地壳垂直、掀斜升降对河流发育影响的实验（中国科学院地理研究所等，1985）。

20 世纪 50—60 年代，苏联建有莫斯科大学河流地貌实验水槽；70 年代，美国科罗拉多州立大学工程研究中心建有流水地貌实验水槽（图 18.2-8），完成了一系列著名的河流地貌实验研究（Schumm et al.，1972）。

21 世纪初，中国科学院地理科学与资源研究所迁址，重建水土过程实验大厅时新建实验水槽，长 30m、宽 6.5m、深 0.8m（图 18.2-9）。在水槽中央重建了地下室（8m×6m×2.5m），升降装置由 12 块 1.95m×1.95m 钢板组成，每块钢板由 4 个油压千斤顶支撑，由 8 台控制设备全自动操作控制升降运动，可模拟 4 类 81 种地壳升降变形对河流发育影响的实验（金德生等，2015）。初步取得了穹窿上升与凹陷沉降对游荡-弯曲间过渡性河型发育影响的实验研究成果（乔云峰等，2016）。

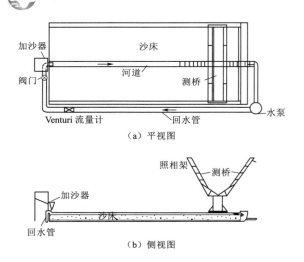

图 18.2-8　冲积河流实验水槽（实验区域 7m×30m）　　图 18.2-9　水土过程河流地貌实验水槽
（Schumm et al.，1972）　　　　　　　　　　　（乔云峰等，2016）

18.3　初始地貌模型的制作技术

18.3.1　初始模型制作在实验中的作用

在陆地水循环与地表过程实验中，塑造初始的坡面、流域、河道及河口地形，作为实验的初始地表形态，用以对比演变后的地表形态的基础，快速、高效、高精度、低劳动强度地制作初始模型，是减轻劳动强度、提高实验效率、加快实验周期的一个十分重要的环节。

18.3.2　初始模型制作技术

目前，不论是国内外的水工实验，还是地学实验；也不论是室内，还是野外实地实验，初始模型基本上分两大类：一类是最为简单的倾斜地面，或具有一定凹凸度的倾斜坡面，以及具有梯形横断面和一定坡降的水槽顺直小河；另一类是按原、模型间一定的几何比尺，在模型中塑制与原型呈几何相似的比尺模型式体，存在的问题是费时间、效率低，特别是劳动强度大。

在塑制一个长 30km、宽 2km、水平比尺为 1：1000、垂直比尺为 1：800、变率为 8 的变态河工模型时，其步骤如下：①在某时间 1：10000 的实测河道地形图上，按 10cm （相当于原型河道 1km）间隔，垂直于河道深泓线，勾绘一系列横断面线，并逐条沿横断面线，从假定的起始零点，量计起点距和垂直高程；②将计量的每个横断面数据转绘到三合板或纤维板上；③用钢锯进行切割，并用木锉或钢锉锉平每一个切口，要求精度为 0.1mm；④利用地形水准测量方法，将断面板逐个放入以粗沙为基础的河槽内；⑤在断面板间铺水泥砂浆，并校准水平精度（小于 1mm）及垂直精度（小于 0.1mm）。实验需要 5 个熟练的技术工人，劳动 25 个工作日。需要标准三合板 20 块，400 号水泥 10t，粗砂 60~80m³，砖 8000 余块（图 18.3-1）。

又如，要塑制发育于二元相结构河漫滩内的顺直梯形断面小河，首先按设计在模型槽中垫制具有一定坡降（5/1000）的细沙层，作为河床相物质，经洒水密实后，用测针或水准仪在纵、横间隔为 1m 的交点上测定高程，逐步逐个地均匀铺平，并一边铺平，一边校正；然后，再覆盖以高岭土为主和少量粉砂的上层，作为河漫滩相物质；最后，手工开挖梯形横断

图 18.3-1 马鞍山河段演变比尺
模型实验场

面的顺直初始模型小河。要完成这样的操作，需 3~4 个熟练的模型工人带动 10 个工作日，具有相当大的劳动强度。如果需要更新初始模型小河，必须等待水槽中的沙层晾干后才能重新制作，一般耗时 3~5 日或 1 周（图 18.3-2）。

图 18.3-2 人工制作游荡-弯曲间过渡性河型初始河道模型现场

18.3.3 人工智能初始制模技术系统

1. 人工智能制模技术概念

目前，国内外尚没有运用人工智能技术来制作初始模型的先例，只有小型的电子雕刻技术。譬如，运用数控机床雕刻模具、名章、匾额文字等。如何运用人工智能技术来制作初始模型是国内外领先的创新技术。所谓人工智能初始制模技术，就是运用人工智能技术来制作初始模型，也就是从过程响应原理出发，在已有地貌实体成因控制因素的基础上，建立数字模型，运用人工智能技术，借助可拆卸的模型制作传感器，全自动地制作初始地貌实验模型，从而告别手工操作、体力劳动的初始模型制作及率定校正技术。

2. 实验对象的要求

适合制作室内流域、坡面、河道、沟道、三角洲等细砂、粉砂、黄土及高岭土等疏松物质组成的初始地貌形态，也可以制作水泥砂浆制作的定床、动床或半动床沟道、河流、湖海、河海港工程模型。

3. 工作环境与条件

在制作时，可以安装和便携拆卸，便于操作和清洗，适合室内制作各类初始模型，由

1～2 个工作人员即可操作。与手工制模相比，人力可以减少到 1/2 或 1/3，时间可以缩短到 1/6，效率可提高 10 余倍。物力更为有效地利用，财力将大大地减少。

4. 技术指标

可拆卸人工智能制模器的技术指标：单机横向制作速度 5.0cm/s，纵向速度视宽度而定，若以 6m 宽计，纵向制作速度为 1.0cm/2min；纵、横向精度小于 1.0mm，垂向精度小于 0.1mm。如果制作水泥砂浆定床模型，制模的纵、横向速度均减为一半，即 2.5cm/s；对于纵向制模速度，设定河床平均宽度为 2m，则为 1.0cm/80s。纵、横向及垂向制模精度同样分别小于 1.0mm 及 0～1mm。假如在测桥上安装 3 个组件组成的可拆卸人工智能制模系统，制作 30m 长、6m 宽的二元相河漫滩，需 33h，2 天即可完成，而后花 30～40min 挖 30m 长的梯形断面初始顺直模型小河；制作 30m 长、2m 宽的河丁模型，60～70h 即可完成。

18.3.4　人工智能初始制模的软件系统

（1）数模转换的人工智能技术构建软件。能够数模转换、设定精度的人工智能校核软件，以及两者结合的配套软件包。在制模过程中，随时制模、随时校核。

（2）制作二维、三维的任何几何形体。能制作平面、斜面、曲面、直线、曲线、流水地貌体外型等二维及三维的规则与不规则的几何形状。

（3）自动生成初始模型体数据、曲线及图像。自动生成初始模型地貌体或工程模型的平面图，以及二维、三维曲面的区域扩展；根据格网点生成等高线，获取不同大小面积图斑的平均高程等数据。

18.3.5　配套设备

（1）封闭式子样粉碎机。型号为 EJ-3 型；附件：料钵；容量：200cm^3×3；粉碎机：200～400 目（6700 元/台）、100～150 目（4700 元/台）、60～100 目（3500 元/台）；粒径为 6～10mm，尺寸为 80cm×50cm×60cm；生产厂家：浙江上虞工矿仪器设备厂。

将粗砂粉碎成细砂、粉砂及黏土级别，或将干燥的黄土块粉碎成细粉砂，粉碎量为 480～960kg/h。

（2）笔记本电脑及相关附件。

（3）室内多功能全自动测桥。在测桥上设置可拆卸的模型制作设备和相关传感器基座。

（4）相关附件设备。包括电源导线不短于 50m、转接线 10m，110～240V、50～60Hz 扫描仪专用电源变压器及备用电源变压器等，以便与总控室连接。

18.4　流水地貌实验人工降雨及供水加沙系统

18.4.1　降雨、供水加沙系统的功能

在陆地水循环与地表过程实验中，降雨、流水和泥沙输移是塑造流域地貌子系统、坡

面地貌子系统、河道及河口地貌子系统的主要外动力。水沙条件的改变导致河道及河口段的演变，乃至发生河流规模与河型的变化。在实验室内，水沙条件的改变是通过供水加沙系统来实现的。因此，在模拟河流子系统实验时，建设河流供水加沙装置系统是一个必不可少的重要环节。

18.4.2 现有降雨、供水加沙系统

18.4.2.1 人工降雨及回水系统

在进行流域地貌子系统演变发育实验及坡面地貌子系统演变发育实验时，需要特定的人工降雨系统。现有人工降雨系统由蓄水池、泵房、高压水泵、流量控制器、人工降雨器、实验水槽或实验场、泥沙堆积地、沉沙池及回水管道系统等部件以及相关的操作控制系统组成。目的是提供恒定流量，使人工降雨器按一定的降雨强度、分布形式，向地面降雨，为流域、坡面的侵蚀提供动力。

（1）蓄水池、泵房及动压式高压水泵与压力控制稳压器稳定流量。在泵房中，水流经动压式高压水泵从地下蓄水池抽取流经输水管道，由压力控制稳压器调控需要的稳定流量。

（2）降雨喷头及雨量收集。稳流经一定方式布局的降雨喷头喷洒成人工降雨降落，在场地内安装雨量器收集雨量，用于校核。

（3）实验场地。接收人工降雨，铺设实验流域、实验坡面场地，根据实验要求实验场地可以固定大小，也可以变更大小。

（4）地形测验及拍摄。实验过程中定时或不定时地运用水准仪手动或地形高程仪自动测验测流域水系、流域高程、坡面沟道、坡面高程、洪积扇水系及高程、冲积扇高程的数据，使用摄像机、数码相机拍摄地形动态或静态照片，并通过传感器实时转输数据给控制中心处理分析。

（5）产流产沙量采集。在靠近实验流域及实验坡面的出口处（30～50cm）定时（一般间隔5～10min）或不定时通过手动或自动水沙采集器收集水沙样，并通过传感器实时转输给控制中心处理分析。

（6）泥沙堆积地。在实验流域及实验坡面的出口处下方，实验流域或实验坡面产出的水流和泥沙堆积的场地，其面积约为实验流域或实验坡地面积的1/2或1/3，用作实验洪积扇、冲积扇的研究，并对洪积扇、冲积扇表面的物质进行沙洋采集和粒度分析。如果不考虑堆积地貌的演变发育，必须对出口处以下的堆积物进行分期称重和粒度分析。

（7）沉沙池及回（排）水管道。收集实验流域及实验坡面的出口处经过大量粗物质堆积的含沙水流，通过回水管道流入沉砂池沉淀后重新循环使用以节约用水，必要时由市政污水管道排放。

20世纪70—80年代，由于条件限制，实验往往采用定雨强实验。经率定平均雨强为35.56mm/h，相当于一般性侵蚀产流降雨强度，均匀系数为0.87。降雨由动压式高压泵供给水源，由压力控制器稳压，降雨器喷头按六边形法则布置，降雨器距流域中心高程为5.50m，降雨系下喷式，流域水槽面积宽8m，中心线长11.3m，两侧长9.6m，流域中填

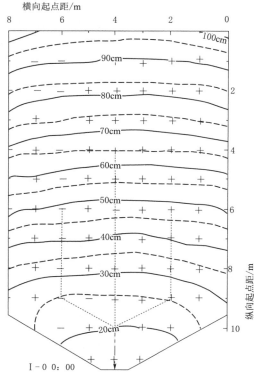

图 18.4-1　实验流域平面形态

入经均匀处理、压实的黄土，中径为0.021mm。流域地形的坡度分布：①模型纵比降，中心线 0~5m 为 0.0802；5~9m 为 0.0764；9~11.30m 为 0.0348；②横比降，纵向起点距 0m 处，左侧为0.0368，右侧为 0.0380；5m 处，左侧为0.0130，右侧为 0.0115；9m 处，左侧为0.0165，右侧为 0.0183。模型流域呈上陡下缓、两侧较陡向中心线变缓的形态（图 18.4-1）。为了实验的方便，在模型流域中布设一原始水系，主沟自 4m 处到沟口长 7.3m，两侧于横向起点距 2m、6m 处至纵向起点距 9m 处，而后折向10m 处与主沟交汇，各长 5.3m。主、支沟宽分别为 4.0cm 及 2.0cm，深分别为1.5cm 及 1.0cm，横断面均呈倒三角形，流域出口布置三角堰，堰口最低点高程设置为 16.25cm，作为流域的临时侵蚀基准面高程。

21 世纪初，中国科学院地理研究科学与资源研究所迁址，新建了陆地表层水土过程实验大厅，长 80m、宽 13m、空高 21m（图 18.4-2）；拥有人工降雨系统（图 18.4-3）和长 10m、宽 3m 的 2 个径流与坡面侵蚀水槽（图 18.4-4），以及长 38m、宽 6m 的河道实验水槽（图 18.2-9）；构造升降装置等设备处于国际领先水平。

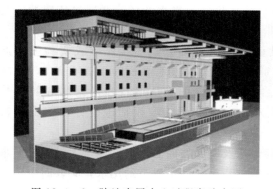

图 18.4-2　陆地表层水土过程实验大厅

图 18.4-3　人工降雨系统

18.4.2.2　河道供水加沙系统

目前，现有河流供水加沙系统由蓄水池、泵房与水泵、稳流平水塔、流量控制器、稳流装置、加沙器、沉沙池、回水管道系统等部件以及相关的操作控制系统组成。目的是提

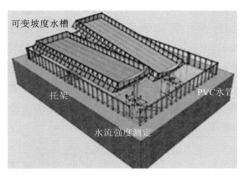

图 18.4 - 4　径流与坡面侵蚀水槽

供恒定的流量和设定的含沙量，保证实验的正常运行，降低实验室内水流的噪声和劳动强度，有利于实验人员的身体健康。上述部件和操作系统中，最主要的是稳流平水塔、流量控制器、稳流装置、加沙器及相关的操作控制系统。

1. 稳流平水塔

不论是国内外比较现代化的水工实验室，还是较好的地学实验室，均利用水泵将水流从蓄水池中提升到稳流平水塔中提供稳定水头。一般离模型水槽地面 5m 以上高度建立小型的混凝土水池，用溢流法稳定平流。中国科学院地理研究所流水地貌实验室曾用此法稳定平流，比较沉重、费钱；多数用玻璃钢水池溢流稳定平流，这种平流塔比较轻型、经济。如，武汉大学水电学院河流动力实验室等单位都采用此法。如果不使用稳流平水塔平水，直接将水流通过流量控制器进入实验水槽，流量控制器，特别是磁计流量器会产生流量波动。

2. 流量控制器

水流经过平水塔稳定平流后，经过流量控制器调控到设计流量。在过去，国内外的水工实验室或地学实验室采用三角堰和相关的水位-流量关系曲线，借助精度为 0.1mm 的水位测针，用人工通过阀门控制进水管水流来调控流量。一般调控难度大，花费时间长，很难调控流量过程。近来绝大部分实验室采用磁计流量器控制流量，在需求较大的流量时，无论调节需求流量，还是流量过程，调节精度较高，调节速度较快；但需求小流量时，其精度略差。

3. 稳流装置

为了使模型水槽中的水流比较平缓，在水流进入水槽前必须通过稳流装置。一般为木格栅消能，而后进入前池进行稳流，要求以恒定水流进入模型水槽。中国科学院地理研究所流水地貌实验室曾采用此法消能稳流，也有通过管壁具有不同大小圆孔的水泥管消能稳流，如长江水利委员会长江科学院河流研究所实验室。

4. 振动式加沙装置

实验过程中，引入的水流一般是没有泥沙的清水，但模型河道要求有一定的含沙量。因此，恒定清水中必须加入泥沙。最原始的一种方法是称重手工加沙，在规定的时间内，将称过重量的泥沙，由人工不断加入模型河道的进口处水流中，随水流入模型河道。显然，这是十分不均匀、粗放、费劳力的办法。另一种方法是将称重泥沙和清水加入搅拌桶内，不断搅拌使之均匀，以极小的混合流量加入恒定水流中。再有一种方法是通过振动加沙器（从美国科罗拉多州大学工程研究中心引进仿制）。图 18.4 - 5 是中国科学院地理研究所流水地貌实验

图 18.4 - 5　电机振动式加沙器

室运用电机振动驱使模型沙料下落加沙的装置，由加沙漏斗、输出槽、振动器、助振弹簧及沙量控制器组成，系半自动加沙装置。在实验加沙前，需确定所需加沙率，该装置简便、易操作、加沙率均匀性好，即使在最小加沙率 1～2g/min 时，仍保持较高的均匀性。

加沙器由微型电动机振动倒三角状的沙筒薄壁，使干沙徐徐降落，沙筒下方设有可调节的出口，通过率定调节出沙量，直接将干沙加入恒定水流中，加沙过程中随机进行加沙量的校核率定。该方法大大减轻了劳动强度，但率定加沙量比较费时间，多少带有经验性，且要求所加沙料干燥和纯净，否则影响加沙率的均匀度。

5. 尾门水位自控设备（杨铁生等，1992）

尾门水位跟踪控制，因支流入汇、尾部槽蓄、河道冲淤及模型时间比尺不协调等原因，远较流量控制困难，清华大学水利系研制了一套模型尾门水位控制系统，尾门水位按数学模型计算估计的简化过程线跟踪。该系统由微机（Apple-Ⅱ）和电动单元组合仪表 DDE-Ⅱ、电磁流量计、水位跟踪仪构成，这个系统的理论基础坚实，跟踪控制可靠，精度较高，且实施步骤简单。

6. 相关的操作控制系统

在比较原始的情况下，主要靠手动操作，几乎没有操作系统可言。随着半自动与自动操作的出现，建立相关的操作控制系统，尤其是稳流及恒定加沙的控制操作至关重要。但目前尚不完备，除稳流控制外，多半处于半自动控制状态，少数还处于手动操作状态。

18.4.2.3　河流供水加沙系统的实验要求

（1）满足平水及恒定稳流要求。为了满足平水及恒定稳流要求，平水塔水位波动小于 0.5cm，磁计流量误差小于 1%，采用具有不同大、小圆孔径的水泥套管消能稳流。平水、稳流装置均采用自动控制操作。

（2）满足恒定加沙要求。为了实现恒定加沙的要求，采用自制振动加沙器加沙，由微型电动机振动倒三角状的沙筒薄壁，使干沙徐徐降落，沙筒下方设有可调节的出口，通过率定调节出沙量，直接将干沙加入恒定水流。附加反馈传感器与自动控制操作系统连接，在加沙过程中随时进行加沙量校核率定，要求加沙量误差小于 1%。该方法大大减轻了劳动强度，但率定加沙量比较费时间，多少带有经验性，要求所加沙料干燥和纯净，否则影响加沙率的均匀度。

18.4.2.4　软件及配套设备

（1）与总控室连接，要求实现平水、稳流及恒定加沙的全自动控制操作。

（2）自动记录平水装置、稳流装置及恒定加沙装置的水位、流量及加沙量数据，并自动生成过程曲线。

（3）在总控室及平水装置、稳流装置及恒定加沙装置上安置摄像系统，监控和显示供水加沙装置的工作状态，随时将工作数据校正到设定的数值。

18.5　多功能自动控制测桥

18.5.1　测桥在实验中的作用

在陆地水循环与地表过程的模型实验和各种河工、湖海治理工程的实验中，利用测桥采集有关模型流域、坡面与河流地貌演变过程及其动力学方面的数据，是必不可少的设备，制作初始的地貌模型也离不开测桥。在实验过程中，为了获取水位、流速、含沙量、输沙特性，采集地表物质，包括坡面、流域表面、河床及河口三角洲表面的物质组成，测量地面高程，包括流域地表、坡面、洪积扇、冲积扇、河床及河口三角洲表面的高程，必须通过安装在测桥上的相关的测验仪器及感应器，随同测桥协同运动来实现；要实现自动制作初始的地貌模型（图 18.5－1），在测桥上还必须安装可拆卸的自动制模装置。测桥运行轨道的精度直接影响到初始地貌模型与所采集的实验数据的精度，特别是初始地貌模型高程数据，以及水位、地面高程数据的精度。测桥的三维驱动与运行的速度，决定制模和测验的速度，直接影响测桥的工作效率和实验的进度。显然，测桥是否具备综合功能、桥体是否轻型、驱动是否存在扭动、运行是否快速，以及测桥运行轨道精度的高低等，同样成为高速度、高效率、高精度地制作初始地貌模型和获取上述基本数据、加快实验周期的关键。

（a）架设仪器的主测桥　　　　　　　　　　（b）载人的同步副测桥

图 18.5－1　架设仪器（测针）的主测桥和载人的同步副测桥

18.5.2　测桥存在的问题

一般来说，初始的地貌模型的制作是强体力的密集型手工劳动，目前现有测量系统存在的问题是费时间、精度差、效率低，这固然与测验仪器及传感器本身的性能有关，也与测桥的性能密切相关。现有的测桥手工驱动居多，也有测桥的纵向驱动以半自动操作，而负载在测桥上的测验仪器由手动操作可横向及垂向的运移；或者测验人员在测桥上手控轨道纵向定位，在同一测桥上安装的测验仪器进行横向及垂向全自动运移。不论是国内外比较现代化的水工实验室，还是较好的地学实验室，操作人员与测验仪器同居一个测桥，测桥功能相对单一，缺乏三维全自动驱动，不能综合性多功能运作，尚不能达到高精度要求。

18.5.3　多功能自动控制测桥及其技术要求

1. 桥体尺寸与材质

测桥桥体长 6.5m、宽 0.30m、高 0.35m，采用上拱形桁架结构，使用强度高而质地轻型的金属制作，测桥上仅架设测试仪器或可拆卸制模器，要求人、桥分离，目的是便于测桥快速运移。

2. 测桥运行轨道高精度水平

为了获取高精度的实验数据和制作高仿真的初始地貌模型，测桥运行轨道必须保持高精度水平，要求轨道平面本身的加工精度为＋0.01mm，安装精度为＋0.03mm。

3. 具备综合多种功能

测桥具备获取各种实验数据及实现自动制作初始地貌模型的多种功能，即可以安装有关的测验仪器及感应器，获取水位、流速、含沙量、输沙特性；采集地表物质，包括坡面、流域表面、河床及河口三角洲表面的物质组成；测量地面高程，包括坡面、流域表面、河床及河口三角洲表面的高程；还可以安装可拆卸的自动制模装置，制作初始的地貌模型。

4. 快速驱动与运移

测桥快速驱动是提高测验及制模速度的基础。运移速度：纵向最大速度为 0.15m/s，横向最大速度为 0.05m/s，垂向最大升降速度为 0.015m/s。

5. 运行平稳、纵向扭动小

在测桥快速驱动和运移时，要使纵向扭动达到最小值，两侧轨道上测桥的位移小于 ±2.5mm，纵向位移误差小于±1.0mm，施测仪器与制模装置在测桥上的横向位移及垂向升降位移误差分别小于±0.5mm 和＋0.1mm。

6. 全自动控制操作

实现三维全自动驱动，即：测桥在运行轨道上纵向运行，以及安装在测桥上的可拆卸制模装置、测验仪器的横向运移及垂向升降应全自动控制操作。

18.5.4　软件及配套设备

1. 最新软件

与总控室连接，实现全自动控制测桥在运行轨道上纵向运行，以及安装在测桥上的可拆卸制模装置、测验仪器的横向运移及垂向升降。

2. 自动记录

测桥及测桥上安装的测验仪器、制模装置在模型水槽中的位置，并自动生成位相图。

3. 安装摄像监控系统

在总控室和测桥上安装摄像监控系统，监控测桥运移的全过程，记录测桥运移数据和显示测桥运移的姿态，随时修正测桥及测桥上安装的测验仪器、制模装置的运行姿态。

18.6　河流地貌实验的测量与数据采集系统

18.6.1　模型河流测验与采样系统的功能

在陆地水循环与地表过程的模拟实验过程中，通过有关测验仪器、传感器及采样器，获取水位、流速、含沙量、输沙特性，采集地表物质，包括坡面、流域表面、河床及河口三角洲、洪积扇及冲积扇表面的物质组成，测量地面高程，包括坡面、流域表面、河床及河口三角洲、洪积扇及冲积扇表面的高程等数据，是模型实验最根本的任务。要能适时、准确、快速地获取上述实验数据，并及时地整理、分析、处理，绘制成曲线、图件及表格，为研究人员可直接使用的第一手实验原始数据及初级分析成果。采用什么样的测验、采样及分析系统，同样成为高速度、高效率、高精度地获取上述基本数据，加快实验周期的主要关键。

18.6.2　现有模型河流测验与采样系统的主要部件

在 20 世纪 50—60 年代，流水地貌模型实验基本采用传统的测验技术和操作方法，由于技术水平低下和微电子技术不发达，电子仪器水平不高，几乎缺乏自动控制设备，大多采用手动操作。实验时往往使用容器法及现在仍然使用的三角堰法测流量，毕托管及计数器测流速，测针施测水位和地形高程，采用称重法手工加沙等。70—80 年代，国际上出现红外遥控、激光测验技术，可以进行自动控制的室、内外测验仪器设备，例如，德国海德堡大学地理系的野外流域测验站，荷兰 Delft 水工模拟实验室，苏联列宁格勒国立水文所的水工实验室，加拿大多伦多大学地理系，日本筑波大学环境与水文实验室等，都有很好的计算机控制测验设备。在国内，近年来实验自动化测控技术水准也有所提高，现有模型河流测验与采样系统主要由水位测量器、河底高程仪、流速流向仪、水沙样采集与分析系统（表 18.6-1）、河床组成物质采集器、可调坡玻璃水槽等部件构成。

表 18.6-1　　　　　　　　　　　流水地貌实验仪器及设备

仪器/设备名称	型　　号	产地	供　应　商
激光微地貌扫描仪	ty-0017431-00	美国	东方安诺仪器网
激光粒度仪	Mervin Mastersizer 2000	英国	英国马尔文仪器有限公司
推板式波浪发生器	2005 型	中国	大连理工大学水利工程学院港海工程系
声学多普勒流速仪	ADV	美国 YSI	维赛仪器贸易（上海）有限公司（YSI 中国）
高精度水位计	600LS 型	美国 YSI	维赛仪器贸易（上海）有限公司（YSI 中国）

注　推板式波浪发生器国内原来有三家生产：南京水利水电科学研究院、天津大学及大连理工大学。前两个单位因设计制造工程师故去或退休，已不再生产，仅由大连理工大学一家生产。

18.6.2.1　河道地形自动测验系统

河道地形自动测验系统由自动定位测量系统、测深和记录仪器和导航设备等组成。其中有用小型计算机作控制和数据处理的高级系统，具有现场成图、用磁带或磁盘记录数据和航迹指示等多种功能。

18.6.2.2　微型水沙测控仪器及设备（中国水利学会泥沙专业委员会，1992）

近年来，微型水沙测控仪器及设备的不断创新，在河流地貌实验中，对提高水位、流量、流速、含沙量及地形高程测量精度和效率具有极重要的作用。其中有如下仪器及设备。

1. 水位测量器

主要用于量计河道水位，一般采用连通管式毕托管、玻璃筒水位计施测，这是比较原始的，也是目前河工模型中经常使用的仪器，操作方便、简易经济；或通过安装在测桥上的水位计，由手动和自动施测。手动操作速度慢、劳动强度大、测验误差不易掌握；自动水位仪是按照物质界面对激光传播和反射速率具有差值的原理设计的，自动测量水位可以减轻劳动强度、消除系统误差、保证测验精度、加快实验速度、大大提高工作效率。但是，目前尚不能适时分析和整理有关数据。

电子跟踪式自动水位计是利用水电阻极限变化，使电桥产生不平衡的原理来测量水位的。江西省水利科学所研制的 GSG - A 型步进跟踪式高精度水位仪，水位分辨精度，对动水及静水面分别达到 0.01mm 及 0.05mm。南京电子设备厂制造的 SWY - 784 型数字式水位仪精度分别为 ±0.1mm 及 ±0.2mm（图 18.6 - 1）。

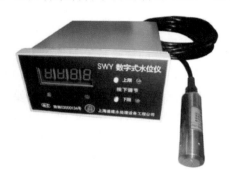

图 18.6 - 1　SWY - 784 型数字式水位仪

2. 河底高程仪

用来测量河底高程，获取河床高程数据。过去用测针沿河床横断线逐点手工测量，测针安装在手动控制的测桥上。操作速度慢、劳动强度大、测验误差同样不易掌握，而且必须使模型河道水流停放，并等河床表面变干后才能测量，大大影响实验进度。国内外许多单位采用激光水位器在水流不停的情况下测量水位、河床高程，大大提高工作效率和加快实验周期，问题是测量精度不稳定，因为河床底部存在近壁层流层，激光对此反应缺乏敏感性。一般适用大比尺河工模型实验，对在水深较小的地学模拟实验中使用，其精度还有待改进提高（图 18.6 - 2）。

电阻式地形仪是根据水流和泥沙中的阻抗不同，能使音频发生振荡和停止的原理制成的，在清水和低含沙水流中可测得比较精确的地形数据。

3. 流速流向仪

主要测量河道测点的流速、流向，最早使用在模型河道中投放微型浮标和掐码表的方法测量流速，测量精度差，而且获得的仅仅是某一河段的平均流速。20 世纪 70 年代出现传感器为微型螺旋桨的模数转换流速仪，可以施测测点流速；80 年代改进成直读式晶体管数字测速仪（图 18.6 - 3），并附有流向测验器，因此可以同时获取测点的流速与流向。

图 18.6 - 2　电子河底高程仪探头

图 18.6 - 3　晶体管数字测速仪

光电式旋转流速仪是一种微型测速仪，由光电效应施测流速，包括感应器（旋转叶轮）、光导纤维、放大器、运算器及显示器等组成部分。可测最小流速为 $1\sim1.5\mathrm{cm/s}$，另一种根据流速与多普勒频率呈线性关系制成的超声多普勒流速仪是比较先进的一种微型测速仪。

问题是起始水深必须大于 $1\mathrm{cm}$，水深小于 $1\mathrm{cm}$ 的流速或近河底的流速无法测定，同样地，一般适用大比尺河工模型实验，对在水深较小的地学模拟实验中使用，还有待改进。

4. 水沙样采集与分析系统

其作用是采集河道测点水样与沙样，分析获取泥沙与水样特性。传统方法是在测桥上用人工跪式采集。然后，用量筒或量杯计量体积、过滤、烘干称重、筛分、手工绘制级配曲线，从粒配曲线上读取 D_{16}、D_{50}、D_{84} 等数据，计算和分析泥沙中值粒径和分选性等特征。20 世纪 70 年代发明了激光水沙分析仪，即浊度仪，一种平行光束透过含沙浑浊水体时，浑浊使光强衰减，而衰减率与浊度呈负指数关系，从而测得含沙量的仪器，国内比较成功的有南京水科院研制的浊度仪，施测方便，精度较高。由水沙样直接获得泥沙特性数据，大大提高分析的速度和精度。但是，在河流地貌实验时，水沙样仍然在测桥上人工跪式采集，其自动化程度有待提高。

5. 水沙自动取样称重装置（张盛元等，1989）

在坡面降雨径流冲刷实验中，国外早已实现自动取样。为了提高实验精度，中科院地理所坡地实验室按称重原理，设计了水沙自动取样称重装置。该装置由计算机及其控制的电子天平（精度 $0.1\mathrm{g}$）及采样器组成。实验时，采样时间由计算机控制，坡面径流由径流槽注入采样杯中，由此获得径流量，采样杯经烘干置于电子天平称重，并输入计算机，进行数据处理，得到单位时间产沙量。

6. 河床组成物质采集器

用于采集河道横断面上河床底部表面组成物质的沙样。与水沙样采集与分析相似，传统方法是在测桥上用人工跪式采集，经过人工分析处理后，从级配曲线上读取数据，计算和分析泥沙特性。所不同的是以跪式沿断面线 $3\sim5\mathrm{cm}$ 宽的河床表面区分河床不同部位，如主泓、支泓、心滩、边滩及江心洲等，用采集器刮取 $0.5\sim1.0\mathrm{mm}$ 厚的河床组成物质。显然，劳动强度大、刮取的厚度带有随意性，目前还没有更好的方法替代。

7. 可调坡玻璃水槽

主要用于不同坡度对各种粒径泥沙、砂砾石、卵石的基础实验，山区陡比降顺直河道水沙运动力学实验，以及进行测验仪器的率定等。通常为不变坡玻璃水槽，长度、宽度多种多样，美国科罗拉多州立大学工程实验中心有世界上最长的不变坡玻璃水槽，日本筑波大学、荷兰代尔夫水工实验室等都有大型玻璃水槽，不能调坡；国内清华大学水利系泥沙实验室有长 $64\mathrm{m}$（长度仅次于美国）世界第二可以调坡的玻璃水槽，武汉大学水电学院和流动力学实验室有长 $33\mathrm{m}$ 的调坡玻璃水槽，供水及水噪声都很小。中国科学院地理科学与资源研究所计划建立的可调坡玻璃水槽，长 $30\mathrm{m}$、宽 $0.50\mathrm{m}$、高 $0.60\mathrm{m}$，角度误差 $+0.01°$。

18.6.3　模型河流测验与采样系统的技术要求

1. 水位、高程、流速流向及含沙量、河床组成特性数据的同步采集

相关的测验仪器及感应器可获取水位、流速、含沙量、输沙特性；采集地表物质，包括河床及河口三角洲、洪积扇及冲积扇表面的物质组成；测量床面高程，在实验过程中进行同步、不停水采集。

2. 快速、全自动采集有关数据信息

运移速度：纵向最大速度为 0.15m/s，横向最大速度为 0.05m/s，垂向最大升降速度为 0.015m/s，每点测量时间为 0.1～0.2s，每条横断面施测时间为 0.5～1min，对于 30m 长河段用 1h 测完。

3. 稳定测验及精准采样

模型河流测验与采集系统各个组成部件，包括可调坡玻璃水槽、水位测量器、河底高程仪、流速流向仪、水沙样采集与分析系统、河床组成物质采集器等协同同步施测过程中各部件。

4. 实现测验数据及采样分析同步处理和分析成果可视化

模型河流测验与采集系统各个组成部件在测验和样品采集的同时，进行数据处理，绘制成曲线、图件和表格，实现处理和分析成果的可视化。

18.6.4　软件及配套设备

（1）最新软件，连接总控室与多功能测桥，全自动控制测验仪器的纵、横向稳定快速运移及垂向快速平稳升降。

（2）配备能进行数据处理，绘制成曲线、图件和表格，实现处理和分析成果的可视化一体的软件。

（3）自动记录测验仪器在模型水槽中的位置，并自动生成位相图。在总控室和测桥上安装摄像监控系统，记录和随时修正测验仪器及采样器的运行姿态。

（4）提供笔记本电脑及有关附件。

18.7　侵蚀基准面控制系统

18.7.1　侵蚀基准面控制系统的特别功能

在陆地表层演变与动力过程实验中，侵蚀基准面，不论是局部侵蚀基准面，还是终极基准面，都是河流的出口控制点。前者如大江大河的平滩水位、湖面或人工水库的多年平均水位，属于控制入湖、入库及汇入江河支流河道的局部侵蚀基准面；后者系平均海平面，是控制各种汇入海洋河流的终极基准面。侵蚀基准面、河床边界条件及地壳构造运动是河流发育的三大控制要素。因此，通过特定的控制系统模拟侵蚀的基准面如何影响河流的发育与演变是地学模型实验区别于水工模型实验的一大特点。

目前国内外已成功地完成了侵蚀基准面下降对流域系统复杂响应的实验研究，随着全

球变暖导致的海平面上升，对河流下游、河口地区及滨海地带造成影响的实验尚未进行，海平面上升对河流发育影响的实验研究将成为重要的前沿课题。

18.7.2 侵蚀基准面控制系统的构成

国内外的水力实验室，特别是河海港工程实验室，利用波浪发生器研究河流、海洋波浪对河口、海港影响的河工模型实验中，基本不考虑海平面的变化，或者运用自动控制的泄流阀门控制河流的流量模拟涨落潮对河口、海港的影响，当研究入库异重流时才采用控制阀门使水库稳定于设计水位（清华大学水利系泥沙实验室的三峡水利枢纽模型）。在地学实验室，基本上采用控制阀门调节模型水库、湖泊及海平面的升降。侵蚀基准面控制系统由尾门自动水位计及自控阀门装置构成，存在的问题是如何稳定自动协调控制以提高精度和稳定度。

18.7.3 侵蚀基准面控制系统的技术要求

为了满足侵蚀基准面升降的实验要求，要求侵蚀基准面恒定，模型水库、湖泊水位精度误差小于$\pm 0.1mm$，海平面精度小于$\pm 1mm$，自动阀门控制流量误差小于1%。

18.7.4 软件及配套设备

（1）与总控室连接，要求实现尾门水位计及出流阀门调节全自动控制操作。

（2）自动记录尾门水位及出流阀门调节过程，记录水位变动及出流量数据，并自动生成过程曲线。

（3）在总控室及侵蚀基准面控制系统上安置摄像系统，监控尾门水位计及出流阀门调节的工作状态，随时将工作数据校正到设定数据。

18.8 地壳构造运动升降装置

18.8.1 地壳构造运动升降装置的作用

在陆地水循环与地表过程实验中，由于地表形态的塑造与内外营力的作用密切相关，而内营力主要指来自地球内部的作用力，表现为各种地壳运动及地质构造形式，他们的作用过程比较缓慢，但其累积效果十分显著。在实地观察缓慢的地壳变动相当困难，只有通过重复的大地测量才能确定，而观察急速的地壳变动，如火山喷发、地震等又十分危险。因此，对于地学科学家来说，在实验室内模拟地壳运动对水循环与地表过程的影响是十分必要的，特别是地壳构造变形对流域、河道、河口及洪积扇演变的影响，构造运动对流域地下含水层变形，从而改变地下水循环的规律，在探讨地表水循环与地下水循环的耦合机理、流域水循环与地表过程的耦合机理，河型多角度成因、机理和洪积扇受构造影响的研究方面具有重要的理论和实际意义，是地学研究的一个不可替代的重要方面和手段，也是地学模拟实验区别于水工模拟实验十分重要的特征。

18.8.2 地壳构造运动升降装置的沿革演化

表18.8-1列出了目前已有地壳升降装置。主要用来模拟比较缓慢的构造运动，包括方式、速率较慢的地壳升降运动对河道发育的影响；在地质构造、油气勘探部门，主要模

拟地质构造、油气贮存沉积层的形成等问题，涉及河道演变较少，或几乎不涉及。总体而论，主要是构造变形比较简单及实验缺乏自动化控制操作，只能做比较单一的上升或下降、掀斜和断块升降运动，在模拟穹窿上升及凹陷下降时，实际上呈方塔状上升或方形漏斗下降，还不能模拟圆形穹窿或椭圆状穹窿的上升和圆形盆状或椭圆状凹陷的下降，尤其是无法模拟穹窿中心与周边的不均匀上升以及凹陷中心与周边的不均匀下降，也无法模拟褶皱挠曲。显然在模拟构造变形的形式与速率方面有很大程度的失真，要改变这种状况必须增加更多块钢板进行组合式升降，并运用自动控制系统进行同步协调才能实现。

表 18.8-1　　　　　　　　　　　　国内外构造升降运动实验设备一览表

序号	升降装置 名称	组成或部件	功能	存在问题	技术参数	配套软件及设备	研制单位与时间
1	螺旋杆丝抬升机构	河流地貌露天实验场，由两个螺旋杆丝、钢轨、金属板、橡胶皮及防水布组成。两块金属板，尺寸为 2m×2.5m，用铰链固定在钢轨两侧	模拟穹窿构造成因，构造上升对河流影响，构造运动过程与侵蚀-堆积过程间的关系等	钢板块组太少，模拟构造形式有限，无法模拟凹陷及构造沉降、褶皱挠曲等	不详	水准仪、航拍摄影仪等	苏联莫斯科大学地理系，1956 年
2	地壳升降装置	在 4.5m×25m 水槽中段地下室，2 块 2m×4m 钢板，8 个液压千斤顶与支撑蜗杆组合而成。蜗杆与钢板呈球状连接，覆盖胶皮面积 4m×4m，液压千斤顶由手控及电动传动	构造变形对河型影响	钢板块组太少，构造变形形式与速率失真，无法模拟穹窿中心与周边的不均匀上升以及凹陷中心与周边的不均匀下降，无法模拟褶皱挠曲，非自动控制	构造变形速率为 0.05～0.10m/s；构造变形幅度：单机升降幅度为 ±25cm，纵向与横向掀斜幅度为 ±30cm	无	中科院地理研究所流水地貌实验室，1965 年
3	地质应力实验	1.0m×1.0m 实验台，10cm 厚环氧树脂块及压力机	水平方向挤压和扩张应力对地块变形影响的小型实验	只能进行水平方向挤压及扩张应力实验，缺乏其他构造变形及其对地貌与水循环影响的实验	不详	应力记录仪	中国科学院地质研究所，1972 年
4	单一升降装置	置于 3m×8m 水槽中央下部，用间距为 2.5m 的 2 个千斤顶支撑长约 4m 的铝质槽钢，抬升由 2 个人同时手工操作千斤顶，由厚度为 1.27mm 的金属片计量升降幅度	构造抬升对河型影响	设备比较简单，纯手动操作，只能模拟单一的升降作用，升降幅度小，精度差，上升过程中出现河漫滩层液化滑动	构造变形速率：不确定；单一升降幅度为 ±5cm，精度为 ±0.27mm	无	美国科罗拉多州立大学地球资源系，1982 年
5	地壳升降模拟装置	由 4 块 2.5m×2.5m 块钢板组合而成，胶皮整体面积为 5m×5m，16 个液压千斤顶蜗杆支撑，蜗杆与钢板呈球状连接，一套升降控制系统，套蜗轮蜗杆箱套及相关控制系统	构造变形对河道、河口及湖盆成因演变的影响，石油生成与石油储存层的分布规律，研究陆相成油率理论	钢板块组太少，无法模拟穹窿中心与周边的不均匀上升以及凹陷中心与周边的不均匀下降，也无法模拟褶皱挠曲，构造变形形式与速率失真，自动操作失灵，只能手动操作	构造变形速率为 1.0mm/min；构造变形幅度为单一升降幅度为 ±50cm，断块差别升降幅度为 60cm，纵向与横向掀斜幅度为 ±50cm	简单的蜗轮蜗杆箱套，单独与协调同步运行软件	江汉石油学院湖盆沉积模拟实验室，1996 年

升降装置		组成或部件	功 能	存在问题	技术参数	配套软件及设备	研制单位与时间
序号	名称						
6	构造模拟系统实验仪（G－M－YⅡ型）	由液压油缸、单向挤压升降旋转器、双向挤压喷射器及底板组成。两挤压板相互垂直，间距为450mm；底板尺寸为450mm×250mm，包括活动板及升降板，两挤压板间设置3块活动板，中间一块下方为升降板，尺寸为150m×250mm	可进行单轴（双轴）对称（不对称）、水平挤压、升降、剪切和旋转等10多种实验。可模拟构造褶皱、节理、断层的形成、发展及其组成的关系	模拟多种地质构造，模型设备较小，无法模拟构造运动对河流地貌发育的影响	动力源液压系统，油缸带动挤压板，直立油缸推动升降板。工作应力为0.5～5.5MPa；可调速率为0.3～16mm/s	应变式直接剪切仪，材料黏性测量仪	中南工程地质大学地质系，1993年；石油大学，2004年
7	地壳升降模拟系统	12块钢板组合而成，胶皮整体面积12m×6m；每块钢板尺寸为2.95m×2.95m，蜗杆支撑，蜗杆与钢板呈球状连接，48套蜗轮蜗杆箱套及相关控制系统	构造变形对流域、河道及河口演变的影响，构造运动对流域地下含水层变形和地下水循环的影响	尽管能克服上述各种升降设备的缺点，但目前尚不能模拟极微量速率、大幅度构造变形以及水平构造变形对水循环及地表过程影响的实验	模拟多种及复杂构造变形：速率为0.01～0.02mm/s；单一升降幅度为＋30cm，断块升降幅度为60cm，纵横向掀斜幅度为±30cm，褶皱挠曲顶部与凹部幅度为50cm，穹窿中心上升幅度与凹陷中心下降幅度分别为＋30cm与－30cm；精度为±0.1mm，穹窿周边上升幅度与凹陷周边下降幅度均为±0.1mm，构造变形及过程可视化	同步协调自动控制操作软件。异步和同步、逐级和无级操作。蜗轮蜗杆箱套单独或协调同步运行。影响可视化设备	中科院地理科学与资源研究所、中科院自动化所，2006年
8	地质构造模拟实验台	由实验砂箱容器、水平加载单元、底部加载单元、底部摩擦仪、底辟实验平台、辅助系统及电气控制系统组成	模拟拉伸、压缩、剪切、转换应力及相应的伸展、挤压、走滑、反转等构造等的形成过程、变形程度及机理	模拟多种地质构造，模型设备较小，不能模拟构造运动对河流地貌发育的影响	三维电动力加载，可拉伸、压缩、剪切	图像采集系统等	中国石油大学、中石化胜利油田等，2010年

18.8.3 多功能地壳构造运动升降装置

1. 技术与功能

（1）模拟多种构造变形形式。包括单一上升或单一下降、断块升降、纵横向掀斜、褶皱挠曲、穹窿上升、凹陷下降、穹窿中心与周边的不均匀上升以及凹陷中心与周边的不均匀下降等，达到实现构造变形形式的仿真模拟。

（2）适应构造变形对多种地貌体影响实验。包括坡面、河型、河口演变、流域地貌塑造及流域含水层形变与地下水运行规律影响的实验研究。

（3）适应构造变形速率对地貌体演变的影响。包括对河型、流域地貌塑造及流域含水层影响的实验要求，力争达到与构造变形速率相近似的模拟。构造变形速率要求为 $0.02\sim0.05mm/min$。构造变形幅度：单一升降幅度为 30cm，断块差别升降幅度为 60cm，纵向与横向掀斜度为 $\pm30cm$，褶皱挠曲的顶部与凹部幅度为 50cm，穹窿中心上升幅度与凹陷中心下降幅度分别为 $+30cm$ 与 $-30cm$；穹窿周边上升幅度与凹陷周边下降幅度均为 0mm。

2. 装置的构成

多功能地壳构造运动升降装置（以下简称"升降装置"）由 12 块钢板组合而成，钢板上面覆盖特制的、厚 4mm 富有弹性的不透水胶皮，要求胶皮整体面积不小于 $48m^2$；每块钢板呈 $1.95m\times1.95m$ 的正方形，由蜗杆支撑，蜗杆置于蜗轮蜗杆箱套内，蜗杆与钢板呈球状连接，共计 12 套蜗轮蜗杆箱套（图 18.8-1），各蜗轮蜗杆箱套可以单独运行，也可自动协调同步控制（乔云峰等，2016）。

（a）蜗轮蜗杆箱套　　　　　　　　　　　（b）球状接头

图 18.8-1　功能升降装置的蜗轮蜗杆箱套及球状接头

3. 软件及配套设备

（1）自动同步协调的控制操作软件。在操作过程中，可以异步和同步操作，也可以逐级和无级操作。

（2）对各种构造变形能可视化演示，给出变形过程。

（3）提供笔记本电脑及有关附件。

流水地貌发育和演变过程在室内模型实验研究时，变化十分迅速，难于实时捕捉流水地貌的连续快速变化信息；在人工降雨过程中，也难于直接、全面、连续地进行流域及坡面地貌形态测量。因此，采用图像摄影、图像分析和量测设备来获取实验图像，就显得十分重要。使用的设备有普通相机、高速摄影相机、陆地摄影仪以及电子扫描仪等，具体详见第 19 章。

参 考 文 献

陈浩，金德生，郭庆伍，1996. 隋家窝铺小流域黄土缓坡地上坡长对径流和产沙的影响［C］//承德赤峰地区科技扶贫开发研究.北京：中国农业科技出版社，178-189.

金德生，陈浩，郭庆伍，1994.隋家窝铺小流域侵蚀产沙综合观测初步研究［C］//朱景郊，康庆禹，王旭.承德赤峰贫困山区开发治理与试验研究.北京：中国科学技术出版社，110-121.

金德生，乔云峰，杨丽虎，等，2015.新构造运动对冲积河流影响研究的回顾与展望［J］.地理研究，34（3）：437-454.

金德生，等，1996.隋家窝铺沟坡治理优化模式及效益评估［C］//康庆禹，朱景郊，王旭.承德赤峰地区科技扶贫开发研究.北京：中国农业科技出版社，164-177.

金德生，等，1996.隋家窝铺小流域水资源开发利用及其农业生态效益分析［C］//康庆禹，朱景郊，王旭.承德赤峰地区科技扶贫开发研究.北京：中国农业科技出版社，151-163.

赖世登，金德生，等，1996.北方半干旱贫困山区生态农业优化模式研究［C］//康庆禹，朱景郊，王旭.承德赤峰地区科技扶贫开发研究.北京：中国农业科技出版社，131-144.

乔云峰，金德生，杨丽虎，等，2016.冲积河流对隆升与坳陷沉降运动响应的实验设备研究进展报告［R］.中国科学院地理科学与资源研究所陆地水循环与地表过程院重点开放实验室.

中国科学院地理研究所，等，1985.长江中下游河道特性及其成因演变［M］.北京：科学出版社，272.

流水地貌实验数据采集及图像获取

19.1　概述

1. 流水地貌实验数据的采集

采集数据是实验过程中执行的首要任务。一般情况下，不大可能在每一个测点上采集数据，而且也没有这个必要。在空间上，模型小河上按一定间隔布设测验断面即可。测量断面线及测点根据测验能力、仪器设备及河道演变的情况而定。原则上，纵向上 50～100cm 间隔较为适当，横向测点以 5～10cm 间隔为好，但是必须顾及河床地貌形态的起伏转折点，并在平直部分进行施测。根据河道演变的弯曲程度及实验需要，可以临时增设测线及测点。在时间上，按河型及河道演变的速率采集数据，初始顺直模型小河演变较快，而后变缓，最后相对稳定。在研究河流发育演变受影响的因素，诸如构造运动、气候变化、水沙条件、边界条件、人类活动等的响应实验时，可以加密施测，可以间隔 2h 连续停水或不停水测量，甚至间隔 5～10min 采样获取数据，如采集水流的含沙量等。总之，如有条件和可能，采集的数据越多，越能掌握实验的各种第一手资料，对研究工作更加有利。

2. 流水地貌实验图像的获取

流水地貌系统演变过程模型实验研究目的在于探索流水地貌系统发育过程及整个流域系统的更迭演化。流水地貌发育和演变过程在室内模型实验研究时，其地貌现象错综复杂，变化十分迅速，用一般测量方法难以适时捕捉快速变化中的流水地貌现象；同时，在流域内降雨时也难以直接、全面、连续地进行地貌形态测量。因此，采用图像摄影、图像分析和量测就十分重要。

河流地貌实验中的图像获取主要有直接及间接两个途径。直接途径为：距实验水槽铺沙表面一定高度，用相机定点拍摄，获取河道地貌的平面形态，以及水流的平面流态；间接途径是：借助模型河道的水文断面数据，勾绘河流地貌的纵横剖面，以及校核河流地貌的平面形态。目前，运用电子扫描仪可以快速取得三维地形数据，获取相应的三维图像，但是只能获取排去水流让河床变干后的三维图像，尚不能获取活动水流河床的三维图像；可以获取河床高程，无法同步获取河床水位高程。

19.2 流水地貌实验数据采集及处理

19.2.1 数据采集的基本内容

数据采集的基本内容包括：河床地形高程测量，水位、流速、含沙量，河床质采样，地形及水面高程摄影，加沙量及出沙量称重，勾绘河床地形平面图，河道发育动态摄影及绘图等。

在实验水槽中共布设固定测验断面 N 个，每一个测次施测 N 个断面，测验左右岸水位，间隔 $3 \sim 5cm$ 测流速，进行断面测验计算和流速校核；收集相关断面的含沙量、床沙质沙样、烘干、称重、筛分，绘制粒配曲线，提取 D_{50}、D_{16} 及 D_{84} 数据，计算河床质不均匀系数。每个测次拍摄河道水流情况及和河道地貌照片，分析流态及河流地貌变化趋势。

1. 测量断面布设及调整

目前，模型河道上测量断面比较注重布设，而布设基本上是等间隔布设，不太重视随河道平面形态的变化来调整测量断面的位置（图 19.2 - 1～图 19.2 - 9）；当断面与河道中心夹角小于 $10°$ 时，采取校正的办法，校正测验数据。

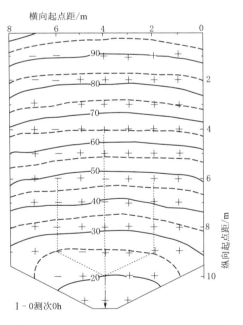

图 19.2 - 1 流域地貌实验初始平面图
（金德生等，1995）

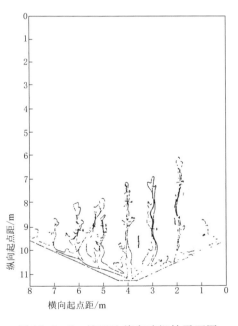

图 19.2 - 2 坡面地貌实验初始平面图
（徐为群等，1995）

图 19.2 - 3 顺直河道实验平面图（金德生等，2019）

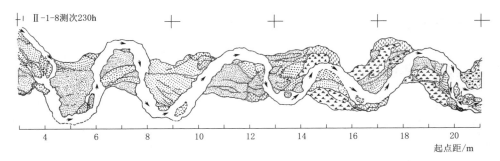

图 19.2-4　曲流河道实验平面图（金德生等，2019）

图 19.2-5　网状河道实验平面图（金德生等，2004）

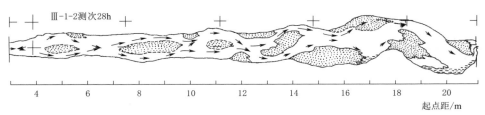

图 19.2-6　分汊河道实验平面图

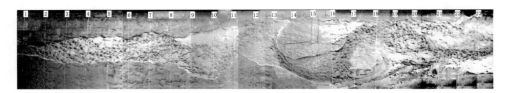

图 19.2-7　弯曲-游荡过渡性河道实验平面图（乔云峰等，2016）

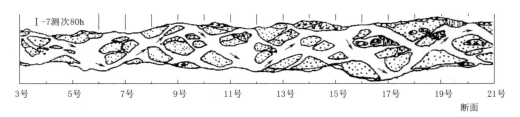

图 19.2-8　游荡河道实验平面图（张欧阳，1998）

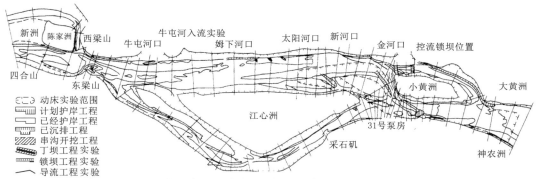

图 19.2－9　马鞍山分汊河道演变趋势比尺模型实验（金德生等，1991）

2. 水文泥沙数据采集

主要借助架设在水槽两侧轨道上的主测桥（图 19.2－10）自左而右使用测针或自记水位仪，采集河道左右岸线，距河岸 5mm 处的水位数据，各测线的流速、流向，采集水样，分析含沙量及悬沙粒径，停水后沿断面线使用测针测验河床高程（表 19.2－1），采集河床表面的沉积物沙样，分析河床质粒径。目前，较先进的可以自动测验流速、含沙量，以及使用手取沙样器，在河床表面采集厚 0.5mm、宽 3～

图 19.2－10　测桥与水位、河床地貌测量

5cm 底沙沙样，联机分析，及时获取数据及分析曲线。在入口处设置加沙器，获取每一时段总加沙量，在出口处收集输出泥沙的总沉积量，并分析输出泥沙的平均粒径。

表 19.2－1　　　　　　　　弯曲-游荡过渡性河型造床过程实验观测记录

垂线	起点距 /cm	河底高程 /cm	水位 /cm	测点流速 /(cm/s)	水深 /cm	平均水深 /cm	平均流速 /(cm/s)	间距 /cm	垂线间断面面积 /cm²	断面面积比例 /%	部分流量 /(cm³/s)	流量比例 /%	校正流量 /(cm³/s)	校正流速 /(cm/s)	备注
0	108.00	16.90	16.90		0.00										
1	109.00	16.72			0.10	0.05		1.00	0.05				1.90		
2	125.00	16.55			0.27	0.19		16.00	2.96				112.45		
3	151.00	16.27			0.55	0.41		26.00	10.66				404.98		
4	180.00	15.50		25.00	1.32	0.94		29.00	27.12				1030.12		
5	223.50	16.62			0.20	0.76		43.50	33.06				1255.97		
6	234.00	16.70			0.12	0.16		10.50	1.68				63.82		
7	260.00	16.38			0.44	0.28		26.00	7.28				276.57		
0	260.50	16.74	16.74		0.00	0.22		0.50	0.11				4.18		
断面流量 /(cm³/s)		3150.00	最大实测流速/(cm/s)		15.00	最大水深/cm		1.32		断面平均含沙量/(g/cm³)					
断面面积/cm²	82.92		水面宽/cm		152.50	水面比降/‰			断面平均输沙率/(g/s)						
平均流速/(cm/s)	37.99	37.99	平均水深/cm		0.54	水位/cm		16.82	湿周/cm				153.59		
加沙粒径/mm			加沙率/(g/s)			加沙总量/kg			输沙量/kg						
观测人员			记录人员			计算人员			审核人员						

3. 河床地貌数据采集

以水文泥沙测验断面为基础，在停水河床排水变干后，沿断面逐点用测针施测河床地形高程（图 19.2-11）。目前，已有在不停水的条件下用水深淤厚测量仪和电子扫描仪测量河床地形，但是在水深较小的情况下，使用有较大困难。

4. 地壳升降变形数据采集

以往都是手动设定获取升降变形数据。2009—2015 年，中国科学院地理科学与自然资源研究所和自动化研究所共同研发，借助计算机编程，设定构造运动的方式、速率、幅度及时间，实现模型河流地貌演变数据同步获取，在完成国家基金委主任基金资助项目《冲积河流对隆起与坳陷非均匀活动响应的实验研究》（项目批准号：41340021）时，成功地获取了相关数据，在国内尚属首创。

19.2.2　数据、图像的初级处理

数据、图像的初级处理是指将仪器、仪表及相机直接获取的数据、照片、影像进行初步加工，使其能使研究者可以进一步用于研究。初级处理往往由实验者亲自或实验助理人员具体操作，因为他们了解数据和图像的获取过程，或者获取过程中实验条件的可能变化。

19.2.2.1　流水地貌系统水文、泥沙数据整理

图 19.2-11　电子高程扫描仪

1. 流域水文、泥沙数据

计算和整理流域系统中的降雨供水量、雨量筒雨量、场次降雨初始产流时间、在流域出口处采用三角堰间隔 10min 采集水位，由水位-流量关系曲线计算产流量。采集含沙水样，经烘干称重法，计算整理含沙量，对每场次降雨在流域出口的泥沙堆积物进行称重，计算整理产沙量和产沙粒径，分析流域的产水产沙特性。

2. 坡面水文、泥沙数据

坡面水文、泥沙数据计算和整理与流域系统的类似，计算和整理场次降雨供水量、雨量筒雨量、场次降雨初始产流时间，在坡面出口处采用三角堰间隔 5～10min 采集水位，同样通过水位-流量关系曲线计算产流量。采集含沙水样，经烘干称重法，计算整理含沙量，对每场次降雨在流域出口的泥沙堆积物进行称重，计算整理坡面产沙量和产沙粒径级配，分析坡面的产水产沙特性。

3. 河道水文、泥沙数据

河道水文、泥沙数据的整理内容也与前述大体相仿，包括整理河道的供水流量（三角堰水位-流量曲线确定或磁卡流量计校定）、运行日期、时间、历时；河道各断面测验记录，包括断面编号、纵向起点距，左右岸起点距、水位、各测点流速（比尺模型各测线上不同测点的流速、流向）、水样记录、床面沙样采集，河道入口加沙量记录整理，河道出口泥沙堆积物称重、沙样采集、分析及记录整理。

19.2.2.2　流域、坡面及地形高程数据处理

1. 流域高程数据

计算和整理流域系统中的初始地面高程数据、纵横坐标、固定点高程数据、初始河道位置数据；各场次水准点高程数据、各固定断面起点距及特征点（河道左右岸、深泓、洲滩边缘等）高程数据，计算实际高程数据，以便比较之用。

2. 坡面高程数据

计算和整理坡面的初始地面高程数据、纵横坐标、特征点高程数据、初始沟道位置数据；各场次水准点高程数据、各固定断面起点距及高程数据，计算实际高程数据，以便对比。

3. 河道水面及地形高程数据

计算和整理比尺模型实验水面高程数据（由测桥测针获取）、模型小河排除水流河床变干后实测的河床高程数据等，包括加密断面。

19.2.2.3　流水地貌系统影像处理

系统整理流域影像、坡面影像、河道水流主流线影像、河床地形影像，以及在影像照片上勾绘流水地貌形态，包括流域中不同级别水系草图（图19.2-12）、坡面沟道系统草图（图19.2-13）、河床地貌平面形态草图（图19.2-14）等。

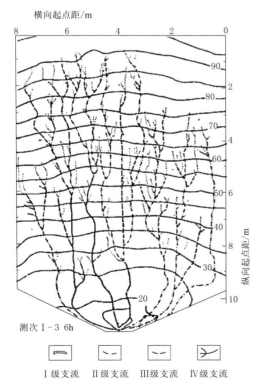

图19.2-12　流域内不同级别水系草图
（金德生等，1995）

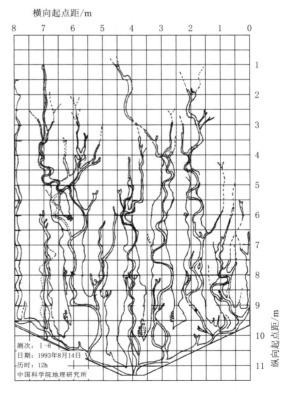

图19.2-13　坡面沟道系统草图
（徐为群等，1995）

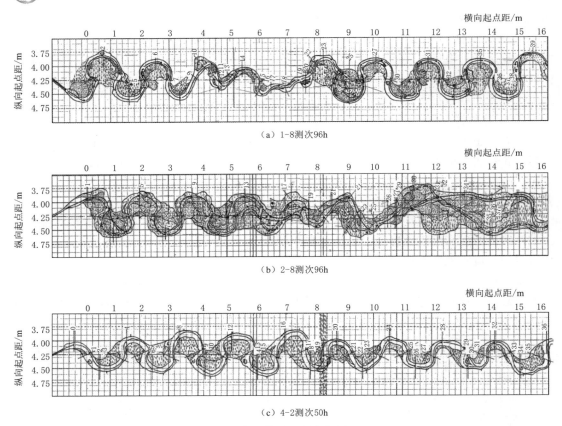

（a）1-8测次96h

（b）2-8测次96h

（c）4-2测次50h

图 19.2-14　河床地貌平面形态草图（Jin，1987）

19.2.3　数据的系统整理及相关曲线编绘

对数据及图像的初级整理，是为系统整理及绘制相关曲线服务的。一方面便于实验研究者利用实验资料进行专题研究之用，另一方面也方便流水地貌专业人员进行对比研究，从而达到内外结合，验证某些假设，或者解决流水地貌的若干实际问题。

19.2.4　等值线及三维图像的绘制

为了更加适合流水地貌学研究的需要，使数据及图像更有立体感观，需要将初级处理的数据及图像等值线化，或绘制成三维影像。

例如，流域发育演变实验中，利用高程数据绘制具有不同级别水系的等高线地形图（图 19.2-12）、河道等高线图（图 19.2-15）、比尺模型中的水面等高线图（图 19.2-16）等，对于研究流域地貌演变、坡地地貌演变、河道地貌演变以及河道水流结构的变化，都具有重要意义。

对于立体地貌图的绘制，20 世纪 80—90 年代，尚属初期阶段，随着一代一代计算机的更新换代以及超算技术的发展，流水地貌的立体成图已比比皆是，今后会进一步提高和发展。这里附上几张 20 世纪 90 年代用仿真模拟制作的河流地貌图（图 19.2-17）。

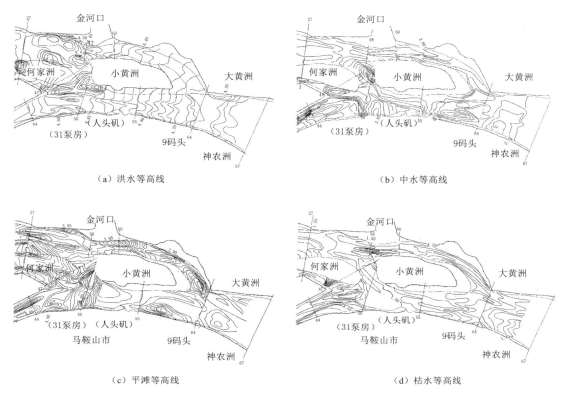

图 19.2-15　分汊河道水面等高线图（金德生等，1992）

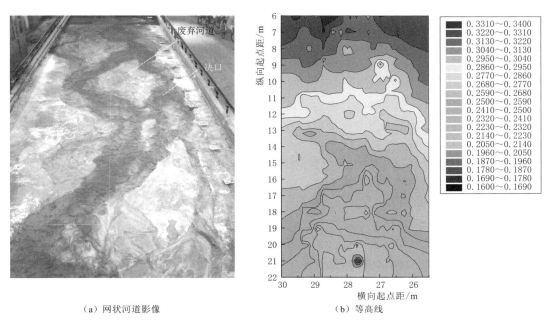

图 19.2-16　网状河道影像及等高线图（王随继等，2004）

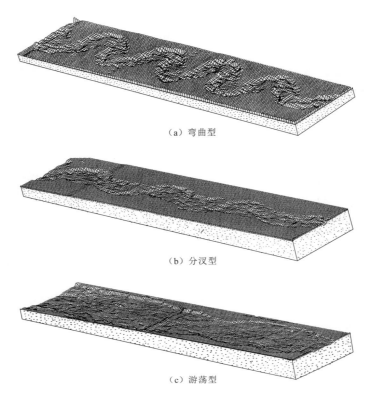

（a）弯曲型

（b）分汊型

（c）游荡型

图 19.2 - 17　不同河型的河床立体地貌图（金德生等，1992）

19.3　实验流水地貌图像获取及处理

19.3.1　图像摄影设备

图像摄影条件和设备较简易，应用方便，在流水地貌实验研究中采用手控天车进行摄影工作。天车架设在垂直于模型水槽中心线上方 6m 左右的双轨上，摄影者手动天车可以进行流水地貌任一河段地貌形态的拍摄。

实验模型根据实验场地大小进行布局，设置模型水槽长 28m、宽 8m，面积可达 224m²，并将水槽分为上、中和下三段；上段自 0～11m，面积约 80m²，作为河道部分；下段自 23～28m，面积 40m²，作为河流出口河口三角洲部分。

流域部分铺黄土作为原始基础地面，流域地面坡度为 9％；河道部分铺中砂，按 1％的坡度铺平；河口部分作为海域，以上三部分组成一个完整的水槽流水地貌系统。

采用中心投影方式进行图像摄影，为了消除模型坡度影响，摄影机按一定倾角，即流域地面坡度，进行拍摄，为了便于图像处理时读取地形的尺寸，在模型中每隔 1m 建立坐标网络，并辅以标志比尺，实验过程中，除每测次终了时拍摄图像外，对于特殊地貌现象随时进行重点拍摄。

拍摄胶片经过暗室处理，经选择和比对标志比尺处理，可获得所需要的图像照片。

19.3.2　图像摄影内容及特点

实验模型运用动压式人工降雨装置，进行了包括下列内容的 10 大组实验（Ⅰ-1～Ⅰ-6、Ⅱ-1～Ⅱ-6、Ⅲ-1～Ⅲ-6、Ⅳ-1～Ⅳ-6、Ⅴ-1～Ⅴ-3、Ⅵ-1～Ⅵ-6、Ⅶ-1～Ⅶ-6、Ⅷ-1～Ⅷ-6、Ⅸ-1～Ⅸ-6、Ⅹ-1～Ⅹ-6），以及塑造模型游荡小河的Ⅷ-1～Ⅷ-7，共64组实验。其中，Ⅰ-1～Ⅰ-6、Ⅳ-1～Ⅳ-6 和Ⅶ-1～Ⅶ-6 分别为均质黄土、混合砂质黄土和黄土质砂土流域地貌系统塑造实验；Ⅱ-1～Ⅱ-6 和Ⅲ-1～Ⅲ-6 分别为第一次侵蚀基准面下降和第二次侵蚀基准面下降对水系发育影响实验；Ⅷ-1～Ⅷ-6、Ⅳ-1～Ⅳ-6 和Ⅹ-1～Ⅹ-6 为均质黄土条件下植被覆盖度分别为 56%、40% 及 20% 的流域地貌系统演变过程和对河道子系统及河口三角洲发育影响的实验。

借助图像摄影来研究模型中流水地貌系统演变过程，应用类似航空摄影方法，其基本要求是摄影图像能反映模型实体几何形态和色调，摄影时凌空拍摄模型流域地貌形态及其演变情况，采用中心摄影，根据模型的平面范围，相机焦距 f 一定时，拍摄高度 H 为摄影比尺（影像尺寸与拍摄对象尺寸之比）的倒数与相机镜头焦距 f 的积。为了使流域坡面全部进入相机镜头，确定相机开拍高度为 5.6～5.8m，则图像宽度和长度可达到 8.18m 和 12.28m。因此，8m×11m 流域模型全部在图像之中，结合实验内容，采用倾斜摄影、平行垂直摄影和跟踪摄影等方法，对流水地貌形态、河床地貌形态及三角洲发育过程进行了一系列图像摄影和图像分析处理。通过图像摄影，一方面弥补了定时段、定断面测量的不足之处，另一方面反映了流水地貌形态的真实感和演变过程的动态感，取得了大量可供进一步研究和分析的图像信息。

19.3.3　流水地貌系统图像信息

1. 流域地貌系统演变过程影像

初始模型流域坡面影像，流域坡度为 9%，流域坡面上每隔 1m 布设网络，用白色棉线作网络线，并在模型表面摆放长度为 1m 的标志比尺，图像显示出流域、坡面由若干个 1m² 方格组成。

从均质黄土流域地貌实验图像来看，随着降雨的开始，原始流域坡面在人工降雨的溅击下，坡面受到溅蚀，随即流域开始产流，坡面出现细沟，在降雨的过程中，细沟下切、扩大、延长，形成水系网络，降雨达到 $T=2h$ 时，图像上明显可见 6 条以上沟谷水系发育，其发展范围纵向自 3 号～9 号断面之间，横向自 1.5 号～6.5 号断面之间。当降雨 $T=6h$ 时，流域坡面水系发育达 8 条以上沟谷系统，并且主沟两侧有许多小的沟汇入，水系发育范围纵向自 0 号～11 号断面，横向自 0 号～8 号断面，几乎整个流域、坡面上均有水系沟谷发育，河网密度达最大，沟谷加深和展宽。当降雨 $T=10h$ 后，沟谷展宽，水系合并，河网密度变小，水系发展范围逐渐减少，纵向在 3 号～11 号断面之间，横向上基本保持现状、趋势向变小的方向发展，具体见图 19.3-1（郭庆伍等，1998）。

从非均质混合砂质黄土流域坡面实验图像上不难看出（图 19.3-2），当降雨达 $T=4h$ 时，水系十分发育，沟宽水深，有 8 条以上主要沟谷发育，每条主沟谷均有若干小沟汇入，河网密度较大，水系发展范围纵向自 4 号～11 号断面之间，横向自 0 号～8 号断面

　　（a）Ⅰ-1测次　　　　　　　　（b）Ⅰ-3测次　　　　　　　　（c）Ⅰ-5测次

图 19.3-1　均质黄土流域地貌演变过程图像（郭庆伍等，1998）

范围内。当降雨 $T=11.3h$ 时，流域水系的沟谷展宽和合并，河网密度减少，水系发展范围基本未变。降雨到达 $T=19.3h$ 时，沟谷展宽和合并已达到一定程度，河网密度减少近于最小范围，具体见图 19.3-2（郭庆伍等，1998）。

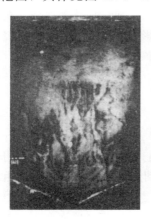  

　　（a）Ⅳ-1测次　　　　　　　　（b）Ⅳ-3测次　　　　　　　　（c）Ⅳ-5测次

图 19.3-2　混合砂质黄土流域地貌演变过程图像（郭庆伍等，1998）

　　均质黄土坡面与非均质混合砂质黄土坡面比较，均质黄土坡面的水系发育慢，沟谷发展也较之缓慢。因此，非均质砂质黄土和混合砂质黄土的流域坡面在降雨过程中很快形成水系网络，沟谷迅速发展，支沟很快合并，在图像上明显可见沟谷宽广的水系网络。

　　从三角洲堆积图像（图 19.3-3）中可见到由流域内产出的水沙流入平坦地面后，流速骤降，很快形成洪积物堆积体。流域产出大量泥沙，淤积速度又快，在地面上堆积形成旱三角洲，在旱三角洲图像上还可以见到旱三角洲扇面上发育的沟谷和雨点溅蚀形成的溅蚀坑。

（a）河口三角洲　　　　　　　　　（b）旱三角洲

图 19.3 - 3　河口三角洲及旱三角洲实验图像（郭庆伍等，1998）

2. 侵蚀地貌影像

在流域坡面及旱三角洲平缓扇面上往往见到降雨时雨点溅蚀所产生的溅蚀坑和流水侵蚀发育的沟谷。

流域坡面水系的发育是在老的沟蚀基底上开始的，同时在沟谷展宽形成宽谷时，还可见到沟中沟，即在老的沟谷中发展新的沟谷。

3. 堆积地貌影像

流域和河道出口及水系汇合处常见到堆积体，通常形成冲积扇及三角洲。图 19.3 - 3（a）中明显可见河流出口水下三角洲的形成过程的影像。在流域水系发育过程中，还可以见到沟谷水系汇合和合并时在沟口形成的冲积扇和坡积裙。

4. 水系袭夺影像

在流域坡面水系的发育过程中，水系源头或沟谷顶部常有断头沟及残留沟，这是水系袭夺的地貌影像。

5. 沟谷发育继承现象

第Ⅵ大组的流域水系实验是在第Ⅴ大组流域水系实验所形成的老流域地貌形态上铺设混合砂质黄土。实验结果：水系发育基本上沿老的水系沟谷系统发育，即第Ⅵ大组流域水系发育是基本按照第Ⅴ大组流域水系轮廓发育起来的，这种沟谷水系发育对老地形地貌继承性和依托现象在相应图像中明显可见。

19.3.4　图像应用与信息量计

图像能真实地反映模型中流水地貌系统演变过程地貌形态特征，通过图像识别和分析可以认识流域水系发育过程、河道平面变化、河床地貌及其流水地貌各类形态的变化。

为了便于图像处理，每幅影像覆盖面均在原始模型 9m×12m 范围内，所获图像按统一比尺缩放，实验取图像尺寸与模型尺寸之比为 1/50。实验模型流域宽 8m、长 11m，因此，图像宽度为 0.16m、长度为 0.22m，即影像图上地貌形态尺寸每 1cm 相当于模型实际尺寸 50cm；若图像按 1/200 缩放，则影像图上地貌形态尺寸每 1cm 相当于模型上 200cm（图 19.3 - 4），图像上的地貌形态尺寸量计均可按比尺计算。实验所获得的图像，地貌形态面积、宽度和长度等均可在图像上按比尺量计。根据地貌形态的面积，结合仪器测量获得的高程数据，便可计算获得地貌体的体积；对于植被覆盖度的信息，在图像上也一目了然（图 19.3 - 5）。

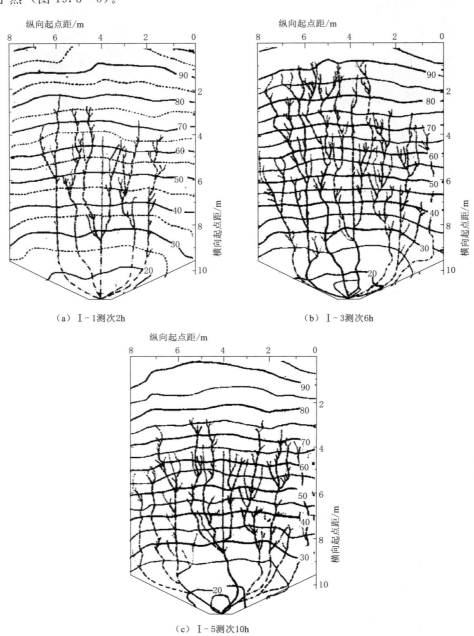

图 19.3 - 4　均质黄土流域水系发育图

（a）植被覆盖度60%　　　　（b）植被覆盖度40%　　　　（c）植被覆盖度20%

图 19.3-5　植被覆盖度对均质黄土流域发育的影响

　　运用凌空图像摄影来研究流水地貌系统演变过程中出现的种种地貌形态、沉积特征及侵蚀堆积过程，是一种简便有效的方法，研究表明，图像摄影是流水地貌系统演变过程实验研究中极为重要的组成部分。流域的产流产沙过程及高程数据可借助仪器测量获得，而地貌形态的全貌及演变过程的信息则主要来自所获图像处理和分析，目前尚不能连续地对模型流水地貌系统的平面形态进行系统的测量。

19.4　结语

　　流水地貌实验与模拟研究中数据采集和图像获取是不可或缺的重要组成部分。可以认为，即便实验设计相当完美、实验运行十分成功，如果没有获取足够的数据和图像，流水地貌实验只是供参观的展品，而不是流水地貌学研究的科学对象和工具。

　　本章汇集了典型流水地貌实验中的数据图像及其采集获取方法，包括：测量断面布设及调整、水文泥沙数据采集、河床地貌数据采集及地壳升降变形数据采集等。介绍了获取的第一手数据及图像的初级处理，包括流水地貌系统水文、泥沙数据整，流域、坡面及地形高程数据处理，流水地貌系统影像处理，以及数据的系统整理、相关曲线编绘、等值线及三维图像的绘制等。特别阐述了图像获取设备、图像内容、图像信息、图像应用及信息处理。

　　随着科学技术的进步，流水地貌实验模拟研究的测试设备及仪器日新月异，仪器设备的及时更新，将会带动流水地貌实验模拟更上一层楼。

参　考　文　献

郭庆伍，吴国良，金德生，等，1998. 图像摄影在流水地貌系统演变过程模型实验中的作用及其评价［C］//金德生，等. 地貌实验与模拟. 北京：地震出版社，296-300.

金德生，郭庆伍，马绍嘉，等，1991. 长江下游马鞍山河段演变趋势实验研究［C］//中国地理学会地貌与第四纪专业委员会. 地貌与第四纪研究进展. 北京：测绘出版社，106-113.

金德生，刘书楼，郭庆伍，1992. 应用河流地貌实验与模拟研究 [M]. 北京：地震出版社，92.

金德生，乔云峰，张欧阳，2019. 江湖流量关系变异对荆江弯曲河道演变趋势影响的实验研究报告 [R]. 中国科学院地理科学与资源研究所陆地表层与地表过程院重点开放实验室.

金德生，郭庆伍，1995. 均质流域地貌发育过程实验研究 [C] //金德生. 地貌实验与模拟. 北京：地震出版社，79－101.

乔云峰，金德生，杨丽虎，等，2016. 冲积河流对隆起与坳陷非均匀活动响应的实验研究结题报告 [R]. 中国科学院地理科学与资源研究所陆地表层与地表过程院重点开放实验室.

乔云峰，金德生，杨丽虎，等，2016. 江湖输沙量关系变异对城陵矶—汉口间江心洲分汊河道演变趋势影响的实验研究报告 [R]. 中国科学院地理科学与资源研究所陆地表层与地表过程院重点开放实验室.

王随继，薄俊丽，2004. 网状河流多重河道形成过程的实验模拟 [J]. 地理科学进展，23（3）：34－42.

徐为群，倪晋仁，徐海鹏，金德生，1995. 黄土坡面侵蚀过程实验研究：Ⅱ坡面形态过程 [J]. 水土保持学报，9（4）：19－28.

张欧阳，1998. 游荡河型突变过程实验研究 [D]. 北京：中国科学院地理研究所，90.

第**20**章

流水地貌实验研究的前景

20.1 流水地貌实验研究的总体发展趋势

根据实验流水地貌学的性质、内容和任务以及它的产生、发展和现状，实验流水地貌学研究具有下列总体发展趋势。

1. 流水地貌研究模拟已成为流水地貌学研究的重要手段和组成部分

任何一门学科，当它处于萌芽阶段时，都存在着实验思想，地貌学发展到了今天，正在萌发和诞生新的概念和理论（如已经出现的地貌临界、突变和复杂响应等），并展示其广阔的应用前景。地貌学研究与资源环境问题密切相关，大量环境问题提出的种种挑战，如流域系统综合规划治理、河流的兴利除弊、水土沙资源的合理利用、城镇化效应、水库的环境影响及对策、水土保持、土地利用与管理、地貌灾害和突发地貌过程、地下水超采和煤炭、石油、重金属及其他矿产资源开采的环境影响，以及核燃料和石油引起的环境污染及对策研究等，无不与地貌学研究息息相关。在研究和提供对策的过程中，必须充分认识到地貌实验的必要性和重要性，实验假设和预测未来是必不可少的，应用地貌方面的实验研究会越来越多地获得重视。

2. 实验内容由单因素简单实验向多因素综合实验发展

就实验内容而论，由单因素实验向多因素综合实验发展，将地貌子系统中的单一实验向地貌完整系统的实验发展。建立现代过程实验与古代过程实验的联合体系，多因素实验的耦合叠加及优化影响，进行定量描述是地貌学实验和模拟的必由之路，也是地学部门的优势所在。同时，现代过程和古代过程实验体系的建立，可从另一个侧面发挥地学部门进行地貌实验和模拟的优势。

3. 密切关注流水地貌实验模拟的关键科学问题

事实上，上述内容已基本上回答了实验地貌学（包括流水地貌实验与模拟）是如何提出的，实验流水地貌学的概念，研究目的以及研究任务等科学问题。也就是当着手探讨一个科学对象或某一学科的科学问题时，必须要回答的三个"什么"，即：是什么（What）、为什么（Why）、怎么样（How）。在这里，提出以下若干个具体的至今尚未解决而要逐步解决的问题：

（1）流水地貌实验模拟的特殊形式及功能是什么？

（2）流水地貌实验模拟的系统结构及秩序包括哪些？

（3）流水动力地貌实验模拟与水力实验模拟的相互关系是什么？其差异性是什么？

（4）进行构造运动控制因素对流水地貌系统发育演变影响实验模拟时，时间尺度如何确定？

（5）流水地貌实验和模拟与水力实验模拟及地质力学实验模拟如何在时空上协调？

（6）全球气候变化及人类活动对流水地貌系统影响实验模拟中的敏感性、复杂性及临界特性是什么？

（7）如何最有效的组织协调国内外有关科研、院校的研究力量，培养人才，推进实验流水地貌学发展的关键科学问题。

以上这些问题的解决，不是一蹴而就的，也许需要多个学科、多学者、通过多种途径、花费较长时间才能完成。

4．建立实验数据库系统，向模型实验规范化、系统化发展

在现代地貌学实验和模拟中，计算机的应用越来越普遍，从设计、制模、率定、数据采集、图像获得和处理以及成果分析等，将逐渐地由计算机进行控制和处理，大大提高实验研究的速率和效率。

5．进一步提高实验理论水平和创新实验方法

进一步充实和提高实验理论水平，完善和创新实验方法，不断提高实验设备的自动化程度，实验理论水平和自动化程度的提高，将降低物理模型实验的费用，降低劳动强度，大大提高实验效率和缩短实验周期。

6．在计算机数字模拟迅速发展的同时，继续推进物理模型实验

计算机数字模拟将会得到更大发展，继一维模型的成功应用之后，二维及三维模型亦正在不断发展完善（谢鉴衡等，1987）。在开展外营力与内营力共同作用的数学模拟（刘少峰等，1996），流水地貌实验与地质动力学实验相结合，以及物理模型实验与数学模型模拟相结合有了良好的开端（李琼，2008）。与此同时，应继续发展物理模型实验，以便收集和调整数学模拟的参数及边界条件，使用实体的物理模型来检验数学模型模拟的结果等。

7．积极发挥地貌实验和模拟组织作用与促进国内外交流合作

20 世纪 80 年代，我国地理学部门有近 30 个与地貌有关的实验室和定位观测站，参与地貌实验模拟的研究人员 300 多人（表 20.1-1）。1993 年中国地理学会地貌与第四纪专业委员会成立了地貌实验和模拟组，并在无锡召开了全国第一届地貌实验与模拟研讨会，来自高等院校与研究院所 32 人出席会议（金德生，1993），出版会议论文集《地貌实验与模拟》，会议希望设立专业杂志，定期或不定期召开专业学术讨论会，培训实验技术队伍，提高实验研究人员的素质。在国外，英国设立了野外地貌实验委员会来进行一系列观测研究和学术活动，我国水利界也已建立测验技术方面的专门组织和学术讨论。

21 世纪以来，越来越关注生态环境的健康发展、修复，流域开发利用，坡面侵蚀与防治，河道演变与整治，大型水库的修建，以及海涂开发利用等。高等院校和科研部门建

立了许多高级别的开放实验室，涌现出一大批实验室与定位观测站（表20.1-1），参与观测研究的人员数量和素质极大地提高，并在流域、坡面、河道、河口、海滩及生态领域开展全方位、多角度的研究，相信在不久的将来，地学部门会出现实验与模拟的专门组织和刊物，促进国内外更多的合作交流。

表 20.1-1　与地貌实验模拟相关的实验室及定位站一览表（金德生等，1995）

实验室或站名	依托或所属单位	成立年份	实验或观测内容	工作人员/人	
				固定	流动
天山冰川观测站	中科院兰州冰川冻土所	1960	冰川物化性质运动过程	5	
太湖观测站	中科院南京地理和湖泊所	1960	湖泊蒸发	2～3	
*流水地貌实验室	中科院地理所	1964	流水地貌系统过程、机制、开发利用	4～5	
*风洞实验室	中科院兰州沙漠所	1965	风沙运动过程	6	
沙城头站	中科院兰州沙漠所	1965	沙漠治理开发	13	
*土壤侵蚀实验室	中科院西北水保所	1965	土壤侵蚀，水土保持	5～30	
*低温实验室	中科院兰州冰川冻土所	1965	融冻过程	5～8	
长江河口观测站	华东师范大学河口海岸所	1965	河口滩面冲刷过程观测		不固定
天山积雪雪崩研究站	中科院新疆地理所	1967	"干寒型"积雪物理特性，干旱区水资源利用，雪害防治	12	
安塞水土保持综合实验站	中科院水利部西北水土保持所	1973	控制水土流失，土地光热资源利用、改良、生态循环	32	
临泽试验站	中科院兰州沙漠所	1975	干旱植物生理，沙漠开发	5	
*河口动力实验室	杭州大学地理系	1976	河口动力过程，工程效益	10	
*坡地地貌实验室	中科院地理所	1979	坡地地貌过程、机制	3	
德江地下水观测站	中科院地理所	1979	喀斯特水文、气象	6～7	
莫索湾沙漠研究站	中科院新疆生物土壤沙漠研究所	1979	自然环境基本规律观测，农田风沙灾害防治，防沙漠化生物措施研究	6～7	
杭州湾滩面观测站	华东师范大学河口海岸所	1980	滩面冲淤观测（两个固定断面）		不固定
*滑坡模拟实验室	中科院成都山地灾害与环境所	1981	滑坡形成机制	5	
东川泥石流观测研究站	中科院成都山地灾害与环境所	1982	泥石流动态观测、预测、报警及防治	16	
奈曼试验站	中科院兰州沙漠所	1985	沙地治理开发	2	
山西离石王家沟站	中科院地理所山西省科委	1985	土壤侵蚀，小流域综合治理	2～10	
沼泽实验站	中科院长春地理所	1986	沼泽生态综合观测研究	10	
金龙山滑坡观测研究站	中科院成都山地灾害与环境所	1986	滑坡位移动态监测研究	7	

续表

实验室或站名	依托或所属单位	成立年份	实验或观测内容	工作人员/人	
				固定	流动
九寨沟泥石流观测站	中科院成都山地灾害与环境所	1986	泥石流形成与环境，背景观测研究	5	
广东德庆实验站	中科院广州地理所	1986	华南山地开发利用		
吐鲁番沙漠研究站	中科院新疆生物土壤沙漠研究所	1986	大面积风蚀沙地整合治理与固沙造林实验	5～7	
*水工模型实验室	华东师范大学河口海岸所	1987	河口薄岸过程，海涂开发	2～3	
*泥石流动力实验室	中科院成都山地灾害与环境所	1987	泥石流物理特性及过程	10	
地质灾害防治与地质环境保护国家重点实验室	成都理工大学	1989	地质灾害防治与地质环境保护研究，包括坡面产流产沙及生态恢复实验	92	
北京市潮白河管理处水利试验基地	清华大学土木水利学院清华大学黄河研究中心	2001	开展宁夏、黄河、青铜峡至石嘴山河段防洪及河道整治模型，坡面侵蚀等研究	10	
北京市潮白河管理处水利试验基地	清华大学土木水利学院清华大学黄河研究中心	2001	开展宁夏、黄河、青铜峡至石嘴山河段防洪及河道整治模型，坡面侵蚀等研究	10	
中国科学院陆地水循环及地表过程重点实验室	中国科学院地理科学与资源研究所	2002	包括水文、地貌、水资源、生态水文与水环境 4 个研究室。探索陆地水循环及其相关的地理过程变化规律，开展"土壤-植物-大气"水分传输、坡面水土侵蚀、河流水沙、流域水文水循环与表层过程等耦合研究		
陆地表层水土过程专业实验室	中国科学院陆地水循环及地表过程重点实验室	2002	拥有地壳升降装置、人工模拟降雨系统、坡面径流与侵蚀水槽、河流系统实验系统、"五水"转换动力模拟装置及科普教育微型模型等。研究流域水系、坡面产流产沙、河道成因演变，以及人工降雨、"五水"转换动力模拟等	3	
崇陵流域实验基地	中国科学院陆地水循环及地表过程重点实验室 河北省保定市水土保持试验站	2002	观测坡面径流、沟道出流与土壤水势、气象要素、降雨量、蒸发量等	5	
东台沟实验基地	中国科学院陆地水循环及地表过程重点实验室	2002	小流域和坡面径流场观测实验，研究"土壤-植被-大气"界面、坡地水土、流域水循环过程及其相互联系，为解决华北水资源短缺、与水相关的生态环境修复、旱涝灾害的防治等服务	3～5	
西北水资源与环境生态重点实验室	西安理工大学、西安建筑科技大学	2003	西北水文水资源与环境研究，含有坡面产流产沙实验	39	

实验室或站名	依托或所属单位	成立年份	实验或观测内容	工作人员/人	
				固定	流动
中国科学院生态系统网络观测与模拟重点实验室	中科院地理科学与资源所	2005	生态系统网络观测、实验方法、格局和过程变化的多尺度集成模拟研究	38	69
内蒙古太仆寺旗野外试验站	北京师范大学水土过程与资源生态国家重点实验室	2005	建有风沙观测场、通量观测场与生态观测场，进行观测常规气象数据、植被特征数据和土壤属性数据等，研究生态系统、水文与水土生资源高效利用、碳氮循环与生态模型、生态服务形成机理与生态-生产范式		
地表过程与资源生态国家重点实验室	北京师范大学	2007	地表过程、资源生态、地表系统模型与模拟以及区域可持续发展，多学科综合集成实验研究，建有6个实验平台，5个野外实验基地	54	16
北京房山综合实验基地	北京师范大学水土过程与资源生态国家重点实验室	2008	由风沙环境与工程、土壤侵蚀、水旱灾害和地震振动模拟4个实验室组成，研究地表过程研究中的水、风、温度等地表过程要素		
河北怀来综合实验基地		2008	拟建水土流失等8个观测站、样品处理等8个实验室。开展山盆地区复合生态系统动态监测、生态系统退化过程与恢复机理、流域水沙耦合机理和调控，以及可更新自然资源高效利用实验示范研究	研究人员10，管理人员3	
河北黄骅试验基地		2008	建有分析实验室、国定海冰采集码头、气象观测站以及近地层气象梯度观测系统等，观测海冰数据、气象数据、土壤数据，研究海冰资源开发利用、滨海盐渍土资源开发利用、北方海岸带环境保护与灾害风险		20~30
青海湖流域地表过程综合观测研究站		2008	建有风沙观测场、通量观测场、生态观测场等，进行长期定位观测和模型模拟，揭示气候-水文-植被-人类活动对地表景观格局、土壤侵蚀等的影响机理，构建区域草地资源综合利用范式，建成高水平科教基地		
黑龙江九三水土保持试验站		2010	设有各种实验观测场地和两个小流域出口的量水堰，主要观测气象要素、径流和泥沙、土壤水分等，研究浅沟侵蚀、水土保持监测技术、土壤侵蚀等		
地理与环境生态实验站	贵州师范大学地理与环境学院	2013	研究喀斯特地区坡面、森林生态环境，坡面产流产沙、人工模拟降雨实验等	15	

实验室或站名	依托或所属单位	成立年份	实验或观测内容	工作人员/人	
				固定	流动
综合自然地理实验室	北京四中	2013	进行风力侵蚀、流水侵蚀等基本实验，供教学实验用	2	
黑河遥感试验研究站	北京师范大学水土过程与资源生态国家重点实验室　中国科学院西北生态环境资源学院	2016	由地表过程与生态资源野外实验站，11～23 个观测站组成。流域自然资源要素综合和多尺度观测，生态水文传感器网络及相关的卫星、无人机遥感、监测等		
珠海基地	北京师范大学水土过程与资源生态国家重点实验室	2018	立足深港澳，研究海岸带与岛礁资源环境、水土保持与生态安全、植物（药用）资源生态、城市生态与环境健康。具有生物、化学、地学和信息 4 个分析测试平台和 5 个野外研究台站	12	
中国科学院黄土高原与地表通量野外观测研究站	中国科学院地球环境研究所	2019	包括洛川主站和 4 个副站。黄土高原关键带结构、组成与演化历史，水土过程观测与模拟，人地系统耦合与区域发展等	29	

20.2　流水地貌实验的特别科学问题

在展望流水地貌实验研究未来的发展趋势时，不能不考虑全球自然环境与人文社会发展的要求，以及信息时代获取信息的手段和大数据超级计算技术的应用。不可避免地会遇到全球气候变化带来的深刻影响，流水地貌发育与宏观生态环境的关系，迅速发展的经济社会以及人类文明高度发展对流水地貌的需求，从而迫使流水地貌的实验研究不得不与大数据的超级计算相结合，发展"流水地貌实验与超算模拟"，并关注这些结合中的切入点、疑难点、敏感度、复杂性、临界性及适应性等问题。

20.2.1　流水地貌实验与经济社会发展

1. 关于自然界与经济社会的和谐发展

人们工作、生活、彼此交往在一个自然与社会协调发展的共同体中，经济社会的高速发展必然会与自然界的缓慢演变发展产生矛盾。例如，人们需求大量的能源、资源用于工业、农业、交通、国防、物质和文化建设等发展的需要，而大量不可再生资源越来越少，为了解决这个矛盾，可以通过和平的方式进行协调，合理分配、协商，公平交易，或者勘探、开发新的能源、资源，或者研发新的能源；为了争夺资源，甚至发生战争。

从新中国成立到改革开放前近 30 年间，中国满目疮痍、百废待举，站起来的中国人民向自然界要求发展所需的资源和能源，进行经济建设，但是要求的数量以及建设的技术水平比较低下，两者间的矛盾并不尖锐。在"大跃进"时期，不适当的社会经济政策，导致人们的合理需求与自然界无法给予之间产生巨大矛盾，造成了自然界与经济社会发展间一种不和谐的状态。

改革开放后，为了解决温饱问题，求富裕，解放生产力，向自然界高数量、高速率索取资源，在富起来的同时，难免出现自然界与经济社会发展间一种不和谐的情况。这里不赘述社会现象，这是社会学家所研究的问题，但出现的一些自然现象，如一些中小型企业只管挣钱，不投资解决水、土、气的污染问题；在发展小煤窑的开采利用时，不注重提高科技水平与合理采挖；为了基建的需要，滥挖河沙、破坏良田耕地、挖土建窑烧砖，忽视科学发展，导致严重的水、土、气环境污染。

目前，在强起来的新时代，在不断深化改革开放的同时，制定一系列新的法规、章程，为实现中华民族的伟大复兴，必然会建立起自然界与强起来、高效、高速发展的经济社会之间新的协调和谐发展。

2. 流水地貌系统演变的渐变与突变

在探讨新时代的协调和谐发展时，作为流水地貌研究者，不得不提及流水地貌系统演变的渐变与突变问题。在前面有关章节已有所提及，流水地貌系统渐变和突变的发生，与流水地貌系统所处的状态密切相关，当系统处于平衡和准平衡状态，这时系统通过渐变来进行能量和物质的交换，而且物质和能量的交换进行得十分缓慢，与系统外部的物质、能量交换也相当缓慢，如果没有内部或外部因素的触发，渐变不会超越临界值而发生突变，所以系统内部，或者系统与外部的物质与能量交换是平衡的，或者是准平衡的。一旦系统受内部激发因素的触发，组成要素渐变达到和超越内临界值，或者受外部因素触发，系统要素渐变达到和超越外临界值时，系统发生突变，这时系统内部，或者系统与外部的物质与能量交换便失衡，系统便处于不平衡状态。

在系统失去平衡后，系统具有自组织能力，通过反馈机制，利用负熵流，在新的条件下，由准平衡状态发展为新的平衡状态。这种由渐变到突变，再成为缓变，应该说是作为开放的流水地貌系统所固有的常态规律。无论流水地貌系统本身发展，还是外部对流水地貌系统演变造成影响，都离不开这条规律。因此特别强调社会经济高速发展对流水地貌系统带来的影响，以及相关的实验研究。

3. 关于社会经济发展模式对流水地貌系统影响的实验研究

关于社会经济发展模式对流水地貌系统影响的实验研究，至少包含三个内容：第一是社会经济发展模式，第二是对流水地貌系统影响，第三是关乎研究的方法和途径，特别是实验研究。社会经济发展模式是极其复杂的社会学问题，地学工作者没有足够的知识和能力去研究它。但是，通过具体的事例，或经济社会的某种发展速率对流水地貌系统的影响，进行实验研究的可能性是存在的。

20.2.2　流水地貌实验与全球环境变化

20.2.2.1　关于全球环境变化

当今关于威胁人类生存的全球环境变化环境问题有：全球气候变暖，臭氧层的耗损与破坏，生物多样性减少，酸雨蔓延，森林锐减，土地荒漠化，大气污染，水污染，海洋污染及危险性废物越境转移。其中，全球气候变暖、森林锐减、土地荒漠化、水污染对流水地貌系统影响的密切相关。

由于人口的增加和人类生产活动的规模越来越大，向大气释放的二氧化碳（CO_2）、甲烷（CH_4）、一氧化二氮（N_2O）、氯氟碳化合物（CFCs）、四氯化碳（CCl_4）、一氧化碳（CO）等温室气体不断增加，导致大气的组成发生变化，大气质量受到影响，气候有逐渐变暖的趋势。由于全球气候变暖，将会对全球产生各种不同的影响，较高的温度可使极地冰川融化，海平面每 10 年将升高 6cm，将使一些海岸地区被淹没。全球气候变暖也可能影响到降雨和大气环流的变化，使气候反常，易造成旱涝灾害，这些都可能导致生态系统发生变化和破坏，全球气候变化将对人类生活产生一系列重大影响。

全球气候变暖，使森林面积锐减，大气环流的布局发生变化，导致流域中产流产沙量发生变化，有报道说，大气中二氧化碳含量的累计增加，还会引起地壳运动活动性增大。显然，全球气候变暖，将影响到流水地貌系统的侵蚀基准面的升高、流域产水产沙能力的改变，影响坡面的侵蚀发育、河道的冲淤变化以及河口海岸地区的演变。

20.2.2.2　流水地貌系统对全球环境变化的响应

基于流域系统及河道子系统的控制因素分析，如果自变量发生变化，那么必然引起流域环境的变化。环境会不会恶化，如何变化？为什么？这取决于三个因素：全球气候变化的冲击、人类活动的激发和长期的地壳运动。其中，以全球气候变化影响最大。在更新世及全新世初，冰期与间冰期、冰后期的更迭，6000 多年前暖湿的亚大西洋期的出现，17—18 世纪的所谓"小冰期"的影响，已足够说明问题。以长江流域为例具体说明。

1. 全球气候变化对长江流域地貌系统的冲击

全球气候变化的认识主要由地质历史记录中获取的。早在 20 亿年以前，由于大气中含氧量不断增加，使生活在富含硫、氢和氨的大气环境中的有机体不能适应。6500 万年前，当白垩纪向第三纪过渡时，由于气候由湿热转向干凉，大量生物种群遭到灭顶之灾。更新世以来，已经历了三次冰期、两次间冰期和更新世以后的冰后期。

不妨从全球海陆分布、大地貌单元的作用，分析湿暖及寒冷季节的大气环流特点。由于大陆主要分布在北半球，而海洋主要分布在南半球，因此，在寒冷季节，北半球大陆展布着强大的反气旋在欧亚大陆，使北极锋向南偏离位移 10°～20°，使副热带高压带及热带辐合带向南迁移；当暖湿季节来临时，北极锋和热带辐合带向北迁移；于是形成每年往返一次的"季风气候"。

更新世冰期时，大陆冰盖一直扩展到欧洲南部和北美大陆南部，降雨带移向加勒比海和非洲北部沿海一带。热带辐合带南移控制了亚马孙河流域及大部分非洲大陆。当时，非洲大陆大部分地区的景观犹如今天的撒哈拉大沙漠那样，或者至少是灌丛十分稀少的稀树干草原景观，连缺乏水源埋没在沙漠中的断流河也十分罕见。

长江流域地处北亚热带，冰期和间冰期中同样受到了波折。研究表明，自 1750 年以来，由于 CO_2 排放量的增加，由 1750 年的 220ppm，增加到 2020 年的 350ppm，2050 年很可能达到 415ppm，几乎是 1750 年的 2 倍。这个"温室效应"使大气环流北极锋北移和热带辐合带向北迁移，年平均气温上升 1.5～4.5℃。在这个过程中，长江流域源头因冬季风减弱，夏季风加强，将会出现更多的降雨，流域中的产流量将会增加（Schumm，1956）。

由于地球大气升温，南极冰盖及世界各地的高山冰川会全部或部分地融化。到 2050 年，海平面有可能升高 1～1.5m，必然抬高长江流域长江入海口的侵蚀基准面，河口将上溯到镇江一带，下游的河谷坡降将调平。

2. 人类不适当活动对长江流水地貌系统的干扰

流水地貌系统具有明显的环境效应。尤其是人类活动加剧时，不适当地干扰环境，破坏平衡状态，会导致环境发生一系列的变化。在唐宋时代，特别是宋代，在沿长江一带，战乱毁坏森林，导致流域内产沙量增加，现在尚无法估算当时增大多少侵蚀速率。有人对黄土高原做过研究，在秦汉、唐宋、明清三个时期，由于人类活动的破坏，侵蚀速率加速，由 1.9% 增加到 25%（Schumm，1969）。长江流域未必有如此大的数值，然而，目前在长江上游地区的某些地段因开垦坡地，中游湘西开采矿石，已经出现可观的加速侵蚀现象。在今后的几十年中，若不引起注意，必然酿成大灾。

3. 地壳运动的长期累积作用对长江流水地貌系统的影响

长江流域的升降速率并不很大，但是中下游地区处于相对沉降状态。石首最大沉降速率可达 12mm/a，如果考虑到 CO_2 升温会加快地壳运动的速率，有可能在未来的年代中，会增大或调平河段间的纵坡降，如果积累到一定程度，超越曲率-河谷坡降关系曲线上临界点，局部河段有可能发生超越外临界触发的河型转化。

20.2.2.3　全球气候变化对流水地貌系统影响的实验模拟

在这里，侧重考虑全球气候变暖对流水地貌系统影响的实验研究。以往的实验研究主要考虑全球气候变暖对流水地貌系统影响，研究侵蚀基准面下降对河流河口及下游河道演变的影响、流域中产流产沙变化及其相关的复杂响应、临界现象等（金德生，1993）。流水地貌系统对全球气候变暖响应的实验，主要有：

（1）侵蚀基准面上升对河流下游河型发育演变影响的实验研究。

（2）侵蚀基准面上升幅度及速率对河口三角洲影响的实验研究。

（3）侵蚀基准面升降对河流演变复杂影响及临界值变化的对比实验研究。

（4）流域上游产沙量增加及产沙颗粒变粗对河流系统影响的实验研究。

（5）流水地貌系统中水沙变异对河流系统影响的实验研究。

（6）因气候变暖使地壳运动速率加速对流水地貌系统附加影响的实验研究。

这些实验研究，或许还有更多，是面临的新型课题，也有不小的难度。如侵蚀基准面对三角洲顶点、前积、底积的变化范围如何确定？水污染范围的确定等。目前，只能从假设出发，尚没有明显的演变案例，需要深入调查研究。

20.2.3　流水地貌实验与生态环境修复

20.2.3.1　关于生态环境系统修复

生态环境系统的修复与流水地貌系统息息相关，与河流地貌系统的关系尤为密切。生态环境系统的失调、破坏往往是由于人类活动不当所造成的，或者是使用的技术手段不当，或者是由于过度开发利用，使生态环境系统失去平衡。显然，要修复生态环境，也就是协调人类活动与生态环境系统之间的不适当关系，人类本身要使用适度的技术手段，一方面建立人与生态环境系统间的新型关系，另一方面要同时促使生态系统本身重新建立新的平衡。

20.2.3.2 流水地貌系统对生态环境的响应

随着经济社会的发展和人类大力开发流水地貌系统，流域开发利用与管理问题面临着诸多方面的挑战。一方面，流水地貌系统的各个组成部分要求发挥其各自的功能，如上游地区的产流产沙、土地利用，中下游的防洪排沙、灌溉供水、水电发送、交通航运与旅游开发等，是从水利角度出发的传统功能；另一方面，又要考虑流域生态系统的健康和可持续性的需求，实现流水地貌系统的水利功能和生态环境修复功能的统一，在开发利用水沙资源与保护流水地貌生态系统之间达到相对平衡，促使流水地貌系统对生态环境做出正面响应，减少负面响应。

1. 流水地貌系统对生态环境的负面响应

流水地貌系统对生态环境的负面响应为：在生态环境变化过程中，在流水地貌系统上游，由于生态环境的破坏，水土流失明显增加，中、下游河道不能适应输水输沙，往往决口破堤、洪泛淤塞、全流域自然环境遭到破坏及生物单一化。流水地貌系统的自然功能与满足人类依存的生态环境，往往偏于一侧，不能兼得。

显然，在以往的流域系统开发利用及河流整治时，由于种种原因，如缺乏科学合理规划，大多数集镇、村庄、农田及交通等基础设施均零星分布在河道两侧；建设用地和耕地资源不足，不合理占用河道水域；受技术水平所限制，河道行洪断面偏小，与上游来水来沙不匹配；历史上毁林开荒、不重视封山育林，导致严重水土流失；另外，河工建筑物，如防洪堤、堰坝、涵闸老化等，都致使流水地貌系统对生态环境做出负面响应。

2. 流水地貌系统对生态环境的正面响应

与负面响应相反，流水地貌系统治理与改造是为了获得流水地貌生态环境修复的正面响应。也就是说，在流水地貌系统的上游要减少水土流失，中、下游要适应输水输沙，尽量泄洪排沙，还应尽量保持全流域的自然环境及生物多样性。修复流水地貌系统的自然功能与满足人类依存的生态环境，两者兼而有之。

为了获得正面响应，既满足河道系统的防护标准，又利于其恢复生态平衡。人们正在从单一水利工程整治河道系统，向生态环境综合修复发展。在满足人类需求的同时，使河流工程结构对河流的生态系统冲击最小化，并给动物的栖息及植物的生长创造必需的多样性空间；积极采用生态护坡技术，充分展现各种河型的特殊功能，力求多种天然河型并存，同时注意水质改善及污染源的处理。

所谓生态护坡技术，是指平原河道护坡时，尽量减少混凝土用量，优先采取自然的土质岸坡、自然缓坡、植树、植草、干砌块石等各种护滩，为水生植物生长、繁育及两栖动物栖息繁衍活动创造条件。近年来格宾网生态护坡和草皮护坡比较流行，前者工程效果更佳，观赏性较强，属于生态环保型护坡；由于透水透气，植物易于生长，又因其柔性结构、整体性好，变形性强，耐冲刷，不易破损，是值得提倡和推广的护坡材料（杨玉盛，2017；张新时等，1997；楼向东等，2008）。

20.2.3.3　生态环境修复对流水地貌系统影响实验模拟

正如上述，当生态环境遭受破坏时，流水地貌系统会做出消极的负面响应而在生态环境修复过程中，流水地貌系统会做出积极的正面响应（徐如海等，2011）。因此，进行生态环境修复对流水地貌系统影响实验模拟的关键，是考虑通过实验研究，如何将破坏生态环境的消极因素转化为修复生态环境的消极因素，或者将主控因素的积极作用转化为积极作用，可以进行以下实验研究。

（1）植被覆盖度与流域侵蚀产沙关系的实验研究。

（2）植被类型与流域侵蚀产沙关系的实验研究。

（3）流域中植被由茂密到稀疏演变时流域侵蚀产沙过程的实验研究。

（4）流域水污染对流水地貌系统影响的实验研究。

（5）河流洲滩微地貌系统对水污染响应的实验研究。

（6）局部河道不合理挖沙对河道地貌与水生物影响的实验研究。

（7）工程护坡与生态护坡对河岸保护的对比实验研究。

（8）海水倒灌对河口海岸影响的实验研究。

在进行上述实验分析时，要关特别注影响因素由消极作用转化为积极作用的临界性及敏感性，或许这些数值就是环境修复达标的科学依据。

20.2.4　流水地貌实验与人工智能超算模拟

21世纪以来，世界已进入信息时代，离不开大数据的超级计算与存储。流水地貌系统的实验与超算模拟紧密结合已成为不可避免的发展趋势。在这里，必须考虑几个问题。首先，如何运用云计算、大数据与超级计算对流水地貌系统进行超算模拟；其次，流水地貌系统超算模拟与物理模拟的对比研究；最后，流水地貌系统物理模拟与超算模拟是替代，还是融合等。

20.2.4.1　关于人工智能技术、大数据、云计算与超级运算

所谓云计算、大数据和超级计算是计算能力的要求，是指对自然现象、经济发展、人文社会及日常生活等，运用海量的数据统计进行描述、记录及建立模型，并运用超大型计算机运算，去推测、预估或预报发展过程的科学技术手段。

早先，超级计算是计算机信息化发展的引领者，很多处理器技术、虚拟化技术、量子计算等，都为超级计算服务，之后才普及为民众所用。目前的云计算和大数据，计算能力也需要超级计算技术的支持。云计算是同时运行大量彼此间没有什么关系的小任务，也称为高吞吐量的计算。大数据做数据挖掘，以算法为主；而超级计算的要求最高，它追求性能，要在最短时间内计算出单个任务。总之，这三者可称为广义的超级计算，因为三者背后都要求一定的计算能力，而它们的最终研究目的，都是为了在数据中探索更多的应用价值，解开冗杂的数据密码。互联网、大数据和超级计算就像人类历史上三个非常重要的工具——望远镜、显微镜和雷达，让人类看到了原本看不见的世界。

计算机的基本任务是处理数据，包括磁盘文件中的数据，通过网络传输的数据流或数据包，数据库中的结构化数据等。随着互联网、物联网等技术得到越来越广泛的应用，数据规模不断增加，TB、PB量级成为常态，对数据的处理已无法由单台计算机完成，而只

能由多台机器共同承担计算任务。在分布式环境中进行大数据处理，除了与存储系统打交道外，还涉及计算任务的分工、计算负荷的分配、计算机之间的数据迁移等工作，并且要考虑计算机或网络发生故障时的数据安全，情况要复杂得多。

有人提到人工智能技术的四要素分析，包括大数据、算法、算力及场景，并指出，具有体量大、多维度、全面性三大特征的大数据是人工智能的第一大核心驱动力；先进的计算方法是人工智能的第二大核心驱动力；超级计算是处理大数据和执行先进算法的能力，是人工智能的第三大核心驱动力。目前，云计算是一种基于因特网的超级计算模式，在远程的数据中心里，成千上万台电脑和服务器连接成一片电脑云。因此，云计算可以达到每秒 10 万亿次的运算速度，计算能力堪比超级计算机。大数据、算法、超级计算三者正在相辅相成、相互依赖、相互促进，共同推动人工智能向前发展。场景便是演算和模拟的对象，譬如，天气预报、地震预测、洪峰预测、流水地貌系统的演变预测、批量结案、物流运输、交通预警、新冠肺炎疫情等。

20.2.4.2　流水地貌系统的大数据与人工智能技术

1. 流水地貌系统的大数据与超算的一般模型

在流水地貌中，要从各个组成部分中统计地貌形态，设定流域地貌由无数个单元坡面组成。需要统计记录每个单元坡面的经度、纬度、高程、坡度、坡向，各个单元坡面间的距离，每个单元坡面的物质组成（平均粒径、级配、分选系数、物质成分、化学组成等），植被类型、覆盖度，降雨类型、降雨强度、产流率、入渗率、流速、含水量、产沙率、侵蚀模数等。如果在单机环境中，只需把每个单元坡面数据扫描一遍，对各个单元坡面进行累加即可。如果单元坡面数据存放在关系数据库中，则更加省事，执行一个 SQL 语句便可。但是在实际计算时，如果一个流域的面积越大、分割的单元坡面越小、包含的数据种类越多，海量大数据用单机计算容易出错、不可靠，花费时间、效率低下，也不方便，为了高效提速，需要设计一个方案，由多台计算机来统计海量的流域地貌系统数据。

为保证计算的正确、可靠、高效及方便，需要考虑每台计算机承担任务的分配与排序、处理数据来处与出处的排序、任务安排分配的均匀性，增加一台计算机与其他机器减负、缩短执行时间的关系，但有一台计算机停止时，未完成任务的分配、遗漏或重复统计，在统计过程中，存在各计算机间的协调、统计结果的准确性与重复计算，以及方便用户执行 SQL 语句获得结果的问题等。

上述考虑的问题中，除了每台计算机承担任务的分配外，其余的都与具体任务无关，在其他分布式计算的场合也会遇到，而且解决起来都相当棘手。计算机承担任务的分配、分组、统计，在很多数据处理场合也会涉及，只是具体方式不同。如果能把这些问题的解决方案封装到一个计算框架中，则可大大简化这类应用程序的开发（Dyna，2018）。

2004 年前后，Google 先后发表三篇论文分别介绍分布式文件系统 GFS、并行计算模型 MapReduce、非关系数据存储系统 BigTable，第一次提出了针对大数据分布式处理的可重用方案。Yahoo 的工程师 DougCutting 和 MikeCafarella，受 Google 论文的启发，开发了 Hadoop。在借鉴和改进 Hadoop 的基础上，又先后诞生了数十种应用于分布式环境的大数据计算框架。

如果不考虑统计结果的准确性与避免重复计算，以及方便用户执行 SQL 语句获得结果的计算框架，则属于批处理框架，重点关心数据处理的吞吐量，又可分为非迭代式和迭代式两类。迭代式包括 DAG（有向无环图）、图计算等模型。若针对数据不断加入的应对方案，重点关心单元坡面数据处理的实时性，则属于流计算框架；若侧重于避免重复计算，则属于增量计算框架。对重点关注用户执行 SQL 问题，则属单元坡面数据计算的交互式分析框架。

2. 流水地貌系统的数据模型

目前，结合 GIS 遥感技术，通过 DTM 及 DEM 数据编程已基本解决数据的获取和编程计算，并能绘制流域等高线地形图，获取地形坡度、坡向等数据。通过 DSM 还可以获得地物信息数据。

（1）DTM（Digital Terrain Model）。DTM 即数字地形（或地面）模型，最初由 Miller（1956）提出，服务于高速公路的自动设计。此后，用来设计各种线路的选线（铁路、公路、输电线），计算各种工程的面积、体积、坡度，判断任意两点间的通视及绘制任意断面图等。在测绘中被用于绘制等高线、坡度坡向图、立体透视图，制作正射影像图以及地图的补测和修测。可作为遥感应用中分类的辅助数据和地理信息系统的基础数据，可用于土地利用现状的分析、合理规划及洪水险情预报等。在军事上可用于导航及导弹制导、作战电子沙盘等。对 DTM 的研究包括 DTM 的精度问题、地形分类、数据采集、DTM 的粗差探测、质量控制、数据压缩、DTM 应用以及不规则三角网 DTM 的建立与应用等。

（2）DEM（Digital Elevation Model）。DEM 即数字高程模型，是指一定范围内规则格网点的平面坐标（X，Y）及其高程（Z）的数据集，主要用来描述区域地貌形态的空间分布，是通过等高线或相似立体模型进行数据采集（包括采样和量测），然后进行数据内插而形成的。DEM 是对地貌形态的虚拟表示，可派生出等高线、坡度图等信息，也可与 DOM 或其他专题数据叠加，用于与地形相关的分析应用，同时它本身还是制作 DOM 的基础数据。

DEM 是用一组有序数值阵列形式表示地面高程的一种实体地面模型，是数字地形模型 DTM 的一个分支。DEM 三种最主要的表示模型：规则格网模型，等高线模型和不规则三角网模型。一般认为，DTM 是描述包括高程在内的各种地貌因子，如坡度、坡向、坡度变化率等因子在内的线性和非线性组合的空间分布，包括数字高程模型、数字坡度模型、数字坡向模型等。其中，DEM 是零阶单纯的单项数字地貌模型，其他如坡度、坡向及坡度变化率等地貌特性可在 DEM 的基础上派生。DTM 的另外两个分支（DSM 及 DOM）是各种非地貌特性以矩阵形式表示的数字模型，包括自然地理要素以及与地面有关的社会经济及人文要素，如土壤类型、土地利用类型、岩层深度、地价、商业优势区等。实际上 DTM 是栅格数据模型的一种，它与图像的栅格表示形式的区别主要是：图像是用一个点代表整个像元的属性，而在 DTM 中，格网的点只表示点的属性，点与点之间的属性可以通过内插计算获得。

建立 DEM 的方法有多种，从数据源及采集方式角度有：①直接从地面测量，例如用 GPS、全站仪、野外测量等；②根据航空或航天影像，通过摄影测量途径获取，如立体坐标仪观测及空三加密法、解析测图、数字摄影测量等；③从现有地形图上采集，如格网读点法、数字化仪手扶跟踪及扫描仪半自动采集，然后通过内插生成 DEM 等方法。DEM 内插方法很多，主要有分块内插、部分内插和单点移面内插三种。目前常用的算法是通过等高线和高程点建立不规则的三角网（Triangular Irregular Network，TIN），然后在 TIN 基础上通过线性和双线性内插建立 DEM。

由于 DEM 描述的是地面高程信息，它在测绘、水文、气象、地貌、地质、土壤、工程建设、通信、气象、军事等国民经济和国防建设以及人文和自然科学领域有着广泛的应用。如在工程建设上，可用于如土方量计算、通视分析等；在防洪减灾方面，DEM 是进行水文分析，如汇水区分析、水系网络分析、降雨分析、蓄洪计算、淹没分析等的基础；在无线通信上，可用于蜂窝电话的基站分析等。

（3）DSM（Digital Surface Model）。DSM 即数字表面模型，是指包含了地表建筑物、桥梁和树木等高度的地面高程模型。

（4）DOM（Digital Orthophoto Map）。DOM 即数字正射影像图，是利用 DEM 对经过扫描处理的数字化航空相片或遥感影像（单色或彩色），经逐个像元进行辐射改正、微分纠正和镶嵌，并按规定图幅范围裁剪生成的形象数据，是带有公里格网、图廓（内、外）整饰和注记的平面图。

DOM 同时具有地图几何精度和影像特征，精度高、信息丰富、直观真实、制作周期短。它可作为背景控制信息，评价其他数据的精度、现实性和完整性，也可从中提取自然资源和社会经济发展信息，为防灾治害和公共设施建设规划等应用提供可靠依据。

3. 流水地貌系统的人工智能技术

人工智能涉及的学科非常多，但尚没有统一的定义。根据研究方向的不同，专家们对人工智能的理解不一，定义也各有侧重。目前，一个比较通俗的定义为：人工智能就是用人工方法借助机器实现的智能，也称为机器智能。

根据人工智能的智能水平，从低到高可以划分为三个层次，第一个层次是计算智能，就是能存会算，如各种游戏、专家系统等；第二个层次是感知智能，就是能听、说、看、认，如语音助手、人脸识别、看图搜图和无人驾驶等；第三个层次是认知智能，亦即能理解会思考，这是人工智能领域专家们正在努力的方向，比如微软小冰就具有非常初级的理解语意的能力。

对于流水地貌系统的人工智能技术，不妨定义为利用计算机实现流水地貌系统的智能演变及预测的人工方法。由上述不难看出，目前，流水地貌系统的人工智能技术仅仅属于第一个层次，处于能够存储与计算的人工智能阶段。如何实现流水地貌系统感知智能，以及实现流水地貌系统分析与识别的认知智能，乃是流水地貌学研究者与人工智能技术领域专家们今后共同努力的研究方向。不过，流水地貌系统的物理模型实验与超算模拟相结合，或许是推进流水地貌系统感知和认知智能研究的一个良好的平台。

20.2.4.3　流水地貌系统的超算模拟与物理模型实验

1. 流水地貌系统超算模拟的基本概念

本书对流水地貌系统物理模型实验在有关章节给出了定义，并结合有关实验进行了具体描述，这里不再赘述。所谓流水地貌系统的超算模拟，可以定义为：在大数据与合适的算法支撑下，模拟流水地貌系统发育演变过程的超算技术。事实上，当人们对人工智能技术进行大数据、算法、算力及场景四要素分析时（Dyna，2018），同样可以借助这种分析，结合流水地貌系统场景的特点，对流水地貌系统进行超算模拟，实现这种模拟不仅需要地貌学家具备丰富而全面的流水地貌专业修养，而且需要人工智能技术学家具有丰富的场景应用经验，两者缺一不可。

2. 流水地貌系统超算模拟的特色优势

流水地貌系统的超算模拟，不仅具有一般计算机模拟的内涵，而且超越一般计算机模拟的外延，两者既类同又相异。

（1）类同之处。

1）两者都是计算机模拟，必须存储足够种类和数量的流水地貌数据，数据可以来自实验、野外、航片、卫片、地形图以及其他来源。

2）按一定规则次序建立流水地貌数据库，供计算机调用。

3）构建合适的计算模型，便于在计算机上运算，获取结果，输出数据、图表、图形或图像。

（2）相异之处。

1）流水地貌系统的一般计算机模拟所存储的数据种类比较单一，数量有限；而超算模拟存储流水地貌系统海量的大数据，数据体量大、多维度、全面性。

2）流水地貌系统的一般计算机模拟的数据库的数据序列比较简单、分类有限，主要靠研究者或操作员人工单机输入、调用；而超算模拟的流水地貌系统数据库的数据序列复杂多样，必须由计算机编程优化调用。

3）流水地貌系统的一般计算机模拟构建的计算模型，难以批量与重复计算，难以纠偏校正，计算速度慢、效率低，适合于模拟规模小、结构比较单一的流水地貌系统，很难进行若干个面积、形态、结构、组成不相同的流域的复合对比模拟及其优化；而超算模拟则具有模拟快速、高效、优化、适时的优点，随时增加测验数据、修改模型、适时获取结果，预测某个或若干个流水地貌系统的变化趋势，预估未来可能出现的特殊现象。

4）在实行流水地貌系统超算模拟，如进行多个流水地貌系统复合对比模拟时，必须考虑以下问题。

a. 每台计算机承担任务的分配问题：先按不同流水地貌系统的数据记录分组，各个计算机处理不同流水地貌系统的数据记录，还是随机向各台计算机分送一部分流水地貌系统进行统计，最后将各台机器的统计结果按流水地貌系统的数据种类合并？

b. 机器承担数据的排序问题：应选择哪种排序算法？应该在哪台计算机执行排序过程？

c. 每台计算机所处理数据来处与出处的排序：数据发送选择是主动发送，还是接收方申请时才发送？若采用主动发送，如何解决接收方来不及处理的问题？若是申请时才发送，发送方如何设定数据保存的时长？

d. 任务安排分配的均匀性问题：有的机器很快处理完，有的机器一直忙着，而有的机器闲着，需要等忙着的机器处理完后才能开始执行。

e. 如果增加一台机器，使其他机器能不能减轻负荷？从而缩短任务执行的时间？

f. 假如有一台机器停止，没有完成的任务该交给谁？会不会遗漏统计或重复统计？

g. 在统计计算过程中，各个机器间的互相协调问题：需不需要有一台机器专门指挥调度其他机器？假如这台计算机停机了，如何处理？

h. 统计结果的准确性与避免重复计算问题：例如流水地貌系统数据源源不断地增加，统计尚未执行完，新数据却接踵而来，统计结果如何保证准确性？如何保证结果实时更新？再次统计时能否避免大量的重复计算？

i. 能不能让用户执行一句 SQL 就可以得到结果？

3. 流水地貌系统物理模拟实验与超算模拟的融合

流水地貌系统的过程响应物理模型实验从设计、制模、运行、采集数据、获取影像，直到数据图像分析、处理，在实验过程中及最后取得实验成果，实施全自动化，并能随时加入野外的实测数据，更新实验分析模型，而且能进行人机互动，实现实验过程的可视化，显然，与超级计算技术融合，这是必然的发展趋势。两者的融合，将使传统的流水地貌系统物理模拟实验跨出困境。

（1）大大地扩展了流水地貌系统物理模拟实验的视野。因为超算能储存海量大数据、强大的运算能力以及高速、高精度的分析预测功能，从而使流水地貌系统物理模拟实验，由验证假设、狭小的时空推测、有限的发现，推向理论的论证、不受时空限制的对比识别，可以发现突变和临界现象。

（2）由室内流水地貌系统的单因素影响的物理模拟实验，推向流水地貌系统的多因素乃至复合因素影响的物理模拟实验，建立流水地貌系统的因素与复合因素联合影响的物理模拟实验，进行单因素影响、多因素影响、多因素复合交叉影响等实验。

（3）由室内单个流水地貌系统的物理模拟实验，推向多个不同类型、不同大小、不同性质的室内或野外流水地貌系统模拟，建立流水地貌系统物理模拟实验谱。例如，河型系列的造床实验，可以通过离散式谱系，获得准连续谱系、连续谱系，从而有可能获得河型更多的临界点；对坡面系统的坡形，可以建立坡面发育的坡形谱系，进行更深层次的坡面物理模拟实验研究。

（4）室内流水地貌系统物理模拟实验与超算模拟间相辅相成。正如 20 世纪 40 年代第一台计算机问世，正巧是第一个曲流河道的造床实验在美国陆军工程兵团的实验室完成。此后，60 年代，流水地貌的计算机随机游动模拟与室内的物理模拟实验并驾齐驱发展起来。计算机一代又一代的迅猛发展，应用范围越来越广。就流水地貌系统的模拟来说，建立了多个模型，甚至可以进行简单的预估预测。由于计算机具有计算快速、存储量大、高效节省人力物力的优势，有学者认为计算机模拟可以替代物理模型实验，是看不到计算机模拟可以由物理模型实验提供初始条件及验证、修正计算机模拟结果的功效，两者可以互补、相互依存。这一观点同样适合于流水地貌物理模拟实验与超算模拟之间的关系，或许，两者间依存互补的关系更加复杂、更加紧密得多。

（5）室内流水地貌系统物理模拟实验的数据，或许挖掘的有用价值十分有限，而建立在体量大、多维度、全方位的大数据基础上的流水地貌系统超算模拟，不仅模拟流水地貌系统的客观变化规律，更能挖掘、分析、探寻有用的信息。例如某一个流水地貌系统出现突变或发生奇异现象。

（6）最后，在两者的融合过程中，以下几点尤应关注：

1）应该将单个流水地貌系统物理模拟实验数据与超算模拟大数据衔接，衔接时两者的数据必须按统一规范加以编辑，并密切关注数据的贡献与共享，做到公开、公正、互利。

2）随时交流所遇见的问题，如数据获取、存储及算法的跟进等。

3）大联合、大协作、大比拼、共享共赢。流水地貌系统的超算模拟既然已经远远地超越了单个流水地貌系统物理模拟实验的局限性，这种平行式超算更需要各个持计算任务的单位或执行人员相互协同管理，共同完成超算模拟任务。这是未来流水地貌系统物理模拟实验与流水地貌系统超算模拟的必由之路。

4）建立跨行业、跨部门、跨单位的流水地貌系统超算模拟合作联盟，统一领导、组织和协调流水地貌系统超算模拟的有关事宜，交流合作经验和科学技术进展。

20.3　结论与讨论

本章对流水地貌系统实验研究的前景及未来发展，给出了一般的总体发展趋势，并提到了特别的科学问题。

对于一般的总体发展趋势：流水地貌模拟研究已成为流水地貌学研究的重要手段和组成部分；实验内容由单因素简单实验向多因素综合实验发展；密切关注流水地貌实验模拟的关键科学问题，包括：流水地貌实验模拟的特殊形式及功能，流水地貌实验模拟的系统结构及秩序，与水力实验模拟的差异性，构造运动影响实验模拟的时间尺度，与水力实验模拟及地质力学实验模拟的时空协调，全球气候变化及人类活动影响的敏感性、复杂性、临界特性，以及最有效地组织协调国内外有关科研、院校的研究力量及人才培养等；建立实验数据库系统，向模型实验规范化、系统化发展；进一步提高实验理论水平和创新实验方法；在计算机数字模拟迅速发展的同时，继续推进物理模型实验；积极发挥地貌实验和模拟组织的作用，促进国内外交流合作。

对于特别的科学问题，例如流水地貌系统实验与经济社会发展、全球环境变化、生态环境修复以及人工智能超算模拟的关系等，前三个问题与社会、自然、人类活动的关系尤为密切，第四个问题关乎最新技术赋予流水地貌系统物理模型实验与计算机模拟的新鲜血液和新的活力。

1. 流水地貌实验与经济社会发展的关系

在自然界与经济社会和谐发展的前提下，关注社会经济发展模式对流水地貌系统影响的实验研究，注意流水地貌系统演变的渐变与突变。

2. 流水地貌实验与全球环境变化关系

以长江流域为例，全球气候变化对长江流域地貌系统的冲击，人类不适当活动对长江流水地貌系统的干扰，导致地壳运动的长期累积作用等。流水地貌系统对全球环境变化可能做出的响应，可以进行侵蚀基准面上升对河流下游河型发育演变影响、侵蚀基面上升幅度及速率对河口三角洲影响、侵蚀基准面升降对河流演变复杂影响及临界值变化的对比研究，以及因气候变暖使地壳运动速率加速对流水地貌系统附加影响等的实验研究。

3. 流水地貌实验与生态环境修复关系

强调流水地貌系统对生态环境的变化具有正面与负面响应，进行生态环境修复对流水地貌系统影响实验模拟的关键在于通过实验研究，如何将破坏生态环境的消极因素转化为修复生态环境的积极因素，或者将主控因素的消极作用转化为积极作用。

4. 流水地貌实验与人工智能超算模拟关系

对人工智能技术、大数据、云计算与超级运算的一般概念做了简单介绍，提及目前流水地貌系统的大数据与人工智能技术，介绍流水地貌系统 DTM、DEM、DSM 及 DOM 四种数据模型，认为目前流水地貌系统的人工智能技术尚属于第一层次能存会算的最初的计算智能层次，离高级感知智能层次，以及最高级认知智能层次相距甚远。认为流水地貌系统的物理模型实验与超算模拟，不能相互替代，两者间依存互补更加复杂、更加紧密，两者相结合是必然发展趋势。提出了流水地貌系统人工智能技术的定义为利用计算机实现流水地貌系统的智能演变及预测的人工方法，应积极推进流水地貌系统的超级计算模拟，流水地貌系统的物理模型实验与超算模拟相融合是全面实现流水地貌系统人工智能技术全过程的良好平台；在融合中要注意实验数据与超算模拟大数据相衔接，随时交流所遇见的问题，基于大联合、大协作、大比拼、共享共赢原则，建立流水地貌系统超算模拟合作联盟。

流水地貌系统的物理模型实验与超算模拟相融合，尽管任重而道远，前进的道路上会有种种艰难险阻，但是科学的发展与技术的进步，在不远的将来，会实现这个目标。

参　考　文　献

金德生，倪晋仁，1995. 实验地貌学研究进展 [C] //金德生. 地貌实验与模拟. 北京：地震出版社，3-16.

金德生，1993. 全国第一届地貌实验与模拟研讨会在无锡市召开 [J]. 地理学报，1993，48（5）：479.

金德生，1993. 长江流域地貌系统演变趋势与流域开发 [J]. 长江流域资源与环境，2（1）：1-8.

李琼，2008. 构造抬升背景下河流地貌对长期气候变化响应的数值实验研究 [D]. 兰州：兰州大学.

刘少峰，李思田，庄新国，等，1996. 鄂尔多斯西南缘前陆盆地沉降和沉积过程模拟 [J]. 地质学报，70（1）：12-22.

楼向东，王猛，陈子超，2018. 河道治理及生态修复之浅议 [J]. 基层建设.

谢鉴衡，魏良琰，1987. 河流泥沙数学模型的回顾和展望 [J]. 泥沙研究，（3）：1-13.

徐如海，石澺尘，苏蕾，等，2011. 浅议河道生态修复的理念和措施 [C] //辽宁省水利学会. 2011年学术年会论文集.

杨玉盛，2017. 全球环境变化对典型生态系统的影响研究：现状、挑战与发展趋势 [J]. 生态学报，37（1）：1-11.

腾讯云开发者社区，2019. 云计算、大数据和超级计算背后都是计算能力的要求. https://kuaibao. qq. Com/s/2019. 01. 11 A0ZYVX00? refer＝cp1026.

张新时，周广胜，高琼，等，1997. 中国全球变化与陆地生态系统关系研究 [J]. 地学前缘，4（1～2）：137-144.

Dyna Lidan，2018. 人工智能技术—四要素分析. https://blog. csdn. Net／dyna_lidan／article／details／82229313.

Schumm S A，1969. Geomorphic Implications of Climatic Changes [M]. In Water, Earth and Man (RJ Chorley ed.)：525-534；London, Methuen London, and Barnes and Noble, New York, 588 pp.

一、内 容 索 引

二、人名（包括单位）索引

中文人名（包括单位）索引

英文人名（包括单位）索引

　　《流水地貌实验研究》汇集了流水地貌基础实验研究及应用实验研究的综合成果，是流水地貌实验研究系列著作之一。不忘初心、牢记使命，将沈玉昌先生关于流水地貌实验研究的初衷，在现代地理学发展的基础上，引入现代物理新概念，弘扬地理学与近代物理学、地貌学与水力学、河流地貌学与河流动力学相结合，推进流水地貌研究的新发展。国内外同类著作主要有苏联的《实验地貌学》（马卡维耶夫等著，1961；濮静娟等译，1965，北京：科学出版社）、《实验流水地貌学》（Schumm et al.，1985）以及《活动构造与冲积河流》（Schumm et al.，2000）。都是当初世界先进水平的优秀成果，但实验设备及方法比较简单、实验理论尚不完备。

　　我们积累流水地貌实验研究工作 40 余年之经验，编写了这本反映地貌学与水文学相结合的《流水地貌实验研究》。本书的主要特点如下：

　　第一个特点是流水地貌与水文学研究相结合。体现在以流域系统为基本单元，展开流域系统发育演变的实验研究。由降水侵蚀、入渗、产流产沙，相应的小流域与坡面地貌演变的上游子系统，经河川水文与相应的河床演变的输水输沙子系统，到河口海岸水文与相应的河口海岸地貌发育演变的存水倍沙子系统。各个组成部分比较全面而初步的实验研究，在影响流水地貌的主控因素的实验中，突出了基面变化、构造运动及人类活动作用的实验，显示了地学实验的特色。

　　第二个特点是流水动力地貌学与河流动力学相结合。注意水力学、泥沙运动原理的应用，吸取水力泥沙运动学的最新成果，比较全面地介绍了河型分类，应用包括网状河型的五分类法，河型稳定性判据中引入边界条件，首次提出了"沙相关系"概念，虽然尚不成熟，却是尽心竭力。

　　第三个特点是作者极力将新老三论原理引入流水地貌实验研究，吸收比尺相似模型实验、自由模型实验、比拟模型实验的优点，取长补短，建立了"过程响应模型"，介绍了五个相似准则，取得了一定成果。在分析和讨论实验结果中，关注实验过程中出现的临界性、复杂性、敏感性、预兆性以及继承性现象，对流水地貌学的理论、方法和应用研究都有所裨益。

编后语

最后，我们使用了当前国内外最先进的全自动化控制设备"地壳运动升降装置"，已将该设备及相关先进仪器测试完成的最新成果写入本书。

为此，本书在汇编过程中，大量引用相似理论、新老三论及实验研究者们的研究成果，特此说明，并致感谢！不当之处，请有关作者多多包涵。

在本书编写过程中，对有关部门领导的关注和大力支持，同事们及其家属的大力合作和支持给予诚挚的感谢，并希望广大读者对不足之处提出批评和改进建议。

金德生

2019 年 12 月

One of the Works on Experimental Research
of Fluvial Geomorphology

Experimental Research
on Fluvial Geomorphology

Jin Desheng, Qiao Yunfeng, Zhang Ouyang,
Wang Suiji, Yang Lihu, Guo Qingwu

中国水利水电出版社
China Water & Power Press

· Beijing ·

Abstract

Experimental Research on fluvial geomorphology is one of the series of works on the experimental study of fluvial geomorphology, which is a collection of comprehensive results of basic and applied experimental research on fluvial geomorphology. Based on the development of modern geography, this monograph introduces the new concept of modern physics, promotes the combination of geography and modern physics, geomorphology and hydraulics, river geomorphology and river dynamics, and promotes the new development of fluvial geomorphology research. It will endow modern geography and modern physics, drainage basin morphology and riverbed morphology, historical processes and modern processes, natural change processes and influence of human activities, qualitative description and mathematical quantitative research of geomorphology, innovation of experimental theory and practical application of production, river morphology and river dynamics. The book consists of seven parts: introduction, 20 chapters and postscript. This book will systematically introduce the outline of *Experimental Research on Fluvial Geomorphology*, including experimental theory and method, experimental equipment, testing technology, drainage basin morphology, slope development, development and evolution of five channel patterns, main control factors: water and sediment variation, boundary conditions, base level rising and falling, tectonic movement and human activities, including river engineering and biological vegetation the scenery is briefly described.

This book can be used as a reference book for teaching and learning of scientific research and engineering personnel, teachers and students of colleges and universities, postdoctoral and other middle and senior scientific and technological workers.

The authors: Prof. Jin Desheng, Dr. Qiao Yunfeng, Dr. Zhang Ouyang, Dr. Wang Suiji, Dr. Yang Lihu, Senior Engineer Guo Qingwu, Institute of Geographical Sciences and Natural Resources Research, Chinese Academy of Sciences, Beijing 100101, China.

Preface

Experimental Research on Fluvial Geomorphology summarizes and induces the experimental results of fluvial geomorphology in our institute for more than 50 years since 1960s, and absorbs relevant results at home and abroad as far as possible. It is one of the series works of experimental research on fluvial geomorphology. During this time span, a book *Experimental Study and Simulation to Applied River Morphology* was published in 1992, and won the second prize of Natural Science Award of Chinese Academy of Sciences. The experimental study of fluvial geomorphology in our institute is based on the original intention of Prof. Shen Yuchang on the study of fluvial geomorphology. Prof. Shen tried his best to combine the traditional method with the modern experimental method, and tried to introduce new concepts of modern physics, so as to promote the new development of the research of fluvial geomorphology, which is based upon the modern geography developing.

On December 26, 2016, it was the 100th anniversary of the birth of Prof. Shen Yuchang, the tutor of the first author of this book. Presided over by the Key Laboratory of Water Cycle and Land Surface Processes, Chinese Academy of Sciences, and the Research Section of Geomorphology and Watershed Environment Development, a commemorative meeting was held to commemorate Prof. Shen's contribution and development to geomorphology, especially fluvial geomorphology, and to inherit and carry forward Shen's innovative and meticulous pioneering spirit in experimental research on fluvial geomorphology. The original intention of our institute's Experimental Research on fluvial geomorphology and the establishment of its laboratory (formerly river geomorphology) started with the leadership and guidance of Prof. Shen, the preparation for the establishment of the laboratory, the selection of personnel to study in the Chinese Academy of Water Resources and Hydropower, the sending of personnel to the United States for further study and the acceptance of overseas studies. The former Soviet Union returned to China with serious illness and painstakingly guided and trained graduate students; Many experiments have been completed by the leaders of the Yellow River and the Yangtze River. Therefore, it is worthy to dedicate this monograph to the teacher's centenary birthday as a tribute to the teacher's cultivation and guidance, to deeply remember

Prof. Shen's original intention, and to innovate the fluvial geomorphic experiment!

At present, the main works of the same kind in the world are: *Experimental Geomorphology* (Маккавеев Н И et al., 1961, translated by Pu Jingjuan, 1965, Beijing: Science Press); *Experimental Fluvial Geomorphology* (Schumm et al., 1985) and *Active Tectonics and Alluvial Rivers* (Schumm et al., 2000). The former was compiled by professors from the Department of Geography of Moscow University in the former Soviet Union, which mainly introduced the development of river geomorphology, on which the flow, sediment load, and tectonic uplift influenced. The experimental method was based on the free model method, and the instruments and equipment were very advanced but relatively simple at that time; the latter was compiled by Professor Schumm et al. Department of Earth Resources, Colorado State University, USA. Introduced the experimental research on the development and evolution of three main subsystems of the fluvial geomorphology system: watershed geomorphology subsystem (including slope landform), valley and river geomorphology subsystem, and delta geomorphic subsystem (including alluvial fan and river delta). It is a relatively authoritative experimental geomorphology research work on the world at present, but lacks unique model experimental theory, and the experimental equipment is relatively general. For example, two manual tripods for replacing automobile tires are used, a channel steel is used as the structural lifting equipment, and the metal gauge (1.27mm thick) is used to measure the lifting amount. The micro current meter is not used to measure the flow velocity, and the plane shape change is mainly observed.

The author and his colleagues have been engaged in the experimental fluvial geomorphology for more than 40 years, trying to write a book *Experimental Research on Fluvial Geomorphology*, which reflects the combination of geomorphology and water-sediment science. The range of experiment and simulation studies on fluvial geomorphology is quite extensive, which should include all the components of the whole fluvial geomorphic system, i. e. sediment producing area receiving drainage basin or narrow watershed at upstream, water and sediment transporting area in middle reaches, and including water and sediment storage area at downstream and estuary delta. In addition to the linear system of watershed and river channel, there are also a large number of slopes with the degree greater than zero and flat ground with the degree close to zero. Due to the limitation of experimental theoretical level, technology and equipment conditions, it is almost impossible to comprehensively elaborate the experimental study of fluvial geomorphology in a monograph.

Therefore, this book tries to combine geography with modern physics, drainage basin and riverbed geomorphology, historical process and modern process, qualitative description and quantitative research of geomorphology, innovation of experimental theory and application of production practice, river morphology and river dynamics, natural evolution process and influence of human activities, etc. This monograph systematically introduces the outline of " Experimental research on fluvial geomorphology", including its theory and method, equipment testing technology, drainage basin morphology, slope development, formation and evolution of five channel patterns, and main control factors, where the engineering and biological effects are also included, and briefly describes the future development prospects.

The monograph consists of seven parts, including 20 chapters.

PART I : Preface, by academician Liu Changming, Prof. Shen's contribution to the development of geomorphology and foreword compilation process, chapter catalogue and division of labor.

PART II : The first chapter: introduction and the second chapter. The introduction describes the proposal of experimental research on fluvial geomorphology, Mr. Shen Yuchang's original intention on experimental fluvial geomorphology research, the process of preparing to build a laboratory of fluvial geomorphology, a more detailed description of "experimental fluvial geomorphology", the purpose and task of experimental fluvial geomorphology, and the status of experimental research on fluvial geomorphology at home and abroad. Chapter 2 is the theory and method of experimental fluvial geomorphology. It introduces and comments on the characteristics, application scope, advantages and disadvantages of scale model, free model, analogy model and process response model.

PART III (two chapters): the experiment of drainage basin geomorphic and slope geomorphic development. Chapter 3 is the experimental study on the development and evolution of drainage basin geomorphic system and Chapter 4 is the experimental study of slope geomorphic processes.

PART IV (seven chapters): the basic understanding of channel pattern and the experiment of five main channel patterns. Chapter 5 is the research on the classification and the causes of channel patterns. Chapter 6 is the experiment of formation and evolution of straight pattern, Chapter 7 is the experiment of formation and evolution of meandering pattern, Chapter 8 is the experiment of formation and evolution of island braided pattern, Chapter 9 is the experiment of formation and evolution of wandering-meandering transitional pattern, Chapter 10 is the experiment of formation and evolution of anastomosing pattern, and Chapter 11 is the experiment of formation and evolution of wandering channel pattern. The research status of each river pattern, process-response model design, running process and analysis, results and discussion were mentioned, it is focused on the analysis of the change process of horizontal plane, longitudinal profile and cross section, hydraulic geometry relationships and critical relationship of channel pattern changes, etc.

PART V (six chapters): the experiments on main control and influencing factors of river pattern development. Chapter 12 is experiment on the influence of water and sediment conditions on river pattern change, Chapter 13 is experiment on influence of boundary conditions on river pattern evolution, Chapter 14 is experiment on influence of tectonic movement on channel pattern evolution, Chapter 15 is experiment on influence of base level change on development and evolution of fluvial geomorphology, Chapter 16 is experiment on influence of human activities on river pattern development and evolution, and Chapter 17 is experimental study on catastrophic processes of fluvial geomorphic system. This part interprets the experimental results and analysis of four independent variables (bank-full discharge M_b, bed material load medium diameter D_{50}, silt-clay percentage $M\%$ in the wet perimeter, and valley slope J_v) and human activities, including river engineering (dike repair, bank protection, reservoir construction, water diversion, channel excavation, sand mining, etc.) including the influence of biological engineering on river pattern development, and discusses their experimental results from the experimental point of view interact.

PART VI (two chapters): experimental acquisition and equipment; data collects and image analysis. Chapter 18 is equipment and testing instruments of fluvial geomorphic experiment, introduce advanced instruments and equipment as far as possible; Chapter 19 is acquisition and analysis technology of data and image of fluvial geomorphic experiment, dynamic image photography, etc.

PART VII (Chapter 20 and Appendix): development prospect and postscript. Chapter 20 is the prospect of experimental study on fluvial geomorphology, where closely combined with economic and social development, global climate change, ecological environment restoration, small urbanization construction and integration with big data information. This part discusses the development prospect of experimental fluvial geomorphology, further improves the experimental theoretical level and guiding ability in practical application, and makes contributions to the development of modern fluvial geomorphology.

This monograph is supported by the science communication fund of the Institute of Geographic Sciences and Natural Resources Research, Chinese Academy of Sciences (Project No. 2018 – 01), the open fund of Key Laboratory of the Academy of Water Circle and Land Surface Processes, Chinese Academy of Sciences, and the fund supported by the Director of Earth Science Department of National Natural Science Foundation of China (Project No. 41340021). The project was supported by the Open Fund of the Key Laboratory of the Land Surface Pattern and Simulation. During the preparation of the project plan, it was strongly supported and cared by academician Liu Changming and many constructive opinions, the leaders and colleagues gave strong support and concern, and also got the full support of family members. Without their fenaisional supports, and help, the compilation of this monograph would not have been completed. Here, the author only sincerely thanks a lot.

Jin Desheng
December 26th, 2019

Contents